Einführung
in die Elektronik
Teil 2

Kontaktlose Signalverarbeitung

K. Block, H.-J. Hölzel, L. Wölfing, P. Zachert

4. Auflage

Bestell-Nr. 97215

Verlag H. Stam GmbH · Köln-Porz
Fuggerstraße 7

Vorwort zur 3. Auflage

Die ständige Weiterentwicklung zu immer neuen Technologien auf dem Gebiete der Elektronik führt auch zwangsläufig zu teilweise einschneidenden Veränderungen in der Schaltungsdarstellung und zur Erstellung neuer Schaltkreisfunktionen. Die Veröffentlichung neuer DIN-Normen im Jahre 1976 hat außerdem zur Folge, daß bisher altvertraute und bewährte Schaltzeichen durch neue Funktionskennzeichen ersetzt werden müssen. Die wichtigsten Schaltzeichen der digitalen Informationsverarbeitung sind diesem Buch als Anhang angefügt worden.
So wurde eine grundlegende Umarbeitung und Erweiterung des Buches auf den neuesten Stand notwendig. Wir danken Herrn Heinz Eddelbüttel, Fachbereichsleiter der technischen Ausbildung im Berufsförderungswerk Hamburg, für Anregungen und Unterstützung bei der Bearbeitung der Manuskripte.

Vorwort zur 4. Auflage

Eine Notwendigkeit, den dargebotenen Lehrstoff der 3. Auflage nach nochmaliger Überarbeitung durch die Autoren grundlegend zu ändern oder zu erweitern, hat sich nicht ergeben. Die Arbeit beschränkte sich daher nur auf die Berichtigung der auf Grund der völligen Neubearbeitung der vorherigen Auflage sich eingeschlichenen Fehler und teilweise auch auf die Verbesserung des dargebotenen Lehrstoffes.

ISBN 3823702153

Inhaltsverzeichnis

4 Grundschaltungen der verschiedenen Logikfamilien

5 Schaltalgebra

1 Einführung

Seit dem Ende des 19. Jahrhunderts baute die Industrie elektrische Anlagen und erweiterte die vorhandenen. Etwa ab 1950 ergaben sich aus dem Stand der Technik umfangreiche und komplizierte Arbeitsvorgänge. Die bis dahin entwickelten elektrischen Steuerungen genügten oft nicht mehr den Ansprüchen der halb- und vollautomatischen Prozesse. Sie erwiesen sich als unzuverlässig, störanfällig und zu langsam. Immer wieder auftretende Mängel der Schaltfunktionen brachten zusätzlich wirtschaftliche Verluste.

Immer dringender wurden daher die Forderungen der Industrie an die Steuerungs- und Regelungstechnik: Entwicklung von Bauteilen, die schneller, sicherer und möglichst auch kleiner waren als die herkömmlichen Bauteile. Die in den Schaltungen eingebauten Schütze und Relais genügten wegen ihrer Trägheit der mechanisch bewegten Teile, des Verschleißes und der Größe nicht mehr den gestellten Anforderungen. Neue Bauelemente mußten gefunden werden.

Anfang der 50er Jahre wurde in den USA die Halbleitertechnik entwickelt. Schaltelemente auf Halbleiterbasis (Transistoren, Dioden) verdrängten die kontaktbehafteten Bauelemente. Das Zeitalter der kontaktlosen, ruhenden Steuerung begann.

Alle Forderungen und Wünsche aus den Bereichen der Industrie, des Handels und des Verkehrs an die Funktionssicherheit, Unempfindlichkeit und Übersichtlichkeit konnten erfüllt werden. Der Weiterentwicklung in der Automation und vor allem auf dem Gebiete der Datenverarbeitung stand nun nichts mehr im Wege.

Die kontaktlosen Steuerungen arbeiten heute

- praktisch trägheitslos,
- mit kürzesten Schaltzeiten,
- mit hohen Schaltfrequenzen,
- ohne Verschleiß,
- mit hoher Lebenserwartung,
- bei kleinstem Raumbedarf,
- mit verhältnismäßig geringen Verlustleistungen.

Die Industrie liefert elektronische Anlagen, die aus fertigen Bausteinen zusammengestellt sind. Ein Baustein besteht aus mehreren Schaltkreisen, die bestimmte Funktionen erfüllen. Jede elektronische Schaltung, und ist sie noch so umfangreich, läßt sich auf verhältnismäßig wenige unterschiedliche Funktionen zurückführen. Es ist daher ein großer Vorteil, bei dem Aufbau selbst kompliziertester Schaltungen mit nur wenigen verschiedenen Bausteinen auszukommen.

Dafür wächst aber zum gegenwärtigen Zeitpunkt die Anzahl der Bausteine mit der Forderung nach immer größerer Automation im Rahmen der allgemeinen Rationalisierungsmaßnahmen, zu denen jeder Unternehmer gezwungen ist, will er auf dem Markt konkurrenzfähig bleiben. So zeichnet sich ganz klar der unabwendbare Verlauf der Hardware-Entwicklung elektronischer „Großraum"-Schaltungen für die Zukunft ab, sollen Wirtschaftlichkeit, Betriebssicherheit und Servicefreundlichkeit weiterhin gewährleistet sein. Daher mußte als letzte Konsequenz kommen: Der Mikroprozessor. Mit ihm wird ein neues Zeitalter der Elektronik anbrechen.

Die Verfasser des vorliegenden Buches haben es sich zur Aufgabe gestellt, den Leser in die Signalverarbeitung unserer heutigen modernen kontaktlosen Technik einzuführen. Die Informationsverarbeitung in Form binär-digitaler Signale ist grundlegender Bestandteil automatisch ablaufender Vorgänge, wie wir sie in der Steuerung von Arbeitsprozessen, in der Datenverarbeitung, in der Rechen- und Zähltechnik, in der Verstärker- und Meßtechnik antreffen. Neben der ausführlichen Besprechung der Grundschaltungen in der Bipolartechnologie und in der MOS-Technologie wurde auch der Operationsverstärker weitgehend behandelt und in seinen Grundschaltungen vorgestellt. Er spielt eine hervorragende Rolle in der Verstärkertechnik sowohl in analogen wie auch in digitalen Signalsystemen. Mit einer Einführung in den funktionellen Ablauf eines Mikroprozessors, zugeschnitten auf den Bausteintyp 8080, schließt das Buch.

Es wird vom Leser vorausgesetzt, daß er die wesentlichen Verhaltensmerkmale der elektronischen Bauelemente wie Widerstand, Kondensator, Diode, Transistor in Gleichspannungs- wie auch Wechselspannungskreisen kennt, ehe er mit dem Studium dieses Buches beginnt. Im Band 1 „Bauelemente der Elektronik und ihre Grundschaltungen" werden diese aufgeführten Bauelemente ausführlich beschrieben.

2 Signalsysteme und Signalsprache

2.1 Das analoge System

Das Wort *analog* bedeutet etwa: gleichwertig, entsprechend. Man wird diesen Begriff analog leicht verstehen können, wenn man zunächst die analoge Anzeige eines Thermometers und die einer Uhr betrachtet.

Ein Quecksilberthermometer zeigt mit dem oberen Ende seines Quecksilberfadens die Temperatur der umgebenden Luft an. Verändert sich die Lufttemperatur, so wird sich auch die Quecksilberfadenlänge ändern. Diese Änderungen stehen in einem proportionalen Verhältnis zueinander, d.h. die Länge des Fadens ist ein genaues Abbild der Temperaturhöhe. (Siehe Abb. 2.1)

Um eine analoge Anzeige handelt es sich auch bei einer Uhr, bei der die Zeit mit Zeigern auf einem Ziffernblatt dargestellt wird. Der Zeiger schließt mit der senkrechten Bezugsrichtung zur Zahl 12 einen Winkel ein. Dieser Winkel ist zur verstrichenen Zeit analog und proportional. Der Zeiger geht kontinuierlich vorwärts.

Die Abb. 2.2 zeigt den zeitlichen Verlauf der Außentemperatur eines Tagesablaufs. Ein Thermoelement liefert eine Spannung *U*, die in ihrem Verhalten ein getreues Abbild der Lufttemperatur ist. Auf dem Diagramm ist sowohl der Temperaturverlauf der Luft wie auch der Spannungsverlauf des Thermoelementes aufgetragen. Man erkennt, daß die Kurvenformen im Verhältnis zueinander übereinstimmen. Die Spannungskurve bildet die Temperaturkurve nach. Hier ist das analoge Signal das elektrische Abbild des Temperaturverlaufes.

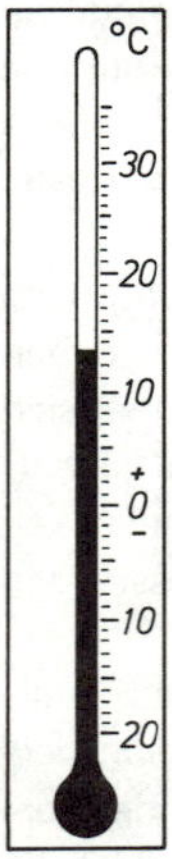

Abb. 2.1 Temperaturmessung. Länge des Quecksilberfadens analog der Temperatur

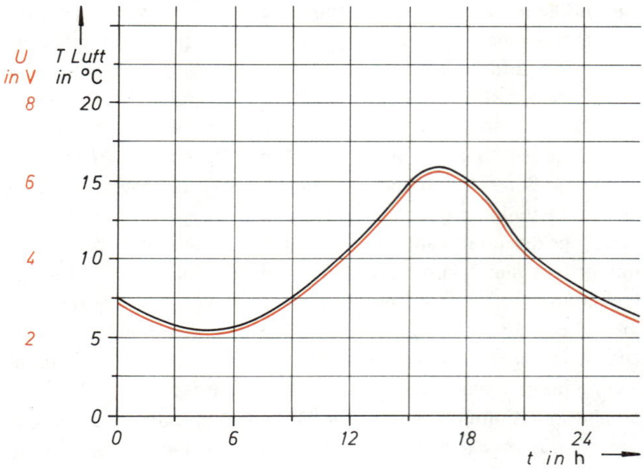

Abb. 2.2 Beispiel eines Spannungsverlaufs analog zur Lufttemperatur gemessen über einen vollen Tag

Der Drehzahl proportional ist z. B. die Spannung einer Tachomaschine, wie sie in Abb. 2.3 dargestellt ist. Zu einer bestimmten Drehzahl gehört eine ganz bestimmte Spannung. Die Skala des Drehzahlmessers kann also so geeicht sein, daß sie die dem Spannungswert entsprechende Drehzahl anzeigt. Diese Anzeige ist analog.

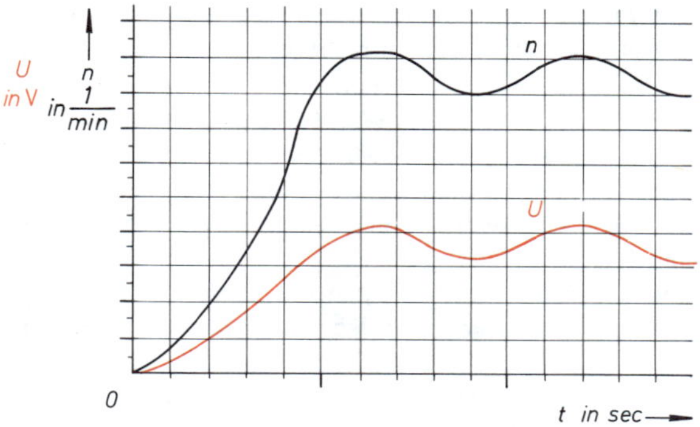

Abb. 2.3 Tachogeneratorspannung analog zum Drehzahlverlauf

Bei einem Spannungsmesser oder Strommesser bildet der Zeiger mit dem Bezugspunkt einen Winkel. Diese Winkelgröße entspricht dem Meßwert. Bei Gleichspannungs- und Gleichstrommessern ist in der Regel der Zusammenhang linear und sogar verhältnisgleich. Entspricht der Winkel einem bestimmten Meßwert, dann wird der halbe Winkel auch nur die Hälfte des Meßwertes ergeben. Das ist nicht immer der Fall. Dreheisenmeßgeräte verhalten sich anders. Hier besteht keine Proportionalität. Den analogen Zusammenhang zwischen dem Zeigerausschlag und der Skalenanzeige muß man sich mit einer nicht linearen Skalenteilung schaffen. (Siehe Abb. 2.4).
Die Meßwertverarbeitung erfolgt im analogen Signalsystem. Die Aufgabe dieses Systems ist es, vorwiegend kleine Spannungsänderungen des Meßwertgebers formgetreu, also analog, zu verstärken. Die Meßwertausgangsspannung muß dem Verlauf der Meßwerteingangsspannung entsprechen. An den Analogverstärker werden hohe Anforderungen gestellt, vor allem dann, wenn Meßgenauigkeiten gewünscht werden, die im Bereich von 0,1 Prozent liegen. Es wäre zwar möglich, eine noch größere Meßgenauigkeit zu erreichen. Das erforderte aber einen großen technischen Aufwand und wäre dadurch unwirtschaftlich.

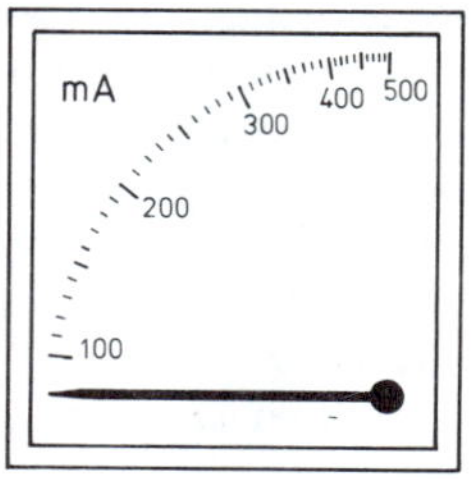

Abb. 2.4 Dreheisenstrommesser. Die Meßskala ist nicht linear

2.2 Das binär-digitale System

Der Begriff *digital* entstammt dem lateinischen Wort *digitus*, das übersetzt „Finger" heißt. Die in der Signalverarbeitung eingeführte Bezeichnung digital weist darauf hin, daß unsere Vorfahren zuerst mit den Fingern zählten und rechneten. Diese alte Fingerzähltechnik findet man noch in den lateinischen Zahlen wieder. Oft sieht man auf alten Uhren die Ziffernfolge: I, II, III, IIII, V, VI, VII usw. als Stundenangabe. Mit dem Zeichen V deutete man die 5 Finger zu einer Hand an. An dieses Handzeichen wurden dann beim weiteren Aufzählen die weiteren Fingerstriche angefügt. Ein Überbleibsel aus dieser Zeit ist auch das Strich-System – 4 senkrechte Striche und einer quer –, das man noch heute dann anwendet, wenn Gewinnpunkte zusammengezählt oder auf dem Bierglasuntersatz die bestellten Getränke notiert werden.

Die sinngemäße Deutung für digitus würde heute lauten: Ziffer. Gemeint sind die Ziffern einer Zahl. Die Automation fordert, Meßwertergebnisse nicht mehr, wie bisher üblich, als Zeigerausschlag anzugeben, sondern sie in Form einer Zahl darzustellen.
An einigen Beispielen soll zunächst das Wesentliche einer digitalen Anzeige erklärt werden. Sie unterscheidet sich grundsätzlich zur behandelten analogen Anzeige. Die digitale Anzeige ist eine Ziffernanzeige: Der Meßwert erscheint immer in der Form einer Zahl.
In jedem Haushalt wird der elektrische Verbrauch in einem Elektrizitätszähler gezählt. Der Zählerstand zeigt in Ziffern den Verbrauch an.
Jedes Auto hat ein Zählwerk, daß die zurückgelegten Kilometer in Zahlen angibt (Digitalanzeige). Daneben sitzt das Tachometer. Hier wird die Geschwindigkeit auf einer Zeigerskala abgelesen (Analoganzeige).
Jede Registrierkasse zeigt den zu zahlenden Betrag in Mark und Pfennig mit Ziffern an.
Es gibt Uhren, die mit springenden Ziffern die Zeit anzeigen. Sie haben kein herkömmliches Zifferblatt und keine Zeiger. Diese Zeitanzeige ist eindeutig digital. Einwandfrei digital sind ebenfalls die Zeitmesseranzeigen, die ab und zu bei großen Sportwettkämpfen mit in die Bildwiedergabe eingeblendet werden.
Es kommen zur Zeit immer mehr Spannungsmeßgeräte auf den Markt, in die eine Digitalanzeige eingebaut ist. Mechanisch bewegte Teile wie Drehspule und Zeiger werden durch elektronische Bauteile verdrängt. Die Meßgeräte sind ausgerüstet mit Ziffernanzeigern.

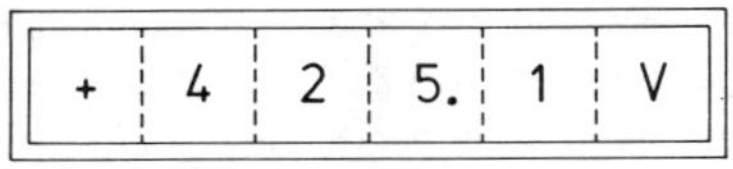

Abb. 2.5 Digitale Anzeige

Die ziffernmäßige Anzeige ist sehr vorteilhaft. Das Ablesen ist bequem und fehlerfrei. Die bisher übliche Ablesung – Zeigerstellung auf einer Skala – erfordert einen größeren Aufwand, wenn man genaue Werte ablesen will. Außerdem können bei Digitalanzeigern mit den gleichen elektrischen Signalen der Anzeigeeinheiten Digitaldrucker, Prozeßrechner und weitere Steuerkreise angesteuert werden.
Digitale Anzeigegeräte benötigen Eingangssignale aus einem Schaltkreissystem, das digitale Signale verarbeitet. In diesem System werden die Stromwerte so klein wie möglich gehalten, um nur geringe Verluste zu haben. Alle Transistoren, Dioden, Kondensatoren und Widerstände sind platzsparende Bauteile. Wichtig ist das Verarbeiten der Spannungen, nicht der Ströme.
Es kommt in diesem Schaltkreissystem nicht auf die genaue Höhe der Spannung an, sondern nur darauf, daß jede Spannung in einem ganz bestimmten Spannungsbereich auftritt. Entsprechend den Ziffern 0 ... 9 könnte man 10 Spannungsbereiche vorsehen und jedem Spannungsbereich einen Ziffernwert zuordnen. Der Aufbau solcher Schaltkreise, in denen 10 verschiedene Spannungsbereiche auftreten können, wäre aber technisch zu aufwendig und finanziell nicht vertretbar. Es gibt eine bessere Lösung.
Die moderne Signalverarbeitung kennt nur zwei Spannungsstufen. Die eine Spannungsstufe umfaßt den Spannungsbereich, der ungefähr in der Höhe der Betriebsspannung liegt, also z. B. P-Potential hat. Die andere Spannungsstufe umfaßt den Bereich, der dann etwa 0-Potential hat. Daß es sich hier nur um zwei Spannungsstufen handelt, darauf weist das Wort *binär* hin. Es hat die Bedeutung: aus zwei Einheiten bestehend. Es handelt sich also bei dem vorliegenden binär-digitalen System um ein zweiziffriges oder zweiwertiges System. Ein binär-digitales Signal veranschaulicht Abb. 2.6.

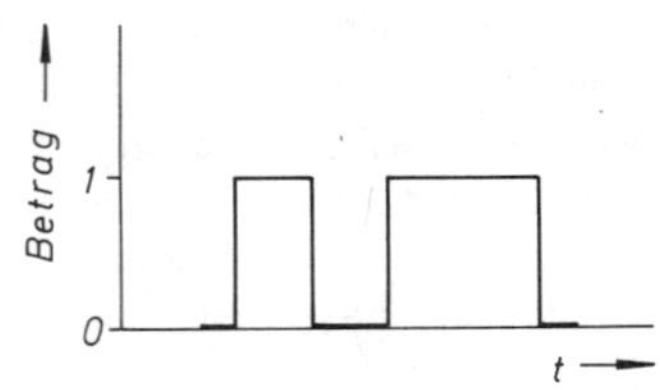

Abb. 2.6 Das binär-digitale Signal

Wie die Abbildung 2.6 zeigt, unterscheiden sich in der digitalen Darstellung die Signalwerte in den Beträgen 1 und 0. Dem Wert 1 kann nun der Zustand: Spannung ist vorhanden (z.B. im Bereich 8 ... 12 V) bzw. dem Wert 0 der Zustand: Spannung ist nicht vorhanden (z.B. im Bereich 0 ... 1 V) zugeordnet werden. Man muß aber beachten, daß mit der Aussage „Spannung ist vorhanden" sowohl eine positive wie auch negative Spannung gemeint sein kann. Das hängt also davon ab, welches Spannungspotential in einer vorliegenden Schaltung als Betriebsspannung gewählt wurde.
Die Binärwerte 1 und 0 sind Elementarwerte der Logik. Diese Zeichen stehen zunächst losgelöst von jeder Zuordnung vollkommen für sich. Ihre ganze Bedeutung als Zeichen liegt nur in ihrer unterschiedlichen Darstellung und sie können als abstrakte Werte angesehen werden. Werden nun binäre Ein- und Ausgangsspannungsbereiche von Schaltungen betrachtet, geht es hier zunächst um physikalische Werte.

Eindeutig wurde festgelegt, daß der positivere Spannungsbereich den Pegel High (H), der niedere Spannungsbereich den Pegel Low (L) führt.

Bezogen auf einen definierten Bezugspunkt, dem der Wert 0 zugeordnet ist, können die Pegelbereiche der Spannungen H und L wie folgt auftreten:

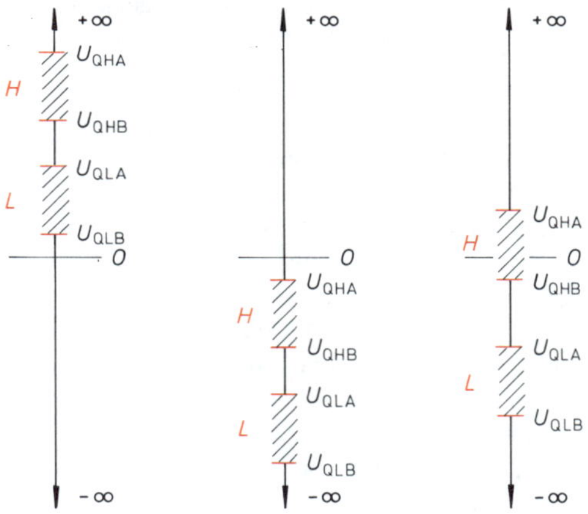

Abb. 2.7 Darstellung von Spannungs-Pegeln bei unterschiedlichen Bezugspunktlagen.

Im Grunde genommen unterscheiden sich die Pegeldarstellungen nur in der Festlegung des Bezugspunktes.

Die aufgeführten Kenn- und Indexbuchstaben haben folgende Bedeutung:

Mit *U* wird die Art der elektrischen Größe gekennzeichnet.

Die Variable *Q* bezeichnet den Anschlußpunkt, hier einen Bausteinausgang ($Q \triangleq$ 0 out). Stände an Stelle von *Q* der Buchstabe *I*, würde es sich um einen Anschlußpunkt am Eingang einer Schaltung handeln ($I \triangleq$ in). Da an diesen Anschlußpunkten die binären Pegelbereiche auftreten, ordnet man auch unmittelbar diesen Anschlußpunkten *Q* und *I* die anstehenden Pegelwerte zu, z.B. Q = H bzw. I = L. Die DIN-Norm hat für integrierte Schaltungen diese Buchstaben als Ein- und Ausgangswerte festgelegt. Oft ist es aber zweckmäßiger, ebenso andere Buchstaben des Alphabets mit heranzuziehen, und zwar wenn es sich hauptsächlich darum handelt, logische Verknüpfungen der Binärwerte 1 und 0 durchzuführen. Außerdem ist die Gefahr der Verwechslung mit dem Stromzeichen *I* leicht möglich, wenn der Buchstabe *I* als Anschlußbezeichnung oder als Signalvariable in Tabellen auftritt.
Der 2. Indexbuchstabe H bzw. L gibt den Pegel an. Die weiteren Buchstaben A und B informieren über genauere Spannungswerte des oberen bzw. unteren Pegelbereiches.
Die Begriffe H und L sind unabhängig von der Logik, die positiv bzw. negativ sein kann.

Eine positive Logik, wie sie in der heutigen Praxis allgemein angewendet wird, würde dann in der Schaltung vorliegen, wenn die Betriebsspannung positiv ist. Dann können den Pegeln die folgenden Binärwerte zugeordnet werden: H = 1

L = 0

Wird die Schaltung dagegen mit einer negativen Spannung gesteuert, dann muß die entgegengesetzte Zuordnung erfolgen: H = 0

L = 1

Das heißt der Pegelbereich in der Nähe der Betriebsspannung liegt auf Low. Um aber die Regeln der Logik, wie sie später das Kapitel Schaltalgebra bringt, erfüllen zu können, muß dem L-Pegel der Wert 1 zugeordnet werden.

Sollte die negative Logik in einem der folgenden Kapitel auftreten, wird besonders darauf hingewiesen. Ebenso werden die Pegel spannungsmäßig dann definiert, wenn die entsprechenden Schaltungen behandelt werden. Das ist eine Frage der Betriebsspannung, die für die entsprechenden Schaltungen gewählt wurde.

Wie wird nun das binär-digitale System mit dem Problem fertig, viele unterschiedliche Informationen darzustellen, die nicht mehr durch eine einmalige Ja-Nein-Entscheidung gekennzeichnet werden können?

Ein Beispiel mag diesen Fall erläutern:

Die Drehzahl eines Generators kann einmal gemessen werden, indem eine Tachomaschine der Drehzahl entsprechend eine proportionale Spannung liefert. Die auftretende Spannung ist dann analog der Drehzahl. Der zugehörige Meßkreis gehört zum analogen System.

Die Drehzahl kann aber auch viel genauer mit binär-digitalen Signalen gemessen werden. Der Meßaufbau wird so durchgeführt, daß eine Lichtschranke jedesmal dann einen Impuls abgibt, wenn die Generatorwelle sich einmal herumgedreht hat. In einer Sekunde werden dann z. B. 30 Impulse registriert, wenn der Generator mit einer Drehzahl von 1800 Umdrehungen pro Minute läuft. Die Impulse, in genau einer Sekunde gemessen, werden aufgezählt und angezeigt. Eine höhere Genauigkeit kann man jetzt dadurch erreichen, daß die Lichtschranke nicht einen Impuls je Umdrehung, sondern z. B. 10 Impulse während einer Umdrehung heraussteuert.

Das Zählen von Impulsen ist der entscheidende Faktor aller Meßverfahren, der Zähler ein wichtiger Bestandteil der Meßwertverarbeitung.

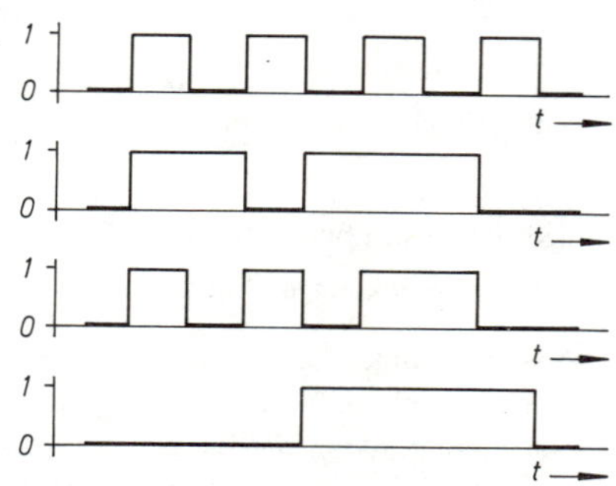

Abb. 2.8 Signalkombinationen

Diese Technik ist noch einfach. Schwierig wird die Angelegenheit, wenn der Meßwert in Form einer analogen Spannung statt in Impulsen vorliegt. Dann muß ein Analog-Digital-Wandler die Meßspannung in Impulse umformen. Je höher die am Eingang liegende Meßspannung ist, desto mehr Impulse liefert er. Es gibt mehrere Verfahren, solche Umwandlungen vorzunehmen.

Geht es nun um die Übertragung von Buchstaben und Zahlen, dann müssen für jedes Zeichen Signalkombinationen gebildet werden. Diese unterscheiden sich, wie einige Beispiele in Abb. 2.8 erkennen lassen, im Impuls-Pausen-Verhältnis. Die Signalkombinationen werden beim Aufbau des Binärsystems behandelt.

3 Logische Grundfunktionen und deren Schaltungstechnik

3.1 Der Transistor als Schalter

3.1.1 Mechanische Schalter

Ein Schalter ist eine Vorrichtung, die elektrische Geräte miteinander verbindet oder voneinander trennt. Beim Einschalten oder Schließen des Schalters werden zwei oft aus Edelmetall bestehende Kontaktstücke zur Berührung gebracht, beim Ausschalten oder Öffnen wieder voneinander getrennt.

An Schalter werden besondere Anforderungen gestellt:

1. Im Schaltzustand EIN soll zwischen den Anschlußklemmen des Schalters S1 keine Spannung liegen.

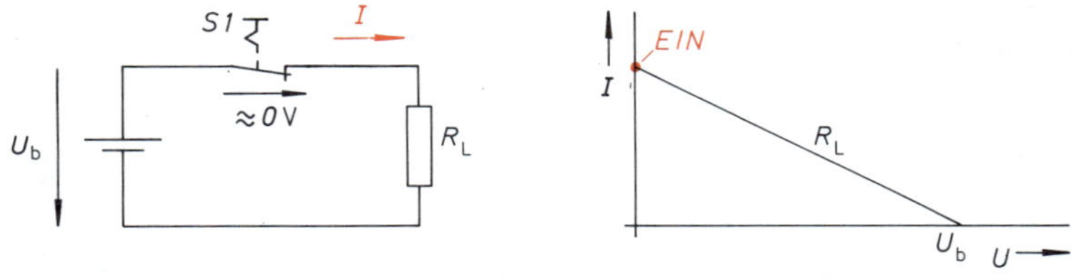

Abb. 3.1 Schalter widerstandslos

2. Im Schaltzustand AUS soll zwischen den Anschlußklemmen des Schalters S1 die gesamte Betriebsspannung liegen.

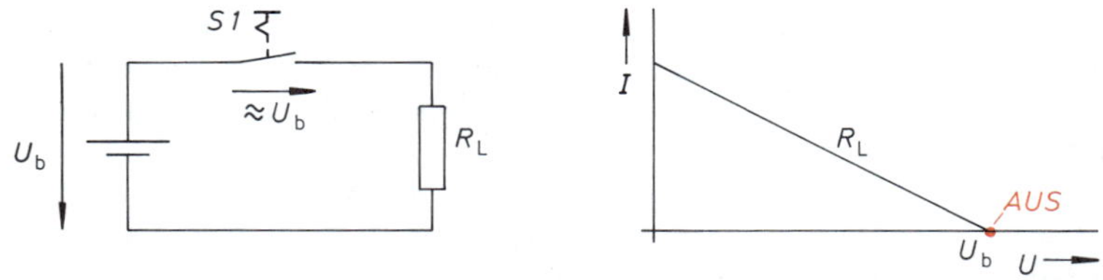

Abb. 3.2 Schalter mit unendlich hohem Widerstand

3. Die Schalterbetätigung soll mit möglichst geringer Leistung erfolgen.
4. Das Schalten sollte zeitgleich mit dem Auslösen eingeleitet werden.

Während die unter 1. und 2. aufgeführten Bedingungen mit mechanischen Schaltern relativ leicht realisiert werden können, sind die Forderungen 3. und 4. mit mechanischen Schaltern wie auch mit Relais nur noch bedingt zu verwirklichen. Man geht deshalb zu elektronischen Schaltern über, bei denen Transistoren die Schaltfunktion übernehmen. Bei diesen Schaltern liegen die Werte zu 1. und 2. zwar etwas unter den geforderten, die Werte zu 3. und 4. aber bei den geforderten und damit erheblich über denen der mechanischen Schalter.

3.1.2 Schaltverstärker

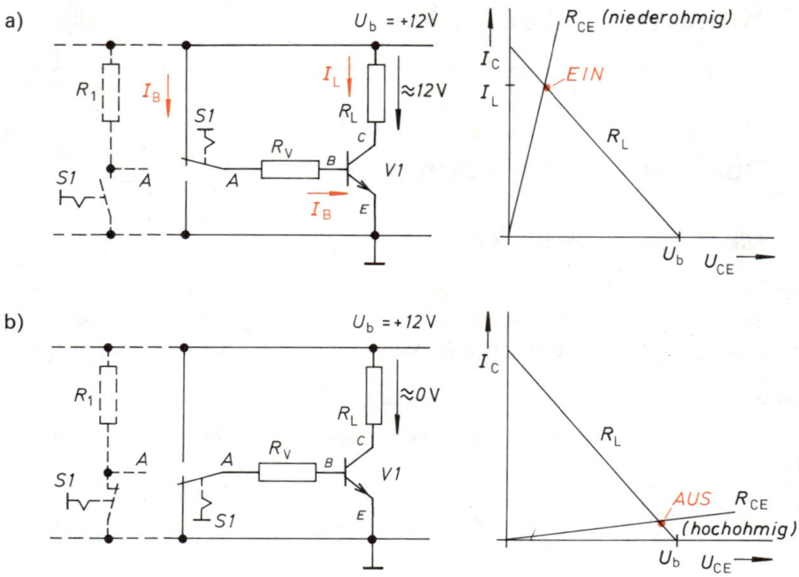

Abb. 3.3 Schaltverstärkergrundschaltung
a) im eingeschalteten Zustand
b) im ausgeschalteten Zustand

Anstelle des in Abb. 3.3 dargestellten Gebers mit dem aufwendigen Umschalter S 1 kann auch der gestrichelt dargestellte Geber mit einem einfachen Ausschalter verwendet werden. Nachteilig bei diesem Geber ist der in der AUS-Stellung fließende Querstrom über den Schalter. Dem Umschalter ist nachteilig anzulasten, daß während des Schaltens der Anschluß A kurzfristig offen liegt und somit der logische Eingangszustand an A undefiniert ist.

Im Gegensatz zur linearen Schaltung arbeitet im Schaltverstärker der Transistor V1 nur noch in den beiden Zuständen leitend oder gesperrt. R_L stellt den Lastwiderstand oder den zu schaltenden Verbraucher dar.

Nach Abb. 3.3a) kann über den Schalter S 1 ein Basisstrom fließen, der maximal einen um den Stromverstärkungsfaktor des Transistors vergrößerten Laststrom I_L auslöst. I_L wird jedoch durch U_b und R_L begrenzt. Die verbleibende Spannung am Transistor wird nahe bei 0 V liegen, so daß am Lastwiderstand R_L fast Betriebsspannung abfällt.

Nach Abb. 3.3b) liegen Basis und Emitter auf gleichem Potential, so fließen weder Basis- noch Kollektorströme. Der Transistor V 1 ist gesperrt, an ihm fällt fast die gesamte Betriebsspannung ab. Der Lastwiderstand wird nicht mehr von Strom durchflossen.

Die bei modernen Silizium-Transistoren noch fließenden Restströme über die jeweils gesperrten PN-Übergänge werden hier, wie bei den meisten technischen Anwendungen unberücksichtigt gelassen.

3.1.2.1 Kollektor-Emitter-Sättigungs-Restspannung

Ein sehr wichtiger Kennwert von den in Schaltverstärkern benutzten Transistoren ist die Kollektor-Emitter-Restspannung $U_{CE\,rest}$. Sie unterscheidet sich von der Sättigungsspannung $U_{CE\,sat}$[1]). Für die Sättigungsspannung hat man für die Emitterschaltung diejenige Spannung definiert, bei der bei

[1]) sat von saturation (engl.) = Sättigung

gewünschtem Kollektorstrom I_C die Kollektor-Basis-Spannung $U_{CB} = 0$ wird, wobei dann $U_{CE sat} = U_{BE}$ ist. Je kleiner $U_{CE sat}$ eines Transistors ist, um so geringer sind die Verluste im durchgeschalteten Zustand. Spannungswerte $U_{CE} < U_{CE sat}$ werden als Restspannung $U_{CE rest}$ bezeichnet.

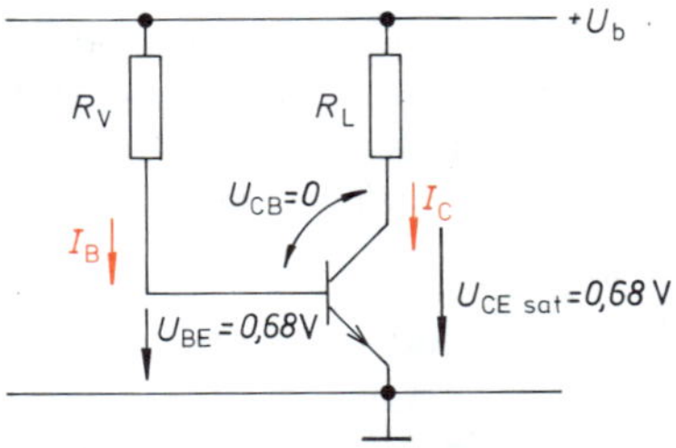

$$U_{CE sat} = U_{CB} + U_{BE}$$
$$0{,}68\ V = 0\ V + 0{,}68\ V$$

Abb. 3.4 Spannungswerte zwischen den Elektroden eines Siliziumtransistors

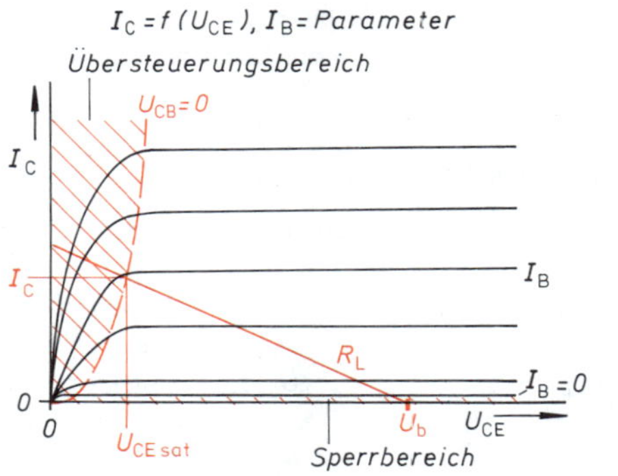

Abb. 3.5 $I_C - U_{CE}$-Kennlinienfeld zur Definition der Sättigungsspannung $U_{CE sat}$

3.1.2.2 Arbeitspunkte im Schalterbetrieb

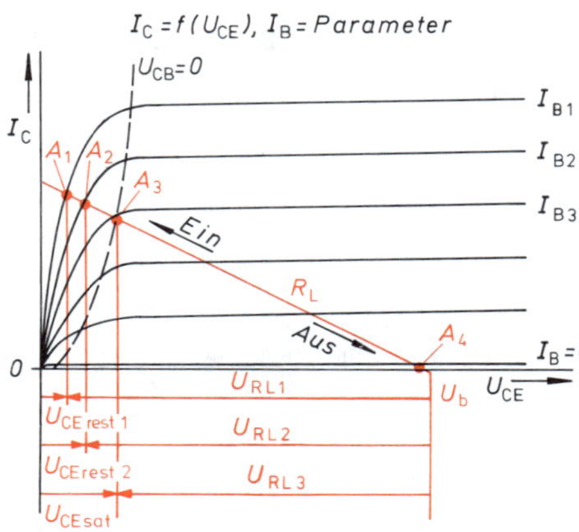

Abb. 3.6 Transistorausgangskennlinienfeld mit eingezeichneter Arbeitsgerade des Lastwiderstandes R_L und verschiedenen Arbeitspunkten

Während für den gesperrten Zustand der Arbeitspunkt A_4 gilt, bei dem beim Basisstrom $I_B = 0$ nur noch der vom Transistortyp und der Temperatur abhängige Sperrstrom fließt, werden je nach Höhe des Basisstroms die Arbeitspunkte A_3, A_2 oder A_1 im durchgeschalteten Zustand eingenommen. Bei Erhöhung des Basisstroms über $I_B = 0$ hinaus nimmt zunächst der Kollektorstrom um den Stromverstärkungsfaktor B etwa linear zu, bis im Arbeitspunkt A_3 die Sättigung eintritt. Bei weiterer Erhöhung des Basisstroms steigt der Kollektorstrom nur noch geringfügig und der Transistor wird übersteuert. Jetzt leitet sowohl die Basis-Emitter- als auch die Basis-Kollektor-Diode. Hierbei sinkt die Kollektor-Emitter-Restspannung $U_{CE\,rest}$ unter die Sättigungsspannung $U_{CE\,sat}$.

Als Übersteuerungsfaktor $ü$ definiert man:

$$ü = \frac{\text{Basisstrom im übersteuerten Zustand}}{\text{Basisstrom an der Übersteuerungsgrenze}}$$

Ein hoher Übersteuerungsfaktor von z. B. 3 gewährleistet ein sicheres Durchsteuern des Transistors und eine unter der Sättigungsspannung liegende Restspannung sowie eine Verkürzung der Einschaltzeit t_{ein}, weil die größere Zahl von Ladungsträgern, die in die Basis gelangt, zu einem schnelleren Abbau der Basis-Kollektor-Sperrschichtkapazität beiträgt. Nachteilig wirkt sich die Übersteuerung auf die Ausschaltzeit aus, da jetzt die größere Zahl der Ladungsträger wieder aus der Basiszone entfernt werden muß, t_{aus} steigt an.

3.1.2.3 Dimensionierung des Schaltverstärkers

Bei gegebenem Kollektorwiderstand und gegebenen Transistordaten ist ein einfacher Schaltverstärker zu dimensionieren.

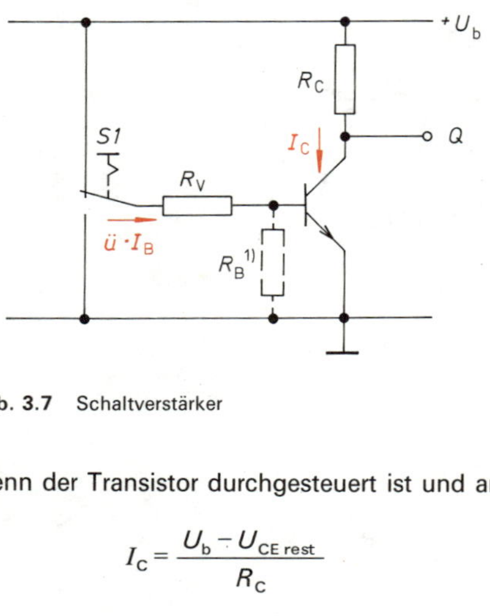

Abb. 3.7 Schaltverstärker

U_b = Betriebsspannung
U_{BE} = Basis-Emitter-Spannung
$U_{CE\,rest}$ = Kollektor-Emitter-Restspannung des übersteuerten Transistors
R_C = Kollektorwiderstand, auch Lastwiderstand R_L
R_V = Basisvorwiderstand
R_B = Basisableitwiderstand, Basiswiderstand [1])
B = Gleichstromverstärkungsfaktor
$ü$ = Übersteuerungsfaktor
I_B = Basisstrom
$I_{B\,erf}$ = Erforderlicher Mindestbasisstrom

Wenn der Transistor durchgesteuert ist und an Q L-Signal liegt, fließt der folgende Kollektorstrom:

$$I_C = \frac{U_b - U_{CE\,rest}}{R_C}$$

Der erforderliche Mindestbasisstrom beträgt:

$$I_{B\,erf} = \frac{I_C}{B}$$ Besser ist jedoch die Übersteuerung.

$$R_V = \frac{U_b - U_{BE}}{ü \cdot I_{B\,erf}}$$ R_V bestimmt den Basisstrom, der tatsächlich angeboten wird.

$$R_B \geqq 10 \cdot \frac{U_{BE}}{ü \cdot I_{B\,erf}}$$ [1]) Damit fließt etwa $\frac{1}{10}$ des Basisstroms über den Widerstand R_B (Siehe auch [1])).

[1]) Der Basiswiderstand R_B ist nur dann erforderlich, wenn in Schaltungen die Basis offen bleibt, d. h. kein Ohmscher Widerstand zwischen Basis und Emitter liegt. Eine offene Basis könnte bei höheren Umgebungstemperaturen Ladungsträger vom Kollektorsperrstrom erhalten und den Transistor in die Durchsteuerung treiben.

Die erste Gleichung (auf Seite 22) nach U_b umgestellt, ergibt:

$$U_b = I_C \cdot R_C + U_{CE\,rest}$$

U_b in die dritte Gleichung eingesetzt, führt zu:

$$R_V = \frac{I_C \cdot R_C + U_{CE\,rest} - U_{BE}}{ü \cdot I_{Berf}}$$

Wird I_C durch die zweite Gleichung ersetzt, erhält man schließlich:

$$R_V = \frac{I_{Berf} \cdot B \cdot R_C + U_{CE\,rest} - U_{BE}}{ü \cdot I_{Berf}} \quad \text{oder} \quad R_V = \frac{B\,(I_C \cdot R_C + U_{CE\,rest} - U_{BE})}{ü \cdot I_C}$$

Unter Vernachlässigung der beiden Spannungswerte U_{CE} und U_{BE} erhält man für Überschlagsrechnungen den Widerstandswert für R_V aus der Näherung:

$$R_V \approx \frac{B \cdot R_C}{ü}$$

Näherungsformel gilt nur für $U_{IH} = U_b$.
U_{IH} = Eingangssteuerspannung im Basiszweig im Zustand H.

3.1.2.4 Berechnungsbeispiel

Ein elektronischer Schalter wird mit dem Transistor BC 107 an 12 V betrieben. Der Lastwiderstand R_L hat 1500 Ω. Der Kleinstwert der statischen Stromverstärkung bei dem zu erwartenden Kollektorstrom wird mit $B = 180$ angegeben. Zu berechnen ist der Basisvorwiderstand R_V bei einem Übersteuerungsfaktor $ü = 3$ nach zwei verschiedenen Methoden. Der Höchstwert des Kollektorstroms beträgt $I_{C\,max} = 100$ mA.

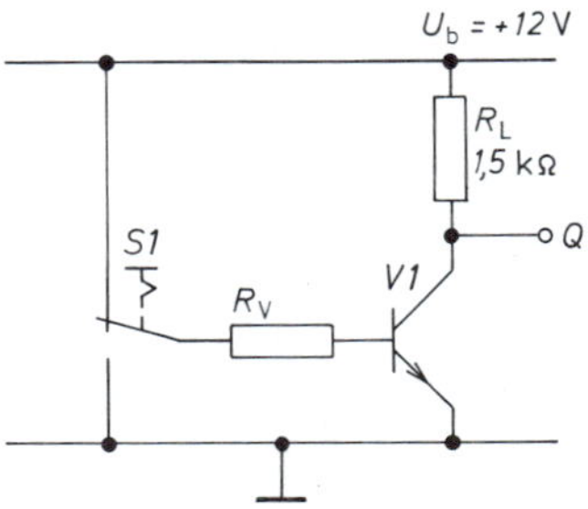

$I_{C\,max} = 100$ mA
$B = 180$
$U_{CE\,rest} = 0{,}1$ V
$U_{BE} = 0{,}7$ V

Abb. 3.8 Schaltverstärker

Lösung a

$$I_C = \frac{U_b - U_{CE\,rest}}{R_L} = \frac{12\text{ V} - 0{,}1\text{ V}}{1{,}5 \cdot 10^3\ \Omega} = 7{,}93\text{ mA}$$

Dieser Kollektorstromwert liegt weit unter dem maximal zulässigen.

$$I_{Berf} = \frac{I_C}{B} = \frac{7{,}93\text{ mA}}{180} = 0{,}044\text{ mA}$$

$$ü \cdot I_{Berf} = 3 \cdot 0{,}044\text{ mA} = 0{,}132\text{ mA}$$

$$R_V = \frac{U_b - U_{BE}}{ü \cdot I_{Berf}} = \frac{12\text{ V} - 0{,}7\text{ V}}{0{,}132 \cdot 10^{-3}\text{ A}} = 85{,}6\text{ k}\Omega$$

Aus der E-12-Reihe gewählt: 82 kΩ.[1])

Lösung b

$$R_V \approx \frac{B \cdot R_L}{ü} = \frac{180 \cdot 1{,}5 \cdot 10^3\ \Omega}{3} = 90\text{ k}\Omega$$

Der nächstgelegene Wert für R_V aus der E-12-Reihe beträgt auch hier wieder 82 kΩ.

---

[1]) Um die geforderte Übersteuerung des Transistors nicht zu unterschreiten, wählt man aus der zur Verfügung stehenden Widerstandsreihe jeweils den nächst kleineren Wert.

3.1.3 Die Verlustleistung im Transistor

Um Funktion und Betriebssicherheit des Schaltverstärkers zu gewährleisten, ist es erforderlich, die vom Hersteller angegebene Gesamtverlustleistung P_{tot}[1]) nicht ständig zu überschreiten. Die Gesamtverlustleistung, die sich aus Kollektor- und Basisverlustleistung zusammensetzt, wird im Transistor in Wärme umgesetzt. Die Belastbarkeit des Transistors ist deshalb im wesentlichen von der im Betrieb vorhandenen Kühlung abhängig. P_{tot} kann nach folgender Formel berechnet werden:

$$P_{tot} = \frac{\vartheta_{j\,max} - \vartheta_{U\,max}{}^{2})}{R_{th}}$$

Es bedeuten:

$\vartheta_{j\,max}$ = maximale Sperrschichttemperatur in °C
$\vartheta_{U\,max}$ = maximale Umgebungstemperatur in °C
R_{th} = thermischer Widerstand, Wärmewiderstand
$R_{th\,JU}$ = Wärmewiderstand zwischen der Kollektor-Emitter-Sperrschicht (J) und ruhender umgebender (U) Luft. (Transistor ohne Kühlkörper) in K/W[3])
$R_{th\,JG}$ = Wärmewiderstand zwischen der Kollektor-Emitter-Sperrschicht (J) und dem Transistorgehäuse (G) bei sehr guter Wärmeableitung vom Gehäuse ($\vartheta_G = \vartheta_U$) in K/W[3])

Dem Datenblatt des BC 107 werden folgende Werte entnommen:

$R_{th\,JU} \leqq 500$ K/W
$R_{th\,JG} \leqq 200$ K/W
$\vartheta_{j\,max} = 175\,°C$

Bei einer angenommenen Umgebungstemperatur von 55 °C kann die zulässige Gesamtverlustleistung P_{tot} für den Transistor ohne Kühlkörper berechnet werden:

$$P_{tot\,1} = \frac{\vartheta_{j\,max} - \vartheta_{U\,max}}{R_{th\,JU}} = \frac{175\,°C - 55\,°C}{500\ K/W} = 240\ mW$$

Die Formel

$$P_{tot\,2} = \frac{\vartheta_{j\,max} - \vartheta_{G\,max}}{R_{th\,JG}} = \frac{175\,°C - 55\,°C}{200\ K/W} = 600\ mW$$

gilt für den Transistor, bei dem durch sehr gute Wärmeableitung vom Gehäuse die Gehäusetemperatur auf 55 °C gehalten werden kann.
Aus den unterschiedlichen Gesamtverlustleistungen ist erkennbar, wie wirksam ein guter Kühlkörper ist.

Aus der Leistungsformel $P_{tot} = U_{CE} \cdot I_{C\,max}$ läßt sich der Wert des höchstzulässigen Kollektorstroms errechnen:

$$I_{C\,max} = \frac{P_{tot}}{U_{CE}}$$

---

[1]) tot von total = gesamt
[2]) j, J von junction (engl.) = Sperrschicht, ϑ = theta, griechischer Buchstabe, wird als Formelbuchstabe für Temperaturen angegeben
[3]) K nach Kelvin (Physiker) 1824–1907. 0 K = −273,15 °C, Temperaturdifferenzen werden in K angegeben

Werden für konstante Verlustleistung die Kollektorstromwerte bei verschiedenen Kollektor-Emitter-Spannungswerten in das Ausgangskennlinienfeld eingetragen, erhält man die Verlustleistungshyperbel.

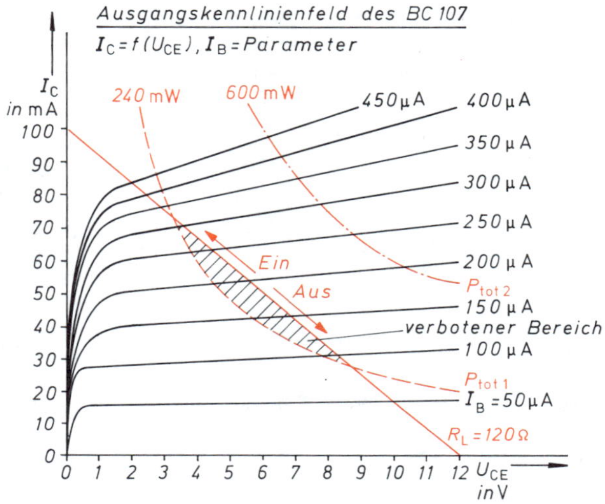

Abb. 3.9 In das Ausgangskennlinienfeld eingetragene Verlustleistungshyperbeln für 240 mW und 600 mW

Im Schalterbetrieb darf der Arbeitspunkt, der sich entlang der Widerstandsgeraden R_L bewegt, den Bereich unzulässig hoher Verlustleistung durchlaufen, wenn

1. die festen Arbeitspunkte für EIN und AUS unterhalb der Hyperbel liegen und
2. der verbotene Bereich so schnell durchlaufen wird, daß mit einer nennenswerten Erwärmung nicht zu rechnen ist.

Beim Schalten einer Impedanz[1]) mit vorwiegend induktivem Charakter treten im Augenblick des Ausschaltens im Transistor erheblich höhere Verluste als beim Einschalten auf.
Beim Schalten einer Impedanz mit vorwiegend kapazitivem Charakter treten dagegen im Augenblick des Einschaltens im Transistor erheblich höhere Verluste als beim Ausschalten auf.
Auch beim Schalten von Glühlampen (Kaltleitern) ergeben sich Einschaltprobleme, denn der Wert des Kaltwiderstandes einer Glühlampe beträgt etwa $^1/_{10}$ des Warmwiderstandes, wodurch sich hohe Einschaltströme ergeben.
(Näheres siehe „Einführung in die Elektronik 1")

3.1.3.1 Berechnungsbeispiel

Während im Abschnitt 3.1.2.4 der Schaltverstärker unter Angabe der Transistorstromverstärkung B und des maximalen Kollektorstromes $I_{C\,max}$ berechnet wurde, soll in diesem Beispiel anhand des Kennlinienfeldes eine Berechnung der Schaltverstärkerstufe durchgeführt werden.
Nach dieser Methode erhält man ebenfalls den Wert des Vorwiderstandes R_V. Daneben kann dem Kennlinienfeld noch entnommen werden, ob zu irgend einer Zeit während des Umschaltens eine Überlastung auftritt. Weiter kann die Höhe der am Transistor auftretenden Restspannung aus der Kennlinie abgelesen werden.

[1]) Impedanz (lat.) = Scheinwiderstand Z. Wechselstromwiderstand eines Zweipols, der sich aus dem Wirkwiderstand und dem Blindwiderstand zusammensetzt.

Aufgabe

In das gegebene Ausgangskennlinienfeld des Transistors BC 107 ist die Arbeitsgerade des Kollektorwiderstandes R_L und die Verlustleistungshyperbel P_{tot} einzutragen. Weiter ist der Arbeitspunkt A_1 an der Übersteuerungsgrenze und der Arbeitspunkt A_2 für dreifache Übersteuerung anzugeben. Aus dem Basisstrom für dreifache Übersteuerung und einer angenommenen Basis-Emitter-Spannung von 0,7 V ist der Basisvorwiderstand R_V zu berechnen.

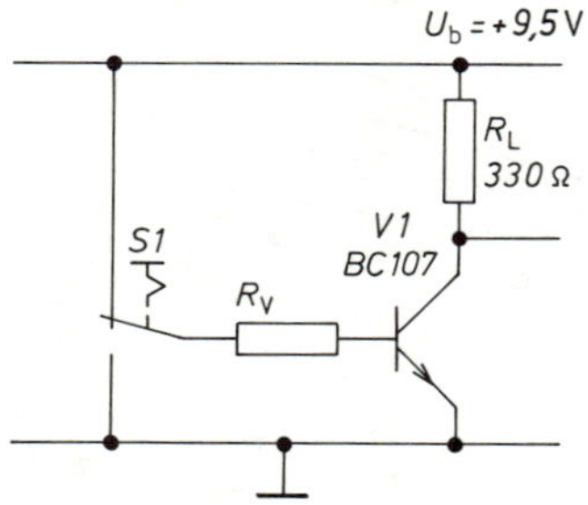

R_L = 330 Ω, U_b = 9,5 V
$\vartheta_{U\,max}$ = 25 °C
$\vartheta_{j\,max}$ = 175 °C (lt. Datenblatt)
R_{thJU} = 500 K/W (lt. Datenblatt)

Abb. 3.10 Schaltverstärker

Lösung Eintragen der Widerstandsgerade R_L in das Ausgangskennlinienfeld

$$I_C = \frac{9{,}5\ \text{V}}{330\ \Omega} = 28{,}8\ \text{mA}$$

Die Koordinaten zweier Punkte lauten:

$I_C = 28{,}8$ mA, $U_{CE} = 0$ V $\qquad$ $I_C = 0$ mA, $U_{CE} = 9{,}5$ V

Eintragen der Verlustleistungshyperbel in das Kennlinienfeld.

$$P_{tot} = \frac{\vartheta_{j\,max} - \vartheta_{U\,max}}{R_{thJU}} = \frac{175\ ^\circ\text{C} - 25\ ^\circ\text{C}}{500\ \text{K/W}} = 300\ \text{mW}$$

$$P_{tot} = U_{CE} \cdot I_C \qquad I_C = \frac{P_{tot}}{U_{CE}} = \frac{300\ \text{mW}}{U_{CE}}$$

U_{CE} in V	3	4	5	6	7	8	9	10	11	12
I_C in mA	100	75	60	50	43	37	33	30	27	25

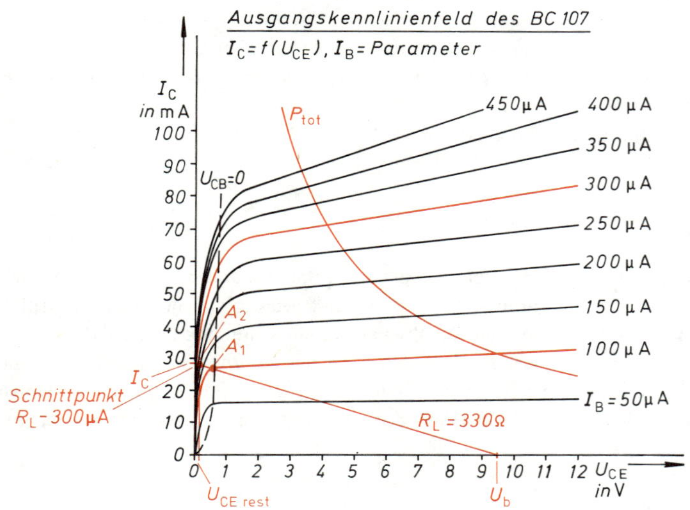

Abb. 3.11 Ausgangskennlinienfeld mit Arbeitsgerade R_L, Verlustleistungshyperbel P_{tot} und Arbeitspunkten für I_B = 100 µA und I_B = 300 µA

Da die Arbeitsgerade des Widerstandes R_L die Verlustleistungshyperbel P_{tot} an keiner Stelle schneidet, tritt auch keine Transistorüberlastung auf.
Der Arbeitspunkt A_1 an der Übersteuerungsgrenze ergibt sich als Schnittpunkt der Widerstandsgeraden R_L mit der gestrichelt eingetragenen Linie $U_{CB} = 0$. Dem Kennlinienfeld wird der Basisstrom $I_{Berf} \approx 100\ \mu A$ entnommen; die Kollektor-Emitter-Sättigungsspannung U_{CEsat} hat einen Wert von etwa 0,65 V. Der Basisstrom von 100 µA würde ausreichen, den Transistor durchzusteuern. Da aber Halbleiterbauelemente von ihren vom Hersteller veröffentlichten Werten erheblich abweichen können (Exemplarstreuungen) und außerdem noch Toleranzen bei den zur Schaltung verwendeten anderen Bauteilen berücksichtigt werden müssen, wird der aus dem Kennlinienfeld entnommene Basisstromwert, der zur Durchsteuerung bis zu U_{CEsat} ausreicht, um den Übersteuerungsfaktor (hier dreimal) vergrößert.

$$I_B = 3 \cdot I_{Berf} = 3 \cdot 100\ \mu A = 300\ \mu A$$

Dieser höhere Basisstromwert verringert die Kollektor-Emitter-Spannung auf $U_{CE\,rest} \approx 0{,}1$ V, die dem Kennlinienfeld entnommen werden kann. Der Betrieb im Übersteuerungsbereich sorgt damit nicht nur für ein sicheres Durchschalten, sondern verringert auch noch die am Transistor auftretende Verlustleistung. Nachdem der Basisstrom bekannt ist, läßt sich der Vorwiderstand R_V berechnen.

$$R_V = \frac{U_b - U_{BE}}{I_B} = \frac{9{,}5\ V - 0{,}7\ V}{300 \cdot 10^{-6}\ A} = 29{,}3\ k\Omega$$

Aus der E-12-Reihe wird der Wert für R_V zu 27 kΩ gewählt. Siehe auch Fußnote auf Seite 23.

Die Basis-Emitter-Spannung U_{BE} beträgt bei Siliziumtransistoren etwa 0,7 V. Zwar fällt U_{BE} mit steigender Temperatur und nimmt mit steigendem Basisstrom geringfügig zu, soll aber hier, wie auch an anderen Stellen, als konstant betrachtet werden.

Im eingeschalteten Zustand liegt an R_L die Spannung:

$$U_{RL} = U_b - U_{CE\,rest} = 9{,}5\ V - 0{,}1\ V = 9{,}4\ V$$

Es fließt ein Kollektorstrom I_C von:

$$I_C = \frac{U_b - U_{CE\,rest}}{R_L} = \frac{9{,}5\ V - 0{,}1\ V}{330\ \Omega} = 28{,}5\ mA$$

Durch den gegenüber der Rechnung abweichend gewählten Vorwiderstand R_V ergibt sich als Basisstrom:

$$I_B = \frac{U_b - U_{BE}}{R_V} = \frac{9{,}5\ V - 0{,}7\ V}{27 \cdot 10^3\ \Omega} = 0{,}326\ mA$$

Die Schalterbelastung liegt damit bei 0,326 mA. Geschaltet werden 28,5 mA. Es folgt daraus eine Stromverstärkung V_i der Schaltstufe von:

$$V_i = \frac{I_C}{I_B} = \frac{28{,}5\ mA}{0{,}326\ mA} = 87{,}4$$

Im ausgeschalteten Zustand beträgt die Basis-Emitter-Spannung null Volt, der Basisstrom null Ampere. Folglich kann auch kein Kollektorstrom mehr fließen. Die verbleibenden Restströme bleiben unberücksichtigt.

3.1.4 Schaltzeiten von Transistoren

Bedingt durch die endliche Laufzeit der Ladungsträger in der Basiszone und durch die immer vorhandene Basis-Kollektor- und Basis-Emitter-Kapazität tritt eine Verformung und Verzögerung des Ausgangsimpulses gegenüber dem Eingangsimpuls auf.

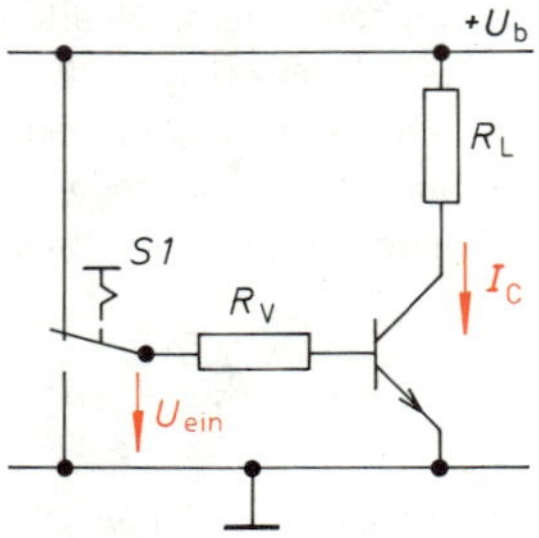

Abb. 3.12 Meßschaltung

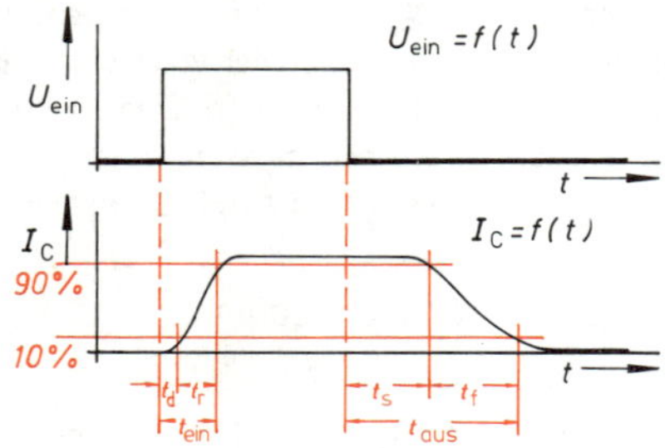

Abb. 3.13 Zeitlicher Verlauf des Kollektorstroms, bezogen auf den steuernden Eingangsimpuls

Aus Abb. 3.13 lassen sich die Schaltzeiten ablesen:

t_d = Verzögerungszeit (delay time)
t_r = Anstiegszeit (rise time)
$t_{ein} = t_d + t_r$ = Einschaltzeit
t_s = Speicherzeit (storage time)
t_f = Abfallzeit (fall time)
$t_{aus} = t_s + t_f$ = Ausschaltzeit

Die einzelnen Schaltzeiten hängen sowohl vom Transistortyp als auch von der verwendeten Schaltung ab. Um zu vergleichbaren Aussagen zu kommen, geben die Transistorhersteller für ihre Schalttransistoren Meßschaltungen zur Aufnahme der Schaltzeiten an.
Die Einschaltzeit t_{ein} kann wesentlich verkürzt werden, wenn der Transistor stark übersteuert wird. Die Übersteuerung führt aber zu einer Erhöhung der Speicherzeit t_s und damit auch der Ausschaltzeit. Um zu einer kürzeren Ausschaltzeit zu kommen, ist es erforderlich, zunächst die Sättigungsspeicherladung durch einen hohen Entladestrom abzubauen, oder es muß verhindert werden, daß der Transistor über $U_{CE\,sat}$ hinaus durchgesteuert wird (ungesättigte Logik).
Ein kapazitives Überbrücken des Vorwiderstandes durch einige hundert pF verringert durch erhebliches Übersteuern den Einschaltvorgang und verringert ebenfalls die Ausschaltzeit, weil die Kondensatorspannung ein schnelles Ausräumen der Basisladung einleitet.

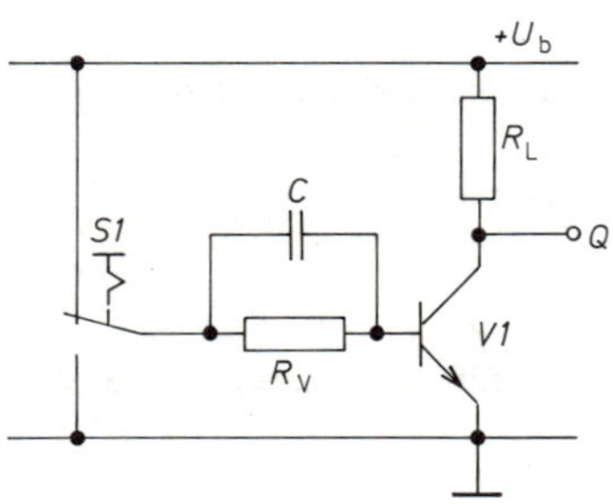

Abb. 3.14 Schaltverstärker mit kapazitiv überbrücktem Vorwiderstand

Die Werte für die Einschaltzeit und die stets größere Transistorausschaltzeit können den Datenblättern der Transistorhersteller entnommen werden.

3.2 Die NICHT-Stufe

Weitere Bezeichnungen sind: Umkehrstufe, Inverterstufe[1]), Inverter und engl. NOT-Gate, Negator. Die Aufgabe der NICHT-Stufe besteht darin, ein Eingangssignal zum Ausgang hin umzukehren (verneinen, invertieren, negieren), d. h. der Ausgang nimmt dann H-Pegel an, wenn der Eingang auf L-Pegel liegt und umgekehrt. (Die Definitionen für H = High und L = Low sind dem Kapitel 2, Signalsysteme und Signalsprache zu entnehmen.)

3.2.1 NICHT-Stufe in Kontakttechnik

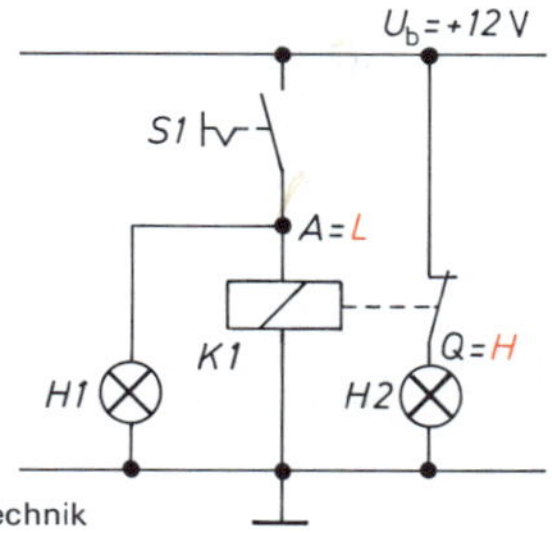

Abb. 3.15 Signalumkehr in Kontakttechnik

In der in Abb. 3.15 dargestellten Ruhelage des Relais K1 liegt an A keine Spannung, der Ausgang Q führt 12 V gegen Schaltungsnull (Masse). Nach Betätigen des Schalters S1 wird das Relais K1 erregt, A geht auf 12 V und durch den vom Relais geöffneten Kontakt fällt Q auf 0 V.
Wenn H2 leuchtet, leuchtet H1 nicht; wenn H1 leuchtet, leuchtet H2 nicht.

Für die NICHT-Stufe gilt folgende Definition:

Die Variable[2]) Q am Ausgang nimmt nur dann den Wert 0 an, wenn die Variable A am Eingang den Wert 1 hat, und umgekehrt.

3.2.2 NICHT-Stufe in kontaktloser Technik

(Widerstands-Transistor-Logik = RTL)

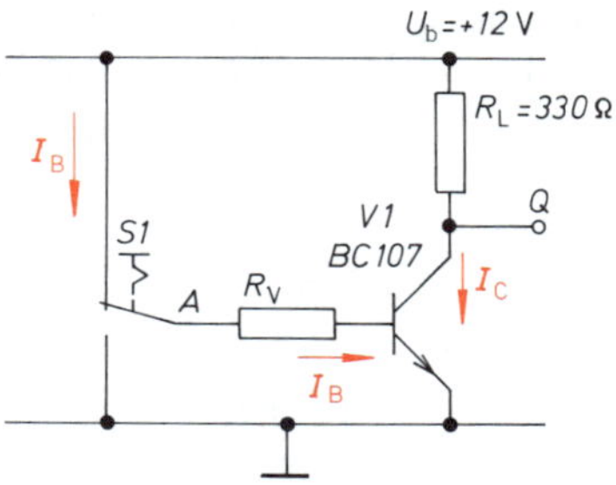

$U_{CE\,rest} \approx 0{,}1$ V
$U_{BE} \approx 0{,}7$ V

Abb. 3.16 NICHT-Stufe in RTL

Der bereits behandelte Schaltverstärker stellt eine NICHT-Stufe dar. In der gezeichneten Schalterstellung führt der Eingang A H-Pegel, der Transistor erhält Basisstrom und die Kollektor-Emitter-Restspannung geht auf etwa 0,1 V, so daß Q L-Pegel annimmt. Nach Betätigen des Schalters nimmt A L-Pegel an, der Basisstrom hört auf zu fließen, folglich auch der Kollektorstrom. Der Spannungsabfall an R_L wird Null, wodurch Q auf +12 V oder H-Pegel geht. Die NICHT-Stufe invertiert das Eingangssignal.

---

[1]) invertere (lat.) = umkehren
[2]) variable (lat., frz.) = veränderlich; als Variable bezeichnet man alle Größen, die veränderliche Werte annehmen können

Berechnung des Vorwiderstandes R_V, wenn der verwendete Transistor eine Gleichstromverstärkung von $B = 100$ hat.

$$I_C = \frac{U_b - U_{CE\,rest}}{R_C} = \frac{12\ V - 0{,}1\ V}{330\ \Omega} = 36\ mA$$

$$I_{B\,erf} = \frac{I_C}{B} = \frac{36 \cdot 10^{-3}\ A}{100} = 0{,}36\ mA$$

stellen den Mindestbasisstrom dar.
Bei dreifacher Übersteuerung ($ü = 3$) ergibt sich als Basisstrom:

$$I_B = 3 \cdot I_{B\,erf} = 3 \cdot 0{,}36\ mA = 1{,}08\ mA$$

$$R_V = \frac{U_B - U_{BE}}{I_B} = \frac{12\ V - 0{,}7\ V}{1{,}08 \cdot 10^{-3}\ A} = 10{,}46\ k\Omega,\ \text{gewählt}\ 10\ k\Omega$$

3.2.3 Wertetabelle, Schaltzeichen und Impulsdiagramm der NICHT-Stufe

A	Q
0	1
1	0

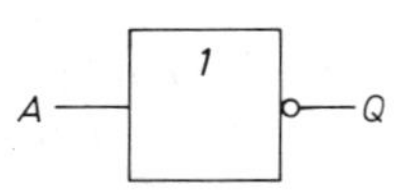

Abb. 3.17 Wertetabelle und Schaltzeichen der NICHT-Stufe

A bezeichnet man als freie Variable, da sie frei gewählt werden kann. Q stellt die abhängige Variable dar. Im Schaltzeichen der NICHT-Stufe drückt der Kreis im Ausgang die Negation aus. Der Signalfluß wird im allgemeinen von links nach rechts gehend betrachtet. Die schaltalgebraische Gleichung der NICHT-Stufe lautet

$\bar{A} = Q$ oder
$A = \bar{Q}$

Die zur NICHT-Stufe gehörende Wertetabelle (Wahrheitstabelle) enthält in der ersten Spalte die beiden nur möglichen Signalwerte 0 (L) und 1 (H). In der zweiten Spalte erscheinen die sich ergebenden, also abhängigen Signalwerte.

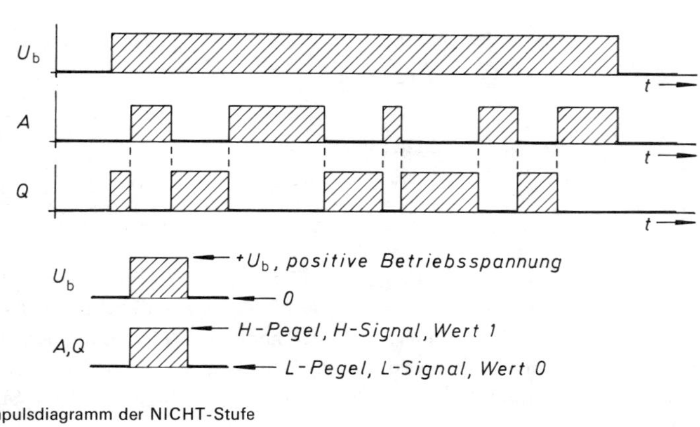

Abb. 3.18 Impulsdiagramm der NICHT-Stufe

Das Impulsdiagramm zeigt die zeitliche Folge eines beliebigen Signalverlaufs an A und von A abhängig den Signalverlauf am Ausgang Q.

3.2.4 Belastung der NICHT-Stufe

3.2.4.1 Bei H-Pegel am Ausgang

Der Ausgang der NICHT-Stufe sei durch zehn gleichartige Stufen mit einem Eingangswiderstand von je 10 kΩ belastet (Annahme).

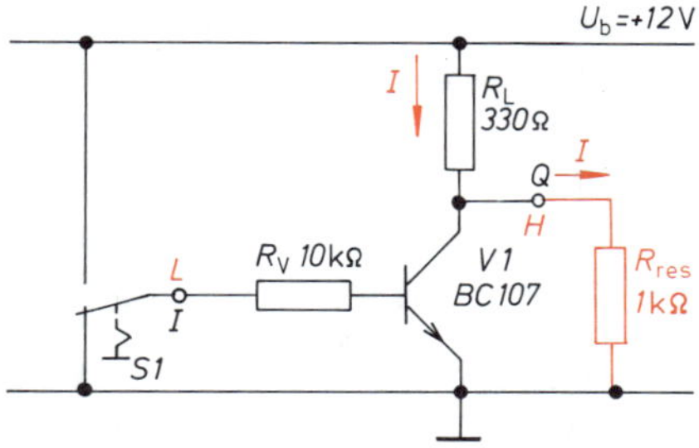

10 Eingangswiderstände zu je 10 kΩ parallelgeschaltet ergeben resultierend 1 kΩ

Abb. 3.19 Belastete NICHT-Stufe bei H-Pegel am Ausgang

Der Transistor ist gesperrt. Es ist zu prüfen, ob der an Q liegende Pegel noch dem geforderten H-Signalpegel genügt. Der Spannungsbereich für den H-Pegel in 12-V-Logik beträgt 8...12 V (Annahme).

$$\frac{U_{QH}}{U_b} = \frac{R_{res}}{R_L + R_{res}}$$

$$U_{QH} = \frac{U_b \cdot R_{res}}{R_L + R_{res}} = \frac{12\ \text{V} \cdot 1\ \text{k}\Omega}{0{,}33\ \text{k}\Omega + 1\ \text{k}\Omega} = \frac{12\ \text{V}}{1{,}33} = 9{,}02\ \text{V}$$

U_{QH} = Ausgangsspannung gegen Masse bei H-Signal
U_b = Betriebsspannung
R_L = Lastwiderstand, Kollektorwiderstand
R_{res} = Resultierender Lastwiderstand

Mit 9,02 V ist die untere Grenze für das 1-Signal noch nicht erreicht, so daß die zehn an die NICHT-Stufe angeschlossenen Gatter eindeutig mit H-Pegel versorgt werden können.

3.2.4.2 Bei L-Pegel am Ausgang

Der Ausgang des Inverters sei durch zehn gleichartige Stufen mit einem Eingangswiderstand von je 10 kΩ belastet. Die Eingangswiderstände liegen zwischen der Ausgangsklemme Q und der positiven Betriebsspannung, eine Belastung, wie sie z. B. durch UND-Stufen in DTL auftritt, wie noch gezeigt wird (Seite 39).

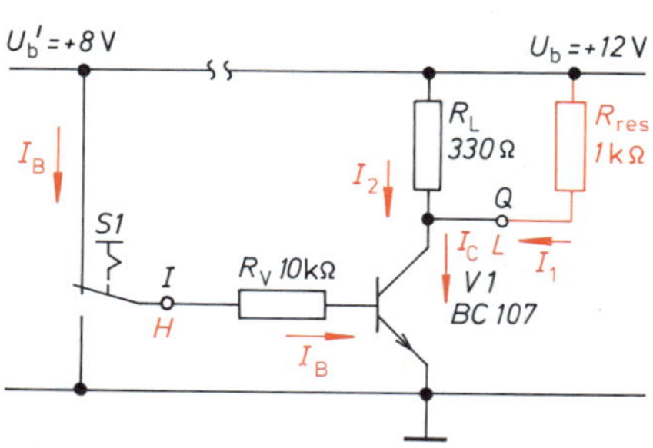

10 Eingangswiderstände zu je 10 kΩ parallelgeschaltet ergeben resultierend 1 kΩ

Abb. 3.20 Belastete NICHT-Stufe bei L-Pegel am Ausgang

Der gesamte Kollektorwiderstand ergibt sich jetzt aus der Parallelschaltung der Widerstände R_L mit R_{res}:

$$R_{ges} = \frac{R_L \cdot R_{res}}{R_L + R_{res}} = \frac{0{,}33\ \text{k}\Omega \cdot 1\ \text{k}\Omega}{0{,}33\ \text{k}\Omega + 1\ \text{k}\Omega} = \frac{0{,}33\ \text{k}\Omega}{1{,}33} = 248\ \Omega$$

Der Transistor wird unter der Voraussetzung, daß die Kollektor-Emitter-Restspannung noch 0,1 V beträgt, mit folgendem Kollektorstrom belastet:

$$I_C = \frac{U_b - U_{CE\,rest}}{R_C} = \frac{12\text{ V} - 0{,}1\text{ V}}{248\ \Omega} = 48\text{ mA}$$

Ohne Last betrug der Kollektorstrom 36 mA. Wird angenommen, daß der Transistor-Eingang nur mit 8 V, der unteren Grenze für den H-Signalpegel, angesteuert wird, kann noch ein Basisstrom von

$$I_B = \frac{U_b' - U_{BE}}{R_V} = \frac{8\text{ V} - 0{,}7\text{ V}}{10 \cdot 10^3\ \Omega} = 0{,}73\text{ mA} \quad \text{fließen.}$$

Bei einer angenommenen Stromverstärkung von $B = 100$ wäre ein Basisstrom von

$$I_B = \frac{I_C}{B} = \frac{48\text{ mA}}{100} = 0{,}48\text{ mA} \quad \text{erforderlich.}$$

Der tatsächlich fließende Basisstrom von 0,73 mA reicht noch aus, den Transistor 1,5fach zu übersteuern, wenn keine Exemplarstreuung vorliegt. Da auch der Kollektorstrom mit 48 mA unter dem für den BC 107 angegebenen Grenzwert von 100 mA liegt, wird von der NICHT-Stufe die Belastung durch 10 weitere Stufen gefahrlos übernommen.

Die Ausgangsbelastbarkeit einer Stufe bezeichnet man auch mit ihrem Fan-out FO[1]). Ein Fan-out von z. B. 10 bedeutet, daß der Ausgang einer Stufe gleichzeitig 10 Eingänge von gleichen oder verschiedenen Gattern der gleichen Logik-Familie steuern kann.

3.2.5 Übertragungskennlinie der NICHT-Stufe

Die Übertragungskennlinie einer Stufe gibt Aufschluß über ihr typisches Verhalten bezüglich der Abhängigkeit der Ausgangsspannung von der Eingangsspannung.

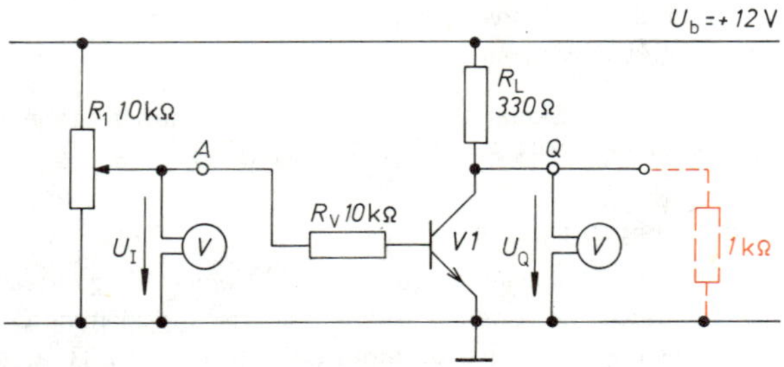

Abb. 3.21 Schaltung zur Aufnahme der Übertragungskennlinie

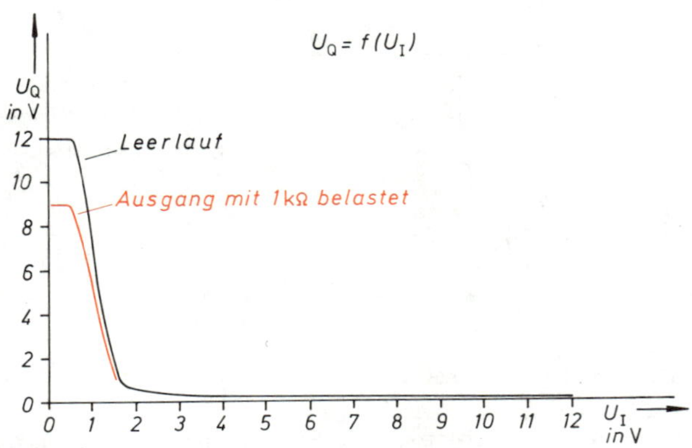

Abb. 3.22 Übertragungskennlinie

[1]) Fan-out (engl.) = Ausgangsfächer, Ausgangsbelastbarkeit

Nach Anstieg der Eingangsspannung ändert sich zunächst die Ausgangsspannung noch nicht, bis sie nach Einsetzen des Basisstromes verhältnisgleich mit der Eingangsspannung fällt (Analogbereich), um dann nach weiterer Erhöhung über die Sättigung in die Übersteuerung zu gelangen. Die verbleibende Restspannung liegt bei 0,1 V und ist in weitem Bereich eingangsspannungsunabhängig.
Wie der Übertragungskennlinie weiter entnommen werden kann, darf die Spannung des Eingangssignals an A den Wert 0,5 V nicht überschreiten, wenn der Ausgang sicher auf H-Pegel mit einem Spannungswert >8 V bleiben soll. Eine Eingangsspannung über 4 V steuert den Ausgang bereits sicher in den L-Zustand. Die gegen Schaltungsnull geschaltete Ausgangsbelastung beeinflußt nur den H-Zustand an Q.

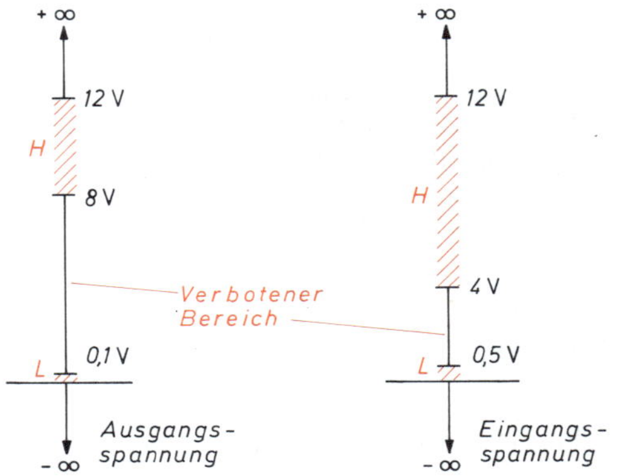

Abb. 3.23 Spannungsbereiche für H und L

Die grafische Darstellung (Abb. 3.23) soll der besseren Veranschaulichung der Spannungsgrenzwerte der H- und L-Bereiche für den Ausgang und den Eingang einer NICHT-Stufe dienen.
Der L-Bereich ist sehr viel kleiner als der H-Bereich und dürfte damit wesentlich empfindlicher gegen etwaige Störimpulse sein als der H-Bereich (siehe Abschnitt 4.1.6 Störsicherheit).

3.3 Die ODER-Stufe

Weitere Bezeichnungen sind: ODER-Verknüpfungsglied, ODER-Gatter, logische ODER-Schaltung und engl. OR-Gate.
Die ODER-Stufe dient der ODER-Verknüpfung mehrerer Eingangssignale.

3.3.1 ODER-Stufe in Kontakttechnik

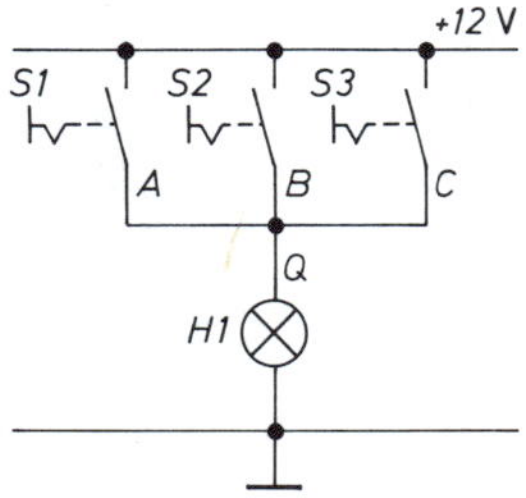

Abb. 3.24

A, B und C sind die freien Variablen, da ihr Signalwert (Pegel) mit Hilfe der Schalter S1, S2 oder S3 frei gewählt werden kann. Q als Ausgang der ODER-Verknüpfung ist die abhängige Variable.

An der Lampe H1 liegt immer dann eine Spannung, wenn Schalter S1 oder Schalter S2 oder Schalter S3 oder zwei oder drei Schalter geschlossen sind.

Für die ODER-Verknüpfung gilt folgende Definition:

Die Variable Q am Ausgang nimmt immer dann den Wert 1 an, wenn an mindestens einem Eingang A oder B oder C die Variable den Wert 1 hat.

3.3.2 Wertetabelle, Schaltzeichen und Impulsdiagramm der ODER-Stufe

Die Darstellung der mathematischen Beziehung zwischen unabhängigen und abhängigen Variablen erfolgt in der Wahrheits- oder Wertetabelle. In ihr sind alle möglichen Kombinationen der unabhängigen Eingangsvariablen aufgeführt.

C	B	A	Q
0	0	0	0
0	0	1	1
0	1	0	1
0	1	1	1
1	0	0	1
1	0	1	1
1	1	0	1
1	1	1	1

Aus der Wertetabelle ersieht man, daß der Ausgang Q nur dann den Wert 0 annimmt, wenn alle Eingänge gleichzeitig den Wert 0 führen.

Abb. 3.25 Wertetabelle der ODER-Stufe

Die schaltalgebraische Gleichung der ODER-Verknüpfung mit drei freien Variablen lautet:

$$A \vee B \vee C = Q$$

Das Operationszeichen $\vee$ ist das Kurzzeichen für: oder.[1])

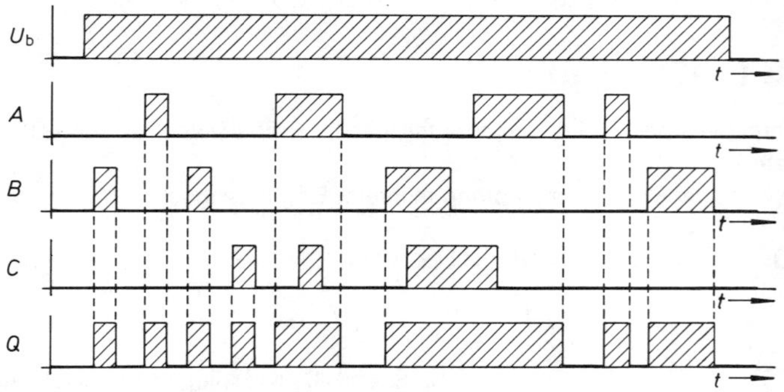

Abb. 3.26 Impulsdiagramm der ODER-Stufe mit drei Eingängen

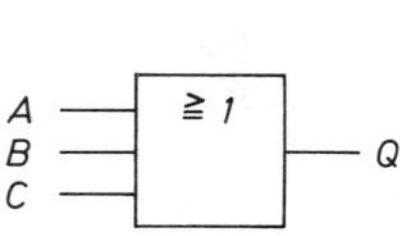

Abb. 3.27 Schaltzeichen des ODER-Gatters mit drei Eingängen

≧1 bedeutet, daß mindestens 1 Eingang den Wert 1 führen muß bzw. mehrere Eingänge den Wert 1 führen können, damit am Ausgang Q der Wert 1 auftreten kann.

---

[1]) vel (lat.) = oder.

3.3.3 ODER-Stufe in kontaktloser Technik (Dioden-Widerstands-Logik = DRL)[1])

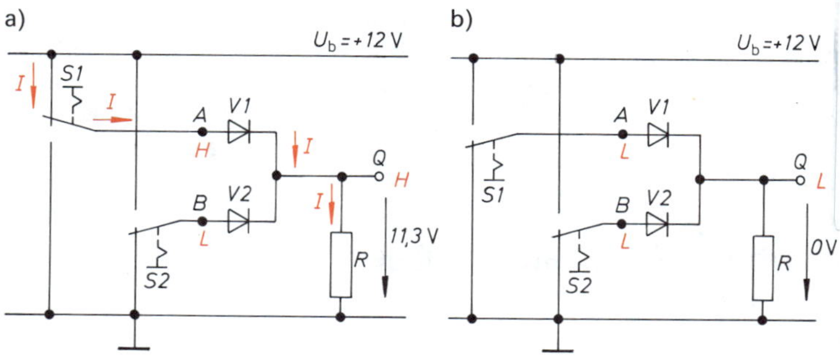

Abb. 3.28 ODER-Verknüpfung in DRL. a) Ausgang führt H-Pegel b) Ausgang führt L-Pegel

Durch Verwenden von weitgehend trägheitslosen Schaltdioden erhält man ein schnell schaltendes ODER-Gatter. Da eine Verstärkerstufe fehlt, spricht man von einem passiven Gatter.
Nach Abb. 3.28a) fließt über S 1 und V 1 ein Strom in den Widerstand R, an dem dann die Betriebsspannung abzüglich der Diodenschwellenspannung liegt. Die Diode V 2 verhindert, daß über den Schalter S 2 Strom zurück nach Schaltungsnull abfließen kann.
Befinden sich beide Schalter in der in Abb. 3.28b) gezeigten Position, führt der Ausgang L-Pegel.
Die ODER-Bedingung ist also bereits erfüllt, wenn nur ein Eingang H-Pegel annimmt.

3.3.4 Aktives ODER-Gatter (Dioden-Transistor-Logik = DTL)

Um im Vergleich zum Dioden-Widerstands-Gatter zu einer geringeren Schalterbelastung und einer höheren Ausgangsbelastung zu kommen, ist eine Verstärkung erforderlich; sie wird von NICHT-Stufen übernommen. Da eine NICHT-Stufe den logischen Zustand ändert bzw. negiert, werden dem DRL-ODER-Gatter zwei NICHT-Stufen nachgeschaltet.

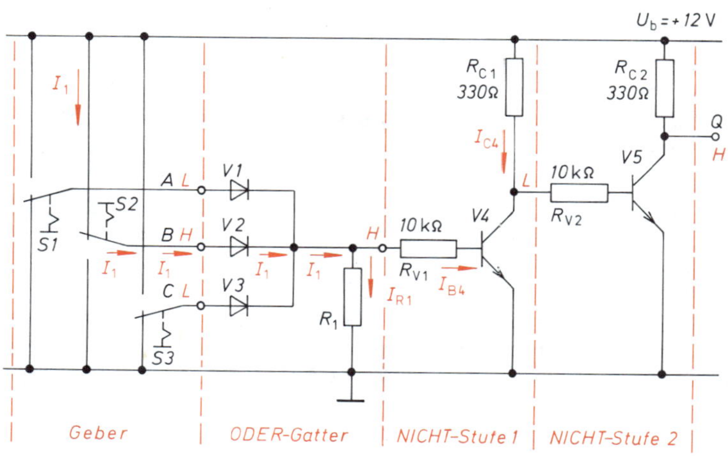

Abb. 3.29 Aufbau der ODER-Stufe in DTL

Nach Abb. 3.29 erhält der Eingang B H-Pegel. Es kommt zu einem Basisstrom über V 2 und R_{V1}; die beiden anderen Dioden sperren. Der Transistor V 4 schaltet durch, sein Kollektor führt L-Pegel. Dadurch fehlt für V 5 die Ansteuerung, und folglich fließt kein Kollektorstrom I_{C5}, so daß der Ausgang Q H-Pegel annimmt.

---

[1]) R von resistor (engl.) = Widerstand, DRL = Dioden-Widerstands-Logik

3.4 Die NOR-Stufe

Weitere Bezeichnungen sind: NICHT-ODER-Stufe, NOR-Verknüpfungsglied, NOR-Gatter, logische NOR-Schaltung und englisch NOR-Gate. Das Kunstwort NOR kommt durch den Zusammenschluß der englischen Wörter *not* (nicht) und *or* (oder) zustande.
Die NOR-Stufe dient der ODER-Verknüpfung mehrerer Eingangssignale mit anschließender Signalumkehr.

3.4.1 NOR-Stufe in Kontakttechnik

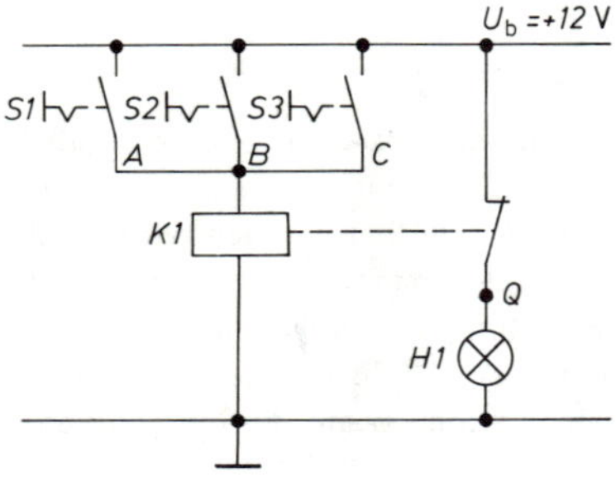

Abb. 3.30

Die Lampe H1 leuchtet nicht, wenn Schalter S1 oder S2 oder S3 oder wenn mehrere Schalter geschlossen sind.

Für die NOR-Verknüpfung gilt folgende Definition:

Die Variable Q am Ausgang nimmt den Wert 0 an, wenn mindestens eine Variable A oder B oder C den Wert 1 hat.

3.4.2 Wertetabelle, Schaltzeichen und Impulsdiagramm der NOR-Stufe

C	B	A	Q
0	0	0	1
0	0	1	0
0	1	0	0
0	1	1	0
1	0	0	0
1	0	1	0
1	1	0	0
1	1	1	0

Aus der Wertetabelle ersieht man, daß der Ausgang Q nur dann den Wert 1 annimmt, wenn alle Eingänge gleichzeitig den Wert 0 führen.

Abb. 3.31 Wertetabelle der NOR-Stufe

Die schaltalgebraische Gleichung der NOR-Verknüpfung mit drei freien Variablen lautet:

$$(\overline{A \vee B \vee C}) = Q$$

Der Querstrich bedeutet die Negation des Verknüpfungsergebnisses der Klammer.

Die NOR-Stufe kann man sich aus einer ODER-Stufe kombiniert mit einer NICHT-Stufe aufgebaut vorstellen.

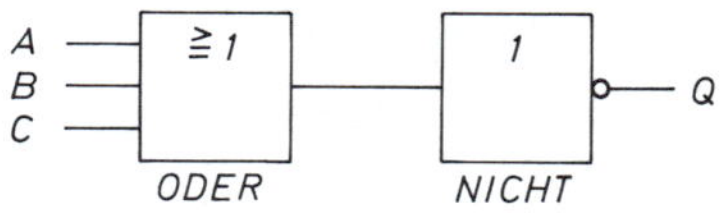

Abb. 3.32

Diese beiden Stufen werden zu einem Baustein zusammengefaßt.

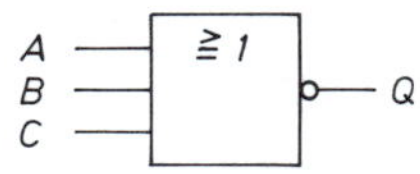

Abb. 3.33 Schaltzeichen des NOR-Gatters

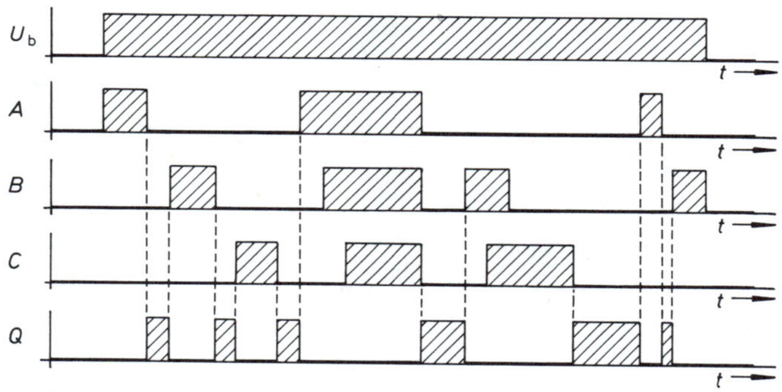

Abb. 3.34 Impulsdiagramm der NOR-Stufe

3.4.3 Aktive NOR-Stufe

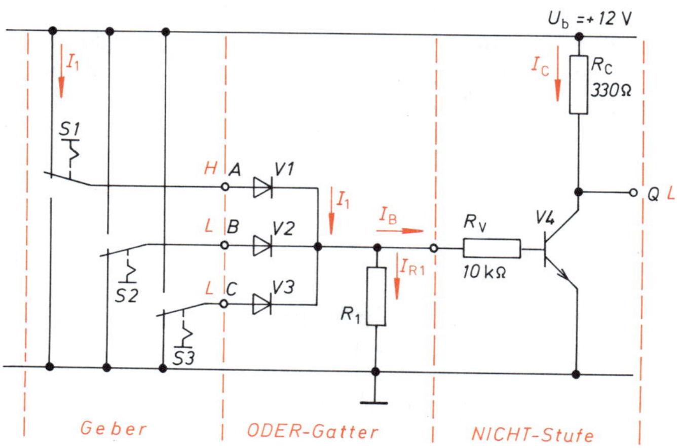

Abb. 3.35 Aufbau der NOR-Stufe in DTL

Aufbau und Wirkungsweise der NOR-Stufe entsprechen der ODER-Stufe, wenn man dort die zweite NICHT-Stufe fortläßt.

3.5 Die UND-Stufe

Weitere Bezeichnungen sind: UND-Verknüpfungsglied, UND-Gatter, logische UND-Schaltung und englisch AND-Gate.
Die UND-Stufe dient der UND-Verknüpfung mehrerer Eingangssignale

3.5.1 UND-Stufe in Kontakttechnik

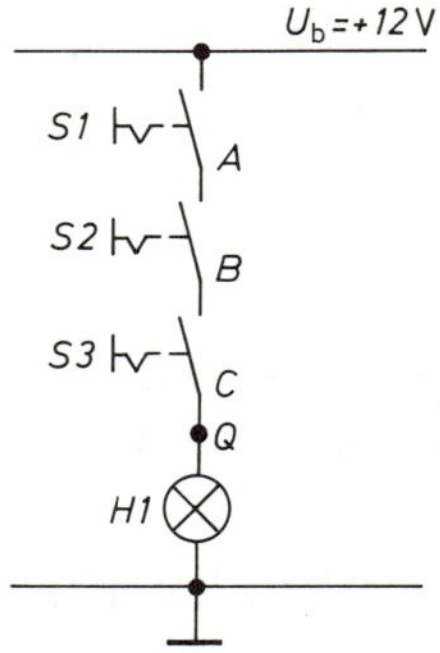

Abb. 3.36

An der Lampe H1 liegt nur dann eine Spannung, wenn der Schalter S1 und der Schalter S2 und der Schalter S3 geschlossen sind.

Für die UND-Verknüpfung gilt folgende Definition:

Die Variable Q am Ausgang nimmt nur dann den Wert 1 an, wenn die Variablen an allen Eingängen A, B und C den Wert 1 haben.

3.5.2 Wertetabelle, Schaltzeichen und Gleichung der UND-Stufe

C	B	A	Q
0	0	0	0
0	0	1	0
0	1	0	0
0	1	1	0
1	0	0	0
1	0	1	0
1	1	0	0
1	1	1	1

Aus der Wertetabelle ersieht man, daß der Ausgang Q nur dann den Wert 1 annimmt, wenn alle Eingänge gleichzeitig den Wert 1 führen.

Abb. 3.37 Wertetabelle der UND-Stufe

Die schaltalgebraische Gleichung für die UND-Verknüpfung lautet:

$$A \wedge B \wedge C = Q$$

Das Operationszeichen $\wedge$ ist das Kurzzeichen für: und.

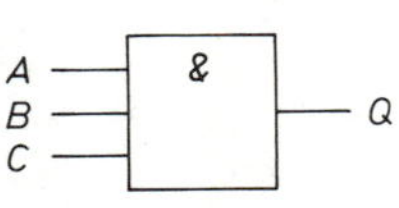

Abb. 3.38 Schaltzeichen des UND-Gatters mit drei Eingängen

3.5.3 UND-Stufe in kontaktloser Technik

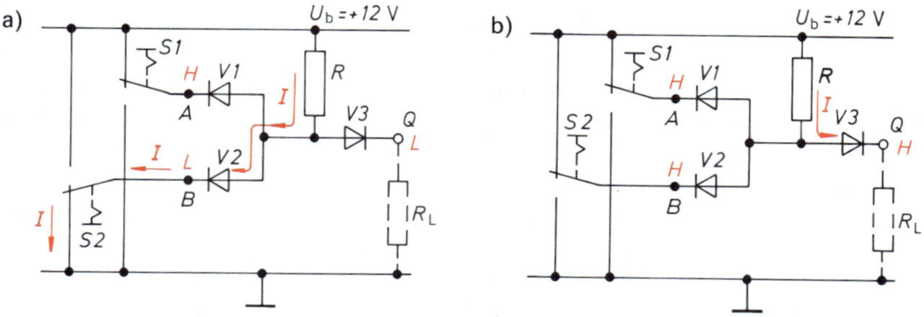

Abb. 3.39 UND-Verknüpfung mit Schaltdioden (DRL)
a) Ausgang führt L-Pegel b) Ausgang führt H-Pegel

Nach Abb. 3.39a) fließt über den Widerstand R, die Diode V2 und den Schalter S2 Strom nach Schaltungsnull. Die Anode der Diode V2 liegt damit auf +0,7 V, und der Ausgang Q geht auf L-Pegel. Die Diode V1 liegt in Sperrichtung, sie bleibt stromlos. Die Abb. 3.39b) zeigt beide Schalter in einer Position, nach der die Gattereingänge A und B H-Pegel erhalten. Die Dioden V1 und V2 sperren. Über den Widerstand R und die Diode V3 fließt Strom in einen nachgeschalteten Widerstand. Der Ausgang Q nimmt H-Pegel an. Die UND-Bedingung ist also nur erfüllt, wenn beide Schalter H-Pegel auf die Eingänge A und B legen. Da eine Verstärkerstufe fehlt, spricht man von einem passiven UND-Gatter.

Dieses Gatter ist mit einem Widerstand R_L gegen $+U_b$ nicht belastbar.

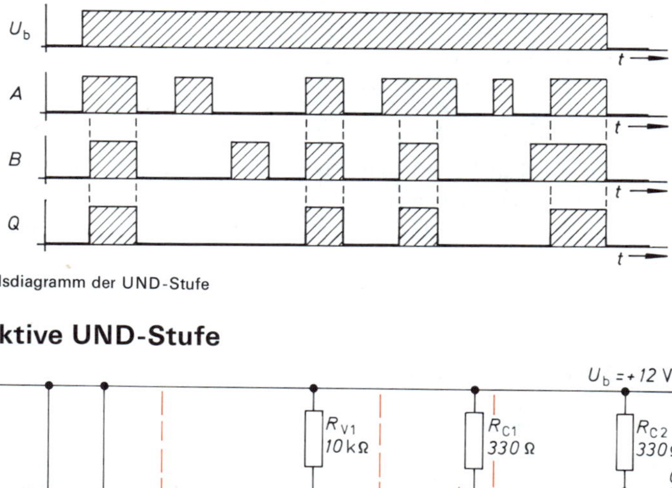

Abb. 3.40 Impulsdiagramm der UND-Stufe

3.5.4 Aktive UND-Stufe

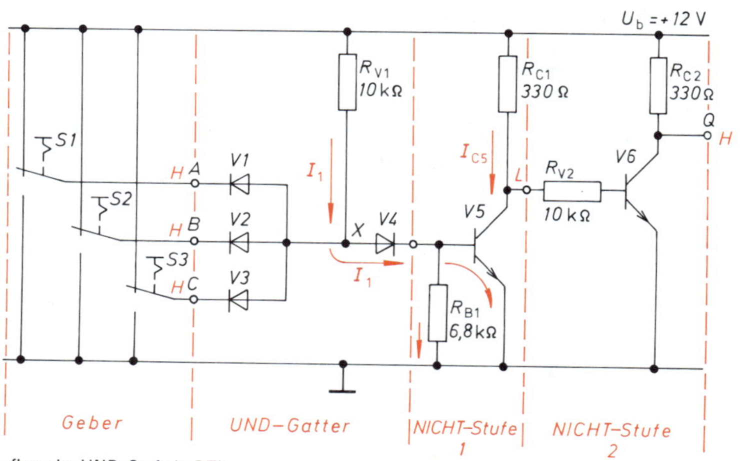

Abb. 3.41 Aufbau der UND-Stufe in DTL

Um im Vergleich zum Dioden-Widerstandsgatter zu einer höheren Ausgangsbelastung zu kommen, ist eine Verstärkung erforderlich. Da eine NICHT-Stufe den logischen Zustand des Gatters ändert, müssen dem UND-Gatter zwei NICHT-Stufen nachgeschaltet werden. Nach Abb. 3.41 gelangt über die drei Schalter 1-Signal auf die Eingänge A, B und C. Die Dioden V1, V2 und V3 sperren und über R_{V1} fließt Basisstrom in den Transistor V5. V5 schaltet durch, sein Kollektor führt 0-Signal. Damit erhält V6 keinen Basisstrom, und sein Kollektor wie auch der Ausgang Q gehen auf 1-Signal. Wird ein Eingang des UND-Gatters auf Schaltungsnull gelegt, fließt über R_{V1} und die zugehörige Diode Strom, der Verbindungspunkt x geht auf +0,7 V. Damit V5 in diesem Fall nicht angesteuert wird, ist die Diode V4 vorgesehen[1]). Bei Schaltern mit ungünstig hohem Übergangswiderstand kann V4 auch durch eine Z-Diode ersetzt werden.
Durch den Einsatz einer Z-Diode mit einer Zenerspannung von z. B. 2,2 V wird erst bei einer Eingangsspannung an A von 2,2 V oder darüber der Transistor V5 durchsteuern. Der Bereich für das 0-Signal ist damit erweitert worden, und trotz eines „hochohmigen" Schalters mit dem Übergangswiderstand $R_{ü}$ kann eindeutig geschaltet werden.

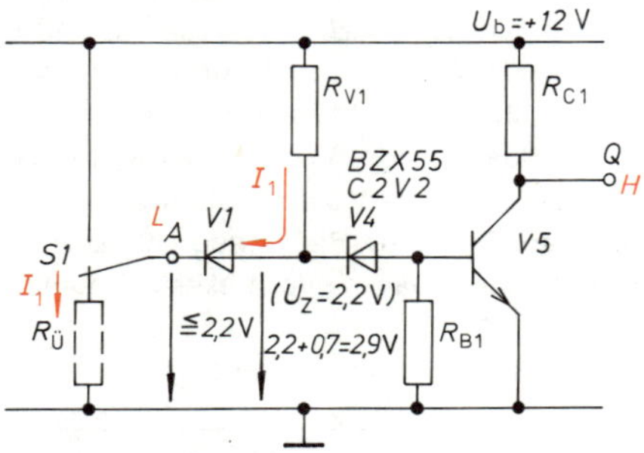

Abb. 3.42 Schalter mit Übergangswiderstand $R_{ü}$

3.6 Die NAND-Stufe

Weitere Bezeichnungen sind: NICHT-UND-Stufe, NAND-Verknüpfungsglied, NAND-Gatter, logische NAND-Schaltung und englisch NAND-Gate.
Das Kunstwort NAND kommt durch den Zusammenschluß der englischen Wörter *not* (nicht) und *and* (und) zustande.
Die NAND-Stufe dient der UND-Verknüpfung mehrerer Eingangssignale mit anschließender Signalumkehr.

3.6.1 NAND-Stufe in Kontakttechnik

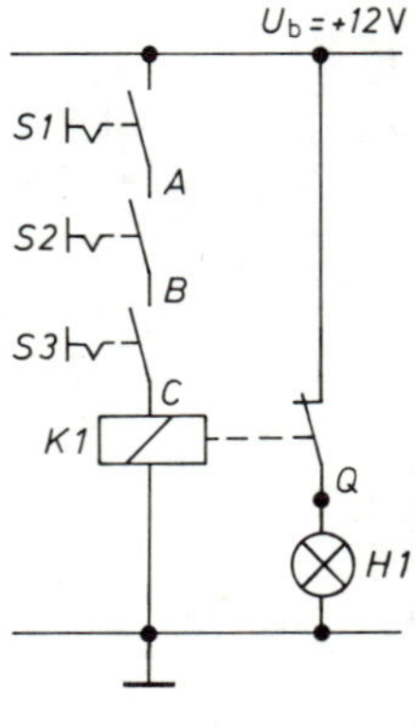

Abb. 3.43

Die Lampe leuchtet nicht, wenn die Schalter S1 und S2 und S3 gleichzeitig geschlossen werden.

Für die NAND-Verknüpfung gilt folgende Definition:

Die Variable Q am Ausgang nimmt nur dann den Wert 0 an, wenn die Variablen A und B und C den Wert 1 haben. Führt eine Variable am Eingang den Wert 0, liegt am Ausgang der Wert 1.

[1]) Der Schwellenspannungswert der Diode V4 von 0,7 V hebt das Potential des Schaltpunktes x auf +1,4 V an.

3.6.2 Wertetabelle, Schaltzeichen und Gleichung der NAND-Stufe

C	*B*	*A*	*Q*
0	0	0	1
0	0	1	1
0	1	0	1
0	1	1	1
1	0	0	1
1	0	1	1
1	1	0	1
1	1	1	0

Aus der Wertetabelle ersieht man, daß der Ausgang Q *nur* dann den Wert 0 annimmt, wenn alle Eingänge gleichzeitig den Wert 1 führen.

Abb. 3.44 Wertetabelle der NAND-Stufe

Die NAND-Stufe kann man sich aus einer UND-Stufe kombiniert mit einer NICHT-Stufe aufgebaut vorstellen.

Abb. 3.45

Diese beiden Stufen werden zu einem Baustein zusammengefaßt.

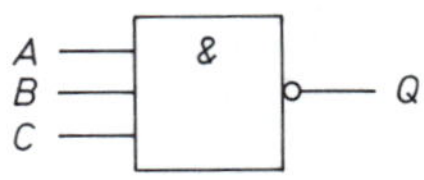

Abb. 3.46 Schaltzeichen des NAND-Gatters

3.6.3 NAND-Stufe in kontaktloser Technik

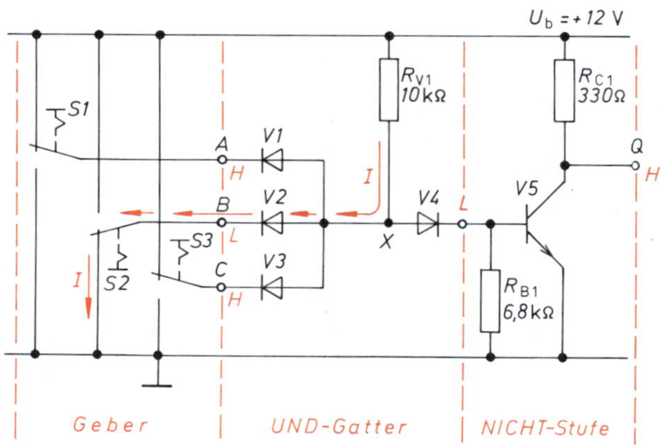

Abb. 3.47 Aufbau der NAND-Stufe in DTL

Aufbau und Wirkungsweise der NAND-Stufe entsprechen der aktiven UND-Stufe, wenn man bei ihr die zweite NICHT-Stufe fortläßt.

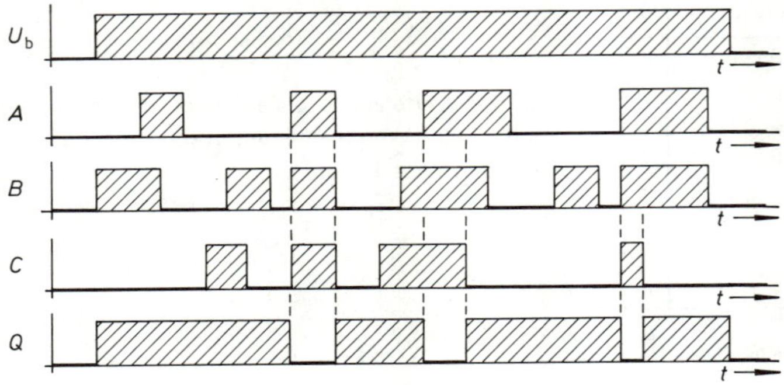

Abb. 3.48 Impulsdiagramm der NAND-Stufe mit drei Eingängen

3.7 Die verdrahtete UND-Stufe

Weitere Bezeichnungen sind: Phantom[1]) UND-Verknüpfung, verdrahtetes UND-Gatter und englisch distributed[2])-AND-connection[3]), dot[4])-AND, wired[5])-AND.

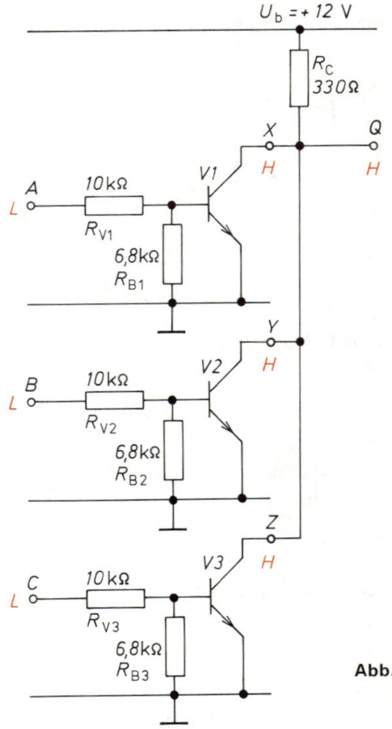

Abb. 3.49 Ausgangsseitiges Parallelschalten dreier NICHT-Stufen zu einem verdrahteten UND; eine UND-Stufe wird damit eingespart

[1]) Phantom (frz.) = Nachbildung eines ...
[2]) distribution (engl.) = Verteilung, Verdrahtung
[3]) connection (engl.) = Verbindung
[4]) dot (engl.) = Punkt
[5]) wire (engl.) = Draht

Bezogen auf die NICHT-Stufen Ausgangssignale X, Y und Z entsteht durch das Zusammenschalten der NICHT-Stufen-Ausgänge eine UND-Verknüpfung ohne zusätzlichen Aufwand an Bauteilen.

$$X \wedge Y \wedge Z = Q$$

Denn nur, wenn alle drei Transistoren sperren, d.h. nicht 0-Signal führen, kann Q 1-Signal annehmen. Wird nur eine NICHT-Stufe eingangsseitig mit 1-Signal angesteuert, geht der Ausgang Q auf 0-Signal. Dieses logische Verhalten entspricht dem einer UND-Stufe.

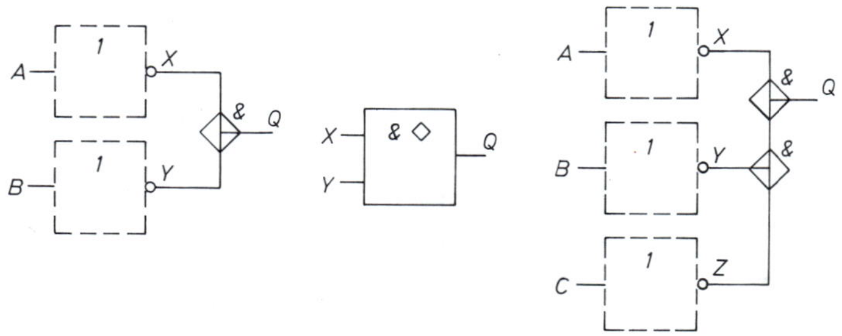

Abb. 3.50 Schaltzeichen der verdrahteten UND-Stufe

Wird zur Weiterverarbeitung an anderer Stelle das invertierte A-Signal ($\bar{A} = X$), B-Signal ($\bar{B} = Y$) oder C-Signal ($\bar{C} = Z$) benötigt, müßte eine konventionelle UND-Schaltung verwendet werden, denn durch das ausgangsseitige Parallelschalten gehen die Einzelinformationen verloren.

Wird für $X = \bar{A}$, für $Y = \bar{B}$ und für $Z = \bar{C}$ in die schaltalgebraische Gleichung des verdrahteten UND eingetragen, erhält man:

$$\bar{A} \wedge \bar{B} \wedge \bar{C} = Q$$

und nach de Morgan umgeformt:

$$\overline{A \vee B \vee C} = Q$$

Die Gesamtschaltung verhält sich also wie ein NOR-Gatter.

3.8 Die Exklusiv-ODER-Stufe

Weitere Bezeichnungen sind: Antivalenz[1])-Schaltung und englisch Exclusive[2])-OR.

Für die Exklusiv-ODER-Verknüpfung gilt folgende Definition:

Die Variable Q am Ausgang nimmt nur dann den Wert 1 an, wenn eine und nur eine Variable A oder B den Wert 1 hat.

B	A	Q
0	0	0
0	1	1
1	0	1
1	1	0

Die Wertetabelle unterscheidet sich in der letzten Zeile von der der ODER-Stufe. Q nimmt nur bei gegensätzlicher Wertigkeit (Antivalenz) der freien Variablen A und B den Wert 1 an.

Abb. 3.51 Wertetabelle der Exklusiv-ODER-Stufe

[1]) Antivalenz (lat.) = gegensätzliche Wertigkeit
[2]) exclusive (engl.) = ausschließend

Entwicklung der Schaltung für die Exklusiv-ODER-Stufe aus der Wertetabelle (1-Auswertung)

Aus den Zeilen 2 und 3 der Wertetabelle (Abb. 3.51) wird die schaltalgebraische Gleichung

$$(A \wedge \bar{B}) \vee (\bar{A} \wedge B) = Q \quad \text{gewonnen.}$$

Nach dieser Gleichung läßt sich die Schaltung zeichnen (siehe Kapitel 5, Schaltalgebra).

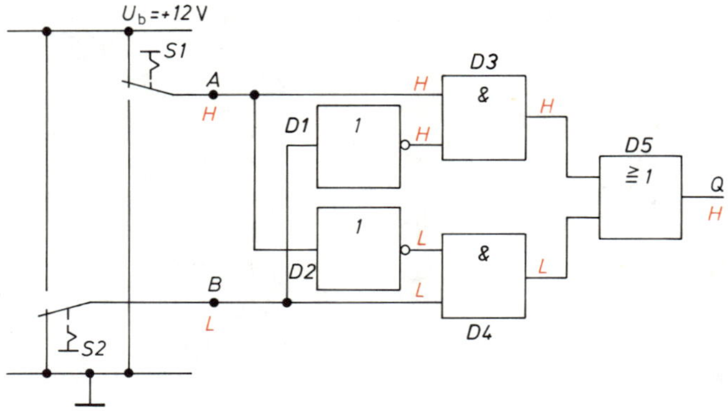

Abb. 3.52 Exklusiv-ODER-Schaltung

In der gezeichneten Schalterstellung erhält D3 an beiden Eingängen H-Pegel. Der Ausgang des UND-Gatters D3 führt ebenfalls H-Pegel. Die ODER-Stufe D5 erhält H-Pegel und der Ausgang Q geht auf H. Werden beide Schalter in die jeweils andere Lage gebracht, geht der Ausgang wieder auf H.

Werden dagegen beide Schalter in die gleiche Lage gebracht, kann keine der beiden UND-Bedingungen erfüllt werden, der Ausgang nimmt L-Pegel an.

Unter Verzicht auf die gesonderte Darstellung der NICHT-Stufen kann die Schaltung vereinfacht gezeichnet werden. Der Kreis am Symbol drückt die erforderliche Negierung aus.

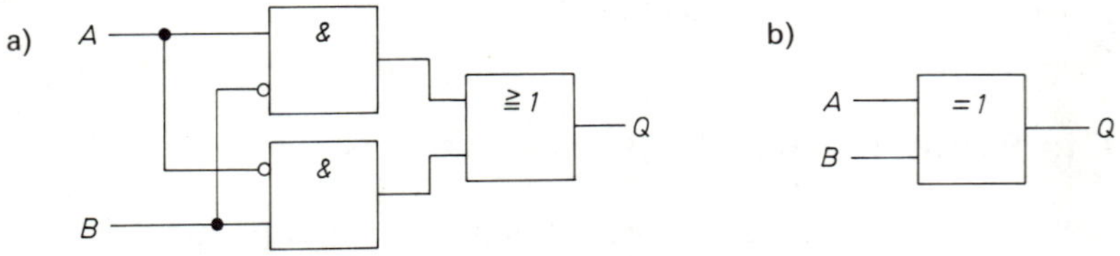

Abb. 3.53 a) Exklusiv-ODER-Schaltung b) Schaltzeichen

Das Zeichen =1 bedeutet:

Q führt nur dann den Wert 1, wenn jeweils ein Eingang den Wert 1 annimmt.

3.9 Die Äquivalenz[1])-Stufe

(Englisch logic identity[2])

Für die Äquivalenz-Verknüpfung gilt folgende Definition:

Die Variable Q am Ausgang nimmt nur dann den Wert 1 an, wenn entweder an allen Eingängen die Variablen den Wert 1 oder wenn an allen Eingängen die Variablen den Wert 0 haben.

---

[1]) Äquivalenz (lat.) = Gleichwertigkeit

[2]) identity (engl.) = Gleichheit

B	A	Q
0	0	1
0	1	0
1	0	0
1	1	1

Beim Vergleich der Wertetabellen zwischen der Exklusiv-ODER-Stufe und der Äquivalenz-Stufe ist zu erkennen, daß die Äquivalenz die negierte Antivalenz ist. Q nimmt nur dann den Wert 1 an, wenn A äquivalent B ist.

Abb. 3.54 Wertetabelle der Äquivalenz-Stufe

Entwicklung der Schaltung für die Äquivalenz-Stufe aus der Wertetabelle (1-Auswertung)

Aus den Zeilen 1 und 4 der Wertetabelle wird die schaltalgebraische Gleichung

$(\bar{A} \wedge \bar{B}) \vee (A \wedge B) = Q$ gewonnen.

Nach dieser Gleichung läßt sich die Schaltung zeichnen.

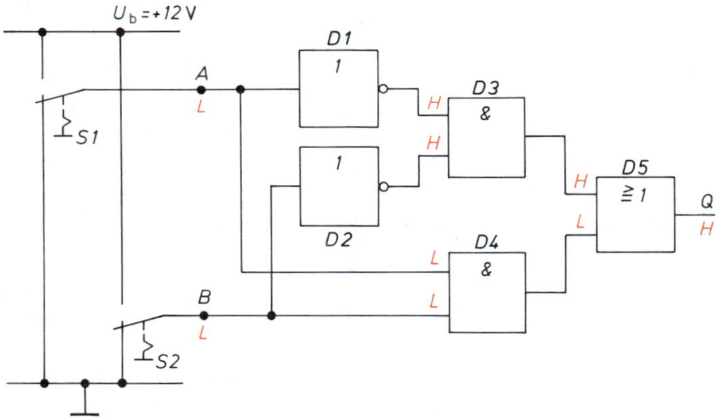

Abb. 3.55 Schaltung der Äquivalenz-Stufe

Befinden sich die Schalter S 1 und S 2 in der gezeichneten Position, erhält D 3 an beiden Eingängen H-Pegel, D 5 wird mit H-Pegel versorgt und der Ausgang Q geht ebenfalls auf H. Werden beide Schalter in die obere Position gebracht, ist die UND-Bedingung im Gatter D 4 erfüllt und der Ausgang geht wieder auf H-Pegel. Bei allen anderen Schalterstellungen führt der Ausgang L-Pegel. Wird wieder auf die gesonderte Darstellung der beiden NICHT-Stufen verzichtet, kann die Schaltung vereinfacht gezeichnet werden.

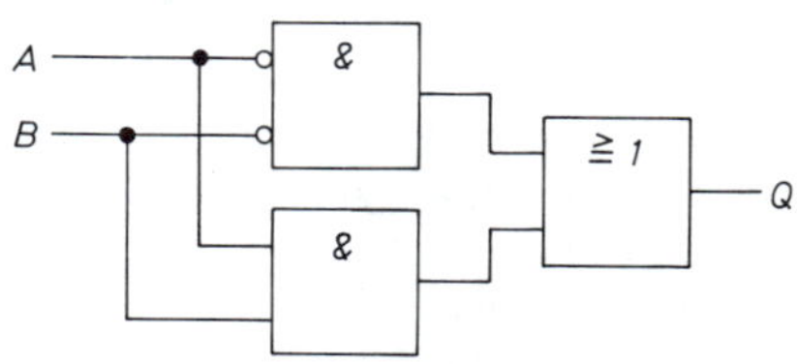

Abb. 3.56 Schaltung der Äquivalenz-Stufe

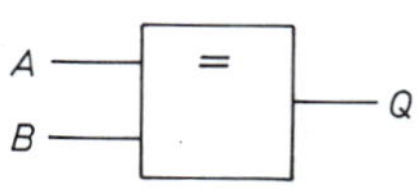

Abb. 3.57 Schaltzeichen der Äquivalenz-Stufe

Das Zeichen = bedeutet:
Q führt nur dann den Wert 1, wenn beide Eingänge auf gleichem Wert liegen.

3.10 DTL-Impulsgatter

Bei den zuvor beschriebenen Schaltungen wurde das Ausgangssignal vom statischen[1]) Zustand an den Eingängen bestimmt. Es gibt aber auch Anwendungsfälle, in denen der Ausgang eines Gatters nur einen kurzen Impuls abgeben soll. Diese Gatter werden Impulsgatter genannt. Sie besitzen neben den statischen Eingängen, die auch Vorbereitungseingänge sein können, einen dynamischen[2]) Eingang, der nur auf Signalpegeländerungen von L auf H *oder* von H auf L reagiert.

Impulsgatter lassen sich z. B. aus normalen DTL-NAND-Gattern dadurch herstellen, daß vor einen Eingang ein RC-Differenzierglied[3]) geschaltet wird.

Das Differenzierglied bildet aus einer Folge von Rechteckimpulsen positive Nadelimpulse aus der ansteigenden Flanke (von L nach H) und negative Nadelimpulse aus der abfallenden Flanke (von H nach L); es unterscheidet also zwischen den beiden Signaländerungen.

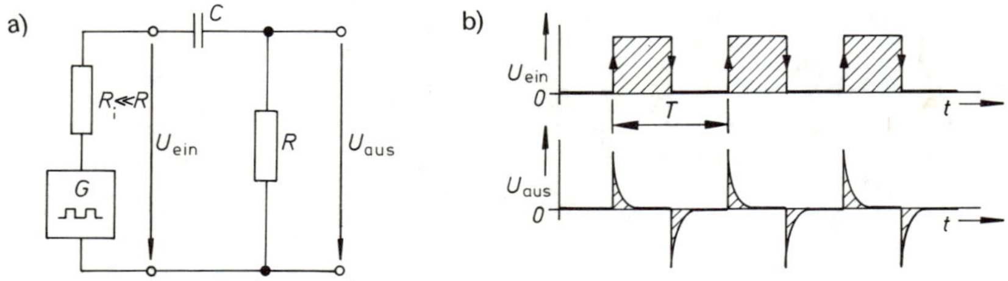

Abb. 3.58 a) Differenzierglied und b) zeitlicher Verlauf der Spannungen U_{ein} und U_{aus}. $T/2 > 5 \cdot R \cdot C$, $T/2 > 5\,\tau$

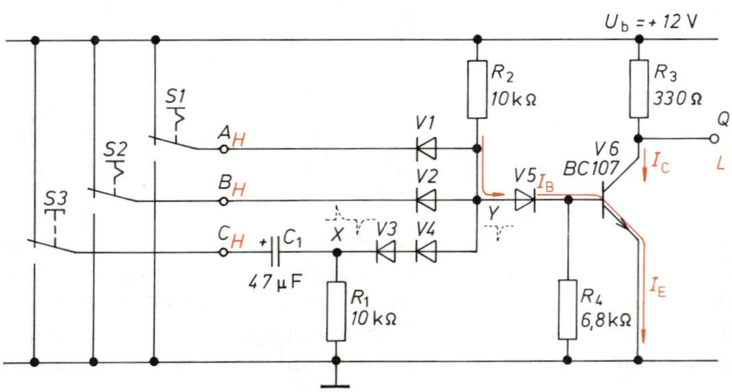

Abb. 3.59 DTL-Impulsgatter

A und B sind UND-verknüpfte Vorbereitungseingänge. Sie müssen, wie hier in Abb. 3.59 dargestellt, H-Pegel annehmen, damit der Transistor durchschalten kann. Der C-Eingang wird auch als dynamischer Eingang oder Takteingang bezeichnet[4]). Im stationären Zustand und der gezeichneten Schalterstellung S1, S2 liegt an Y die Spannung +1,4 V, an X ca. null Volt.

Über den nichtbetätigten Taster S3 wurde C_1 aufgeladen. Wird nun S3 getastet, entlädt sich der Kondensator über R_1 und der dabei auftretende negative Impuls an X gelangt über die Dioden V3 und V4 an den Schaltungspunkt Y. Der Basisstrom wird kurzfristig aufgehoben, und der Ausgang Q geht für diese Zeit auf H-Pegel. Die Dauer des Ausgangsimpulses ist abhängig von der Zeitkonstanten, gebildet aus den Widerständen R_1 und R_2 und dem Kondensator C_1.

---

[1]) statisch (gr.) = andauernd, unbewegt, unverändert
[2]) dynamisch (gr.) = veränderlich, bewegt
[3]) differenzieren (lat.-nlat.) = unterscheiden, trennen
[4]) Takteingänge erhalten allgemein den Buchstaben C von clock (engl.) = Uhr, Takt

Wird z. B. der Schalter S1 betätigt, nimmt der Eingang A L-Pegel an, die Diode V1 leitet und der Schaltungspunkt Y geht auf +0,7 V. Der Transistor wird gesperrt, und Q führt H-Pegel. Eine Signaländerung am dynamischen Eingang bleibt ohne Einfluß, da positive Impulse nicht über die Dioden V3 und V4 auf den Schaltungspunkt Y gelangen können und negative Impulse das Sperren unterstützen. Insofern erfüllen die Eingänge A und B die Funktion der Vorbereitung auf einen nachfolgenden Taktimpuls, denn nur wenn A *und* B H-Pegel führen, gelangt durch die abfallende Taktflanke ein positiver Impuls auf den Ausgang Q. Der in Ruhelage befindliche Takteingang C (L oder H) hat keinen Einfluß auf die Arbeitsweise des Gatters, das dann die NAND-Funktion erfüllt.

C	*B*	*A*	*Q*
Ohne Einfluß	*0*	*0*	*1*
	0	*1*	*1*
	1	*0*	*1*
a)	*1*	*1*	*0*
b)	*1*	*1*	*0*
c)	*1*	*1*	*1 (Impuls)*

a) Takt befindet sich in Ruhelage, 0 oder 1

b) ansteigende Taktflanke

c) abfallende Taktflanke

Abb. 3.60 Wertetabelle des Impulsgatters

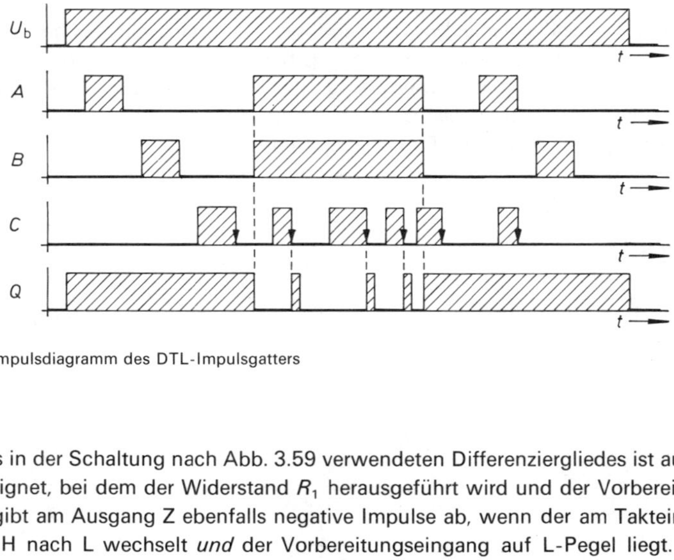

Abb. 3.61 Impulsdiagramm des DTL-Impulsgatters

Anstelle des in der Schaltung nach Abb. 3.59 verwendeten Differenziergliedes ist auch ein Dynamik-Vorsatz geeignet, bei dem der Widerstand R_1 herausgeführt wird und der Vorbereitung dient. Diese Schaltung gibt am Ausgang Z ebenfalls negative Impulse ab, wenn der am Takteingang C liegende Pegel von H nach L wechselt *und* der Vorbereitungseingang auf L-Pegel liegt. Sobald der Vorbereitungseingang aber auf H liegt, erscheinen am Ausgang keine Impulse, wie die Abb. 3.63 zeigt.

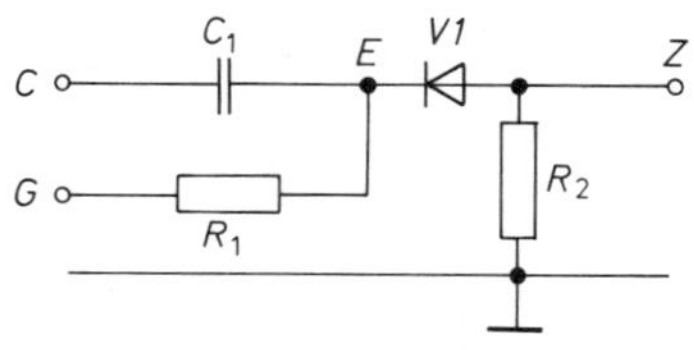

Abb. 3.62 Dynamik-Vorsatz

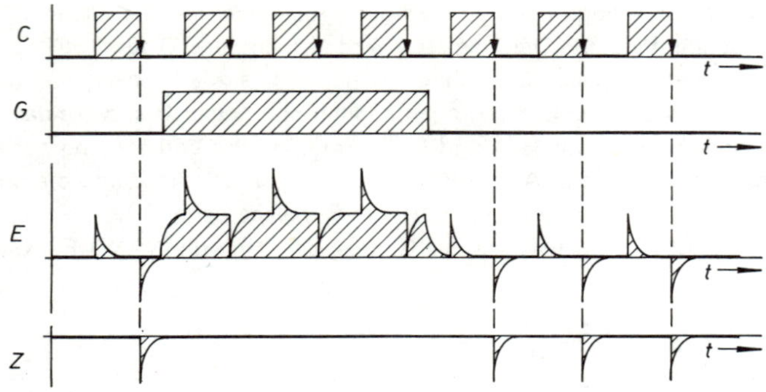

Abb. 3.63 Impulsdiagramm zum Dynamik-Vorsatz

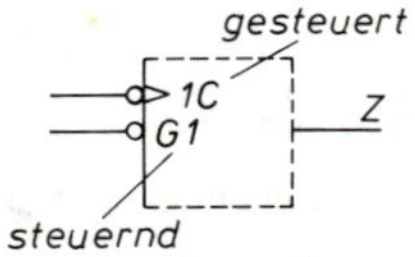

Abb. 3.64 Schaltzeichen des Dynamik-Vorsatzes. Hier wirkt die negative Flanke des Taktes C

Der offene Pfeil mit dem davorliegenden Kreis kennzeichnet den dynamischen Eingang mit Negation. Damit kann nur die negative Taktflanke zum Ausgang hin wirksam werden, wenn zusätzlich der steuernde G-Eingang 0-Signal annimmt. Dieser erhält die gleiche Zählnummer wie der gesteuerte Eingang, hier die 1. Der Buchstabe G kennzeichnet die bestehende UND-Abhängigkeit zwischen steuerndem (G 1) und gesteuertem (1 C) Eingang des Dynamik-Vorsatzes.

Übungsaufgaben

1. Welcher kleinste Lastwiderstand R_L kann von dem Schalttransistor noch sicher geschaltet werden, wenn eine dreifache Übersteuerung bestehen soll?

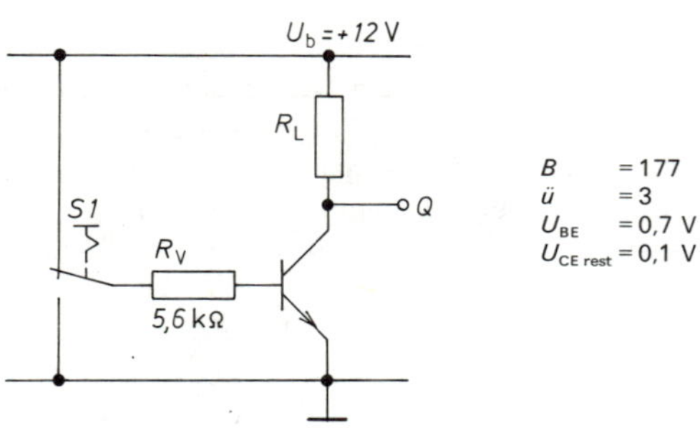

Abb. 3.65

2. Tragen Sie die Verlustleistungshyperbel in das Ausgangskennlinienfeld des BC 107 ein, wenn der Transistor ohne Kühlkörper bei einer Umgebungstemperatur von 70 °C betrieben wird. Welcher kleinste Kollektorwiderstand kann für eine Betriebsspannung von 12 V vorgesehen werden, wenn die Arbeitsgerade R_C die Leistungshyperbel tangiert?

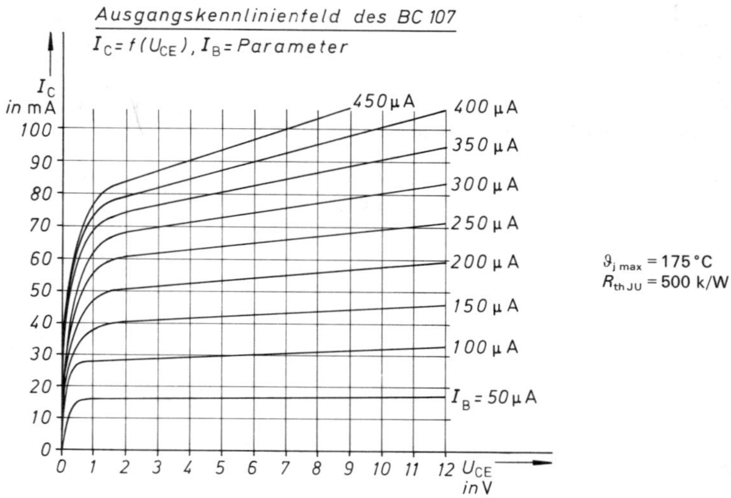

Abb. 3.66

3. Es stehen ODER-Stufen mit jeweils 4 Eingängen zur Verfügung. Für eine Schaltung werden aber 7 Eingänge benötigt, die ODER-verknüpft werden sollen. Wie läßt sich diese Aufgabe lösen?

4. Untersuchen Sie die Wirkungsweise der dargestellten Schaltung durch Ausfüllen der Wertetabelle. Die Lampe H1 leuchtet, wenn Q den Signalpegel H führt. Bei welchen Schalterstellungen leuchtet die Lampe?

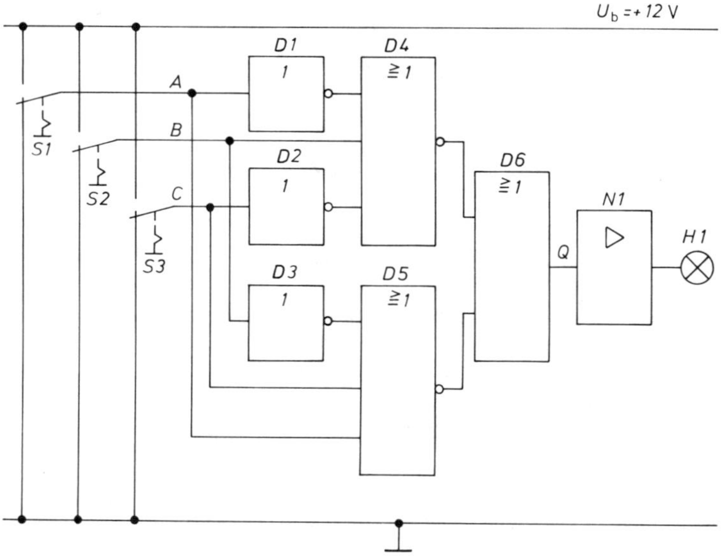

Abb. 3.67

C(S3)	B(S2)	A(S1)	Q(H1)
0	0	0	
0	0	1	
0	1	0	
0	1	1	
1	0	0	
1	0	1	
1	1	0	
1	1	1	

Abb. 3.68

5. In einer Anlage überwacht eine Meldelampe H1 die Signale von 5 Gebern. Die Lampe brennt nur dann, wenn alle 5 Geber 0-Signal führen. Schaltet ein beliebiger Geber oder mehrere 1-Signal auf den Eingang der Logik, verlischt die Meldelampe H1.
Wie müßte die Schaltung aufgebaut werden, wenn NICHT-Stufen und NOR-Stufen mit 2 und 4 Eingängen zur Verfügung stehen?

6. Entwickeln Sie aus der gegebenen Wertetabelle eine Schaltung, die so vereinfacht werden sollte, daß zur Erfüllung nur zwei Baustufen, eine ODER- und eine NOR-Stufe, ausreichen.

C	B	A	Q
0	0	0	1
0	0	1	0
0	1	0	0
0	1	1	0
1	0	0	1
1	0	1	1
1	1	0	1
1	1	1	1

Abb. 3.69

7. Stellen Sie zu der dargestellten Schaltung die Wertetabelle auf, aus der ersichtlich ist, wann die Lampe H1 leuchtet. Schalter S0 schließen.

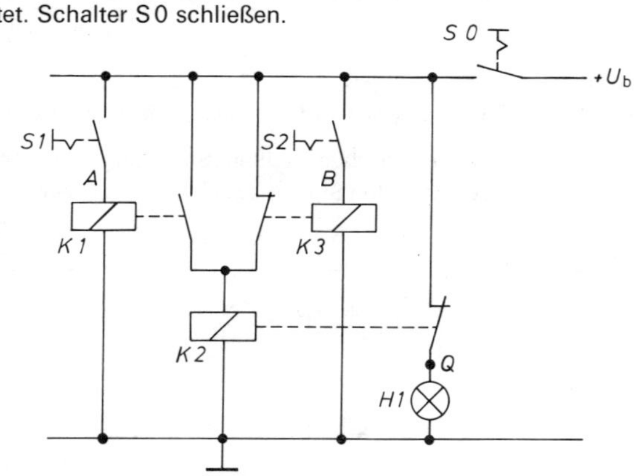

Abb. 3.70 (Die Darstellung der Relaiskontakte bezieht sich auf den stromlosen Zustand.)

8. In einer Gasrohranlage hat ein Leitungssystem 4 Ventile: S1, S2, S3 und S4. Bei geschlossenem Ventil wird von einem Hilfsschalter 0-Signal, bei geöffnetem Ventil 1-Signal abgegeben.
   a) Im Überwachungsraum soll die Signallampe H1 dann aufleuchten, wenn die Ventile S1 und S2 und entweder S3 oder S4 geöffnet oder S3 und S4 geöffnet sind.
   b) Die Signallampe H2 soll leuchten, wenn die Ventile S2 und S3 geöffnet sind und das Ventil S1 geschlossen ist.
   c) Die Signallampe H3 soll leuchten, wenn alle Ventile geschlossen sind.

9. Zu welchem binären Verknüpfungsglied gehört das Impulsdiagramm?

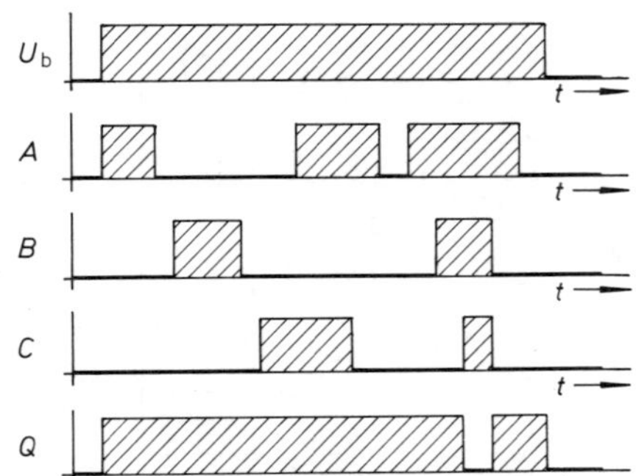

Abb. 3.71

10. Von welchem Spannungswert U_I an geht der Ausgang Q auf H-Pegel? (V1 ... V4 ideale Si-Dioden)

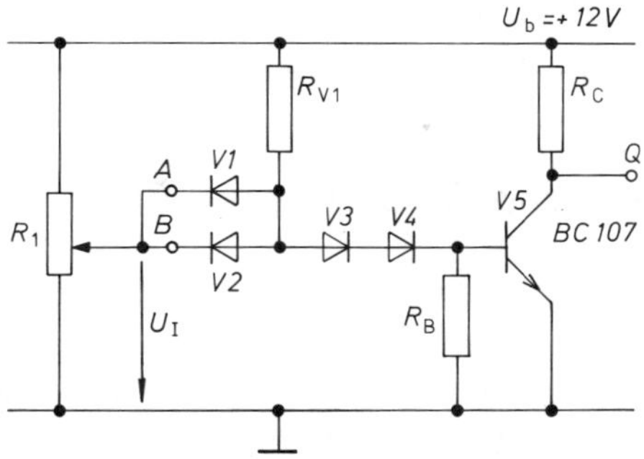

Abb. 3.72

11. Eine Lampe H 1 soll nur dann leuchten, wenn von 2 Tastern jeweils ein Taster gedrückt wird. Beim Betätigen beider Taster soll H 1 verlöschen und eine weitere Lampe H 2 aufleuchten. Entwerfen Sie diese Schaltung.

12. Stellen Sie die Wertetabelle zu der dargestellten Schaltung auf. Wie bezeichnet man diese Schaltung? Geben Sie das Schaltsymbol an.

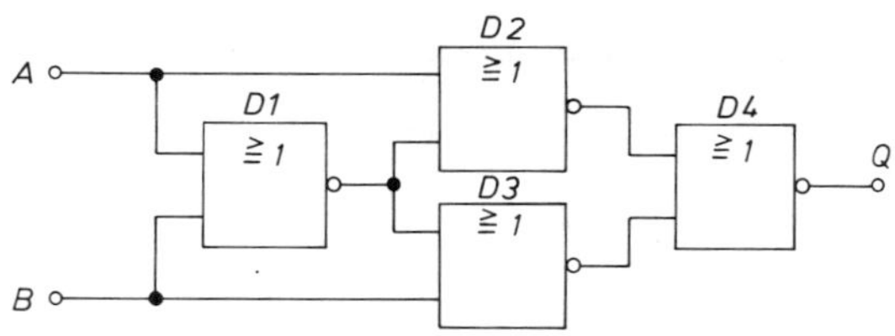

Abb. 3.73

13. Stellen Sie die Wertetabelle zu der dargestellten Schaltung auf. Wie bezeichnet man diese Schaltung? Geben Sie das Schaltsymbol an.

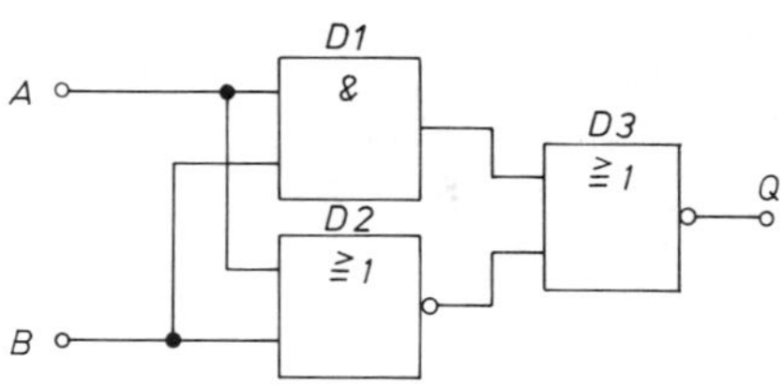

Abb. 3.74

14. Wenn der Eingang B = 0 ist, soll Q = A sein; wenn der Eingang B = 1 ist, soll Q = $\bar{A}$ sein. Entwickeln Sie eine Schaltung, die diese Bedingung erfüllt.

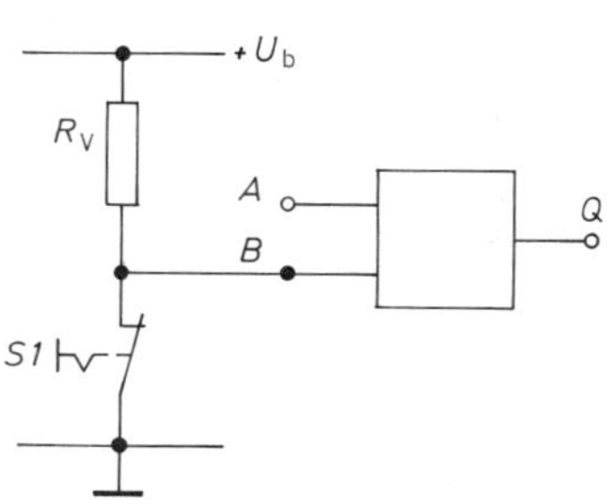

Abb. 3.75

4 Grundschaltungen der verschiedenen Logikfamilien

4.1 Transistor-Transistor-Logik (TTL)

4.1.1 Allgemeines

Während die im Kapitel 3 behandelten DRL- und DTL-Schaltkreise in diskretem[1]) Aufbau erstellt wurden, hat man für die TTL-Schaltkreise eine spezielle Integrationstechnik[2]) entwickelt. Man spricht von „Integrierten Schaltungen" (IS), für die auch oft die Abkürzung IC (aus dem Englischen *i*ntegrated *c*ircuit) verwendet wird. Über die Entwicklungsphasen, Arten, Begriffe und Typenbezeichnungen der integrierten Schaltungen sei auf den Band 1 der Einführung in die Elektronik verwiesen.
Bei der Entwicklung der TTL-Technik[3]) ging man einen Kompromiß zwischen hoher Schaltgeschwindigkeit einerseits und noch vertretbarer Störsicherheit andererseits ein. TTL-Schaltungen werden mit einer Spannung von $U_b = 5$ V versorgt. Sie sollte stabilisiert sein und 4,75 V nicht unterschreiten sowie 5,25 V nicht überschreiten.

4.1.2 Entwicklung der TTL aus der DTL

Ein Transistor kann durch eine Dioden-Ersatzschaltung dargestellt werden.

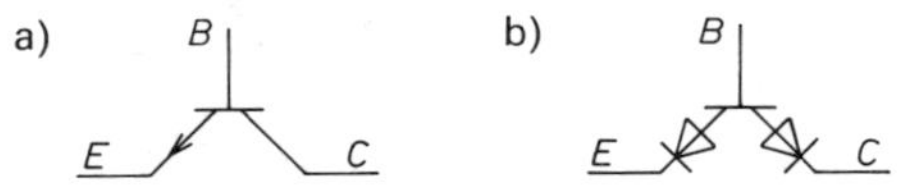

Abb. 4.1 a) NPN-Transistor b) NPN-Transistor mit Leitwert-Ersatzschaltbild

Die beiden Dioden geben jedoch nur die Leiteigenschaften des Transistors wieder, nicht aber die Transistorfunktion bezüglich seiner Stromverstärkung. Da es möglich ist, Transistoren mit mehreren Emitteranschlüssen integriert herzustellen, die außerdem weniger Platz als Dioden auf dem Siliziumplättchen benötigen, läßt sich das aus der DRL-Technik her bekannte UND-Gatter auch durch einen Multi[4])-Emitter-Transistor ersetzen.

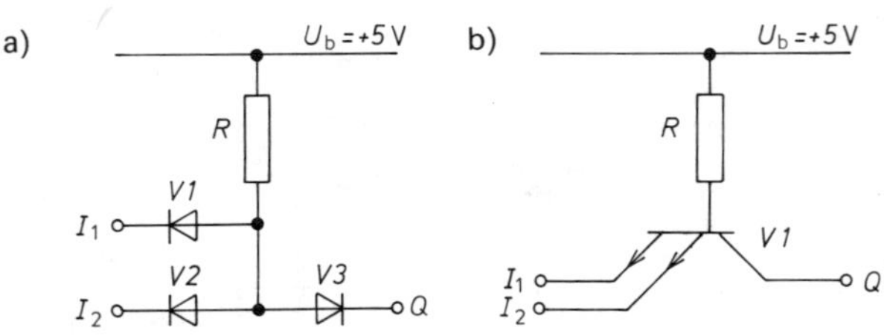

Abb. 4.2 a) UND-Gatter in DRL und b) gleichartige Schaltung in TTL

[1]) diskret (mittellat.) = unterscheidend, nicht zusammenhängend
[2]) Integration (lat.) = Zusammenschluß
[3]) die TTL-Technik wird zuweilen auch als T^2L-Technik bezeichnet
[4]) multi (lat.) = vielfach

Erklärung der UND-Funktion anhand der Schaltbilder nach den Abbildungen 4.3 und 4.4:

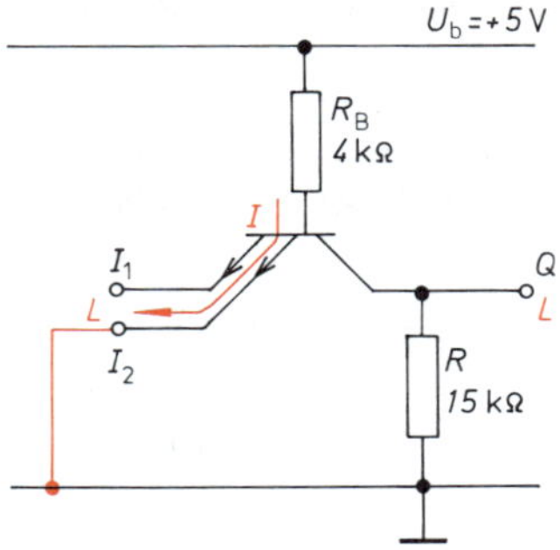

Abb. 4.3

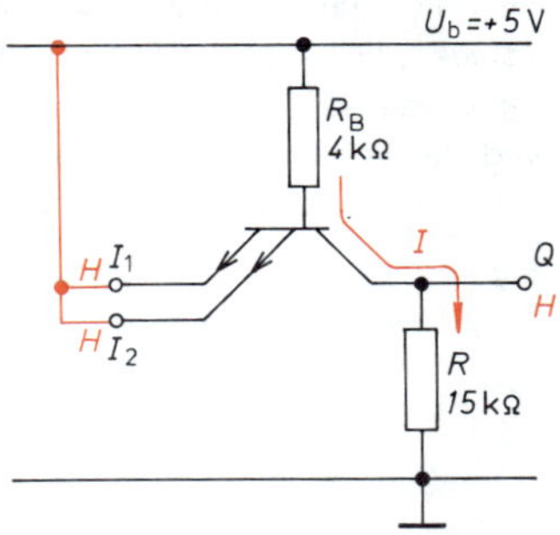

Abb. 4.4

Liegt der Anschluß I_2 oder I_1 oder liegen beide Anschlüsse gemeinsam auf L-Pegel, fließt Strom über den Widerstand R_B und den jeweiligen Emitteranschluß nach Schaltungsnull. Der Ausgang Q wird nicht versorgt und bleibt auf L-Pegel.

Erst wenn beide Eingänge H-Pegel führen, wie in Abb. 4.4 dargestellt, fließt über R_B und die Basis-Kollektor-Diode Strom in den Widerstand R. Der Ausgang Q nimmt damit H-Potential an. Da also erst nachdem I_1 und I_2 H-Pegel führen, auch der Ausgang auf H-Pegel geht, erfüllt die Schaltung die UND-Funktion.

Ein dem UND-Gatter bzw. dem Multi-Emitter-Transistor V1 nachgeschalteter Transistor V2 führt zur Signalverstärkung und Umkehr. Aus dem UND-Gatter wird ein NAND-Gatter, das Standard-Bauelement in TTL.

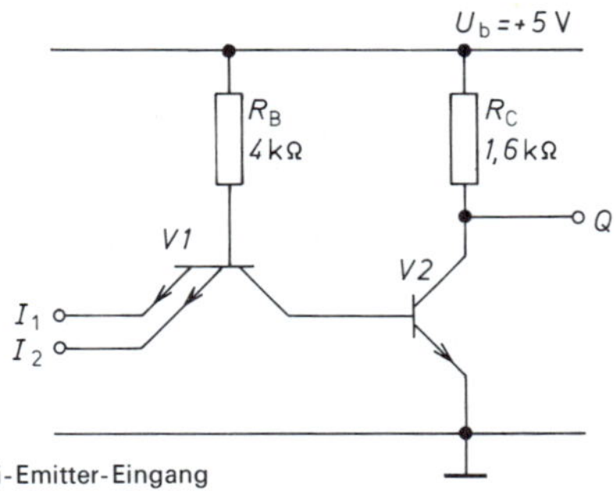

Abb. 4.5 NAND-Gatter mit Multi-Emitter-Eingang

Wird ein Eingang des Multi-Emitter-Transistors auf Schaltungsnull gelegt, wie in Abb. 4.6 dargestellt, fließt ein Basis-Emitter-Strom, der V1 bis zur Sättigung durchsteuert. Der Strom beträgt:

$$-I_{I2} = \frac{U_b - U_{I2\perp} - U_{BE}}{R_B} \qquad -I_{I2} = \frac{5\,V - 0\,V - 0{,}7\,V}{4\,k\Omega} = 1{,}07\,mA$$

Dieser Strom kann unter ungünstigen Bedingungen bis auf ca. 1,6 mA ansteigen.

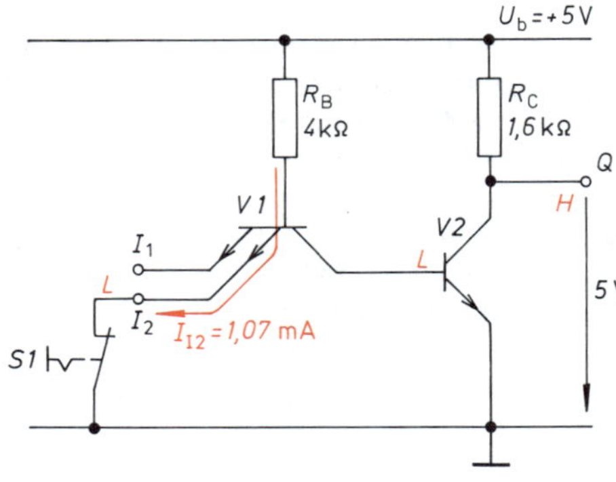

Abb. 4.6

Die Basis-Kollektor-Diode bleibt gesperrt, weil – von der Basis des V1 aus gesehen – 1,4 V erforderlich wären, um V2 anzusteuern, aber nur 0,7 V zur Verfügung stehen. Damit wird V2 nicht durchgesteuert, der Ausgang Q nimmt H-Pegel an.
Liegen beide Eingänge auf L, wie Abb. 4.7 zeigt, teilt sich der Basisstrom auf.
Wird der Schalter S1 geöffnet, wie in Abb. 4.8 dargestellt, kommt ein Stromfluß über die Basis-Kollektor-Diode zustande. V2 wird angesteuert, und der Ausgang Q geht auf den Pegel L.

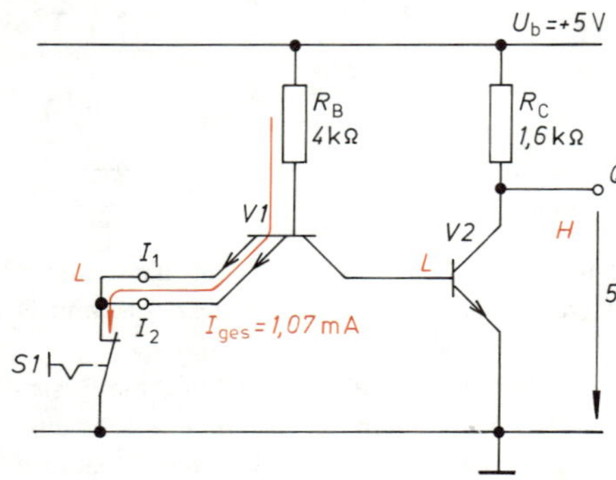

Abb. 4.7

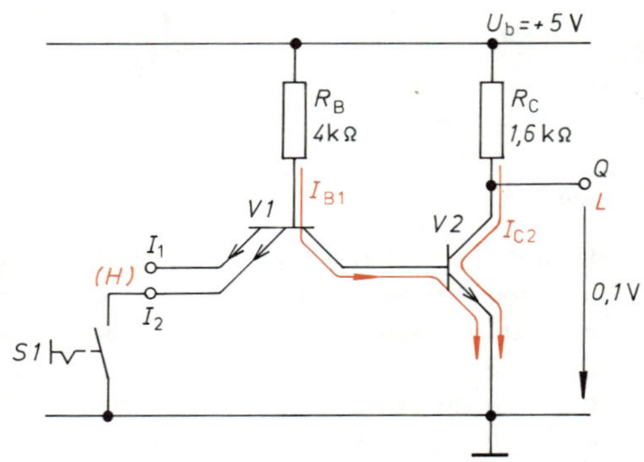

Abb. 4.8

Der offene Eingang sollte jedoch vermieden werden, weil er unkontrollierte Spannungswerte annehmen kann.

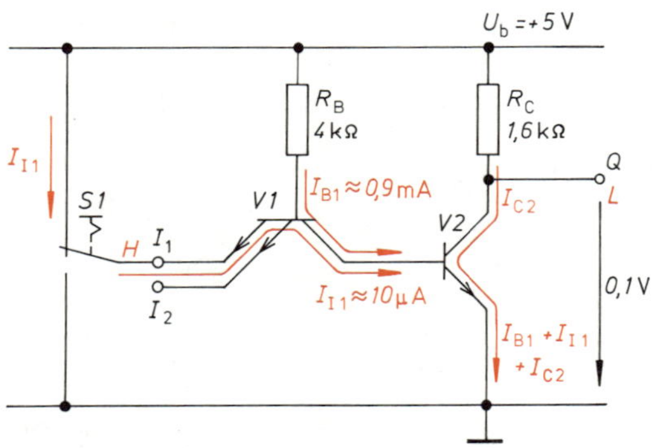

Abb. 4.9

Nach Abb. 4.9 liegt der Eingang I_1 an positiver Betriebsspannung. In diesem Fall arbeitet der Transistor V1 im inversen[1]) Betrieb, d. h. der jetzt positivere Emitter wirkt als Kollektor und der Kollektor als Emitter. Die Basis-Kollektor-Diode wird in Durchlaßrichtung betrieben und die Basis-Emitter-Diode in Sperrichtung.
Die inverse Stromverstärkung liegt weit unter der normalen. Sie wird beim Multi-Emitter-Transistor vom Aufbau her bewußt sehr klein gehalten, um den Emitterstrom, der bei H-Pegel am Eingang in den Transistor V1 fließt, nicht unnötig groß werden zu lassen. Der Transistor V2 bekommt über den invers betriebenen Transistor V1 Basisstrom. V2 schaltet durch, und der Ausgang Q geht auf L-Pegel. Für das Durchschalten ist der über den Emitter des Transistors 1 gelangende Stromanteil I_{I1} vernachlässigbar. Er liegt bei etwa 10 µA.
Aus den Abbildungen 4.6 bis 4.9 erkennt man, daß der Multi-Emitter-Transistor stets von Basisstrom durchflossen wird. Beim Umschalten vom normalen in den inversen Betrieb braucht deshalb seine Basisladung nicht ausgeräumt zu werden. Das führt zu kurzen Umschaltzeiten.

[1]) invers (lat.) = umgekehrt

Um die hohe Umschaltgeschwindigkeit auch voll ausnutzen zu können, werden die meisten TTL-Bausteine mit einer Gegentaktausgangsstufe versehen. Sie ermöglicht ein schnelles Auf- und Entladen der zwischen Ausgang und Masse (Schaltungsnull) liegenden Kapazitäten.

4.1.3 TTL-Grundschaltung mit Gegentaktausgang

Die TTL-Grundschaltung nach Abb. 4.10 stellt einen Inverter dar, der folgendermaßen arbeitet: Liegt am Eingang I L-Pegel, leitet die Basis-Emitter-Strecke des Transistors V1, wodurch V2 keinen Basisstrom erhält. Damit kann über den Widerstand R_2 V3 angesteuert werden. Der Transistor V3 wird niederohmig und legt den Ausgang Q auf H-Pegel. Das Eingangssignal wird invertiert.

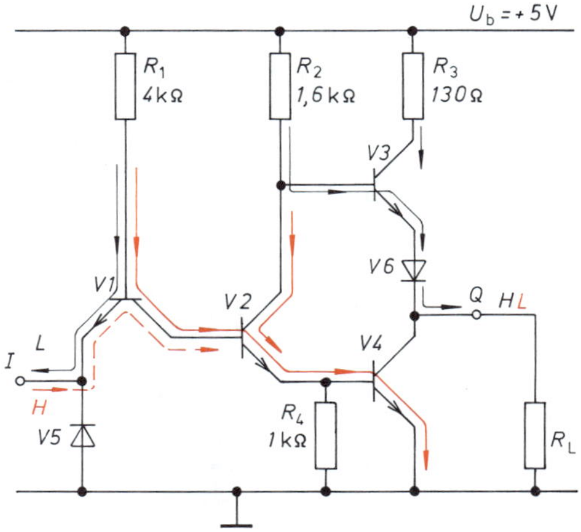

Abb. 4.10 TTL-Grundschaltung mit Gegentaktausgang. Strompfeile in schwarzer Darstellung für L-Eingangspegel, Strompfeile in roter Darstellung für H-Eingangspegel

Liegt am Eingang I H-Pegel, leitet die Basis-Kollektor-Strecke des Transistors V1, wodurch V2 Basisstrom erhält und durchsteuert. Der Emitterstrom des Transistors V2 ist zugleich Basisstrom des V4, der damit ebenfalls durchsteuert und die Kollektor-Emitter-Strecke des Transistors V4 niederohmig werden läßt, wodurch der Ausgang Q L-Pegel annimmt. Das Eingangssignal wird also invertiert.

Die Vorgänge im Inneren der integrierten Schaltung sollen nachstehend im einzelnen erläutert werden. Der Einfachheit halber werden die beiden Eingänge I_1 und I_2 parallelgeschaltet.

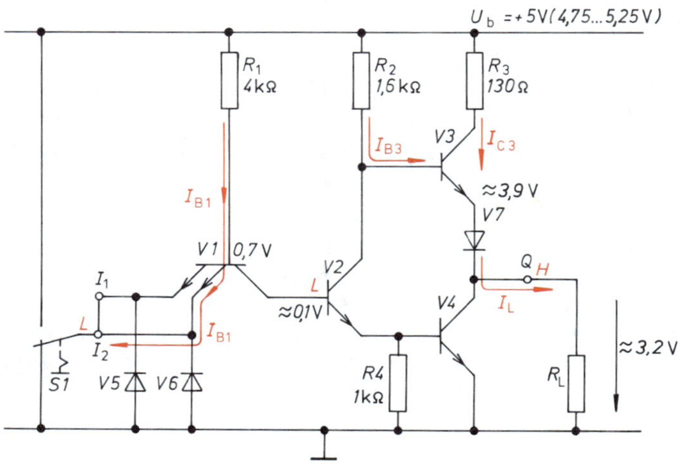

Abb. 4.11 TTL-NAND-Gatter, beide Eingänge führen L-Pegel, Ausgang H-Pegel

$$I_{B1} = \frac{5\ \text{V} - 0{,}7\ \text{V}}{4\ \text{k}\Omega} = 1{,}07\ \text{mA}$$

An der Basis des Transistor V 2 liegt eine Spannung, die nicht zu seiner Durchsteuerung ausreicht. Damit fließt kein Kollektorstrom und kein Basisstrom in den Transistor V 4. Die Transistoren V 2 und V 4 werden gesperrt, während V 3 leiten kann, da über R_2 der Basisstrom I_{B3} fließt.

Die im Eingang befindlichen Dioden V 5 und V 6 sollen verhindern, daß negative Eingangsspannungen wirksam werden, denn eine negative Eingangsspannung führte zu unzulässig hohem Basisstrom I_{B1}.

Man nennt diese Dioden auch Eingangskappdioden (input clamping diodes) oder Eingangsklemmdioden.

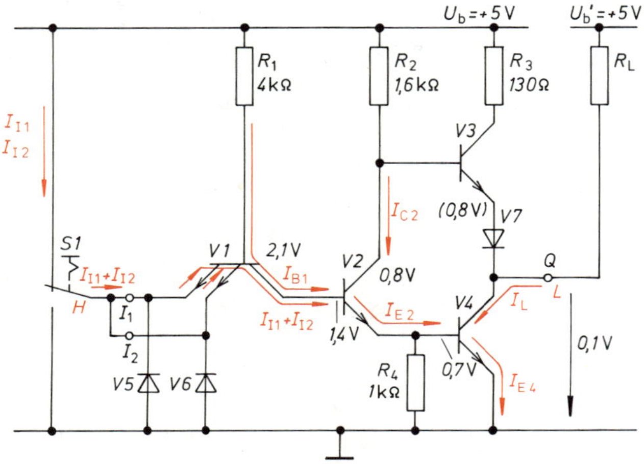

Abb. 4.12 TTL-NAND-Gatter, beide Eingänge führen H-Potential, der Ausgang nimmt L-Potential an

In der dargestellten Schaltung wird der Eingangstransistor invers betrieben. Es fließen die Eingangsströme von ca. je 10 µA zusammen mit dem Strom I_{B1} in die Basis des Transistors V 2.

$$I_{B1} = \frac{5\text{ V} - 3 \cdot 0{,}7\text{ V}}{4\text{ k}\Omega} = 0{,}725\text{ mA} \qquad I_{B2} = 0{,}725\text{ mA} + 2 \cdot 10\ \mu\text{A} = 0{,}745\text{ mA}$$

$$I_{C2} = \frac{5\text{ V} - 0{,}1\text{ V} - 0{,}7\text{ V}}{1{,}6\text{ k}\Omega} = 2{,}6\text{ mA}$$

Der durchgesteuerte Transistor V 2 steuert V 4 ebenfalls in die Sättigung. Über einen an positiver Spannung liegenden Lastwiderstand kann über V 4 Strom nach Schaltungsnull fließen.

Damit Transistor V 3 nicht durchsteuert, wird über V 7 sein Emitterpotential hoch gelegt. Die steuernde Basis-Emitter-Spannung beträgt 0 V, V 3 bleibt gesperrt.

Wie aus den beiden Abbildungen 4.11 und 4.12 hervorgeht, leitet beim Ausgangspegel H Transistor V 3, beim Ausgangspegel L dagegen Transistor V 4. Folgen nun Umschaltvorgänge sehr schnell aufeinander, kann es geschehen, daß V 4 noch leitet, während V 3 bereits durchsteuert und umgekehrt. Für einige Nanosekunden kann ein hoher Strom fließen, der nur durch die Transistorbahnwiderstände und den Widerstand R_3 begrenzt wird. Um zu vermeiden, daß während dieser Zeiten die 5-V-Betriebsspannung einbricht, sind neben einem niederohmigen Netzgerät die Schaltkreise durch induktivitätsarme Kondensatoren abzublocken.

TTL-Gatter mit Gegentaktendstufe dürfen ausgangsseitig nicht parallel geschaltet werden, ein Verdrahtetes-UND ist damit unzulässig.

4.1.4 Ausgangsbelastung (Fan-out) der TTL-Schaltungen

Unter ungünstigsten (worst case)[1]) Bedingungen fließt in den Eingang einer Standard-Verknüpfungsschaltung im H-Zustand ein Strom von maximal 40 µA hinein, im L-Zustand fließt aus dem angesteuerten Verknüpfungsglied ein Strom von maximal 1,6 mA heraus. 40 µA bzw. 1,6 mA stellen je eine Lasteinheit (LE) dar.

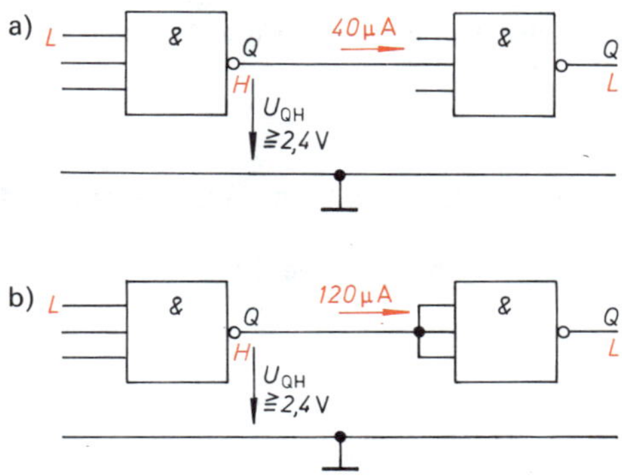

Abb. 4.13 a) NAND-Gatter mit H-Ausgangspegel durch 1 LE belastet
b) NAND-Gatter mit H-Ausgangspegel durch 3 LE belastet

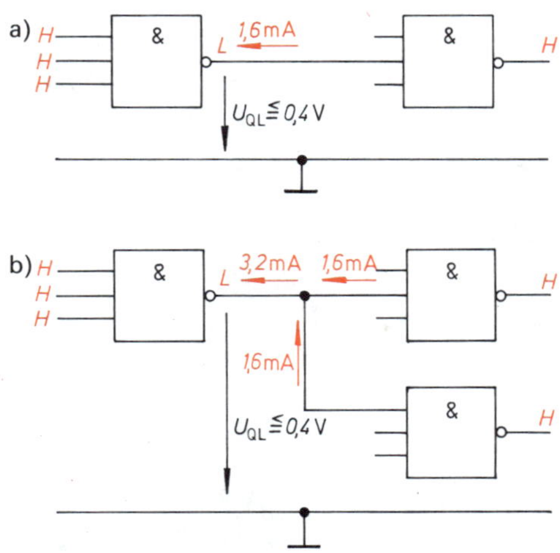

Abb. 4.14 a) NAND-Gatter mit L-Ausgangspegel durch 1 LE belastet
b) NAND-Gatter mit L-Ausgangspegel durch 2 LE belastet

Bei dem H-Ausgangspegel mit der kleinstmöglichen Ausgangsspannung $U_{QH} = 2{,}4$ V kann dem Gatter noch ein Strom von 8 mA entnommen werden, so daß bis zu 200 Lasteinheiten zu je 40 µA angeschlossen sein können.

Die eigentliche Belastung tritt aber im L-Zustand des steuernden Gatters auf, denn der im Gatter befindliche Ausgangstransistor darf nach Herstellerangaben einen Strom von maximal 16 mA führen, damit U_{QL} kein höheres Spannungsniveau als 0,4 V annimmt.

---

[1]) worst case (engl.) = ungünstigster Fall

Da aus einem Eingang einer nachgeschalteten Stufe unter ungünstigsten Bedingungen ein Strom von 1,6 mA fließen kann, ergibt sich ein Fan-out (FO) von:

$$FO = \frac{|I_{QL}|}{|I_{IL}|} = \frac{16\ \text{mA}}{1{,}6\ \text{mA}} = 10$$

Ein Fan-out von 10 bedeutet, daß man jedem Gatterausgang maximal 10 Gattereingänge der gleichen Logikfamilie nachschalten kann. Bei einer größeren Zahl anzusteuernder Stufen würde, wie oben beschrieben, ein sicheres Schalten unter Worst-Case-Bedingungen nicht mehr gewährleistet sein.

4.1.5 Übertragungskennlinie des TTL-Gatters 7400

Die Abhängigkeit der Ausgangsspannung von der Eingangsspannung wird durch die Übertragungskennlinie dargestellt.

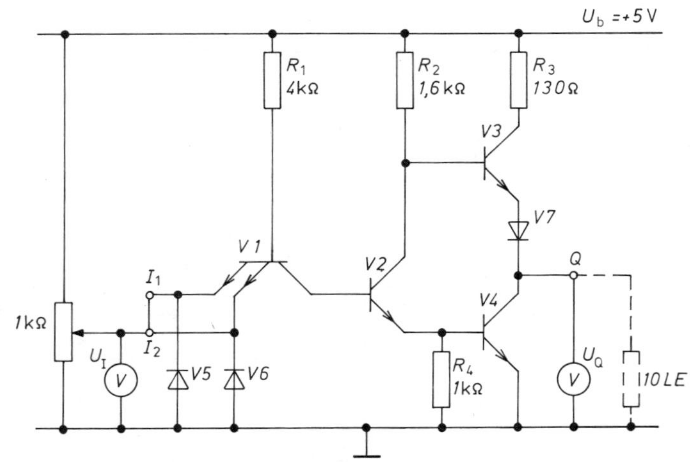

Abb. 4.15 Schaltung zur Aufnahme der Übertragungskennlinie. Der unbenutzte Eingang I_1 wurde zu I_2 parallelgeschaltet

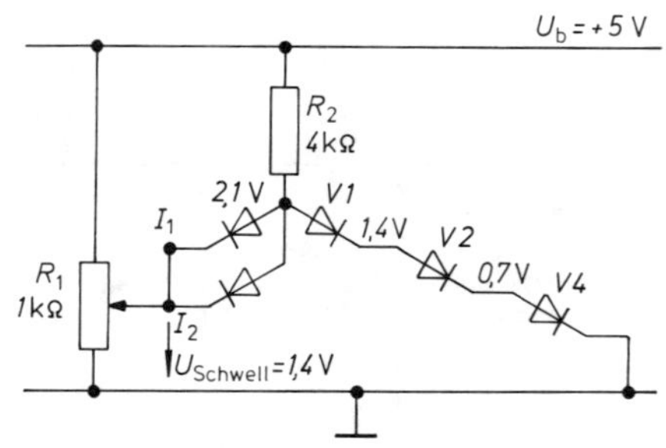

Abb. 4.16 Ersatzschaltbild zur Ermittlung des Schwellenspannungswertes

In dem Ersatzschaltbild sind die PN-Übergänge der Transistoren durch Dioden dargestellt. Befindet sich der Schleifer des Potentiometers in der unteren Stellung ($U_I = 0$), fließt ein hoher Strom aus dem Emitter des Transistors V1 nach Schaltungsnull. Mit zunehmender Eingangsspannung U_I kommt es schließlich zum Sperren der Emitterdiode. Die Eingangsspannung, bei der der Eingangsstrom Null wird, nennt man Schwellenspannung, d.h. bei Erreichen dieser Spannung von ca. 1,4 V geht der Transistor V1 in den inversen Betrieb über, die Transistoren V2 und V4 werden durchgesteuert und der Ausgang geht auf L-Pegel.

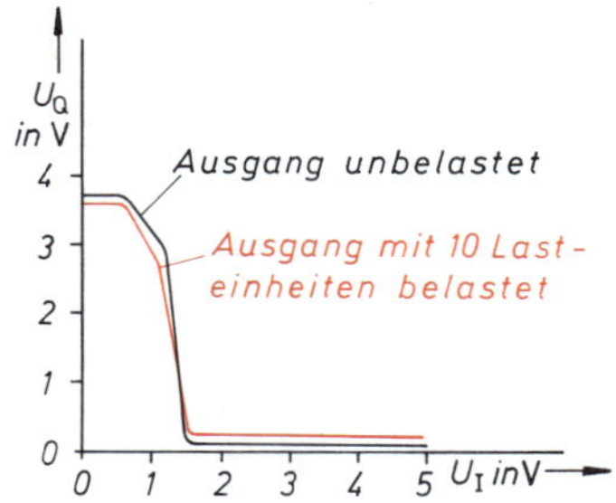

Abb. 4.17 Übertragungskennlinie des NAND-Gatters 7400 bei 25 °C

Unbenutzte Gattereingänge sollten nicht offenbleiben, sondern entweder auf positive Betriebsspannung gelegt oder zu den benutzten parallelgeschaltet werden. Letzteres führt zur Erhöhung des Eingangsstromes.

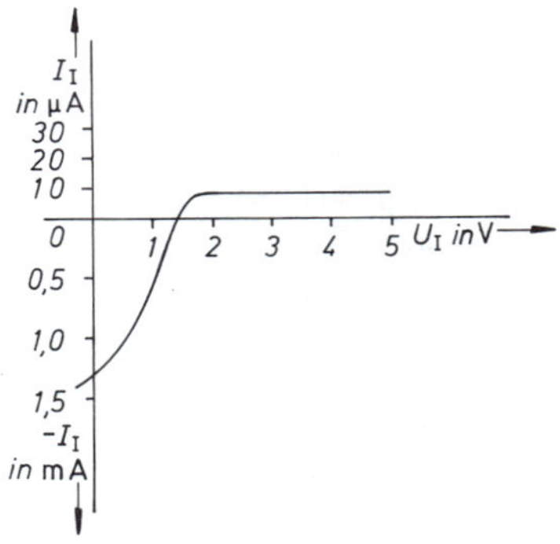

Abb. 4.18 Eingangskennlinie des NAND-Gatters 7400 bei 25 °C (1 Eingang)

Für den Ausgang eines TTL-Gatters gelten folgende Spannungswerte:

H-Pegel: 2,4 V ... 5 V   L-Pegel: 0 ... 0,4 V

Für den Eingang eines TTL-Gatters gelten folgende Spannungswerte:

H-Pegel: 2 V ... 5 V   L-Pegel: 0 ... 0,8 V

4.1.6 Störsicherheit

Man unterscheidet zwischen statischer und dynamischer Störsicherheit. Die statische Störsicherheit oder der statische Störspannungsabstand gibt die Störspannungshöhe an, die den logischen Zustand eines Gatters noch nicht verändert.

Statische Störungen sind Störungen, die längere Zeit einwirken als die mittlere Signallaufzeit des Gatters beträgt. Dynamische Störungen sind im Vergleich zur Gatter-Signallaufzeit kurz; es handelt sich hier um hochfrequente Störimpulse.

Bei einem invertierenden TTL-Gatter können Schaltvorgänge nur dann sicher ausgelöst werden, wenn die Gatter-Eingangsspannung U_I innerhalb des L-Bereiches liegt, um einen H-Ausgangspegel zu erhalten, oder wenn die Eingangsspannung U_I innerhalb des H-Bereiches liegt, um einen L-Ausgangspegel zu erhalten.

Eingangsspannungen im dazwischen liegenden Bereich führen zu einem unbestimmten Schaltzustand, sie müssen vermieden werden. Andererseits kann auch bei solider Dimensionierung nicht verhindert werden, daß auf dem Weg zwischen dem Ausgang eines Gatters und dem Eingang eines folgenden Störspannungen eingekoppelt werden, die sich den Ansteuerspannungen überlagern.

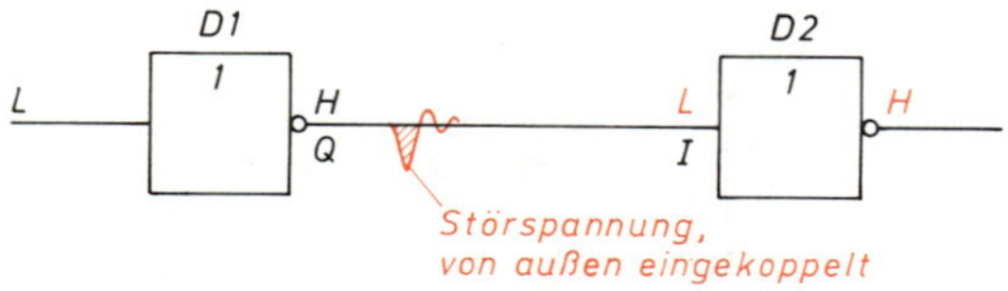

Abb. 4.19

Die in der Abb. 4.19 dargestellte, von außen eingekoppelte Störspannung kann mit ihrer negativen Halbwelle den aus der Stufe D 1 kommenden H-Pegel so weit abbauen, das über den unbestimmten Schaltzustand hinaus der entgegengesetzte Logikpegel erreicht wird.

Es sei angenommen, der H-Ausgangspegel betrage 3,9 V und der Umschaltpunkt des angesteuerten Gatters D 2 nach Abb. 4.19 liege bei 1,5 V. Die negative Amplitude des Störsignals darf dann 2,4 V gerade noch nicht erreichen. Der Störabstand würde damit etwa 2,4 V betragen.
Es sei weiter angenommen, der L-Ausgangspegel betrage 0,2 V und der Umschaltpunkt liege wieder bei 1,5 V. Die positive Amplitude des Störsignals darf jetzt 1,3 V gerade noch nicht erreichen, wenn das Gatter im gewünschten Schaltzustand bleiben soll. Der Störabstand würde damit etwa 1,3 V betragen.
Da aber der Umschaltpunkt wegen stets vorhandener Exemplarstreuungen und der Temperaturabhängigkeit der Gatter nicht genau angebbar ist, werden die Umschaltbereichsgrenzen gewählt: 0,8 V als Eingangsspannungsgrenzwert für den L-Pegel und 2 V als Grenzwert für den H-Pegel.
Je größer nun der Abstand zwischen U_{QL} und U_{IL} bzw. zwischen U_{QH} und U_{IH} ist, um so höher kann auch die Amplitude von Störsignalen sein, bevor sich der Schaltzustand des nachgeschalteten Gatters ändert. Man nennt deshalb diese Spannungsdifferenz den statischen Störabstand M und unterscheidet zwischen dem Störabstand für L-Pegel (M_L) und dem Störabstand für H-Pegel (M_H), die im allgemeinen für den ungünstigsten Fall (worst case) angegeben werden (siehe Abb. 4.22). Der Worst-Case-Störabstand gilt für maximale Ausgangslast bei ungünstigster Betriebsspannung über den vollen Betriebstemperaturbereich. Im Worst-Case-Fall kann als Ausgangsspannung für den L-Pegel noch 0,4 V maximal gelten, für den H-Pegel noch der Wert von 2,4 V minimal.
Die Werte des statischen Störspannungsabstandes ergeben sich aus der Übertragungskennlinie. Sie seien hier am Beispiel eines TTL-Inverters wiedergegeben.

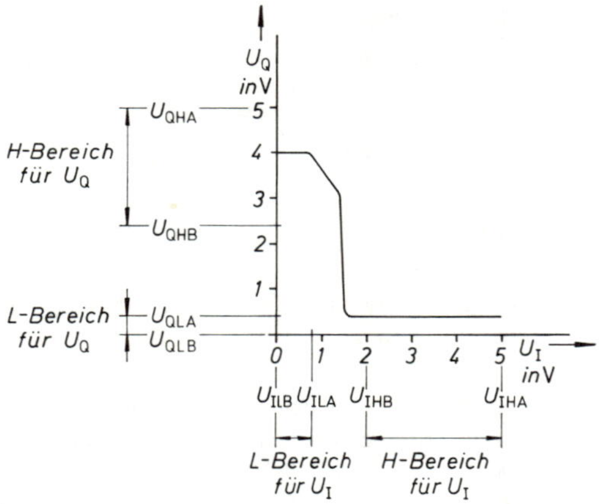

Abb. 4.20 Übertragungskennlinie eines TTL-Inverters bei 25 °C und einer Ausgangsbelastung von F 0 = 10

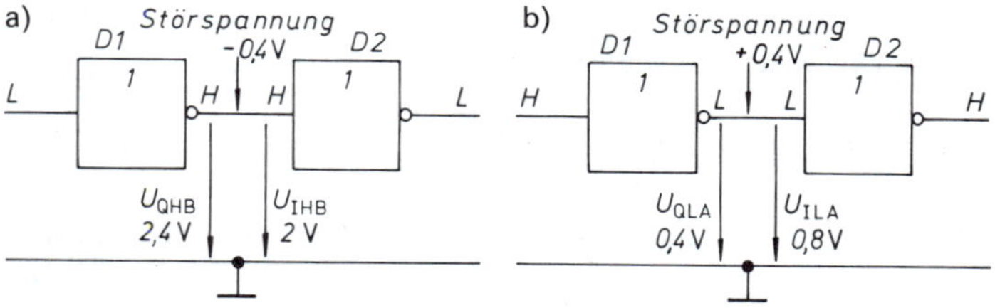

$M_H = U_{QHB} - U_{IHB}$
$M_H = 2{,}4\ V - 2\ V = 0{,}4\ V$

$M_L = U_{ILA} - U_{QLA}$
$M_L = 0{,}8\ V - 0{,}4\ V = 0{,}4\ V$

Abb. 4.21 a) Störabstand für H-Pegel M_H im Worst-Case-Fall b) Störabstand für L-Pegel M_L im Worst-Case-Fall

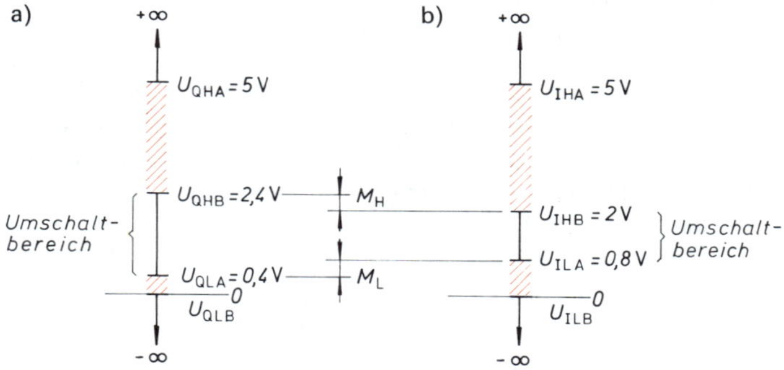

Abb. 4.22 Grafische Darstellung der Spannungswerte mit Streubereichen
a) für die *Gatterausgangsspannung* (Q ≙ output = Ausgang)
b) für die *Gattereingangsspannung* (I ≙ input = Eingang)

Zwischen den schraffierten Bereichen liegt der Umschaltbereich. In beiden logischen Zuständen könnte eine Störspannung von maximal 0,4 V eingekoppelt werden, ohne den Zustand des angesteuerten Gatters zu verändern.
Diese Betrachtungen gelten für den Worst-Case-Fall. Unter normalen Bedingungen aber liegen die Ausgangswerte innerhalb des jeweiligen Bereiches, so daß die Störspannungen höhere Werte als 0,4 V haben können.

4.1.7 TTL-Gatter mit offenem Kollektor

Wird das Parallelschalten mehrerer Ausgänge zu einem „Verdrahteten UND"[1]) gewünscht, bedient man sich der Gatter mit offenem Kollektor. Diese Gatter haben anstelle der Gegentaktausgangsstufe einen einzelnen Transistor. Der Kollektor- oder Lastwiderstand befindet sich außerhalb der „Integrierten Schaltung". Das schnelle Umladen der Ausgangs- und Lastkapazitäten entfällt bei dieser Schaltung.

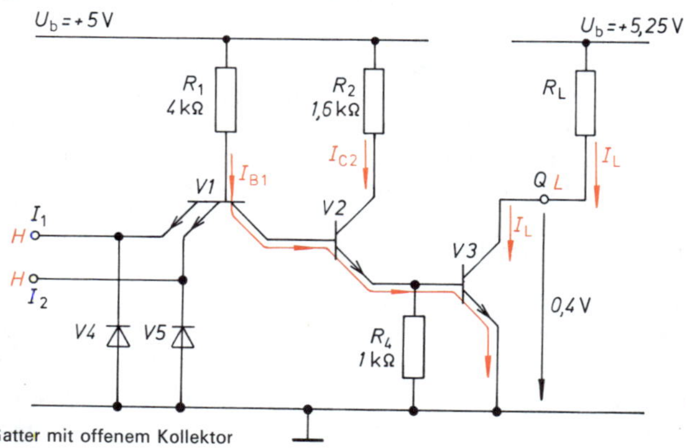

Abb. 4.23 TTL-NAND-Gatter mit offenem Kollektor

[1]) Siehe auch Abschnitt 3.7

Der Kleinstwert des Lastwiderstandes wird für den Fall des durchgesteuerten Transistors V3 berechnet. Außer R_L ist keine weitere Belastung vorhanden.

$$R_L > \frac{U_{b\,max} - U_{QL}}{I_{QL}} = \frac{5{,}25\ \text{V} - 0{,}4\ \text{V}}{16\ \text{mA}} = 303\ \Omega\text{, gewählt } 330\ \Omega$$

Der Lastwiderstand ist nun für folgende Schaltung eines „Verdrahteten UND" zu berechnen:

a) *Ausgangspegel L* (zu Abb. 4.24)
Die Gesamtschaltung zwischen Eingang und Ausgang wirkt wie ein ODER-Gatter. Denn wenn alle drei Eingänge L-Pegel führen, bleiben die Ausgänge $Q_1 = Q_2 = Q_3$ auf L-Pegel. Geht nur ein Eingang auf H-Pegel, nehmen alle Ausgänge H-Pegel an.
Von den ausgangsseitig parallelgeschalteten Gattern D1, D2 und D3 erhält nur D1 eingangsseitig H-Pegel. Damit geht auch nur der Ausgang dieses Gatters auf L-Pegel. Es muß den Gesamtstrom allein übernehmen, denn die Ausgangstransistoren der Gatter D2 und D3 bleiben gesperrt. Es werden die Gatter D4, D5 und D6 mit L-Pegel angesteuert. Bei L-Pegelansteuerung fließt aus jedem Gatter ein Strom von maximal 1,6 mA. Der Ausgangstransistor des steuernden Gatters D1 wird damit nicht nur von dem Strom über R_L, sondern auch von den Strömen aus den Gattern D4 bis D6 belastet. Nach Herstellerangaben darf der Kollektorstrom 16 mA nicht übersteigen.

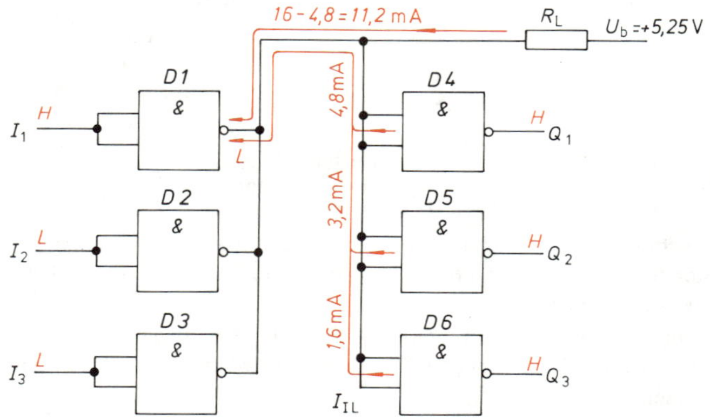

Abb. 4.24 Stromverteilung beim Ausgangspegel L des Gatters D1. Die offenen Kollektoren sind zusammengeschaltet und haben den gemeinsamen Widerstand R_L

$$R_L > \frac{U_{b\,max} - U_{QLA}}{I_{QL} - n_1 \cdot I_{IL}} = \frac{5{,}25\ \text{V} - 0{,}4\ \text{V}}{16\ \text{mA} - 3 \cdot 1{,}6\ \text{mA}} = \frac{4{,}85\ \text{V}}{11{,}2\ \text{mA}} = 433\ \Omega$$

$U_{b\,max}$ = Höchste Betriebsspannung
U_{QLA} = Gatterausgangsspannung für den Pegel L (Höchstwert)
I_{QL} = Strom, der beim Pegel L in den Gatterausgang fließt
I_{IL} = Strom, der beim Pegel L aus dem Gattereingang fließt
n_1 = Anzahl der zu versorgenden Gatter

Der Wert des Lastwiderstandes darf 433 Ω nicht unterschreiten.

b) *Ausgangspegel H* (zu Abb. 4.25)
Die ausgangsseitig parallelgeschalteten Gatter D1, D2 und D3 werden mit L-Pegel angesteuert. Damit bleiben die Ausgangstransistoren gesperrt, und über den Widerstand R_L nehmen sie gemeinsam H-Pegel an. Die vom Hersteller genannten Restströme betragen pro Transistor bis zu 250 µA. Die drei mit H-Pegel angesteuerten Gatter D4, D5 und D6 nehmen einen Eingangsstrom von 40 µA je Eingang auf. Damit fließen über R_L sowohl die Transistorrestströme als auch die Eingangsströme. Da der untere Spannungswert für den H-Ausgangspegel bei 2,4 V liegt, ist der

maximal zulässige Spannungsfall an R_L festgelegt, wenn auch vom Kleinstwert der Versorgungsspannung ausgegangen wird. Der Höchstwert des Lastwiderstandes kann für die gegebene Schaltung berechnet werden.

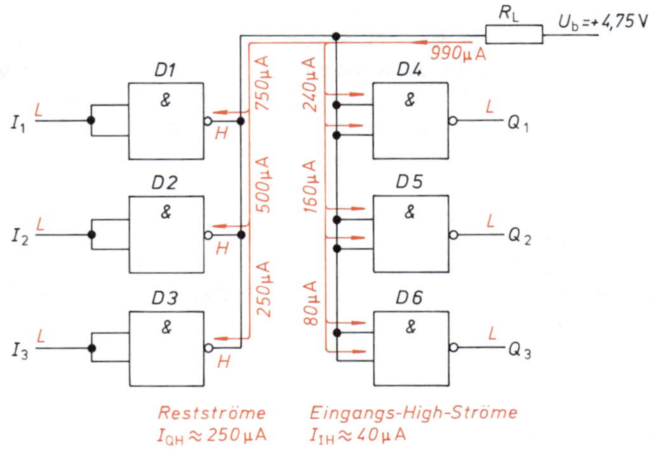

Abb. 4.25 Stromverteilung beim Ausgangspegel H der Gatter D 1 bis D 3

$$R_L < \frac{U_{b\,min} - U_{QHB}}{n_2 \cdot I_{QH} - n_1 \cdot I_{IH}} = \frac{4{,}75\ \text{V} - 2{,}4\ \text{V}}{3 \cdot 250\ \mu\text{A} + 3 \cdot 2 \cdot 40\ \mu\text{A}} = \frac{2{,}35\ \text{V}}{990\ \mu\text{A}} = 2{,}37\ \text{k}\Omega$$

$U_{b\,min}$ = kleinste Betriebsspannung
U_{QHB} = Gatterausgangsspannung für den Pegel H (Kleinstwert)
I_{QH} = Transistorreststrom beim Pegel H
I_{IH} = Strom, der bei H-Pegel in das Gatter fließt
n_1 = Anzahl der zu versorgenden Gatter
n_2 = Anzahl der Eingangsgatter

Der gewählte Wert für R_L muß nun zwischen 433 Ω und 2,37 kΩ liegen.

4.1.8 TTL-NOR-Gatter

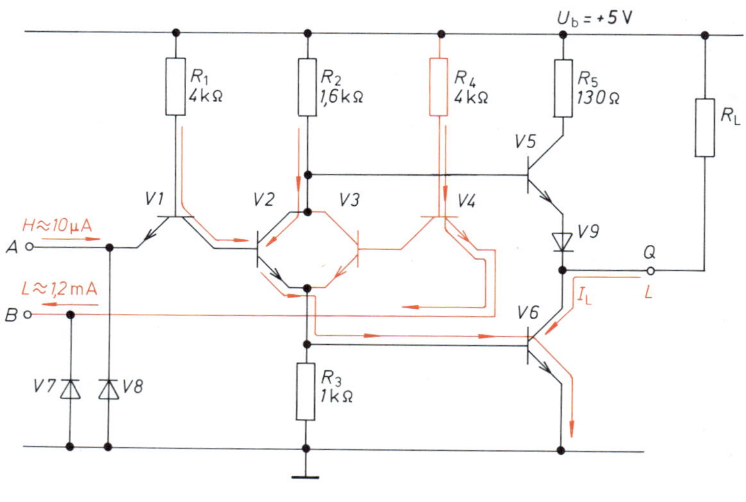

Abb. 4.26 TTL-NOR-Gatter 1/4 7402

Auf der IS 7402 befinden sich insgesamt 4 voneinander unabhängige NOR-Gatter, die nur über die gemeinsame Versorgungsspannung und Schaltungsnull verbunden sind. Der hinzugefügte rot dargestellte Schaltungsteil macht aus dem Inverter der Abb. 4.10 ein NOR-Gatter mit den Eingängen A und B. Am Eingang A liegt H-Pegel (+5 V). Der Transistor V1 wird invers betrieben. Über R_1 wird die Basis des Transistors V2 versorgt. Der Emitterstrom dieses Transistors steuert V6 an, der Ausgang Q geht auf L-Pegel. Da V2 bis zur Sättigung durchgesteuert wurde, liegt sein Kollektorpotential um 0,1 V über dem Emitterpotential, das durch die Basis-Emitter-Diode des V6 auf 0,7 V liegt. Der Kollektor des Transistors V2 hat damit eine Spannung von 0,8 V auf Schaltungsnull bezogen. Da die Basis des Transistors V5 aber zur Durchsteuerung wegen der Diode V9 1,4 V benötigt, bleibt V5 gesperrt.

Am Eingang B liegt L-Pegel. Über R_4 fließt Basis-Emitter-Strom in den Eingang B. Der Kollektor des V4 führt etwa 0,1 V. Das reicht nicht zur Durchsteuerung des Transistors V3 aus.

Führt nun Eingang B H-Pegel und Eingang A L-Pegel, steuert der Transistor V4 den Transistor V3 an, während V2 gesperrt bleibt. Der Emitter des Transistors V3 versorgt die Basis des V6, der Ausgang Q bleibt wieder auf L-Pegel.

Auch wenn beide Eingänge auf H-Pegel gelegt werden, leitet der Transistor V6 und legt den Ausgang Q auch wieder auf L-Pegel.

Erst ein L-Pegel an beiden Eingängen sorgt dafür, daß sowohl der Transistor V2 als auch Transistor V3 gesperrt werden. Damit kann über den Widerstand R_2 der Transistor V5 angesteuert werden und der Ausgang auf H-Pegel gehen. Die Schaltung erfüllt die Funktion:

$$\bar{A} \wedge \bar{B} = Q$$

Diese schaltalgebraische Gleichung nach de Morgan umgestellt ergibt

$$\overline{A \vee B} = Q,$$

die Gleichung des NOR-Gatters.

Die Eingangsklemmdioden V7 und V8 sollen verhindern, daß negative Spannungen am Eingang wirksam werden. Negative Spannungen treten z. B. durch Überschwingen am Ende längerer Leitungen auf.

4.1.9 TTL-NAND-Leistungsgatter

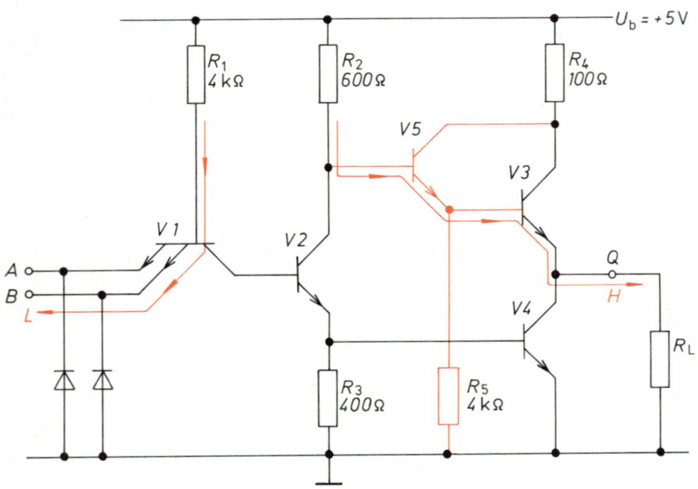

Abb. 4.27 TTL-NAND-Leistungsgatter

Der zur Schaltung nach Abb. 4.11 hinzugefügte, rot dargestellte Schaltungsteil stellt den wesentlichen Unterschied zum Standard-NAND-Gatter dar. Wird der Eingang B auf L-Pegel gelegt, kann über R_2 Basisstrom in den Transistor V5 fließen.

Der Emitterstrom des Transistors V5 ist Basisstrom für V3 (Darlington-Schaltung). Transistor V3 steuert durch und legt den Ausgang Q auf H-Potential.

Im Vergleich zum Standard-TTL-Gatter haben beim Leistungsgatter die Widerstände R_2, R_3 und R_4 kleinere Werte, V3 wird zusätzlich über V5 angesteuert, und die Ausgangstransistoren sind höher belastbar. Damit kann das Fan-out auf FO = 30 steigen, das bei Standard-TTL-Gattern einen Wert von FO = 10 hat.

Für den Fall des durchgesteuerten Transistors V2 übernimmt die Basis-Emitter-Diode des Transistors V5 die erforderliche Potentialverschiebung, die in den Standard-Schaltungen von der zwischen den Transistoren V3 und V4 liegenden Diode wahrgenommen wird.

4.1.10 Sonderfamilien in TTL

Bezeichnung SN ...	7400	74 S00	74 LS00	74 H00	74 L00
TTL-Familie	Standard	Schottky	Low Power Schottky	High Speed[1])	Low Power
Betriebsspannung	5 V	5 V	5 V	5 V	5 V
Fan-out L	10	10	22,2	10	20
Fan-out H	10	20	20	10	20
Impulsverzögerungszeit (Mittelwerte)	10 ns	3 ns	9,5 ns	6 ns	33 ns
Schaltfrequenz (Mittelwerte)	bis 50 MHz	bis 125 MHz	bis 50 MHz	bis 50 MHz	bis 3 MHz
Leistungsaufnahme[2]) pro Gatter (Mittelwerte)	10 mW	19 mW	2 mW	22 mW	1 mW

Abb. 4.28 Zusammenstellung der Kenndaten des Texas-Instruments-NAND-Gatters in den verschiedenen Schaltkreisfamilien

Während die Standard-TTL-Schaltkreise besonders preiswert angeboten werden und einen guten Kompromiß zwischen der Leistungsaufnahme einerseits und der Impulsverzögerungszeit andererseits schließen, nehmen die Schottky-TTL-Schaltkreise eine wesentlich höhere Leistung auf, sind dafür aber auch etwa dreimal schneller als die Standard-Schaltkreise. Die Low-Power-Schottky-Schaltkreise haben etwa gleiche Eigenschaften wie die Standard-Schaltkreise. Ihr besonderer Vorzug liegt in der niedrigen Leistungsaufnahme, ihr Nachteil im Vergleich zu den Standard-Schaltkreisen ist der höhere Preis.

Der Vollständigkeit halber sind in der Tabelle noch die High-Speed- und die Low-Power-TTL-Schaltkreise aufgeführt. Ihre Bedeutung ist geringer als die der erstgenannten Schaltkreise.

Zusammenfassend kann festgehalten werden: Je hochohmiger ein Gatter ausgelegt ist, um so höher ist seine Impulsverzögerungszeit, um so niedriger ist aber auch seine Leistungsaufnahme. Der Grund hierfür ist in den stets vorhandenen Kapazitäten zu suchen, in deren Umladungszeit auch die Höhe des jeweiligen Widerstandswertes eingeht ($\tau = R \cdot C$).

---

[1]) high speed (engl.) = hohe Geschwindigkeit

[2]) Die Leistungsaufnahme oder Verlustleistung eines Gatters bezieht sich in der Regel auf die Leistung, die zur Speisung bei einem Tastverhältnis von 50% benötigt wird, d.h. wenn es gleich oft im Zustand H wie im Zustand L ist.

Den schnellen Schottky-Schaltkreisen haftet der Nachteil an, daß dann auch eine hohe Empfindlichkeit gegenüber Störimpulsen besteht. Das erfordert eine sehr sorgfältige, störstrahlungssichere Verdrahtung der Logik-Bausteine.
Da alle TTL-Schaltungen, auch T^2L-Schaltungen genannt, im L- und H-Zustand einen geringen Störabstand haben, entwickelte man T^3L-Schaltkreise, sowohl in Standard-Technik als auch in Schottky-Technik. T^3L-Schaltkreise unterscheiden sich von den TTL-Schaltkreisen dadurch, daß ein zusätzlicher Transistor in die Kette Multi-Emitter-Transistor, Emitterfolger und Endstufe eingefügt wurde, so daß die Umschaltschwelle durch $3 \cdot U_{BE} \approx 2{,}1$ V festgesetzt wird.

4.1.11 Schottky[1])-TTL-Schaltungen

4.1.11.1 Allgemeines

Durch Verwenden von Schottky-Dioden[2]) läßt sich die in gesättigter Logik (RTL, DTL, TTL) auftretende Sättigungsverzögerung vermeiden, die zu einer Verringerung der Schaltgeschwindigkeit führt.
Da in den RTL-, DTL- und TTL-Schaltkreisen die Transistoren aus Sicherheitsgründen (Widerstands- und Transistorstromverstärkungstoleranzen, niedrige Versorgungsspannung, niedrige Umgebungstemperatur, die B verkleinert und U_{BE} vergrößert, hohes Fan-out) stets mehrfach übersteuert werden, führt eine Unterbrechung des Basisstromes nicht sofort zu einer Verringerung des Kollektorstromes. Dies erfolgt vielmehr erst dann, wenn die überschüssige, in der Basiszone befindliche Ladung abgebaut ist. Der Ladungsabbau wird sowohl durch Abfließen der Ladungsträger über einen Basiswiderstand als auch durch Wärmerekombination[3]) eingeleitet.
Die Sättigung läßt sich dadurch vermeiden, daß man zwischen Basis und Kollektor des Schalttransistors eine Germanium-Diode schaltet.

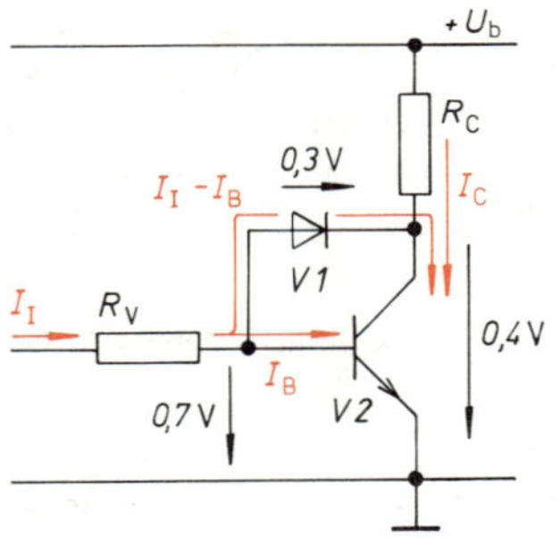

Abb. 4.29 Schaltverstärker mit Germanium-Antisättigungsdiode

Funktionserklärung nach Abb. 4.29

Möchte der Basisstrom über den Wert zur einfachen Durchsteuerung des Schalttransistors ansteigen, übernimmt die Germanium-Diode V1 den zusätzlichen Basisstrom ($I_I - I_B$) und leitet ihn über die Kollektor-Emitter-Strecke nach Schaltungsnull ab. Der Transistor bekommt nur den Basisstrom, der ihn bis an die Sättigung heranführt, ihn aber nicht übersteuert. Damit verhindert die Germanium-Diode durch Spannungsgegenkopplung ein Absinken der Kollektor-Emitter-Spannung unter ca. 0,4 V, es kommt nicht mehr zur Sättigungsverzögerung. Auf die Sperrphase nimmt die Diode keinen Einfluß.

---

[1]) Schottky, Physiker, 1886 bis 1976
[2]) Schottky-Diode = Si-Diode mit Metall-Halbleiter-Sperrschicht und einer Schwellenspannung von ca. 0,4 V. Schottky-Dioden besitzen sehr kurze Schaltzeiten
[3]) Rekombination (lat.) = Wiedervereinigung

In monolithisch[1]) integrierten Schaltkreisen auf Siliziumbasis kann jedoch die Germanium-Antisättigungsdiode nicht verwendet werden. Man bedient sich hier der Silizium-Schottky-Diode, deren Schwellenspannung mit ca. 0,4 V auch unter der Basis-Emitter-Spannung von ca. 0,7 V liegt.
Für den Schalttransistor mit Schottky-Antisättigungsdiode verwendet man ein neues Schaltsymbol, das in der Abb. 4.31 dargestellt ist.

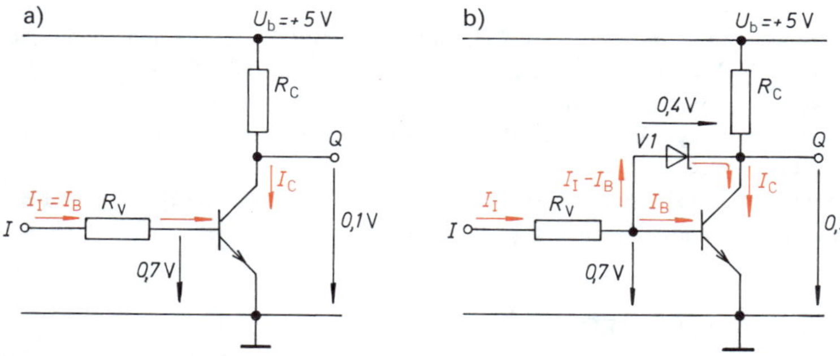

Übersteuerungsfaktor $ü = 3$ Übersteuerungsfaktor $ü = 1$

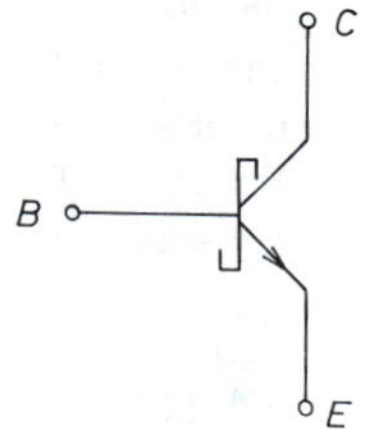

Abb. 4.30 a) Schaltverstärker in gesättigter Logik
b) Schaltverstärker in ungesättigter Logik mit Schottky-Antisättigungsdiode

Abb. 4.31 „Schottky-Transistor"

Die in den logischen Schaltkreisen verwendeten Transistoren lassen sich ohne nennenswerte Schaltungsänderungen durch „Schottky-Transistoren" ersetzen. Man kommt so zu den Schottky-TTL-Schaltungen.

4.1.11.2 Schottky-TTL-NAND-Gatter (74 S 00)

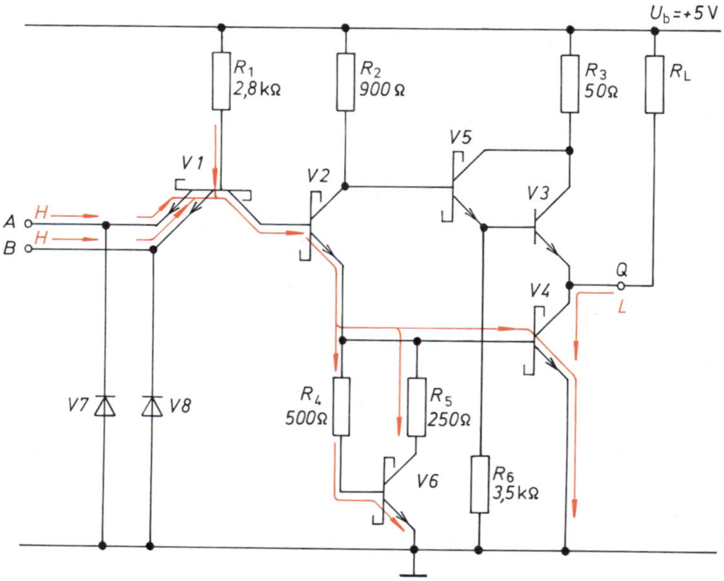

Abb. 4.32 Schottky-TTL-NAND-Gatter 1/4 74 S 00

[1]) monolithisch (gr.), aus einheitlichem Baustoff; eine monolithische Schaltung ist auf einem einzigen Halbleiterkristall untergebracht.

In der Wirkungsweise besteht zwischen dem Standard-TTL-NAND-Gatter und dem Schottky-TTL-NAND-Gatter nach Abb. 4.32 kein wesentlicher Unterschied. Da V3 in der Darlingtonschaltung nicht in die Sättigung gelangen kann, braucht bei diesem Transistor eine Schottky-Diode nicht vorgesehen zu werden. Die Aufgabe des Transistors V6 besteht darin, den Basisstrom des Transistors V4 zu begrenzen (aktiver Basiswiderstand). Der Transistor V4 schaltet schneller und verhindert, daß beim Umschalten V3 und V4 gemeinsam leiten.
Die mittlere Impulsverzögerungszeit des Schottky-TTL-Gatters beträgt 3 ns und liegt damit bei einem Drittel der Standard-TTL-Verzögerungszeit. Die Schaltfrequenz darf bis 125 MHz ansteigen und ist zweieinhalbmal so hoch wie die des vergleichbaren Gatters ohne Antisättigungsdioden.
Die Leistungsaufnahme des Schottky-TTL-Gatters ist mit 19 mW dagegen fast doppelt so hoch wie die des Standard-TTL-Gatters.
Schottky-TTL-Systeme werden überall dort eingesetzt, wo Standard-TTL-Systeme zu langsam sind. Sie erlauben damit z. B. von paralleler auf serielle Signalverarbeitung überzugehen.

4.1.11.3 Low-Power[1])-Schottky-TTL

Wird keine höhere Schaltfrequenz und keine kleinere Impulsverzögerungszeit, wohl aber eine geringere Leistungsaufnahme im Vergleich zum Standard-Gatter gewünscht, kann man zu Low-Power-Schottky-TTL-Schaltkreisen übergehen. Die Leistungsaufnahme dieser Gatter beträgt im Mittel nur 2 mW, die Versorgungsspannung wieder 5 V.
Das in Abb. 4.33 dargestellte NAND-Gatter verwendet anstelle des Multi-Emitter-Transistors die Dioden V6 und V7[2]). Die Arbeitsweise der Schaltung entspricht der des Schottky-TTL-NAND-Gatters, sie ist lediglich hochohmiger. Das Fan-out beträgt für den L-Zustand 22,2 und für den H-Zustand 20.

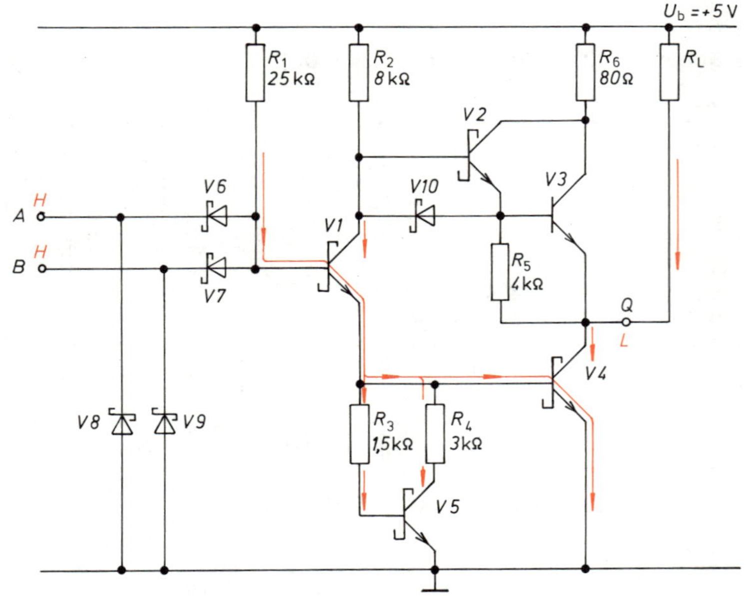

Abb. 4.33 Low-Power-Schottky-TTL-NAND-Gatter 1/4 74 LS 00-S 6

[1]) Low power (engl.) = geringe Leistung
[2]) Diodeneingänge weisen eine höhere Spannungsfestigkeit auf als der Multi-Emitter-Eingang.

4.2 Emittergekoppelte Logik (ECL)

Man nennt die emittergekoppelte Logik (ECL) auch emittergekoppelte Transistor-Logik (ECTL = **e**mitter **c**oupled **t**ransistor **l**ogic). Eine weitere Bezeichnung ist CML = **c**urrent **m**ode **l**ogic = stromgesteuerte Logik.

ECL-Schaltkreise arbeiten in ungesättigter Logik. Sie werden zum Aufbau digitaler Systeme verwendet, bei denen besonders kurze Impulsverzögerungszeilen gefordert sind.

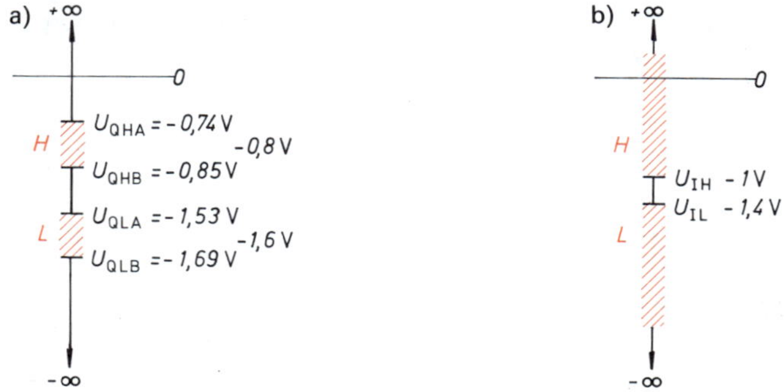

Abb. 4.34

a) Obere und untere Grenze der *Ausgangsspannung* für H- und L-Pegel sowie deren Mittelwerte (Q ≙ output = Ausgang)

b) Obere und untere Grenze der *Eingangsspannung* für H- und L-Pegel (I ≙ input = Eingang)

Dem Diagramm für die Ausgangsspannung ist der mittlere H-Pegel mit −0,8 V und der mittlere L-Pegel mit −1,6 V zu entnehmen. Der Abstand zwischen H und L beträgt nur 800 mV. Dieser Spannungshub steuert den Transistor auf einem kleinen Kennlinienabschnitt aus, was mit zur Erhöhung der Schaltergeschwindigkeit beiträgt.

Da die Umschaltpegel im negativen Spannungsbereich liegen, spricht man auch von negativer Logik, der H-Pegel entspricht dann dem logischen Wert 0, der L-Pegel dem logischen Wert 1 (siehe auch Kapitel 2).

ECL-Schaltkreise besitzen eine geringe Störsicherheit und haben einen hohen Leistungsverbrauch, wodurch sich der Anwendungsbereich auf schnell arbeitende Untersysteme beschränkt.

4.2.1 Wirkungsweise der vereinfachten ECL-Schaltung

Der wichtigste Schaltungsteil besteht aus einem Differenzverstärker, dessen einer Zweig sich aus den parallelgeschalteten Transistoren V 1 und V 2 zusammensetzt und dessen anderer Zweig durch den an konstanter Basisspannung liegenden Transistor V 3 gebildet wird. Über die Emitterfolger[1])

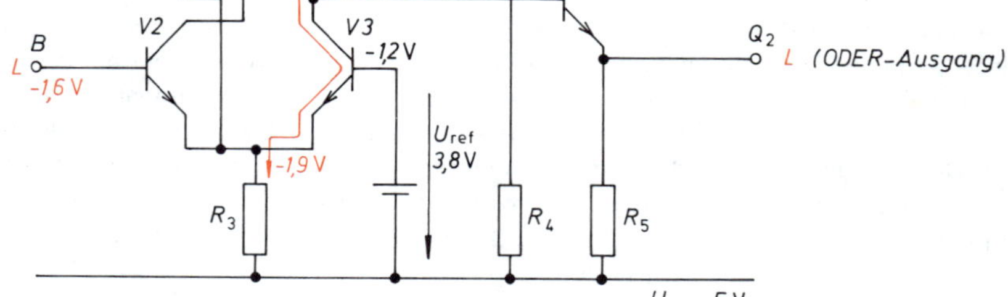

Abb. 4.35 ECL-NOR/ODER-Gatter, beide Eingänge führen L-Pegel

[1]) Emitterfolger = andere Bezeichnung für die Kollektorschaltung

V4 und V5 wird das Signal den Ausgängen Q_1 und Q_2 zugeleitet, die stets gegensätzliche (komplementäre) Pegel annehmen. Beide Eingänge führen L-Pegel (−1,6 V). Alle Spannungsangaben beziehen sich auf Schaltungsnull (⊥). Da die Basis des Transistors V3 −1,2 V von der Referenzspannungsquelle[1]) erhält, liegt sein Emitterpotential 0,7 V negativer auf −1,9 V. Die Emitter der Transistoren V1 und V2 liegen auf gleichem Potential, ihre Basen führen −1,6 V. Es ergeben sich Basis-Emitter-Spannungen von 0,3 V, wodurch beide Eingangstransistoren sperren. Der Spannungsabfall an R_1 ist kleiner als der Spannungsabfall an R_2. Transistor V4 erhält mehr Basisstrom als Transistor V5. Q_1 nimmt H-Pegel und Q_2 L-Pegel an. Da Emitterfolger einen kleinen Ausgangswiderstand besitzen, steht das Signal niederohmig an.

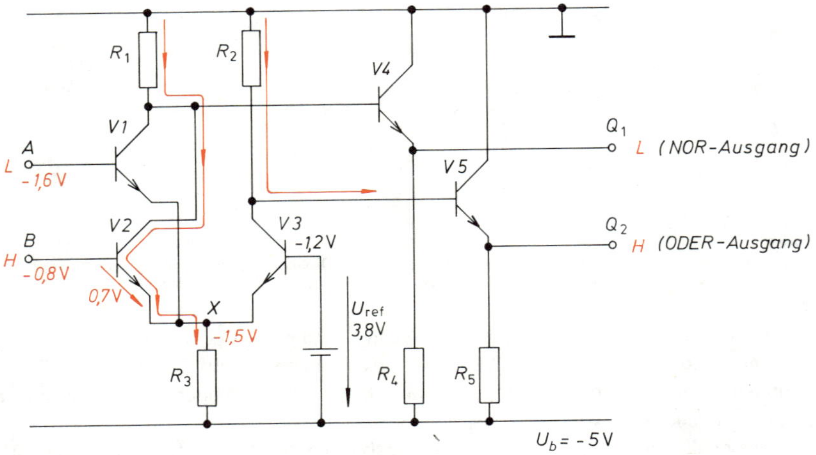

Abb. 4.36 ECL-NOR/ODER-Gatter, ein Eingang führt L-, der zweite H-Pegel

Ein Eingang führt L-Pegel (−1,6 V), der zweite H-Pegel (−0,8 V).
Da der Schaltungspunkt x vom Transistor V3 her zunächst auf −1,9 V liegt, ergibt sich zur Basis des Transistors V2 eine Differenzspannung von −0,8 V − (−1,9 V) = 1,1 V. Das führt sofort zu kräftigem Kollektorstrom, wodurch der Schaltungspunkt x auf eine Spannung von −1,5 V ansteigt und die Basis-Emitter-Spannung des Transistors V2 sich auf 0,7 V einstellt. V1 bleibt gesperrt, weil $U_{BE} = -0{,}1$ V beträgt. Die nunmehr herrschende Spannung an x von −1,5 V hat zur Basisspannung des Transistors V3 eine Differenz von 0,3 V, V3 sperrt. Über R_2 fließt ein höherer Basisstrom in den Transistor V5, der Transistor steuert stärker durch, und Q_2 nimmt H-Potential an, während Q_1 auf L-Potential geht. Da entweder der aus R_2 und V3 bestehende Zweig des Differenzverstärkers oder der aus R_1 und V1 bzw. V2 bestehende Zweig leitet, ändert sich die Stromaufnahme beim Umschalten des Gatters von H auf L oder von L auf H kaum.

Zusammenfassung:

Bei der Eingangssignalkombination A = L und B = L führt Q_2 ebenfalls L-Pegel und Q_1 H-Pegel. Bei jeder anderen Eingangssignalkombination wie LH, HL oder HH erscheint am Ausgang Q_2 H-Pegel, denn sobald einer der beiden Eingangstransistoren (V1, V2) leitet, was durch H-Pegel erreicht wird, sperrt der Transistor V3 und V5 wird angesteuert, so daß der Ausgang Q_2 H-Pegel annimmt. Damit erfüllt Q_2 die ODER-Verknüpfung der freien Variablen A und B. Der Ausgang Q_1 liefert die negierte ODER-Verknüpfung, das ist aber die NOR-Verknüpfung, bezogen auf die Pegel H und L. Für die Werte 1 und 0 dagegen wird Q_1 zum ODER-Ausgang und Q_2 zum NOR-Ausgang.

[1]) Referenzspannungsquelle = Bezugsspannungsquelle, stabile Spannung

4.2.2 ECL-NOR-Gatter FYH 144 (Siemens)

Anstelle der aus einer Batterie bestehenden Bezugsspannungsquelle der vereinfachten ECL-Schaltung, wie sie im Abschnitt 4.2.1 beschrieben wurde, verwendet die IS FYH 114 eine Konstantspannungsquelle, dargestellt durch den beschalteten Transistor V5. Da die Basisspannung dieses Transistors durch die Widerstände R_6 und R_7 festgehalten wird, liegt auch das Emitterpotential fest und ist unabhängig vom Basisstrom des Transistors V3. Die Schaltung erfüllt die NOR-Funktion, bezogen auf die Pegel H und L.

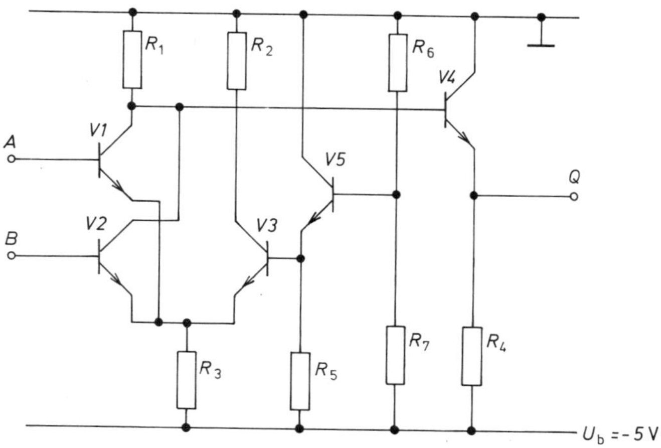

Abb. 4.37 ECL-NOR-Gatter mit zwei Eingängen FYH 114, Fan-out = 10

4.2.3 Zusammenfassung der ECL-Eigenschaften

Zu den schnellsten Schaltkreisfamilien gehören die ECL-Schaltkreise. Die Impulsverzögerungszeit liegt unter 10 ns, die mittlere Verlustleistung eines Gatters bei 50 mW.

Von verschiedenen Herstellern werden bereits superschnelle Schaltkreise in ECL-Technik angeboten, deren Impulsverzögerungszeiten im Bereich unterhalb einer ns liegen. Zur Realisierung dieser Schaltkreise bedarf es einer besonderen Technologie in der Herstellung kapazitätsarmer Transistoren, die auf kleinste Abmessungen hinausläuft. Weiter geht bei geringem Integrationsgrad (z. B. 4 Gatter auf einer IS) durch den externen Aufwand an Verbindungsleitungen die gewünschte Impulsverzögerungszeit wieder verloren, so daß schnelle Schaltkreise zugleich auch einen hohen Integrationsgrad erfordern. Ein Verfahren zur Erzielung eines hohen Integrationsgrades mit bipolaren Transistoren ist die von Philips entwickelte I^2L[1])-Technik, in der Packungsdichten von 400 Gattern/mm² erreicht werden.

Bei den ECL-LSI[2])-Schaltkreisen werden Verlustleistungen von 10 mW pro Gatter und Impulsverzögerungszeiten von 0,5 ns genannt.

Damit sind ECL-Schaltkreise schneller als Low-Power-Schottky-TTL-Schaltkreise (LPS-TTL). Oberhalb der Frequenz 30 MHz übersteigt auch die Leistungsaufnahme pro Gatter der LPS-TTL-die der ECL-Schaltkreise, deren Leistungsaufnahme frequenzunabhängig ist. Der typische Arbeitsbereich der ECL-Schaltungen liegt bei Frequenzen von 150 MHz und darüber.

---

[1]) I^2L = integrated-injection-logic, injection (engl.) bedeutet hier das Einbringen von Ladungsträgern in den Halbleiterkristall
[2]) LSI = large scale integration = Integration in großem Umfang

4.3 Komplementäre[1]) Transistorlogik (CTL)

Die Abkürzung CTL steht für complementary transistor logic. Das CTL-Gatter ist von der Schnelligkeit her dem ECL-Gatter vergleichbar, da es auch in ungesättigter Logik betrieben wird. Da alle Transistoren in Kollektorschaltung arbeiten, sind die Eingänge hochohmig und der Ausgang niederohmig. Der Schaltungsaufwand für ein UND-Gatter ist besonders niedrig, wie die Abb. 4.38 zeigt.

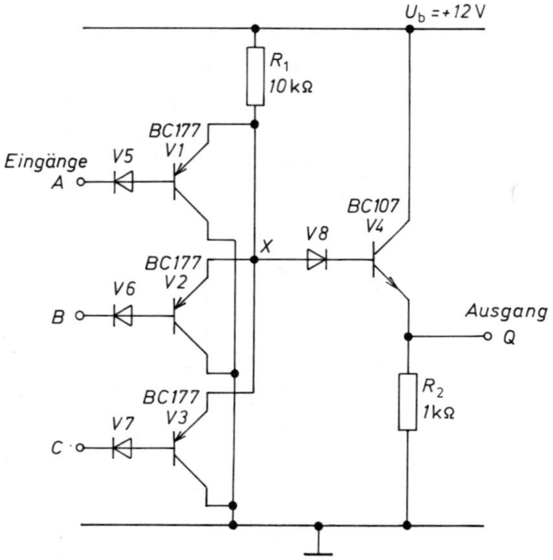

Abb. 4.38 UND-Gatter in komplementärer Transistorlogik (CTL)

Aufgaben der Dioden im Schaltbild nach Abb. 4.38:

Bei der Eingangssignalkombination A = L-Pegel, B und C = H-Pegel liegt zwischen den Anschlußpunkten B und C und dem Schaltungspunkt x etwa 10,6 V. Um zu verhindern, daß diese Spannung den Transistor zerstört, sind die Dioden V5 bis V7 den Basen vorgeschaltet. Die Diode V8 dient der Potentialverschiebung um 0,7 V.

Den Eingang der CTL-UND-Schaltung bildet ein emittergekoppeltes Gatter, bestehend aus den PNP-Transistoren V1, V2 und V3. Der Ausgangstransistor V4 ist vom NPN-Typ. Diese komplementäre Transistoranordnung gab der Schaltung den Namen.

Funktionserklärung nach Abb. 4.38:

Liegt an allen Eingängen (A, B, C) H-Pegel, d.h. +12 V, sperren die PNP-Transistoren V1, V2 und V3. Über R_1 kann zum Transistor V4 der volle Basisstrom fließen. V4 leitet, und Q nimmt H-Pegel an (etwa 10,6 V).

Geht einer der Eingänge (oder alle) auf L-Pegel (0 V), wird der zugehörige Eingangstransistor leitend und der Schaltungspunkt x nimmt ein Potential von +1,4 V an. Da auch die Basis-Emitter-Strecke des Transistors V4 und die Diode V8 jeweils eine Spannung von 0,7 V benötigt, liegt die Ausgangsspannung bei 0 V. Unter Berücksichtigung von Streuwerten in der Basis-Emitter-Spannung kann der Ausgang auch eine geringfügig positive Spannung annehmen. In der Übertragungskennlinie nach Abb. 4.39 liegt bei der Eingangsspannung $U_I = 0$ V die Ausgangsspannung U_Q bei +0,2 V.

[1]) komplementär (lat.-fr.) – sich gegenseitig ergänzend, hier PNP-NPN-Transistoren, die sich ergänzen

Da H-Pegel an allen Eingängen auch den Ausgang auf H-Pegel gehen läßt und L-Pegel an einem oder allen Eingängen den Ausgang ebenfalls auf L-Pegel gehen läßt, erfüllt die Schaltung die UND-Verknüpfung der Variablen A, B und C.

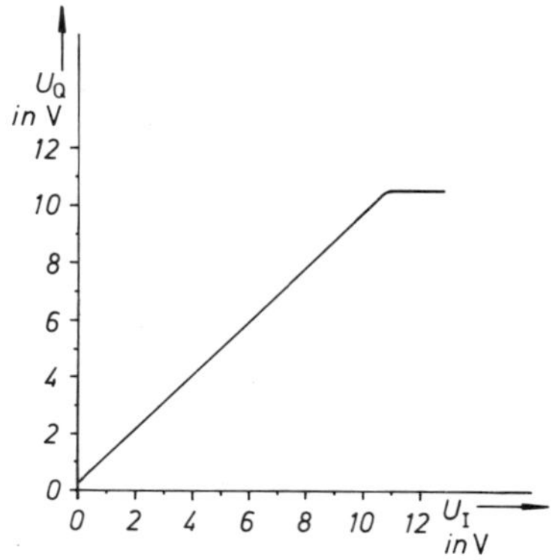

Abb. 4.39 Übertragungskennlinie des UND-Gatters in komplementärer Transistorlogik

4.4 Langsame störsichere Logik (LSL)

4.4.1 Allgemeines

Die langsame störsichere Logik (LSL) bezeichnet man auch als High-Level-Logic[1]) (HLL).
Digitale Schaltkreise, die starken Störfeldern ausgesetzt sind, können unbestimmte Schaltzustände annehmen. Störfelder treten besonders stark beim Abschalten von Induktivitäten (Schützspulen) auf. Die Übertragung der Störspannung von der Störquelle auf die elektronische Schaltung kann galvanisch, kapazitiv oder induktiv erfolgen.
Wenn es nicht möglich ist, das Entstehen der Störspannung zu unterbinden, muß auf seiten der Elektronik die Störsicherheit erhöht werden. Das kann erfolgen:

1. durch Heraufsetzen des Eingangsspannungspegels für L-Signale,
2. durch Verlangsamen der Gatterfunktion und
3. durch Verwenden einer hohen Betriebsspannung.

Diese Bedingungen können mit der LSL folgendermaßen erfüllt werden:

Zu 1.: Der Eingangsspannungspegel wird durch Zuschalten einer Z-Diode in den Eingangskreis erhöht.

Zu 2.: Das Verlangsamen der Gatterfunktion kann durch Erhöhen der Kollektor-Basis-Kapazität des Eingangstransistors oder durch externes Zuschalten eines Kondensators in den Gegenkopplungszweig eines Transistors oder des Gatters erfolgen.

Zu 3.: Die Betriebsspannung der LSL-Kreise wird in den Bereich von 12 V bis 15 V gelegt.

4.4.2 LSL-Grundschaltung (NAND-Gatter)

Am Beispiel eines LSL-NAND-Gatters in Dioden-Transistor-Logik soll für die Ausgangszustände L und H die Schaltungsfunktion erklärt werden.
Wegen der in diesen Schaltkreisen verwendeten Z-Diode spricht man auch von DTLZ-Gattern.

---

[1]) high Level (engl.) = hoher (Spannungs)-Pegel
high Level logic = Logik mit hoher Schaltschwelle

4.4.2.1 Ausgang Q führt L-Pegel

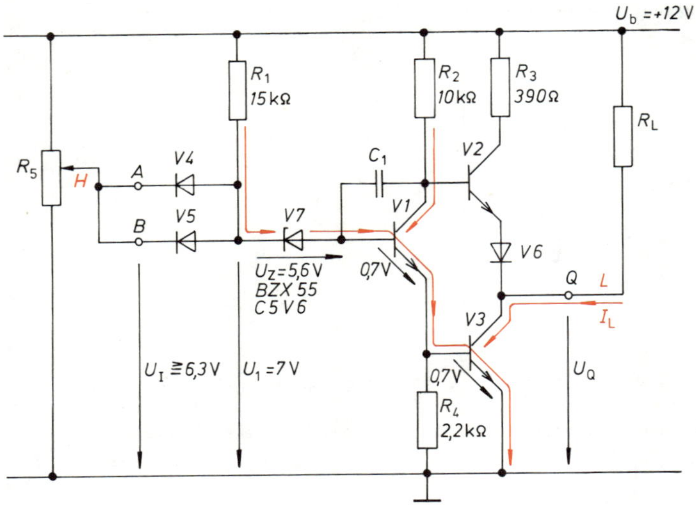

Abb. 4.40 LSL-NAND-Gatter in Dioden-Transistor-Logik (DTL) mit Z-Diode und kapazitiver Gegenkopplung; Eingang H-Pegel, Ausgang L-Pegel

Funktionserklärung nach Abb. 4.40:

Damit der Ausgang Q L-Pegel führen kann, muß der Transistor V3 durchgesteuert sein. Das ist nur möglich, wenn Basisstrom in den Transistor V3 fließt. Dieser Basisstrom kommt vom Emitter des V1, so daß auch dieser Transistor durchgesteuert sein muß. Sein niedriges Kollektorpotential sorgt dafür, daß der Transistor V2 gesperrt bleibt. Die Ansteuerung des V1 ist nur möglich, wenn die Spannung U_1 die Zenerspannung U_Z überwindet. Das erfolgt nur, wenn U_I H-Pegel führt, d.h. beide Eingänge müssen H-Pegel annehmen. Wird nur ein Eingang auf L-Pegel gelegt, kann V1 nicht mehr durchsteuern. Da der Ausgang Q nur dann L-Pegel annimmt, wenn beide Eingänge H-Pegel führen, erfüllt die Schaltung die NAND-Funktion.

Berechnung des Mindest-H-Pegels am Eingang

Unter der Voraussetzung idealer Dioden- und Transistorkennlinien ($U_Z = 5{,}6$ V, $U_{V4} = U_{V5} = U_{BEV1} = U_{BEV3} = 0{,}7$ V) muß die Eingangsspannung U_I folgenden Mindestwert annehmen:

$$U_1 = U_Z + U_{BEV1} + U_{BEV3}$$
$$U_1 = 5{,}6\ \text{V} + 0{,}7\ \text{V} + 0{,}7\ \text{V} = 7\ \text{V}$$
$$U_I \geqq U_1 - U_{V4,5}$$
$$U_I \geqq 7\ \text{V} - 0{,}7\ \text{V} \geqq 6{,}3\ \text{V}$$

Da die Eingangsspannung $U_I \geqq 6{,}3$ V den unteren Grenzwert für den H-Pegel darstellt, werden die Indizes H und B hinzugefügt:

$$U_{IHB} \geqq 6{,}3\ \text{V}$$

Eine über 6,3 V liegende Eingangsspannung läßt den Ausgang Q L-Pegel annehmen (≈0,1 V). Der Spannungswert von 6,3 V hat nur theoretische Bedeutung, da er unter der Voraussetzung idealer Diodenkennlinien errechnet wurde.

4.4.2.2 Ausgang Q führt H-Pegel

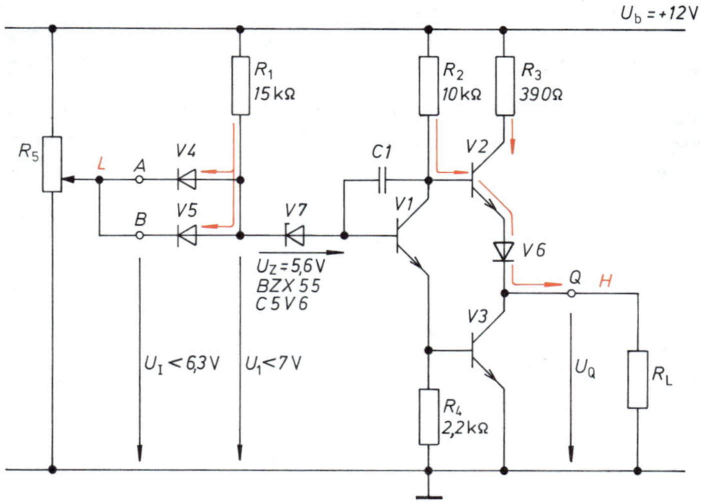

Abb. 4.41 LSL-NAND-Gatter in Dioden-Transistor-Logik (DTL) mit Z-Diode und kapazitiver Gegenkopplung; Eingang L-Pegel, Ausgang H-Pegel

Funktionserklärung nach Abb. 4.41:

Wird der Abgriff des Potentiometers R_5 so weit nach unten verstellt, daß die Eingangsspannung U_I einen kleineren Wert als 6,3 V annimmt, wird auch U_1 unter 7 V fallen. Da zum Ansteuern der Transistoren V1 und V3 in Verbindung mit der Z-Diode 7 V erforderlich sind, bleiben beide Transistoren gesperrt. Über R_2 erhält jetzt der Transistor V2 Basisstrom und steuert durch. Sein Emitterstrom gelangt über die Diode V6 zum Ausgang Q. Der Ausgang nimmt H-Pegel an (≈ 10 V).

Berechnung des Mindest-L-Pegels am Eingang

Unter der Voraussetzung idealer Dioden- und Transistorkennlinien ($U_Z = 5{,}6$ V, $U_{V4} = U_{V5} = U_{BEV1} = U_{BEV3} = 0{,}7$ V) darf die Eingangsspannung U_I folgenden Höchstwert nicht überschreiten:

$$U_I \leqq U_Z + U_{BEV1} + U_{BEV2} - U_{V4,5}$$

$$U_I \leqq 5{,}6\ \text{V} + 0{,}7\ \text{V} + 0{,}7\ \text{V} - 0{,}7\ \text{V}$$

$$U_I \leqq 6{,}3\ \text{V}$$

Da die Eingangsspannung $U_I \leqq 6{,}3$ V den oberen Grenzwert für den L-Pegel darstellt, werden die Indizes L und A hinzugefügt:

$$U_{ILA} \leqq 6{,}3\ \text{V}$$

4.4.3 Übertragungskennlinie, Störabstand

Da weder die Z-Diode noch die Basis-Emitter-Dioden noch die übrigen Dioden einen idealen Kennlinienverlauf aufweisen, weicht die gemessene Übertragungskennlinie von der theoretischen, deren Umschaltspannung bei 6,3 V liegt, erheblich ab, wie der Abb. 4.42 entnommen werden kann.

Zur Berechnung des Störabstandes werden aus der Übertragungskennlinie Abb. 4.42 die oberen und unteren Ausgangs- und Eingangsspannungswerte genommen und der besseren Übersicht wegen in Abb. 4.43 grafisch dargestellt.

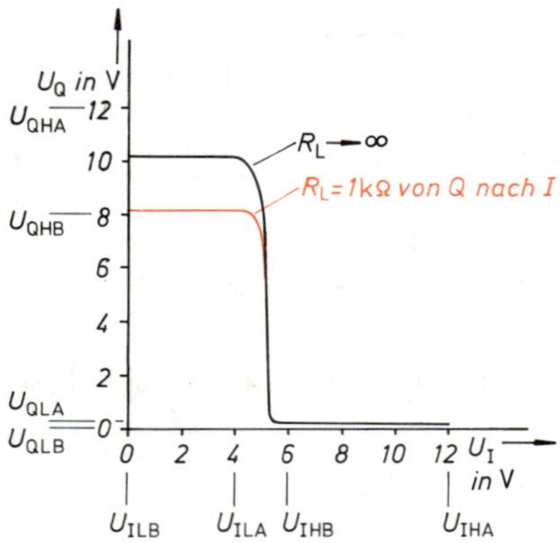

Abb. 4.42 Gemessene Übertragungskennlinie des LSL-NAND-Gatters nach der Schaltung Abb. 4.40 bzw. 4.41

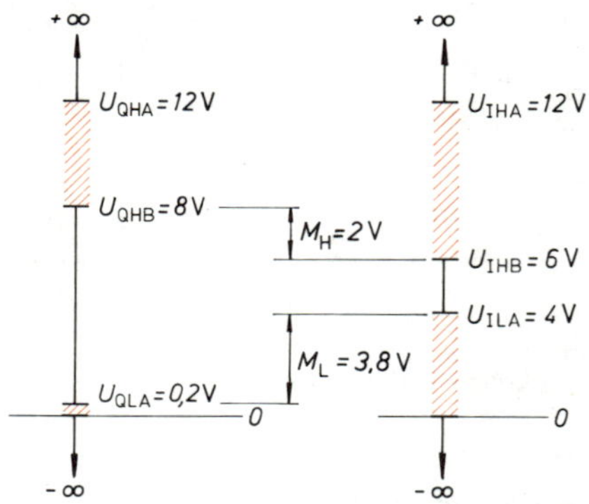

Abb. 4.43

Der von einer Vorstufe der gleichen Logikfamilie angebotene L-Pegel beträgt 0,2 V. Es ergibt sich ein L-Störabstand M_L von:

$$M_L = U_{ILA} - U_{QLA}$$
$$M_L = 4\ \text{V} - 0{,}2\ \text{V} = 3{,}8\ \text{V}$$

Befindet sich die Ausgangsspannung einer Vorstufe im H-Zustand, gelangt an den Eingang des Gatters eine Spannung von 8 V (bei einer Belastung des Ausganges mit 1 kΩ). Es ergibt sich damit ein H-Störabstand M_H von:

$$M_H = U_{QHB} - U_{IHB}$$
$$M_H = 8\ \text{V} - 6\ \text{V} = 2\ \text{V}$$

Um die Schaltgeschwindigkeit des Eingangstransistors V1 zu verlangsamen, ist zwischen Kollektor und Basis der Kondensator C_1 geschaltet, der schnellen Änderungen des Eingangssignals (steile Flanken) dadurch entgegenwirkt, daß über seinen dann kleinen Blindwiderstand das Kollektorsignal gegenphasig auf die Basis gelangt, wodurch die Verstärkung kurzzeitig zurückgeht. Durch diese frequenzabhängige Spannungsgegenkopplung wird eine hohe dynamische Störsicherheit erreicht. In integrierten Schaltungen (IS) wird für den Transistor V1 bereits ein Typ mit großer Kollektorkapazität gewählt, so daß der Kondensator C_1 entfallen kann.

4.4.4 Zusammenfassung

Der Anwendungsschwerpunkt für die Bausteine der langsamen störsicheren Logik (LSL) liegt im Bereich der industriellen Steuerungen, bei denen es weniger auf hohe Schaltgeschwindigkeit als vielmehr auf große Störsicherheit ankommt.
Die Hersteller liefern die integrierten Schaltungen der LSL-Serie mit zusätzlichen Anschlüssen zum externen Zuschalten von Kondensatoren. Mit größer werdendem Kapazitätswert der zugeschalteten Kondensatoren können die Impulsverzögerungszeiten, die unbeschaltet bei etwa 100 ns liegen, erheblich vergrößert werden. Dadurch bleibt der Einfluß kurzer Störimpulse auf die Gatterfunktion weitgehend wirkungslos.
Eine absolute Sicherheit gegen Störsignale bietet auch die LSL nicht.

4.5 MOS-Logik

4.5.1 Allgemeines

Grundelemente der integrierten MOS[1])-Schaltungen sind die MOS-Feldeffekttransistoren (MOS-FET's), die sowohl die geforderten Schaltfunktionen als auch Widerstandsfunktionen übernehmen. In der Standard-Technologie werden integrierte Schaltungen im allgemeinen mit P-Kanal-MOS-FET's vom Anreicherungstyp bestückt (PMOS-Technik). Sie sind einfacher herzustellen als N-Kanal-MOS-FET's. Wenn es auf Schaltgeschwindigkeit und höhere Abgabeleistung ankommt, sind Schaltkreise mit bipolaren Transistoren den MOS-Schaltkreisen zwar überlegen, aber für die Verwendung der MOS-Technik spricht neben der einfachen Herstellung der integrierten Schaltkreise (IS) auch noch der geringe Platzbedarf für den einzelnen Transistor (MOS-FET) und die vernachlässigbare Steuerleistungsaufnahme. Zum Steuern eines MOS-FET's brauchen nur Ladungen bewegt zu werden, wobei kaum Wirkleistung aufzuwenden ist, denn der Ohmsche Eingangswiderstand liegt bei 10^{12} bis 10^{14} Ω. Weiter zeichnen sich die Schaltkreise durch große statische Störsicherheit aus.
Wegen des geringen Platzbedarfs für den einzelnen Transistor ist es möglich, eine große Zahl von Bauelementen auf einem Siliziumkristall (chip) unterzubringen. Man spricht von mittlerer Integration (MSI = engl. **m**edium-**s**cale-**i**ntegration), von Großintegration (LSI = engl. **l**arge-**s**cale-**i**ntegration) und in neuester Zeit auch von sehr großer Integration (VSI = engl. **v**ery-large-**s**cale-**i**ntegration). Die Grenzen der Verkleinerung sind noch nicht erreicht, so daß die weitere Entwicklung noch höhere Packungsdichten bringen wird.

Zusammenstellung einiger Kurzbezeichnungen der MOS-Technik

PMOS: Durch das von der Gate-Elektrode ausgehende elektrische Feld wird im N-Substrat ein leitender P-Kanal gebildet. Der durch den Kristall fließende Strom ist der relativ langsam fließende Löcherstrom.

NMOS: Durch das von der Gate-Elektrode ausgehende elektrische Feld wird im P-Substrat ein leitender N-Kanal gebildet. Der durch den Kristall fließende Strom ist ein Elektronenstrom. Da die Elektronenbeweglichkeit höher als die Löcherbeweglichkeit ist, sind NMOS-Schaltungen schneller als PMOS-Schaltungen. Ihre Herstellung jedoch ist aufwendiger.

DMOS: D steht für doppelt diffundiert.

VMOS: Die Gate-Elektrode besitzt V-Form. Dieser Transistor ist in der Lage, große Drainströme zu verarbeiten.

DMOS bzw. VMOS führen zur Verkleinerung der Gatekantenlängen. Damit erreicht man höhere Schaltgeschwindigkeiten, höhere Packungsdichten und eine hohe Spannungsfestigkeit der Gate-Elektrode (bis zu 300 V).

CMOS: Gegentaktbetrieb mit komplementären P- und N-Kanal-MOS-Transistoren. Siehe auch Abschnitt 4.6.

---

[1]) MOS (engl.) = **m**etal **o**xid **s**emiconductor = Metalloxidhalbleiter. Nähere Erklärungen zu den Feldeffekttransistoren werden in dem Buch „Einführung in die Elektronik 1" gegeben.

4.5.2 PMOS-Inverter

Für die Definition der Pegel H und L siehe Kapitel 2, Signalsysteme und Signalsprache.

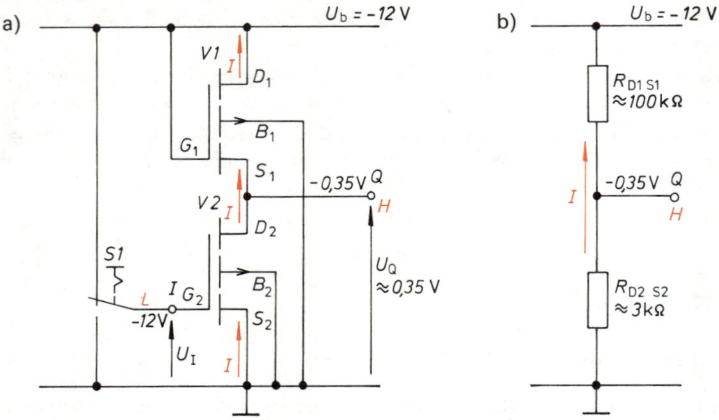

Abb. 4.44 a) Schaltung und b) Ersatzschaltbild eines PMOS-Inverters. Eingang L (1), Ausgang H (0). S = Source, G = Gate, D = Drain, B = Bulk, Substrat

Der von den Schaltungen mit bipolaren Transistoren her bekannte Kollektorwiderstand wird hier durch den P-Kanal-MOS-FET V1 ersetzt. Er liegt als Zweipol ($D_1 - S_1$) im Drainzweig des als Schalter arbeitenden Transistors V2 zur negativen Versorgungsspannung hin. Die Widerstandskennlinie des Transistors V1 ist nicht geradlinig, der Widerstandswert nimmt vielmehr mit steigendem Strom ab.

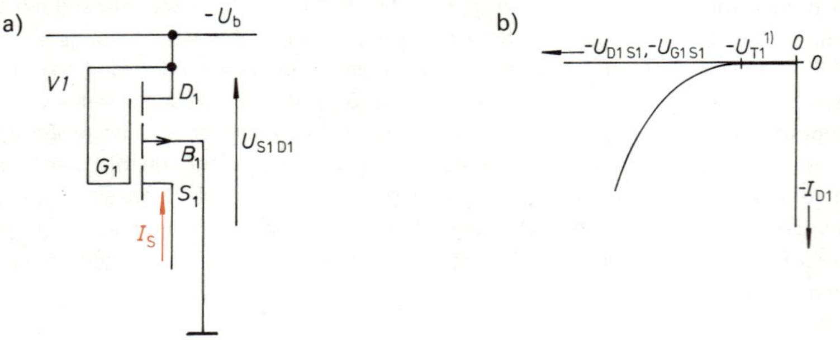

Abb. 4.45 a) PMOS-FET als Zweipol geschaltet, $U_{G1\,D1} = 0$ b) Widerstandskennlinie des PMOS-Zweipols

Es fließt durch den PMOS-Transistor erst dann Strom, wenn die zwischen S_1 und D_1 bzw. S_1 und G_1 liegende Spannung die Schwellenspannung U_{T1} überschreitet.

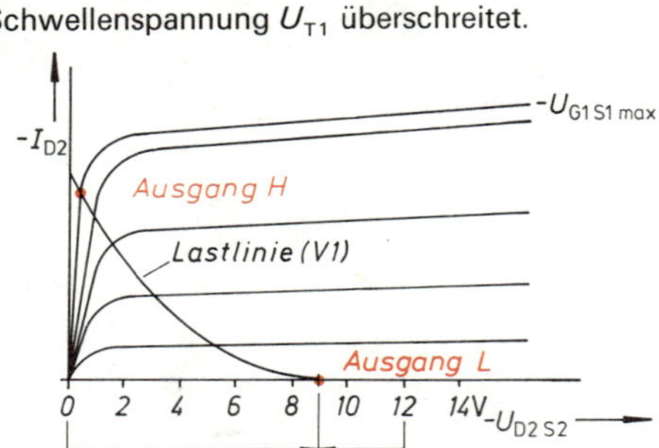

Abb. 4.46 Ausgangskennlinienfeld des PMOS-FET's V2 mit eingetragener Lastlinie, gebildet durch den als Zweipol geschalteten Transistor V1

[1]) U_T = threshold voltage (engl.) = Schwellenspannung

Nach Abb. 4.44a) liegt der Eingang des Inverters an negativer Betriebsspannung. Da sie höher als die Schwellenspannung U_{T2} des Transistors V 2 ist, schaltet V 2 durch, seine Drain-Source-Strecke wird niederohmig. Über den als Zweipol geschalteten Transistor V 1 fließt Strom, der Ausgang Q nimmt gegen Schaltungsnull die negative Spannung U_Q an. Die Leerlaufspannung U_Q kann nach dem Verhältnis der Transistorwiderstände[1]) zueinander berechnet werden.

$$\frac{U_Q}{U_b} = \frac{R_{D2S2}}{R_{D1S1} + R_{D2S2}}$$

$$U_Q = U_b \cdot \frac{R_{D2S2}}{R_{D1S1} + R_{D2S2}}$$

Damit U_Q bei einer Ansteuerung des Inverters mit L-Pegel einen möglichst kleinen Spannungswert annimmt, muß der als Zweipol (Lastwiderstand) geschaltete Transistor V1 einen wesentlich höheren Kanalwiderstand besitzen als der Schaltertransistor V 2. Durch das Verhältnis von Kanallänge zu Kanalbreite läßt sich fertigungstechnisch der Widerstandswert des durchgeschalteten Transistors beeinflussen. Er liegt für V1 bei etwa 100 kΩ, für V2 bei etwa 3 kΩ. Diese Widerstandswerte in die Gleichung eingesetzt, ergeben eine Spannung U_Q von:

$$U_Q = -12\ \text{V} \cdot \frac{3\ \text{k}\Omega}{100\ \text{k}\Omega + 3\ \text{k}\Omega} = -0{,}35\ \text{V}$$

Da die Schwellenspannungen der MOS-FET's im allgemeinen bei einigen Volt liegen, bleibt bei einer Ansteuerung mit −0,35 V ein nachgeschaltetes PMOS-Gatter in seinem Transistor V 2 unangesteuert.

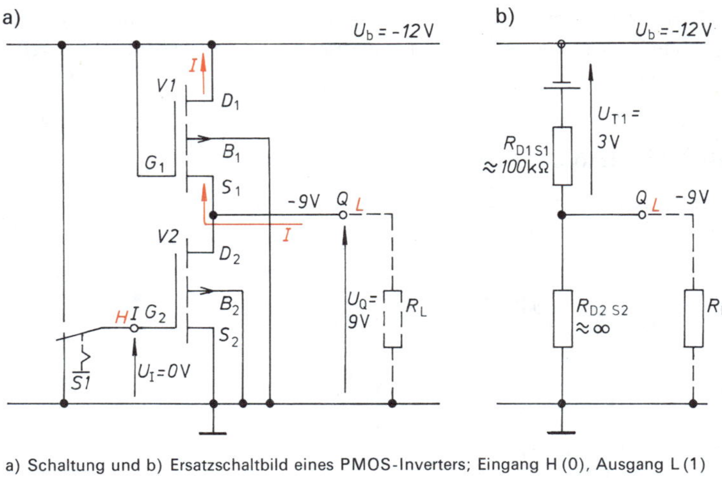

Abb. 4.47 a) Schaltung und b) Ersatzschaltbild eines PMOS-Inverters; Eingang H (0), Ausgang L (1)

Nach Abb. 4.47 liegt der Eingang des Inverters auf Schaltungsnull. Da Schaltungsnull hier positiv ist, führt er definitionsgemäß H-Pegel. Zwischen G_2 und S_2 besteht kein Potentialunterschied, der Transistor V2 bleibt gesperrt. Durch den angeschlossenen Lastwiderstand R_L tritt zwischen G_1 und S_1 ein Spannungsunterschied auf, Transistor V1 steuert durch, und der Ausgang Q geht auf −9 V, was dem L-Pegel entspricht. Am Transistor V1 muß stets die Schwellenspannung U_{T1} abfallen, damit er durchgesteuert bleibt.

Aus Gründen der Übersicht werden in Schaltbildern mit PMOS- bzw. NMOS-FET's die mit B bezeichneten Substratanschlüsse nicht verbunden gezeichnet, da alle Transistoren in der integrierten Schaltung (IS) ein gemeinsames Substrat haben, das normalerweise mit Schaltungsnull verbunden wird.

[1]) Der Transistorwiderstand im durchgesteuerten Zustand wird auch On-Widerstand genannt

4.5.3 PMOS-NOR-Gatter

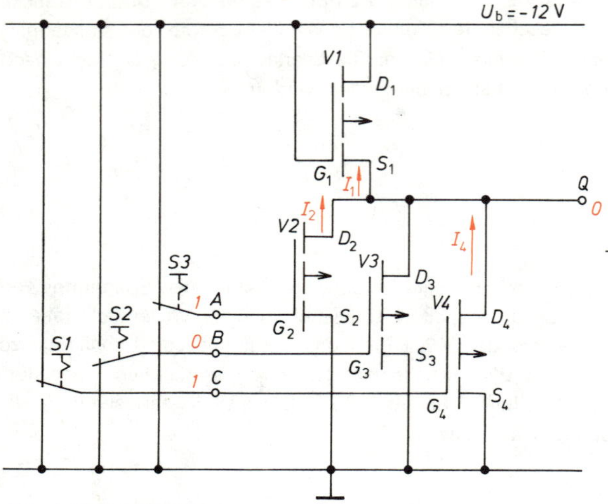

−12 V … −7 V ≙ 1 } negative Logik
0 V ≙ 0

Abb. 4.48 PMOS-NOR-Gatter

Der Transistor V1 nach Abb. 4.48 übernimmt die Widerstandsfunktion. Sein Widerstandswert liegt bei 100 kΩ. Der Widerstandswert der durchgesteuerten Transistoren V2 und V4 beträgt jeweils etwa 3 kΩ. Da zwischen G_3 und S_3 kein Spannungsunterschied besteht, wird kein leitender Kanal innerhalb des Transistors geschaffen, er bleibt gesperrt. Der Ausgang Q nimmt 0-Signal an, weil durch das gegebene Widerstandsverhältnis, wie die Rechnung im Abschnitt 4.5.2 zeigt, eine nahe bei 0 V liegende Spannung auftritt.

4.5.4 PMOS-NAND-Gatter

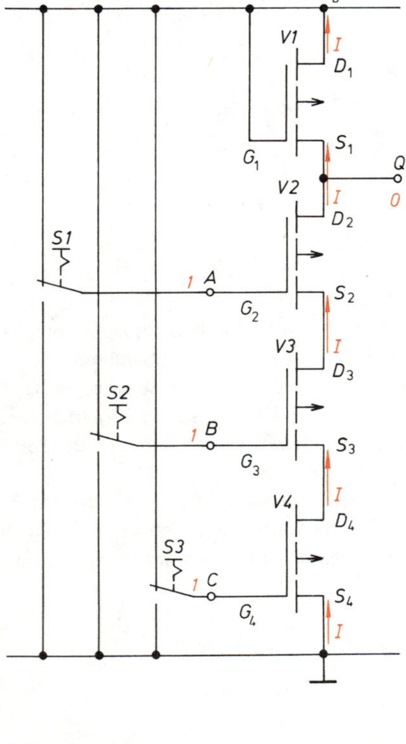

−12 V … −7 V ≙ 1 } negative Logik
0 V ≙ 0

Abb. 4.49 PMOS-NAND-Gatter

Der Transistor V1 nach Abb. 4.49 übernimmt die Funktion des Lasttransistors, sein Widerstandswert beträgt wieder 100 kΩ. Damit die gleichen Spannungsteilverhältnisse wie bei dem Inverter oder bei der NOR-Stufe, wenn nur ein Eingang 1-Signal führt, herrschen, müssen die Transistoren V2, V3 und V4 mit einem Widerstandswert von je 1 kΩ im durchgesteuerten Zustand wirken. Das ergibt dann wieder das Verhältnis 3 kΩ : 100 kΩ. Da 1-kΩ-„Widerstände" auf der IS mehr Platz beanspruchen als 3-kΩ-„Widerstände", wird häufig NOR-Gattern der Vorzug vor NAND-Gattern gegeben.
Beim Betätigen nur eines Schalters wird der zugehörige Transistor hochohmig, und der Ausgang Q geht auf 1-Signal.

4.6 CMOS-Logik

4.6.1 Allgemeines

Feldeffekttransistoren mit isoliertem Gate (MOS-FET's) können auch als komplementäre Transistoren hergestellt werden. Sie bestehen aus einem P-Kanal- und einem N-Kanal-Transistor vom Anreicherungstyp, sind also unangesteuert selbstsperrend. Beide Transistoren werden auf demselben Siliziumkristall (chip) untergebracht. Man spricht von der CMOS-Technik[1]).
In dieser Technik lassen sich alle Gatterfunktionen realisieren. Wegen des sehr hohen Eingangswiderstandes der MOS-Feldeffekttransistoren (10^{12} bis 10^{14} Ω) und der Möglichkeit, auch mit kleinen Betriebsspannungen (1,2 V) zu arbeiten, ist der Leistungsverbrauch des CMOS-Gatters im unteren Frequenzbereich (<400 kHz) im Vergleich zu anderen Logikfamilien sehr gering und liegt noch unter der Leistungsaufnahme der Low-Power-Schottky-Schaltkreise. Im Gegensatz zu anderen Logikfamilien ist die Leistungsaufnahme jedoch stark frequenzabhängig, wie Abb. 4.50 zeigt.

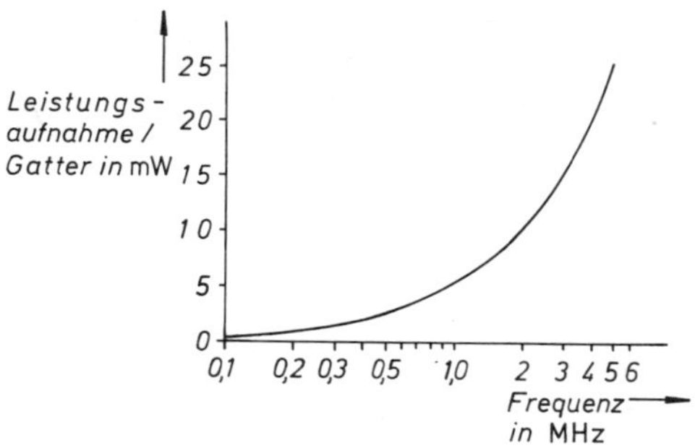

Abb. 4.50 Leistungsaufnahme eines CMOS-Gatters bei U_b = 10 V und einem Fan-out von 10

Die Eingangskapazitäten der Transistoren in Verbindung mit der hochohmigen Schaltung wirken sich auf schnelle Schaltvorgänge nachteilig aus. Ebenfalls liegt die Ausgangsleistung unter der der Schaltungen mit bipolaren Transistoren.
Die Möglichkeit, Ohmsche Widerstände durch MOS-FET's zu ersetzen und eine direkte Kopplung der Stufen untereinander vorzunehmen, führt ähnlich wie in der PMOS-Technik auch hier zu einem äußerst kompakten Aufbau der integrierten Schaltung. Durch das von Philips entwickelte LOCOS-Verfahren (**Loc**al **o**xidation of **s**ilicon) läßt sich weiter eine beträchtliche Einsparung an Chip-Oberfläche erzielen, weil die einzelnen Transistoren nicht mehr durch PN-Übergänge, sondern durch Oxidschichten voneinander isoliert sind.

[1]) CMOS = **c**omplementary-symmetric **m**etal **o**xid **s**emiconductor (engl.) = komplementäre symmetrische MOS-FET's. Es wird auch die Abkürzung COS-MOS verwendet.

4.6.2 CMOS-Inverter

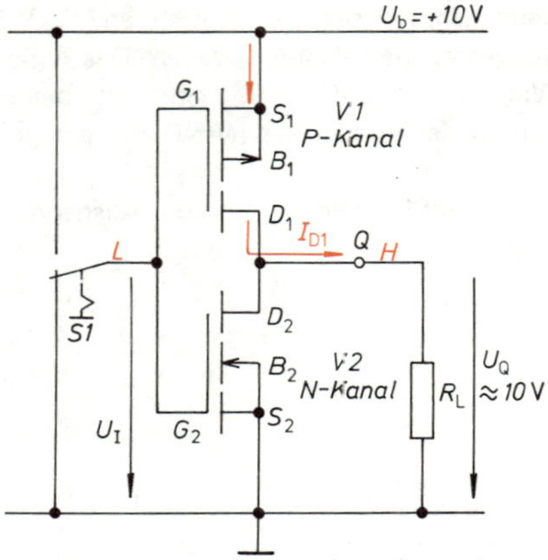

Abb. 4.51
Schaltung des CMOS-Inverters; Eingang führt L-Pegel, Ausgang nimmt H-Pegel an

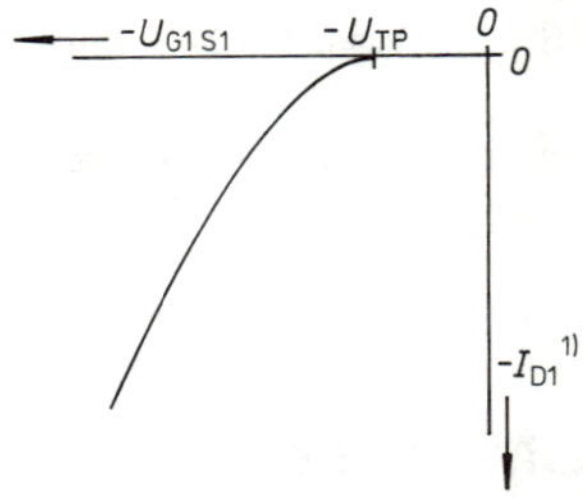

Abb. 4.52
Eingangskennlinie des MOS-FET's V 1 (P-Kanal-Transistor, Anreicherungstyp)

Das komplementäre MOS-Transistorpaar V 1 und V 2 stellt die Grundschaltungseinheit der CMOS-Logik dar.
Befindet sich die Eingangsspannung U_I, wie in Abb. 4.51 gezeigt, im L-Zustand, dann liegt die gesamte Betriebsspannung zwischen den Elektroden $S_1 B_1$ und G_1. Der Transistor V 1 leitet, weil die bezogen auf S_1 negative G_1-Elektrode den P-Kanal entstehen läßt. Es kann über S_1 und D_1 ein Strom in den Verbraucherwiderstand R_L fließen. Q nimmt H-Pegel an, die Spannung U_Q liegt knapp unter 10 V. Da zwischen den Elektroden G_2 und $S_2 B_2$ keine Potentialdifferenz besteht, bleibt der Transistor V 2 gesperrt (selbstsperrender- oder Anreicherungstransistor). Die Stromaufnahme der Schaltung wird im wesentlichen nur von der Größe des Lastwiderstandes R_L bestimmt, denn es fließt weder ein Eingangsstrom noch ein Querstrom durch den Transistor V 2.

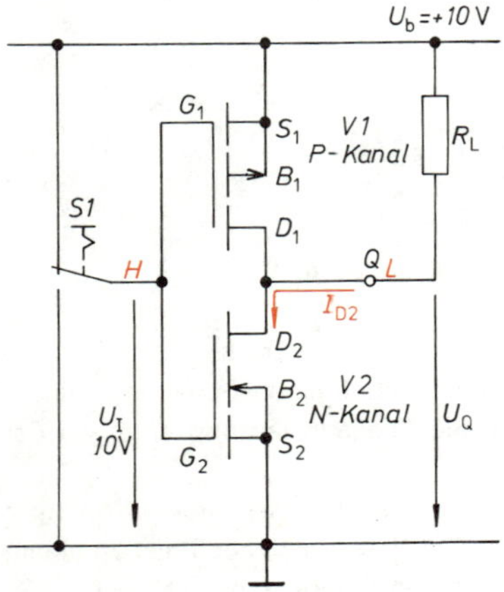

Abb. 4.53
Schaltung des CMOS-Inverters; Eingang führt H-Pegel, Ausgang nimmt L-Pegel an

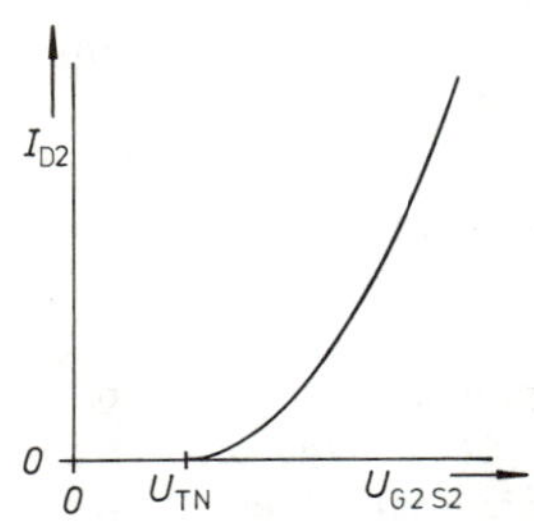

Abb. 4.54
Eingangskennlinie des MOS-FET's V 2 (N-Kanal-Transistor, Anreicherungstyp)

[1]) Der aus dem CMOS-Inverter **herausfließende** Strom erhält das negative Vorzeichen

Befindet sich die Eingangsspannung U_I, wie in Abb. 4.53 gezeigt, im H-Zustand, dann besteht zwischen G_1 und $S_1 B_1$ keine Spannung (beiderseits +10 V), der Transistor V1 bleibt gesperrt. An der G_2-Elektrode liegt die positive Betriebsspannung gegenüber der $S_2 B_2$-Elektrode. Es bildet sich der N-Kanal, und die Strecke $D_2 - S_2$ wird niederohmig. Über einen an positiver Spannung liegenden Lastwiderstand R_L fließt der Strom I_{D2} in den Transistor. Der Ausgang Q nimmt L-Pegel an.
Damit beide Transistoren nach Ansteuerung von einem weiteren Gatter anstelle des Umschalters S_1 auch sicher durchschalten, ist es erforderlich, daß die Spannung U_{GS}, wie in den Abbildungen 4.52 und 4.54 gezeigt wird, stets größer als die Schwellenspannung U_T sein muß. Die Indizes N und P deuten auf den Kanaltyp des Transistors hin (U_{TN}, U_{TP}).

Zusammenfassung:

Führt der Eingang L-Pegel, nimmt der Ausgang Q H-Pegel an. Führt der Eingang H-Pegel, schaltet der Ausgang niederohmig (400 bis 1000 Ω etwa) nach Masse durch, Q nimmt den L-Zustand an. In jeder Schalterstellung ist immer nur einer der beiden Transistoren leitend, und abgesehen von den Umschaltzeiten fließt durch die Hintereinanderschaltung von V1 und V2 kein Strom. Das ergibt eine extrem niedrige Ruheverlustleistung, die bei fehlendem Ohmschen Lastwiderstand in der Größenordnung von 10 nW liegt. Die dynamische Verlustleistung dagegen steigt mit der Umschalthäufigkeit an (Abb. 4.50), weil bei jedem Umschalten beide Transistoren kurzzeitig gemeinsam leiten und insbesondere, weil die den Transistoren parallel liegenden Sperrschichtkapazitäten C_1 und C_2 während der Sperrphase des betreffenden Transistors auf Betriebsspannung aufgeladen werden und während der Leitphase des Transistors wieder entladen werden. Man erkennt, daß die dynamische Verlustleistung, d.h. die Verlustleistung unter Schalterbedingungen, hauptsächlich durch kapazitive Last,

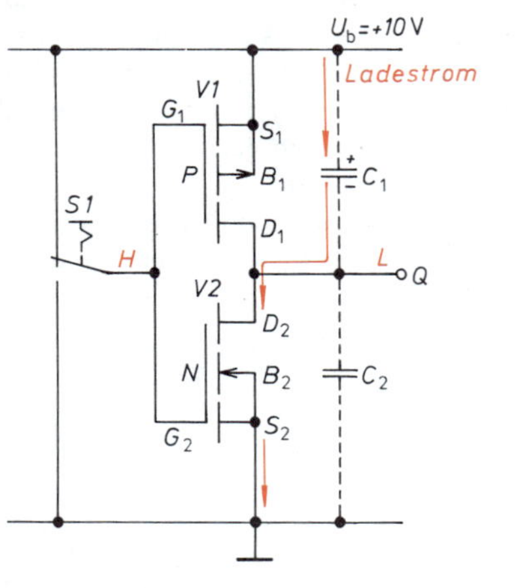

Abb. 4.55 Transistor V2 leitet, C_1 wird aufgeladen

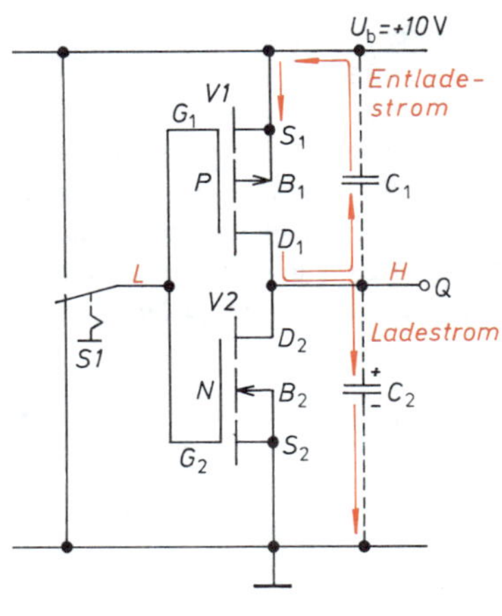

Abb. 4.56 Transistor V1 leitet, C_2 wird aufgeladen, C_1 wird über V1 entladen

hervorgerufen wird. In Schaltungen eingesetzt, liegen parallel zu den Sperrschichtkapazitäten noch die Verdrahtungs- und die Eingangskapazitäten nachgeschalteter Gatter. Durch die niedrige Ausgangsimpedanz von etwa 400 bis 1000 Ω und die hohe Eingangsimpedanz von etwa 10^{12} Ω ergibt sich ein hohes statisches Fan-out ≧50. Das bedeutet, daß bis zu 50 Gatter und mehr in CMOS-Logik von einer Stufe sicher angesteuert werden können (Das Fan-out zu Low-Power-Schottky-Schaltkreisen dagegen beträgt nur 1). Da die Eingangskapazität jedes Gatters etwa 5 pF beträgt, wird sich mit Vergrößerung der Ausgangsbelastung (Fan-out) auch die Schaltzeit erhöhen.

4.6.2.1 Übertragungskennlinie des CMOS-Inverters

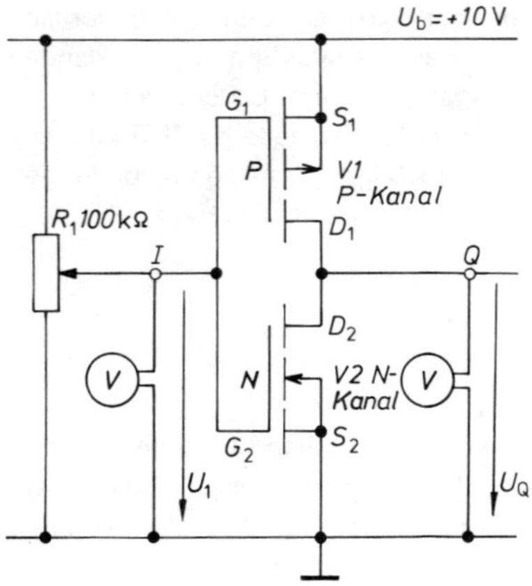

Abb. 4.57 Schaltung zur Aufnahme der Übertragungskennlinie

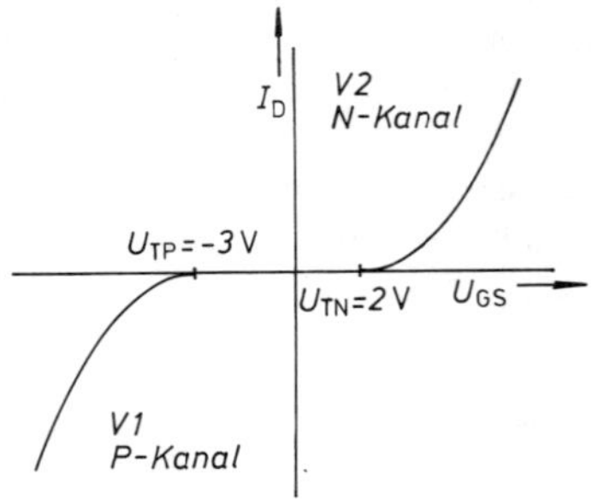

Abb. 4.58 Eingangskennlinien der Transistoren V 1 und V 2 mit unterschiedlichen Schwellenspannungen U_T

Im folgenden soll die Abhängigkeit der Ausgangsspannung U_Q von der Eingangsspannung U_I untersucht werden. Bei Mittelstellung des Abgriffs am Stellwiderstand R_1 beträgt $U_I = 5$ V. Für V 1 bedeutet das eine $G_1 S_1$-Spannung von −5 V, für V 2 eine $G_2 S_2$-Spannung von +5 V. Damit liegen die Gate-Source-Spannungen beider Transistoren oberhalb der Schwellenspannungen U_T. Es fließt durch beide Transistoren ein Drainstrom, der Ausgang Q geht etwa auf halbe Betriebsspannung (≈ +5 V). Wird der Abgriff am Stellwiderstand so weit nach oben verstellt, bis sich eine Eingangsspannung von $U_I = 6{,}9$ V ergibt, beträgt die $G_1 S_1$-Spannung −3,1 V, die $G_2 S_2$-Spannung dagegen +6,9 V. Der Transistor V 1 steuert noch gerade durch, während V 2 in Sättigung geht. Der Ausgang Q wird fast 0 V annehmen. Bei einer Eingangsspannung oberhalb 7 V wird schließlich V 1 völlig gesperrt, weil die $G_1 S_1$-Spannung unter der Schwellenspannung $U_{TP} = 3$ V liegt.

Bei Verstellung des Widerstandsabgriffs nach unten nimmt die Eingangsspannung U_I ab, Transistor V 2 beginnt wieder zu leiten, während Transistor V 1 zunehmend hochohmiger wird, um bei einer Eingangsspannung unter der Schwellenspannung U_{TN} von +2 V ganz zu sperren.

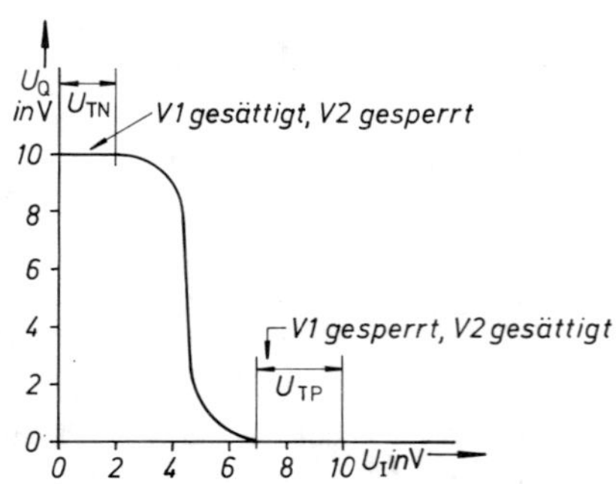

Abb. 4.59 Übertragungskennlinie des CMOS-Inverters

Der Verlauf der Übertragungskennlinie weist bei Temperaturänderungen nur geringe Abweichungen auf. Durch Erhöhen oder Verringern der Betriebsspannung kann der Verlauf der Übertragungskennlinie verändert werden, wodurch sich die CMOS-Schaltung an die Logikpegel vieler anderer Schaltkreisfamilien anpassen kann.

Störspannungsimpulse, deren Amplituden unter 45% der Betriebsspannung liegen, ändern den logischen Zustand des Gatters gerade noch nicht. Bedingt durch Fertigungsstreuungen betragen die von den CMOS-Herstellern garantierten Werte für die Eingangsspannungsgrenzen der CMOS-Gatter 20% bis 30% der Betriebsspannung für U_{ILA} und 70% bis 80% der Betriebsspannung für U_{IHB}. Das führt zu einem hohen statischen Störspannungsabstand, wie Abb. 4.60 zeigt.

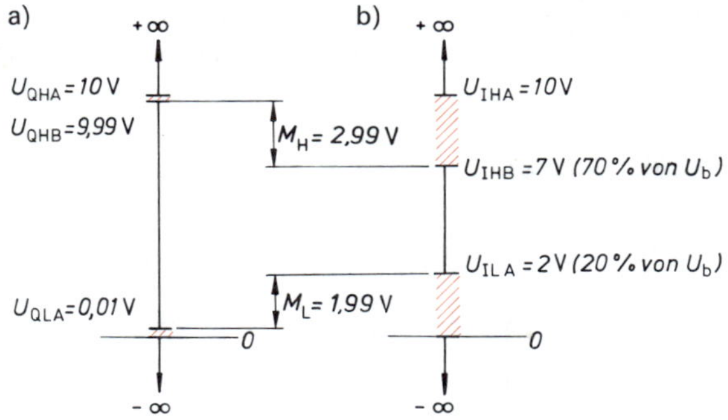

Abb. 4.60 Grafische Darstellung der Spannungswerte mit Streubereichen
a) für die Gatterausgangsspannung, b) für die Gattereingangsspannung

Aus diesem Grund können Logikschaltungen in CMOS-Technik vorteilhaft in der Kraftfahrzeug-Elektronik und in industriellen Prozeßsteuerungen eingesetzt werden, d.h. in Umgebungen mit hohem Störpegel.

4.6.3 Dioden-Eingangsschutzsystem der CMOS-Schaltungen

Um zu verhindern, daß auf das Gate etwa durch statische Aufladung eine zu hohe Spannung gelangt, werden die Eingänge der CMOS-Schaltungen oft durch ein Diodenschutzsystem gesichert.

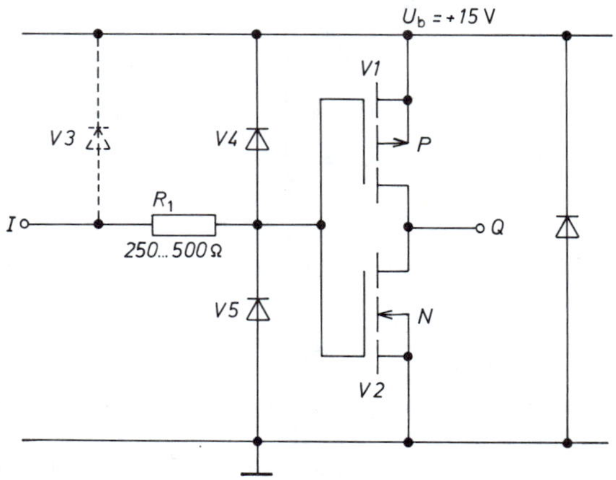

Abb. 4.61 CMOS-Inverter mit Eingangsschutzsystem

Überschreitet die Eingangsspannung 15,7 V, werden die Dioden (V3) und V4 leitend, wenn die Versorgungsspannung 15 V beträgt. Bei negativer Eingangsspannung wird von 0,7 V an V5 durchschalten. In beiden Fällen erfolgt eine Eingangsspannungsbegrenzung, so daß beide Gates vor Durchschlag sicher geschützt werden. Die Diode V3 ist nicht immer vorhanden. Bei fehlender Versorgungsspannung und niederohmiger Ansteuerung des Eingangs wird durch den Widerstand R_1 der Eingangsstrom begrenzt, denn diodengeschützte CMOS-Schaltungen sind energieempfindlich, ungeschützte dagegen spannungsempfindlich.

Durch die Diodensperrströme verringert sich der sehr hohe Eingangswiderstand des Inverters, er fällt bei 100 °C bis auf etwa 10 MΩ ab.

Die Diodenschutzschaltung kann eine Zerstörung des Gatters bei Erscheinen einer statischen Ladung, die z. B. beide Steuerelektroden auf halbe Betriebsspannung legt, nicht verhindern. In diesem Fall wird die Stromaufnahme des Gatters besonders hoch, es kann thermisch überlastet werden. Aus Sicherheitsgründen sollten daher alle nichtbenutzten Eingänge entweder an Schaltungsnull oder an $+U_b$ gelegt werden, abhängig davon, ob es sich um ein NAND- oder um ein NOR-Gatter handelt. Weiter sollte vor Anlegen eines Signals die Stromversorgung eingeschaltet sein.

4.6.4 CMOS-NOR-Gatter

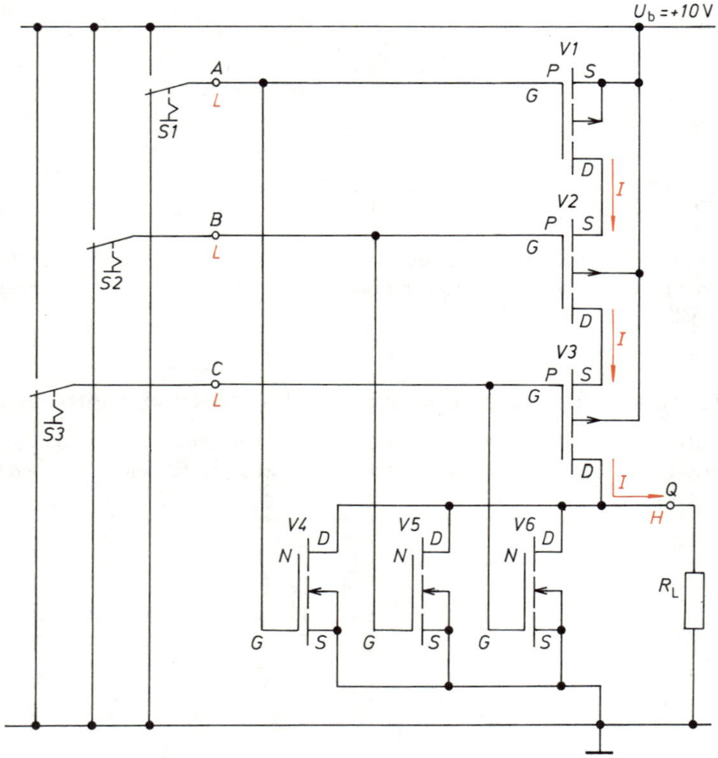

Abb. 4.62 CMOS-NOR-Gatter

Das in Abb. 4.62 dargestellte NOR-Gatter arbeitet nach demselben Prinzip wie der CMOS-Inverter. Befinden sich alle Eingänge im L-Zustand, leiten die Transistoren V1 bis V3, weil jeweils zwischen Gate (G) und Source (S) eine Potentialdifferenz von U_b besteht, die den leitenden Kanal im Transistor entstehen läßt. Zwischen den Gate- und Source-Elektroden der Transistoren V4 bis V6 dagegen besteht keine Spannung, sie bleiben gesperrt. Der Ausgang Q nimmt H-Pegel an.

Wird z. B. der Schalter S1 betätigt, erhält der Eingang A H-Pegel und der Transistor V1 sperrt, weil jetzt keine Potentialdifferenz mehr zwischen Gate und Source besteht. Die Transistoren V2 und V3 bleiben zwar durchgeschaltet, durch die Hintereinanderschaltung der drei Transistoren bleibt Q aber spannungslos. Weiterhin wird V4 in der Drain-Source-Strecke niederohmig, weil zwischen Gate und Source die gesamte Betriebsspannung liegt. Der Ausgang Q nimmt L-Pegel an. Die Schaltung erfüllt damit die NOR-Funktion. Bei einer Lastkapazität von 50 pF und einem Lastwiderstand von 200 kΩ beträgt die Impulsverzögerungszeit für das NOR-Gatter TP 4000 A max. 130 ns.

4.6.5 CMOS-NAND-Gatter

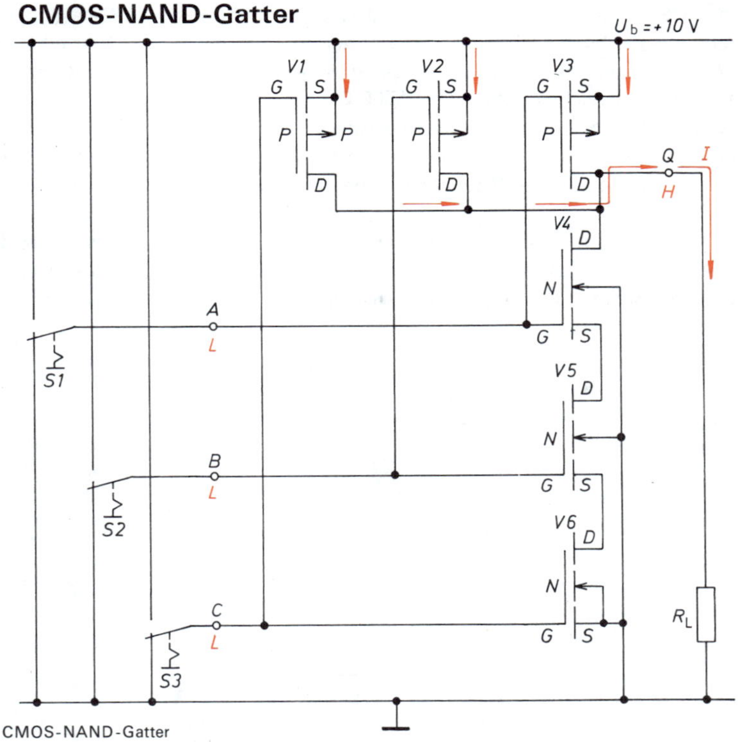

Abb. 4.63 CMOS-NAND-Gatter

Das in Abb. 4.63 dargestellte NAND-Gatter arbeitet nach demselben Prinzip wie der CMOS-Inverter. Befinden sich alle Eingänge im L-Zustand, leiten die Transistoren V1 bis V3, weil jeweils zwischen Gate (G) und Source (S) eine Potentialdifferenz von U_b besteht, die den leitenden Kanal im Transistor entstehen läßt. Zwischen den Gate- und Source-Elektroden der Transistoren V4 bis V6 dagegen besteht keine Spannung, sie bleiben gesperrt. Der Ausgang Q nimmt H-Pegel an.

Wird z. B. der Schalter S1 betätigt, erhält der Eingang A H-Pegel und der Transistor V3 sperrt, weil jetzt keine Potentialdifferenz mehr zwischen Gate und Source besteht. Da die parallel liegenden Transistoren V1 und V2 weiterhin leiten, bleibt auch der Ausgang Q auf H-Pegel, denn die Transistoren V5 und V6 bleiben gesperrt. Erst wenn alle drei Schalter betätigt werden, gehen die Eingänge A, B und C auf H-Pegel, die Transistoren V1 bis V3 sperren, während die Transistoren V4 bis V6 leiten, der Ausgang Q nimmt L-Pegel an. Die Schaltung erfüllt die NAND-Funktion.

4.6.6 Transmissionsgatter

Das Transmissionsgatter[1]) stellt einen steuerbaren Schalter dar, der leistungslos geschaltet werden kann.

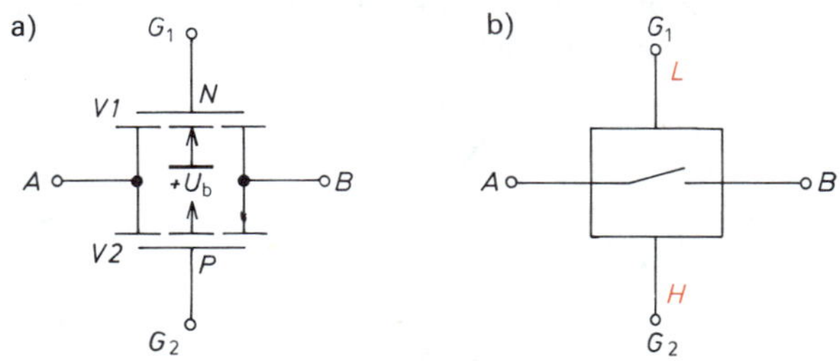

Abb. 4.64 a) Grundschaltung eines CMOS-Transmissionsgatters b) mit Ersatzschaltbild

[1]) Transmission (lat.) = Übertragung, Durchlaß

Die Strecke des Transmissionsgatters schaltet niederohmig durch, wenn das Gate G_1 positive Spannung, die größer als die Schwellenspannung sein muß, und das Gate G_2 0 Volt erhält. Der Widerstandswert (R_{ON}) zwischen A und B ist von der zu schaltenden Spannung und der Ausgangslast abhängig und liegt im Bereich von 200 Ω bis 1500 Ω.
Das Transmissionsgatter wird gesperrt, wenn das Gate G_1 auf null Volt und das Gate G_2 auf positive Betriebsspannung gelegt wird. Der Widerstand zwischen A und B nimmt einen Wert von über 1000 MΩ an. Das ergibt ein hohes Widerstandsverhältnis zwischen eingeschaltetem und gesperrtem Zustand.
Damit das Transmissionsgatter schalten kann, müssen beide Gates stets entgegengesetzte Signalzustände einnehmen. Das Transmissionsgatter wird deshalb mit einem CMOS-Inverter zu einem bilateralen[1]) CMOS-Schalter (Analogschalter) zusammengefaßt, wie Abb. 4.65 zeigt.

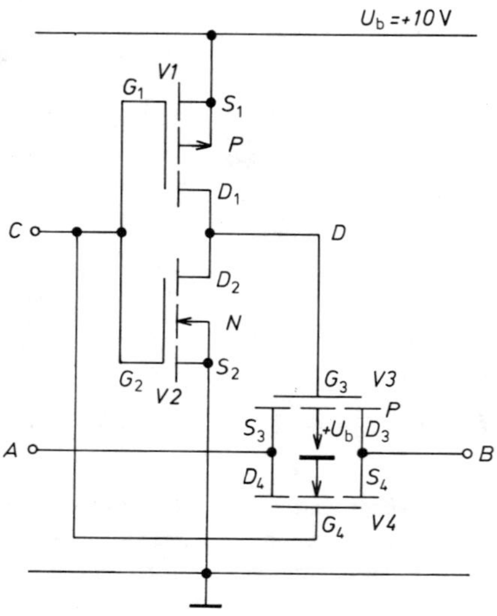

Abb. 4.65 Bilateraler CMOS-Schalter (Analogschalter)

Liegt an C 1-Signal, führt D 0-Signal und das Transmissionsgatter, bestehend aus den Transistoren V3 und V4, schaltet von A nach B niederohmig durch. Liegt an C 0-Signal, führt D 1-Signal, das Transmissionsgatter sperrt.
Das von A nach B durchgeschaltete Transmissionsgatter läßt sowohl eine positive Spannung an A als auch eine positive Spannung an B zu. Höhere Eingangsspannungen, positiv wie negativ, verringern den Widerstand zwischen A und B, weil jeweils eine stärkere Anreicherung des Kanals mit Ladungsträgern erfolgt, hervorgerufen von der jeweiligen Gate-Source-Spannung.
Zur Anwendung des Transmissionsgatters siehe Abschnitt 4.6.7.

[1]) bilateral (lat.) = zweiseitig, hier von beiden *Seiten* durchlässig

4.6.7 CMOS-Exklusiv-ODER-Gatter

Die Transistoren V 1, V 2, V 3 und V 4 der Abb. 4.66 bilden den bilateralen Schalter. V 5 und V 6 sowie V 7 und V 8 stellen zwei Inverter dar.

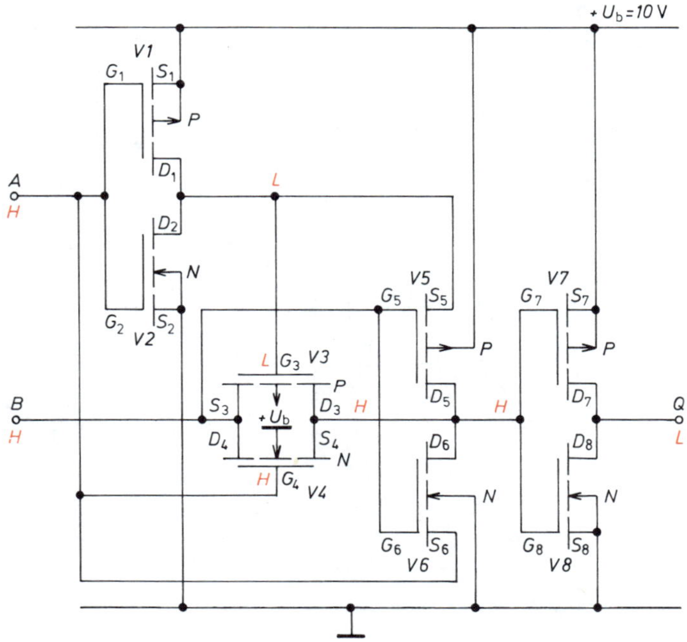

Abb. 4.66 CMOS-Exklusiv-ODER-Gatter mit zwei Eingängen $^1/_4$ TP 4030 A (Texas Instruments)

B	A	Q
0	0	0
0	1	1
1	0	1
1	1	0

0 ≙ L, 1 ≙ H

Abb. 4.67 Wertetabelle

Funktionsbeschreibung für H-Pegel an beiden Eingängen nach Abb. 4.66: Der H-Pegel am Eingang A erscheint invertiert am Ausgang der NICHT-Stufe V 1/V 2 als L-Pegel. Das Transmissionsgatter erhält an G_3 L- und an G_4 H-Pegel, es schaltet niederohmig durch, so daß der am Eingang B liegende H-Pegel an den Eingang des letzten Inverters, bestehend aus den Transistoren V 7 und V 8, gelangen kann. Der Ausgang Q nimmt L-Pegel an. Die Transistoren V 5 und V 6 bleiben gesperrt.

Funktionsbeschreibung für L-Pegel an Eingang A und H-Pegel an Eingang B nach Abb. 4.68:

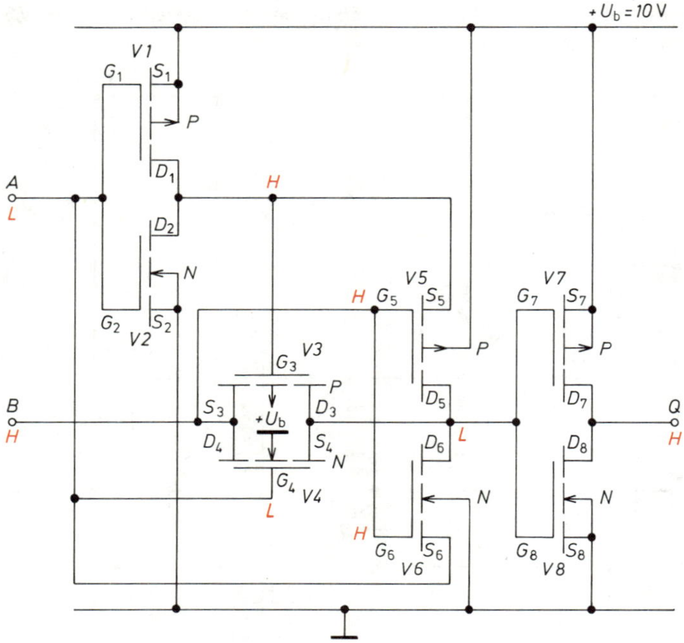

Abb. 4.68 CMOS-Exklusiv-ODER-Gatter mit zwei Eingängen $^1/_4$ TP 4030 A (Texas Instruments)

Der L-Pegel an A erscheint invertiert am Ausgang der NICHT-Stufe V1/V2 als H-Pegel. Damit bleibt das Transmissionsgatter V3/V4 gesperrt. Der H-Pegel an G_6 steuert den Transistor V6 durch, weil S_6 auf L-Pegel liegt. D_6 nimmt L-Pegel an, und der Ausgang Q führt H-Pegel.

Die verbleibenden zwei Kombinationen der Eingangssignale bestätigen ebenfalls die Ausgangsspalte Q der Wertetabelle nach Abb. 4.67. Die Schaltung erfüllt damit die Exklusiv-ODER-Funktion.

Übungsaufgaben

1.

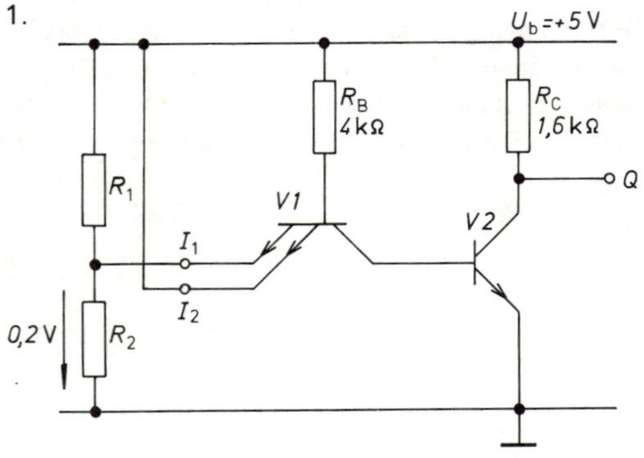

Abb. 4.69

a) Welche Spannung nimmt die Basis des Multi-Emitter-Transistors an?

b) Zeichnen Sie die Richtungen der Eingangsströme in das Schaltbild.

c) Welcher Strom fließt über die Eingangsklemme I_1?

d) Welchen Pegel nimmt der Ausgang Q an?

$U_{BE} = 0{,}7$ V

2.

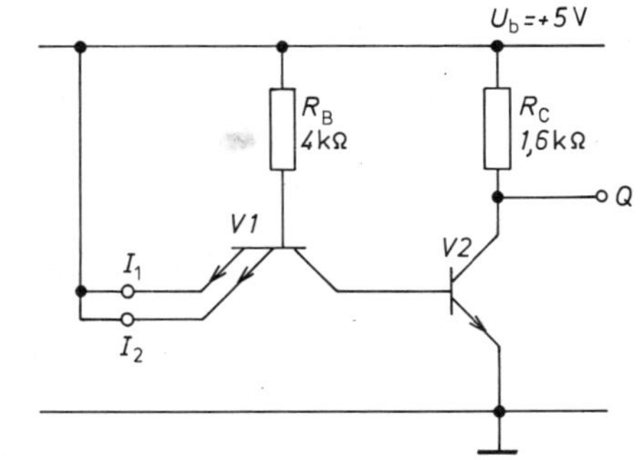

Abb. 4.70

a) Zeichnen Sie die Richtungen aller Ströme in nebenstehendes Schaltbild.

b) Welchen Wert hat der Basisstrom I_{B2}?

c) Welchen Pegel nimmt der Ausgang Q an?

$U_{BC} = U_{BE} = 0{,}7$ V

3.

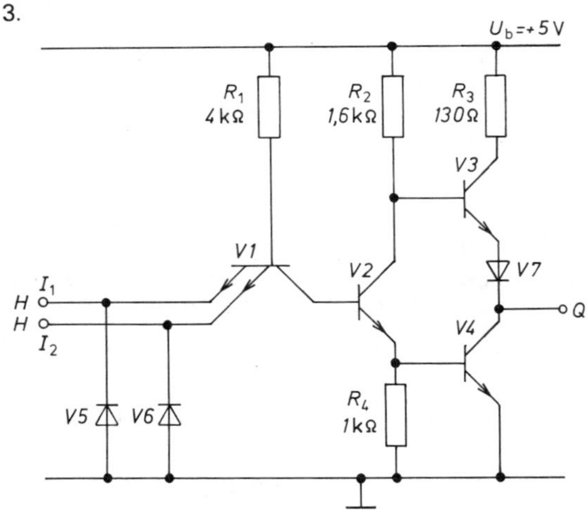

Abb. 4.71

Durch einen Defekt ist die Diode V7 niederohmig durchgeschlagen.

a) Zeichnen Sie für diesen Fall die Strompfeile in nebenstehendes Schaltbild.

b) Welche Auswirkungen auf die Arbeitsweise des Gatters hat diese defekte Diode?

4.

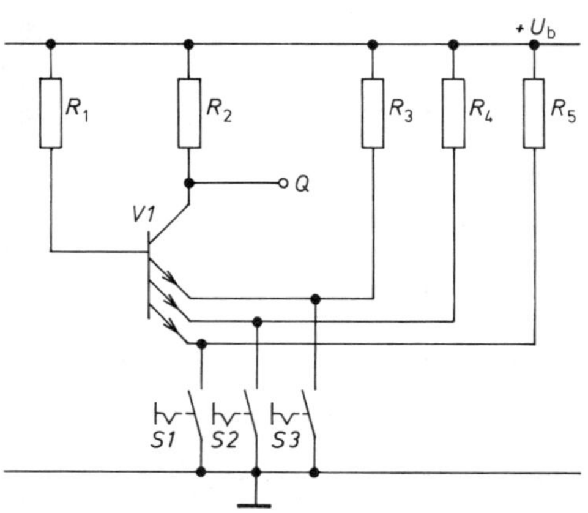

Abb. 4.72

Es werden die Schalter S1 und S3 geschlossen. Welches Signal nimmt Q an?

5. a) Geben Sie für die bezeichneten Punkte a bis e in der Schaltung das jeweilige Potential gegen Masse an.
($U_{BE} = U_{Schwell} = 0{,}7$ V)

b) Welche logische Funktion erfüllt die Schaltung?

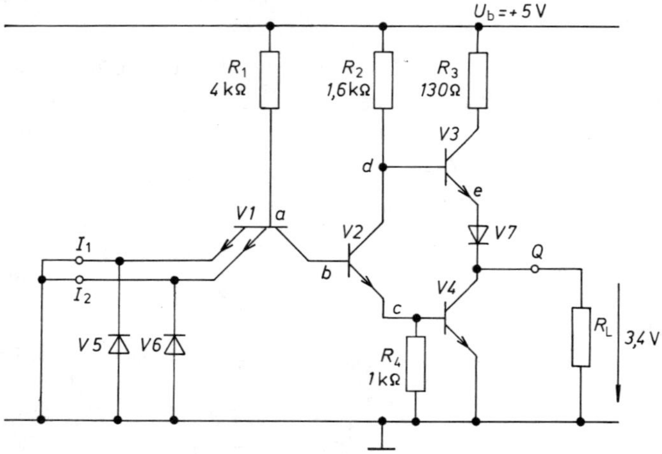

Abb. 4.73

6. a) Begründen Sie die Zugehörigkeit des unten dargestellten Gatters zur ECL-Schaltkreisfamilie.

b) Geben Sie die auf Masse bezogenen Spannungen an den Punkten x und y an, und zwar für H-Pegel an beiden Eingängen und für L-Pegel an beiden Eingängen (H ≙ −0,8 V, L ≙ −1,6 V).

c) Stellen Sie die Arbeitstabelle für Q_1 und Q_2 auf. Die binären Variablen sollten durch die Pegel H und L dargestellt werden.

d) Welche logische Grundschaltung stellt das Gatter dar, wenn das Ausgangssignal an Q_1 abgenommen wird?

e) Welche logische Grundschaltung stellt das Gatter dar, wenn das Ausgangssignal an Q_2 abgenommen wird?

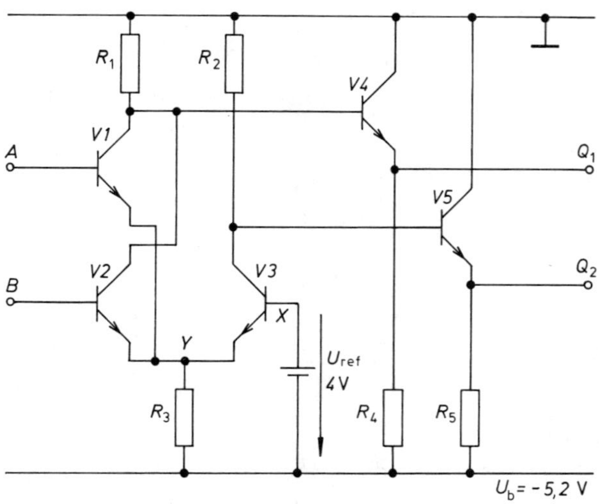

Abb. 4.74

7. Von welcher Eingangsspannung an geht der Ausgang Q auf 0-Signal? Die Schwellenspannungen der Dioden und die Basis-Emitter-Spannungen liegen bei 0,7 V, sie sind in ihrem Kennlinienverlauf als ideal anzusehen, was auch für die Z-Diode gelten soll.

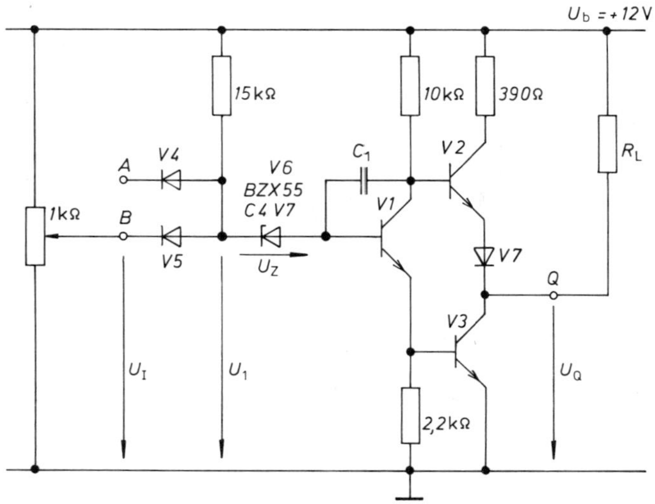

Abb. 4.75

8. Tragen Sie in die LSL-Schaltung zu den Meßpunkten a bis e die einzelnen Spannungswerte für die gegebene Beschaltung. Die Schwellenspannungen der Dioden und die Basis-Emitter-Spannungen liegen bei 0,7 V, sie sind in ihrem Kennlinienverlauf als ideal anzusehen, was auch für die Z-Diode gelten soll.

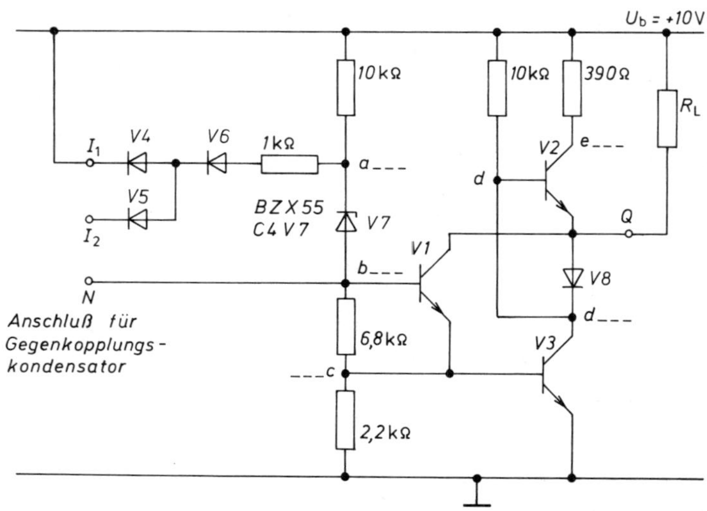

Abb. 4.76

9. a) Welche auf Masse bezogene Ausgangsspannung führt Q bei der gezeichneten Schalterstellung?

   b) Welche Spannung nimmt Q an, wenn der Schalter S 1 umgeschaltet wird?

   c) Welche logische Funktion wird von dem Gatter erfüllt? (1 ≈ −10 V, 0 ≈ 0 V)

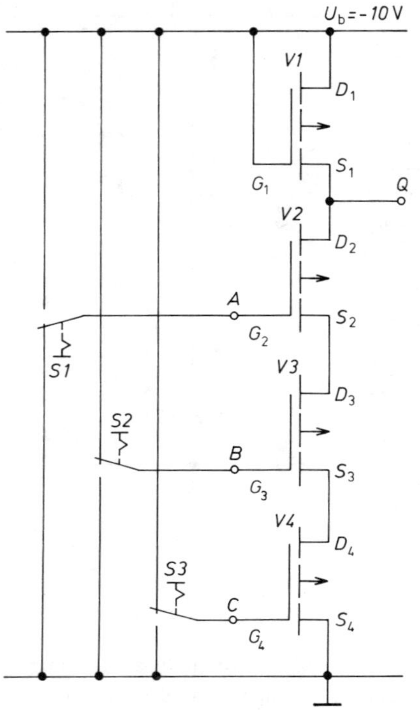

On-Widerstand des Lasttransistors : 100 kΩ

On-Widerstand der Schalttransistoren : 1 kΩ

Schwellenspannung des Transistors V1 : 2,5 V

Abb. 4.77

10. a) Welchen Spannungswert nimmt Q bei den gezeichneten Schalterstellungen an? (Spannung auf Masse bezogen)

    b) Welche logische Funktion wird von dem Gatter erfüllt? (1 ≈ −10 V, 0 ≈ 0 V)

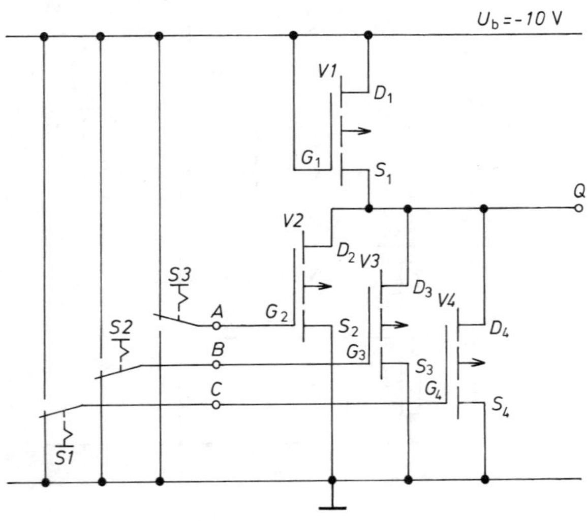

On-Widerstand des Lasttransistors : 100 kΩ

On-Widerstand der Schalttransistoren: 5 kΩ

Abb. 4.78

11.

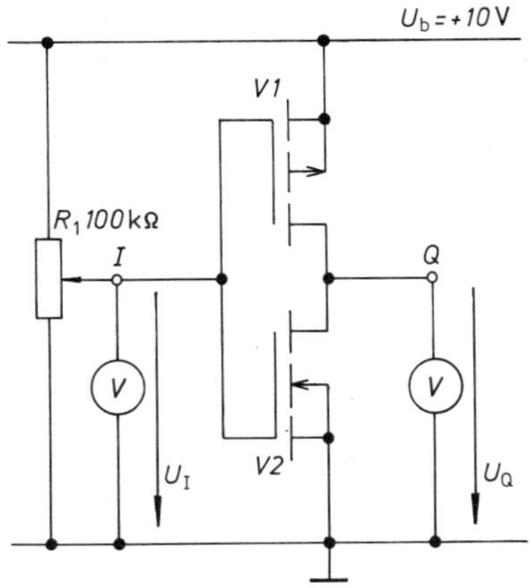

Abb. 4.79

Skizzieren Sie die Übertragungskennlinie des CMOS-Inverters. Die Schwellenspannungen beider Transistoren betragen $U_{TV1} = -3$ V und $U_{TV2} = 3$ V. Kennzeichnen Sie die Bereiche, in denen nur V1, V1 und V2 gemeinsam und nur V2 leiten.

12. a) Wenn man LPS-Schaltkreise CMOS-Schaltkreisen gegenüberstellt, dann nimmt welcher Schaltkreis bei 1 MHz die geringere Verlustleistung auf?
    b) Welcher Schaltkreis besitzt die höhere Versorgungsspannungstoleranz?
    c) Welcher Schaltkreis hat das größere statische Fan-out?

13. Stellen Sie zu der Schaltung nach Abb. 4.80 die Wertetabelle auf.
    Welche logische Funktion erfüllt die Schaltung?

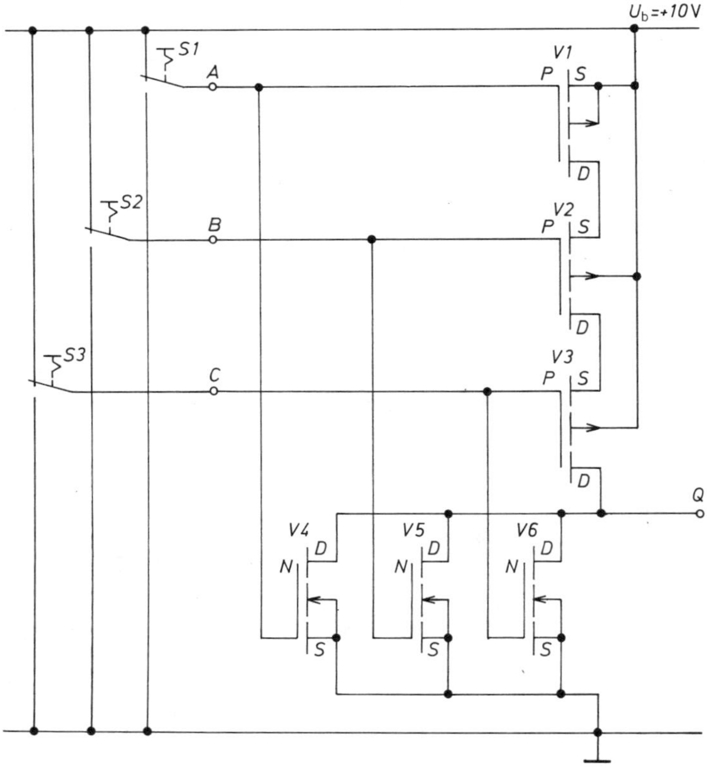

Abb. 4.80

14.

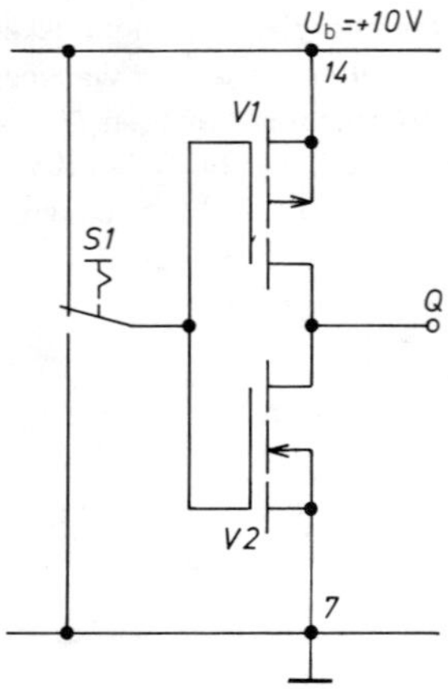

Abb. 4.81

a) Welchen Zustand nimmt Q bei der gezeichneten Schalterstellung an? Welcher Transistor leitet, welcher Transistor ist gesperrt?

b) Der Schalter S 1 wird umgeschaltet. Welchen Zustand nimmt Q an? Welcher Transistor leitet, welcher Transistor ist gesperrt?

15. Stellen Sie zu der Schaltung nach Abb. 4.82 die Wertetabelle auf. Welche logische Funktion erfüllt die Schaltung?

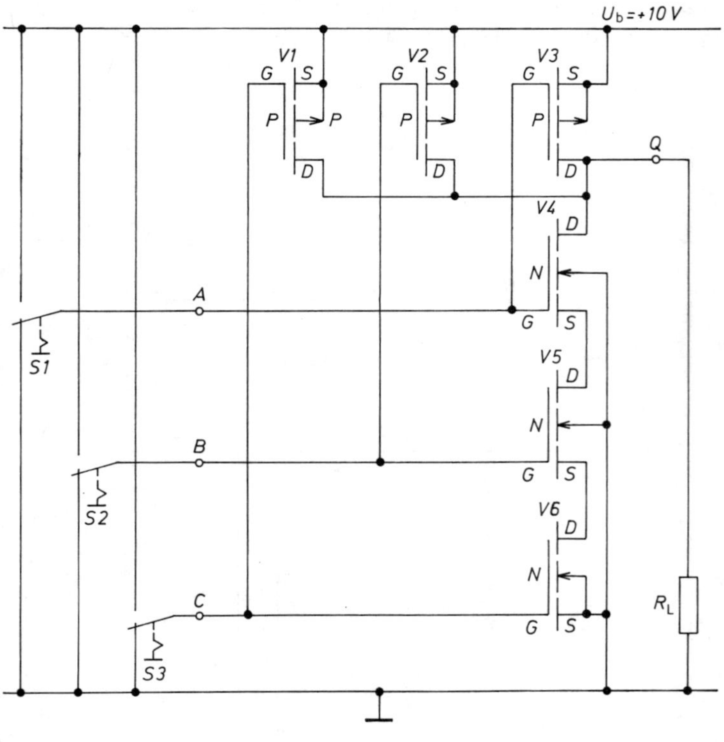

Abb. 4.82

16. Führen Sie für die bezeichneten Meßpunkte C bis F die binären Werte (1,0) auf:

a) Für die Eingangskombination A = 1, B = 0 und

b) für die Eingangskombination A = 0, B = 0.

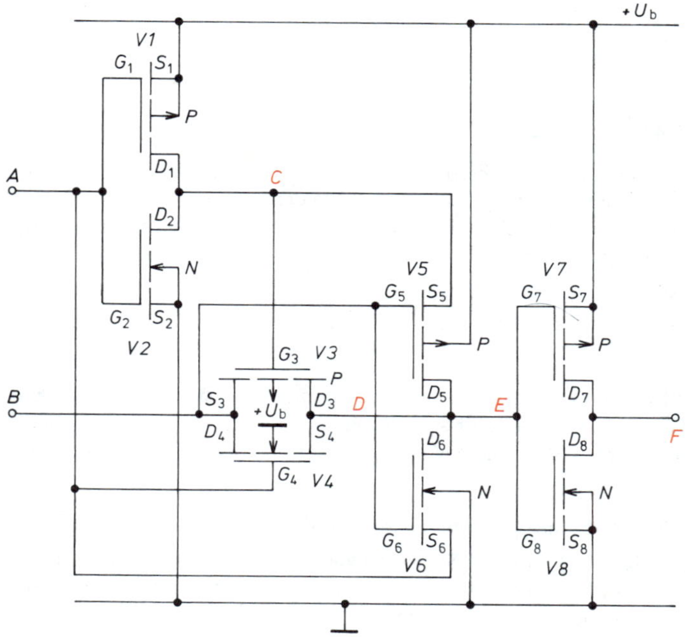

Abb. 4.83

5 Schaltalgebra

5.1 Grundlagen

5.1.1 Bedeutung

Vor über 100 Jahren hat der englische Mathematiker G. Boole die ersten Arbeiten über die Algebra der Logik veröffentlicht. Daraus hat sich die Algebra der logischen Funktionen, die Schaltalgebra, zu einem bedeutenden Hilfsmittel in der binär-digitalen Signalverarbeitung entwickelt, die auch *Boolesche Algebra* genannt wird.

Der Schaltalgebra fällt in erster Linie die Aufgabe zu, den funktionellen Zusammenhang zwischen den Werten der Ausgangssignale und denen der Eingangssignale mathematisch auf eine sprachliche Formel zu bringen.

In befriedigender Weise kann die Schaltalgebra nur in Schaltsystemen angewendet werden, in denen keine zeitbedingten Funktionen auftreten. So können die logischen Schaltungen, die aus den drei Grundfunktionen UND, ODER und NICHT aufgebaut sind, immer durch die Schaltalgebra beschrieben werden.

Die Anwendung der Schaltalgebra bringt folgende Vorteile:

1. Beim Entwurf einer Schaltung wird mit ihr die Schaltbedingung festgelegt. Die aufgestellte Gleichung zeigt in kurzer, klarer Form, wie die Ausgangswerte von den Eingangswerten abhängen.
2. Umrechnungen innerhalb der Gleichung können zu Einsparungen von Logik-Bausteinen führen.
3. Logik-Bausteine lassen sich in einfacher Weise mit Hilfe der schaltalgebraischen Gleichung zu einer Schaltung zusammenbauen.

Entgegen der allgemein üblichen Darstellung wird hier die Einführung in die Grundlagen der Schaltalgebra von der Wirkungsweise der Logik-Bausteine her behandelt und durch zahlreiche Beispiele erklärt. Obwohl die Bearbeitung des gesamten Gebietes der Schaltalgebra der speziellen Fachliteratur vorbehalten bleiben muß, wird jedoch der hier dargebotene Stoff ausreichen, um viele im vorliegenden Buch behandelten Schaltungen schaltalgebraisch beschreiben zu können.

5.1.1.1 Die Signalwerte

Für die Kennzeichnung der Werte einer binären Variablen werden bei der Behandlung der Schaltalgebra die Ziffern 1 und 0 verwendet.
Alle Darstellungen beziehen sich auf die positive Logik.
Dem Wert 1 kann der Spannungs-Pegel H, dem Wert 0 der Spannungs-Pegel L zugeordnet werden.

5.1.1.2 Die Verknüpfungen

Treten zwei oder mehr Signale an den Eingängen eines Logik-Bausteines gleichzeitig auf, so können sie verknüpft werden. Das geschieht in der Innenschaltung des Bausteines. Das Ergebnis dieser Verknüpfung erscheint am Ausgang und kann dann nur wieder 1- oder 0-Signal heißen.

Von mehreren Möglichkeiten werden in der Schaltalgebra zwei Verknüpfungen zur Regel erhoben:

sowohl, als auch
eine, oder die andere, oder beide

Sowohl, als auch:

Diese Verknüpfung besagt:

Um am Ausgang die Entscheidung 1-Signal zu erhalten, müssen *sowohl* hier, *als auch* dort an den Eingängen einer Schaltung *nur* Aussagen mit 1-Signal vorliegen.

Liegen an den Eingängen 1- und 0-Signale, wird die Entscheidung immer 0-Signal sein.
Diese Verknüpfung wird UND-Verknüpfung oder Konjunktion genannt. Sie wird durch die UND-Stufe verwirklicht.
Das schaltalgebraische Symbol für die UND-Verknüpfung lautet: $\wedge$ (sprich: und).
So gelten die schaltalgebraischen Gleichungen:

$$1 \wedge 1 = 1$$
$$1 \wedge 0 = 0$$
$$1 \wedge 1 \wedge 1 = 1$$
$$1 \wedge 0 \wedge 0 = 0$$

Gelesen werden kann z. B. die Gleichung $1 \wedge 1 = 1$: wenn 1 und 1 an den Eingängen, dann 1 am Ausgang.

Eine, oder die andere, oder beide:

Diese Verknüpfung besagt:

Es genügt, wenn an den Eingängen einer Schaltung *eine, oder die andere, oder beide, oder alle* Aussagen den Signalwert 1 haben, um am Ausgang die Entscheidung 1-Signal zu erhalten.

Diese Verknüpfung wird ODER-Verknüpfung oder Disjunktion genannt und wird durch die ODER-Stufe verwirklicht. Das schaltalgebraische Symbol für die ODER-Verknüpfung lautet: $\vee$ (sprich: oder)

So gelten die schaltalgebraischen Gleichungen:

$$1 \vee 1 = 1$$
$$1 \vee 0 = 1$$
$$0 \vee 0 = 0$$
$$1 \vee 0 \vee 0 = 1$$

Gelesen werden kann z. B. die Gleichung $1 \vee 0 = 1$: wenn 1 oder 0 an den Eingängen, dann 1 am Ausgang.

5.1.1.3 Variable

Abb. 5.1 Signalvariable A führt den Wert 0

Abb. 5.2 Signalvariable A führt den Wert 1

Um die auftretenden Signale am Ausgang der Geber oder der Bausteine unterscheiden zu können, bezeichnet man sie mit großen Buchstaben. So kann z. B. das Signal des Gebers S 1 den Namen A führen, das Signal des Gebers S 2 den Namen B tragen. Die Signale A und B werden als Variable angesehen, die entweder den Wert 1 oder den Wert 0 annehmen können.
In Abb. 5.1 führt das Signal A des Gebers S 1, der nicht geschaltet wurde, den Wert 0. In Abb. 5.2 führt das Signal A des Gebers S 1, der geschaltet wurde, den Wert 1.

5.1.2 Aufbau der Gleichungen

In einer schaltalgebraischen Gleichung wird der Zusammenhang zwischen den Eingangssignalen und den Ausgangssignalen einer Schaltung deutlich.
Das Ausgangssignal erhält den Kennbuchstaben Q. Brennt die Lampe, so hat das Ausgangssignal Q den Wert 1. Brennt die Lampe nicht, so hat das Ausgangssignal den Wert 0.
Die Einführung in die schaltalgebraischen Gleichungen beginnt in den nachstehenden Abschnitten jeweils mit einer Grundgleichung, die mit Hilfe einer zugehörigen Schaltung besprochen wird. Die Signalvariablen sind auf den Schaltbildern mit ihren großen Buchstaben gekennzeichnet.

a) *Gleichung*: $A = Q$

Diese einfache Gleichung sagt aus: Das Signal Q hat nur dann den Wert 1, wenn das Signal A den Wert 1 führt. Hier entfällt der Einbau eines Logik-Bausteines. Die Schaltung ist in Abb. 5.3 wiedergegeben. Wird der Geber S 1 betätigt erhält die Variable A den Wert 1. Somit hat auch die Variable Q den Wert 1. Die Signallampe brennt.
Da logische Funktionen keine Leistungen, sondern nur Spannungen schalten, haben die Signallampen vorgeschaltete Verstärker.

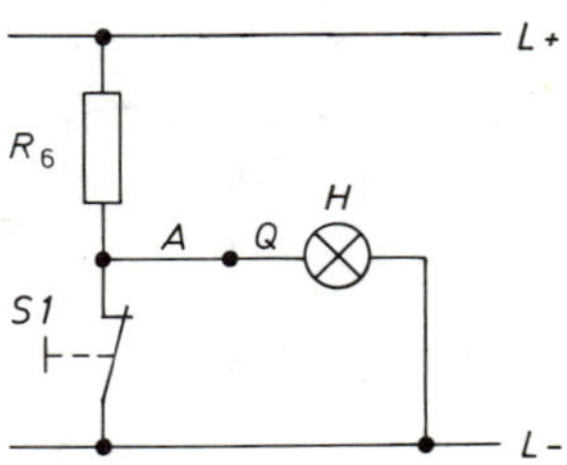

Abb. 5.3 Gleichung A = Q

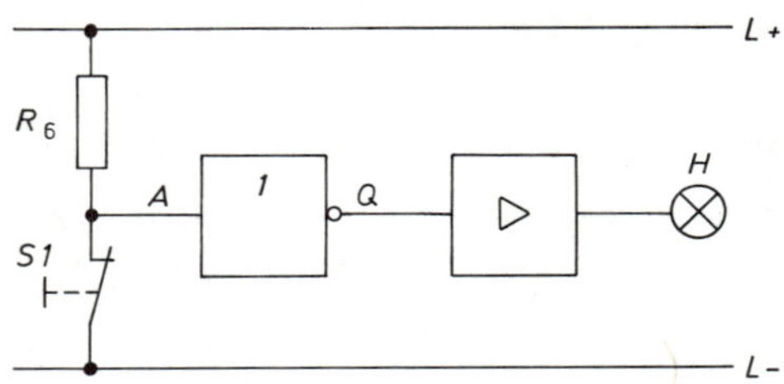

Abb. 5.4 Gleichung $\bar{A} = Q$

b) *Gleichung*: $\bar{A} = Q$ (sprich: A nicht gleich Q)

Diese Gleichung sagt aus: Das Signal Q hat nur dann den Wert 1, wenn das Eingangssignal A des Gebers S 1 den Wert 0 führt. Die Schaltung ist in Abb. 5.4 wiedergegeben.
Diese Schaltbedingung kann bauseitig nur mit einer NICHT-Stufe verwirklicht werden. Um diesen Einbau zu kennzeichnen, wird die Eingangsvariable A mit einem Querstrich versehen (sprich: A nicht).
$\bar{A}$ bedeutet: Das Signal Q kann nur dann den Wert 1 annehmen, wenn das Signal A den Wert 0 führt.
Diese Formulierung gilt entsprechend für alle Signalvariablen, die mit einem Querstrich versehen sind. Dazu gehören auch Klammerwerte, z. B. $(\overline{A \wedge B})$, die irgendwelche Signalverknüpfungen sein können. Jeder Klammerwert kann als eine Variable aufgefaßt werden.
Das Setzen eines Querstriches über eine Variable oder über einen Ausdruck mit mehreren Variablen, die verknüpft sind, wird auch als Verneinung oder Negation bezeichnet.

c) *Gleichung*: $A \wedge B = Q$ (sprich: wenn A und B, dann Q)

Die Gleichung sagt aus: Das Signal Q hat nur dann den Wert 1, wenn das Signal A *und* das Signal B die Werte 1 führen. Die Schaltung ist aus Abb. 5.5 ersichtlich.
Die Verknüpfung $\wedge$ besagt, daß in die Schaltung eine UND-Stufe eingebaut werden muß. Die Wertetabelle läßt die Signalverknüpfungen erkennen. Alle möglichen Signalkombinationen der Geber A und B werden in der Tabelle aufgeführt. Bei 2 Gebern sind es $2^2 = 4$ Kombinationen, bei 3 Gebern wären es schon $2^3 = 8$ Kombinationen.
Siehe Abb. 5.5. Die Wertetabelle zeigt Abb. 5.6.

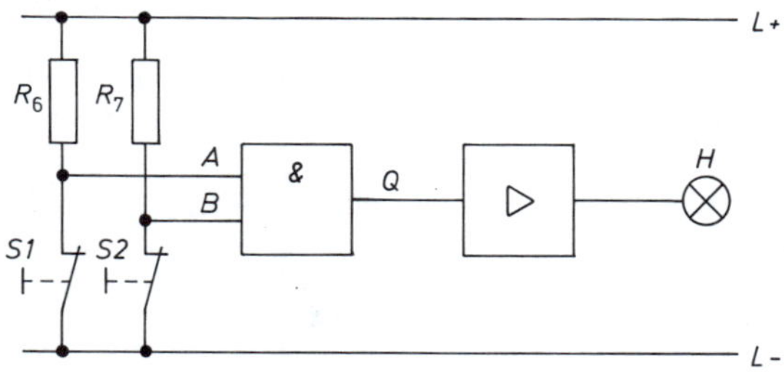

Abb. 5.5 Gleichung $A \wedge B = Q$

B	A	Q
0	0	0
0	1	0
1	0	0
1	1	1

Abb. 5.6 Wertetabelle $A \wedge B = Q$

d) *Gleichung*: $(\overline{A \wedge B}) = Q$ (sprich: wenn A und B nicht, dann Q)

Diese Gleichung sagt aus: Das Signal Q hat nur dann den Wert 1, wenn das Verknüpfungsergebnis des Klammerausdruckes unter dem Querstrich den Wert 0 hat. Der Querstrich, der die ganze Klammer umfaßt, dreht das Klammerergebnis um: Aus dem Klammerwert 0 wird 1.
Der Ausdruck $(\overline{A \wedge B})$ entspricht der NAND-Stufe.
Siehe Abb. 5.7. Die Wertetabelle zeigt Abb. 5.8.

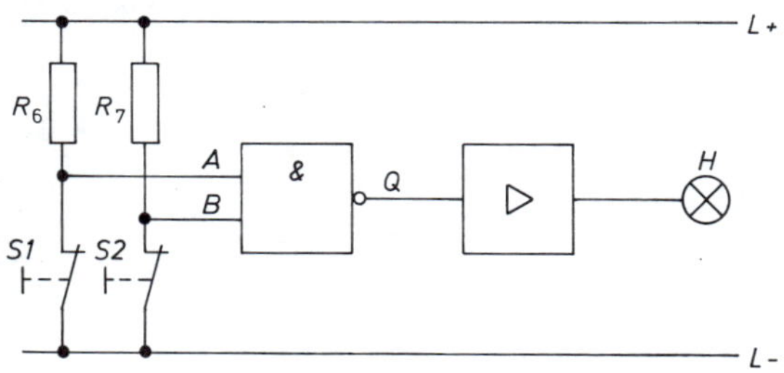

Abb. 5.7 Gleichung $(\overline{A \wedge B}) = Q$

B	A	Q
0	0	1
0	1	1
1	0	1
1	1	0

Abb. 5.8 Wertetabelle $(\overline{A \wedge B}) = Q$

e) *Gleichung*: $A \vee B = Q$

Die Gleichung sagt aus:
Das Signal Q hat den Wert 1, wenn entweder A *oder* B *oder auch beide* Variable den Wert 1-Signal führen. (Siehe Abb. 5.9).
Die Verknüpfung ∨ besagt, daß in die Schaltung eine ODER-Stufe eingebaut werden muß. Die aufgeführte Wertetabelle in Abb. 5.10 zeigt die möglichen Kombinationen der Signalgeber S 1 und S 2 und die Ergebnisse der Verknüpfungen in der Spalte Q.

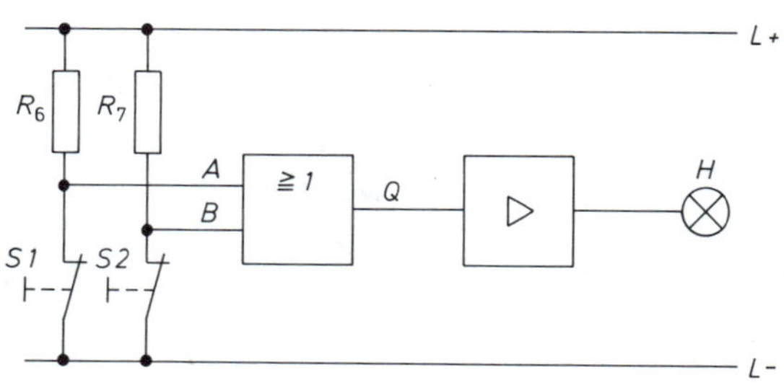

Abb. 5.9 Gleichung $A \vee B = Q$

B	A	Q
0	0	0
0	1	1
1	0	1
1	1	1

Abb. 5.10 Wertetabelle $A \vee B = Q$

f) *Gleichung*: $(\overline{A \vee B}) = Q$

Diese Gleichung sagt aus: Das Signal Q hat nur dann den Wert 1, wenn das Verknüpfungsergebnis des Klammerausdruckes unter dem Querstrich den Wert 0 hat. Der Querstrich, der die ganze Klammer umfaßt, invertiert das Klammerergebnis.
Der Ausdruck $(\overline{A \vee B}) = Q$ entspricht der NOR-Stufe. (Siehe Abb. 5.11 und Abb. 5.12)

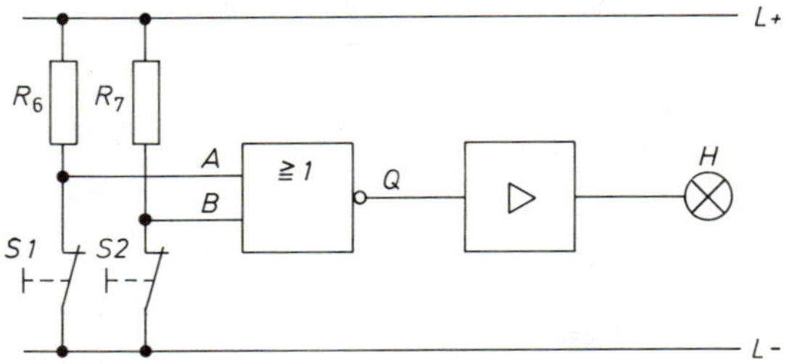

Abb. 5.11 Gleichung $(\overline{A \vee B}) = Q$

B	A	Q
0	0	1
0	1	0
1	0	0
1	1	0

Abb. 5.12 Wertetabelle $(\overline{A \vee B}) = Q$

g) *Gleichung*: $A \wedge B \wedge \overline{C} = Q$

Die Gleichung sagt aus: Das Signal Q nimmt nur dann den Wert 1 an, wenn die Eingangssignale A *und* B die Werte 1 haben *und* C den Wert 0 hat. (Siehe das Schaltbild 5.13)
In der Wertetabelle werden die möglichen Kombinationen der drei Geber aufgeführt. Man erkennt, daß nur die 4. Kombination der Tabelle: 011 zum Erfolg führt (Lampe brennt). Es müssen die Geber S1 und S2 geschaltet werden, Geber S3 aber nicht. (Siehe Abb. 5.14)

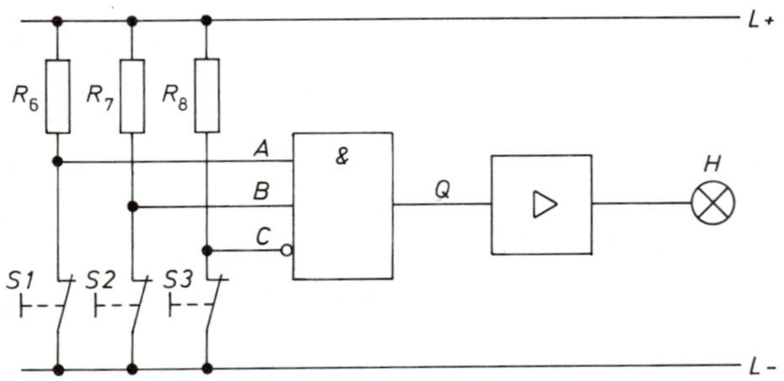

Abb. 5.13 Gleichung $A \wedge B \wedge \overline{C} = Q$

C	B	A	Q
0	0	0	0
0	0	1	0
0	1	0	0
0	1	1	1
1	0	0	0
1	0	1	0
1	1	0	0
1	1	1	0

Abb. 5.14 Wertetabelle $A \wedge B \wedge \overline{C} = Q$

h) *Gleichung*: $(A \vee B) \wedge (C \vee D) = Q$

Die Gleichung sagt aus: Das Signal Q nimmt nur dann den Wert 1 an, wenn die Signale (A *oder* B) *und* (C *oder* D) die Werte 1 haben. (Siehe die Schaltung in Abb. 5.15)

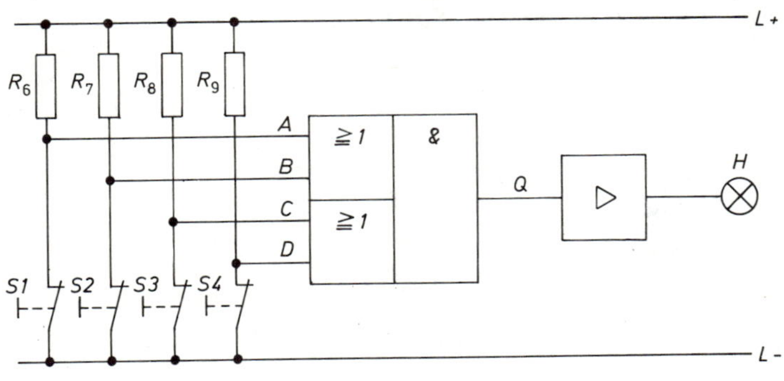

Abb. 5.15 Gleichung $(A \vee B) \wedge (C \vee D) = Q$

Die Wertetabelle berücksichtigt jetzt 16 ($2^4 = 16$) Signalkombinationen, deren Verknüpfungen in der Spalte Q sowohl zu 1- wie auch zu 0-Aussagen führen. Nur dann, wenn die Signalvariable Q den Wert 1 annimmt, brennt die Lampe. In der vorliegenden Schaltung tritt der Fall bei 9 verschiedenen Signalkombinationen ein. (Siehe Abb. 5.16)

D	C	B	A	Q
0	0	0	0	0
0	0	0	1	0
0	0	1	0	0
0	0	1	1	0
0	1	0	0	0
0	1	0	1	1
0	1	1	0	1
0	1	1	1	1
1	0	0	0	0
1	0	0	1	1
1	0	1	0	1
1	0	1	1	1
1	1	0	0	0
1	1	0	1	1
1	1	1	0	1
1	1	1	1	1

Abb. 5.16 Wertetabelle $(A \vee B) \wedge (C \vee D) = Q$

5.1.3 1. Übungsbeispiel

Um eine Schaltung entwerfen zu können, müssen zunächst die Schaltbedingungen aufgestellt werden.

Die Bedingungen sollen sein: Es soll nur dann eine Signallampe H brennen, wenn von drei Tastern S 1, S 2, S 3 immer zwei Taster gedrückt werden und der dritte Taster nicht gedrückt wird. Man kann es jetzt auch so formulieren: Am Ausgang einer Schaltung soll nur dann das Signal 1 auftreten, wenn von drei Gebern immer zwei Geber 1-Signal führen, der dritte Geber 0-Signal führt.
Dem Geber S 1 wird die Signalvariable A, dem Geber S 2 wird die Signalvariable B und dem Geber S 3 wird die Signalvariable C zugeordnet.

C	B	A	Q
0	0	0	0
0	0	1	0
0	1	0	0
0	1	1	1
1	0	0	0
1	0	1	1
1	1	0	1
1	1	1	0

Abb. 5.17 Wertetabelle zum Übungsbeispiel

Dann wird die Wertetabelle aufgestellt. Die Abb. 5.17 zeigt den Aufbau. Es gibt im ganzen bei drei Eingangsvariablen $2^3 = 8$ unterschiedliche Signalkombinationen. Sie werden alle, wie bisher immer geschehen, nach einem bestimmten Schema untereinander aufgeführt. Dann werden in der Spalte Q die oben aufgestellten Ausgangsbedingungen eingetragen. Dort, wo zwei Geber den Signalwert 1 und nur einer den Signalwert 0 führen, ist die Bedingung erfüllt. In der Spalte Q erscheint der Signalwert 1.

Nur die 4., 6. und 7. Kombination erfüllt die Forderung.

Es brennt also die Signallampe, wenn in der 4. Kombination

Signal A den Wert 1 *und*
Signal B den Wert 1 *und*
Signal C den Wert 0

oder in der 6. Kombination

Signal A den Wert 1 *und*
Signal B den Wert 0 *und*
Signal C den Wert 1

oder in der 7. Kombination

Signal A den Wert 0 *und*
Signal B den Wert 1 *und*
Signal C den Wert 1 führen.

Somit kann folgende Gleichung aufgestellt werden:

$$(A \wedge B \wedge \bar{C}) \vee (A \wedge \bar{B} \wedge C) \vee (\bar{A} \wedge B \wedge C) = Q$$

Diese drei möglichen Kombinationen, die zum Erfolg führen, sind alle ODER-verknüpft. Es genügt also, wenn eine Kombination erfüllt ist.

Den Aufbau der Schaltung siehe Abb. 5.18.

Der systematische Aufbau der Schaltung aus der Gleichung kann in einfacher Weise durchgeführt werden.

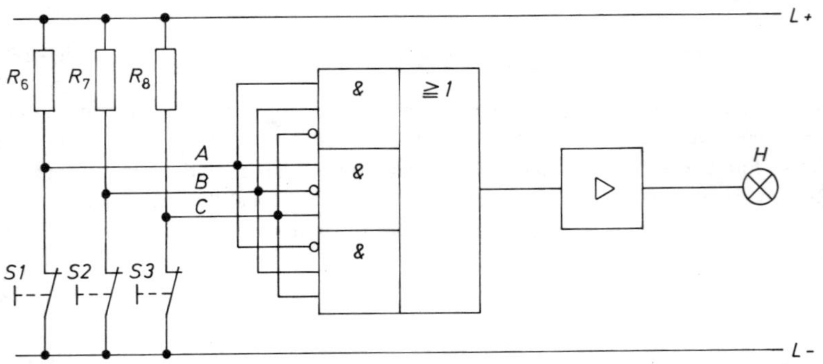

Abb. 5.18 Aufbau der Schaltung zum Übungsbeispiel

Die Signalvariablen in den Klammern sind alle UND-verknüpft. Bekanntlich führt eine UND-Stufe nur dann am Ausgang den Signalwert 1, wenn alle angeschlossenen Eingänge den Signalwert 1 führen, d.h. in diesem Falle die Variablen A, B und C. Von der Aufgabenstellung her besteht aber die Forderung, daß ein Geber, damit die Signallampe brennt, 0-Signal bringen muß. Um die Bedingung der UND-Stufe erfüllen zu können, muß in jeder Signalkombination einmal eine NICHT-Stufe dafür sorgen, daß die eine Signalvariable negiert wird. Der Querstrich über den entsprechenden Variablen in der oben aufgestellten Gleichung weist auf die erforderliche Umkehrung hin. Abb. 5.18 zeigt den Aufbau der Schaltung.

5.1.4 Das de Morgansche Gesetz

Jede ODER-Verknüpfung läßt sich in eine UND-Verknüpfung und jede UND-Verknüpfung läßt sich in eine ODER-Verknüpfung umwandeln.

Diese Umwandlungen werden oft auch als Negationen bezeichnet, da die Umwandlung einer Verknüpfung in die andere einer doppelten Verneinung gleichkommt. Das Ziel solcher Umformungen wird immer sein, die Anzahl der Logik-Bausteine zu vermindern, oder, wenn z. B. eine beschränkte Anzahl von UND-Stufen zur Verfügung steht, diese durch ODER-Stufen bzw. NOR-Stufen zu ersetzen.

Sehr einfach lassen sich diese Umwandlungen verstehen und ihre Regeln aufstellen, wenn jeweils zwei Schaltungen, die nachstehend zusammengestellt sind, auf ihre Funktion hin untersucht und verglichen werden.

5.1.4.1 Umwandlung der Konjunktion in eine Disjunktion

Folgende zwei Schaltfunktionen sind gleichwertig, d. h. in beiden Fällen entsprechen die Ausgangssignale den Eingangssignalen (siehe Abb. 5.19 und Abb. 5.20). In den Darstellungen sind weder die Geber noch die Lampen mitgezeichnet.
Da die Verknüpfungen der beiden Funktionen zum gleichen Ergebnis führen, wie es die Wertetabellen zeigen, gilt somit die Gleichung:

$$A \wedge B = \overline{\bar{A} \vee \bar{B}} = Q$$

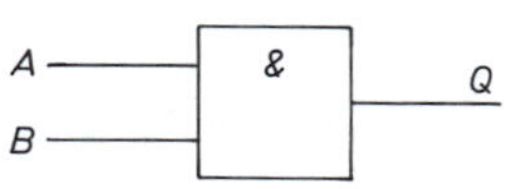

B	*A*	*Q*
0	*0*	*0*
0	*1*	*0*
1	*0*	*0*
1	*1*	*1*

Abb. 5.19 Wertetabelle $A \wedge B = Q$

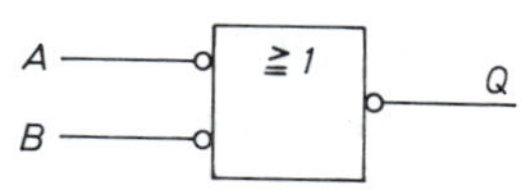

B	*A*	*Q*
0	*0*	*0*
0	*1*	*0*
1	*0*	*0*
1	*1*	*1*

Abb. 5.20 Wertetabelle $\overline{\bar{A} \vee \bar{B}} = Q$

Der gemeinsame Querstrich des Ausdruckes $\overline{\bar{A} \vee \bar{B}}$ sagt aus, daß die Verknüpfung $\bar{A} \vee \bar{B}$ als Ergebnis 0-Signal bringen muß, wenn das Signal Q den Wert 1 führen soll.
Die Gleichung $A \wedge B = \overline{\bar{A} \vee \bar{B}}$ läßt sich ebenfalls gut bestätigen, wenn man sich einmal einiger Handlungen aus dem täglichen Leben bewußt wird. Um eine Entscheidung herbeizuführen, müssen oft mehrere Ansprechbedingungen erfüllt sein. Zum Beispiel:

a) Wenn ich Geld habe *und*
wenn das Geschäft geöffnet ist,
dann kann ich einkaufen.

Die Aussage entspricht $A \wedge B$.

b) Es darf *nicht* geschehen,
daß ich *kein* Geld habe, *oder*
daß das Geschäft *nicht* geöffnet ist,
dann kann ich einkaufen.

Die Aussage entspricht $\overline{\bar{A} \vee \bar{B}}$.

Die Verneinung im Satz: es darf nicht geschehen, findet sich in der Gleichung als durchgehender Querstrich über dem Ausdruck $\overline{\bar{A} \vee \bar{B}}$ wieder.
Beide Aussagen unter a) und b) bedeuten also dasselbe.

Werden die Schaltungen um einen Geber erweitert, so daß 3 Verknüpfungen zu berücksichtigen sind, so gilt:

$$A \wedge B \wedge C = \overline{\bar{A} \vee \bar{B} \vee \bar{C}} = Q$$

Die Richtigkeit dieser Erweiterung läßt sich leicht nachprüfen.

Der Aufbau der folgenden Schaltung nach Abb. 5.21 entspricht auch hier vollkommen der Schaltung nach Abb. 5.22. Auch diese Gleichungen können daher gleichgesetzt werden:

$$\bar{A} \wedge \bar{B} = \overline{A \vee B} = Q$$

Ebenso, wie sich nachprüfen läßt, sind die entsprechenden Funktionen

$$\bar{A} \wedge \bar{B} \wedge \bar{C} = \overline{A \vee B \vee C} = Q$$

gleichwertig.

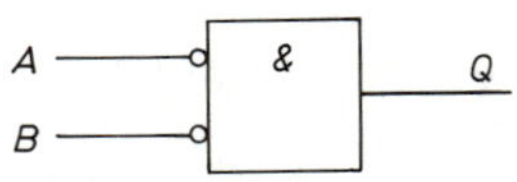

B	A	Q
0	0	1
0	1	0
1	0	0
1	1	0

Abb. 5.21 Wertetabelle $\bar{A} \wedge \bar{B} = Q$

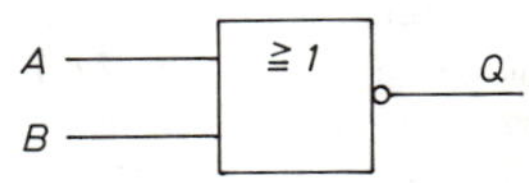

B	A	Q
0	0	1
0	1	0
1	0	0
1	1	0

Abb. 5.22 Wertetabelle $\overline{A \vee B} = Q$

5.1.4.2 Umwandlung der Disjunktion in eine Konjunktion

Liegt eine ODER-Verknüpfung vor, so läßt sich ebenfalls eine Schaltung finden, die zum gleichen Ergebnis führt, aber UND-verknüpft ist. Die funktionsgleichen Schaltungen sind in den Abb. 5.23 und 5.24 wiedergegeben.

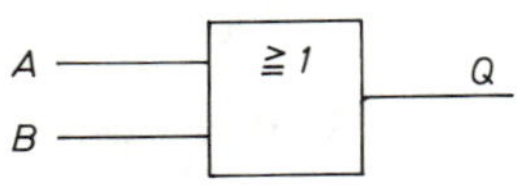

B	A	Q
0	0	0
0	1	1
1	0	1
1	1	1

Abb. 5.23 Wertetabelle $A \vee B = Q$

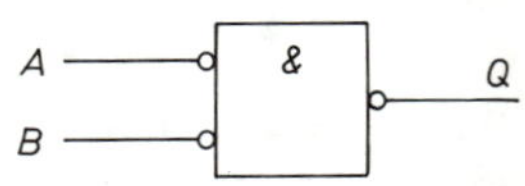

B	A	Q
0	0	0
0	1	1
1	0	1
1	1	1

Abb. 5.24 Wertetabelle $\overline{\bar{A} \wedge \bar{B}} = Q$

Auch hier haben die Wertetabellen beider Schaltungen das gleiche Aussehen:

$$A \vee B = \overline{\bar{A} \wedge \bar{B}} = Q$$

5.1.4.3 Auswertung der Umwandlungen

Die Ergebnisse dieser aufgeführten Umwandlungen werden hier nochmals zusammengestellt:

$$A \wedge B = \overline{\bar{A} \vee \bar{B}}$$

$$A \wedge B \wedge C = \overline{\bar{A} \vee \bar{B} \vee \bar{C}}$$

$$\bar{A} \wedge \bar{B} = \overline{A \vee B}$$

$$\bar{A} \wedge \bar{B} \wedge \bar{C} = \overline{A \vee B \vee C}$$

$$A \vee B = \overline{\bar{A} \wedge \bar{B}}$$

Untersucht man die Gleichungen, um bestimmte Gesetzmäßigkeiten herauszufinden, so ergibt sich folgende Regel:

Man erhält die Umkehrung oder Negation einer Funktion, indem man jede in ihr enthaltene Variable negiert, d. h. mit einem Querstrich versieht, und jedes Disjunktionszeichen $\vee$ durch das Konjunktionszeichen $\wedge$ und jedes Konjunktionszeichen durch das Disjunktionszeichen ersetzt. Dabei kann, wie später noch dargestellt wird, jeder Klammerausdruck als eine Variable gelten.
Will man z. B. den Ausdruck $A \wedge B$ negieren, so erhält man nach der Regel $\bar{A} \vee \bar{B}$. Dieser negierte Ausdruck stellt die erste Umkehrung der Ausgangsfunktion $A \wedge B$ dar. Sie entspricht erst dann wieder der Ausgangsfunktion, wenn die einzeln negierten Glieder nochmals gemeinsam negiert werden. Das geschieht durch den Querstrich über den gesamten Ausdruck: $\overline{\bar{A} \vee \bar{B}}$.

Die zweifach durchgeführte Negation, einmal nach der Regel, die die einzelnen Variablen und Symbole betrifft, und ein andermal in bezug auf die gesamte Funktion, führt zum Ergebnis

$$A \wedge B = \overline{\bar{A} \vee \bar{B}}.$$

Liegt z. B. die Gleichung mit den Klammerausdrücken

$$(A \wedge B) \vee (C \wedge D) = Q$$

vor, so kann die zweifache Negation, wenn man die Klammerausdrücke als Variable behandeln will, ergeben:

$$(A \wedge B) \vee (C \wedge D) = \overline{(\overline{A \wedge B}) \wedge (\overline{C \wedge D})} = Q$$

oder, wenn auch der Klammerinhalt nach der Regel berücksichtigt wird:

$$(A \wedge B) \vee (C \wedge D) = \overline{(\bar{A} \vee \bar{B}) \wedge (\bar{C} \vee \bar{D})} = Q$$

Beide Ergebnisse kommen in ihrer Signalverknüpfung zum gleichen Resultat.
Werden eine Variable z. B. $\bar{A}$ oder ein Klammerausdruck z. B. $(\overline{A \wedge B})$, die schon verneint sind, nochmals negiert, so lautet das Ergebnis $\bar{\bar{A}}$ bzw. $(\overline{\overline{A \wedge B}})$. Doppelte Verneinungen heben sich auf. Das Ergebnis ist damit A bzw. $(A \wedge B)$.

Ebenso ist es möglich, innerhalb einer schaltalgebraischen Gleichung die Negierung nur auf eine Teilverknüpfung anzuwenden.

In der Gleichung $(A \wedge B) \vee (C \wedge \bar{D} \wedge \bar{E})$ würde solch eine Anwendung auf die UND-Verknüpfung der Variablen $\bar{D} \wedge \bar{E}$ zur Einsparung von Baustufen führen. Die zu behandelnde Verknüpfung wird in Klammern gesetzt. Der Inhalt dieser Klammer wird dann zweifach negiert. Das Resultat wird dann sein:

$$(A \wedge B) \vee (C \wedge (\overline{D \vee E})) = Q$$

5.1.5 2. Übungsbeispiel

Es soll nun an einer Aufgabe gezeigt werden, welche Umformungen in einer schaltalgebraischen Gleichung durchgeführt werden können und zu welchem Erfolg sie führen.
Die Aufgabe sei gestellt, daß nur dann am Ausgang einer Schaltung ein 1-Signal erscheinen soll, wenn von vier Gebern S 1, S 2, S 3 und S 4 der Geber S 1 ein 1-Signal führt *und* die Geber S 2 *und* S 3 *und* S 4 je ein 0-Signal führen
oder
wenn von den vier Gebern die Geber S 1 *und* S 2 je ein 0-Signal *und* die Geber S 3 *und* S 4 je ein 1-Signal führen.
Den Gebern werden die Signalvariablen A, B, C und D zugeordnet. Entsprechend der oben formulierten Bedingung läßt sich die schaltalgebraische Gleichung ohne Schwierigkeit niederschreiben:

$$(A \wedge \bar{B} \wedge \bar{C} \wedge \bar{D}) \vee (\bar{A} \wedge \bar{B} \wedge C \wedge D) = Q$$

Aus dieser Gleichung wird die Schaltung entwickelt. Der Aufbau ist in Abb. 5.25 dargestellt. Die zugehörige Wertetabelle gibt Abb. 5.26 wieder. Der Aufbau erfordert 8 bzw. nur 7 Stufen ($\bar{B}$!).
Nun wird die Gleichung nach de Morgan umgewandelt. Der linke Ausdruck der Gleichung wird nach der Regel zweifach negiert:

$$(A \wedge \bar{B} \wedge \bar{C} \wedge \bar{D}) \vee (\bar{A} \wedge \bar{B} \wedge C \wedge D) = \overline{(\bar{A} \vee B \vee C \vee D) \wedge (A \vee B \vee \bar{C} \vee \bar{D})} = Q$$

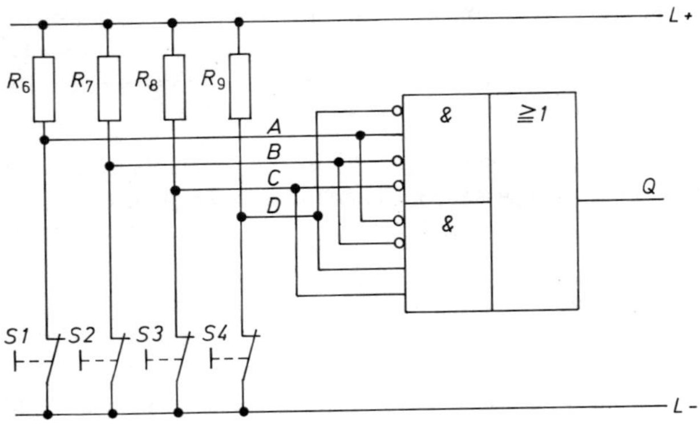

Abb. 5.25 1. Schaltung zum Übungsbeispiel 5.1.5

D	C	B	A	Q
0	0	0	0	0
0	0	0	1	1
0	0	1	0	0
0	0	1	1	0
0	1	0	0	0
0	1	0	1	0
0	1	1	0	0
0	1	1	1	0
1	0	0	0	0
1	0	0	1	0
1	0	1	0	0
1	0	1	1	0
1	1	0	0	1
1	1	0	1	0
1	1	1	0	0
1	1	1	1	0

Abb. 5.26 Wertetabelle der Gleichung $(A \wedge \bar{B} \wedge \bar{C} \wedge \bar{D}) \vee (\bar{A} \wedge \bar{B} \wedge C \wedge D) = Q$

Jetzt wird die Schaltung nach der neuen Gleichung aufgebaut. Die Geber wurden nicht mit dargestellt (Siehe Abb. 5.27).
Für diesen Aufbau werden nur noch 6 Logik-Bausteine benötigt. Es kann nun noch ein weiterer Baustein eingespart werden, wenn der Ausdruck $\bar{C} \vee \bar{D}$ in der Gleichung in Klammern gesetzt wird:

$$\overline{(\bar{A} \vee B \vee C \vee D) \wedge (A \vee B \vee (\bar{C} \vee \bar{D}))} = Q$$

und nur dieser Ausdruck jetzt zweifach negiert wird:

$$\overline{(\bar{A} \vee B \vee C \vee D) \wedge (A \vee B \vee (\overline{\bar{C} \wedge \bar{D}}))} = Q.$$

Der Aufbau der verbesserten Schaltung ist in Abb. 5.28 wiedergegeben.

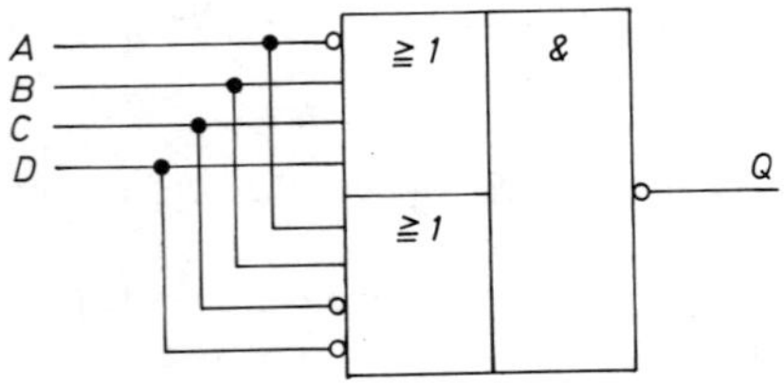

Abb. 5.27 2. Schaltung zum Übungsbeispiel 5.1.5

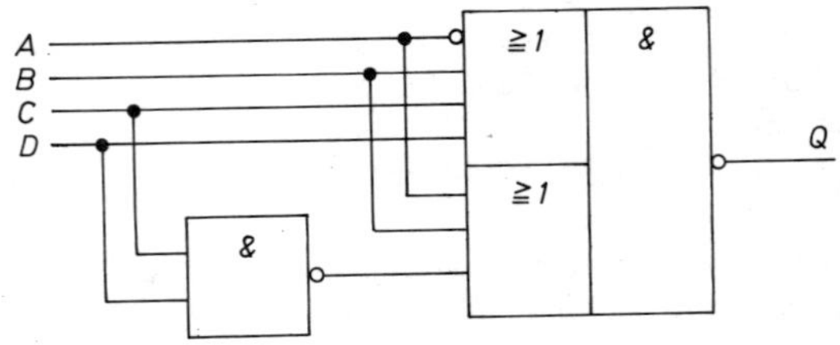

Abb. 5.28 3. Schaltung zum Übungsbeispiel 5.1.5

Mit dieser, nur aus 5 Bausteinen bestehenden Schaltung wird ebenfalls die in dem Übungsbeispiel gestellte Bedingung erfüllt. Es ist zu empfehlen, diese Schaltung durch Aufstellung einer Wertetabelle zu überprüfen!
Eine weitere Möglichkeit, die Ausgangsgleichung

$$(A \wedge \overline{B} \wedge \overline{C} \wedge \overline{D}) \vee (\overline{A} \wedge \overline{B} \wedge C \wedge D) = Q$$

umzuformen, wäre, wenn man die negierten Variablen zusätzlich in Klammern setzt, da hier eine Einsparung von logischen Funktionen zu erwarten ist.

$$(A \wedge (\overline{B} \wedge \overline{C} \wedge \overline{D})) \vee ((\overline{A} \wedge \overline{B}) \wedge C \wedge D) = Q$$

Die in Klammern gesetzten Ausdrücke werden jetzt allein betrachtet und ergeben zweifach negiert:

$$(A \wedge (\overline{B \vee C \vee D})) \vee ((\overline{A \vee B}) \wedge C \wedge D) = Q$$

Die nach dieser Gleichung aufgebaute Schaltung ist in Abb. 5.29 dargestellt. Diese Schaltung benötigt auch nur 5 Bausteine.
Diese Beispiele zeigen, daß mehrere Schaltungen möglich sind, um eine Aufgabe zu lösen. Da wohl vordringlich immer das Ziel sein wird, mit wenigen Bausteinen auszukommen, wird man immer mehrere Umformungen durchführen, bis man glaubt, die beste Lösung gefunden zu haben.

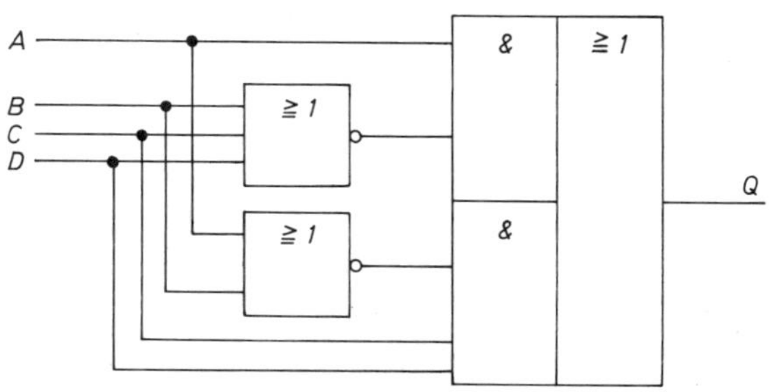

Abb. 5.29 Schaltung zum Übungsbeispiel 5.1.5

5.1.6 3. Übungsbeispiel

Am Ausgang einer Schaltung soll nur dann 1-Signal auftreten, wenn von 2 Gebern S1 und S2 der Geber S1 1-Signal *und* der Geber S2 0-Signal
oder
der Geber S1 0-Signal *und* der Geber S2 1-Signal führen.
Die schaltalgebraische Gleichung heißt dann:

$$(A \wedge \overline{B}) \vee (\overline{A} \wedge B) = Q$$

Da eine Umwandlung der Gleichung, wie man leicht feststellen kann, durch zweifache Negation nach der de Morganschen Regel keine Einsparung der Logik-Bausteine bringt – es bleibt bei 5 Baustufen –, ergibt die Gleichung die in Abb. 5.30 dargestellte Schaltung. Die dazu gehörige Wertetabelle ist in Abb. 5.31 wiedergegeben.

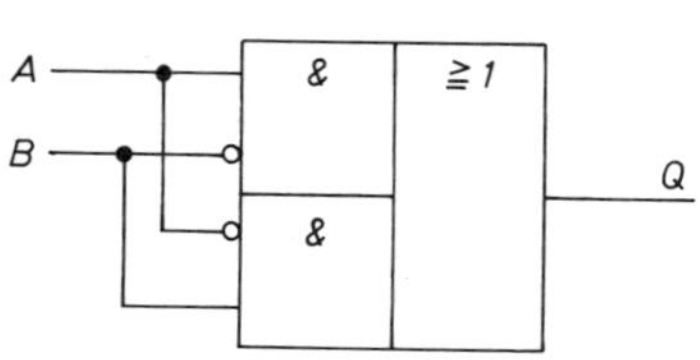

Abb. 5.30 1. Schaltung zum Übungsbeispiel

B	A	Q
0	0	0
0	1	1
1	0	1
1	1	0

Abb. 5.31 Wertetabelle der Gleichung $(A \wedge \overline{B}) \vee (\overline{A} \wedge B) = Q$

Bei dem Aufbau der Gleichungen wurde immer davon ausgegangen, daß gesagt wurde, welche Geber geschaltet bzw. welche nicht geschaltet werden müssen oder welche Signale an den Eingängen der Schaltung liegen müssen, damit 1-Signal, ausgedrückt durch die Variable Q, am Ausgang der Schaltung erscheint. Jetzt soll aber die Frage sein, welche Signale sollen die Geber führen, wenn am Ausgang der Schaltung ein 0-Signal auftreten soll, ausgedrückt durch die Variable $\bar{Q}$. Mit Hilfe der Wertetabelle kann man folgende Bedingungen niederlegen:
Am Ausgang soll nur dann 0-Signal auftreten, wenn *sowohl* Geber S1 *als auch* Geber S2 0-Signal führen *oder* wenn *sowohl* Geber S1 *als auch* Geber S2 1-Signal führen. (Siehe Abb. 5.31)

Die schaltalgebraische Gleichung dieser beiden Bedingungen lautet:

$$(\bar{A} \wedge \bar{B}) \vee (A \wedge B) = \bar{Q}$$

Die Umformung des linken Klammerausdruckes ergibt:

$$(\overline{A \vee B}) \vee (A \wedge B) = \bar{Q}$$

Jetzt werden beide Seiten der Gleichung negiert, um $\bar{Q}$ zu invertieren:

$$\overline{(\overline{A \vee B}) \vee (A \wedge B)} = Q$$

Eine andere Umformung der Gleichung

$$(\overline{A \vee B}) \vee (A \wedge B) = \bar{Q}$$

bringt

$$\overline{(A \vee B) \wedge (\overline{A \wedge B})} = \bar{Q}$$

wobei die Klammerausdrücke als Variable betrachtet werden. Die Negation der beiden Seiten ergibt dann:

$$(A \vee B) \wedge (\overline{A \wedge B}) = Q$$

Diese Gleichung ist als Schaltung in Abb. 5.32 wiedergegeben.

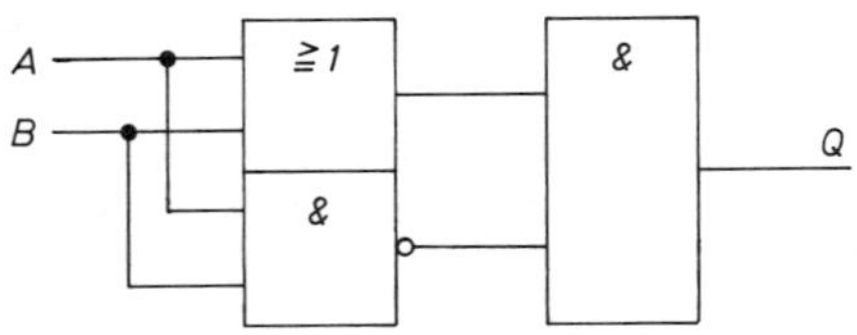

Abb. 5.32 2. Schaltung zum Übungsbeispiel 5.1.6

Dieses Schaltbeispiel hat gezeigt, daß eine Ausgangs-0-Signalauswertung für die Aufstellung einer einfachen Gleichung günstiger sein kann. Diese besprochene Verknüpfung zwischen den Ein- und Ausgangssignalen bezeichnet man als Exklusiv-ODER oder Antivalenzschaltung (Abb. 5.31).

5.1.7 Das distributive Gesetz

Zur Umformung schaltalgebraischer Gleichungen wurde das de Morgansche Gesetz angewendet. Es ist nicht die einzige Rechenregel, die man kennt. Schaltalgebraische Umwandlungen können auch mit Hilfe des distributiven Gesetzes durchgeführt werden. Dieses Gesetz hat in der Mathematik z. B. folgende Rechenregel zum Inhalt:

$$(2+6) \cdot (4+3) = (2 \cdot 4) + (6 \cdot 4) + (2 \cdot 3) + (6 \cdot 3)$$

oder allgemein ausgedrückt

$$(a+b) \cdot (c+d) = (a \cdot c) + (b \cdot c) + (a \cdot d) + (b \cdot d)$$

Auf die Schaltalgebra übertragen, ergeben sich folgende Umformungen:

$$(A \wedge B) \vee (C \wedge D) = (A \vee C) \wedge (B \vee C) \wedge (A \vee D) \wedge (B \vee D)$$

$$(A \vee B) \wedge (C \vee D) = (A \wedge C) \vee (B \wedge C) \vee (A \wedge D) \vee (B \wedge D)$$

$$A \wedge (B \vee C) = (A \wedge B) \vee (A \wedge C)$$

$$A \vee (B \wedge C) = (A \vee B) \wedge (A \vee C)$$

5.1.8 4. Übungsbeispiel

Die Aufgabe dieses Beispiels entspricht den Eingangsbedingungen des Übungsbeispiels 5.1.6. Dort wurde mit Hilfe der 0-Signalauswertung ein einfacher schaltalgebraischer Ausdruck erzielt.
Die Bedingung war: Das Signal 1 soll nur dann am Schaltungsausgang erscheinen, wenn von 2 Gebern S1 und S2 der Geber S1 den Wert 1 und der Geber S2 den Wert 0 oder wenn der Geber S1 den Wert 0 und der Geber S2 den Wert 1 führen (Exklusiv-ODER-Verknüpfung).
Die Signalvariable des Gebers S1 ist wieder A, die des Gebers S2 ist wieder B.
Die schaltalgebraische Gleichung lautet:

$$(A \wedge \bar{B}) \vee (\bar{A} \wedge B) = Q$$

Jetzt wird diese Gleichung, die 5 Logik-Bausteine für den Aufbau benötigt, mit Hilfe des distributiven Gesetzes vereinfacht.

$$(A \wedge \bar{B}) \vee (\bar{A} \wedge B) = (A \vee \bar{A}) \wedge (\bar{B} \vee \bar{A}) \wedge (A \vee B) \wedge (\bar{B} \vee B)$$

Dieser neue Ausdruck rechts des Gleichheitszeichens scheint aufwendiger statt einfacher geworden zu sein. Zunächst werden die entstandenen Klammerausdrücke betrachtet. Der erste Ausdruck heißt: $(A \vee \bar{A})$.
Hier liegt eine ODER-Verknüpfung vor. Der Signalwert der Variablen A kann entweder 1 oder 0 sein, das Ergebnis dieser Verknüpfung bringt immer den Signalwert 1, wie man leicht nachprüfen kann:

$$(1 \vee \bar{1}) = 1$$

$$(0 \vee \bar{0}) = 1$$

Das inverse Signal von $\bar{1}$ ist 0, von $\bar{0}$ ist 1. Diese Betrachtung gilt auch für den Klammerausdruck $(\bar{B} \vee B)$.
So lautet jetzt die Gleichung:

$$1 \wedge (\bar{B} \vee \bar{A}) \wedge (A \vee B) \wedge 1 = Q$$

Die Glieder sind miteinander konjunktiv verknüpft. Damit die Variable Q den Signalwert 1 annehmen kann, muß nun noch jeder Klammerwert

$$(\bar{B} \vee \bar{A}) \wedge (A \vee B)$$

den Signalwert 1 führen.
Der erste Klammerausdruck wird nach der Regel von de Morgan umgeformt:

$$(\overline{B \wedge A}) \wedge (A \vee B) = Q$$

Diese Gleichung entspricht Abb. 5.32. Ein anderer Lösungsweg wäre, die Ausgangsgleichung

$$(A \wedge \bar{B}) \vee (\bar{A} \wedge B) = Q$$

zunächst durch zweifache Negation (de Morgan) umzuwandeln:

$$\overline{(\bar{A} \vee B) \wedge (A \vee \bar{B})} = Q$$

Dann wird das distributive Gesetz angewendet:

$$\overline{(\bar{A} \vee B) \wedge (A \vee \bar{B})} = \overline{(\bar{A} \wedge A) \vee (B \wedge A) \vee (\bar{A} \wedge \bar{B}) \vee (B \wedge \bar{B})}$$

Die 1. und 4. Klammer hat als Verknüpfungsergebnis immer 0-Signal. Im Beispiel ($\bar{A} \land A$) kann die Konjunktion auf keinen Fall erfüllt sein:

$$(\bar{1} \land 1) = 0$$
$$(\bar{0} \land 0) = 0$$

Die Gleichung vereinfacht sich jetzt:

$$\overline{0 \lor (B \land A) \lor (\bar{A} \land \bar{B})} \lor 0 = Q$$

Da es sich um eine Disjunktion handelt, können die Glieder mit dem Signal 0 entfallen:

$$\overline{(B \land A) \lor (\bar{A} \land \bar{B})} = Q$$

Eine Umformung nach de Morgan ergibt:

$$\overline{(B \land A) \lor (\overline{A \lor B})} = Q$$

Der Schaltungsaufbau nach dieser Gleichung ist in Abb. 5.33 wiedergegeben. Prüfen Sie bitte, ob diese Schaltung der Wertetabelle der Abb. 5.31 gerecht wird. Mit Hilfe des distributiven Gesetzes wurde, wie bei der 0-Signalauswertung, ebenfalls erreicht, daß an Stelle von 5 Logik-Bausteinen, die die Ausgangsgleichung

$$(A \land \bar{B}) \lor (\bar{A} \land B) = Q$$

erfordert, die Aufgabe schon mit 3 Bausteinen erfüllt werden kann.

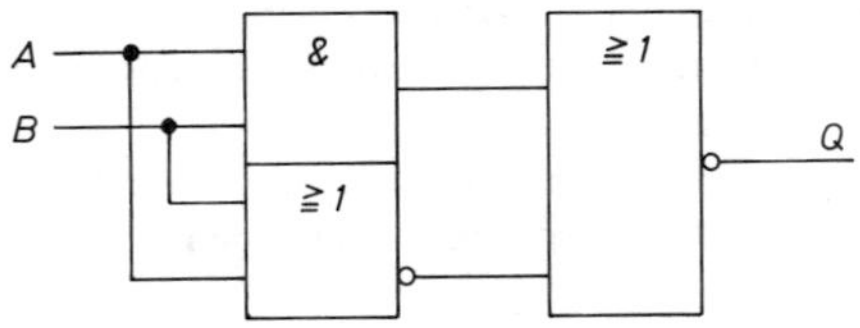

Abb. 5.33 Schaltung zum Übungsbeispiel 5.18

5.1.9 Übungsaufgaben zur Schaltalgebra

1. Gegeben ist die in Abb. 5.34 gezeigte Schaltung. Stellen Sie die Wertetabelle auf. Wie lauten die schaltalgebraischen Gleichungen? Unter welchen Bedingungen brennt die Lampe H 1, unter welchen die Lampe H 2?

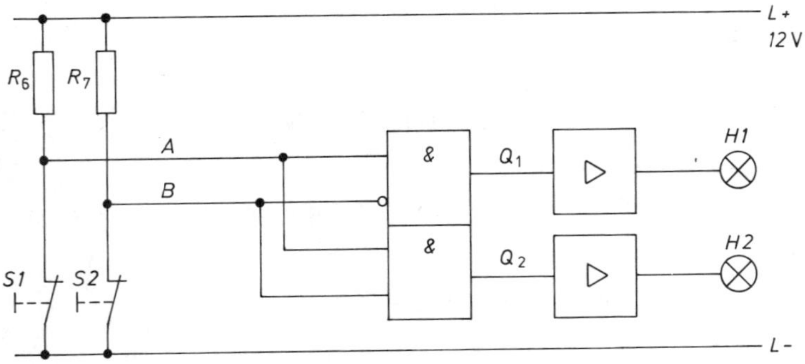

Abb. 5.34 Schaltung zur Übungsaufgabe 1

B	A	Q_1	Q_2
0	0		
0	1		
1	0		
1	1		

Abb. 5.35 Wertetabelle zur Übungsaufgabe 1

2. Die Wertetabelle einer Schaltung ist in Abb. 5.36 wiedergegeben. Wie lautet die schaltalgebraische Gleichung? Zeichnen Sie diese Schaltung mit den zugehörigen Gebern. Könnten Sie die Schaltung durch Umformung der Gleichung vereinfachen?

D	*C*	*B*	*A*	*Q*
0	0	0	0	0
0	0	0	1	0
0	0	1	0	0
0	0	1	1	0
0	1	0	0	0
0	1	0	1	0
0	1	1	0	0
0	1	1	1	1
1	0	0	0	1
1	0	0	1	0
1	0	1	0	0
1	0	1	1	0
1	1	0	0	0
1	1	0	1	0
1	1	1	0	0
1	1	1	1	0

Abb. 5.36
Wertetabelle zur Übungsaufgabe 2

3. Folgende schaltalgebraische Gleichung ist gegeben: $A \wedge C \wedge (\overline{D \wedge B}) \wedge (D \vee B) = Q$. Zeichnen Sie die zugehörige Schaltung, und stellen Sie eine Wertetabelle auf.

4. Die Signallampe H 1 soll nur dann brennen, wenn von 3 Signalgebern S 1, S 2 und S 3 immer nur einer eingeschaltet wird, also 1-Signal führt. Werden gleichzeitig 2 oder 3 Geber geschaltet, dann darf die Lampe nicht brennen.
Stellen Sie eine Wertetabelle auf. Wie lautet die schaltalgebraische Gleichung? Versuchen Sie die Gleichung durch Umformungen zu vereinfachen.
Berücksichtigen Sie bitte eine weitere Bedingung. Die Lampe H 1 soll auch dann brennen, wenn alle Geber geschaltet werden, also alle den Wert 1 führen.
Welcher Baustein muß der Schaltung hinzugefügt werden?

5. Folgende schaltalgebraische Gleichung liegt vor:
$[(\overline{A \vee B}) \wedge (\overline{C \wedge D}) \wedge (C \vee D)] \vee [(\overline{C \vee D}) \wedge (\overline{A \wedge B}) \wedge (A \vee B)] = Q$
Zeichnen Sie die Schaltung, und stellen Sie eine Wertetabelle auf.
Normalerweise führt jeder Logik-Baustein zu seinem Ausgang a1 auch seinen inversen Ausgang a0.
Könnten Sie die Schaltung jetzt so vereinfachen, daß Sie nur 7 Bausteine zum Aufbau der Schaltung benötigen?

6. Ändern Sie die aufgeführte Schaltung mit Hilfe der Schaltalgebra derart, daß die Schaltung einmal nur mit NAND-Stufen, ein andermal nur mit NOR-Stufen dargestellt ist.

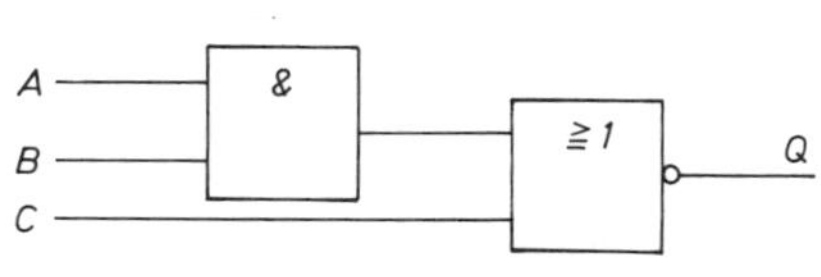

Abb. 5.37

5.1.10 Kurze Zusammenfassung der wichtigsten Verknüpfungen und Rechenregeln

Grundgleichungen

Wenn eine Variable nicht 0 ist, so ist sie 1:

Negation:	Konjunktion:	Disjunktion:
$1=\bar{0}$	$0 \wedge 0=0$	$0 \vee 0=0$
$0=\bar{1}$	$0 \wedge 1=0$	$0 \vee 1=1$
	$1 \wedge 1=1$	$1 \vee 1=1$

Rechenregeln mit einer Variablen (1 und 0 sind Signalwerte!)

$A \vee 0=A$

$A \vee 1=1$

$A \wedge 0=0$

$A \wedge 1=A$

$A \vee A=A$

$A \wedge A=A$

$A \vee \bar{A}=1$

$A \wedge \bar{A}=0$

$\bar{\bar{A}}=A$

Rechenregeln mit zwei und mehr Variablen

Kommutatives Gesetz:

$A \vee B=B \vee A$

$A \wedge B=B \wedge A$

Assoziatives Gesetz:

$A \vee B \vee C=(A \vee B) \vee C=A \vee (B \vee C)$

$A \wedge B \wedge C=(A \wedge B) \wedge C=A \wedge (B \wedge C)$

Distributives Gesetz:

$A \vee (A \wedge B)=A$

$A \wedge (A \vee B)=A$

$A \vee (\bar{A} \wedge B)=A \vee B$

$A \wedge (\bar{A} \vee B)=A \wedge B$

$(A \vee B) \wedge (A \vee C)=A \vee (B \wedge C)$

$(A \wedge B) \vee (A \wedge C)=A \wedge (B \vee C)$

$(A \wedge B) \vee (C \wedge D)=(A \vee C) \wedge (B \vee C) \wedge (A \vee D) \wedge (B \vee D)$

$(A \vee B) \wedge (C \vee D)=(A \wedge C) \vee (B \wedge C) \vee (A \wedge D) \vee (B \wedge D)$

De Morgansches Gesetz:

$A \vee B=\overline{\bar{A} \wedge \bar{B}}$

$A \wedge B=\overline{\bar{A} \vee \bar{B}}$

$\bar{A} \vee \bar{B}=\overline{A \wedge B}$

$\bar{A} \wedge \bar{B}=\overline{A \vee B}$

Hinweis:

Man findet sehr oft in anderen Büchern und Zeitschriften schaltalgebraische Ausdrücke nicht mit den Operationszeichen $\vee$ und $\wedge$, sondern die von der Mathematik her bekannten Zeichen + und ·. Da es sich in der Schaltalgebra weder um eine Addition noch um eine Multiplikation von Buchstabenwerten handelt, sondern um eine logische Verknüpfung, sind die Zeichen + und · unzweckmäßig. Es ist daher ratsam, die logischen Operationszeichen $\wedge$ und $\vee$ zu verwenden!

5.2 Der Schaltungsentwurf mit Hilfe der KV-Tafel

5.2.1 Aufbau der Tafel

Wird die Aufgabe gestellt, aus einer Wahrheitstabelle die zugehörige logische Schaltung zu entwickeln, dann führt der Weg dahin über die schaltalgebraische Gleichung. Nach Aufstellung dieser Gleichung kann man weiterhin versuchen, mit Hilfe der allgemeinen Regeln der Schaltalgebra diese Gleichung noch so umzuformen, daß die Funktion der zu verknüpfenden Variablen möglichst klein wird. Der Erfolg aber, damit einen geringen Schaltungsaufwand zu erreichen, bleibt zweifelhaft.

Schneller und sicherer führt der Weg zu einer Schaltungsminimierung über die KV-Tafel, benannt nach Karnaugh und Veitch. Diese Tafel setzt sich aus schachbrettartig angeordneten Feldern zusammen. Die Anzahl der Felder ist gleich der Anzahl der Signalkombinationen, die in der zuvor aufgestellten Wahrheitstabelle aufgeführt sind.

Jeder Signalkombination wird ein Feld der KV-Tafel zugeordnet. Je nach Größe der Wahrheitstabelle gehört dazu auch eine entsprechend große KV-Tafel.

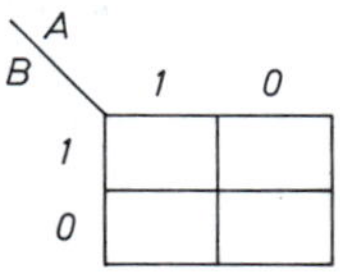

Abb. 5.38

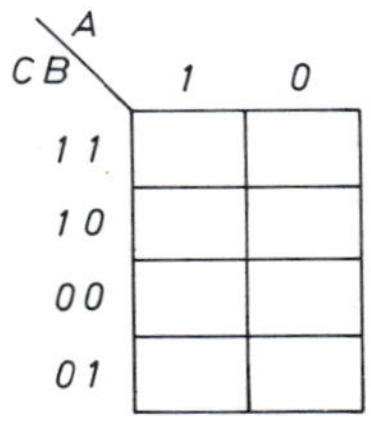

Abb. 5.39

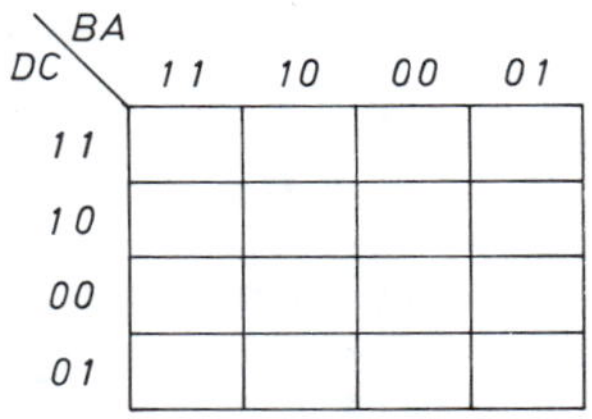

Abb. 5.40

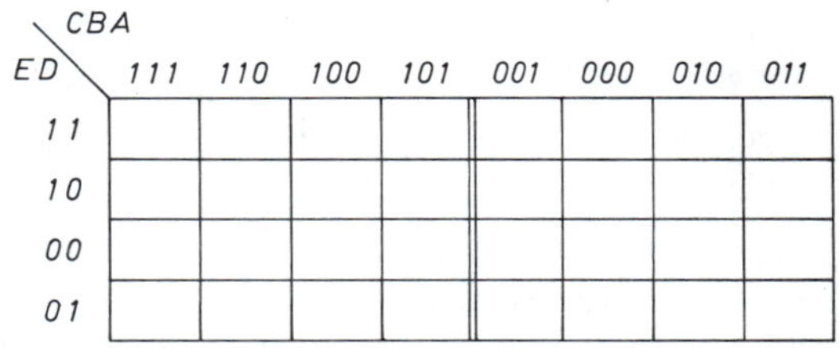

Abb. 5.41

Zu Abb. 5.38: KV-Tafel mit 2 Variablen A und B ergeben 4 Felder für 4 Kombinationen
Zu Abb. 5.39: KV-Tafel mit 3 Variablen A, B und C ergeben 8 Felder für 8 Kombinationen
Zu Abb. 5.40: KV-Tafel mit 4 Variablen A, B, C und D ergeben 16 Felder für 16 Kombinationen
Zu Abb. 5.41: KV-Tafel mit 5 Variablen A, B, C, D und E ergeben 32 Felder für 32 Kombinationen

Die an den Feldrändern aufgeführten 1- und 0-Werte sind den auf der Tafel links oben dargestellten Eingangsvariablen zuzuordnen.

Zum Beispiel stellt in Abb. 5.39 das obere rechte Feld die Signalkombination 110 der Variablen CBA dar. In Abb. 5.40 stellt das 2. Feld in der 2. Spalte die Signalkombination 1010 der Variablen DCBA dar.

Betrachtet man die Signalkombinationen auf einer dieser Tafeln der Reihe nach in einer Spalte oder auch der Reihe nach in einer Zeile, so erkennt man, daß sich die Signalkombinationswerte immer nur in einer Variablen von Feld zu Feld ändern. Das gilt auch für das letzte Feld zum ersten Feld einer Spalte oder einer Reihe.

Befolgt man diese Regel grundsätzlich, so sind auch andere KV-Tafelausführungen denkbar, die sich z. B. durch eine andere Anordnung der Variablen am Tafelrand unterscheiden.
Das Ausfüllen der Felder einer KV-Tafel geschieht nun mit Hilfe der dazugehörigen Wertetabelle. Die Signalzustände der Ausgangsvariablen Q auf der Wertetabelle werden in die entsprechenden Felder der KV-Tafel übertragen.
Das würde bei einer Wertetabelle mit 4 Signalkombinationen, die aus den Variablen A und B gebildet wurden und deren Ergebnisse Q willkürlich angenommen wurden, folgendermaßen aussehen:

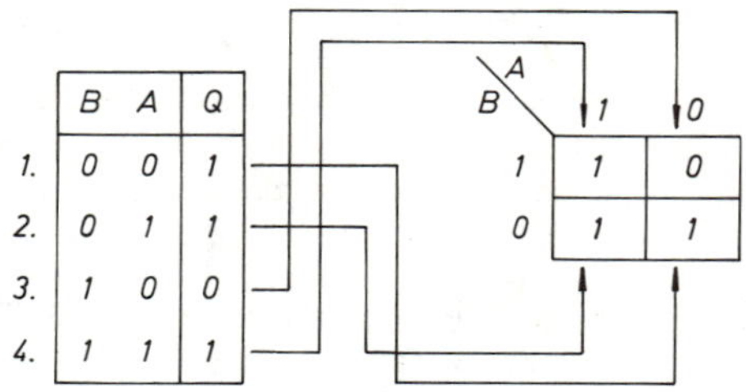

Abb. 5.42 Wertetabelle

Abb. 5.43 KV-Tafel zu Abb. 5.42

Der Wert für Q der 1. Kombination erscheint auf der KV-Tafel im unteren rechten Feld, die Werte der 2. und 4. Kombination erscheinen im unteren Feld der 1. Spalte bzw. im oberen Feld der 1. Spalte. In das rechte Feld der oberen Zeile kann 0 eingetragen werden, denn hier hat Q nicht den Wert 1.

5.2.2 Die Gruppenbildung

Nach der Aufstellung einer KV-Tafel wird die Tafel ausgewertet. Es folgt das Bilden von Gruppen.

Dazu faßt man die mit 1 bezeichneten Felder, die benachbart sind, in Gruppen zusammen. Eine Gruppe kann aus einem Feld, aus 2, 4, 8, 16 und entsprechend mehr Feldern bestehen. Es ist dabei nur zu beachten, daß die Felder, die eine Gruppe bilden sollen, ein in sich geschlossenes Rechteck oder Quadrat ergeben.

Je größer die Anzahl der Felder ist, die zu einer Gruppe zusammengeschlossen werden können, um so kleiner wird der schaltalgebraische Ausdruck. Dabei dürfen sich auch Gruppen überlappen, d. h. ein Feld kann Bestandteil einer 2. und 3. Gruppe sein. Als benachbart werden auch die Felder angesehen, die sich an den entgegengesetzten Randseiten der KV-Tafel befinden. Auch hier sind Gruppenbildungen möglich.

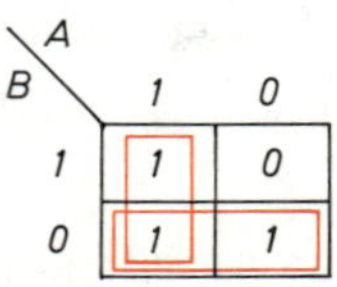

Abb. 5.44 Beispiel von Gruppenbildungen

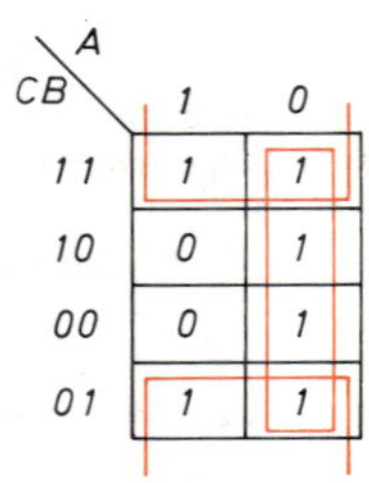

Abb. 5.45 Beispiel von Gruppenbildungen

Auf der KV-Tafel in Abb. 5.44 ist die Bildung von 2 Gruppen das einzig mögliche. Die 1-Werte der 1. Spalte werden zu einer Gruppe zusammengefaßt, die 1-Werte der 2. Reihe bilden dann die andere Gruppe.

Auch auf der KV-Tafel in Abb. 5.45 werden 2 Gruppen ermittelt. Eine Gruppe besteht aus den Feldern der 2. Spalte, eine andere 2. Gruppe aus den Feldern der 1. und 4. Zeile. Hier handelt es sich um den Zusammenschluß der Felder der Randseiten. Es würde z. B., um zum kleinsten Funktionswert zu kommen, nicht genügen, die 2. Gruppe nur aus den 1-Feldern der 1. Spalte zusammenzusetzen.

Alle zu bildenden Gruppen müssen die größtmögliche Zahl von Feldern aufweisen.

Liegt eine KV-Tafel mit 32 Feldern vor, ist es zweckmäßig, eine Aufteilung in 2 Blöcken zu je 16 Feldern vorzunehmen. Eine Gruppenbildung, die über diese gemeinsame Blockgrenze hinausgeht, ist nur dann möglich, wenn die Grenzlinie der beiden Blöcke auch zugleich Symmetrielinie der zu bildenden Gruppe ist. Außerdem kann die gemeinsame Grenzlinie als Randseite beider Blöcke angesehen werden und somit auch hier Gruppenbildungen ermöglichen.

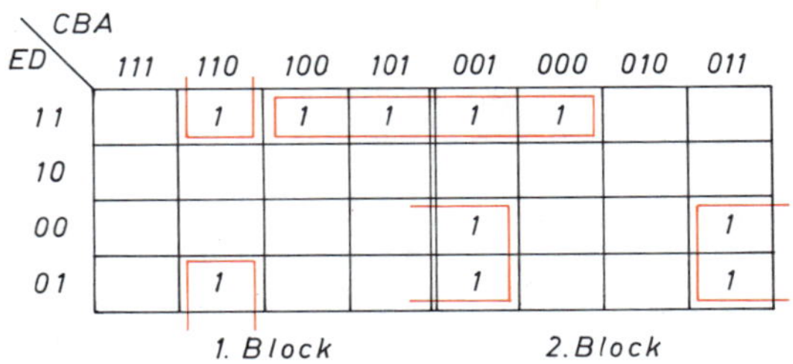

Abb. 5.46 Beispiel einer Gruppenbildung; hier 3 Gruppen

In der 1. Reihe ist eine Gruppenbildung nur möglich, bestehend aus dem 3., 4., 5. und 6. Feld (Symmetrie zur Blockgrenze). Das 2. Feld könnte eine Gruppe für sich sein, aber als Randfeld bildet es mit dem gegenüberliegenden Randfeld der 2. Spalte unten eine weitere Gruppe. Ebenso werden die 4 Felder des 2. Blocks in der 3. und 4. Reihe zusammengefaßt. Es sind Felder der Randseiten, die benachbart gelten. Die Grenzlinie der beiden Blöcke wird hier also als Randseite des 1. wie auch des 2. Blocks betrachtet.

5.2.3 Auswertung der Gruppen

Innerhalb einer Gruppe wird immer eine Signalkombination zusammengestellt, die UND-verknüpft ist. Die Gruppen dagegen sind untereinander ODER-verknüpft. Bei der Konjunktion der Variablen innerhalb einer Gruppe ist nun darauf zu achten, daß diejenigen Variablen, die sowohl mit ihren 1-Werten wie auch mit ihren 0-Werten an der Gruppe beteiligt sind, bei der Funktionsaufstellung entfallen.

Gruppe der 1. Spalte:

Die Variable B trägt sowohl mit ihrem 1- wie auch mit ihrem 0-Wert zur Gruppenbildung bei. Also entfällt B.
Resultat: A
(Der Wert A = 0 hat nicht zur Gruppenbildung beigetragen.)

Gruppe der 2. Reihe:

Die Variable A trägt sowohl mit ihrem 1- wie auch mit ihrem 0-Wert zu dieser Gruppenbildung bei, die Variable B dagegen nur mit ihrem 0-Wert. Also entfällt A.
Resultat: $\bar{B}$
(Der Wert B = 1 spielt in der Gruppe nicht mit.)
Die schaltalgebraische Gleichung lautet dann:

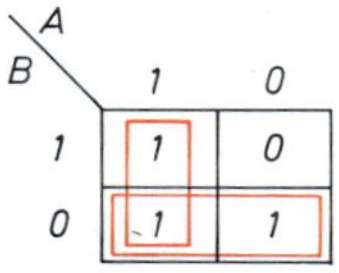

Abb. 5.47 KV-Tafel mit 2 Variablen

$$A \vee \bar{B} = Q$$

5.2.4 3 Schaltungsbeispiele

An drei Beispielen werden nun Schaltungsentwürfe mit Hilfe der KV-Tafeln erörtert.

1. Beispiel: Gesucht wird die elektronische Schaltung, die mit kleinstem Aufwand an logischen NAND-Stufen die geforderten 8 Verknüpfungsbedingungen der Wertetabelle verwirklicht (Bild 5.48).

	C	*B*	*A*	*Q*
1.	0	0	0	1
2.	0	0	1	1
3.	0	1	0	1
4.	0	1	1	0
5.	1	0	0	1
6.	1	0	1	1
7.	1	1	0	0
8.	1	1	1	0

Abb. 5.48 Wertetabelle

CB \ *A*	1	0
11	0	0
10	1	1
00	1	1
01	0	1

Abb. 5.49 KV-Tafel zu Abb. 5.48

In der Wahrheitstabelle bringen die 1., 2., 3., 5. und 6. Signalkombination für Q die Signalwerte 1.

Auf der KV-Tafel finden sich wieder:
Die 1. Signalkombination 000 in der 3. Zeile auf dem 2. Feld.
Die 2. Signalkombination 001 in der 3. Zeile auf dem 1. Feld.
Die 3. Signalkombination 010 in der 4. Zeile auf dem 2. Feld.
Die 5. Signalkombination 100 in der 2. Zeile auf dem 2. Feld.
Die 6. Signalkombination 101 in der 2. Zeile auf dem 1. Feld.

Diese Felder tragen alle den Ausgangssignalwert 1. Auf den übrigen Feldern kann der Signalwert 0 eingetragen werden. Diese Kennzeichnung aber ist nicht notwendig, denn wo keine 1 steht, muß logischerweise eine 0 vorliegen (Bild 5.50).
Jetzt geht es darum, möglichst wenige, aber dafür große Gruppen zu bilden. Die 4 Felder der 2. und 3. Zeile bieten sich als Gruppe an. Eine 2. Gruppe ergeben dann die beiden unteren Felder der 2. Spalte.

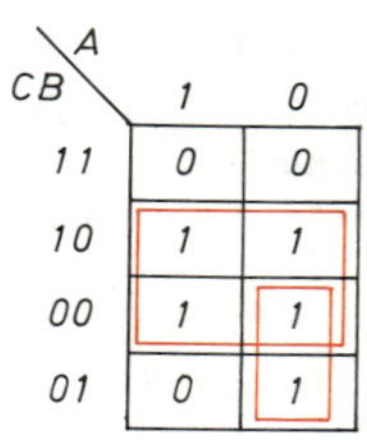

Abb. 5.50 Gruppenbildung auf der KV-Tafel

Man hätte auch das letzte Feld der 2. Spalte als kleinste Gruppe, bestehend also aus nur einem Feld, nehmen können. Nur hätte es bedeutet, daß das Endresultat noch nicht der kleinstmögliche Verknüpfungszustand der Variablen gewesen wäre.

Um die schaltalgebraische Funktionsgleichung aufstellen zu können, wird in der 1. Gruppe zunächst geprüft, inwieweit die Variablen A, B und C zu den Aussagen 1, eingetragen in den 4 Feldern der Zeilen 2 und 3, beitragen. Die Variable A trägt sowohl mit ihrem Wert 1 in der 1. Spalte wie auch mit ihrem Wert 0 in der 2. Spalte dazu bei, daß die Aussage der 1. Gruppe 1 wird. Somit kann in diesem Falle auf die Variable A verzichtet werden. Die gleiche Betrachtung kann auch bei der Variablen C angestellt werden. Diese Variable trägt sowohl mit ihrem Wert 1 wie auch mit ihrem Wert 0 dazu bei, daß die 1. Gruppe den Wert 1 führt. Dagegen hängt es bei der Variablen B nur von seinem Signalwert 0 und nicht von 1 ab, daß in den Zeilen 2 und 3 die Felder den Wert 1 führen.

Das Ergebnis der 1. Gruppe lautet daher: $\bar{B}$

Die 2. Gruppe nun läßt erkennen, daß zur Bildung der beiden Feldwerte 1 die Variable A nur mit ihrem Wert 0 dazu einen Beitrag liefert. Das gleiche tut die Variable C. Dagegen trägt die Variable B sowohl mit dem Signalwert 0 wie auch 1 dazu bei, daß die 2. Gruppe den Wert 1 führt. Die Variable B kann daher entfallen.

Das Ergebnis der 2. Gruppe lautet also: $\bar{A} \wedge \bar{C}$

Da innerhalb einer Gruppe eine UND-Verknüpfung vorliegt, die Gruppen untereinander aber eine ODER-Verknüpfung haben, lautet das Endergebnis:

$$\bar{B} \vee (\bar{A} \wedge \bar{C}) = Q$$

Würde man nur, von der Wahrheitstabelle ausgehend, die schaltalgebraischen Funktionen ermitteln wollen, wäre das Ergebnis:

$$(\bar{A} \wedge \bar{B} \wedge \bar{C}) \vee (A \wedge \bar{B} \wedge \bar{C}) \vee (\bar{A} \wedge B \wedge \bar{C}) \vee (\bar{A} \wedge \bar{B} \wedge C) \vee (A \wedge \bar{B} \wedge C) = Q$$

Ein noch besseres Resultat würde man mit der 0-Auswertung erzielen:

$$(A \wedge B \wedge \bar{C}) \vee (\bar{A} \wedge B \wedge C) \vee (A \wedge B \wedge C) = \bar{Q}$$

Dagegen wird das beste Ergebnis über die KV-Tafel erreicht:

$$\bar{B} \vee (\bar{A} \wedge \bar{C}) = Q$$

Der Aufbau mit NAND-Stufen setzt zunächst eine Umformung nach de Morgan voraus:

$$\overline{\bar{B} \vee (\bar{A} \wedge \bar{C})} = \bar{Q}$$

$$\overline{B \wedge \overline{(\bar{A} \wedge \bar{C})}} = Q$$

Aus dem letzten schaltalgebraischen Ausdruck ergibt sich dann die folgende Schaltung:

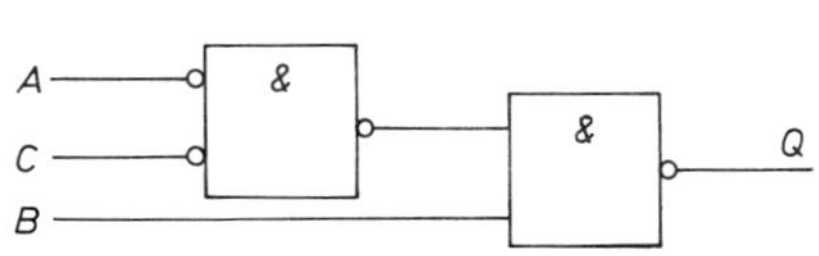

Abb. 5.51

Überprüfen Sie nach der Wahrheitstabelle die Richtigkeit dieser Schaltung.

2. Beispiel: Gesucht wird die elektronische Schaltung, die mit kleinstem Aufwand an logischen NAND-Stufen die geforderten 16 Verknüpfungsbedingungen der Wahrheitstabelle verwirklicht.

D	C	B	A	Q
0	0	0	0	0
0	0	0	1	1
0	0	1	0	0
0	0	1	1	1
0	1	0	0	0
0	1	0	1	0
0	1	1	0	0
0	1	1	1	0
1	0	0	0	0
1	0	0	1	1
1	0	1	0	0
1	0	1	1	0
1	1	0	0	1
1	1	0	1	1
1	1	1	0	0
1	1	1	1	0

Abb. 5.52 Wertetabelle

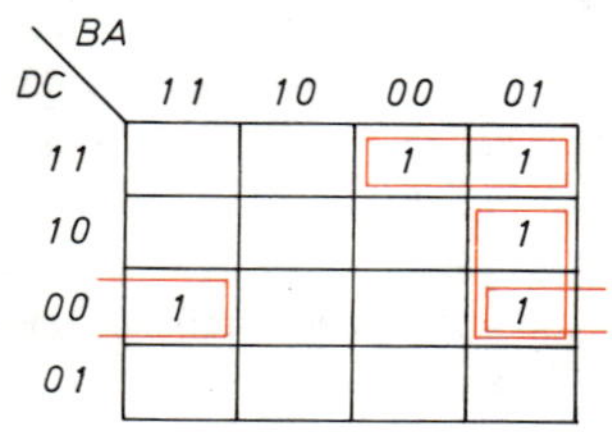

Abb. 5.53 Gruppenbildung auf der KV-Tafel

Die Signalwerte für Q sind in der KV-Tafel eingetragen. Man erkennt schon auf den ersten Blick, daß nur kleine Gruppen gebildet werden können. Alle 1-Werte der dritten und vierten Spalte dürfen nicht zu einer Gruppe zusammengefaßt werden, obwohl es sich um 4 Felder handelt. Diese Felder bilden zusammen keine Rechteck- bzw. Quadratform. Weniger als drei Gruppen können nicht in dieser KV-Tafel festgelegt werden.

1. Gruppe: Zusammenschluß der beiden letzten Felder der 1. Zeile. Nur die Variable A ist in dieser Gruppe mit beiden Signalwerten vertreten. Sie kann daher entfallen.
Ergebnis: $\overline{B} \wedge C \wedge D$

2. Gruppe: Zusammenschluß der letzten Felder der Zeilen 2 und 3. Hier ist die Variable D mit den Werten 0 und 1 vertreten. Sie kann daher entfallen.
Ergebnis: $A \wedge \overline{B} \wedge \overline{C}$

(Hier wäre auch die Gruppenbildung der letzten Felder der 1. und 2. Zeile möglich gewesen mit dem Ergebnis: $A \wedge \overline{B} \wedge D$.)

3. Gruppe: Zusammenschluß der beiden Randfelder in der 3. Zeile. Auch hier unterscheiden sich die Signalkombinationen beider Felder nur durch den Signalwert einer Variablen, nämlich B. Die Variable B ist also mit beiden Signalaussagen vertreten. Sie kann hier entfallen, so daß das Endergebnis wird:

$A \wedge \overline{C} \wedge \overline{D}$

Das gesamte Endergebnis wird dann:

$$(\bar{B} \wedge C \wedge D) \vee (A \wedge \bar{B} \wedge \bar{C}) \vee (A \wedge \bar{C} \wedge \bar{D}) = Q$$

Um den Schaltungsaufbau mit NAND-Stufen zu ermöglichen, muß die Funktion noch nach de Morgan umgesetzt werden:

$$(\bar{B} \wedge C \wedge D) \vee (A \wedge \bar{B} \wedge \bar{C}) \vee (A \wedge \bar{C} \wedge \bar{D}) = Q$$

$$\overline{\overline{(\bar{B} \wedge C \wedge D)} \wedge \overline{(A \wedge \bar{B} \wedge \bar{C})} \wedge \overline{(A \wedge \bar{C} \wedge \bar{D})}} = Q$$

Die daraus entwickelte Schaltung hat dann folgendes Aussehen:

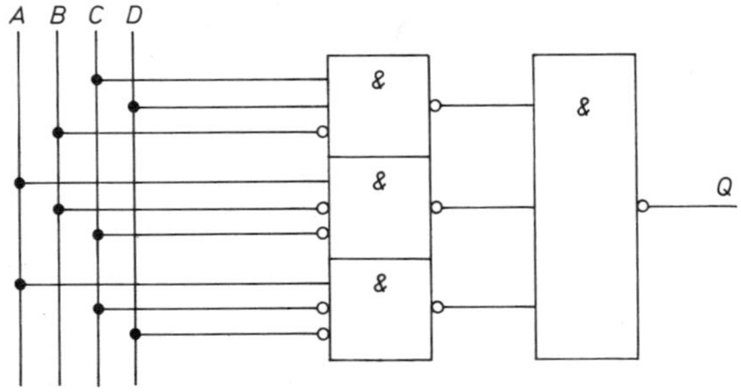

Abb. 5.54 Schaltung zur Wertetabelle Abb. 5.52

7 NAND-Stufen sind mindestens erforderlich, um die Verknüpfungsbedingungen erfüllen zu können.

3. Beispiel: Eine größere eingebaute Belüftungsanlage hat 5 Lüftergruppen. Die Leistungswerte sind größtenteils unterschiedlich. Den Gruppen werden die Buchstaben A, B, C, D und E zugeordnet.

So betragen dann die Leistungswerte der Gruppen:

A ≙ 10 kW
B ≙ 20 kW
C ≙ 20 kW
D ≙ 30 kW
E ≙ 50 kW

Drei Signallampen werden vorgesehen, um den geschalteten Leistungszustand jederzeit optisch überwachen zu können.

1. Signallampe Q_1 brennt, wenn die geschaltete Gesamtleistung 40 kW nicht übersteigt.
2. Signallampe Q_2 brennt, wenn die geschaltete Leistung sich im Bereich 50 kW ... 90 kW bewegt.
3. Signallampe Q_3 brennt, wenn 100 kW und mehr geschaltet wurden.

Die Buchstaben A, B, C, D und E sind als Variable zu betrachten. Hat eine dieser Variablen den Wert 1, so bedeutet es, daß die entsprechende Lüftergruppe eingeschaltet ist bzw. daß die entsprechende Signallampe brennt. Es sind, wie es die Wertetabelle Abb. 5.55 zeigt, 32 Schaltkombinationen möglich. Die dazugehörigen KV-Tafeln für die Signallampe Q_1, Q_2 und Q_3 folgen in den Abb. 5.56, 5.57 und 5.58.

Gesucht werden mit Hilfe der KV-Tafeln die schaltalgebraischen Gleichungen, nach denen die Signallampenschaltungen, bestehend nur aus NAND-Stufen, aufgebaut werden können.

50 kW E	30 kW D	20 kW C	20 kW B	10 kW A	10/40 kW Q_1	50/90 kW Q_2	100/130 kW Q_3
0	0	0	0	0			
0	0	0	0	1	1		
0	0	0	1	0	1		
0	0	0	1	1	1		
0	0	1	0	0	1		
0	0	1	0	1	1		
0	0	1	1	0	1		
0	0	1	1	1		1	
0	1	0	0	0	1		
0	1	0	0	1	1		
0	1	0	1	0		1	
0	1	0	1	1		1	
0	1	1	0	0		1	
0	1	1	0	1		1	
0	1	1	1	0		1	
0	1	1	1	1		1	
1	0	0	0	0		1	
1	0	0	0	1		1	
1	0	0	1	0		1	
1	0	0	1	1		1	
1	0	1	0	0		1	
1	0	1	0	1		1	
1	0	1	1	0		1	
1	0	1	1	1			1
1	1	0	0	0		1	
1	1	0	0	1		1	
1	1	0	1	0			1
1	1	0	1	1			1
1	1	1	0	0			1
1	1	1	0	1			1
1	1	1	1	0			1
1	1	1	1	1			1

Abb. 5.55 Wertetabelle

Zur aufgestellten Wahrheitstabelle des Bildes 5.55 sind entsprechend den drei Ausgangssignalen Q_1, Q_2 und Q_3 die drei KV-Tafeln aufgestellt worden.
Abb. 5.56 zeigt die Auswertung für Q_1, Abb. 5.57 für Q_2 und Abb. 5.58 für Q_3.

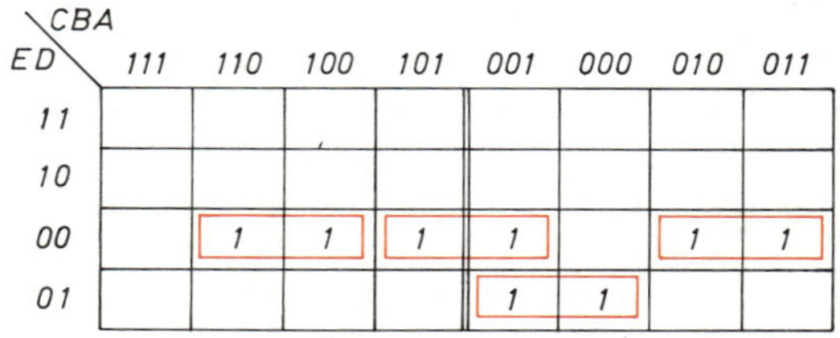

Abb. 5.56 Auswertung Q_1

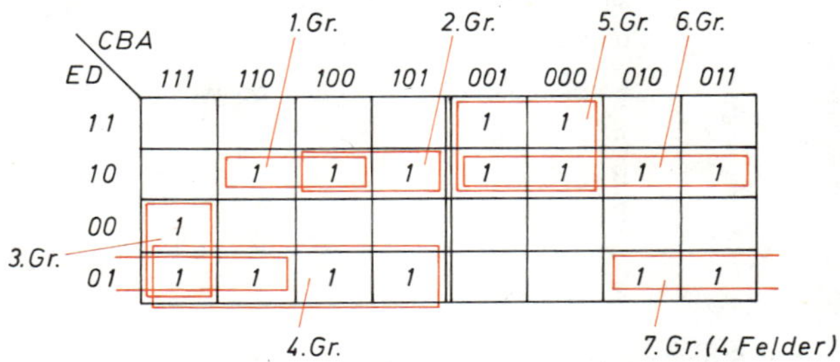

Abb. 5.57 Auswertung Q_2

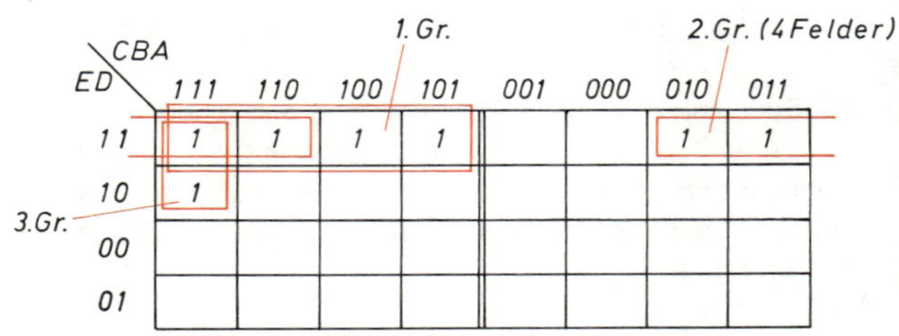

Abb. 5.58 Auswertung Q_3

Auswertung der KV-Tafel Abb. 5.56

Auf dieser Tafel sind für diejenigen Signalkombinationen die Signalwerte 1 eingetragen, die die Bedingung berücksichtigen, daß die eingeschaltete Leistung von 40 kW nicht überschritten wird. Die Schaltfunktion, die nun aus dieser Tafel entwickelt wird, soll bewirken, daß die Signallampe, der Einfachheit halber mit dem Ausgangssignalwert Q_1 bezeichnet, brennt, wenn der entsprechende Leistungsbereich vorliegt.
Es können, wie schon auf der Tafel eingetragen, nur Gruppen von je 2 Feldern gebildet werden. Eine Gruppe mit 4 Feldern in der 3. Reihe ist nicht möglich, da diese nicht symmetrisch zur gemeinsamen Blockgrenze angeordnet ist.

Die Konjunktionen der einzelnen Gruppen lauten, von links beginnend:

1. Gruppe: $\bar{A} \wedge C \wedge \bar{E} \wedge \bar{D}$ (Variable B entfällt)
2. Gruppe: $A \wedge \bar{B} \wedge \bar{E} \wedge \bar{D}$ (Variable C entfällt)
3. Gruppe: $\bar{B} \wedge \bar{C} \wedge D \wedge \bar{E}$ (Variable A entfällt)
4. Gruppe: $B \wedge \bar{C} \wedge \bar{D} \wedge \bar{E}$ (Variable A entfällt)

Die Variablen, die entfallen, sind jeweils mit ihren beiden Werten 1 und 0 in den Gruppen vertreten.

Die Disjunktion der Gruppen ergibt:

$$(\bar{A} \wedge C \wedge \bar{E} \wedge \bar{D}) \vee (A \wedge \bar{B} \wedge \bar{E} \wedge \bar{D}) \vee (\bar{B} \wedge \bar{C} \wedge D \wedge \bar{E}) \vee (B \wedge \bar{C} \wedge \bar{D} \wedge \bar{E}) = Q_1$$

Auswertung der KV-Tafel Abb. 5.57

Hier können die Gruppen höchstens 4 Felder besitzen, wenn man bedenkt, daß eine größere Gruppe schon mindestens 8 Felder aufweisen muß. Trachtet man danach, um eine minimale Schaltfunktion zu bekommen, möglichst wenige, aber dafür große Gruppen zusammenzustellen, ergeben die schon auf der KV-Tafel angedeuteten Gruppen wohl die beste Lösung.

Die Konjunktionen der einzelnen Gruppen lauten:

1. Gruppe: $\bar{A} \wedge C \wedge \bar{D} \wedge E$ (Variable B entfällt)
2. Gruppe: $\bar{B} \wedge C \wedge \bar{D} \wedge E$ (Variable A entfällt)
3. Gruppe: $A \wedge B \wedge C \wedge \bar{E}$ (Variable D entfällt)
4. Gruppe: $C \wedge D \wedge \bar{E}$ (Variablen A und B entfallen)
5. Gruppe: $\bar{B} \wedge \bar{C} \wedge E$ (Variablen A und D entfallen)
6. Gruppe: $\bar{C} \wedge \bar{D} \wedge E$ (Variablen A und B entfallen)
7. Gruppe: $B \wedge D \wedge \bar{E}$ (Variablen A und C entfallen)

In der 7. Gruppe erfolgt ein Zusammenschluß der Randfelder.

Die Disjunktion der Gruppen ergibt:

$$(\bar{A} \wedge C \wedge \bar{D} \wedge E) \vee (\bar{B} \wedge C \wedge \bar{D} \wedge E) \vee (A \wedge B \wedge C \wedge \bar{E}) \vee (C \wedge D \wedge \bar{E}) \vee (\bar{B} \wedge \bar{C} \wedge E) \vee$$
$$(\bar{C} \wedge \bar{D} \wedge E) \vee (B \wedge D \wedge \bar{E}) = Q_2$$

Führt also Q_2 den Signalwert 1, d. h. es brennt die Signallampe Q_2, liegt die geschaltete Leistung im Bereich 50 ... 90 kW.

Auswertung der KV-Tafel Abb. 5.58

Auf dieser Tafel der Signallampe Q_3 lassen sich 3 Gruppen bilden:

1. Gruppe: $C \wedge D \wedge E$ (Variablen A und B entfallen)
2. Gruppe: $B \wedge D \wedge E$ (Variablen A und C entfallen)
3. Gruppe: $A \wedge B \wedge C \wedge E$ (Variable D entfällt)

In der 2. Gruppe erfolgt ein Zusammenschluß der Randfelder.

Die Disjunktion der Gruppen ergibt:

$$(C \wedge D \wedge E) \vee (B \wedge D \wedge E) \vee (A \wedge B \wedge C \wedge E) = Q_3$$

Ehe die Entwicklung der Schaltung aus NAND-Stufen erfolgen kann, müssen die drei aufgestellten schaltalgebraischen Gleichungen noch nach de Morgan umgeformt werden.

5.2.5 Übungsaufgaben zur KV-Tafel

1. Wann hat der Zug freie Fahrt auf der Strecke von a nach b?

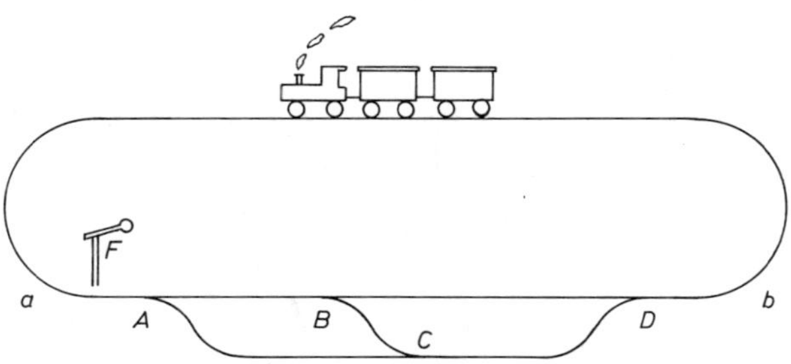

Die Weichen entsprechen den Namen der Variablen A, B, C und D. Eine Weiche soll dann 1-Signal aussteuern, wenn sie auf „Gerade" geschaltet bzw. 0-Signal bringen, wenn sie auf „Abzweigung" geschaltet ist.
Freie Fahrt wird nur dann für den Zug mit 1-Signal signalisiert, wenn alle Weichen richtig stehen. Entwickeln Sie die „Freifahrt"-Schaltung mit Hilfe der KV-Tafel.

2. Folgende Wertetabelle liegt vor:

C	B	A	Q
0	0	0	1
0	0	1	0
0	1	0	1
0	1	1	1
1	0	0	0
1	0	1	0
1	1	0	1
1	1	1	1

Wertetabelle

Mit Hilfe der KV-Tafel ist die schaltalgebraische Gleichung zu entwickeln, die es ermöglicht, eine Schaltung nur aus NAND-Stufen aufzubauen.

3. Um den Hausanschluß nicht zu überlasten, soll eine akustische Warnung erfolgen, wenn mehr als 25 kW durch die eingebauten Wärmeaggregate geschaltet werden. Die 4 Aggregate A, B, C und D haben die Leistungen 5 kW; 15 kW; 15 kW; und 20 kW. Welche Schaltung muß unter Anwendung der KV-Tafel vorgesehen werden, damit bei Überlastung die Meldung kommt?

6 Kippstufen (mit Anwendungsbeispielen)

6.1 Schmitt-Trigger[1])

6.1.1 Allgemeines

Der Schmitt-Trigger wird auch als Impulsformer, als Schwellendiskriminator[2]) oder englisch als threshold-detector[3]) bezeichnet.

In digitalen Schaltkreissystemen können Signale nur dann einwandfrei verarbeitet werden, wenn eine für die jeweilige Schaltkreisfamilie ausreichende Amplitude und Flankensteilheit vorliegt. Von äußeren Gebern oder fremden Systemen kommen aber selten Signale, die diesen Forderungen entsprechen. Rechteckimpulse z. B., die über eine längere Leitung geführt werden, erscheinen an deren Ende mehr oder weniger verschliffen und meistens auch von zu kleiner Amplitude. Eine Kippstufe, die in der Lage ist, aus verzerrten Impulsen wieder Rechteckimpulse zu bilden, ist der Schmitt-Trigger. Bedingung ist aber, daß diese Impulse noch den Eingangsschwellenwert der Kippstufe überschreiten. Im anderen Falle muß ein Spannungsverstärker vorgeschaltet werden.

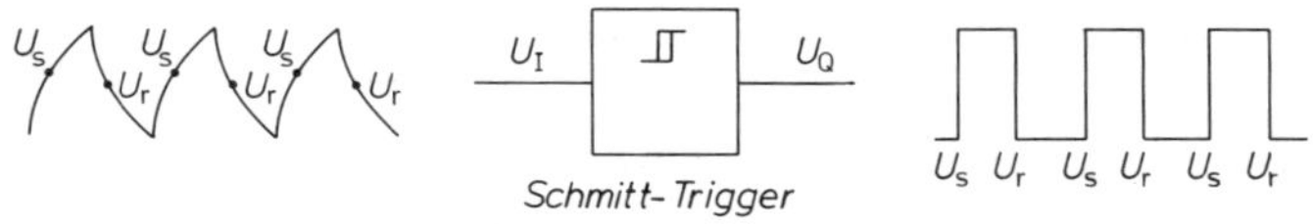

Abb. 6.1 Wiederaufbereitung einer verschliffenen Signalfolge durch den Schmitt-Trigger zu Rechteckimpulsen; U_s = Schwellenspannung, U_r = Rückfallspannung

6.1.2 Aufbau und Wirkungsweise

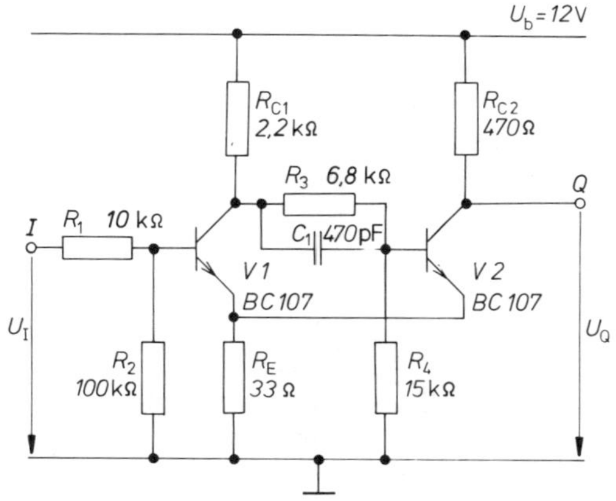

Abb. 6.2 Emittergekoppelter Schmitt-Trigger

[1]) to trigger (engl.) = auslösen
[2]) diskriminieren (lat.) = trennen, absondern
[3]) threshold (engl.) = Schwelle, to detect (engl.) = wahrnehmen, ermitteln

Beide Transistoren haben den gemeinsamen Emitterwiderstand R_E. Sie sind auf diese Weise miteinander gekoppelt. Eine weitere Kopplung besteht über den Widerstand R_3 mit dem parallelgeschalteten Kondensator C_1[1]). Unangesteuert sperrt Transistor V1. Dadurch kann über R_{C1} und R_3 Strom in die Basis des Transistors V2 fließen, V2 steuert durch. Es fließt unter Vernachlässigung des Basisstromes I_{B2} angenähert der folgende Kollektorstrom I_{C2}:

$$I_{C2} = \frac{U_b - U_{CE\,rest}}{R_{C2} + R_E} = \frac{12\ \text{V} - 0{,}1\ \text{V}}{470\ \Omega + 33\ \Omega} = 23{,}6\ \text{mA}$$

Am gemeinsamen Emitterwiderstand R_E fällt die Spannung U_{RE} ab:

$$U_{RE} = I_{C2} \cdot R_E = 23{,}6 \cdot 10^{-3}\ \text{A} \cdot 0{,}033 \cdot 10^3\ \Omega = 0{,}78\ \text{V}$$

Da die Basis-Emitter-Schwellenspannung der verwendeten Silizium-Transistoren 0,7 V beträgt, nimmt die Basis des Transistors V 2 folgenden Wert an:

$$U_{B2\perp} = U_{RE} + U_{BE} = 0{,}78\ \text{V} + 0{,}7\ \text{V} = 1{,}48\ \text{V}$$

An der Hintereinanderschaltung der Widerstände R_{C1} und R_3 liegt die Spannung
12 V − 1,48 V = 10,5 V.
Die Höhe des Eingangsstromes I_{R3} errechnet sich nach folgender Gleichung:

$$I_{R3} = \frac{U_{RC1} + U_{R3}}{R_{C1} + R_3} = \frac{10{,}5\ \text{V}}{2{,}2 \cdot 10^3\ \Omega + 6{,}8 \cdot 10^3\ \Omega} = 1{,}17\ \text{mA}$$

Ein Teil dieses Eingangsstromes fließt über den Basiswiderstand R_4:

$$I_{R4} = \frac{U_{B2}}{R_4} = \frac{1{,}48\ \text{V}}{15 \cdot 10^3\ \Omega} = 0{,}098\ \text{mA}$$

Das ergibt dann einen Basisstrom I_{B2} von:

$$I_{B2} = I_{R3} - I_{R4} = 1{,}17\ \text{mA} - 0{,}098\ \text{mA} = 1{,}07\ \text{mA}$$

Beim Vergleich zwischen dem Basisstrom und dem Kollektorstrom des Transistors V2 ist zu erkennen, daß der Transistor sicher durchgesteuert wird. Seine Stromverstärkung in der Schaltung beträgt:

$$B = \frac{I_{C2}}{I_{B2}} = \frac{23{,}6\ \text{mA}}{1{,}07\ \text{mA}} = 22$$

Der im Ruhezustand ständig fließende Kollektorstrom I_{C2} ruft an R_E den Spannungsabfall von 0,78 V hervor. Der Ausgang Q führt damit die Spannung:

$$U_Q = U_{RE} + U_{CE\,rest} = 0{,}78\ \text{V} + 0{,}1\ \text{V} = 0{,}88\ \text{V}$$

Die Spannung U_{RE} spannt die Basis des Transistors V1 in Sperrichtung vor.

Wird an den Eingang I des Schmitt-Triggers eine gleichmäßig von 0 V ansteigende Spannung gelegt, so verkleinert sich zunächst die Sperrspannung an der Basis des Transistors V 1. Erreicht die angelegte Spannung den Wert U = 0,78 V + 0,7 V = 1,48 V, beginnt V1 zu leiten. Der jetzt fließende Kollektorstrom I_{C1} läßt den Spannungsfall über R_{C1} steigen, wodurch der Basisstrom I_{B2} abnimmt. Wegen der hohen Übersteuerung des Transistors V2 bleibt I_{C2} zunächst noch auf seinem ursprünglichen Wert von 23,6 mA liegen. Daher steigt der Spannungsabfall auch über R_E und verringert den Basisstrom I_{B1} wieder geringfügig (Stromgegenkopplung).

---

[1]) C_1 sorgt dafür, daß Änderungen in der Kollektorspannung des Transistors V 1 der Basis B_2 unmittelbar zugeleitet werden. Das führt zur Verbesserung der Flankensteilheit. Die Größe des Kondensators C_1 kann mit Hilfe des Oszilloskops ermittelt werden.

Nach weiterer Erhöhung der Eingangsspannung wird schließlich die Schwellenspannung U_s erreicht, denn jetzt kann der Basisstrom I_{B2} den Transistor V2 nicht mehr im voll durchgesteuerten Zustand halten. Der Kollektorstrom I_{C2} wird kleiner, und die Spannung an R_E nimmt ab. Folglich steigt der Eingangsstrom I_{B1}, der Kollektorstrom I_{C1} nimmt zu, der Spannungsabfall an R_{C1} wird größer, der Basisstrom I_{B2} sinkt weiter, und der Kollektorstrom I_{C2} geht rasch gegen 0. Da dieser Vorgang durch gegenseitige Unterstützung sehr schnell abläuft, spricht man auch von einem Kippvorgang. Der Transistor V1 ist jetzt durchgeschaltet, während V2 gesperrt ist. Der Ausgang Q nimmt 12 V an, das entspricht dem Signalwert 1.

Eine weitere Zunahme der Spannung U_I beeinflußt das Verhalten der beiden Stufen des Schmitt-Triggers nicht mehr. Der Kollektorstrom des übersteuerten Eingangstransistors V1 beträgt:

$$I_{C1} = \frac{U_b - U_{CE\,rest}}{R_{C1} + R_E} = \frac{12\ \text{V} - 0{,}1\ \text{V}}{2{,}2 \cdot 10^3\ \Omega + 0{,}033 \cdot 10^3\ \Omega} = 5{,}33\ \text{mA}$$

Der Spannungsabfall an R_E nimmt damit folgenden Wert an:

$$U_{RE} = I \cdot R_E = 5{,}33 \cdot 10^{-3}\ \text{A} \cdot 0{,}033 \cdot 10^3\ \Omega = 0{,}18\ \text{V}$$

Verringert man nun die Eingangsspannung U_I wieder, so wird beim Erreichen des Spannungswertes $U_I = 0{,}18\ \text{V} + 0{,}7\ \text{V} = 0{,}88\ \text{V}$ der Eingangstransistor V1 zu sperren beginnen. Sein Kollektorstrom nimmt ab. I_{B2} steigt an und damit auch der Kollektorstrom des Transistors V2. Das gemeinsame Emitterpotential erhöht sich und verringert den Basisstrom I_{B1} zusätzlich. Der sich gegenseitig unterstützende Vorgang läuft lawinenartig an, und der Schmitt-Trigger kippt in seine Ausgangslage zurück.

Aus der oben aufgeführten Berechnung erkennt man, daß der Einschaltspannungspegel U_s sich vom Ausschaltspannungspegel U_r unterscheidet. Die Spannungsdifferenz ist die Schalthysterese[1]) des Schmitt-Triggers. Sie ist durch Wahl der Widerstände beeinflußbar und steigt mit größer werdendem Emitterwiderstand R_E und mit zunehmender Übersteuerung des Transistors V2. Eine gewisse Schalthysterese ist oft erwünscht, um eindeutig zu schalten.

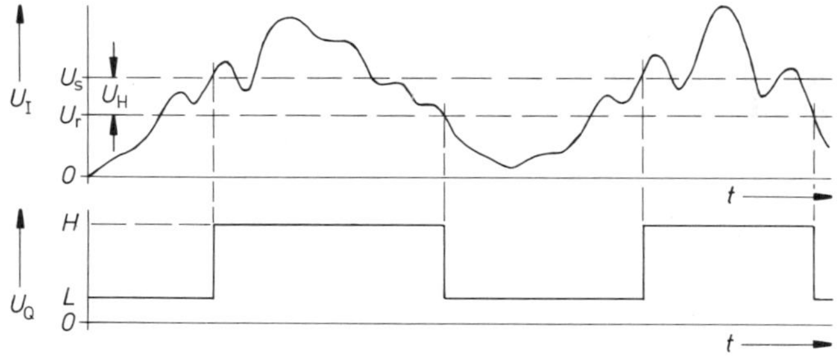

Abb. 6.3 Einfluß der Hysterese auf das Schaltverhalten

Ohne die Schalthysterese U_H nach Abb. 6.3 würden aus den ursprünglichen zwei verzerrten Impulsen am Ausgang des Schmitt-Triggers fünf Impulse gebildet werden (wenn U_s sowohl die Einschaltschwelle als auch die Ausschaltschwelle wäre).

[1]) Hysterese (gr.) = das Zurückbleiben

6.1.3 Übertragungskennlinie und Schaltzeichen

Das typische Verhalten des Schmitt-Triggers kann der Übertragungskennlinie entnommen werden.

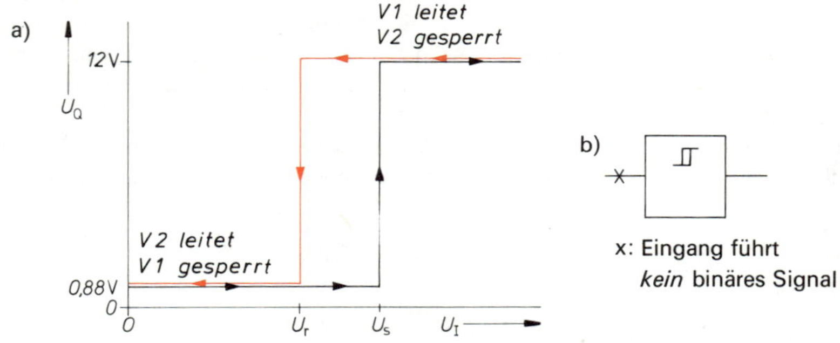

Abb. 6.4 a) Übertragungskennlinie und b) Schaltzeichen des Schmitt-Triggers

Beim Überschreiten des Schwellenspannungswertes U_S am Eingang des Schmitt-Triggers wird der Kippvorgang ausgelöst, und die Ausgangsspannung erreicht sehr schnell den Wert der Betriebsspannung. Jetzt bleibt die Ausgangsspannung so lange auf ihrem Höchstwert, bis die Eingangsspannung den Wert der Rückfallspannung erreicht hat und unterschreitet. Die Differenz der Eingangsspannungen bezeichnet man als Hysterese U_H. Sie beträgt:

$$U_H = U_s - U_r$$

6.1.4 Schmitt-Trigger mit nachgeschaltetem Verstärker

Dem Schmitt-Trigger, bestehend aus den Transistoren V1 und V2, sind zwei Verstärkerstufen nachgeschaltet. Die Diode V5 soll verhindern, daß bereits im 0-Zustand des Schmitt-Triggers V3 leitet. Das Sperren des Transistors V3 übernimmt der Basiswiderstand R_6. Da jede Verstärkerstufe das Signal invertiert, erscheint am Ausgang Q das gleiche Signal wie am Ausgang des Schmitt-Triggers, jedoch mit dem Vorteil, daß das 0-Signal etwa 0,1 V beträgt und ein Lastwiderstand das Schaltverhalten nicht verändert.

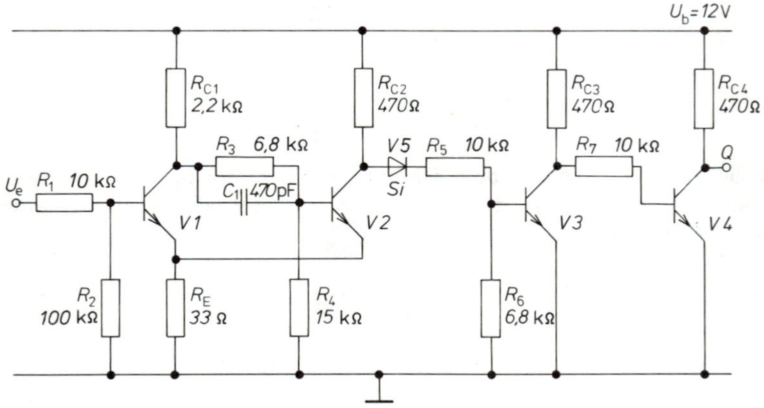

Abb. 6.5 Schmitt-Trigger mit nachgeschaltetem Verstärker

6.1.5 Schmitt-Trigger mit komplementären Transistoren

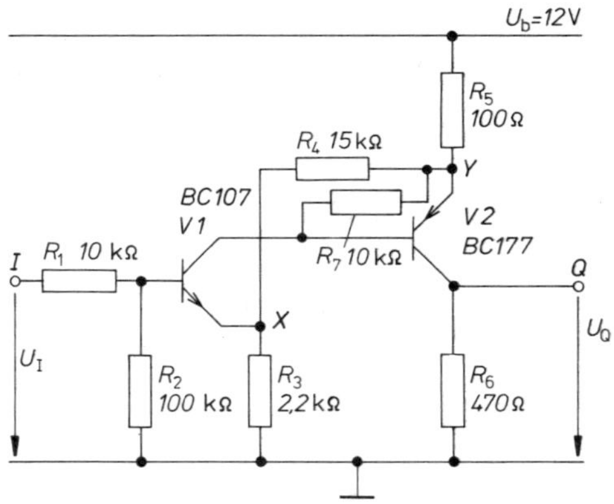

Abb. 6.6 Schmitt-Trigger mit komplementären Transistoren

Unangesteuert ist der Transistor V1 gesperrt. Da sein Kollektorstrom zugleich auch Basisstrom des Transistors V2 ist, bleibt auch V2 gesperrt. Der Ausgang Q führt 0-Signal. Der Schaltungspunkt x nimmt die folgende Spannung an:

$$U_{x\perp} = \frac{12\ \text{V} \cdot 2{,}2 \cdot 10^3\ \Omega}{17{,}3 \cdot 10^3\ \Omega} = 1{,}53\ \text{V}$$

Übersteigt die Eingangsspannung U_I nun das am Schaltpunkt x liegende Potential um 0,7 V, beginnt Kollektorstrom durch Transistor V1 zu fließen. Da dieser Kollektorstrom gleichzeitig Basisstrom für V2 ist, steuert auch Transistor V2 durch. Der Spannungspegel des Ausgangs Q steigt an. Der Kollektorstrom des Ausgangstransistors verringert über den zunehmenden Spannungsabfall an R_5 das Potential am Schaltungspunkt y.
Damit fällt auch die Spannung an x, Transistor V1 steuert weiter durch, wodurch wieder ein sich gegenseitig unterstützender Kippvorgang abläuft, bis beide Transistoren voll durchgesteuert sind.

Die Spannung am Schaltungspunkt y nimmt etwa folgenden Wert an, wenn der Querstrom über R_3 und R_4 vernachlässigt wird:

$$U_y = U_b - \frac{U_b - U_{CE\,rest}}{R_5 + R_6} \cdot R_5 = 12\ \text{V} - \frac{11{,}9\ \text{V}}{570\ \Omega} \cdot 100\ \Omega = 9{,}9\ \text{V}$$

Die Ausgangsspannung U_Q liegt um 0,1 V unter U_y:

$$U_Q = U_y - U_{CE\,rest} = 9{,}9\ \text{V} - 0{,}1\ \text{V} = 9{,}8\ \text{V}$$

Der Vorteil dieser Schaltung gegenüber der emittergekoppelten Schmitt-Trigger-Schaltung besteht darin, daß in Ruhelage nur der Querstrom durch den aus den Widerständen R_3, R_4 und R_5 bestehenden Spannungsteiler fließt.

6.1.6 NAND-Schmitt-Trigger FLH 351-7413

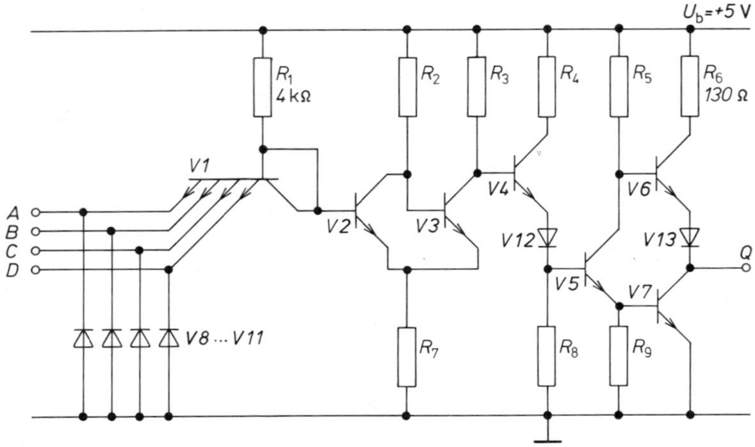

Abb. 6.7 TTL-NAND-Schmitt-Trigger 7413; V 1-UND-Verknüpfung; V 2, V 3-Schmitt-Trigger; V 4-Inverter; V 5, V 6, V 7-Gegentaktendstufe

Auf der integrierten Schaltung 7413 befinden sich zwei NAND-Schmitt-Trigger mit je vier UND-verknüpften Eingängen. Die Schwellenspannung jedes Schmitt-Triggers hat den mittleren Wert $U_s = 1{,}7$ V. Der mittlere Wert der Rückfallspannung liegt bei $U_r = 0{,}9$ V. Die Hysterese beträgt damit $U_s - U_r = 1{,}7\ \text{V} - 0{,}9\ \text{V} = 0{,}8$ V. Die Hersteller der IS garantieren für eine sehr hohe Stabilität der Schwellenspannungswerte und der Hysterese über den gesamten Temperaturbereich. Die Signal-Laufzeit beträgt bei einer Last von $R_L = 400\ \Omega$ und $C_L = 15$ pF $t = 18$ ns. Das am Ausgang angebotene Signal erscheint dem Eingang gegenüber invertiert.

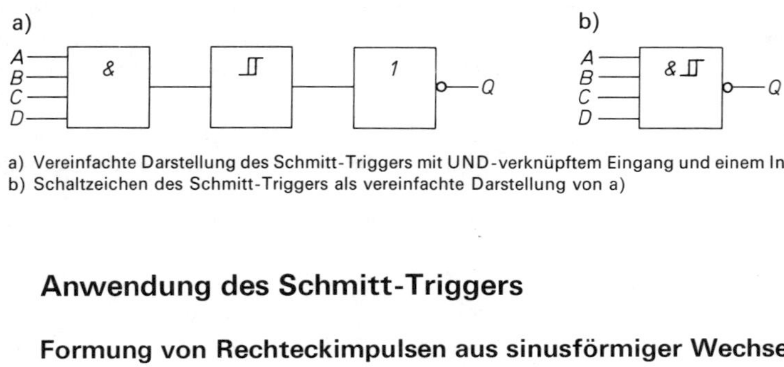

Abb. 6.8 a) Vereinfachte Darstellung des Schmitt-Triggers mit UND-verknüpftem Eingang und einem Inverter am Ausgang
b) Schaltzeichen des Schmitt-Triggers als vereinfachte Darstellung von a)

6.1.7 Anwendung des Schmitt-Triggers

6.1.7.1 Formung von Rechteckimpulsen aus sinusförmiger Wechselspannung

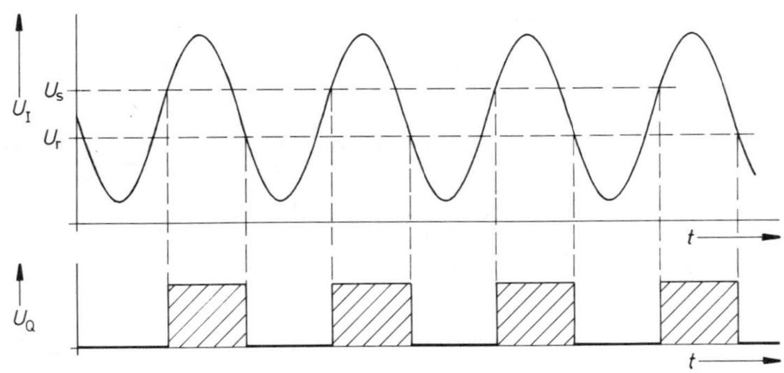

Abb. 6.9

6.1.7.2 Formung von Rechteckimpulsen aus einem analogen Spannungsverlauf und Anwendung als Grenzwertschalter

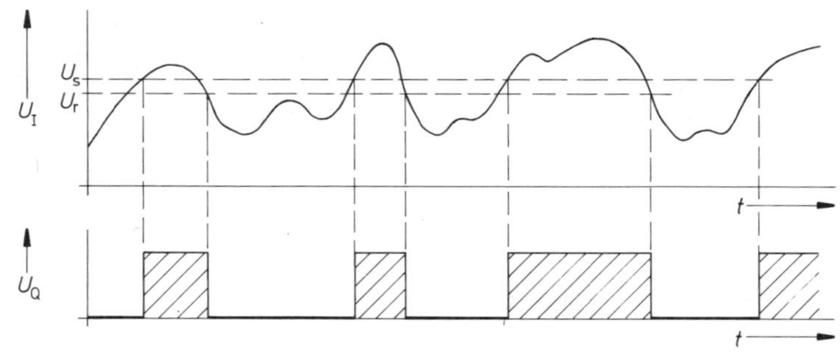

Abb. 6.10

6.1.7.3 Erzeugung von 100-Hz-Rechteckimpulsen aus dem Netz mit Hilfe der IS 7413

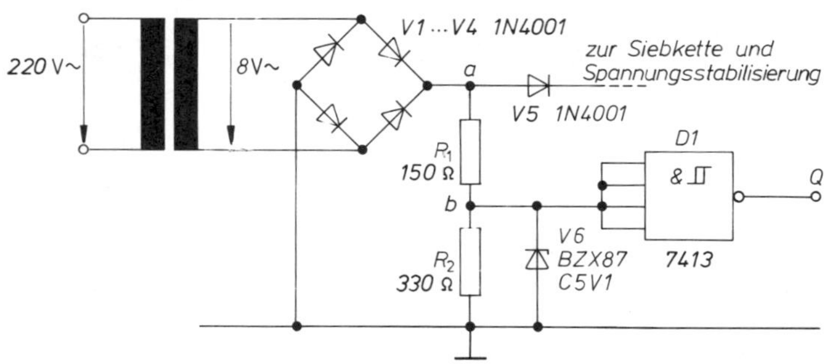

Abb. 6.11 Schaltung zur Erzeugung von Rechteckimpulsen der Frequenz 100 Hz ($T = 10$ ms)

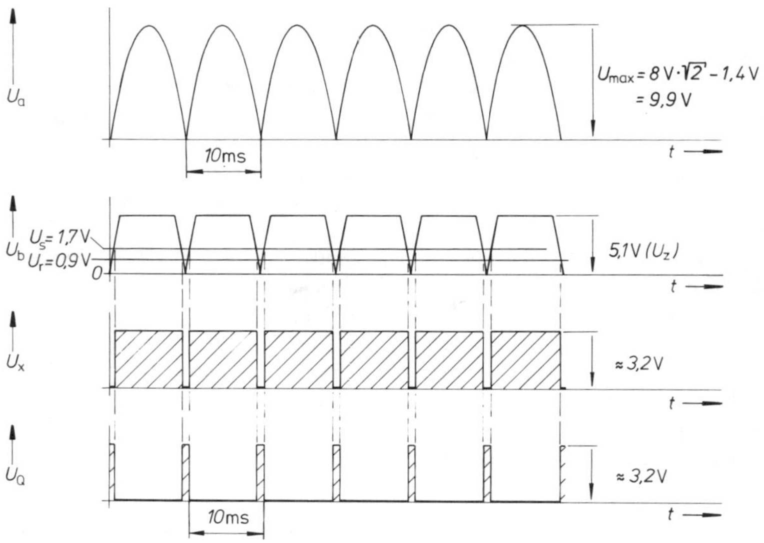

Abb. 6.12 Spannungsverläufe an den Schaltungspunkten a, b und Q der Schaltung nach Abb. 6.11; die Zeile U_x stellt das interne Schmitt-Trigger-Signal vor der Invertierung dar

Die Schaltung liefert eine Zeitbasis von 10 ms oder 100 Hz. Hierbei dient die Netzfrequenz als Referenz. Für viele Anwendungen, wie Torzeitbildungen, dürfte die Genauigkeit ausreichen. Die Diode V5 der Schaltung nach Abb. 6.11 soll verhindern, daß die Gleichspannung vom Ladekondensator den Schaltungspunkt a erreicht, denn der Schmitt-Trigger benötigt die pulsierende Gleichspannung. Eine ähnliche Aufgabe kommt auch dem Widerstand R_2 zu, der den aus dem Schmitt-Trigger kommenden Strom während der Nullspannungsphasen nach Schaltungsnull ableitet. Die Z-Diode soll Spannungsspitzen aus dem Netz vom Baustein 7413 fernhalten.

6.1.7.4 Rechteckoszillator[1]) mit dem Schmitt-Trigger-Baustein 7413

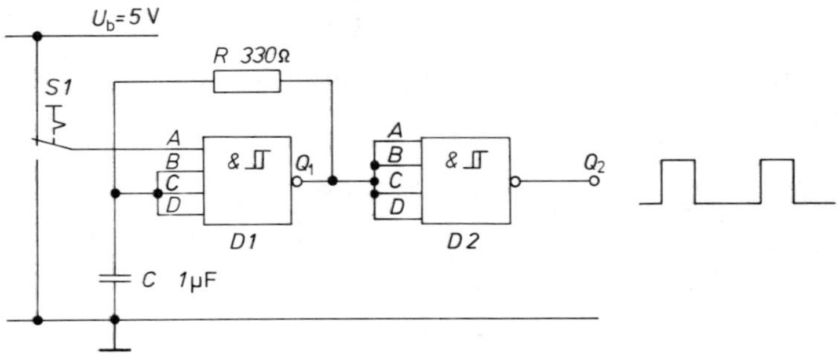

Abb. 6.13 Start-Stop-Oszillator mit dem Schmitt-Trigger 7413

Nach dem Einschalten der Versorgungsspannung gelangt über den Schalter 1-Signal an den Eingang A des Schmitt-Triggers D1. Der Kondensator führt zunächst 0 V. Der Ausgang Q_1 nimmt deshalb 1-Signal an, d.h. etwa 3,2 V. Es fließt vom Ausgang her ein Ladestrom über R, unterstützt von dem aus der integrierten Schaltung kommenden Strom, in den Kondensator C. Die Spannung am Kondensator steigt nach der e-Funktion, bis der Schwellenspannungswert $U_s = 1{,}7$ V erreicht ist. Der Schmitt-Trigger kippt, und der Ausgang Q_1 nimmt etwa die Spannung von 0,1 V an. Es fließt vom Kondensator ein Entladestrom über den Widerstand R in den Ausgang Q_1 des Schmitt-Triggers. Erreicht die nach der e-Funktion fallende Kondensatorspannung den Rückfallspannungswert $U_r = 0{,}9$ V, kippt der Schmitt-Trigger wieder zurück, der Ausgang Q_1 nimmt 3,2 V an, der Kondensator wird erneut geladen, und der oben beschriebene Vorgang wiederholt sich. Der Oszillator schwingt.

Da über den relativ niederohmigen Rückkopplungswiderstand R der Schmitt-Trigger D1 hoch belastet wird, verläuft das Impulsdach schräg. Zur Verbesserung des Ausgangsimpulses wird dem eigentlichen Oszillator, bestehend aus dem Schmitt-Trigger D1, noch der auf der gleichen IS befindliche Schmitt-Trigger D2 nachgeschaltet.

Mit dem Schalter S1 kann der Oszillator gestartet oder gestoppt werden. Der besondere Vorzug dieser Schaltung besteht darin, daß der Kondensator C einseitig auf Schaltungsnull (Masse) liegt, was zur Abschirmung gegenüber Störsignalen beiträgt. Nachteilig ist, daß der Widerstand in der angegebenen Größenordnung gewählt werden muß, so daß für niedrige Frequenzen besonders große Kapazitätswerte in Frage kommen.

---

[1]) oszillare (lat.) = schwingen

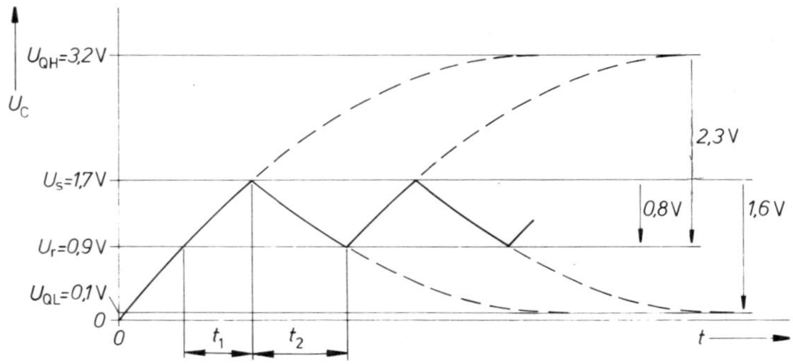

Abb. 6.14 Spannungsverlauf am Kondensator; $T = t_1 + t_2$

Die Frequenz des Oszillators läßt sich nach folgender Gleichung berechnen:

$$f \approx \frac{1}{1{,}09 \cdot R \cdot C}$$

Abweichungen der errechneten Frequenz zur gemessenen, insbesondere bei hohen Frequenzen, können bis zu 20% betragen. Der Grund hierfür liegt neben den Bauteiltoleranzen vor allem in den nicht konstanten Werten der Schwellenspannungen und der Ausgangsspannungen der Gatter. Das Impuls-Pausen-Verhältnis kann nicht verändert werden.

6.2 Monostabile[1]) Kippstufe

6.2.1 Allgemeines

Für die monostabile Kippstufe gibt es weitere Bezeichnungen: Zeitstufe, monostabiles Kippglied, monostabiler Multivibrator[2]), Univibrator[3]), monostabiles Flipflop, Monoflop und englisch monostable element, single shot[4]).

Die monostabile Kippstufe hat, wie der Name sagt, nur eine stabile Lage. Durch einen Steuerimpuls oder ein länger anstehendes Steuersignal nimmt der Ausgang für eine *bestimmte Zeit* 1-Signal an, um danach wieder in die eine stabile Lage zurückzukehren. Die Dauer des Ausgangsimpulses wird ausschließlich von den Eigenschaften der Schaltung bestimmt und nicht von der Länge des Eingangsimpulses, sofern eine Rückkopplung besteht.

6.2.2 Aufbau und Wirkungsweise

Die Laufzeit der monostabilen Kippstufe wird von den Größen der Widerstände R_3 und R_4 sowie des Kondensators C_1 bestimmt (Abb. 6.15). Wenn die Eingänge A, B und C nicht angeschlossen sind oder mit Schaltungsnull verbunden sind, d.h. 0-Signal führen, ist der Transistor V1 gesperrt. An seinem Kollektor (Schaltungspunkt k1) liegt die Spannung 12 V − 0,7 V = 11,3 V. Der Transistor

---

[1]) monostabil – von monos (gr.) = allein, einzig und stabil (lat.) = beständig
[2]) Multivibrator – von multi (lat.) = viel, vielfach und vibrator (lat.) = Schwingungserzeuger
[3]) Univibrator – uni ... (lat.) = allein, einzig
[4]) single shot (engl.) = einzelner Impuls

V 2 dagegen ist durchgesteuert, weil über R_3 und R_4 und über die Schutzdiode V 8 ein Basisstrom fließt. Am Ausgang Q_1 liegt der Signalwert 0. Der Basisstrom verursacht an der Diode V 8 und der Basis-Emitter-Strecke des Transistors V 2 zusammen einen Spannungsabfall von 1,4 V. Diese Spannung liegt am Schaltungspunkt k 2. Die Spannungsdifferenz zwischen k 1 und k 2 ergibt:

$$U_{k1k2} = 11{,}3\ \text{V} - 1{,}4\ \text{V} = 9{,}9\ \text{V}$$

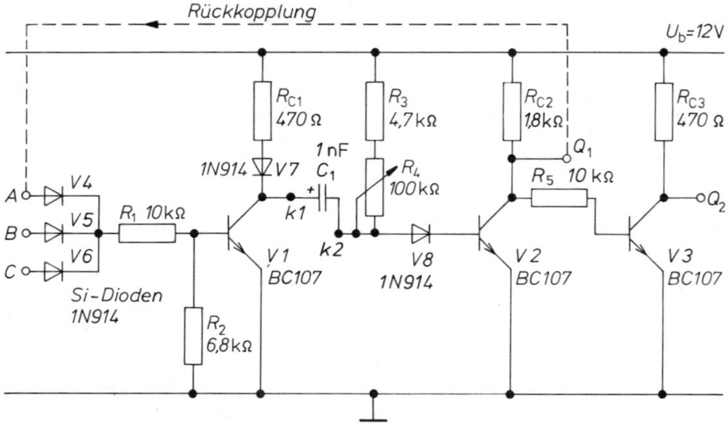

Abb. 6.15 Monostabile Kippstufe mit drei ODER-verknüpften Eingängen und nachgeschaltetem Inverter (V 3)

Die Spannung über dem Kondensator beträgt nach jeder seiner Aufladungen 9,9 V. Der Ladestrom fließt von U_b über R_{C1}, V 7, C_1 und V 8 in die Basis des Transistors V 2. Die Ladezeit (Wiederaufladezeit, Erholzeit) beträgt unter Vernachlässigung der Diodendurchlaßwiderstände:

$$t_{rec} = 5 \cdot \tau^{1)} \qquad t_{rec} = 5 \cdot R_{C1} \cdot C$$

Es wird hierbei angenommen, daß die Aufladung des Kondensators nach 5 Zeitkonstanten beendet ist.

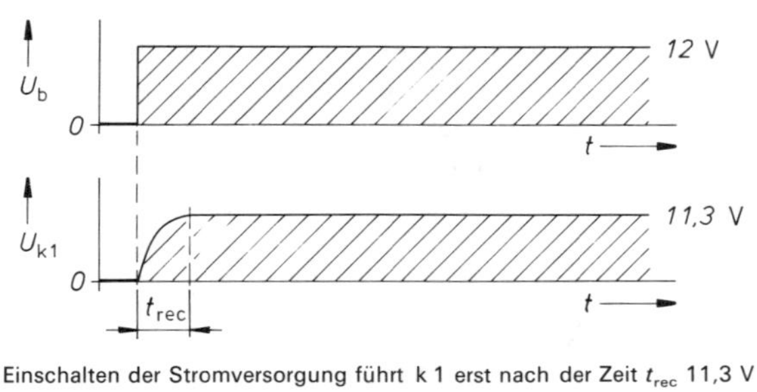

Abb. 6.16 Nach dem Einschalten der Stromversorgung führt k 1 erst nach der Zeit t_{rec} 11,3 V

Legt man an einen der Eingänge 1-Signal, wird der Transistor V 1 durchgesteuert. Sein Kollektorpotential nimmt 0,1 V an. Da die Kondensatorladung zunächst bestehen bleibt, nimmt der Anschlußpunkt k 2 eine negative Spannung von −9,8 V an. Diese negative Spannung führt sofort zum Sperren des Transistors V 2 (Zeitpunkt t_1 in Abb. 6.17). Die Schutzdiode V 8 verhindert, daß diese hohe Sperrspannung die Basis erreicht. Die Durchbruchspannung der Basis-Emitter-Strecke eines Silizium-

[1]) rec von to recover (engl.) = wiedererlangen, τ gr. Kleinbuchstabe Tau, Kennbuchstabe für die Zeitkonstante

Planar-Transistors liegt zwischen −5 V bis −7 V. Der vorliegende Transistor würde daher bei −7 V an der Basis Strom aufnehmen und den Kondensator schnell auf −7 V entladen, die Laufzeit der Stufe würde verkleinert werden. Da der Transistor V2 sperrt, nimmt Q_1 1-Signal und Q_2 0-Signal an (Abb. 6.17).

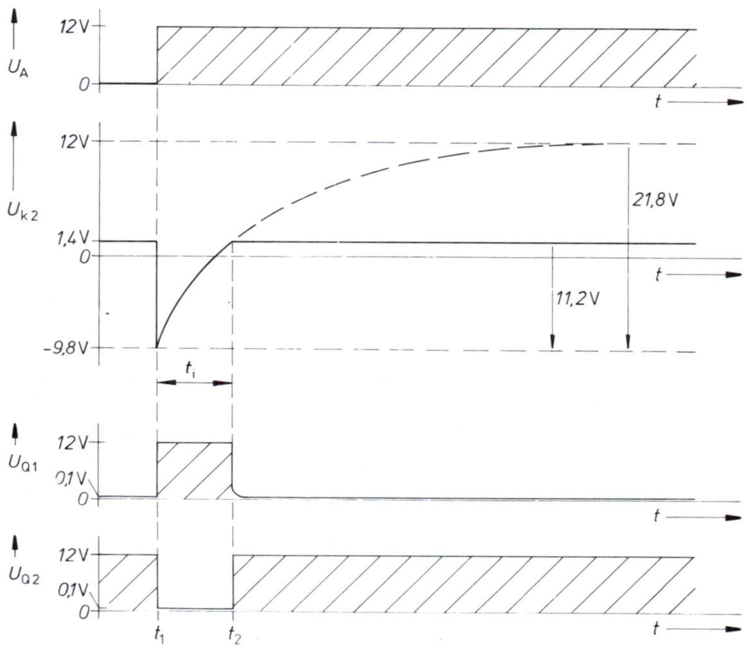

Abb. 6.17 Umladung der Kondensatorspannung und der Signalverlauf an den Ausgängen Q_1 und Q_2, nachdem die Eingangsspannung U_A im Zeitpunkt t_1 von 0 auf 1 wechselte

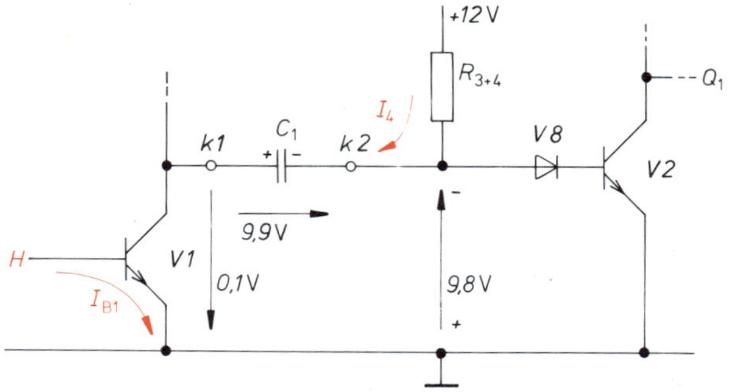

Abb. 6.18 Schaltbildauszug mit den Spannungswerten zum Zeitpunkt t_1

Ein über die Widerstände R_3 und R_4 fließender Strom baut das negative Potential an k2 von −9,8 V ab. Der Schaltungspunkt k2 wird nach der e-Funktion positiver und möchte bis auf die Betriebsspannung +12 V ansteigen. Nachdem aber der Spannungswert von +1,4 V erreicht ist (t_2), beginnt die Diode V8 zu leiten, und der Transistor V2 schaltet durch. Sein Kollektorpotential geht auf L. Damit ist die Laufzeit t_i beendet. Am Schaltpunkt k2 bleibt die Spannung von +1,4 V erhalten (Abb. 6.19).

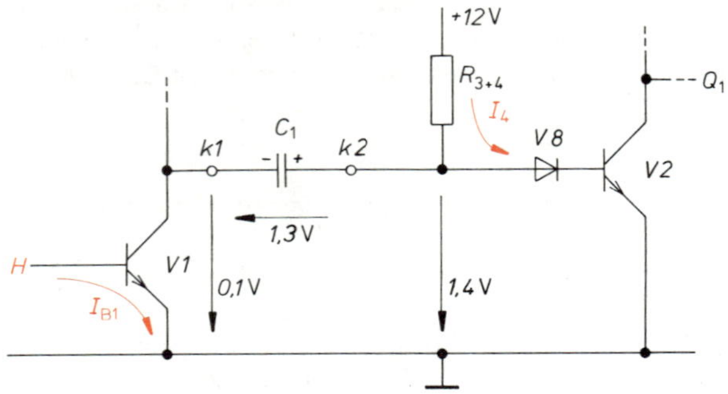

Abb. 6.19 Schaltbildauszug mit den Spannungswerten zum Zeitpunkt t_2

Zu einem beliebigen Zeitpunkt kann jetzt am Eingang der monostabilen Kippstufe der Signalpegel H weggenommen werden, ohne daß das Ausgangssignal an Q_1 beeinflußt wird.
Der dann nicht mehr durchgesteuerte Transistor V1 unterbricht seinen Kollektorstrom, so daß über R_{C1} Strom in den Kondensator fließt, der nach fünf Zeitkonstanten seine Endspannung von 9,9 V wiedererlangt. Während dieser Nachladezeit darf an den Eingängen der monostabilen Kippstufe kein 1-Signal erscheinen. Andernfalls wäre das Ausgangssignal zu kurz, da von dem Ladungszustand des Kondensators die Laufzeit t_i abhängt.
Zur Berechnung der Laufzeit t_i soll auf die allgemeine Formel zur Kondensatoraufladung, die hier unabgeleitet übernommen wird, zurückgegriffen werden:

$$U_c = U(1 - e^{-\frac{t}{\tau}})$$

diese Formel nach t umgestellt ergibt:

$$t = \tau \cdot \ln \frac{1}{1 - \frac{U_c}{U}}$$

Werden die Spannungswerte nach Abb. 6.17 eingetragen, erhält man:

$$t_i = \tau \cdot \ln \frac{1}{1 - \frac{11{,}2\ \text{V}}{21{,}8\ \text{V}}}$$

$$t_i = 0{,}72\ \tau$$

Da diese Gleichung unter der Annahme idealer Diodenkennlinien entstanden ist, reicht für die praktische Berechnung die Gleichung

$$t_i = 0{,}7 \cdot \tau$$
$$t_i = 0{,}7 \cdot R \cdot C$$

Für R ist die Summe aus R_3 und dem eingestellten Wert von R_4 zu bilden.

Berechnungsbeispiel

Wie lang ist der am Ausgang Q erscheinende Impuls, wenn die Dimensionierung nach Abb. 6.15 zugrunde gelegt und der Eingang für längere Zeit auf H-Potential geschaltet wird? (Abgriff des Potentiometers R_4 ganz unten.)

$$t_i = 0{,}7 \cdot R \cdot C = 0{,}7 \cdot (R_3 + R_4) \cdot C_1 = 0{,}7 \cdot (4{,}7 \cdot 10^3\ \Omega + 100 \cdot 10^3\ \Omega) \cdot 1 \cdot 10^{-9}\ \text{F}$$

$$t_i = 0{,}7 \cdot 104{,}7 \cdot 10^3 \frac{\text{V}}{\text{A}} \cdot 1 \cdot 10^{-9} \frac{\text{As}}{\text{V}} = 73{,}3 \cdot 10^{-6}\ \text{s} = 73{,}3\ \mu\text{s}$$

Das Eingangssignal geht wieder auf L-Pegel. Welche Erholzeit benötigt die Schaltung?

$$t_{rec} = 5 \cdot \tau = 5 \cdot R_{C1} \cdot C_1 = 5 \cdot 470\ \Omega \cdot 1 \cdot 10^{-9}\ \mathrm{F} = 2350\ \frac{\mathrm{V}}{\mathrm{A}} \cdot 1 \cdot 10^{-9}\ \frac{\mathrm{As}}{\mathrm{V}} = 2{,}35\ \mu\mathrm{s}$$

Diese Rücklade- oder Erholzeit muß unbedingt eingehalten werden, damit der Kondensator sich wieder auf 9,9 V aufladen kann.

Wird nun an den Eingang der monostabilen Kippstufe ein 1-Signal gelegt, dessen Impulszeit kürzer ist als die gewählte Laufzeit t_i, so verschwindet auch das 1-Signal am Ausgang Q_1 zur gleichen Zeit mit dem Verschwinden des Eingangssignals 1. Der Transistor V1 sperrt sofort, und der in den Kondensator fließende Strom steuert die Basis des Transistors V2 an (Abb. 6.15).

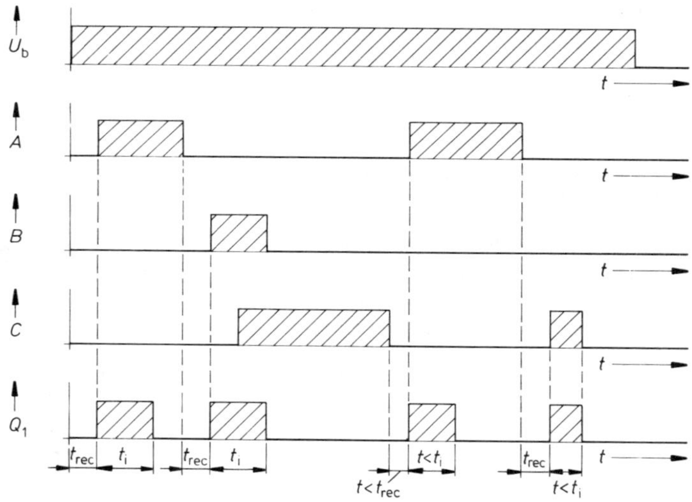

Abb. 6.20 Impulsdiagramm der monostabilen Kippstufe bei willkürlicher Signalfolge an den Eingängen A, B und C (ohne Rückkopplung)

Wie aus dem Impulsdiagramm nach Abb. 6.20 zu erkennen ist, ist in einem Fall das am Eingang *C* liegende Signal zeitlich kürzer als die Laufzeit der Stufe, folglich ist auch das Ausgangssignal kürzer ($t < t_i$). Damit die gewählte Laufzeit unabhängig von der Dauer des 1-Signals am Eingang sein kann, wird vom Ausgang Q_1 eine Verbindung zu einem Eingang hergestellt. Man spricht dann von einer Rückkopplung[1]). Wenn jetzt durch einen kurzen Impuls der Eingang 1-Signal erhält, geht der Ausgang, wie auch ohne Rückkopplung, sofort auf 1-Signal. Das vom Ausgang kommende 1-Signal gelangt auf einen weiteren Eingang und hält diesen auf 1, bis die Stufe wieder in ihre Ruhelage zurückkippt. Monostabile Kippstufen mit Rückkopplung können am Eingang sowohl mit im Vergleich zur Laufzeit t_i kürzeren als auch längeren Impulsen angesteuert werden. Das Impulsdiagramm nach Abb. 6.21 gibt hierzu einen Überblick.

[1]) Die Rückkopplung führt wegen der Unterstützung des Eingangs zu einer Mitkopplung

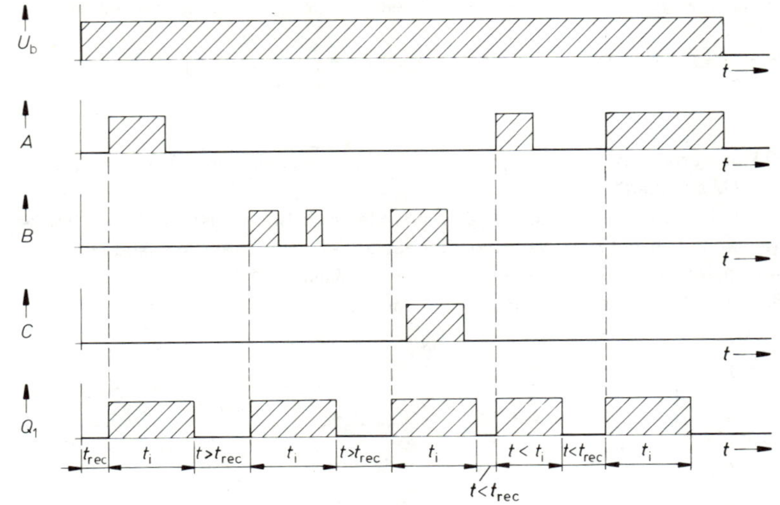

Abb. 6.21 Impulsdiagramm der monostabilen Kippstufe bei willkürlicher Signalfolge an den Eingängen A, B und C (mit Rückkopplung)

Die *Diode* V7 nach Abb. 6.15 verhindert ein Ansprechen der Stufe bei Netzspannungseinbruch. In dem Schaltbildauszug nach Abb. 6.22 wurde auf die Diode bewußt verzichtet. Die Spannungsangaben in schwarzer Schrift beziehen sich auf den stationären Zustand, die Spannungsangaben in roter Schrift treten während des Spannungseinbruchs auf.

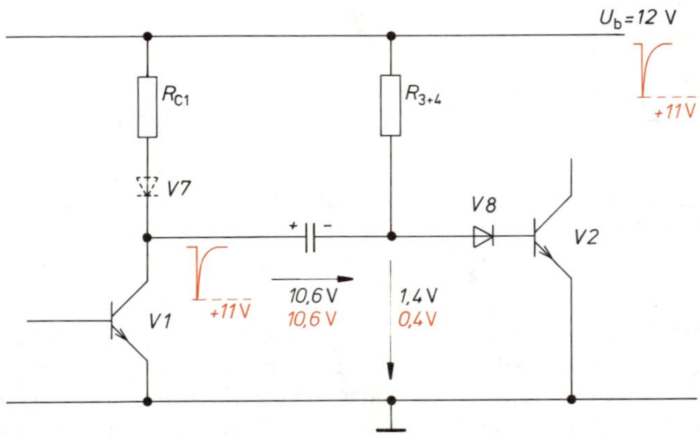

Abb. 6.22

Durch den Netzspannungseinbruch, der die Betriebsspannung z. B. kurzfristig auf 11 V fallen läßt, wird V2 gesperrt, denn zum Durchschalten sind 1,4 V erforderlich. Bei bestehender Rückkopplung läuft die Gesamtzeit t_i ab. Diese ungewollte Triggerung kann durch die Diode V7 verhindert werden.

Mit größer werdender Laufzeit nimmt die Steilheit der Rückflanke des Ausgangsimpulses ab. Es empfiehlt sich daher, den Impuls über einen Schmitt-Trigger zu führen (Abb. 6.23).

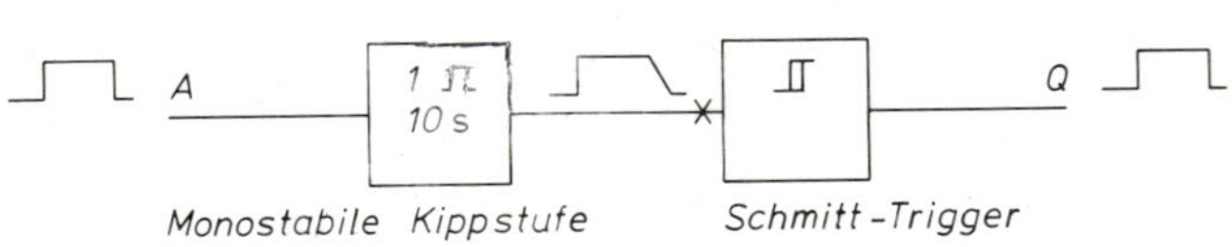

Abb. 6.23 Monostabile Kippstufe mit nachgeschaltetem Schmitt-Trigger zur Flankenverbesserung

6.2.3 Schaltzeichen

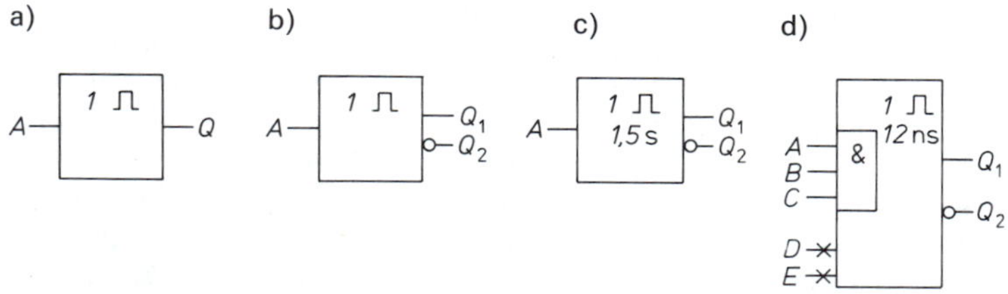

Abb. 6.24 Schaltzeichen für monostabile Kippstufen
a) mit einem Eingang und einem Ausgang
b) mit einem Eingang und zwei komplementären Ausgängen
c) wie b), jedoch mit Angabe der Dauer des Ausgangsimpulses (1,5 s)
d) mit drei UND-verknüpften Eingängen, zwei komplementären Ausgängen und zwei weiteren Eingängen zum Anschalten von externen zeitbestimmenden Elementen wie Kondensatoren und Widerständen an D und E

Die „1" im Schaltzeichen soll aussagen, daß die Variable am Ausgang den Wert 1 annimmt, wenn die Variable am Eingang auf 1 geht. Die Ausgangsvariable behält den Wert für eine bestimmte Zeit, z. B. 1,5 s oder 12 ns, unabhängig von der Dauer des Wertes 1 der Variablen am Eingang. Die Rückkopplung ist hier stets intern verdrahtet. Das Funktionszeichen 1⎍ macht keine Aussage über die Art und Polarität des Ausgangsimpulses.

6.2.4 Monostabile Kippstufe mit dynamischem Eingang

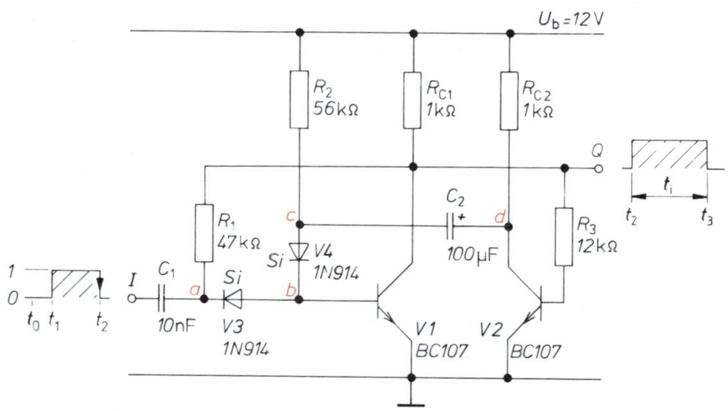

Abb. 6.25 Schaltung der monostabilen Kippstufe mit dynamischem Eingang

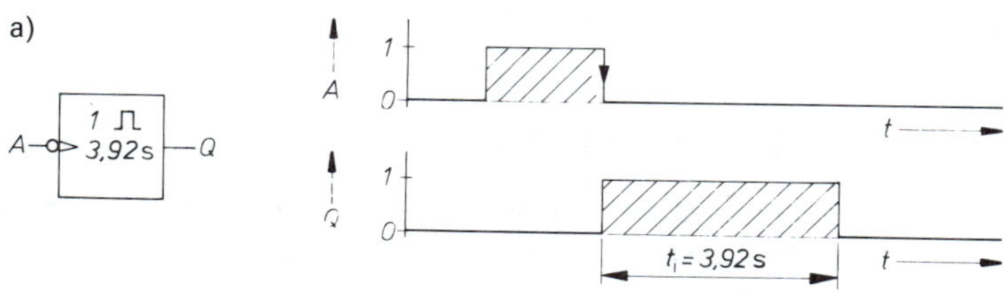

Abb. 6.26 a) Schaltzeichen der monostabilen Kippstufe mit dynamisch-invertierendem Eingang
b) Impulsdiagramm zum Schaltzeichen

Während die unter 6.2.2 beschriebene monostabile Kippstufe vom Zustand des Eingangsimpulses gesteuert wurde, erfolgt die Steuerung der in Abb. 6.25 dargestellten monostabilen Kippstufe durch die abfallende Flanke oder Rückflanke des Eingangsimpulses.
Zum Zeitpunkt t_0 liegt am Eingang I der Schaltung keine Spannung. Der Transistor V1 bezieht über R_2 und die Diode V4 Basisstrom. V1 steuert durch. Der Schaltungspunkt b nimmt das Potential von 0,7 V an, c ein solches von 1,4 V. Da die Kollektorspannung des Transistors V1 0,1 V beträgt, bleibt der Transistor V2 gesperrt. Der Schaltungspunkt d führt 12 V, der Kondensator C_2 wurde über R_{C2} auf 10,6 V geladen. Der Ausgang Q liegt auf 0-Signal. Der Schaltungspunkt a nimmt, wie der Kollektor des Transistors V1, 0,1 V an. Damit bleibt der Kondensator C_1 praktisch ungeladen. Wenn zum Zeitpunkt t_1 die Eingangsspannung auf z.B. 12 V ansteigt, fließt über C_1, R_1 und die Kollektor-Emitter-Strecke des Transistors V1 ein Ladestrom. Die Kondensatorspannung erreicht nach etwa fünf Zeitkonstanten 12 V, wobei die zum Eingang I weisende Seite positive Polarität annimmt. Der Ausgang bleibt weiterhin auf 0-Signal. Zum Zeitpunkt t_2 geht die Eingangsspannung wieder auf 0. Damit nimmt der Schaltungspunkt a die Spannung −12 V an, die schlagartig das Basispotential des Transistors V1 erniedrigt.
Damit unterbricht der Basisstrom, und der Kollektor des Transistors V1 und mit ihm der Ausgang Q gehen fast auf 12 V. Der Transistor V2 wird angesteuert, und der Schaltungspunkt d nimmt 0,1 V an, wodurch c auf −10,5 V springt und den Transistor V1 gesperrt hält, bis die Umladung des Kondensators über den Widerstand R_2 den Schaltungspunkt c auf 1,4 V gebracht hat. Der Transistor V1 beginnt erneut zu leiten, und der Ausgang Q nimmt wieder 0-Signal an. Die abfallende Flanke am Eingang hat damit den Kippvorgang der Dauer

$$t_i = 0{,}7 \cdot R_2 \cdot C_2$$

ausgelöst.
Die Erholzeit oder Rückladezeit dieser Stufe beträgt:

$$t_{rec} = 5 \cdot R_{C2} \cdot C_2$$

Mit den angegebenen Werten der Schaltung nach Abb. 6.26 ergeben sich die folgenden Zeiten:

$$t_i = 0{,}7 \cdot R_2 \cdot C_2 = 0{,}7 \cdot 56 \cdot 10^3\,\Omega \cdot 100 \cdot 10^{-6}\,\text{F} = 3{,}92\,\text{s}$$

$$t_{rec} = 5 \cdot R_{C2} \cdot C_2 = 5 \cdot 1 \cdot 10^3\,\Omega \cdot 100 \cdot 10^{-6}\,\text{F} = 0{,}5\,\text{s}$$

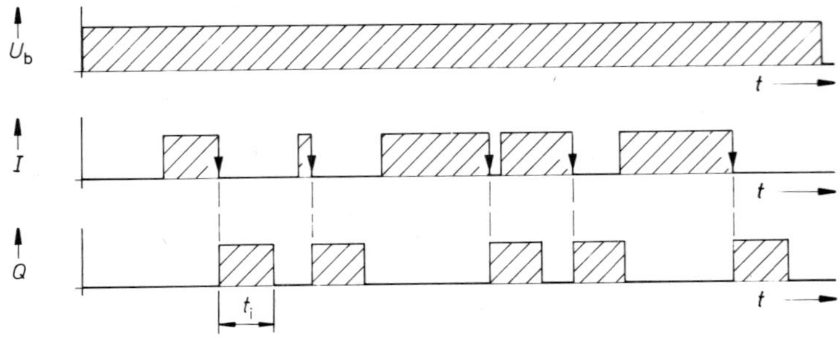

Abb. 6.27 Impulsdiagramm der monostabilen Kippstufe mit dynamisch-invertierendem Eingang

Das Schaltzeichen dieser Stufe ist in Abb. 6.26 dargestellt.

6.2.5 Monostabile Kippstufe FLK 101-74 121

Die integrierte TTL-Schaltung 74121 enthält eine flankengesteuerte monostabile Kippstufe mit vorgeschaltetem Schmitt-Trigger und einer ODER-Stufe mit zwei invertierenden Eingängen. Liegt der Eingang B auf 1-Signal, kann einer der beiden A-Eingänge die Kippstufe beim Übergang von 1 auf 0 ansteuern.

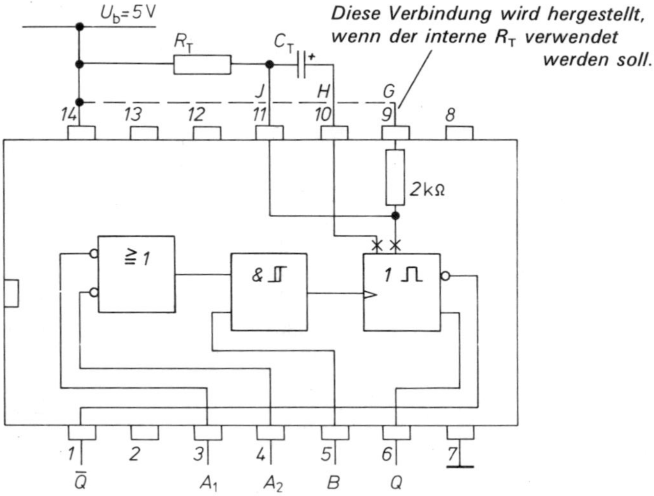

Abb. 6.28 Monostabile Kippstufe 74121

Liegen die beiden A-Eingänge auf 0-Signal, steuert der B-Eingang die Kippstufe beim Übergang von 0 auf 1. An diesen Eingang B können besonders langsam ansteigende Signale gelegt werden. Die Signale an den A-Eingängen dagegen sollten steile Flanken haben. In Ruhelage führt $\bar{Q}$ 1-Signal und Q 0-Signal. Nach dem Ansteuern ist die Länge des Ausgangsimpulses t_i wieder von der Gleichung

$$t_i = 0{,}7 \cdot R_T \cdot C_T$$

abhängig.

Der zeitbestimmende Widerstand sollte in den Grenzen $R_{T\,min} = 1{,}4$ kΩ und $R_{T\,max} = 40$ kΩ gewählt werden.
Ohne externe Beschaltung durch R_T und C_T, d.h. bei offenen Anschlüssen 10 und 11, kann durch Verbinden des Anschlusses 9 mit der positiven Versorgungsspannung eine Ausgangsimpulsdauer von 30 ns nach dem Ansteuern erreicht werden.

6.2.6 Monostabile Kippstufe aus zwei NOR-Gattern

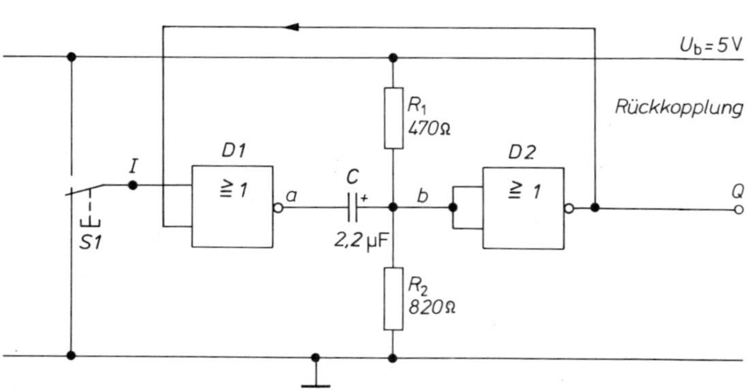

Spannungen in Ruhelage (I an ⊥):
$U_{a\perp} \approx 3{,}2$ V
$U_{b\perp} \approx 3{,}2$ V (durch Spannungsteilung)
$U_{Q\perp} \approx 0{,}1$ V

Abb. 6.29 Monostabile Kippstufe aus zwei TTL-NOR-Gattern

Bei nicht zu hohen Anforderungen an die Genauigkeit des Ausgangsimpulses lassen sich monostabile Kippstufen auch aus Gattern aufbauen.
Nach Abb. 6.29 liegt am Eingang I 0-Signal. Über den Widerstand R_1 gelangt an die parallelgeschalteten Eingänge des NOR-Gatters D 2 1-Signal. Da das Gatter das Eingangssignal invertiert, liegt an Q 0-Signal, das über die Rückkopplungsleitung auf den zweiten Eingang des NOR-Gatters D 1 gelangt. Der Schaltungspunkt a nimmt 1-Signal an. Der Kondensator führt kaum Spannung. Wird nun der Taster S 1 betätigt, gelangt auf den Eingang I 1-Signal und a geht auf 0-Signal. Da der Kondensator ungeladen war, nimmt auch Schaltungspunkt b 0-Signal an, worauf der Ausgang Q auf 1-Signal springt. Über die Rückkopplung gelangt das 1-Signal auf den zweiten Eingang des NOR-Gatters D 1 und unterstützt die vom Taster kommende Information (Mitkopplung). Der Taster brauchte also nur einen kurzen Impuls abzugeben. Über den Widerstand R_1 wird im weiteren Verlauf der Kondensator C geladen, so daß am Schaltungspunkt b die Spannung nach der e-Funktion ansteigt, denn a liegt weiterhin auf 0. Sobald die Schaltschwelle des NOR-Gatters D 2 für 1-Signal erreicht ist, springt der Ausgang Q auf 0-Signal zurück. Da I schon 0-Signal führte, nimmt a wieder 1-Signal an, wodurch das 1-Signal an Schaltungspunkt b unterstützt wird. Der Kondensator wird wieder entladen, die Schaltung geht in ihre Ausgangslage zurück. Bliebe der Taster S 1 eingeschaltet, wäre die Rückkopplung wirkungslos und die Rückfallflanke flacher in ihrem Verlauf.

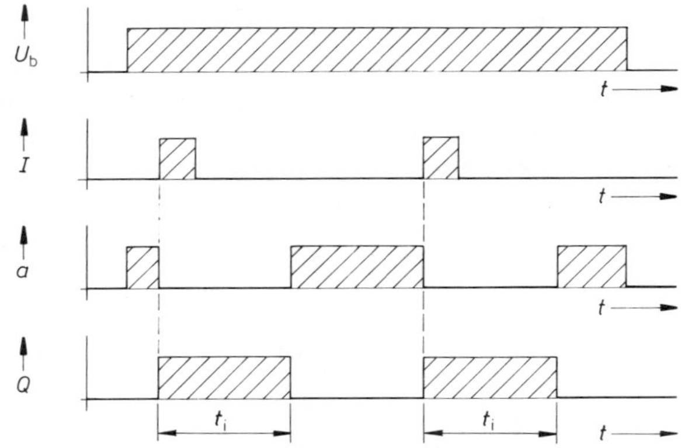

Abb. 6.30 Impulsdiagramm der monostabilen Kippstufe mit NOR-Gattern

6.2.7 Monostabile Kippstufe aus zwei NAND-Gattern

Nach Abb. 6.31 liegt am Eingang I 1-Signal. Wenn der Wert des Widerstandes R so klein gewählt wird, daß die an ihm abfallende Spannung noch innerhalb des 0-Bereiches für die Eingangsspannung

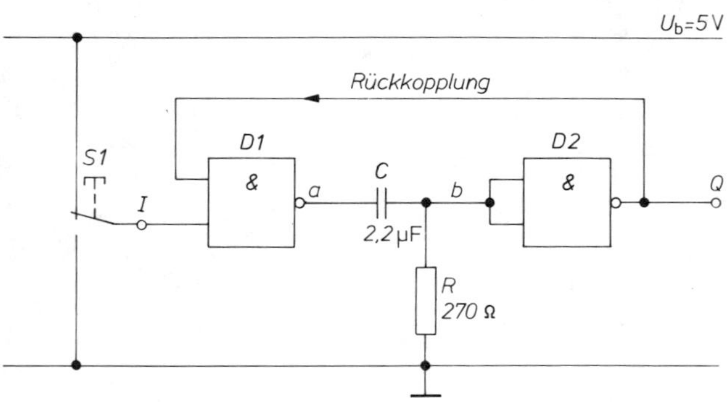

Spannungen in Ruhelage
(I an + U_b):
$U_{a\perp} \approx 0{,}3$ V
$U_{b\perp} \approx 0{,}3$ V
$U_{Q\perp} \approx 3{,}2$ V

Abb. 6.31 Monostabile Kippstufe aus zwei TTL-NAND-Gattern

liegt, nimmt der Ausgang Q 1-Signal an, das rückgekoppelt auch auf den Eingang des NAND-Gatters D1 gelangt. Der Schaltungspunkt a führt 0-Signal, so daß am Kondensator keine Spannung liegt. Wird nun der Taster kurz betätigt, nimmt der Eingang I 0-Signal an, der Schaltungspunkt a geht auf 1-Signal, und über den ungeladenen Kondensator gelangt auch auf den Eingang des NAND-Gatters D2 1-Signal, der Ausgang Q geht auf 0. Über die Rückkopplung wird der 0-Zustand im Eingang, der durch den Taster eingeleitet wurde, aufrechterhalten. Der Taster kann in die Ausgangslage zurückkehren. Die Spannung am Kondensator steigt nach der e-Funktion, so daß die Spannung am Schaltungspunkt b abnimmt. Unterschreitet sie den für 1-Signal geltenden Wert am Eingang, geht der Ausgang Q wieder zurück auf 1-Signal, das rückgekoppelt auch auf den Eingang des NAND-Gatters D1 gelangt, so daß a auf 0-Signal geht und damit das 0-Signal an b unterstützt. Die Schaltung ist in ihre Ausgangslage zurückgekehrt.
Bliebe der Taster S1 eingeschaltet, wäre die Rückkopplung wirkungslos und die Rückfallflanke flacher in ihrem Verlauf.

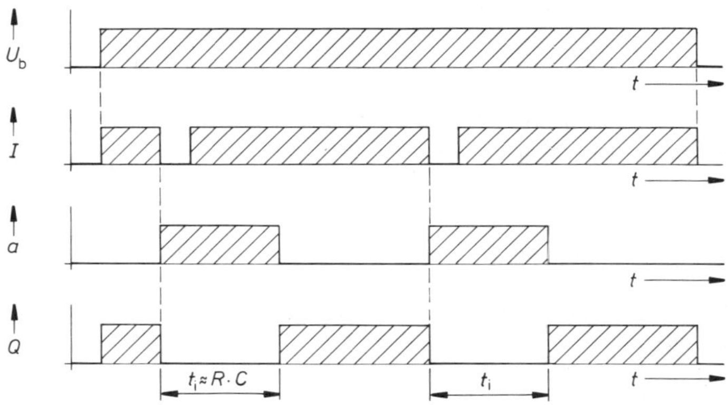

Abb. 6.32 Impulsdiagramm der monostabilen Kippstufe mit NAND-Gattern

6.2.8 Anwendung der monostabilen Kippstufe

6.2.8.1 Impulszeitverlängerung

Ein kurzer Impuls von 10 ms, der in jeder Sekunde einmal wiederkehrt, soll auf die Zeit von 0,5 s verlängert werden. Diese Impulsfolge, deren Amplituden etwa 10 V betragen, wird auf den Eingang einer monostabilen Kippstufe geschaltet. Es sei die Kippstufe nach Abb. 6.15 zugrundegelegt. Um den Impuls festzuhalten, muß die Stufe mit Rückkopplung betrieben werden.
Die geforderte Zeit t_i von 500 ms führt zu folgendem Kapazitätswert, wenn zunächst das Potentiometer in Mittelstellung gebracht wird:

$$C_1 = \frac{t_i}{0{,}7 \cdot (R_3 + R_4)} = \frac{500 \cdot 10^{-3}\,\text{s}}{0{,}7 \cdot 54{,}7 \cdot 10^3\,\Omega} = 13{,}06 \cdot 10^{-6}\,\text{F} = 13{,}06\,\mu\text{F}$$

Gewählt wird der Wert $C_1 = 15\,\mu$F. Der Widerstand $R_3 + R_4$ beträgt jetzt:

$$R_3 + R_4 = \frac{t_i}{0{,}7 \cdot C_1} = \frac{500 \cdot 10^{-3}\,\text{s}}{0{,}7 \cdot 15 \cdot 10^{-6}\,\text{F}} = 47{,}62\,\text{k}\Omega$$

Das Potentiometer R_4 muß demnach auf den Wert

$$R_4 = 47{,}62\ \text{k}\Omega - R_3 = 47{,}62\,\text{k}\Omega - 4{,}7\ \text{k}\Omega = 42{,}92\ \text{k}\Omega$$

gestellt werden.

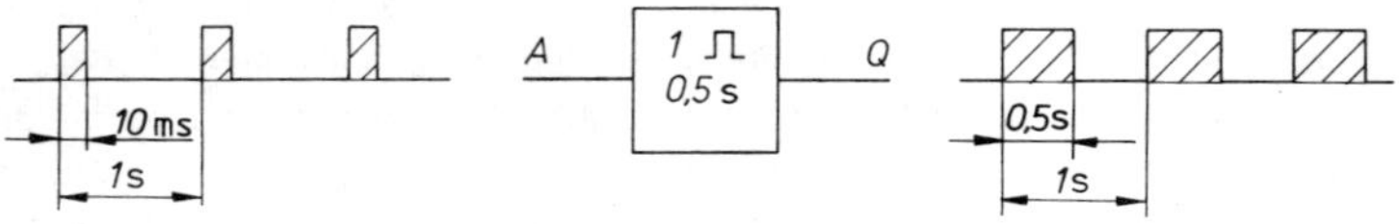

Abb. 6.33 Zum Schaltungsbeispiel in 6.2.8.1

Mit diesen Werten (15 µF, 42,92 kΩ + 4,7 kΩ) erscheint am Ausgang Q der monostabilen Kippstufe 0,5 s lang 1-Signal und 0,5 s lang 0-Signal.

Die Kondensatorwiederaufladezeit t_{rec} beträgt:

$$t_{rec} = 5 \cdot R_{C1} \cdot C_1 = 5 \cdot 470\ \Omega \cdot 15 \cdot 10^{-6}\ \text{F} = 35{,}25\ \text{ms}$$

Da sowohl die Pausenzeit als auch die Impulszeit 0,5 s lang sind, reicht t_{rec} völlig aus, den Kondensator nach jedem Impuls neu zu laden.

6.2.8.2 Verzögerungsglieder

Neben der Impulszeitverlängerung wird in Schaltungen auch oft eine Einschaltverzögerung, eine Ausschaltverzögerung oder eine Einschalt- und Ausschaltverzögerung gefordert.

a) *Einschaltverzögerung*

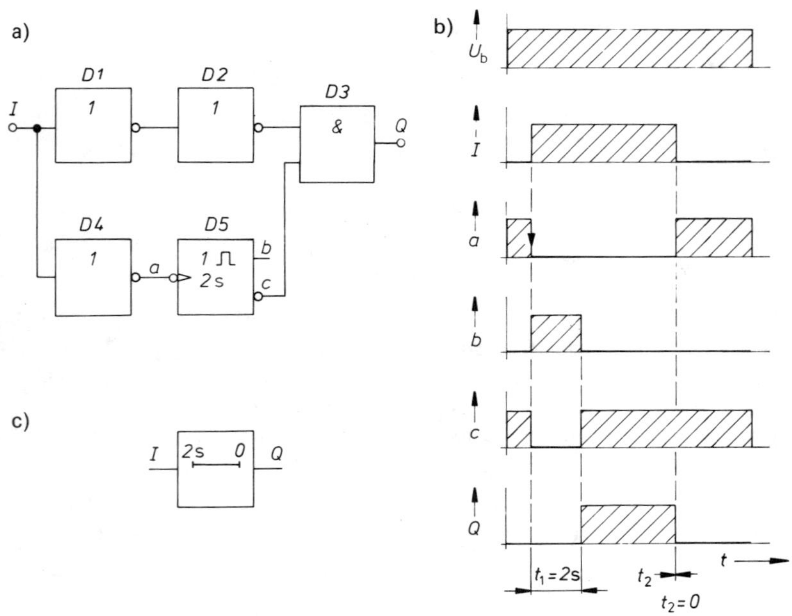

Abb. 6.34 a) Schaltung des Verzögerungsgliedes zur Einschaltverzögerung
b) Impulsdiagramm
c) Schaltzeichen

Die ansteigende Impulsflanke am Eingang I führt durch die Signalumkehr in der NICHT-Stufe D 4 zu der in der Abb. 6.34b) gekennzeichneten abfallenden Flanke, die die monostabile Kippstufe D 5 auslöst. Der Schaltungspunkt c nimmt 0-Signal an, so daß die UND-Bedingung nicht erfüllt wird und der Ausgang Q auf 0-Signal bleibt. Die beiden Stufen D1 und D2 haben lediglich die Aufgabe, Signalveränderungen an I um die beiden Laufzeiten verspätet an den Eingang des UND-Gatters D 3 gelangen zu lassen. Damit soll verhindert werden, daß während des Eingangsimpulsanstiegs ein Nadelimpuls an Q auftritt.
Nach Ablauf der hier angenommenen 2 Sekunden nimmt Schaltungspunkt c wieder 1-Signal an, so daß noch bis zum Ende des Eingangsimpulses 1-Signal an Q auftritt.
Das verzögerte Erscheinen des 1-Signals am Ausgang Q entspricht der Laufzeit der monostabilen Kippstufe (Zeitstufe) D 5.

b) *Ausschaltverzögerung*

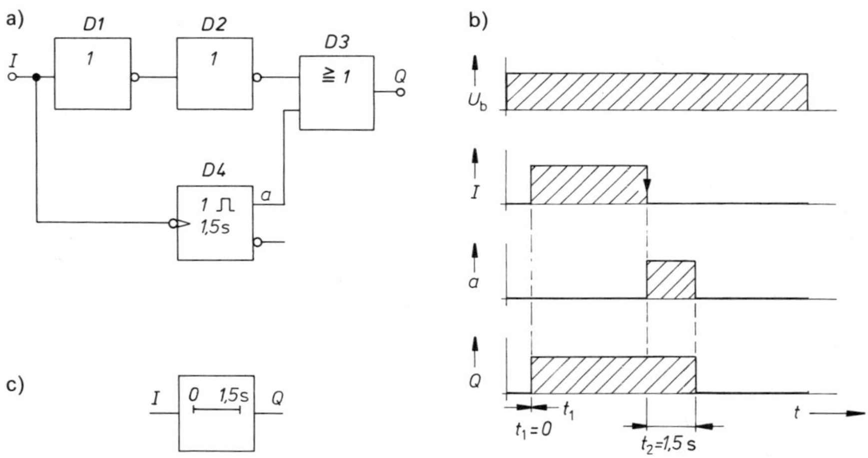

Abb. 6.35 a) Schaltung des Verzögerungsgliedes zur Ausschaltverzögerung
b) Impulsdiagramm
c) Schaltzeichen

Der Eingangsimpuls gelangt über die Stufen D1 und D2 auf das ODER-Gatter D 3, so daß der Ausgang Q fast gleichzeitig mit dem Eingangssignal den 1-Zustand annimmt. Die monostabile Kippstufe (Zeitstufe) D 4 wird durch die in der Abb. 6.35b) besonders gekennzeichnet abfallende Flanke des Eingangsimpulses angesteuert. Der Schaltungspunkt a nimmt 1-Signal an, so daß der Ausgang Q weiterhin bis zum Zurückkippen der Zeitstufe D 4 auf 1-Signal bleibt. Die Aufgabe der beiden NICHT-Stufen D1 und D2 besteht darin, die kurze Zeitspanne zu überbrücken, die zwischen dem Abfall des Eingangssignals und dem Anstieg des Signals am Schaltungspunkt a auftritt.

c) *Einschalt- und Ausschaltverzögerung*

Durch Hintereinanderschalten der beiden Verzögerungsglieder läßt sich sowohl eine Einschalt- als auch eine Ausschaltverzögerung realisieren.

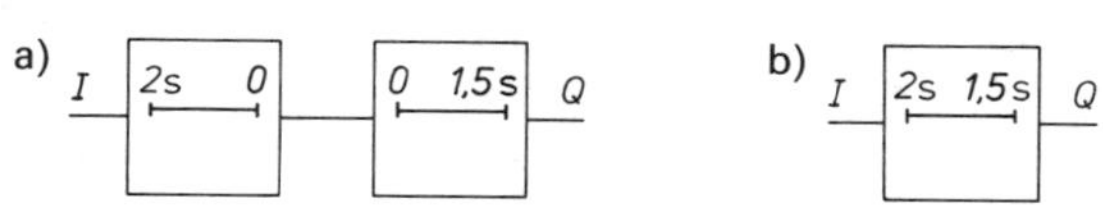

Abb. 6.36 a) Einschalt- und Ausschaltverzögerungsglied b) Schaltzeichen in vereinfachter Darstellung

6.2.8.3 Schaltung eines Taktgebers mit dem Baustein 74121

Diese Schaltung gibt am Ausgang Q eine Rechteckfrequenz mit einstellbaren Impuls- und Pausenlängen ab.

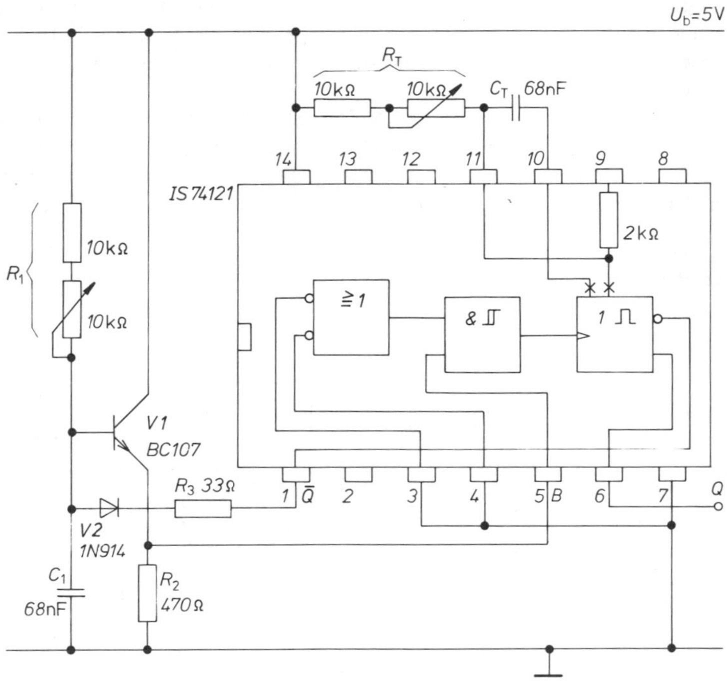

Abb. 6.37 Schaltung des Taktgebers mit getrennt einstellbarer Impuls- und Pausenzeit

Nach dem Einschalten wird zunächst der Kondensator C_1 über R_1 geladen. Von dem als Emitterfolger arbeitenden Transistor V1 wird die Kondensatorspannung auf den Schmitt-Trigger-Eingang der monostabilen Kippstufe übertragen. Die Schwellenspannung des Schmitt-Triggers beträgt 1,55 V. Hat nun die Kondensatorspannung 1,55 V + 0,7 V = 2,25 V erreicht, erfolgt die Triggerung der Kippstufe. Der Ausgang Q nimmt 1-Signal an, während $\bar{Q}$ auf 0-Signal geht und über die Diode V2 und den Widerstand R_3 den Kondensator C_1 weitgehend entlädt. Nach der durch R_T und C_T bestimmten Zeit nimmt die Kippstufe wieder die Ruhelage ein, d. h. Q führt 0- und $\bar{Q}$ 1-Signal. Der Vorgang beginnt mit dem Aufladen des Kondensators C_1 von neuem. Am Ausgang Q stehen Taktimpulse zur Verfügung. Die Impulszeit ist mit R_T, die Pausenzeit mit R_1 einstellbar. Beide Potentiometer beeinflussen die Taktfrequenz.

6.3 Rechteckgeneratorschaltungen

6.3.1 Allgemeines

Unter Rechteckgeneratoren versteht man ganz allgemein elektronische Schaltungen zum Erzeugen von Rechteckimpulsen oder Rechteckschwingungen. Sie werden nicht mit LC-Schwingkreisen aufgebaut. Ihr Schwingverhalten beruht vielmehr darauf, daß die von den monostabilen Kippstufen her bekannten Kondensatorumladevorgänge dazu benutzt werden, den selbsttätigen Kippvorgang einzuleiten, der zum periodischen Hin- und Herkippen führt. Sie besitzen keinen stabilen Zustand, in dem sie verweilen. Man bezeichnet den Rechteckgenerator deshalb auch als astabilen[1]) Multivibrator. Eine Fremdansteuerung oder Triggerung wie beim Schmitt-Trigger oder der monostabilen

[1]) astabil, a (gr.) = nicht, astabil = nicht stabil

Kippstufe ist nicht erforderlich. Rechteckgeneratoren finden vielfältige Anwendungen in der Technik. Sie werden z. B. als Impulsgeber für Zähler, zur Steuerung von Schieberegistern, zum Aufbau von Blinkschaltungen, als Taktgeber usw. verwendet. Je nachdem, wo der Rechteckgenerator eingesetzt werden soll, werden unterschiedliche Anforderungen an die Frequenzkonstanz gestellt.
Der Rechteckgenerator wird auch als astabile Kippstufe, als astabiles Kippglied, als astabiler Multivibrator, als astabiler Vibrator oder englisch astable element bezeichnet.

6.3.2 Astabile Kippstufe

Die Abb. 6.38 zeigt die Schaltung der astabilen Kippstufe. Wenn man nur eine der beiden Transistorstufen V1 oder V2 mit dem zugehörigen RC-Glied und der Schutzdiode betrachtet, erinnert dieser Aufbau an die monostabile Kippstufe.

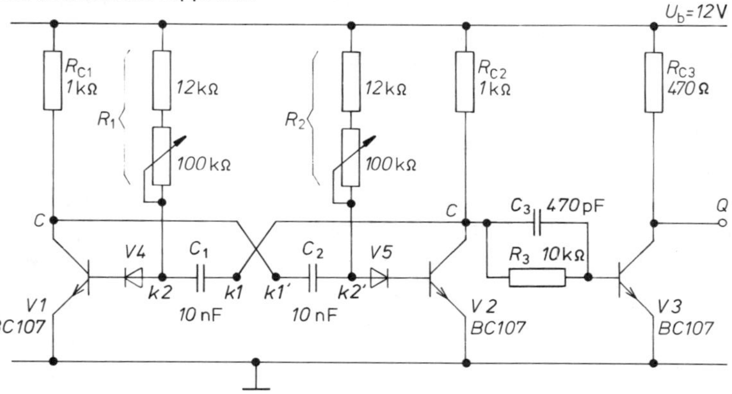

Abb. 6.38 Astabile Kippstufe mit nachgeschaltetem Verstärker

Ist die Zeit der einen Stufe abgelaufen, d. h. hat der zugehörige Transistor durchgeschaltet, wird der andere Transistor gesperrt usw. Im einzelnen geschieht folgendes: Transistor V1 sei gerade durchgesteuert worden, sein Kollektor führt 0-Signal. Der Schaltungspunkt k2' des Kondensators C_2 hat durch diesen Signalwechsel einen hohen negativen Wert von −10,6 V angenommen. Es beginnt die Umladung über den Widerstand R_2. Erst wenn der Schaltungspunkt k2' einen Spannungswert von +1,4 V erreicht hat, steuert Transistor V2 durch und sein Kollektor wechselt das Signal von 1 auf 0. Dieses auftretende 0-Signal bewirkt nun, daß der Schaltungspunkt k2 des Kondensators C_1 einen negativen Wert von −10,6 V annimmt. Jetzt sperrt der Transistor V1. An seinem Kollektor wechselt das Signal von 0 auf 1. Die Umladung des Kondensators C_1 über den Widerstand R_1 beginnt. Erreicht nun der Schaltungspunkt k2 den Spannungswert +1,4 V, steuert der Transistor V1 durch und der Kollektor geht wieder in den 0-Zustand. Dadurch wird über C_2 der Transistor V2 gesperrt. Das Wechselspiel wiederholt sich.
Während der Laufzeit t_{i1} des Transistors V1 erscheint am Kollektor 1-Signal. Die Laufzeit errechnet sich nach der Formel:

$$t_{i1} = 0{,}7 \cdot R_1 \cdot C_1$$

Entsprechend gilt für die Laufzeit t_{i2} des Transistors V2:

$$t_{i2} = 0{,}7 \cdot R_2 \cdot C_2$$

Bei gleich großen Kondensatoren und übereinstimmenden Werten der Widerstände R_1 und R_2 liefert die Schaltung eine Rechteckspannung mit dem Impuls-Pausen-Verhältnis 1 : 1 und der Frequenz:

$$f = \frac{1}{t_{i1} + t_{i2}}$$

$$f = \frac{1}{0{,}7 \cdot R_1 \cdot C_1 + 0{,}7 \cdot R_2 \cdot C_2}$$

$$f = \frac{1}{0{,}7 \cdot (R_1 \cdot C_1 + R_2 \cdot C_2)}$$

Für den Fall, daß $R_1 = R_2$ und $C_1 = C_2$ ist, vereinfacht sich die Formel zur Berechnung der Rechteckfrequenz:

$$f = \frac{1}{1{,}4 \cdot R \cdot C}$$

Wenn man die Laufzeiten unabhängig voneinander bemessen will, muß gewährleistet sein, daß sich die Kondensatoren in den Pausen jeweils über die Kollektorwiderstände R_{C1} und R_{C2} wieder aufladen können. Folgende Bedingungen müssen erfüllt sein:

Die Laufzeit t_{i1} muß größer sein als die Wiederaufladezeit $t_{rec\,1}$.

$$t_{i1} > t_{rec\,1}, \quad t_{i1} > 5 \cdot R_{C1} \cdot C_2$$

Die Laufzeit t_{i2} muß größer sein als die Wiederaufladezeit $t_{rec\,2}$.

$$t_{i2} > t_{rec\,2}, \quad t_{i2} > 5 \cdot R_{C2} \cdot C_1$$

Bei der Berechnung wurde davon ausgegangen, daß die Aufladung des Kondensators nach 5 Zeitkonstanten ($5 \cdot R \cdot C$) als beendet angesehen werden kann.

Ein Impuls-Pausen-Verhältnis von 10 : 1 oder 1 : 10 kann noch durch Wahl der Widerstands- und Kapazitätswerte erreicht werden. Ein Impuls-Pausen-Verhältnis von 100 : 1 oder 1 : 100 ist nur noch möglich, wenn auch die Kollektorwiderstände R_{C1} und R_{C2} unterschiedlich gewählt werden, denn hierdurch werden die Wiederaufladezeiten beeinflußt. Die Widerstände R_1 bzw. R_2 dürfen weder zu klein noch zu groß gewählt werden. Ein zu kleiner Widerstandswert hat einen zu hohen Basisstrom zur Folge, während ein zu großer Widerstand den Transistor nicht mehr ausreichend sicher ansteuert (siehe auch 3.1.2.3). Als Faustregel kann man sich merken, daß das Widerstandsverhältnis $R_1 : R_{C1}$ bzw. $R_2 : R_{C2}$ nicht kleiner als 10 : 1 sein sollte, will man erreichen, daß der Generator nach Anlegen der Versorgungsspannung auch sicher anläuft.

Durch das Wiederaufladen der Kondensatoren über die Kollektorwiderstände gehen die Kollektorspannungen nicht sprunghaft, sondern nach der e-Funktion auf H-Potential. Um eine saubere Rechteckspannung zu erhalten, die keine Verschleifung zeigt, wird dem Rechteckgenerator eine weitere Verstärkerstufe nachgeschaltet. Der Kondensator C_3 sorgt für beschleunigtes Durchschalten des Transistors V3.

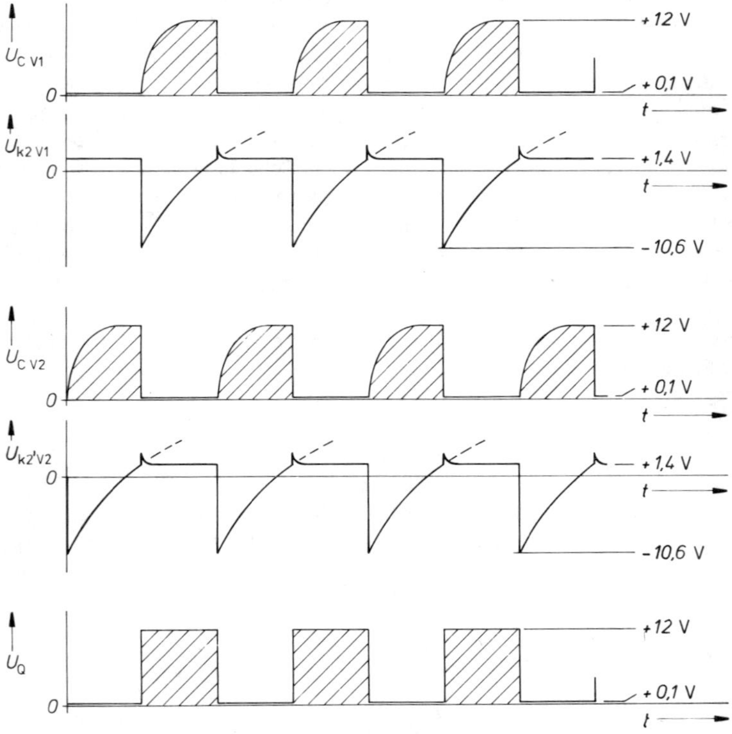

Abb. 6.39 Impulsdiagramm zur astabilen Kippstufe nach Abb. 6.38

Auf den zusätzlichen Transistor V3 der Abb. 6.38 kann auch verzichtet werden, wenn der astabilen Kippstufe der Widerstand R_3 und die Diode V3 zugeschaltet werden (Abb. 6.40).
Das Nachladen des Kondensators C_1 während der Sperrphase des Transistors V2 wird jetzt nicht mehr von R_{C2}, sondern von R_3 übernommen, denn der Ladestrom verursacht einen Spannungsabfall über R_3, so daß die Spannung am Schaltungspunkt x unter der Spannung am unbelasteten Ausgang Q liegt. Die Diode V3 sperrt, Q kann schlagartig 1-Signal annehmen.
Für den Zeitabschnitt, in dem V2 leitet, fließt über die Widerstände R_3 mit anschließender Diode und R_{C2} der Kollektorstrom I_{C2} zu fast gleichen Teilen, so daß die Widerstandswerte im Vergleich zu R_{C1} höher liegen können. Die Umladung des Kondensators C_1 erfolgt über den Widerstand R_1, die Diode V3 und den durchgesteuerten Transistor V2.
Wegen der hier verwendeten Betriebsspannung von nur 6 V können die sonst vor den Basen liegenden Dioden entfallen.

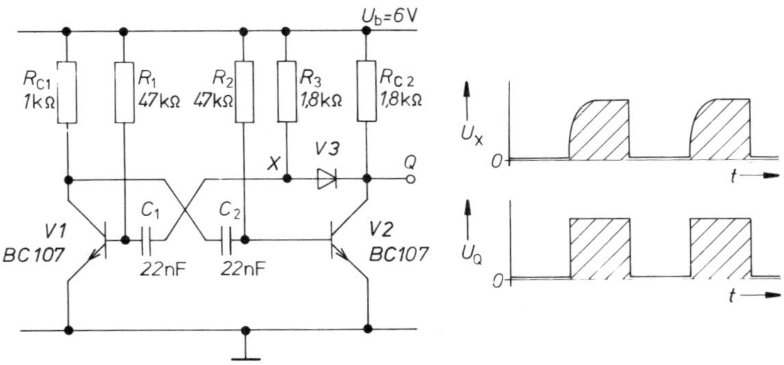

Abb. 6.40 Astabile Kippstufe mit verbesserter Ausgangsspannungsform

6.3.2.1 Rechenbeispiele zur astabilen Kippstufe

a) Für eine Schaltfunktion wird eine Rechteckfrequenz von 1000 Hz benötigt. Die Impulszeit soll gleich der Pausenzeit sein. Die Schleifer der zeitbestimmenden Stellwiderstände befinden sich etwa in Mittelstellung, so daß zunächst mit einem Widerstandswert von 50 kΩ gerechnet werden kann (Abb. 6.38).
Da das Impuls-Pausen-Verhältnis 1 : 1 beträgt, vereinfacht sich die Ausgangsformel:

$$f = \frac{1}{1{,}4 \cdot R_{1,2} \cdot C_{1,2}};$$

nach C umgestellt ergibt:

$$C_{1,2} = \frac{1}{1{,}4 \cdot R_{1,2} \cdot f} = \frac{1}{1{,}4 \cdot 50 \cdot 10^3\ \Omega \cdot 1 \cdot 10^3\ \text{Hz}} = 0{,}0143\ \mu\text{F}$$

Gewählt wird für $C_1 = C_2$ ein Wert von 15 nF. Da der gewählte Kapazitätswert (Normreihe) vom errechneten abweicht, müssen auch die beiden Widerstandswerte verändert werden:

$$R_{1,2} = \frac{1}{1{,}4 \cdot C_{1,2} \cdot f} = \frac{1}{1{,}4 \cdot 15 \cdot 10^{-9}\ \text{F} \cdot 1 \cdot 10^3} = 47{,}6\ \text{k}\Omega$$

$$R_1 = R_2 = 47{,}6\ \text{k}\Omega$$

Beide Stellwiderstände müssen 47,6 kΩ − 12 kΩ = 35,6 kΩ aufweisen.

b) Das Ausgangssignal einer astabilen Kippstufe nach Abb. 6.38 soll eine Impulslänge von 2 ms und eine Pausenlänge von 0,5 ms besitzen. Die beiden Kondensatoren haben den Wert: $C_1 = C_2 = 47\,\text{nF}$. Auf welche Werte müssen die Widerstände R_1 und R_2 eingestellt werden, wenn das Signal am Kollektor des Transistors V 2 abgenommen wird?

Für die Impulszeit ist das vor dem Transistor V 2 liegende $R_2 - C_2$-Glied verantwortlich:

$$t_i = 0{,}7 \cdot R_2 \cdot C_2$$

$$R_2 = \frac{t_i}{0{,}7 \cdot C_2} = \frac{2 \cdot 10^{-3}\,\text{s}}{0{,}7 \cdot 47 \cdot 10^{-9}\,\text{F}} = 60{,}8\,\text{k}\Omega$$

Für die Pausenzeit ist das vor Transistor V 1 liegende $R_1 - C_1$-Glied verantwortlich:

$$t_P = 0{,}7 \cdot R_1 \cdot C_1$$

$$R_1 = \frac{t_P}{0{,}7 \cdot C_1} = \frac{0{,}5 \cdot 10^{-3}\,\text{s}}{0{,}7 \cdot 47 \cdot 10^{-9}\,\text{F}} = 15{,}2\,\text{k}\Omega$$

Das Signal am Kollektor des Transistors V 3 erscheint invertiert zum Signal am Kollektor V 2, d. h. $t_i = 0{,}5$ ms und $t_P = 2$ ms.

6.3.3 Schaltzeichen der astabilen Kippstufe

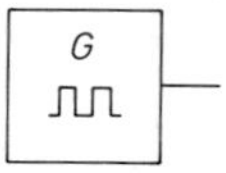

Abb. 6.41 Schaltzeichen der astabilen Kippstufe

Das Rechtecksymbol im Schaltzeichen kann entfallen, wenn die Impulsform offensichtlich ist. An das Schaltzeichen können auch Steuereingänge geführt werden.

Über das Tastverhältnis t_i/t_P sowie die Frequenz $f = \frac{1}{T}$ des Rechteckimpulses macht das Schaltzeichen keine Aussage.

6.3.4 Astabile Kippstufen mit NAND-Gattern

6.3.4.1 Astabile Kippstufe mit zwei NAND-Gattern

Die als Inverter geschalteten NAND-Gatter arbeiten, ähnlich wie die Transistoren, in der Standardschaltung.

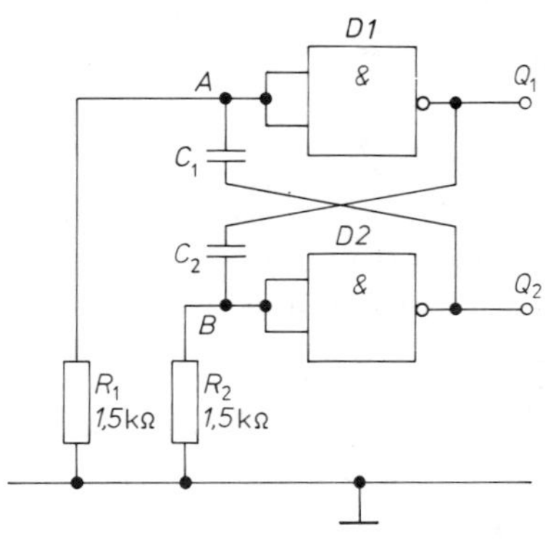

Abb. 6.42 Astabile Kippstufe mit der IS 7400

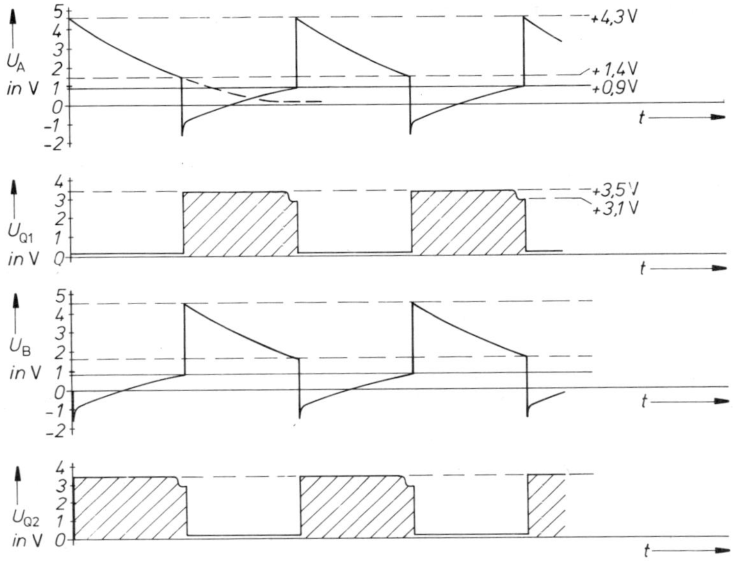

Abb. 6.43 Spannungsverläufe zu den benannten Schaltungspunkten der Abb. 6.42

Es sei angenommen, der Schaltungspunkt A befinde sich im 1-Zustand. Dann führt Q_1 und B 0-Signal, während Q_2 auf 1-Signal liegt. Über R_1 wird der Kondensator C_1 umgeladen, die Spannung am Schaltungspunkt A fällt nach der e-Funktion. Erreicht sie den Umschaltpegel des Gatters, der etwa bei +1,4 V liegt, nimmt Q_1 1-Signal an (3,5 V). Der Kondensator C_2 wurde in dieser Zeit durch den aus dem Gatter kommenden Strom, der bei 0-Signal am Eingang mit etwa 1 mA fließt, auf 0,8 V geladen. Diese Spannung liegt jetzt in Reihe zu der 1-Ausgangsspannung des NAND-Gatters D 1, wodurch der Schaltungspunkt B auf die Spannung 3,5 V + 0,8 V = 4,3 V angehoben wird. Der Ausgang Q_2, an dem 3,1 V liegen, nimmt 0-Signal (0,1 V) an. Dieser Spannungssprung um 3 V verursacht über C_1 einen Spannungsrückgang auf 1,4 V − 3 V = −1,6 V, wodurch der 0-Zustand am Schaltungspunkt A bestätigt wird. Die Gattereingangsdioden lassen Spannungen über −0,7 V nicht zu, so entsteht nur ein nach −1,6 V gehender Nadelimpuls. Durch den aus dem Gatter fließenden Strom wird der Kondensator C_1 von −0,7 V an zunehmend geladen, wodurch der Schaltungspunkt A wieder positiv wird. Gleichzeitig fällt die Spannung am Schaltungspunkt B, weil der Kondensator C_2 über den Widerstand R_2 umgeladen wird. Bei Erreichen des Umschaltpegels von 1,4 V kippt die Schaltung erneut in die andere Lage usw.

Der Abb. 6.43 sind die Spannungsverläufe zu den benannten Schaltungspunkten zu entnehmen. Die Frequenz der Rechteckschwingung am Ausgang Q_1 bzw. Q_2 kann angenähert nach der Beziehung

$$f \approx \frac{1}{2 \cdot R \cdot C}$$

berechnet werden.

6.3.4.2 Astabile Kippstufe mit sicherem Anschwingverhalten

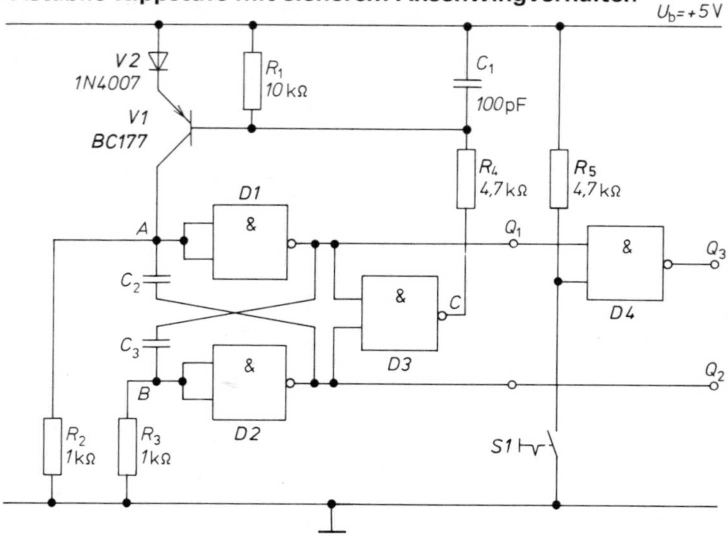

Abb. 6.44 Astabile Kippstufe mit NAND-Gattern; Anschwinghilfe über D 3 und V 1

Die unter 6.3.4.1 beschriebene astabile Kippstufe hat den Nachteil, daß bei symmetrischem Aufbau die Schaltung nicht immer sicher anschwingt, d. h. beide Eingänge (A und B) bleiben auf 0-Signal. Durch die zusätzliche Beschaltung mit dem NAND-Gatter D 3 und dem Transistor V 1 wird eine Anschwinghilfe gegeben, die folgendermaßen arbeitet: Bleiben die Schaltungspunkte A und B auf 0-Signal, führen die Ausgänge Q_1 und Q_2 1-Signal, so daß der Ausgang des NAND-Gatters D 3 0-Signal annimmt. Über den Widerstand R_4 fließt Basisstrom, der Transistor V 1 steuert durch und legt den Schaltungspunkt A auf 1-Signal.

Q_1 nimmt 0-Signal an, und der Schaltungspunkt C steigt auf 1-Signal, Transistor V 1 schaltet ab. Die Ladungsmenge, die der Kondensator C_2 über V 1 erhielt, wird abgebaut, und A erreicht wieder den 0-Zustand. Q_1 steigt auf 1-Signal, und über C_3 erhält auch B 1-Signal; über Q_2 wird der 0-Zustand an A bestätigt. Die Kippstufe kann anschwingen.

Da die Ausgänge stets entgegengesetzte Signalzustände führen, nimmt der Schaltungspunkt C 1-Signal an (3,6 V), der Transistor V 1 sperrt. Damit während der kurzen Umschaltphasen, in denen Q_1 z. B. noch 1-Signal und Q_2 schon 1-Signal führt, der Transistor nicht anspricht, leitet der Kondensator C_1 diese kurzen Impulse ab.

Durch den Schalter S 1 kann der Ausgang Q_3 abgeschaltet werden. Er erhält bei geschlossenem Schalter ein „Dauer-High-Signal".

6.3.4.3 Start-Stop-Oszillator mit gegenphasigen Ausgängen

Der Oszillator schwingt, wenn der Schalter S 1 1-Signal auf den Steuereingang des NAND-Gatters D1 gibt (Abb. 6.45).

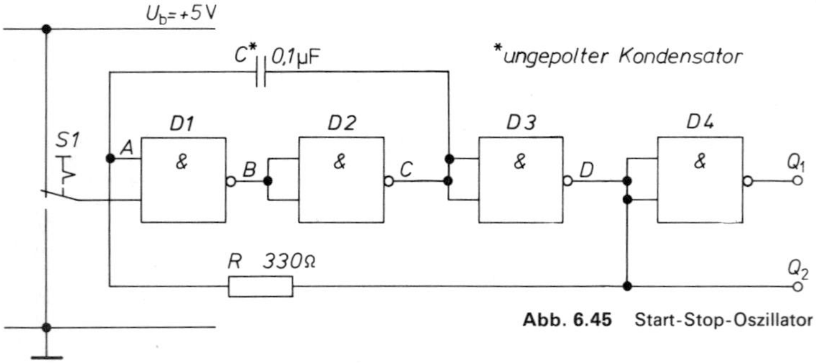

Abb. 6.45 Start-Stop-Oszillator mit der IS 7400

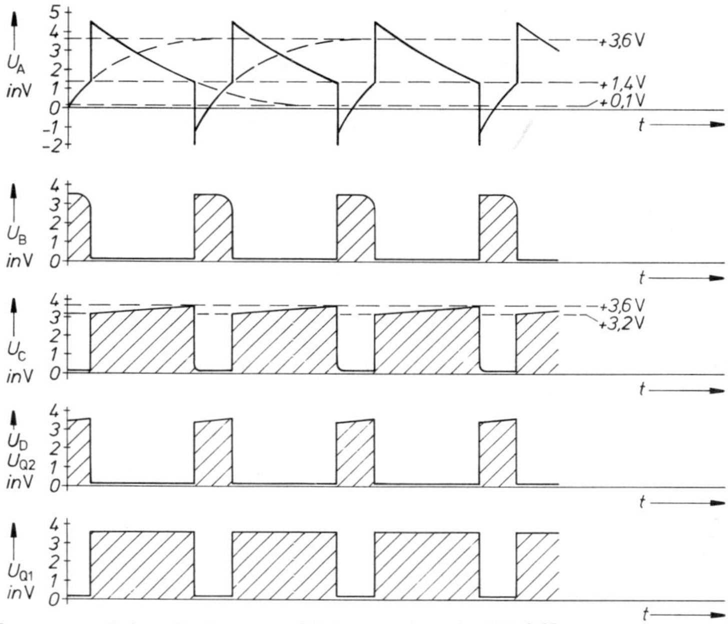

Abb. 6.46 Spannungsverläufe zu den benannten Schaltungspunkten der Abb. 6.45

Es sei angenommen, der Schaltungspunkt C befinde sich im 0-Zustand (0,1 V). Dann führt D 1-Signal (3,6 V), und über den Widerstand *R* wird der Kondensator *C* so weit geladen, bis der bei 1,4 V liegende Umschaltpegel des Gatters erreicht ist. Die Kondensatorspannung beträgt dann 1,4 V − 0,1 V = 1,3 V. Das NAND-Gatter D 1 schaltet, so daß B 0-Signal annimmt. Daraufhin schaltet auch das Gatter D 2, und der Ausgang C geht auf 1-Signal (3,2 V). Wegen der noch vorhandenen Kondensatorspannung nimmt der Schaltungspunkt A die Spannung 3,2 V + 1,3 V = 4,5 V an, wodurch das 1-Signal an A unterstützt wird. Da D jetzt 0-Signal führt (0,1 V), wird der Kondensator *C* über den Widerstand *R* entladen, bis der Umschaltpegel von 1,4 V wieder erreicht ist. Die Kondensatorspannung beträgt in diesem Augenblick 3,6 V − 1,4 V = 2,2 V. Der Ausgang des NAND-Gatters D 1 geht auf 1-Signal und der Ausgang des NAND-Gatters D 2 auf 0-Signal (0,1 V). Dadurch nimmt der Schaltungspunkt A die Spannung +0,1 V − 2,2 V = −2,1 V an und unterstützt den 0-Zustand des Eingangsgatters. Diese negative Spannung wird durch die im Gattereingang befindlichen Dioden begrenzt. Der Schaltungspunkt C nimmt wieder 0-Signal an, und der Kondensator wird erneut über den Widerstand *R* geladen usw. Der Abb. 6.46 sind die Spannungsverläufe zu den benannten Schaltungspunkten zu entnehmen.

Die Frequenz der Rechteckschwingung am Ausgang Q_1 bzw. Q_2 kann angenähert nach der Beziehung

$$f \approx \frac{1}{2 \cdot R \cdot C}$$

berechnet werden.

Nachteilig ist, daß das Impuls-Pausen-Verhältnis nicht beeinflußt werden kann.

6.3.5 Quarzoszillator als Taktgeber

6.3.5.1 Allgemeines

Für die verschiedensten Anwendungen im Bereich der Digitaltechnik werden frequenzgenaue Taktgeneratoren verlangt. Eine hohe Genauigkeit läßt sich mit freischwingenden mechanischen Systemen erzielen, wie dem Pendel, der Stimmgabel oder einem Quarzkristall. Der Quarz wird anschließend behandelt.

Eine an einen Quarzkristall angelegte Spannung führt über den piezoelektrischen[1]) Effekt zu einer mechanischen Verformung. Nach Wegnahme der Spannung schwingt der Quarzkristall in seine Ausgangslage zurück und gibt wieder über den piezoelektrischen Effekt eine Spannung ab. Stimmt nun die Frequenz der zugeführten Spannung mit der Eigenfrequenz des Quarzkristalls genau überein, schaukelt sich dieser Vorgang auf. Schwinggünstig befestigte und mit Elektroden versehene Quarzkristalle bezeichnet man als Schwingquarze. Die Frequenz, mit der der Quarz schwingt, wird von seinen mechanischen Abmessungen bestimmt. Da sich die Abmessungen bei konstanter Temperatur nicht verändern, kann man den Schwingquarz als frequenzbestimmendes Element in Oszillatorschaltungen[2]) verwenden.

6.3.5.2 Ersatzschaltbild des Schwingquarzes

Der Schwingquarz verhält sich wie ein aus einer Induktivität L und einer Kapazität C aufgebauter elektrischer Resonanzkreis hoher Güte bzw. kleiner Dämpfung.

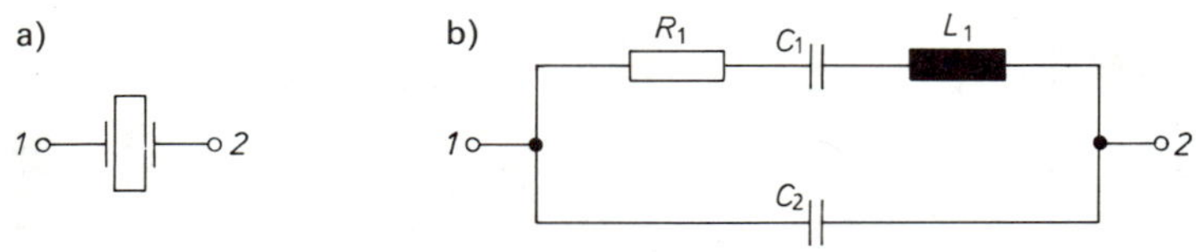

Abb. 6.47 a) Schaltzeichen und b) Ersatzschaltbild eines Schwingquarzes

R_1 = Verlustwiderstand des Quarzes
C_1 = Quarzkapazität
C_2 = Halterungs- und Elektrodenkapazität
L_1 = Quarzinduktivität

Dem Ersatzschaltbild Abb. 6.47b) ist zu entnehmen, daß der Schwingquarz sowohl allein im oberen Zweig in Serienresonanz (f_{os}) als auch in Parallelresonanz (f_{op}) betrieben werden kann. Beide Frequenzen unterscheiden sich geringfügig voneinander. Über den Resonanzanfall entscheidet die Schaltung, in der der Schwingquarz arbeitet.

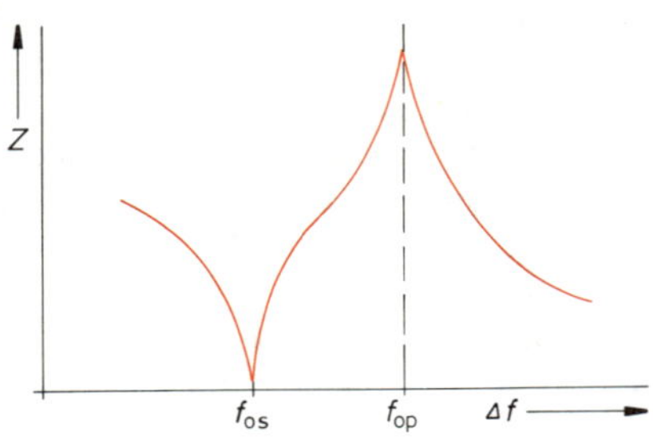

Abb. 6.48 Serien- und Parallelresonanz eines Schwingquarzes

$$\text{Serienresonanz: } f_{os} = \frac{1}{2\pi\sqrt{L_1 \cdot C_1}}$$

$$\text{Parallelresonanz: } f_{op} = \frac{1}{2\pi\sqrt{L_1 \cdot C_1}} \sqrt{1 + \frac{C_1}{C_2}}$$

[1]) Piezoelektrizität von piezein (gr.) = drücken; durch Druck oder Zug entsteht an bestimmten Kristallen eine elektrische Ladung und durch Anlegen einer elektrischen Spannung entsteht Druck oder Zug

[2]) oszillare (lat.) = schwingen

In einem kleinen Bereich läßt sich die Frequenz (f_{os}, f_{op}) des Schwingquarzes verändern (ziehen), wenn in Serie zu ihm ein Kondensator C_s geschaltet wird.

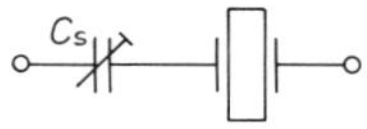

$C_s \gg C_1$

Abb. 6.49 Geringfügige Veränderung der Schwingquarzfrequenz f_{os} durch den Trimmer C_s

Mit C_s gilt für den in Serienresonanz schwingenden Quarz die Resonanzfrequenz:

$$f_s = \frac{1}{2\pi\sqrt{L_1 \cdot C_1}} \sqrt{1 + \frac{C_1}{C_2 + C_s}}$$

Die Güte Q_0 eines Quarzes ist im Vergleich zu LC-Schwingkreisen sehr hoch:

$$Q_0 = \frac{\omega_0 \cdot L_1}{R_1} \approx 10^4 \ldots 10^6 \qquad \omega_0 = 2\pi f_0$$

6.3.5.3 Frequenztoleranz des Schwingquarzes

Neben der Nennfrequenz ist die Frequenztoleranz eine wichtige Kenngröße des Schwingquarzes. Bedingt durch die Abgleichgenauigkeit (Schleifgenauigkeit) und den Temperaturkoeffizienten des Quarzes wird die innerhalb des Arbeitstemperaturbereiches zugelassene relative Frequenzablage vom Sollwert als Frequenztoleranz $\Delta f / f$ bezeichnet.

Beispiel Frequenztoleranz $\frac{\Delta f}{f} = \pm 1{,}5 \cdot 10^{-6}$ innerhalb von $-10\,°C$ bis $+40\,°C$

Bei einer Nennfrequenz von 6553,6 kHz und einer Frequenztoleranz von $\frac{\Delta f}{f} = 1{,}5 \cdot 10^{-6}$ innerhalb des Arbeitstemperaturbereichs ergibt sich eine Frequenzablage Δf von:

$$\Delta f = \pm 6553{,}6 \cdot 10^3\ \text{Hz} \cdot 1{,}5 \cdot 10^{-6}$$
$$\Delta f = \pm 9830{,}4 \cdot 10^{-3}\ \text{Hz}$$
$$\Delta f = \pm 9{,}8304\ \text{Hz}$$

Die Frequenzablage Δf verringert sich weiter, wenn der Schwingquarz unter gleichbleibender Umgebungstemperatur, d. h. in einem Thermostat, oder in seinem Umkehrpunkt der Frequenz-Temperaturkurve betrieben wird.
Bezüglich der Frequenzgenauigkeit ist der Betrieb in Serienresonanz etwas günstiger als der in Parallelresonanz, weil bei der Parallelresonanz die Schaltkapazitäten zusätzlich eingehen.

6.3.5.4 Allgemeines zum Oszillator

Um den Quarz zu Eigenschwingungen anzuregen, bedarf es einer schwingfähigen Schaltung.

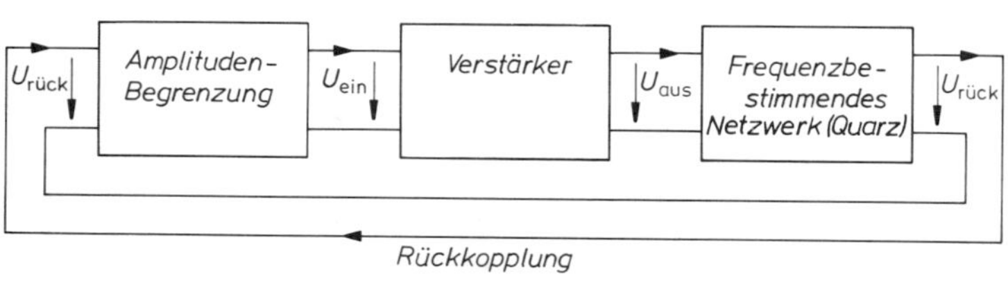

Abb. 6.50 Blockschaltbild eines Oszillators mit zweistufigem Verstärker

Bei genügend starker Rückkopplung und Verstärkung reichen bereits kleinste Änderungen im Betriebszustand aus, die Selbsterregung des Oszillators einzuleiten. Änderungen des Betriebszustandes werden z. B. durch Rausch- oder Störspannungen, insbesondere aber durch das Anlegen der Versorgungsspannung, hervorgerufen.

Wird von der Oszillatorschaltung ein sinusförmiges Ausgangssignal gefordert, ist eine Amplitudenbegrenzung vorzusehen. Da Oszillatorschaltungen zum Ansteuern digitaler Systeme möglichst rechteckförmige Spannungen abgeben sollen, wird hier auf die Amplitudenbegrenzung verzichtet. Die Transistoren werden über den ganzen Kennlinienbereich ausgesteuert, man erhält eine hohe Ausgangsspannung.

6.3.5.5 Quarzoszillatorschaltungen

6.3.5.5.1 Schaltung mit einem zweistufigen Transistorverstärker

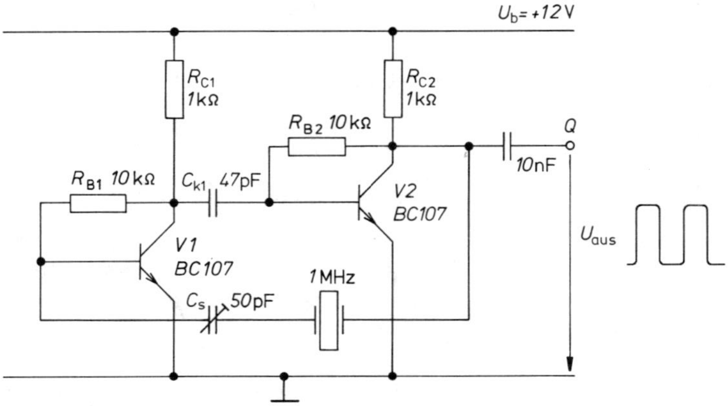

Abb. 6.51 Quarzoszillator mit zwei Verstärkerstufen in Emitterschaltung

Der im Rückkopplungszweig liegende Quarz wirkt wie ein Reihenschwingkreis und stellt im Resonanzfall einen niederohmigen Widerstand zwischen Verstärkerausgang und Verstärkereingang her. Da jede Stufe die Phase um 180° dreht, ist über zwei Stufen die Phasenbedingung zur Selbsterregung erfüllt.

Durch die Frequenztoleranz des Schwingquarzes bedingt, wird die am Ausgang Q angebotene Frequenz geringfügig von seiner Nennfrequenz abweichen. Mit Hilfe des Trimmers C_s und eines Frequenzmessers läßt sich die Schaltung dann genau auf 1 MHz abgleichen. Soll anstelle des 1-MHz-Quarzes z. B. ein 100-kHz-Quarz verwendet werden, muß der Kondensator C_{k1} auf 10 nF erhöht werden.

Saubere Rechtecksignale erhält man, wenn dem Quarzoszillator eine Impulsformerstufe (Schmitt-Trigger) nachgeschaltet wird.

6.3.5.5.2 Schaltung mit TTL-Bausteinen

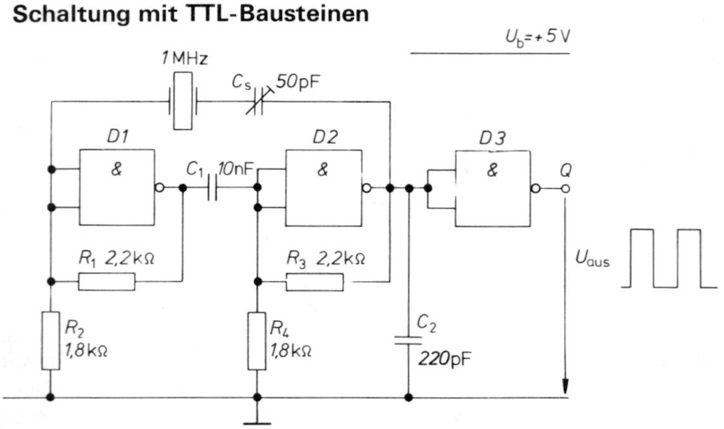

Abb. 6.52 Quarzoszillator mit drei NAND-Stufen

Bei der in TTL-Technik mit der IS 7400 aufgebauten Oszillatorschaltung schwingt der Quarz in Serienresonanz. Da die NAND-Stufen nicht unmittelbar für Verstärkeranwendung geeignet sind, werden die beiden Stufen D1 und D2 stark gegengekoppelt, wodurch der Arbeitspunkt jeweils in den Analogbereich der Übertragungskennlinie verlegt wird; das ist der Bereich zwischen den Signalzuständen H und L.
Der Kondensator C_2 soll verhindern, daß der Quarz auf der 3. oder 5. Harmonischen zu schwingen beginnt. Dem Oszillator ist die NAND-Stufe D3 nachgeschaltet, womit eine TTL-gemäße Anpassung an Folgestufen möglich wird.
Die drei NAND-Stufen arbeiten als Inverter.

6.3.5.5.3 Schaltung mit CMOS-Bausteinen

Oszillatorschaltung mit einem Niederfrequenzquarz (32,768 kHz)

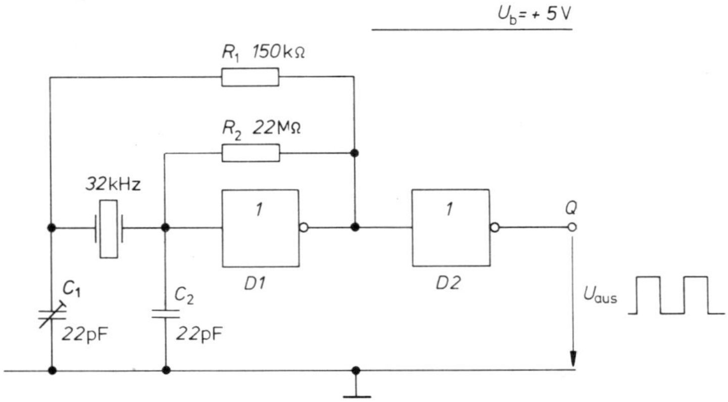

Abb. 6.53 CMOS-Quarzoszillator mit zwei Invertern (2/3 MC 14007) nach Motorola Unterlagen

Niederfrequenzquarze werden nicht als Dickenschwinger, sondern als Biegeschwinger[1]) gefertigt. Damit erreicht man auch in diesem Frequenzbereich relativ kleine Abmessungen für den Schwingquarz.
Der Gegenkopplungswiderstand R_2 legt den Arbeitspunkt in den mittleren Bereich der Übertragungskennlinie, wodurch der Inverter D1 zum Analogverstärker wird. Der Quarzoszillator arbeitet in *Collpits-Schaltung*, wobei der fast in Parallelresonanz erregte Quarz als Induktivität wirkt, die mit der Reihenschaltung der beiden Kondensatoren C_1 und C_2 in Resonanz kommt. Mit Hilfe des Trimmkondensators C_1 kann die Frequenz geringfügig verändert werden.
Diese besonders in der Uhrenindustrie eingesetzte Quarzoszillatorschaltung ist auch noch bei kleinsten Versorgungsspannungen (1,2 V) schwingfähig, wenn Transistoren mit kleiner Schwellenspannung eingesetzt werden. Die Oszillatorfrequenz kann in 15 hintereinandergeschalteten Flipflops auf 32768 Hz: $2^{15} = 1$ Hz heruntergeteilt werden. Damit stehen Impulse zur Verfügung, deren Abstände genau 1 Sekunde betragen.

6.4 Bistabile Kippstufe

6.4.1 Allgemeines

Die bistabile[2]) Kippstufe wird auch als Speicherstufe, bistabiler Multivibrator, bistabiler Vibrator, Flipflop oder englisch als bistable element bezeichnet.
Der Ausgang einer bistabilen Kippstufe hat, wie der Name sagt, zwei stabile Zustände: H oder L.

---

[1]) Je nach Art der Deformation beim Schwingen unterscheidet man zwischen Biegung (Biegeschwinger), Dehnung (Dehnungsschwinger) und Scherung (Dickenscherschwinger, Dickenschwinger)
[2]) bistabil von bi... (lat.) = zwei; stabil (lat.) = beständig

Eingangssignale bestimmen, welcher der beiden Zustände angenommen wird, und im Gegensatz zur monostabilen oder astabilen Kippstufe bleibt der einmal angenommene Ausgangszustand auch nach Wegnahme des steuernden Eingangssignals erhalten, d.h. gespeichert. Diese Speicherung kann über eine beliebig lange Zeit erhalten bleiben, wenn nicht die Versorgungsspannung unterbrochen wird.
Das Einspeichern bezeichnet man auch als Setzen (engl. = to set) und das Löschen als Rücksetzen (engl. = to reset), abgekürzt S und R.

6.4.2 Aufbau und Wirkungsweise

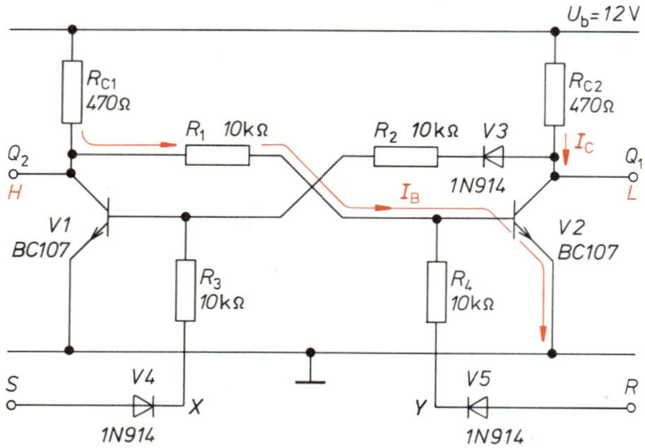

Abb. 6.54 Bistabile Kippstufe mit Vorzugslage

Werden zwei NICHT-Stufen so miteinander verbunden, daß der Ausgang der einen Stufe auf den Eingang der anderen Stufe zurückgeführt wird und entsprechend umgekehrt, so entsteht eine bistabile Kippstufe. Da der Schaltungsaufbau symmetrisch ist, wird nach Anlegen der Versorgungsspannung keine eindeutige Vorzugslage eingenommen. Um dies zu erreichen, enthält der eine Rückkopplungszweig die Diode V3 (Abb. 6.54).
Nach dem Einschalten der Versorgungsspannung wird die Basis des Transistors V2 über die Widerstände R_{C1} und R_1 sofort angesteuert, V2 schaltet durch. Die Basis des Transistors V1 wird über den Widerstand R_{C2}, über die Diode V3 und den Widerstand R_2 versorgt. Die Diode V3 verzögert mit ihrem Schwellenspannungswert von 0,7 V nach dem Einschalten das sofortige Durchsteuern des Transistors V1. Der Transistor V2 führt somit schon zeitlich früher Basisstrom als V1. Der Ausgang Q_1 nimmt 0-Signal an und verhindert damit, daß in den Transistor V1 noch Basisstrom fließen kann. V1 bleibt gesperrt, und Q_2 führt 1-Signal.
Die Diode V3 ist allerdings dann unwirksam, wenn die Versorgungsspannung einer niederohmigen Spannungsquelle entnommen wird. In diesem Fall erreicht die Versorgungsspannung nach dem Einschalten so schnell ihren Höchstwert, daß die Verzögerung über die Diode V3 ohne Einfluß bleibt. Die Vorzugslage wird dann durch den schnelleren Transistor und noch vorhandene Schaltungsunsymmetrien bestimmt. Man könnte eventuell eine Vorzugslage durch kapazitive Ansteuerung einer Basis erreichen.

Setzen der bistabilen Kippstufe (Einspeichern)

Der Transistor V1 wird über den Setzeingang S mit 1-Signal angesteuert. Es kommt ein Basisstrom über die Eingangsdiode V4, den Widerstand R_3 und die Basis-Emitter-Strecke des Transistors V1 zustande. Der Transistor V1 steuert durch, und der Ausgang Q_2 nimmt 0-Signal an. Dieses 0-Signal sperrt über R_1 den Transistor V2. Sein Ausgang Q_1 steigt auf 1-Signal. Somit wird über V3 und R_2

die Basis des Transistors V1 zusätzlich zum ursprünglichen Eingangssignal angesteuert, die Rückkopplung wirkt unterstützend (Mitkopplung). Wenn jetzt das Eingangssignal entfernt wird, bleibt der Schaltzustand erhalten. Am Ausgang Q_1 steht 1-Signal am Ausgang Q_2 0-Signal. Die Kippstufe ist gesetzt worden. Zum Einspeichern ist ein kurzer Impuls am Eingang S ausreichend, um Q_1 auf 1-Signal zu bringen. Durch eine Signaländerung am S-Eingang kann der Ausgangszustand nicht mehr verändert werden.

Rücksetzen der bistabilen Kippstufe (Löschen)

Die Funktion des Rücksetzens entspricht der des Setzens. Ein 1-Signal steuert über den Eingang *R* den Transistor V2 an. Der Ausgang Q_1 führt 0-Signal. Der Transistor V1 sperrt, und der Ausgang Q_2 geht auf 1-Signal. Dieses 1-Signal unterstützt wieder das Eingangslöschsignal. Auch dieser Zustand bleibt erhalten, wenn das Rücksetz- oder Löschsignal vom Eingang entfernt wird.

Gleichzeitiges Setzen und Rücksetzen der bistabilen Kippstufe

In diesem Betriebsfall werden beide Transistoren angesteuert. Beide Ausgänge führen dann 0-Signal. Nach Wegnahme der Eingangssignale wird der Zustand gespeichert bleiben, von dessen Eingang zuletzt das 1-Signal genommen wurde. Werden die Eingangssignale völlig gleichzeitig entfernt, legt eine vorhandene Schaltungsunsymmetrie oder eine Unsymmetrie im Schaltverhalten der Transistoren das Ausgangssignal fest.

Da dieser Ausgangszustand undefiniert ist, sollte das gleichzeitige Ansteuern beider Eingänge unterbleiben.

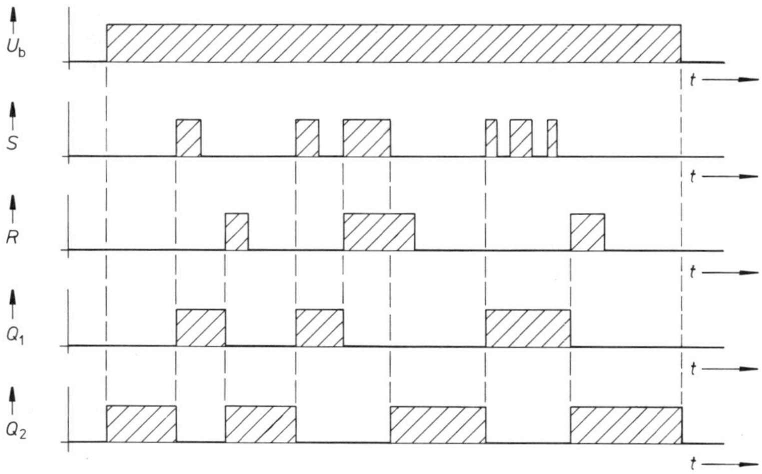

Abb. 6.55 Impulsdiagramm der bistabilen Kippstufe nach Abb. 6.54 bei willkürlicher Signalfolge an den Eingängen S und R

6.4.3 Schaltzeichen der bistabilen Kippstufe

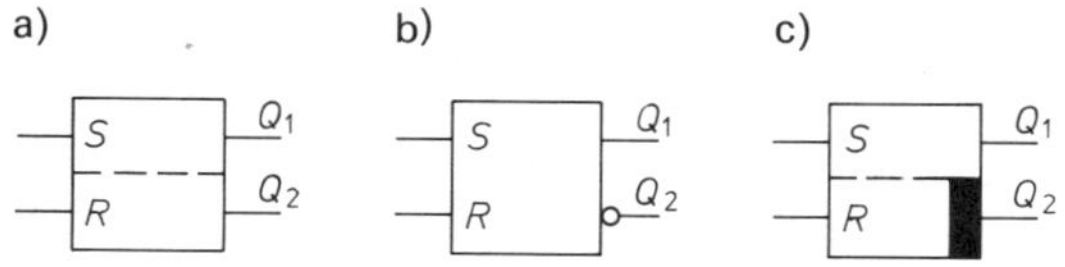

Abb. 6.56 Verschiedene Schaltzeichen der bistabilen Kippstufe

Zu Abb. 6.56:

a) Der Informationsfluß verläuft parallel zur gestrichelten Linie von links nach rechts. Signalzustand H oder 1 am Eingang des Feldes verursacht Zustand H oder 1 am Ausgang des gleichen Feldes und Zustand L oder 0 am Ausgang des anderen Feldes. Die Ausgänge nehmen stets gegensätzliche Pegel an.
b) Wird Platz für Eintragungen gebraucht, kann auf die gestrichelte Linie auch verzichtet werden. In diesem Fall muß das Negationszeichen so angeordnet werden, daß die Ausgangssignale für den Zustand nach dem Setzen gezeigt werden ($S = 1$, $Q_1 = 1$, $Q_2 = 0$).
c) Der gekennzeichnete Ausgang (schwarzer Balken) hat in der Grundstellung (Zustand nach Einschalten der Versorgungsspannung bei L- oder 0-Signal an den Eingängen) den Zustand H oder 1.

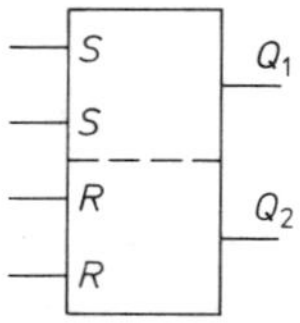

Abb. 6.57 Schaltzeichen der bistabilen Kippstufe mit ODER-verknüpften Setz- und Rücksetzeingängen

Es ist nicht notwendig, eine ODER-Verknüpfung zwischen Eingängen derselben Art durch ein Schaltzeichen darzustellen. Die hier gezeigte ODER-Verknüpfung könnte z. B. so verwirklicht werden, daß an die Schaltungspunkte x und y der Schaltung nach Abb. 6.54 jeweils eine weitere Diode angeschlossen wird.

6.4.4 Schaltungsbeispiel: Gegenseitige Verriegelung

Der Aufbau einer Signalanlage erfordert, daß entweder nur die grüne Lampe H 1 oder die rote Lampe H 2 leuchtet. Die Betätigung soll über Taster erfolgen. Die kurzen Einschaltimpulse der Taster werden in bistabilen Kippstufen (nach Abb. 6.54) gespeichert. Sie steuern die zugehörigen Leistungsverstärker für die Lampen. Der Aufbau mit der notwendigen Verriegelung kann, wie in Abb. 6.58 dargestellt, durchgeführt werden. Die Einschaltsignale werden an die Setzeingänge, das Ausschaltsignal wird an die Löscheingänge der bistabilen Kippstufen gelegt. Die Ausgänge Q werden über Leistungsstufen auf die Lampen geschaltet. Zur Verriegelung ist der Ausgang Q jeder Kippstufe auf einen freien Löscheingang der anderen Kippstufe gelegt.

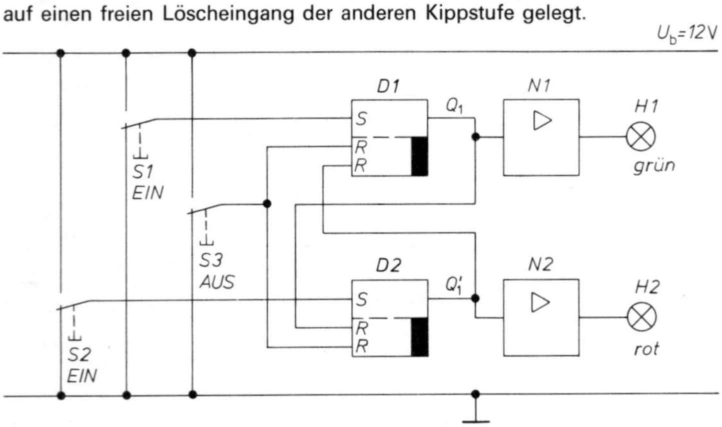

Logisches Verhalten der beiden Kippstufen

S	R	Q_1
1	0	1
0	1	0
0	0	Speicherung
1	1	0

Abb. 6.58 Lampenschaltung zum Schaltungsbeispiel 6.4.4

Dadurch wird erreicht, daß z. B. am Ausgang Q_1 der Stufe D 1 nur dann ein 1-Signal erscheinen kann, wenn vom Ausgang Q_1' der Stufe D 2 kein Löschsignal ansteht. Betätigung des Tasters S 1 führt zum Aufleuchten der Lampe H 1. Wird jetzt zusätzlich der Taster S 2 gedrückt, ändert sich der Anzeigezustand nicht. Betätigung von S 2 führt zum Aufleuchten der Lampe H 2, wenn zuvor die AUS-Taste S 3 gedrückt wurde. Der Anzeigezustand ändert sich wiederum nicht, wenn zusätzlich der Taster S 1 gedrückt wird.

6.5 Bistabile Kippstufen mit Gattern

Während unter dem Abschnitt 6.4 die bistabile Kippstufe in diskretem Aufbau behandelt wurde, soll im folgenden das Verhalten der verschiedenen bistabilen Kippschaltungen (Flipflops)[1]) aus binären Verknüpfungsgliedern (Gattern)[2]) beschrieben werden.

6.5.1 Allgemeines

Elektronische Speicherelemente mit zwei stabilen Zuständen nennt man Flipflops. Durch geeignete Ansteuerung kann das Flipflop in den jeweils anderen Zustand gesteuert werden. Auf diese Weise lassen sich binäre Informationen speichern.

Nach Art der Ansteuerung unterscheidet man zwischen:

a) Nicht-taktgesteuerten Flipflops
b) Taktzustandgesteuerten Flipflops
c) Taktflankengesteuerten Flipflops

Das logische Verhalten der Flipflops läßt sich wie das der binären Verknüpfungsglieder ebenfalls durch Wertetabellen oder Impulsdiagramme beschreiben. Da jedoch Flipflops im Gegensatz zu den Verknüpfungsgliedern auch nach Wegnahme der Eingangssignale die letzte Ausgangsinformation gespeichert halten, muß in den Wertetabellen zusätzlich eine Zeitfolge berücksichtigt werden. Bei Taktsteuerung wird der Zeitpunkt vor dem Kippen des Flipflops mit t_n, der Zeitpunkt nach dem Kippen mit t_{n+1} bezeichnet. Dementsprechend nennt man das Ausgangssignal vor dem Kippen Q_n und nach dem Kippen Q_{n+1}. Innerhalb des Zeitabschnitts von t_n bis t_{n+1} müssen alle Schalt- und Übernahmevorgänge im Flipflop abgelaufen sein. Dieser Zeitabhängigkeit wegen bezeichnet man Flipflop-Schaltungen auch als sequentielle[3]) Schaltungen.

6.5.2 RS-Flipflop (nicht-taktgesteuert)

Weitere Bezeichnungen sind: SR-Flipflop, RS-Kippglied, Basis-Flipflop und englisch Latch[4]). Die Abkürzung RS steht für R = reset (engl.) = zurücksetzen, löschen und S = set (engl.) = setzen, einspeichern.

Das RS-Flipflop stellt den einfachsten Speicher dar. Es kann aus zwei kreuzgekoppelten NOR- oder aus zwei kreuzgekoppelten NAND-Gattern aufgebaut werden.

6.5.2.1 RS-Flipflop aus NOR-Gattern

a)

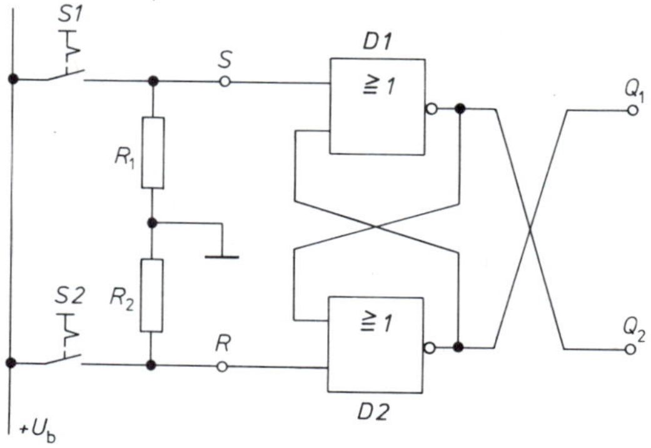

b)

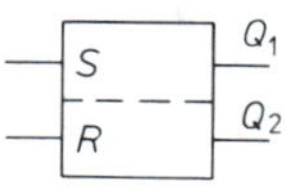

Abb. 6.59 a) Zusammenschaltung zweier NOR-Gatter zu einem RS-Flipflop
b) Schaltzeichen des Flipflops

[1]) flip (engl.) = sich flink bewegen, umkippen; flop (engl.) = sich hinfallen lassen
[2]) Alle Schaltungen arbeiten mit Gattern aus der TTL-Standard-Familie
[3]) sequens (lat.) = folgend; sequentiell = fortlaufend, nacheinander
[4]) latch (engl.) = Klinke

Wird ein 1-Signal an den Eingang eines NOR-Gatters gelegt, nimmt sein Ausgang den Wert 0 an. In welchem Zustand sich dann der zweite Eingang des NOR-Gatters befindet, spielt keine Rolle mehr. Am Eingang des Flipflops nach Abb. 6.59a) können die folgenden Signalkombinationen auftreten:

S = 1, R = 0: Führt S 1-Signal, geht Q_2 auf 0. An beiden Eingängen des NOR-Gatters D 2 liegt dann 0-Signal, wodurch der Ausgang Q_1 1-Signal annimmt. Das 1-Signal, rückgekoppelt auf den zweiten Eingang, bestätigt den herrschenden Signalzustand, die 1 an Q_1 bleibt gespeichert, auch wenn S durch Öffnen des Schalters S 1 wieder auf 0 geht. Das Flipflop wurde gesetzt.

S = 0, R = 1: Führt R 1-Signal, geht Q_1 auf 0. An beiden Eingängen des NOR-Gatters D 1 liegt dann 0-Signal, wodurch der Ausgang Q_2 1-Signal annimmt. Das 1-Signal, rückgekoppelt auf den zweiten Eingang, bestätigt den herrschenden Signalzustand, die 1 an Q_2 bleibt gespeichert, auch wenn R durch Öffnen des Schalters S 2 wieder auf 0 geht. Das Flipflop wurde zurückgesetzt.

S = 0, R = 0: Bei dieser Signalkombination bleibt der ursprüngliche Zustand an Q_1 und Q_2 erhalten, den man mit Q_{1n} und Q_{2n} bezeichnen kann, wobei der Index n auf den Zustand hinweist, der vor Anlegen der Eingangssignale bestand. Das Flipflop behält die Speicherstellung, weil der jeweils bestehende Signalzustand vom Eingang her bestätigt wird.

S = 1, R = 1: Durch Schließen der Schalter S 1 und S 2 gelangt sowohl auf den Eingang S als auch auf den Eingang R 1-Signal. *Beide* Ausgänge gehen auf 0, was im Widerspruch zur Definition eines Flipflops steht, wonach die Ausgänge stets gegensätzliche Werte aufweisen sollen. Nach Wegnahme des Eingangsignals kippt das Flipflop in eine unbestimmbare Ausgangssignalkombination.
Schaltungstechnisch sollte S = 1 und R = 1 beim Flipflop aus NOR-Gattern vermieden werden.

Die Ergebnisse aus den vier Signalkombinationen werden in einer Wertetabelle zusammengefaßt:

R	*S*	Q_1	Q_2	
0	0	Q_{1n}	Q_{2n}	
0	1	1	0	
1	0	0	1	
1	1	0	0	← *Zustand vermeiden*

Abb. 6.60 Wertetabelle des RS-Flipflops aus NOR-Gattern

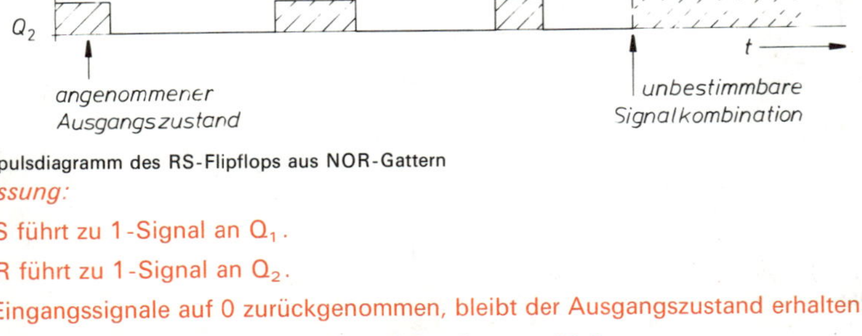

Abb. 6.61 Impulsdiagramm des RS-Flipflops aus NOR-Gattern

Zusammenfassung:

1-Signal an S führt zu 1-Signal an Q_1.

1-Signal an R führt zu 1-Signal an Q_2.

Werden die Eingangssignale auf 0 zurückgenommen, bleibt der Ausgangszustand erhalten.

Gleichzeitiges Anlegen eines 1-Signals an R und S sollte unterbleiben.

6.5.2.2 RS-Flipflop aus NAND-Gattern

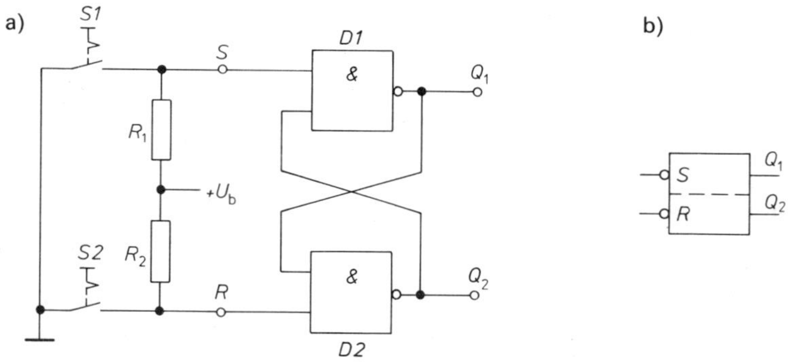

Abb. 6.62 a) Zusammenschaltung zweier NAND-Gatter zu einem RS-Flipflop
b) Schaltzeichen des Flipflops

Wird ein 0-Signal an den Eingang eines NAND-Gatters gelegt, nimmt sein Ausgang den Wert 1 an. In welchem Zustand sich dann der zweite Eingang des NAND-Gatters befindet, spielt keine Rolle mehr.

Am Eingang des Flipflops nach Abb. 6.62a) können die folgenden Signalkombinationen auftreten:

S = 0, R = 1: Führt S 0-Signal, geht Q_1 auf 1. An beiden Eingängen des NAND-Gatters D 2 liegt dann 1-Signal, wodurch der Ausgang Q_2 0-Signal annimmt. Das 0-Signal rückgekoppelt auf das NAND-Gatter D 1, bestätigt den herrschenden Signalzustand, die 1 an Q_1 bleibt gespeichert, auch wenn S durch Öffnen des Schalters S 1 wieder auf 1 geht. Das Flipflop wurde gesetzt.

S = 1, R = 0: Führt R 0-Signal, geht Q_2 auf 1. An beiden Eingängen des NAND-Gatters D 1 liegt dann 1-Signal, wodurch der Ausgang Q_1 0-Signal annimmt. Das 0-Signal, rückgekoppelt auf das NAND-Gatter D 2, bestätigt den herrschenden Signalzustand, die 1 an Q_2 bleibt gespeichert, auch wenn R durch Öffnen des Schalters S 2 wieder auf 1 geht. Das Flipflop wurde zurückgesetzt.

S = 1, R = 1: Bei dieser Signalkombination bleibt der ursprüngliche Zustand an Q_1 und Q_2 erhalten. Man nennt ihn auch Q_{1n} und Q_{2n}. Das Flipflop behält die Speicherstellung, weil der jeweils bestehende Signalzustand an Q_1 und Q_2 bestätigt wird.

S = 0, R = 0: Durch Schließen der Schalter S 1 und S 2 gelangt sowohl auf den Eingang S als auch auf den Eingang R 0-Signal. *Beide* Ausgänge gehen auf 1, was im Widerspruch zur Definition eines Flipflops steht, wonach die Ausgänge stets gegensätzliche Werte aufweisen sollen. Nach Wegnahme des Eingangssignals kippt das Flipflop in eine unbestimmbare Ausgangssignalkombination. Schaltungstechnisch sollte S = 0 und R = 0 beim Flipflop aus NAND-Gattern vermieden werden.

Die Ergebnisse aus den vier Signalkombinationen werden in einer Wertetabelle zusammengefaßt:

S	R	Q_1	Q_2	
0	0	1	1	← *Zustand vermeiden*
0	1	1	0	
1	0	0	1	
1	1	Q_{1n}	Q_{2n}	

Abb. 6.63 Wertetabelle des RS-Flipflops aus NAND-Gattern

Die Bezeichnungen Q_{1n} und Q_{2n} der Wertetabelle weisen darauf hin, daß der Zustand durch das Anlegen der Eingangssignale sich nicht verändert hat.

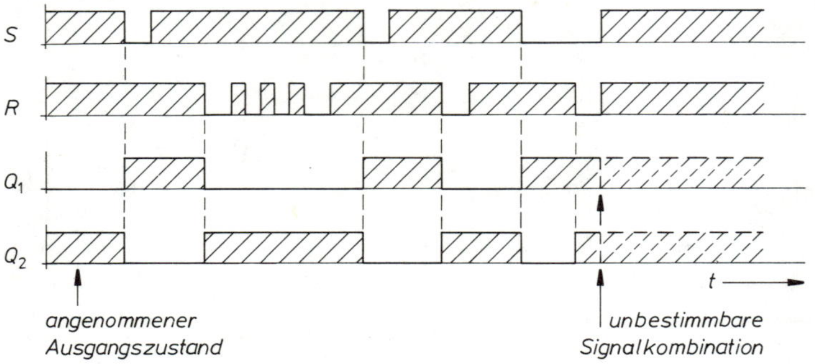

Abb. 6.64 Impulsdiagramm des RS-Flipflops mit NAND-Gattern

Zusammenfassung

0-Signal an S führt zu 1-Signal an Q_1.

0-Signal an R führt zu 1-Signal an Q_2.

Werden die Eingangssignale auf 1 zurückgenommen, bleibt der Ausgangszustand erhalten.

Gleichzeitiges Anlegen eines 0-Signals an R und S sollte unterbleiben.

6.5.2.3 Erweitertes RS-Flipflop

Das aus NAND-Gattern aufgebaute Flipflop ist an den Eingängen S und R um je eine NICHT-Stufe erweitert worden. Damit kann dieses Flipflop mit 1-Signal gesetzt und mit 1-Signal zurückgesetzt werden. Die weitere Funktion entspricht der des mit nur zwei NAND-Gattern aufgebauten Flipflops.

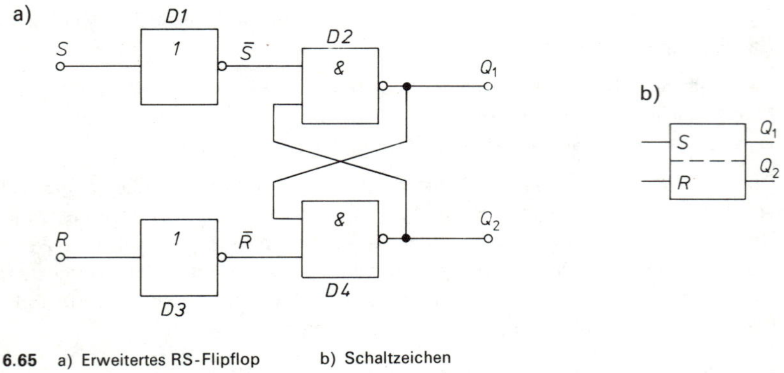

Abb. 6.65 a) Erweitertes RS-Flipflop b) Schaltzeichen

R	S	Q_1	Q_2	
0	0	Q_{1n}	Q_{2n}	
0	1	1	0	
1	0	0	1	
1	1	1	1	← Zustand vermeiden

Abb. 6.66 Wertetabelle des erweiterten RS-Flipflops

6.5.2.4 Schaltungsbeispiel: Prellfreier Schalter

Da mechanische Kontakte, wenn man von quecksilberbenetzten einmal absieht, zum Prellen neigen, ergeben sich durch das mehrmalige Abprallen der Kontaktfläche vom Gegenkontakt dicht aufeinanderfolgende Unterbrechungen. Eine nachgeschaltete Zählstufe würde anstelle des einen gewünschten Impulses eine größere Zahl von Impulsen registrieren.

Schaltet man nun zwischen Umschaltkontakt und der anzusteuernden elektronischen Schaltung ein RS-Flipflop, so wird das Prellen völlig unterdrückt, denn vom Flipflop wird die erste Kontaktgabe gespeichert, alle weiteren bleiben ohne Einfluß.

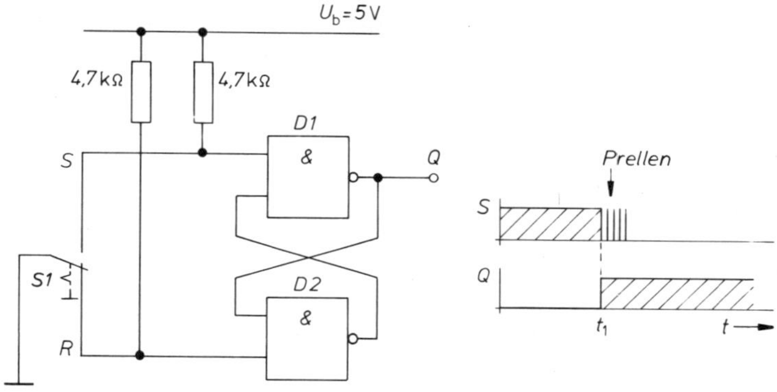

Abb. 6.67 Prellfreier Schalter; das prellfreie Signal kann an Q abgenommen werden. Zur Zeit t_1 wird umgeschaltet.

6.5.3 Taktzustandgesteuerte Flipflops

Oft ist es wünschenswert, die Eingangsinformation an S und R nicht unmittelbar zum Ausgang des Flipflops hin durchzuschalten, sondern erst zu einer vorgegebenen Zeit die Speicherung vorzunehmen. Man schaltet dazu vor das RS-Flipflop ein Impulstor, das je nach Zustand des Taktimpulses geöffnet oder geschlossen wird.

So kann von diesem Flipflop nur noch die Information eingespeichert werden, die während des Taktimpulses an R und S gerade ansteht. Damit beeinflussen z. B. Störsignale außerhalb dieser Zeit den Zustand des Flipflops nicht.

6.5.3.1 Taktzustandgesteuertes RS-Flipflop

Man bezeichnet das taktzustandgesteuerte RS-Flipflop auch als Auffang-Flipflop, weil erst zum Zeitpunkt des Taktimpulses die zu speichernden Signale aufgefangen werden.

S und R sind jetzt Vorbereitungseingänge, da sie nicht mehr unmittelbar wirken. Der mit C (C von engl. clock = Takt) bezeichnete Eingang ist der Takteingang.

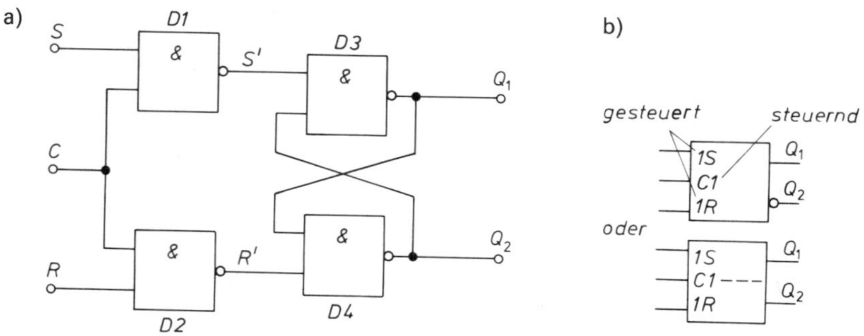

Abb. 6.68 a) Taktzustandgesteuertes RS-Flipflop
b) Schaltzeichen des taktzustandgesteuerten RS-Flipflops

Die „1" im Schaltzeichen kennzeichnet die Steuerabhängigkeit: Wenn die Variable am C-Eingang den Wert 1 annimmt, haben die durch diesen C-Eingang gesteuerten Eingänge S und R ihre normale Wirkung.

Dem aus den NAND-Gattern D 3 und D 4 bestehenden RS-Flipflop mit den Eingängen R' und S' ist das Impulstor mit den beiden Gattern D 1 und D 2 vorgeschaltet worden. Es öffnet, wenn C den Signalzustand 1 führt.

Ein 1-Signal an S in Verbindung mit einem 1-Signal an C läßt S' 0-Signal und Q_1 1-Signal annehmen.

Ein 1-Signal an R in Verbindung mit einem 1-Signal an C läßt R' 0-Signal und Q_2 1-Signal annehmen.

Liegen S und R auf 0-Signal und C auf 1-Signal, bleibt die ursprüngliche Information gespeichert.

Der Signalzustand S = 1, R = 1 und C = 1 läßt beide Ausgänge auf 1 gehen, wobei dann nach Wegnahme des Eingangssignals wieder ein unbestimmter Ausgangszustand eintritt.

C	*S*	*R*	Q_1	
0	*0*	*0*	Q_{1n}	*Speicherung wird nicht beeinflußt*
0	*0*	*1*	Q_{1n}	
0	*1*	*0*	Q_{1n}	
0	*1*	*1*	Q_{1n}	
1	*0*	*0*	Q_{1n}	
1	*0*	*1*	*0*	
1	*1*	*0*	*1*	
1	*1*	*1*	*1*	← *Zustand vermeiden*

Abb. 6.69 Vollständige Wertetabelle des taktzustandgesteuerten RS-Flipflops

Aus der Wertetabelle der Abb. 6.69 erkennt man, daß Informationen in den Ausgang nur dann übernommen werden, wenn der C-Eingang 1-Signal führt. Die C-Spalte kann in einer gekürzten Darstellung der Wertetabelle entfallen, da über die Zeitangaben vor dem Taktimpuls (t_n) und nach dem Taktimpuls (t_{n+1}) bereits eine eindeutige Zuordnung besteht.

t_n		t_{n+1}
S	*R*	Q_1
0	*0*	Q_{1n}
0	*1*	*0*
1	*0*	*1*
1	*1*	*1**

t_n = Zeitpunkt vor dem Taktimpuls

t_{n+1} = Zeitpunkt nach dem Taktimpuls

Q_{1n} bedeutet, daß der Zustand an Q_1 auch nach dem Takt erhalten bleibt (Speicherung ändert sich nicht)

* Nach Wegnahme der Signale an S und R herrscht ein unbestimmter Zustand

Abb. 6.70 Gekürzte Wertetabelle des taktzustandgesteuerten RS-Flipflops

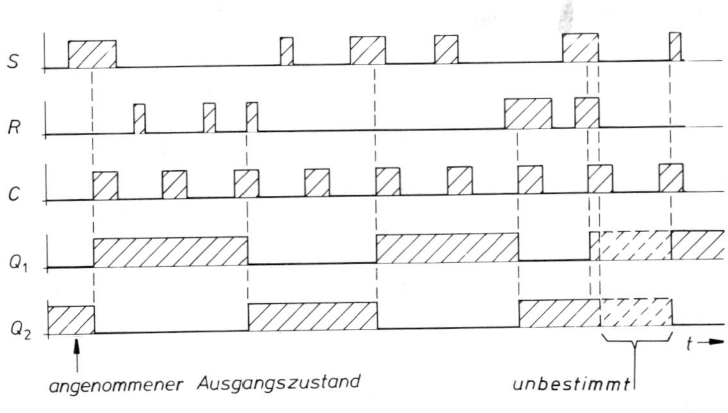

Abb. 6.71 Impulsdiagramm des taktzustandgesteuerten RS-Flipflops

Nachteilig bleibt weiterhin bei diesem Flipflop der unbestimmte Ausgangszustand, nachdem das 1-Signal von beiden Eingängen genommen wurde. Man muß schaltungstechnisch $S = 1$, $R = 1$ unterbinden. Das führt zur Schaltung des D-Flipflops.

6.5.3.2 D-Flipflop[1])

Das D-Flipflop gehört als taktzustandgesteuertes Flipflop zur Gruppe der Auffang-Flipflops.
Den Nachteil der RS-Flipflops, bei denen der Zustand $R = 1$, $S = 1$ auftreten kann, vermeidet das D-Flipflop dadurch, daß es nur noch einen, mit D bezeichneten Vorbereitungseingang besitzt und den zweiten Flipflop-Eingang über eine NICHT-Stufe mit dem D-Eingang verbindet. Beide Flipflop-Eingänge führen damit stets gegensätzliche Signalzustände; einen unbestimmten Ausgangszustand gibt es nicht. Der Name des D-Flipflops besagt, daß die am D-Eingang liegende Information um die Zeit bis zum Eintreffen des Taktimpulses *verzögert* vom Flipflop übernommen wird. Sollte sich die Information an D während des Taktimpulses ändern, hält das Flipflop den Signalzustand gespeichert, der kurz vor Beendigung des Taktimpulses an D lag.

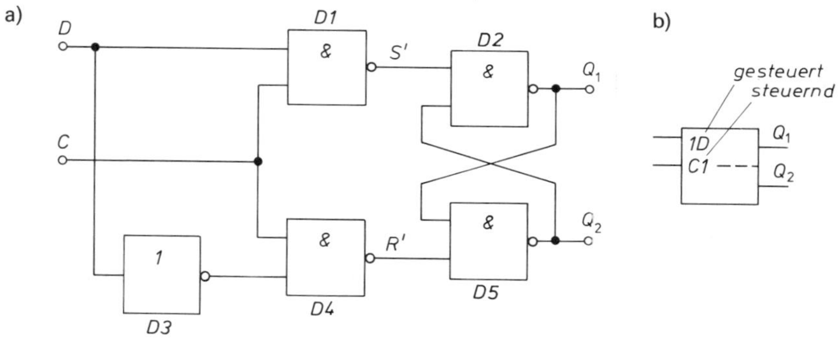

Abb. 6.72 a) D-Flipflop b) Schaltzeichen des D-Flipflops

Ein 1-Signal an D in Verbindung mit einem 1-Signal an C läßt S' 0-Signal und Q_1 1-Signal annehmen. R' führt dann 1-Signal. Ein 0-Signal an D in Verbindung mit einem 1-Signal an C läßt R' 0-Signal und Q_2 1-Signal annehmen. S' erhält dann 1-Signal. Führt das C-Signal den Wert 0, bleibt der Ausgang unabhängig vom Signalzustand an D in Speicherstellung.

a)

t_n		t_{n+1}
C	*D*	Q_1
0	0	Q_{1n}
0	1	Q_{1n}
1	0	0
1	1	1

b)

t_n	t_{n+1}
D	Q_1
0	0
1	1

t_n = Zeitpunkt vor dem Taktimpuls
t_{n+1} = Zeitpunkt nach dem Taktimpuls
Q_{1n} bedeutet, daß der Zustand an Q_1 auch nach dem Takt erhalten bleibt (Speicherung ändert sich nicht).

Abb. 6.73 a) Vollständige Wertetabelle und b) gekürzte Wertetabelle des D-Flipflops

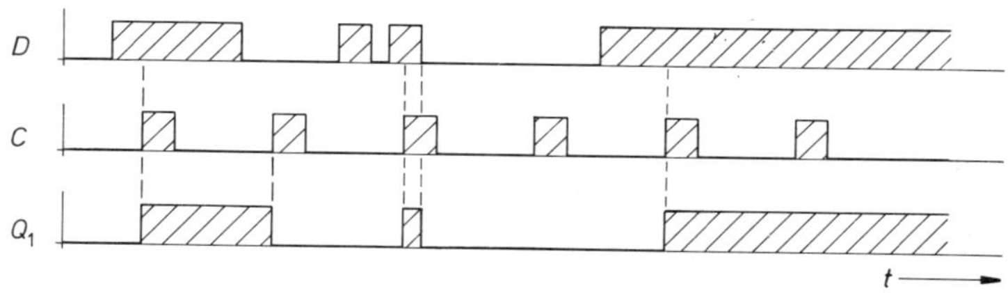

Abb. 6.74 Impulsdiagramm des D-Flipflops

[1]) D von engl. delay = Verzögerung

Vereinfachte Schaltung des D-Flipflops

Die NICHT-Stufe des D-Flipflops nach Abb. 6.72 kann eingespart werden, wenn das invertierte D-Signal dem Ausgang des Gatters D1 entnommen wird. Das Gesamtverhalten der Schaltung ist dabei unverändert geblieben.

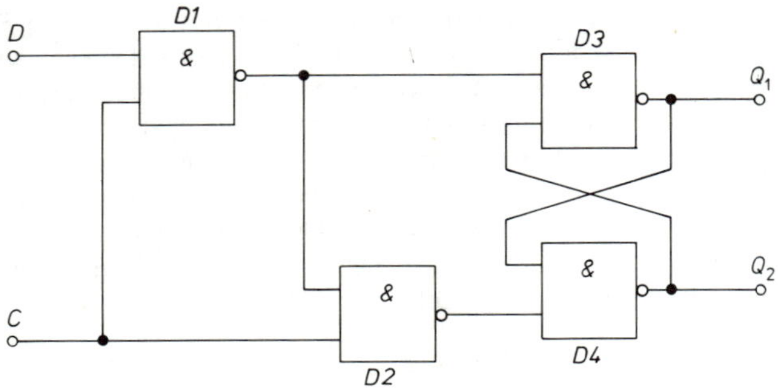

Abb. 6.75 Vereinfachte Schaltung des D-Flipflops

6.5.3.3 JK-Flipflop

Die Buchstaben J und K haben keine Beziehung zur Funktion des Flipflops, sie wurden willkürlich gewählt.
Das im vorigen Abschnitt behandelte D-Flipflop vermeidet zwar die unerlaubte Eingangssignalkombination, die zum unbestimmten Ausgangszustand führt, besitzt aber nur noch einen Eingang D. Um wieder ein Flipflop mit einem Setz- und einem Rücksetzeingang zu erhalten, entwickelte man das JK-Flipflop. Um die unerlaubte Signalkombination am Flipflop-Eingang zu vermeiden, wird jedem Vorbereitungseingang eine UND-Stufe mit zwei Eingängen vorgeschaltet, deren einer Eingang jeweils mit dem über Kreuz anzuschließenden Ausgang verbunden ist (Abb. 6.76). Durch diese Verknüpfung mit den Ausgangssignalen ist sichergestellt, daß das Flipflop nicht gleichzeitig mit 1-Signalen angesteuert wird, wenn an J und K 1-Signale liegen.
Das *Differenzierglied* $C_1 - R_1$ vor dem Takteingang soll gewährleisten, daß nur während der positiven Flanke des Taktsignals die Übernahme des an J bzw. K liegenden Signals erfolgt. Die Öffnungszeit durch das Differenzierglied muß kleiner als die mittlere Signallaufzeit der Gatter sein.

Der J-Eingang entspricht in seiner Wirkung dem Setz-Eingang des RS-Flipflops.

Der K-Eingang entspricht in seiner Wirkung dem Rücksetzeingang des RS-Flipflops.

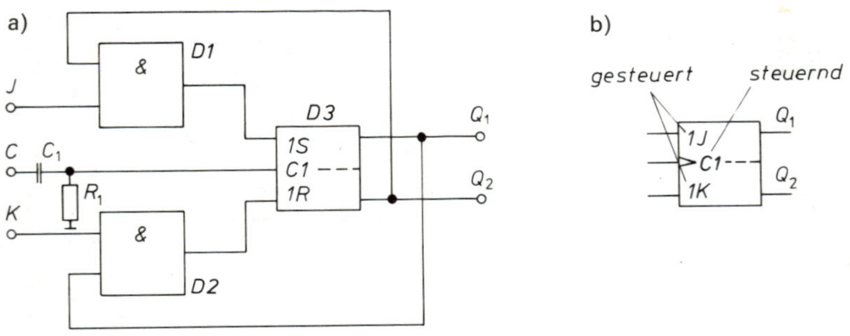

Abb. 6.76 a) Schaltung und b) Schaltzeichen des JK-Flipflops

Der Ausgang Q_2 in der Abb. 6.76 möge 1-Signal führen. Damit wird das UND-Gatter D 1 vorbereitet, so daß ein 1-Signal an J in Verbindung mit dem Signalwechsel von 0 auf 1 an C das Flipflop setzt, der Ausgang Q_1 nimmt 1-Signal an, während Q_2 auf 0-Signal geht. Mit dem 1-Signal an Q_1 wird zugleich das UND-Gatter D 2 vorbereitet.

Ein 1-Signal an K in Verbindung mit dem Signalwechsel von 0 auf 1 an C kann das Flipflop wieder zurücksetzen. Führen nun beide Eingänge (J und K) 1-Signal, kippt das Flipflop mit jedem Impuls am Takteingang C in die andere Lage, es tritt kein unbestimmter Ausgangszustand auf, weil durch die Rückführung des Ausgangssignals immer nur der Eingang freigegeben wird, über den der Zustand des Flipflops geändert werden kann.

t_n		t_{n+1}
J	*K*	Q_1
0	0	Q_{1n}
0	1	0
1	0	1
1	1	$\bar{Q}_{1n}$

t_n = Zeitpunkt vor dem Taktimpuls
t_{n+1} = Zeitpunkt nach dem Taktimpuls
Q_{1n} bedeutet, daß der Zustand an Q_1 auch nach dem Takt erhalten bleibt (Speicherung ändert sich nicht)
$\bar{Q}_{1n}$ = invertierter Wert zu Q_{1n}

Abb. 6.77 Wertetabelle des JK-Flipflops

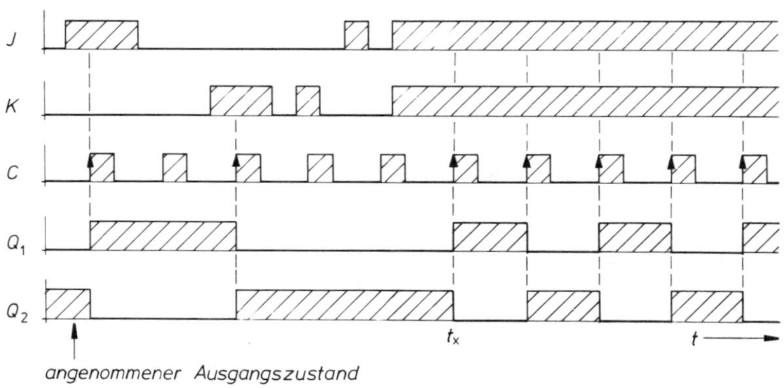

Abb. 6.78 Impulsdiagramm des JK-Flipflops; vom Zeitpunkt t_x an wirkt das JK-Flipflop als Binärteiler der Taktfrequenz

Beim JK-Flipflop sind alle Eingangskombinationen erlaubt.

6.5.3.4 JK-Master-Slave-Flipflop

Zweizustandgesteuertes Flipflop mit statischer Zwischenspeicherung.

Bei einigen Anwendungsschaltungen mit Flipflops wie Zählern, Schieberegistern und ähnlichem muß zwischen der Signaleingabe und der Signalausgabe zeitlich unterschieden werden. Man verwendet daher Flipflops mit einer Signalzwischenspeicherung. Der Zwischenspeicher kann statisch oder dynamisch (kapazitiv) wirken. An dieser Stelle soll das statische Zwischenspeichern behandelt werden.

Das Master[1])-Slave[2])-Flipflop erfüllt die Forderung nach zeitlicher Trennung zwischen Eingabe und Ausgabe. Das Eingangssignal wird mit der ansteigenden Taktflanke und während des Taktimpulses vom Master übernommen; es wird danach mit der abfallenden Taktflanke auf den Hauptspeicher Slave übertragen, von dessen Ausgang es dann abgenommen werden kann. Man verwendet sowohl für den Zwischenspeicher als auch für den Hauptspeicher je ein taktzustandgesteuertes RS-Flipflop.

---

[1]) master (engl.) = Meister, Herr
[2]) slave (engl.) = Sklave, Diener

6.5.3.4.1 Aufbau und Wirkungsweise des Master-Slave-Flipflops

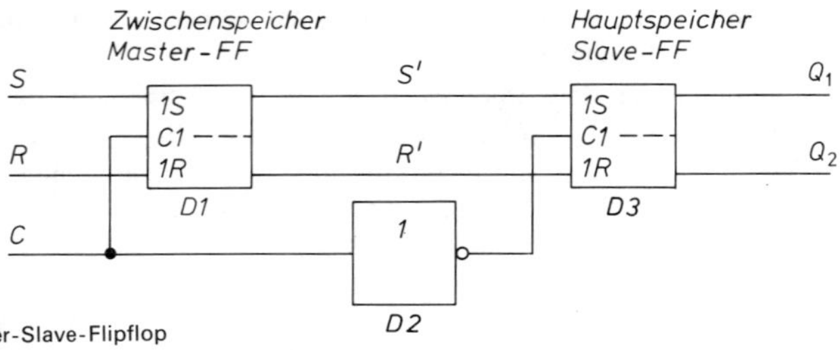

Abb. 6.79 Master-Slave-Flipflop

Beide Speicher werden, wie Abb. 6.79 zeigt, durch einen gemeinsamen Taktimpuls (C) gesteuert. Das Master Flipflop erhält das Taktsignal direkt, während das Slave-Flipflop das invertierte Taktsignal erhält. Um die an den Vorbereitungseingängen (1 R und 1 S) anstehende Information übernehmen zu können, muß das positive Taktsignal bestimmte Schwellenwerte erreichen, wobei die Schaltschwelle des Master-Flipflops über der Schaltschwelle des Slave-Flipflops liegen muß. Die Forderung an die Flankensteilheit des Taktimpulses ist nicht hoch, da Zustandsteuerung vorliegt.

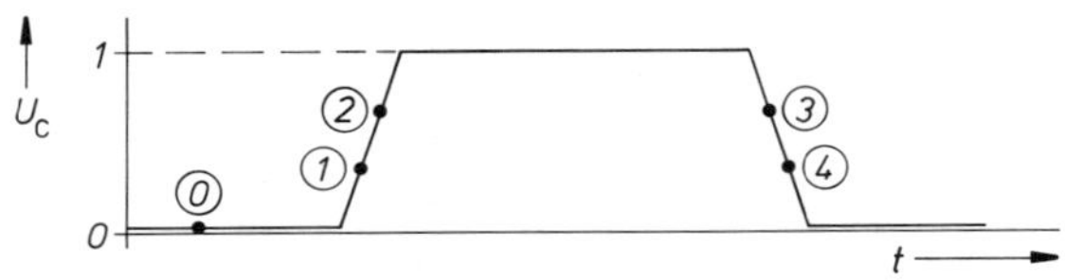

Abb. 6.80 Taktsignal mit angegebener Schaltreihenfolge:

① Slave wird vom Master getrennt

② Master wird freigegeben, Signale an S und R werden übernommen

③ Master wird gesperrt

④ Slave wird freigegeben, Signale an S' und R' werden übernommen

Im folgenden soll der vom Takt gesteuerte Signaldurchlauf zu den Zeitpunkten 0 bis 4 erläutert werden. Am Eingang des Master-Slave-Flipflops der Abb. 6.79 liege die Signalkombination S = 1 und R = 0:

Zu ⓪: Das Taktsignal von 0 V hält das Master-Flipflop gesperrt, während es über die NICHT-Stufe D 2 invertiert wird und das Slave-Flipflop freigibt. Der Signalzustand an S' und R' wird nach Q_1 und Q_2 hin übertragen und im Slave-Flipflop gespeichert. Signaländerungen an S und R bleiben ohne Wirkung.

Zu ①: Der Spannungswert des Taktsignals hält das Master-Flipflop noch gesperrt, während die für eine besonders niedrige Schwellenspannung ausgelegte NICHT-Stufe bereits ausgangsseitig auf 0 geht und damit auch das Slave-Flipflop sperrt. Es wird somit vom Master-Flipflop getrennt.

Zu ②: Der weitere Spannungsanstieg des Taktsignals erreicht nun auch den höheren Schwellenwert des Master-Flipflops. Die Signale an S und R können übernommen und im Master gespeichert werden. S' nimmt 1-Signal und R' 0-Signal an. Da das Slave-Flipflop gesperrt ist, ändert sich der Signalzustand an Q_1 und Q_2 nicht. Im weiteren Verlauf bleibt das Master-Flipflop offen, auch für etwaige Signaländerungen an S und R oder für Störsignale, ein Nachteil der Taktzustandsteuerung.

Zu ③: Die Spannung des Taktsignals ist so weit gefallen, daß das Master-Flipflop wieder gesperrt wird. Von jetzt an bleiben Änderungen an den Vorbereitungseingängen 1 S und 1 R des Masters wirkungslos.

Zu ④: Die Spannung des Taktimpulses hat die niedrige Schwelle der NICHT-Stufe erreicht. Ihr Ausgang nimmt 1-Signal an und öffnet das Slave-Flipflop, wodurch der Signalzustand an S' und R' nach Q_1 und Q_2 übernommen und im Slave gespeichert wird.

Das Master-Slave-Flipflop übernimmt das Signal während der einen Taktflanke und gibt es während der anderen Taktflanke an den Ausgang ab. Es besteht somit die eingangs geforderte zeitliche Trennung zwischen dem einzuspeichernden Signal und dem gespeicherten Signal. Der Zwischenspeicher (Master) veranlaßt den Hauptspeicher (Slave) zur Signalübernahme. Dieses Abhängigkeitsverhältnis gab dem Flipflop seinen Namen.
Um zu vermeiden, daß der Ausgang des RS-Master-Slave-Flipflops bei gleichzeitiger Ansteuerung mit 1-Signal wieder einen unbestimmten Signalzustand annimmt, wendet man wieder die Eingangsverriegelung vom Ausgang her an und kommt so zu dem JK-Master-Slave-Flipflop, dessen Gesamtschaltung aus Abb. 6.81 hervorgeht. Das Master-Slave-Flipflop nimmt heute in Speicherschaltungen einen hervorragenden Platz ein.

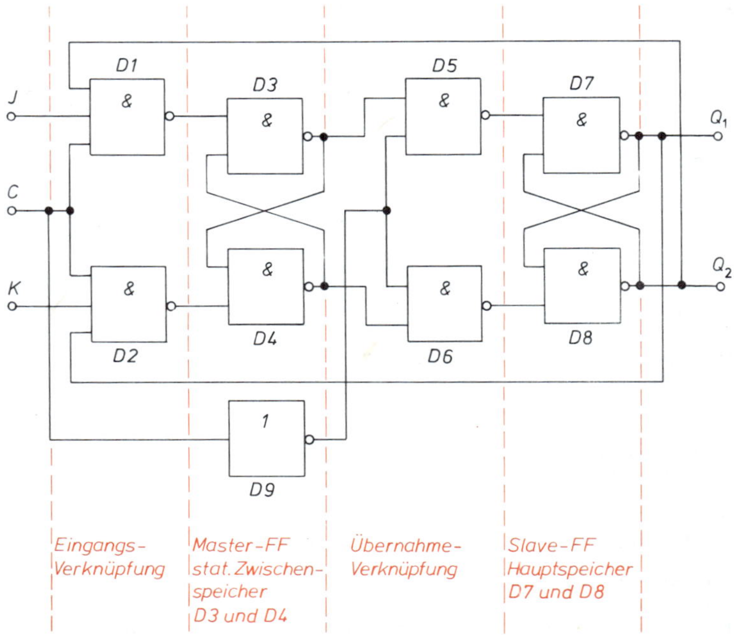

Abb. 6.81 Gesamtschaltbild des JK-Master-Slave-Flipflops
J, K = Signaleingänge
C = Takteingang
Q_1, Q_2 = Ausgänge

Abb. 6.82 a) Schaltzeichen des JK-Master-Slave-Flipflops für Zweizustandssteuerung
b) Schaltzeichen des JK-Master-Slave-Flipflops für Zweiflankensteuerung (siehe Abschnitt 6.5.4)

Erklärung zum Schaltzeichen

Die in Abb. 6.82 dargestellten Schaltzeichen unterscheiden sich im Takteingang voneinander. Während beim Schaltzeichen 6.82a) die an J und K liegenden Signale in den Master übernommen werden, wenn der Takt auf 1 geschaltet wird, erfolgt die Signalübernahme nach 6.82b) beim Übergang der Taktflanke von 0 auf 1. Der Winkel vor Q_1 und Q_2 weist auf den retardierten[1]) Ausgang hin. Damit soll angedeutet werden, daß die Ausgangsvariable Q_1 erst dann den Wert von J annimmt, wenn die Eingangsvariable am Takteingang C wieder vom Wert 1 auf den Wert 0 zurückkehrt oder allgemein auf den ursprünglichen Wert zurückkehrt. Für den Anwender des Flipflops bedeutet das hier, daß die Signalübernahme nach Q_1 und Q_2 durch die abfallende Flanke des Taktsignals erfolgt. Am Impulsdiagramm soll das anschaulich gezeigt werden.

t_n		t_{n+1}
J	K	Q_1
0	0	Q_{1n}
0	1	0
1	0	1
1	1	$\bar{Q}_{1n}$

t_n = Zeitpunkt vor dem Taktimpuls
t_{n+1} = Zeitpunkt nach dem Taktimpuls
Q_{1n} bedeutet, daß der Zustand an Q_1 auch nach dem Taktimpuls erhalten bleibt
$\bar{Q}_{1n}$ = invertierter Wert zu Q_{1n}

Abb. 6.83 Wertetabelle des JK-Master-Slave-Flipflops

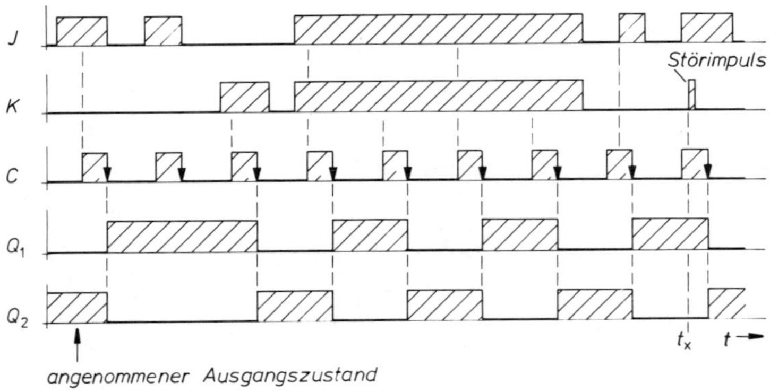

Abb. 6.84 Impulsdiagramm des JK-Master-Slave-Flipflops; zur Zeit t_x ändert sich während des Taktimpulses das Signal an K (Störimpuls)

6.5.3.5 T-Flipflop

T-Flipflop = Trigger-Flipflop

Durch Parallelschalten der J- und K-Vorbereitungseingänge erhält man aus dem JK-Master-Slave-Flipflop das Master-Slave-T-Flipflop, das man als Frequenzteiler verwenden kann. Damit hat dieses Kippglied, wie Abb. 6.85b) zeigt, nur noch einen Takteingang. Die Informationseingänge J und K entfallen.

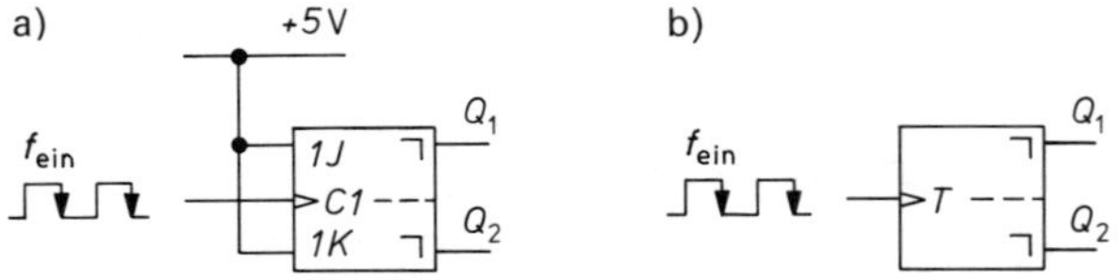

Abb. 6.85 a) JK-Master-Slave-Flipflop mit dynamischem Eingang als T-Flipflop geschaltet
b) Schaltzeichen des T-Flipflops mit dynamischem Eingang

[1]) retardieren (lat.) = verzögern

Die Übernahme der am gemeinsamen J- und K-Eingang liegenden Information in das Kippglied erfolgt mit dem Übergang vom Wert 0 zum Wert 1 der Variablen am C-Eingang. Die Information erscheint am Ausgang, wenn der Taktimpuls vom Wert 1 auf den Wert 0 zurückkehrt.
T-Flipflops haben im allgemeinen dynamisch wirkende Eingänge.

- Liegt an J und K 0-Signal, ändert sich nach dem Taktimpuls der Ausgangszustand nicht.
- Liegt an J und K 1-Signal, ändert sich nach jedem Taktimpuls (an C) der Ausgangszustand des Flipflops.

t_n	t_{n+1}	
T	Q_1	Q_2
0	Q_n	$\bar{Q}_n$
1	$\bar{Q}_n$	Q_n

Abb. 6.86 Wertetabelle des T-Flipflops

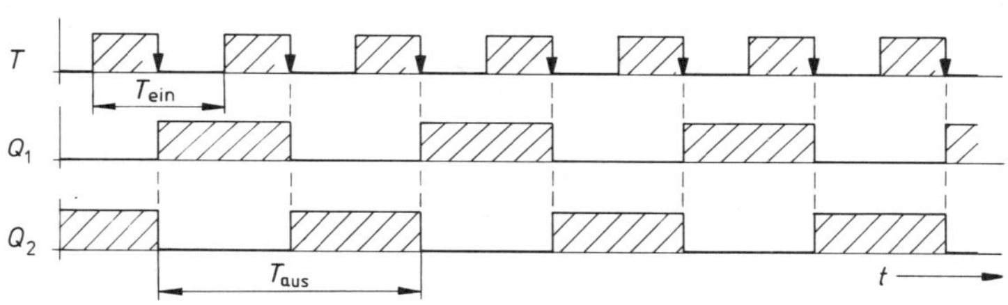

Abb. 6.87 Impulsdiagramm des T-Flipflops

Wie dem Impulsdiagramm entnommen werden kann, arbeitet das T-Flipflop als Binärteiler, d. h. die Periodendauer der an Q_1 bzw. Q_2 liegenden Rechteckspannung ist doppelt so groß wie die an T.

$$T_{aus} = 2 \cdot T_{ein} \qquad f_{aus} = \frac{f_{ein}}{2}$$

6.5.4 Taktflankengesteuerte Flipflops

Bei den taktflankengesteuerten Flipflops wird der an den Vorbereitungseingängen liegende Signalwert nur während der Flanke des Taktimpulses eingespeichert. Damit bleiben Signaländerungen oder Störimpulse innerhalb der Taktzeit ohne Einfluß. Das unter Abschnitt 6.5.3.4 beschriebene JK-Master-Slave-Flipflop wies ja als taktzustandgesteuertes Flipflop den Nachteil auf, daß der Zwischenspeicher (Master) so lange geöffnet ist, wie das Taktsignal den Wert 1 führt, wodurch noch kurzfristige Eingangssignaländerungen, wie sie z. B. von Störsignalen hervorgerufen werden können, in den Hauptspeicher (Slave) gelangen (siehe auch Abb. 6.84).

Wie unter Abschnitt 3.10 beschrieben wurde, läßt sich durch Differenzieren der Impulsflanke ein Steuerimpuls für das Einspeichern der Eingangsinformation gewinnen. Als Differenzierkapazität nutzt man die Halbleitersperrschichtkapazität, da Kondensatoren sich in integrierten Schaltungen nur schlecht verwirklichen lassen.
Oder man nutzt die Signallaufzeit der logischen Stufen aus, um kurze Steuerimpulse aus dem Signalwechsel zu erhalten. Wird z. B. eine NICHT-Stufe einem Eingang einer UND-Stufe vorgeschaltet, deren zweiter Eingang auf dem Eingang der NICHT-Stufe liegt, erhält man ein Laufzeittor. Wechselt nun das Eingangssignal von 0 nach 1, bekommt man für die Dauer der Laufzeit der NICHT-Stufe 1-Signal am UND-Stufen-Ausgang.
Taktflankengesteuerte Flipflops fordern wesentlich steilere Taktflanken als die taktzustandgesteuerten Flipflops. Mit einem differenzierenden Eingang versehen, lassen sich alle taktzustandgesteuerten Flipflops in taktflankengesteuerte Flipflops umrüsten.

Übungsaufgaben

1.

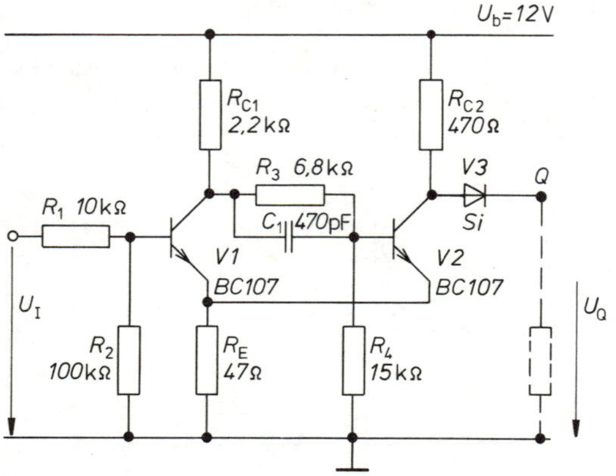

$U_{BE} = U_{V3} = 0{,}7$ V
$U_{CE\,rest} = 0{,}1$ V
$I_C \approx I_E$

Abb. 6.88

Berechnen Sie die folgenden Werte zur Schmitt-Trigger-Schaltung:

a) $\underline{U_I = 0\text{ V}}$: I_{C2}, U_{RE}, $U_{B2\perp}$, I_{R3}, I_{R4}, I_{B2}, U_Q

b) $\underline{U_I = 12\text{ V}}$: I_{C1}, U_{RE}

2. Am Eingang eines Schmitt-Triggers ist eine sinusförmige Wechselspannung von $U_{max} = 0{,}6$ V einer Gleichspannung von 1 V überlagert. Die Schaltschwellen des Schmitt-Triggers betragen: $U_s = 0{,}6$ V und $U_r = 0{,}5$ V. Wie groß ist das Impuls-Pausen-Verhältnis am Ausgang des Schmitt-Triggers? (grafische Lösung)

3. Am Eingang eines Schmitt-Triggers mit einer Schwellenspannung von $U_s = 1{,}5$ V und einer Rückfallspannung von $U_r = 1{,}2$ V liegt eine periodisch wiederkehrende Dreieckspannung, die vom Spannungswert 0 V linear auf 2,7 V ansteigt und wieder abfällt. Welches Impuls-Pausen-Verhältnis hat die am Ausgang des Schmitt-Triggers auftretende Spannung?

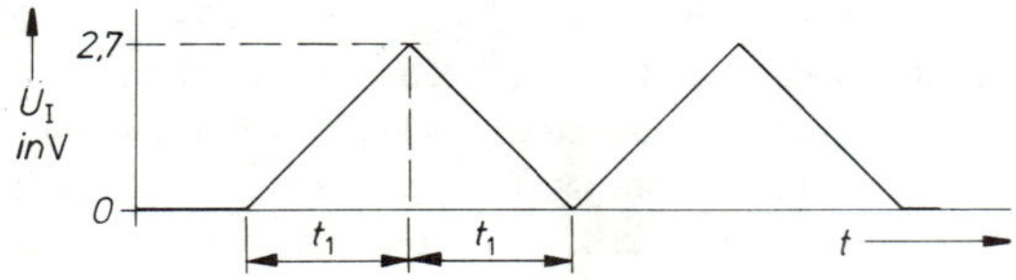

Abb. 6.89

4.

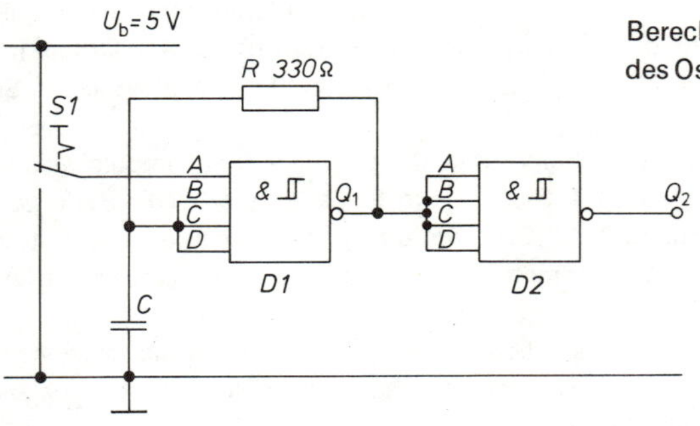

Berechnen Sie angenähert die Frequenz des Oszillators, wenn $C = 2{,}2$ nF beträgt.

Abb. 6.90

5.

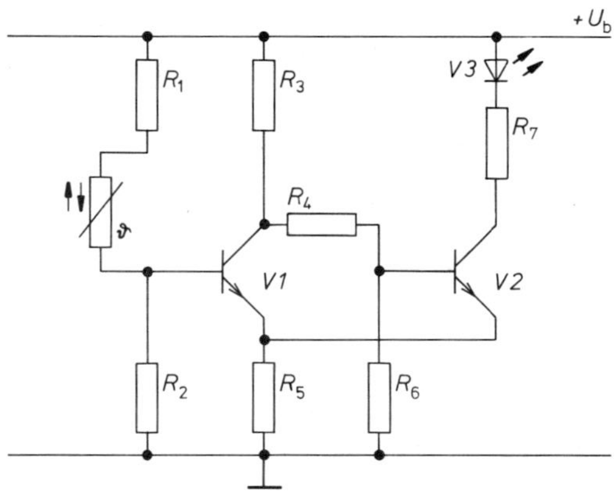

Abb. 6.91

Bei Zimmertemperatur bleibt die Leuchtdiode dunkel. Unter welchen Temperaturbedingungen (steigend oder fallend) wird die Leuchtdiode Licht aussenden?

6. Der Widerstand und der Kondensator einer monostabilen Kippstufe betragen $R_3 + R_4 = 50\ \text{k}\Omega$, $C_1 = 33\ \mu\text{F}$ (Abb. 6.15).
Wie groß ist die Laufzeit, wenn am Eingang der monostabilen Kippstufe ein kurzer Impuls von 0,4 s Dauer auftritt
a) bei rückgekoppelter Stufe und
b) bei nicht rückgekoppelter Stufe?

Wie groß ist die Laufzeit, wenn am Eingang dieser monostabilen Kippstufe ein Impuls von 3 s auftritt
c) bei rückgekoppelter Stufe und
d) bei nicht rückgekoppelter Stufe?
Bei welchen Signalwerten spielt also die Frage, ob mit oder ohne Rückkopplung, keine Rolle?

7. Schalten Sie zwei monostabile Kippstufen so zusammen, daß sich ein Zeitablauf nach Abb. 6.92 ergibt. Der Aufbau soll aus einem Geber und zwei monostabilen Kippstufen bestehen. Berechnen Sie die Kapazitätswerte der beiden Kondensatoren für die angegebenen Laufzeiten. Der Widerstand $R_3 + R_4$ ist zunächst mit 50 kΩ anzunehmen. Wählen Sie aus der Normreihe den nächst gelegenen Kapazitätswert, und errechnen Sie erneut den Widerstandswert.
(Normreihe: 1 1,2 1,5 1,8 2,2 2,7 3,3 3,9 4,7 5,6 6,8 8,2)

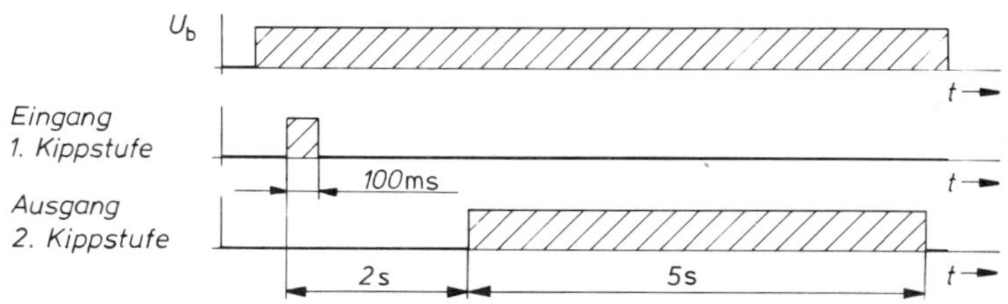

Abb. 6.92

8. Eine Folge von Nadelimpulsen, die eine vernachlässigbare Breite haben, kehren alle 50 ms wieder. Sie werden auf den Eingang einer monostabilen Kippstufe gegeben. Am Ausgang der Kippstufe soll eine Rechteckfrequenz mit gleichen Impuls- und Pausenzeiten auftreten.
   a) Wie groß muß die Zeitkonstante τ sein?
   b) Wie groß muß der Widerstand $R_3 + R_4$ sein (Abb. 6.15), wenn der Kondensator $C_1 = 1\ \mu F$ als Kapazitätswert besitzt?
   c) Welchen Wert hat die Rechteckfrequenz?
   d) Ist eine Rückkopplung erforderlich?

9. Eine monostabile Kippstufe hat die Werte $R_3 + R_4 = 10\ k\Omega$ und $C_1 = 100\ \mu F$. Nach welcher Zeit darf an dem Eingang der Kippstufe erstmals wieder 1-Signal erscheinen, damit am Ausgang der Stufe die errechnete Impulszeit t_i auch richtig ansteht? $R_{C1} = 470\ \Omega$.

10. Berechnen Sie zu der Schaltung nach Abb. 6.93 die Laufzeit t_i und die Rückladezeit t_{rec}.

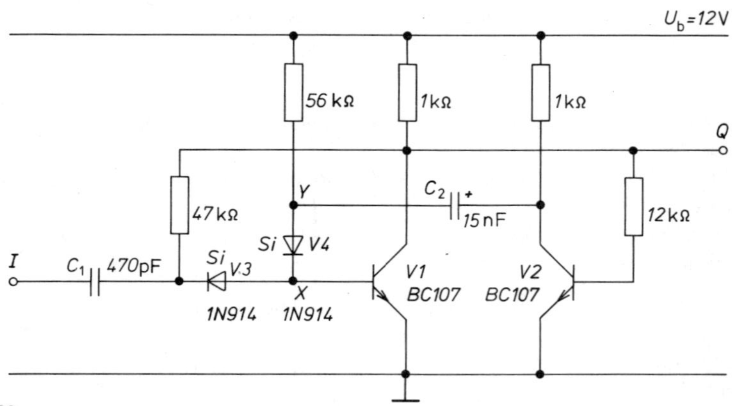

Abb. 6.93

11. Die Laufzeit der monostabilen Kippstufe nach Abb. 6.94 beträgt $t_i = 1$ ms, die Rücklade- oder Erholzeit beträgt etwa $t_{rec} = 0{,}3$ ms.
Vervollständigen Sie das Impulsdiagramm.

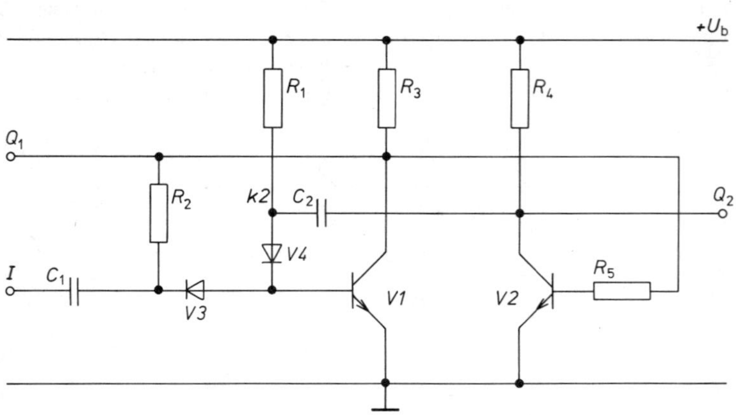

Abb. 6.94

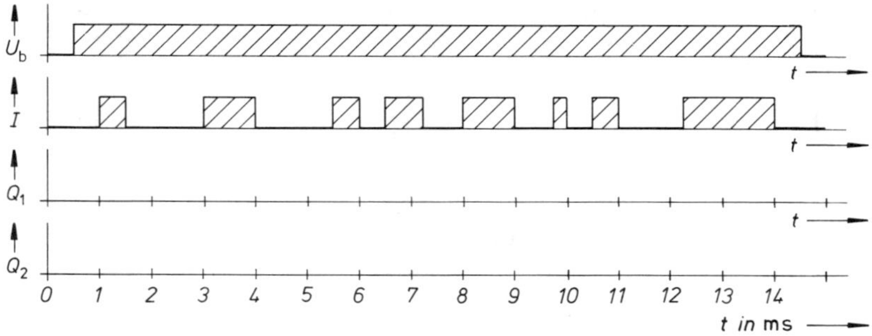

Abb. 6.95

12. Die Schaltung befindet sich bereits einige Zeit in dem dargestellten Zustand. Welche Spannungen, auf Schaltungsnull bezogen, führen die Schaltungspunkte a, b und Q ungefähr?

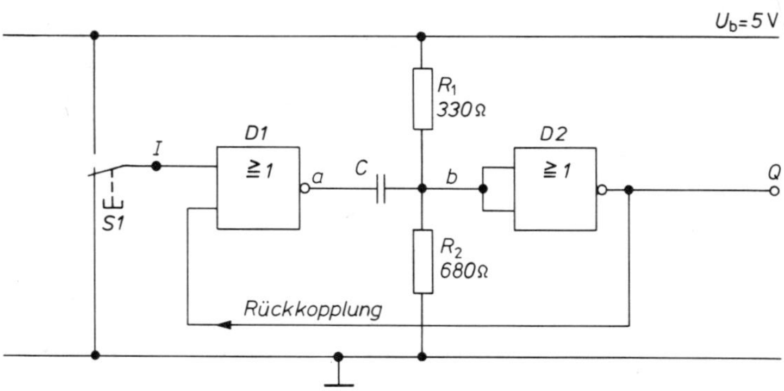

Abb. 6.96

13. Die Schaltung befindet sich bereits einige Zeit in dem dargestellten Zustand. Welche Spannungen, auf Schaltungsnull bezogen, führen die Schaltungspunkte a, b und Q ungefähr?

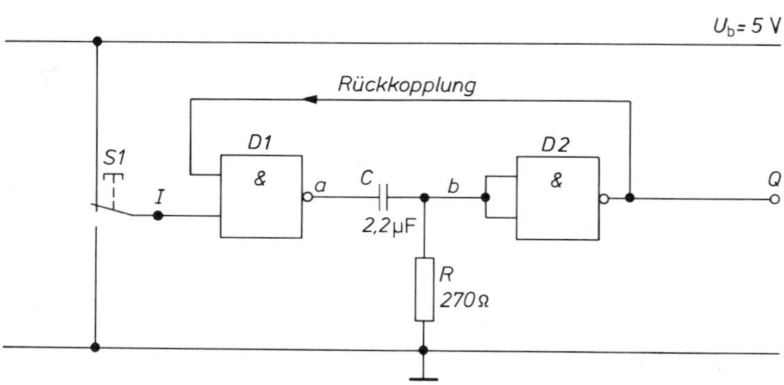

Negativer Eingangsstrom des Gatters bei L-Pegel: $I_{IL} \approx -1$ mA

Abb. 6.97

14. Zeichnen Sie zu der dargestellten Schaltung eines Taktgebers den Verlauf der Kondensatorspannung U_{C1}. Die Schwellenspannung des Schmitt-Trigger-Einganges B beträgt 1,55 V. $U_{BE} = U_{V2} = 0{,}7$ V

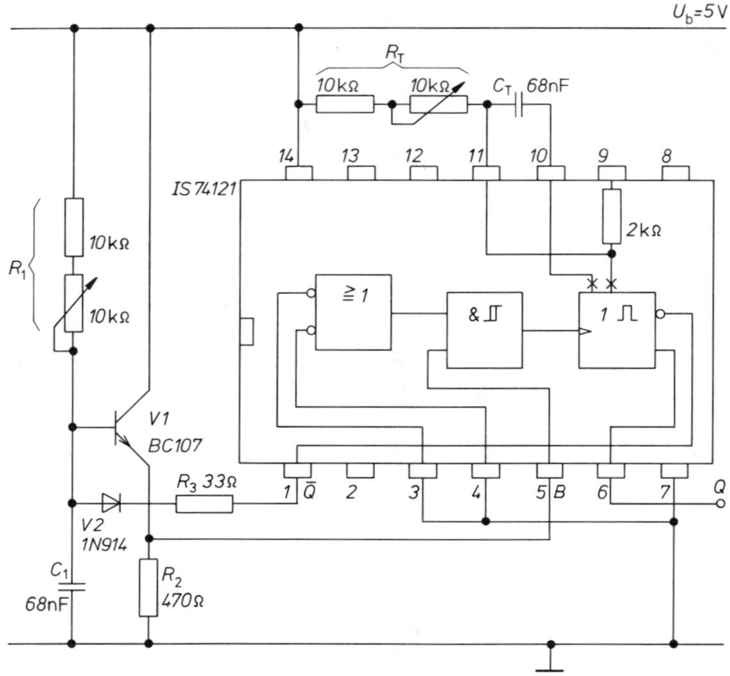

Abb. 6.98

15. Skizzieren Sie den Verlauf der Spannung $U_{Q\perp}$ nach Abb. 6.99.

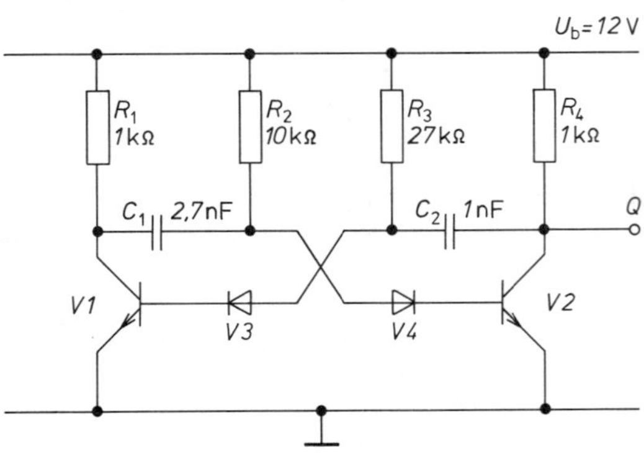

Abb. 6.99

16. Wie groß ist nach Abb. 6.99 die Ausgangsfrequenz der astabilen Kippstufe?

17. Das Impuls-Pausen-Verhältnis der Ausgangsspannung einer astabilen Kippstufe soll 1 : 10 betragen und die Rechteckfrequenz $f = 100$ Hz aufweisen.
   a) Welche Werte haben die Laufzeiten t_i und t_P?
   b) Wie groß werden die Kondensatorwerte C_1 und C_2, wenn die Umladewiderstände auf $R_1 = R_2 = 59$ kΩ eingestellt wurden? (Abb. 6.38)

c) Die Kollektorwiderstände haben die Werte $R_{C1} = R_{C2} = 470\ \Omega$. Welche Wiederaufladezeiten t_{rec1} und t_{rec2} ergeben sich?
Reichen diese Zeiten jeweils aus, die errechnete Impulszeit t_i bzw. Pausenzeit t_P auftreten zu lassen?

d) Die Schaltung wurde mit den errechneten Kondensatoren aufgebaut. Was würde geschehen, wenn man versuchte, das Impuls-Pausen-Verhältnis durch Verstellen der Widerstände R_1 bzw. R_2 auf 1 : 20 zu bringen?

e) Wie ist es dennoch möglich, dieses Impuls-Pausen-Verhältnis von 1 : 20 zu verwirklichen?

18. a) In welcher Schalterstellung schwingt der Oszillator?
b) Welche Frequenz wird von der Schaltung abgegeben?

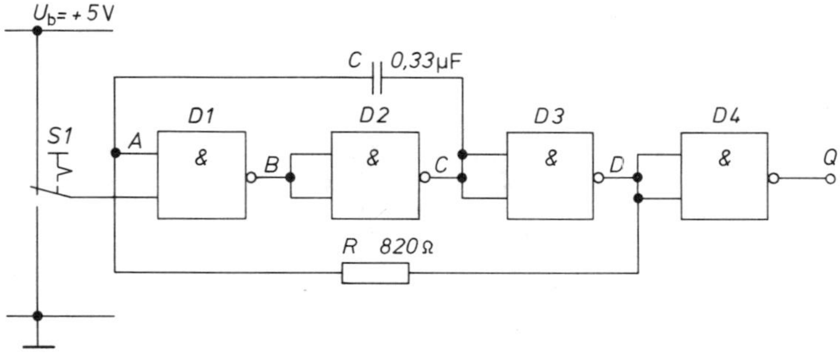

Abb. 6.100

19. Es sollen 2 Lampen H 1 und H 2 durch 2 Taster eingeschaltet und gemeinsam über einen dritten Taster wieder ausgeschaltet werden. Die Lampe H 2 soll nur dann leuchten, wenn die Lampe H 1 zuerst eingeschaltet wurde und leuchtet. Zeichnen Sie die Schaltung.

20. Entwerfen Sie den Schaltplan zu einer Lampensteuerung, und berücksichtigen Sie folgende Bedingungen:

Der Taster S 1 schaltet die Lampe H 1 ein,
der Taster S 2 schaltet die Lampe H 2 ein, und
der Taster S 3 schaltet die Lampe H 3 ein.

Leuchtet nun eine dieser Lampen, sollen die beiden anderen Lampen nicht mehr eingeschaltet werden können. Mit einem Schalter S 4 soll die Möglichkeit geschaffen werden, die Verriegelung vorübergehend aufzuheben. Ein Taster S 5 soll alle Lampen ausschalten. (Verwenden Sie bistabile Kippstufen, ODER-, UND- und NICHT-Stufen.)

21. Zeichnen Sie das Impulsdiagramm zu der dargestellten Schaltung, wenn der Schalter 8 s lang betätigt wird.

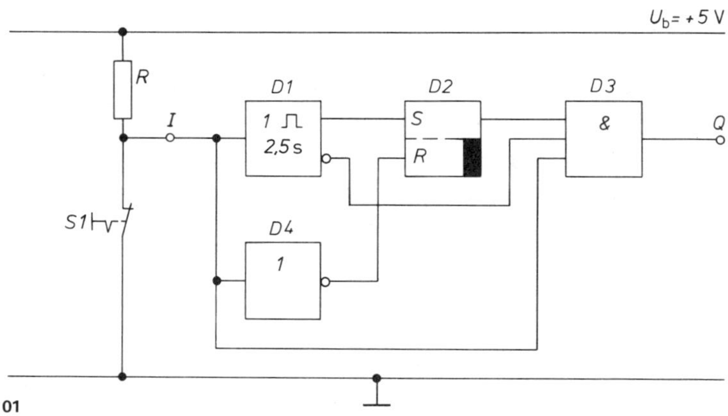

Abb. 6.101

22. Für eine Leuchtreklame wurde die in Abb. 6.102 dargestellte Schaltung entworfen. Wann und wie lange leuchten die Lampen H 1 bis H 6, wenn Sie den Schalter S1 betätigen? Welche Aufgabe erfüllt die monostabile Kippstufe D 16?

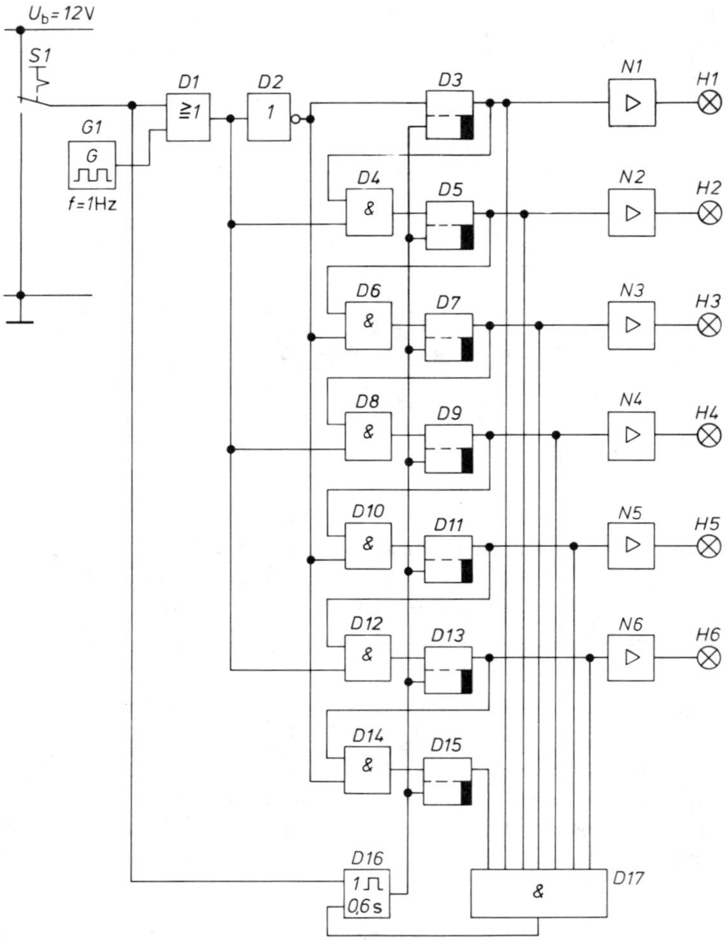

Abb. 6.102

23. Stellen Sie zu der abgebildeten Schaltung die Wertetabelle auf. Welchen Namen trägt die Schaltung?

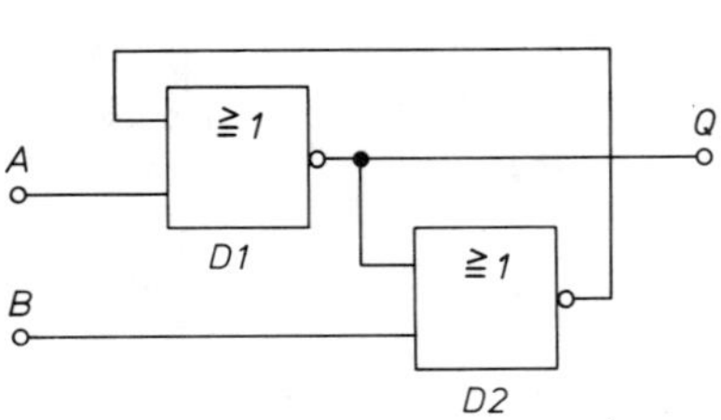

Abb. 6.103

24. Wie nennt man die abgebildete Schaltung?

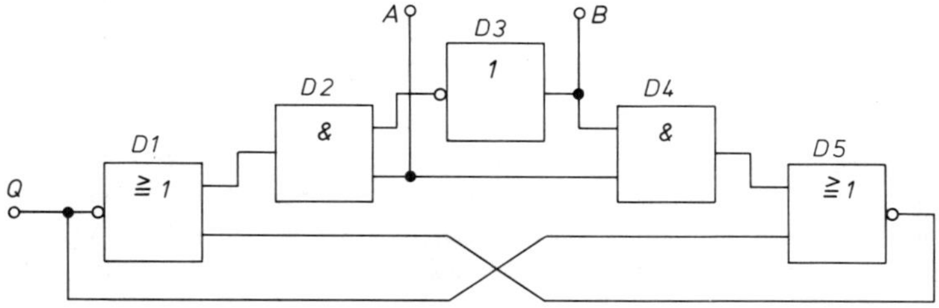

Abb. 6.104

25. Welches Aussehen hat das an Q auftretende Signal, wenn die Laufzeit in jeder Stufe 10 ns beträgt? (Impulspolarität und Dauer)

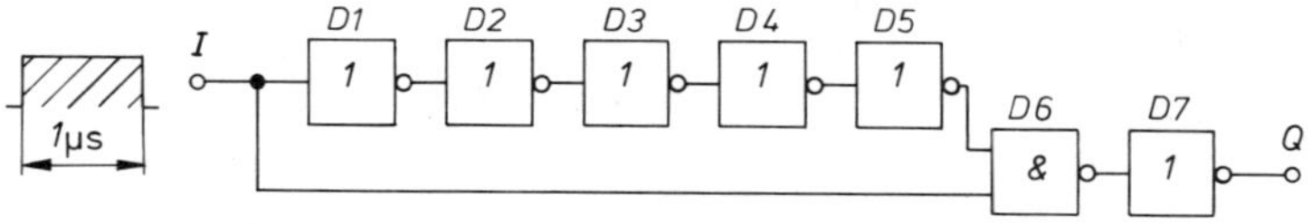

Abb. 6.105

7 Steuerschaltungen

In den folgenden Abschnitten wird gezeigt, wie industrielle Steuerschaltungen mit kontaktlosen Bauelementen verwirklicht werden können. Die angeführten einfachen Beispiele dienen hauptsächlich der Anwendung der behandelten Digitalbausteine und lassen keine Schlüsse über Vor- und Nachteile kontaktloser Steuerungen zu. Als leistungsschaltendes Bauelement wurde hier das Schütz gewählt.

7.1 Wendebetrieb eines Motors

Ein Elektromotor hat z. B. die Aufgabe, ein Ventil zu öffnen und zu schließen, eine Laufkatze vorwärts und rückwärts zu fahren oder ein Schiebetor zu öffnen und zu schließen. In jedem Fall wird die Steuerung ähnliche Aufgaben zu erfüllen haben.
Es wird an einem Beispiel eine Schiebetürsteuerung gezeigt und erklärt.

Aufgabe

Die Tür soll mit 3 Tasten „Halt" (S 0), „Zu" (S 1) und „Auf" (S 2) bedient werden. Weiterhin sind zwei Endlagenschalter vorgesehen, von denen der Schalter S 4 den Motor abschaltet, wenn die Tür geschlossen ist, während S 5 den Motor abschaltet, wenn die Tür ganz offen ist.
Ein anderer Schalter, der sogenannte Sicherheitsschalter (S 6) spricht an, wenn die Tür beim Zu-Fahren gegen ein Hindernis fährt. Beim Ansprechen von S 6 soll die Tür sofort stehen bleiben und anschließend automatisch 5 Sekunden in Richtung Öffnen zurücklaufen.
Der Betriebszustand wird durch 3 Lampen angezeigt, die mit „Zu" (H 1), „Auf" (H 2) und „Störung" (H 0) bezeichnet sind. Die „Auf"-Lampe blinkt, wenn die Tür gerade in Auf-Richtung bewegt wird, und brennt mit Dauerlicht, sobald die Endstellung erreicht ist. Das gleiche gilt für die „Zu"-Lampe. Wird die Tür daher in einer Zwischenstellung angehalten, so brennt keine Lampe.
Die Störungslampe (H 0) leuchtet, sobald der Sicherheitsschalter angesprochen hat. Sie läßt sich durch Betätigen des Halt-Tasters wieder löschen.

Wirkungsweise (siehe Abb. 7.1)

Die Tür sei offen, der Endschalter „Auf" (S5) hat angesprochen, die Lampe H 2 leuchtet über 02 mit Dauerlicht.
Nach kurzer Betätigung des Tasters S 1 wird der Speicher D 1 dann gesetzt, wenn die Haltetaste S 0 nicht gedrückt ist, keine Störung vorliegt, der Endlagenschalter „Zu" nicht angesprochen hat und die Tür nicht gerade in die Gegenrichtung läuft. Im letzten Falle wäre der Speicher D 5 gesetzt.
Der angesteuerte Speicher D 1 erregt nun das Schütz K1 über den Verstärker, so daß der Motor für Rechtslauf eingeschaltet wird und die Tür in Zu-Richtung fährt. Gleichzeitig wird Speicher D 5 gesperrt, so daß kein Gegenbefehl wirksam werden kann. Weiterhin wird über D 7 und D 8 Blinklicht auf H 1 gegeben. – Die „Zu"-Lampe blinkt! –
Nachdem die Tür die Auf-Stellung verlassen hat, geht der Auf-Endschalter in seine Ruhelage zurück, und die „Auf"-Lampe H 2 erlischt. Die Tür läuft jetzt so lange, bis entweder der Halt-Taster S 0 gedrückt wird oder die Tür die Zu-Endstellung erreicht und den Endschalter S 4 betätigt.
Hat S 4 angesprochen, wird über D 8 Dauerlicht auf H 1 geschaltet. Wird die Endstellung nicht erreicht, (z. B. durch Betätigung des Tasters S 0), wird H 1 nicht brennen. Da auch der Endschalter S 5 nicht angesprochen hat, wird somit keine Lampe brennen. Es ist das Zeichen dafür, daß die Tür sich in einer Zwischenstellung befindet.
Die Zu-Bewegung der Tür kann auch durch den Sicherheitsschalter S 6 beendet werden, wenn die Tür gegen ein Hindernis läuft. In diesem Fall spricht S 6 an und bringt am Ausgang der Zeitstufe D 2

einen Impuls mit einer Dauer von 5 Sekunden. Dieser Impuls setzt den Speicher D 6, wodurch die Störungslampe H 0 aufleuchtet und zugleich der Speicher D 1 gelöscht wird. Damit hält die Tür an. Der 5-Sekunden-Impuls bewirkt, wenn die Tür sich nicht in der Auf-Stellung befindet (Ausgang von D 3 = H-Signal), daß über D 4 und D 11 für 5 Sekunden ein H-Signal auf den Verstärker gelangt. Das Schütz K 2 schaltet sich für diese Zeit ein, und die Tür wird wieder ein Stück geöffnet.
Das Brennen der Störungslampe H 0 zeigt auch die Blockierung der Handsteuerung in Zu-Richtung an (Speicher D 1 ist gelöscht). Durch kurzen Druck auf S 0 kann Speicher D 6 gelöscht werden, nachdem der Automatik-Rücklauf beendet ist. Damit erlischt H 0, und die Steuerung ist wieder frei.
Die Steuerung in Auf-Richtung erfolgt genau wie die der Zu-Richtung mit dem Unterschied, daß die Auf-Bewegung nicht durch einen Sicherheitsschalter unterbrochen werden kann.
Die Arbeitsweise der in der Schaltung verwendeten Speicher wird im Abschnitt 6.4.2 beschrieben, die der Zeitstufe im Abschnitt 6.2.2.

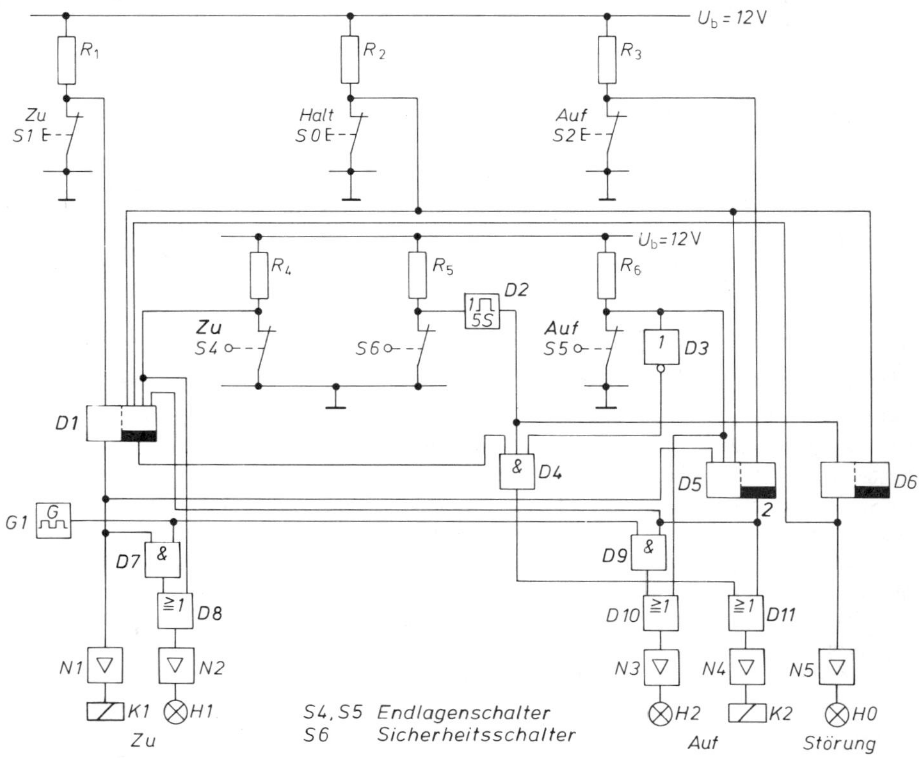

Abb. 7.1 Steuerung einer Schiebetür

7.2 Drehrichtungsanzeige einer Maschine

Die Drehrichtung einer Maschine soll angezeigt werden. Auf der Welle der Maschine ist ein Triggerrad montiert (siehe Abb. 7.2), das in den berührungslosen Aufnehmern S 1 und S 2 ein H-Signal erzeugt, sobald ein Triggerzahn an ihnen vorbeiläuft.
Damit ergeben sich für Rechtslauf und für Linkslauf verschiedene Signaldiagramme, die in Abb. 7.3 dargestellt sind. Die Auswertung dieser Signale mit den Anzeigen „Rechtslauf" (H 1) und „Linkslauf" (H 2) ist die Aufgabe der Schaltung, die in Abb. 7.4 dargestellt ist.

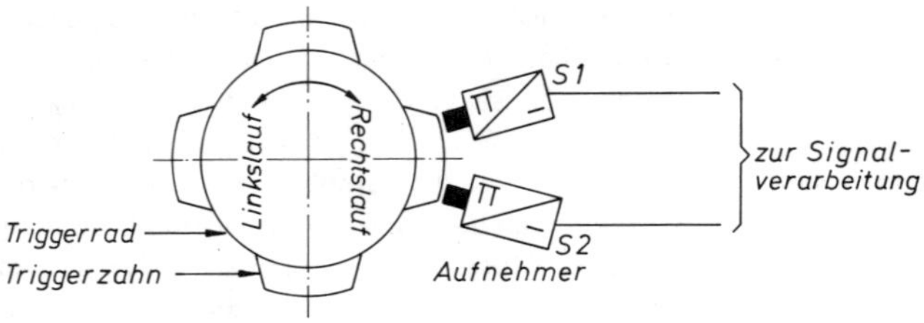

Abb. 7.2 Anordnung der Aufnehmer

Wirkungsweise

Bei Rechtslauf wird als erster der Aufnehmer S 1 H-Signal abgeben.

Der Speicher D 4 bekommt H-Signal auf der Setzseite, und der Speicher D 5 erhält über D 1 und D 3 einen kurzen Löschimpuls. Damit wird sichergestellt, daß der Speicher D 5 am Ausgang L-Signal führt und somit Speicher D 4 nicht löschen kann.

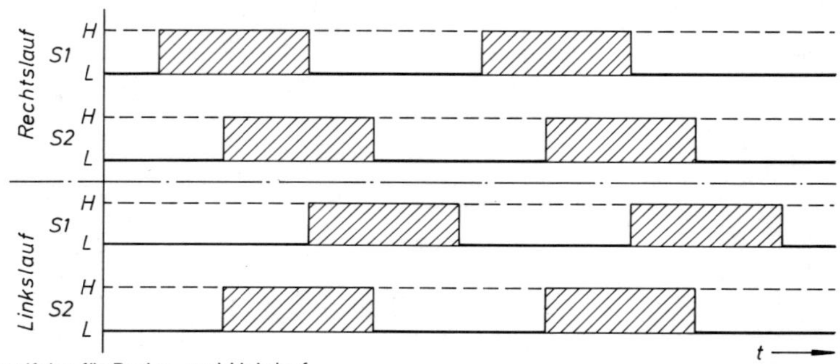

Abb. 7.3 Signalfolge für Rechts- und Linkslauf

Speicher D 4 wird also gesetzt und H 1 leuchtet („Rechtslauf"). Wenn anschließend S 2 ebenfalls H-Signal abgibt, kann Speicher D 4 nicht mehr gelöscht werden. Die Laufzeit der Zeitstufe D 1 ist abgelaufen. Am Ausgang Q_1 liegt L-Signal.

Der Speicher D 5 kann dagegen nicht gesetzt werden, da vom Ausgang des Speichers D 4 Sperrsignal auf der Löschseite liegt. Gibt anschließend nur noch S 2 H-Signal ab, ändert sich nichts an dem Schaltzustand, denn der Speicher D 4 bleibt stehen, da kein Löschbefehl über D 2 abgegeben werden kann. Wenn anschließend S 1 und S 2 L-Signal abgeben, bleibt der Anzeigezustand „Rechtslauf" erhalten. Auch wenn ein weiterer Triggerzahn durchläuft, erfolgt keine Beeinflussung des Anzeigezustandes. Wenn jedoch S 2 einmal als erster H-Signal abgibt, wird über D 1 und D 2 der Speicher D 4 gelöscht und der Speicher D 5 gesetzt, so daß H 2 leuchtet und das Signal „Linkslauf" anzeigt.

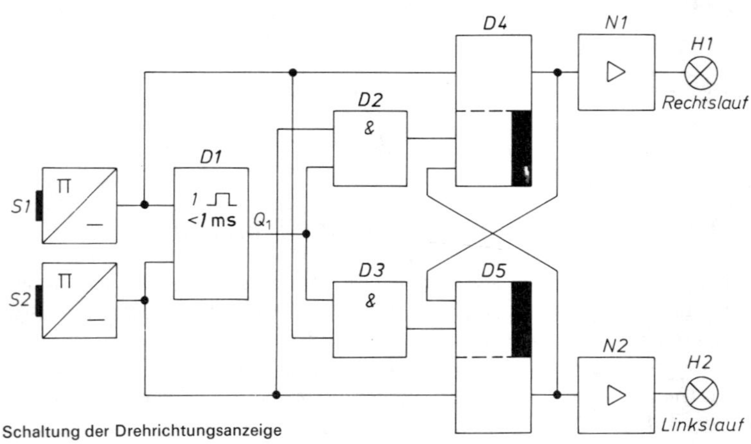

Abb. 7.4 Schaltung der Drehrichtungsanzeige

Da die von beiden Aufnehmern abgegebenen Impulse sowohl bei Rechtslauf als auch bei Linkslauf ineinander übergehen, wird von der Zeitstufe D1 jeweils nur ein Impuls pro Triggerzahn abgegeben, der auf die UND-Gatter gelangt.
Die Arbeitsweise der in der Schaltung verwendeten Speicher wird im Abschnitt 6.4.2 beschrieben, die der Zeitstufe im Abschnitt 6.2.2.

7.3 Wasserstandsregelung eines Sammelbehälters

In einem Kraftwerk, in dem Wasserdampf über vorgeschaltete Turbinen Generatoren zur Stromerzeugung antreibt, steht der Kondensatsammelbehälter unter ständigem Zufluß von kondensiertem Wasser. Je nach erzeugter Leistung des Kraftwerkes ist der Anfall von Kondensat größer oder kleiner.

Aufgabe

Die Aufgabe besteht darin, eine Automatikschaltung zu entwickeln, die den Einsatz von 2 in der Förderleistung unterschiedlichen Kreiselpumpen zur Behälterentleerung steuert. Die Förderleistung der Pumpe 1 ist für $^1/_3$ Lastbetrieb ausgelegt und die der Pumpe 2 für $^2/_3$ Lastbetrieb. Bei Vollastbetrieb müssen dann beide Pumpen gemeinsam arbeiten. Aufgabe der Automatik ist es, angepaßt an den Bedarf, die entsprechende Pumpenleistung einzusetzen. Für die Steuerung stehen 2 Schwimmerschalter zur Verfügung (siehe auch Abb. 7.5).
Der Schwimmer S1 übernimmt die Einschaltung und S0 die Ausschaltung der Pumpen.
Ein dritter Schwimmerschalter (S2) dient nur der Not-Einschaltung, damit der Behälter nicht überläuft.

Wirkungsweise (siehe auch Abb. 7.5 und 7.6).

Wird der niedrigste Wasserstand unterschritten, so müssen auf jeden Fall beide Pumpen ausgeschaltet werden, da Kreiselpumpen im allgemeinen nicht trocken laufen dürfen. Somit wird beim Unterschreiten des niedrigsten Wasserstandes S0 schließen und über D3 und D2 H-Signal auf die Löschseiten der Speicher D10, D11 und D12 geben.
Damit kann kein Speicher gesetzt werden und dadurch keine Pumpe laufen.

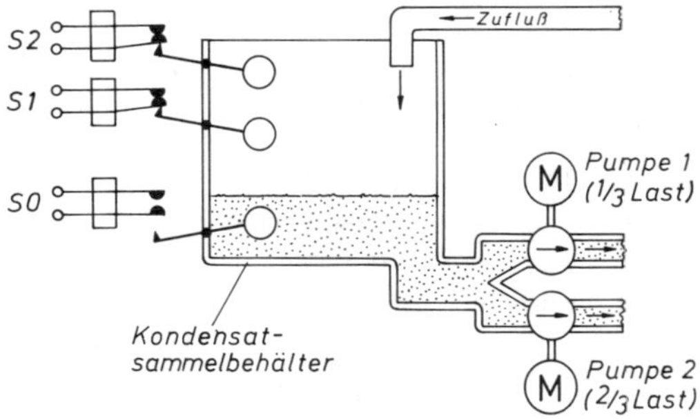

Abb. 7.5 Wasserkreislauf

Mit dem Schwimmer S2 müssen als letzte Sicherheit *beide Pumpen eingeschaltet* werden – S2 setzt den Speicher D12, der die Speicher D10 und D11 einschaltet.
Die Betriebseinschaltung der Speicher für die Pumpen wird mit dem Schwimmerschalter S1 vorgenommen. Es geschieht folgendes:
Mit Erreichen des unteren Wasserstandes wird S0 beide Pumpen abschalten. Gleichzeitig läuft die Zeitstufe D5 mit der Laufzeit t_1 an.
Wird – durch den ständigen Zufluß bedingt – der Schwimmer S1 nach Ablauf der Zeit t_1 betätigt, so wird über D7 der Speicher D10 gesetzt, und das Schütz K1 läßt die Pumpe 1 ($^1/_3$ Last) anlaufen.

War t_1 jedoch noch nicht abgelaufen, so wird über D 8, den Speicher D 11 und K 2 die Pumpe 2 ($^2/_3$ Last) eingeschaltet.

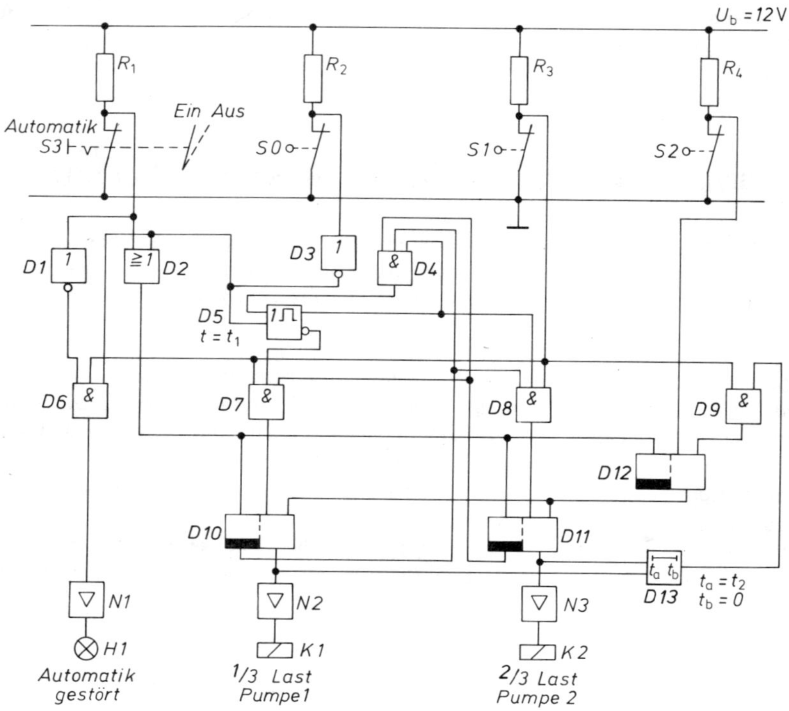

Abb. 7.6 Schaltung der Kondensatpumpen

Die Zeitstufe D 5 ist rückgekoppelt über die UND-Stufe D 4. Die Rückkopplung hat die Aufgabe, bei steigendem Wasserstand, wenn also S 0 wieder geöffnet hat, die Zeit t_1 weiter laufen zu lassen. Die Rückkopplung ist aber nur durchgeschaltet, wenn keiner der Speicher D 10 oder D 11 gesetzt ist. Sobald daher eine der Pumpen eingeschaltet wird, wird auch die Zeitstufe D 5 in die Ruhelage gebracht.

Gleichzeitig mit dem Anlauf einer der beiden Pumpen wird ein Verzögerungsglied D 13 (s. Abb. 6.34) mit der Zeit t_2 angeregt. Ist nach Ablauf der Zeit t_2 der Schwimmer S 1 noch nicht zurückgefallen oder wird er erneut angeregt, so ist die eingeschaltete Pumpe nicht in der Lage, den Bedarf zu decken; es wird also die zweite Pumpe zusätzlich eingeschaltet.

Die Zwangseinschaltung beider Pumpen erfolgt hier mit D 9 und dem Speicher D 12. D 9 ist erst dann in der Lage, H-Signal abzugeben, wenn die Zeit t_2 vergangen ist und S 1 immer noch bzw. schon wieder H-Signal abgibt.

Mit dem Schalter S 3 kann die Automatik außer Betrieb genommen werden. Sollte jedoch bei eingeschalteter Automatik der Schwimmer S 0 klemmen, kann keine Pumpe eingeschaltet werden, da dieser Schalter gleichzeitig als Trockengehschutz für die Pumpen wirkt.

Wird daher bei klemmendem Schwimmerschalter S 0 und eingeschalteter Automatik der Schwimmerschalter S 1 durch den Wasserstand eingeschaltet, so kommt über D 6 eine Meldung „Automatik gestört".

Die Arbeitsweise der in der Schaltung verwendeten Zeitstufe wird im Abschnitt 6.2.2, die Arbeitsweise der Speicher wird im Abschnitt 6.4.2 beschrieben.

7.4 Gefahrenmeldeverarbeitung mit Doppelblinklicht

Gefahrenmeldeanlagen haben die Aufgabe, Gefahrenzustände einer Anlage oder eines Fabrikationsprozesses in einem zentralen Kontrollraum akustisch und optisch anzuzeigen. Der Gefahrenzustand der Anlage bewirkt z. B. das Öffnen oder Schließen eines Schalters, so daß ein H-Signal abgegeben wird.

In dem Kontrollraum laufen sämtliche Meldungen zusammen. Zur schnellen Erkennung des Gefahrenzustandes wird häufig folgendes Prinzip angewendet:

Beim Eintreffen einer Meldung ertönt ein akustisches Signal (z. B. eine Hupe), und gleichzeitig blinkt in einem Leuchttableau der Meldungstext mit schnellem Blinklicht.

Der Schaltwärter betätigt zunächst den Taster „Hupenabstellung", um das akustische Signal zu löschen.

Dann geht er zu dem blinkenden Leuchtfeld, registriert die Meldung und betätigt den Taster „Quittierung" (Qu).

Je nachdem, ob die Meldung weiterhin ansteht oder inzwischen verschwunden ist, wird nach Betätigung der Taste Qu der entsprechende Meldungstext mit Dauerlicht oder Langsamblinklicht weiter leuchten.

Ein mit Dauerlicht anstehender Meldungstext wechselt in Langsamblinklicht, wenn die Meldung irgendwann, z. B. nach Behebung der Störung, verschwindet. Das Langsamblinklicht läßt sich dann mit der Löschtaste (Lö) löschen.

Wird während des Langsamblinklichtes die Meldung wieder angeregt, so kommen erneut das akustische Signal und das Schnellblinklicht.

Wirkungsweise:

Wie in Abb. 7.7 dargestellt, wird für je eine Meldung eine Meldekombination benötigt, die aus den Schaltelementen besteht, welche in dem strichpunktierten Rechteck enthalten sind. Jede Kombination steuert eine Lampe, die den entsprechenden Meldetext im Tableau aufleuchten läßt.

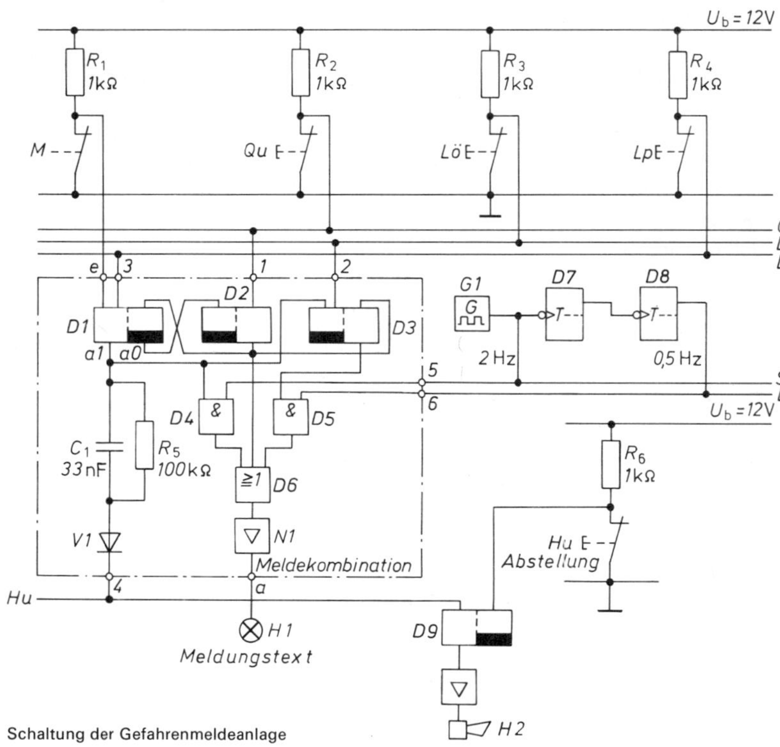

Abb. 7.7 Schaltung der Gefahrenmeldeanlage

Im Kontrollraum befinden sich eine Hupe mit dem Speicher D 9 und der Abstelltaste „Hu-Abstellung", sowie die Taster für Quittierung (Qu), Löschung (Lö) und Lampenprüfung (Lp). Außerdem gehören dazu der Rechteckgenerator G 1, der die Frequenz für das Schnellblinken liefert und der Frequenzteiler, bestehend aus den zwei T-Flipflops. Dem T-FF D 8 wird die Frequenz für das Langsamblinken entnommen.
Diese Geräte sind mit den Anschlüssen 1 bis 6 der Meldekombinationen verbunden. Nur der Eingang e und der Ausgang a haben eine besondere Aufgabe. Der Meldekontakt M öffnet im Störungsfalle und bringt H-Signal auf den Speicher D 1.
Über C_1 und V 1 gelangt ein kurzer Impuls auf die Hupenringleitung Hu, der den Speicher D 9 setzt und damit das akustische Signal H 2 anregt. (R 5 dient nur als Entladewiderstand für C_1.) Gleichzeitig wird über D 4 und D 6 das Schnellblinklicht auf die Lampe H 1 (Meldungstext im Tableau) geschaltet.
Mit Betätigung der Taste „Hu-Abstellung" wird der Speicher D 9 gelöscht und das akustische Signal abgeschaltet.

Nach dem Drücken der Taste Qu sind 2 Fälle denkbar:

a) Die Meldung M führt bereits wieder L-Signal, dann wird über Speicher D 2 der Speicher D 1 gelöscht und Speicher D 3 gesetzt.
Speicher D 1 wiederum löscht Speicher D 2, so daß über D 5 und D 6 Langsamblinklicht auf H 1 gelangt.
b) Steht jedoch die Meldung M mit H-Signal an, so wird der Ausgang a 1 von Speicher D 1 auf L-Signal gestellt. Speicher D 2 wird aber nicht durch a 0 von Speicher D 1 gelöscht, weil beide Speicherausgänge a 1 und a 0 L-Signal annehmen.

Das bedeutet: H 1 wird durch Speicher D 2 über D 6 mit Dauerlicht versorgt. Durch parallele Anregung von Speicher D 3 wird gleichzeitig Langsamblinklicht über D 5 und D 6 an H 1 gelegt, das jedoch keine optische Wirkung an der Lampe H 1 hervorrufen kann. Nachdem der Meldekontakt wieder L-Signal bringt, führt a 0 von Speicher D 1 H-Signal, und Speicher D 2 wird gelöscht, so daß das Langsamblinklicht über Speicher D 3 und D 5 wirksam wird. Kommt in diesem Zustand die Meldung M erneut, so wird Speicher D 1 gesetzt und Speicher D 3 gelöscht, d. h. Langsamblinklicht verschwindet, Schnellblinklicht erscheint, und die Hupe wird wieder angeregt.
Mit der Löschtaste Lö kann ein langsam blinkender Meldungstext (Speicher D 1 und Speicher D 2 in Ruhestellung) durch Löschung des Speichers D 3 abgeschaltet werden.
Um die einwandfreie Funktion aller Meldekombinationen und aller Lampen zu prüfen, wird der Taster Lp betätigt. Er bringt eine parallele Anregung aller Meldungen einer Gefahrenmeldeanlage, so daß Fehler in einer Kombination oder defekte Lampen sofort erkannt werden können.
Die Arbeitsweise der in der Schaltung verwendeten Speicher wird im Abschnitt 6.4.2 beschrieben, die der T-Flipflops im Abschnitt 6.5.3.5.

7.5 Die „2- von 3-Auswerteschaltung"

Die 2- von 3-Auswahl wird überall dort eingesetzt, wo es auf höchste Informationssicherheit ankommt.
So wird z. B. eine wichtige Gefahrmeldung grundsätzlich über 3 Anregeglieder und 3 verschiedene Leitungen zum Kontrollraum gebracht. Hier soll allerdings nicht jede der 3 Einzelmeldungen signalisiert werden, sondern 1 Leuchtfach soll nur leuchten, wenn alle 3 oder mindestens 2 der Einzelmeldungen den Gefahrenzustand anzeigen.
Damit aber die 3 Meldungen auf Fehlsignale überwacht sind, wird bei einer Signalgabe einer Meldung oder zweier Meldungen eine weitere Fehlmeldung gebracht, welche anzeigt, daß die Übertragung nicht ganz in Ordnung ist.
An einem kleinen Beispiel soll die Schaltung für eine 2- von 3-Auswahl entwickelt werden.

Aufgabe

In einem Fernwärmeschacht befindet sich ein Druckreduzierventil, hinter dem in der Leitung ein geringerer Druck herrscht. Es ist also erforderlich, eine Überschreitung dieses Druckes mit größtmöglicher Sicherheit an das einspeisende Fernwärmekraftwerk zu melden.

Es wurde daher eine 2- aus 3-Auswertung gewählt. Das bedeutet, es werden 3 Druckwächter (P_1, P_2, P_3) eingebaut, die beim Überschreiten des maximalen Druckes Signale („Druck zu hoch") an das Kraftwerk abgeben sollen. Im Kraftwerk soll jedoch nur dann eine Meldung erfolgen, *wenn alle 3 oder wenn 2* der Druckwächter Signale geben. Gibt einer oder geben 2 der Druckwächter Signale, dann soll zusätzlich eine Störungsmeldung („Druckwächter ungleich") erfolgen. Da beim Ansprechen der Druckwächter eine gewisse Zeitdifferenz besteht, muß diese Meldung um 10 s verzögert werden.

Lösung

Die Lösung finden wir mit Hilfe der Schaltalgebra:

Meldung „Druck zu hoch" = M_1
Meldung „Druckwächter ungleich" = M_2

Die Meldebedingungen sind in der Wertetabelle Abb. 7.8 zusammengestellt.
Der Ansatz für die Störungsmeldung M_2 lautet:

$$\bar{M}_2 = (\bar{P}_1 \wedge \bar{P}_2 \wedge \bar{P}_3) \vee (P_1 \wedge P_2 \wedge P_3)$$

P_1	P_2	P_3	M_1	M_2
0	0	0	0	0
0	0	1	0	1
0	1	0	0	1
0	1	1	1	1
1	0	0	0	1
1	0	1	1	1
1	1	0	1	1
1	1	1	1	0

Abb. 7.8 Wertetabelle zur „2- von 3-Auswerteschaltung"

Es wurde hier die L-Aussage, also die 1. und 8. Signalkombination, gewählt (siehe Abschnitt 5, Schaltalgebra).
Es folgt die Umformung des 1. Klammerwertes, dann die Negation der gesamten Gleichung:

$$\bar{M}_2 = \overline{(P_1 \vee P_2 \vee P_3)} \vee (P_1 \wedge P_2 \wedge P_3)$$
$$M_2 = \overline{\overline{(P_1 \vee P_2 \vee P_3)} \vee (P_1 \wedge P_2 \wedge P_3)}$$

Die Meldung wird um 10 s verzögert. Den Aufbau der Verzögerungsschaltung ersehen Sie aus Abschnitt 6.2.8.2.
Die Aufstellung der schaltalgebraischen Gleichung für die Druckmeldung M_1 erfolgt mit Hilfe der 4., 6., 7. und 8. Signalkombination der Wertetabelle:

$$M_1 = (\bar{P}_1 \wedge P_2 \wedge P_3) \vee (P_1 \wedge \bar{P}_2 \wedge P_3) \vee (P_1 \wedge P_2 \wedge \bar{P}_3) \vee (P_1 \wedge P_2 \wedge P_3)$$

Um diese Gleichung zu vereinfachen, kann das distributive Gesetz angewendet werden. Das Schlußergebnis wird dann sein:

$$M_1 = (P_1 \wedge P_2) \vee (P_1 \wedge P_3) \vee (P_2 \wedge P_3).$$

Schneller kommt man zum Ziel, wenn man 2 Klammerausdrücke, z. B.

$$(\bar{P}_1 \wedge P_2 \wedge P_3) \vee (P_1 \wedge P_2 \wedge P_3),$$

vergleicht. Man erkennt, daß sich die Ausdrücke der Klammerwerte nur in der Variablen P_1 unterscheiden, die einmal in der vereinten Form $\bar{P}_1$ auftritt. Das heißt doch, welchen Signalwert die

Variable P_1 (H- oder L-Signal) auch hat, das Ergebnis der Oder-Verknüpfung ist immer H, wenn die beiden anderen Variablen P_2 und P_3 den Signalwert H führen. Entsprechend kann man den 2. und den 3. Klammerwert mit dem 4. Klammerwert vergleichen.
Den Aufbau der Schaltung zeigt Abb. 7.9.

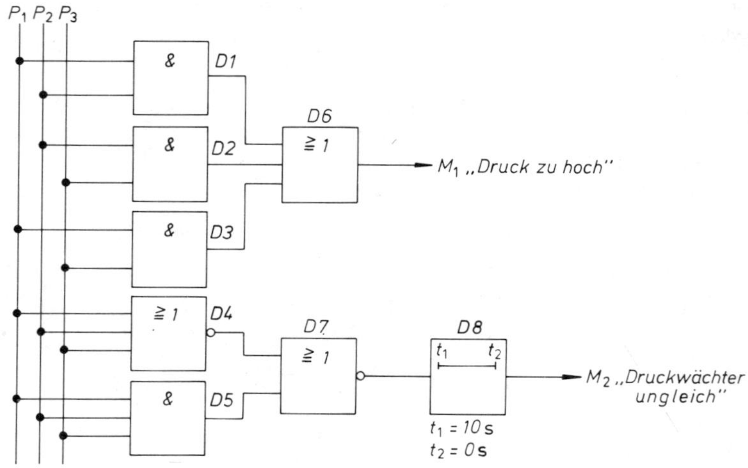

Abb. 7.9 Schaltung der „2- von 3-Auswertung" mit Fehlermeldung

8 Zählschaltungen

8.1 Zahlensysteme

Für die meisten Menschen unserer Zeit erscheint das beim Zählen üblicherweise angewandte dezimale Zahlensystem von Natur aus vorgegeben zu sein. Es wird selten noch als eine Erfindung des Menschen angesehen. Dies zu durchschauen heißt, sich mit den Problemen des Zählens und der Zahlensysteme auseinanderzusetzen. Unterzieht man sich jedoch der Mühe, so werden auch Struktur und Notwendigkeit anderer Zahlensysteme verständlich.

8.1.1 Dezimalzahlensystem

Alle Zahlensysteme sind nach der gleichen Gesetzmäßigkeit aufgebaut. An Hand des Dezimalzahlensystems soll diese Gesetzmäßigkeit erläutert werden.

Die Menge

● ● ● ≙ 3

Abb. 8.1

Die Abb. 8.1 zeigt eine Menge von Punkten, die durch eine Ziffer ausgedrückt wird.

Eine Ziffer ist ein Symbol für eine bestimmte Menge.

Im Dezimalzahlensystem kennen wir 10 verschiedene Ziffern (0, 1, 2, 3, 4, 5, 6, 7, 8, 9). Die Ziffer 0 braucht man bei aus Ziffern zusammengesetzten Zahlen, z. B. 10, 100, 1000, usw.

≙ 0
● ≙ 1
● ● ≙ 2
● ● ● ≙ 3
● ● ● ● ≙ 4
● ● ● ● ● ≙ 5
● ● ● ● ● ● ≙ 6
● ● ● ● ● ● ● ≙ 7
● ● ● ● ● ● ● ● ≙ 8
● ● ● ● ● ● ● ● ● ≙ 9
● ● ● ● ● ● ● ● ● ● ≙ ?

Abb. 8.2 Die Ziffern des Dezimalzahlensystems

Die Abb. 8.2 zeigt die Zuordnung der Ziffern zu den Mengen der Punkte. Für größere Mengen als neun Punkte gibt es keine neuen Ziffern mehr, sondern eine Zusammensetzung der bekannten Symbole 0 ... 9.

Die Bündelung

Ist die Menge größer als der Vorrat an eingeführten Symbolen, muß man sie bündeln.

Im Zehner- oder Dezimalzahlensystem wird folgendermaßen gebündelt: Bündel zu je 10 Stück, Bündel zu je 100 Stück, Bündel zu je 1000 Stück usw.

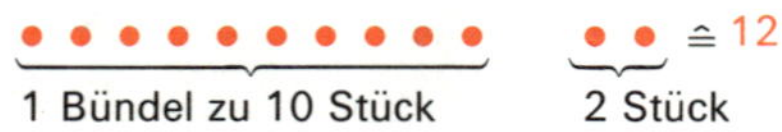

Abb. 8.3

Die Bündel erhalten keine neuen Symbole. Die Unterscheidung, ob ein Symbol einzelne Stücke oder aber Bündel kennzeichnet, wird in der Schreibweise räumlich nebeneinander vorgenommen. Die einzelnen Stücke werden dabei ganz rechts geschrieben. Die Anzahl der Bündel schreibt man links daneben (Abb. 8.3).

Beispiele: a)

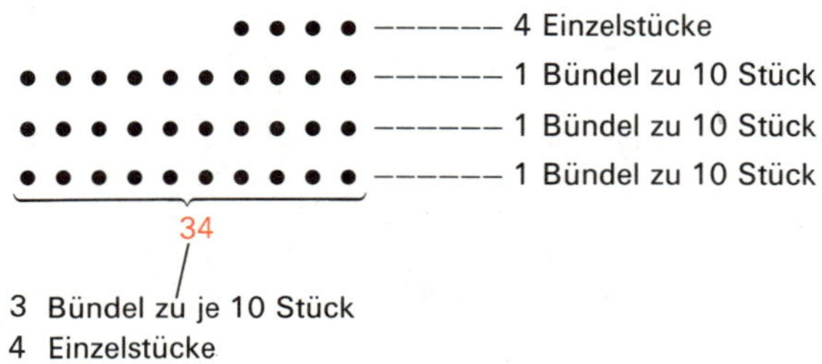

Abb. 8.4

Die Menge der Punkte beträgt in Abb. 8.4 3 Bündel zu je 10 Stück und 4 Einzelstücke. Das Symbol für diese Menge lautet 34.

b)

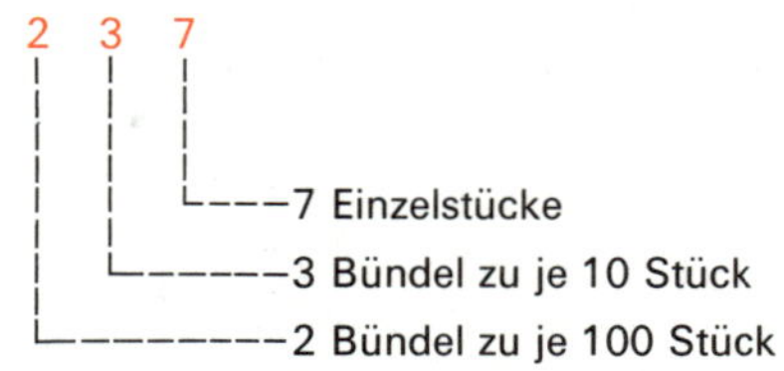

Abb. 8.5

Ist die Menge größer als 9 Einzelstücke und 9 Zehnerbündel, d. h. >99, so führt man Hunderterbündel ein. Normalerweise sagt man nicht Hunderterbündel oder Zehnerbündel, sondern einfacher:

Hunderter   Zehner   Einer

Die Werte der Ziffern der Abb. 8.5 kann man auch in der Zehnerpotenzschreibweise folgendermaßen ausdrücken:

7 Einzelstücke $\triangleq 7 \cdot 10^0$
3 Bündel zu je 10 Stück $\triangleq 3 \cdot 10^1$
2 Bündel zu je 100 Stück $\triangleq 2 \cdot 10^2$

Jede Ziffer einer Zahl entspricht einer bestimmten Menge, die sich aus Ziffer · Stellenwert errechnet.

2 3 7

- 7 → 1. Stelle ≙ Ziffer · 10^0
- 3 → 2. Stelle ≙ Ziffer · 10^1
- 2 → 3. Stelle ≙ Ziffer · 10^2

Abb. 8.6

Der Unterschied zwischen den Stellenwerten ist immer der Faktor 10.

Die Ordnung der Ziffern einer Zahl durch den Faktor 10 wird auch als dekadische Einteilung einer Menge bezeichnet.

Nach diesem Prinzip ist unser „landläufig" benutztes Zahlensystem aufgebaut. Alle anderen Zahlensysteme unterscheiden sich von dem Dezimalsystem nur in zwei Dingen:

1. dem Vorrat an Ziffern,
2. dem Inhalt der Bündel.

zu 1: Das „Achtersystem" hat z. B. nur 8 unterschiedliche Ziffern (0, 1, 2, 3, 4, 5, 6, 7). Das Symbol 0 braucht man wie im Dezimalsystem bei aus Ziffern zusammengesetzten Zahlen. Die Symbole 8 und 9 gibt es hier nicht mehr.

zu 2: Die Bündelung erfolgt nicht zu 10, sondern zu 8, d. h. die Ordnung dieses Zahlensystems beruht auf dem Faktor 8. Damit ergeben sich folgende Stellenwerte:

1. Stelle ≙ 8^0
2. Stelle ≙ 8^1
3. Stelle ≙ 8^2
⋮ ⋮ ⋮ ⋮
n. Stelle ≙ 8^{n-1}

n bedeutet die Stellennummer.

Beispiele des Achtersystems:

● ● ● ● ● ● ● ● (1 Bündel zu 8 Stück) ● ● (2 Stück) ≙ 1 2

- 2 → 2 Einzelstücke
- 1 → 1 Bündel zu 8 Stück

Abb. 8.7

In Abb. 8.7 ist das Symbol der Menge von 10 Punkten dargestellt. Die Zahl 12 bedeutet im Achtersystem eine andere Menge als im Dezimalzahlensystem. An den Symbolen selbst kann man dies nicht erkennen.

1 0 2

- 2 → Ziffer · Stellenwert = $2 \cdot 8^0 = 2$
- 0 → Ziffer · Stellenwert = $0 \cdot 8^1 = 0$
- 1 → Ziffer · Stellenwert = $1 \cdot 8^2 = 64$

Summe: 66

Abb. 8.8

Die Zahl 102 des Achtersystems entspricht der Menge 66_{10}[1]).

[1]) Indizes geben die Zahlensysteme an. Hier ist das Zehnersystem gemeint.

8.1.2 Computergerechte Zahlensysteme

Computer kennen keine Zahlen, sondern nur Spannungen und Ströme. Man könnte bestimmten Spannungswerten bestimmte Zahlen zuordnen. Soll der Computer im Dezimalzahlensystem arbeiten, muß er 10 verschiedene Spannungswerte genau unterscheiden können. Technisch kann man aber höchstens Spannungen auf 1 ‰ genau erzeugen und verarbeiten. Computer, die auf der Basis des Dezimalzahlensystems arbeiten, erreichen deshalb keine sehr große Genauigkeit.
Um größere Genauigkeiten zu erreichen, muß man Zahlensysteme benutzen, die mit weniger als 10 unterschiedlichen Symbolen auskommen.
Das Achtersystem bringt hier noch keine großen Vorteile. Das Zahlensystem mit der geringsten Anzahl von unterschiedlichen Ziffern ist das Zweiersystem. Hier gibt es nur noch die Symbole 0 und 1. Diesen Ziffern ordnet man in elektronischen Geräten die beiden Zustände „keine Spannung" bzw. „Spannung in ausreichender Höhe" zu.

Ziffer 0 $\hat{=}$ „keine Spannung"

Ziffer 1 $\hat{=}$ „Spannung in ausreichender Höhe"

Die Höhe der Spannung hängt von den verwendeten logischen Bausteinen ab. (TTL = 2 V ... 5 V).

Nachteil: Das Zweiersystem braucht die größte Anzahl von Stellen zur Darstellung von Zahlen.

8.1.3 Zweiersystem

Das Zweiersystem wird auch als *duales Zahlensystem* bezeichnet. Hier gibt es nur zwei unterschiedliche Symbole, nämlich die Ziffern 0 und 1. Die Symbole 2, 3, 4, 5, 6, 7, 8, 9 dürfen in diesem System nicht zur Darstellung von Zahlen benutzt werden. Die Bündelung beruht auf dem Faktor 2. In der Zweierpotenzschreibweise lauten die Stellenwerte folgendermaßen:

1. Stelle $\hat{=}$ 2^0
2. Stelle $\hat{=}$ 2^1
3. Stelle $\hat{=}$ 2^2

⋮ ⋮ ⋮ ⋮

n. Stelle $\hat{=}$ 2^{n-1}

n = Nr. der Stelle

Durch den Bündelungsfaktor 2 verdoppeln sich die Stellenwerte mit höher werdender Stellennummer:
$2^0 = 1$, $2^1 = 2$, $2^2 = 4$, $2^3 = 8$, $2^4 = 16$ usw.
Beispiel einer dualen Zahl:

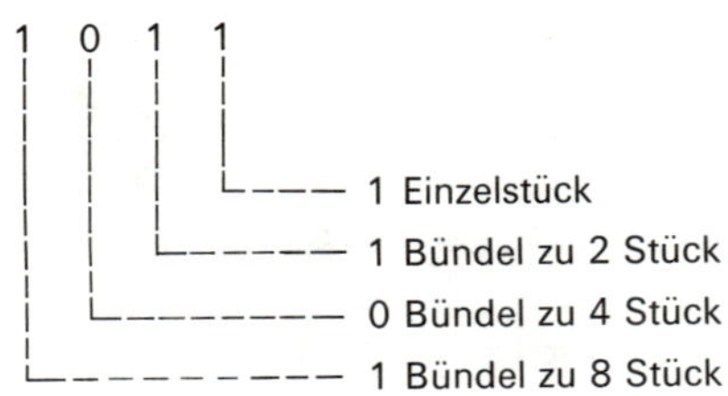

Abb. 8.7

Den Wert einer dualen Zahl kann man grundsätzlich durch Ziffer · Stellenwert ermitteln.

1 1 0 1 1

Ziffer · Stellenwert $\triangleq 1 \cdot 2^0 = 1$
Ziffer · Stellenwert $\triangleq 1 \cdot 2^1 = 2$
Ziffer · Stellenwert $\triangleq 0 \cdot 2^2 = 0$
Ziffer · Stellenwert $\triangleq 1 \cdot 2^3 = 8$
Ziffer · Stellenwert $\triangleq 1 \cdot 2^4 = 16$

27

Abb. 8.8

In Abb. 8.8 entspricht die duale Zahl 11011 der dezimalen Zahl 27

8.1.4 Die Umrechnung der Zahlensysteme

Die Menschen arbeiten normalerweise im Dezimalsystem. Bei allen Umrechnungen geht man deshalb von diesem Zehnersystem aus oder rechnet andere Zahlensysteme in dieses Zehnersystem um.

8.1.4.1 Die Umwandlung beliebiger Zahlensysteme in das Dezimalzahlensystem

1. Beispiel: Achtersystem in Dezimalsystem

3 7 6

Ziffer · Stellenwert $\triangleq 6 \cdot 8^0 = 6$
Ziffer · Stellenwert $\triangleq 7 \cdot 8^1 = 56$
Ziffer · Stellenwert $\triangleq 3 \cdot 8^2 = 192$

254

Abb. 8.9

In Abb. 8.9 entspricht die Zahl 376 des Achtersystems der Dezimalzahl 254.

Die Dezimalzahl ist die Summe der einzelnen Produkte aus Ziffern mit den zugehörigen Stellenwerten.

Die Umwandlung einer Dualzahl in eine Dezimalzahl wird nach den gleichen Gesetzmäßigkeiten vorgenommen.

2. Beispiel: Dualzahl in Dezimalzahl

1 0 1 0 1

Ziffer · Stellenwert $\triangleq 1 \cdot 2^0 = 1$
Ziffer · Stellenwert $\triangleq 0 \cdot 2^1 = 0$
Ziffer · Stellenwert $\triangleq 1 \cdot 2^2 = 4$
Ziffer · Stellenwert $\triangleq 0 \cdot 2^3 = 0$
Ziffer · Stellenwert $\triangleq 1 \cdot 2^4 = 16$

21

Abb. 8.10

In Abb. 8.10 entspricht die duale Zahl 10101 der Dezimalzahl 21. Beide Zahlen drücken die gleiche Menge aus. Die Dualzahl kommt dabei mit zwei unterschiedlichen Symbolen aus, hat aber dafür 5 Stellen.

8.1.4.2 Die Umwandlung dezimaler Zahlen in andere Zahlensysteme

Will man eine Dezimalzahl umwandeln, muß man die in der Dezimalzahl enthaltenen Potenzwerte des anderen Zahlensystems ermitteln.

Beispiel: Die Dezimalzahl 21 soll in eine Dualzahl umgewandelt werden.

Die Potenzwerte des dualen Zahlensystems lauten:

$2^n \ldots$	2^5	2^4	2^3	2^2	2^1	2^0
	↓	↓	↓	↓	↓	↓
	32	16	8	4	2	1

Abb. 8.11

In der Zahl 21 ist als höchster Potenzwert $2^4 = 16$ enthalten. Der Rest $21 - 16 = 5$ besteht aus den Potenzwerten $2^2 = 4$ und $2^0 = 1$. Da die Potenzwerte 2^3 und 2^1 in der Zahl 21 nicht enthalten sind, müssen sie in der schriftlichen Darstellung der dualen Zahl durch 0 gekennzeichnet werden. Damit lautet die duale Zahl:

2^5	2^4	2^3	2^2	2^1	2^0
↓	↓	↓	↓	↓	↓
0	1	0	1	0	1

Abb. 8.12

Die Umwandlung der Dezimalzahlen in andere Zahlensysteme kann man auch schematisieren.
Die folgenden Beispiele zeigen diesen Vorgang für die Umwandlung in das Achter- und Zweiersystem. Dabei findet man die neue Zahl durch fortlaufende Teilung der Dezimalzahl durch den Bündelungsfaktor des anderen Zahlensystems.

1. Beispiel: Die Umwandlung der Dezimalzahl 254 in die entsprechende Zahl des Achtersystems.

254 : 8 = 31 Rest 6 ← 1. Stelle der gesuchten Zahl
31 : 8 = 3 Rest 7
3 : 8 = 0 Rest 3

Abb. 8.13

Die Ziffern der gesuchten Zahl des Achtersystems erscheinen als „Rest" der einzelnen Divisionen räumlich untereinander geschrieben in der Abb. 8.13.
Der „Rest" der ersten Division ergibt die 1. Stelle der gesuchten Zahl. Das Ergebnis lautet:

3 7 6
↑
1. Stelle

Abb. 8.14

2. Beispiel: Die Umwandlung der Dezimalzahl 22 in die entsprechende Dualzahl.

22 : 2 = 11 Rest 0 ← 1. Stelle der Dualzahl
11 : 2 = 5 Rest 1
5 : 2 = 2 Rest 1
2 : 2 = 1 Rest 0
1 : 2 = 0 Rest 1

Abb. 8.15

Wie in Abb. 8.13 wird die 1. Stelle der gesuchten Dualzahl von dem „Rest" der ersten Division gebildet (Abb. 8.15).

22	Rest	
11	0	← 1. Stelle der Dualzahl
5	1	
2	1	
1	0	
0	1	

Abb. 8.16

Die Abb. 8.16 zeigt die vereinfachte Schreibweise der Umwandlung der Dezimalzahl 22 in die entsprechende Dualzahl 10110.

8.1.5 Rechenregeln für duale Zahlen

8.1.5.1 Addition dualer Zahlen

Mit dualen Zahlen muß man genau so rechnen wie mit dezimalen Zahlen. Der Unterschied liegt nur in der Bildung des Übertrages zur nächsten Stelle. In dem Dezimalzahlensystem entsteht dieser, wenn der Zahlenwert 9 überschritten wird, im Dualzahlensystem schon wenn der Zahlenwert 1 überschritten wird.

Beispiel:

```
a) dezimal  5               b) dual  1
           +5                       +1
           1 --------Übertrag       1 -------- Übertrag
           ----                     ----
           1 0                      1 0
```

Abb. 8.16.1 Bildung des Übertrages

Bei der Addition zweier einstelliger Dualzahlen gibt es vier verschiedene Kombinationsmöglichkeiten (Abb. 8.16.2).

```
 0       1       0       1
+0      +0      +1      +1
----------------------- 1 ------- Übertrag
--      --      --      --
 0       1       1      1 0
```

Abb. 8.16.2 Die vier verschiedenen Additionsmöglichkeiten zweier Ziffern

Durch den eventuellen Übertrag zur nächsten Stelle müssen bei der Addition zweier Zahlen maximal 3 Ziffern pro Stelle addiert werden (Abb. 8.17).

```
 01        11        01        11
+01       +01       +11       +11
 1 ------- 1-1 ------1-1 ------1-1 ------- Übertrag
---       ---       ---       ---
 10       100       100       110
```

Abb. 8.17 Addition zweier Zahlen

Beispiele:

```
 10110       101101
+10001      + 10011
 1           111111
------      -------
100111      1000000
```

8.1.5.2 Subtraktion dualer Zahlen

Die Subtraktion dualer Zahlen wird wie die Subtraktion dezimaler Zahlen durchgeführt.
Ist der Minuend kleiner als der Subtrahend, muß von der nächsthöheren Stelle eine 1 entliehen werden.

Beispiele:

a) dezimal				b) dual			
	3 ⟶	15	Minuend		1 ⟶	10	Minuend
	−1	9	Subtrahend		−0	1	Subtrahend
	1 ↙		Entleihung		1 ↙		Entleihung
	1	6			0	1	

Abb. 8.18 Bildung der Entleihung

Die Entleihung muß entweder vom Minuenden der 2. Stelle abgezogen oder zum Subtrahenden der 2. Stelle addiert werden. Die Abb. 8.18 zeigt die zweite Möglichkeit. Diese ist schaltungstechnisch einfacher zu realisieren und wird deshalb bevorzugt.

10	11	11	10	
− 0	− 0	− 1	− 1	
			1	Entleihung
10	11	10	01	

Abb. 8.19 Die vier Subtraktionsmöglichkeiten zweier Ziffern

Durch die beschriebene Art der Entleihung besteht die Subtraktion zweier Zahlen aus einer Addition des Subtrahenden mit der Entleihung und einer anschließenden Differenzbildung der Summe zu dem Minuenden.

Beispiele:					
	100	110	110	100	
	− 01	− 01	− 11	− 11	
	11	1	11	11	Entleihung
	011	101	011	001	

Abb. 8.20 Subtraktionsbeispiele

8.1.5.3 Multiplikation dualer Zahlen

Die Multiplikation ist gegenüber der Addition und Subtraktion eine höhere Rechenart (Punktrechnung geht vor Strichrechnung).
Sie ist eine fortgesetzte Addition des Multiplikanden. Der Multiplikator gibt die Anzahl der Additionen an (Abb. 8.21)

$$9 \cdot 5 = 5 + 5 + 5 + 5 + 5 + 5 + 5 + 5 + 5$$

9 ↓ Multiplikator; 5 ⟶ Multiplikand

Abb. 8.21

Bei großem Multiplikator ist die fortlaufende Addition des Multiplikanden zeitlich sehr aufwendig. Da Rechner allerdings bis zu 10 Millionen Additionen in 1 sec durchführen können, wird diese Methode manchmal in einfachen Geräten benutzt.

Eine zeitlich wesentlich weniger aufwendige Methode stellt unsere übliche schriftliche Multiplikationsweise dar. Dabei werden Teilprodukte gebildet, die zu einem Endergebnis addiert werden.

```
                        334 · 5123

   3 · 334 =       1002
  20 · 334 =       6680
 100 · 334 =      33400
5000 · 334 =    1670000
               --------
                1711082
               ========
```

```
334 · 5123
-----------
      1002
      668
     334
    1670
-----------
   1711082
===========
```

Abb. 8.22

Die Abb. 8.22 zeigt die Zerlegung der Multiplikation in Teilprodukte. Die rechte Abbildung zeigt das übliche schriftliche Verfahren.

Im dualen Zahlensystem treten vier unterschiedliche Multiplikationen auf:

$0 \cdot 0 = 0 \qquad 0 \cdot 1 = 0 \qquad 1 \cdot 0 = 0 \qquad 1 \cdot 1 = 1$

Beispiele:

```
11011 · 101                    10100 · 000101
-----------                    --------------
    11011                              10100
   00000                              00000
  11011                              10100
 1111        ←Übertrag→              1
---------                          ---------
 10000111                           1100100
=========                          =========
```

Abb. 8.23

8.1.5.4 Division dualer Zahlen

Die Division ist die Umkehrung der Multiplikation. Beim Dividieren sucht man die Zahl, die angibt, wie vielmal der Divisor im Dividenden enthalten ist.

```
    12 : 4 =                 12 : 4 =
   /     \                   −4  ←——— 1. mal
Dividend  Divisor            ——
                              8
                             −4  ←——— 2. mal
                             ——
                              4
                             −4  ←——— 3. mal
                             ——
                              0
```

Abb. 8.24

Diese fortlaufende Methode der Subtraktion des Divisors wird manchmal in einfachen Rechnern vorgenommen (Abb. 8.24).
Bei großem Dividenden und kleinem Divisor ist diese Methode etwas umständlich.

Deshalb wird die Division dualer Zahlen nach der gleichen Methode, die man auch bei dezimalen Zahlen anwendet, vorgenommen.

Beispiele:

```
a) dezimal   55 : 5 = 11        b) dual   110111 : 101 = 1011
            -5                            -101
            --                            ----
             05                             111
             -5                            -101
             --                            ----
              0                              101
                                            -101
                                            ----
                                               0
```

Abb. 8.25

Die Subtraktion des Divisors vom Dividenden erfolgt nicht mehr fortlaufend von der 1. Stelle, sondern von der höchsten Stelle. Dabei muß der Divisor so unter den Dividenden geschrieben werden, daß das Ergebnis der Subtraktion immer positiv ist. Diese Methode ist für den Menschen sehr gut geeignet. Es werden allerdings Denkvorgänge benötigt, die eine Maschine in dieser Form nicht vollziehen kann.

```
11111 : 11 = 1010,0101
11           | | | | | | | |
--           | | | | | | | '------ 1 · 2^-4 = 0,0625
 011         | | | | | | '-------- 0 · 2^-3 = 0
  11         | | | | | '---------- 1 · 2^-2 = 0,25
 ---         | | | | '------------ 0 · 2^-1 = 0
   0100      | | | '-------------- 0 · 2^0  = 0
     11      | | '---------------- 1 · 2^1  = 2
   ----      | '------------------ 0 · 2^2  = 0
      100    '-------------------- 1 · 2^3  = 8
       11                          -----------
      ---                          10,3125
        1
```

Abb. 8.26

Abb. 8.26 zeigt eine Division, bei der das Ergebnis keine ganze Zahl ist. Man setzt das Komma und rechnet wie im Dezimalsystem weiter. Die Stellen hinter dem Komma haben dabei folgende Werte:

$\ldots, 2^{-1}, 2^{-2}, 2^{-3}, \ldots 2^{n}$ n = Nr. der Stelle hinter dem Komma

Je mehr Stellen man nach dem Komma rechnet, um so genauer wird das Ergebnis.

8.1.5.5 Übungsaufgaben zu den Zahlensystemen

1. Wie viele Blumen sind hier im Zehner-, Achter- und Zweiersystem abgebildet?

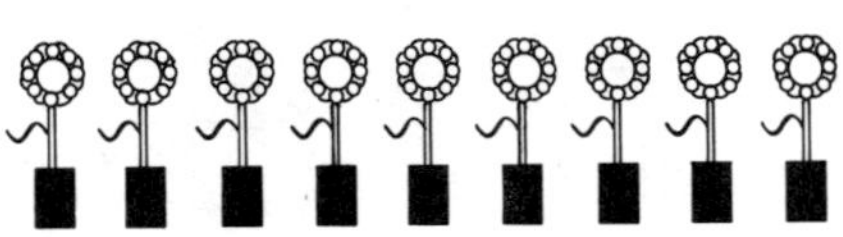

Abb. 8.27

2. Rechnen Sie folgende Aufgabe im Achtersystem. ● ● ● ● ● ● ● ● ● – ● ● ● =

3. Wandeln Sie folgende Dualzahlen in Dezimalzahlen um.
   a) 101 b) 111 c) 1011 d) 11111 e) 111000 f) 1111111

4. Wandeln Sie die Dezimalzahlen in Dualzahlen um.
   a) 126 b) 387 c) 599 d) 1024 e) 37892 f) 0037

5. Rechnen Sie folgende Additionsaufgaben.

a)	b)	c)
10101	10100	11111
0010	10100	11111
101	11010	11111
+ 0001	+11111	+11111

6. Rechnen Sie die Subtraktionsaufgaben.

a)	b)	c)
101010	110111	100000
− 1100	− 01011	−011111

d)	e)	f)
111111	111111	100111
− 10101	−000001	− 11001

7. Rechnen Sie die Multiplikationsaufgaben.
   a) 1101 · 101010 b) 111000 · 001000

8. Rechnen Sie die Divisionsaufgaben.
   a) 110101 : 10 = b) 1000011 : 1011 =
   c) 111111 : 1111 = d) 111000111 : 111011 =
   e) 10001111 : 011 = f) 11001110 : 11001110 =

9. Berechnen Sie die Ergebnisse der einzelnen Computer.

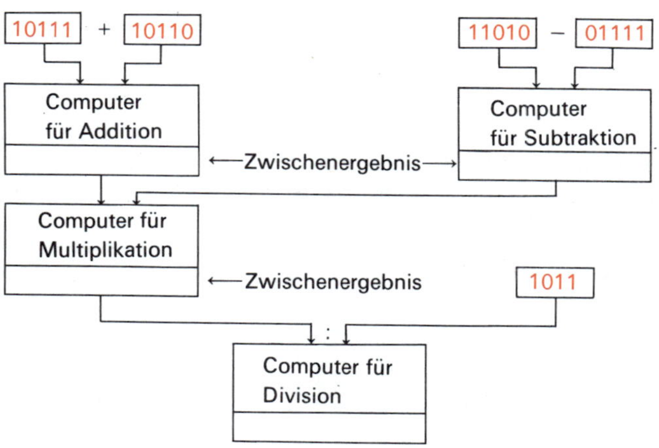

Abb. 8.28

8.2 Zähler

8.2.1 Grundlage des Zählens

Zählen ist allgemein ein fortlaufendes Addieren und Speichern von Werten oder Mengen. Bei jedem Schritt wird ein bestimmter Wert zu der bestehenden Summe addiert. Daraus ergeben sich für die Zähler zwei grundlegende Forderungen:

1. das Addieren,
2. das Speichern.

Elektronische Zähler arbeiten nicht im Dezimalsystem, sondern im Zweiersystem. Die Ziffern 0 und 1 entsprechen den elektrischen Signalen „Keine Spannung" bzw. „Spannung in ausreichender Höhe".

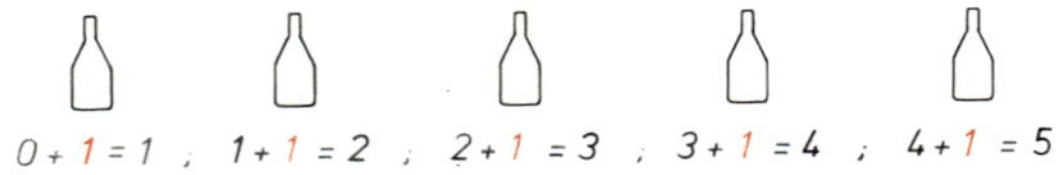

Abb. 8.29

Die Abb. 8.29 zeigt den grundsätzlichen Vorgang des Zählens. Man addiert die ersten zwei Flaschen, merkt sich das Ergebnis und addiert die 3. Flasche dazu. Das neue Ergebnis wird gespeichert und die 4. Flasche hinzuaddiert usw.
Elektronische Geräte können keine Gegenstände wie wir erkennen, sondern nur elektrische Signale verarbeiten. Diese müssen zeitlich nacheinander vorliegen.

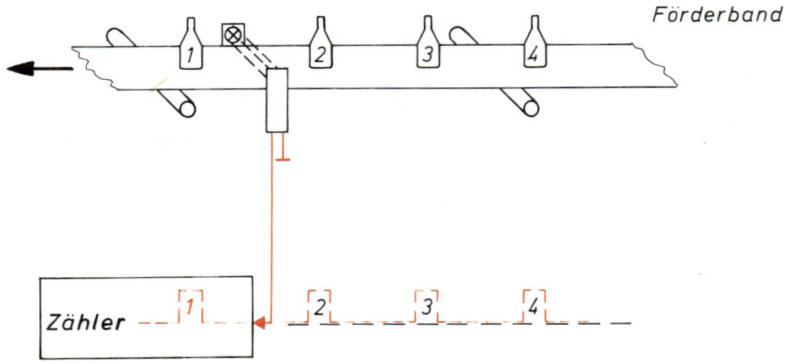

Abb. 8.30

Das Zählen von Flaschen ist in Abb. 8.30 dargestellt. Durch mechanische Kontakte oder Lichtschranken werden beim Vorbeiwandern elektrische Impulse erzeugt, die ein Zähler verarbeiten und anzeigen kann.
Die Impulse erscheinen nacheinander im gleichen Abstand wie die Flaschen auf dem Förderband am Eingang des Zählers.

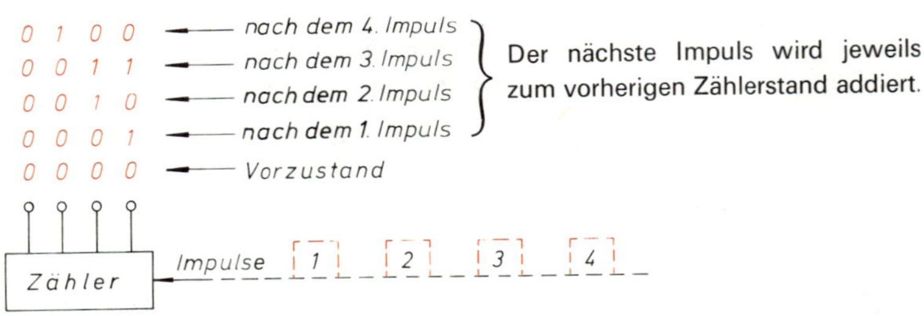

Abb. 8.31

Die Abb. 8.31 zeigt den Zählvorgang von 4 Impulsen. Die gezählten Impulse werden durch bestimmte Signalkombinationen der Ausgänge dargestellt. Diese Anzeige entspricht der Darstellung des dualen Zahlensystems. Da die Anzeige in den Impulspausen erhalten bleibt, muß der Zähler neben der Addition der Impulse die jeweiligen Zwischensummen auch speichern können.
Die Anzahl der Ausgänge richtet sich nach der gewünschten maximalen Impulszahl, die angezeigt werden soll.
Mit 4 Ausgängen kann man 15 Impulse darstellen.

Abb. 8.32 15 Impulse ≙ 1111

8.2.2 Die Schaltungen der Zähler

Zählen heißt addieren und speichern. Da JK-Master-Slave-FF[1]) diese Bedingungen erfüllen, werden sie zu den gewünschten Zählschaltungen zusammengesetzt.
Die Funktion eines JK-Master-Slave-FF: (siehe auch Kapitel 6.5.3.4).

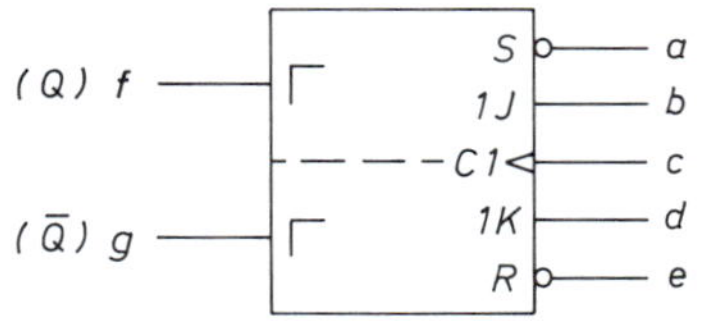

Abb. 8.33 Schaltbild des JK-Master-Slave-FF

In der Abb. 8.33 ist das Schaltbild zum besseren Verständnis der folgenden Schaltungen seitenverkehrt gezeichnet. Die Klemmenbezeichnungen der Ein- und Ausgänge sind nicht genormt. In der Praxis werden die Ausgänge f und g häufig mit Q bzw. $\bar{Q}$ bezeichnet. Diese haben immer gegensätzliche Schaltzustände.

Die Eingänge a, b, c, d und e beeinflussen die Schaltzustände der Ausgänge in folgender Weise:

Der Setzeingang (a) — setzt durch 0-Signal den gegenüberliegenden Ausgang Q auf 1-Signal. Er ist vorrangig, d. h. unabhängig von den Signalen der Eingänge b, c, d.

Der Rückstelleingang (e) — setzt durch 0-Signal den gegenüberliegenden Ausgang $\bar{Q}$ auf 1-Signal. Er ist vorrangig, d. h. unabhängig von den Signalen der Eingänge b, c, d. Die Setz- und Rückstelleingänge dürfen niemals gleichzeitig 0-Signal erhalten. Ein 1-Signal hat keinen Einfluß auf das FF.

Der Takteingang (c) — steuert die Ausgänge Q bzw. $\bar{Q}$. Die „Pfeilspitze" des Takteinganges bedeutet eine Übernahme der Signale der JK-Eingänge mit der positiven Taktflanke in den „Master" des FF.
Der „Haken" bedeutet in diesem Beispiel, daß eine Signaländerung an den Ausgängen nur während der negativen Taktflanke möglich ist.

Die JK-Eingänge (b/d) — beeinflussen mit ihrem Signalzustand den Takteingang in folgender Weise:

$J = 0$, $K = 0$	Der Takt kann die Ausgangssignale nicht umschalten.
$J = 1$, $K = 1$	Jeder Takt schaltet die Ausgangssignale um.
$J \neq K$	Nur wenn die gegenüberliegenden Ein- und Ausgänge ungleiche Signalzustände haben, kann der Takt das FF umschalten.
$J = Q$, $K = \bar{Q}$	Der Takt kann die Ausgangssignale nicht umschalten.

Für die nächsten Betrachtungen soll immer $J = 1$, $K = 1$, $S = 1$ und $R = 1$ gelten. Dadurch erhält man eine vereinfachte Funktion des FF. Jeder Impuls des Takteinganges bewirkt eine Umschaltung der Ausgangssignale.

---

[1]) FF ≙ Flipflop

8.2.3 Zweierzähler

Der einfachste Zähler wird durch ein FF gebildet. Vor dem Zählvorgang muß es durch ein 0-Signal an seinem Rücksetzeingang „gelöscht" werden. Löschen heißt rücksetzen auf Q = 0.
Der erste Impuls schaltet den Q Ausgang auf 1-Signal und der zweite wieder auf 0. Die Anzeige des zweiten Impulses ist von der Anzeige des gelöschten FF nicht zu unterscheiden, d. h. man kann mit einem FF zwar zwei Impulse zählen, aber nur den 1. anzeigen.

Allgemein gilt:

Die maximale Anzeige eines Zählers ist immer um 1 kleiner als die maximale Anzahl der gezählten Impulse.

Anzeige: $2^n - 1$ n = Anzahl der FF

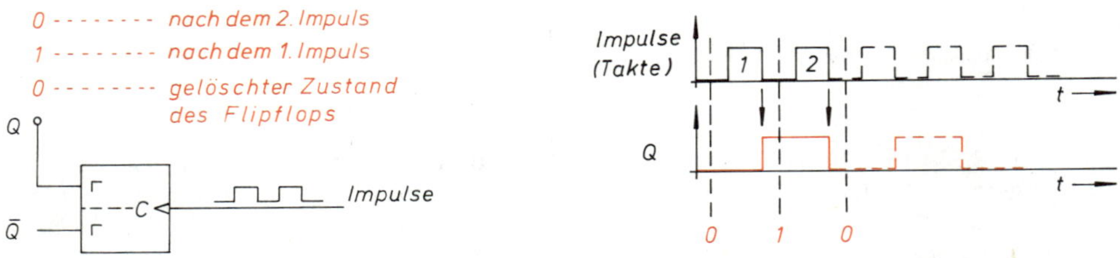

Abb. 8.34 Schaltbild und Funktionsplan eines Zweierzählers

Im Funktionsplan der Abb. 8.34 sind 4 Impulse (Takte) abgebildet. Mit jeder negativen Taktflanke wird das FF umgeschaltet. Nach dem 1. Impuls ist Q = 1, nach dem 2. ist Q = 0. Mit dem 3. Impuls fängt das Zählen wieder von vorne an, da Q 1-Signal erhält.

8.2.4 Viererzähler

Ein Viererzähler kann 4 Impulse zählen, aber nur maximal 3 anzeigen, da der 4. Impuls den Zähler auf 0 setzt.

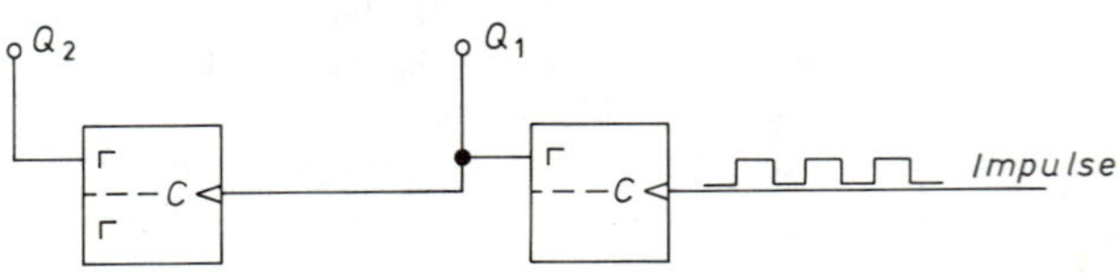

Abb. 8.35

In der Abb. 8.35 steuern die Impulse das rechte FF und die Signale des Ausgangs Q_1 das linke FF. Die FF schalten immer nur bei negativen Spannungssprüngen um.

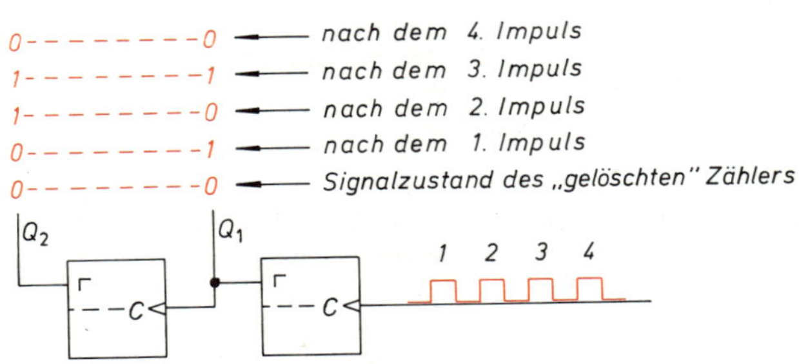

Abb. 8.36

Funktionsbeschreibung der Schaltung nach Abb. 8.36

Vor dem Zählen müssen die FF „gelöscht" werden. Q_1 und Q_2 führen dann 0-Signal.
Das rechte FF der Abb. 8.36 wird mit dem 1. Impuls auf Q 1 = 1 und mit dem 2. Impuls in seine Ausgangslage Q 1 = 0 umgeschaltet, d. h. nach dem 2. Impuls entsteht ein negativer Spannungssprung an Q_1.
Da sich dieser Vorgang mit dem 3. und 4. Impuls wiederholt, schaltet das linke FF nur nach jedem 2. Eingangsimpuls um.
Nach dem 4. Eingangsimpuls entsteht der „gelöschte" Zustand des Zählers. Vergleicht man die Signalzustände der Ausgänge Q_1 und Q_2 mit denen des dualen Zahlensystems, so stellt man Übereinstimmung fest.

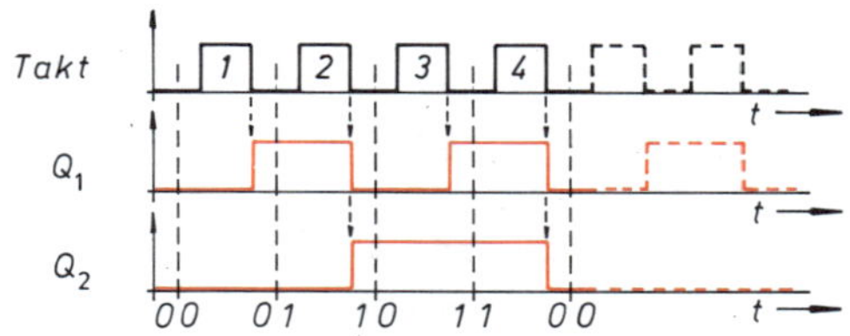

Abb. 8.37 Funktionsplan eines Viererzählers

8.2.5 Die Ausgangssignale der Zähler

Ein Zähler zeigt an seinen Ausgängen die gezählten Impulse in dualer Schreibweise an.
Dabei wird die 1. Stelle der Dualzahl immer von dem FF gebildet, das direkt von den Impulsen gesteuert wird.
Da in den Schaltungen der Signalfluß meistens von links nach rechts erfolgt, erscheint die Dualzahl seitenverkehrt an den Ausgängen.

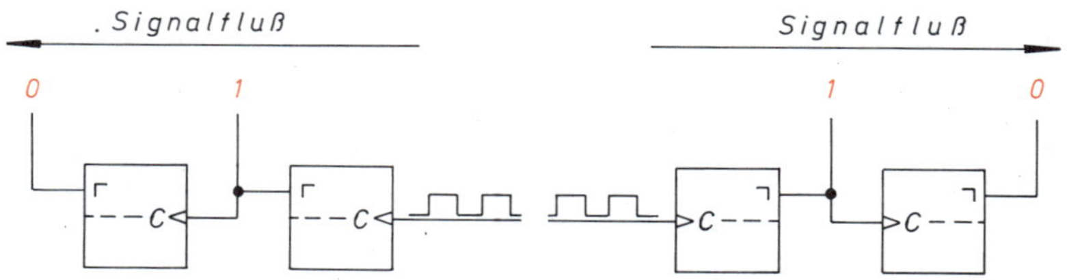

Abb. 8.38 Signalfluß und Darstellung der Zahl 1 in dualer Form

In der Abb. 8.38 erscheint die duale Zahl in der rechten Schaltung seitenverkehrt, da das erste FF immer die 1. Stelle der dualen Zahl bildet.
Da die zeichnerische Darstellung einer Schaltung immer von einem Signalfluß von links nach rechts ausgeht, ist in allen zukünftigen Schaltungen die Darstellung der Signale der Ausgänge seitenverkehrt.

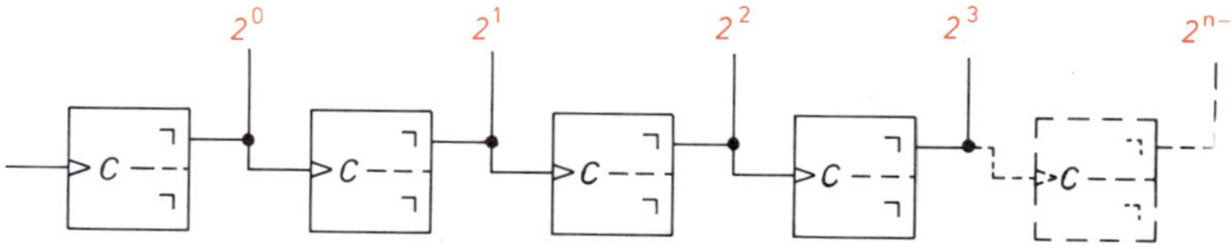

Abb. 8.39

Die Abb. 8.39 zeigt die übliche Darstellung eines Zählers mit den dazugehörigen Stellenwerten des dualen Zahlensystems.

8.2.6 Achterzähler

Ein Achterzähler kann 8 Impulse zählen, aber nur 7 an seinen Ausgängen anzeigen, weil der 8. Impuls den Zähler auf 0 setzt. Die duale Zahl 7 hat 3 Stellen. Deshalb braucht man für die Schaltung 3 FF.

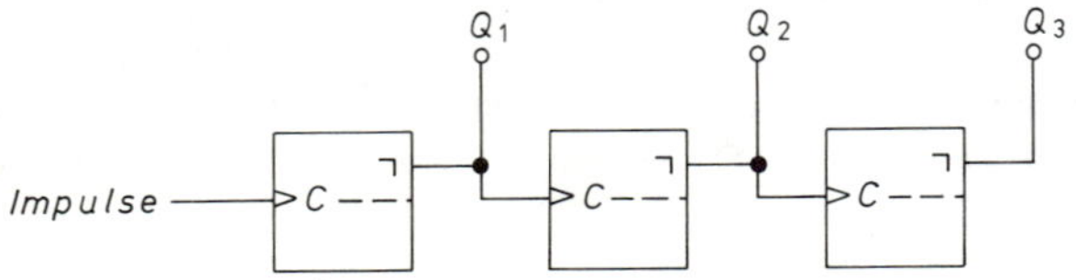

Abb. 8.40 Achterzähler

Schaltungsbeschreibung

Jede negative Impulsflanke schaltet das erste FF um. Jeder negative Signalsprung des Ausganges Q_1 schaltet das zweite FF um. Jeder negative Signalsprung des Ausganges Q_2 schaltet das dritte FF um. Dieses Prinzip wiederholt sich mit jedem zusätzlichem FF. Die Wertetabelle der Abb. 8.41 zeigt die Schaltstellungen der FF in Abhängigkeit der Taktsignale. Der genaue zeitliche Verlauf ist dem Funktionsplan der gleichen Abbildung zu entnehmen.

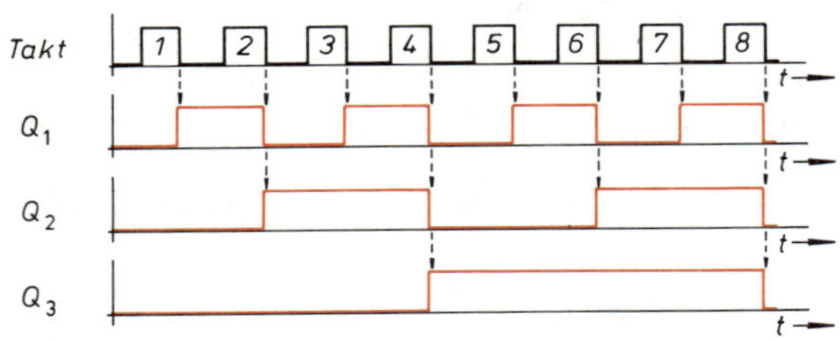

nach dem Takt	Q_3	Q_2	Q_1
0	0	0	0
1	0	0	1
2	0	1	0
3	0	1	1
4	1	0	0
5	1	0	1
6	1	1	0
7	1	1	1
8	0	0	0

Abb. 8.41 Funktionsplan und Wertetabelle

8.2.7 Sechzehnerzähler

Ein Sechzehnerzähler kann 16 Impulse zählen, aber nur maximal 15 an seinen Ausgängen anzeigen. Der 16. Impuls setzt alle FF zurück. Zur Darstellung der Zahl 15 braucht man im dualen Zahlensystem 4 Stellen.

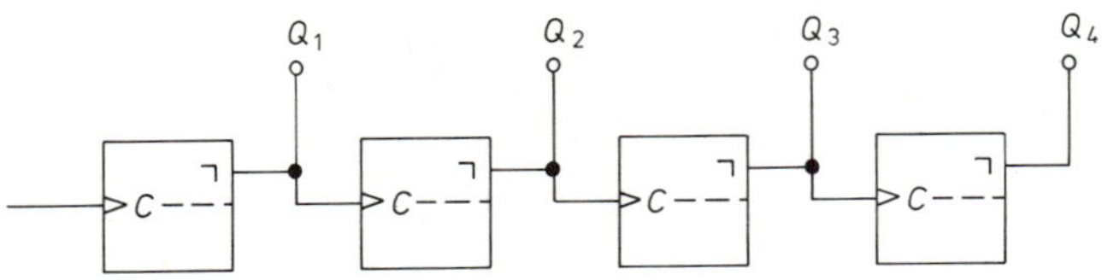

Abb. 8.42 Sechzehnerzähler

Die größte duale Zahl, die mit 4 FF dargestellt werden kann beträgt:

Abb. 8.43

$$2^n - 1 = 2^4 - 1 = 16 \triangleq 1111$$

n = Anzahl der FF.

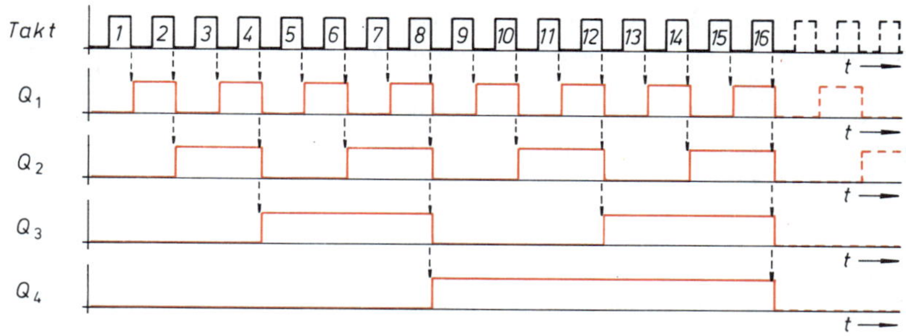

Takt	Q_4	Q_3	Q_2	Q_1
0	0	0	0	0
1	0	0	0	1
2	0	0	1	0
3	0	0	1	1
4	0	1	0	0
5	0	1	0	1
6	0	1	1	0
7	0	1	1	1
8	1	0	0	0
9	1	0	0	1
10	1	0	1	0
11	1	0	1	1
12	1	1	0	0
13	1	1	0	1
14	1	1	1	0
15	1	1	1	1
16	0	0	0	0

Abb. 8.44 Funktionsplan und Wertetabelle eines Sechzehnerzählers

8.2.8 Probleme beim Zählen von Impulsen

Die Ansteuerung der Zähler

Werden Zähler von mechanischen Kontakten angesteuert, entstehen durch das *Kontaktprellen* im Zeitraum von Mikrosekunden (µs) Spannungssprünge, die als eine Vielzahl von Impulsen gezählt werden.

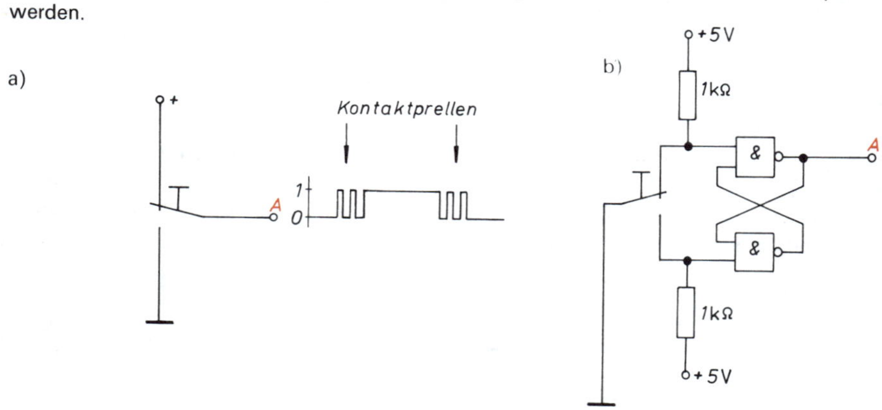

Abb. 8.45 a) Schalter mit Kontaktprellen b) Schalter ohne Kontaktprellen

In der Abb. 8.45b) ist eine Schaltung angegeben, die das Kontaktprellen unwirksam macht.
Wenn der Schalter den unteren Kontakt zum erstenmal berührt, schaltet durch dieses 0-Signal der Ausgang der unteren NAND-Stufe auf 1-Signal.
Dadurch wird auch der 2. Eingang der oberen NAND-Stufe zu 1-Signal, und der Ausgang A schaltet auf 0-Signal. Durch dieses 0-Signal kann die untere NAND-Stufe auch beim Prellen des Schalters nicht mehr umschalten.

Die Flankensteilheit der Taktimpulse

Die Flankensteilheit der Impulse, die gezählt werden sollen, spielt normalerweise durch das Master-Slave-Prinzip der FF keine Rolle.
Bei sehr flachen Impulsflanken können allerdings Störungen, z. B. durch das Lichtnetz, als Impulse mitgezählt werden (Abb. 8.46).

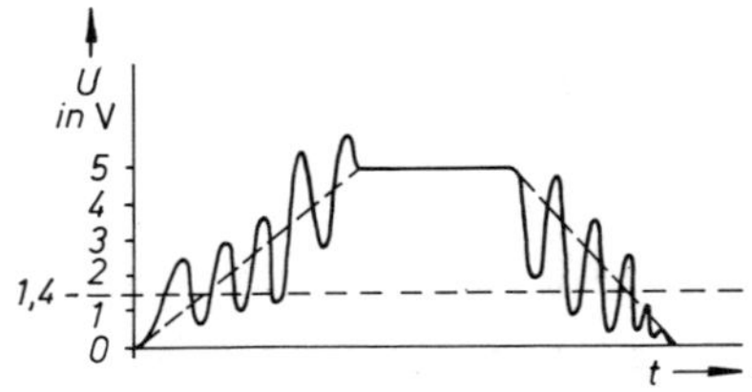

Abb. 8.46

Bei sehr steilen Flanken dagegen haben Störungen geringere Fehlzählungen zur Folge (Abb. 8.47).

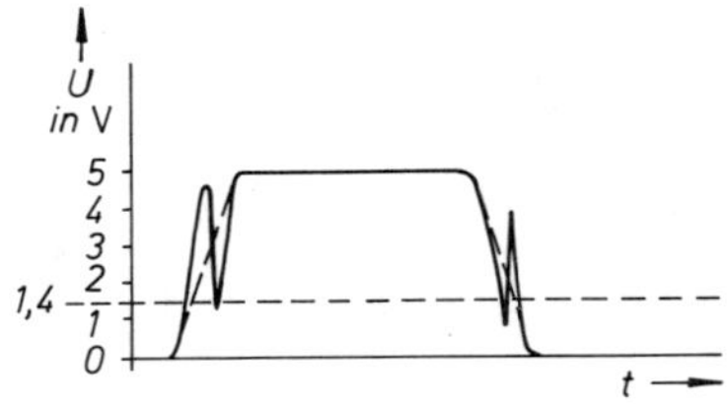

Abb. 8.47

Jede Spannungsänderung unter die 1,4-V-Schwelle der TTL-Technik wird als Impuls gezählt (Abb. 8.46 und 8.47).

Die Flankensteilheit soll für TTL-Bausteine 500 ns nicht unterschreiten.

Die Impulsbreite

Das Impuls-Pausen-Verhältnis der gezählten Impulse hat normalerweise keinen Einfluß auf den Zählvorgang, weil die FF immer nur durch die positiven oder negativen Flanken der Impulse schalten. In langen Impulspausen können allerdings Störungen, z. B. durch nichtfunkenentstörte Geräte, als zusätzliche Impulse gezählt werden. Da Störungen durch Spannungseinbrüche selten vorkommen, wählt man ein möglichst großes Impuls-Pausen-Verhältnis.

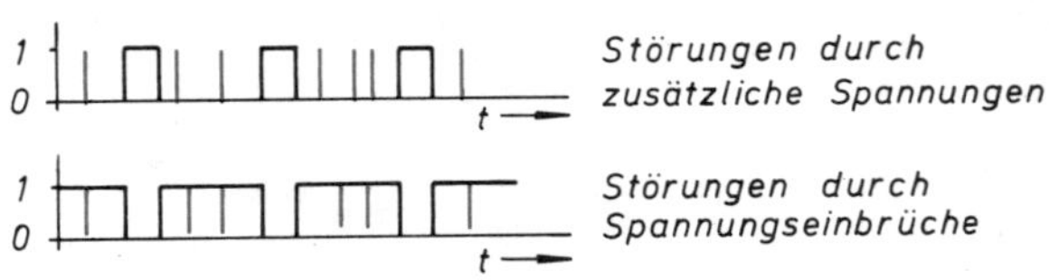

Abb. 8.48

8.2.9 Übungsaufgaben

1. Ein Zähler aus 4 Master-Slave-FF wird mit einem nicht prellfreien Schalter angesteuert.
   a) Zeichnen Sie den Funktionsplan.
   b) Welche Zahl steht an den Ausgängen nach dreimaligem Ein- und Ausschalten?

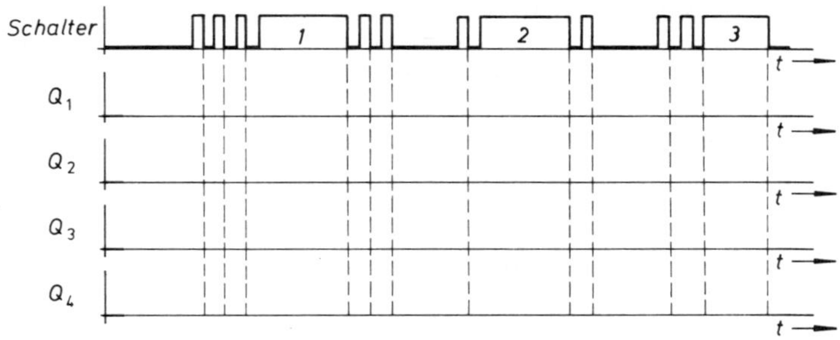

Abb. 8.49 Funktionsplan

2. Ein Zähler aus 2 Master-Slave-FF in TTL-Technik wird mit den gezeichneten Taktimpulsen angesteuert. Der Takt hat auf seinen Flanken starke 50 Hz-Einstreuungen. Zeichnen Sie den Funktionsplan des Zählers.

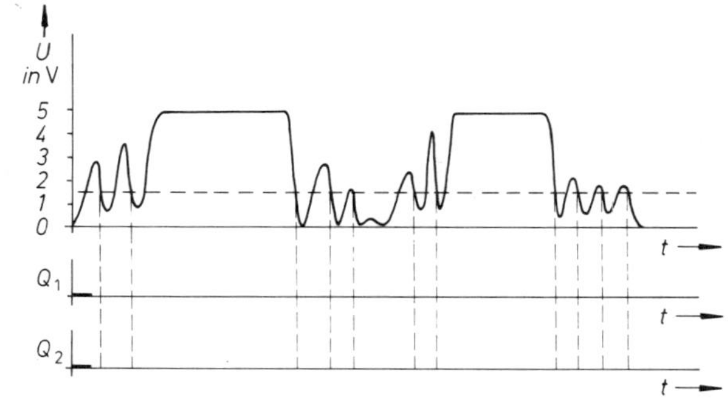

Abb. 8.50

3. Durch ein nicht funkenentstörtes Gerät entstehen auf der Taktleitung eines Zählers Störimpulse. Der Zähler besteht aus 3 Master-Slave-FF. Zeichnen Sie den Funktionsplan.

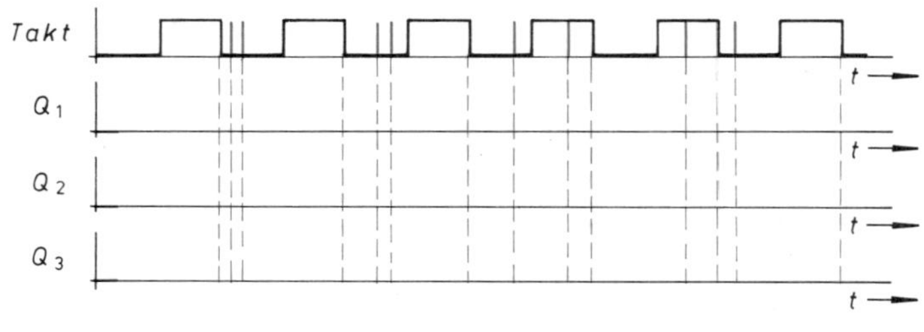

Abb. 8.51

8.2.10 Auswertung der Ausgangssignale eines Zählers

In industriellen Fertigungsanlagen ist das Zählen von Mengen häufig eine unumgängliche Maßnahme. Die praktische Aufgabenstellung reicht dabei von dem Abzählen mechanischer Gegenstände bis hin zu dem Abzählen der Schwingungen pro Sekunde einer Meßspannung.
Für den automatischen Ablauf der verschiedenen technischen Prozesse müssen Steuerbefehle in Abhängigkeit des Zählerstandes erzeugt werden, d. h. daß bestimmte Signalkombinationen der Ausgangssignale des Zählers durch zusätzliche logische Bausteine ausgewertet werden müssen.
An dem Beispiel einer Abfüllanlage für Tabletten sollen diese Vorgänge deutlich gemacht werden.

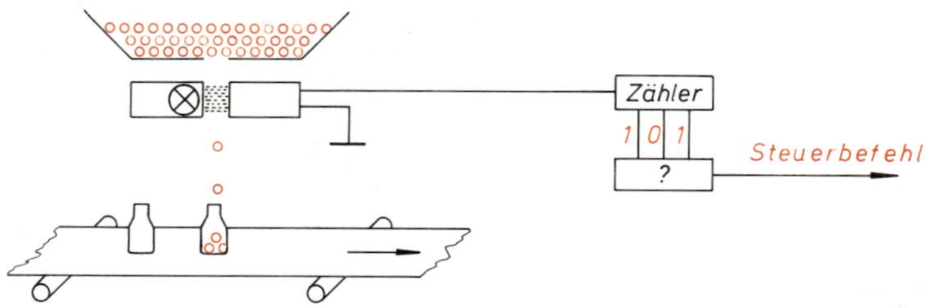

Abb. 8.52 Das Füllen von Flaschen mit einer bestimmten Anzahl von Tabletten

Die Tabletten der Abb. 8.52 fallen durch die Lichtschranke und erzeugen damit elektrische Impulse, die von einem Zähler gezählt werden. Dabei erscheint die Anzahl der Tabletten als dualer Zahlenwert an den Ausgängen des Zählers.

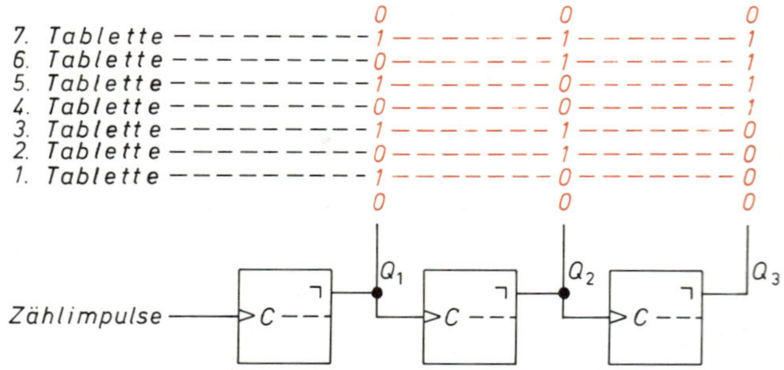

Abb. 8.53 Der Zählvorgang

In unserem Beispiel sollen die Flaschen mit jeweils 5 Tabletten gefüllt werden, das bedeutet, daß bei der Signalkombination 101 der Abb. 8.53 ein Steuerbefehl für den automatischen Weitertransport der Flaschen erzeugt werden muß.
Diesen Steuerbefehl erhält man durch Auswertung der Ausgangssignale des Zählers mit logischen Bausteinen. Die Schaltalgebraische Gleichung lautet:

$$Q_1 \wedge \bar{Q}_2 \wedge Q_3 = \text{St.}$$

Nach dem *de Morganschen Gesetz* kann man diese Gleichung auch durch ODER-Verknüpfungen ausdrücken.

$$\overline{\overline{Q_1 \wedge \bar{Q}_2 \wedge Q_3}} = \text{St.}$$

$$\overline{\bar{Q}_1 \vee Q_2 \vee \bar{Q}_3} = \text{St.}$$

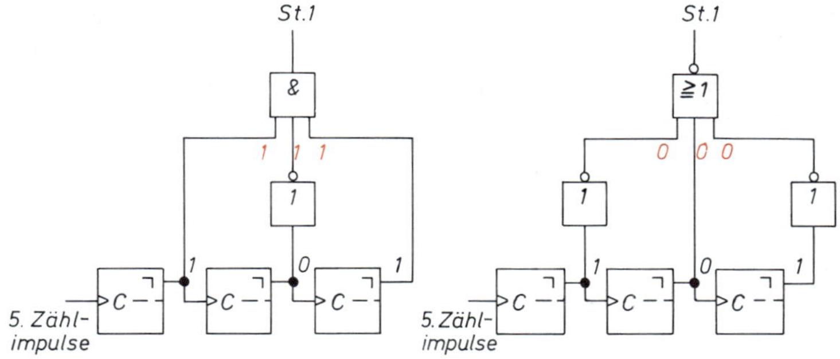

Abb. 8.54/8.55 Die Auswertung der Signalkombination 101

Die Auswertung durch UND-Bausteine nennt man auch „1-Auswertung", weil an allen Eingängen dieser Stufe bei der Auswertebedingung 1-Signale entstehen. Analog dazu bezeichnet man die Auswertung durch einen NOR-Baustein als „0-Auswertung".
In der Abb. 8.54 können die Inverter eingespart werden, wenn die entsprechenden $\bar{Q}$-Ausgänge der FF zur Verfügung stehen.

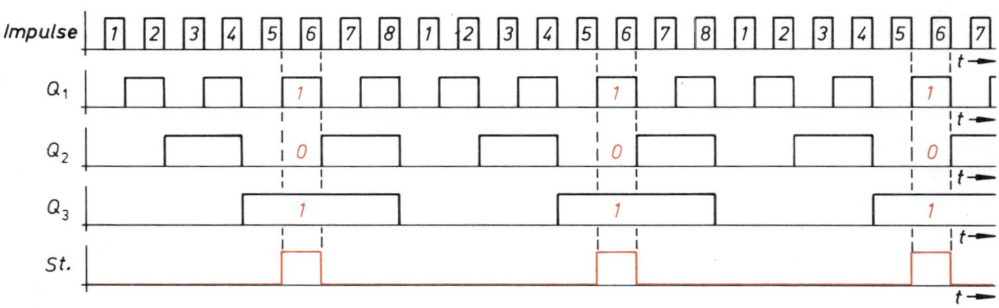

Abb. 8.56 Funktionsplan des Zählers mit Auswertung der Zahl 5

In Abb. 8.56 ist dreimal die Auswertung der Zahl 101 eingezeichnet. Durch Abzählen der Impulse kann man leicht prüfen, daß nur beim ersten Mal 5 Impulse gezählt werden, d.h. daß in unserem Beispiel nur die 1. Flasche richtig mit 5 Tabletten gefüllt wird.
Damit auch alle anderen Flaschen richtig gefüllt werden, muß bei der Kombination 101 das Steuersignal nicht nur den Transport der Flaschen auslösen, sondern außerdem den Zählvorgang gewaltsam unterbrechen, d.h. daß alle FF „löschen". Löschen bedeutet, daß alle Q-Ausgänge 0-Signal annehmen.

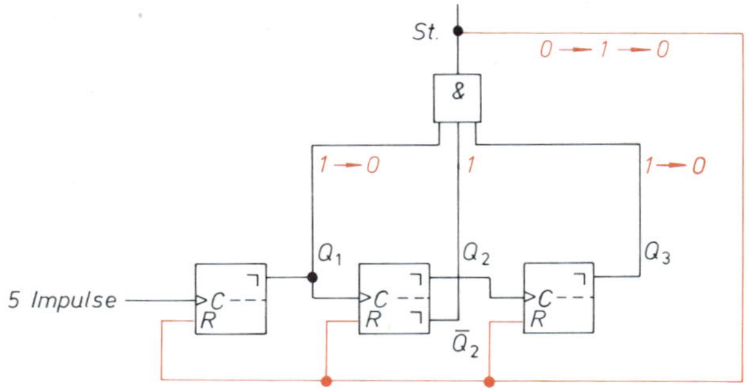

Abb. 8.57 Zähler mit Rücksetzung nach 5 Impulsen

Die Abb. 8.57 zeigt das Prinzip der Rücksetzung des Zählers durch den 5. Impuls. Dieser Impuls erzeugt die Auswertebedingung $Q_1 \wedge \bar{Q}_2 \wedge Q_3 = \text{St.}$ Der Ausgang der UND-Stufe wird zu 1-Signal und löscht damit alle FF.

Schalten die FF unterschiedlich schnell zurück, hebt das „schnellste" FF die Auswertebedingung auf und unterbricht dadurch das 1-Signal zum Löschen der „langsameren" FF.

Sind diese Schwierigkeiten zu befürchten, so kann hinter die UND-Stufe eine Zeitstufe geschaltet werden, deren Kippzeit allerdings kürzer sein muß als die Pausenzeit der zu zählenden Impulsfolge.

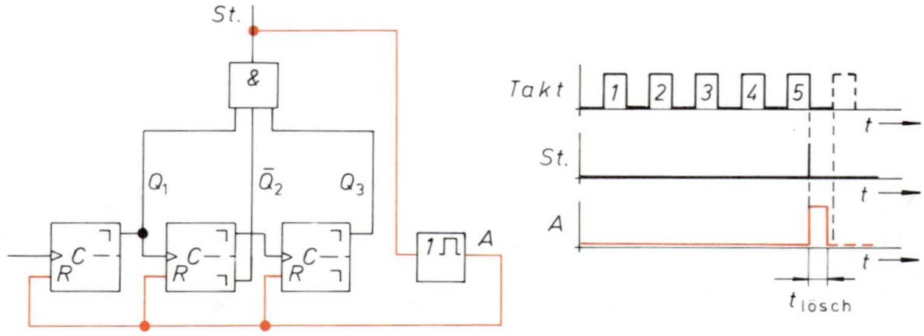

Abb. 8.58 Zähler mit Auswertung und Verlängerung des Löschimpulses

Die FF in Abb. 8.58 werden durch 1-Signal zurückgestellt. Die Zeitstufe schaltet nach dem 5. Impuls durch das Steuersignal ihren Ausgang auf 1. Die Zeit $t_{lösch}$ muß mindestens so lang wie die Umschaltzeit des „langsamsten" FF sein.

Die Schaltung nach Abb. 8.58 kann durch das Zurücksetzen nach dem 5. Impuls etwas vereinfacht werden.

Wertet man ohne Rücksetzung des Zählers die duale Zahl 5 nur durch die Ausgänge Q_1 und Q_3 aus, entsteht nach dem 5. und 7. Impuls ein Steuersignal. Da aber in unserem Beispiel der Zählvorgang nach dem 5. Impuls unterbrochen wird, kann die Signalkombination der dualen Zahl 7 nicht entstehen. Deshalb braucht man in diesem Fall zur Auswertung der Zahl 5 nur die Ausgangssignale Q_1 und Q_3.

a) ohne Rücksetzung

	Takt	Q_3	Q_2	Q_1
	0	0	0	0
	1	0	0	1
	2	0	1	0
	3	0	1	1
	4	1	0	0
Steuersignal →	5	1	0	1
	6	1	1	0
Steuersignal →	7	1	1	1
	8	0	0	0

b) mit Rücksetzung

	Takt	Q_3	Q_2	Q_1	
	0	0	0	0	
	1	0	0	1	
	2	0	1	0	
	3	0	1	1	
	4	1	0	0	
Steuersignal →	5	(1	0	1)	→ 000

Abb. 8.59 Steuersignale mit und ohne Rücksetzung des Zählers bei Auswertung der dualen Zahl 5 durch Q_1 und Q_3

8.2.11 Übungsaufgaben

1. Eine Lampe wird nach dem gezeichneten Funktionsplan ein- und ausgeschaltet. Entwickeln Sie eine Schaltung aus 4 Master-Slave-FF und logischen Bausteinen zur Auswertung der Ausgänge.

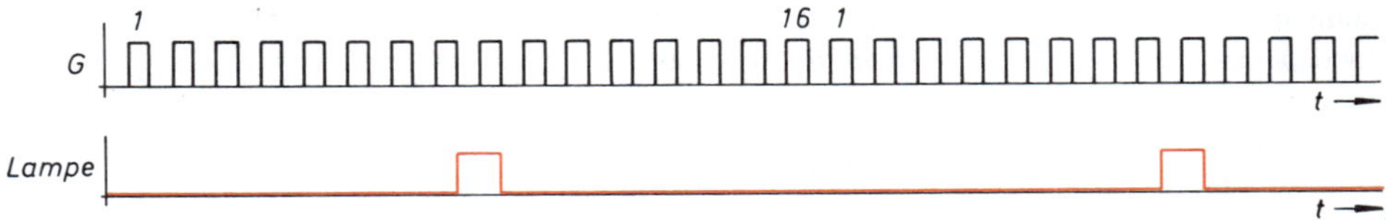

Abb. 8.60

2. Eine Lampe wird nach dem gezeichneten Funktionsplan ein- und ausgeschaltet. Entwickeln Sie eine Schaltung aus 4 Master-Slave-FF und logischen Bausteinen zur Auswertung der Ausgänge.

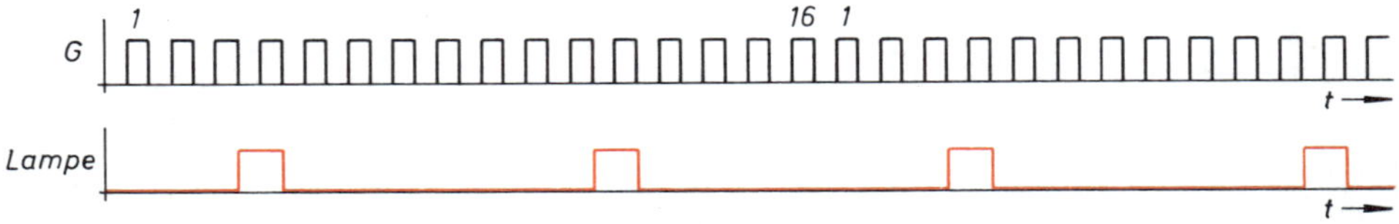

Abb. 8.61

3. Für die Steuerung einer elektronischen Schaltung braucht man 4 Taktimpulse. Entwickeln Sie eine Schaltung aus 4 Master-Slave-FF und 2 logischen Bausteinen zur Auswertung des Taktes und der Ausgänge der FF.

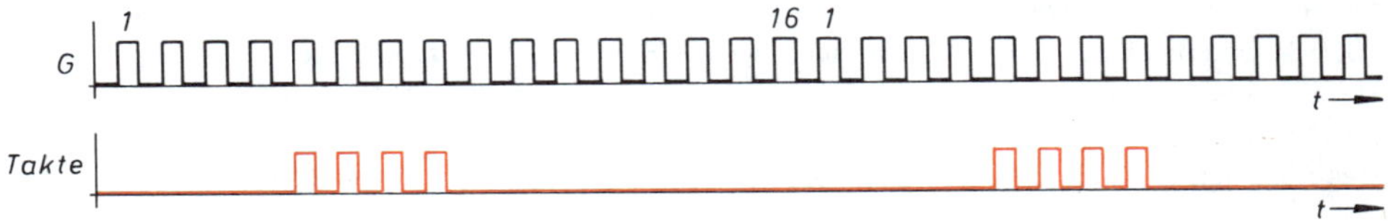

Abb. 8.62

4. Für die Steuerung einer elektronischen Schaltung braucht man 8 Taktimpulse. Entwickeln Sie eine Schaltung aus 4 Master-Slave-FF und einem logischen Baustein zur Auswertung der Ausgänge und des Taktes.

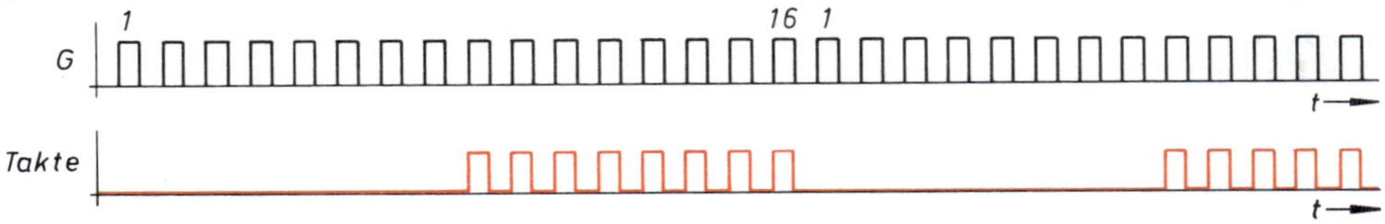

Abb. 8.63

5. Skizzieren Sie eine Zählschaltung, die beim ersten Durchlauf nach 7 Impulsen, beim zweiten Durchlauf nach 12 Impulsen und wiederum beim dritten Durchlauf nach 7 Impulsen gelöscht wird. Lösungshinweis: Die Auswertung der Zahl 7 wird durch eine NAND-Stufe mit 4 Eingängen vorgenommen. Der 4. Eingang muß mit $\bar{Q}$ einer zusätzlichen Zählstufe verbunden werden. Der Ausgang der NAND-Stufe geht auf den Eingang einer UND-Stufe, deren zweiter Eingang mit dem Ausgang einer NAND-Stufe zur Auswertung der Zahl 12 verbunden werden muß. Die UND-Stufe steuert die zusätzliche Zählstufe und die Rücksetzeingänge der Zählschaltung.

8.2.12 Rückwärtszähler

Die Zählschaltungen, die bis zu diesem Kapitel beschrieben wurden, bezeichnet man als Vorwärtszähler, weil mit jedem Zählschritt eine größere duale Zahl an den Ausgängen der Zähler entsteht. Jeder Zählerstand kann mit Hilfe einer speziellen Auswerteschaltung einen Steuerimpuls für die Betätigung einer Maschine erzeugen. Muß man sehr viele Maschinen bei unterschiedlichen Zählerständen ein- bzw. ausschalten, werden die Auswerteschaltungen sehr umfangreich. An Hand eines Beispiels aus der Werkzeugmaschinensteuerung sollen die Grenzen der Auswertung von Vorwärtszählern aufgezeigt und durch Rückwärtszähler behoben werden.

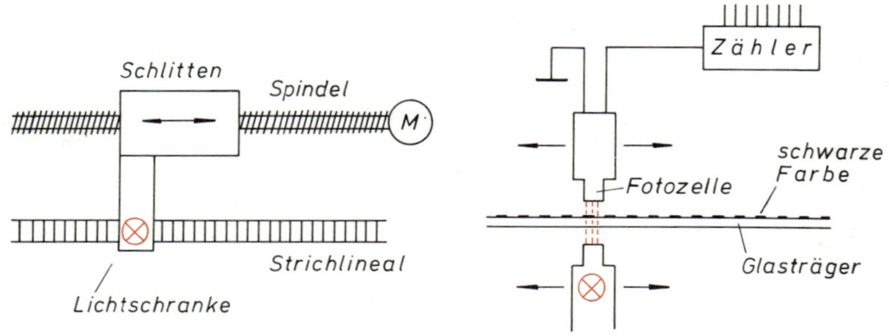

Abb. 8.64 Positionssteuerung einer Werkzeugmaschine

Der Motor der Abb. 8.64 dreht die Spindel, die dadurch den Schlitten nach rechts bzw. nach links bewegt. Dabei fährt eine Lichtschranke durch ein feststehendes Strichlineal. Jeder Strich auf dem Lineal unterbricht für kurze Zeit den Lichtstrahl und erzeugt damit elektrische Impulse, die von einem Zähler gezählt werden. Da der Schlitten in jeder Position gestoppt werden können muß, braucht man für jeden Zählerstand eine spezielle Auswertung zur Erzeugung des notwendigen Steuersignals. Für 1000 Striche des Lineals braucht man daher auch 1000 spezielle Auswertungen.
Da die gesamte Auswerteschaltung viel zu aufwendig wird, muß man für unser Beispiel folgende Überlegungen anstellen:
Das Abzählen von Impulsen kann grundsätzlich nach zwei Methoden vorgenommen werden.

1. Der Zähler zählt die ankommenden Impulse von 0 an aufwärts. Diese Zähler bezeichnet man als Vorwärtszähler.
2. Der Zähler zählt die ankommenden Impulse von einer vorher eingestellten Zahl abwärts. Diese Zähler bezeichnet man als Rückwärtszähler.

Die Ausgänge des Vorwärtszählers müssen vor dem Zählvorgang auf 0 gesetzt werden, die des Rückwärtszählers auf die Signalkombination der gewünschten Anzahl von Impulsen, die gezählt werden sollen. Durch diese „Voreinstellung" hat der Rückwärtszähler den Vorteil, daß nur immer der Zählerstand 0 ausgewertet werden muß.

Die Schaltungen der Rückwärtszähler

Die Rückwärtszähler bestehen wie die Vorwärtszähler aus Master-Slave-FF. Der Unterschied liegt in der Verbindung der FF untereinander.

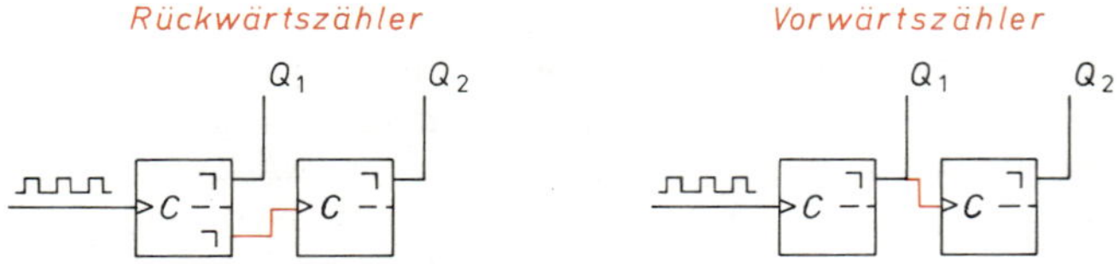

Abb. 8.65 Unterschied zwischen Vorwärts- und Rückwärtszähler

Die $\bar{Q}$-Ausgänge sind beim Rückwärtszähler jeweils mit den C-Eingängen der nächsten FF verbunden. Bevor der Zählvorgang anfängt, setzt man die Ausgänge auf die gewünschte Anzahl von Impulsen, die gezählt werden soll. Mit zwei FF sind es maximal 3 Impulse.

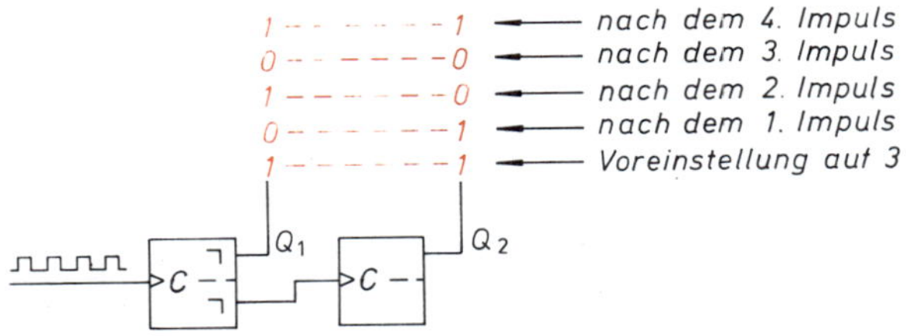

Abb. 8.66 Signalverlauf einer Rückwärtszählung

Da in der Abb. 8.66 drei Impulse gezählt werden, müssen die Ausgänge Q_1 und Q_2 vor dem Zählvorgang auf 1-Signal gesetzt werden.

Das linke FF wird mit jedem Eingangsimpuls umgeschaltet. Das rechte FF dagegen nach jedem 2. Eingangsimpuls, weil nur dann an $\bar{Q}_1$ ein negativer Spannungssprung von 1–0 auftritt.

Für das Steuersignal wird der 0-Zustand des Zählers durch einen NOR-Baustein ausgewertet. Will man statt drei nur zwei Impulse zählen, setzt man vor dem Zählvorgang die Ausgänge der FF auf die entsprechende Signalkombination.

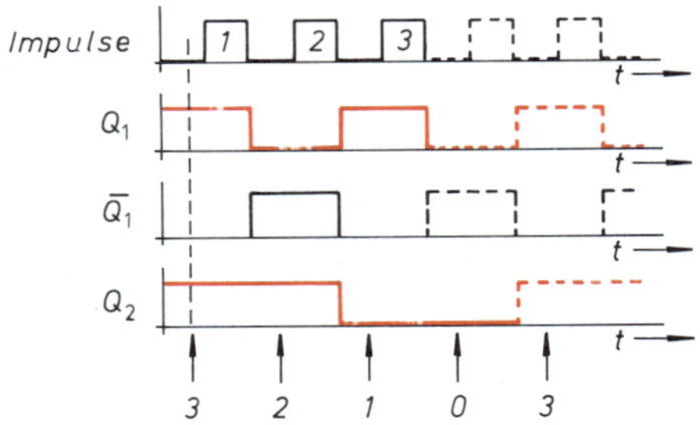

Abb. 8.67 Funktionsplan

Die Abb. 8.67 zeigt den zeitlichen Ablauf der Rückwärtszählung 3, 2, 1, 0. Die FF werden hier mit jedem negativem Spannungssprung umgeschaltet.

8.2.13 Übungsaufgaben

1. Zeichnen Sie den Funktionsplan des gezeichneten Rückwärtszähler.

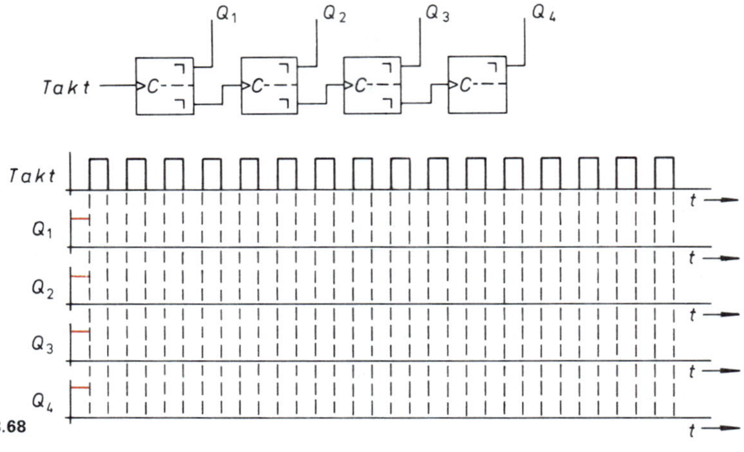

Abb. 8.68

2. Zeichnen Sie den Funktionsplan der folgenden Schaltung. Handelt es sich hierbei um einen Vorwärts- oder Rückwärtszähler?

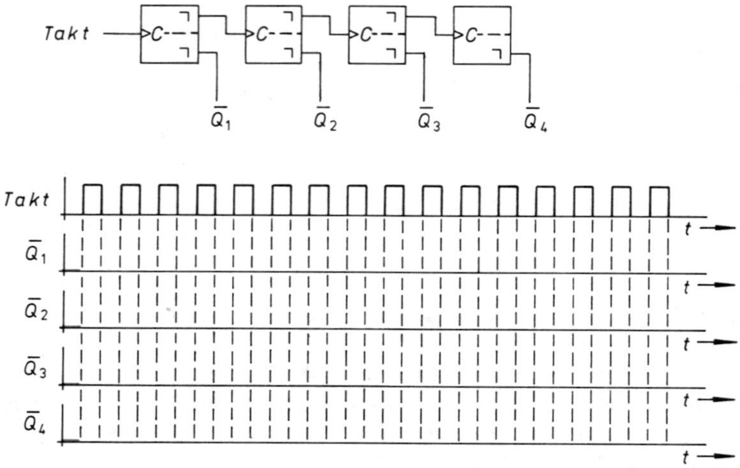

Abb. 8.69

8.2.14 Voreinstellung der Zähler

Jeder Zähler muß vor Beginn der Zählung auf eine bestimmte Zahl voreingestellt werden, nämlich auf die Zahl, bei der die Zählung beginnen soll. Ist dies die Zahl 000 ... 00, so spricht man von einer Rückstellung der Zähler.

Es kann aber auch die Aufgabe bestehen, die einlaufenden Impulse zu einer vorher eingestellten Zahl hinzu- oder abzuzählen. In Kapitel 8.2.12 ist eine solche Aufgabe an Hand eines Rückwärtszählers näher erläutert.

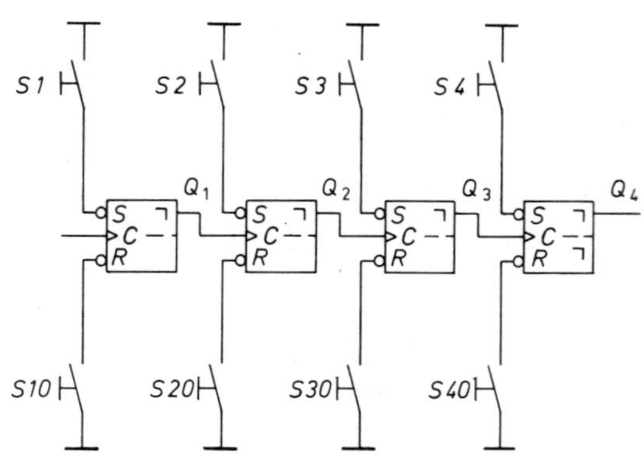

Abb. 8.70 Voreinstellung eines Zählers

Die Abb. 8.70 zeigt das Prinzip der Voreinstellung. Da die FF durch 0-Signale beeinflußt werden, muß die Voreinstellung durch „Schließer" vorgenommen werden. Die Taster S 1 ... S 4 setzen die Q_1 ... Q_4-Ausgänge auf 1-Signal. Die Taster S 10–S 40 setzen dagegen die $\bar{Q}_1$ ... $\bar{Q}_4$-Ausgänge auf 1-Signal.

Die in der Abb. 8.70 dargestellte Voreinstellung hat noch einige Nachteile.

1. Durch gleichzeitiges Betätigen der beiden Taster eines FF kann ein unkontrollierter Zustand an den Ausgängen entstehen.
2. Während der Voreinstellung können Eingangsimpulse die FF umschalten.

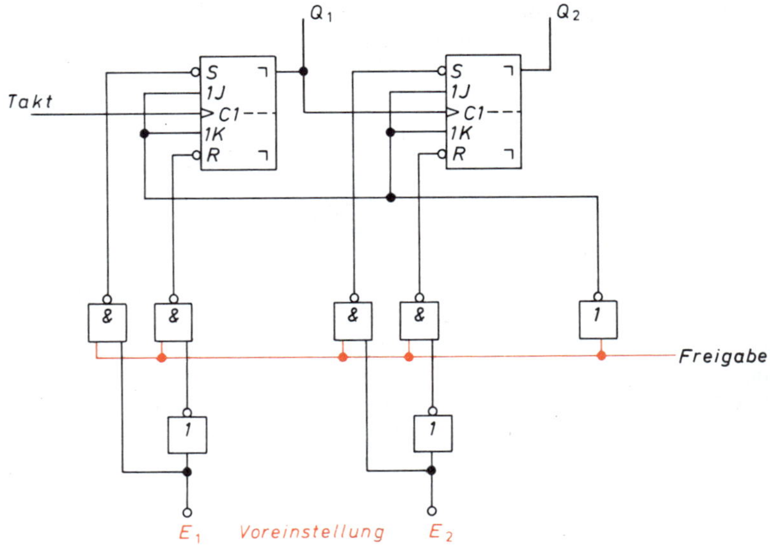

Abb. 8.71 Voreinstellung eines Zählers

Die Voreinstellung der FF kann in der Abb. 8.71 nur während eines 1-Signals der Freigabe erfolgen. Dabei werden die Takteingänge durch 0-Signal an den J- und K-Eingängen der FF gesperrt. Ein 1-Signal der Voreinstellungseingänge E_1/E_2 erzeugt an den Q-Ausgängen 1-Signale, ein 0-Signal setzt die Q-Ausgänge entsprechend auf 0.

8.2.15 Die normgerechte Darstellung der Zähler

Die Abb. 8.72a) zeigt die grundsätzliche Aufteilung eines Zählers in einen Steuerblock und beliebig viele Funktionsblöcke.
Durch die Setzeingänge kann der Zähler auf jede Zahl voreingestellt werden. Dabei ergeben 1-Signale der Eingänge 1-Signale an den Ausgängen. 0-Signale der Eingänge ergeben entsprechend 0-Signale an den Ausgängen.

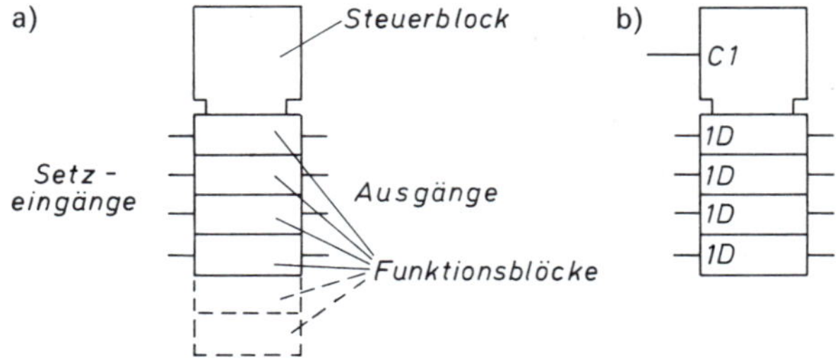

Abb. 8.72

Der Steuereingang C1 ist mit den 1D-Eingängen der Funktionsblöcke durch eine UND-Funktion logisch verknüpft, d.h. daß der Zähler nur während eines 1-Signals an seinem C1-Eingang durch die Signale der 1D-Eingänge voreingestellt werden kann.

Die Zuordnung der Steuer- mit den Setzeingängen wird in der zeichnerischen Darstellung durch Zahlen vorgenommen, wobei diese bei den Setzeingängen vor und bei den Steuereingängen hinter die Buchstaben geschrieben werden.

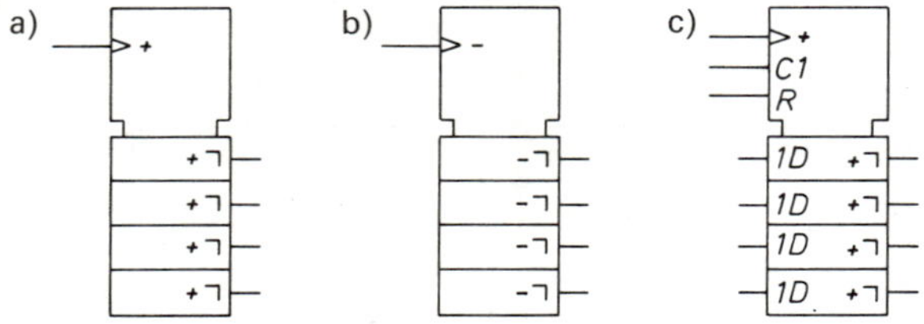

Abb. 8.73

Abb. 8.73a) zeigt einen Vorwärtszähler (+ ≙ vorwärts). Die vier Funktionsblöcke bestehen aus Master-Slave-FF (¬ ≙ Master-Slave-FF). Der Takteingang wirkt auf alle Ausgänge.
Abb. 8.73b) zeigt einen Rückwärtszähler (− ≙ rückwärts).
Abb. 8.73c) zeigt einen Vorwärtszähler mit Setzeingängen und einem gemeinsamen Rücksetzeingang. Die Steuerung der Setz- und Rückstelleingänge erfolgt durch 1-Signale.

8.2.16 Steuerschaltungen mit Zählern

Sollen Steuerschaltungen nach einem bestimmten zeit- oder wegabhängigen Programm arbeiten, so bereiten häufig die sogenannten Zählsteuerungen einen wesentlich geringeren Aufwand als herkömmliche Folge und Verriegelungsschaltungen.
Als Beispiel für eine zeitabhängige Programmschaltung soll hier die Steuerung der Ampelanlage für eine Kreuzung beschrieben werden.

(Dabei bedeutet: ● rot, ○ gelb, -◇- gelb Blinklicht, ○ grün.)

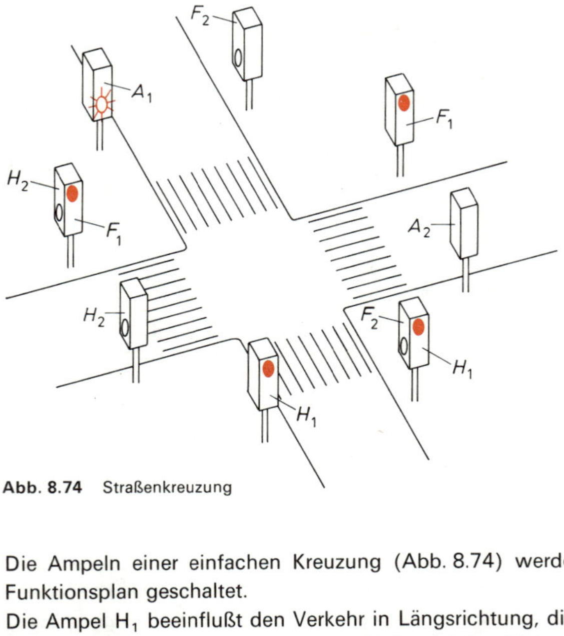

H_1 = Hauptampel für Längsrichtung
F_1 = Fußgängerampel Längsrichtung
A_1 = Abbiegeampel für Querrichtung

H_2 = Hauptampel für Querrichtung
F_2 = Fußgängerampel Querrichtung
A_2 = Abbiegeampel für Längsrichtung

Abb. 8.74 Straßenkreuzung

Die Ampeln einer einfachen Kreuzung (Abb. 8.74) werden nach dem in Abb. 8.75 dargestellten Funktionsplan geschaltet.
Die Ampel H_1 beeinflußt den Verkehr in Längsrichtung, die Ampel F_1 den Fußgängerverkehr in der gleichen Richtung. Die Ampel A_1 steht in gleicher Richtung wie H_1 hinter der Kreuzung. Bei Rot

und Gelb der Hauptampel H_1 schaltet A_1 auf gelbes Blinklicht, um den Abbiegeverkehr der Querrichtung auf den Fußgängerverkehr aufmerksam zu machen.
Die Ampeln H_2, F_2 und A_2 werden ähnlich geschaltet.

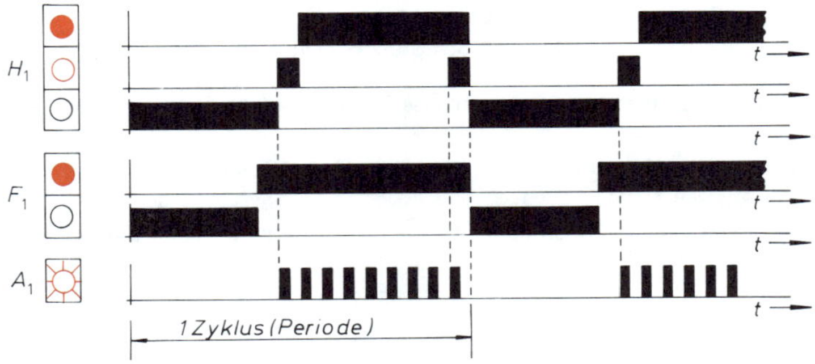

Abb. 8.75 Funktionsplan der Ampelanlage einer Straßenkreuzung

Die Lösung dieser Aufgabe als Folgesteuerung würde eine große Zahl von Zeitrelais und Schütze erfordern. Um Überschneidungen auszuschalten, müßte eine erhebliche gegenseitige Verriegelung vorgesehen werden. Meistens werden die Ampeln durch eine zentrale Programmsteuerung geschaltet. Diese kann aus Stufenschaltern mit entsprechendem Antrieb bestehen (Abb. 8.76).

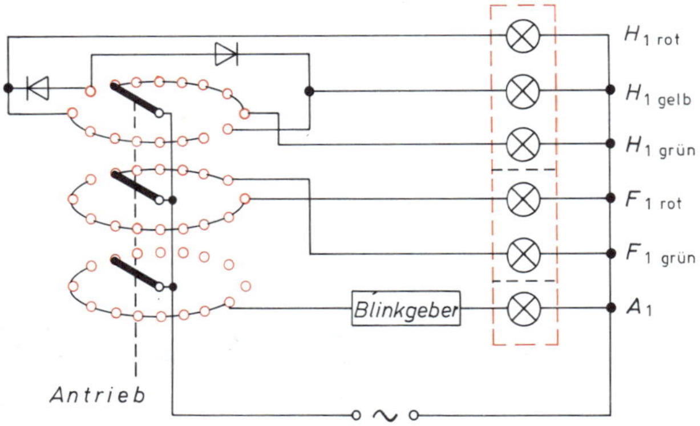

Abb. 8.76 Programmschalter

Die obere Ebene des Stufenschalters schaltet die Hauptampel H_1. Die gezeichnete Stellung der Abb. 8.76 entspricht dem Funktionsplan zur Zeit $t = 0$ der Abb. 8.75. Nach 7 Schritten leuchtet Gelb alleine. Nach einem weiteren Schritt nur noch Rot. Nach weiteren 7 Schritten leuchten Rot und Gelb.

Die mittlere Ebene schaltet die Fußgängerampel F1. Diese hat entweder Rot oder Grün.

Mit der unteren Ebene wird mit Hilfe des Blinkgebers die Ampel A_1 für den Abbiegeverkehr gesteuert.

Die Zeit der Rot- und Grünphasen wird durch die Geschwindigkeit des Antriebes bestimmt. Die Verhältnisse der einzelnen Phasen untereinander sind nach der Verdrahtung des Stufenschalters nicht mehr veränderbar.
Ersetzt man den mechanischen Antrieb durch einen Taktgenerator und den Stufenschalter durch eine Elektronik, braucht man für jeden Schritt einen Anschluß.

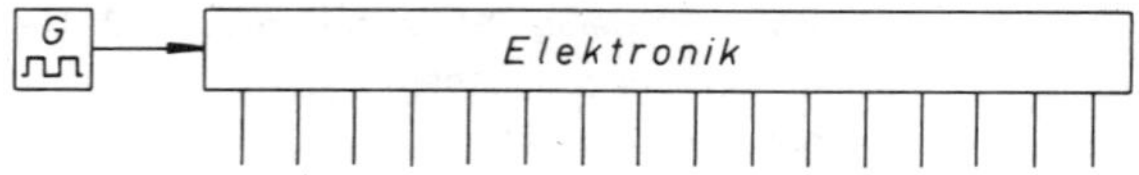

Abb. 8.77

Anschlüsse für Hauptampel H_1
Jeder Kontakt des Stufenschalters entspricht einem Anschluß

Da man häufig sogar noch mehr als 16 Anschlüsse benötigt, ist die Elektronik nach Abb. 8.77 recht aufwendig.
Eigentlich braucht man auch nicht 16 Anschlüsse, sondern 16 verschiedene Signalkombinationen zur Steuerung der Ampeln.
16 verschiedene Signalkombinationen kann man aber schon durch einen Zähler mit 4 Ausgängen realisieren.

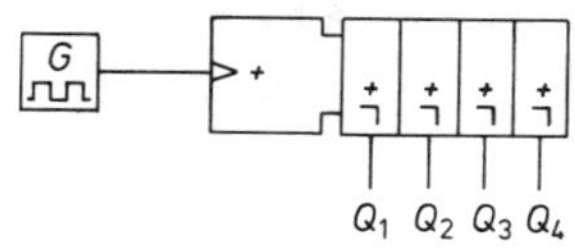

Abb. 8.78 Zähler

Die Steuerung der Ampeln durch die Ausgänge des Zählers kann nun allerdings nicht mehr direkt vorgenommen werden, sondern nur mit Hilfe von Auswerteschaltungen. Dies ist zwar etwas schwieriger, aber nicht unmöglich.
Am besten zeichnet man sich zuerst den Funktionsplan des Zählers und der Ampelanlage auf (Abb. 8.79).

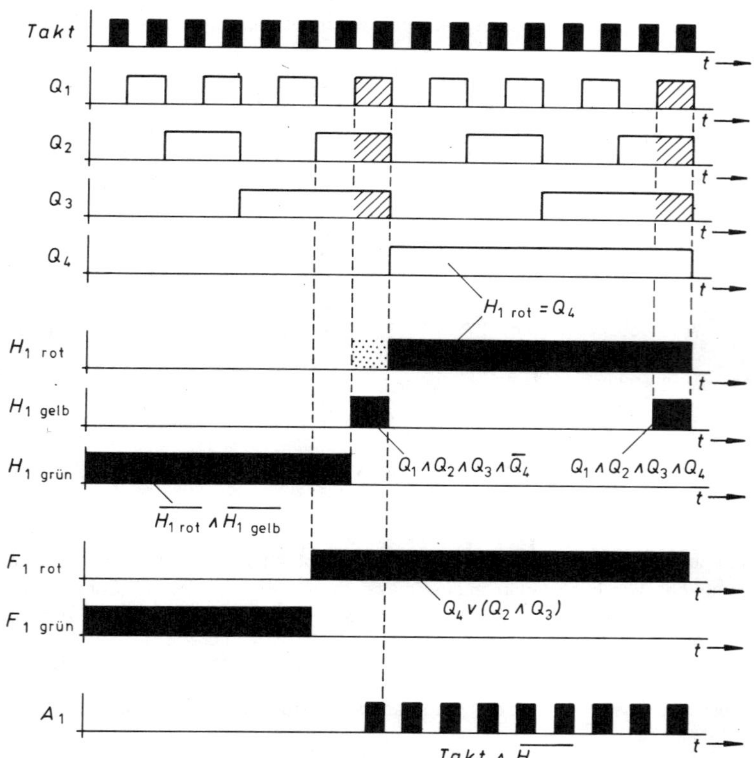

Abb. 8.79 Funktionsplan des Zählers und der Ampelanlage

Die Zeiten für die einzelnen Ampelphasen werden von der Frequenz des Taktgenerators bestimmt. Diese kann beliebig gewählt werden. Der Zähler schaltet die Ampeln mit der negativen Taktflanke.

Die Bedingungen der einzelnen Ampelphasen kann man mit Hilfe der Funktionspläne nach Abb. 8.79 aufstellen.

1. Ampel H_1: a) Rot: Der Signalverlauf entspricht dem von Q_4.
Die Bedingungsgleichung lautet: $H_{1\,rot} = Q_4$

b) Gelb: Vergleicht man die Gelbphasen mit dem Funktionsplan des Zählers, so findet man Übereinstimmung mit Q_1. Leider hat Q_1 auch 1-Signal, wenn Gelb nicht leuchten darf. Deshalb muß man es durch die anderen Zählerausgänge einschränken. Eine Einschränkung bedeutet immer eine UND-Verknüpfung. Durch Q_2 und Q_3 wird dies erreicht. Q_4 spielt keine Rolle, weil Gelb leuchten soll, wenn $Q_4 = 0$- bzw. 1-Signal hat.
Die Gleichung lautet: $H_{1\,gelb} = Q_1 \wedge Q_2 \wedge Q_3$

c) Grün: Grün muß immer leuchten, wenn Rot und Gelb nicht leuchten. Da eine Einschränkung vorliegt, lautet die Gleichung:

$H_{1\,grün} = \overline{H_{1\,rot}} \wedge \overline{H_{1\,gelb}}$

oder umgeformt: $H_{1\,grün} = \overline{H_{1\,rot} \vee H_{1\,gelb}}$

2. Ampel F_1: a) Rot: Rot soll leuchten, wenn Q_4 1-Signal hat. Da es aber schon vorher eingeschaltet werden soll, müssen die Bedingungen erweitert werden. Erweiterungen ergeben ODER-Verknüpfungen. Rot soll auch bei $\overline{Q}_4$ leuchten. Allerdings nicht während der ganzen Zeit. Deshalb muß man wieder eine Einschränkung durch Q_2 und Q_3 vornehmen.
Die Gleichung lautet: $F_{1\,rot} = Q_4 \vee (Q_2 \wedge Q_3)$

b) Grün: Grün muß immer bei $\overline{\text{Rot}}$ nicht leuchten.
Die Gleichung lautet: $F_{1\,grün} = \overline{F_{1\,rot}}$

3. Ampel A_1: Das Blinklicht ist immer bei $\overline{H_{1\,grün}}$ in Betrieb.
Der Takt ergibt die Blinkfolge. Soll diese schneller sein, muß man eine höhere Frequenz wählen.
Die Gleichung lautet: $A_1 = \text{Takt} \wedge (\overline{H_{1grün}})$

Zusammenfassung der Bedingungen zur Entwicklung einer Schaltung (Abb. 8.80).

1. H_1: $H_{1\,rot} = Q_4$ $\quad H_{1\,gelb} = Q_1 \wedge Q_2 \wedge Q_3$ $\quad H_{1\,grün} = \overline{H_{1\,rot} \vee H_{1\,gelb}}$
2. F_1: $F_{1\,rot} = Q_4 \vee (Q_2 \wedge Q_3)$ $\quad F_{1\,grün} = \overline{F_{1\,rot}}$
3. A_1: $A_1 = \text{Takt} \wedge \overline{H_{1\,grün}}$

Schaltung:

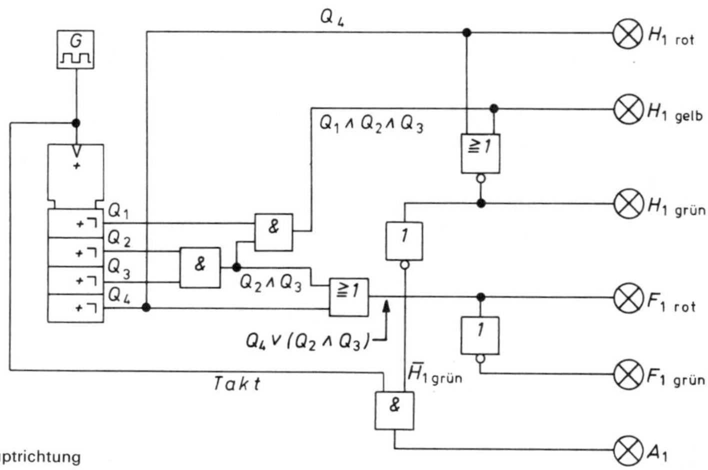

Abb. 8.80 Schaltung der Hauptrichtung

8.2.16.1 Übungsaufgabe

Die in Abb. 8.74 beschriebene Ampelanlage soll auf die Steuerung der Querrichtung erweitert werden. Diese wird nach dem in Abb. 8.81 b) dargestellten Funktionsplan geschaltet.

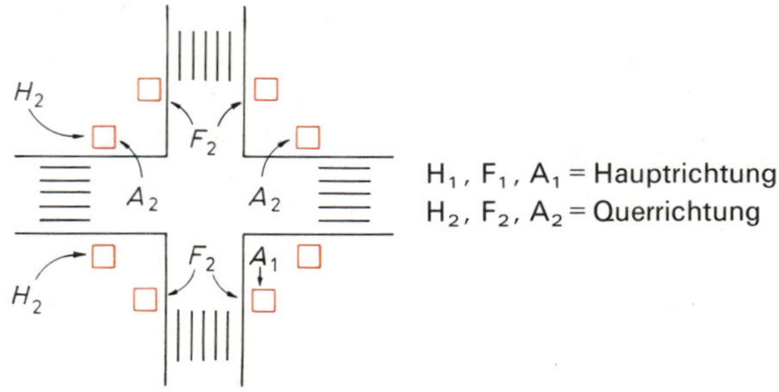

Abb. 8.81 a) Straßenkreuzung

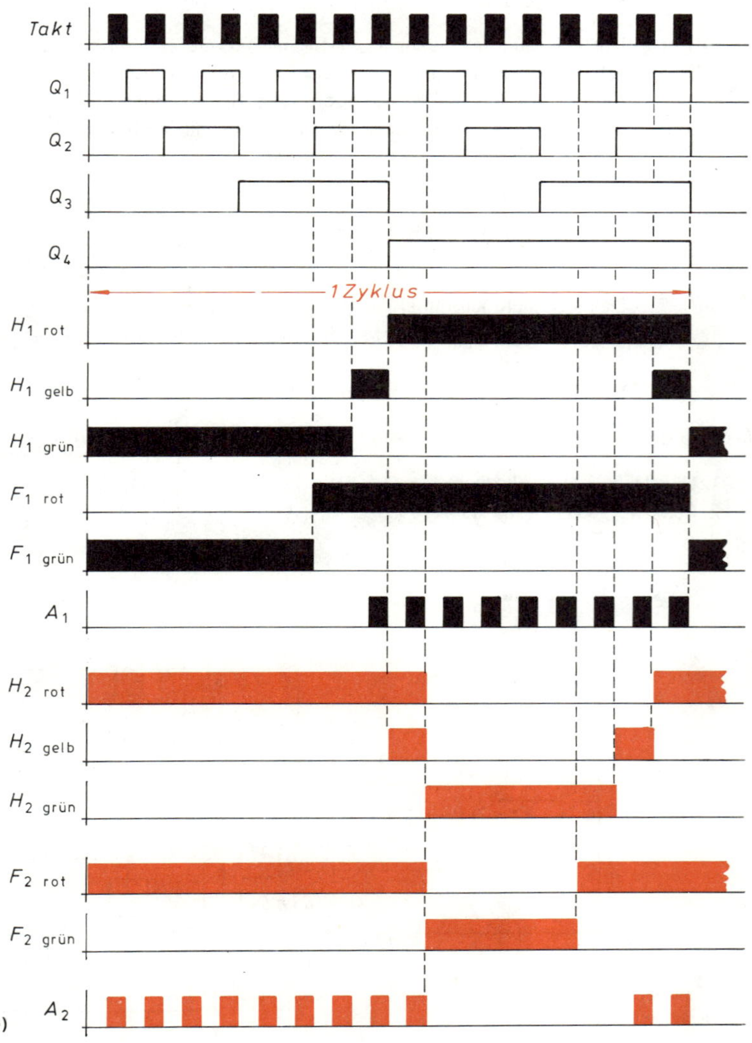

Abb. 8.81 b)

8.2.17 Asynchronzähler

Außer der Einteilung der Zähler in Vor- und Rückwärtszähler unterscheidet man sie noch in asynchrone und synchrone Zähler.

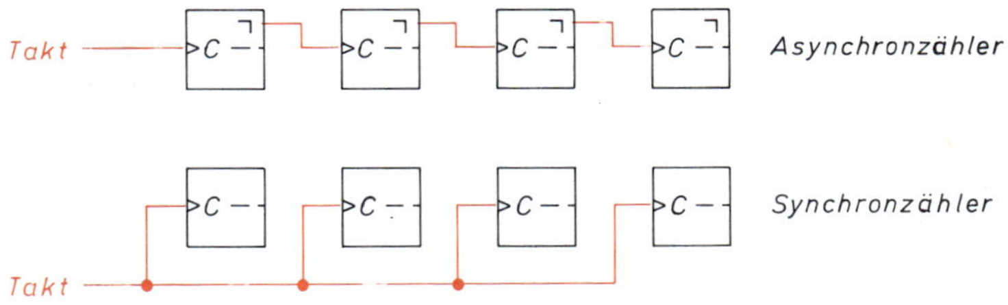

Abb. 8.82 Asynchron- und Synchronzähler

Die Abb. 8.82 zeigt den grundsätzlichen Unterschied zwischen Asynchronzähler und Synchronzähler.

Asynchronzähler: Die Ansteuerung der Takteingänge aller FF erfolgt nacheinander (asynchron = nicht gleichzeitig).

Synchronzähler: Die Ansteuerung der Takteingänge aller FF erfolgt gleichzeitig (synchron). Damit überhaupt ein Zählvorgang möglich ist, müssen die FF über ihre JK-Eingänge gegeneinander verriegelt werden.

Es gibt asynchrone Vor- und Rückwärtszähler und synchrone Vor- und Rückwärtszähler. Außer dem schaltungstechnischen Unterschied gibt es zwischen Asynchron- und Synchronzähler nur Unterschiede im Verhalten bei hohen Zählfrequenzen.

Die Grenzen des Asynchronzählers

Jedes FF braucht zum Umschalten eine bestimmte Zeit. Für die TTL-Technik beträgt diese Zeit etwa 50 ns. Durch die asynchrone Schaltung der Takteingänge summiert sich diese Verzögerung von FF zu FF.

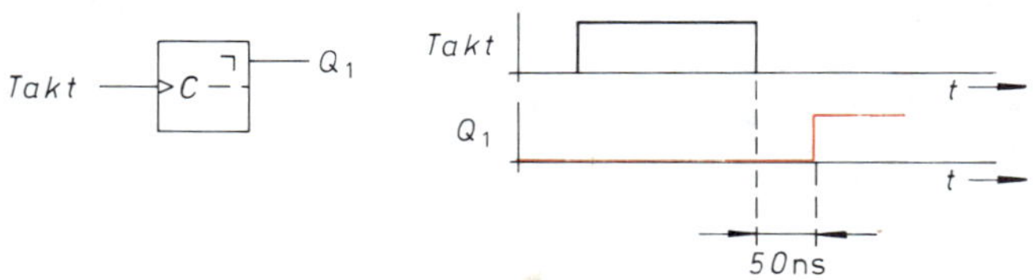

Abb. 8.83 Verzögerungszeit eines FF der TTL-Technik

Nur das erste FF wird vom Takt direkt angesteuert. Alle anderen FF erhalten ihre Taktsignale jeweils von dem vorhergehenden FF. Sie müssen sozusagen immer auf ihren „Vordermann" warten, der ihnen den Befehl zum Weiterschalten gibt. Will man die Ausgangssignale eines Asynchronzählers richtig auswerten, darf der nächste Takt nicht vor dem Kippen des letzten FF erscheinen. Durch die Auswertung der Ausgangssignale wird die höchste Taktfrequenz begrenzt. Ohne Auswertung spielen die Verzögerungszeiten der FF keine Rolle.

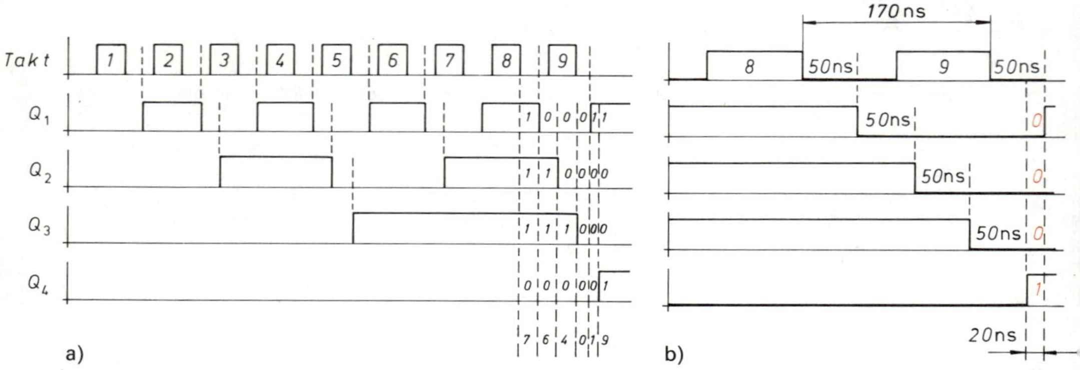

Abb. 8.84 Funktionsplan eines 4stufigen Asynchronzählers unter Berücksichtigung der Verzögerungszeiten der FF

Die Laufzeiten des Asynchronzählers nach Abb. 8.84 addieren sich von Stufe zu Stufe. Besonders problematisch wird die Auswertung der dualen Zahl 8. Nach Abb. 8.84a) entstehen durch das asynchrone Schalten der FF nach dem 8. Taktimpuls die dualen Kombinationen 0111 ≙ 7, 0110 ≙ 6, 0100 ≙ 4, 0000 ≙ 0, 1001 ≙ 9.
Die Signalkombination der dualen Zahl 8 entsteht überhaupt nicht und kann deshalb auch nicht ausgewertet werden. Eine Auswertung ist nur möglich, wenn man die Taktfrequenz erniedrigt. In der TTL-Technik muß die Kombination der Zahl 8 mindestens 20 ns lang anstehen.
Die Abb. 8.84b) zeigt die Ermittlung der höchsten Taktfrequenz für Asynchronzähler der TTL-Technik. Die Periodendauer muß mindestens $T \geqq 170$ ns betragen. Daraus ergibt sich eine maximale Zählfrequenz für 4 FF von

$$f = \frac{1}{T} \approx 6 \text{ MHz}.$$

Asynchronzähler tragen im englischen Sprachgebrauch auch die Bezeichnung Ripple-Counter, da sich die Taktimpulse wie eine Welle fortpflanzen.

8.2.18 Synchronzähler

Die Synchronzähler umgehen die Nachteile der Asynchronzähler durch gleichzeitiges Ansteuern aller Takteingänge. Da die FF nach dem Schema des dualen Zahlensystems umschalten sollen, müssen ihre JK-Eingänge entsprechend beschaltet werden.
Nach dem 8. Impuls müssen alle Stufen der Abb. 8.85 umschalten. Da die FF doch etwas unterschiedlich schnell reagieren, ergibt sich eine maximale Zählfrequenz von etwa 20 MHz.

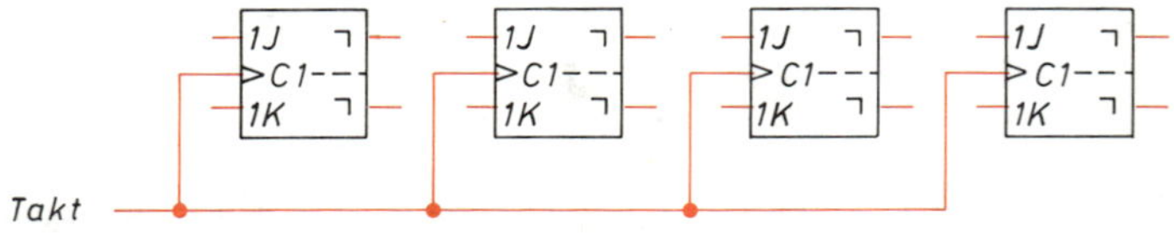

Abb. 8.85 Synchronzähler ohne Verdrahtung der JK-Eingänge

An einem Synchronzähler aus zwei FF sollen die notwendigen Verriegelungen der FF durch ihre JK-Eingänge gezeigt werden.

Die Ausgänge Q_1 und Q_2 müssen die Signalkombinationen des dualen Zahlensystems annehmen (Abb. 8.86).

	Q_2	Q_1
	0	0
nach dem 1. Takt	0	1
nach dem 2. Takt	1	0
nach dem 3. Takt	1	1
nach dem 4. Takt	0	0

Abb. 8.86 Die Ausgangssignale eines Synchronzählers

Die Ausgangssignale des Synchronzählers nach Abb. 8.86 unterscheiden sich nicht von denen eines Asynchronzählers.
Bei der notwendigen Verriegelung der FF durch ihre JK-Eingänge gilt:

$J = 0$, $K = 0$	Das FF kann nicht umschalten.
$J = 1$, $K = 1$	Das FF schaltet mit jedem Takt um.
$J \neq Q$, $K \neq \bar{Q}$	Das FF kann nur noch einmal umschalten.

Bei der Entwicklung der Schaltung des Synchronzählers schreibt man zuerst die Signale der Ausgänge an die FF. Danach überlegt man sich die notwendige Beschaltung der JK-Eingänge.

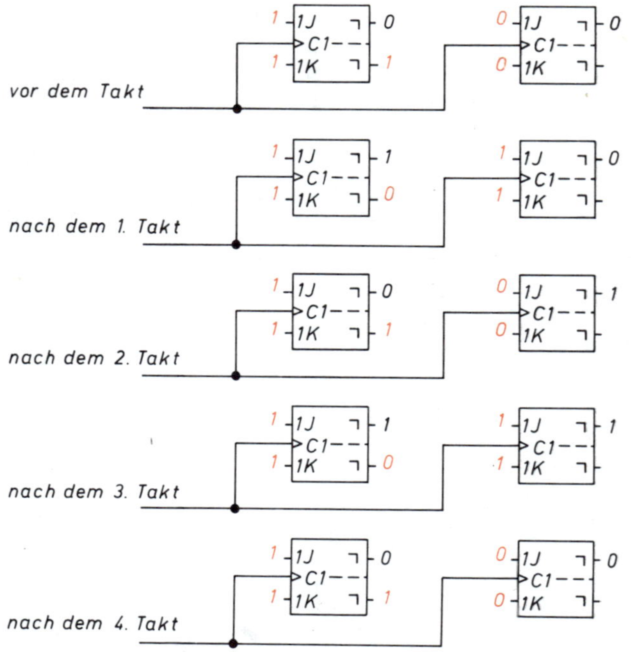

Abb. 8.87 Die Signale der JK-Eingänge

Die Abb. 8.87 zeigt die notwendige Beschaltung der JK-Eingänge. Das erste FF muß mit jedem Takt schalten. Deshalb müssen die JK-Eingänge dauernd auf 1-Signal gesetzt werden.

Die Signale der JK-Eingänge des zweiten FF entsprechen denen des Ausganges Q_1 des ersten FF. Deshalb muß J mit Q_1 und K mit Q_1 verbunden werden.

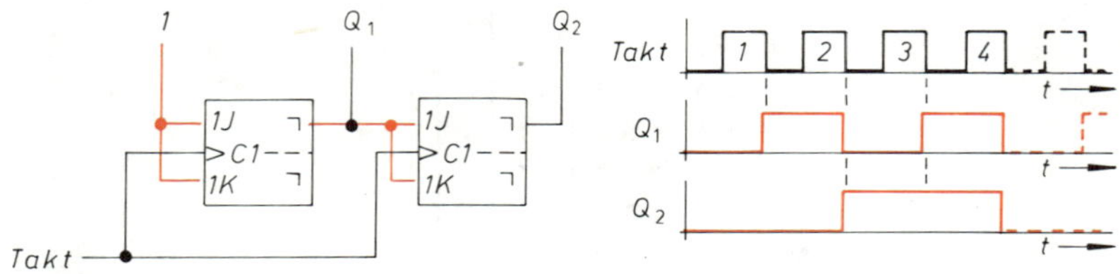

Abb. 8.88 Schaltbild und Funktionsplan des Synchronzählers

Bei Synchronzählern mit mehreren FF reichen die JK-Eingänge für die notwendigen Verriegelungen nicht mehr aus.

Man braucht zusätzliche logische Bausteine. Die Entwicklungen dieser Schaltungen sind nach dem beschriebenen Beispiel etwas aufwendig. Es gibt verschiedene andere Verfahren zur Entwicklung optimaler Schaltungen. Das bekannteste ist die „Optimierung" mit Hilfe des Karnough-Diagrammes. Hier sollen nur die Schaltungen der Synchronzähler bis 16 und bis 10 angegeben werden.

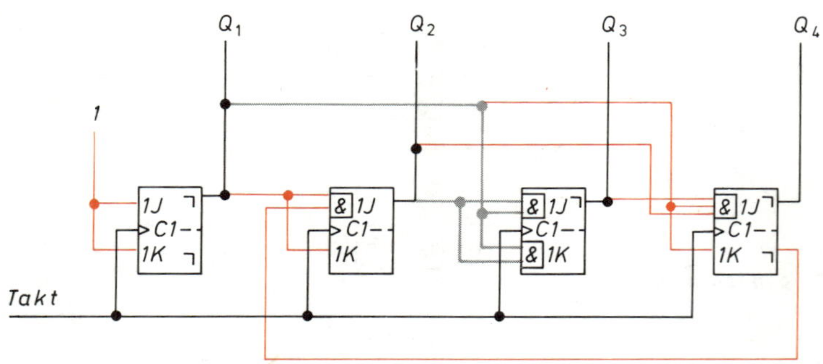

Abb. 8.89 Synchronzähler bis 10

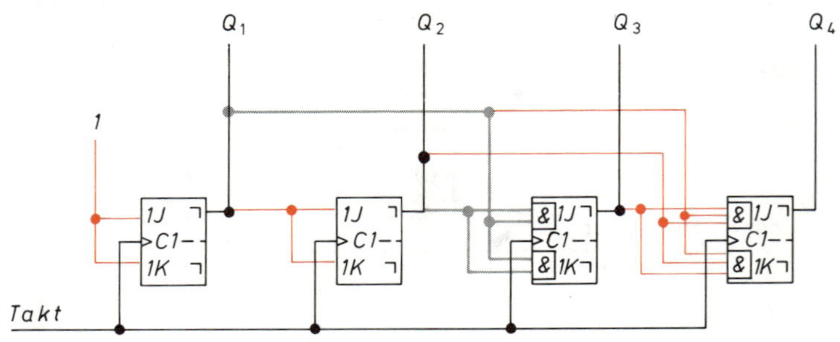

Abb. 8.90 Synchronzähler bis 16

8.2.19 Vorwärts-Rückwärts-Zähler

In industriellen Steuerungsanlagen benötigt man häufig Zähler, die vorwärts und rückwärts zählen können. Die Umschaltung erfolgt durch eine zusätzliche Steuerleitung.

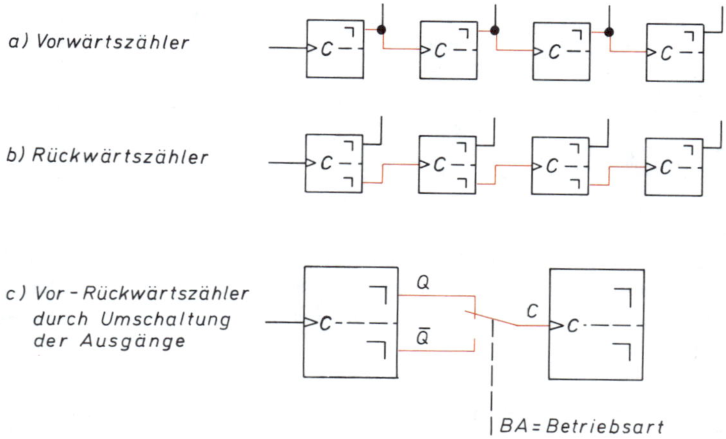

Abb. 8.91 Das Prinzip des Vorwärts-Rückwärts-Zählers

Der Unterschied zwischen Vorwärts- und Rückwärtszählern liegt in der Verdrahtung der Ausgänge Q und $\bar{Q}$ mit den Takteingängen der folgenden FF.
Als Vorwärtszähler muß Q mit dem nächsten Takteingang C verbunden werden, als Rückwärtszähler $\bar{Q}$. Die Umschaltung von „vorwärts" auf „rückwärts" kann prinzipiell durch einen mechanischen Schalter vorgenommen werden. In der Praxis wird der mechanische Umschalter durch einen elektronischen ersetzt. Für die Entwicklung des elektronischen Schalters muß man zuerst die Zuordnung der Signale der Steuerleitung BA zu der Betriebsart des Zählers festlegen. Es soll gelten:

BA = 0 bedeutet: Vorwärtszähler
BA = 1 bedeutet: Rückwärtszähler

Die Bedingungen für „vorwärts" und „rückwärts" lauten damit:

$Q \wedge \overline{BA} = C$ (vorwärts) $\qquad \bar{Q} \wedge BA = C$ (rückwärts)

Zusammengefaßt ergeben die beiden Bedingungen folgende Gleichung:

$$(Q \wedge \overline{BA}) \vee (\bar{Q} \wedge BA) = C$$

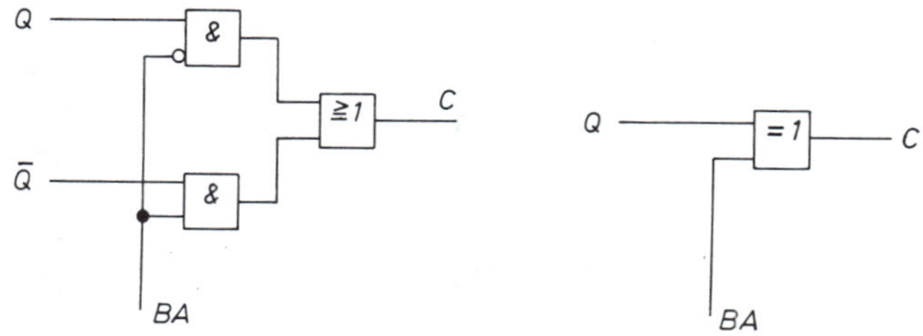

Abb. 8.92 Elektronische Umschalter

Die linke Schaltung der Abb. 8.92 kann man durch einen Exclusiv-ODER-Baustein ersetzen, weil die Q- und $\bar{Q}$-Ausgänge der FF immer gegensätzliche Signale zeigen.

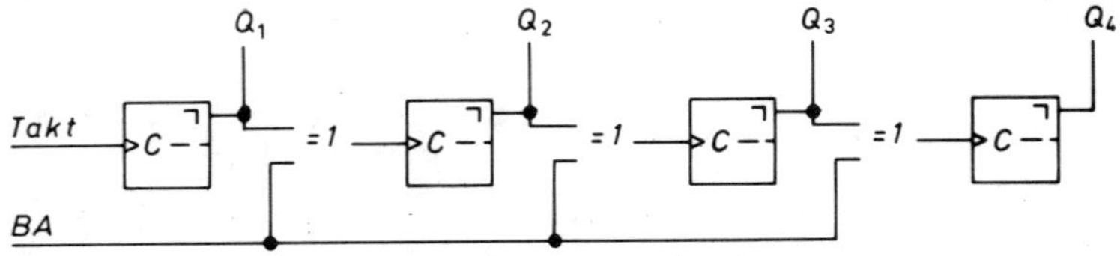

Abb. 8.93 Umkehrzähler bis 16

Umkehrzähler (Vorwärts-Rückwärts-Zähler) können asynchron oder synchron aufgebaut werden. Als Beispiel sei auf einen im Handel erhältlichen Baustein der Type 74191 hingewiesen. Es handelt sich hier um einen 4-Bit-Umkehrzähler, der als Synchronzähler bis zu einer Taktfrequenz von 25 MHz eingesetzt werden kann.

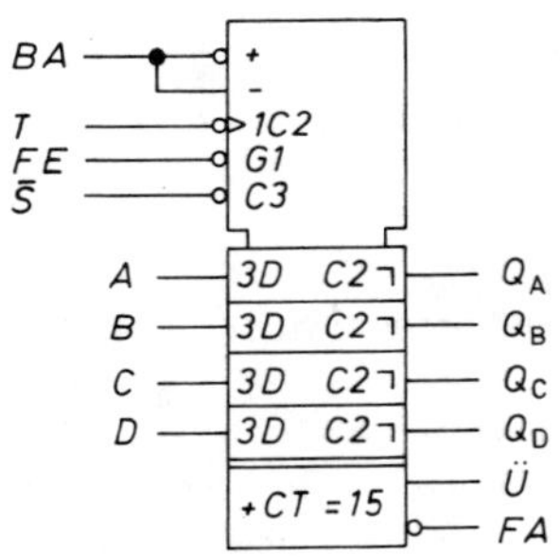

Abb. 8.94 Die normgerechte Darstellung des Umkehrzählers 74191

- Betriebsart BA → 0 ergibt Vorwärtszählen, 1 ergibt Rückwärtszählen.
- Takteingang T → Mit den Rückflanken wird der Master gesetzt. Jede Vorderflanke schaltet die Ausgänge $Q_A \ldots Q_D$ um.
- Freigabeeingang FE → Der Buchstabe G 1 bedeutet eine UND-Verknüpfung mit dem Takteingang. Durch den Negierungspunkt ermöglicht 0-Signal an FE das Zählen.
- Setzeingang $\bar{S}$ → Durch 0-Signal werden die Signale der Eingänge A ... D auf die Ausgänge geschaltet.
- Übertrag Ü → Nach jedem 15. Impuls wird Ü = 1-Signal.
- Freiwerdeausgang FA → Nach jedem 15. Impuls wird FA = 0-Signal.

Mehrere Zähler können asynchron oder synchron zusammengeschaltet werden.

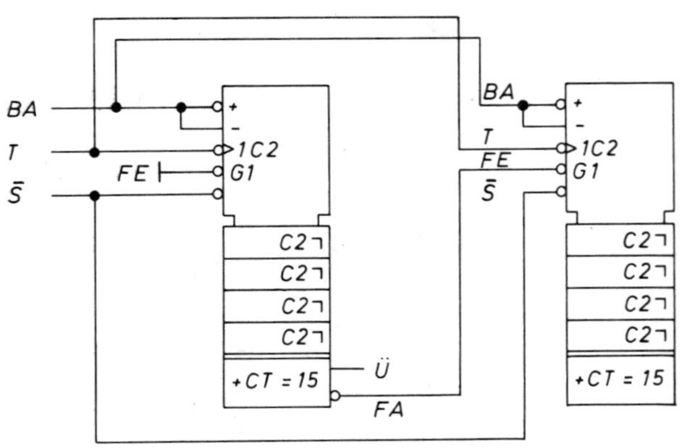

Abb. 8.95 8-Bit-Umkehrzähler

Die beiden Bausteine der TTL-Serie 74191 sind synchron zusammengeschaltet. Die Takteingänge werden gleichzeitig angesteuert. Über den FA-Ausgang des linken Bausteins wird der FE-Eingang des rechten Bausteins freigegeben. Diese Freigabe erfolgt immer nach jedem 15. Impuls. Der 16. Impuls schaltet den rechten Baustein auf 0001 und den linken auf 0000. FE und der Takteingang sind UND-verknüpft (Abb. 8.95).

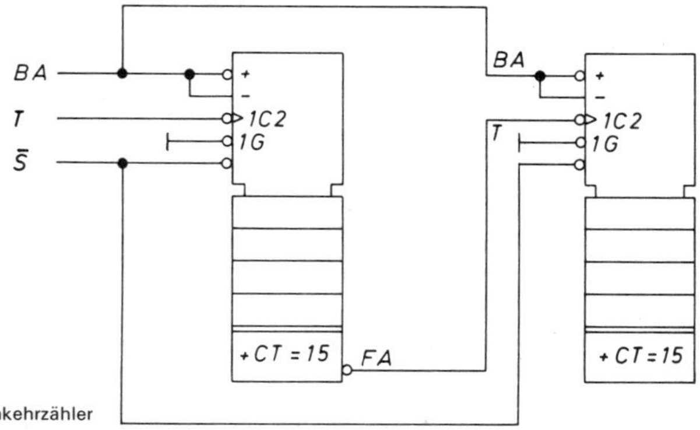

Abb. 8.96 8-Bit-Umkehrzähler

In Abb. 8.96 sind die beiden Zähler asynchron zusammengeschaltet. Durch die Negation der Takteingänge reagieren die Ausgänge auf positive Taktflanken. Der FA-Ausgang des linken Bausteins schaltet nach 15 Impulsen von 1- auf 0-Signal. Nach dem 16. Impuls von 0 auf 1. Der positive Spannungssprung schaltet den rechten Baustein auf 0001.

8.2.20 Dezimalzähler

Die Signale der Ausgänge der bis zu diesem Kapitel beschriebenen Zähler entsprechen den Kombinationen des dualen Zahlensystems.
Diese Zähler nennt man deshalb auch Dualzähler.
Der Unterschied zwischen Dual- und Dezimalzähler soll mit der folgenden Problemstellung deutlich gemacht werden.

Problemstellung:

Impulse sollen gezählt und angezeigt werden. Die Anzeige in dualer Form ist für den Menschen schwierig zu lesen. Deshalb müssen die dualen Signale der Ausgänge in dezimale Signalzustände umgewandelt werden.

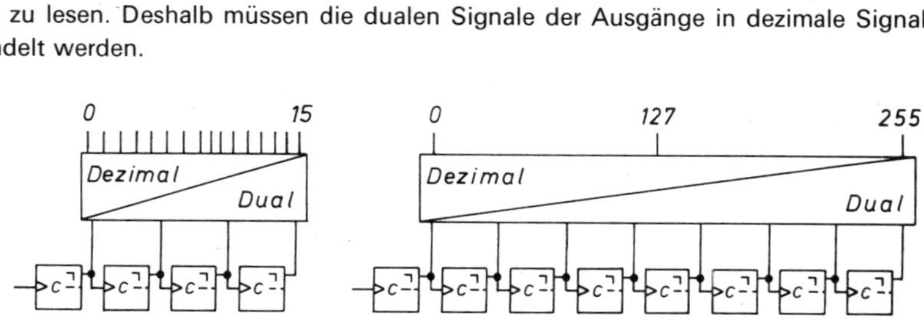

Abb. 8.97 Zähler mit Umwandlung der Ausgangssignale

Für jeden Zähler nach Abb. 8.97 braucht man eine spezielle Umwandlungsschaltung, wenn sich die Anzahl der Flipflops verändert.
Dieser Nachteil entfällt, wenn man die FF dem dezimalen Zahlensystem entsprechend ordnet.

Jeweils 4 FF stellen eine Dekade dar. Da man mit 4 FF normalerweise bis 16 zählen kann, muß der Zählvorgang nach dem 10. Impuls unterbrochen werden.

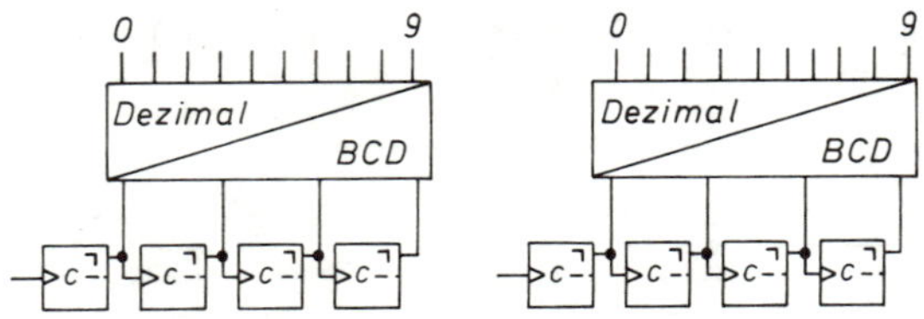

Abb. 8.98 Dekadisch geordnete Zähler

Abb. 8.98 zeigt die Ordnung der FF in Zähldekaden. Der Vorteil dieser Ordnung liegt in den gleichen Umwandlungsschaltungen für alle Dekaden. Jeder Wandler hat 4 Eingänge und 10 Ausgänge.

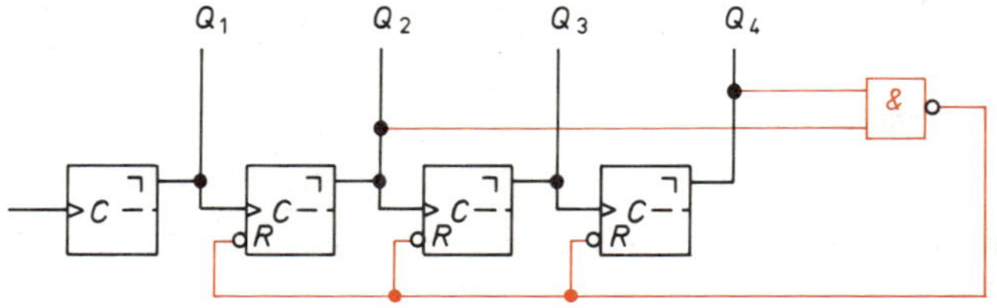

Abb. 8.99 Schaltung einer Dekade

Die Zähldekade der Abb. 8.99 wird nach dem 10. Impuls durch die Auswertung der Signale der Ausgänge Q_2 und Q_4 zurückgestellt. Dieses Löschen muß wegen der negierten Rückstelleingänge der FF durch 0-Signal erfolgen. Das erste FF braucht nicht zurückgestellt zu werden, weil es nach dem 10. Impuls sowieso an seinem Ausgang 0-Signal zeigt. Das dritte FF hat an seinem Ausgang auch 0-Signal, muß aber dennoch gelöscht werden, da beim Zurücksetzen des zweiten FF ein negativer Spannungssprung an seinem Takteingang entsteht.

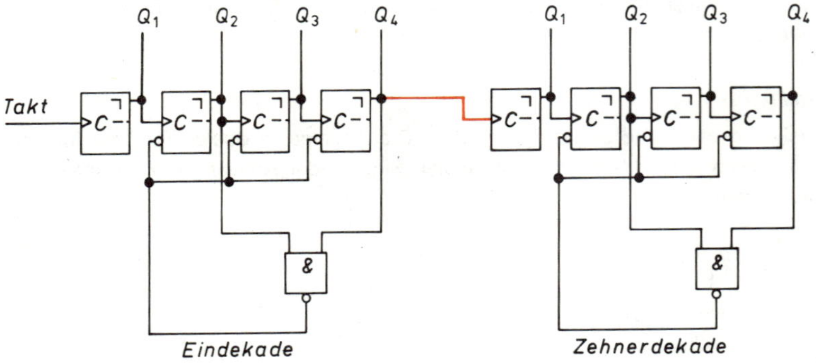

Abb. 8.100 Schaltung für 2 Dekaden

Nach dem 8. Impuls wird Q_4 der Einerdekade der Abb. 8.100 von 0- auf 1-Signal geschaltet. Dieser positive Übergang hat keinen Einfluß auf die Zehnerdekade.
Nach dem 10. Impuls entsteht an Q_4 der Einerdekade ein negativer Spannungssprung von 1- auf 0-Signal. Dieser Übergang schaltet das erste FF der Zehnerdekade auf $Q_1 = 1$-Signal. Außerdem werden nach dem 10. Impuls alle FF der Einerdekade gelöscht.
Die Signalkombinationen beider Dekaden entspricht der Zahl 10.

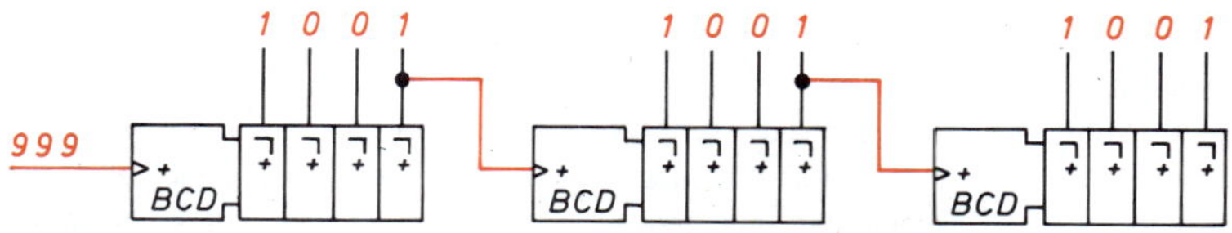

Abb. 8.101 Asynchroner BCD Vorwärtszähler

Die Schaltung nach Abb. 8.101 stellt einen asynchronen BCD-Vorwärtszähler für drei Dekaden dar. Beim Übergang von 999 auf 1000 werden alle Dekaden nacheinander geschaltet. Durch die Verzögerungszeiten der FF können Schwierigkeiten bei der Auswertung der Zahl 1000 auftreten, wenn der 1001. Impuls vor dem Ende der Umschaltung der Hunderterdekade erscheint.
Dieser Nachteil wird durch Verwendung von synchronen BCD-Zählern umgangen.

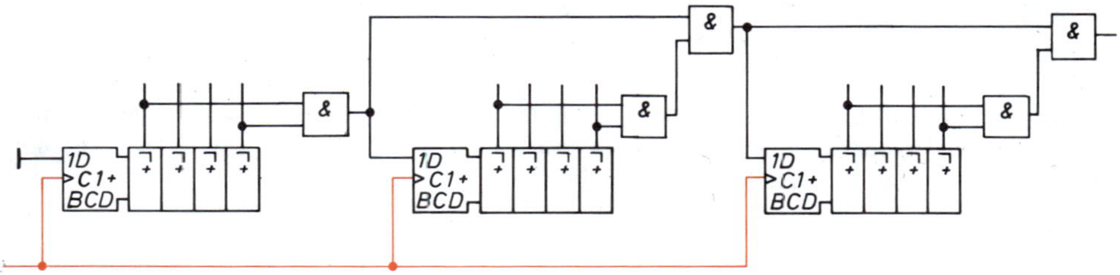

Abb. 8.102 Synchroner BCD-Vorwärtszähler

Da alle Zähldekaden der Abb. 8.102 vom Takt synchron, d. h. gleichzeitig angesteuert werden, müssen sie über ihre 1 D-Eingänge gegenseitig verriegelt werden. Der 1 D-Eingang ist mit den C 1-Takteingängen durch eine UND-Funktion verknüpft. Nach dem 9. Taktimpuls ist die Auswertebedingung der Einerdekade erfüllt, so daß mit dem 10. Impuls die Zehnerdekade auf 0001 schalten kann. Nach dem 99. Taktimpuls sind die Auswertebedingungen der Einer- und Zehnerdekade erfüllt. Der 100. Impuls schaltet die Hunderterdekade auf 0001 und die Einer- und Zehnerdekade auf 0000.
Nach dem 999. Taktimpuls sind die Auswertebedingungen der Einer-, Zehner-, und Hunderterdekade erfüllt, sodaß mit dem 1000. Impuls die nächste Dekade auf 0001 geschaltet wird.

8.2.21 **BCD-Code** (Binar-Codierter-Dezimalcode)

Die Dezimalzähler arbeiten nicht mehr im reinen Dualzahlensystem, sondern in einem dekadisch geordneten Binärsystem.
Die Signale erscheinen verschlüsselt an den Ausgängen des Zählers. Diese Art der Verschlüsselung bezeichnet man als

BCD-Code.

Wert	Q_4 2^3	Q_3 2^2	Q_2 2^1	Q_1 2^0	
0	0	0	0	0	
1	0	0	0	1	
2	0	0	1	0	
3	0	0	1	1	
4	0	1	0	0	
5	0	1	0	1	
6	0	1	1	0	
7	0	1	1	1	
8	1	0	0	0	
9	1	0	0	1	
(10)	(1	0	1	0)	← Rückstellung des Zählers
0	0	0	0	0	

Abb. 8.103 BCD-Code

Industrieller Dezimalzähler der TTL-Technik

Der integrierte Dezimalzähler des Bausteins 7490 ist ein häufig benutzter Vorwärtszähler (Abb. 8.104). Eine genaue Einteilung in Synchron- oder Asynchronzähler ist nicht möglich.

Er besteht aus einem Zweier- und Fünferzähler. Bei der Verwendung des Bausteins als Dekadenzähler muß der Ausgang Q_A des Zweierzählers mit dem Eingang B des Fünferzählers verbunden werden. Der 7490 hat jeweils zwei durch eine UND-Funktion verknüpfte Rückstell- und Setzeingänge, weil die Negierungen der Setz- und Rückstelleingänge der FF durch die Negierungen der Ausgänge der NAND-Stufen aufgehoben werden.

Die Bedingung für das Rücksetzen lautet:

$$(R01 \wedge R02) \wedge (\overline{R91} \vee \overline{R92}) = \overline{Q}_A \wedge \overline{Q}_B \wedge \overline{Q}_C \wedge \overline{Q}_D$$

Nur die Setzeingänge R91/R92 sind unabhängig von den Signalzuständen der Rückstelleingänge R01/R02. Die Bedingung für das Setzen der Ausgänge auf die duale Zahl 9 lautet:

$$R91 \wedge R92 = Q_A \wedge \overline{Q}_B \wedge \overline{Q}_C \wedge Q_D$$

Die Rückstell- und Setzeingänge benutzt man, um Dreier-, Vierer-, Sechser-, Achter- und Neunerzähler ohne zusätzliche externe logische Bausteine aufbauen zu können. Dabei werden die entsprechenden Ausgänge auf die Rückstelleingänge zurückgeführt.

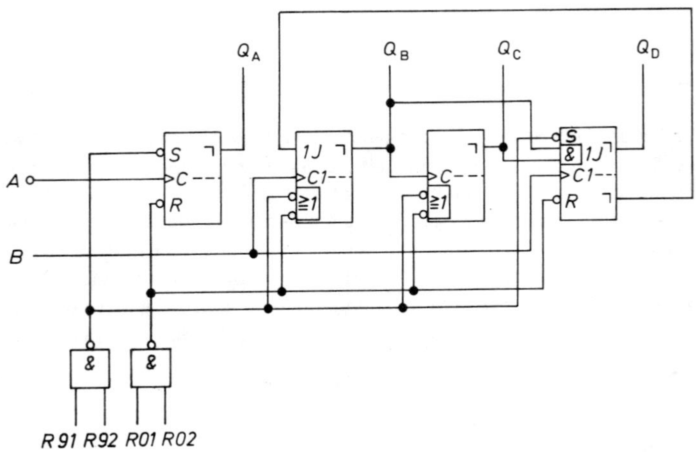

Abb. 8.104 Dezimalzähler 7490

Die Wirkung der Rückstell- und Setzeingänge auf die Ausgänge $Q_A \ldots Q_D$ zeigt die Wertetabelle nach Abb. 8.105.

Rückstell- und Setzeingänge				Ausgänge			
R01	R02	R91	R92	Q_D	Q_e	Q_B	Q_A
1	1	0	x	0	0	0	0
1	1	x	0	0	0	0	0
x	x	1	1	1	0	0	1

Abb. 8.105

Alle anderen Bedingungen der Eingänge der Abb. 8.105 haben keinen Einfluß auf die Signale der Ausgänge.

8.2.22 Vorwärts-Rückwärts-BCD-Zähler

Der duale Vorwärts-Rückwärts-Zähler des Kapitels 8.2.19 soll hier im BCD-Code arbeiten, d.h. daß durch eine Auswerteschaltung der Zählvorgang nach dem 10. Impuls unterbrochen werden muß. Als Vorwärtszähler müssen dabei alle Ausgänge der FF auf 0 gesetzt werden, als Rückwärtszähler nur die Ausgänge Q_2 und Q_3, weil die Signalkombination 1001 ≙ 9 entstehen muß.

	vorwärts	rückwärts
1. Impuls	0001	1000
2. Impuls	0010	0111
3. Impuls	0011	0110
4. Impuls	0100	0101
5. Impuls	0101	0100
6. Impuls	0110	0011
7. Impuls	0111	0010
8. Impuls	1000	0001
9. Impuls	1001	0000
10. Impuls	(1011) ↓ 0000	(1111) ↓ 1001
11. Impuls	0001	1000

Abb. 8.106 Signalkombinationen der Ausgänge bei der Betriebsart „Vorwärts" und „Rückwärts"

Beim Rückwärtszählen erscheint nach dem Zählenstand 0000 mit dem nächsten Takt die Signalkombination 1111 ≙ 15.
Diese Kombination setzt die Ausgänge der FF mit Hilfe einer entsprechenden Auswerteschaltung auf die Signalkombination 1001.
Für die Auswertung der Signalkombination des 10. Impulses brauchen nur die Ausgänge Q_2 und Q_4 berücksichtigt zu werden, weil nur an diesen Ausgängen nach dem 10. Impuls gleichzeitig 1-Signale auftreten. Da die FF mit 0-Signal gesetzt bzw. gelöscht werden, besteht die Auswerteschaltung aus einer NAND-Stufe.

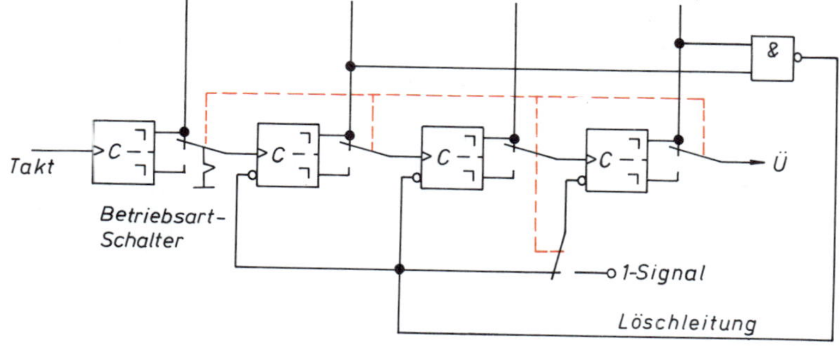

Abb. 8.106.1 Prinzip der Umschaltung eines Vorwärts-Rückwärts-BCD-Zählers

Bei der Umschaltung der Betriebsart vorwärts/rückwärts müssen die Q- bzw. $\overline{Q}$-Ausgänge der Abb. 8.106.1 auf die folgenden Takteingänge geschaltet werden. Der Rückstelleingang des ganz rechten FF muß bei der Betriebsart „vorwärts" auf die Löschleitung geschaltet sein, weil alle FF nach dem 10. Impuls gelöscht werden müssen.

Schaltung einer asynchronen Dekade

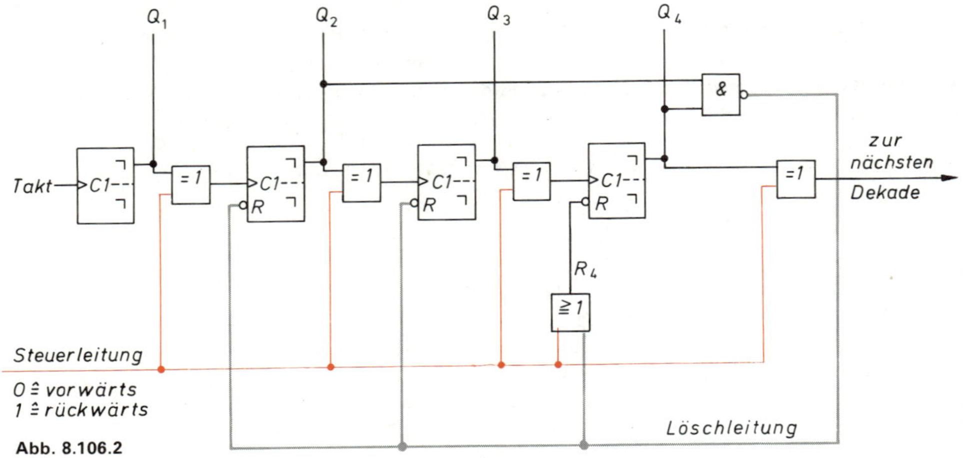

Abb. 8.106.2

Steuerleitung:

0-Signal → Alle Q-Ausgänge wirken direkt auf die nächsten Takteingänge.

$Q_1 = C1 \qquad Q_2 = C2 \qquad Q_3 = C3 \qquad Q_4 = C1$ der nächsten Dekade.

Der Rückstelleingang R_4 nimmt das gleiche Signal der Löschleitung an.

1-Signal → Alle Q-Ausgänge wirken negiert auf die nächsten Takteingänge.

$\bar{Q}_1 = C1 \qquad \bar{Q}_2 = C2 \qquad \bar{Q}_3 = C3 \qquad \bar{Q}_4 = C1$ der nächsten Dekade.

Der Rückstelleingang R_4 hat unabhängig von der Löschleitung immer 1-Signal.

Als Beispiel eines dezimalen Umkehrzählers sei auf einen im Handel erhältlichen Baustein der Type 74190 hingewiesen. Diese können, wie die Bausteine 74191 (Kapitel 8.2.21), asynchron oder synchron zu mehreren Dekaden zusammengeschaltet werden.

8.3 Frequenzteiler

Die Schaltungen der Frequenzteiler unterscheiden sich nicht von denen der Zähler. Der Unterschied liegt nur in der Art der Auswertung der Ausgangssignale. Als Zähler müssen *alle* Signale *gleichzeitig* ausgewertet werden, als Frequenzteiler nur der *zeitliche* Signalverlauf *eines* Ausganges.

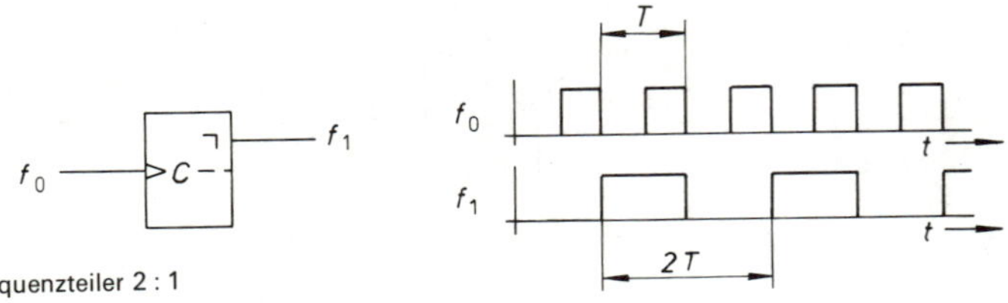

Abb. 8.107 Frequenzteiler 2 : 1

Der einfachste Frequenzteiler besteht aus einem FF (Abb. 8.107). Jede negative Signalflanke der Taktfrequenz f_0 schaltet das FF um. Dadurch wird f_0 im Verhältnis 2 : 1 geteilt.

$$f_0 : f_1 = 2 : 1$$

Durch Umstellung der Verhältnisgleichung erhält man die Formel

$$f_1 = \frac{f_0}{2},$$

d. h. am Ausgang des FF erscheint die halbierte Taktfrequenz f_0. Schaltet man mehrere FF hintereinander, so erscheint an dem Ausgang jedes FF die halbierte Frequenz seines Takteinganges.

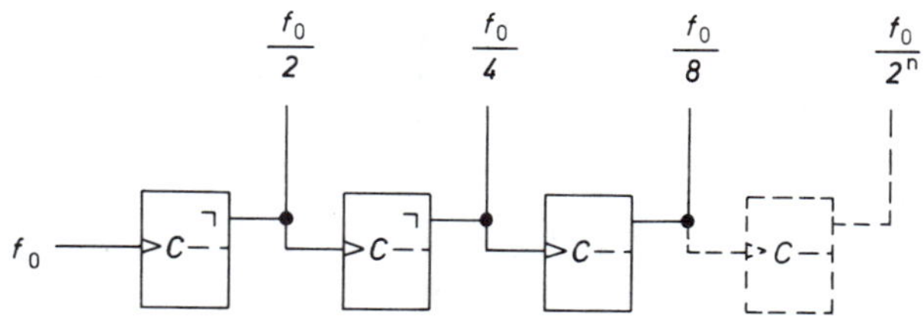

Abb. 8.108 Frequenzteilung durch mehrere FF

Die Frequenzteilung der Abb. 8.108 ist eine Funktion der Anzahl der FF. Allgemein ausgedrückt gilt:

$$f_n = \frac{f_0}{2^n} \qquad n = \text{Anzahl der FF}$$

Beispiel:

Ein Frequenzteiler besteht aus 4 FF. Die Eingangsfrequenz f_0 beträgt 16 kHz. Wie hoch ist die Frequenz am Ausgang des 4. FF?

$$f_n = \frac{f_0}{2^n} = \frac{16\ \text{kHz}}{2^4} = \frac{16\ \text{kHz}}{16} = 1\ \text{kHz}$$

Mit der Schaltung nach Abb. 8.108 kann man nur Frequenzteilungen auf der Basis 2^n erreichen. Frequenzteiler für beliebige ganzzahlige Verhältnisse sind nur durch Auswertung der Ausgangssignale der FF mit entsprechender Zurückstellung möglich.

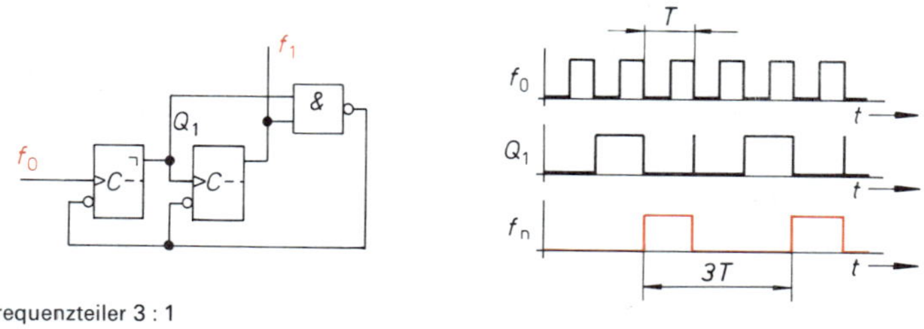

Abb. 8.109 Frequenzteiler 3 : 1

Die Frequenzteilung der Abb. 8.109 wird durch die Auswertung der Zahl 3 unter gleichzeitiger Löschung aller FF erreicht. Es müssen also alle FF bei der Zahl der gewünschten Frequenzteilung auf Q = 0 gesetzt werden. Frequenzteiler mit Auswerteschaltungen ergeben immer unterschiedliche Impuls-Pausen-Zeiten.

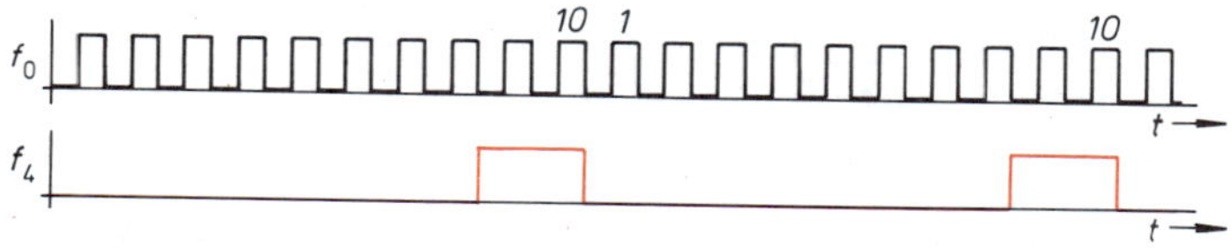

Abb. 8.110 Frequenzteilung 10 : 1

Die Abb. 8.110 zeigt die Frequenzteilung 10 : 1 durch 4 FF mit entsprechender Auswertung und Löschung der FF. Das Impuls-Pausen-Verhältnis beträgt 1 : 4.

Ist ein Impuls-Pausen-Verhältnis von 1 : 1 erwünscht, muß man die Frequenzteilung in mehrere Faktoren zerlegen.

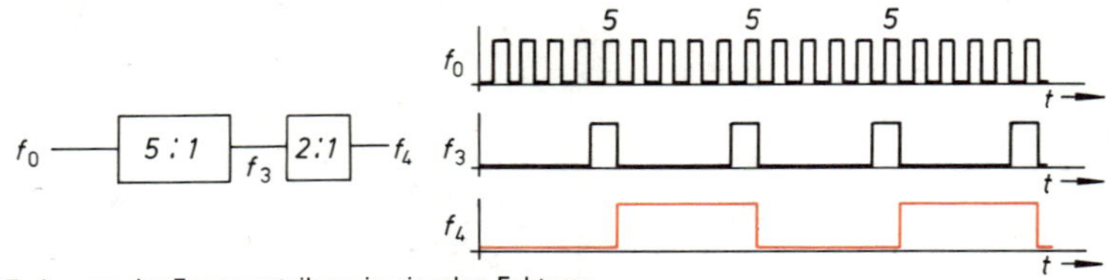

Abb. 8.111 Zerlegung der Frequenzteilung in einzelne Faktoren

In Abb. 8.111 ist die Frequenzteilung 10 : 1 in 5 : 1 und 2 : 1 aufgeteilt. Grundsätzlich muß bei einer Zerlegung der gegebenen Frequenzteilung, zur Erreichung eines Impuls-Pausen-Verhältnisses von 1 : 1, am Schluß eine Teilung durch ein FF im Verhältnis 2 : 1 erfolgen.
Frequenzteilungen mit einem integrierten Baustein sind nur bis zu dem Verhältnis 16 : 1 möglich. Höhere Verhältnisse muß man deshalb in einzelne Faktoren zerlegen, die man dann durch mehrere integrierte Bausteine realisieren kann.

8.3.1 Frequenzteiler mit dem integrierten Baustein 7490

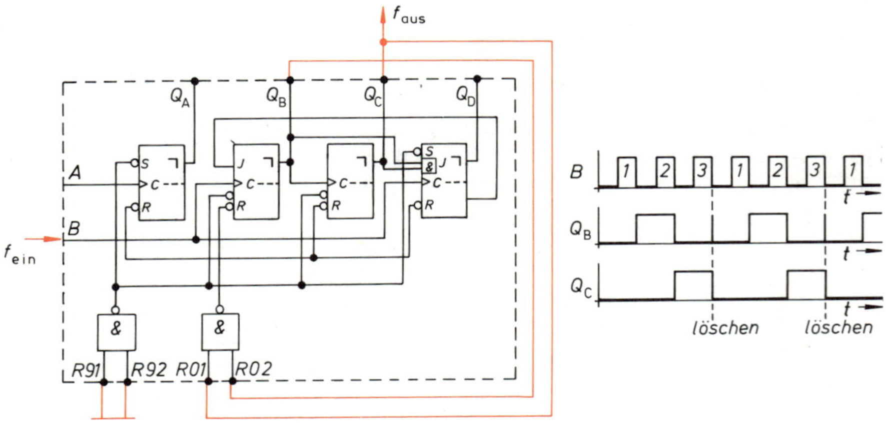

$f_{ein} : f_{aus} = 3 : 1$

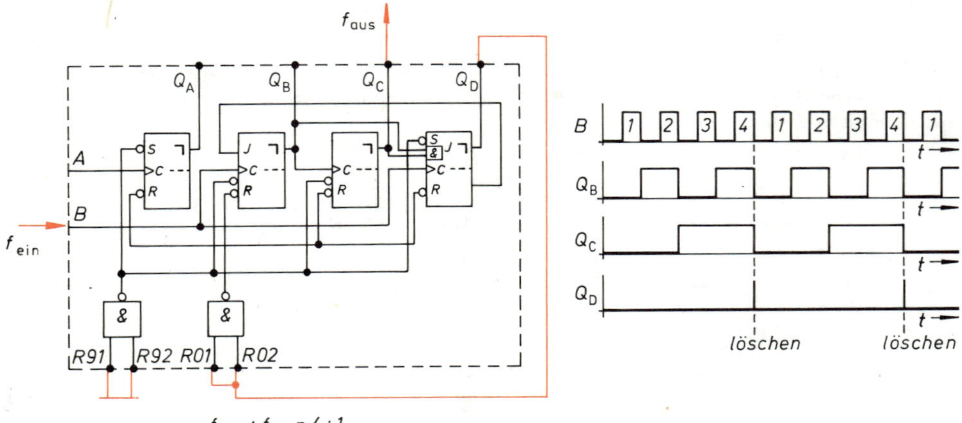

$f_{ein} : f_{aus} = 4 : 1$

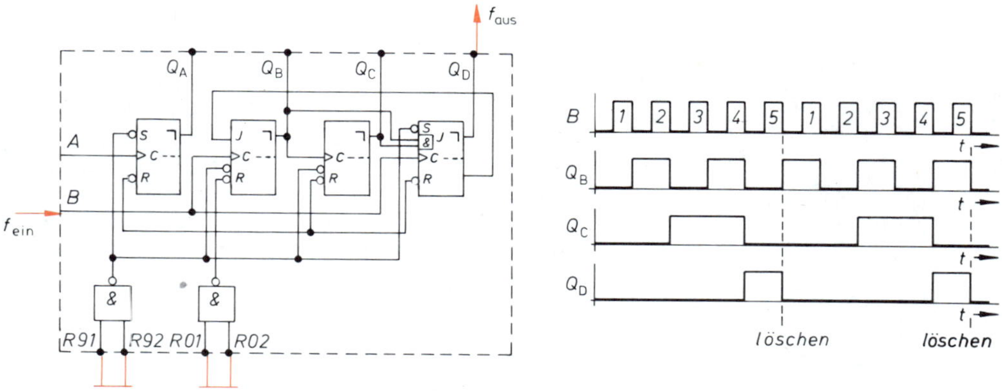

$f_{ein} : f_{aus} = 5 : 1$

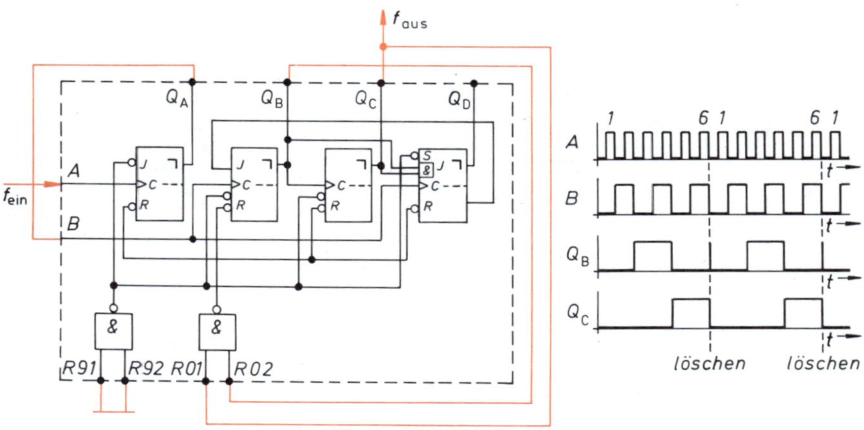

$f_{ein} : f_{aus} = 6 : 1$

Abb. 8.112 Frequenzteilung mit den integrierten Bausteinen 7490

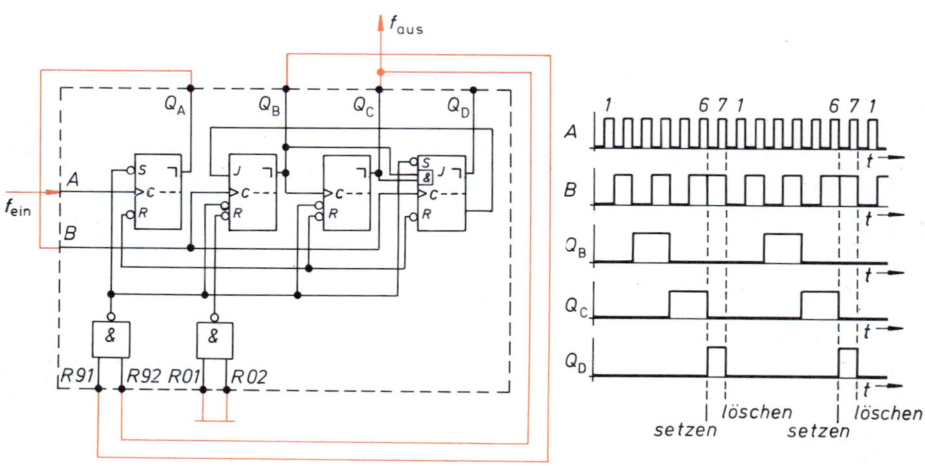

$f_{ein} : f_{aus} = 7 : 1$

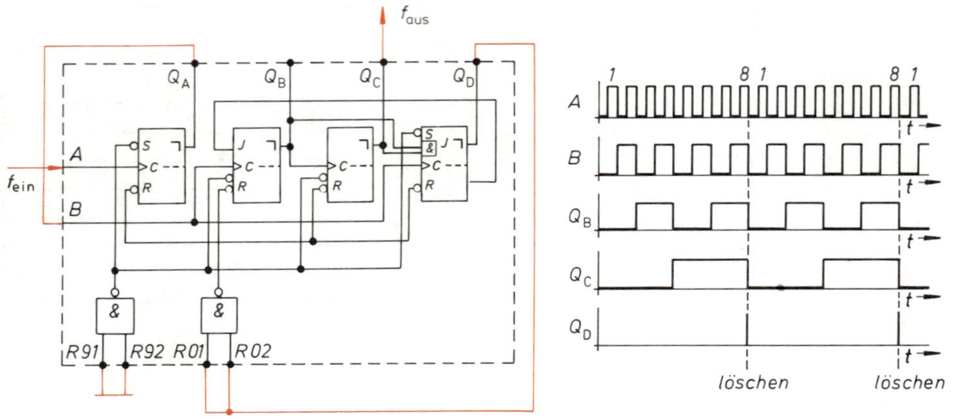

$f_{ein} : f_{aus} = 8 : 1$

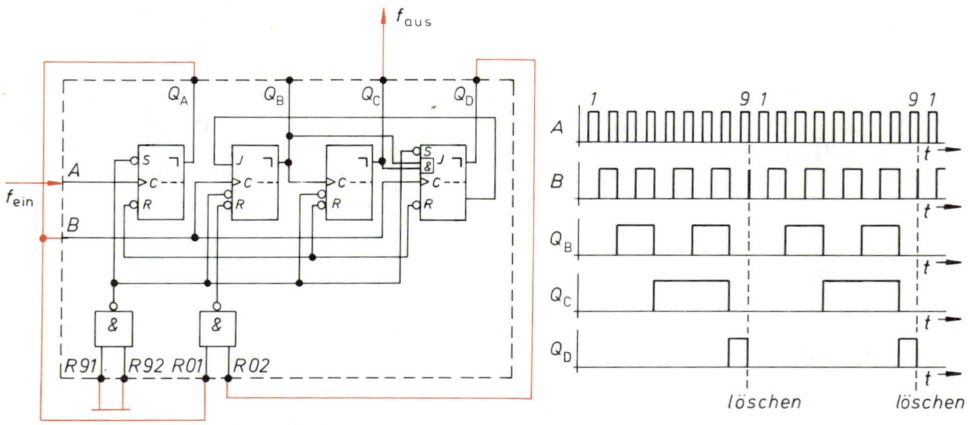

$f_{ein} : f_{aus} = 9 : 1$

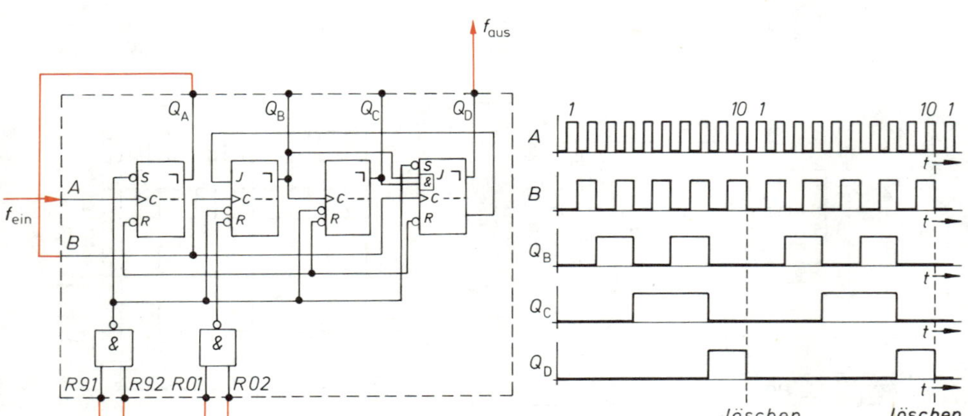

$f_{ein} : f_{aus} = 10 : 1$

Abb. 8.113 Frequenzteilung mit dem integrierten Baustein 7490

8.3.2 Programmierbare Frequenzteiler

Programmierbar bedeutet hier die Einstellung jeder beliebigen Frequenzteilung durch Schalter, ohne die Schaltung selber ändern zu müssen.
Eine Möglichkeit eines programmierbaren Frequenzteilers ergibt sich durch die Benutzung eines Rückwärtszählers (Abb. 8.114). Die Einstellung der Frequenzteilung wird mit Hilfe der Schalter S1 bis S2 durchgeführt.

Funktion:

In Rückwärtszählern schalten nach dem Löschzustand 0000 alle FF mit dem nächsten Takt auf 1111. Dieser Signalzustand wird durch die NAND-Stufe ausgewertet. An ihrem Ausgang entsteht 0-Signal, das in Abhängigkeit der Signalzustände der Schalter S1 bis S4 nur die gewünschten FF auf Q = 0 schaltet.

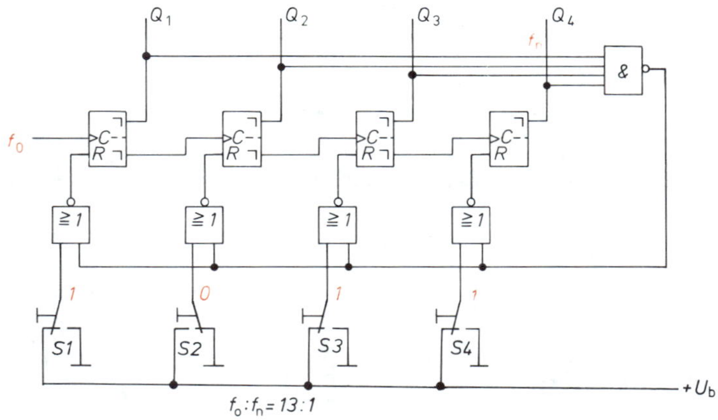

Abb. 8.114 Programmierbarer Frequenzteiler

In Abb. 8.114 wird nur das zweite FF umgeschaltet, so daß an den Ausgängen Q_1 bis Q_4 die Zahl 13 ≙ 1101 entsteht. Der Zähler zählt abwärts bis die Kombinationen 0000 und danach 1111 entstehen. Dabei werden die FF wieder automatisch auf das gewünschte Frequenzteilerverhältnis eingestellt.
Als programmierbarer Frequenzteiler eignet sich der integrierte Baustein 74167 der TTL-Technik.

8.4 Schieberegister

Register heißt übersetzt kleiner Speicher. Ein Schieberegister ist demnach ein kleiner Speicher, dessen gespeicherte Signale durch einen Takt verschoben werden können. An dem folgenden Beispiel soll die Notwendigkeit der Speicherung und Verschiebung von Signalen deutlich gemacht werden.

Beispiel:

In Großstädten gibt es Laufschriften, die die Passanten über die neuesten Nachrichten informieren. Diese Schriften entstehen auf großen Leuchttafeln, deren einzelne Lampen entsprechend an- und ausgeschaltet werden. Dieses Schalten der Lampen muß so erfolgen, daß der Passant ein „Durchschieben" von Buchstaben oder Worten wahrnimmt.

Die Abb. 8.115 soll das Durchschieben des Buchstaben E verdeutlichen. Die schwarzen Punkte sind ausgeschaltete Lampen. Die roten Punkte eingeschaltete Lampen.

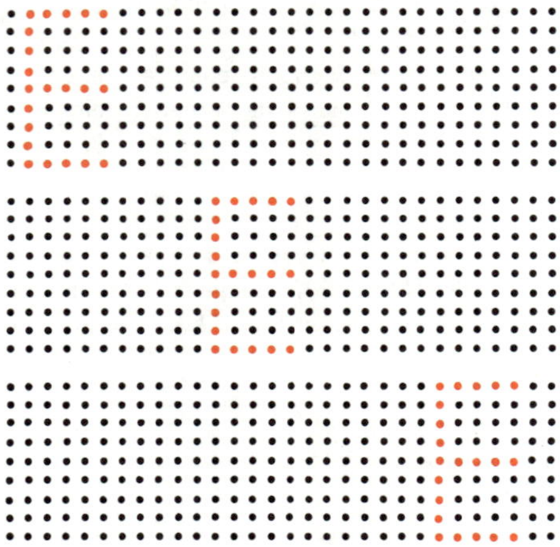

Abb. 8.115 Laufschrift

Die Abb. 8.116 zeigt den oberen „Balken" des Buchstaben E, der durch entsprechendes Leuchten der oberen Lampenreihe der Leuchttafel dargestellt wird. Durch den mechanischen Schalter erreicht man ein „Verschieben" des Buchstabens E.

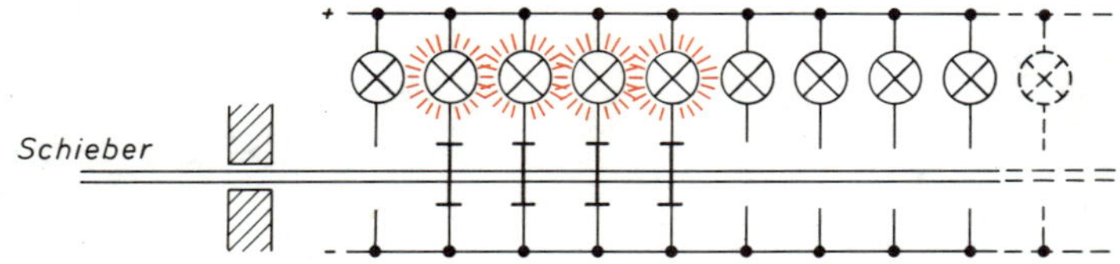

Abb. 8.116 Obere Lampenreihe der Leuchttafel

Der mechanische Schalter wird durch eine elektronische Schaltung und der mechanische Schiebeantrieb durch einen Taktgenerator ersetzt (Abb. 8.117).

Abb. 8.117

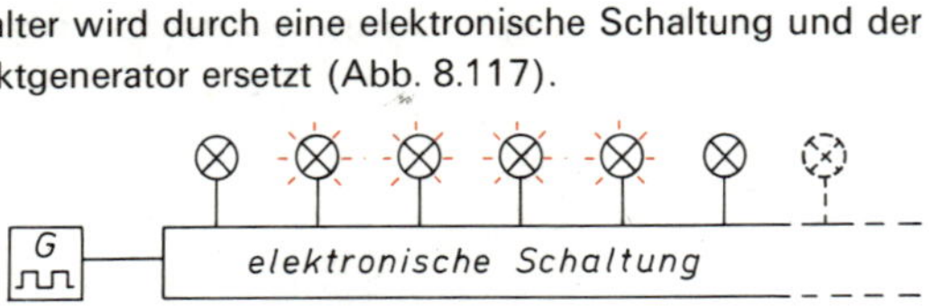

Der Taktgenerator der Abb. 8.117 steuert den Schiebevorgang.
In den Impulspausen der Taktsignale dürfen die eingeschalteten Lampen nicht erlöschen. Die elektronische Schaltung muß deshalb aus Bausteinen bestehen, die speichern können. Dafür bieten sich die FF an.

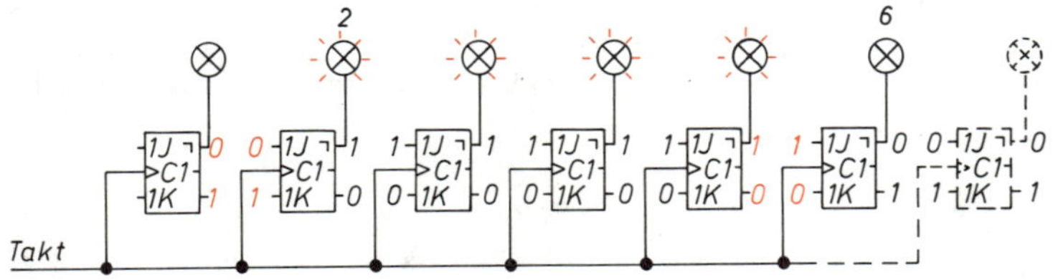

Abb. 8.118 Beschaltung der Ein- und Ausgänge vor dem Takt

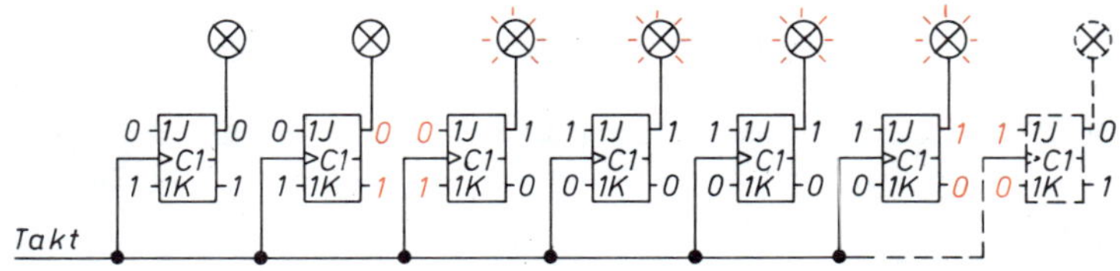

Abb. 8.119 Beschaltung der Ein- und Ausgänge nach dem Takt

In der Abb. 8.118 dürfen mit dem nächsten Takt nur die FF Nr. 2 und 6 umschalten. Die Lampe des zweiten FF muß ausgehen und die des sechsten FF angehen. Dadurch verschiebt sich das Leuchten der 4 Lampen um eine Stelle nach rechts.

Da die FF nicht alle gleichzeitig, sondern in Abhängigkeit der Signalzustände ihrer „Vordermänner" schalten sollen, müssen sie über ihre JK-Eingänge entsprechend verriegelt werden.

FF können nur umschalten, wenn ihre gegenüberliegenden Aus- und Eingänge ungleiche Signale zeigen. Vor dem Takt haben nur die FF Nr. 2 und 6 ungleiche Signale an den Aus- und Eingängen, d. h. mit dem nächsten Takt können nur diese beiden FF umschalten (Abb. 8.118).

Nach dem Umschalten Abb. 8.119 bereiten sie die folgenden FF Nr. 3 und 7 für den nächsten Schiebevorgang vor.

Die Beschaltung der JK-Eingänge ist nach Abb. 8.118 und Abb. 8.119 immer identisch mit den Signalen der Ausgänge der vorherigen FF. Deshalb werden sie miteinander zu der vollständigen Schaltung eines Schieberegisters verbunden (Abb. 8.120).

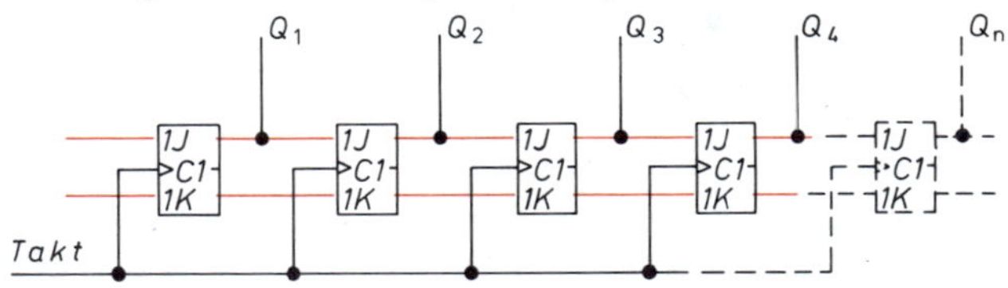

Abb. 8.120 Schaltung eines Schieberegisters

8.4.1 Informationseingabe

In unserem Beispiel der Laufschrift einer Leuchttafel sollten dauernd neue Buchstaben bzw. Worte als Information für den Passanten erscheinen. Diese Informationen müssen in binärer Form in das Schieberegister eingegeben werden. Dabei unterscheidet man zwei grundsätzlich verschiedene Methoden.

1. Die Informationen werden durch die Setz- und Rücksetzeingänge der FF gleichzeitig, d. h. parallel eingegeben.
2. Die Informationen werden durch die entsprechende Beschaltung der JK-Eingänge des ersten FF nacheinander, d. h. seriell eingegeben.

8.4.1.1 Schieberegister mit paralleler Eingabe

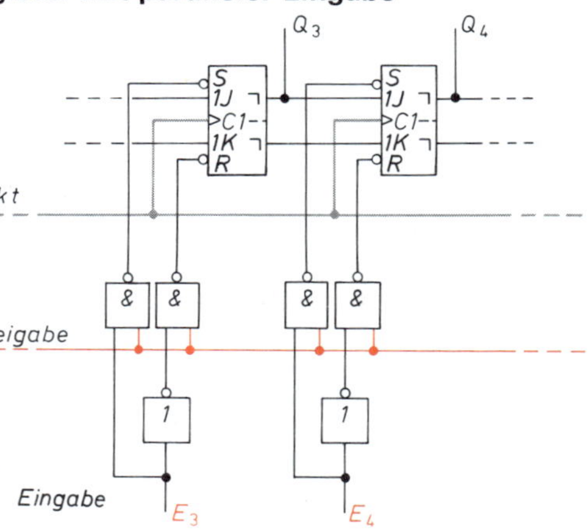

Abb. 8.121 Parallele Eingabe

Die Abb. 8.121 zeigt die parallele Eingabe einer Information in zwei FF eines Schieberegisters. Die Umkehrstufen verhindern ein gleichzeitiges Ansteuern der Setz- und Rücksetzeingänge der FF mit 0-Signalen. Die UND-Bausteine verhindern durch die Signale der Freigabe das unkontrollierte Setzen bzw. Löschen der FF. Die Schiebevorgänge können nur bei 1-Signalen an den Setz- und Rücksetzeingängen der FF ablaufen.

8.4.1.2 Schieberegister mit serieller Eingabe

Auf der Leuchttafel unseres Beispieles müssen die Buchstaben der Laufschrift nacheinander entstehen und dabei von der einen Seite der Tafel zu der anderen geschoben werden. Die Informationen müssen also seriell durch entsprechende Beschaltung der JK-Eingänge des ersten FF durch den Takt eingeschoben werden

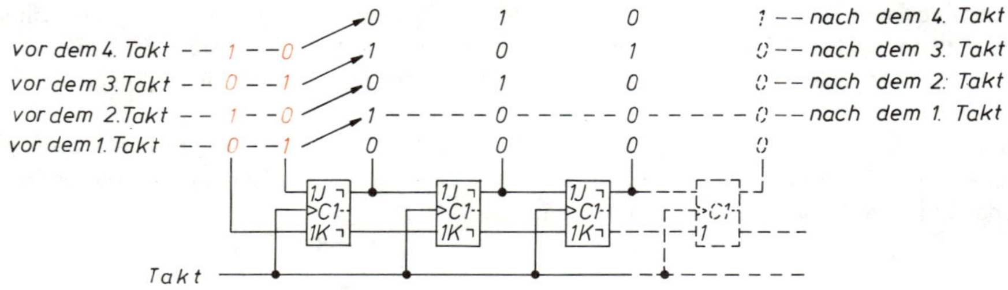

Abb. 8.122 Serielle Eingabe der Information 0101

In Abb. 8.122 sollen die Informationen 0101 seriell eingegeben werden:
Man beginnt mit der 1. Stelle, d.h. mit einem 1-Signal. Dafür müssen vor dem 1. Takt J auf 1- und K auf 0-Signal gesetzt werden. Die entsprechenden weiteren Beschaltungen vor den nächsten Takten sind der Abb. 8.122 zu entnehmen.
Mit jedem Takt verschieben sich die Signalzustände der Ausgänge um eine Stelle nach rechts, wobei der Signalzustand des letzten FF jeweils verlorengeht.
Da die JK-Eingänge immer gegensätzliche Signale zeigen, können sie mit Hilfe einer Umkehrstufe zu einem Anschluß zusammengefaßt werden.

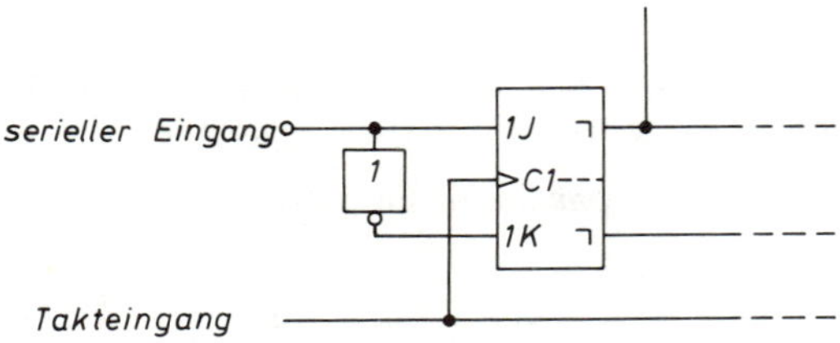

Abb. 8.123 Serieller Eingang eines Schieberegisters

8.4.2 Links-Rechts-Schieberegister

Links-Rechts-Schieberegister sind Schieberegister mit umschaltbarer Schieberichtung.
Die Signale der Ausgänge eines Rechts-Schieberegisters werden mit Hilfe des Taktes von links nach rechts „verschoben". Um ein kontinuierliches Verschieben zu erreichen, müssen die Ausgänge der FF immer mit den JK-Eingängen der folgenden FF verbunden werden.

Durch eine Änderung dieser Reihenfolge erhält man eine andere Schieberichtung.

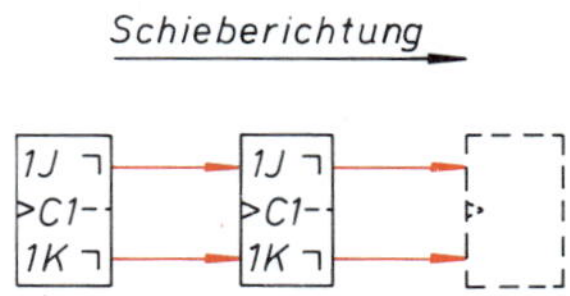

Abb. 8.124 Die Verbindung der Ausgänge mit den JK-Eingängen eines Rechts-Schieberegisters

Abb. 8.124 zeigt die Reihenfolge der Verbindungen der Ausgänge mit den JK-Eingängen der folgenden FF. Die Ausgangssignale bereiten die JK-Eingänge der folgenden FF für den nächsten Schiebetakt vor.

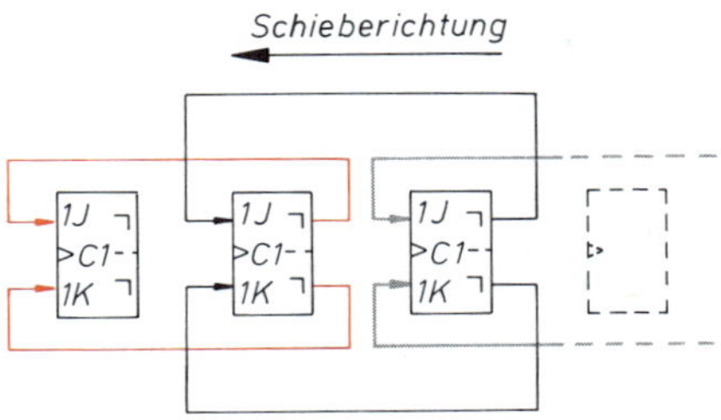

Abb. 8.125 Die Reihenfolge der Verbindungen eines Links-Schieberegisters

In Abb. 8.125 ist die Reihenfolge der Zusammenschaltung der FF gegenüber der Abb. 8.124 vertauscht worden. Um eine kontinuierliche Verschiebung von rechts nach links zu erreichen, müssen die Ausgänge der FF mit den JK-Eingängen ihrer „Vordermänner" verbunden werden. Der serielle Eingang des Schieberegisters wird dann durch die JK-Eingänge des letzten FF gebildet.
Alle JK-Eingänge haben immer gegensätzliche Signalzustände. Deshalb können sie mit Hilfe von Invertern zusammengeschaltet werden. Die $\bar{Q}$ Ausgänge werden dann nicht mehr benötigt.

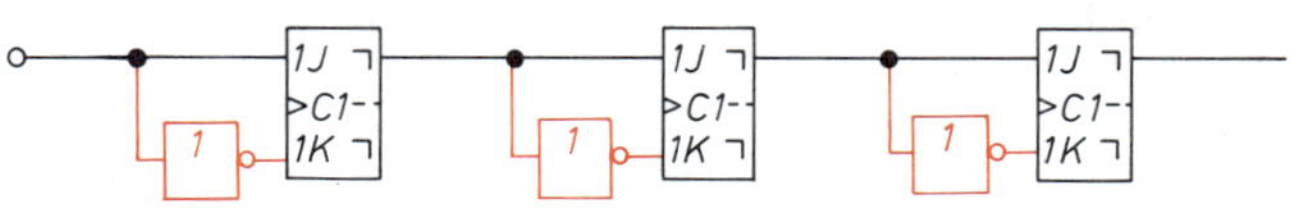

Abb. 8.126 Die Zusammenschaltung der Ausgänge mit den JK-Eingängen eines Rechts-Schieberegisters durch Inverter

Elektronische Rechenmaschinen sind aus Schieberegistern aufgebaut. Diese müssen für die notwendigen Rechenoperationen umschaltbar sein. Die Forderung der Umkehrung der Schieberichtung kann im Prinzip durch einen mechanischen Schalter erfüllt werden.

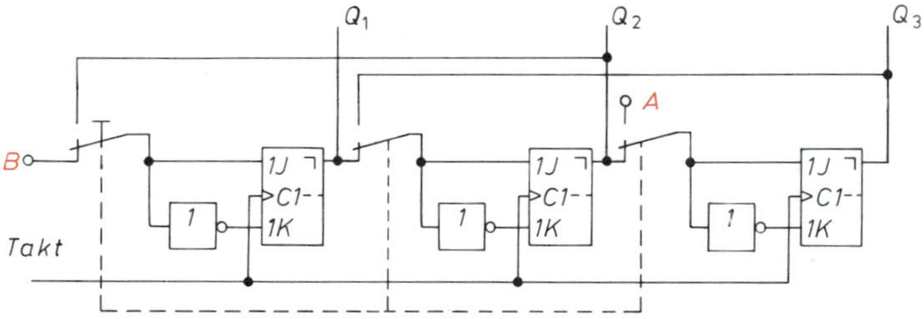

A = serielle Eingang beim Linksschieben (gezeichnete Schalterstellung ≙ Rechtsschieben)
B = serielle Eingang beim Rechtsschieben

Abb. 8.127 3-Bit-Umkehrschieberegister

Durch die Zusammenschaltung der JK-Eingänge mit Hilfe der Inverter in Abb. 8.127 braucht man nur noch einen Umschalter für jedes FF. Ersetzt man diesen durch einen elektronischen Umschalter, erhält man das Prinzipschaltbild der integrierten Umkehrschieberegister 7495, 74198 und 74194 der TTL-Technik.

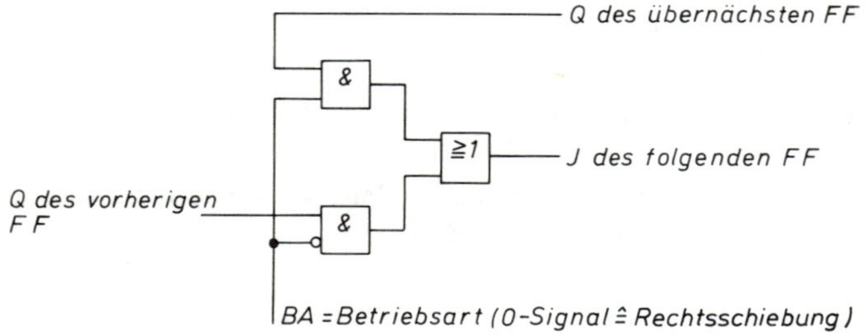

Abb. 8.128 Elektronischer Umschalter

1-Signal der Betriebsart BA „öffnet" den oberen UND-Baustein und sperrt den unteren UND-Baustein. Dadurch ist der Q-Ausgang des übernächsten FF mit dem J-Eingang des folgenden FF verbunden. Die Schieberichtung geht von rechts nach links. Diese Betriebsart nennt man „Linksschieben".

8.4.3 Ring-Schieberegister (Umlaufregister)

In dem Kapitel 8.4.2 wurde gezeigt, wie man die Schieberichtung eines Registers durch die Reihenfolge der Zusammenschaltung der Q-Ausgänge mit den JK-Eingängen beeinflussen kann.
Bei einem Ringschieberegister ist der serielle Eingang mit dem Ausgang des letzten FF zu einem Ring verbunden.
Parallel eingegebene Informationen werden dadurch nach Erreichen des letzten Ausganges seriell wieder von vorne eingegeben. Da die Informationen dauernd umlaufen können, nennt man diese Schaltungen auch Umlaufregister.

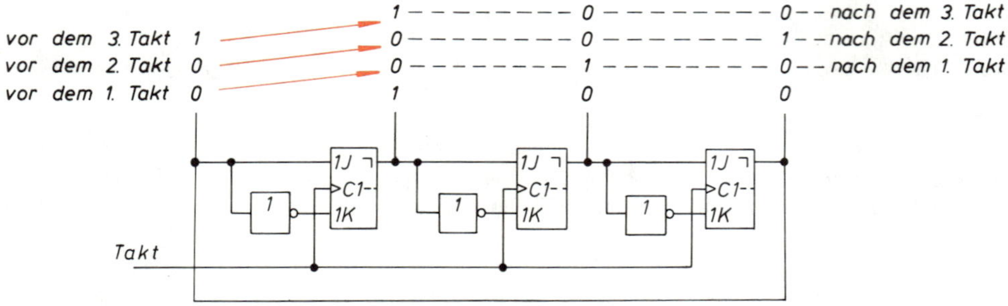

Abb. 8.129 Ring-Schieberegister

Die FF der Abb. 8.129 schalten nur dann um, wenn ihre Signalzustände an J und Q ungleich sind.

$$\text{Bedingung der Umschaltung: } Q \neq J$$

Nach der parallelen Eingabe der Information 100 erfüllen die FF Nr. 1 und Nr. 2 die Bedingungen für das Umschalten durch den nächsten Takt. Nach dem 1. Takt entsteht nur am dritten FF die Bedingung $Q \neq J$. Der 2. Takt schaltet dieses FF um und erzeugt damit die Umschaltbedingung $Q \neq J$ am ersten FF. Diese Vorgänge wiederholen sich laufend mit den nächsten Takten.

8.4.4 Die normgerechte Darstellung der Schieberegister

Die zeichnerische Darstellung der Schieberegister unterscheidet sich von der Darstellung der Zähler (Kapitel 8.2.14) nur in einer Angabe des Steuerblockes.

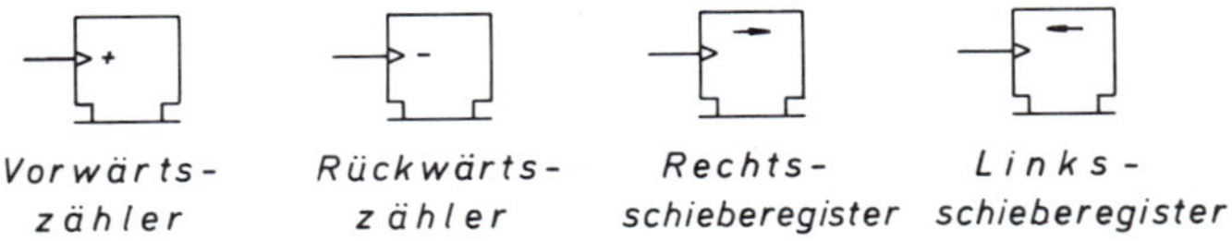

Abb. 8.130 Zeichnerischer Unterschied zwischen Zähler und Schieberegister

In Abb. 8.130 werden Zähler durch + oder − und Schieberegister durch Pfeile → ← gekennzeichnet.

8.4.5 Schieberegister in der Datenverarbeitungstechnik

Problemstellung: Mit dem Rechenwerk eines Computers sollen zwei Zahlen seriell Stelle um Stelle miteinander addiert werden.

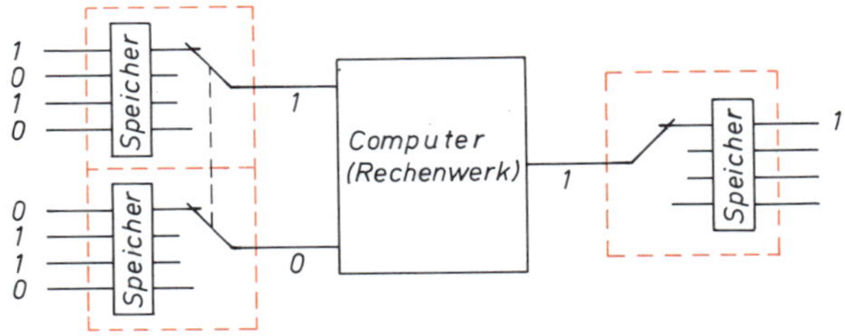

Abb. 8.131 Prinzip der Addition

In der Abb. 8.131 werden die Zahlen in Form von dualen Signalen durch Taster eingegeben. Nach der Eingabe stehen sie parallel in den Speichern. Durch die Betätigung der mechanischen Schalter werden die Zahlen Stelle um Stelle auf den Eingang des Rechenwerkes geschaltet. Nach jeder Stellenaddition erscheint das Ergebnis am Ausgang des Rechenwerkes. Diese nacheinander (seriell) auftauchenden Teilergebnisse werden durch den Ausgangsschalter mit anschließender Speicherung in ein parallel anstehendes Endergebnis umgeformt. Durch das seriell arbeitende Rechenwerk und den parallel anstehenden Signalen der Ein- und Ausgänge braucht man zwei Arten von Umwandlungen.

1. Parallel → Serielle Umwandlung
2. Seriell → Parallele Umwandlung

Für die schaltungstechnische Realisierung dieser Forderungen bieten sich die Schieberegister an.

8.4.5.1 Parallele Eingabe – Serielle Ausgabe

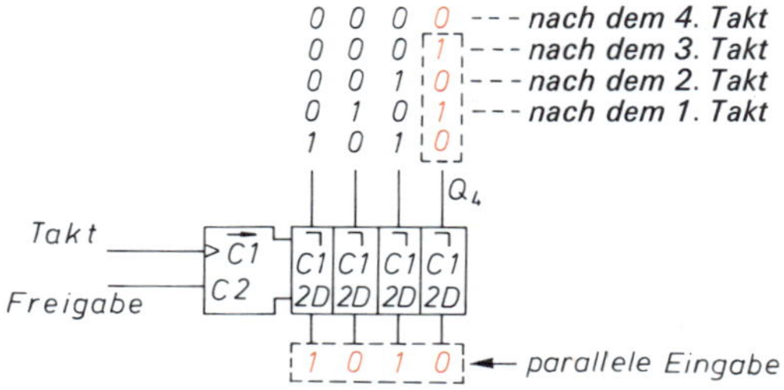

Abb. **8.132** Parallele Eingabe – Serielle Ausgabe eines 4-Bit-Schieberegisters an Q_4

Durch einen kurzen Impuls an C_2 werden in Abb. 8.132 die Signale der 2D-Eingänge auf die Ausgänge geschaltet und dort gespeichert. Jeder Takt schaltet die Signale um eine Stelle weiter nach rechts. An Q_4 erscheinen nacheinander für einen kurzen Augenblick alle parallel eingegebenen Signalzustände. Deshalb ist Q_4 die serielle Ausgabe der parallel eingegebenen Information.

8.4.5.2 Serielle Eingabe – Parallele Ausgabe

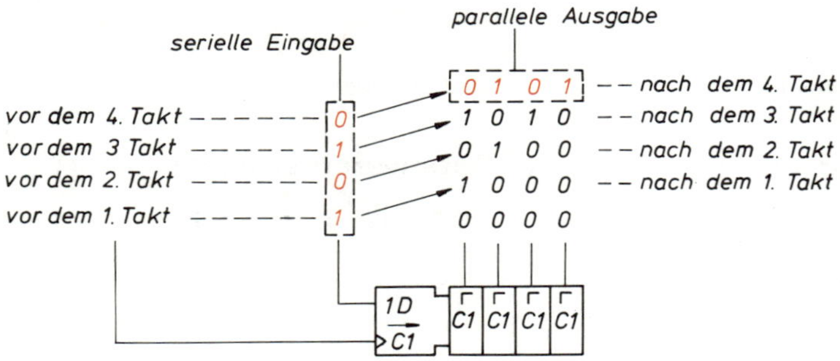

Abb. 8.133 Serielle Eingabe – Parallele Ausgabe eines 4-Bit-Schieberegisters

In unserem Beispiel der Addition zweier Zahlen nach Kapitel 8.4.5 erschienen die Teilsummen nacheinander an dem Ausgang des Rechenwerkes. Dieser muß mit dem 1D-Eingang des Schieberegisters zur Umwandlung der seriell ankommenden Signale in ein parallel anstehendes Ergebnis verbunden werden. Der Takt schiebt die Signale in das Schieberegister. Nach 4 Takten ist in unserem Beispiel die Umwandlung abgeschlossen.

8.4.5.3 Reihenschaltung von Schieberegistern

Muß man Signalkombinationen mit mehr als 4 Stellen umwandeln, braucht man entsprechend große Schieberegister. Sind diese nicht vorhanden, muß man mehrere in Reihe schalten.

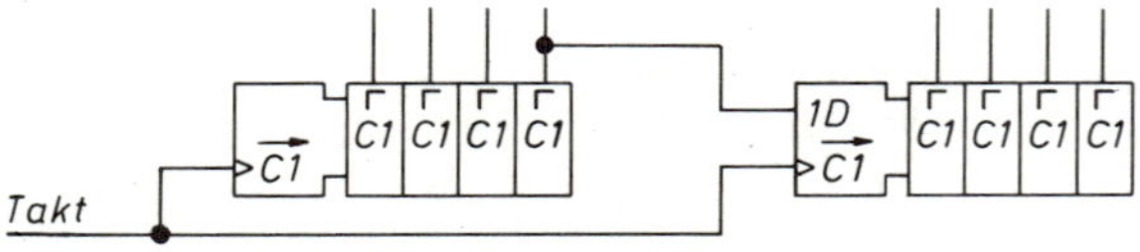

Abb. 8.134 Reihenschaltung von Schieberegistern

Die Abb. 8.134 zeigt eine Erweiterung auf 8-Bit.
Der Takt wird allen Schieberegistern parallel zugeführt. Die letzten Ausgänge der Einzelschieberegister müssen mit den seriellen Eingängen der folgenden Schieberegister verbunden werden.

8.4.5.4 Parallelschaltung von Schieberegistern

Die Dateneingabe eines Computers erfolgt nicht von „Hand" durch Schalter oder Taster, sondern z. B. durch einen Lochstreifen.

Dieser hat kleine Transportlöcher, mit denen er ruckweise fortbewegt wird. Die Informationen stecken in den Anordnungen von „Loch" oder „Nichtloch" quer zum Lochstreifen. Es sind maximal 8 Löcher möglich. Damit kann man immerhin 256 unterschiedliche Kombinationen erzeugen.

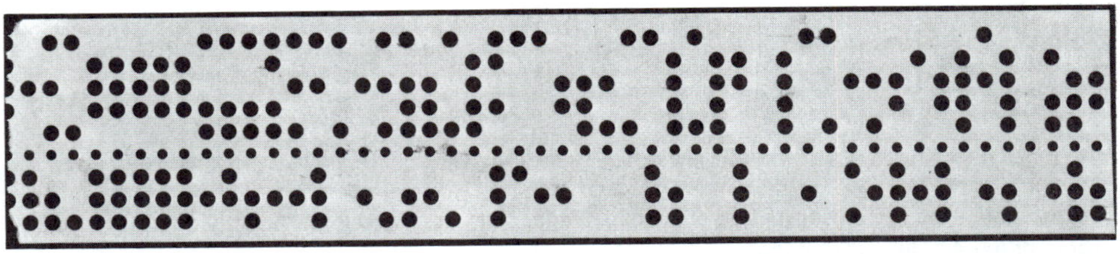

Abb. 8.135 Lochstreifen

Die Anordnung der „Löcher" oder „Nichtlöcher" wird mit Hilfe von Lichtschranken abgetastet (Abb. 8.136). Dabei können maximal 8 1- oder 0-Signale gleichzeitig, d.h. parallel anfallen. Diese werden seriell mit jedem Takt in die Schieberegister eingegeben. Die Information einer Ziffer oder eines Zeichens wird nun durch die Signale aller vertikal untereinander gelegenen Ausgänge gebildet. Für das richtige „Einlesen" der Daten des Lochstreifens muß der Takt synchron zur Fortbewegung des Lochstreifens erscheinen.

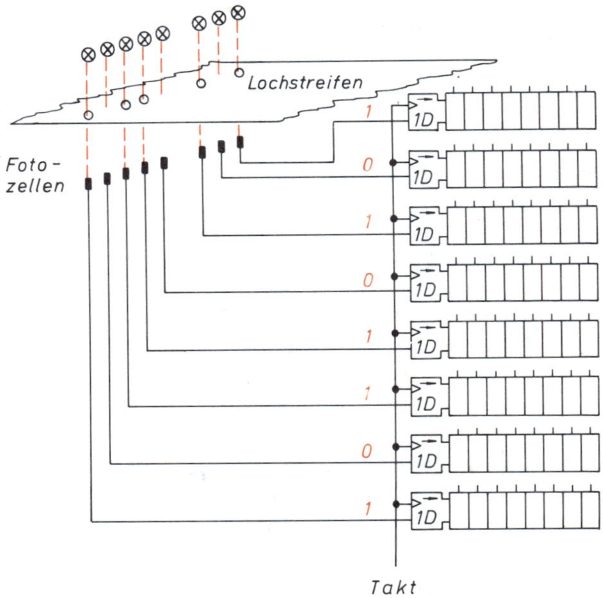

Abb. 8.136 Parallelschaltung von Schieberegistern

9 Optoelektronische Anzeige

9.1 Einleitung

Die Informationen aus einer Anlage zur Signalverarbeitung müssen dem Menschen auf möglichst einfache Weise vermittelt werden.
Dies geschieht häufig auf optoelektronischem Wege. Der Umfang der zu vermittelnden Information bestimmt die Art der Darstellung:

Signalanzeige einer zweiwertigen Variablen,
Ziffernanzeige,
Alphanumerische Anzeige.

Zunächst werden die verschiedenen, heute verwendeten Anzeigeeinheiten vorgestellt. Die physikalischen und chemischen Grundlagen, auf denen das betreffende Anzeigesystem basiert, werden nicht ausführlich behandelt. Dem Praktiker sollen schaltungstechnische Hinweise zum Betrieb der Anzeigen gegeben werden.

9.2 Lumineszenzanzeige, Leuchtdiode, LED[1])

Unter allen zur Zeit gebräuchlichen Anzeigeeinheiten besitzt die LED die größte Bedeutung.

Prinzip:

Eine Halbleiterdiode, die in Durchlaßrichtung betrieben wird, setzt an der Sperrschicht elektrische Energie um.
Bei Gleichrichterdioden wird diese Energie in Form von Wärme abgestrahlt. Aufgrund besonderer Halbleitermaterialien (Galliumverbindungen mit Phosphor bzw. Arsen) strahlt eine LED neben Wärme auch Licht ab.
Die Art des Halbleitermaterials bestimmt Farbe, Farbsättigung und Lichtausbeute.
Die heute erhältlichen Farben sowie die Verteilung der Intensität auf die Wellenlänge des Lichtes zeigt Abb. 9.1.

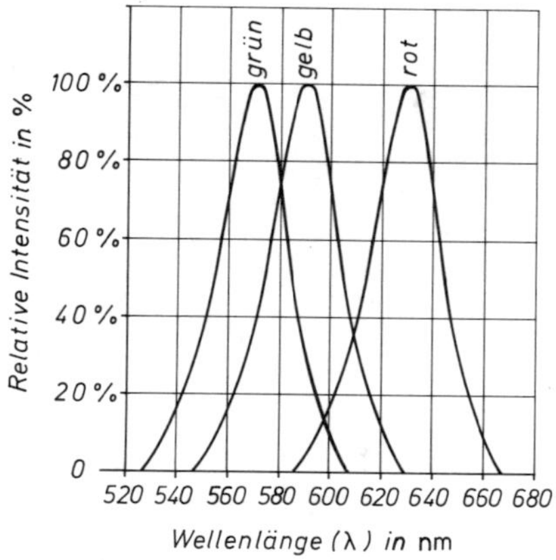

Abb. 9.1 Intensitätsverteilung

[1]) LED = lichtemittierende Diode, engl. light emitting diode

Die Farbe rot wird allerdings vorzugsweise eingesetzt, weil bei gleichem Durchlaßstrom I_F rote LEDs die höchste Lichtstärke aufweisen, wie Abb. 9.2 zeigt.

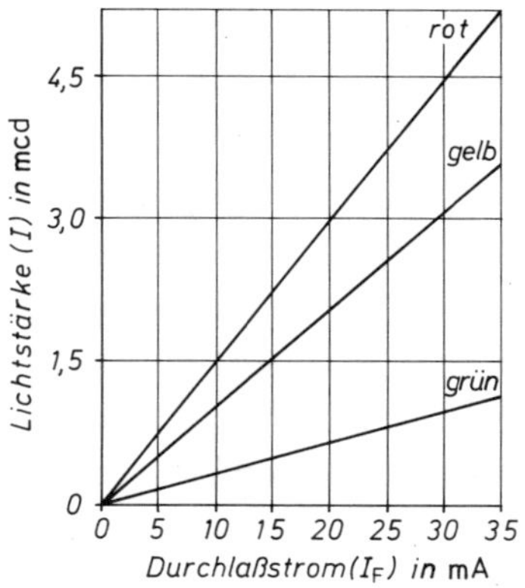

Abb. 9.2

Kenndaten einer Leuchtdiode

Grenzdaten:

Maximale Verlustleistung bei 25 °C Umgebungstemperatur	$P_{tot} = 180$ mW
Maximaler Durchlaßstrom (Dauerstrom)	$I_F = 100$ mA bei $\vartheta_{Umg} = 25$ °C $I_F = 15$ mA bei $\vartheta_{Umg} = 100$ °C
Spitzenstrom für die Dauer von 1 µs Wiederholung frühestens nach 1 ms	$I_F = 6$ A
Sperrspannung	$U_R = 5$ V
Sperrstrom	$I_R = 10$ µA

Kenndaten:

Anstieg und Abfall der Helligkeit in 50 ns.

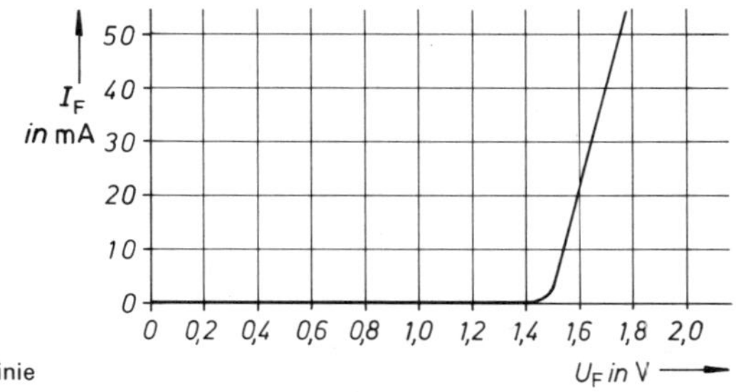

Abb. 9.3 Durchlaßkennlinie

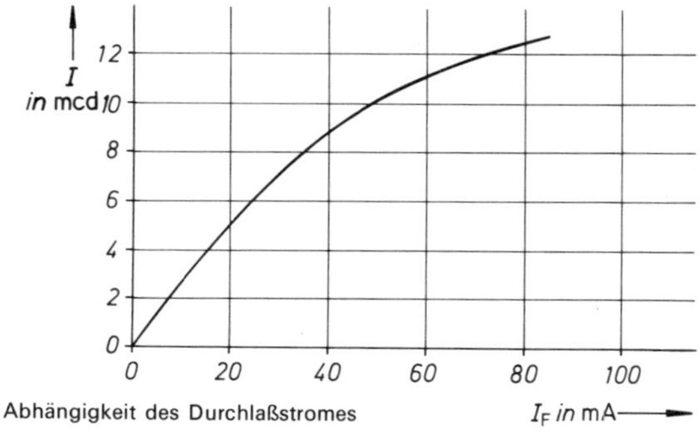

Abb. 9.4 Lichtstärke in Abhängigkeit des Durchlaßstromes

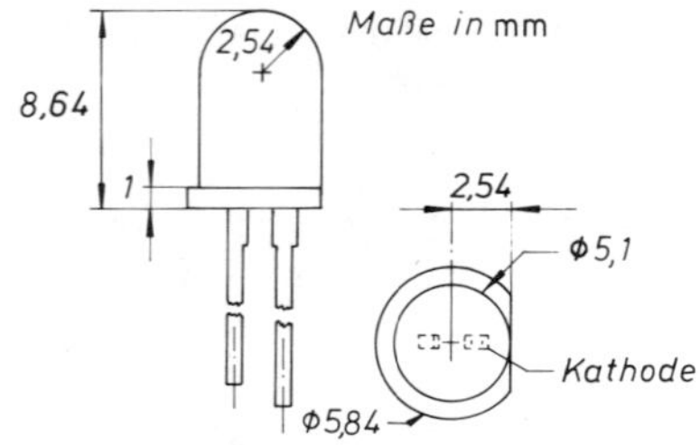

Abb. 9.5 Abmessungen

9.2.1 Ansteuern von Leuchtdioden

Aus dem steilen Kennlinienverlauf $I_F = f(U_F)$ nach Abb. 9.3 wird deutlich, daß beim Betrieb von LEDs aus Spannungsquellen mit niedrigem Innenwiderstand stets Maßnahmen zur Strombegrenzung getroffen werden müssen.

Beispiel:

Eine Leuchtdiode mit einer Durchlaßkennlinie nach Abb. 9.3 soll durch einen Schalttransistor von einer Versorgungsspannung $U_b = 5$ V mit einem Strom $I_F = 20$ mA betrieben werden.

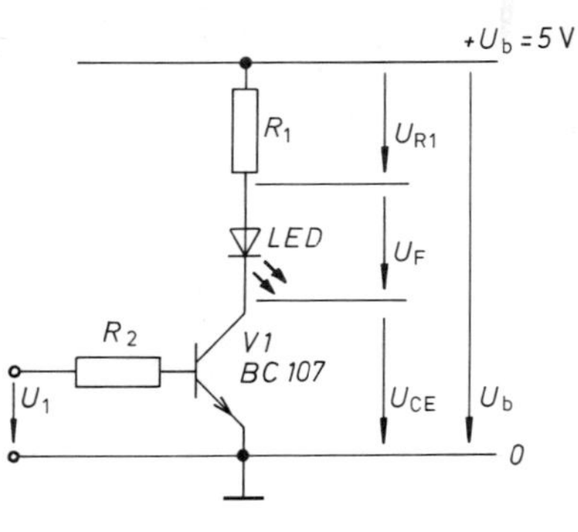

Abb. 9.6 Ansteuerung einer LED

Aus der Durchlaßkennlinie Abb. 9.3 ergibt sich für $I_F = 20$ mA eine Spannung von

$$U_F = 1{,}6 \text{ V}$$

Im Sättigungszustand des V1 wird eine Kollektor-Emitter-Spannung

$$U_{CE\,rest} = 0{,}2 \text{ V}$$

angenommen:

$$U_{R1} = U_b - U_F - U_{CE}$$

$$U_{R1} = 5 \text{ V} - 1{,}6 \text{ V} - 0{,}2 \text{ V} = 3{,}2 \text{ V}$$

$$R_1 = \frac{U_{R1}}{I} = \frac{3{,}2 \text{ V}}{20 \text{ mA}} = 160\ \Omega$$

R_1 gewählt 180 Ω.

In der Schaltung nach Abb. 9.6 leuchtet die LED, sobald V1 durchgesteuert ist.
Soll die Diode im Sperrzustand des V1 leuchten, so ergibt sich bei etwa gleicher Dimensionierung die Schaltung nach Abb. 9.7.

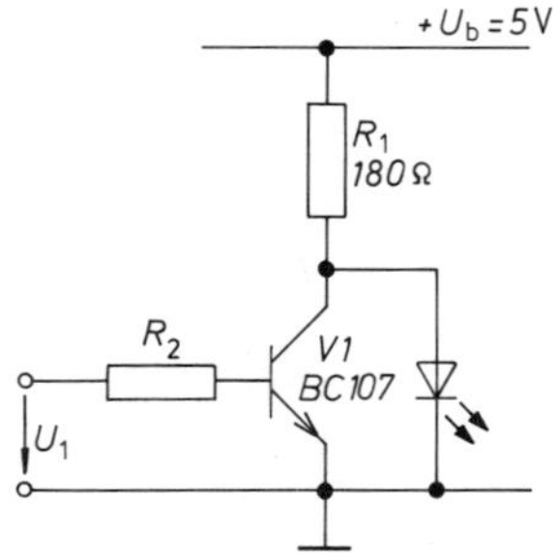

Abb. 9.7

Müssen Leuchtdioden an unstabilisierten oder sogar ungesiebten Gleichspannungen betrieben werden, so kann der Steuertransistor V1 gleichzeitig als Konstantstromquelle für den Durchlaßstrom I_F der LED geschaltet werden, wie Abb. 9.8 zeigt.

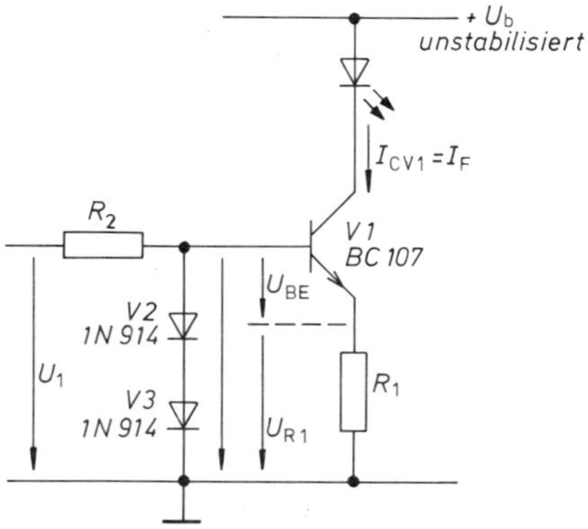

Abb. 9.8
Ansteuerung einer LED
durch Konstantstromquelle

Setzt man für die Siliziumdiode 1 N 914 die gleiche Durchlaßspannung voraus, wie sie auch an der Basis-Emitter-Strecke des V1 mit ca. 0,7 V ansteht, so ergibt sich

$$U_{R1} \approx 0{,}7\,\mathrm{V}.$$

Soll der Durchlaßstrom der LED wieder den typischen Wert $I_F = 20$ mA haben, so läßt sich R_1 dimensionieren:

$$I_{R1} = I_{EV1} \approx I_{CV1}$$

$$R_1 = \frac{U_{R1}}{I_{R1}} \approx \frac{U_{R1}}{I_F}$$

$$R_1 \approx \frac{0{,}7\,\mathrm{V}}{20\,\mathrm{mA}} = 35\,\Omega$$

Statt der Dioden V2 und V3, die die Bezugsspannung bilden, ließe sich auch eine Z-Diode verwenden. Der Konstantstrom durch die LED wäre weniger temperaturabhängig.
Der Nachteil bestünde aber darin, daß die Steuerspannung U_1 dann größer sein müßte. Ein TTL-Gatter könnte dann nicht direkt die Schaltung ansteuern.
Eine bessere Lösung zeigt Abb. 9.9.
Zwei Transistoren bilden die Konstantstromquelle für den Durchlaßstrom der LED.

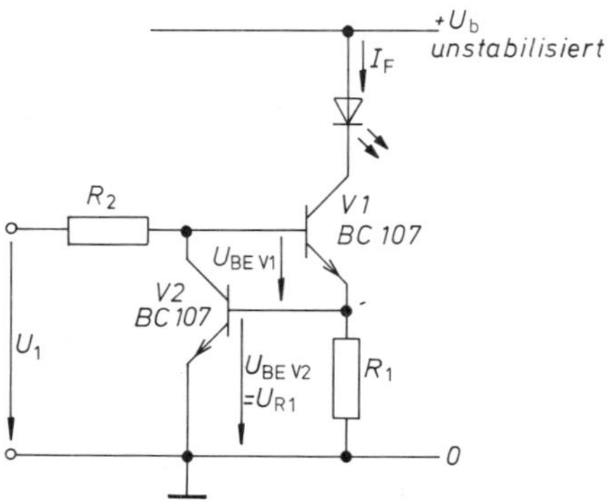

Abb. 9.9

Liegt die Steuerspannung U_1 unter der Schwellenspannung des V1, so ist dieser gesperrt und I_F ist Null.
Steigt U_1 an, so wird V1 leitend und der Durchlaßstrom I_F erzeugt im Emitterwiderstand R_1 einen Spannungsfall U_{R1}. Erreicht U_{R1} den Wert der Schwellenspannung des Transistors V2, so verringert sich dessen Kollektor-Emitter-Widerstand. Es tritt eine Spannungsteilung der Steuerspannung U_1 ein zwischen R_2 und V2. Dadurch verringert sich aber der Basisstrom in V1, und ein Ausgleichszustand wird erreicht. Dann ist:

$$U_{BEV2} = U_{R1} \approx U_{Schwell\,V2} \approx 0{,}7\,\mathrm{V}$$

Für einen Durchlaßstrom der LED $I_F = 20$ mA ergibt sich dann:

$$R_1 = \frac{U_{R1}}{I_{R1}} \approx \frac{U_{R1}}{I_F}$$

$$R_1 \approx \frac{0{,}7\ \text{V}}{I_F}$$

$$R_1 = \frac{0{,}7\ \text{V}}{20\ \text{mA}} = 35\ \Omega\,.$$

Sollen Leuchtdioden an Wechselspannung betrieben werden, so ist durch eine schaltungstechnische Schutzmaßnahme neben der erforderlichen Strombegrenzung auch dafür zu sorgen, daß die maximale Sperrspannung an der LED von 5 V nicht überschritten wird.
In Abb. 9.10 begrenzt die antiparallel zur LED geschaltete Gleichrichterdiode 1 N 914 die Spannung auf ca. 0,7 V. Ebenso läßt sich statt der Gleichrichterdiode aber auch eine zweite LED zur Begrenzung verwenden, wie Abb. 9.11 zeigt.

Betrieb von LEDs an Wechselspannung

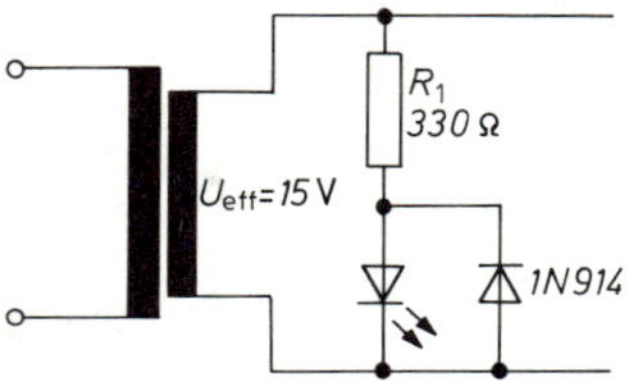

Abb. 9.10

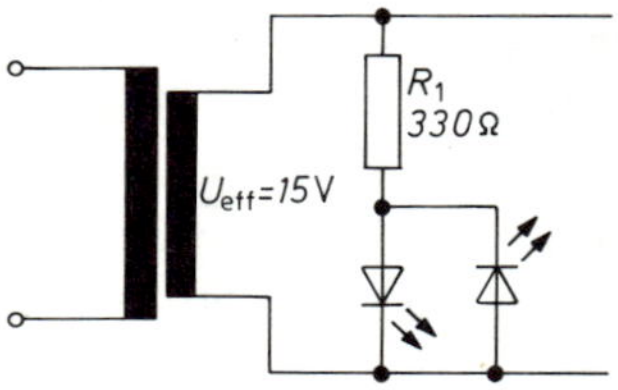

Abb. 9.11

9.2.2 Parallelschalten von Leuchtdioden

Abb. 9.12 zeigt beispielhaft die Durchlaßkennlinien zweier LED-Exemplare gleichen Typs, die parallelgeschaltet sind.

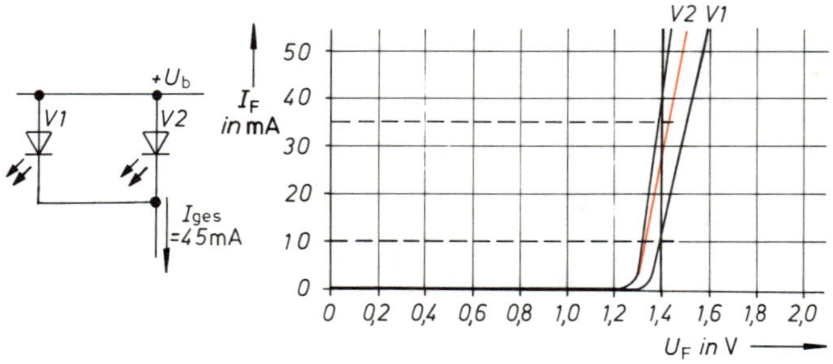

Abb. 9.12 Parallelschaltung zweier LEDs

Da wegen der Parallelschaltung an beiden die gleiche Spannung liegt, ergibt sich die aus den Kennlinien ablesbare Verteilung des Gesamtstromes:

$$I_{V2} = 35\ \text{mA} \qquad I_{V1} = 10\ \text{mA}$$

Weil im Bereich des Durchlaßstromes I_F bis zu ca. 40 mA die Lichtstärke etwa proportional verläuft, wie Abb. 9.4 zeigt, leuchtet V2 wesentlich heller als V1.
Weiterhin besteht bei noch größeren Exemplarstreuungen der Durchlaßkennlinien die Gefahr der Überlastung einer LED.
Daher gilt auch hier wie für die meisten Halbleiter mit steiler $I = f(U)$-Kennlinie:

Parallelbetrieb ist verboten.

9.2.3 Reihenschaltung von Leuchtdioden

In der Reihenschaltung fließt durch jedes Bauelement der gleiche Strom.
Da für LED der *Betriebsstrom* und nicht die Betriebsspannung vom Hersteller vorgegeben wird, ist die Reihenschaltung erlaubt und wird bei großen Segmentanzeigen zur besseren Ausleuchtung der Balken angewendet.

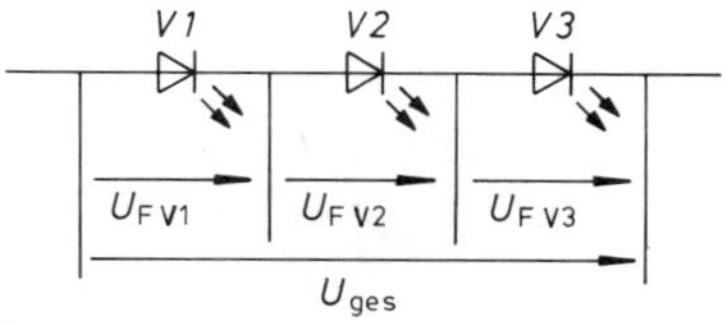

Abb. 9.13 Reihenschaltung von LEDs

Der Spannungsbedarf der Anzeige steigt.

Bei Anschluß der Reihenschaltung über einen Vorwiderstand an die Spannungsquelle entsprechend Abb. 9.6 oder Abb. 9.7 muß der Wert des Widerstandes neu errechnet werden.
Bei Betrieb aus einer Konstantstromquelle gemäß Abb. 9.8 oder Abb. 9.9 braucht nicht neu dimensioniert zu werden, es ist lediglich zu prüfen, ob die treibende Spannung ausreicht.

9.2.3.1 Aufgaben

1. Dimensionieren Sie den Vorwiderstand in der Schaltung nach Abb. 9.14 so, daß bei höchster Versorgungsspannung der Durchlaßstrom unter $I_F = 15$ mA bleibt.

Die Durchlaßkennlinie der LED wird idealisiert:

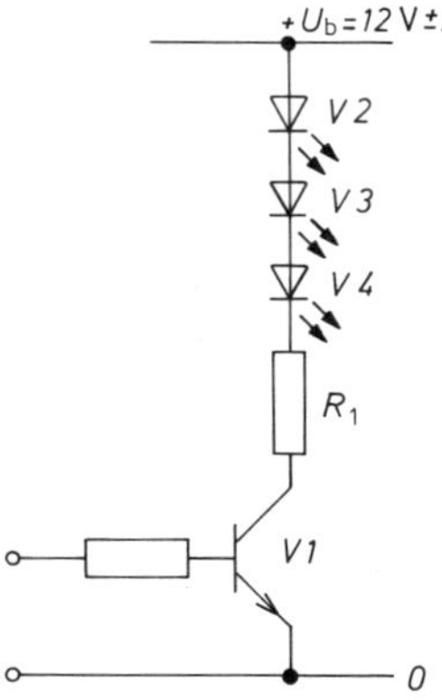

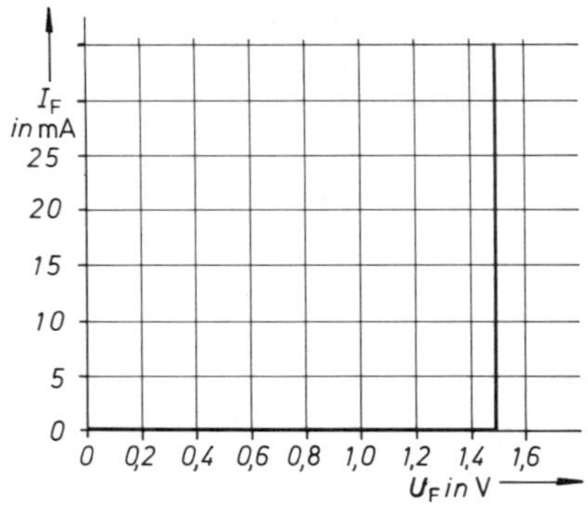

Abb. 9.14 Restspannung über V1: $U_{CE\,rest} = 0{,}2$ V

Welcher Durchlaßstrom fließt bei minimaler Versorgungsspannung?

2. Welcher Vorwiderstand wird erforderlich, damit der arithmetische Mittelwert des Durchlaßstromes durch die LED 10 mA beträgt? (Kennlinie der LED gemäß Abb. 9.14.)

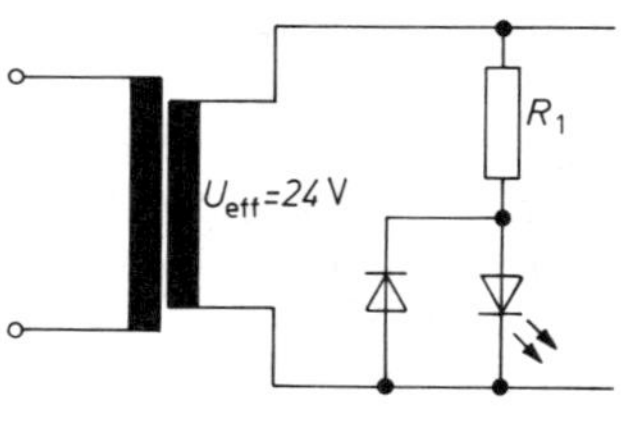

Abb. 9.15

9.2.4 Sieben-Segment-Ziffernanzeige mit Leuchtdioden

Auf einem Trägermaterial befinden sich sieben einzeln schaltbare LEDs. Jede Diode leuchtet einen der Balken aus, die gemeinsam das von außen sichtbare Symbol bilden.
Abb. 9.16 zeigt eine typische Anzeige mit 7,62 mm Zeichenhöhe vom Typ 5082 der Firma Hewlett Packard.

Abb. 9.16

Mit sieben Segmenten können die Ziffern von 0 bis 9 sowie die großen Buchstaben

A, C, E, F, H, L, P, S, U

dargestellt werden (Abb. 9.17).
Eine zusätzliche LED zeigt bei Bedarf einen Dezimalpunkt.

Abb. 9.17 Zeichenvorrat einer Sieben-Segment-Anzeige

Entsprechend der jeweils verwendeten Ansteuerschaltung kann man Anzeigen mit gemeinsamer Kathode oder solche mit gemeinsamer Anode kaufen.
Abb. 9.18 zeigt Abmessungen, Innenschaltung sowie Diodenanordnung der oben erwähnten Ziffernanzeige. Sie ist in einem Standard DIL (dual in line) Gehäuse untergebracht.
Die elektrischen Kenndaten werden stets für ein Segment bzw. den Dezimalpunkt angegeben und entsprechen daher den Werten für eine Leuchtdiode. Sie wurden für ein typisches Exemplar im Kapitel 9.2 aufgeführt und gelten hier ebenfalls.

Die von den Herstellern angebotenen Ziffernanzeigen unterscheiden sich in Zeichenhöhe, Leuchtfarbe, Gehäuseform und anderen Details, so daß für weitere Bauelement-Informationen auf das Schrifttum der Hersteller verwiesen werden muß.

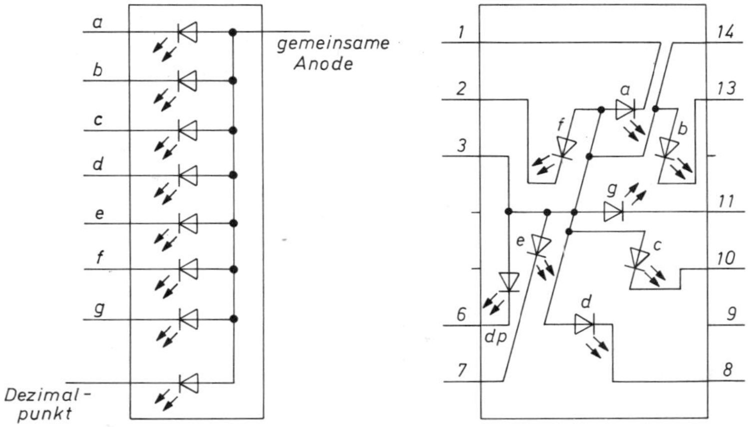

Abb. 9.18 Schaltbild und Anordnung der LEDs bei einer Ziffernanzeige

Zu erwähnen sind jedoch mehrstellige Anzeigeeinheiten in einem Gehäuse, wie sie z. B. für Taschenrechner verwendet werden. Eine solche 5stellige Anzeige der Firma Hewlett-Packard ist in Abb. 9.19 dargestellt.

Wegen der kleinen Abmessung der Segmentbalken ist zur besseren Ablesbarkeit über jede Ziffer eine Kugellinse aus Kunststoff aufgespritzt.

In einer 5stelligen Anzeige befinden sich $5 \cdot 7 = 35$ LEDs, die Dezimalpunkte nicht mitgezählt.

Beim Schaltungsprinzip mit gemeinsamer Anode ergäben sich 36 Anschlüsse. Dies wäre bei den kleinen Abmessungen der Einheit unmöglich, so daß eine interne Verdrahtung nach Abb. 9.20 vorgenommen werden muß.

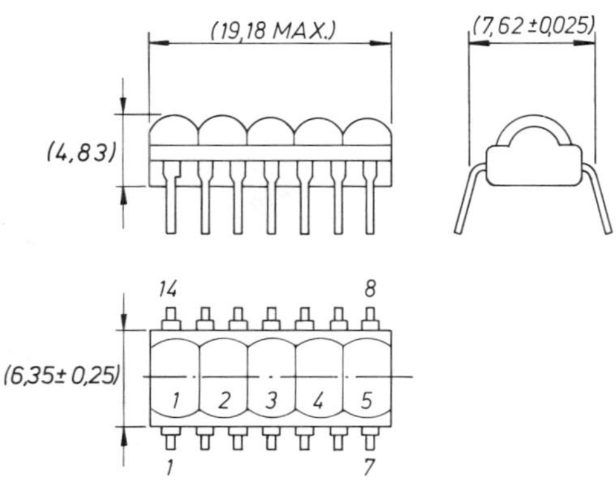

Abb. 9.19 Mehrstellige Ziffernanzeige

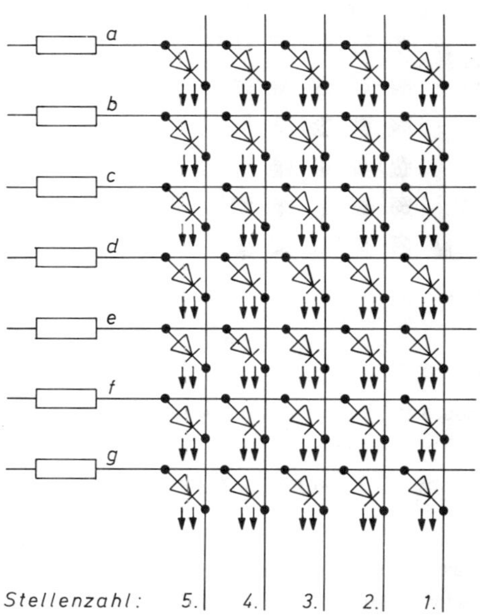

Abb. 9.20 Schaltbild einer 5stelligen Anzeige

Ohne Dezimalpunkte ergeben sich 12 Anschlüsse. Bei diesen mehrstelligen Anzeigen ist ein gleichzeitiges Ansteuern aller Ziffern nicht möglich.

Ein elektronischer Umschalter muß dafür sorgen, daß in zeitlich sehr schneller Folge die Ziffern der Stellen 1 bis 5 getrennt nacheinander aufleuchten.

Leuchtet auf diese Weise jede Ziffer mindestens 30mal in einer Sekunde auf, so nimmt das Auge ein flimmerfreies Bild wahr.

Bewegt man einen elektronischen Taschenrechner bei einer beliebigen Anzeige sehr schnell vor dem Auge hin und her, so erkennt man die Hell- und Dunkelphasen der einzelnen Ziffern.

9.2.5 Alphanumerische Leuchtdioden-Anzeige

Die Zeichendarstellung mit sieben Segmenten ist auf die Ziffern 0 bis 9 und einige Buchstaben beschränkt.

Will man mehr Zeichen darstellen, so muß das Anzeigefeld feiner aufgeschlüsselt werden.

Abb. 9.21 zeigt die Anordnung von 35 LEDs in einem 5 × 7-Raster.

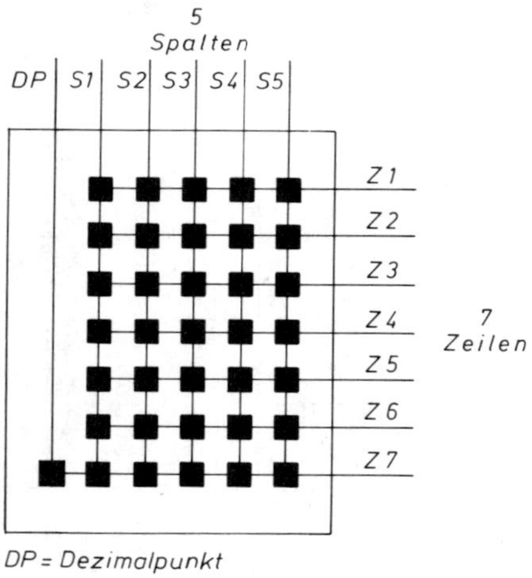

Abb. 9.21 5 × 7-Punkt-Matrix-Anzeige

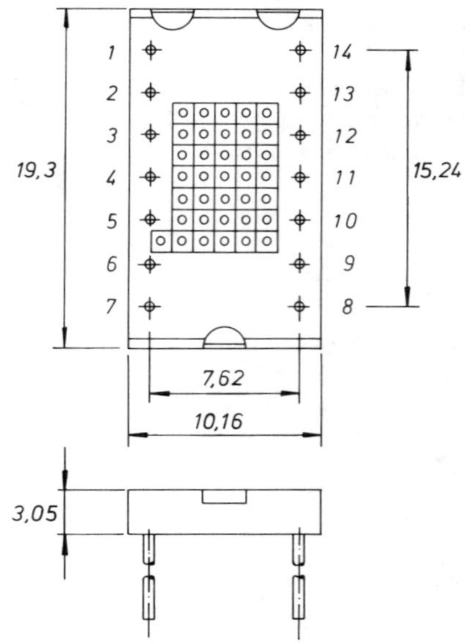

Abb. 9.22

In Abb. 9.22 wird die Anzeige MAN 2 der Firma Monsanto mit ihren Abmessungen gezeigt.

Das elektrische Schaltbild Abb. 9.23 läßt erkennen, daß ebenso wie für die in Abb. 9.20 dargestellte 5stellige Anzeige nur eine serielle Ansteuerung der LEDs infrage kommt.

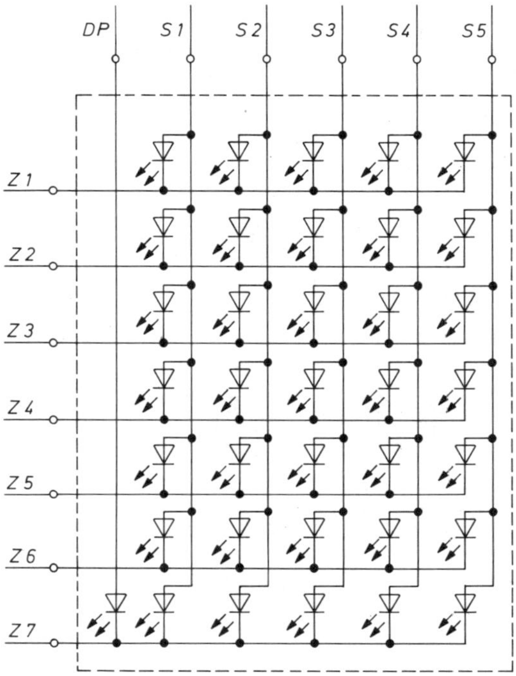

Abb. 9.23 Schaltbild einer alphanumerischen Anzeige

9.3 Flüssigkristall-Anzeige

Im Gegensatz zur Leuchtdiode, die als „aktive" Lichtquelle selbst strahlt, ist die Flüssigkristall-Anzeige passiv zu nennen.

Unter Einfluß des elektrischen Feldes ändert sich die Lichtbrechung des Flüssigkristalls. Man beobachtet dann je nach Aufbau der Anzeige eine Trübung bzw. geringere Transparenz oder eine Kontraständerung zur Umgebung.

Verbreitete Anwendung findet in handelsüblichen Anzeigen das Prinzip der dynamischen Streuung. Der Einfluß eines elektrischen Wechselfeldes führt im Flüssigkristall zu Turbulenzen der länglichen Moleküle, die dadurch das auftreffende Licht sehr stark streuen.

Den prinzipiellen Aufbau gibt Abb. 9.24 wieder.

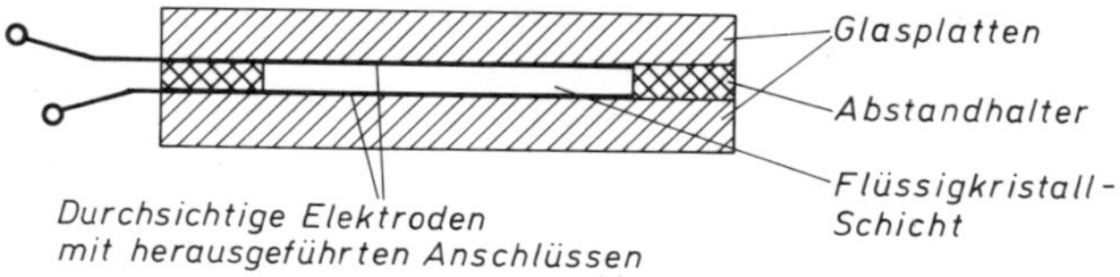

Abb. 9.24 Aufbau einer Flüssigkristall-Anzeige

Der Ohmsche Widerstand des Flüssigkristalls zwischen den Elektroden ist sehr hoch (typischer Wert $\approx 50\ M\Omega$). In der Anzeige wird beim Ansteuern daher praktisch kaum elektrische Energie umgesetzt.

Die Ansprech- und Abfallzeiten typischer Flüssigkristall-Anzeigen liegen im Bereich einer Zehntelsekunde.

Abb. 9.25 zeigt eine Maßskizze für eine Uhrenanzeige der Firma RCA.

Hersteller geben die Lebensdauererwartung mit mehr als 32000 Stunden an, das entspricht einer dauernden Betriebszeit von etwa $3^1/_2$ Jahren. Für LEDs wird die ca. 8fache Zeit angegeben.

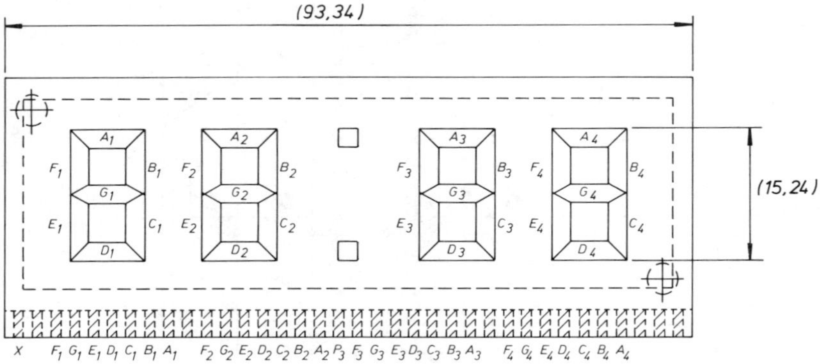

Abb. 9.25 Abmessungen

9.3.1 Ansteuern von Flüssigkristall-Anzeigen

Wegen des geringen Energiebedarfs wird diese Anzeige überwiegend in Verbindung mit der C-MOS-Logik verwendet.

Das Ersatzschaltbild eines Flüssigkristallelementes ist ein Kondensator, der durch die Steuerspannung stets umgeladen werden muß.

Damit nur geringe Ladungsmengen pro Zeiteinheit transportiert werden, strebt man eine möglichst niedrige Frequenz der Wechselspannung an.

Andererseits erreicht das Kontrastverhältnis aber erst bei einer Mindestfrequenz den Höchstwert. Der Kompromiß wird bei etwa 50 Hz bis 100 Hz Folgefrequenz gefunden.

Nach Herstellerangabe darf die Steuerspannung bei $U_{eff} = 5$ V zum Beispiel nur einen Gleichspannungsanteil von 25 mV aufweisen, damit die angegebene Lebensdauer erreicht wird. Bei höherem Gleichspannungsanteil verändern elektrolytische Vorgänge den chemischen Aufbau des Flüssigkristalls. Eine Ansteuerung mit Rechteckimpulsen, wie in Abb. 9.26 gezeigt, ist daher verboten.

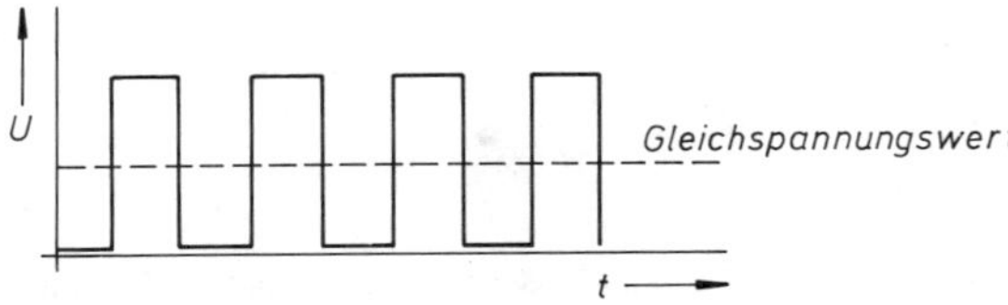

Abb. 9.26 Pulsierende Gleichspannung

In Abb. 9.27 ist eine Steuerschaltung für eine Sieben-Segment-Anzeige wiedergegeben.
Der gemeinsame Segment-Anschluß liegt nicht auf einem festen Potential, sondern am Ausgangssignal des Rechteckgenerators, der parallel alle vor jedem Segment befindlichen Exklusiv-ODER-Gatter ansteuert.
Aus Abb. 9.28 ist der Funktionsablauf für die Spannung an einem Segment abzulesen.

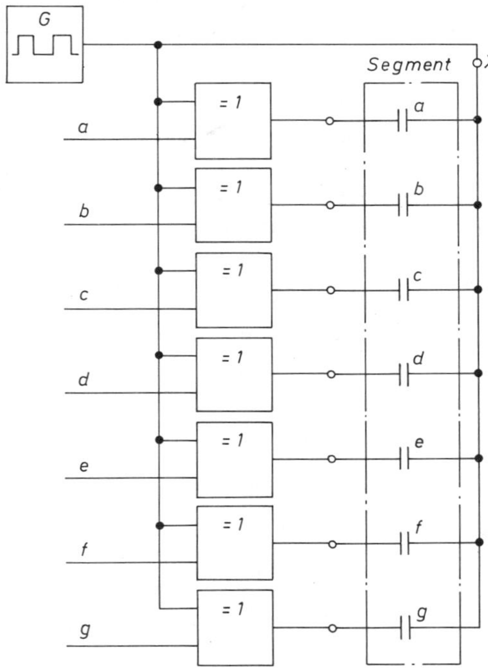

Abb. 9.27 Schaltbild zum Ansteuern von Flüssigkristall-Ziffern-Anzeigen

Wertetabelle der Exklusiv-ODER-Stufe.

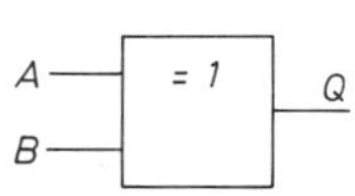

B	A	Q
0	0	0
0	1	1
1	0	1
1	1	0

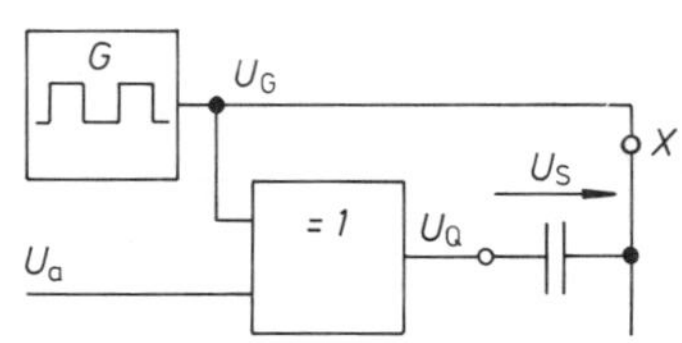

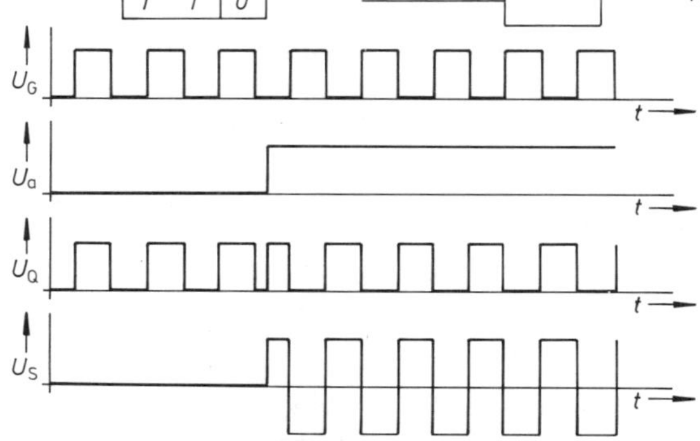

Abb. 9.28 Funktionsdiagramme zur Schaltung von Abb. 9.27

Der Bezugspunkt für die am Segment anliegende Spannung U_s wurde für das Liniendiagramm auf den Anschluß x gelegt. Im eingeschwungenen Zustand ist bei gleichem Impuls-Pause-Verhältnis der Generatorspannung der Gleichspannungswert Null.

9.4 Vakuum-Fluoreszenz-Anzeige

In einem Glaskolben befindet sich unter Vakuum ein Elektrodensystem, dessen Funktion mit der einer Triode zu vergleichen ist.
Ein oxidbeschichteter Metallfaden bildet die direkt geheizte Kathode. Sie sendet Elektronen aus, wenn sie durch Gleich- oder Wechselstrom geheizt wird.

Heizstrom	etwa 20 mA,
Heizspannung etwa	1,5 V.

Gegenüber der Kathode befinden sich entsprechend der Form und Anzahl der darzustellenden Zeichen einzelne Anoden. Sie sind mit einer Phosphorschicht überzogen, die bereits bei Spannungen zwischen Kathode und Anode von etwa 15 V Licht aussendet, sobald Elektronen auftreffen.
Zwischen Anode und Kathode sorgt das Steuergitter wegen der positiven Vorspannung gegenüber Kathode für die Beschleunigung der Elektronen.
Das Gitter besteht aus sehr dünnen Drähten, die die Sicht auf die hell grün-blau leuchtenden Anoden nicht behindern.
Abb. 9.29 zeigt eine einzelne Sieben-Segment-Röhre und die zum Betrieb erforderlichen Spannungen.

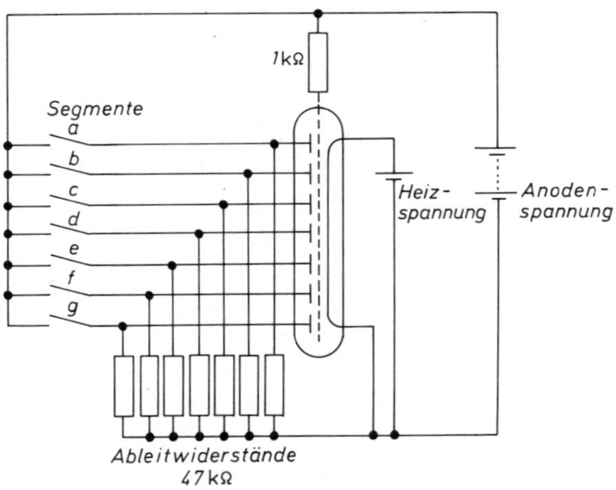

Abb. 9.29 Beschaltungen für eine Vakuum-Fluoreszenz-Anzeige

Kenndaten einer Einzelanzeige DG 10 F 1 mit 9 mm Zeichenhöhe von der Firma Neumüller:

Heizspannung	1,5 V
Heizstrom	24 mA
Segmentspannung (Anodenspannung)	24 V
Anodenstrom	3 mA
Gitterspannung	24 V

9.4.1 Ansteuern von Vakuum-Fluoreszenz-Anzeigen

Soll eine Vakuum-Fluoreszenz-Anzeige von TTL-Bausteinen angesteuert werden, so ist neben der separaten Anodenspannungsquelle auch noch je Segment ein Treibertransistor erforderlich.
In Abb. 9.30 erfolgt die Ansteuerung durch diskret aufgebaute Treiberstufen, in Abb. 9.31 wird der Baustein SN 7406 verwendet, der 6 Umkehrstufen mit offenem Kollektorausgang enthält.

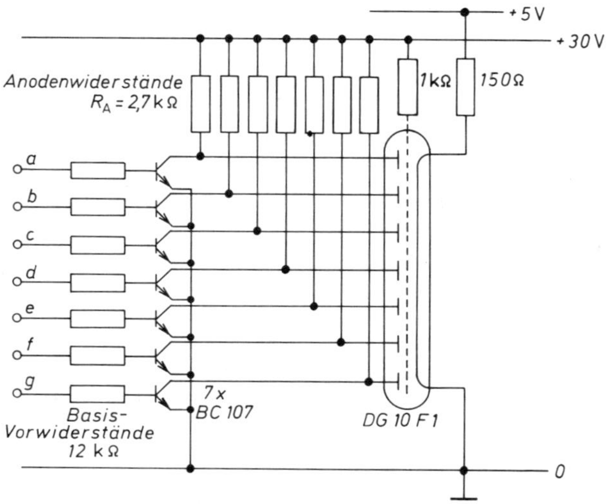

Abb. 9.30 Ansteuerung einer Vakuum-Fluoreszenz-Anzeige

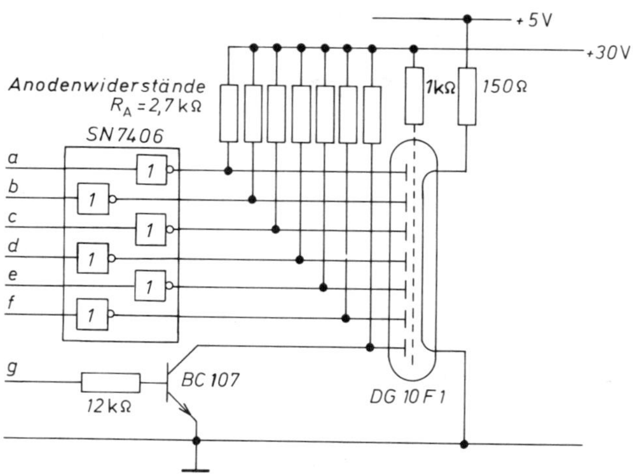

Abb. 9.31

In den Anodenwiderständen der Schaltungen von Abb. 9.30 und Abb. 9.31 wird bei ausgesteuertem Transistor jeweils eine Leistung von $P_{RA} = 0{,}33$ W umgesetzt.
Da Schaltungen mit TTL-Bausteinen wegen der ohnehin hohen Ströme meist am Netz betrieben werden, stört die Verlustleistung wenig.
Will man jedoch die hohe Verlustleistung in den Anodenwiderständen vermeiden, so kann man nach Abb. 9.32 eine Treiberstufe mit PNP-Transistoren für jedes Segment aufbauen.
Die Stufe ist nur für ein Segment dargestellt.

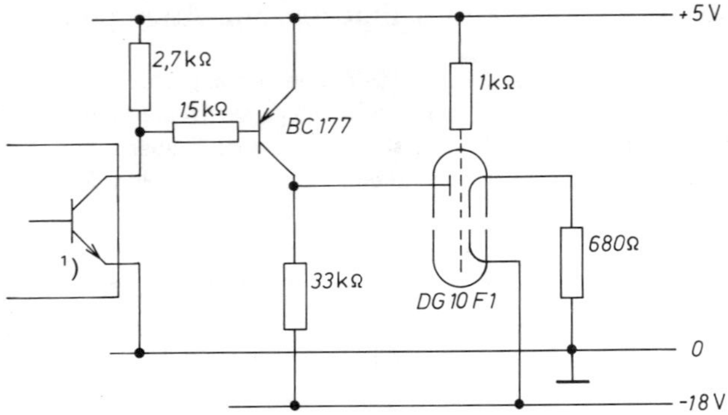

Abb. 9.32

Bei mehrstelligen Fluoreszenz-Anzeigeeinheiten sind ebenso wie bei LED-Einheiten die gleichlautenden Segmente aller Stellen miteinander verbunden.
Jede Stelle besitzt dann ein eigenes Steuergitter. Die Ansteuerung kann dann auch nicht mehr parallel für alle Ziffern erfolgen, sondern muß seriell durchgeführt werden.
In diesem Fall müssen alle Steuergitter bis auf das eine, dessen zugehörige Ziffer gerade aufleuchten soll, ein gegen Kathode negatives Potential von etwa −5 V bis −8 V erhalten. Dadurch wird verhindert, daß Elektronen von der Kathode auf ebenfalls positiv vorgespannte Anoden anderer Ziffern fliegen und dort Licht aussenden.
Diese Anzeigen finden in Taschenrechnern sehr häufig Anwendung.

9.5 Gasgefüllte Anzeigeröhren, Kaltkathodenröhren

Hier sollen nur die dekadischen Ziffernanzeigeröhren besprochen werden, die auch unter dem Begriff Nixie[2])-Röhren bekannt sind.
In einem gasgefüllten Glaskolben befinden sich in engem Abstand hintereinander den Ziffern 0 bis 9 nachgeformte Drahtkathoden.
Die gemeinsame Anode ist hinter den Ziffern als durchgehendes Blech und vor den Ziffern als Gitter mit sehr dünnen Stegen angeordnet.
Nach Überschreiten der Zündspannung $U_Z \approx 170$ V erfolgt eine Gasentladung, und die angesteuerte Kathode überzieht sich mit einem rötlichen Glimmlicht.
Nach der Zündung wird die Glimmstrecke niederohmig, und eine Brennspannung $U_{Brenn} \approx 130$ V stellt sich ein.
Deshalb wird eine Strombegrenzung durch einen Widerstand in der Anodenleitung erforderlich.

Herstellerdaten für die Röhre ZM 1000 von der Firma Valvo

Zündspannung	$U_Z \leqq 170$ V
Brennspannung	U_{Brenn} gemäß Kennlinie Abb. 9.33
Löschspannung	$U_{Lösch} \leqq 118$ V
Anodenstrom	$I_A = 1{,}5$ mA bis 4,5 mA
Anodenspitzenstrom bei Impulsbetrieb	$I_{A\,max} = 12$ mA

[1]) Steuerung über Baustein mit offenem Kollektor
[2]) Nixie = eingetragenes Warenzeichen der Burrough's Corporation

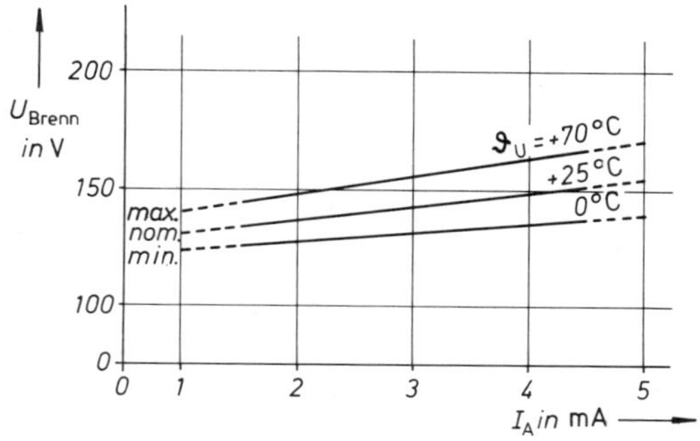

Abb. 9.33 Kennlinie einer Kaltkathoden-Gasentladungsstrecke

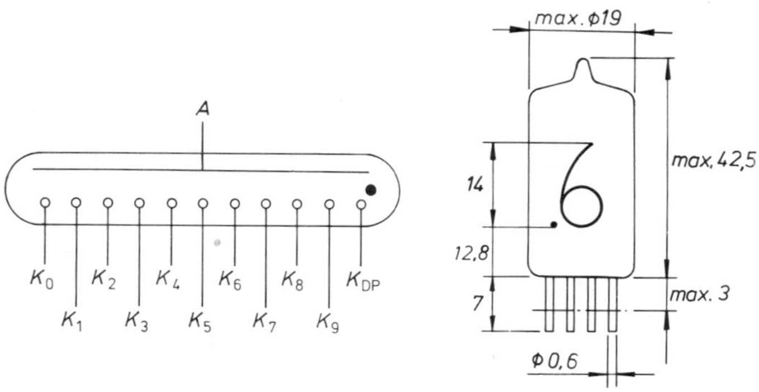

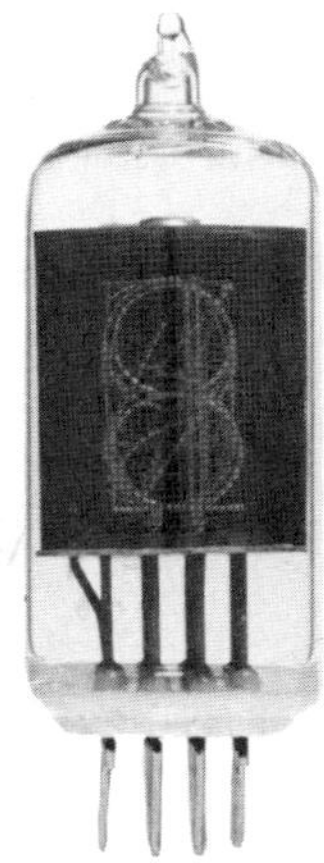

Abb. 9.34 Ansicht, Abmessungen, Schaltsymbol

9.5.1 Ansteuern von Kaltkathoden-Ziffernanzeigen

Die Betriebsspannung muß größer als die Zündspannung der Nixie-Röhre ($U_Z \approx 170$ V) sein. Für Schaltungen, die am Netz betrieben werden, liefert eine getrennte Wicklung des Transformators eine Spannung von etwa $U_{eff} = 130$ V, die über eine Diode gleichgerichtet wird (Abb. 9.35).

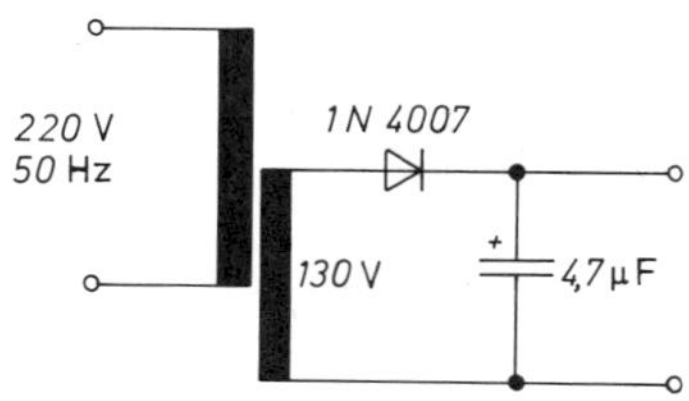

Abb. 9.35 Netzteil zum Betrieb von Kaltkathodenröhren

Der Glättungskondensator wäre nicht unbedingt erforderlich, weil die Röhre auch im Halbwellenbetrieb arbeiten könnte.

Der arithmetische Mittelwert des Anodenstromes soll dann etwa dem Anodenstrom entsprechen, der vom Hersteller für Gleichstrombetrieb empfohlen wird.

Die zum Ansteuern benutzten Transistoren müssen im gesperrten Zustand einen sehr kleinen Kollektor-Emitter-Reststrom haben, damit die Glimmstrecke auch erlischt.

In Abb. 9.36 ist die Ansteuerung für eine Kathode gezeigt. Eine konstante Versorgungsspannung wird angenommen.

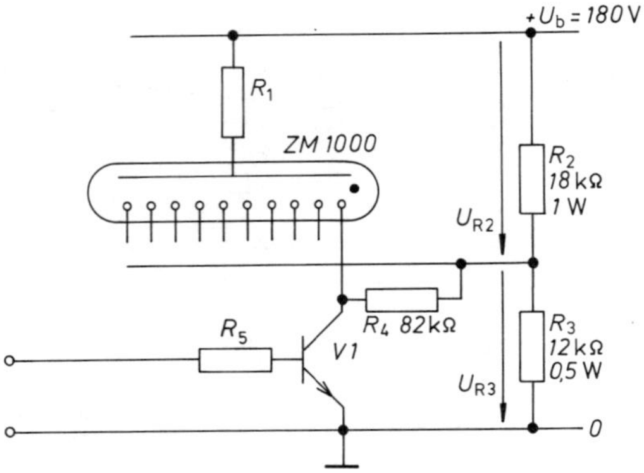

Abb. 9.36 Ansteuerung von Kaltkathodenröhren

Der Spannungsteiler ist für die Röhre nur einmal vorhanden und so dimensioniert, daß U_{R2} kleiner als die Löschspannung $U_{\text{Lösch}}$ ist.

$$U_{R2} = \frac{U_b \cdot R_2}{R_2 + R_3}$$

$$U_{R2} = \frac{180\ \text{V} \cdot 18\ \text{k}\Omega}{30\ \text{k}\Omega}$$

$$U_{R2} = 108\ \text{V} \qquad \text{für ZM 1000}: U_{\text{Lösch}} \leqq 118\ \text{V}$$

Damit ist sichergestellt, daß bei gesperrtem Transistor V1 die Röhre erlischt.
Die Kollektor-Emitter-Strecke des V1 liegt dann aber an der Spannung U_{R3}.

$$U_{R3} = U_b - U_{R2} = 180\ \text{V} - 108\ \text{V} = 72\ \text{V}$$

Der Transistor braucht daher nicht für eine Kollektor-Emitter-Spannung in Höhe der Betriebsspannung $U_b = 180$ V ausgelegt zu werden, weil die Glimmstrecke nach dem Unterschreiten der Löschspannung sehr hochohmig wird. Das Potential an der Kathode wird dann nur über den Spannungsteiler $R_2 - R_3$ bestimmt.
Die Kathoden, die die Ziffern von 0 bis 9 darstellen, werden meist über ein IC angesteuert, das den Decoder enthält.
In Abb. 9.37 ist die im Decoder 74141 angewandte Treiberschaltung für eine Kathode der Nixie-Röhre wiedergegeben.

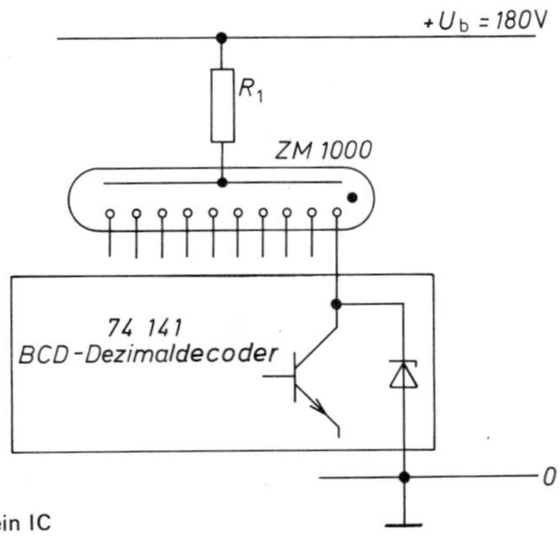

Abb. 9.37 Ansteuerung durch ein IC

Eine Widerstandsbeschaltung für die Kathoden, wie in Abb. 9.36 gezeigt, ist hier nicht erforderlich, weil die Z-Diode mit ihrer Durchbruchspannung das Potential am Kollektor des Transistors auf etwa 70 V begrenzt.

Der Widerstand R_1 sorgt in Abb. 9.36 und 9.37 für Strombegrenzung in der Glimmstrecke. Weil zur Zeit immer nur eine Ziffer leuchtet, kann R_1 nach dem Nennstrom einer Kathode dimensioniert werden:

ZM 1000: Brennspannung nach Kennlinie von Abb. 9.33

$U_{Brenn} \approx 140\ \text{V}$ bei $\vartheta_U = 25\,°\text{C}$

Anodenstrom $I_A = 2\ \text{mA}$

$$U_{R1} = U_b - U_{Brenn} = 180\ \text{V} - 140\ \text{V}$$

$$U_{R1} = 40\ \text{V}$$

$$R_1 = \frac{U_{R1}}{I_A} = \frac{40\ \text{V}}{2\ \text{mA}}$$

$R_1 = 20\ \text{k}\Omega$ $\qquad R_1$ gewählt $22\ \text{k}\Omega$.

9.6 Decoder und Code-Umsetzer

9.6.1 BCD-Dezimal-Decoder

In kleineren digitalen Systemen, wie zum Beispiel Frequenzzählern oder Digitalvoltmetern, arbeitet man meist im binär codierten Dezimalcode.

Eine vierstellige Binärzahl stellt jeweils eine Dezimalziffer dar. Am häufigsten wird der 8-4-2-1-Code angewendet. Die Wertetabelle Abb. 9.38 gibt den Zusammenhang zwischen Binärzahl und Dezimalziffer wieder.

D	C	B	A	0	1	2	3	4	5	6	7	8	9
0	0	0	0	1	0	0	0	0	0	0	0	0	0
0	0	0	1	0	1	0	0	0	0	0	0	0	0
0	0	1	0	0	0	1	0	0	0	0	0	0	0
0	0	1	1	0	0	0	1	0	0	0	0	0	0
0	1	0	0	0	0	0	0	1	0	0	0	0	0
0	1	0	1	0	0	0	0	0	1	0	0	0	0
0	1	1	0	0	0	0	0	0	0	1	0	0	0
0	1	1	1	0	0	0	0	0	0	0	1	0	0
1	0	0	0	0	0	0	0	0	0	0	0	1	0
1	0	0	1	0	0	0	0	0	0	0	0	0	1

Abb. 9.38 Wertetabelle

Im Decoder muß durch logische Verknüpfung der Inhalt der Wertetabelle schaltungstechnisch realisiert werden.

Ohne Anwendung von Vereinfachungen ergeben sich für die Ziffern 0 bis 9 folgende Verknüpfungsgleichungen:

$\bar{D} \wedge \bar{C} \wedge \bar{B} \wedge \bar{A} = 0$
$\bar{D} \wedge \bar{C} \wedge \bar{B} \wedge A = 1$
$\bar{D} \wedge \bar{C} \wedge B \wedge \bar{A} = 2$
$\bar{D} \wedge \bar{C} \wedge B \wedge A = 3$
$\bar{D} \wedge C \wedge \bar{B} \wedge \bar{A} = 4$
$\bar{D} \wedge C \wedge \bar{B} \wedge A = 5$
$\bar{D} \wedge C \wedge B \wedge \bar{A} = 6$
$\bar{D} \wedge C \wedge B \wedge A = 7$
$D \wedge \bar{C} \wedge \bar{B} \wedge \bar{A} = 8$
$D \wedge \bar{C} \wedge \bar{B} \wedge A = 9$

Aus diesen Gleichungen läßt sich die Schaltung des Decoders entwickeln (Abb. 9.39).
Weil nicht alle 16 Kombinationsmöglichkeiten der vierstelligen Binärzahl benutzt werden, ergeben sich Vereinfachungen in der Wertetabelle und der Schaltung. So wird die Ziffer „9" bereits vollständig durch den Ausdruck A∧ D beschrieben, weil diese Kombination bei keiner anderen Ziffer vorkommt. Auf diese Weise läßt sich der Aufwand im Decoder verringern.
Nachfolgend sind die vereinfachten Gleichungen wiedergegeben:

$$\bar{D} \wedge \bar{C} \wedge \bar{B} \wedge \bar{A} = 0$$
$$\bar{D} \wedge \bar{C} \wedge \bar{B} \wedge A = 1$$
$$\bar{C} \wedge B \wedge \bar{A} = 2$$
$$\bar{C} \wedge B \wedge A = 3$$
$$C \wedge \bar{B} \wedge \bar{A} = 4$$
$$C \wedge \bar{B} \wedge A = 5$$
$$C \wedge B \wedge \bar{A} = 6$$
$$C \wedge B \wedge A = 7$$
$$D \wedge \bar{A} = 8$$
$$D \wedge A = 9$$

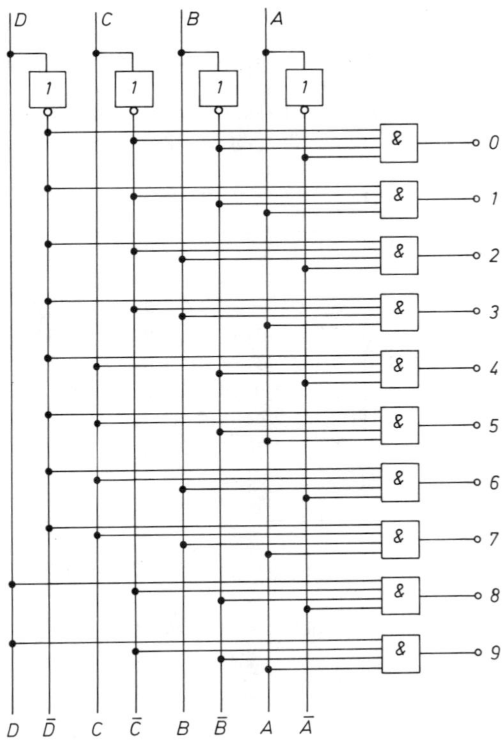

Abb. 9.39 Logische Schaltung für einen BCD-Dezimal-Decoder

Der BCD-Dezimal-Decoder 74141 aus dem TTL-System besitzt am Ausgang Treiberstufen zur Ansteuerung einer Glimmröhren-Anzeige. Eine Treiberstufe enthält einen Transistor, der sowohl über die Basis als auch über den Emitter geschaltet wird. Daraus ergibt sich bereits eine logische Verknüpfung, die bei der Decodierung mitbenutzt wird.

Abb. 9.40 zeigt das Prinzip:

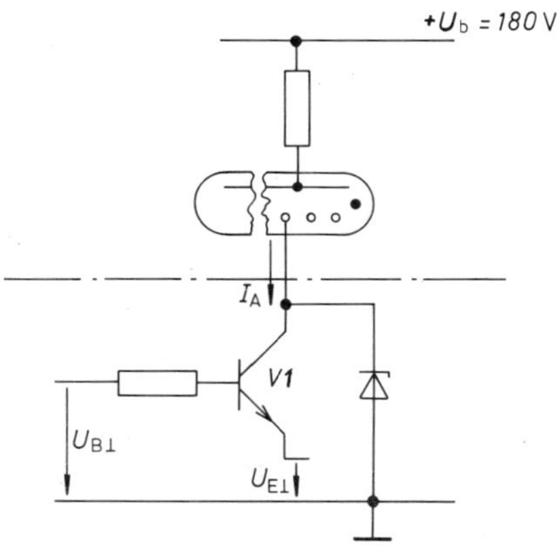

Abb. 9.40

Es fließt nur Anodenstrom, die Ziffer leuchtet, wenn V1 leitend ist.
V1 leitet nur, wenn das Basispotential hoch *und* das Emitterpotential niedrig ist.
Die logische Gleichung lautet:

$$I_A = U_{B\perp} \wedge \overline{U_{E\perp}}$$

Diese Treiberstufe besitzt aber als „logischer Baustein" nur zwei Eingänge, so daß noch Umformungen innerhalb des Decoders erforderlich werden.
Die Emitter der Treiberstufen für ungerade Ziffern werden von $\bar{A}$ angesteuert. Entsprechend liegen die Emitter der restlichen Ausgangstransistoren an A.
Abb. 9.41 gibt das logische Funktionsbild und die Prinzipschaltung des Decoders wieder.

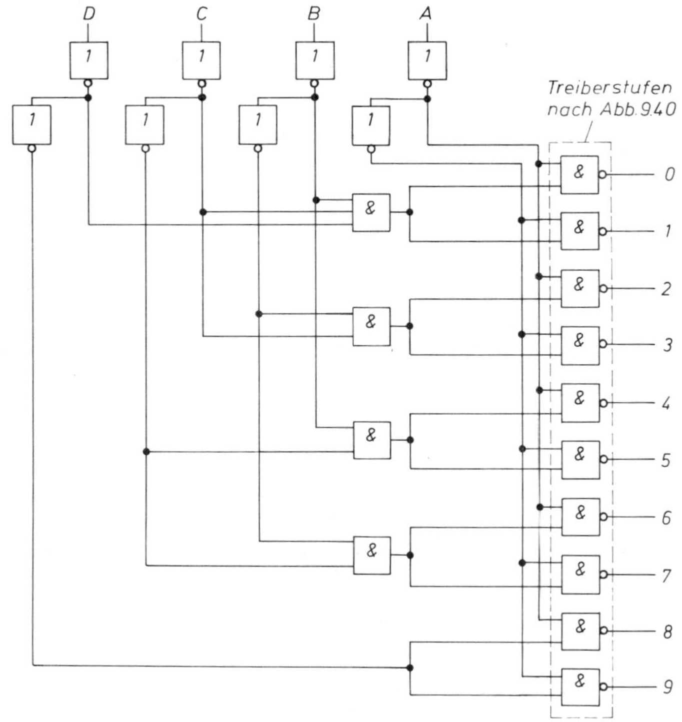

Abb. 9.41 Logische Schaltung des Decoders 74141

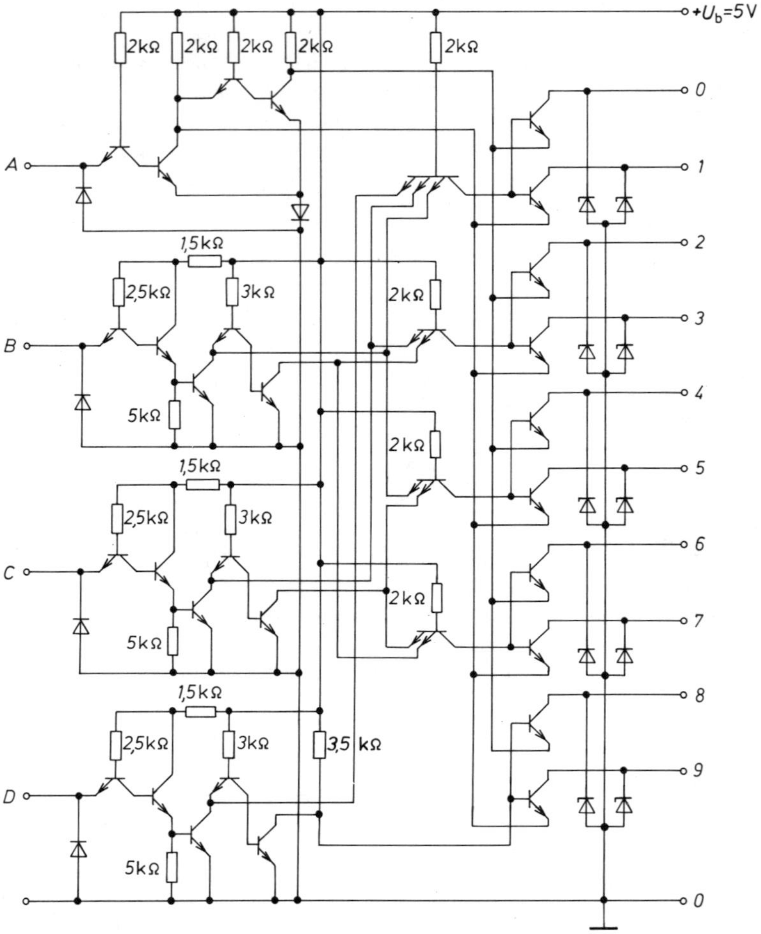

Abb. 9.41.1 Innenschaltung des Decoders 74141

Die Schaltung zum Ansteuern einer Nixie-Röhre durch einen Decoder 74141 gibt Abb. 9.42 wieder.

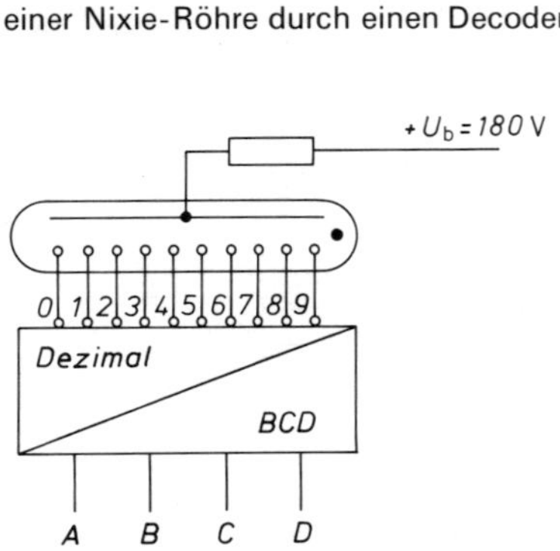

Abb. 9.42 Anwenderschaltung für Decoder 74141

9.6.2 Dezimal-Sieben-Segment-Codierer

Um das Auswerteprinzip deutlich zu machen, sei zunächst vorausgesetzt, die einzelnen Dezimalziffern von 0 bis 9 seien durch einen Decoder nach Kapitel 9.6.1 aus der vierstelligen Binärzahl entschlüsselt worden.

Jetzt muß festgelegt werden, welche Leuchtbalken der Sieben-Segment-Anzeige zur Darstellung jeder Dezimalziffer angesteuert werden müssen.

In Abb. 9.43 ist dies aufgeführt.

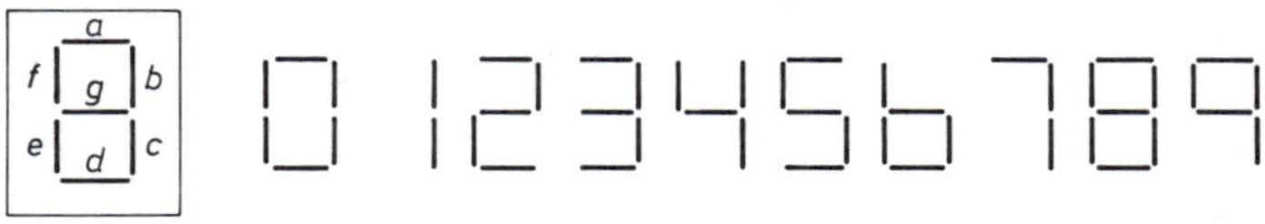

	a	b	c	d	e	f	g
0	1	1	1	1	1	1	0
1	0	1	1	0	0	0	0
2	1	1	0	1	1	0	1
3	1	1	1	1	0	0	1
4	0	1	1	0	0	1	1
5	1	0	1	1	0	1	1
6	0	0	1	1	1	1	1
7	1	1	1	0	0	0	0
8	1	1	1	1	1	1	1
9	1	1	1	0	0	1	1

Abb. 9.43 Zifferndarstellung und Wertetabelle für eine Sieben-Segment-Anzeige

Weil nie zwei Dezimalziffern gleichzeitig zur Codierung anstehen, ergibt sich eine einfache, schaltalgebraische Auswertung der Tabelle von Abb. 9.43.

Für Segment a muß gelten:

$$a = 0 \vee 2 \vee 3 \vee 5 \vee 7 \vee 8 \vee 9$$

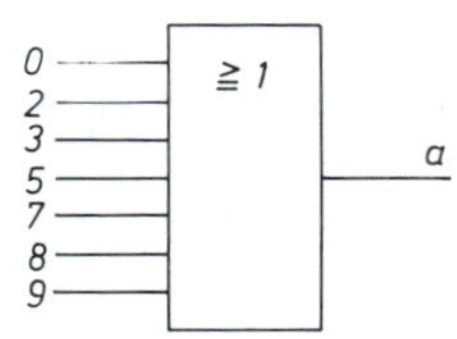

Abb. 9.44 Ansteuern des Segmentes a

Aus dem Beispiel wird deutlich, daß es schaltungstechnisch weniger aufwendig ist, bei der Auswertung für das Segment a die Dezimalziffern heranzuziehen, die das Segment nicht zum Leuchten bringen dürfen.

$$\overline{a} = 1 \vee 4 \vee 6$$

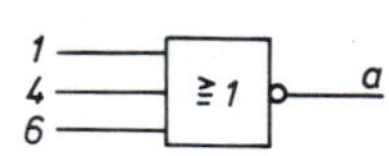

Dies gilt mit Ausnahme für e bei allen Segmenten. So erhält man nachstehende Gleichungen, aus denen die Schaltung von Abb. 9.45 entwickelt wurde.

	Umgeformt nach de Morgan	
$a = \overline{1 \vee 4 \vee 6}$		$a = \overline{1} \wedge \overline{4} \wedge \overline{6}$
$b = \overline{5 \vee 6}$		$b = \overline{5} \wedge \overline{6}$
$c = \overline{2}$		$c = \overline{2}$
$d = \overline{1 \vee 4 \vee 7 \vee 9}$		$d = \overline{1} \wedge \overline{4} \wedge \overline{7} \wedge \overline{9}$
$e = 0 \vee 2 \vee 6 \vee 8$		$e = \overline{\overline{0} \wedge \overline{2} \wedge \overline{6} \wedge \overline{8}}$
$f = \overline{1 \vee 2 \vee 3 \vee 7}$		$f = \overline{1} \wedge \overline{2} \wedge \overline{3} \wedge \overline{7}$
$g = \overline{0 \vee 1 \vee 7}$		$g = \overline{0} \wedge \overline{1} \wedge \overline{7}$

Die Umformungen nach der de Morganschen Regel ermöglichen den Einsatz der UND-Stufen, die sich beim TTL-System leichter realisieren lassen als ODER-Gatter.

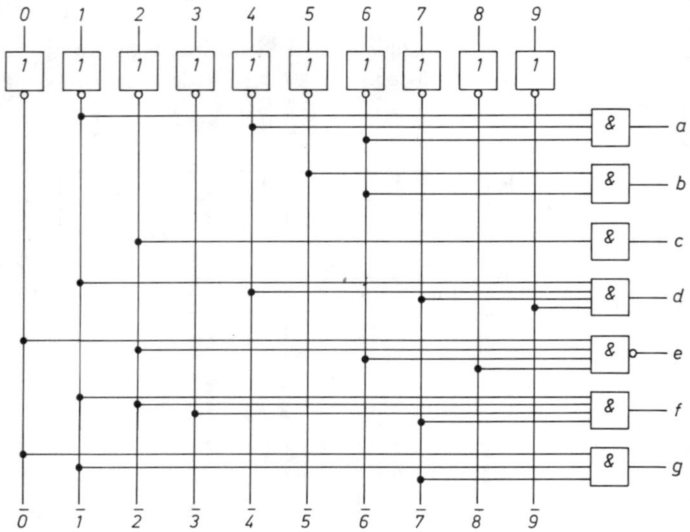

Abb. 9.45 Logische Schaltung für einen Dezimal-Sieben-Segment-Codierer

9.6.3 BCD-Sieben-Segment-Code-Umsetzer

Das Decodieren der vierstelligen Binärzahl und das Ansteuern einer Sieben-Segment-Anzeige wurden zum besseren Verständnis hier getrennt erklärt.
In der Praxis übernimmt der integrierte Schaltkreis 7447 das Entschlüsseln der Binärzahl und das Umcodieren zur Anzeige auf einmal.
Dabei ergeben sich schaltungstechnische Vereinfachungen, die hier aber nicht begründet werden.
Das IC 7447 bietet jedoch eine Reihe zusätzlicher Funktionen, die erklärt werden müssen. Dazu ist in Abb. 9.46 das Blockschaltbild wiedergegeben.
Die Treiberstufen für die Segmentsteuerung enthalten Transistoren mit offenem Kollektor.
Das Segment leuchtet bei logischem 0-Signal am Ausgang des Decoders.

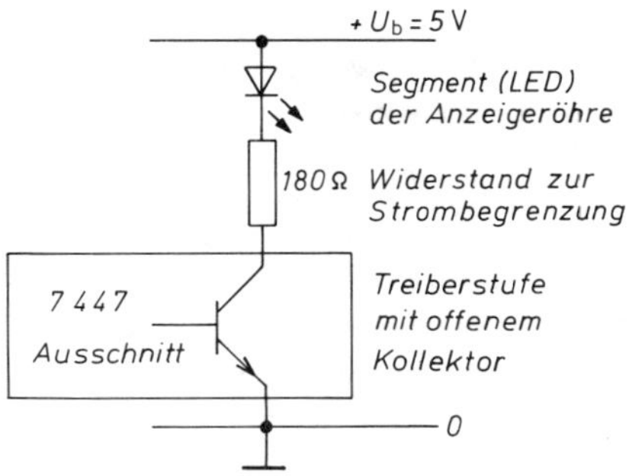

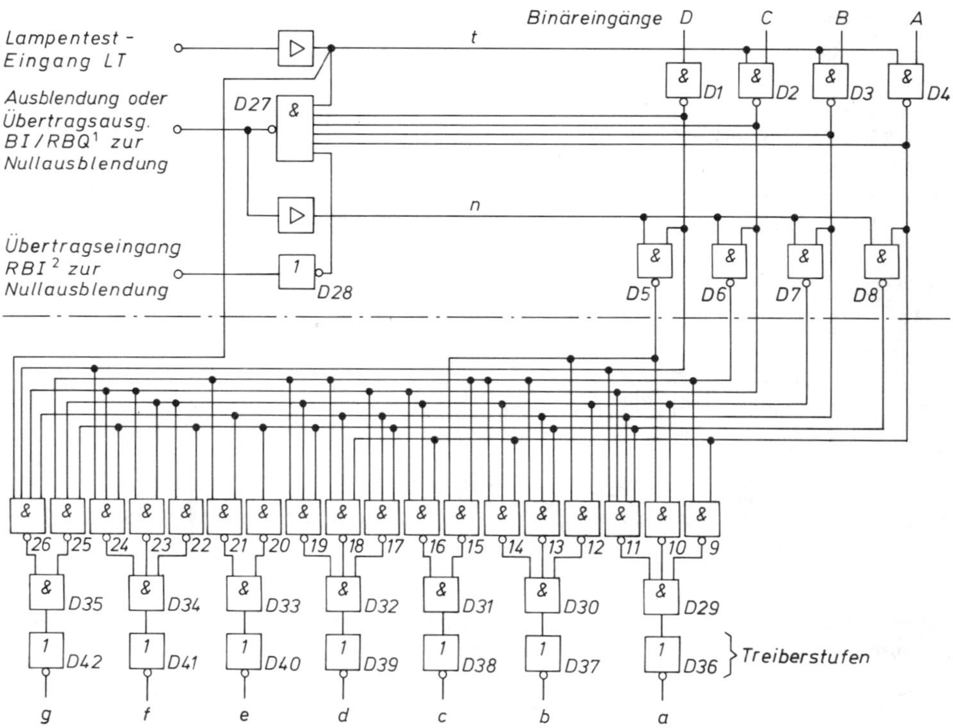

Abb. 9.46 Logische Schaltung des 7447 BCD-Sieben-Segment-Code-Umsetzers

Die logische Schaltung des Decoders 7447 von Abb. 9.46 ist in zwei Bereiche unterteilt.
Der untere Bereich wird über die NAND-Stufen D 1 bis D 8 angesteuert. Sie liefern bei logisch 1 auf den Leitungen t und n die Signale:

$A, \bar{A}$ $B, \bar{B}$ $C, \bar{C}$ $D, \bar{D}$ in den unteren Schaltungsteil.

Der untere Schaltungsteil wertet die Kombinationen dieser Signale aus und liefert an den Ausgängen a bis g die Befehle zum Aufleuchten der einzelnen Segmente.
Das Prinzip des Decodierens ist besprochen worden.

Der obere Schaltungsteil steuert die Zusatzfunktionen.

---

[1]) BI = blanking input
RBQ = ripple blanking output
[2]) RBI = ripple blanking input

1. Lampenprüfung

Wird der Eingang LT auf 0-Signal gelegt, so werden unabhängig von den Signalen an den Binäreingängen A bis D alle Segmente angesteuert.
Dies wird im einzelnen so erreicht:
Die Leitung t führt 0-Signal und bewirkt damit ein 1-Signal an den Ausgängen der Stufen D 2, D 3, D 4 und D 27. Somit führt die Leitung n auch 1-Signal. Die NAND-Stufen D 6; D 7 und D 8 sind jetzt erfüllt und geben 0-Signal in den unteren Decoderteil.
Alle NAND-Stufen D 9 bis D 25 (D 26 nicht) werden mindestens an je einem Eingang durch D 6 oder D 7 oder D 8 angesteuert und liefern deshalb an ihrem Ausgang ein 1-Signal.
D 26 wird von der Leitung t direkt mit 0-Signal belegt und hat deshalb am Ausgang ebenfalls 1-Signal.
Alle UND-Stufen D 29 bis D 35 sind jetzt erfüllt und veranlassen die Umkehrverstärker D 36 bis D 42, die Segmente a bis g aufleuchten zu lassen.

2. Anzeigeunterdrückung der Ziffer Null

Die Nullen vor einer Dezimalzahl sind für das Ergebnis unbedeutend und können bei der Anzeige ausgeblendet werden.

Beispiele bei einer sechsstelligen Anzeige:

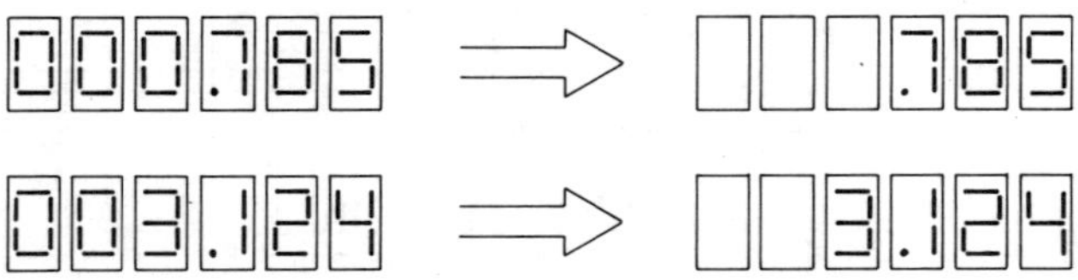

Bei einer Anzeigeeinheit mit den integrierten Decodern 7447 nach Abb. 9.46 wird die automatische Nullausblendung in den nachstehend beschriebenen Schritten durchgeführt.

1. Schritt

Die höchste Stelle der Anzeigeeinheit wird auf die Dezimalziffer 0 hin ausgewertet.
Die Auswertung erfolgt an den negierten Binäreingängen durch die NAND-Stufe D 27

$$Q_{D27} = \overline{\overline{A} \wedge \overline{B} \wedge \overline{C} \wedge \overline{D}}$$

Voraussetzung für die Erfüllung des Gatters D 27 ist weiterhin ein 1-Signal auf der Leitung t (kein Befehl zum Lampentest liegt vor) und ein 0-Signal am Übertragseingang RBI zur Nullausblendung.
Liefert die Stufe D 27 am Ausgang 0-Signal, so werden dadurch die Gatter D 5, D 6, D 7 und D 8 blockiert, ihr Ausgangssignal heißt logisch 1.
Alle acht in den unteren Schaltungsteil führenden Signale sind logisch 1, und damit leuchtet kein Segment. Die an den Binäreingängen liegende Information

$A = 0,\ B = 0,\ C = 0,\ D = 0$ gelangt nicht zur Anzeige.

2. Schritt

Eine Null in der nächst niedrigeren Stelle darf aber nur dann ausgeblendet werden, wenn in der höheren Stelle ebenfalls eine Null auftrat.

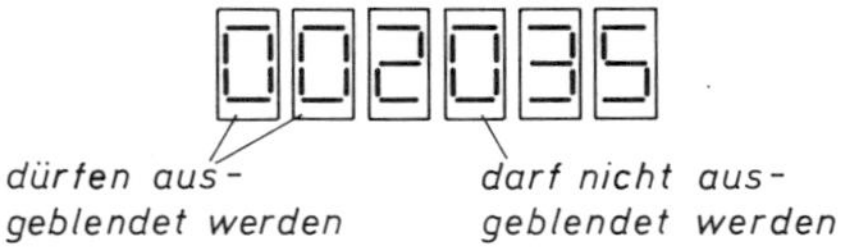

Die Information, daß in der höheren Stelle die Ziffer 0 ansteht und diese auch ausgeblendet wurde, liegt in Form eines logischen 0-Signals am Ausgang der NAND-Stufe D 27. Diese Aussage wird auf die nächst niedrigere Stelle, an den Eingang RBI, übertragen. Das Übertragssignal entscheidet dort durch Freigabe oder Blockieren der Stufe D 27, ob eine anstehende Dezimalziffer 0 ausgeblendet werden darf oder nicht.
Wurde die Nullausblendung auf dem Weg von der höchsten zur niedrigsten Dezimalstelle einmal „verweigert", so werden alle Nullen in den folgenden Stellen ausgeleuchtet.

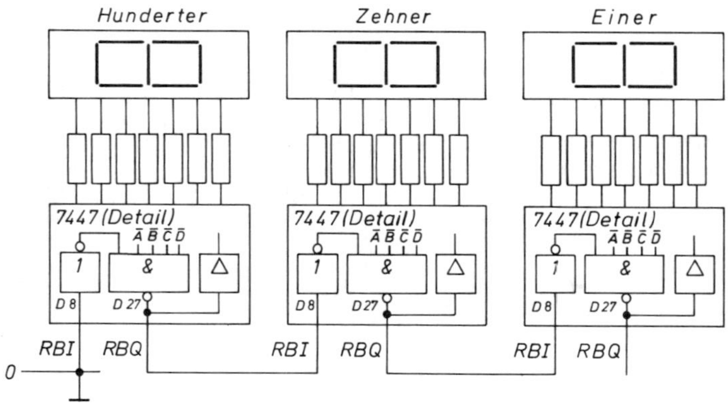

Abb. 9.47

Abb. 9.47 zeigt die äußere Beschaltung der Anschlüsse zur Nullunterdrückung über drei Stellen hinweg.

3. Helligkeitssteuerung der Anzeigen

Der Übertragsausgang RBQ zur Nullunterdrückung darf von außen durch einen Schalter, Transistor oder einen Baustein des TTL-Systems mit offenem Kollektor an Masse gelegt werden.
Liegt RBQ auf 0-Signal, erhält die Leitung n über den Verstärker ebenfalls 0-Signal, und die NAND-Stufen D 5 bis D 8 geben 1-Signal heraus.

Das führt über die Gatter	D 10	D 29	D 36
	D 12	D 30	D 37
	D 15	D 31	D 38
	D 19	D 32	D 39
	D 20	D 33	D 40
	D 22	D 34	D 41
	D 25	D 35	D 42

zum Erlöschen aller Segmente.

Der Ausgang RBQ ist gleichzeitig als Steuereingang BI gekennzeichnet. Durch ein Rechtecksignal mit veränderbarer Pausenzeit (logisch 0) läßt sich von hier aus die Helligkeit der Anzeige verringern. Weil die Hersteller von Sieben-Segment-Anzeige-Systemen besonders um große Helligkeit bzw. guten Kontrast ihrer Produkte bemüht sind (gute Ablesbarkeit bei Tageslicht usw.), dürfte in der Praxis der Wunsch nach Verringern der Helligkeit sehr selten bestehen.

9.7 Multiplexbetrieb von Anzeigeeinheiten

Soll eine mehrstellige Dezimalzahl angezeigt werden, so ist der Parallelbetrieb der einzelnen Dekaden unter Umständen unwirtschaftlich.
Beim Multiplexbetrieb lassen sich Datenleitungen zu den Anzeigen sowie Decoder einsparen.
Stellt man eine Anzeigeeinheit aus acht Sieben-Segment-LED-Ziffernanzeigen zusammen, so ergibt sich die Schaltung nach Abb. 9.48.

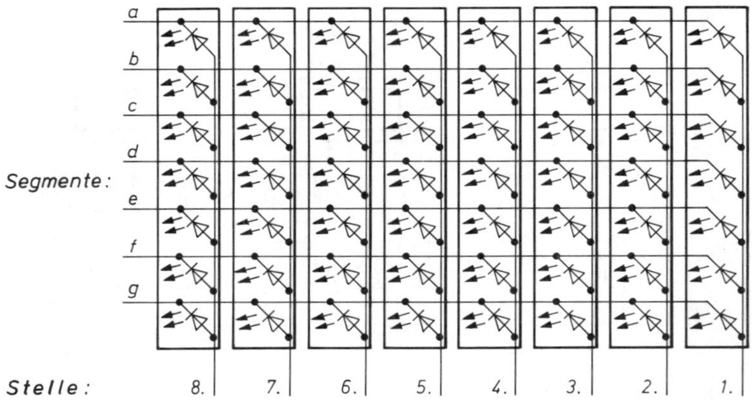

Abb. 9.48 Schaltbild für eine achtstellige Anzeigeeinheit

Die Kathoden der Leuchtdioden gleichlautender Segmente sind miteinander verbunden. Daraus ergibt sich, daß für die gesamte Anzeigeeinheit nur ein Decoder benötigt wird. Es besteht sogar nicht einmal mehr die Möglichkeit, mehr als einen anzuschließen, weil die Anschlüsse a, b, c, d, e, f und g jeweils nur einfach herausgeführt sind.
Jede Stelle kann trotzdem unabhängig von den anderen über den Anodenanschluß aller sieben Segmentdioden aktiviert werden.

9.7.1 Anzeigeprinzip (Abb. 9.49)

An den 8 Speichern steht jeweils die 4stellige Binärzahl für die entsprechende Dezimalziffer an.
Ein Umschalter mit 8 Schaltstellungen und 5 Kontaktebenen läuft mit hoher Geschwindigkeit kontinuierlich um. Er verbindet dabei die vier Decodereingänge A, B, C, D nacheinander mit den Informationsausgängen an den Speichern.
Die acht Umschaltkontakte der 5. Ebene sind mit den Steueranschlüssen für die einzelnen Stellen 1 bis 8 verbunden.
Wird dadurch z.B. die 2. Stelle aktiviert, so ist auch gleichzeitig der Decoder mit dem Speicher der 2. Stelle verbunden, decodiert die Binärzahl und bringt die Dezimalziffer zur Anzeige.

Jede Ziffer ist über sieben Zeiteinheiten dunkel und nur während einer Zeiteinheit erleuchtet. Damit ein flimmerfreies Bild entsteht, muß jede Stelle etwa 30 mal je Sekunde aufleuchten. Wegen dieses Impulsbetriebes darf der momentane Segmentstrom ein mehrfaches des zulässigen Dauerstromes betragen. Weil bei der Lumineszenzdiode die Lichtstärke in erster Näherung proportional dem Diodenstrom ist, das Auge aber auf die Hell-Dunkel-Tastung träge reagiert, entsteht sogar der Eindruck größerer Helligkeit der Anzeige.

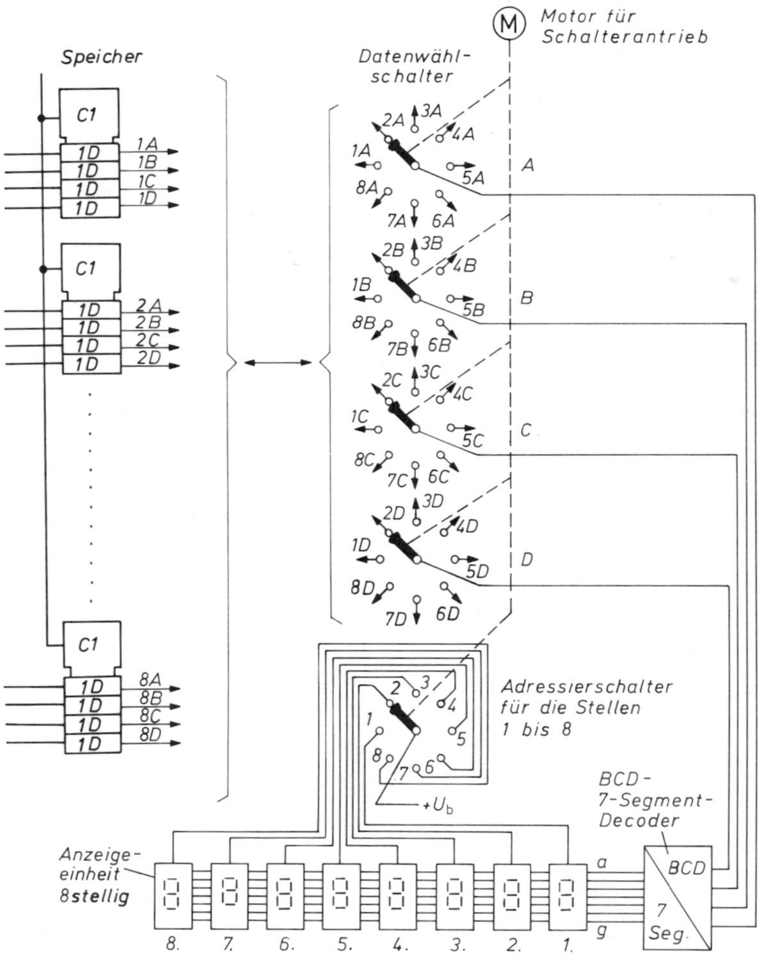

Abb. 9.49 Prinzipschaltung zur Multiplex-Ansteuerung

Will man dies beschriebene Anzeigeprinzip realisieren, so müssen die elektromechanischen Umschalter durch eine elektronische Schaltung ersetzt werden.

Die oberen 4 Umschalter sind mit je 8 Eingängen belegt. Diese 8 Eingänge erscheinen nacheinander an einem Ausgang.

Der untere Umschalter hat nur einen Eingang ($+U_b$) und beschaltet nacheinander 8 Ausgänge. Gegenüber den vier anderen Schaltern geht der Signalfluß hier entgegengesetzt.

Beide Aufgaben können aber von mechanischen Umschaltern gleicher Bauart gelöst werden.

Da elektronische Schaltstufen im Gegensatz zu Kontakten nur den Signalfluß in einer Richtung erlauben, müssen für beide Umschalt-Aufgaben verschiedene Lösungen gefunden werden.

9.7.2 Datenwähler, Multiplexer

An den Dateneingängen des Datenwählers liegt eine bestimmte Anzahl von Binärsignalen.
Über dual codierte Adreß-Eingänge läßt sich eines der Eingangssignale auf den Ausgang der Schaltung übertragen.
In Abb. 9.50 ist das Prinzip für einen Multiplexer mit 4 Eingängen gezeigt.
Um aus 4 Eingangssignalen eines auszuwählen, muß eine 2-Bit-Adresse vorhanden sein.

B	A	Adresse
0	0	0
0	1	1
1	0	2
1	1	3

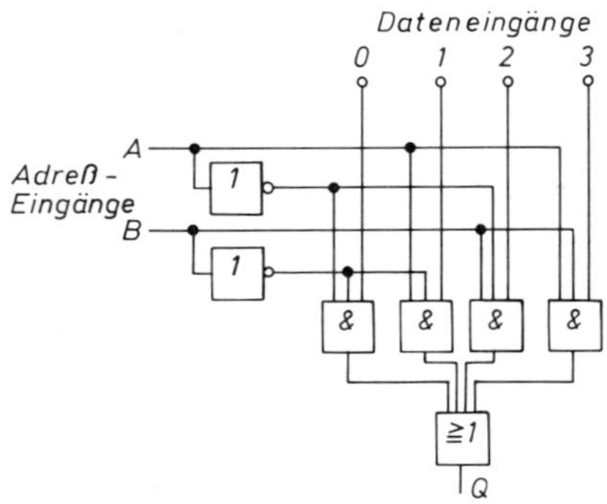

Abb. 9.50 4poliger Datenwähler

Eine der vier UND-Stufen wird je nach angewählter Adresse für das Signal vom Dateneingang freigegeben, das dann über das ODER-Gatter zum Ausgang gelangt.
In Abb. 9.51 ist das Blockschaltbild des 8-Bit-Multiplexers 74151 A gezeigt, das sich gegenüber dem beschriebenen Prinzip nur durch größere Anzahl der Dateneingänge unterscheidet. Um 8 Eingänge zu addressieren, benötigt man 3 Adreß-Eingänge.
Ein 1-Signal am „Strobe"-Eingang blockiert alle UND-Stufen, der Ausgang ist dann gesperrt.

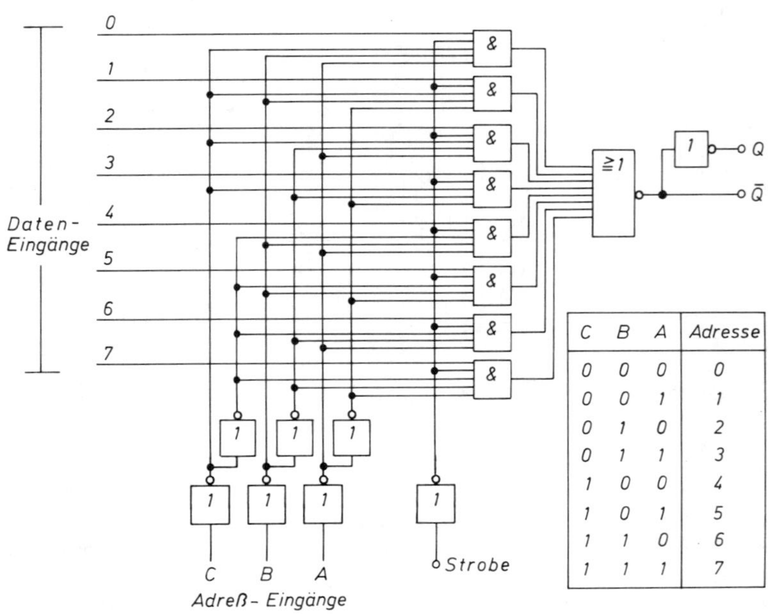

C	B	A	Adresse
0	0	0	0
0	0	1	1
0	1	0	2
0	1	1	3
1	0	0	4
1	0	1	5
1	1	0	6
1	1	1	7

Abb. 9.51 8-Bit-Datenwähler

Die fortlaufende Adressenanwahl kann sehr einfach durch einen Binärzähler erfolgen, dessen Eingangsimpulse ein Rechteckgenerator liefert.

9.7.3 Anzeigeschaltung für 8 Stellen

Zum Betrieb der Anzeigeeinheit von Abb. 9.48 fehlt jetzt noch der Umschalter, der synchron zu den von den Multiplexern angewählten Adressen die Betriebsspannung der Ziffernanzeige einschaltet. Ein BCD-Dezimal-Decoder, z. B. 7445, ist dafür geeignet, der, wie aus Kapitel 9.6.1 bekannt, die untenstehende Wertetabelle erfüllt.

D	*C*	*B*	*A*	*Ziffern-ausgang*
0	0	0	0	0
0	0	0	1	1
0	0	1	0	2
0	0	1	1	3
0	1	0	0	4
0	1	0	1	5
0	1	1	0	6
0	1	1	1	7
1	0	0	0	8
1	0	0	1	9

Weil die Adressen 8 und 9 nicht vorkommen, bleibt der Eingang D des Decoders fest mit 0-Signal beschaltet. Jetzt gleicht seine Wertetabelle der, die in Abb. 9.51 für die Adressierung der Multiplexer aufgestellt wurde.

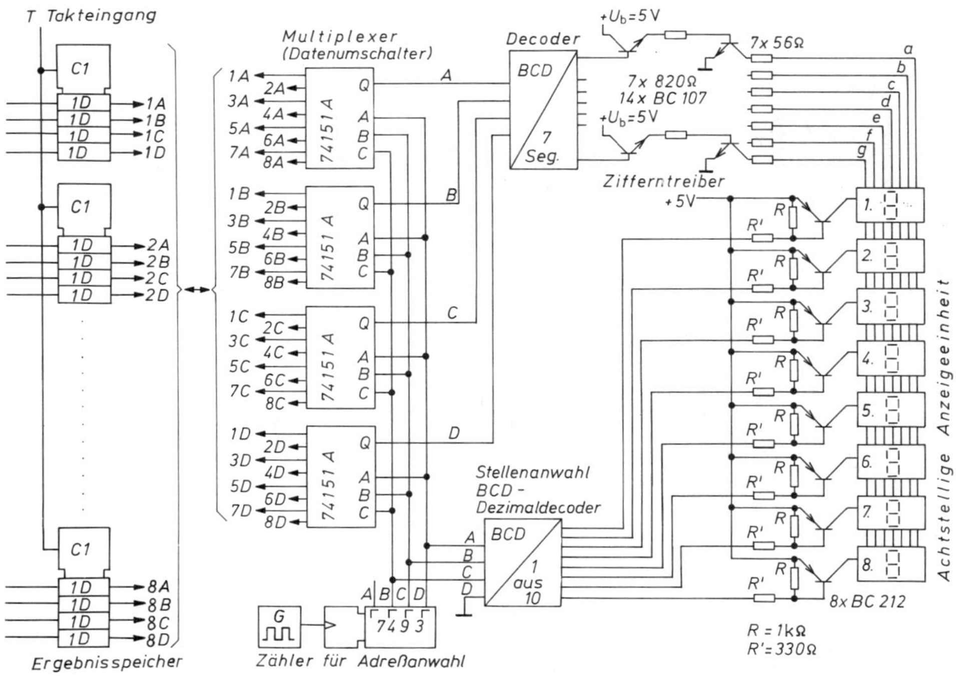

Abb. 9.52 8stellige Multiplex-Ziffernanzeige

Abb. 9.52 zeigt die 8stellige Anzeige im Multiplexbetrieb. Da die Segmente impulsmäßig angesteuert werden, muß der Strom während der Helltastung höher sein als der bei Dauerbetrieb fließende (Segmentstrom in Abb. 9.52 etwa 60 mA). Dadurch wird ein zusätzlicher Aufwand für die Treiberstufen erforderlich.

9.8 Steuerung einer alphanumerischen Anzeige

Mit einer 5 × 7-Punkt-Matrix-Anzeige, bei der jeder Punkt durch eine Leuchtdiode dargestellt wird, lassen sich nach einem dafür festgelegten Code (USAC II) 64 verschiedene Zeichen wiedergeben. Diese Zeichen sind binär verschlüsselt und stehen als 6-Bit-Worte parallel am Eingang der Anzeigeschaltung an.

Abb. 9.53 zeigt die 64 möglichen Zeichen und darüber die zu jedem Zeichen gehörende 6-Bit-Information.

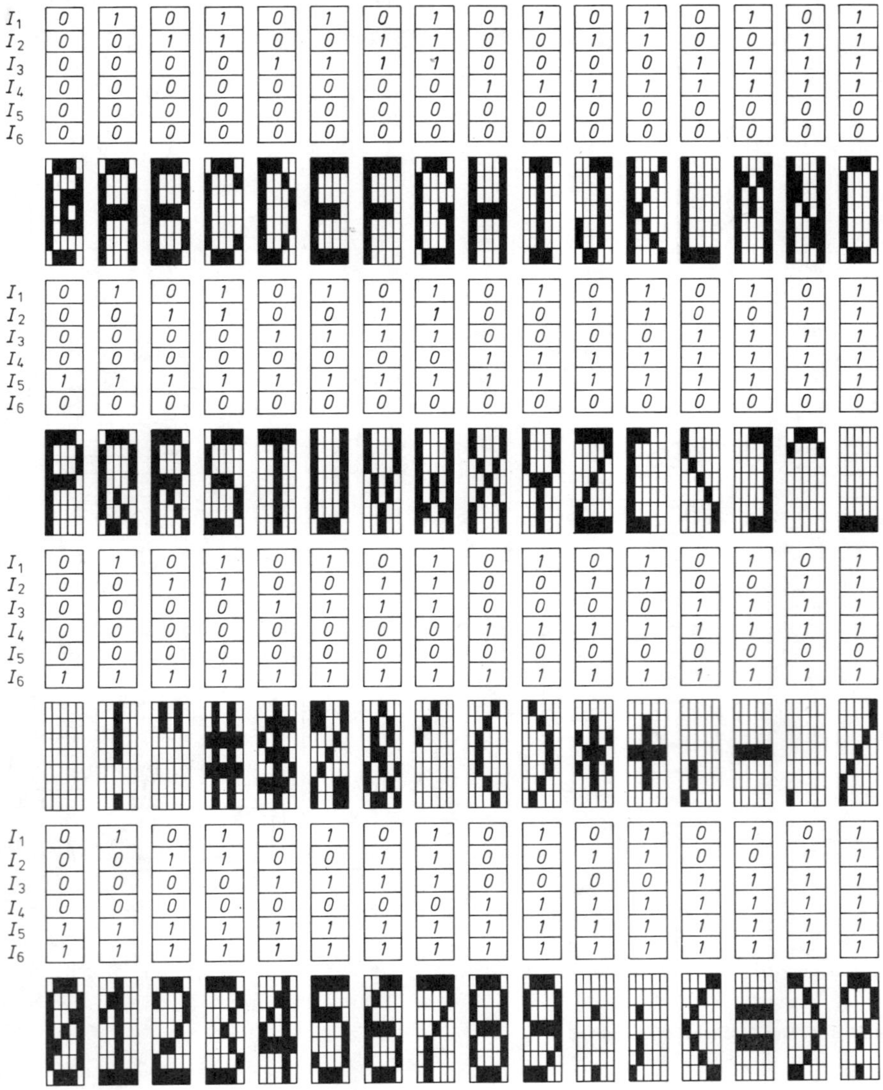

Abb. 9.53 Zeichenvorrat der 5 × 7 Punkt-Matrix-Anzeige

Vergleicht man die Innenschaltung der in Abb. 9.54 nochmals dargestellten Punkt-Matrix-Anzeige mit der einer mehrstelligen Sieben-Segment-Anzeigeeinheit, so erkennt man das gleiche Prinzip.

Durch die Verdrahtung werden Zeilen Z 1 bis Z 7 gebildet. Der Zeilenanschluß ist mit allen Kathoden der 5 Leuchtdioden in dieser Zeile verbunden.
Weiterhin ergeben sich Spalten S 1 bis S 5. Der Spaltenanschluß steht mit den Anoden der 7 LEDs in dieser Spalte in Verbindung.
Daraus ergibt sich, daß das Multiplex-Anzeigeverfahren, wie es für die Sieben-Segment-Anzeigeeinheit beschrieben wurde, hier prinzipiell übernommen werden kann.

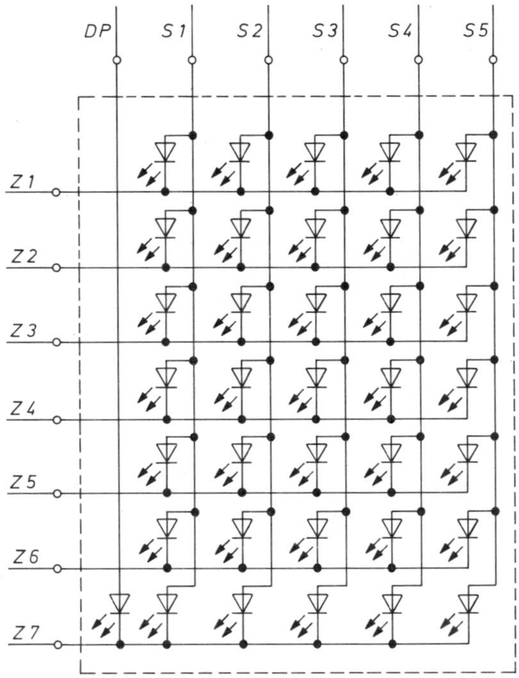

Abb. 9.54 Schaltbild der 5 × 7-Punkt-Matrix-Anzeige

9.8.1 Zeilenweises Abtasten

Die Zeilen Z1 bis Z7 werden nacheinander von den Ausgängen 0, 1, 2, 3, 4, 5 und 6 eines BCD-Dezimal-Decoders 7445 aktiviert (über die Treibertransistoren im IC auf Masse gelegt).
Der Decoder entschlüsselt die 3stellige Binärinformation aus einem ständig laufenden Zähler 7493, von dem nur die drei letzten Flipflops benötigt werden (Abb. 9.55).

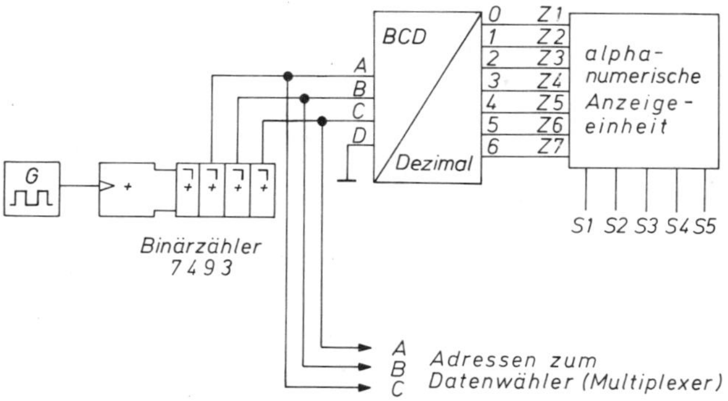

Abb. 9.55 Zeilenanwahl durch Binärzähler und BCD-Dezimal-Decoder

Kernstück der gesamten Anzeigeschaltung ist ein Festwertspeicher. An seinen Eingängen steht parallel das 6-Bit-Wort an, das die Information enthält, welches Zeichen gezeigt werden soll.
Durch Umcodieren werden daraus zunächst 35 Einzelsignale gebildet. Jetzt steht fest, welche der 35 LED zur Zeichenbildung aufleuchten sollen.
Das Umcodieren geschieht hier in einem adreßgesteuerten Speicher. Es ist aber auch prinzipiell in einer Schaltung aus logischen Verknüpfungs-Bausteinen möglich, wie dies für den BCD-Sieben-Segment-Decoder im Kapitel 9.6.3 beschrieben wurde.

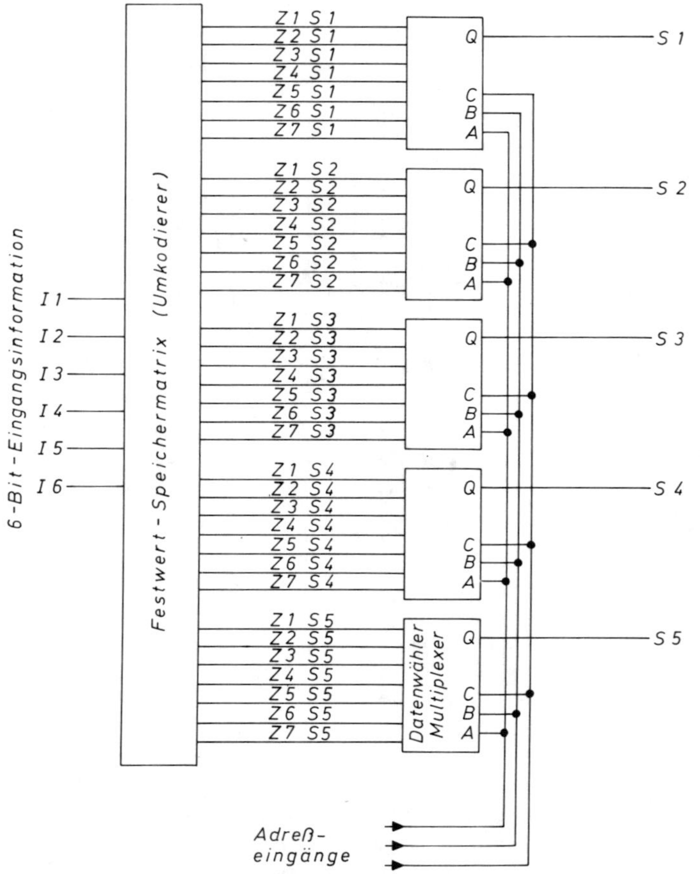

Abb. 9.56 Datenwähler zur Ansteuerung der Spaltentreiber

Jedem der 35 Signale aus dem Umcodierer ist eine Leuchtdiode in der Anzeige zugeordnet.
Jedes Signal wird nach der Zeile und der Spalte benannt, in der sich die LED befindet (Abb. 9.57).

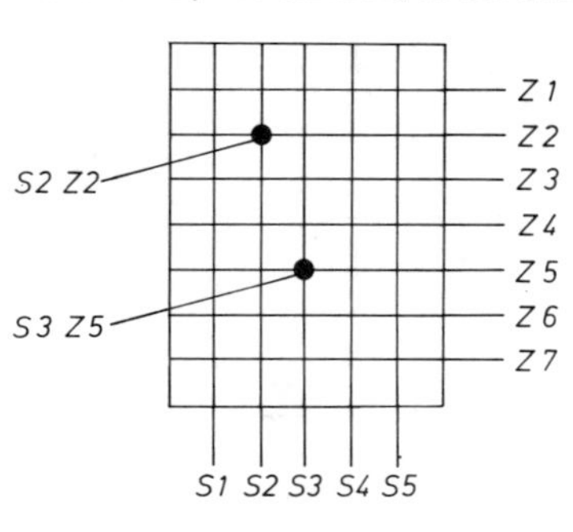

9.57 Punkt-Identifikation

Die Signale für die Leuchtpunkte in jeder Spalte stehen nach Abb. 9.56 an je einem Multiplexer zur Auswahl bereit.
Welches Signal an den Ausgang des Datenwählers geschaltet wird, ergibt sich aus der Signalkombination der Adreßeingänge. Sie besagt, welche Zeile gerade aktiviert ist.
Dadurch ist die Zuordnung zwischen Zeilen- und Spaltentreibern hergestellt, und beim fortlaufenden, zeilenweisen Abtasten leuchten nur die LEDs in der Zeile, die zum Bilden des Zeichens erforderlich sind.
Der Umcodierer und die 5 Multiplexer von Abb. 9.56 sind als ein Baustein Typ TMS 2501 NC von der Firma Texas Instruments erhältlich.
Abb. 9.58 zeigt das Gesamtschaltbild für eine Anzeigeeinheit. Sollen mehrere Anzeigeeinheiten betrieben werden, so werden gleichlautende Zeilenanschlüsse miteinander verbunden; jede zusätzliche Anzeige erfordert aber einen eigenen Festwertspeicher mit den zugehörigen Spaltentreibern.

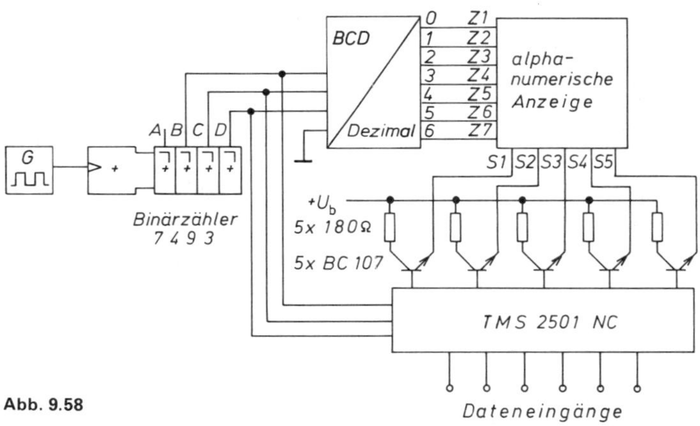

Abb. 9.58

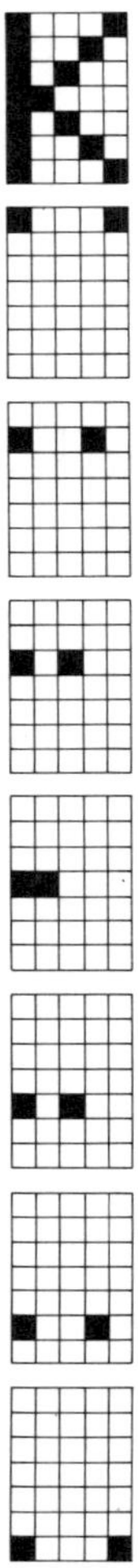

Abb. 9.59

Am Beispiel der Darstellung des Buchstaben „K" wird in Abb. 9.59 die Funktion des zeilenweisen Abtastens klar.
Die strombegrenzenden Widerstände für die Stromkreise der LED müssen in den Spaltenzuleitungen liegen, weil nur dort jeweils eine Leuchtdiode zur Zeit angesteuert wird und der Diodenstrom für jede LED deshalb konstant ist.

10 Operationsverstärker und ihre Beschaltungen

10.1 Differenzverstärker

10.1.1 Einführung

Problemstellung:

Eine Gleichspannung $U_1 = 0$ bis $U_1 = +1$ V soll zwecks Weiterverarbeitung in einer elektronischen Regelanlage linear um Faktor 10 verstärkt werden.

Problemlösung:

Schaltung:

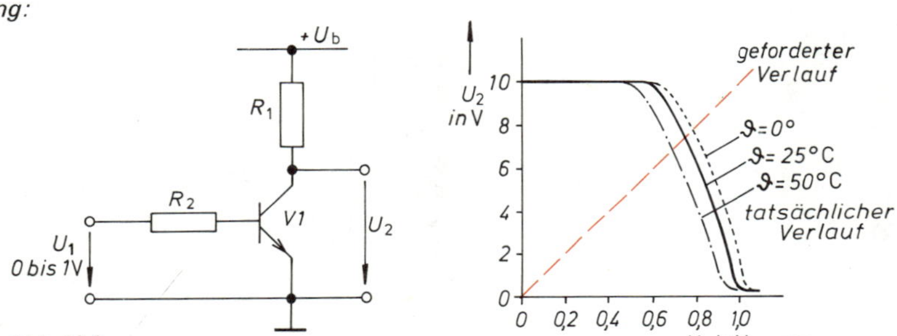

Abb. 10.1

Der tatsächliche Verlauf weicht vom geforderten Kurvenverlauf ab. Die Schaltung weist Mängel auf.

a) Bei Anstieg der Eingangsspannung *sinkt* die Ausgangsspannung. Sie sollte aber steigen.

b) Der Verlauf $U_2 = f_{(U1)}$ ist gekrümmt, besonders an den Aussteuergrenzen.

c) Die Aussteuerung des Transistors erfolgt erst, nachdem die Eingangsspannung den Wert der Schwellenspannung überschritten hat.

d) Der Wert der Ausgangsspannung ändert sich temperaturabhängig. Ursache ist der Temperaturgang der Strecke Basis-Emitter des Transistors.

Die Mängel sollen einzeln nacheinander behoben werden:

zu a) Die Ausgangsspannung U_2 wird über dem Kollektorwiderstand R_1 abgegriffen. Der Nachteil, der damit erkauft wird, besteht darin, daß Ein- und Ausgangsspannung nicht mehr dasselbe Bezugspotential haben.

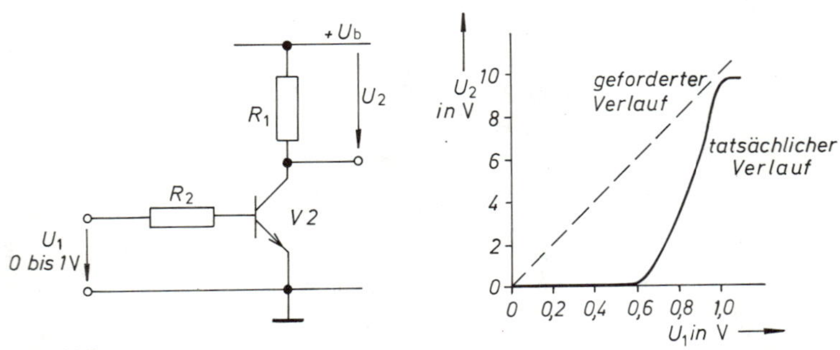

Abb. 10.2

zu b) Durch den in Abb. 10.3 eingefügten Emitterwiderstand R_3 erhält die Stufe eine Stromgegenkopplung.

Der Schaltungsteil V1, R_3 wirkt wie eine Kollektorschaltung, bei der gilt:

$$\Delta U_1 \approx \Delta U_{R3}$$

Da der durch R_3 fließende Emitterstrom des V1 bei Vernachlässigung des Basisstromes gleich dem Kollektorstrom und damit gleich I_{R1} ist, läßt sich die Spannungsverstärkung V_U der Stufe mit guter Näherung ohne Kenntnis der Transistordaten aus dem Widerstandsverhältnis $\frac{R_1}{R_3}$ bestimmen.

$$\Delta U_1 \approx \Delta U_{R3} \approx \Delta I_C \cdot R_3$$

$$\Delta U_2 = \Delta U_{R1} = \Delta I_C \cdot R_1$$

$$V_U = \frac{\Delta U_2}{\Delta U_1} \approx \frac{\Delta I_C \cdot R_1}{\Delta I_C \cdot R_3} \approx \frac{R_1}{R_3}$$

$$V_U = \frac{R_1}{R_3}$$

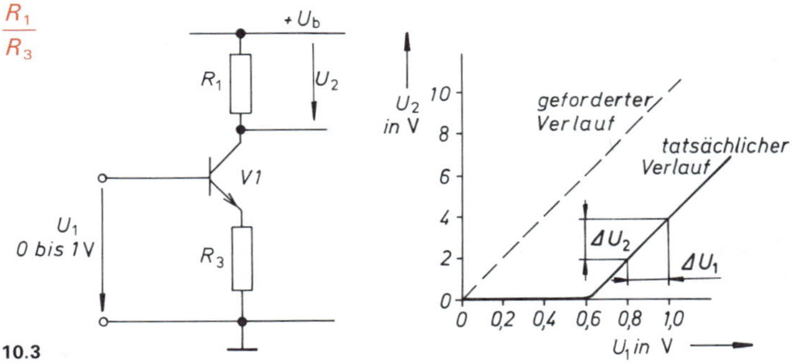

Abb. 10.3

zu c) Soll V1 bereits bei Eingangsspannungswerten $U_1 < U_{Schwell}$ durchsteuern, so muß die Basis mit dem Wert der Schwellenspannung positiv gegenüber Emitter vorgespannt werden. Da aber die Eingangsspannung auf Schaltungsnull (Masse) bezogen ist, darf die Basis gegenüber Schaltungsnull keine positive Vorspannung erhalten. Der Emitter wird auf ein negatives Potential mit dem Wert $U_{Schwell}$ gebracht.

Eine zweite, negative Spannungsquelle wird erforderlich.

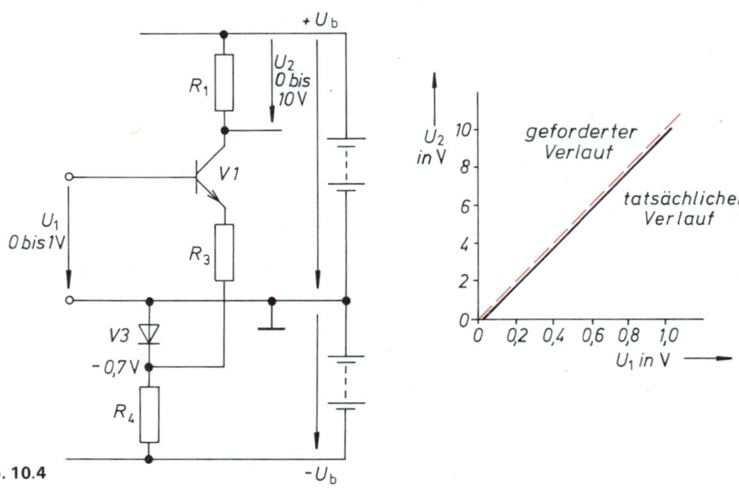

Abb. 10.4

Voraussetzung ist gleiche Schwellenspannung von V3 und V1.

zu d) Den Einfluß der Temperaturänderung auf die Ausgangsspannung durch ein thermostatgeregeltes Verstärkergehäuse zu verhindern, wäre zu aufwendig.

Man kompensiert den Temperatureinfluß auf die Ausgangsspannung durch eine weitere Verstärkerstufe gleichen Aufbaus, deren Eingangsspannung $U_1' = 0$ ist.

Wichtig ist, daß beide Stufen der *gleichen* Temperatur ausgesetzt sind.

Das Ausgangssignal U_2 liegt als Spannungsdifferenz zwischen den Kollektoranschlüssen der Transistoren V1 und V2.

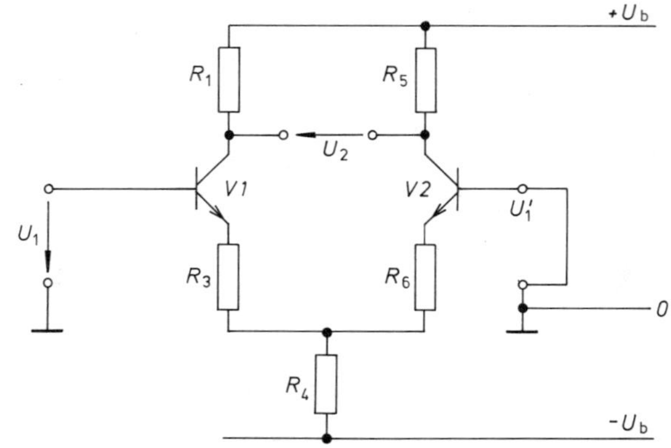

Abb. 10.5

Die auf Abb. 10.5 gezeigte Schaltung führt die Bezeichnung Differenzverstärker und soll näher betrachtet werden.

10.1.2 Gleichtaktsignal am Differenzverstärker

Die Schaltung nach Abb. 10.5 ist symmetrisch aufgebaut. Die Basisanschlüsse der Transistoren V1 und V2 erlauben das Anlegen zweier Eingangssignale an den Differenzverstärker.

Zunächst soll untersucht werden, wie sich der Differenzverstärker bei Gleichheit der Eingangssignale verhält.

Mit Hilfe des Stellwiderstandes in der Schaltung nach Abb. 10.6 kann an die miteinander verbundenen Eingänge des Differenzverstärkers ein Gleichtaktsignal gelegt werden, das sowohl positiv wie auch negativ gegen Schaltungsnull sein kann.

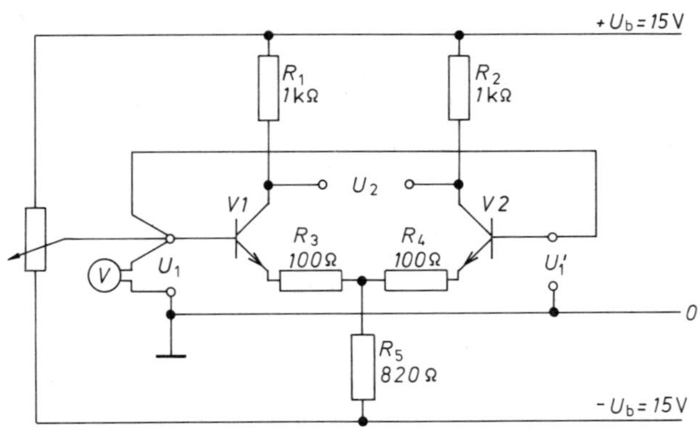

Abb. 10.6

Vereinfachung zur Berechnung:

a) Die Steilheit der Transistoren sei unendlich, so daß nur die Schwellenspannung $U_{Schwell} \approx 0{,}7$ V berücksichtigt werden muß.

b) Der Kollektorstrom des Transistors wird dem Emitterstrom gleichgesetzt.

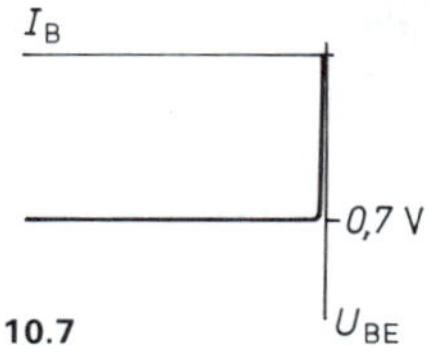

Abb. 10.7

Gleichtaktsignal $U_1 = U_1' = 0$

$U_{EV1\perp}$[1]$) = U_{EV2\perp} = -0{,}7$ V

Wie Abb. 10.8 zeigt, wirken wegen des gleichen Emitterpotentials von V1 und V2 die Widerstände R_3 und R_4 wie parallel geschaltet.

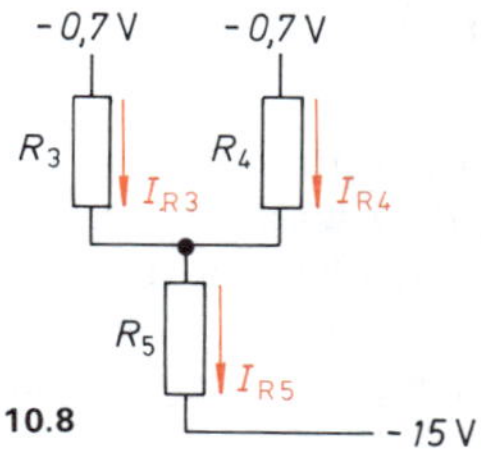

Abb. 10.8

Daraus ergibt sich der Strom I_{R5}, der zu gleichen Teilen als Kollektor- bzw. Emitterstrom über die Widerstände R_3 und R_4 eingespeist wird.

$$I_{R3} = I_{R4} = \frac{1}{2} I_{R5}$$

$$I_{R5} = \frac{15\text{ V} - 0{,}7\text{ V}}{R_5 + \dfrac{R_3 \cdot R_4}{R_3 + R_4}} = \frac{14{,}3\text{ V}}{870\ \Omega} = 16{,}4\text{ mA}$$

$$I_{R3} = 0{,}5\ I_{R5} = 8{,}2\text{ mA} = I_{EV1} = I_{CV1} = I_{R1}$$

$$I_{R4} = 0{,}5\ I_{R5} = 8{,}2\text{ mA} = I_{EV2} = I_{CV2} = I_{R2}$$

$$U_{R1} = I_{R1} \cdot R_1 = 8{,}2\text{ mA} \cdot 1\text{ k}\Omega = 8{,}2\text{ V}$$

$$U_{R2} = I_{R2} \cdot R_2 = 8{,}2\text{ mA} \cdot 1\text{ k}\Omega = 8{,}2\text{ V}$$

$$U_{CEV1} = U_{CEV2} = U_b - U_{R1} - U_{EV1\perp} = 15\text{ V} - 8{,}2\text{ V} - (-0{,}7\text{ V}) = 7{,}5\text{ V}$$

Nach Abb. 10.9 läßt sich eine Gleichung für die Ausgangsspannung U_2 aufstellen:

$$U_2 = U_{R1} - U_{R2}$$

$$U_2 = 8{,}2\text{ V} - 8{,}2\text{ V} = 0$$

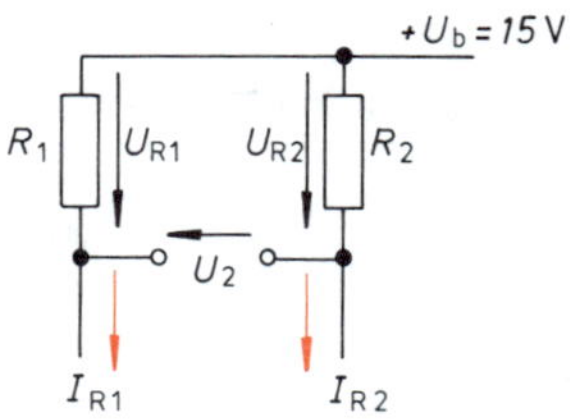

Abb. 10.9

Ergebnis: Bei einem Gleichtaktsignal $U_1 = U_1' = 0$ werden beide Transistoren des Differenzverstärkers im gleichen Arbeitspunkt betrieben, der im geradlinigen Teil der Stromsteuerkennlinie liegt ($I_C = 8{,}2$ mA).

Das Ausgangssignal U_2 ist Null.

[1]) $U_{EV1\perp}$ Spannung zwischen Emitter des V 1 und Schaltungsnull

Gleichtaktsignal $U_1 = U_1' = +2\,\text{V}$

Aufgabe 1 Errechnen Sie gemäß dem vorangegangenen Beispiel für die gegebene Schaltung nach Abb. 10.6 die Gleichspannungswerte:

$$I_{CV1},\ I_{CV2},\ U_{R1},\ U_{R2},\ U_{CEV1},\ U_{CEV2},\ U_2.$$

Ergebnis: Durch das positive Gleichtaktsignal bleibt die Symmetrie in der Aussteuerung erhalten, das Ausgangssignal U_2 bleibt 0.

Die Transistoren V1 und V2 werden in gleicher Weise weiter ausgesteuert, die Kollektorströme steigen, die Kollektor-Emitter-Spannungen werden kleiner.
Daraus ergibt sich aber eine Aussteuergrenze für das positive Gleichtaktsignal, die bei dem Wert liegt, bei dem die Kollektor-Emitter-Spannungen von V1 und V2 auf die Kollektor-Emitter-Restspannung $U_{CE\,rest} \approx 0{,}1\,\text{V}$ abgesunken sind.

Aufgabe 2 Errechnen Sie die positive Aussteuergrenze für das Gleichtaktsignal $U_1 = U_1'$ des Differenzverstärkers nach Abb. 10.6.

Gleichtaktsignal $U_1 = U_1' = -2\,\text{V}$

Aufgabe 3 Errechnen Sie für ein Gleichtaktsignal $U_1 = U_1' = -2\,\text{V}$ für die Schaltung nach Abb. 10.6 die Gleichspannungswerte:

$$I_{CV1},\ I_{CV2},\ U_{R1},\ U_{R2},\ U_{CEV1},\ U_{CEV2},\ U_2.$$

Ergebnis: Es gilt sinngemäß auch das, was für ein positives Gleichtaktsignal festgestellt wurde.
Die Aussteuergrenze für ein negatives Gleichtaktsignal ist erreicht, wenn V1 und V2 in den Sperrzustand gehen ($U_{BE} < 0{,}7\,\text{V}$).

Das ist bei $U_1 = U_1' \leqq -14{,}3\,\text{V}$ erreicht.

Gesamtergebnis:

Ein Gleichtaktsignal $U_1 = U_1'$ an den Eingängen des Differenzverstärkers verschiebt zwar den Arbeitspunkt beider Transistoren, beeinflußt das Ausgangssignal U_2 aber nicht.
U_2 ist nur abhängig von der Eingangsspannungs**differenz** $U_1 - U_1'$ und dem Verstärkungsfaktor V_u.

10.1.2.1 Einfluß von Betriebsspannungsschwankungen

Betriebsspannungsschwankungen haben keinen Einfluß auf die Symmetrie des Differenzverstärkers, weil nach Abb. 10.6 beide Stufen mit V 1 und V 2 gleichermaßen von der Speisespannungsänderung betroffen sind.

Die Ausgangsspannung ändert sich daher theoretisch nicht.

Da aber die Aussteuergrenzen für ein Gleichtaktsignal abhängig von den Betriebsspannungen sind, wie die vorangegangenen Berechnungen gezeigt haben, beeinflussen Betriebsspannungsschwankungen die Aussteuergrenzen.

Ergebnis: Betriebsspannungsschwankungen wirken auf den Differenzverstärker wie ein Gleichtaktsignal, das ohne Einfluß auf die Ausgangsspannung bleibt.

10.1.2.2 Temperatureinfluß

Solange die Bauelemente des Differenzverstärkers alle das gleiche Temperaturerlebnis haben, ändert sich an der Symmetrie der Schaltung nichts. Daher erfolgt auch keine Änderung des Ausgangssignals.

Eine Temperaturänderung wirkt auf den Differenzverstärker wiederum wie ein Gleichtaktsignal.

In der Praxis ist es daher wichtig, durch mechanisch geschickten Aufbau der Schaltung dafür zu sorgen, daß beide Zweige des Differenzverstärkers auf gleicher Temperatur gehalten werden. Diese Forderung gilt besonders für die Transistoren, weil die Basis-Emitter-Strecke als Silizium-Halbleiterübergang besonders temperaturabhängig ist.

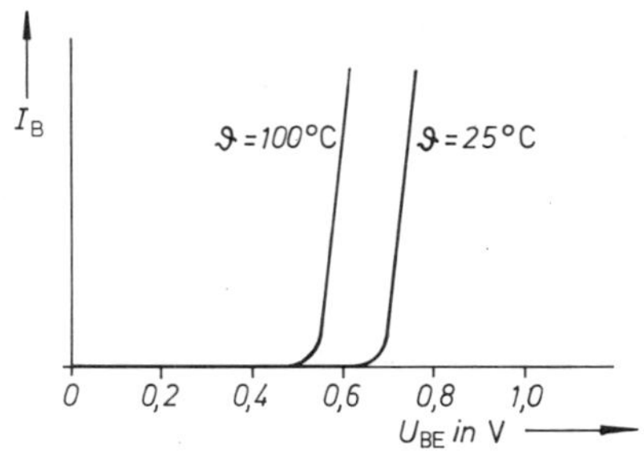

Abb. 10.10

Die Halbleiterhersteller bieten speziell für die Anwendung in Differenzverstärkern Doppeltransistoren in einem Gehäuse an.

Die Kenndaten dieser Transistoren weichen nur wenig voneinander ab, so daß auch von daher die angestrebte Symmetrie der Schaltung des Differenzverstärkers weitgehend erreicht wird.

Beispiele für Doppeltransistoren sind die „Valvo"-Typen BCY 87 und das Transistorpaar BCY 55.

VALVO

BCY 87
BCY 88
BCY 89

SILIZIUM-NPN-PLANAR-DOPPELTRANSISTOREN

für Differenzverstärker

Mechanische Daten:

Gehäuse: Metall
JEDEC TO–71

Alle Anschlüsse sind vom Gehäuse isoliert.

Maßangaben in mm.

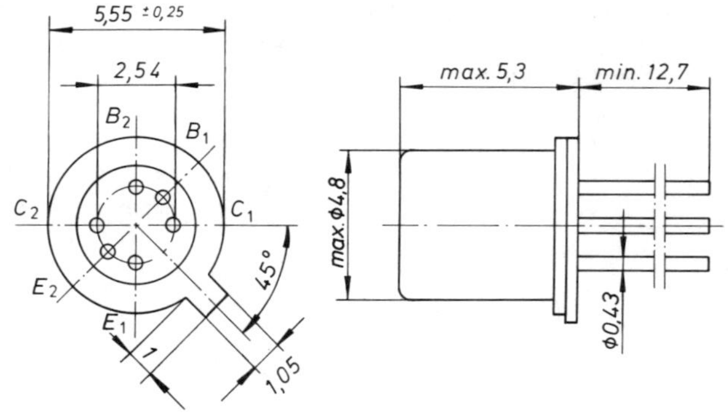

Kurzdaten:

Doppeltransistor			**BCY 87**	**BCY 88**	**BCY 89**	
Verhältnis der Kollektorströme	I_{C1}/I_{C2}	=	0,9–1,11	0,8–1,25	0,67–1,5	
Eingangs-Fehlspannung	U_F	≦	3	6	10	mV
Temperaturkoeffizient der Eingangs-Fehlspannung	$\Delta U_F/\Delta\vartheta_U$	≦	3	6	10	$\frac{\mu V}{k}$
Eingangs-Fehlstrom	I_F	≦	25	80	300	nA
Temperaturkoeffizient des Eingangs-Fehlstromes	$\Delta I_F/\Delta\vartheta_U$	≦	0,5	2	10	$\frac{nA}{k}$
Verhältnis der Gleichstromverstärkungen	B_1/B_2	=	0,9–1,11	0,8–1,25		
Einzeltransistoren						
Kollektor-Sperrspannung	U_{CB0}	= max.		45		V
Kollektor-Emitter-Sperrspannung	U_{CE0}	= max.		40		V
Gesamtverlustleistung	P_{tot}	= max.		150		mW
Gleichstromverstärkung						
bei $U_{CB} = 10$ V, $I_C = 50$ µA	B	=	100–450	100–450	100–450	
bei $U_{CB} = 10$ V, $I_C = 10$ mA	B	=			100–600	
Transit-Frequenz						
bei $U_{CB} = 10$ V, $-I_E = 50$ µA	f_T	≧		10		MHz
bei $U_{CB} = 10$ V, $-I_E = 500$ µA	f_T	≧		50		MHz
Breitband-Rauschzahl						
bei $U_{CE} = 5$ V, $I_C = 50$ µA	F	≦	3	4	4	dB

VALVO TRANSISTOREN

Abb. 10.11 Datenblatt Doppeltransistor BCY 87

10.1.3 Differenzverstärker mit Konstantstromquelle

Der vorherige Abschnitt hat gezeigt, daß der Differenzverstärker Gleichtaktsignale unterdrückt; sie führen nicht zu einer Änderung der Ausgangsspannung.
Das Gleichtaktsignal bewirkt jedoch in beiden Transistoren des Differenzverstärkers eine Verschiebung des Gleichstrom-Arbeitspunktes; die Kollektorströme ändern sich.
In der Praxis sind die Transistoren auch bei Verwendung der Spezialtypen nach Abb. 10.11 nie völlig datengleich, so daß das Gleichtaktsignal doch eine, wenn auch geringe Änderung des Ausgangssignals zur Folge hat.
Dies ist unerwünscht und dadurch zu beheben, daß die Summe der Kollektorströme von V1 und V2 konstant gehalten wird.

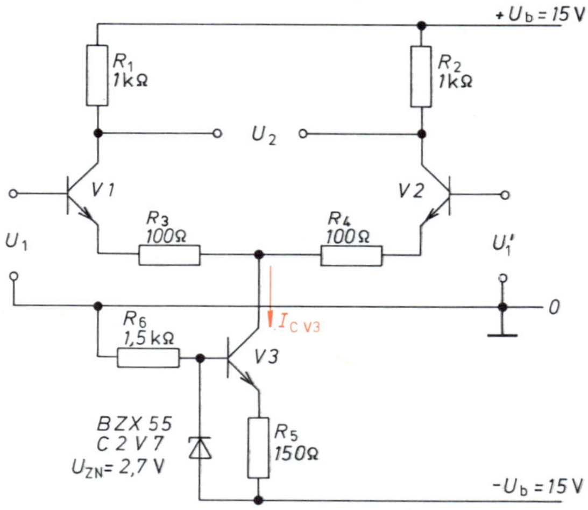

Abb. 10.12

Der Schaltungsteil mit R_6, der Z-Diode, R_5 und V3 bildet eine Konstantstromquelle, die für einen Konstantstrom

$$I_{CV3} = \frac{U_Z - U_{Schwell V3}}{R_5} \quad \text{ausgelegt ist.}$$

$$I_{CV3} = \frac{2{,}7\,V - 0{,}7\,V}{150\,\Omega} = 13{,}3\,mA$$

Bei Gleichtaktsignal an den Eingängen U_1 und U_1' wird der Konstantstrom zu gleichen Teilen aus den Zweigen mit R_1, V1, R_3 und andererseits R_2, V2, R_4 aufgebracht.
Die Teilströme können sich bei Änderung des Gleichtaktsignals nicht ändern, weil die Konstantstromquelle die Stromsumme stabilisiert.

Aufgabe 4 Errechnen Sie für die Schaltung nach Abb. 10.12 die Gleichspannungswerte:

$U_{EV1\perp}$, $U_{EV2\perp}$, U_{R1}, U_{R2}, U_2, U_{CEV1}; U_{CEV2}.

Die Eingänge U_1 und U_1' liegen auf Schaltungsnull.

Steigt das Gleichtaktsignal $U_1 = U_1'$ von Null an ins Positive, so bleibt wegen des Konstantstromes durch R_1 und R_2 der Spannungsfall über diesen Widerständen konstant. Die Kollektor-Emitter-Spannungen der Transistoren V1 und V2 sinken um denselben Betrag, um den das Gleichtaktsignal gestiegen ist.
Da wegen des Konstantstromes I_{CV3} die Spannungsfälle über R_3, R_4 und R_5 ebenfalls konstant bleiben, steigt die Spannung U_{CEV3} um denselben Wert an, um den die Spannungen U_{CEV1} und U_{CEV2} gefallen sind.

Die Aussteuergrenze für das Gleichtaktsignal liegt wiederum dort, wo die Transistoren V1 und V2 in die Sättigung gehen.

Aufgabe 5 Errechnen Sie für die Schaltung nach Abb. 10.12 die positive Aussteuergrenze für das Gleichtaktsignal $U_1 = U_1'$.

Die Aussteuergrenze für ein gegen Schaltungsnull negatives Gleichtaktsignal $U_1 = U_1'$ wird nicht von den Transistoren V1 und V2 bestimmt, da denen trotz steigender Kollektor-Emitter-Spannung bei negativer werdendem Gleichtaktsignal der Kollektorstrom durch die Konstantstromquelle aufgezwungen wird. Vielmehr bestimmt die bis zur Sättigungsspannung sinkende Kollektor-Emitter-Spannung des V3 die Aussteuergrenze für ein negatives Gleichtaktsignal.

Aufgabe 6 Errechnen Sie für die Schaltung nach Abb. 10.12 die negative Aussteuergrenze für das Gleichtaktsignal $U_1 = U_1'$.

Ergebnis: An die Eingänge des Differenzverstärkers mit Konstantstromquelle darf innerhalb eines durch die Schaltungsdaten bestimmten Aussteuerbereiches ein Gleichtaktsignal angelegt werden, das keinen Einfluß auf die Ausgangsspannung U_2 und die Kollektorströme der Transistoren nimmt. Als Gleichtaktsignale sind auch temperaturbedingte Änderungen der Basis-Emitter-Spannungen der Transistoren zu betrachten, die die Ausgangsspannung nicht verändern dürfen.
Diese Feststellung ist für die Kopplung von Differenzverstärkerstufen sehr wichtig.

10.1.3.1 Differenzsignal an den Eingängen des Verstärkers

Der Eingang U_1' des Differenzverstärkers wird mit Schaltungsnull (Masse) verbunden; an dem Eingang U_1 liegt ein Gleichspannungssignal, $U_1 = +0{,}5$ V.
In das Schaltbild nach Abb. 10.13 sind grau unterlegt die Ströme und Spannungen sowie Potentiale gegen Masse eingetragen, die für $U_1 = U_1' = 0$ gelten.

Rot unterlegt finden sich die Werte für die Aussteuerung mit $U_1 = +0{,}5$ V.

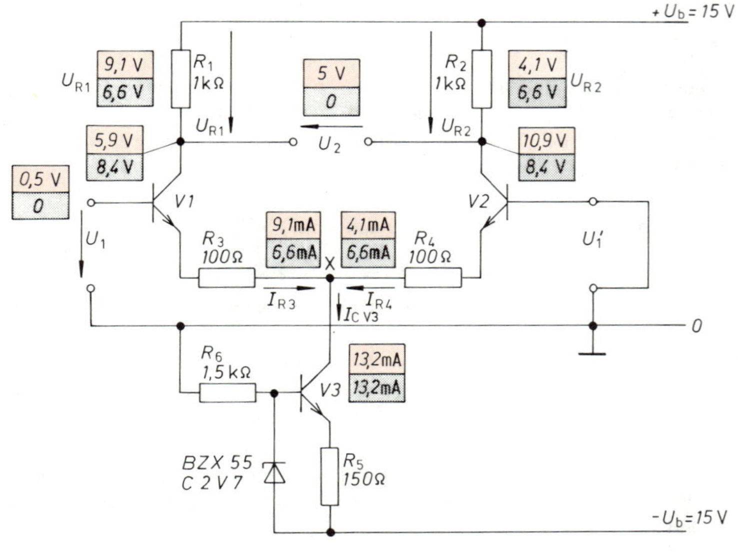

Abb. 10.13

Durch das Anlegen des Eingangssignals haben sich Basis- und Emitterpotential von V 1 um den Wert der Eingangsspannung geändert.

Basis und Emitter des V 2 behalten ihr altes Potential, da $U_1' = 0$ geblieben ist.
Daher erscheint das angelegte Differenzsignal $U_1 - U_1'$ als Spannungsdifferenz zwischen den Emittern von V 1 und V 2.
Aufgrund der oben angenommenen Aussteuerung hat sich der Kollektorstrom durch V 1 und damit auch I_{R3} um den Betrag ΔI_{R3} erhöht.

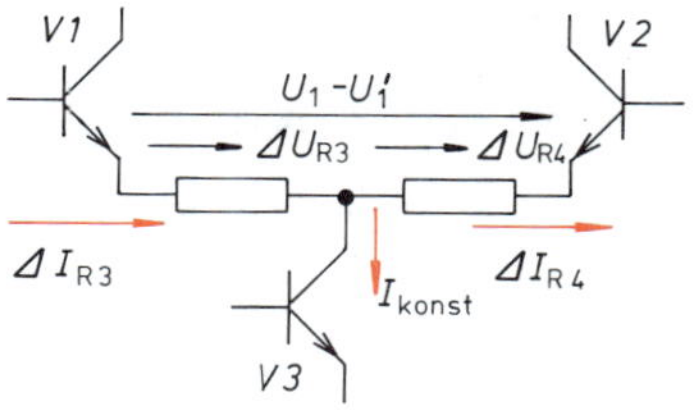

Abb. 10.14

Weil die Konstantstromquelle mit V 3 aber die **Stromsumme** $I_{R3} + I_{R4}$ stabilisiert, muß I_{R4} um den gleichen Betrag kleiner geworden sein, um den I_{R3} gestiegen ist.

$$\Delta I_{R3} - \Delta I_{R4} = 0 \qquad \Delta I_{R3} = \Delta I_{R4}$$

Diese Stromänderungen führen in den Widerständen R_3 und R_4 zu Spannungsänderungen:

$$\Delta U_{R3} = R_3 \cdot \Delta I_{R3} \qquad \Delta U_{R4} = R_4 \cdot \Delta I_{R4}$$

Bei gleichen Werten der Emitterwiderstände sind auch die Spannungsänderungen gleich groß:

$$\Delta U_{R3} = \Delta U_{R4}$$

Wie das Detailschaltbild nach Abb. 10.14 zeigt, ergeben die Spannungsänderungen $\Delta U_{R3} + \Delta U_{R4}$ zusammen die zwischen den Emittern des V 1 und V 2 liegende Eingangsspannung des Differenzverstärkers.

$$U_1 - U_1' = \Delta U_{R3} + \Delta U_{R4}$$ mit $\Delta U_{R3} = \Delta U_{R4}$ ergibt sich:

$$\Delta U_{R3} = \tfrac{1}{2}\,(U_1 - U_1')$$

$$\Delta U_{R4} = \tfrac{1}{2}\,(U_1 - U_1')$$

Weiter läßt sich der Wert der Stromänderungen $\Delta I_{R3} = \Delta I_{R4}$ aus dem Wert des Differenzsignals am Verstärker und dem Widerstandswert $R_3 = R_4$ angeben.

$$\Delta I_{R3} = \frac{\Delta U_{R3}}{R_3} \qquad \Delta I_{R4} = \frac{\Delta U_{R4}}{R_4}$$

$$\Delta I_{R3} = \frac{\tfrac{1}{2}\,(U_1 - U_1')}{R_3} \qquad \Delta I_{R4} = \frac{\tfrac{1}{2}\,(U_1 - U_1')}{R_4}$$

Bei Vernachlässigung der Basisströme gilt:

$$\Delta I_{R3} = \Delta I_{R1}$$

$$\Delta I_{R4} = \Delta I_{R2}$$

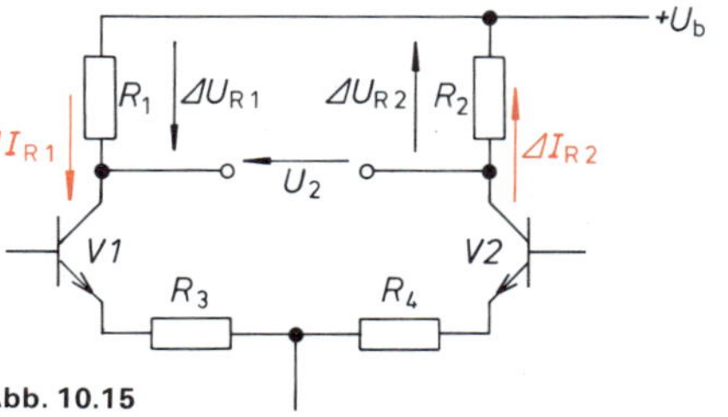

Abb. 10.15

Die Stromänderungen ΔI_{R1} und ΔI_{R2} sind ebenfalls entgegengesetzt gleichgroß, so daß sich die in Abb. 10.15 eingetragenen Spannungsänderungen ΔU_{R1} und ΔU_{R2} ergeben. U_{R1} steigt, U_{R2} sinkt. Sie addieren sich zur Ausgangsspannung U_2.

$$U_2 = \Delta U_{R1} + \Delta U_{R2} \qquad \Delta U_{R1} = \Delta I_{R1} \cdot R_1 = \Delta I_{R3} \cdot R_1$$

$$U_2 = \Delta I_{R3} \cdot R_1 + \Delta I_{R4} \cdot R_2 \qquad \Delta U_{R2} = \Delta I_{R2} \cdot R_2 = \Delta I_{R4} \cdot R_2$$

Für symmetrischen Aufbau des Differenzverstärkers gilt:

$$R_1 = R_2$$
$$R_3 = R_4$$

So ergibt sich Ausgangsspannung bzw. Spannungsverstärkung des Differenzverstärkers:

$$U_2 = \Delta I_{R3} \cdot R_1 + \Delta I_{R4} \cdot R_2 \qquad \Delta I_{R3} = \Delta I_{R4}$$

$$U_2 = 2 \cdot \Delta I \cdot R_1 \qquad \Delta I = \frac{\frac{1}{2}(U_1 - U_1')}{R}$$

$$U_2 = \frac{(U_1 - U_1')R_1}{R_3}$$

$$V_U = \frac{U_2}{U_1 - U_1'}$$

$$V_U = \frac{R_1}{R_3}$$

Es sei nochmals daran erinnert, daß die aufgeführten Berechnungen Näherungen darstellen, die nach der in Abb. 10.7 dargestellten Vereinfachung gültig sind.

10.1.4 Anwendung des einstufigen Differenzverstärkers

In Meßgeräten, die unter der Bezeichnung „FET-Voltmeter" bekannt sind, werden mit Feldeffekttransistoren bestückte, einstufige Differenzverstärker verwendet.
Der Feldeffekttransistor bietet gegenüber dem bipolaren Transistor den Vorteil, daß beim Ansteuern kein Strom fließt. Ein mit FET's aufgebauter Spannungsmesser hat die ideale Eigenschaft, nämlich einen unendlich hohen Innenwiderstand.

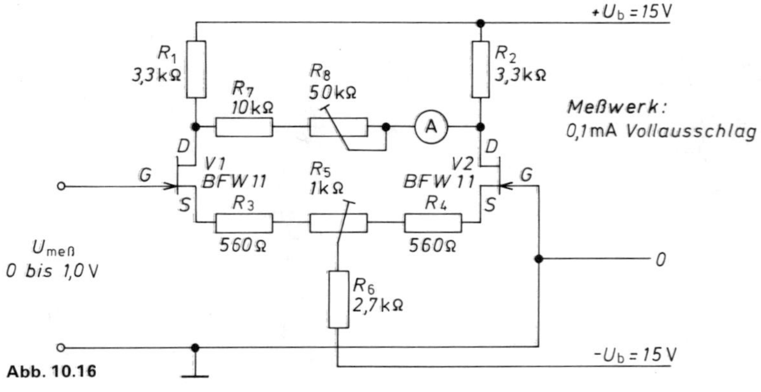

Abb. 10.16

Kalibrieren[1]) des Spannungsmessers

a) Nullpunkt

Bei $U_{meß} = 0$ soll das Anzeigeinstrument ebenfalls Null anzeigen. Dies ist der Fall, wenn die Drain-Anschlüsse von V1 und V2 gleiches Potential haben.
Wegen unvermeidbarer Exemplarstreuungen der Bauelemente, besonders der Transistoren, wird das *Symmetrieren* des Differenzverstärkers mit Hilfe des R_5 erforderlich.

[1]) kalibrieren = auf genaues Maß bringen

Man legt den Eingang des Spannungsmessers auf Schaltungsnull und justiert R_5 so, daß das Anzeigeinstrument Null anzeigt.
Dieser Abgleich ist bei jedem Differenzverstärker erforderlich. Er hat im angelsächsischen Sprachraum die Bezeichnung offset[1]).

b) Bereich

Bei $U_{meß} = 1{,}0$ V soll das Anzeigeinstrument Vollausschlag zeigen. Bei dieser Meßspannung ist der Differenzverstärker so ausgesteuert, daß Drain des V1 negativer als Drain des V2 ist.
R_8 wird so justiert, daß die Spannungsdifferenz $U_{DV1\,DV2}$ durch die Reihenschaltung von R_7, R_8 und das Meßwerk gerade den Strom für Vollausschlag des Instrumentes treibt.

10.1.5 Kopplung von Differenzverstärkerstufen

Beim FET-Spannungsmesser nach Abb. 10.16 liegt der Schwerpunkt in der leistungslosen Ansteuerung der Verstärkerstufe und nicht bei einer möglichst hohen Spannungsverstärkung.
Wird für andere Anwendungen, wie z.B. Thermoelement-Meßverstärker, eine hohe Spannungsverstärkung gefordert, so ist dies mit *einer* Verstärkerstufe nicht zu schaffen.
Üblicherweise schaltet man dann das Ausgangssignal der ersten Stufe auf den Eingang der nächsten Stufe, in der das bereits verstärkte Meßsignal nochmals verstärkt wird.

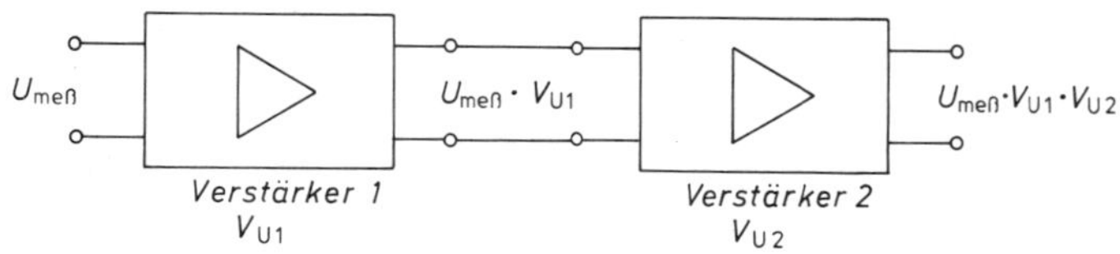

Abb. 10.17

Schaltungstechnisch wird beim Wechselspannungsverstärker zum Ansteuern der nächsten Stufe ein Koppelkondensator erforderlich, dessen Blindwiderstand für die zu übertragende Frequenz klein gegen den Eingangswiderstand der folgenden Stufe sein muß.

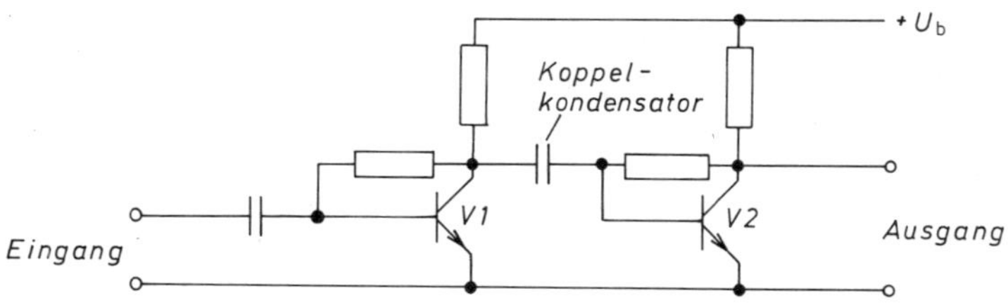

Abb. 10.18

Die Aufgabe des Koppelkondensators in der Schaltung nach Abb. 10.18 ist die galvanische Trennung des Gleichspannungspotentials am Kollektor des V1 von dem der Basis des V2. Der Verstärker überträgt daher keine Gleichspannungssignale.

[1]) offset engl. Ausgleich, Kompensation

Die Schaltung nach Abb. 10.19 zeigt die Kopplung zweier Differenzverstärkerstufen. Da keine Koppelkondensatoren verwendet werden, liegt galvanische Kopplung vor. Es werden auch Gleichspannungssignale übertragen.

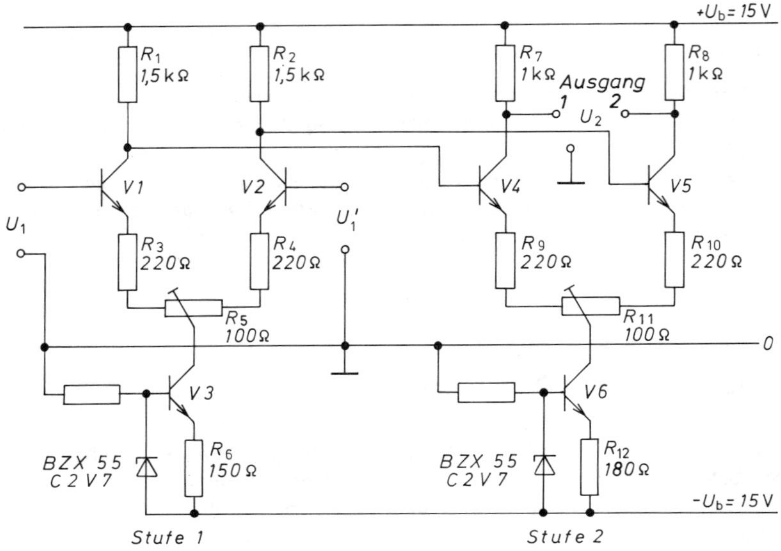

Abb. 10.19

Aus den vorangegangenen Berechnungen der Aufgabe 4 und dem Schaltbeispiel von Abb. 10.13 ist bekannt, daß bei Eingangssignalen $U_1 = U_1' = 0$ die Kollektorpotentiale von V1 und V2 zwar gleich, aber gemeinsam positiv gegen Schaltungsnull sind. Wird der Ausgang der ersten Stufe mit dem Eingang der zweiten Stufe verbunden, so beaufschlagt man die zweite Differenzverstärkerstufe mit einem Gleichtaktsignal.

Ein Differenzverstärker unterdrückt aber Gleichtaktsignale, so daß sich die Ausgangsspannung U_2 wegen des Gleichspannungspotentials an den Basen von V4 und V5 nicht ändert. Der Verstärker wird wiederum nur durch ein Differenzsignal $U_1 - U_1'$ ausgesteuert.

Es muß bei der Dimensionierung der Stufen jedoch sichergestellt werden, daß der auf die zweite Stufe geschaltete Gleichspannungswert innerhalb der Aussteuergrenzen für ein Gleichtaktsignal dieser Stufe liegt.

Aufgabe 7 Errechnen Sie anhand der Schaltung nach Abb. 10.19 die Spannungsverstärkung $V_U = \frac{U_2}{U_1 - U_1'}$ sowie den Gleichspannungswert $U_{CV5\perp}$, wenn $U_1 = U_1' = 0$ ist.

Mehrstufige Differenzverstärker werden als integrierte Schaltkreise hergestellt und tragen die Bezeichnung Operationsverstärker.

Als Beispiel für einen vierstufigen Differenzverstärker, der von der Firma Texas Instruments als Video-Verstärker angeboten wird, dient der SN 7510 TAA 721 (Abb. 10.20).

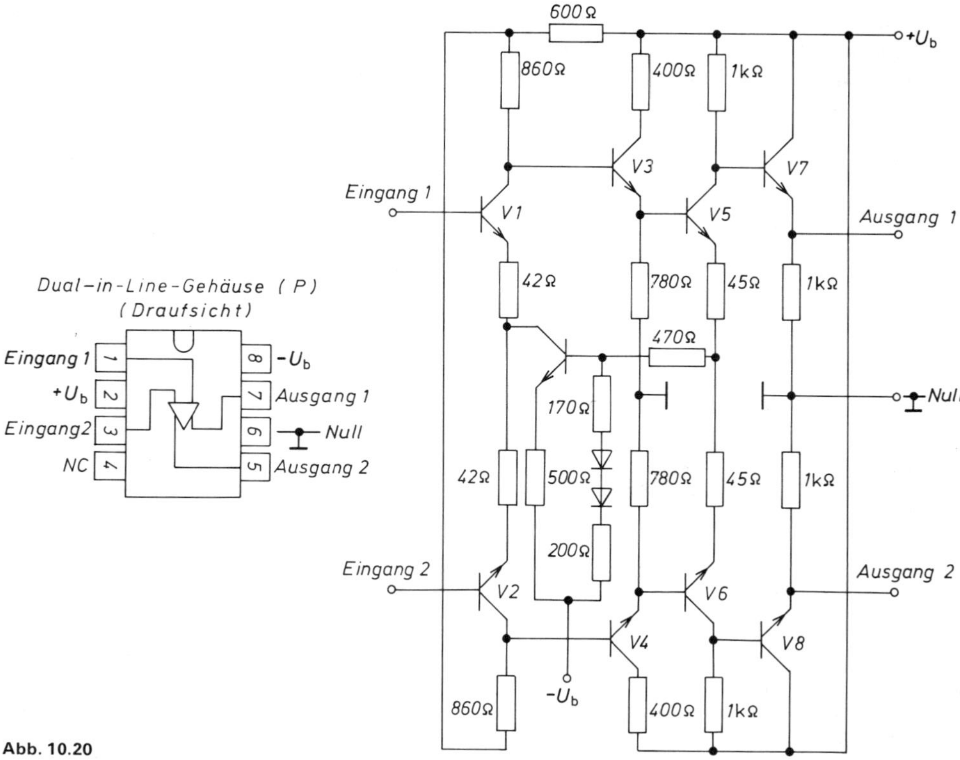

Abb. 10.20

Die erste Stufe mit V1 und V2 entspricht der anhand Abb. 10.12 ausführlich behandelten Schaltung.

Die folgende Stufe mit V3 und V4 ist ein Impedanzwandler (Kollektorschaltung) für die Ausgangssignale der ersten Stufe. In der nächsten Stufe mit V5 und V6 findet wieder eine Spannungsverstärkung statt.

Der 470-Ω-Widerstand bewirkt eine Gegenkopplung von der dritten Stufe auf die Konstantstromquelle der ersten Stufe. Diese Gegenkopplung ist für das am Eingang der Schaltung liegende Gleichtaktsignal wirksam und vergrößert dessen Aussteuerbereich.

Die vierte und letzte Stufe ist wiederum ein Impedanzwandler, der für niedrigen Ausgangswiderstand der Schaltung sorgt.

10.1.6 Differenzverstärker mit unsymmetrischem Ausgang

In der Schaltung des FET-Spannungsmessers nach Abb. 10.16 besteht der Lastwiderstand, der an die Ausgangsklemmen des Differenzverstärkers angeschlossen ist, aus der Reihenschaltung von R_7, R_8 und dem Strommesser.

Dieser Lastwiderstand ist potentialfrei, d. h. er ist nicht einpolig an ein festes Potential gebunden. Häufiger besteht in der Praxis jedoch die Forderung, die Ausgangsspannung des Differenzverstärkers möge auf Schaltungsnull bezogen sein, weil der verwendete Lastwiderstand bereits einpolig an Null liegt. Solch ein „Lastwiderstand" ist oft der Eingangswiderstand des auf den Differenzverstärker folgenden Gerätes zur weiteren Signalverarbeitung.

Vom unsymmetrischen Ausgang verlangt man, daß sein Potential Null ist, wenn das Eingangs-Differenzsignal $U_1 - U_1'$ ebenfalls Null ist.
Die unsymmetrische Ausgangsstufe ist im Schaltbild nach Abb. 10.21 zur Vereinfachung an einen einstufigen Differenzverstärker angeschlossen.

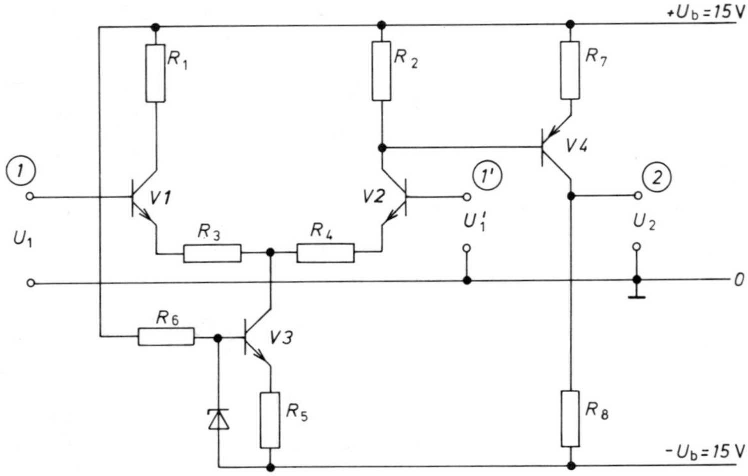

Abb. 10.21

Die Stufe mit V4 wird vom Signal am Kollektor des V2 angesteuert, das Potential ändert sich durch Aussteuerung des Differenzverstärkers hier entgegengesetzt um den gleichen Betrag wie das am Kollektor des V1.

Die für die Differenzverstärkerstufe mit symmetrischem Ausgang abgeleitete Spannungsverstärkung

$$V_U = \frac{U_{CV1\,CV2}}{U_1 - U_1'} = \frac{R_1}{R_3} = \frac{R_2}{R_4}$$

verringert sich auf die Hälfte, wenn man das Ausgangssignal zwischen Null und einem Kollektor, des V1 oder V2 abgreift.

$$V_U = \frac{\Delta U_{C\perp}}{U_1 - U_1'} = \frac{R_1}{2\,R_3} = \frac{R_2}{2\,R_4}$$

Die unsymmetrische Ausgangsstufe arbeitet in Emitter-Schaltung mit Stromgegenkopplung und bewirkt eine Signalverstärkung, die sich überschlägig aus dem Widerstandsverhältnis ergibt.

$$V_{UV4}' = \frac{R_8}{R_7}.$$

Die Gesamtverstärkung der in Abb. 10.21 dargestellten Schaltung ist das Produkt aus den Stufenverstärkungen

$$V_{U\,ges} = \frac{R_1}{2\,R_3} \cdot \frac{R_8}{R_7}.$$

Das Verhältnis $\frac{R_8}{R_7}$ ist nicht frei wählbar, sondern ergibt sich aus der Forderung, daß bei $U_1 = U_1'$ am Differenzverstärker die Ausgangsspannung $U_2 = 0$ sein soll.

Ein Berechnungsbeispiel wird anhand der Schaltung nach Abb. 10.22 durchgeführt. Das Kollektorpotential am V2 ohne Aussteuerung sei mit $U_{CV2\perp} = 5$ V angenommen.

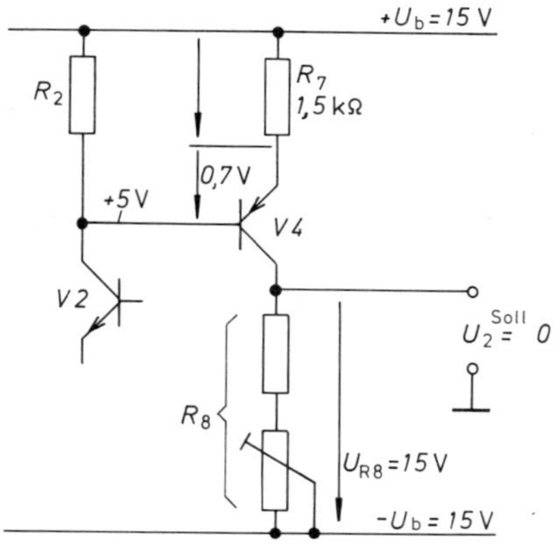

$$U_{R7} = U_b - (U_{CV2\perp} + U_{Schwell V4})$$

$$U_{R7} = 15\ V - (5\ V + 0{,}7\ V)$$

$$U_{R7} = 9{,}3\ V$$

$$\frac{R_8}{U_{R8}} = \frac{R_7}{U_{R7}}$$

$$R_8 = \frac{R_7 \cdot U_{R8}}{U_{R7}} = \frac{1{,}5\ k\Omega \cdot 15\ V}{9{,}3\ V} = 2{,}42\ k\Omega.$$

Abb. 10.22

Aufgabe 8 Welche Spannungsverstärkung besitzt die in Abb. 10.22 dargestellte und berechnete Stufe?

Aufgabe 9 Ergänzen Sie die Schaltung von Abb. 10.19 durch eine unsymmetrische Ausgangsstufe.
Der Kollektorruhestrom soll $I_C = 15$ mA betragen. Dimensionieren Sie die Stufe.

Würde man den Differenzverstärker nach Abb. 10.21 als integrierten Schaltkreis bauen, so müßten folgende Anschlüsse herausgeführt und extern beschaltet werden:

Betriebsspannung	———	Anschluß	$+U_b$
Betriebsspannung	———	Anschluß	$-U_b$
Ausgang (2)	———	Anschluß	Kollektor V4
Eingang (1)	———	Anschluß	Basis V1
Eingang (1')	———	Anschluß	Basis V2

Schaltungsnull wird im Innern des Schaltkreises nicht benötigt.
Der Eingang mit U_1 wird als invertierender[1]) Eingang bezeichnet, weil eine Signaländerung hier eine gegenphasige Änderung des Ausgangssignals U_2 bewirkt.
Der Eingang mit U_1' ist der nichtinvertierende Eingang, weil die Signaländerungen von U_1' und U_2 gleichphasig sind.

[1]) invertieren = umkehren

Aufgabe 10 Schildern Sie den Funktionsablauf in der Schaltung nach Abb. 10.21, wenn $U_1' = 0$ ist und die Eingangsspannung U_1 positiver wird.
Begründen Sie damit die Bezeichnung „invertierender Eingang".
Überprüfen Sie auf die entsprechende Weise die Funktion des nichtinvertierenden Eingangs.

Die bisher behandelten Schaltungen des Differenzverstärkers bilden die Grundlage für die ausgefeilte und fast perfekte Schaltungstechnik, die in den als integrierte Schaltkreise angebotenen Verstärkern zur Anwendung kommt.
Diese Verstärker sind mehrstufig aufgebaut und weisen eine sehr hohe Spannungsverstärkung auf.

Die Funktion der Gesamtschaltung ist aber identisch mit der hier besprochenen Grundschaltung.
So darf für den mehrstufigen Differenzverstärker, der die Bezeichnung Operationsverstärker führt, statt der Darstellung der Innenschaltung ein Symbol verwendet werden (Abb. 10.23).

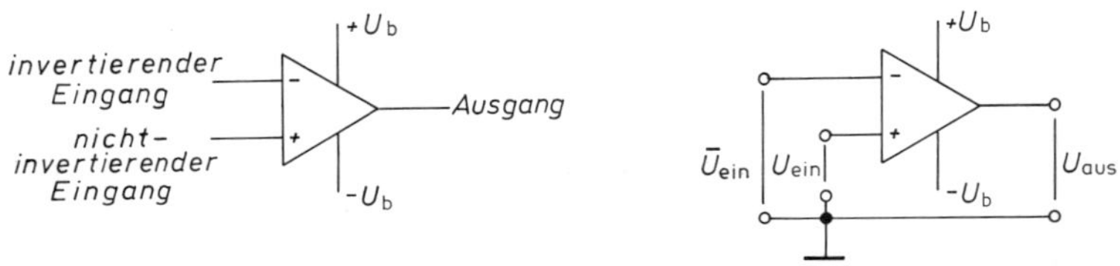

Abb. 10.23 einpolige Darstellung zweipolige Darstellung

10.2 Operationsverstärker

Allgemeines

In der Elektronik werden Verstärker an vielen Stellen eingesetzt.

Zum Beispiel als Schaltverstärker,
Niederfrequenzverstärker,
Meßverstärker für Gleich- und Wechselstrom,
Hochfrequenzverstärker,
Resonanzverstärker,
Rechenverstärker in Analogrechnern,
Regelverstärker usw.

Früher wurde für jede Anwendung ein spezieller Verstärker entwickelt und aus diskreten Bauelementen aufgebaut. Heute trennt man im Verstärker die Bauteile, die die eigentliche Signalverstärkung bewirken, von denen, die dem Verstärker seine speziellen Eigenschaften verleihen.
Die Signalverstärkung geschieht durch aktive Bauelemente, die nicht an einen bestimmten Anwendungszweck gebunden sind. Sie lassen sich als Baustein in integrierter Form herstellen. Dieser Baustein fällt unter den Begriff Operationsverstärker. Der Begriff Operationsverstärker wurde zuerst in der Analogrechentechnik geprägt, da der Verstärker hier mit Hilfe seiner Beschaltung Rechenoperationen ausführt.

Inzwischen ist das Anwendungsgebiet des Operationsverstärkers weit über die Analogrechentechnik hinaus ausgeweitet, der Begriff wurde aber beibehalten.

Da der Operationsverstärker dem Anwender heute ausschließlich als integrierter Baustein vorliegt und die Kenndaten des Operationsverstärkers sich den theoretisch geforderten Idealdaten dank immer ausgefeilterer Halbleitertechnik mehr und mehr annähern, ist für den Praktiker die genaue Kenntnis der Innenschaltung nicht wichtig. Die speziellen Eigenschaften der gesamten Verstärkerschaltung werden fast nur noch durch die externen Bauelemente bestimmt, mit denen der Operationsverstärker beschaltet ist. Der Praktiker muß daher für eine gewünschte, spezielle Anwendung die richtige Beschaltung vornehmen können. Hier soll für dieses Kapitel der Schwerpunkt gesetzt werden.

10.2.1 Kenndaten eines Operationsverstärkers

Abb. 10.24 bis Abb. 10.26 zeigen Datenblätter des in der Praxis sehr häufig anzutreffenden Operationsverstärkers TBA 221, von anderen Herstellern auch mit µA 741 bezeichnet.

TBA 221 –741
TBA 221 A –741
TBA 221 B –741
TBA 222 –741

Operationsverstärker

Bauformen

TBA 221, TBA 222

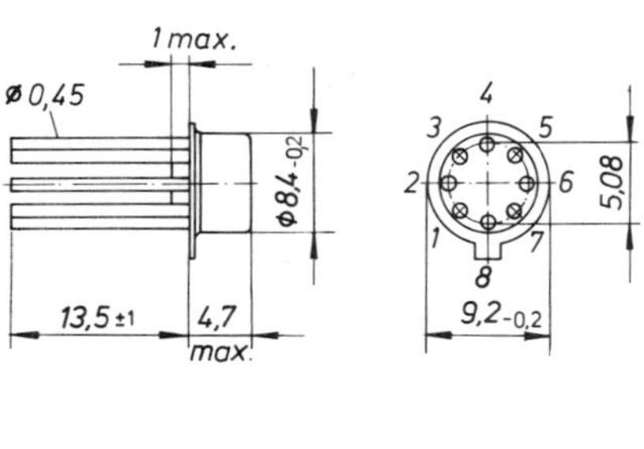

Gehäuse ähnl. 5 G 8 DIN 41 873 (TO–99)
Gewicht etwa 1,2 g, Maße in mm
Verbindung zwischen Pin 4 und Gehäuse

TBA 221 B

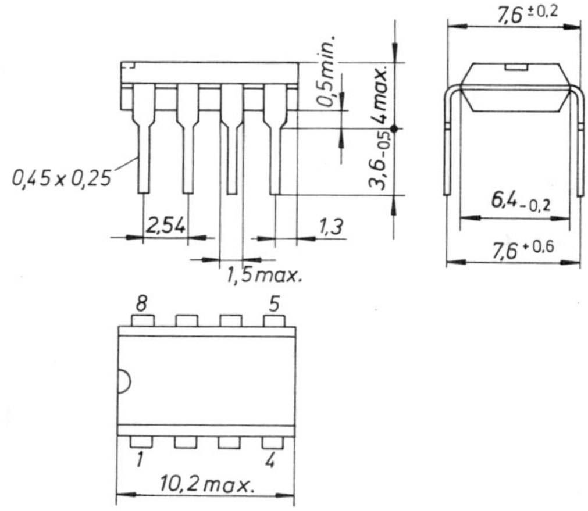

Plastik-Steckgehäuse 8 Anschlüsse:
20 A 8 DIN 41 866 Gewicht etwa 0,7 g

TBA 221 A

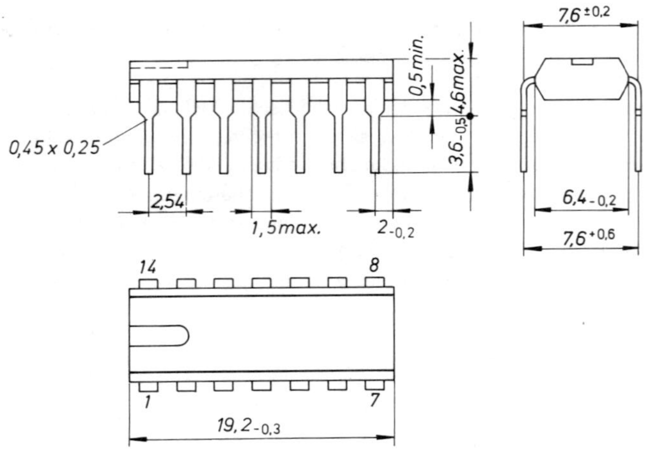

Plastik-Steckgehäuse 14 Anschlüsse;
20 A 14 DIN 41 866 (TO–116) Gewicht etwa 1,1 g

Abb. 10.24 Allgemeine Beschreibung und Bauformen des TBA 221

Schaltbild TBA 221, TBA 221 A, TBA 221 B, TBA 222

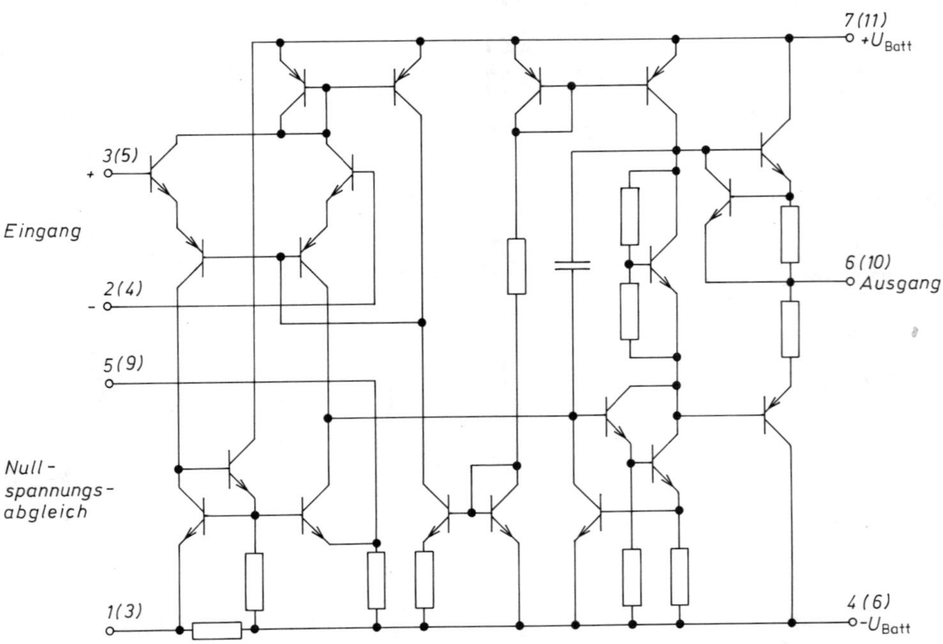

Zahlen in Klammern gelten für TBA 221A

Beim Typ TBA 221, TBA 221 A und TBA 222 (Plastik-Steckgehäuse 14 Anschlüsse) sind die Stifte (1), (2), (7), (12), (13) und (14) nicht belegt.
Beim Typ TBA 221 B (Plastik-Steckgehäuse 8 Anschlüsse) ist der Stift 8 nicht belegt.

Abb. 10.25 Schaltbild und Stiftbelegung des TBA 221

	Elektrische Kenndaten (U_{Batt} = ±15 V, T_U = 25 °C wenn nicht anders angegeben)		**TBA 221 TBA 221 A TBA 221 B TBA 221 W**			**TBA 222**			
			min	typ	max	min	typ	max	
d	Eingangs-Nullspannung	U_{EOS}			±6			±4	mV
d	($R_G \leqq 10$ kΩ, T_U = 0 bis 70 °C)	U_{EOS}			±7,5				mV
d	($R_G \leqq 10$ kΩ, T_U = −55 bis 125 °C)	U_{EOS}						±5,5	mV
e	Einstellbereich der Eingangs-Nullspannung	ΔU_{EOS}	±6			±6			mV
d	Eingangs-Nullstrom	I_{EOS}		20	200		20	100	nA
d	(T_U = 0 bis 70 °C)	I_{EOS}			300				nA
d	(T_U = −55 bis 125 °C)	I_{EOS}						400	nA
c	Eingangsstrom	I_E		80	500		80	350	nA
c	(T_U = 0 bis 70 °C)	I_E			800				nA
c	(T_U = −55 bis 125 °C)	I_E					0,3	1,2	µA
	Stromaufnahme	I_{Batt}		1,7	2,8		1,7	2,8	mA
	Ausgangskurzschlußstrom	I_{AS}		18			18		mA
	Eingangswiderstand	R_E	300	2000		300	2000		kΩ
	Ausgangswiderstand	R_A		75			75		Ω
	Ausgangsspannung								
	($R_L \geqq 10$ kΩ)	U_{aSS}	±12	±14		±12	±14		V
	($R_L \geqq 2$ kΩ)	U_{aSS}	±10	±13		±10	±13		V
	Eingangs-Spannungsbereich	U_{EG}	±12	±13		±12	±13		V
a	Spannungsverstärkung (U_{aSS} = ±10 V, $R_L \geqq 2$ kΩ)	V_U	86	100		94	106		dB
a	Spannungsverstärkung (U_{aSS} = ±10 V, $R_L \geqq 2$ kΩ, T_U = 0 bis 70 °C)	V_U	83,5						dB
a	Spannungsverstärkung (U_{aSS} = ±10 V, $R_L \geqq 2$ kΩ, T_U = −55 bis 125 °C)	V_U				88			dB
f	Gleichtaktunterdrückung ($R_G \leqq 10$ kΩ)	G	70	90		80	90		dB
	Betriebsspannungs-unterdrückung	$\frac{\Delta U_{EOS}}{\Delta U_{Batt}}$	30	150		30	100		µV/V
	Leerlaufleistungsverbrauch	P_D		50	85		50	85	mW
	Einschwingverhalten der Ausgangsspannung bei V_U = 1:								
	Anstiegszeit (U_E = 20 mV, (R_L = 2 kΩ, C_L = <100 pF (C_L = 20 mV, R_L = 2 kΩ, C_L < 100 pF)	t_r		0,3			0,3		µs
	Überschwingen			5			5		%
	Anstiegsflanke ($R_L \geqq 2$ kΩ)	$\frac{dU_{aSS}}{dt}$		0,5			0,5		V/µs
	Temperaturkoeffizient	der U_{EOS}					3		µV/°C
	Temperaturkoeffizient	der I_{EOS}					0,4		nA/°C
	Eingangskapazität	C_E		1,4			1,4		pF

Abb. 10.26

Die in Abb. 10.26 mit den Buchstaben a bis f bezeichneten Kenndaten werden in der Reihenfolge des Alphabet näher erläutert.

Zu a) Spannungsverstärkung V_U

Dieser Wert wird nicht als Verhältnis der Ausgangsspannung zur Spannungsdifferenz zwischen den Eingängen angegeben, sondern in dB (Dezibel).
Dezibel ist ein dimensionsloses Maß, das den Logarithmus eines Verhältnisses (Spannungs-, Strom- oder Leistungsverhältnis) angibt.
Die Angabe der Spannungsverstärkung im logarithmischen Maß hat den Vorteil einfacher grafischer Darstellung der Abhängigkeit der Verstärkung von anderen Größen.
Abb. 10.27 zeigt den Zusammenhang zwischen dem Spannungsverhältnis (z. B. V_U) und der Angabe dieses Verhältnisses in dB.

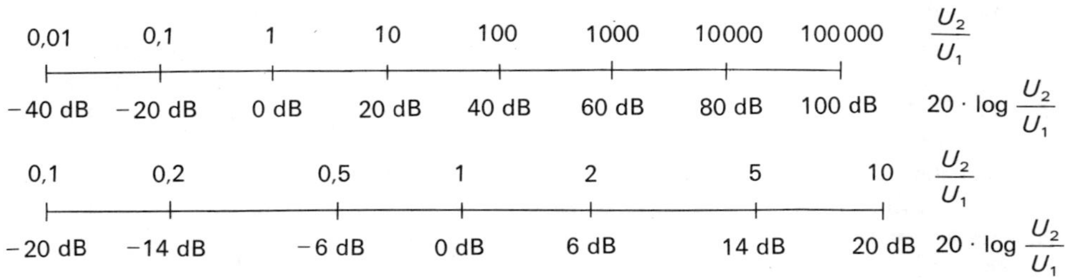

Abb. 10.27

Beispiel:

Die im Datenblatt angegebene Verstärkung $V_U = 100$ dB entspricht einem Spannungsverhältnis $V_U = 100\,000$.

Daraus ergibt sich der Wert des an den Eingang anzulegenden Differenzsignals, um am Ausgang Vollaussteuerung $U_{aus} = 13$ V zu erreichen:

$$V_U = \frac{\Delta U_{aus}}{\Delta U_{ein}} =$$

$$\Delta U_{ein} = \frac{\Delta U_{aus}}{V_U} = \frac{13\ \text{V}}{100\,000} = 130\ \mu\text{V}$$

Diese notwendige Eingangsspannung ist so gering, daß sie mit den üblichen Labormeßgeräten nicht gemessen werden kann.
Der Praktiker vereinfacht seine Berechnungen an Schaltungen mit Operationsverstärkern mit der Annahme, die Eingangs-Spannungsdifferenz sei im Aussteuerbereich der Ausgangsspannung Null.

Zu b) Eingangs-Spannungsbereich U_{EG}

Innerhalb dieses Bereiches darf zwischen invertierenden und nichtinvertierenden Eingang ein Differenzsignal der unter a (Spannungsverstärkung) berechneten Größenordnung angelegt werden, um den Verstärker auszusteuern.
Der Eingangs-Spannungsbereich legt die Grenzen für das Gleichtaktsignal fest, das an den Eingängen gegen Masse liegen darf.

Zu c) Eingangsstrom I_E

Auch ohne Aussteuerung durch ein Differenzsignal muß ein Ruhestrom in die Eingänge fließen. Wie Abb. 10.25 zeigt, sind die Eingangsströme die Basisströme der Transistoren in der ersten Verstärkerstufe.
Hieraus wird weiterhin deutlich, daß der Operationsverstärker niemals mit einem offenen Eingang betrieben werden darf.

Zu d) Eingangs-Nullspannung U_{EOS}, Eingangs-Nullstrom I_{EOS}

Wegen der unvermeidbaren Unsymmetrien der Differenzverstärkerstufen, bedingt durch Exemplarstreuungen der Bauelemente, ist es erforderlich, am Eingang des Operationsverstärkers einen offset-Abgleich vorzunehmen.

Die Größen U_{EOS} bzw. I_{EOS} sind die notwendigen Differenzsignale, die an die Eingänge gelegt werden müssen, um die Ausgangsspannung auf Null zu bringen. Die Werte von U_{EOS} und I_{EOS} sind von Exemplar zu Exemplar des Operationsverstärker-Typs verschieden, der offset-Abgleich muß einzeln vorgenommen werden.

Zu e) Einstellbereich der Eingangs-Nullspannung ΔU_{EOS}

Der Operationsverstärker TBA 221 besitzt zwei Anschlüsse, an die ein Trimmwiderstand $R = 10\ \text{k}\Omega$ angeschlossen werden kann, dessen Schleifer mit der negativen Betriebsspannung verbunden ist. Dieser Widerstand dient zum offset-Abgleich und bewirkt maximal die angegebene Eingangs-Nullspannung (siehe Abb. 10.28).

Wird der offset-Abgleich nicht gewünscht, so können die hierfür vorgesehenen Anschlüsse frei bleiben.

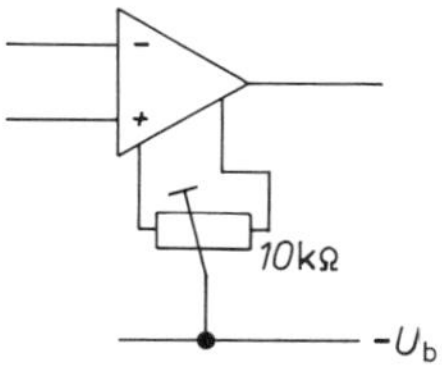

Abb. 10.28
Nullspannungsabgleich beim TBA 221

Zu f) Gleichtaktunterdrückung G

Im Kapitel „Differenzverstärker" wurde festgestellt, daß Gleichtaktsignale zu keiner Änderung des Ausgangssignals führen sollen.

Bezieht man jedoch die Unsymmetrien der Differenzverstärkerstufen durch Exemplarstreuungen, besonders der Transistoren, mit ein, so muß das Festgestellte eingeschränkt werden.

Gleichtaktsignale werden gegenüber Differenzsignalen zwar unterdrückt, beeinflussen aber die Ausgangsspannung doch in geringem Maße.

Man beurteilt die Gleichtaktunterdrückung durch folgendes Meßverfahren:

Voraussetzung: offset-Abgleich, wenn die Eingänge auf Null liegen.

1. Die Eingänge des Operationsverstärkers sind miteinander verbunden und werden mit einem Gleichtaktsignal U_G beaufschlagt, das eine Ausgangsspannungsänderung ΔU_{aus} bewirkt.
2. Das Gleichtaktsignal wird zurückgenommen, die Eingänge des Operationsverstärkers voneinander getrennt.
   Ein Eingang wird auf Null gelegt und ein Differenzsignal aufgeschaltet, das die gleiche Ausgangsspannungsänderung ΔU_{aus} zur Folge hat, wie sie vorher durch das Gleichtaktsignal erzielt wurde.
   Bei hoher Gleichtaktunterdrückung ist das unter Punkt 1 ermittelte Gleichtaktsignal groß gegenüber dem unter Punkt 2 gefundenen Differenzsignal.
   Das logarithmische Verhältnis beider Spannungswerte ist die Gleichtaktunterdrückung G:

$$G = 20 \cdot \log \cdot \frac{U_G}{U_{diff}}$$

Statt G findet sich auch die Bezeichnung CMRR[1]).

[1]) CMRR = Common mode rejection ratio

10.2.1.1 Frequenzverhalten des Operationsverstärkers TBA 221

Die im Datenblatt Abb. 10.26 angegebene Spannungsverstärkung $V_{Utyp} = 100$ dB gilt nur für Frequenzen $f < 100$ Hz.
Mit steigender Frequenz sinkt dank einer internen Frequenzkompensation die Verstärkung (Abb. 10. 29).

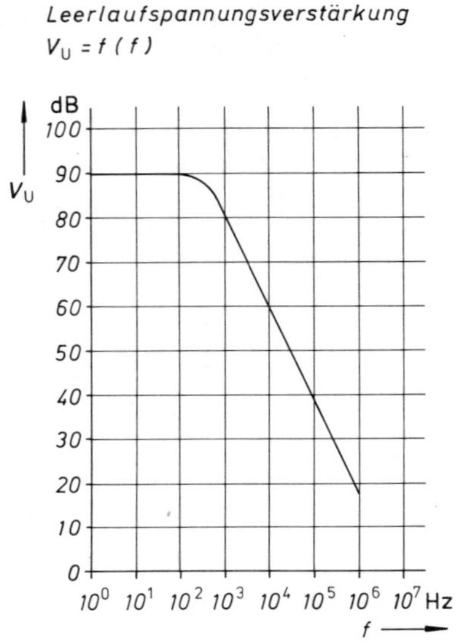

Abb. 10.29

Diese Maßnahme verhindert die wegen der Schaltkapazitäten und Induktivitäten sonst mögliche Selbsterregung mit hoher Frequenz.
Einige Typen der Operationsverstärker bieten durch externe Beschaltung die Möglichkeit, die Frequenzkompensation dem Anwendungsfall anzupassen (z. B. TAA 522, µA 709).

10.2.2 Idealdaten eines Operationsverstärkers

Spannungsverstärkung	$V_U \rightarrow \infty$
Eingangsströme	$I_E \rightarrow 0$
Eingangswiderstand	$R_E \rightarrow \infty$
Ausgangswiderstand	$R_A \rightarrow 0$

Aus der Angabe $V_U \rightarrow \infty$ folgt, daß das zur Aussteuerung erforderliche Differenzsignal unendlich klein ist.

10.3 Rückkopplung

Die Spannungsverstärkung des Operationsverstärkers beträgt z. B. $V_U = 100\,000$ und wird als Idealwert mit $V_U \rightarrow \infty$ angenommen.
Wird in einer Schaltung z. B. die Verstärkung $V_U = 50$ gefordert und soll ein Operationsverstärker eingesetzt werden, so muß durch eine geeignete äußere Beschaltung der gewünschte Verstärkungswert realisiert werden.
Diese fast in jeder Anwendung erforderliche Beschaltung bewirkt stets das Zurückführen eines Teils des Ausgangssignals auf den Eingang der Schaltung.

Man spricht von Rückkopplung.

Die Rückkopplung kann zwei unterschiedliche Wirkungen haben:

Mitkopplung
Der zurückgeführte Anteil der Ausgangsspannung vergrößert das am Verstärker wirksame Eingangssignal.

Gegenkopplung
Der zurückgeführte Anteil der Ausgangsspannung verringert das am Verstärkereingang wirksame Signal.

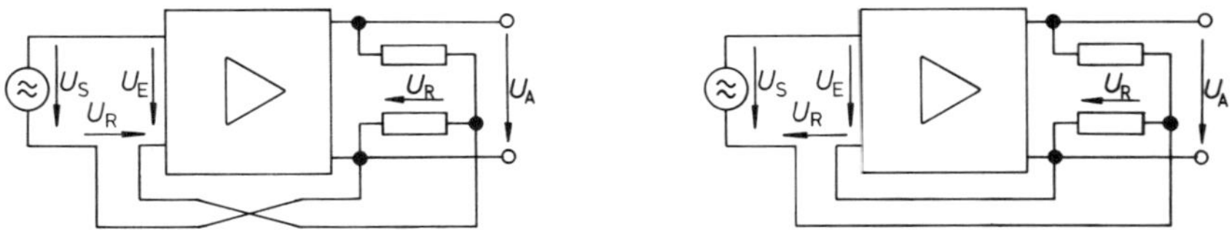

U_S Spannung der Signalquelle
U_R Rückkopplungsspannung
U_E Verstärker-Eingangsspannung
U_A Verstärker-Ausgangsspannung

$U_E = U_S + U_R$

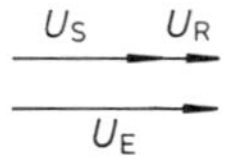

$U_E = U_S - U_R$

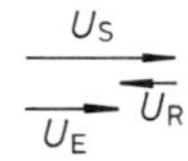

Abb. 10.30

In den gezeigten Beispielen der Mit- und Gegenkopplung sind die Spannungen U_S und U_R in Phase bzw. Gegenphase.
Durch RC-, RL- oder LC-Kombinationen im Rückkopplungszweig ergeben sich für Wechselspannung beliebige Phasenbeziehungen zwischen U_S und U_R.
Entscheidend für die Frage, ob Mit- oder Gegenkopplung vorliegt, ist jedoch die Auswirkung der Rückkopplungsspannung auf die Amplitude von U_E.

Mitkopplung: $U_E > U_S$ **Gegenkopplung**: $U_E < U_S$

Die im folgenden Kapitel besprochenen Beschaltungsbeispiele für Operationsverstärker sind unterteilt in:

a) Schaltungen ohne Rückkopplung,
b) Schaltungen mit Mitkopplung,
c) Schaltungen mit Gegenkopplung.

10.4 Beschaltungen für den Operationsverstärker

10.4.1 Schaltungen ohne Rückkopplung, Komparator[1])

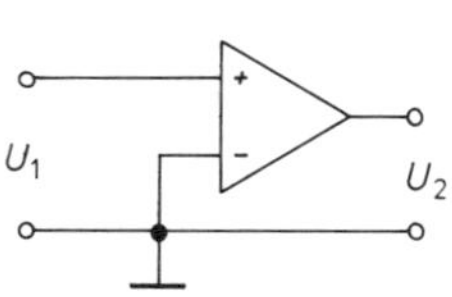

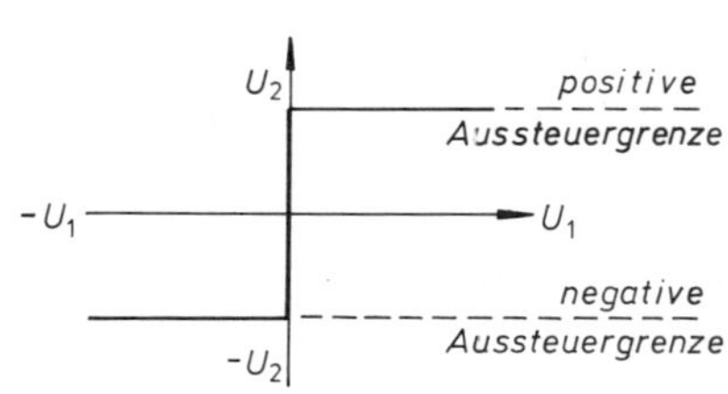

Abb. 10.31

[1]) to compare (engl.) = vergleichen

Zwischen Eingang und Ausgang der Schaltung nach Abb. 10.31 wird die gesamte Verstärkung des Operationsverstärkers wirksam, nach der vereinbarten Näherung:

$$V_U = \frac{\Delta U_2}{\Delta U_1} \to \infty$$

Daher führt die geringste Eingangsspannung U_1 zu einer Aussteuerung U_2 bis an die Grenze.
Wird statt des invertierenden der nichtinvertierende Eingang auf Null gelegt, so kehrt sich die Wirkungsrichtung um, wie Abb. 10.32 zeigt.

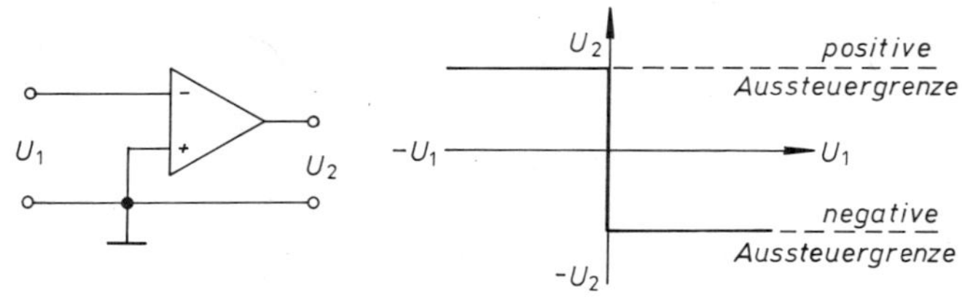

Abb. 10.32

Die Komparatoren nach Abb. 10.31 und Abb. 10.32 schalten, sobald die Eingangsspannung U_1 das Potential 0 durchläuft.
Soll der Schaltpunkt des Komparators bei einer Spannung $U_1 \neq 0$ liegen, so wird eine Vergleichsspannung erforderlich, die den in Abb. 10.31 bzw. 10.32 auf Null liegenden Eingang des Operationsverstärkers mit der gewünschten „Schaltspannung" vorspannt.
Der Signalwechsel am Ausgang findet statt, sobald die Spannung zwischen den Eingängen des Operationsverstärkers den Wert 0 durchläuft.

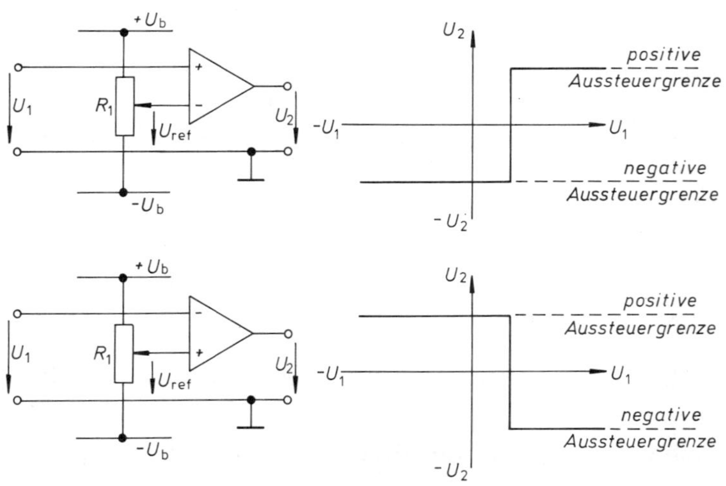

Abb. 10.33

Die Vergleichsspannung, auch als Referenzspannung U_{ref} bezeichnet, kann in den Schaltungen nach Abb. 10.33 durch den Stellwiderstand R_1 beliebig im gesamten Betriebsspannungsbereich liegen. Dadurch kann der Schaltpunkt frei zwischen $-U_b$ und $+U_b$ gewählt werden.
Voraussetzung für die Funktion des Komparators ist jedoch, daß der Schaltpunkt innerhalb des vom Hersteller des Operationsverstärkers angegebenen Eingangsgleichtaktbereiches liegt.
Bei Operationsverstärkern mit kleinem Eingangsgleichtaktbereich bieten die Schaltungen nach Abb. 10.34 eine Lösung, auch wenn der gewünschte Schaltpunkt außerhalb des Betriebsspannungsbereiches liegen soll.

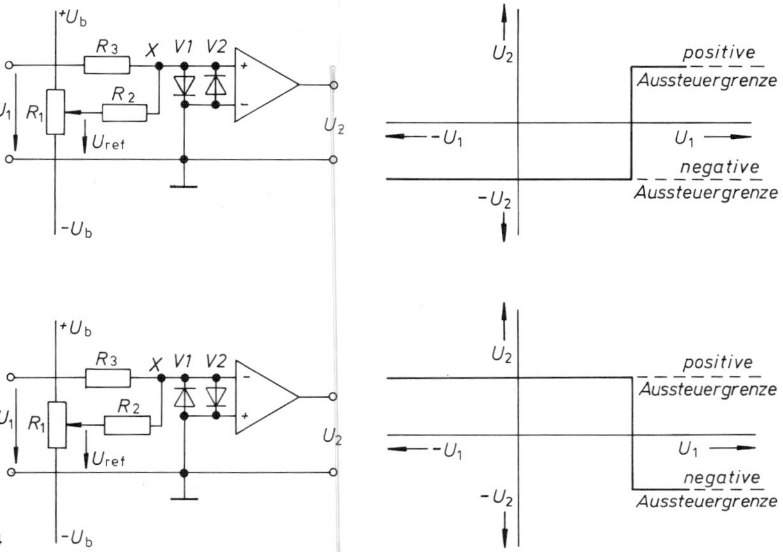

Abb. 10.34

Die Komparatoren nach Abb. 10.34 schalten, sobald das Potential am Punkt x den Wert 0 durchläuft. In diesem Zustand sind die Dioden V1 und V2 unwirksam, da sie unterhalb ihrer Schwellenspannung (ca. 0,7 V bei Silizium) einen nahezu unendlich hohen Widerstand aufweisen. Weil in den Operationsverstärker verabredungsgemäß kein Eingangsstrom fließt, dürfen R_2 und R_3 wie eine Reihenschaltung behandelt werden.

Gesucht ist daher die Bedingung, unter der $U_{x\perp} = 0$ ist. Ist sie erfüllt, so schaltet der Komparator.

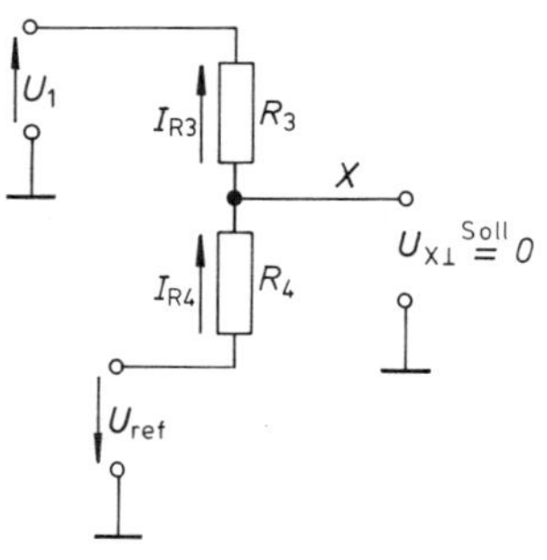

Abb. 10.35

Nimmt man für U_{ref} einen beliebigen Wert an, so erkennt man, daß $U_{x\perp}$ nur 0 werden kann, wenn U_1 die entgegengesetzte Polarität aufweist.

Bei $U_{x\perp} = 0$ gilt:

$$U_{ref} = U_{R4} \qquad U_1 = U_{R3}$$

$$I_{R4} = I_{R3}$$

$$I_{R4} = \frac{U_{R4}}{R_4} = \frac{U_{ref}}{R_4} = I_{R3} = \frac{U_{R3}}{R_3} = \frac{U_1}{R_3}$$

$$\frac{U_{ref}}{R_4} = \frac{U_1}{R_3}$$

$$U_{ref} = \frac{U_1 \cdot R_4}{R_3}$$

Für die Berechnungen wird der Innenwiderstand der Bezugsspannungsquelle mit U_{ref} und der der Signalquelle mit U_1 zu $R_i = 0$ angenommen.

Beispiel:

Zur Überwachung einer Versorgungsspannung soll ein Komparator gemäß Abb. 10.34 verwendet werden. Bei Unterschreiten des Spannungswertes $U_1 = 45$ V soll die negative Flanke der Ausgangsspannung U_2 eine Binärstufe schalten.

$$+U_b = 15\text{ V}; \quad -U_b = 15\text{ V}; \quad R_2 = 56\text{ k}\Omega.$$

R_1 entfällt, dafür soll die Betriebsspannung des Operationsverstärkers als Referenzspannung herangezogen werden.

Gesucht: a) Prinzipschaltung des Komparators
b) Wert für R_3
c) Maßstäbliche Übertragungskennlinie $U_2 = f(U_1)$

Lösung

zu a) Das Prinzipschaltbild ist mit den Spannungswerten $U_1 = 45$ V und $U_{x\perp} = 0$ versehen, die im Schaltpunkt anliegen müssen.

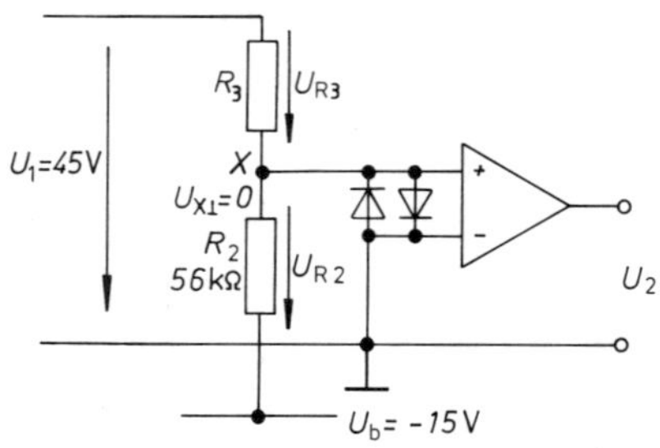

zu b) Aus dem Schaltbild folgt:

$U_{R2} = 15$ V $\qquad U_{R3} = 45$ V

$R_2 = 56$ kΩ

Zum nichtinvertierenden Eingang des Operationsverstärkers fließt kein Strom ab, so daß gilt:

$$I_{R3} = I_{R2}$$

$$\frac{R_3}{U_{R3}} = \frac{R_2}{U_{R2}}$$

$$R_3 = \frac{U_{R3} \cdot R_2}{U_{R2}} = \frac{45\ \text{V} \cdot 56\ \text{k}\Omega}{15\ \text{V}}$$

$$R_3 = 168\ \text{k}\Omega$$

zu c)

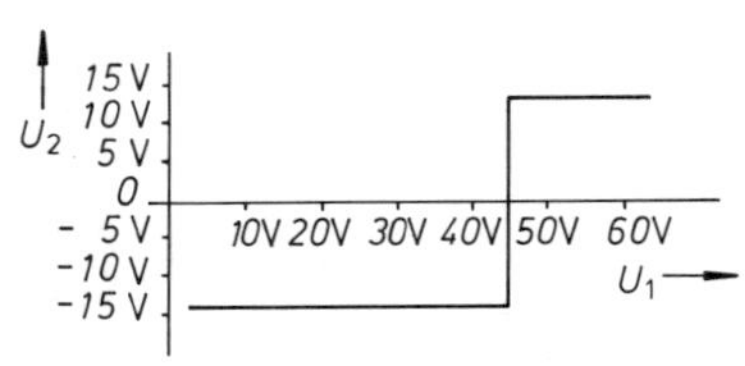

Die Dioden V1 und V2 in der Schaltung nach Abb. 10.34 übernehmen den Schutz für den Operationsverstärker gegen zu hohe Spannung zwischen den Differenzeingängen. V1 und V2 sind antiparallel geschaltet und begrenzen die Spannung auf Schwellenspannungswert (ca. ±0,7 V).

Die bisher besprochenen Komparatorschaltungen sind keine Kippstufen im Sinne eines Schmitt-Triggers, wie in Kapitel 6 behandelt. Das Schaltverhalten der Komparatoren gemäß Abb. 10.31 bis Abb. 10.34 wurde vielmehr durch die sehr hohe Spannungsverstärkung und die zum Aussteuern des Operationsverstärkers außerordentlich geringe Eingangsspannung erreicht.

Daher fehlt unseren Schaltungen auch eine wesentliche Eigenschaft des Schmitt-Triggers, nämlich die der Schaltdifferenz (Hysterese).

Ein Schwellwertschalter ohne Hysterese ist in der Praxis selten brauchbar. Nähert sich der angelegte Meßwert dem Schaltpunkt des Komparators ohne Hysterese, so würden die dem Signalwert überlagerten Störspannungen mit ihren Spitzen bereits zum mehrfachen Umschalten führen. Dies ist unerwünscht, wie Abb. 10.36 zeigt.

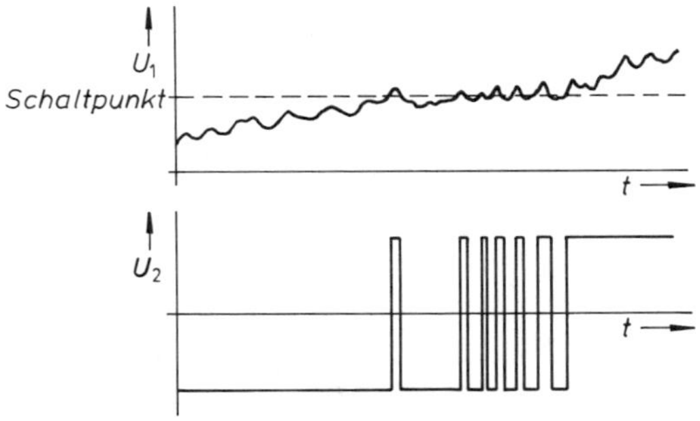

Abb. 10.36

10.4.2 Schaltungen mit Mitkopplung, Kippschaltungen

10.4.2.1 Komparator mit Hysterese

Wie in Abschnitt „Rückkopplung" dargestellt, bedeutet Mitkopplung das Zurückführen eines Teils des Ausgangssignals so auf die Eingangsseite, daß das steuernde Signal unterstützt wird.
In Abb. 10.37 wird der nichtinvertierende Eingang des Operationsverstärkers mit dem Rückkopplungssignal, der invertierende Eingang mit der Signalspannung U_1 belegt.

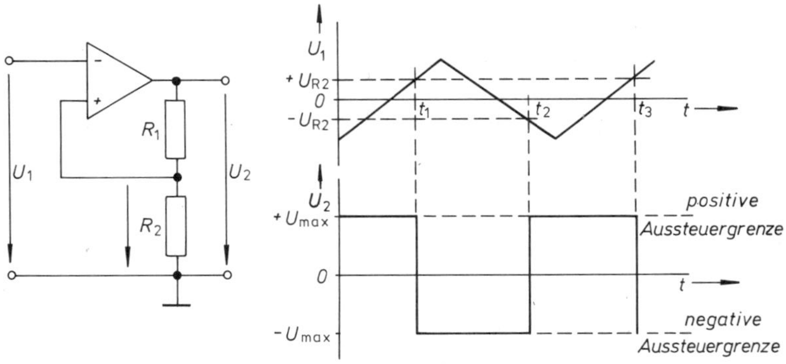

Abb. 10.37

Die Funktion der Schaltung nach Abb. 10.37 soll anhand einer stetig ansteigenden und abfallenden Eingangsspannung erklärt werden.

Voraussetzung:

Zu Beginn sei die Ausgangsspannung des Operationsverstärkers an der positiven Aussteuergrenze $+U_{max}$.
Im Zeitraum bis t_1 liegt der nichtinvertierende Eingang des Operationsverstärkers wegen der positiven Ausgangsspannung und des Spannungsteilers R_1, R_2 auf positivem Potential:

$$U_{R2} = \frac{U_{max}}{R_1 + R_2} \cdot R_2$$

Weil das Potential am invertierenden Eingang in diesem Zeitabschnitt negativer ist, bleibt U_2 an der positiven Aussteuergrenze.
Zum Zeitpunkt t_1 wird die Spannung U_1 positiver als die am nichtinvertierenden Eingang liegende Rückkopplungsspannung U_{R2}. Das Ausgangssignal U_2 verläßt die positive Aussteuergrenze und wird kleiner.
Ohne weitere Änderung der Eingangsspannung vergrößert sich die Spannungsdifferenz an den Verstärkereingängen, weil über den Spannungsteiler die Spannung U_{R2} ebenfalls kleiner geworden ist.
Daraufhin sinkt die Ausgangsspannung U_2 noch weiter. Ein Kippvorgang läuft ab, an dessen Ende der Ausgang des Operationsverstärkers die negative Aussteuergrenze erreicht und die Rückkopplungsspannung den Wert annimmt:

$$U_{R2} = -\frac{U_{max} \cdot R_2}{R_1 + R_2}$$

Dieser Vorgang läuft sehr schnell ab, so daß sich die Ausgangsspannung mit steiler Flanke der negativen Aussteuergrenze nähert.
Im Zeitabschnitt von t_1 bis t_2 ist der Operationsverstärker wieder übersteuert, weil schlagartig das Rückkopplungssignal U_{R2} den nichtinvertierenden Eingang des Operationsverstärkers auf negatives Potential geschaltet hat.
Zur Zeit t_2 wird die Eingangsspannung U_1 negativer als die am nichtinvertierenden Eingang liegende Spannung U_{R2}, und der beschriebene Kippvorgang läuft sinngemäß, aber in anderer Richtung erneut ab.

Hysterese des Komparators:

Die Schaltpunkte liegen symmetrisch um das Nullpotential.

Schaltpunkt für positive Spannung U_1, wenn $U_1 = \frac{+U_{max} \cdot R_2}{R_1 + R_2}$.

Schaltpunkt für negative Spannung U_1, wenn $U_1 = \frac{-U_{max} \cdot R_2}{R_1 + R_2}$.

Betrag der Schalthysterese: $U_{hy} = 2 \cdot \frac{U_{max} \cdot R_2}{R_1 + R_2}$.

Das Übertragungsverhalten des besprochenen Komparators ist in Abb. 10.38 nochmals dargestellt.

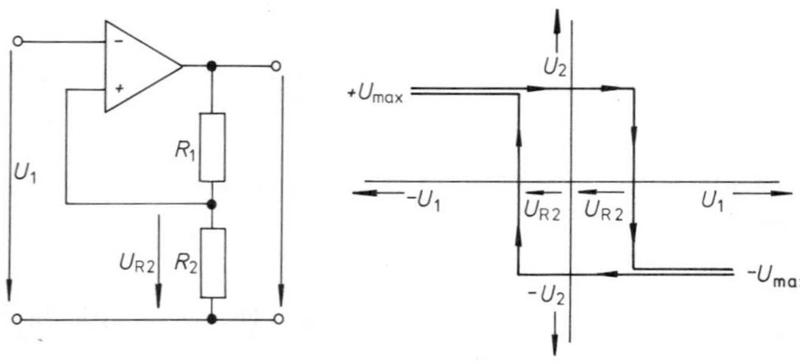

Abb. 10.38

Weil die Aussteuergrenzen der Operationsverstärker Exemplarstreuungen unterliegen, ergeben sich in Schaltungen nach Abb. 10.37 und 10.38 nach einem Wechsel des Operationsverstärkers andere Schaltpunkte als vorher.

Abhilfe schafft eine Stabilisierungsschaltung mit zwei Z-Dioden und Vorwiderstand für die Rückkopplungsspannung. Der Stellwiderstand ermöglicht die Veränderung der Schaltpunkte.

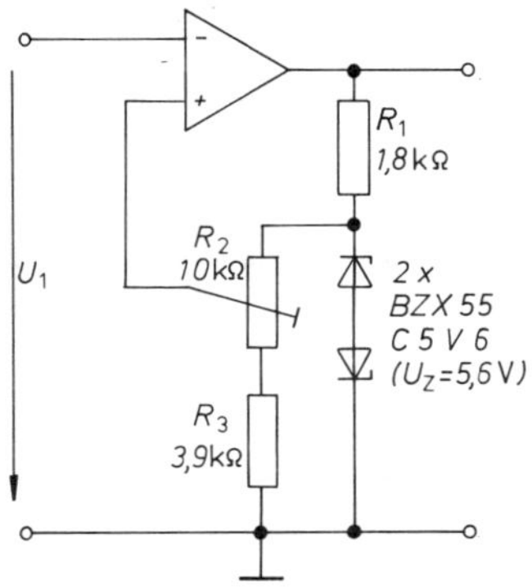

Abb. 10.39

Aufgabe Errechnen Sie die Schaltpunkte des Komparators nach Abb. 10.39:

a) wenn der Schleifer des R_2 in oberer Endstellung steht,

b) wenn der Schleifer des R_2 in unterer Endstellung steht.

10.4.2.2 Komparator mit Hysterese und einstellbarem Schaltniveau

Durch Kombination der Schaltung nach Abb. 10.37 mit der des hysteresefreien Komparators nach Abschnitt 10.4.1, Abb. 10.34 läßt sich ein Schwellwertschalter aufbauen, der die Hysterese unabhängig vom Schaltniveau einzustellen gestattet.

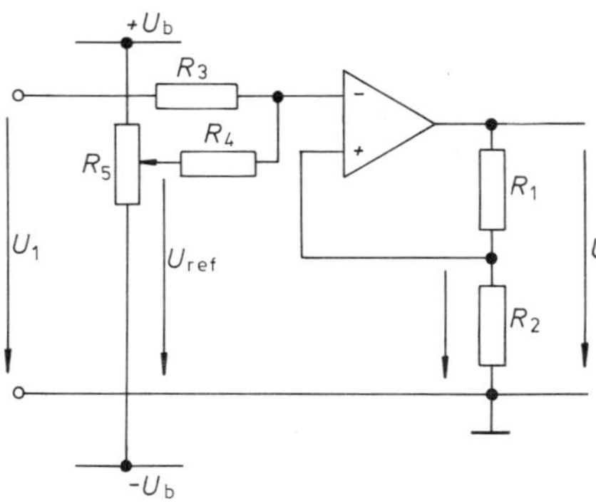

Abb. 10.40

Zunächst soll der Wert der Schaltdifferenz errechnet werden. Zur Vereinfachung der Betrachtung wird die Referenzspannung $U_{ref} = 0$ gewählt. Schaltung nach Abb. 10.41.

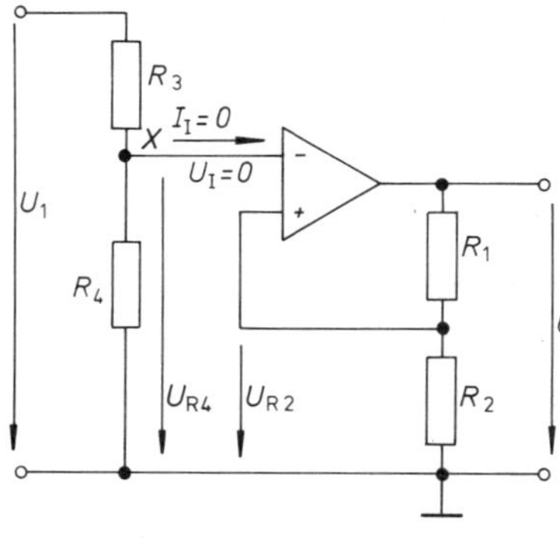

Abb. 10.41

Der Komparator schaltet, sobald die Spannung zwischen den Differenzeingängen des Operationsverstärkers Wert 0 durchläuft.
Dazu muß die Teilspannung $U_{R4} = U_{x\perp}$ den Wert der Rückkopplungsspannung U_{R2} haben.
Am Punkt x gegen Masse hat die Hysterese aber den doppelten Wert der Rückkopplungsspannung U_{R2}, da die Ausgangsspannung gegen Masse gemessen von $+U_{max}$ nach $-U_{max}$ und umgekehrt wechselt.
Weil U_{R4} jedoch nur ein Teil der Signalspannung U_1 ist, ist die Hysterese der Eingangsspannung U_1 um das Teilerverhältnis $\frac{R_3 + R_4}{R_4}$ größer als die doppelte Rückkopplungsspannung.

$$U_{x\perp} = U_{R4} = \frac{U_1 \cdot R_4}{R_3 + R_4}.$$

Im Schaltpunkt gilt: $U_{R4} = U_{R2}$

$$U_1 = \frac{R_3 + R_4}{R_4} \cdot U_{R2}$$

Schalthysterese: $U_{hy} = 2 \cdot U_1 = \frac{R_3 + R_4}{R_4} \cdot 2\,U_{R2}$

In der Praxis wählt man häufig den gleichen Wert für R_3 und R_4, so daß sich die Formel vereinfacht:

Schalthysterese
bei $R_3 = R_4$: $U_{hy} = 4 \cdot U_{R2}$

Die Vereinfachung $R_3 = R_4$ soll auch zur Berechnung des Schaltniveaus gelten.

Beispiel zur Berechnung eines Komparators

Gegeben: Prinzipschaltbild des Schwellwertschalters
Geforderte Schaltpunkte bei $U_1 = +6{,}4$ V, $U_1' = -2$ V
Der Innenwiderstand des Spannungsteilers mit R_5 darf vernachlässigt werden.

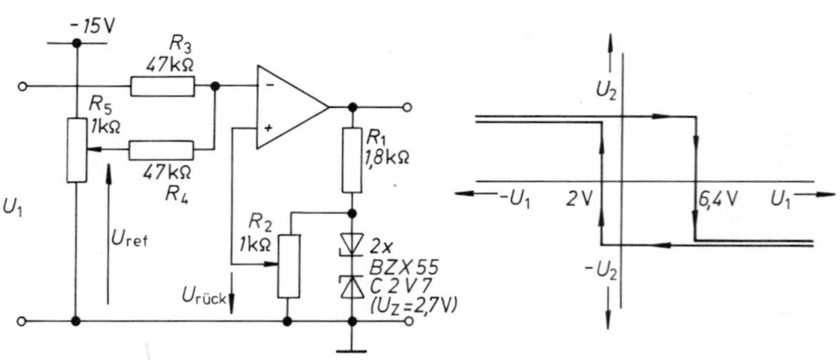

Abb. 10.42

Gesucht: Die an R_2 und R_5 einzustellenden Spannungen $U_{rück}$ und U_{ref}, um die geforderten Schaltpunkte zu erreichen.

Lösung 1. Errechnen der Rückkopplungsspannung
Geforderte Schalthysterese $U_{hy} = 6{,}4\text{ V} - (-2\text{ V})$
$U_{hy} = 8{,}4$ V

$$U_{hy} = 4 \cdot U_{rück}$$

$$U_{rück} = \frac{U_{hy}}{4} = \frac{8{,}4\text{ V}}{4} = 2{,}1\text{ V}$$

2. Errechnen der Referenzspannung

Soll bei $U_1 = 6{,}4$ V der obere Schaltpunkt liegen, so muß die Ausgangsspannung U_2 von der positiven zur negativen Aussteuergrenze wechseln. Kurz vor dem Umschalten gelten die in Abb. 10.43 dargestellten Spannungszustände.

Weil beim Umschalten die Spannung zwischen den Eingängen des Operationsverstärkers $U_I = 0$ ist, gilt:

$$U_{\text{rück}} = U_{x\perp} \qquad \text{im Schaltpunkt.}$$

Daraus ergibt sich der Spannungsfall am Widerstand R_3:

$U_{R3} = U_1 - U_{x\perp} = U_1 - U_{\text{rück}}$

$U_{R3} = 6{,}4\text{ V} - 2{,}1\text{ V} = 4{,}3\text{ V}$

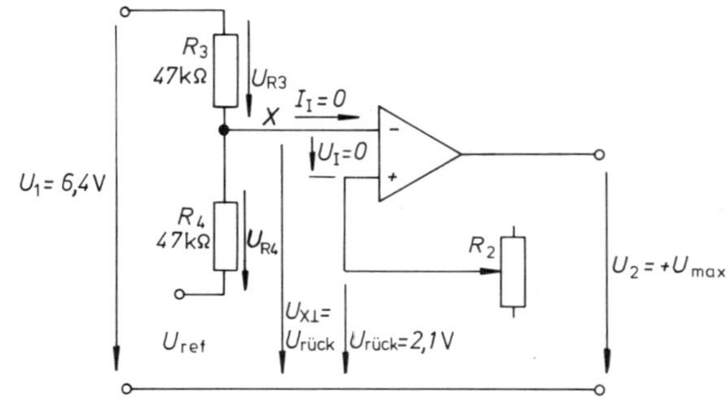

Abb. 10.43

Da in den Operationsverstärker kein Strom fließt, gilt:

$$I_{R3} = I_{R4} \qquad R_3 = R_4 \qquad \text{daher} \qquad U_{R3} = U_{R4} = 4{,}3\text{ V}$$

Die Referenzspannung muß also um $U_{R4} = 4{,}3$ V negativer sein als das Potential am Punkt x im Schaltpunkt bei $U_1 = 6{,}4$ V.

$U_{\text{ref}} = U_{x\perp} - U_{R4}$

$U_{\text{ref}} = 2{,}1\text{ V} - 4{,}3\text{ V} =$

$U_{\text{ref}} = -2{,}2\text{ V}$

Da Rückkopplungsspannung $U_{\text{rück}} = 2{,}1$ V und Referenzspannung $U_{\text{ref}} = -2{,}2$ V festliegen, muß sich durch Kontrollrechnung mit diesen Werten der Schaltpunkt bei $U_1' = -2$ V, wie in der Aufgabenstellung gefordert, ergeben.

Kontrollrechnung:

Vor dem Schalten bei $U_1' = -2$ V liegt die Ausgangsspannung U_2 bei $U_2 = -U_{\text{max}}$, und die Rückkopplungsspannung beträgt

$U_{\text{rück}} = -2{,}1$ V.

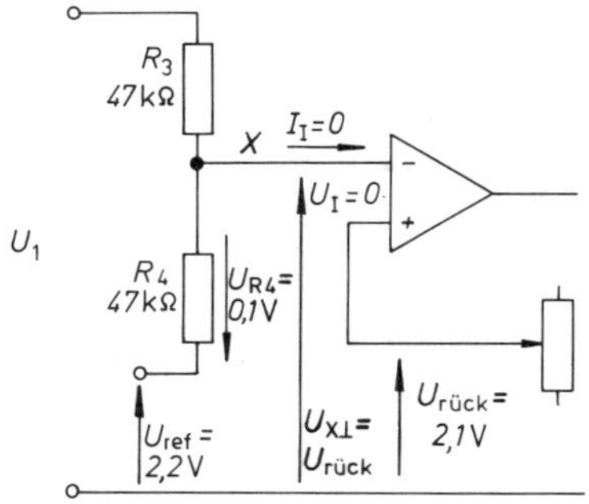

Abb. 10.44

Das Potential am Punkt x gegen Masse ist mit $U_{x\perp} = -2{,}1$ V um 0,1 V positiver als das am Eingang für die Referenzspannung. $U_{ref} = -2{,}2$ V.
Damit ergibt sich Größe und Richtung der Spannung U_{R4}:

$$U_{R4} = U_{ref} - U_{x\perp} = 0{,}1 \text{ V}$$

Weil $U_{R4} = U_{R3}$ ist, ergibt sich der Schaltpunkt bei einer Eingangsspannung, die um 0,1 V positiver als das Potential am Punkt x ist.

$$U_1' = U_{x\perp} + U_{R3}$$
$$U_1' = -2{,}1 \text{ V} + 0{,}1 \text{ V}$$
$$U_1' = -2 \text{ V}.$$

Damit ist bewiesen, daß die Berechnung der Rückkopplungsspannung und die der Referenzspannung richtig waren.

Aufgabe In der Schaltung nach Abb. 10.42 wurden eingestellt:

$U_{rück} = 0{,}8$ V
$U_{ref} = -3{,}4$ V

Welche Schaltpunkte ergeben sich?

10.4.2.3 Astabile Kippstufe, Rechteckgenerator

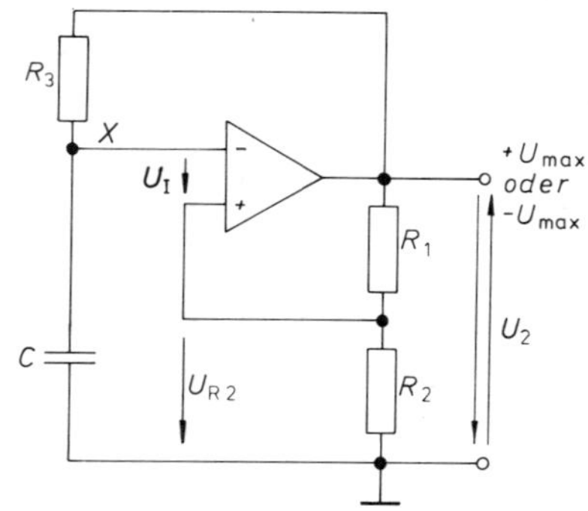

Abb. 10.45

Der Operationsverstärker und die Widerstände R_1 und R_2 bilden einen Komparator, dessen Schaltpunkte symmetrisch zum Massepotential liegen.
Wie bei allen Komparatoren nimmt die Ausgangsspannung nur zwei Zustände an:

	$U_2 = +U_{max}$	positive Aussteuergrenze
oder	$U_2 = -U_{max}$	negative Aussteuergrenze.

Der Komparator schaltet, sobald die Differenzspannung zwischen den Eingängen des Operationsverstärkers den Wert Null durchläuft.
Die Schaltpunkte liegen daher bei:

$$U_{x\perp} = U_{R2}$$

Funktionsablauf: (siehe auch Abb. 10.46)

Voraussetzungen: 1. Der Kondensator *C* sei entladen.
2. $U_2 = +U_{max}$.

Der nichtinvertierende Eingang des Operationsverstärkers liegt auf positivem Potential mit dem Wert:

$$U_{R2} = \frac{U_2 \cdot R_2}{R_1 + R_2}$$

Der invertierende Eingang liegt auf $U_{x\perp} = U_C = 0$, da der Kondensator entladen ist.
Der in der Voraussetzung angenommene Schaltzustand ist also im Moment stabil.
Über R_3 lädt sich der Kondensator, durch die Spannung $U_2 = +U_{max}$ getrieben, positiv auf. Die Spannung hat einen Verlauf nach der e-Funktion.
Erreicht die Kondensatorspannung $U_C = U_{x\perp}$ den am nichtinvertierenden Eingang des Operationsverstärkers liegenden Rückkopplungs-Spannungswert U_{R2}, so kippt der Komparator.
Die Ausgangsspannung des Operationsverstärkers erreicht am Ende des Kippvorganges die negative Aussteuergrenze, und die Rückkopplungsspannung U_{R2} wechselt ihre Polarität, sie ist negativ.

$$U_{R2} = \frac{-U_{max} \cdot R_2}{R_1 + R_2}$$

Der neue, im Moment wieder stabile Zustand in der Schaltung ist erreicht.
Jetzt wird der während des Kippvorganges noch positiv geladene Kondensator über R_3 und die negative Ausgangsspannung $U_2 = -U_{max}$ entladen und dann weiter negativ aufgeladen.
Ein gepolter Kondensator (Elektrolytkondensator, Elko) darf also nicht verwendet werden.
Erreicht die negative Spannung am Kondensator den Wert der Rückkopplungsspannung U_{R2}, so findet erneut eine Umschaltung statt usw.
Am Ausgang des Operationsverstärkers läßt sich eine um das Schaltungsnull symmetrische Ausgangsspannung abgreifen, deren Spitzenwerte unabhängig von der Dimensionierung der Schaltung bei den Aussteuergrenzen des Operationsverstärkers liegen.
Die Frequenz der Rechteckspannung hängt von der Höhe der Spannung U_{R2}, der Kapazität des Kondensators und dem Wert des Widerstandes R_3 ab.
In Abb. 10.46 sind die Spannungsverläufe am Rechteckgenerator dargestellt.

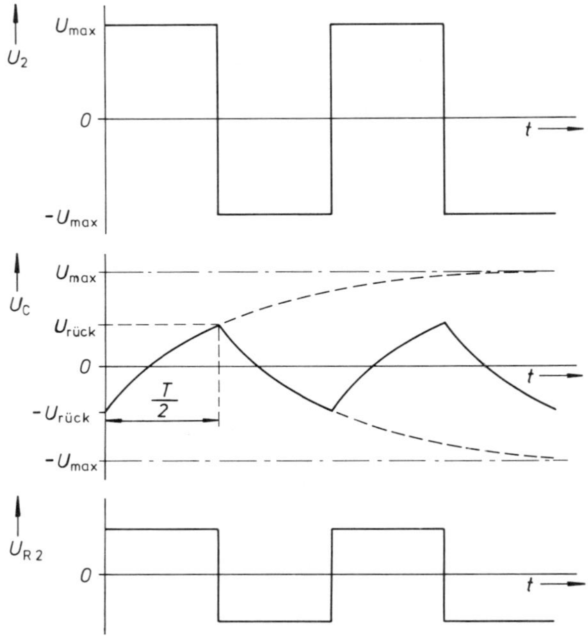

Abb. 10.46

Aus der Kurve $U_C = f_{(t)}$ erkennt man, daß nach dem Schalten des Komparators über R_3 eine Spannung ansteht von:

$$U_{R3\,t=0} = U_{max} + U_{rück}$$

Diese Spannung ist für die Umladung des Kondensators wirksam und muß bei der Berechnung der Periodendauer berücksichtigt werden, wie Abb. 10.47 zeigt.

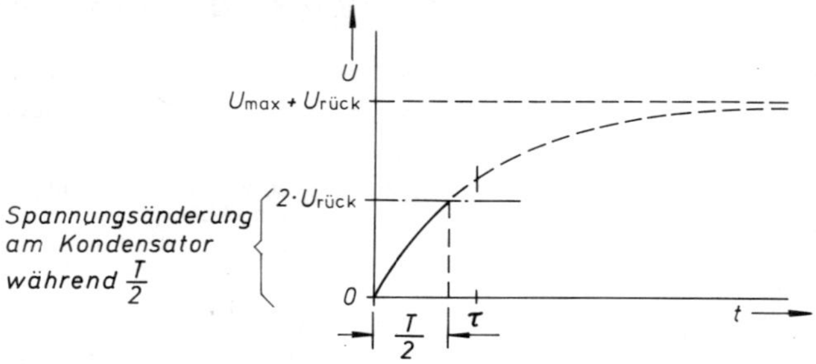

Abb. 10.47

Die zahlenmäßige Berechnung der Zeit $\frac{T}{2}$ kann entweder anhand der aus Abb. 10.47 bekannten Spannungswerte und einer normierten Darstellung der e-Funktion erfolgen oder muß mit Hilfe der ohne Ableitung wiedergegebenen Formel durchgeführt werden.

Allgemein gilt:

$$t = \tau \cdot \ln \frac{U_o}{U_o - U_C}$$

speziell hier ist:

$$t = \frac{T}{2}$$

$$U_o = U_{max} + U_{rück}$$

$$U_C = 2 \cdot U_{rück}$$

$$\tau = R_3 \cdot C$$

Periodendauer der Rechteckspannung

$$T = 2 \cdot R_3 \cdot C \cdot \ln \frac{U_{max} + U_{rück}}{U_{max} - U_{rück}}$$

Frequenz der Rechteckspannung

$$f = \frac{1}{T} = \frac{1}{2 \cdot R_3 \cdot C \cdot \ln \frac{U_{max} + U_{rück}}{U_{max} - U_{rück}}}$$

In Abb. 10.48 ist die Grundschaltung verbessert worden. Damit Exemplarstreuungen der Aussteuergrenzen des Operationsverstärkers keinen Einfluß auf Kippfrequenz und Amplitude der Ausgangsspannung haben, wurde die Stabilisierungsschaltung mit V1, V2 und R_4 eingeführt.

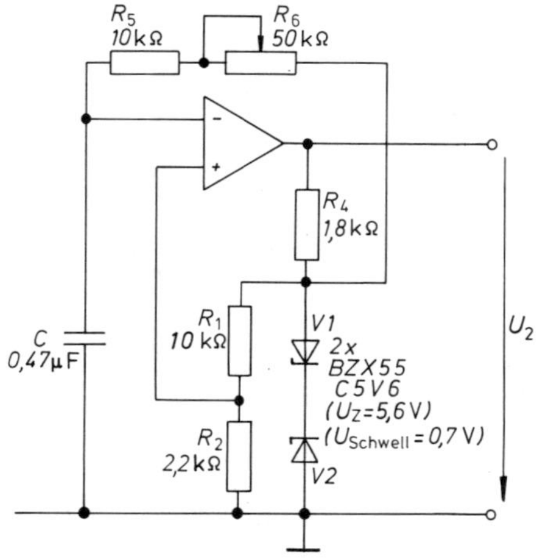

Abb. 10.48

Die Frequenz läßt sich durch Änderung der Zeitkonstante $\tau = C\,(R_5 + R_6)$ verstellen.

Aufgabe Errechnen Sie die höchste und die niedrigste Kippfrequenz, die der Generator nach Abb. 10.48 abgeben kann.

In Abb. 10.48 erreicht man durch Vergrößern des wirksamen Teils von Widerstand R_6 längere Lade- und Entladezeiten des Kondensators.
Sollen Lade- und Entladezeit unterschiedlich lang sein, weil am Ausgang ein Rechtecksignal mit einem Puls-Pause-Verhältnis ungleich eins gefordert wird, so muß der Ladestrom über einen anderen Widerstand als der Entladestrom fließen.
Abb. 10.49 zeigt das Schaltbild eines solchen Rechteckgenerators.

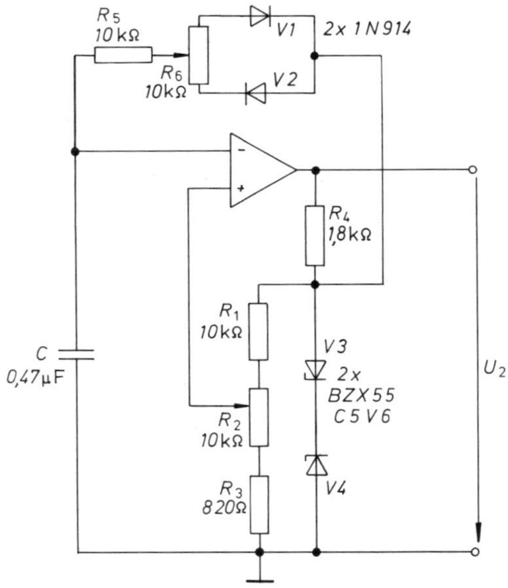

Abb. 10.49

Wird der Schleifer des R_6 nach oben bewegt, so erhöht sich der Entladestrom des Kondensators über V1, der Ladestrom über V2 wird kleiner.
Die Zeit, in der U_2 negativ ist, wird kürzer, die Zeit mit positiver Ausgangsspannung wird länger.
Sinngemäß ergeben sich Änderungen des Puls-Pause-Verhältnisses, wenn der Schleifer des R_6 nach unten verstellt wird.
Die Frequenzänderung am Generator nach Abb. 10.49 darf nicht wie in der Schaltung nach Abb. 10.48 durch Variieren des gemeinsamen Lade- und Entladewiderstandes erfolgen, weil dadurch bei Frequenzverstellung auch das Puls-Pause-Verhältnis eine Änderung erfahren würde.
So wird in der vorliegenden Schaltung durch R_2 die Amplitude der Rückkopplungsspannung verändert, so daß die Umschaltung des Komparators bei verschiedenen Spannungswerten von U_C erfolgen kann.

Aufgabe

a) Errechnen Sie für die Mittelstellung des R_6 aus der Schaltung nach Abb. 10.49 die höchste und die niedrigste Kippfrequenz des Generators, die mit R_2 einstellbar ist.

b) Geben Sie den Einstellbereich für das Verhältnis $\frac{\text{Puls}}{\text{Pause}}$ an. Als Puls soll die Zeit gelten, in der U_2 positiv ist.

10.4.2.4 Monostabile Kippstufe, Zeitstufe

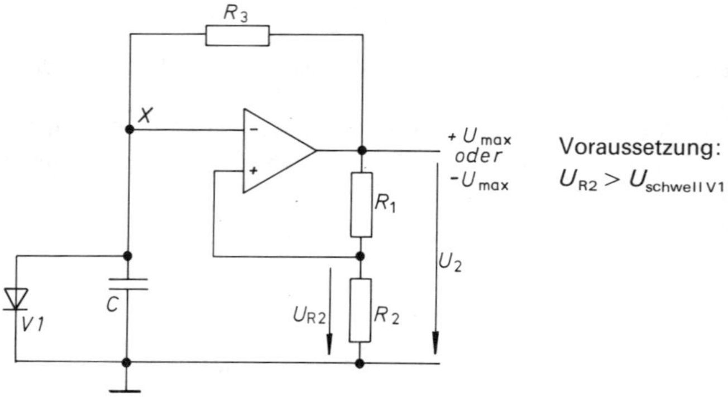

Abb. 10.50

Das Schaltbild von Abb. 10.50 zeigt die um die Diode V1 erweiterte Grundschaltung des astabilen Multivibrators gemäß Abb. 10.45.
Die Diode parallel zum Kondensator verhindert, daß sich dort Spannungen einstellen, die in positiver Richtung über dem Schwellenspannungswert von V 1 liegen.
Negative Spannungen am Kondensator werden durch V1 nicht beeinflußt.
Hat der Ausgang des Komparators nun die positive Aussteuergrenze erreicht, so nimmt die Rückkopplungsspannung U_{R2} den positiven Wert an:

$$U_{R2} = \frac{U_{max} \cdot R_2}{R_1 + R_2},$$

der aufgrund der Wahl des Spannungsteilerverhältnisses über dem Schwellenspannungswert von V 1 liegen soll. Der Ladestrom über R_3 entlädt zunächst den vorher negativ geladenen Kondensator. Es erfolgt sogar eine Umladung bis zu

$$U_c = U_{Schwell\,V1}$$
$$U_c \approx 0{,}7\ \text{V}$$

Eine höhere Spannung läßt die Diode nicht zu, so daß der Punkt x nie das Rückkopplungspotential am nichtinvertierenden Eingang des Operationsverstärkers erreicht. Der Komparator bleibt übersteuert, das Ausgangssignal U_2 an der positiven Aussteuergrenze.
Die Schaltung hat eine einseitige, stabile Lage erreicht.
Von dem Schaltungsteil zum Ansteuern der Zeitstufe wird erwartet, daß eine Spannungsflanke die Kippstufe einmalig aus ihrer stabilen Lage bringt, die sie nach Ablauf der Wirkzeit wieder einnehmen muß.
Die Lösung zeigt Abb. 10.51.

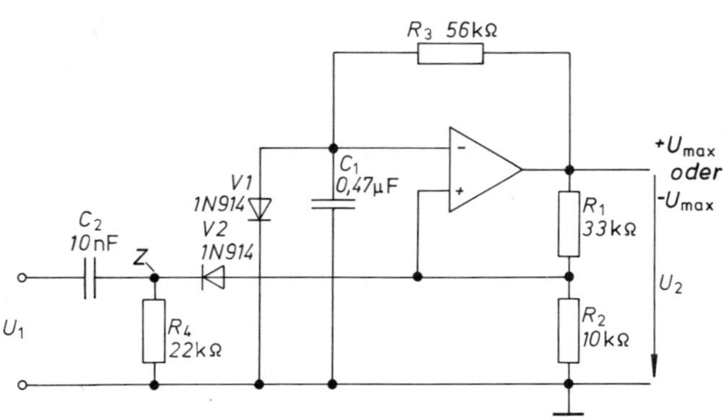

Abb. 10.51

Tritt an U_1 eine negative Flanke auf, so wird der Spannungssprung über C_2 und V 2 am nichtinvertierenden Eingang des Operationsverstärkers wirksam. Sobald die Spannung dort den Wert unterschreitet, der am invertierenden Eingang ($U_{C1} = U_{V1} \approx 0{,}7$ V), so schaltet der Komparator. Die Ausgangsspannung erreicht die negative Aussteuergrenze, und die Rückkopplungsspannung U_{R2} erhält den Zustand vorerst aufrecht.
Jetzt darf am Eingang U_1 ohne Wirkung auf die Funktion der Schaltung eine positive Flanke auftreten, V 2 verhindert den Stromfluß zum nichtinvertierenden Eingang des Operationsverstärkers und damit das Zurückschalten des Komparators.
Der Kondensator wird über R_3 entladen und anschließend bis zur negativen Rückkopplungsspannung

$$U_{R2} = \frac{-U_{max} \cdot R_2}{R_1 + R_2}$$

umgeladen. Danach schaltet der Komparator wieder auf positive Ausgangsspannung $+U_{max}$.
Jetzt ist die Laufzeit der monostabilen Kippstufe abgelaufen.
Bis zum erneuten Starten durch eine negative Flanke der Eingangsspannung U_1 muß der Kondensator C_1 jedoch über R_3 wieder auf den Wert $\approx +0{,}7$ V umgeladen werden.
Diese Wartezeit ist etwa genauso lang wie die Laufzeit t_L.

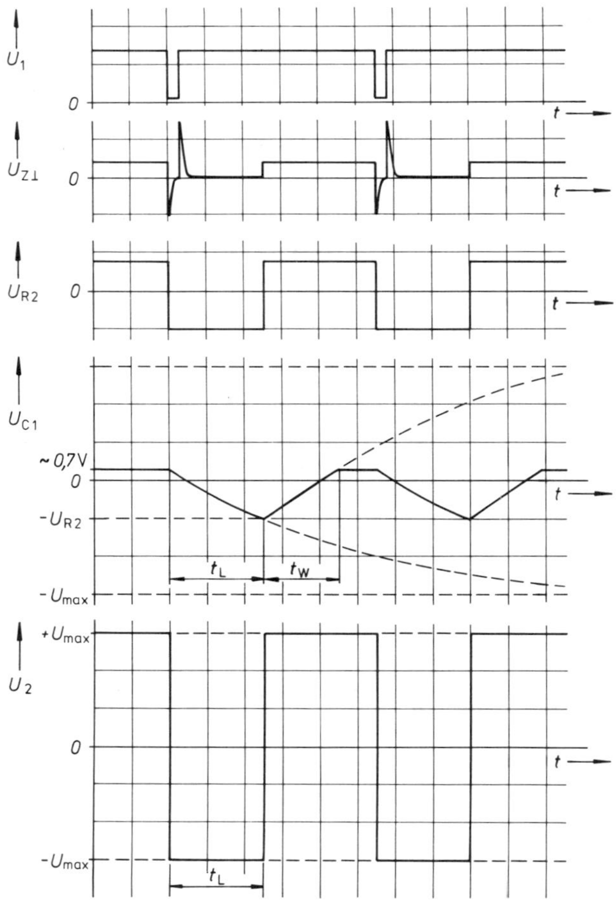

t_L Laufzeit der Zeitstufe
t_w Wartezeit

Abb. 10.52 Spannungsverläufe an der Zeitstufe mit Operationsverstärker

Zur Berechnung der Laufzeit t_L lassen sich aus Abb. 10.52 die Spannungsverhältnisse am Kondensator auf die vereinfachte Darstellung der Entladekurve Abb. 10.53 übertragen:

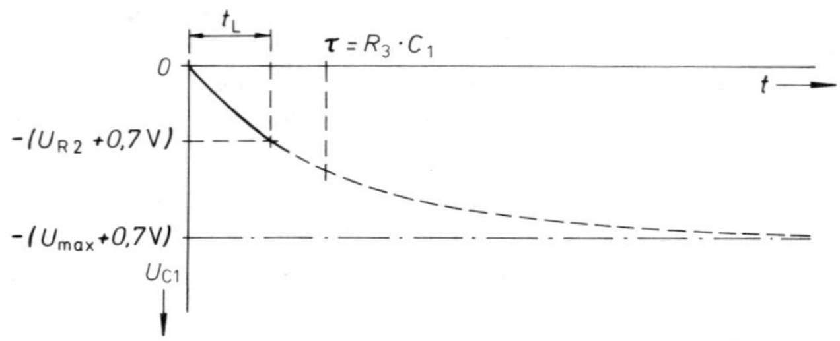

Abb. 10.53

Laufzeit t_L der Zeitstufe

Nach Übertragen der aus Abb. 10.53 abgelesenen Spannungswerte in die normiert dargestellte e-Funktion erhält man die Laufzeit, bezogen auf die Zeitkonstante $\tau = R_3 \cdot C_1$.

Durch Einsetzen der Werte in die ohne Ableitung wiedergegebene Formel läßt sich die Laufzeit direkt berechnen.

Allgemein gilt:

$$t = \tau \cdot \ln \frac{U_0}{U_0 - U_C}$$

speziell hier gilt:

$$\tau = R_3 \cdot C_1$$
$$U_0 = -U_{max} - 0{,}7\ \text{V}$$
$$U_C = -U_{R2} - 0{,}7\ \text{V} \qquad U_{R2} = \frac{-U_{max} \cdot R_2}{R_1 + R_2}$$
$$t = t_L$$

Verringern der Wartezeit t_w

Soll für eine bestimmte Anwendung die Wartezeit verkürzt werden, so muß durch eine Schaltmaßnahme für eine schnellere Aufladung des Kondensators vom Wert $U_C = -U_{R2}$ auf den Wert $U_C \approx +0{,}7$ V gesorgt werden. Der umgekehrte Ladevorgang während der Laufzeit darf nicht beeinflußt werden.

Eine Lösung bietet die Reihenschaltung V3 R_5 parallel zu R_3, die in gewünschter Richtung einen erhöhten Ladestrom für den Kondensator bewirkt.

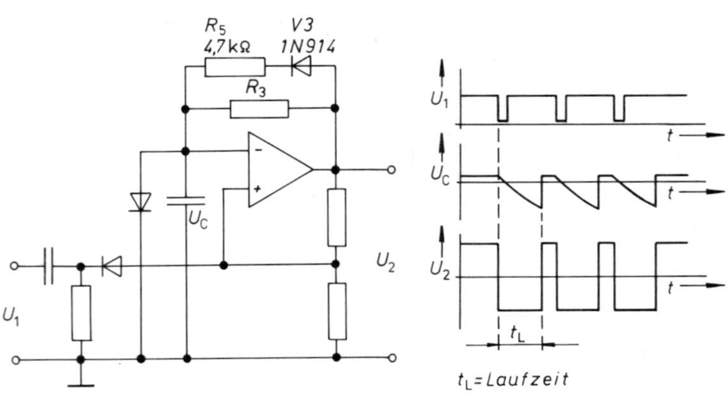

Abb. 10.54

10.4.3 Kopplung von Bausteinen der TTL-Serie an Ausgänge von Operationsverstärkern

Die heute erhältlichen Operationsverstärker erreichen dank der integrierten Halbleitertechnik nahezu die Idealdaten.
Dadurch arbeiten Komparatoren, Rechteckgeneratoren und Zeitstufen mit Operationsverstärkern äußerst präzise und haben exakt berechenbares Schaltverhalten.
Sie sind in dieser Beziehung den integrierten Bausteinen der TTL-Serie gleicher Funktion weit überlegen. So findet man in Geräten zur Signalverarbeitung Schaltungen mit Operationsverstärkern neben logischen Bausteinen z. B. der TTL-Serie.
Weil aber die Betriebsspannungen und damit die Signalpegel von Operationsverstärkern und logischen Stufen voneinander abweichen, ergibt sich bei einer erforderlichen Kopplung das Problem der Anpassung.
Es wird hier am Beispiel besprochen, in dem ein Operationsverstärker (z. B. TBA 221 oder TBA 761) mit einem Aussteuerbereich von +14 V bis −14 V als Schalter eine TTL-Stufe ansteuern soll.

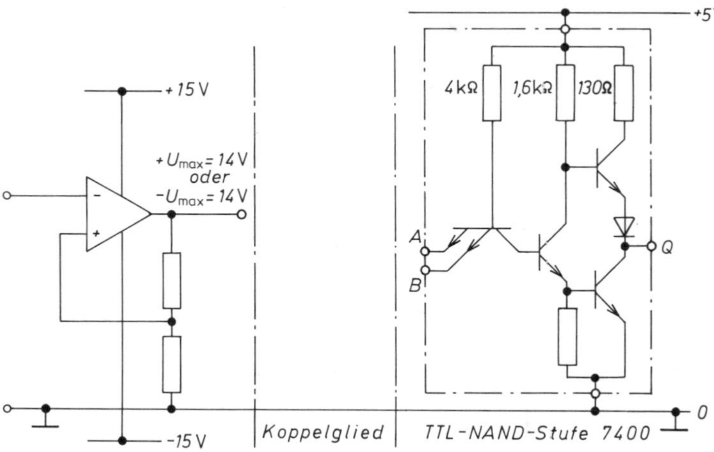

Abb. 10.55

Die Koppelstufe muß an ihrem Ausgang im sicheren H- bzw. L-Pegelbereich für den TTL-Baustein liegen:

L-Pegel: $U_I = 0$ V bis 0,4 V $I_I = -1{,}6$ mA
H-Pegel: $U_I = 2{,}4$ V bis 5,0 V $I_I = 10$ µA bis 40 µA

Umkehrstufe als Koppelglied

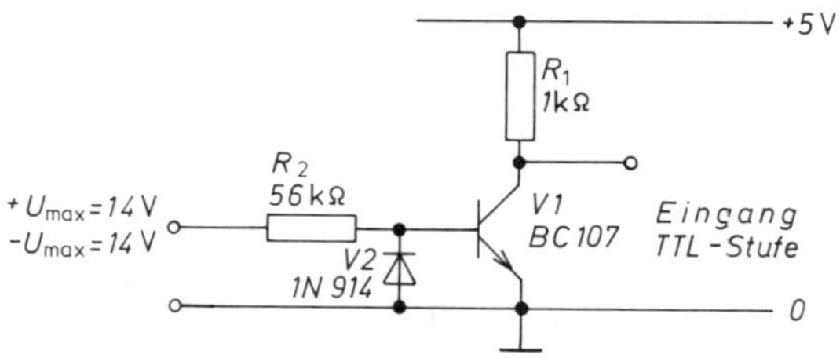

Abb. 10.56

Die Dimensionierung der Bauelemente erfolgt wie bei der in Kapitel 3 behandelten Schaltverstärkerstufe. Zu beachten ist jedoch, daß die den Basisstrom treibende Spannungsquelle $+U_{max} = 14$ V einen höheren Spannungswert liefert als die Quelle auf der Kollektorseite.

Die Diode V2 schützt die Basis-Emitter-Strecke des V1 vor dem Durchbruch in Sperrichtung und begrenzt die an der Basis auftretende negative Spannung auf $-U_{BE\,V2} \approx 0{,}7$ V, wenn der Operationsverstärker negativ aussteuert.
Dieses Koppelglied bewirkt eine Phasenumkehr (Negation) des Operationsverstärker-Ausgangssignals.
Bei ausreichender Übersteuerung des Transistors V1 liegt das Ausgangssignal bei $U_{CE\,V1} = U_{CE\,rest} < 0{,}1$ V (L-Pegel).
Sperrt der Transistor V1, so ist das Ausgangssignal selbst bei einem Eingangsstrom $I_I = 40$ µA in das TTL-Gatter noch $U_I = 4{,}96$ V (H-Pegel).
An dieser Stelle ergibt sich daher ein besonders großer Störabstand bis zur Schaltspannung der NAND-Stufe.

Koppelglied ohne Phasendrehung

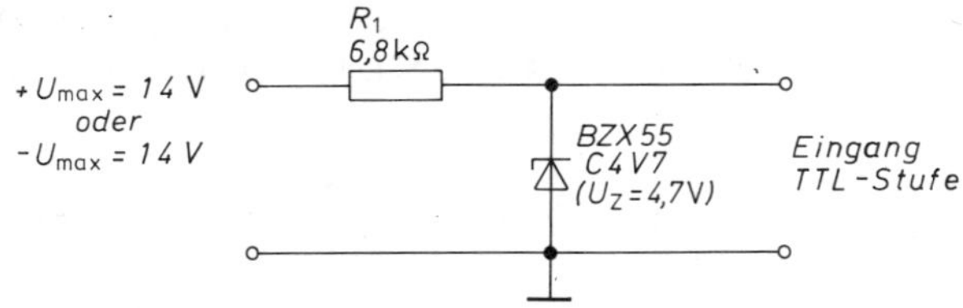

Abb. 10.57

Bei positiver Ausgangsspannung des Operationsverstärkers begrenzt die Z-Diode die Eingangsspannung für die TTL-Stufe auf $U_Z = 4{,}7$ V (H-Pegel).
Steuert der Operationsverstärker negativ aus, so wird die Z-Diode in Vorwärtsrichtung (Strom von der Anode zur Kathode) betrieben, und am Ausgang der Koppelstufe ergibt sich die Spannung $U \approx -0{,}7$ V (L-Pegel). Bei diesem Pegel fließt ein Eingangsstrom $I_I = -1{,}6$ mA aus dem TTL-Gatter.

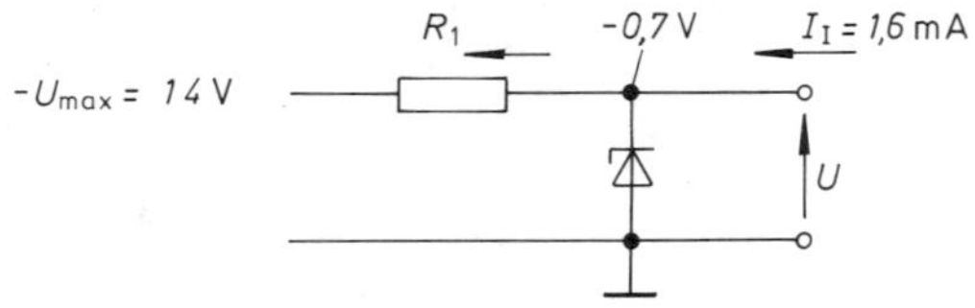

Abb. 10.58

Daraus ergibt sich die Berechnung des Widerstandes R_1:

$$R_1 = \frac{U_{R1}}{I_{R1}} = \frac{14\text{ V} - 0{,}7\text{ V}}{1{,}6\text{ mA}} = 8{,}31\text{ k}\Omega$$

Diese Überschlagsrechnung berücksichtigt nicht, daß bei $U = -0{,}7$ V auch noch Strom über die Z-Diode fließt. Daher wird R_1 mit 6,8 kΩ gewählt, um sicher im L-Pegelbereich zu liegen, auch wenn die negative Aussteuergrenze eines Operationsverstärker-Exemplars bei weniger als −14 V liegt.
Wichtig ist, darauf hinzuweisen, daß die angeführten Dimensionierungsbeispiele der Koppelglieder für das Ansteuern *eines* Gatters gelten und geändert werden müssen, wenn parallel mehrere Stufen beaufschlagt werden sollen.

Lampen- und Relaistreiber – von Kippstufen mit Operationsverstärkern angesteuert
Die im vorigen Kapitel Abb. 10.56 beschriebene Umkehrstufe zur Kopplung von TTL-Bausteinen an Operationsverstärker-Ausgänge ist bei entsprechender Dimensionierung auch als Treiber für Lampen oder Relais geeignet. Häufig sollen diese Verbraucher aber abweichend von der oben erwähnten Schaltung durch die Spannungsquelle versorgt werden, die auch den Operationsverstärker speist.

Aufgabe Dimensionieren Sie den Widerstand R_1 des in Abb. 10.59 dargestellten Lampentreibers.
Aussteuergrenzen des Operationsverstärkers: $+U_{max} = 14$ V $-U_{max} = 14$ V
Transistor V1: $B_{min} = 80$; $U_{Schwell} = 0{,}7$ V
Erforderliche Übersteuerung: 2fach

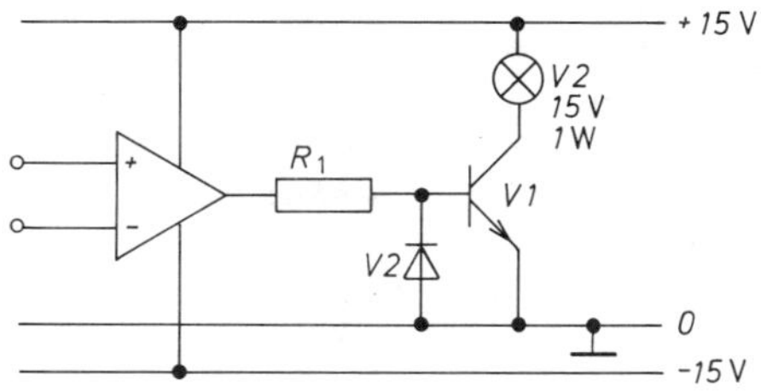

Abb. 10.59

In der Schaltung nach Abb. 10.59 ergibt sich für die positive Versorgungsspannungs-Quelle eine erheblich größere Belastung als für die negative.
Abb. 10.60 zeigt einen Lampentreiber, bei dem der Laststrom von der positiven zur negativen Versorgungsspannung fließt und nicht über Schaltungsnull geleitet wird.

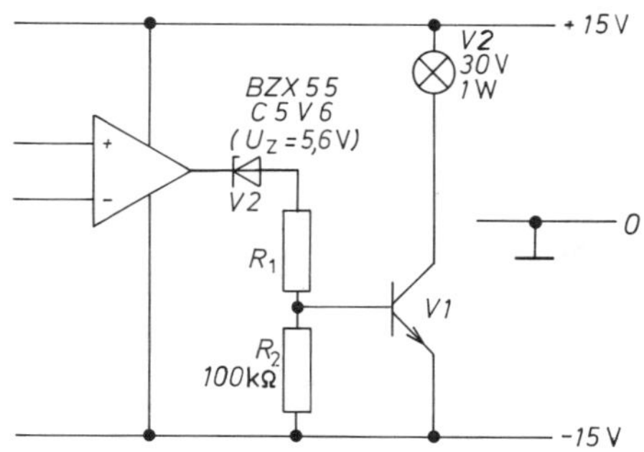

Abb. 10.60

Bei negativer Aussteuergrenze des Operationsverstärkers $-U_{max} = 14$ V könnte ohne die Z-Diode V2 bereits ein Basisstrom in den Transistor fließen, weil der Emitter um 1 V negativer ist als der Ausgang des Operationsverstärkers. Die Z-Diode sorgt für eine Schwelle von $U_Z = 5{,}6$ V, um die die Ausgangsspannung des Operationsverstärkers erst positiver sein muß, bevor Basisstrom fließen kann.

Aufgabe Dimensionieren Sie den Widerstand R_1 in Abb. 10.60.
Aussteuergrenzen des Operationsverstärkers: $+U_{max} = 14$ V $-U_{max} = 14$ V
Transistor V1: $B_{min} = 80$; $U_{Schwell} = 0{,}7$ V
Erforderliche Übersteuerung: 2fach

10.4.4 Schaltungen mit Gegenkopplung

Nichtinvertierende Schaltungen

10.4.4.1 Impedanzwandler[1])

Viele Signalquellen der Elektrotechnik weisen einen so hohen Innenwiderstand auf, daß bei Anschluß des Lastwiderstandes die Klemmenspannung bis auf einen Bruchteil der Leerlaufspannung zusammenbricht.

[1]) Impedanz = Scheinwiderstand

Als Beispiel für derartige Signalquellen sei das Kristallsystem eines Tonabnehmers im Plattenspieler genannt.
Man benötigt zur Weiterverarbeitung des Signals daher eine Verstärkerstufe, deren Eingangswiderstand möglichst unendlich groß ist und die am Ausgang hinreichend belastbar ist.
An einer Spannungsverstärkung $V_U > 1$ ist man nicht interessiert, da die Leerlaufspannung der Quelle ausreichend groß ist. Eine solche Verstärkerstufe heißt Impedanzwandler.
Gegenkopplung bedeutet nach Abschnitt 10.3, daß der zurückgekoppelte Anteil der Ausgangsspannung das am Verstärkereingang wirksame Signal verringert.
Beim Operationsverstärker muß das Gegenkopplungssignal, das vom Ausgang stammt, daher auf den invertierenden Eingang geschaltet werden.
Mit Impedanzwandler bezeichnet man eine Stufe, die folgende Eigenschaften besitzt:

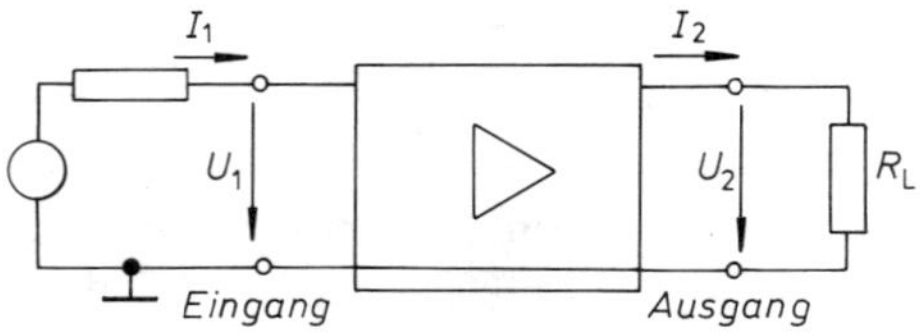

Abb. 10.61

Spannungsverstärkerfaktor $V_U = \dfrac{\Delta U_2}{\Delta U_1} = 1$

Aus- und Eingangsspannung ändern sich gleichphasig

Eingangswiderstand $r_{ein} = \dfrac{\Delta U_1}{\Delta I_1} \rightarrow \infty$

Ausgangswiderstand $r_{aus} = \dfrac{\Delta U_2}{\Delta I_2} \rightarrow 0$

Der Ausgangswiderstand, hier der des Impedanzwandlers, ist der Quellenwiderstand der Schaltung, die den Lastwiderstand treibt. Die Werte ΔU_2 und ΔI_2 ergeben sich, wenn bei konstanter Eingangs-Spannung infolge Laständerung Spannungseinbruch und Stromerhöhung bzw. Steigen der Ausgangsspannung bei fallendem Laststrom beobachtet wird.

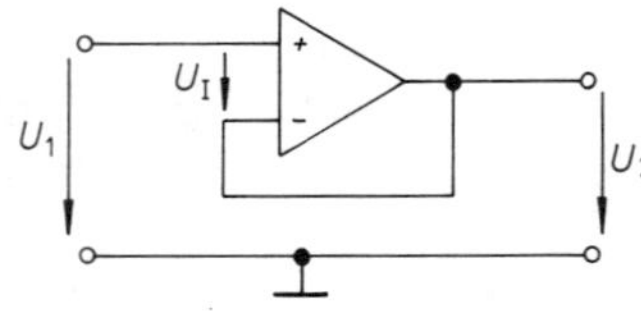

Abb. 10.62 Impedanzwandler mit Operationsverstärker

Abb. 10.62 zeigt, daß beim Impedanzwandler das gesamte Ausgangssignal U_2 als Gegenkopplungsspannung auf den invertierenden Eingang des Operationsverstärkers geführt wird.
Der ideale Operationsverstärker besitzt eine unendlich hohe Spannungsverstärkung. Das führt zu dem Schluß, daß zum Erreichen eines beliebigen Ausgangssignals innerhalb der Aussteuergrenzen auch ein nur unendlich kleines Differenzsignal zwischen den Eingängen, U_I, angelegt werden darf. Für die Praxis ist dieses Signal stets vernachlässigbar klein.

Funktion der Schaltung:

Das Eingangssignal möge von $U_1 = 0$ auf $U_1 = +5$ V erhöht werden.
Diese Signaländerung tritt am nichtinvertierenden Eingang des Operationsverstärkers auf, und dieser steuert die Ausgangsspannung U_2 ins Positive aus. Weil die Ausgangsspannung aber gleichzeitig als Gegenkopplungsspannung am invertierenden Eingang ansteht, verringert sich während der weiteren Erhöhung der Spannung U_2 die Spannungsdifferenz U_I zwischen den Eingängen.
Dieser Vorgang findet seinen Abschluß, sobald die Spannung U_2 für eine an den Eingängen des Operationsverstärkers wirksame Spannungsdifferenz U_I gesorgt hat, die ihrerseits das gerade anstehende Ausgangssignal aufrecht erhält.
Das beschriebene „Gleichgewicht" stellt der Operationsverstärker bei jeder Änderung des Steuersignals U_1 sehr schnell her, so daß auch für Wechselspannungen am Eingang des Impedanzwandlers die Größe U_I zu Null angenommen werden darf. Unter dieser Voraussetzung gilt dann:

$$U_2 = U_1 \quad \text{und} \quad V_U = \frac{\Delta U_2}{\Delta U_1} = 1$$

Der Eingangswiderstand $r_{ein} \to \infty$ ergibt sich, weil beim idealen Operationsverstärker kein Eingangsstrom zum Aussteuern erforderlich ist und daher der Strom $I_1 = 0$ ist:

$$r_{ein} = \frac{\Delta U_1}{\Delta I_1} = \frac{\Delta U_1}{0} \to \infty$$

Bei Laständerung und der damit verbundenen Spannungsänderung am Ausgang wird über den Gegenkopplungszweig sofort das beschriebene „Gleichgewicht" wiederhergestellt, so daß gilt:

$$U_2 = U_1$$

Damit ist der Ausgangswiderstand mit $r_{aus} \to 0$ anzunehmen.
Das Übertragungsverhalten des Impedanzwandlers zeigt Abb. 10.63.

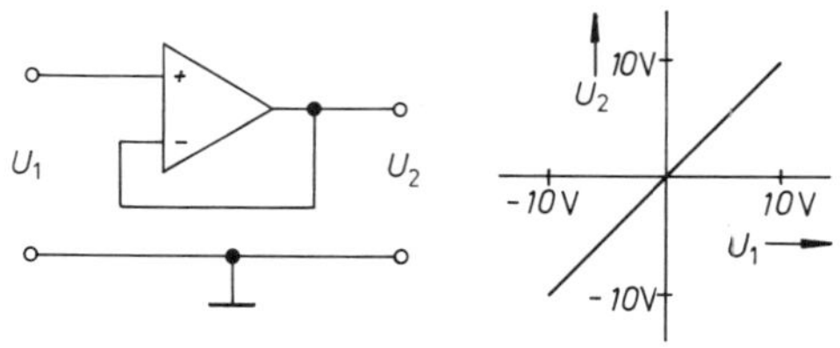

Abb. 10.63

Beispiel zum Impedanzwandler

Der abgebildete Generator mit einer Leerlaufspannung $U_{Leer} = 10$ V und einem Innenwiderstand $R_i = 100$ kΩ wird mit einem Lastwiderstand $R_L = 5$ kΩ betrieben.

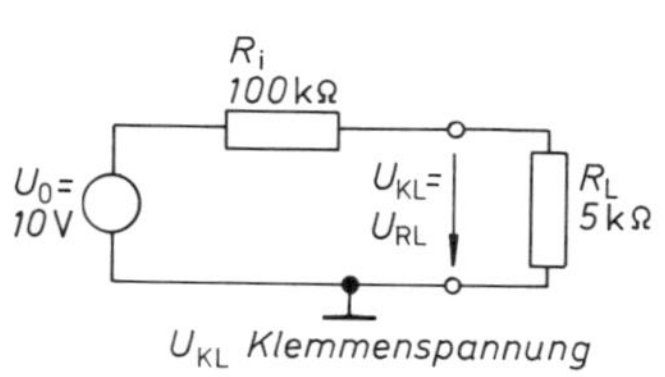

$$U_{RL} = \frac{U_0}{R_i + R_L} \cdot R_L$$

$$U_{RL} = \frac{10\ \text{V} \cdot 5\ \text{k}\Omega}{105\ \text{k}\Omega}$$

$$U_{RL} = 0{,}4762\ \text{V}$$

Damit steht an R_L nur noch 4,762% der Leerlaufspannung an.
Ein Impedanzwandler wird zwischen den Generator und den Lastwiderstand geschaltet.

Der Eingangswiderstand des Impedanzwandlers hat den Wert unendlich.

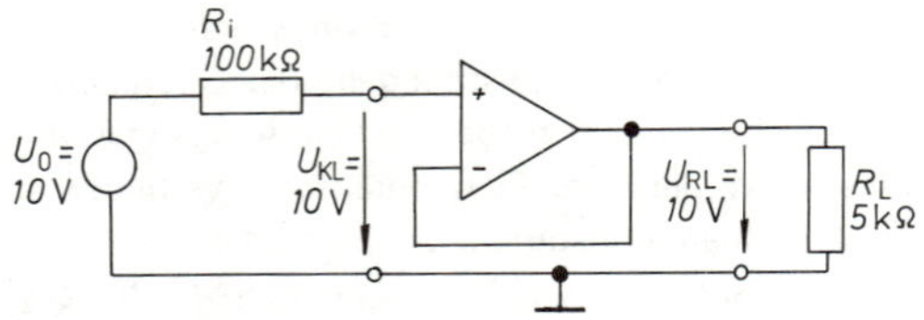

Dadurch ist die Klemmenspannung des Generators U_{KL} gleich der Leerlaufspannung U_0 und auch gleich der Spannung am Lastwiderstand.

10.4.4.2 Nichtinvertierender Verstärker

Im Gegensatz zum Impedanzwandler wird beim nichtinvertierten Verstärker nur ein Teil der Ausgangsspannung U_2 als Gegenkopplungssignal U_{R2} auf den invertierenden Eingang des Operationsverstärkers gelegt, wie Abb. 10.64 zeigt.

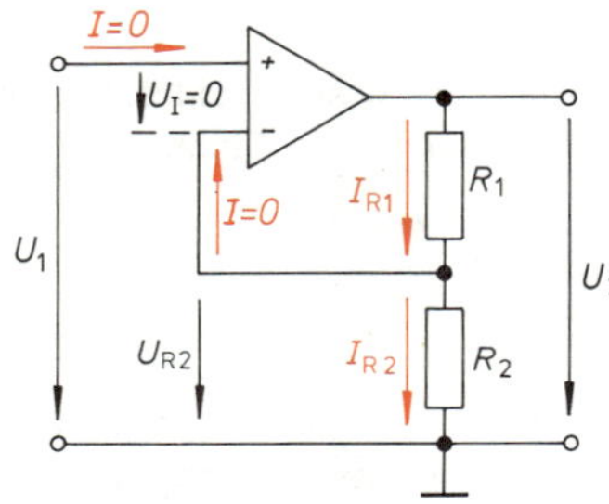

Abb. 10.64

Die grundsätzliche Funktion ist nicht von der des Impedanzwandlers verschieden. Der dort beschriebene „Ausgleichsvorgang" findet auch hier statt und führt dazu, daß die Spannungsdifferenz zwischen nichtinvertierendem und invertierendem Eingang praktisch Null wird.

Wie aus Abb. 10.64 zu ersehen ist, gilt für $U_I = 0$: $U_1 = U_{R2}$

Weil beim idealen Operationsverstärker die Eingangsströme Null sind, ist $I_{R1} = I_{R2}$ und die Widerstände sind innerhalb des Aussteuerbereiches des Operationsverstärkers wie in Reihe geschaltet zu betrachten. Mit Hilfe der getroffenen Feststellungen läßt sich die Ausgangsspannung U_2 berechnen:

$U_I = 0$

$U_1 = U_{R2}$

$I_{R1} = I_{R2}$

$$\frac{U_{R2}}{R_2} = \frac{U_2}{R_1 + R_2}$$

$$U_2 = \frac{U_{R2} \cdot (R_1 + R_2)}{R_2}$$

$$U_2 = \frac{U_1\ (R_1 + R_2)}{R_2}$$

Spannungsverstärkung	$V_U = \frac{U_2}{U_1} = \frac{R_1 + R_2}{R_2}$
Eingangswiderstand	$r_{ein} \to \infty$
Ausgangswiderstand	$r_{aus} \to 0$

Zum Verringern der Spannungsverstärkung muß in der Schaltung nach Abb. 10.64 der Anteil der Ausgangsspannung erhöht werden, der zur Gegenkopplung auf den invertierenden Eingang gelegt ist. Führt man die gesamte Spannung U_2 zurück, so arbeitet die Schaltung als Impedanzwandler.

Die kleinste Spannungsverstärkung, die mit dem nichtinvertierenden Verstärker zu erzielen ist, hat den Wert $V_U = 1$.

Beispiel:

Das Übertragungsverhalten des Verstärkers in Abb. 10.65 ist darzustellen.

Für $U_1 = 1{,}2$ V ist der Wert der Ausgangsspannung anzugeben.

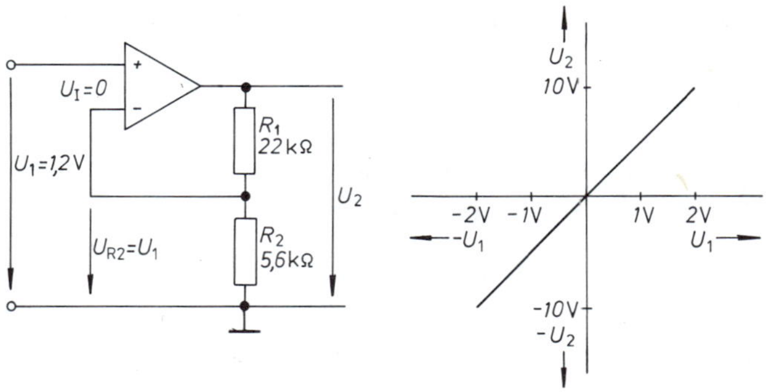

Abb. 10.65

$$\frac{U_2}{R_1+R_2}=\frac{U_{R2}}{R_2} \qquad V_U=\frac{R_1+R_2}{R_2}=4{,}93$$

$$U_2=\frac{U_1\ (R_1+R_2)}{R_2}$$

$$U_2=\frac{1{,}2\ \text{V}\cdot 27{,}6\ \text{k}\Omega}{5{,}6\ \text{k}\Omega}$$

$$U_2=5{,}91\ \text{V}$$

10.4.4.2.1 Anwendung des nichtinvertierenden Verstärkers zur Spannungsstabilisierung

Wichtigste Eigenschaft einer Konstantspannungsquelle ist der Innenwiderstand mit dem Wert $R_i=0$. Der nichtinvertierende Verstärker, der zur Spannungsstabilisierung durch eine konstante Referenzspannung angesteuert werden muß, bietet den gewünschten Wert des Innenwiderstandes. Durch eine externe Darlington-Anordnung mit Leistungstransistor wird die Belastung mit höheren Strömen möglich.
Unter Darlington-Anordnung versteht man die galvanische Kopplung zweier Verstärkerstufen in Kollektorschaltung mit Transistoren.

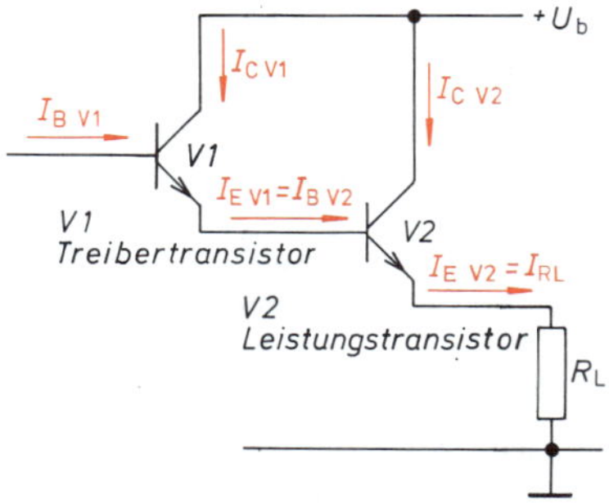

Der Eingangsstrom der Schaltung I_{BV1} wird im Transistor V1 um den Faktor der Stromverstärkung B_{V1} verstärkt.

$$I_{CV1}=I_{BV1}\cdot B_{V1}$$
$$I_{CV1}\approx I_{EV1}=I_{BV2}$$

Der Strom I_{EV1} fließt als Basisstrom in Transistor V2 und erfährt dort die Verstärkung mit dem Faktor B_{V2}.

$$I_{CV2} = I_{BV2} \cdot B_{V2}$$
$$I_{CV2} \approx I_{EV2} = I_{RL}$$

Betrachtet man die Gesamtschaltung, so ist der Steuerstrom I_{BV1} zuerst mit dem Faktor B_{V1} und danach noch mit dem Faktor B_{V2} verstärkt worden.

Durch Einsetzen der obigen Gleichungen kommt man ebenfalls zu dem Ergebnis:

$$I_{EV2} = B_{V1} \cdot B_{V2} \cdot I_{BV1}$$

Für angenommene Werte $B_{V1} = 150$ für den Treibertransistor
und $B_{V2} = 40$ für den Leistungstransistor

erhält man die Gesamt-Stromverstärkung für die Darlington-Schaltung von:

$$B_{ges} = B_{V1} \cdot B_{V2}$$
$$B_{ges} = 150 \cdot 40 = 6000$$

Die Darlington-Schaltung ist wie eine Kollektorschaltung zu betrachten, bei der ein Transistor mit sehr hoher Stromverstärkung ($B_{ges} = B_{V1} \cdot B_{V2}$) verwendet wird. Die Spannungsverstärkung bleibt etwa 1.
Stehen nur extrem kleine Steuerströme zur Verfügung, so läßt sich das Darlington-Prinzip auch auf drei Transistoren ausdehnen.

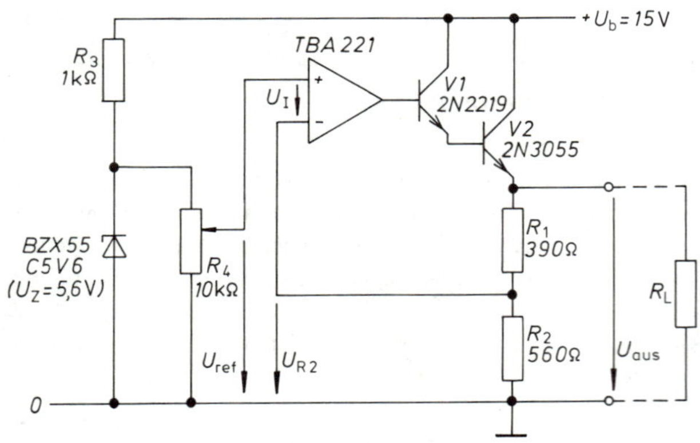

Abb. 10.66 Schaltung zur Spannungsstabilisierung

Das Gegenkopplungssignal muß am Ausgang der Schaltung abgegriffen werden.

Der Operationsverstärker stellt *seine* Ausgangsspannung so ein, daß die Differenzspannung U_I über das Gegenkopplungssignal auf den Wert $U_I = 0$ verringert wird. Im Eingangskreis gilt dann wieder:

$$U_I = 0 \qquad U_{ref} = U_{R2}$$

Dabei sind die laststromabhängigen Basis-Emitter-Spannungen von V1 und V2 mit in den Regelkreis des Operationsverstärkers einbezogen und beeinflussen den Innenwiderstand der stabilisierten Quelle nicht.

Beispiel:

In welchem Spannungsbereich läßt sich die Ausgangsspannung der Schaltung nach Abb. 10.66 verändern?

Lösung *Schleifer des Stellwiderstandes R_4 im unteren Anschlag:*

Die Bezugsspannung ist Null, $U_{ref} = 0$. Der nichtinvertierende Verstärker wird mit $U = 0$ angesteuert, sein Ausgangssignal ist ebenfalls Null.

$U_{aus} = 0$

Schleifer des Stellwiderstandes R_4 im oberen Anschlag:

Die Steuerspannung für den nichtinvertierenden Verstärker hat den Wert:

$U_{ref} = U_Z = 5{,}6\ \text{V}$

Wegen der Gegenkopplung stellt der Operationsverstärker die Spannung U_{R2} auf denselben Wert:

$U_{R2} = U_Z = 5{,}6\ \text{V}$

Im Knotenpunkt des Spannungsteilers R_1, R_2 fließt kein Strom in den Operationsverstärker ab, so daß sich die Ausgangsspannung $U_{RL\,max}$ durch das Verhältnis ergibt:

$$\frac{U_{RL\,max}}{R_1 + R_2} = \frac{U_{R2\,max}}{R_2} \qquad U_{R2\,max} = U_Z = 5{,}6\ \text{V}$$

$$U_{RL\,max} = \frac{U_Z\ (R_1 + R_2)}{R_2}$$

$$U_{RL\,max} = \frac{5{,}6\ \text{V} \cdot 950\ \Omega}{560\ \Omega}$$

$$U_{RL\,max} = 9{,}5\ \text{V}$$

Die Ausgangsspannung läßt sich im Bereich von 0 bis 9,5 V einstellen.

10.4.4.3 Operationsverstärker mit Komplementär-Endstufe

Wird bei positiver und negativer Ausgangsspannung ein Laststrom gefordert, der größer ist als der, den der Operationsverstärker liefern kann, so läßt sich dies durch Anwenden je einer Kollektorschaltung für positive und negative Spannung gegen Schaltungsnull (Masse) realisieren (Abb. 10.67).

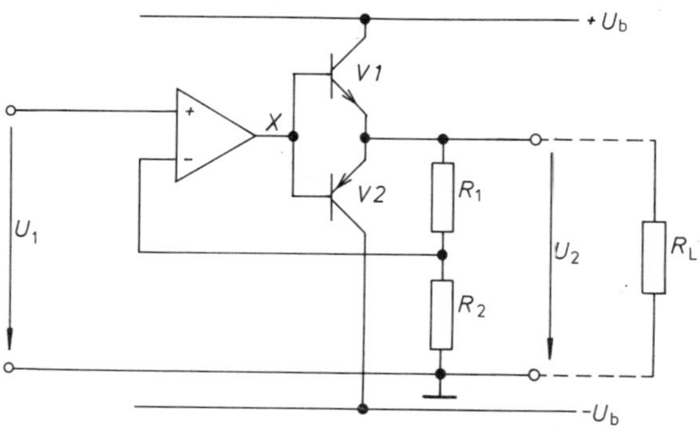

Abb. 10.67

Weil Basen und Emitter beider Transistoren miteinander verbunden sind, besteht nicht die Gefahr bei Aussteuerung eines Transistors, die höchstzulässige Basis-Emitter-Sperrspannung von etwa 7 V des anderen Transistors zu überschreiten. Weiterhin ist sichergestellt, daß niemals beide Transistoren gleichzeitig durchsteuern, was zu einem Kurzschluß beider Betriebsspannungen und eventuell dadurch zur Zerstörung von V1 und V2 führen könnte.

Abb. 10.68 zeigt die Spannungsverläufe am Ausgang des Operationsverstärkers und am Ausgang der Schaltung, wenn am Eingang eine dreieckförmige Spannung anliegt.

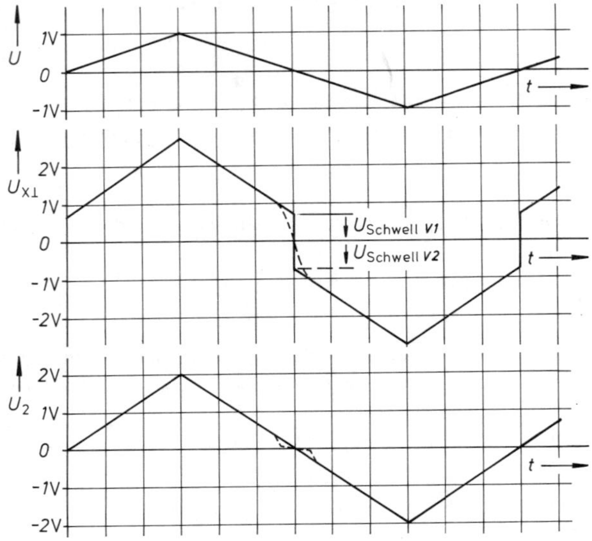

Abb. 10.68 Spannungsverläufe an der Schaltung nach Abb. 10.67 für $R_1 = R_2$

Im Nulldurchgang von der positiven zur negativen Eingangsspannung muß der Transistor V2 von V1 den Laststrom übernehmen. Dazu muß das Potential an den Basen (Ausgangsspannung des Operationsverstärkers) unverzögert von $U_{Schwell\,V1} \approx +0{,}7$ V auf $U_{Schwell\,V2} \approx -0{,}7$ V wechseln. Die erforderliche, unendlich steile Spannungsflanke kann der Operationsverstärker wegen seiner Frequenzkompensation nicht liefern, daher folgt das vom Ausgangsspannungsteiler R_1 R_2 stammende Gegenkopplungssignal im Nulldurchgang nicht schnell genug der Eingangsspannung.
Man spricht von Übernahmeverzerrungen der Ausgangsspannung U_2, die in Abb. 10.68 gestrichelt dargestellt sind.
Dieser Nachteil läßt sich durch Vorspannen der Basen von V1 und V2 gegenüber dem Emitterpotential um jeweils den Schwellenwert $U_{Schwell} \approx 0{,}7$ V beheben.
Dadurch ergibt sich ein geringer, als Ruhewert auch ohne Aussteuerung fließender Querstrom über beide Transistoren.

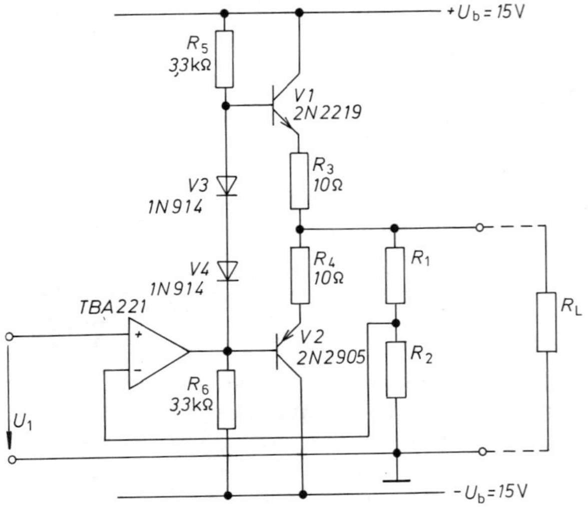

Abb. 10.69

Abb. 10.69 zeigt die verbesserte Schaltung, in der die Widerstände R_3 und R_4 als Gegenkopplung für den Ruhestrom wirken und den Kurzschlußschutz der Endstufe übernehmen.
Die Dimensionierung der Widerstände R_1 und R_2 erfolgt nach der im Einzelfall gewünschten Spannungsverstärkung.
Als Niederfrequenzverstärker mit $V_U > 10$ ist die Schaltung geeignet, wenn statt des intern frequenzkompensierten Operationsverstärker TBA 221 ein anderer verwendet wird, dessen Eckfrequenz höher liegt. Beim Operationsverstärker TAA 521 läßt sich z. B. der Frequenzgang durch externe Beschaltung in Grenzen beeinflussen.

Grundsätzlich muß für alle Schaltungen und Schaltungsvarianten des nichtinvertierenden Verstärkers folgende negative Feststellung getroffen werden: Operationsverstärker in nichtinvertierenden Schaltungen müssen hohe Gleichtaktunterdrückung aufweisen, weil die Eingänge des Operationsverstärkers gleiches Potential wie das an die Schaltung angelegte Steuersignal U_1 haben. U_1 kann beim Impedanzwandler z. B. über den gesamten Aussteuerbereich von $-U_{max} \approx 12$ V bis $+U_{max} \approx 12$ V geändert werden.

10.4.4.4 Invertierender Verstärker

Invertieren heißt Umkehren.
Ändert sich die an einer invertierenden Schaltung liegende Eingangsspannung in positive Richtung, so ergibt sich eine Ausgangsspannungsänderung in negativer Richtung.

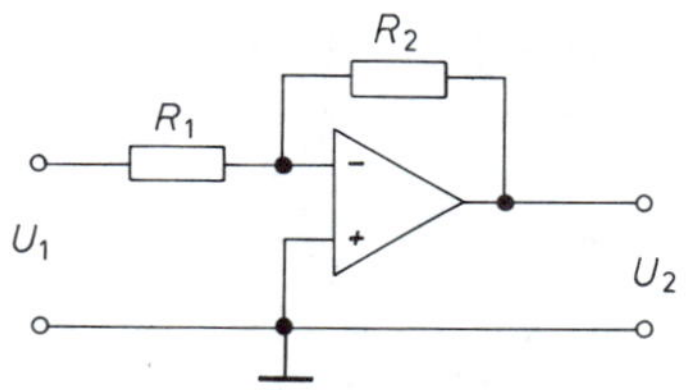

Abb. 10.70
Invertierender Verstärker, Grundschaltung

Funktion: Die Signalspannung U_1 möge von $U_1 = 0$ auf $U_1 = +5$ V ansteigen.

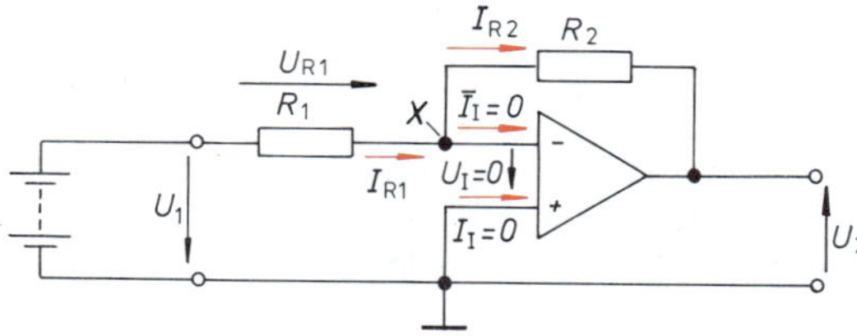

Abb. 10.71

Wegen der positiven Spannung am invertierenden Eingang steuert der Operationsverstärker negativ aus.
Das Spannungsgefälle von der positiven Eingangsklemme der Schaltung über R_1 und R_2 zum Ausgang des Operationsverstärkers hat einen Strom zur Folge.
Verabredungsgemäß fließt in die Eingänge des Operationsverstärkers kein Strom, $\overline{I}_I = 0$, $I_I = 0$, so daß für den Knotenpunkt x gilt:

$$I_{R1} = I_{R2}$$

Der Strom über R_1 verursacht dort einen Spannungsfall U_{R1}, der, wie aus Abb. 10.71 zu ersehen ist, den Punkt x gegenüber der auf $U_{ein} = +5$ V liegenden Eingangsklemme negativer macht.
Die Spannungsdifferenz zwischen invertierendem und nichtinvertierendem Eingang des Operationsverstärkers wird also kleiner, je weiter U_2 ins Negative geht, je größer der Strom $I_{R1} = I_{R2}$ wird.
Der Ausgleichszustand ist wegen der unendlich hohen Spannungsverstärkung des idealen Operationsverstärkers erreicht, sobald $U_I = 0$ ist.
Dann hat der Punkt x das Potential angenommen, auf das der nicht invertierende Eingang geschaltet ist: Null.
Damit ist der Spannungsfall an R_1 gleich der Eingangsspannung U_1:

$$U_{R1} = U_1$$

Der Spannungsfall an R_2, verursacht durch den Gegenkopplungsstrom $I_{R2} = I_{R1}$, ist gleich der Ausgangsspannung U_2:

$$U_{R2} = U_2$$

So ergibt sich die Bestimmungsgleichung für die Ausgangsspannung U_2 und die Spannungsverstärkung des invertierenden Verstärkers:

$$I_{R1} = \frac{U_{R1}}{R_1} = \frac{U_1}{R_1}$$

$$I_{R1} = I_{R2}$$

$$I_{R2} = \frac{U_{R2}}{R_2} = \frac{U_2}{R_2} \qquad \frac{U_1}{R_1} = \frac{U_2}{R_2}$$

Ausgangsspannung	$U_2 = \frac{U_1 \cdot R_2}{R_1}$
Spannungsverstärkung	$V_U = \frac{U_2}{U_1} = \frac{R_2}{R_1}$

Im Gegensatz zum nichtinvertierenden Verstärker muß die Signalquelle des invertierenden Verstärkers einen Eingangsstrom liefern. Der Eingangswiderstand der *Schaltung* ist daher nicht unendlich.

Eingangswiderstand	$r_{ein} = \frac{U_1}{I_{R1}} = \frac{U_{R1}}{I_{R1}} = R_1$

Der Ausgangswiderstand ist auch hier Null, da jede Laststromänderung durch die Gegenkopplung voll ausgeregelt wird und nicht zu einer Änderung der Ausgangsspannung führt.

Ausgangswiderstand	$r_{aus} \to 0$

Der invertierende Verstärker ermöglicht durch Wahl des Widerstandsverhältnisses $\frac{R_2}{R_1}$ im Gegensatz zum nichtinvertierenden Verstärker auch Werte der Spannungsverstärkung $V_U < 1$. Weil im Ausgangszustand unabhängig vom angelegten Steuersignal U_1 beide Eingänge des Operationsverstärkers Nullpotential haben, wird an die Gleichtaktunterdrückung des Operationsverstärkers keine Anforderung gestellt.

Beispiel:

Für die Schaltung nach Abb. 10.72 soll das Übertragungsverhalten $U_2 = f(U_1)$ dargestellt werden:

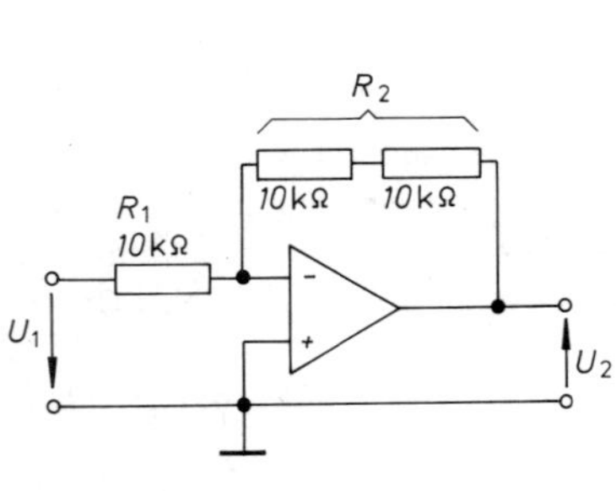

$$V_U = \frac{R_2}{R_1} = \frac{20\ \text{k}\Omega}{10\ \text{k}\Omega}$$

$$V_U = 2$$

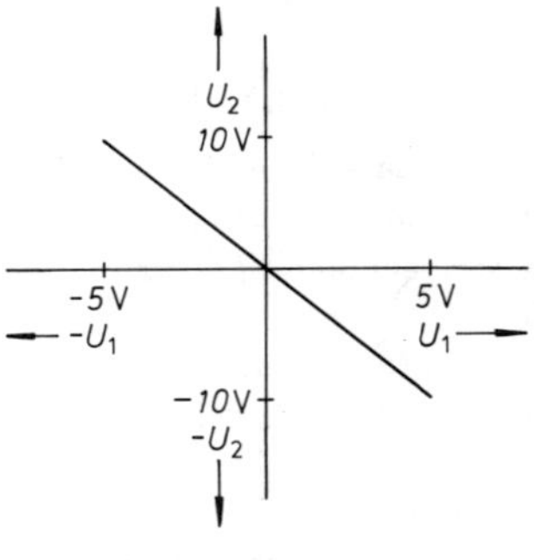

Abb. 10.72

Wird der invertierende Verstärker mit sinusförmiger Wechselspannung angesteuert, so entsteht am Ausgang das um V_U verstärkte Signal in Gegenphase (Abb. 10.73).

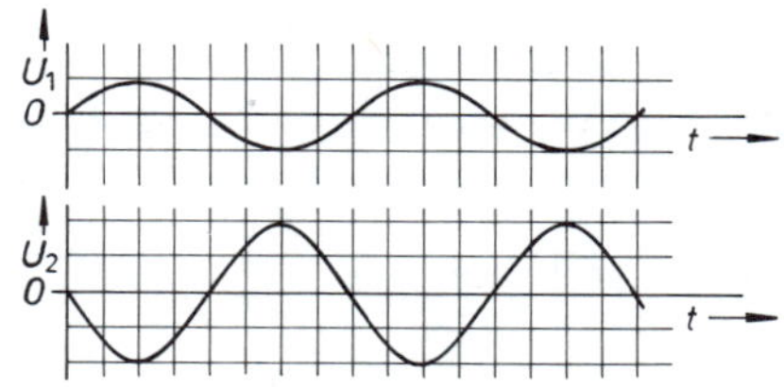

Abb. 10.73

10.4.4.4.1 Kompensation der Eingangsströme des Operationsverstärkers

Für die meisten Anwendungen in der Praxis dürfen die Idealdaten des Operationsverstärkers vorausgesetzt werden. Ein Idealwert lautet:

Eingangsströme $\overline{I}_I = I_I = 0$

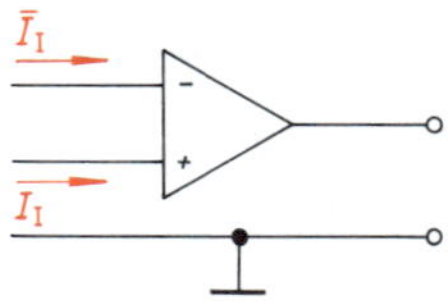

Abb. 10.74

Beim invertierenden Verstärker mit Widerständen R_2, R_1 größer als etwa 100 kΩ ergeben sich sehr kleine Eingangsströme I_{R1} für die Schaltung, wie das Beispiel zeigt.

$$I_{R1} = \frac{U_1}{R_1}$$

$$I_{R1} = \frac{1\ \text{V}}{2\ \text{M}\Omega}$$

$$I_{R1} = 0{,}5\ \mu\text{A}$$

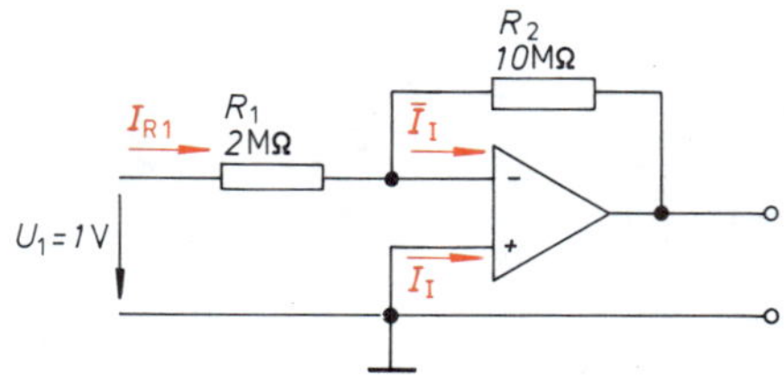

Abb. 10.75

Die erste Differenzverstärkerstufe im Operationsverstärker, beim Typ TBA 221 mit Silizium-NPN-Transistoren bestückt, benötigt einen Basisstrom, den der Hersteller als typischen Wert mit $I_I = 80$ nA angibt.

Dieser Strom muß in beide Eingänge des Operationsverstärkers fließen und liegt in der Größenordnung des errechneten Stromes I_{R1}. I_I darf bei der Berechnung daher nicht vernachlässigt werden.

Voraussetzung für die Berechnung:

a) Leerlaufspannungsverstärkung des Operationsverstärkers $V_U \rightarrow \infty$
b) Gleichheit der Eingangsströme $\overline{I}_I = I_I$
c) Nullspannungsabgleich ist vorgenommen

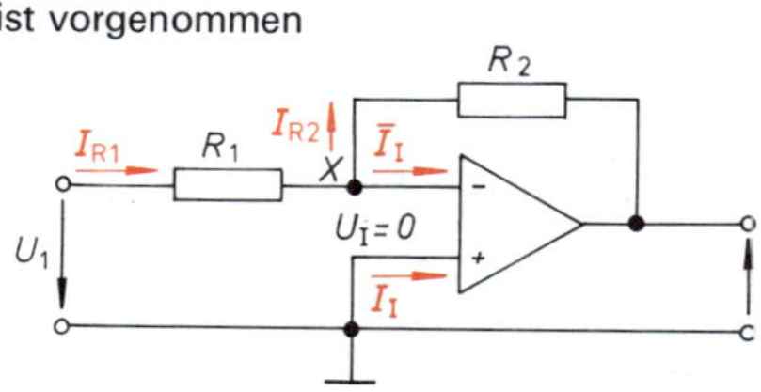

Abb. 10.76

Eingangsstrom in die Schaltung $I_{R1} = \frac{U_1}{R_1}$

Im Knotenpunkt x teilt sich der Strom I_{R1} $\quad I_{R1} = I_{R2} + \bar{I}_I$

Der Strom I_{R2} erzeugt an R_2 den Spannungsfall $U_{R2} = I_{R2} \cdot R_2$.

Wegen $U_I = 0$ ist U_{R2} gleich der Ausgangsspannung $U_{R2} = U_2$.

Dadurch, daß I_{R1} nicht in voller Höhe wie beim idealen Operationsverstärker durch R_2 als Gegenkopplungsstrom weiterfließt, ist jetzt die Ausgangsspannung kleiner als im Idealfall berechnet.

Durch Umformung der Gleichungen erhält man:

$$I_{R1} = \frac{U_1}{R_1} = I_{R2} + \bar{I}_I$$

$$\frac{U_1}{R_1} = \frac{U_2}{R_2} + \bar{I}_I$$

$$U_2 = \underbrace{U_1 \frac{R_2}{R_1}}_{\text{Idealwert}} - \underbrace{R_2 \cdot \bar{I}_I}_{\text{Fehler durch Eingangsstrom in den Operationsverstärker}}$$

Der Fehler ist sehr leicht zu berechnen und verändert die in Abb. 10.77 dargestellte Übertragungskennlinie des invertierenden Verstärkers.

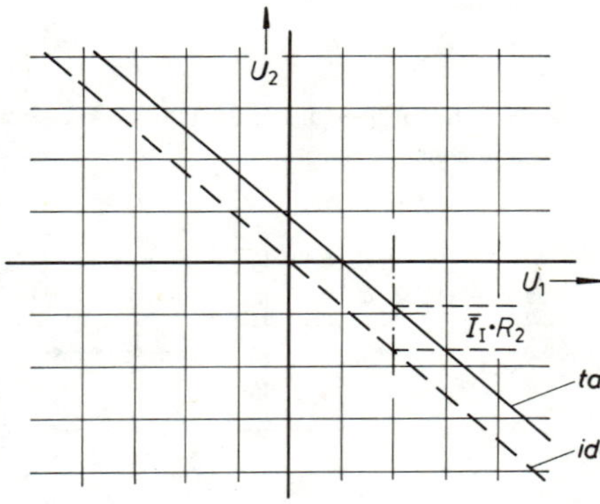

Abb. 10.77

Da es sich um einen Nullpunktfehler handelt, der die Verstärkung der Schaltung nicht verändert, läßt er sich durch Addition einer dem Fehler entgegengesetzt gleichen Größe kompensieren.

Welche Maßnahme zur Fehlerkompensation getroffen werden muß, ist am deutlichsten zu sehen, wenn $U_1 = 0$ ist und an U_2 nur der „Fehler" ansteht:

für $U_1 = 0$ $\qquad U_2 = -R_2 \cdot \bar{I}_I$

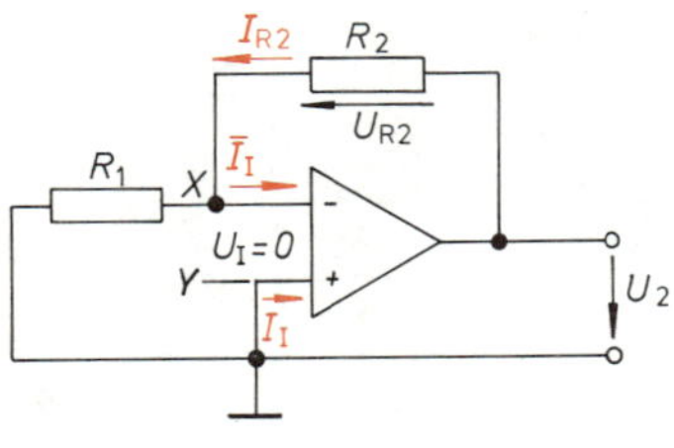

Abb. 10.78

Weil $U_{R1} = 0$ und $I_{R1} = 0$ ist, muß der Eingangsstrom für den Operationsverstärker nur über den Gegenkopplungswiderstand R_2 aufgebracht werden. Der sich daraufhin an R_2 einstellende Spannungsfall U_{R2} tritt dann wegen $U_I = 0$ auch als Fehlergröße U_2

$$U_{R2} = U_2 = \bar{I}_I \cdot R_2$$

am Ausgang auf.

Soll aber $U_2 = 0$ sein und ein Spannungsfall $U_{R2} = \bar{I}_I \cdot R_2$ ist unvermeidbar, so muß der Punkt x und auch y negatives Potential erhalten.
Abb. 10.79 zeigt die Schaltung zur Kompensation des Eingangsstromes.

$R_1 = R'_1$
$R_2 = R'_2$

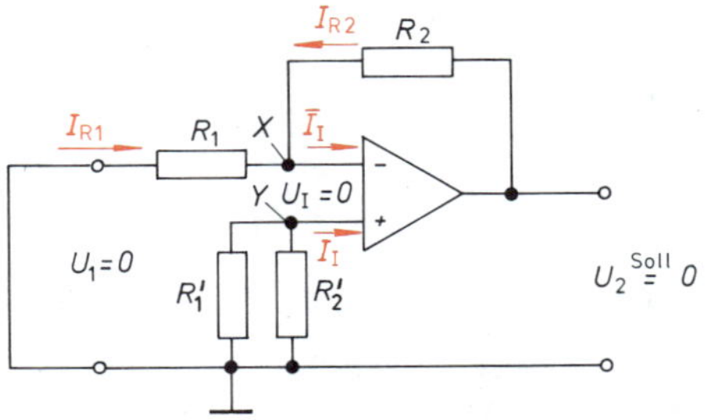

Abb. 10.79

R_1 und R_2 wirken wie parallel geschaltet, weil $U_1 = 0$ und $U_2 = 0$ ist. Beide bringen durch unterschiedliche Anteile den Eingangsstrom $\bar{I}_I$ auf.
Das gleiche gilt für die Widerstände R'_1 und R'_2, an denen bei gleicher Größe mit $R_1 = R'_1$ und $R_2 = R'_2$ der gleiche Spannungsfall ansteht wie an R_1 und R_2.
Beide Eingänge des Operationsverstärkers erhalten deshalb das gleiche gegen Masse negative Potential, und bei $U_1 = 0$ ist $U_2 = 0$. Der Fehler ist kompensiert.
Regel zur Kompensation des Eingangsstromes beim invertierenden Verstärker:
Der Kompensationswiderstand vom nichtinvertierenden Eingang des Operationsverstärkers nach Schaltungsnull muß den Wert der Parallelschaltung von R_2 und R_1 haben.

$$R_{komp} = \frac{R_1 \cdot R_2}{R_1 + R_2}$$

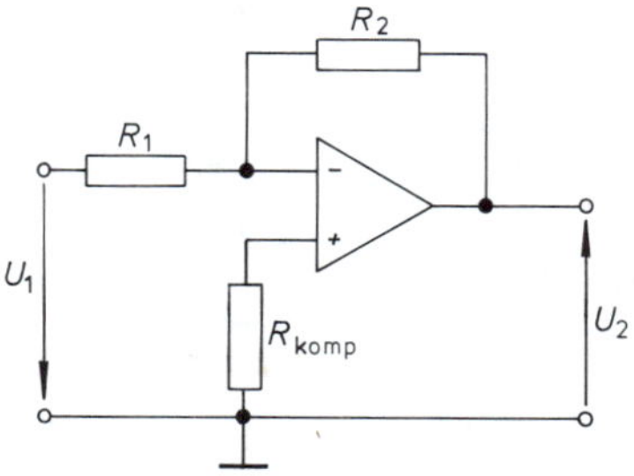

Abb. 10.80

10.4.4.5 Summationsverstärker

Wegen der Gegenkopplung beim invertierenden Verstärker stellt sich der Ausgleichszustand bei $U_I = 0$ ein. Der in die Schaltung eingespeiste Strom I_1 fließt vom Knotenpunkt x als I_{R2} weiter und bestimmt mit der Größe des Widerstandes R_2 die Ausgangsspannung U_2.

$U_{x\perp} = 0 \quad U_{R2} = U_2$

$U_2 = I_{R2} \cdot R_2$

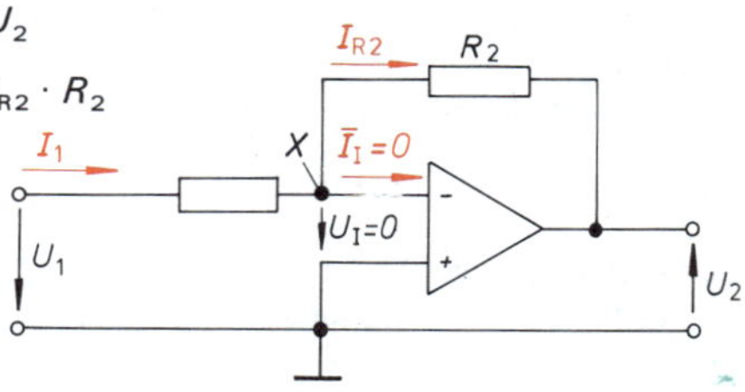

Abb. 10.81

Beim Summationsverstärker wird der in den Knotenpunkt x eingespeiste Strom nicht von *einer* Signalquelle über *einen* Widerstand geliefert, sondern stammt aus beliebig vielen Quellen, die, jede über einen eigenen Widerstand, einen Teilstrom in den Knotenpunkt einspeisen.
Im Knotenpunkt wird I_{R2} aus der Summe der Teilströme gebildet, wie Abb. 10.82 zeigt.

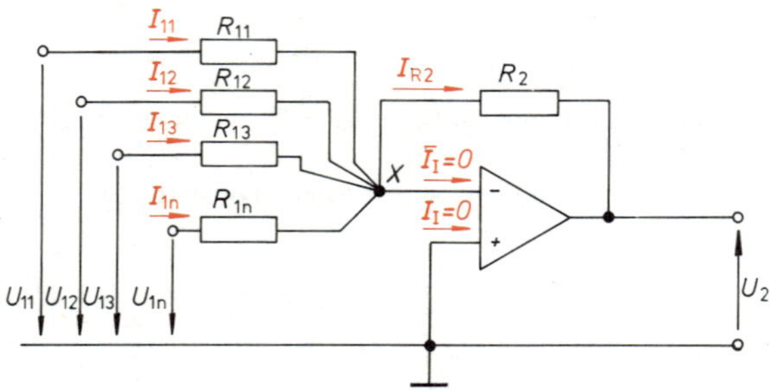

Abb. 10.82

Im Knotenpunkt x gilt:

$$I_{R2} = I_{11} + I_{12} + I_{13} + \dots I_{1n}$$

Weil im Ausgleichszustand der Schaltung durch Gegenkopplung der Punkt x Nullpotential annimmt, lassen sich die Teilströme berechnen:

$$I_{11} = \frac{U_{11}}{R_{11}}, \quad I_{12} = \frac{U_{12}}{R_{12}}, \quad I_{13} = \frac{U_{13}}{R_{13}}, \dots \quad I_{1n} = \frac{U_{1n}}{R_{1n}}$$

$$\frac{U_{R2}}{R_2} = \frac{U_2}{R_2} = \frac{U_{11}}{R_{11}} + \frac{U_{12}}{R_{12}} + \frac{U_{13}}{R_{13}} + \dots \frac{U_{1n}}{R_{1n}}$$

$$\text{Ausgangsspannung } U_2 = R_2 \left(\frac{U_{11}}{R_{11}} + \frac{U_{12}}{R_{12}} + \frac{U_{13}}{R_{13}} + \dots \frac{U_{1n}}{R_{1n}} \right)$$

Erhalten alle Eingangswiderstände $R_{11}, R_{12}, R_{13}, \dots R_{1n}$ den gleichen Widerstandswert, so vereinfacht sich die Gleichung:

$$\text{Ausgangsspannung } U_2 = \frac{R_2}{R_1} (U_{11} + U_{12} + U_{13} + \dots U_{1n})$$

$$\text{für } R_{11} = R_{12} = R_{13} = R_{1n} = R_1$$

Bei Gleichheit aller Widerstände $R_1 = R_2$ ist die Ausgangsspannung gleich der algebraischen Summe der Eingangsspannungen:

$$U_2 = U_{11} + U_{12} + U_{13} + \dots U_{1n}$$

Die Strom- und Spannungspfeile im Prinzipschaltbild nach Abb. 10.82 geben die tatsächliche Richtung dieser Größen an. Es ist zu beachten, daß der Summationsverstärker ebenso wie die Grundschaltung des invertierenden Verstärkers eine Signalumkehr bewirkt. Im aufgeführten Schaltbild ist die Ausgangsspannung U_2 bei positiven Eingangssignalen negativ.
In Anwendungsfällen des Summationsverstärkers muß sichergestellt sein, daß die Summe der Eingangssignale nicht eine Ausgangsspannung U_2 bewirken kann, die über die Aussteuergrenzen des Operationsverstärkers hinausgeht.
Der Summationsverstärker arbeitet vorzeichenrichtig, im Knotenpunkt x gilt die Regel:

Die Summe der zufließenden ist gleich der Summe der abfließenden Ströme.

Soll ein Teilsignal bei der Summenbildung nicht hinzugezählt sondern abgezogen werden, so ist dies Signal vorher zu invertieren und dann erst der Summationsstelle zuzuführen.

Beispiel:

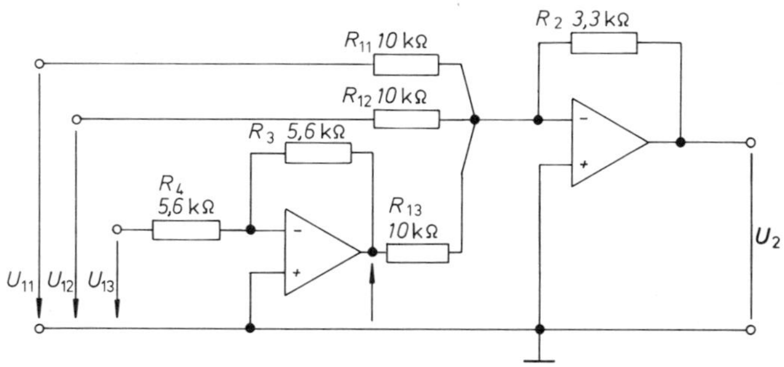

Abb. 10.83

Aufgabe Für die Teilspannungen $U_{11} = 2$ V

$U_{12} = 3$ V

$U_{13} = 7{,}5$ V

soll die Ausgangsspannung U_2 in der Schaltung nach Abb. 10.83 errechnet werden. Die Polarität der Ausgangsspannung ist durch einen Spannungspfeil anzugeben.

10.4.4.6 Integrierender Verstärker

Statt, wie bei der Grundschaltung des invertierenden Verstärkers in Abschnitt 10.4.4.4 anhand Abb. 10.70 beschrieben, das Gegenkopplungssignal über den Widerstand R_2 auf die Eingangsseite zu führen, gelangt es beim integrierenden Verstärker über einen Kondensator C auf den invertierenden Eingang (Abb. 10.84).

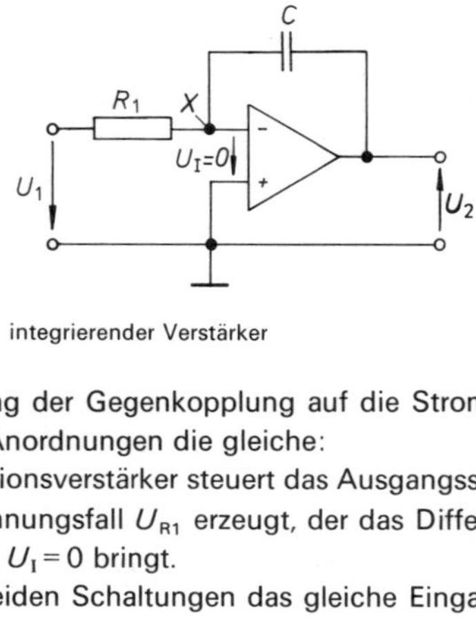

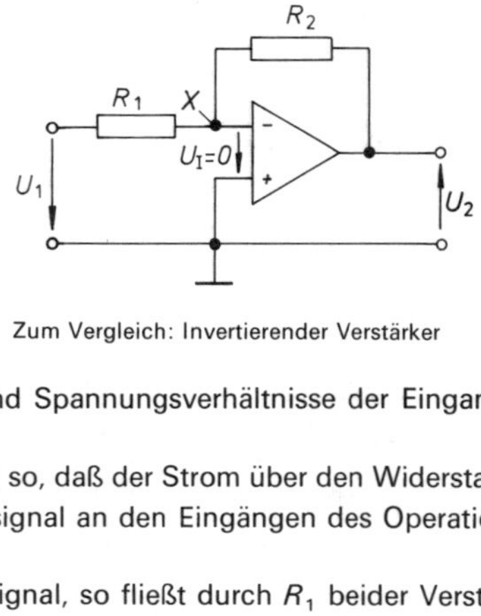

Abb. 10.84 integrierender Verstärker

Zum Vergleich: Invertierender Verstärker

Die Wirkung der Gegenkopplung auf die Strom- und Spannungsverhältnisse der Eingangsseite ist in beiden Anordnungen die gleiche:

Der Operationsverstärker steuert das Ausgangsignal so, daß der Strom über den Widerstand R_1 dort einen Spannungsfall U_{R1} erzeugt, der das Differenzsignal an den Eingängen des Operationsverstärkers gegen $U_I = 0$ bringt.

Liegt an beiden Schaltungen das gleiche Eingangssignal, so fließt durch R_1 beider Verstärker auch der gleiche Strom:

$$U_I = 0; \quad U_{x\perp} = 0 \qquad U_1 = U_{R1}$$

$$I_{R1} = \frac{U_1}{R_1}$$

1. Konstantes Eingangssignal am integrierenden Verstärker

Bei konstanter Eingangsspannung U_1 muß laut vorstehender Ableitung auch der Strom über R_1 konstant sein. Die Ausgangsspannung U_2 des Operationsverstärkers treibt aber diesen Strom über den Kondensator C durch den Widerstand R_1.

Soll über einen Kondensator ein konstanter Verschiebungsstrom fließen, so muß sich die Spannung an C linear ändern, wie aus den Gleichungen für die Ladungsmenge folgt:

$$Q = C \cdot \Delta U_c \qquad Q = I_c \cdot \Delta t$$

$$\frac{\Delta U_c}{\Delta t} = \frac{I_c}{C}$$

Das Verhältnis $\frac{\Delta U_c}{\Delta t}$ gibt die Spannungs*änderung* am Kondensator pro Zeiteinheit an. Sie ist konstant und gleich dem Wert $\frac{I_c}{C}$. Der Strom I_c ist aber gleich dem durch R_1, da in den Operationsverstärker kein Strom fließt. $\overline{I}_I = 0$. Daher gilt:

$$\frac{\Delta U_c}{\Delta t} = \frac{U_1}{R_1 \cdot C} \qquad\qquad I_c = I_{R1} = \frac{U_1}{R_1}$$

Wegen der Gegenkopplung war $U_I = 0$ und $U_{x\perp} = 0$. So ist die Spannung $U_c = U_2$.

Im Aussteuerbereich gilt für den integrierenden Verstärker:

Ausgangsspannungsverlauf	$\frac{\Delta U_2}{\Delta t} = \frac{U_1}{R_1 \cdot C}$
Eingangsstrom	$I_1 = \frac{U_1}{R_1}$
Eingangswiderstand	$r_{ein} = R_1$

Strom- und Spannungsrichtungen gemäß Prinzipschaltbild Abb. 10.85.

Anfangsbedingung:
Zur Zeit $t = 0$ sei der Kondensator entladen.

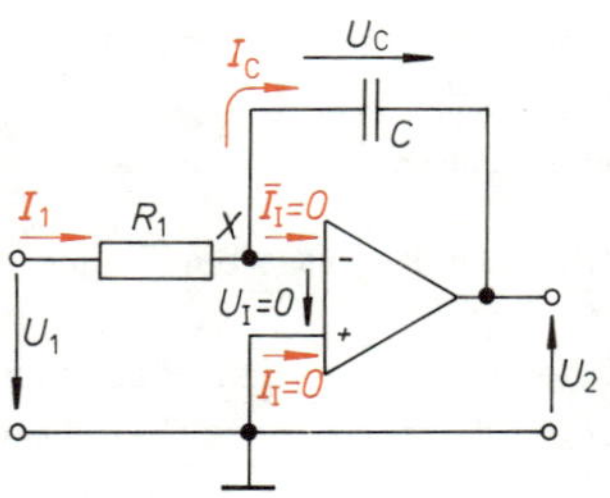

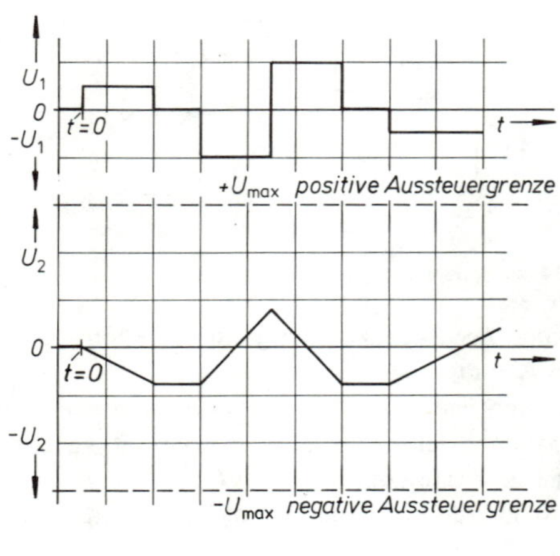

Abb. 10.85

Ein konstantes Eingangssignal am integrierenden Verstärker führt nach einer bestimmten Zeit zum Erreichen einer Aussteuergrenze: $U_2 = +U_{max}$ oder $U_2 = -U_{max}$.

2. Sinusförmige Wechselspannung am integrierenden Verstärker

Auch bei Wechselspannung am Eingang der Schaltung nach Abb. 10.85 sorgt die Gegenkopplung vom Ausgang des Operationsverstärkers über den Kondensator auf den invertierenden Eingang dafür, daß die Differenzspannung U_I in jedem Augenblick Null ist.

Somit liegt an R_1 wieder die angelegte Signalspannung U_1 und treibt den Strom $I_{R1} = \frac{U_1}{R_1}$, der sinusförmigen Verlauf hat.

Dem Kondensator C wird dieser Strom $I_{R1} = I_c$ aufgezwungen. Dadurch stellt sich die Kondensatorspannung U_c ein.

$$U_c = I_c \cdot x_c \qquad x_c = \frac{1}{\omega \cdot C} = \frac{1}{2\pi \cdot f \cdot C}$$

Blindwiderstand des C

Weil der Punkt x wegen der Gegenkopplung Nullpotential hat, gilt:

$$U_c = U_2$$

Zwischen Strom- und Spannung am Kondensator besteht bei sinusförmiger Wechselspannung eine Phasendrehung von 90°, so daß U_2 und U_1 nicht mehr wie bei der Grundschaltung des invertierenden Verstärkers in Gegenphase liegen. U_2 läuft U_1 um 90° voraus.

Betrag der Ausgangsspannung:

$$|U_2| = U_c = I_c \cdot x_c = \frac{U_1}{R_1} \cdot x_c \qquad x_c = \frac{1}{2\pi \cdot f \cdot C}$$

$$|U_2| = \frac{U_1}{R_1 \cdot 2\pi \cdot f \cdot C}$$

Betrag der Spannungsverstärkung:

$$|V_U| = \frac{U_2}{U_1} = \frac{1}{R_1 \cdot 2\pi \cdot f \cdot C}$$

Abb. 10.86 zeigt Strom- und Spannungsverläufe am integrierenden Verstärker bei sinusförmiger Eingangsspannung. $|V_U| = 2$

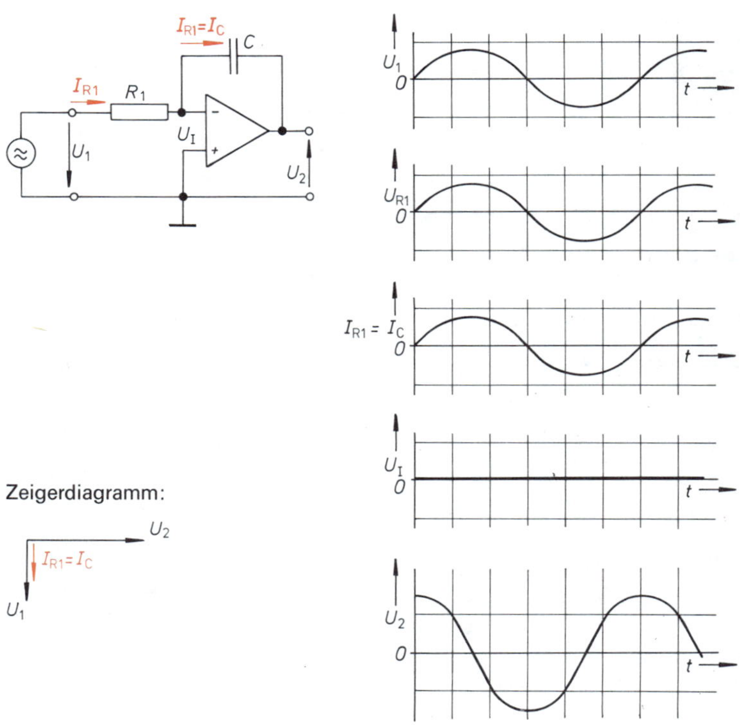

Abb. 10.86

10.4.4.7 Differenzierender Verstärker

Die Schaltung nach Abb. 10.87 ist eine weitere Variante des invertierenden Verstärkers.
Der Differenzierer entsteht durch Vertauschen von R und C des integrierenden Verstärkers.

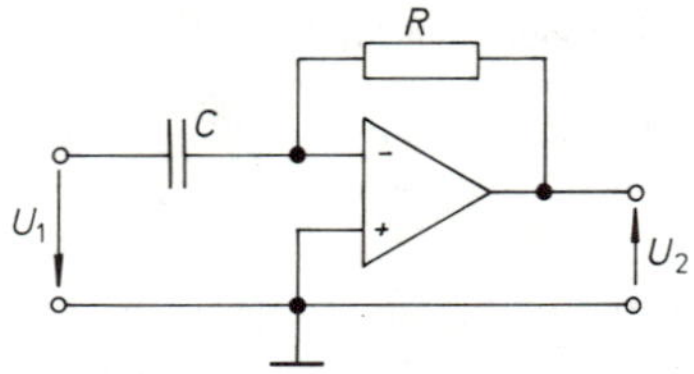

Abb. 10.87

Funktion:

Liegt am Eingang der Schaltung eine konstante Gleichspannung U_1 = konst., so fließt nach Abklingen der Ausgleichsvorgänge kein Verschiebungsstrom mehr durch den Kondensator:

$$I_c = 0$$

Wegen $I_c = I_R$ ist auch $U_R = 0$ und wegen $U_R = U_2$ ist auch die Ausgangsspannung der Schaltung $U_2 = 0$.
Zur Untersuchung des Differenzierers ist daher nur ein Eingangssignal geeignet, das sich in Abhängigkeit der Zeit ändert und damit einen Verschiebungsstrom des Kondensators I_c bewirkt, der dann zur Aussteuerung und Gegenkopplung über R führt.
Die Zusammenhänge in der Schaltung werden bei Ansteuerung durch ein dreieckförmiges Eingangssignal besonders deutlich, wie Abb. 10.88 zeigt.
Die Spannung am Eingang, U_1, ist gleich der Spannung U_c und damit wegen der Gegenkopplung auch in jedem Augenblick:

$$\Delta U_1 = \Delta U_c$$

Wegen der Gleichungen über die Ladungsmengen am Kondensator ergibt sich:

$$Q = C \cdot \Delta U \qquad I = C \cdot \frac{\Delta U}{\Delta t} \qquad I = I_c = I_R$$

$$Q = I \cdot \Delta t \qquad \qquad \Delta U = \Delta U_c = \Delta U_1$$

$$I_R = C \frac{\Delta U_1}{\Delta t} \qquad I_R = \frac{U_R}{R} = \frac{U_2}{R}$$

Ausgangsspannung	$U_2 = R \cdot C \dfrac{\Delta U_1}{\Delta t}$
Eingangsstrom	$I_1 = C \cdot \dfrac{\Delta U_1}{\Delta t}$

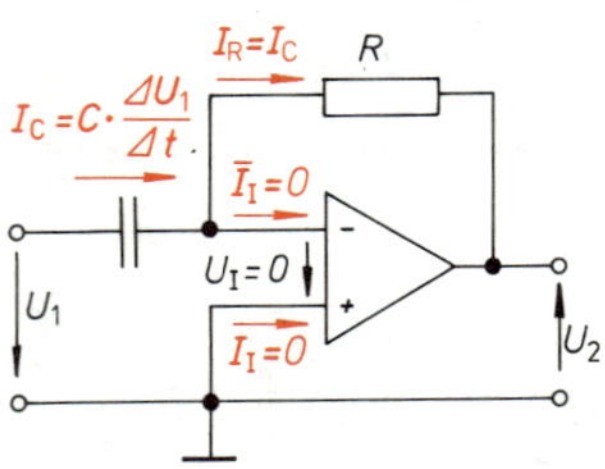

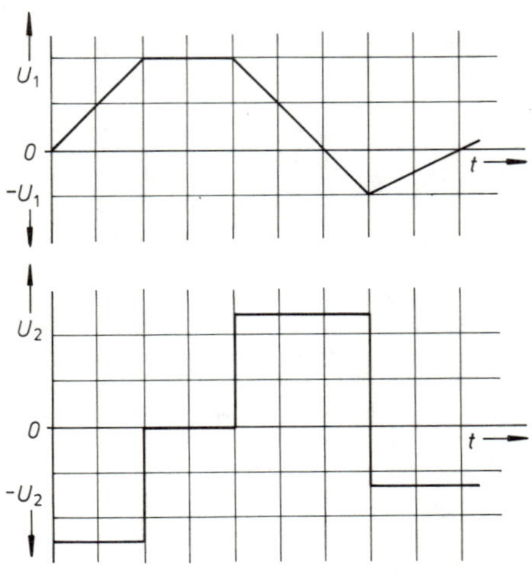

Abb. 10.88

Man erkennt, daß eine Rechteckspannung mit unendlich steilen Flanken ungeeignet zur Untersuchung des differenzierenden Verstärkers ist.

Die Flanke $\frac{\Delta U}{\Delta t} \to 0$ erfordert einen unendlich hohen Kondensatorstrom I_c, der als Gegenkopplungsstrom über R_2 vom Ausgang des Operationsverstärkers durch eine unendlich hohe (positive oder negative) Spannung U_2 geliefert werden müßte. Der Operationsverstärker kann aber nur bis zu seinen Grenzen $+U_{max}$ bzw. $-U_{max}$ aussteuern.

Sinusförmige Wechselspannung am differenzierenden Verstärker

Nehmen wir bezug auf die Erklärungen zum invertierenden- und integrierenden Verstärker, so läßt sich auch hier die Spannungsverstärkung als das Verhältnis des Gegenkopplungswiderstandes – hier R – zum Eingangswiderstand – hier x_c – beschreiben. Damit gilt:

Betrag der Spannungsverstärkung	Betrag des Eingangsstromes
$\lvert V_U \rvert = \frac{U_2}{U_1} = \frac{R}{x_c} = R \cdot C \cdot 2\pi \cdot f \cdot C$	$\lvert I_1 \rvert = \frac{U_1}{x_c}$

Der Eingangswechselstrom läuft, da er ein Kondensatorstrom ist, der Eingangsspannung um 90° voraus. Wegen der invertierenden Wirkung des Verstärkers eilt darum die Ausgangsspannung U_2 der Eingangsspannung U_1 um 90° nach, wie Abb. 10.89 zeigt.

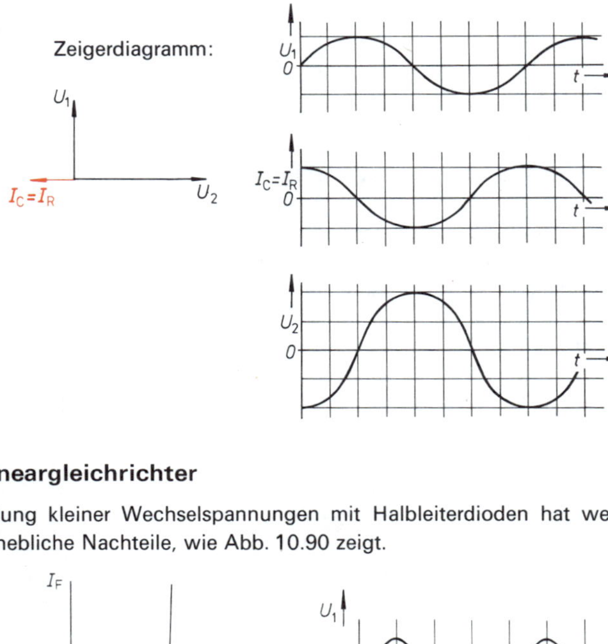

Abb. 10.89

10.4.4.8 Lineargleichrichter

Die Gleichrichtung kleiner Wechselspannungen mit Halbleiterdioden hat wegen der Schwellenspannungen erhebliche Nachteile, wie Abb. 10.90 zeigt.

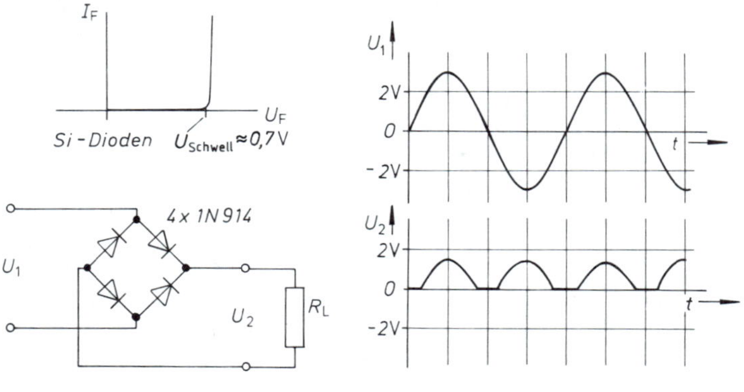

Abb. 10.90

Besonders in der Meßtechnik sind Gleichrichterschaltungen erwünscht, die auch kleine Spannungen linear verarbeiten.

Bei dem in Abb. 10.91 nochmals dargestellten invertierenden Verstärker steuert der ideale Operationsverstärker so aus, daß der Strom über den Gegenkopplungszweig R_2 an R_1 einen Spannungsfall verursacht, der den invertierenden Eingang auf gleiches Potential mit dem nichtinvertierenden bringt:

$$U_I = 0, \qquad U_{x\perp} = 0, \qquad U_1 = U_{R1}$$

$$I_{R1} = \frac{U_1}{R_1}$$

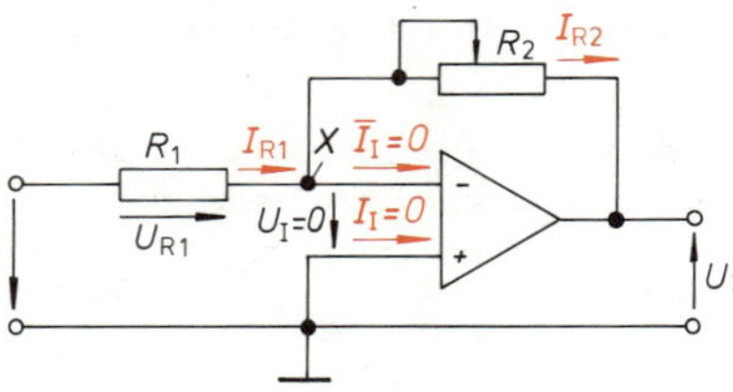

Abb. 10.91

Dieser Ausgleichszustand stellt sich auch ein, wenn der Widerstandswert des R_2 verändert wird. Innerhalb des Aussteuerbereiches des Operationsverstärkers fließt durch R_2 ein Strom, der nur von der Eingangsspannung U_1 und dem Wert von R_1 abhängt.
Dies gilt auch für die Augenblickswerte einer Wechselspannung u_1:

$$i_{R1} = \frac{u_1}{R_1}$$

10.4.4.8.1 Zweiweggleichrichter, Last hochgelegt

Im Lineargleichrichter nach Abb. 10.92 muß der Gegenkopplungsstrom i_{R1} wegen des Brückengleichrichters stets in gleicher Richtung durch den Lastwiderstand fließen. Ein Drehspulmeßwerk als Lastwiderstand im Querzweig der Brücke mißt den arithmetischen Mittelwert des Stromes $I_{meß}$:

$$I_{arith} = \frac{i_{max} \cdot 2}{\pi}$$

$$I_{arith} = \frac{u_{1\,max} \cdot 2}{R_1 \cdot \pi}$$

$$i = \frac{u_1}{R_1}$$

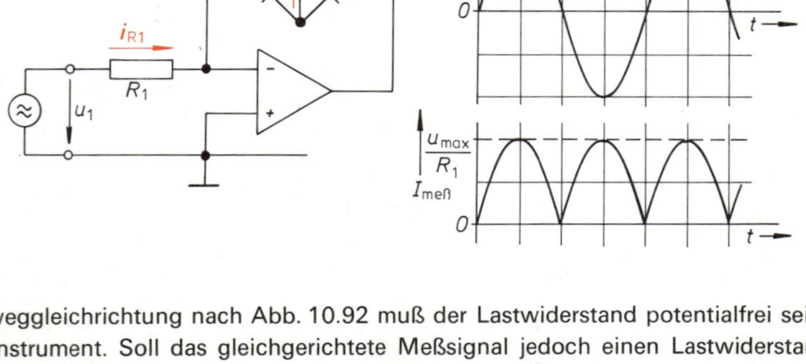

Abb. 10.92

In der Zweiweggleichrichtung nach Abb. 10.92 muß der Lastwiderstand potentialfrei sein, wie z. B. ein Anzeigeinstrument. Soll das gleichgerichtete Meßsignal jedoch einen Lastwiderstand speisen, der einpolig an Schaltungsnull liegt, so ist die besprochene Schaltung ungeeignet.

10.4.4.8.2 Einweggleichrichter, Lastwiderstand einpolig an Schaltungsnull

Das gleichgerichtete Meßsignal steht in der Schaltung nach Abb. 10.93 am Ausgang als Spannung gegen Schaltungsnull zur Verfügung.

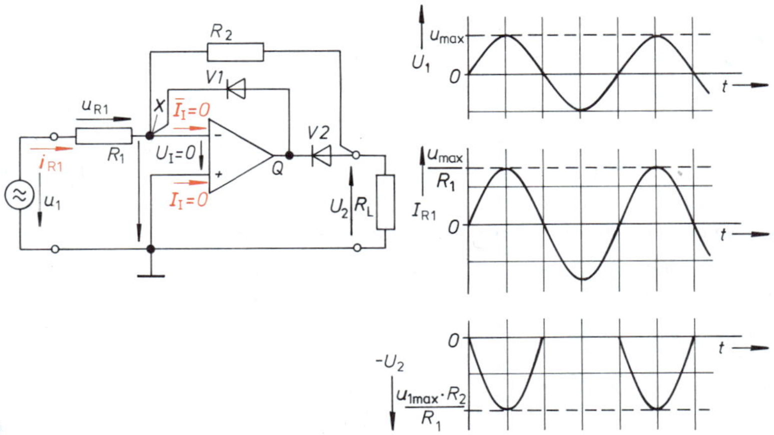

Abb. 10.93

Funktion bei positiver Halbwelle von U_1

Der Operationsverstärker steuert wegen der invertierenden Wirkung der Schaltung negativ aus, der Gegenkopplungsstrom fließt entsprechend der in Abb. 10.93 angegebenen Richtung durch R_1.

Für diese Stromrichtung ist die Diode V 1 gesperrt, so daß der Operationsverstärker-Ausgang den Strom über die in Durchlaßrichtung betriebene Diode V 2 und den Widerstand R_2 treiben muß. Daher gilt:

$$U_I = 0, \quad U_{x\perp} = 0, \quad u_{R1} = u_1, \quad i_{R1} = \frac{u_1}{R_1}, \quad i_{R1} = i_{R2}$$

$$u_{R2} = u_2, \quad u_{R2} = i_{R2} \cdot R_2$$

$$u_2 = \frac{u_1 \cdot R_2}{R_1}$$

Bei positiver Eingangshalbwelle steht am Ausgang die um den Faktor $\frac{R_2}{R_1}$ verstärkte Halbwelle mit negativer Polarität gegen Schaltungsnull.

Funktion bei negativer Halbwelle von U_1 gemäß Abb. 10.94

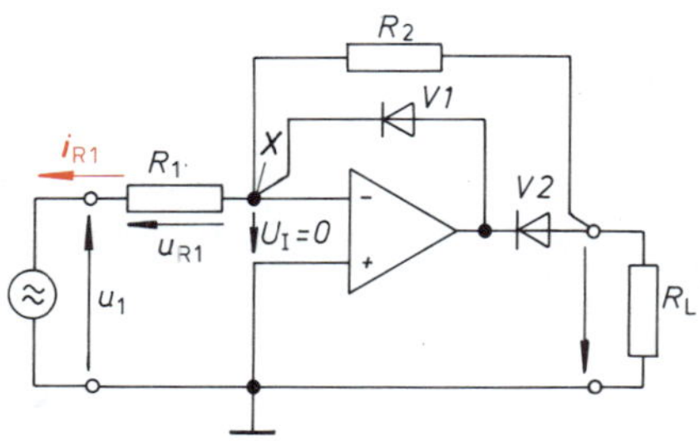

Abb. 10.94

Der Operationsverstärker steuert jetzt ins Positive aus und sperrt damit V 2. Der Gegenkopplungsstrom kann nicht über R_2, sondern muß über V 1 geliefert werden.

Wegen der Gegenkopplung stellt sich wieder die Spannung $U_I = 0$ ein, so daß der Punkt x Nullpotential annimmt. Dadurch erhält der Ausgang der Schaltung auch bei Leerlauf ($R_L \to \infty$) über Widerstand R_2 ein definiertes Nullpotential während der negativen Eingangshalbwelle.

Durch Umpolen der Dioden läßt sich statt der positiven Eingangshalbwelle die negative als pulsierendes Gleichspannungssignal am Ausgang abgreifen, wie Abb. 10.95 zeigt.

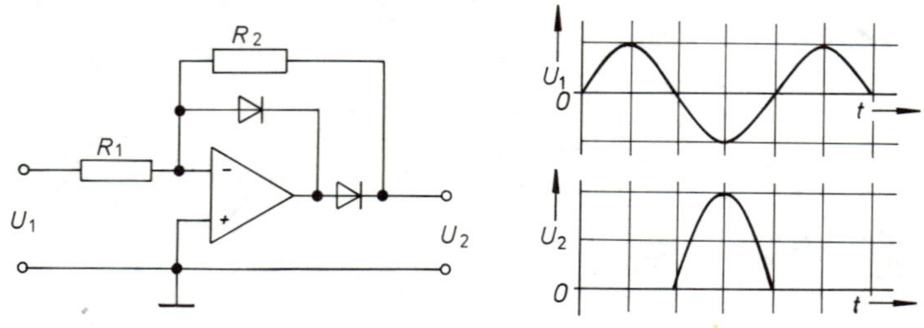

Abb. 10.95

10.4.4.8.3 Zweiweggleichrichter, Last einpolig an Schaltungsnull

Die Schaltung besteht aus einem Einweggleichrichter und einem Summationsverstärker (Abb. 10.96). Die Funktion zeigt Abb. 10.97.

Alle Widerstände: $R = 10\ k\Omega$

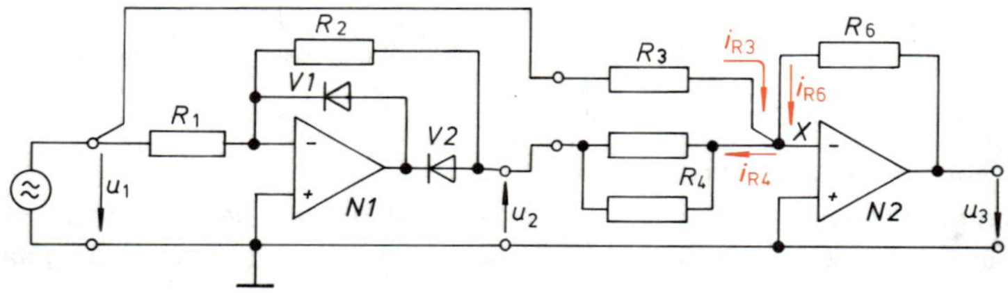

Abb. 10.96

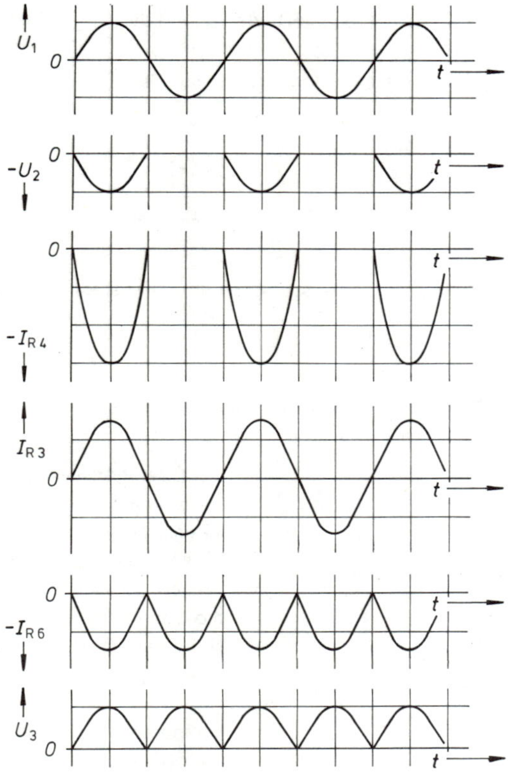

Abb. 10.97

Der Einweggleichrichter mit den Bauteilen Operationsverstärker D1, R_1, R_2, V1 und V2 liefert, negativ gegen Masse, die Spannung U_2.
Der Summationsverstärker bildet in seinem Knotenpunkt x den Strom I_{R6} aus zwei Summanden:

$$I_{R6} = I_{R3} + I_{R4}$$

Der Strom I_{R3} ist proportional der Eingangsspannung: $I_{R3} = \frac{u_1}{R_3}$

Der Strom I_{R4} ist proportional der Ausgangsspannung U_2 des Einweggleichrichters. Weil R_4 jedoch aus der Parallelschaltung zweier Widerstände besteht, ist dieser Summand gegenüber dem anderen doppelt gewichtet.
Die Summenbildung der Augenblickswerte der Ströme I_{R3} und I_{R4} zu I_{R6} im Knotenpunkt x wird am deutlichsten durch die Liniendiagramme der Abb. 10.97.
Der Operationsverstärker D2 in der Summationsstelle steuert das Gegenkopplungssignal so, daß der Punkt x Nullpotential annimmt. Dann gilt in jedem Augenblick:

$$i_{R6} \cdot R_6 = u_{R6} = u_3$$

Haben alle Widerstände des Zweiweggleichrichters nach Abb. 10.96 den gleichen Wert, so ist der Maximalwert der Ausgangsspannung $u_{3\,max}$ gleich dem Maximalwert der Signalwechselspannung $u_{1\,max}$.
Durch andere Wahl des Widerstandes R_6 läßt sich sogar noch eine Verstärkung erzielen:

$$R_1 = R_2 = R_3 = 2 \cdot R_4 = R \qquad u_{3\,max} = \frac{R_6}{R} \cdot u_{1\,max}$$

Beispiel 1:

In der Schaltung des Zweiweggleichrichters nach Abb. 10.92 soll ein Drehspulmeßwerk mit Vollausschlag bei $I_m = 2$ mA eine sinusförmige Wechselspannung im Bereich

$U_{eff} = 0$ bis 50 V anzeigen.

Welchen Wert muß der Widerstand R_1 haben?

Lösung: Das Drehspulmeßwerk zeigt bei einem arithmetischen Mittelwert des Stromes $I_{meß}$ von 2 mA Vollausschlag.
Bei einem Kurvenverlauf der Größe $I_{meß}$ gemäß Abb. 10.92 ergibt sich der Maximalwert des Meßstromes nach Umstellen der Formel:

$$I_{arith} = \frac{i_{max} \cdot 2}{\pi}$$

$$i_{max} = \frac{I_{arith} \cdot \pi}{2} = \frac{2\ \text{mA} \cdot \pi}{2} = 3{,}14\ \text{mA}$$

Dieser Maximalwert des Stromes fließt im Scheitelpunkt jeder Wechselspannungshalbwelle von U_1.

Der Scheitelwert beträgt:

$$u_{1\,max} = U_{1\,eff} \cdot \sqrt{2} = 50\ \text{V} \cdot \sqrt{2}$$

$$u_{1\,max} = 70{,}71\ \text{V}$$

Über den Widerstand R_1 muß bei $u_{1\,max} = 70{,}71$ V ein Strom von $i_{max} = 3{,}14$ mA fließen. Daraus läßt sich der Wert von R_1 berechnen:

$$R_1 = \frac{u_{1\,max}}{i_{max}} = \frac{70{,}71\ \text{V}}{3{,}14\ \text{mA}}$$

$$R_1 = 22{,}51\ \text{k}\Omega$$

Beispiel 2:

Einweggleichrichter nach Abb. 10.93. Am Eingang der Schaltung liegt eine sinusförmige Wechselspannung $u_{max} = 2$ V.

$R_1 = R_2 = 10$ kΩ Schwellenspannung der Dioden: $U_{Schwell} = 0{,}7$ V

Zeichnen Sie maßstäbliche Liniendiagramme

$U_1 = f(t)$
$U_2 = f(t)$
$U_Q = f(t)$

Lösung: Die Liniendiagramme $U_1 = f(t)$ und $U_2 = f(t)$ können unter Berücksichtigung der Spannungsmaßstäbe von Abb. 10.93 übernommen werden.

Um zu dem Liniendiagramm $U_Q = f(t)$ zu finden, wird der sinusförmige Verlauf der Eingangsspannung, beginnend mit der positiven Halbwelle, verfolgt.

Für die positive Eingangshalbwelle ist V 1 gesperrt. Beim kleinsten Momentanwert von u_1 (z. B. $u_1 = 1$ mV) steuert der Operationsverstärker seinen Ausgang soweit aus, daß ausreichender Gegenkopplungsstrom über R_2 fließt. Damit aber dieser Strom fließen kann, muß die Schwellenspannung der Diode V 2 von etwa 0,7 V überwunden sein. Dies erfordert aber am Ausgang des Operationsverstärkers bereits bei geringster positiver Eingangsspannung den Wert $U_Q \approx -0{,}7$ V.

Das Oszilloskop zeigt dies als „Sprung" der Spannung U_Q. Im weiteren Verlauf der positiven Halbwelle liegt dann die Ausgangsspannung des Operationsverstärkers immer um etwa 0,7 V unter dem Wert von U_2.

Nulldurchgang der Eingangsspannung.

Der oben beschriebene Sprung von U_Q erfolgt in umgekehrter Richtung.

Der Gegenkopplungsweg des Stromes führt bei negativer Eingangshalbwelle über die Diode V 1, so daß auch hier bei geringsten negativen Werten von u_1 am Ausgang des Operationsverstärkers eine positive Spannung ansteuern muß, die die Schwellenspannung von V 1 überwindet.

Weil sich die Spannung über der Diode V 1 in Abhängigkeit des durchfließenden Stromes nur wenig ändert, bleibt U_Q während der negativen Eingangshalbwelle praktisch auf dem Wert $\approx +0{,}7$ V.

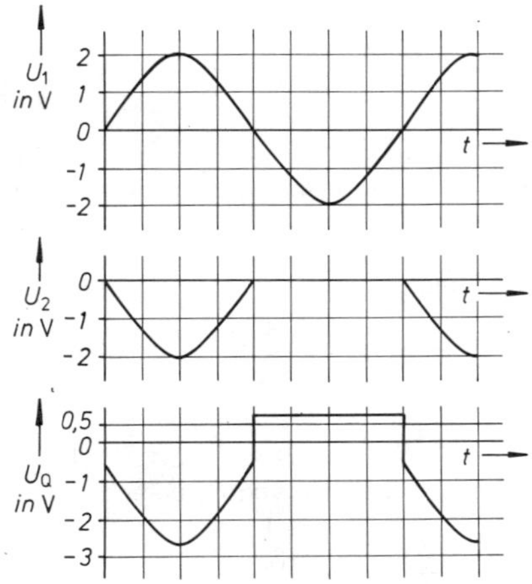

Aufgabe 1 Einweggleichrichter nach Abb. 10.93; $R_1 = 100\ \text{k}\Omega$, $R_2 = 10\ \text{k}\Omega$. Der Ausgangsspannungsbereich des Operationsverstärkers reicht von $+U_{max} = 12$ V bis $-U_{max} = 12$ V. Welchen Effektivwert darf die angelegte Eingangs-Wechselspannung U_1 höchstens haben?
Schwellenspannung der Dioden: $U_{Schwell} = 0{,}7$ V

Aufgabe 2 Zweiweggleichrichtung nach Abb. 10.96

a) $R_1 = R_2 = R_3 = 2 \cdot R_4 = R_6 = 10\ \text{k}\Omega$
Der Aussteuerbereich des Operationsverstärkers liegt von $-U_{max} = 12$ V bis $+U_{max} = 12$ V. Schwellenspannung der Dioden $U_{Schwell} = 0{,}7$ V
Welchen Effektivwert darf die angelegte Wechselspannung höchstens haben?

b) Durch Umdimensionieren der Widerstände R_1, R_3, R_4 soll es möglich werden, Wechselspannungen bis zu $U_{1\,eff} = 100$ V anzulegen.
Errechnen Sie die Widerstandswerte.

10.4.4.9 Schaltung zur Bildung des arithmetischen Mittelwertes

Der Lineargleichrichter liefert eine pulsierende Gleichspannung. Ein Drehspulinstrument an dieser Spannung zeigt wegen seiner mechanischen Trägheit bei Frequenzen $f > 10\,\frac{1}{s}$ einen konstanten Wert, den arithmetischen Mittelwert.
Ein Digitalvoltmeter an pulsierender Gleichspannung zeigt je nach verwendetem analog-digitalem Umsetzverfahren den gerade anstehenden Augenblickswert der Spannung.
Daher ist es erforderlich, den arithmetischen Mittelwert der pulsierenden Gleichspannung als einen ständig konstanten Wert darzustellen.
Die Schaltung des Mittelwertbildners ist die eines invertierenden Verstärkers, erweitert um den Kondensator C_1, wie Abb. 10.98 zeigt.

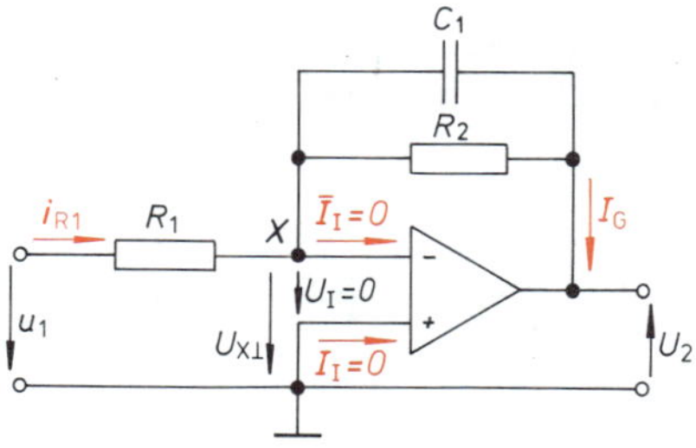

Abb. 10.98

Wegen der Gegenkopplung wird der ideale Operationsverstärker die Ausgangsspannung U_2 stets so einstellen, daß die Spannungsdifferenz zwischen beiden Eingängen $U_I = 0$ ist.
Daraus folgt: $U_{x\perp} = 0$ und in jedem Augenblick gilt:

$$u_{R1} = u_1$$

$$i_{R1} = \frac{u_1}{R_1}$$

Liegt am Eingang der Schaltung eine pulsierende Gleichspannung, so fließt auch durch R_1 ein pulsierender Gleichstrom. Er fließt weiter in die Parallelschaltung von R_2 und C_1, da der Eingangsstrom in den Operationsverstärker mit Null angenommen wurde.
Die Kapazität des Kondensators sei so groß, daß trotz des pulsierenden Stromes die Spannung $U_c = U_{R2}$ konstant bleibt.

Wenn aber konstante Kondensatorspannung über mindestens eine Periode vorliegt, so ist am Ende dieser Zeit auch die Ladungsbilanz im Kondensator ausgeglichen.
Die Ladungsmenge, die pulsförmig durch den Strom I_{R1} für Aufladung sorgt, wird durch den parallel zu C liegenden Widerstand R_2 wieder entnommen.
Weil Ladungsmenge nicht verlorengehen kann, muß die durch pulsierenden Gleichstrom in die Parallelschaltung $R_2 C_1$ während einer Periode eingeflossene Elektrizitätsmenge als Dauerstrom I_G in der gleichen Zeit wieder ausfließen.
I_G ist ein konstant fließender Strom, weil die Spannung $U_{R2} = U_C = U_2 =$ konstant ist.

$$I_G = \frac{U_{R2}}{R_2} \qquad I_G = \frac{U_2}{R_2}$$

Daß der Dauerstrom I_G der arithmetische Mittelwert des Stromes I_{R1} ist, läßt sich anhand Abb. 10.99 erklären.

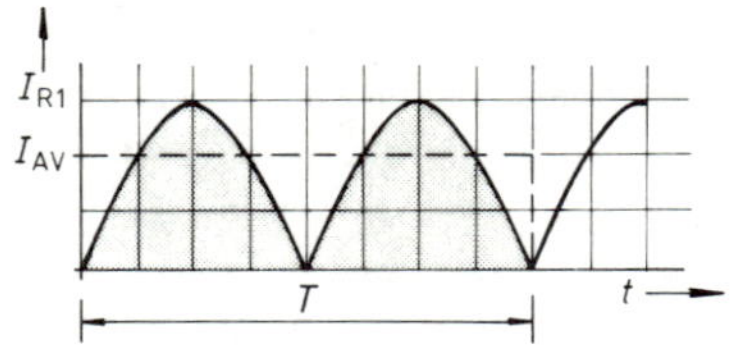

Abb. 10.99

Die während einer Periode von I_{R1} in die Parallelschaltung $R_2 C_1$ eingebrachte Ladungsmenge entspricht dem Flächeninhalt unter der Kurve $I_{R1} = f(t)$.
Der Strom I_G transportiert als Dauerstrom in gleicher Zeit die gleiche Ladungsmenge, bildet also ein flächengleiches Rechteck.
Dies entspricht exakt der Definition für den arithmetischen Mittelwert.

$$I_G = I_{R1\,AV}$$ [1]

Durch Einsetzen der Gleichung $I_{R1} = \frac{U_1}{R_1}$ und $I_G = I_{R1\,AV}$ in $U_2 = I_G \cdot R_2$ ergibt sich:

$$U_2 = U_{1\,AV} \frac{R_2}{R_1}$$

Die Mittelwertbildung durch einen Parallelkondensator zum Gegenkopplungswiderstand läßt sich beim Zweiweggleichrichter aus Kapitel 10.4.4.8.3 Abb. 10.96 direkt am Summationsverstärker durchführen.

Beispiel:

Abb. 10.100 zeigt die Strom- und Spannungsverläufe am Mittelwertbildner, wenn eine pulsierende Gleichspannung am Eingang liegt.

$u_{1\,max} = 2\ \text{V}$

$U_{1\,AV} = \frac{u_{1\,max} \cdot 2}{\pi}$

$U_{1\,AV} = 1{,}27\ \text{V}$

$U_2 = U_{1\,AV} \cdot \frac{R_2}{R_1}$

$U_2 = 1{,}27\ \text{V}$

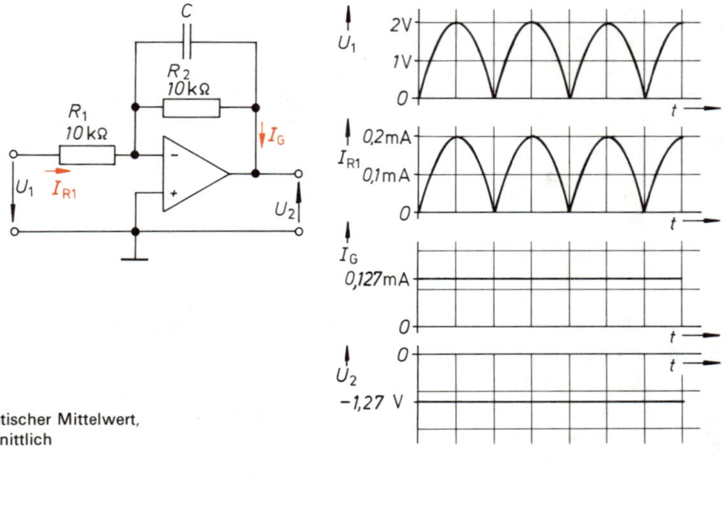

Abb. 10.100

[1] Index AV bedeutet arithmetischer Mittelwert, average (engl.) ≙ durchschnittlich

Dimensionierung des Kondensators C

Zur Berechnung der erforderlichen Kapazität des Kondensators in Abb. 10.98 muß neben Frequenz und Kurvenform der Eingangsspannung U_1 auch die am Ausgang maximal erlaubte Restwelligkeit der Mittelwert-Spannung bekannt sein. Weiterhin gehen die Widerstandswerte von R_1 und R_2 ein. Der Praktiker wird darum den Kapazitätswert am besten in jedem Einzelfall durch Experiment ermitteln.

10.4.4.10 Differenzverstärker

In einer Schaltung soll die Differenz zweier Signale gebildet werden:

$$U_2 = U_{11} - U_{12}$$
$$U_2 = U_{11} + (-U_{12})$$

Aus der letzten Gleichung geht das Schaltungsprinzip hervor:
Man muß zum Signalwert U_{11} den invertierten Signalwert U_{12} hinzuzählen.
Die Beschaltung des Operationsverstärkers für nichtinvertierenden und die für invertierenden Betrieb müssen hier auf einen Operationsverstärker angewendet werden.

Nichtinvertierender Verstärker | Invertierender Verstärker

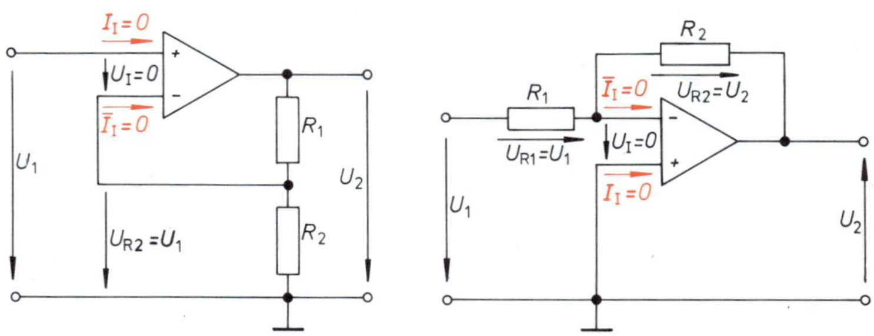

Abb. 10.101

Wegen der Gegenkopplung in beiden Schaltungen steuert der Operationsverstärker jeweils so aus, daß die Differenzspannung zwischen den Eingängen $U_I = 0$ wird. Daraus ergeben sich die Gleichungen für die Ausgangsspannung jeder Schaltung:

$$U_2 = U_1 \cdot \frac{R_1 + R_2}{R_2} \qquad\qquad U_2 = U_1 \cdot \frac{R_2}{R_1}$$

Die Phasendrehung von 180° zwischen U_2 und U_1 ist durch die Spannungspfeile berücksichtigt.

Abb. 10.102 zeigt das Schaltbild des Differenzverstärkers. Um zu erkennen, wie die Grundschaltungen von Abb. 10.101 darin enthalten sind, wird die Verarbeitung der Signale U_{11} und U_{12} getrennt betrachtet.

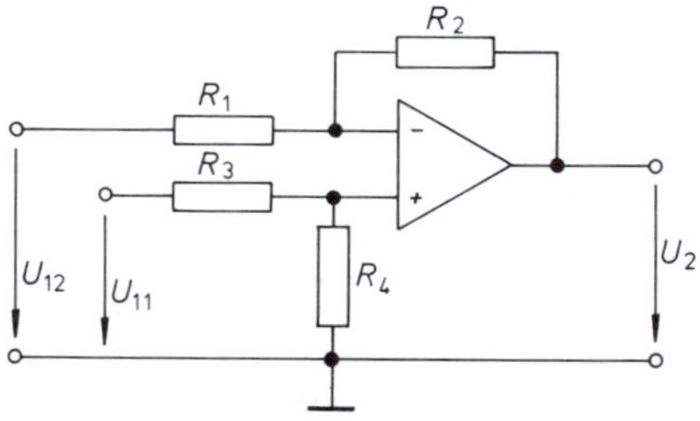

Abb. 10.102

a) Verarbeitung des Signals U_{11}

$U_{12} = 0$

Unter dieser Voraussetzung liegt in Abb. 10.102 der Widerstand R_1 einpolig am Bezugspunkt, und die Schaltung kann gemäß Abb. 10.103 umgezeichnet werden.

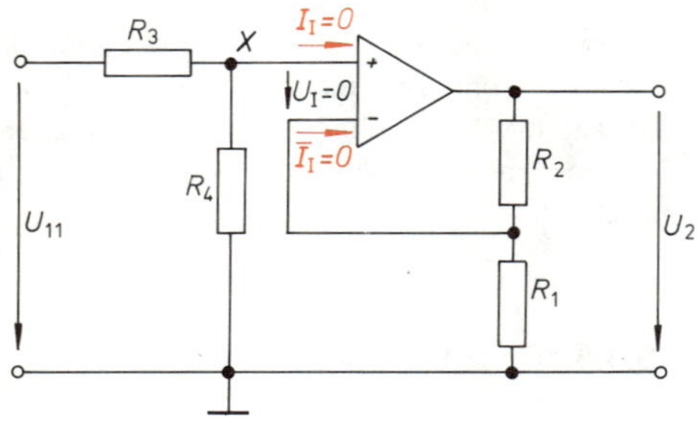

Abb. 10.103

In den Bauteilen: Operationsverstärker, R_2 und R_1 erkennt man die Grundschaltung des nichtinvertierenden Verstärkers aus Abb. 10.101 wieder. Als Steuersignal wirkt die Spannung $U_{x\perp}$.
Die Ausgangsspannung U_2 wird damit:

$$U_2 = U_{x\perp} \frac{R_2 + R_1}{R_1}$$

Da die Ströme in die Eingänge des idealen Operationsverstärkers Null sind ($I_I = \overline{I}_I = 0$), bilden R_3 und R_4 einen unbelasteten Spannungsteiler für die Eingangsspannung U_{11}. Die Teilspannung U_{R4} ist gleichzeitig die Steuerspannung $U_{x\perp}$ für den nichtinvertierenden Verstärker.

$$U_{R4} = \frac{U_{11} \cdot R_4}{R_3 + R_4}$$

$$U_{R4} = U_{x\perp}$$

Das Übertragungsverhalten der Schaltung läßt sich durch Einsetzen der Gleichungen beschreiben:

$$U_2 = U_{11} \frac{R_4}{R_3 + R_4} \cdot \frac{R_2 + R_1}{R_1} \qquad \text{bei } U_{12} = 0$$

Bei Gleichheit aller Widerstände steht am Ausgang der Schaltung wieder der Spannungswert des Eingangssignals U_{11} ohne Phasendrehung an:

Für $R_1 = R_2 = R_3 = R_4 = R \qquad U_2 = U_{11} \qquad$ bei $U_{12} = 0$

Die Spannung U_{11} wird zunächst im Spannungsteiler R_3, R_4 auf den halben Wert gebracht und anschließend im nichtinvertierenden Verstärker um Faktor 2 verstärkt.

b) Verarbeitung des Signals U_{12}

$U_{11} = 0$

Unter dieser Voraussetzung liegt in Abb. 10.102 der Widerstand R_3 einpolig am Bezugspunkt, und nach dem Umzeichnen ergibt sich Abb. 10.104.

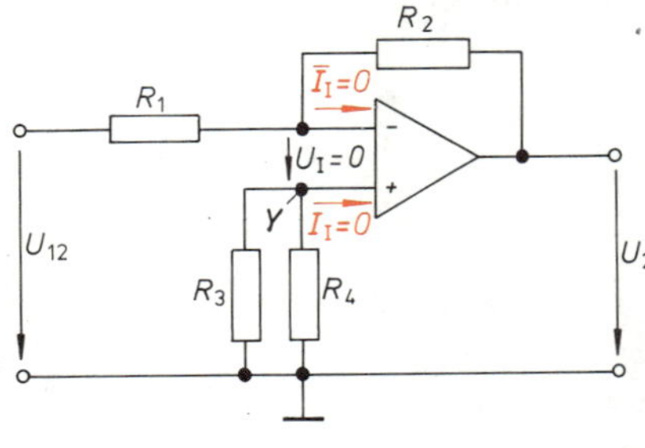

Abb. 10.104

Weil die Eingangsströme des idealen Operationsverstärkers $I_I = \overline{I}_I = 0$ sind, fällt über den parallel geschalteten Widerständen R_3 und R_4 keine Spannung ab, so daß der nichtinvertierende Eingang des Operationsverstärkers in Abb. 10.104 auf Nullpotential liegt.
Daher funktioniert der Differenzverstärker für den Signaleingang U_{12} wie ein invertierender Verstärker. Der Spannungspfeil für die Ausgangsspannung U_2 in Abb. 10.104 zeigt, bezogen auf die Polarität des Eingangssignals U_{12}, in die falsche Richtung. Weil aber die Schaltung von Abb. 10.104 aus der Grundschaltung des Differenzverstärkers Abb. 10.102 entwickelt wurde, mußte die einmal gewählte Pfeilrichtung von U_2 beibehalten werden.

Daher ergibt sich für die Ausgangsspannung des Verstärkers in Abb. 10.104:

$$U_2 = -U_{12}\frac{R_2}{R_1} \qquad \text{bei } U_{11} = 0$$

Bei Gleichheit aller Widerstände vereinfacht sich die Formel:

$$\text{Für } R_1 = R_2 = R_3 = R_4 = R \qquad U_2 = -U_{12} \qquad \text{bei } U_{11} = 0$$

Es wurde gezeigt, daß der Differenzverstärker bei Gleichheit aller Widerstände das Signal U_{11} phasengleich und das Signal U_{12} in Gegenphase auf den Ausgang überträgt:

$$\text{Für } R_1 = R_2 = R_3 = R_4 = R \qquad \begin{aligned} U_2 &= U_{11} \text{ bei } U_{12} = 0 \\ U_2 &= -U_{12} \text{ bei } U_{11} = 0 \end{aligned}$$

Diese Erkenntnis gilt vorerst jedoch nur, wenn jeweils ein Signal den Wert Null hat.
Jetzt muß nachgewiesen werden, daß im Differenzverstärker auch bei gleichzeitiger Anwesenheit beider Eingangssignale U_{11}, U_{12} die Ausgangsspannung U_2 den Wert der Differenz beider Spannungen annimmt.
Dies geschieht zunächst anhand eines Beispiels mit einfachen Spannungs- und Widerstandswerten.

Beispiel:

Der abgebildete Differenzverstärker ist mit vier gleichen Widerständen bestückt.

Zuerst wird das Signal $U_{11} = 0$ angenommen, und bei $U_{12} = 3$ V werden die Spannungsverhältnisse im Schaltbild notiert.

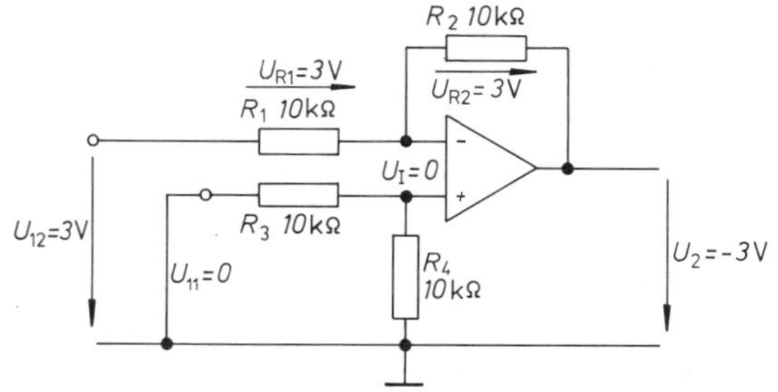

Die Eingangsspannung U_{11} wird von 0 auf $U_{11} = +1$ V gebracht.

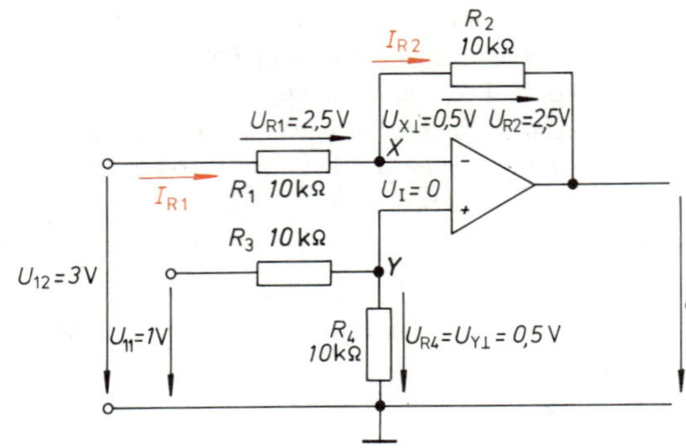

Wegen der Spannungsteilung mit R_3 und R_4 liegt am nichtinvertierenden Eingang des Operationsverstärkers eine Spannung $U_{y\perp}=\frac{1}{2}\cdot U_{11}$:

$$U_{y\perp}=0{,}5\ \text{V}$$

Daraufhin ändert sich der Gegenkopplungsstrom so, daß am invertierenden Eingang des Operationsverstärkers dasselbe Potential herrscht.

$$U_{x\perp}=0{,}5\ \text{V}$$

Die Spannung über R_1 ist dadurch um 0,5 V auf $U_{R1}=2{,}5$ V abgesunken. Der Gegenkopplungsstrom $I_{R1}=I_{R2}$ ist kleiner geworden. Entsprechend hat sich auch der Spannungsfall an R_2 von 3 V auf $U_{R2}=2{,}5$ V verringert.
Vom Potential am Punkt x $U_{x\perp}=0{,}5$ V läßt sich über den Spannungsfall $U_{R2}=2{,}5$ V auf den Wert der Ausgangsspannung schließen:

$$U_2=-2\ \text{V}$$

Damit steht am Ausgang der Schaltung die Differenz zwischen den Eingangsspannungen an:

$$U_2=U_{11}-U_{12} \qquad U_{12}=3\ \text{V}$$
$$U_2=1\ \text{V}-3\ \text{V} \qquad U_{11}=1\ \text{V}$$

Das Zahlenbeispiel beschreibt zwar anschaulich die schaltungstechnischen Vorgänge im Differenzverstärker, aber die allgemeine Gültigkeit der Beziehung $U_2=U_{11}-U_{12}$ ist damit nicht bewiesen. So bleiben Fragen:

Wie wirken sich unterschiedliche Widerstandswerte von R_1 bis R_4 aus?
Wird auch die Eingangsspannungsdifferenz bei beliebigen Polaritäten von U_{11} und U_{12} gebildet?

Eine Antwort auf diese Fragen gibt die im folgenden abgeleitete, allgemeingültige Bestimmungsgleichung für die Ausgangsspannung U_2 des Differenzverstärkers.

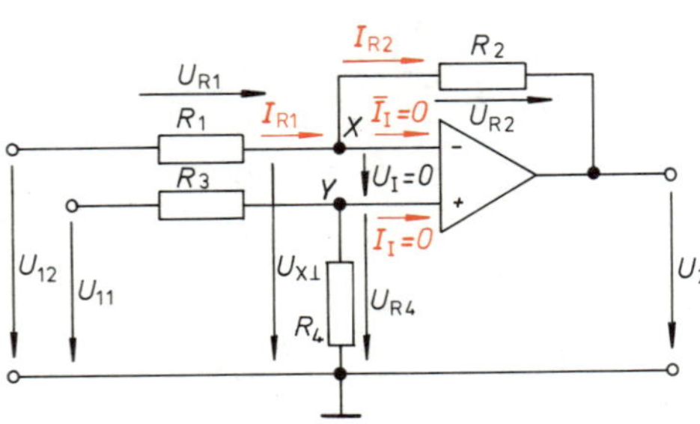

Abb. 10.105

Auch beim Beschalten beider Eingänge liegt über R_2 eine Gegenkopplung des Operationsverstärkers vor. Die Ausgangsspannung U_2 wird deshalb einen Wert annehmen, bei dem die Spannungsdifferenz zwischen Schaltungspunkten x und y gegen Null geht.

$$U_I = 0$$

Die Eingangsströme in den idealen Operationsverstärker haben den Wert

$$I_I = \bar{I}_I = 0$$

Anhand der in Abb. 10.105 eingetragenen Strom- und Spannungspfeile sollen die elektrischen Verhältnisse beschrieben und eine Bestimmungsgleichung für die Ausgangsspannung gefunden werden.

Der nichtinvertierende Eingang des Operationsverstärkers wird von der Eingangsspannung U_{11} auf das Potential am Widerstand R_4 gebracht:

$$U_{y\perp} = U_{R4}$$

$$U_{R4} = U_{11} \cdot \frac{R_4}{R_3 + R_4}$$

Der Schaltungspunkt x liegt auf gleichem Potential mit Punkt y:

$$U_{x\perp} = U_{y\perp} = U_{R4}$$

Nach der Maschengleichung ergibt sich die Spannung U_{R1}:

$$U_{R1} = U_{12} - U_{R4}$$

Durch R_1 fließt der Strom I_{R1}.

$$I_{R1} = \frac{U_{R1}}{R_1}$$

Der Strom I_{R1} fließt auch durch den Widerstand R_2, weil $\bar{I}_I = 0$ ist.

$$I_{R1} = I_{R2}$$

Am Widerstand R_2 fällt die Spannung U_{R2} ab.

$$U_{R2} = I_{R2} \cdot R_2$$

Die Maschengleichung für die Spannungen $U_{x\perp}$, U_{R2} und U_2 ergibt:

$$U_{x\perp} = U_{R2} + U_2$$

Bis hierher geben die Gleichungen schaltungstechnische Aussagen wieder.
Ausgehend von der letzten Gleichung, in der die gesuchte Größe U_2 erscheint, wird durch algebraische Umformung und durch Einsetzen die gewünschte Bestimmungsgleichung für U_2 gefunden:

$$U_2 = U_{R4} - U_{R2} \qquad U_{R4} = U_{11} \cdot \frac{R_4}{R_3 + R_4}$$

$$U_2 = U_{11} \frac{R_4}{R_3 + R_4} - I_{R2} \cdot R_2 \qquad I_{R2} = I_{R1} = \frac{U_{R1}}{R_1}$$

$$U_2 = U_{11} \frac{R_4}{R_3 + R_4} - U_{R1} \cdot \frac{R_2}{R_1} \qquad U_{R1} = U_{12} - U_{R4}$$

$$U_2 = U_{11} \frac{R_4}{R_3 + R_4} - (U_{12} - U_{R4}) \frac{R_2}{R_1}$$

$$U_2 = U_{11} \frac{R_4}{R_3 + R_4} - \left(U_{12} - U_{11} \frac{R_4}{R_3 + R_4}\right) \cdot \frac{R_2}{R_1}$$

Nach weiterer algebraischer Vereinfachung ergibt sich:

$$U_2 = \frac{U_{11} R_4 (R_1 + R_2) - U_{12} R_2 (R_3 + R_4)}{R_1 (R_3 + R_4)}$$

Ausgangsspannung des Differenzverstärkers

$$U_2 = U_{11} \frac{R_4 (R_1 + R_2)}{R_1 (R_3 + R_4)} - U_{12} \frac{R_2}{R_1}$$

Die Ableitung beweist, daß auch bei gleichzeitig anstehenden Signalen U_{11} und U_{12} eine Differenzbildung durchgeführt wird. Die beiden Summanden

$$U_{11} \frac{R_4 (R_1 + R_2)}{R_1 (R_3 + R_4)} \qquad \text{und} \qquad -U_{12} \frac{R_2}{R_1}$$

sind identisch mit den Ergebnissen, die anhand Abb. 10.103 und Abb. 10.104 für getrennte Verarbeitung der Signale U_{11} und U_{12} gefunden wurden.

Bei Gleichheit der Widerstände $R_1 = R_2 = R_3 = R_4$ ergibt sich:

Ausgangsspannung $U_2 = U_{11} - U_{12}$ des Differenzverstärkers für $R_1 = R_2 = R_3 = R_4$

Wenn die Widerstände paarweise den gleichen Wert haben, so läßt sich das Differenzsignal $U_{11} - U_{12}$, mit einem konstanten Faktor multipliziert, am Ausgang des Operationsverstärkers abgreifen, wie Abb. 10.106 zeigt.

$$U_2 = \frac{R_2}{R_1} (U_{11} - U_{12})$$

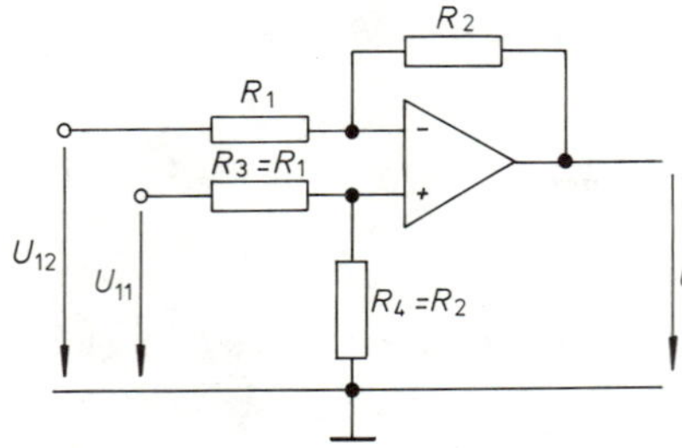

Abb. 10.106

Beim invertierenden bzw. nichtinvertierenden Verstärker mit idealem Operationsverstärker hängt der Wert der Ausgangsspannung U_2 vom Widerstandsverhältnis und der Eingangsspannung ab (siehe Abb. 10.101).

Invertierender Verstärker

$$U_2 = U_1 \cdot \frac{R_2}{R_1}$$

$$V_U = \frac{R_2}{R_1}$$

Nichtinvertierender Verstärker

$$U_2 = U_1 \frac{R_1 + R_2}{R_2}$$

$$V_U = \frac{R_1 + R_2}{R_2}$$

Eine fertigungstechnisch bedingte Abweichung der Widerstände vom Nennwert führt zu einer proportionalen Änderung von U_2.
Zum Kalibrieren des Verstärkers ist daher auch nur die Änderung eines Widerstandswertes von R_1 oder R_2 mittels Trimmpoti erforderlich.

Beim Differenzverstärker ist das Kalibrieren schwieriger.

$$U_2 = U_{11} \frac{R_4 (R_1 + R_2)}{R_1 (R_3 + R_4)} - U_{12} \frac{R_2}{R_1}$$

Bei Abweichung eines Widerstandes vom Nennwert hat dies unterschiedliche Auswirkungen auf die Spannungsverstärkung der Signalwerte U_{11} und U_{12}, wie die Gleichung zeigt. Zum Kalibrieren des Differenzverstärkers wären daher mindestens drei Trimmpotentiometer erforderlich. Die Abgleicharbeit ist dann mühsam und zeitraubend.
Weil jedoch der Differenzverstärker meist mit vier gleichen Widerständen bestückt werden soll oder mit Widerstandspaaren, wie Abb. 10.106 zeigt, umgeht man das Kalibrieren durch Einbau vorher ausgesuchter, besonders eng tolerierter Widerstände.

10.4.4.10.1 Anwendungen für den Differenzverstärker

Aktive Widerstandsmeßbrücke

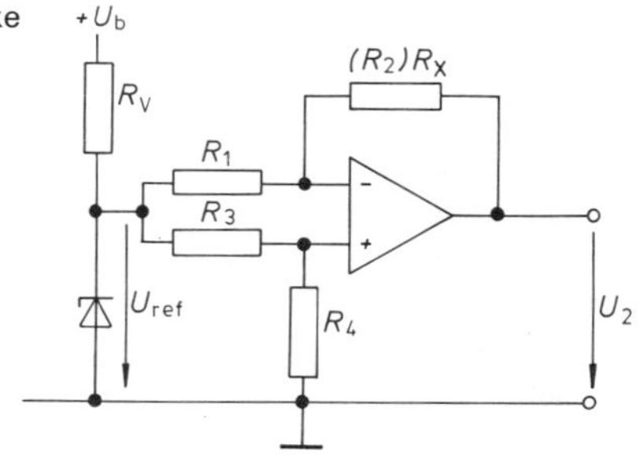

Abb. 10.107

In der Schaltung nach Abb. 10.107 stellt R_x den Meßwiderstand dar, dessen Widerstandsänderung als Spannungsänderung ΔU_2 die Ausgangsgröße bildet.
Zur Vereinfachung werden alle übrigen Widerstände als gleich angenommen.

$$R_1 = R_3 = R_4 = R$$

An beiden Eingängen des Differenzverstärkers liegt die gleiche Spannung $U_{11} = U_{12} = U_{ref}$ zur Speisung der Brücke.

Die Formel für die Ausgangsspannung vereinfacht sich durch die eben getroffenen Annahmen:

$$U_2 = U_{11} \cdot \frac{R_4 (R_1 + R_2)}{R_1 (R_3 + R_4)} - U_{12} \frac{R_2}{R_1} \qquad U_{11} = U_{12}$$

$$U_2 = U_{ref} \cdot \left(\frac{R^2 + R \cdot R_x}{2R^2} - \frac{R_x}{R} \right)$$

$$U_2 = \frac{U_{ref}}{2} \cdot \frac{R - R_x}{R}$$

Der Faktor $\frac{R - R_x}{R}$ stellt die prozentuale Änderung des Meßwiderstandes R_x dar, bezogen auf den Wert R bei abgeglichener Brücke.
Der Vorteil dieser aktiven Meßbrücke gegenüber der passiven Wheatstoneschen Brücke liegt in der zum Meßwiderstand R_x proportionalen Ausgangsspannungsänderung.
Weiter ist hervorzuheben, daß die Ausgangsspannung auf das Nullpotential bezogen ist und daher leicht in folgenden Stufen weiterverarbeitet werden kann.

In Abb. 10.108 ist für ein Beispiel der aktiven Brückenschaltung die Abhängigkeit der Ausgangsspannung U_2 vom Wert des Meßwiderstandes dargestellt.

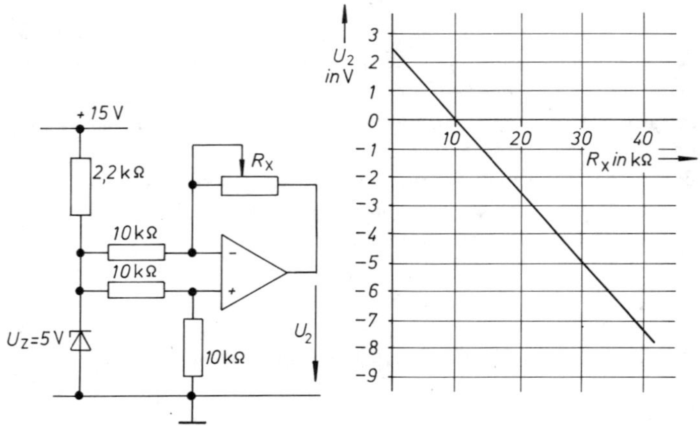

Abb. 10.108

Addierer, Subtrahierer

Die Gegenkopplung beim Differenzverstärker ist auf den Strom durch den Gegenkopplungswiderstand zurückzuführen. Daß der zufließende Strom zum Knotenpunkt am invertierenden Eingang auch durch beliebig viele Teilströme, die von verschiedenen Eingangssignalen stammen, geliefert werden kann, war beim Summationsverstärker Kapitel 10.4.4.5., Abb. 10.82 behandelt worden.

Dies läßt sich auch auf den Differenzverstärker übertragen. Abb. 10.109 zeigt die Schaltung für drei Additions- und drei Subtraktionseingänge.

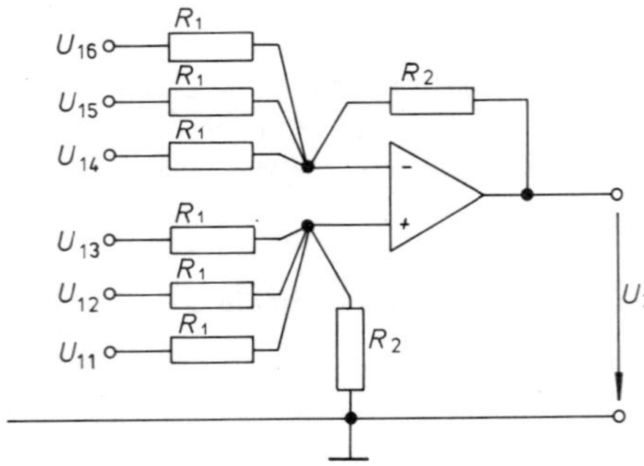

Abb. 10.109

Ohne besondere Ableitung, aber mit Hinweis auf Abschnitt 10.4.4.10., Abb. 10.106 wird die Gleichung für U_2 geschrieben:

$$U_2 = \frac{R_2}{R_1}\,(U_{11} + U_{12} + U_{13} - U_{14} - U_{15} - U_{16})$$

Indirekte Strommessung

Zur Strommessung wird ein Shunt R_s in eine Leitung geschaltet.

Mit Hilfe des Differenzverstärkers soll die potentialfreie, dem Strom proportionale Meßspannung um Faktor 20 verstärkt und auf Nullpotential bezogen werden.

Zahlenbeispiel: $R_s = 50\ \text{m}\Omega$

$I_{\text{meß}} \approx 0{,}4\ \text{A}$ $\qquad R_4 = R_2$

$V_U \overset{\text{soll}}{=} 20$ $\qquad R_3 = R_1 = 1\ \text{k}\Omega$

Abb. 10.110 zeigt die Schaltung.

$$V_U = \frac{U_2}{U_{meß}} = \frac{R_2}{R_1}$$

$$R_2 = V_U \cdot R_1 = 20\ \text{k}\Omega$$

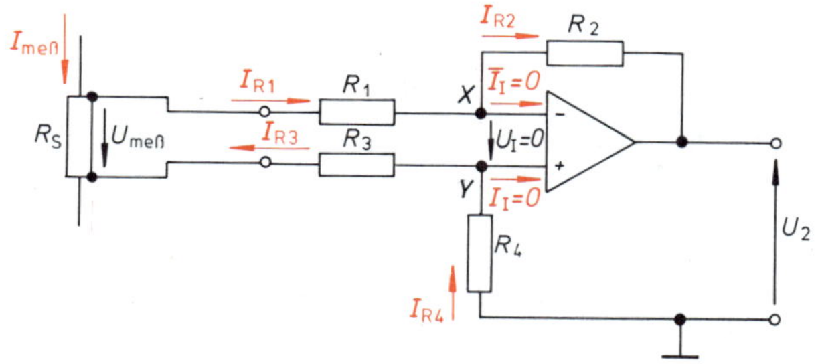

Abb. 10.110

Wegen der Gegenkopplung über R_2 wird $U_I = 0$. Damit liegen Punkt x und Punkt y auf gleichem Potential, und die Meß-„Spannungsquelle" $U_{meß}$ treibt über R_1 und über R_3 einen Strom.

$$I_{R1} = I_{R3} = \frac{U_{meß}}{R_1 + R_3}$$

Der Weg des Stromes führt vom positiven Anschluß des Shunt über R_1, R_2 in den Ausgang des Operationsverstärkers, der negativ ausgesteuert hat, vom Nullpotential der Schaltung über R_4 und R_3 zurück zum Shunt.

Weil die Eingangsströme in den Operationsverstärker Null sind, gilt:

$$I_{R1} = I_{R2}$$
$$I_{R3} = I_{R4}$$

Da aber $I_{R1} = I_{R3}$ ist, hat der Strom, dessen Weg oben beschrieben wurde, überall den gleichen Wert.

$$I_{R1} = I_{R2} = I_{R3} = I_{R4} = I = \frac{U_{meß}}{2 \cdot R_1}$$

Über die Maschengleichung läßt sich der Wert der Ausgangsspannung errechnen:

$$U_{R4} + U_{R2} - U_2 = 0$$

$$U_2 = U_{R4} + U_{R2}$$

$$U_2 = I \cdot R_4 + I \cdot R_2$$

$$U_2 = \frac{U_{meß} \cdot R_2}{2R_1} + \frac{U_{meß} \cdot R_2}{2R_1}$$

$$U_2 = \frac{R_2}{R_1} \cdot U_{meß}$$

$$U_2 = 20 \cdot U_{meß}$$

Die Polarität der Ausgangsspannung ist, wie der Spannungspfeil zeigt, negativ.
Wird die Meßspannung $U_{meß}$ am Shunt umgepolt, so kehrt sich auch die Polarität der Ausgangsspannung um.

10.4.5 Funktionsgeneratoren mit Operationsverstärkern

10.4.5.1 Dreieck-Rechteck-Generator

Wie das Prinzipschaltbild nach Abb. 10.111 zeigt, besteht der Generator aus einem integrierenden Verstärker gemäß Kapitel 10.4.4.6 und einem Komparator.

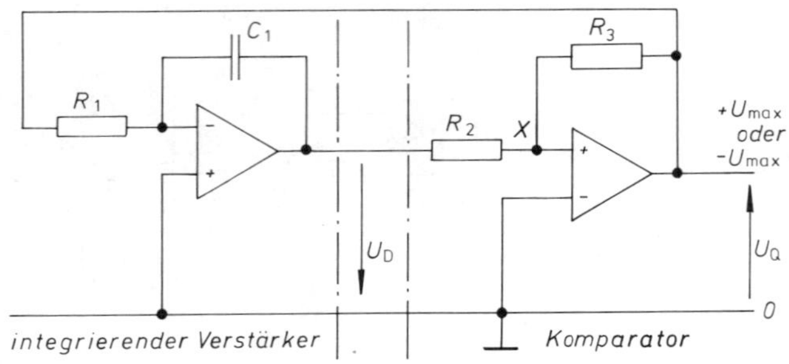

Abb. 10.111

Der Komparator wechselt die Polarität der Spannung U_Q, sobald das Ausgangssignal U_D des integrierenden Verstärkers eine vorgegebene Schaltschwelle überschreitet. Daraufhin kehrt sich die Integrationsrichtung um, und U_D nähert sich der Schaltschwelle entgegengesetzter Polarität usw.

Der Komparator kennt am Ausgang nur zwei Spannungszustände:

U_Q = positive Aussteuergrenze = $+U_{max}$

oder

U_Q = negative Aussteuergrenze = $-U_{max}$

In jeder Integrationsphase ist die Eingangsspannung für den Integrator konstant, so daß sich U_D jeweils linear ändert.

Die Mitkopplung des Komparators erfolgt über den Widerstand R_3. Der Schaltpunkt ist erreicht, sobald das Potential am Punkt x den Wert Null durchläuft.

Durch das Teilerverhältnis R_2, R_3 läßt sich deshalb die Amplitude der symmetrisch um Nullpotential verlaufenden Dreieckspannung bestimmen:

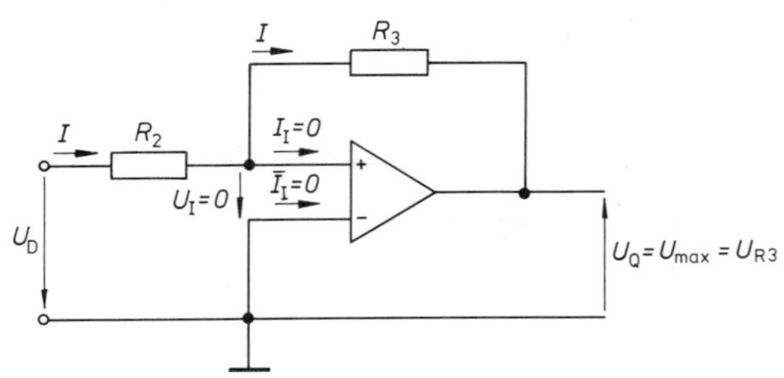

Abb. 10.112

Spannungspfeile gelten für die negative Aussteuergrenze des Operationsverstärkers

Nach Abb. 10.112 ergibt sich die Spannung U_D im Schaltpunkt:

$U_D = U_{R2}$ $\qquad U_{max} = U_{R3}$

$I_{R2} = I_{R3}$

$$U_D = \frac{U_{max} \cdot R_2}{R_3}$$

Die Liniendiagramme Abb. 10.113 zeigen die Spannungsverläufe:

$U_D = f(t)$

$U_Q = f(t)$

$U_{x\perp} = f(t)$

Für die Diagramme wurden die Annahmen getroffen:

$+U_{max} = 12$ V $\quad R_2 = 10$ kΩ

$-U_{max} = 12$ V $\quad R_3 = 30$ kΩ

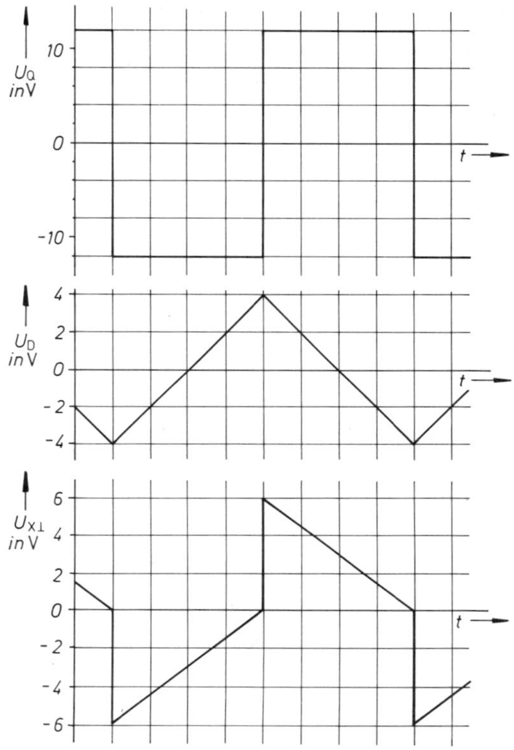

Abb. 10.113

Abb. 10.114 zeigt eine verbesserte Schaltung des Dreieck-Rechteckgenerators.

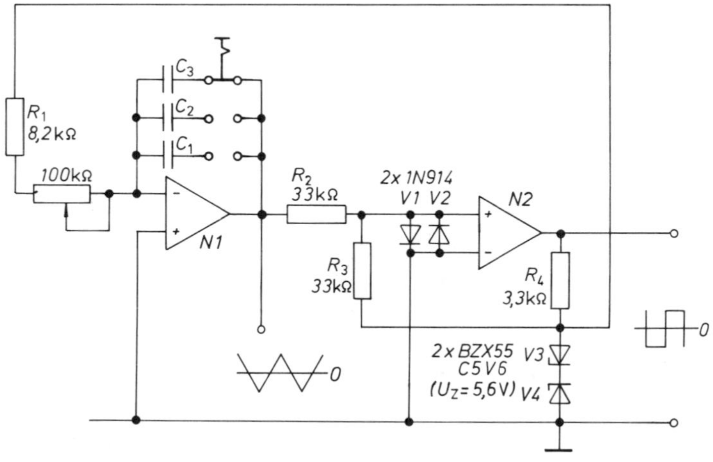

Abb. 10.114

Durch die Z-Dioden V 3 und V 4 werden Eingangsspannung für den Integrator sowie Mitkopplungsstrom des Komparators stabilisiert und dadurch unabhängig von den Aussteuergrenzen des Operationsverstärkers N 2.

Die Dioden V 1 und V 2 begrenzen das Differenzsignal am Operationsverstärker, das sonst unzulässig groß werden würde, wie das Liniendiagramm $U_{x\perp} = f(t)$ zeigt.
Der Ladewiderstand R_1 im integrierenden Verstärker ist durch das Potentiometer veränderbar und gestattet eine stufenlose Änderung der Generatorfrequenz.
Die Umschaltung der Integrationskondensatoren ermöglicht die Bereichswahl der Frequenz:

$C_1 = 1\ \mu F$	$f_{min} = 2{,}3$ Hz	$f_{max} = 30$ Hz
$C_2 = 0{,}1\ \mu F$	$f_{min} = 23$ Hz	$f_{max} = 300$ Hz
$C_3 = 10$ nF	$f_{min} = 230$ Hz	$f_{max} = 3$ kHz

10.4.5.2 Dreieck-Sinus-Wandler

Der Funktionsgenerator aus Abb. 10.114 gibt gleichzeitig ein Rechteck- und ein Dreieck-Signal ab. Wird außerdem eine sinusförmige Ausgangsspannung gewünscht, so läßt sich aus dem Dreiecksignal ein sinusähnlicher Verlauf erzeugen.
Abb. 10.115 zeigt den Verlauf einer dreieck- und einer sinusförmigen Spannung mit jeweils gleicher Steigung im Nulldurchgang. Die erforderlichen „Korrekturen" am Dreieck werden deutlich:
Die Amplitude muß von Null an bis zum Scheitelpunkt stetig verringert werden, um Sinusform zu erhalten.

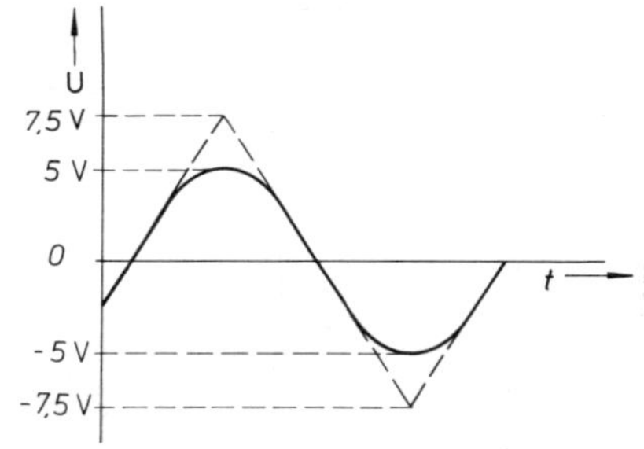

Abb. 10.115

Um die Nullinie herum ist keine Korrektur erforderlich. Abb. 10.116 zeigt das Schaltbild eines solchen Wandlers, dessen Eingangsspannung das Dreiecksignal des Funktionsgenerators von Abb. 10.114 ist.

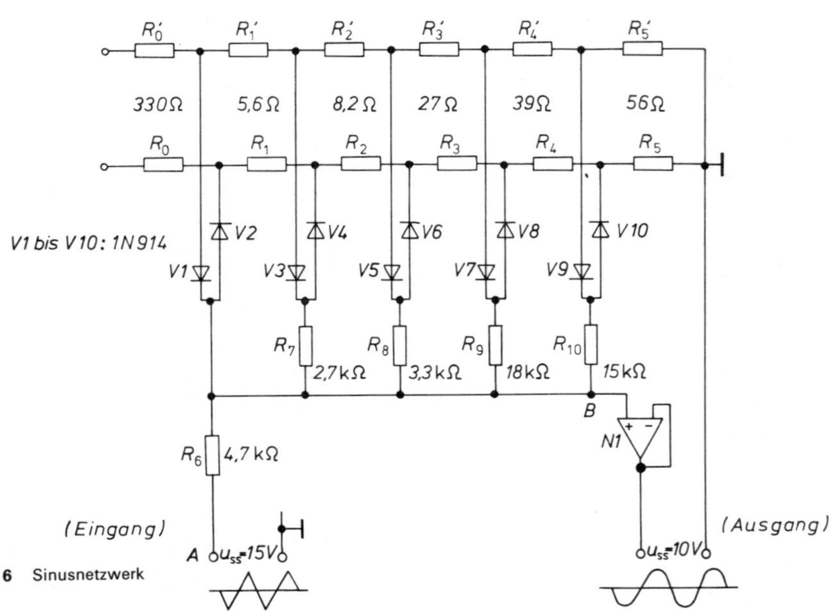

Abb. 10.116 Sinusnetzwerk

Das Sinusnetzwerk besteht aus passiven Bauelementen und wird von einem Dreiecksignal konstanter Amplitude ($u_{ss} = 15$ V) angesteuert.
Die Sinuskurve wird durch eine Anzahl von Geraden angenähert.
Die Widerstände R_0 bis R_5 für die positive Halbwelle und R_0' bis R_5' für die negative Halbwelle bilden je einen Spannungsteiler mit 5 Abgriffen, die von zwei Gleichspannungen versorgt werden. Die Spannung an jedem Abgriff gegen Nullpotential gemessen, legt einen Knickpunkt auf der Sinuskurve fest und damit die Annäherung durch eine neue Gerade.
Überschreitet das Dreiecksignal den Wert einer Teilspannung aus dem Spannungsteiler (zuzüglich der Diodenschwellspannung), so wird die betreffende Diode leitend und schaltet einen neuen „Belastungswiderstand" (R_7 bis R_{10}) hinter den Vorwiderstand R_6 an das Dreiecksignal.
Dadurch verringert sich die Steigung der Spannung an Punkt B gegenüber der Spannung am Punkt A und ein Sinus wird angenähert.
Die Amplitude der „Sinusspannung" beträgt am Schaltungspunkt B $u_{ss} = 10$ V.
Der Impedanzwandler mit dem Operationsverstärker N1 ist nachgeschaltet, damit der Dreieck-Sinus-Wandler auch belastbar wird.
Die Ausgangsspannung ist der Sinusform gut angenähert, weist aber doch einen Klirrfaktor[1]) bis zu $k = 3\%$ auf.
Wird eine Spannung mit noch geringerem Klirrfaktor gewünscht, so kann diese nur von speziellen R-C- oder L-C-Sinusgeneratoren geliefert werden.

10.4.6 Sinusgeneratoren mit Operationsverstärker

Abb. 10.117 zeigt das Blockschaltbild eines Oszillators.

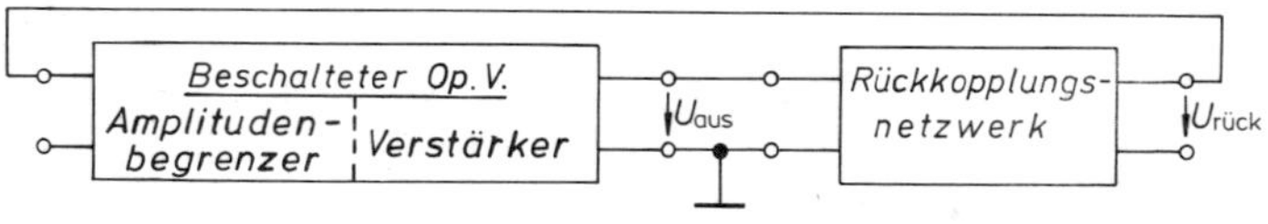

Abb. 10.117

Der Schwingungserzeuger enthält einen Verstärker mit einer frequenzunabhängigen Phasenverschiebung von $\varphi_{VU} = 180°$ (invertierender Verstärker) oder $\varphi_{VU} = 0°$ (nichtinvertierender Verstärker).
Das Rückkopplungsnetzwerk bestimmt Frequenz und Kurvenform der erzeugten Schwingung. Abb. 10.118 zeigt verschiedene dieser Netzwerke.

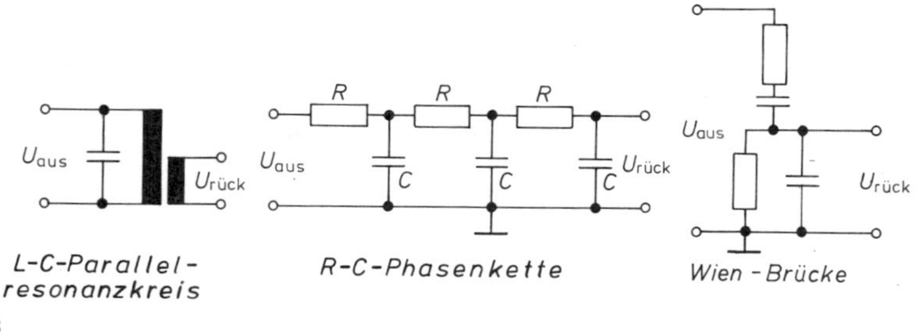

Abb. 10.118

[1]) Der Klirrfaktor K ist das Verhältnis des Effektivwertes aller Oberwellen zum Effektivwert der Gesamtschwingung U.
$U_2 \ldots U_n$

$$K = \frac{\sqrt{U_2^2 + U_3^2 + U_4^2 + U_n^2}}{U}$$

Bei allen Schaltungen nach Abb. 10.118 ist der Phasenverschiebungswinkel φ_k zwischen $U_{rück}$ und U_{aus} sowie das Amplitudenverhältnis dieser Größen frequenzabhängig.
Zwei Bedingungen müssen erfüllt sein, damit ein Oszillator schwingen kann:

Amplitudenbedingung $k \cdot V_U \geqq 1$ $\quad k = \frac{U_{rück}}{U_{aus}}$ Kopplungsfaktor

Phasenbedingung $\varphi_{VU} + \varphi_k = 0$

Abb. 10.119 zeigt als Beispiel für ein Rückkopplungsnetzwerk den Frequenz- und Phasengang der Wien-Brücke.

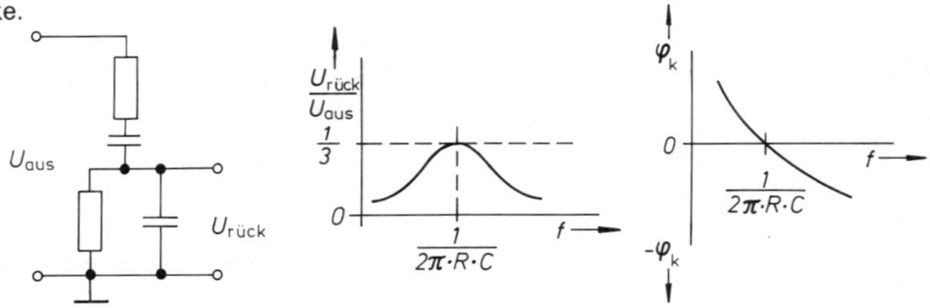

Abb. 10.119

10.4.6.1 Oszillator mit Wien-Brücke

Aus Abb. 10.119 lassen sich in Verbindung mit den Selbsterregerbedingungen die erforderlichen Verstärkereigenschaften für den Wien-Brücken-Generator ableiten:

Spannungsverstärkung $V_U \geqq \frac{1}{k}$ für Schwingung bei $f = \frac{1}{2\pi \cdot R \cdot C}$

$V_U \geqq 3$ $\quad k = \frac{1}{3}$

Phasenverschiebung $\varphi_{VU} = -\varphi_k$ für Schwingung bei $f = \frac{1}{2\pi \cdot R \cdot C}$

$\varphi_{VU} = 0$ $\quad \varphi_k = 0$

Da bei der Schwingungserzeugung Mitkopplung vorliegt, wird eine Amplitudenbegrenzung notwendig, die ein Übersteuern des Verstärkers und damit Verzerren der Ausgangsspannung verhindert.
Die Schaltung des Oszillators für eine Festfrequenz $f = 220$ Hz zeigt Abb. 10.120.
Nimmt man anstelle des Feldeffekttransistors im Spannungsteiler R_3, R_4 einen Kurzschluß an, so hat der nichtinvertierende Verstärker eine Spannungsverstärkung:

$$V_U = \frac{R_3 + R_4}{R_4}$$

$$V_U = \frac{3{,}02\ \text{k}\Omega}{0{,}82\ \text{k}\Omega} = 3{,}68$$

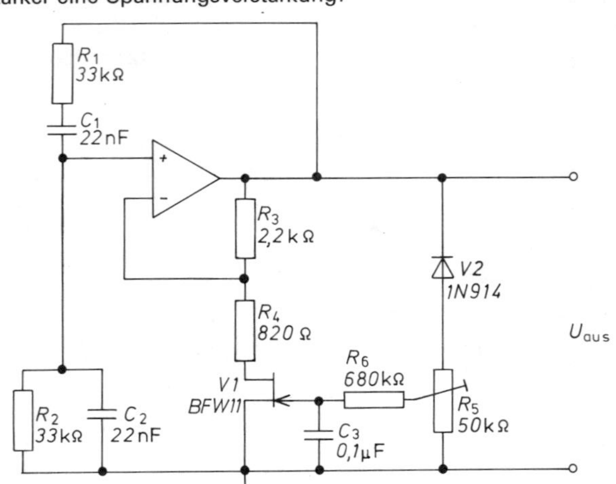

Abb. 10.120

Die Selbsterregerbedingung ist damit erfüllt, die Schaltung beginnt zu schwingen.

Da $V_U > 3$ ist, steigt die Ausgangsamplitude an und lädt während negativer Halbwellen den Kondensator C_3 auf. Der FET sperrt, und in Reihe zu R_4 liegt der größer gewordene Drain-Source-Widerstand des FET. Dadurch sinkt die Spannungsverstärkung V_U, und die Ausgangsamplitude fällt.
Mit dem Trimmer R_5 läßt sich die Höhe der Ausgangsspannung einstellen, die dann von der beschriebenen Amplitudenregelung konstant gehalten wird.

10.4.7 Stromquellen mit Operationsverstärker

10.4.7.1 Schaltungen für potentialfreien Lastwiderstand

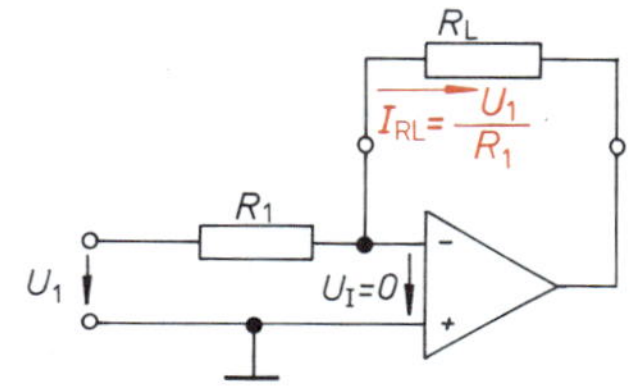

Abb. 10.121

In Abb. 10.121 ist die Grundschaltung des invertierenden Verstärkers wiedergegeben.
Wegen der Gegenkopplung über R_L steuert der Operationsverstärker die Ausgangsspannung soweit aus, bis die Differenzspannung $U_I = 0$ wird. Dann gilt:

$$U_{R1} = U_1$$

$$I_{R1} = \frac{U_1}{R_1}$$

Der Strom I_{R1} wird aber über R_L von der Ausgangsspannung des Operationsverstärkers getrieben.

$$I_{RL} = I_{R1} = \frac{U_1}{R_1}$$

Der Wert des Stromes I_{RL} ist innerhalb der Aussteuergrenzen des Operationsverstärkers unabhängig vom Widerstandswert R_L.
Bei konstanter Eingangsspannung wird I_{RL} zum Konstantstrom.
Der höchste Strom, den diese Quelle durch den Lastwiderstand treiben kann, ist vom maximalen Ausgangsstrom des Operationsverstärkers abhängig und beträgt beim Typ TBA 221 etwa 10 mA.
Soll eine Stromquelle höhere Ströme liefern, so muß ein externer Leistungstransistor verwendet werden, den dann der Operationsverstärker ansteuert, wie Abb. 10.122 zeigt.

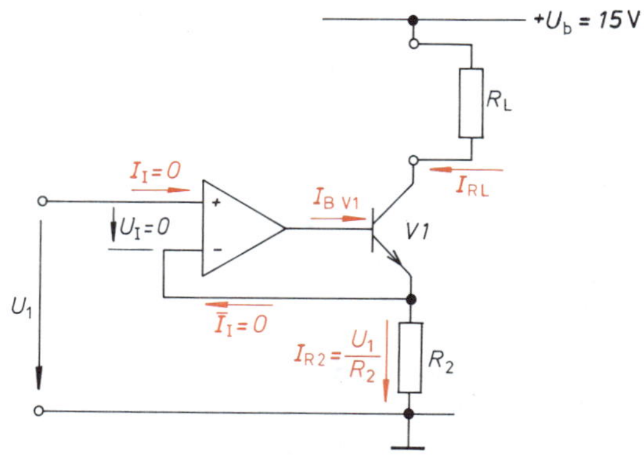

Abb. 10.122

Die Schaltung ist eine Anwendung des nichtinvertierenden Verstärkers.
Der Operationsverstärker steuert den Transistor V 1 soweit aus, bis die Differenzspannung $U_I = 0$ ist.
Dann gilt:

$$U_{R2} = U_1$$

$$I_{R2} = \frac{U_1}{R_2}$$

Der Strom I_{R2} ist der Emitterstrom des V1, so daß der tatsächlich durch den Lastwiderstand fließende Kollektorstrom $I_C = I_{RL}$ um den Basisstrom kleiner ist als I_{R2}.

$$I_{RL} = I_C = I_E - I_B$$

$$I_{RL} = \frac{U_1}{R_2} - I_B$$

Setzt man die Formel für die Stromverstärkung des Transistors ein, so wird:

$$I_{RL} = \frac{U_1}{R_2} - \frac{I_E}{B+1} \qquad B = \frac{I_C}{I_B}$$

$$I_{RL} = \frac{U_1}{R_2} \cdot \frac{B}{B+1}$$

Bei hohen Werten der Stromverstärkung darf man näherungsweise annehmen:

$$I_{RL} \approx \frac{U_1}{R_2}, \qquad \text{weil} \qquad \frac{B}{B+1} \approx 1 \qquad \text{für} \qquad B \gg 1$$

Für Anwendungen, bei denen höhere Genauigkeit des Stromes I_{RL} gefordert wird, läßt sich der Faktor $\frac{B}{B+1}$ durch Widerstandsänderung des R_2 mit Hilfe eines Trimmpotentiometer berücksichtigen.

Die folgende Stromquelle nach Abb. 10.123 zeichnet sich dadurch aus, daß die den Laststrom treibende Spannung im Vergleich zu den Schaltungen aus Abb. 10.121 und Abb. 10.122 etwa doppelt so groß ist.
Dadurch erhöht sich die maximal mögliche, von der Stromquelle getriebene Bürde.

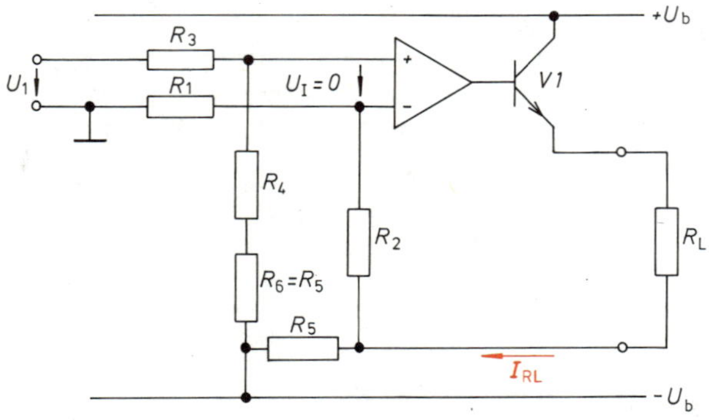

Abb. 10.123

Prinzipiell liegt ein Differenzverstärker vor.
Der Spannungsfall U_{R5} bildet das Ausgangssignal, welches über R_2 auf den invertierenden Eingang gegengekoppelt wird. Der Operationsverstärker steuert den Transistor V 1 soweit aus, daß ein Strom I_{R5} fließt, der die Differenzspannung U_I zu Null werden läßt.

Die Formel zur Berechnung des gesteuerten Stromes I_{RL} wird hier ohne Ableitung gegeben. Sie ist aus den Gleichungen zum Differenzverstärker Kapitel 10.4.4.10 entwickelt worden:

Voraussetzung: $R_3 = R_1$ $\quad R_6 = R_5$
$R_4 = R_2$

Eingeprägter Strom: $I_{RL} = \frac{U_1}{R_5} \cdot \frac{R_2 + R_5}{R_1}$

Der Widerstand $R_6 = R_5$ in Reihe zu R_4 kompensiert den „Fehler", der sich dadurch ergibt, daß der Strom I_{R5} nicht mit I_{RL} gleich, sondern um den Anteil I_{R2} größer ist. Anders betrachtet sorgt R_6 dafür, daß der Differenzverstärker symmetrisch bleibt. Die Widerstandszweige von den Eingängen des Operationsverstärkers zum Anschluß der negativen Betriebsspannung erhalten nach Einbau des R_6 wieder den gleichen Wert: $R_2 + R_5 = R_4 + R_6$

Beispiel:

Der im Lastwiderstand R_L der Schaltung nach Abb. 10.124 fließende eingeprägte Strom soll einmal anhand der gegebenen Formel errechnet und zur Kontrolle durch Ermitteln der Teilströme und Teilspannungen in der Schaltung gefunden werden.

$$I_{RL} = \frac{U_1}{R_5} \cdot \frac{R_2 + R_5}{R_1}$$

$$I_{RL} = \frac{10\ \text{V}}{47\ \Omega} \cdot \frac{2200\ \Omega + 47\ \Omega}{4700\ \Omega}$$

$$I_{RL} = 0{,}1017\ \text{A}$$

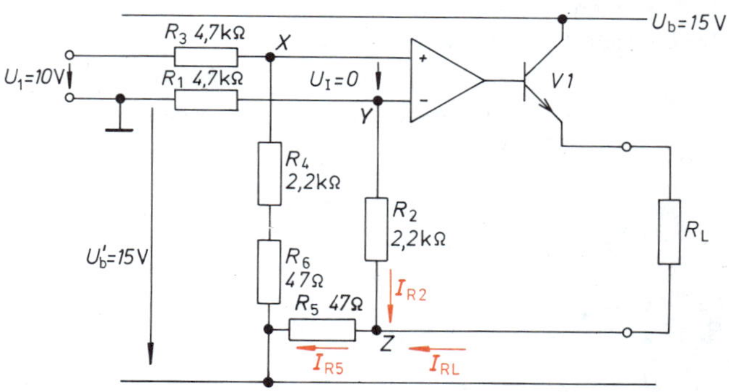

Abb. 10.124

Kontrolle:

a) Die Widerstände R_3, R_4 und R_6 bilden einen Spannungsteiler an einer treibenden Spannung von $U_1 + U_b' = 25$ V. Daraus ergibt sich das Potential am Punkt x.

$$U_{x\perp} = \frac{U_1 + U_b'\ (R_4 + R_6)}{R_3 + R_4 + R_6} - U_b'$$

$$U_{x\perp} = 8{,}086\ \text{V} - 15\ \text{V} = -6{,}914\ \text{V}$$

b) $U_I = 0 \Rightarrow U_{y\perp} = U_{x\perp} = U_{R1}$

Der Strom I_{R1}, der auch durch R_2 fließt, ergibt sich:

$$I_{R2} = I_{R1} = \frac{U_{R1}}{R_1} = \frac{6{,}914\ \text{V}}{4{,}7\ \text{k}\Omega} = 1{,}471\ \text{mA}$$

c) Aus I_{R2} folgt der Spannungsfall über R_2 und das Potential am Punkt z, das um U_{R2} negativer als das am Punkt y ist.

$$U_{R2} = I_{R2} \cdot R_2 = 3{,}236\ \text{V}$$

$$U_{z\perp} = U_y - U_{R2} = -6{,}914\ \text{V} - 3{,}236\ \text{V} = -10{,}15\ \text{V}$$

d) Der Spannungsfall U_{R5} ist die Differenz zwischen dem Potential $U_{z\perp}$ und der negativen Betriebsspannung.

$$U_{R5} = -10{,}15\ \text{V} + 15\ \text{V} = 4{,}85\ \text{V}$$

$$I_{R5} = \frac{U_{R5}}{R_5} = 0{,}1032\ \text{A}$$

e) Aus der Knotengleichung für den Punkt z folgt der Zusammenhang:

$$I_{RL} = I_{R5} - I_{R2}$$

$$I_{RL} = 0{,}1032\ \text{A} - 1{,}47\ \text{mA}$$

$$I_{RL} = 0{,}1017\ \text{A}$$

10.4.7.2 Stromquellen für Lastwiderstände, die einpolig an Schaltungsnull liegen

Das Schaltungsprinzip ist das gleiche wie das der Stromquelle nach Abb. 10.123. Es ist eine Abwandlung des Differenzverstärkers.

Der Strom I_{R5} wird vom Operationsverstärker geregelt. Durch den Lastwiderstand fließt aber der um den Basisstrom von V1 verringerte Anteil.

Zur Berechnung des eingeprägten Stromes I_{RL} muß deshalb in die Formel ein Korrekturfaktor eingefügt werden, der dies berücksichtigt. Wie dieser Faktor zustande kommt, wurde in der Beschreibung der Schaltung nach Abb. 10.122 gezeigt.

Zwei Varianten der Stromquellen sind denkbar:

1. In Abb. 10.125 fließt der eingeprägte Strom so durch den Lastwiderstand, daß er einen Spannungsfall U_{RL} positiv gegen Schaltungsnull verursacht.
2. In Abb. 10.126 fließt I_{RL} entgegengesetzt.

Voraussetzung:

$R_3 = R_1$ $\qquad R_6 = R_5$

$R_4 = R_2$

$$I_{RL} = \frac{U_1}{R_5} \cdot \frac{R_2 + R_5}{R_1} \cdot \frac{B}{B+1}$$

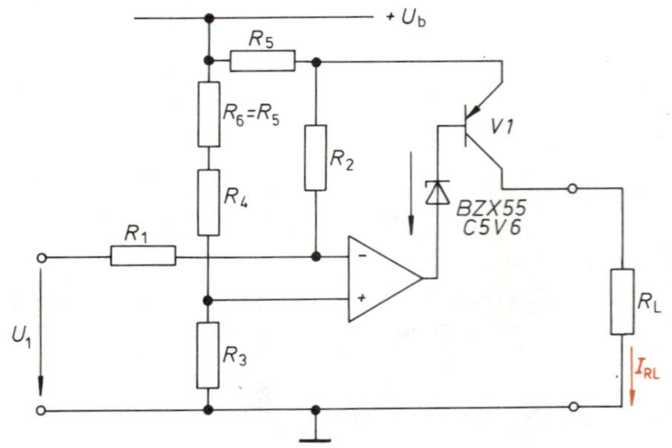

Abb. 10.125

Voraussetzung:

$R_3 = R_1$ $\qquad R_6 = R_5$

$R_4 = R_2$

$$I_{RL} = \frac{U_1}{R_5} \cdot \frac{R_2 + R_5}{R_1} \cdot \frac{B}{B+1}$$

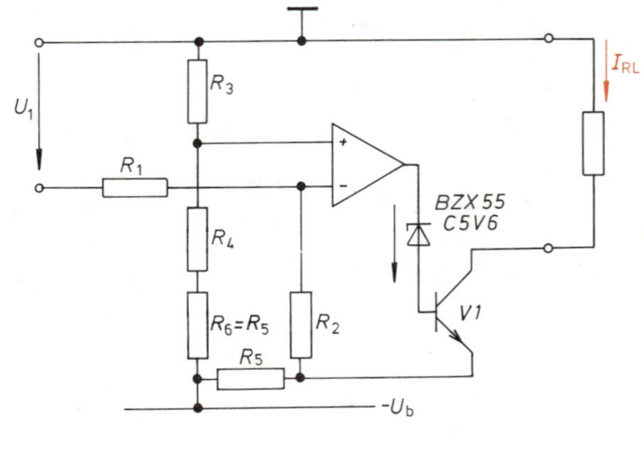

Abb. 10.126

Die Funktion der Z-Dioden zwischen Ausgangsklemme des Operationsverstärkers und Basis des Transistors wird anhand Abb. 10.125 beschrieben:

Unter der Annahme, R_5 sei klein im Verhältnis zu R_1 bis R_4, liegt der Emitter des V 1 annähernd auf dem Potential $+U_b$. Ohne die Z-Diode müßte dann der Operationsverstärker bis zu einem Potential aussteuern, das nur etwa 0,7 V negativer als $+U_b$ wäre. Die Aussteuergrenze des Operationsverstärkers liegt aber tiefer, so daß der V 1 unbeabsichtigt zu weit aussteuern würde.

Die Z-Diode mit ihrer Durchbruchspannung verlagert den Arbeitspunkt am Ausgang des Operationsverstärkers um 5,6 V in negative Richtung und damit in den vom Hersteller garantierten Aussteuerbereich.

Abb. 10.127 zeigt eine Variante der Stromquelle von Abb. 10.125 mit einem Feldeffekttransistor. Dadurch wird zum Steuern kein Strom benötigt, so daß für den Laststrom gilt:

$$I_{RL} = \frac{U_1}{R_5} \cdot \frac{R_2 + R_5}{R_1} \qquad R_3 = R_1 \quad R_4 = R_2 \qquad R_5 = R_6$$

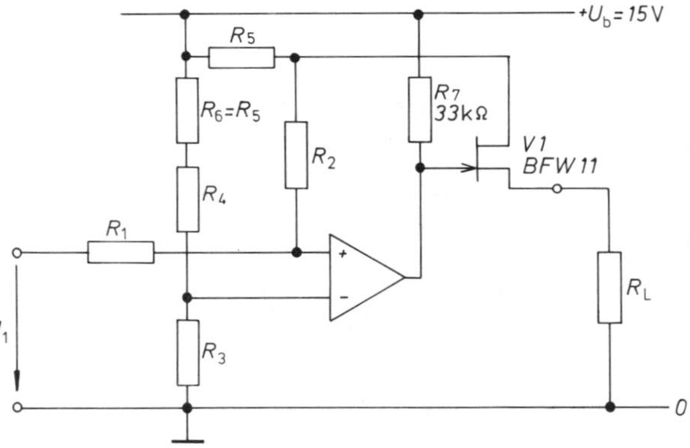

Abb. 10.127

Weil der höchste Strom, den der BFW 11 liefern kann, unter Berücksichtigung der Exemplarstreuungen nur etwa 4 mA bis 10 mA beträgt, ist die Schaltung auf Anwendungen der Meßtechnik beschränkt, arbeitet dort aber sehr präzise.

11 Analog-digitale Meßtechnik

11.1 Einleitung

Durch eine Messung soll eine Größe oder ein Vorgang quantitativ beschrieben werden.
Wichtigstes Ergebnis der Messung ist daher eine Zahl. Um zu dem Ergebnis zu gelangen, muß eine Meßeinrichtung benutzt werden, die folgende Bestandteile hat:

Meßwertaufnehmer,
Meßwertverarbeitung,
Meßwertanzeige.

Die Mehrzahl aller Meßgrößen kann sich stetig verändern, so daß Meßwertaufnehmer meist analog arbeitende Geräte sind, wie folgende Beispiele zeigen:

Meßgröße	Meßwertaufnehmer	
elektrischer Strom	Drehspule:	Das Drehmoment der Spule im homogenen Feld eines Dauermagneten ist proportional dem Strom durch die Spule.
Temperatur	Platinwiderstand:	Der Widerstandswert ändert sich stetig mit der Temperatur.
	Thermoelement:	Die Thermospannung ist nahezu proportional der Temperatur.
Druck	Barometerdose:	Die Auslenkung ändert sich stetig mit dem Druck.

Bei analog funktionierenden Meßwertaufnehmern ist auch eine wenigstens zum Teil analoge Meßwertverarbeitung erforderlich.
Daher sind rein digitale Meßeinrichtungen äußerst selten, und eine Trennung zwischen analoger und digitaler Meßtechnik scheint nicht sinnvoll.
In diesem Kapitel sollen elektrische Meßgeräte beschrieben und verschiedene Verfahren gezeigt werden, die zur digitalen Anzeige führen.

11.2 Frequenzmessung

Die zu messende Frequenz einer Signalspannung ist häufig durch einen besonderen Meßwertaufnehmer aus der Geschwindigkeit eines Bewegungsablaufes abgeleitet.
Oft soll die Drehzahl einer Maschine gemessen werden, so daß hier zunächst die dafür geeigneten digitalen Meßwertaufnehmer besprochen werden.

11.2.1 Digitale Meßwertaufnehmer

Nockenschalter

Dies Verfahren ist von der Zündanlage beim Kraftfahrzeug bekannt. Die Impulse aus diesem Meßwertaufnehmer lösen dort den Zündfunken aus, können aber, da ihre Impulsfolge der Motordrehzahl proportional ist, auch zur Drehzahlmessung weiterverarbeitet werden.

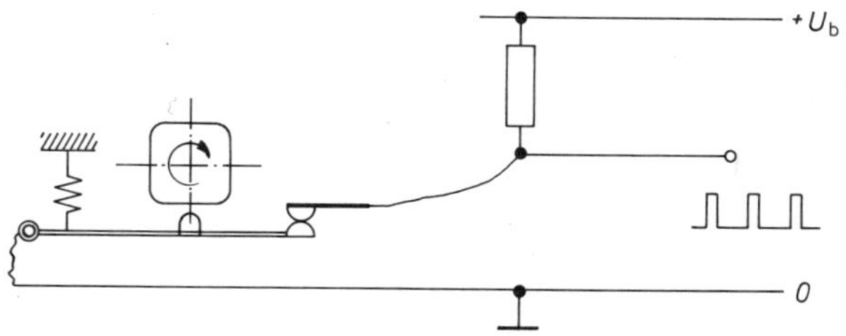

Abb. 11.1 Nockenschalter

Tachogenerator

Der Tachogenerator ist in seiner Funktion mit einem Fahrraddynamo vergleichbar. Die abgegebene Wechselspannung ist in Frequenz und Amplitude proportional der Drehzahl. Der Tachogenerator ist ein digitaler Meßwertaufnehmer, wenn man bei der Meßwertaufbereitung, ungeachtet der Amplitude der Wechselspannung, durch einen Schmitt-Trigger steile Zählimpulse erzeugt.
Als analoger Meßwertaufnehmer ist der Generator zu betrachten, wenn nur die Wechselspannungsamplitude, zum Beispiel in einem Dreheisenmeßgerät, ausgewertet wird.

Induktiver Meßwertaufnehmer

Die beiden zuerst beschriebenen Meßwertaufnehmer belasten durch mechanische Reibung die Maschine, deren Drehzahl gemessen werden soll. In vielen Fällen ist dies nicht zulässig, weil dadurch der Meßwert selbst, die Drehzahl also, verfälscht werden würde.
Als Beispiel sei ein Schalenkreuzanemometer zur Messung der Windgeschwindigkeit genannt.
In diesem Fall ist eine berührungslose Meßwertaufnahme erforderlich.
Beim induktiven Aufnehmer befinden sich auf dem Umfang des Triggerrades kleine Magnete. In eine benachbarte Spule werden beim Vorbeilaufen Impulse erzeugt, deren Folge wieder proportional der Drehzahl ist.
Da die Impulshöhe ebenfalls drehzahlabhängig ist, muß eine anschließende Verstärkung und Amplitudenbegrenzung vorgenommen werden.
Wichtig ist weiterhin, daß die Aufnehmerspule nicht nennenswert belastet wird, weil sonst dem System, wie beim belasteten Generator, Energie entzogen wird.

Schwingkreisaufnehmer

Das Triggerrad aus Aluminium ist gezahnt, wie Abb. 11.2 zeigt. Es läuft durch den Luftspalt, der sich zwischen Schwing- und Rückkopplungsspule eines LC-Oszillators befindet. Der Oszillator schwingt, wenn kein Triggerzahn zwischen den Spulen ist und benötigt dazu einen sehr kleinen Strom aus der Betriebsspannungsquelle.
Sobald ein Triggerzahn den Kopplungsfaktor zwischen den Spulen verringert, ist die Selbsterregerbedingung für den Oszillator nicht mehr erfüllt, er setzt aus. Dabei steigt ein aufgenommener Strom auf ein Vielfaches dessen an, der beim Schwingen floß.
So wird der Oszillator in Abhängigkeit der Drehzahl abwechselnd anschwingen und wieder aufhören zu schwingen.

Die Zustände „Schwingen", „Nichtschwingen" lassen sich als Rechtecksignale an einem Widerstand abgreifen, der in Reihe zur Spannungsversorgung des Oszillators liegt.
So sind nur zwei Zuleitungen zum Schwingkreisaufnehmer erforderlich, wie Abb. 11.2 zeigt.

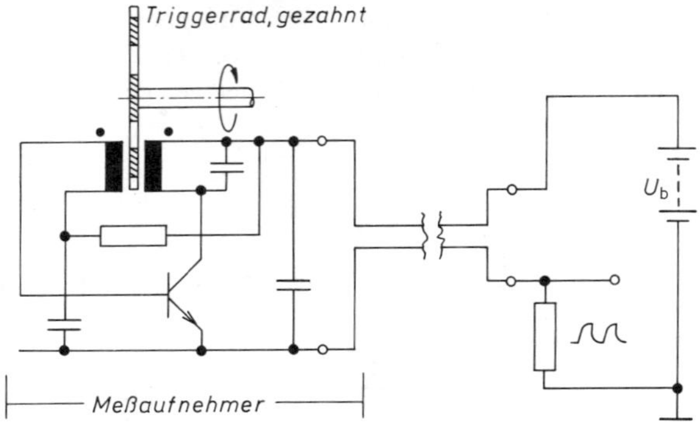

Abb. 11.2 Schwingkreisaufnehmer

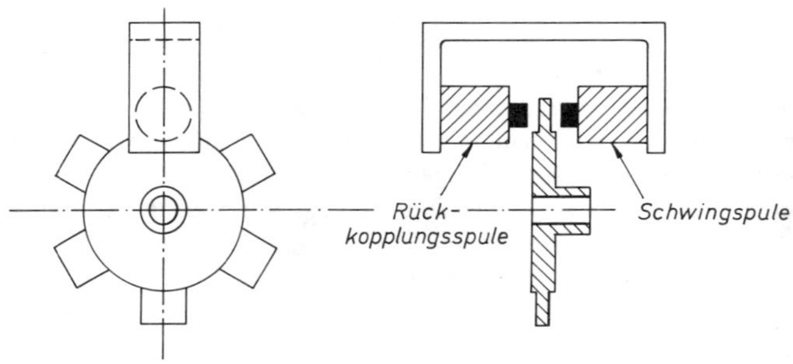

Abb. 11.2.1 Schwingkreisaufnehmer

Optoelektronischer Meßwertaufnehmer
Lichtschranke

Auf der Welle der Maschine, deren Drehzahl gemessen werden soll, befindet sich wiederum ein Triggerrad, das auf seinem Umfang einige Löcher besitzt.
Auf einer Seite des Rades ist eine Lampe, eine Leuchtdiode oder eine andere Lichtquelle angeordnet, die dauernd leuchtet. Gegenüber liegt ein optoelektronischer Empfänger, der proportional der Drehzahl des Triggerrades vom Licht der Quelle getroffen und wieder abgedunkelt wird.
Das Ergebnis sind Impulse gleicher Amplitude, deren Folgefrequenz proportional der Drehzahl ist.
Als optoelektronische Empfänger kommen Fotowiderstand LDR[1]), Fotodiode, Fotozelle oder Fototransistor in Frage. Welches Bauelement gewählt wird, hängt vom speziellen Anwendungsfall ab. Entscheidend sind erlaubte Baugröße, Fremdlichteinfluß, die zur Verfügung stehende Betriebsspannung usw.
Eine bequeme Lösung bieten die kompakten Gabellichtschranken, die Lichtsender und Empfänger in einem Baustein vereinigen.
Abb. 11.3 zeigt Ansicht, Innenschaltung und ein Anwendungsbeispiel für die Gabellichtschranke. Sie enthält einen Darlington-Fototransistor und ist direkt zum Anschluß an einen TTL-Schmitt-Trigger geeignet.
In Fällen, bei denen kein Triggerrad zur Verfügung steht, können Lichtschranken verwendet werden, deren Funktion auf Reflektion des Lichtes beruht.

[1]) LDR = light dependent resistor = lichtabhängiger Widerstand

Auf dem rotierenden Teil der Maschine befinden sich eine oder mehrere, das Licht gut reflektierende Marken. Bewegen Sie sich am Meßwertaufnehmer vorbei, so spricht der Fototransistor im Empfängerteil, ähnlich wie bei direkter Beleuchtung, an.

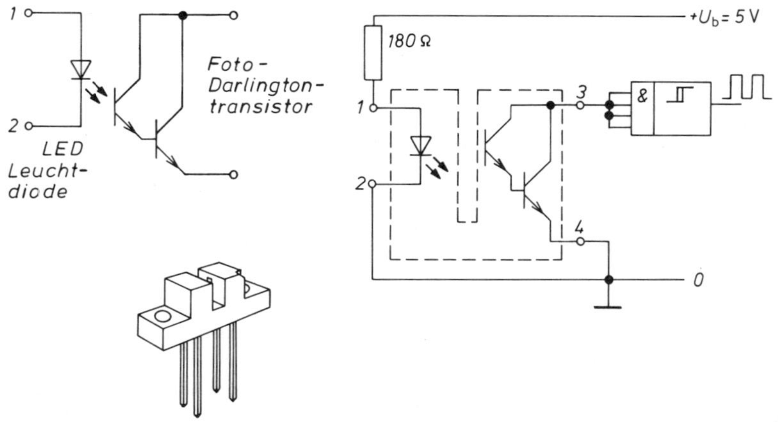

Abb. 11.3 Gabellichtschranke

11.2.2 Impulsaufbereitung

Die im vorigen Kapitel beschriebenen Meßwertaufnehmer geben Signale ab, deren Folgefrequenzen proportional der aufgenommenen Drehzahlen sind.
Diese Signale lassen sich nicht direkt in einem Logiksystem weiterverarbeiten. Ihre Impulsflanken sind selten steil genug, und die Amplitude entspricht oft nicht der Signalsprache des verwendeten Systems.

Zur Impulsaufbereitung gehören deshalb:

Impulsverstärkung,
Amplitudenbegrenzung,
Impulsformung.

Diese Aufgaben veranschaulicht Abb. 11.4.
Wir gehen davon aus, daß die Weiterverarbeitung im TTL-System erfolgen soll.

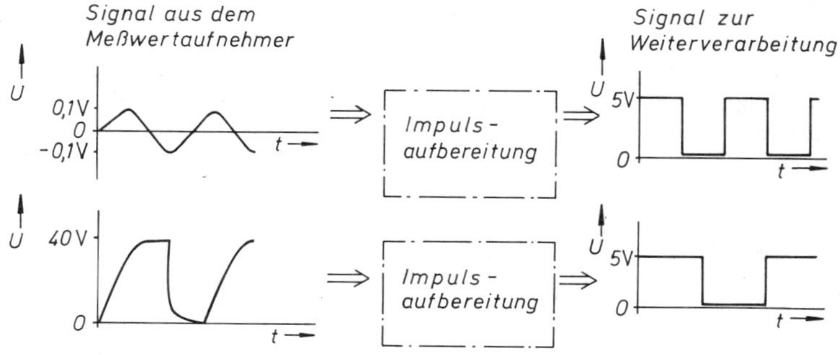

Abb. 11.4

Liegt die Amplitude des angebotenen Signals außerhalb der Grenzen zwischen H-Pegel und L-Pegel des Systems, so muß zuerst eine Amplitudenbegrenzung erfolgen.

Die Z-Diode in Abb. 11.5 begrenzt positive Spannungen auf den Wert $U_Z = 4{,}7$ V und negative auf den für TTL-Bausteine ungefährlichen Wert $U \approx -0{,}7$ V.

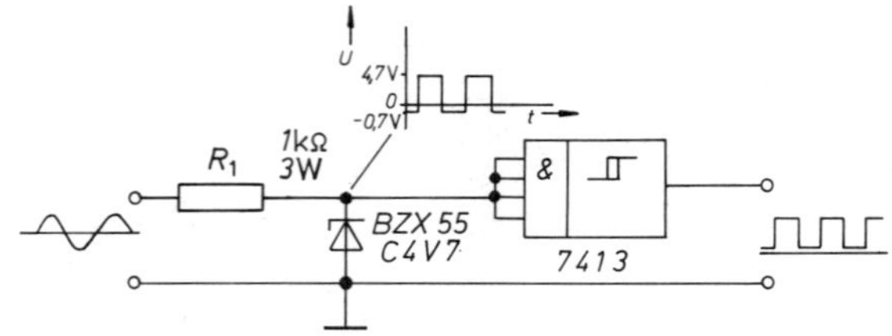

Abb. 11.5 Einfache Impulsaufbereitung

Mit dem eingezeichneten Widerstand $R_1 = 1$ kΩ darf die angelegte Signalspannung bis zu ±50 V betragen. Die Schaltschwelle des angeschlossenen Schmitt-Triggers zur Impulsformung liegt bei etwa 1,5 V, die Hysterese beträgt etwa 0,8 V.
Der Nachteil der Schaltung von Abb. 11.5 liegt beim niedrigen Eingangswiderstand. Er ließe sich durch eine vorgeschaltete Verstärkerstufe in Kollektorschaltung erhöhen.
Soll die Impulsaufbereitung auch eine Signalverstärkung beinhalten, damit Spannungen kleinerer Amplitude verarbeitet werden können, so kommt die Schaltung nach Abb. 11.6 in Frage.

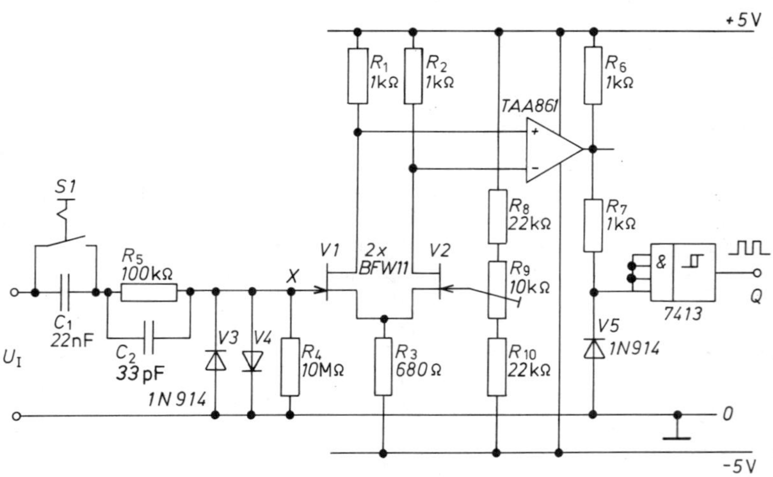

Abb. 11.6 Universelle Schaltung zur Impulsaufbereitung

Im Eingangskreis findet über den Widerstand R_5 durch die Dioden V3 und V4 eine Amplitudenbegrenzung auf etwa ±0,7 V statt.
Bei geschlossenem Schalter S1 wird die Eingangsspannung U_I galvanisch in den Verstärkereingang gekoppelt. Diese Betriebsart wird gewählt, wenn das Eingangssignal eine Wechselspannung ist oder eine Mischspannung vorliegt, deren niedrigster Augenblickswert kleiner als $\approx +0{,}7$ V ist.
Bei einer Spannung U_I gemäß Abb. 11.7 würde die Begrenzerdiode V4 ständig angesprochen haben und eine Signaländerung am Gate des Feldeffekttransistors, die zur Aussteuerung führen würde, fände nicht statt.

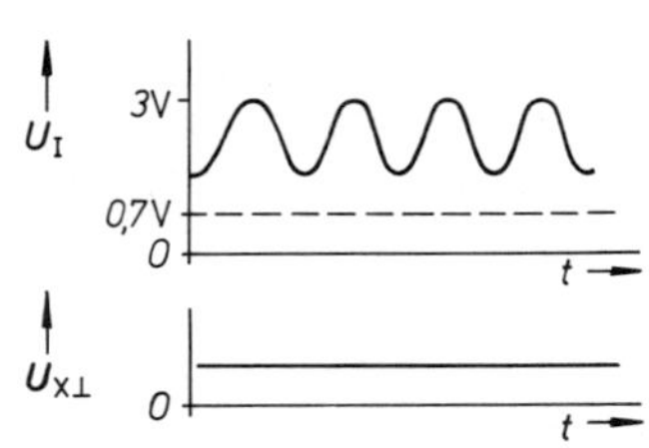

Abb. 11.7 Liniendiagramme

Öffnet man den Schalter S1, so lädt sich C_1 auf den Gleichspannungsmittelwert (arithmetischer Mittelwert) der Signalspannung U_I auf, und am Widerstand R_4 tritt eine in der Amplitude auf $\approx \pm 0{,}7$ V begrenzte Wechselspannung auf.
Die angeschlossene Verstärkerstufe mit V1 und V2 bildet mit R_1, R_2 und R_3 einen Differenzverstärker zwar geringer Spannungsverstärkung, aber mit hohem Eingangswiderstand. Er wird praktisch nur aus dem Wert des Gate-Ableitwiderstandes $R_4 = 10$ MΩ gebildet.
Über den Spannungsteiler mit R_8, R_{10} und dem Trimmer R_9 läßt sich bei $U_I = 0$ ein offset-Abgleich des Differenzverstärkers durchführen.
Die eigentliche Spannungsverstärkung erfährt die Schaltung durch den Operationsverstärker TAA 861, der ohne Gegenkopplung betrieben, hier eine Verstärkung von etwa 10000 besitzt.
In der Praxis bedeutet das bereits bei Eingangssignalen $U_{ISS} > 10$ mV ein Umschalten am Ausgang des Operationsverstärkers von der positiven zur negativen Aussteuergrenze und umgekehrt.
Der Eingang des TTL-Schmitt-Triggers 7413 wird durch die Diode vor negativen Eingangsspannungen größer $\approx 0{,}7$ V bewahrt. Diese Stufe formt Rechteckimpulse, die in TTL-Signalsprache abgegeben und dann weiterverarbeitet werden können.
Die beschriebene Schaltung Abb. 11.6 ist zwar aufwendig, dafür aber mit hohem Eingangswiderstand und hoher Verstärkung universell einsetzbar.
Sie zeigt außerdem alle eingangs aufgeführten Baugruppen zur Impulsaufbereitung.

11.2.3 Frequenzmessung mit analoger Anzeige

Zur Weiterverarbeitung stehen aufbereitete Impulse zur Verfügung, wie Abb. 11.8 zeigt.

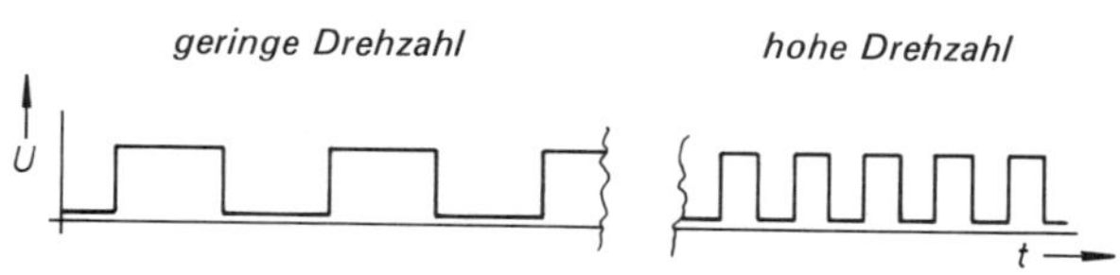

Abb. 11.8

Stammt das Signal von einem Drehzahl-Meßwertaufnehmer, so steckt die Information über die Drehzahl in der Impulshäufigkeit.
In diesem Fall soll die Anzeige durch ein Drehspulmeßwerk erfolgen, dessen Zeigerausschlag proportional dem arithmetischen Mittelwert des durchfließenden Stromes ist.
Aufgabe der Meßwertverarbeitung ist es daher, aus der Signalspannung von Abb. 11.8 einen der Impulsfolgefrequenz proportionalen Strom herzustellen.
Nach Abb. 11.9 wird eine monostabile Kippstufe verwendet, deren Kippzeit t_p nur durch die externe RC-Beschaltung bestimmt ist.

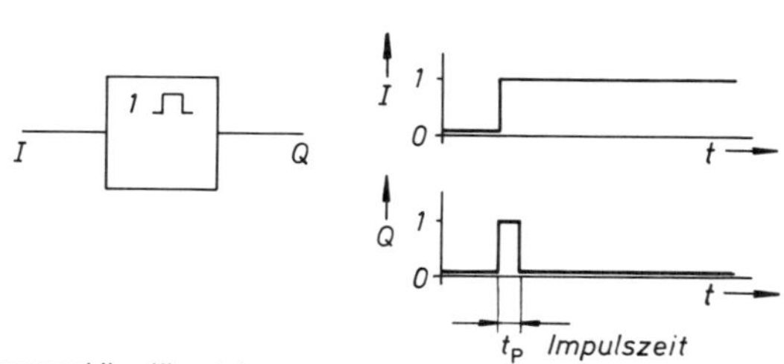

Abb. 11.9 Funktion der monostabilen Kippstufe

Bei jedem 0–1-Sprung am Eingang der Stufe zeigt der Ausgang für die Dauer der Impulszeit t_P 1-Signal, wie die Funktionsdiagramme Abb. 11.10 zeigen.

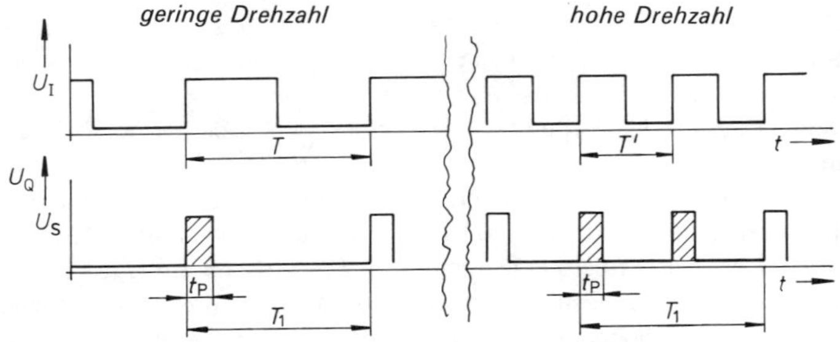

Abb. 11.10

Jeder Impuls aus der monostabilen Kippstufe hat bei konstanter Amplitude den gleichen Flächeninhalt $U_S \cdot t_P$. Durch höhere Drehzahl (höhere Impulsfolge) steigt der arithmetische Mittelwert der Spannung U_Q proportional mit der Impulsfolgefrequenz f

$$U_{QAV} = \frac{U_S \cdot t_P}{T} = U_S \cdot t_P \cdot f$$

Voraussetzung dafür ist jedoch konstante Amplitude bei H-Pegel und der Spannungswert $U = 0$ bei L-Pegel.
Die monostabile Kippstufe im TTL-System liefert bei L-Pegel jedoch eine Restspannung bis zu maximal 0,4 V, und der H-Pegel kann in einem Spannungsbereich von 2,4 V bis 3,6 V liegen.
Darum sind weitere schaltungstechnische Maßnahmen zu treffen, um die genannten Voraussetzungen zu erfüllen.

Schaltungsbeispiel:

Die Drehzahl einer Maschine soll im Bereich $n = 0$ bis $n = 50 \frac{1}{s}$ analog durch ein Drehspulmeßgerät mit dem Meßbereich $I = 0$ bis $I = 1$ mA angezeigt werden.
Als Meßwertaufnehmer dient in Verbindung mit dem abgebildeten Triggerrad eine Gabellichtschranke gemäß Abb. 11.3.

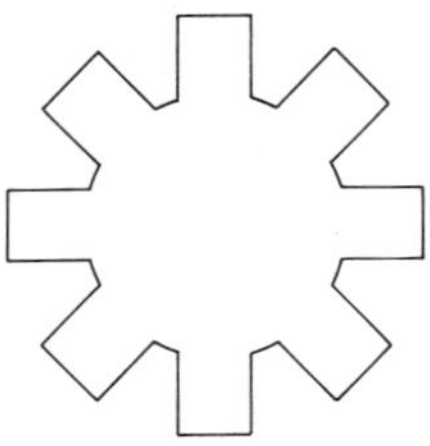

Abb. 11.11 Triggerrad

Daraus läßt sich die zur Höchstdrehzahl von $n = 50 \frac{1}{s}$ (3000 Umdrehungen je Minute) gehörende, von der Lichtschranke abgegebene Impulsfolgefrequenz f_T berechnen:

8 Triggerzähne, entsprechend 8 Impulse je Umdrehung

$$f_T = 8 \cdot n$$

$$f_T = 8 \cdot 50 \frac{1}{s}$$

$$f_T = 400 \frac{1}{s}$$

Die Periodendauer beträgt:

$$T_T = \frac{1}{f_T} \qquad T_T = 2{,}5 \text{ ms}$$

Als monostabile Kippstufe wird der TTL-Baustein 74121 verwendet. Seinem Eingang S3 ist ein Schmitt-Trigger nachgeschaltet, so daß sich eine vorhergehende Impulsformung erübrigt.

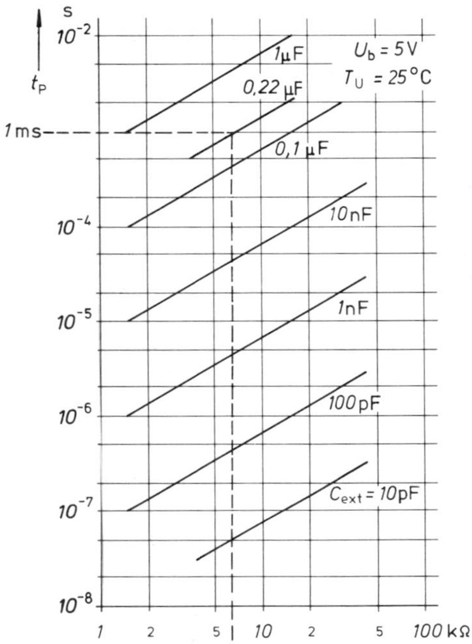

Abb. 11.12

Dauer des Ausgangsimpulses in Abhängigkeit vom externen Widerstand

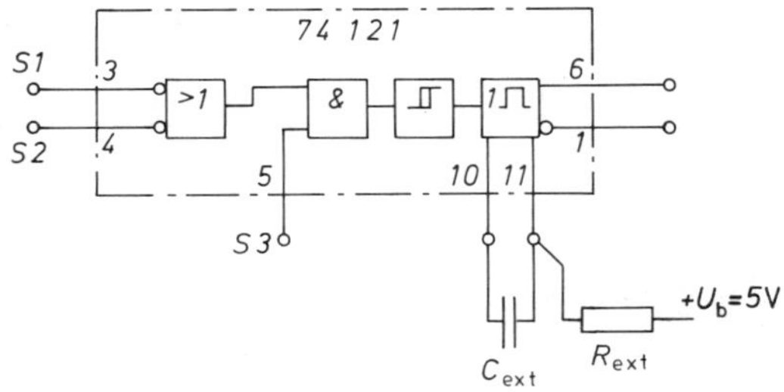

Logischer Aufbau der monostabilen Kippstufe 74121

Nomogramm zur Bestimmung der Kippzeit

Wahl der Impulszeit: $t_P \approx 1$ ms

Da nach jedem Ablauf der Impulszeit der Kondensator wieder in die Ausgangslage zurückentladen werden muß, darf die Laufzeit der Zeitstufe nicht solang sein, wie die Periodendauer T_T bei Höchstdrehzahl.

Das gewählte Verhältnis $\frac{t_P}{T_{T\,min}} = \frac{1\text{ ms}}{2{,}5\text{ ms}}$ gewährleistet die einwandfreie Funktion der monostabilen Kippstufe.

Der vom Hersteller empfohlene Bereich für den Wert des Widerstandes R_{ext} geht von 2 kΩ bis 40 kΩ. R_{ext} gewählt 6,8 kΩ. Aus dem Diagramm Abb. 11.12 ergibt sich für $t_P = 1$ ms $C_{ext} = 0{,}22$ µF.

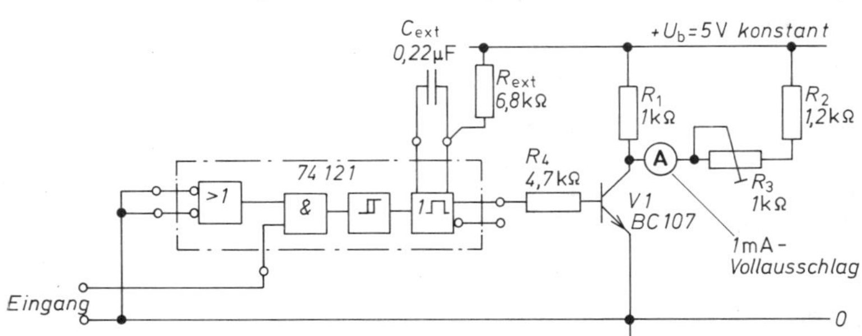

Abb. 11.13 Schaltbild des Drehzahlmessers

Der Drehzahlmesser wird durch die Schaltstufe mit V1 vervollständigt (Abb. 11.13).

Während der Pausenzeit der monostabilen Kippstufe ist der Transistor V1 gesperrt, und der Strom über das Anzeigeinstrument ist Null.

Beim Ablauf der Impulszeit t_P hat V1 ausgesteuert, und durch das Drehspulinstrument fließt der Strom:

$$I_P = \frac{U_b - U_{CE\,rest\,V1}}{R_2 + R_3 + R_m} \qquad R_m \text{ Widerstand des Strommessers}$$

Die Betriebsspannung U_b muß stabilisiert sein.

In Abb. 11.14 ist das Impulsdiagramm für die Höchstdrehzahl gezeigt, bei der der arithmetische Mittelwert des Stromes durch das Instrument $I_{AV} = 1$ mA betragen soll. Daraus läßt sich der für die Dauer der Impulszeit t_P erforderliche Strom I_P bestimmen.

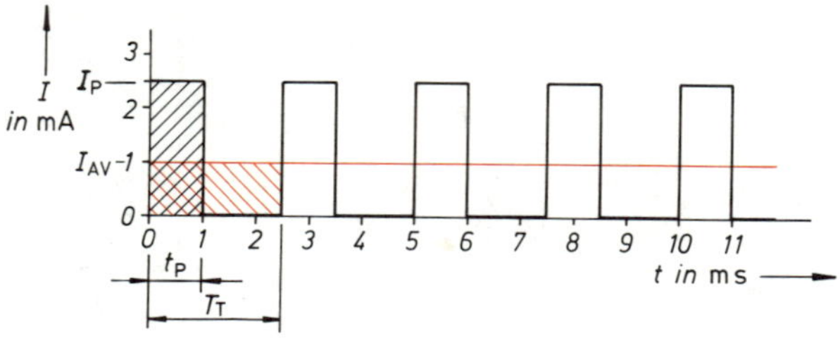

$$I_P \cdot t_P = I_{AV} \cdot T_T$$

$$I_P = \frac{I_{AV} \cdot T_T}{t_P}$$

$$I_P = \frac{1\ \text{mA} \cdot 2{,}5\ \text{ms}}{1\ \text{ms}}$$

$$I_P = 2{,}5\ \text{mA}$$

Abb. 11.14 Impulsdiagramm bei Höchstdrehzahl

Der Drehzahlmesser wird bei größter Drehzahl $n = 50\ \frac{1}{s}$ durch den Trimmer R_3 auf Vollausschlag bei $I = 1$ mA des Instruments kalibriert.

Der Drehzahl-Meßwert liegt im behandelten Schaltungsbeispiel als pulsierender Gleichstrom vor. Soll dagegen eine drehzahlproportionale Spannung erzeugt werden, so muß ein Mittelwertbildner gemäß Kapitel 10.4.4.9 mit Operationsverstärker der monostabilen Kippstufe nachgeschaltet werden. Abb. 11.15 zeigt das Schaltbild.

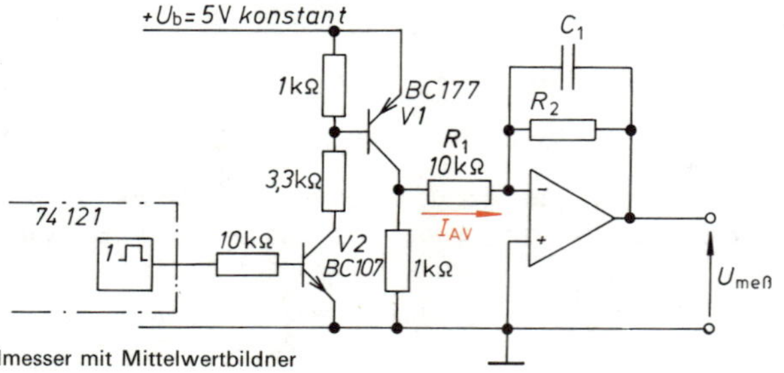

Abb. 11.15 Drehzahlmesser mit Mittelwertbildner

Die Dimensionierung des Widerstandes R_2 muß im speziellen Fall nach der bei höchster Impulsfolgefrequenz erforderlichen Spannung $U_{meß}$ erfolgen.

$U_{meß} = I_{AV} \cdot R_2$ $\quad I_{AV}$ arithmetischer Mittelwert des Stromes durch R_1

Die Größe des Kondensators C_1 hängt von der bei einer bestimmten Frequenz maximal zulässigen Restwelligkeit der Ausgangsspannung $U_{meß}$ ab. Das Verhältnis der Impulszeit t_P zur Periodendauer T geht mit in die Berechnung ein.

Eine experimentelle Ermittlung des Wertes von C_1 ist zweckmäßig.

11.2.4 Frequenzmessung mit dem Impulszähler

Die Anzahl der Perioden in einer Sekunde heißt Frequenz. Soll die Frequenz einer Meßspannung ermittelt werden, so muß man ihre in einer Sekunde auftretenden Perioden zählen.

Daraus ergibt sich der prinzipielle Aufbau des Meßgerätes Abb. 11.16.

Im Baustein zur *Impulsaufbereitung* wird die Meßspannung in Impulse umgeformt, die das Logiksystem weiterverarbeiten kann. Hier wird auf das Kapitel 11.2.2 verwiesen.

Der *Impulszähler* für mehrere Dekaden mit Zwischenspeicher, Decoder und Anzeige zählt die Meßimpulse während der Bezugszeit, z. B. 1 Sekunde.

Das *Tor* wird während der Meß- oder Bezugszeit geöffnet und läßt Meßimpulse in den Zähler gelangen.

Die Baugruppe *Torzeitbildung und Programmsteuerung* erzeugt immer wiederkehrend die Vergleichsgröße für dieses Meßgerät, die Torzeit. Während der Torzeit ist das Zähltor für die Meßimpulse geöffnet, die dann den Impulszähler weiterschalten.
Bevor nach Ablauf der Bezugszeit ein neuer Meßzyklus beginnen kann, muß von der Programmsteuerung ein Setzimpuls an die Ergebnisspeicher und danach ein Löschimpuls an die Zähldekaden gegeben werden.

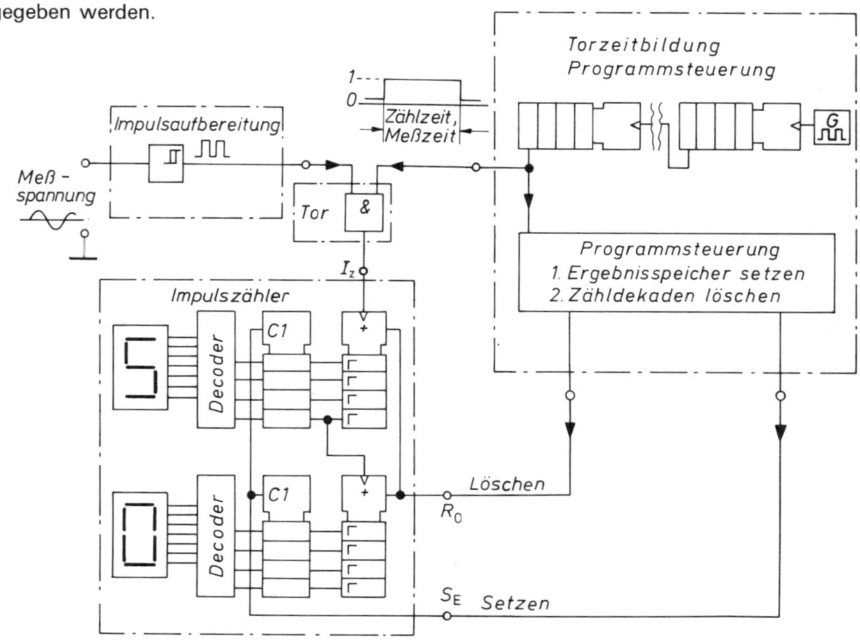

Abb. 11.16 Prinzip eines Frequenzzählers

Funktionsablauf:

Von der Programmsteuerung wurden die BCD-Zähldekaden im Baustein „Impulszähler" auf Null zurückgestellt. Die Anzeige gibt das Ergebnis der vorhergehenden Messung wieder.
Am UND-Gatter, hier Tor zum Impulszähler genannt, stehen ständig die aufbereiteten Impulse des Meßsignals an und warten auf Einlaß. Solange 0-Signal aus der Baugruppe „Torzeitbildung" am Tor anliegt, ist dieses gesperrt.
Jetzt wird das Tor geöffnet. Für die Dauer der Zählzeit liegt 1-Signal am UND-Gatter, und die Meßimpulse werden durch das geöffnete Tor in den Impulszähler eingezählt.
Nach Ablauf der Torzeit wird die UND-Stufe durch ein 0-Signal wieder gesperrt.
Am Ausgang der Zähldekaden steht das neue Meßergebnis im BCD-Code an. Die Programmsteuerung setzt die Ergebnis- oder Zwischenspeicher. Über die BCD-Sieben-Segment-Decoder erscheint das Ergebnis an den Anzeigen.
Zum Abschluß eines jeden Meßzyklus veranlaßt die Programmsteuerung ein Löschen der Zähldekaden.

In Stichworten hier noch einmal die einzelnen, vom Programmschaltwerk gesteuerten Schritte eines Meßzyklus:

a) Zähldekaden im Impulszähler werden auf Null gesetzt
b) Öffnen des Tores
   Während der Zählzeit werden die Impulse des Meßsignals eingezählt
c) Schließen des Zähltores
d) Ergebnisspeicher setzen
e) Zähldekaden auf Null setzen

Im folgenden soll anhand von Schaltbeispielen gezeigt werden, wie die einzelnen Baugruppen zu realisieren sind.

11.2.4.1 Impulszähler

Diese Baugruppe wird von drei Signalen beaufschlagt, die das folgende bewirken:

a) Rückstellen der Zähldekaden an R_0
b) Setzen der Ergebnisspeicher an S_E
c) Einzählen von Impulsen an I_Z

In Abb. 11.17 ist ein 4stelliger Impulszähler gezeigt. Die Erweiterung auf beliebig viele Stellen ist ohne weiteres möglich und erfolgt so wie die Kopplung der schon vorhandenen Dekaden.

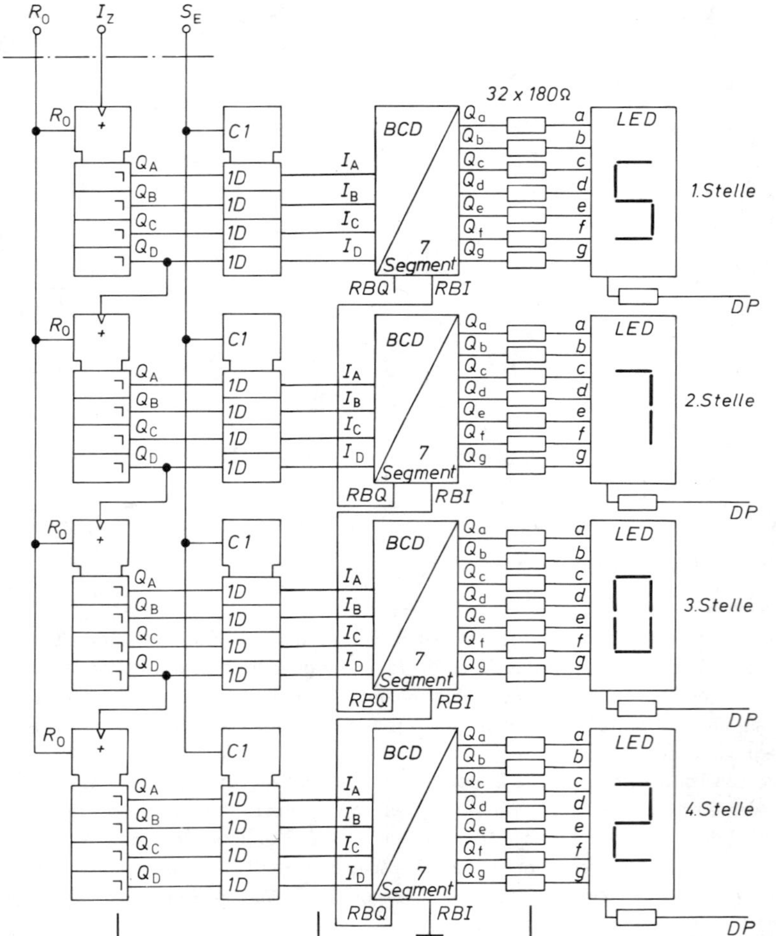

7490:
BCD-Zähldekade
R_0: Rücksetzen auf Null mit 1-Signal an R_0

7475:
Vier-D-Flipflop als Ergebnis-speicher.
Bei 1-Signal an C1 übernimmt der Speicher die Information von D

7447:
BCD-Sieben-Segment-Decoder über RBI und RBQ Ausblendung der Nullen vor der Dezimalzahl

LED: Sieben-Segment-Ziffern-anzeige
Segmentstrom ≈18 mA
Dezimalpunkt DP extern zu schalten

Abb. 11.17 Impulszähler

Auf eine Erklärung der Einzelbausteine wird an dieser Stelle verzichtet.
Im Kapitel 8.2, „Zähler" ist der TTL-Zähler 7490 behandelt, die übrigen Bausteine sind aus Kapitel 9, „Optoelektronische Anzeige" bekannt.

11.2.4.2 Torzeitbildung, Programmsteuerung

Das Messen einer Größe heißt, sie mit einer Bezugsgröße zu vergleichen und festzustellen, wie oft die Meßgröße in der Bezugsgröße enthalten ist.
Für die Frequenzmessung ist die Torzeit Referenz[1]), und ihre Genauigkeit ist allein entscheidend für den Fehler des Frequenzmessers.
Es kommt also darauf an, reproduzierbar mit hoher Genauigkeit die Torzeit durch einen elektrischen Impuls darzustellen.
Mechanische Schwinger zeichnen sich durch hohe Genauigkeit der Periodendauer aus, wenn es nur gelingt, die durch Reibung dem System entzogene Energie ohne Störung des Schwingvorganges wieder zuzuführen.
Als Beispiel dient das Feder-Masse-System (Unruh) in einer Uhr. Ein Exemplar der unteren Preisklasse möge in einer Woche im Vergleich zur Normalzeit, die über Rundfunk und Fernsehen bekanntgegeben wird, um 3 Minuten nachgehen. Der Fehler beträgt dann:

3 Minuten in einer Woche
1 Woche enthält: $60 \cdot 24 \cdot 7$ Minuten = 10080 min

$$\text{Fehler} = \frac{\Delta t}{t} = \frac{-3\ \text{min}}{1\ \text{Woche}} = \frac{-3}{60 \cdot 24 \cdot 7} = -0{,}000298 \mathrel{\hat{=}} -0{,}0298\,\%$$

Ein mechanischer Schwinger noch viel höherer Präzision ist der Schwingquarz, der in Verbindung mit einer Verstärkerschaltung, die der Energiezufuhr dient, einen Taktgeber bildet. Die Abb. 11.18 ist dem Kapitel 4.1 „Quarzoszillator als Taktgeber" entnommen.

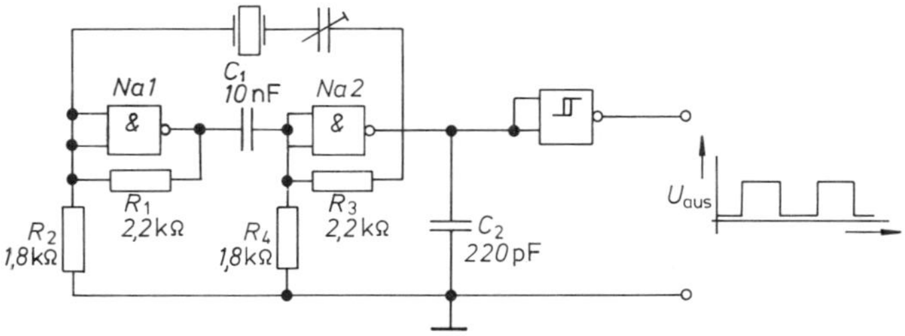

Abb. 11.18 Quarzoszillator mit TTL-NAND-Stufen und Schmitt-Trigger

Die Frequenz häufig verwendeter Quarze ist $f = 1$ MHz. Die Periodendauer am Ausgang des Taktgebers beträgt dann $T = \frac{1}{f} = 1$ µs und ist damit als Torzeit zu kurz. Deshalb folgt dem Quarzoszillator in der Schaltung zur Torzeitbildung stets ein Frequenzuntersetzer. Er kann als vielstufiger Binäruntersetzer geschaltet sein, ist aber häufiger, aus BCD-Zähldekaden aufgebaut. Die dekadische Teilung ermöglicht das wahlweise Abgreifen verschiedener Torzeiten, z. B. 10 s, 1 s oder 0,1 s.

Länge der Torzeit

Wird eine Torzeit $T_{\text{Tor}} = 1$ s gewählt, so ist die während dieser Zeit eingezählte Anzahl der Impulse gleich der Frequenz in Hz.

Frequenz	Anzeige
200 Hz	200
3,852 kHz	3852
971,0 kHz	971000
1,38 MHz	1380000

Man benötigt zur Messung der Frequenz $f = 1{,}38$ MHz einen siebenstelligen Impulszähler.

[1]) Referenz (lat.) = Beziehung

Grundsätzlich ist von einem Meßgerät mit Ziffernanzeige zu fordern, daß in der niedrigsten Dekade die Anzeige auf ±1 Ziffer sicher ist. Beim Frequenzmesser kann man daraus sofort die erforderliche Genauigkeit der Torzeit ableiten.

Für eine sechsstellige Anzeige gilt:

$$\frac{\pm 1}{999999} = \pm 1 \cdot 10^{-6} = \frac{\Delta T_{Tor}}{T_{Tor}}$$

Das Verhältnis $\frac{\Delta T_{Tor}}{T_{Tor}}$ gibt die relative Abweichung der Torzeit von ihrem Nennwert an. Da die Torzeit durch Frequenzteilung entstanden ist, gibt das errechnete Verhältnis auch gleichzeitig die maximal erlaubte, relative Frequenzabweichung des Torzeitgenerators an.
Im Beispiel der sechsstelligen Anzeige ist daher zu fordern:

$$\text{relative Frequenzabweichung } \frac{\Delta f}{f} = \pm 1 \cdot 10^{-6}$$

Man erkennt, daß nur ein Quarzoszillator als Torzeitgenerator für Frequenzzähler mit 6 Stellen in Frage kommt.
Bei achtstelligen Anzeigen müßte der Quarzoszillator dann im temperaturgeregelten Gehäuse betrieben werden, um die Frequenzablage Δf noch weiter zu verringern.
Kann der Impulszähler bei einer Torzeit $T_{Tor} = 1$ s das Ergebnis nicht anzeigen weil er überläuft, d. h. seine Stellenzahl zu gering ist, so muß die Torzeit verkürzt werden.
Wählt man statt 1 s den zehnten Teil ($T_{Tor} = 0{,}1$ s), so gelangen nur noch $\frac{1}{10}$ der vorher registrierten Meßimpulse in den Zähler.

Beispiel: Meßfrequenz $f = 2{,}5382$ kHz

Torzeit	Anzeige
10 s	25382
1 s	2538 oder 2539
0,1 s	253 oder 254
0,01 s	25 oder 26
1 ms	2 oder 3

Das Beispiel zeigt jedoch, daß mit Verringern der Torzeit die Anzeigegenauigkeit sinkt.
Je kürzer die Torzeit, desto häufiger wird allerdings der Meßzyklus wiederholt und das Ergebnis neu angezeigt.
Für jede Messung der Frequenz muß bei der Wahl der Torzeit ein Kompromiß gefunden werden. Lange Torzeit bietet gegenüber kürzerer den Vorteil höherer angezeigter Stellenzahl und damit bei richtiger Konzeption des Meßgerätes höhere Genauigkeit. Nachteil ist niedrige Meßfolge.
Für kurze Torzeit gelten sinngemäße Überlegungen.

Käufliche Frequenzmesser bieten die Möglichkeit der Torzeitumschaltung. Übliche Werte sind:

10 ms, 0,1 s, 1 s, 10 s

Schaltung zur Torzeitbildung für $T_{Tor} = 0{,}1$ s (Abb. 11.19).

Funktionsbeschreibung:

Voraussetzung: Ausgang der Zeitstufe D 6 0-Signal. Beliebiger Stand der Zähldekade D 3 außer Neun.

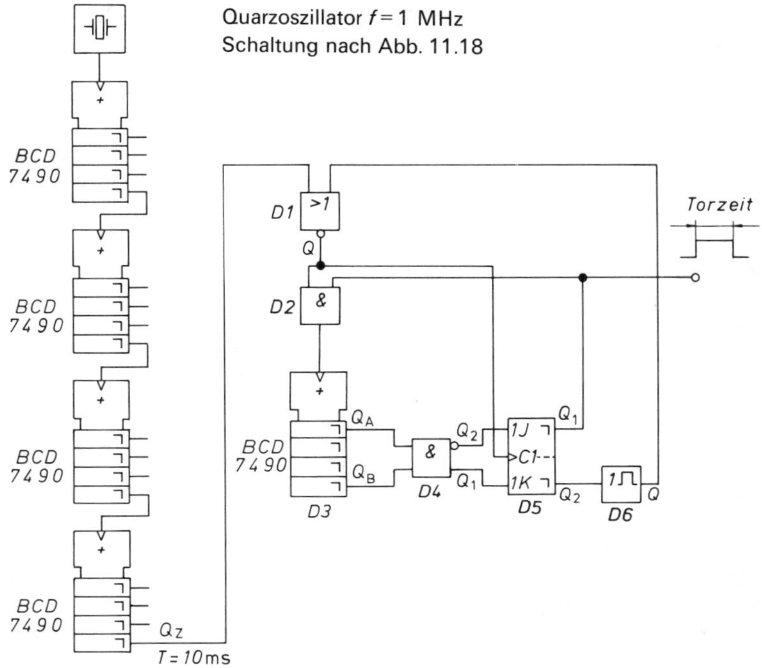

Abb. 11.19 Torzeitbildung

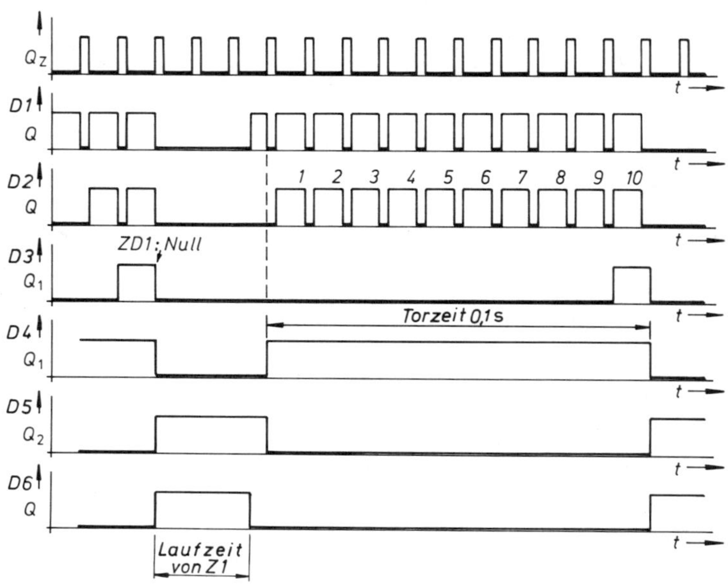

Abb. 11.20 Funktionsplan zur Torzeitbildung

Der erste Impuls aus dem Frequenzteiler passiert das NOR-Gatter D1. Wegen der Vorbereitung mit J = 1 und K = 0 wird das Flipflop D5 gesetzt. Q_1 erhält 1-Signal, die UND-Stufe D2 ist für Zählimpulse aus D1 freigegeben. Sie gelangen an den Eingang der Zähldekade D3 und schalten diese weiter.

Erreicht die Dekade D3 die Stellung $Q_A = 1$ und $Q_D = 1$, was der Wertigkeit Neun entspricht, so ist die NAND-Stufe D4 erfüllt. Das Flipflop D5 ist mit J = 0 und K = 1 vorbereitet. Der nächste Zählimpuls schaltet die Dekade D3 in die Stellung Null, kippt aber auch das D5 in die Position $Q_1 = 0$ und $Q_2 = 1$.
Die UND-Stufe D2 wird sofort für weitere Zählimpulse zu D3 gesperrt, und die monostabile Kippstufe D6 läuft an. Während ihrer Laufzeit blockiert sie die NOR-Stufe D1. Damit wird ein Zurückkippen des D5 verhindert, das dafür bereits durch das NAND-Gatter D4 vorbereitet ist.
Fällt der Ausgang Q der Zeitstufe D6 wieder auf 0-Signal zurück, so wird die NOR-Stufe wieder freigegeben und der Vorgang läuft nochmals ab.
Am Ausgang Q_1 des Flipflop D5 steht periodisch für die Dauer von 0,1 s ein 1-Signal. Dies ist die gesuchte Torzeit.
Die Laufzeit der monostabilen Kippstufe D6 zwischen zwei aufeinander folgenden Torzeitsignalen ermöglicht die erforderlichen Steuerschritte, wie Setzen der Ergebnisspeicher und Löschen der Impulszähler.
Die Grundschaltung zur Torzeitbildung nach Abb. 11.19 muß erweitert werden. Durch Umschaltung sollen die Torzeiten 0,1 s, 1 s, 10 s gewählt werden können (Schaltbild in Abb. 11.21).
Statt in der Zähldekade D3 10 Impulse abzuzählen und danach das Tor zu schließen, werden jetzt für die Torzeit 1 s in zwei Dekaden D30 und D31 100 und für die Torzeit 10 s in drei Dekaden D30 und D31 und D32 1000 Pulse von je 10 ms Dauer abgezählt.
Die Auswertung an den Dekaden muß bei 9, 99 oder 999 erfolgen, wie aus der Beschreibung und dem Funktionsplan Abb. 11.20 hervorgeht.
Die nächste Erweiterung bezieht sich auf die Programmsteuerung. Während der Laufzeit der monostabilen Kippstufe D6 aus Abb. 11.19 muß zuerst der Befehl gegeben werden, den Ergebnisspeicher zu setzen. Anschließend müssen dann die Zähldekaden im Impulszähler gelöscht werden. Beide Befehle müssen gemäß Abb. 11.17 mit 1-Signal erteilt werden und zeitlich nacheinander folgen. Eine zweite Zeitstufe D61 wird erforderlich. Auch diese Erweiterung ist in Abb. 11.21 eingetragen.
Schließlich ist noch das Zähltor D8 eingefügt, das vom Ausgang Q_1 des Flipflop D5 zu Beginn der gewählten Torzeit geöffnet und nach Ablauf wieder geschlossen wird.
Um die Übersichtlichkeit des Gesamtschaltbildes nicht zu stören, ist auf das Ansteuern des zu jeder Torzeit gehörenden Dezimalpunktes im Impulszähler verzichtet worden.

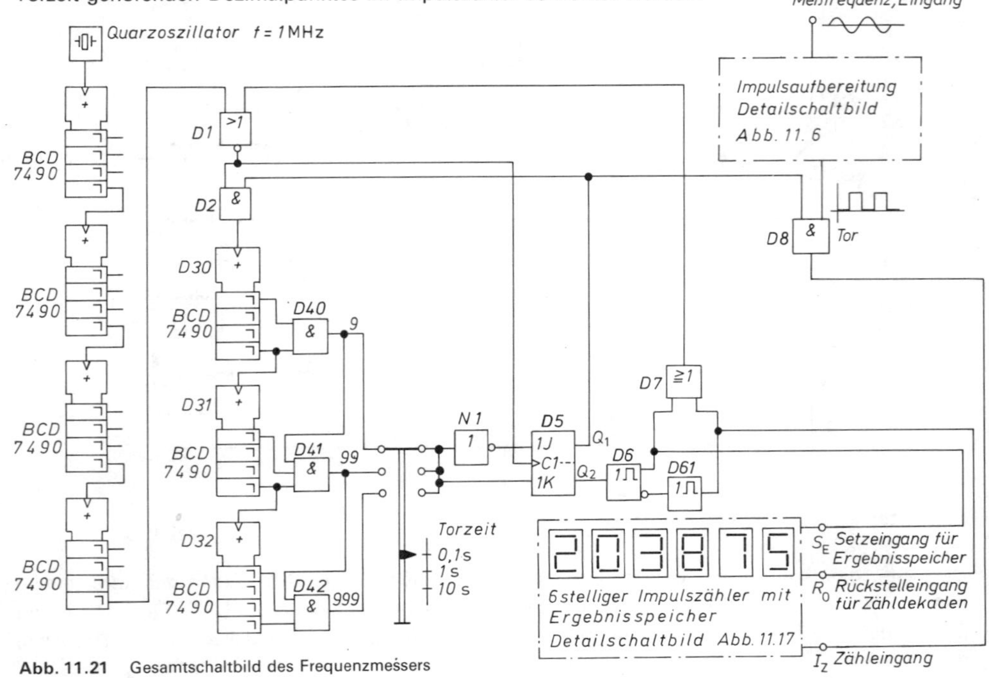

Abb. 11.21 Gesamtschaltbild des Frequenzmessers

11.2.5 Messung der Periodendauer

Eine Spannung mit der Frequenz $f = 2{,}384$ Hz liegt an dem im vorigen Kapitel beschriebenen Frequenzmesser.

Bei Wahl der Torzeit $t = 10$ s ergäbe sich eine Anzeige der Ziffernfolge 24 oder 23.

Die Meßunsicherheit beträgt danach $\frac{1}{24} = 0{,}04166 \mathrel{\hat{=}} 4{,}17\,\%$.

Die hohe Quarzgenauigkeit wird daher nicht im entferntesten ausgenutzt.

Besser ist es bei niedrigen Frequenzen die Periodendauer zu messen.

Dabei wird das Zähltor für die Periodendauer der Meßspannung geöffnet und quarzgesteuerte Bezugsimpulse in den Zähler eingelassen. Das Prinzip zeigt Abb. 11.22.

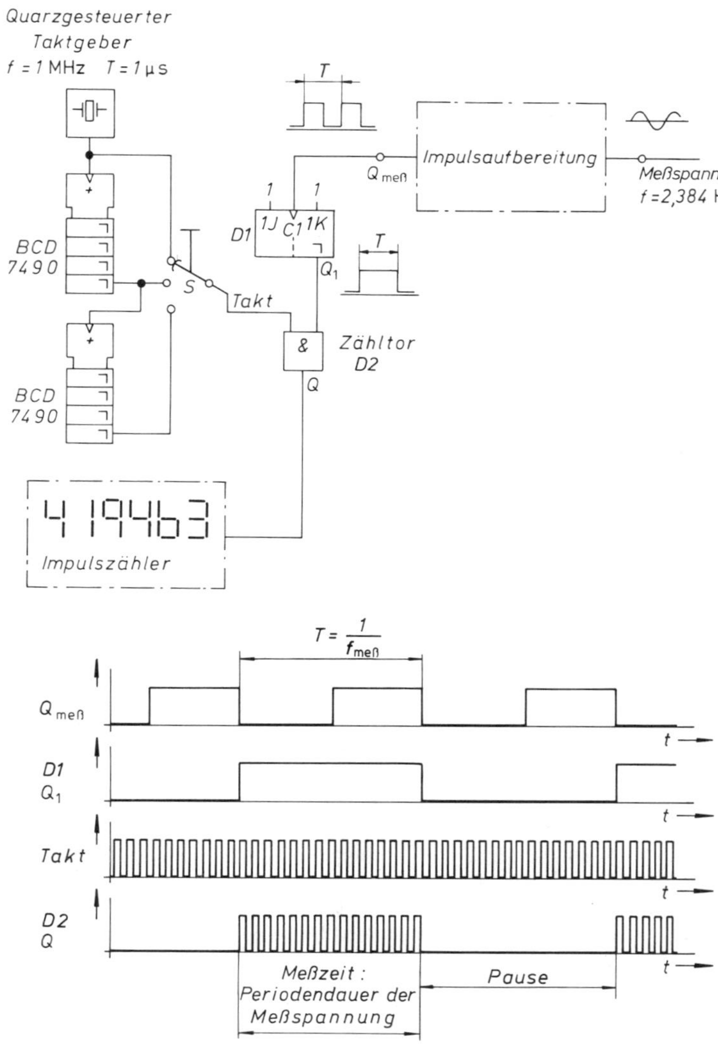

Abb. 11.22 Prinzip der Periodendauer-Messung

Bei einer Meßspannung, deren Periodendauer länger als $T = 1$ s ist, würde der Impulszähler Abb. 11.22 überlaufen, weil die Folgefrequenz der Taktimpulse aus dem Generator mit $f = 1$ MHz zu groß ist.

Abhilfe schafft dann ein Frequenzteiler. Mit Hilfe des Umschalters S läßt sich die Frequenz der auf das Zähltor gegebenen Bezugsimpulse in den Stufen

$f = 1$ MHz,
$f = 100$ kHz,
$f = 10$ kHz

wählen und damit auf die zu bestimmende Periodendauer anpassen.

Die Änderung der Bezugsfrequenz macht eine entsprechende Ansteuerung des Dezimalpunktes im Zähler erforderlich.

Im Prinzipschaltbild von Abb. 11.22 fehlt die Programmsteuerung des Meßgerätes, die in der Pause nach der Meßzeit Befehle zum Setzen des Ergebnisspeichers und Löschen der Zähldekaden im Impulsspeicher erteilen muß.

Unter Benutzung des Impulszählers nach Abb. 11.17 und der Schaltung zur Impulsaufbereitung von Abb. 11.6 ist in Abb. 11.23 ein Periodendauer-Meßgerät mit der Programmsteuerung durch zwei Zeitstufen gezeigt.

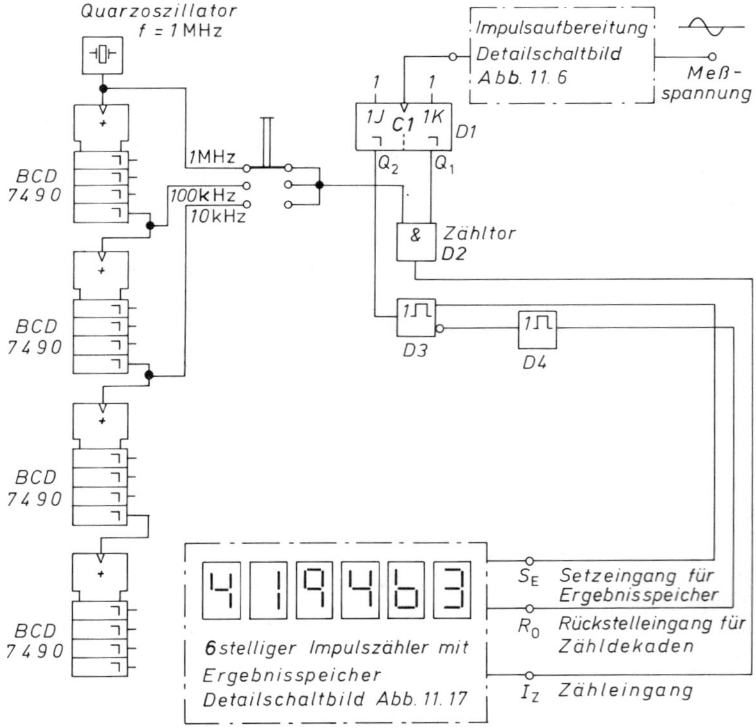

Abb. 11.23 Periodendauer-Meßgerät

Vergleicht man das Prinzipschaltbild zur Periodendauer-Messung Abb. 11.23 mit dem des digitalen Frequenzmessers von Abb. 11.21, so erkennt man, daß für beide Geräte die Funktionsgruppen

Quarzoszillator,
Dekadischer Frequenzteiler,
Impulsaufbereitung,
Zähltor,
Programmsteuerung und
Impulszähler mit Ergebnisspeicher identisch sind.

Durch wenige Umschaltfunktionen lassen sich daher beide Meßgeräte kombinieren. In dieser Form werden sie auch im Handel angeboten.

11.2.5.1 Periodendauer-Vielfachmessung

Es besteht die Aufgabe, mit dem Meßgerät nach Abb. 11.23 die Periodendauer einer Spannung mit $f = 123{,}8$ kHz anzuzeigen.

Bezugsfrequenz am Zähltor $f_B = 1$ MHz, $T_B = 1$ µs
Meßfrequenz $f_M = 123{,}8$ kHz, $T_M = 8{,}07754$ µs

Anzeige: $$\frac{T_M}{T_B} = \frac{8{,}07754}{1}$$

Es wird nur die ganzzahlige Ziffer vor dem Komma erscheinen, also

8 oder 9.

Soll die angezeigte Stellenzahl des Ergebnisses vergrößert werden, so muß man die Meßzeit, in der Bezugsimpulse durch das Tor in den Impulszähler gelangen, verlängern.
In Abb. 11.24 wird die Meßfrequenz in zwei dekadischen Frequenzteilern um Faktor 100 untersetzt. Die wirksame Meßzeit, in der das Zähltor geöffnet ist, wird einhundertmal länger, so daß zwei weitere Stellen im Ergebnis angezeigt werden.

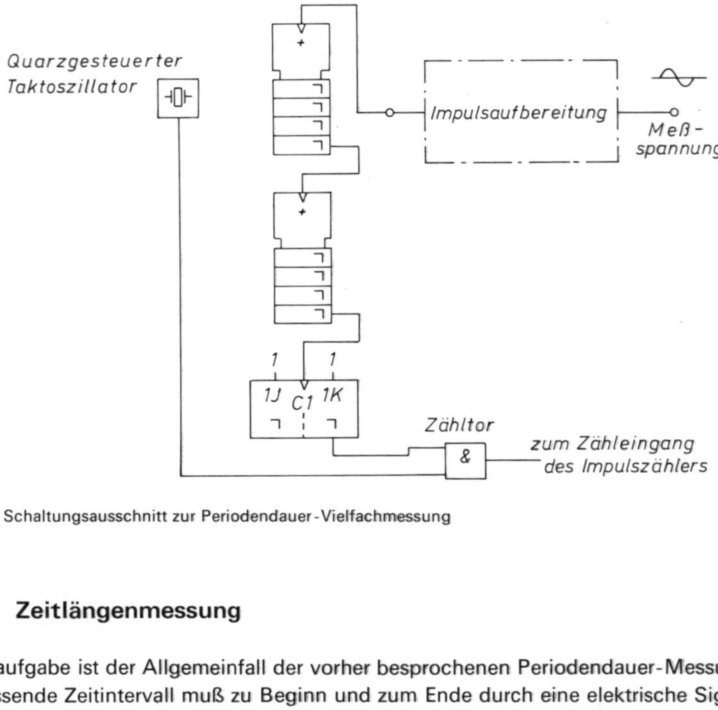

Abb. 11.24 Schaltungsausschnitt zur Periodendauer-Vielfachmessung

11.2.5.2 Zeitlängenmessung

Diese Meßaufgabe ist der Allgemeinfall der vorher besprochenen Periodendauer-Messung.
Das zu messende Zeitintervall muß zu Beginn und zum Ende durch eine elektrische Signaländerung gekennzeichnet werden. Abb. 11.25 gibt die Möglichkeiten dazu an.

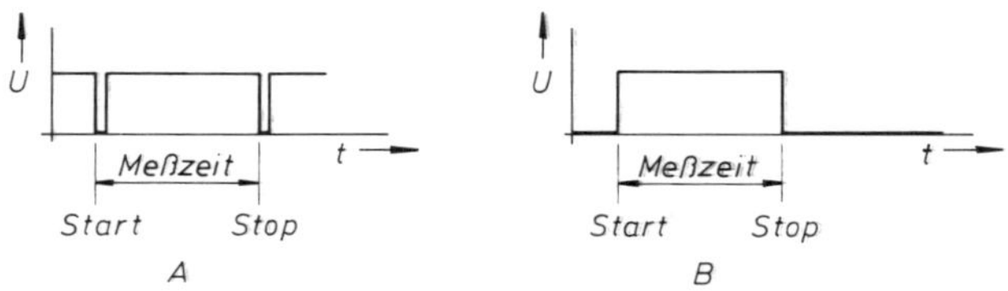

Abb. 11.25 Start-Stop-Signale zur Zeitlängenmessung

Liegen Start- und Stoppimpulse gemäß dem Funktionsplan A vor, so ist direkt der Eingang des Periodendauer-Meßgerätes von Abb. 11.23 mit diesen Impulsen zu beschalten.
Häufig sollen aber Start- und Stoppbefehl durch das Öffnen und Schließen eines mechanischen Kontaktes gegeben werden. Um Fehlmessungen durch Kontaktprellen zu vermeiden, muß ein Speicher nachgeschaltet werden.
Damit die Zeit wieder direkt vom Periodendauer-Meßgerät angezeigt werden kann, sorgen die monostabilen Kippstufen D 3 und D4 mit kurzer Laufzeit für die Erzeugung je eines Start- und eines Stoppimpulses (Abb. 11.26).

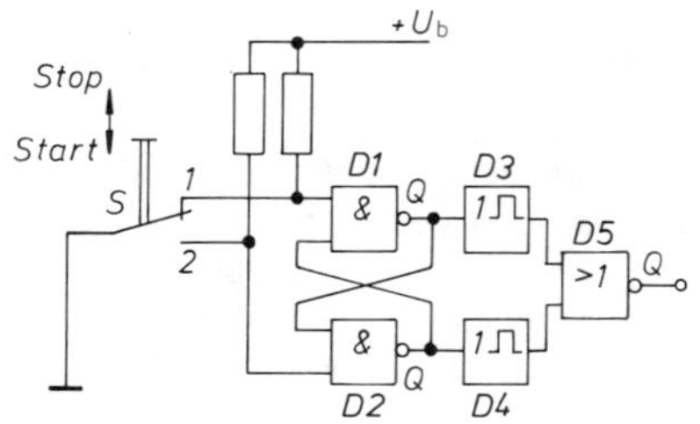

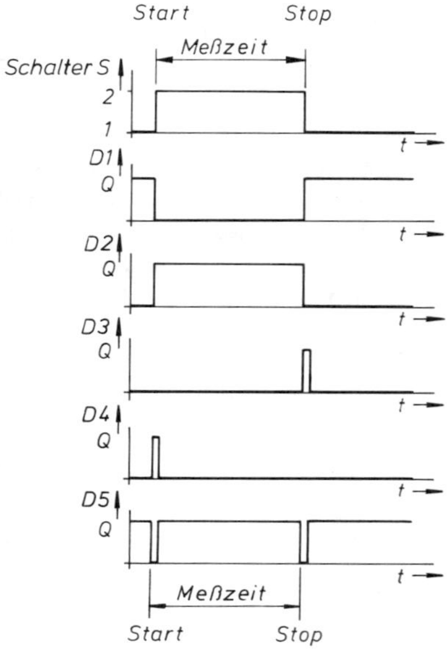

Abb. 11.26 Eingabeschaltung mit Impulsdiagramm

Im Rahmen dieses Kapitels können nicht alle Schaltungsvarianten besprochen werden, die für verschiedene Zeitmarkengeber in Betracht kommen. Das Prinzip der Zeitlängenmessung ist jedoch dargelegt.

11.3 Analog-Digital-Umformung

Zur Übertragung auf weite Entfernung eignet sich ein digitales Signal besser als ein analoges.
Eine digitale Informationsübertragung arbeitet ohne Signalwertverfälschung und gestattet Mehrfachausnutzung der Übertragungsleitung.
Soll ein analoges Signal von einem Ort A zum anderen Ort B digital übertragen werden, so muß bei A ein Analog-Digital-Umsetzer und bei B ein Digital-Analog-Umsetzer verwendet werden.
Eine weitere Anwendung findet ein A-D-Wandler in den heute häufig anzutreffenden Meßgeräten mit digitaler Anzeige.

11.3.1 Spannungs-Frequenz-Umsetzer

Das Prinzip besteht in fast allen Schaltungen darin, den Signalwert, eine Meßspannung, in einen proportionalen Strom umzuwandeln. Dieser Strom fließt dann als Ladestrom in einen Kondensator. Nachdem der Kondensator eine bestimmte Spannungsänderung ΔU erfahren hat, wird er auf seinen Anfangswert entladen und die Aufladung beginnt erneut. So ist die Anzahl der Auf- und Entladungen je Sekunde – die Frequenz also – ein Maß für die anliegende Meßspannung.

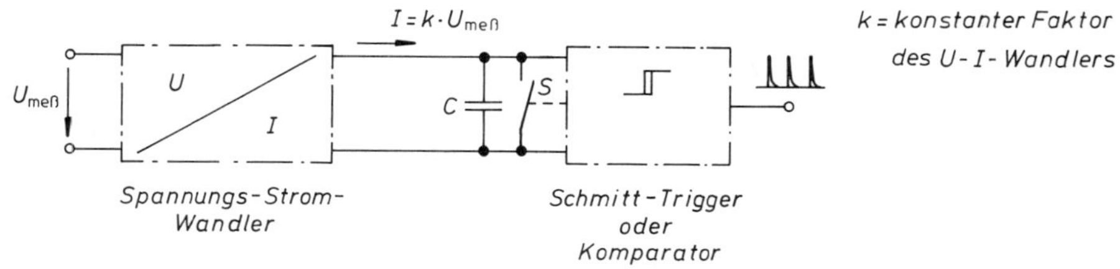

Abb. 11.27 Blockschaltbild des Spannungs-Frequenz-Wandlers

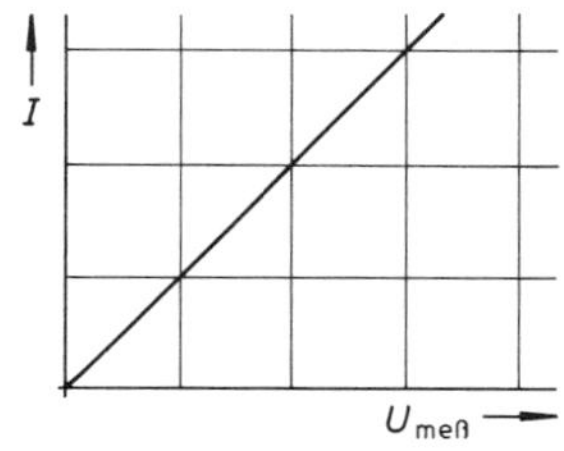

Abb. 11.28 Übertragungskennlinie des Spannungs-Strom-Wandlers

Durch die Ladung mit Konstantstrom ist der Spannungsanstieg am Kondensator linear.
Es gelten die Gleichungen über die Ladungsmenge:

$$Q = C \cdot \Delta U \qquad Q = I \cdot \Delta t \qquad C \cdot \Delta U = I \cdot \Delta t$$

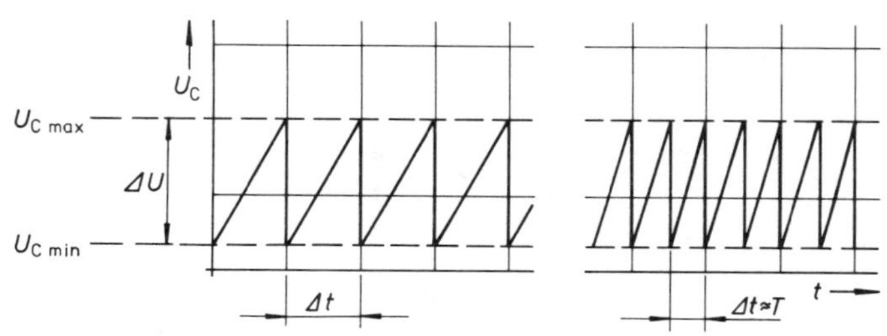

Abb. 11.29 Liniendiagramm der Kondensatorspannung

Im rechts dargestellten Zeitabschnitt von Abb. 11.29 wurde gegenüber dem linken die Meßspannung am Wandler verdoppelt. Dadurch hat sich der Ladestrom I für den Kondensator ebenfalls verdoppelt, und die vorgeschriebene Spannungsänderung $\Delta U = U_{C\,max} - U_{C\,min}$ wird in der halben Zeit durchfahren. Die Frequenz der Sägezahnspannung hat sich dadurch wie die Meßspannung um den Faktor 2 erhöht.

Ladezeit des Kondensators $\Delta t = \dfrac{C \cdot \Delta U}{I}$ $\qquad \Delta U = U_{C\,max} - U_{C\,min}$

Ladestrom $I = k \cdot U_{meß}$, wobei k die Wandlerkonstante mit der Dimension $\dfrac{A}{V}$ ist.

$$\Delta t = \frac{C \cdot \Delta U}{k \cdot U_{meß}}$$

Im Blockschaltbild Abb. 11.27 erfolgt die Entladung des Kondensators über den Schalter S durch Kurzschluß. Dies ist praxisfremd und würde zum Verschweißen der Schaltkontakte führen, denn die im Kondensator gespeicherte Energie muß während der Entladung in Wärme umgesetzt werden.

Im Liniendiagramm Abb. 11.29 geschieht die Entladung in der Zeit $t = 0$, dies ist aber auch nur durch Kurzschluß zu erzielen.

Nur unter dieser (falschen) Voraussetzung darf man schreiben:

$$\Delta t = T$$

$$f = \frac{1}{T}$$

$$f = U_{meß} \cdot \frac{k}{C \cdot \Delta U}$$

Δt Ladezeit des Kondensators
T Periodendauer der Sägezahnspannung
f Frequenz

Das beschriebene Wandlerprinzip hat durch die Vernachlässigung der unumgänglichen Entladezeit einen systematischen Fehler. Systematische Fehler, also systembedingte Fehler, lassen sich aber im Gegensatz zu statistischen Fehlern von vornherein rechnerisch erfassen und beim Aufbau berücksichtigen.

Soll beispielsweise ein Spannungs-Frequenz-Wandler mit der Genauigkeit $\frac{\Delta f}{f_{max}} = \pm\ 0{,}01 \mathrel{\hat{=}} \pm 1\%$ gebaut werden und gelingt es, die Entladung des Kondensators bei höchster Frequenz in $\frac{1}{200}$ der Ladezeit durchzuführen, $\frac{t_{entl}}{\Delta t_{min}} = \frac{1}{200} = 0{,}005 \mathrel{\hat{=}} 0{,}5\%$, so wäre dies Wandlerprinzip wegen des geringen Bauteilaufwandes sicher gut geeignet. Die vorgeschriebene Fehlergrenze $\pm 1\%$ könnte eingehalten werden. Der systematische Fehler verringert sich mit dem Wert der Meßspannung. Während die Entladezeit unabhängig von der Dauer der vorhergehenden Ladung ist, erhöht sich die Ladezeit mit kleiner werdender Meßspannung. Abb. 11.30 zeigt den Zusammenhang.

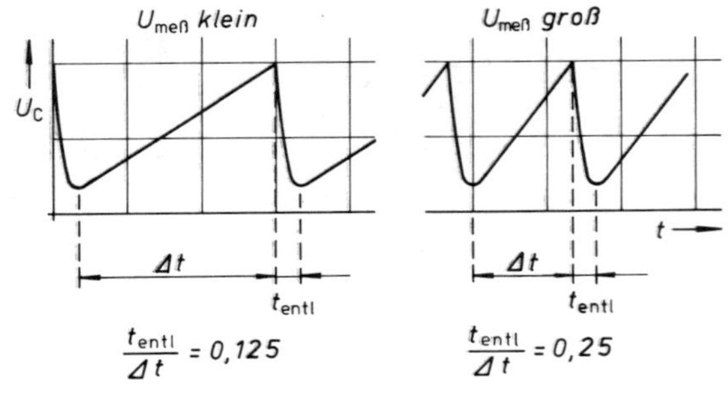

Abb. 11.30 Entladezeit im Verhältnis zur meßspannungsabhängigen Ladezeit

Die obigen Erklärungen führen zu dem Schluß, daß für diesen Wandlertyp eine rasche Entladung des Kondensators größte Wichtigkeit hat. Der Unijunction-Transistor eignet sich sehr gut für diese Aufgabe und übernimmt außerdem die Funktion des Schmitt-Triggers aus Abb. 11.27, dem Blockschaltbild.

In Abb. 11.31 ist die Schaltung eines Spannungs-Frequenz-Wandlers wiedergegeben, der für Meßspannungen $U_{meß} = 0$ bis 10 V am Widerstand R_1 Nadelimpulse mit der Folgefrequenz $f = 0$ bis 1 kHz abgibt.

Die steuerbare Stromquelle, der Spannungs-Strom-Wandler, mit Operationsverstärker und Feldeffekttransistor wurde komplett dem Kapitel 10.4.7.2, Operationsverstärker entnommen und wird in ihrer Funktion hier nicht weiter erklärt.

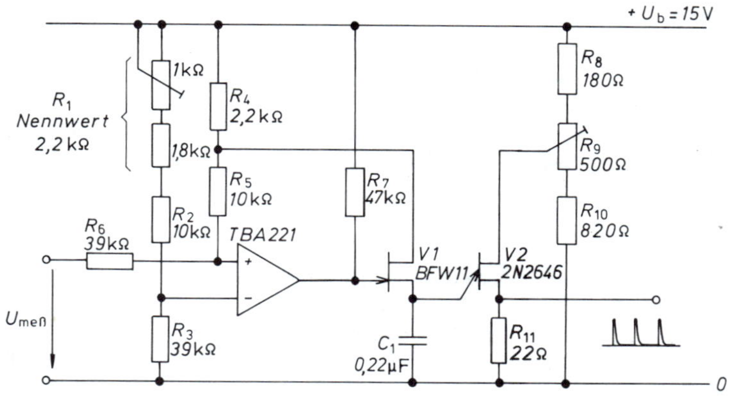

Abb. 11.31 Schaltbild Spannungs-Frequenz-Wandler
$U_{meß} = 0$ bis 10 V $\quad f = 0$ bis 1000 Hz

Die Stromquelle liefert bei $U_{meß} = 10$ V einen Ladestrom $I = 1{,}42$ mA über den Feldeffekttransistor V1 auf den Kondensator.

Kalibrieren des Spannungs-Frequenz-Wandlers

Die Zündspannung U_{peak} des Unijunction-Transistors läßt sich verändern, wenn mit dem Trimmwiderstand R_9 die Interbasisspannung geändert wird. U_{peak} bestimmt aber die Amplitude der Sägezahnspannung am Kondensator und dadurch die Kippfrequenz. Der Nullpunkt des Spannungs-Strom-Wandlers wird mit R_1 eingestellt.

a) $U_{meß} = 10$ V: Mit R_9 eine Kippfrequenz $f = 1$ kHz einstellen.
b) $U_{meß} = 1$ V: Mit R_1 eine Kippfrequenz $f = 100$ Hz einstellen.

Die Schritte a) und b) werden solange wiederholt, bis sich ohne weitere Verstellung der Widerstände die Zuordnungen $U_{meß} = 10$ V $f = 1$ kHz und $U_{meß} = 1$ V $f = 100$ kHz ergeben.

11.3.1.1 Spannungs-Frequenz-Wandler mit Zweiflankensteuerung

Um den systematischen Fehler des Wandlers von Abb. 11.31 zu vermeiden, muß neben der Ladezeit nun auch die Entladezeit durch die Meßspannung bestimmt werden.

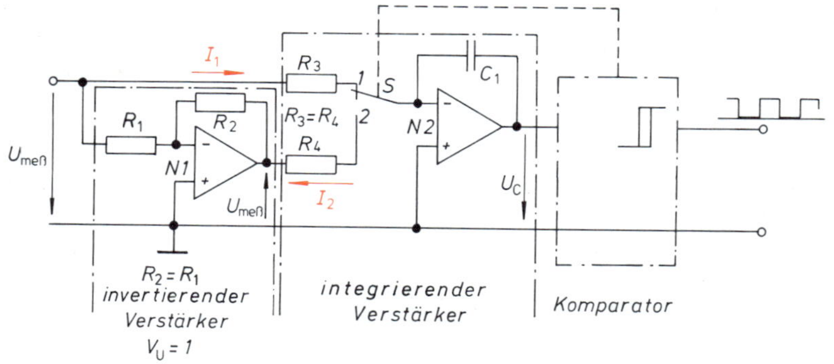

Abb. 11.32 Prinzip des zweiflankengesteuerten Spannungs-Frequenz-Wandlers

Das Funktionsprinzip wird anhand Abb. 11.32 erläutert:

In der gezeichneten Stellung des Schalters S fließt ein der Meßspannung proportionaler Strom I_1 in den Integrator mit dem Operationsverstärker N 2 und dem Kondensator C_1. Die Ausgangsspannung des Integrators verläuft linear ins Negative und erreicht bei einem bestimmten Wert den unteren Schaltpunkt des Komparators. Dieser betätigt den Umschalter S, der die Stellung „2" einnimmt.
Der invertierende Verstärker besitzt wegen der Gleichheit der Widerstände $R_1 = R_2$ die Spannungsverstärkung.

$$V_U = \frac{R_2}{R_1} = 1$$

Dadurch liegt an seinem Ausgang eine Spannung, die gleich groß mit der Meßspannung $U_{\text{meß}}$ ist, aber entgegengesetzte Polarität gegen Schaltungsnull hat.
In Schalterstellung „2" kehrt sich die Integrationsrichtung gegenüber Stellung „1" um, und bei gleichen Widerständen $R_3 = R_4$ steigt die Ausgangsspannung des Integrators mit derselben Rate ins Positive wie vorher ins Negative.
Nach Erreichen des oberen Komparator-Schaltpunktes wird der Umschalter S erneut in Stellung „1" gebracht, und der Vorgang wiederholt sich.
Die Übertragungsgleichung des Wandlers wird anhand des Liniendiagramms Abb. 11.33 abgeleitet.

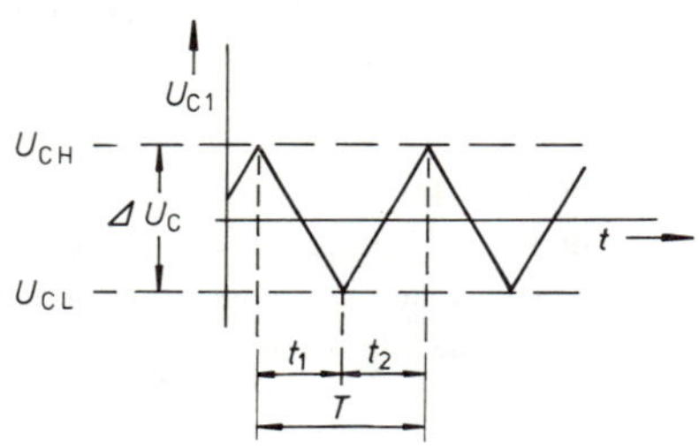

Abb. 11.33 Liniendiagramm

Zeitabschnitt t_1: S in Stellung „1"

$$I_1 = \frac{U_{\text{meß}}}{R_3}$$

Für den Integrator gilt:

$$C_1 : \Delta U_C = I_1 \cdot t_1$$

$$t_1 = \frac{C_1 \cdot \Delta U_C}{I_1}$$

ΔU_C Schaltdifferenz des Komparators

$$t_1 = \frac{1}{U_{\text{meß}}} \cdot C_1 \cdot R_3 \cdot \Delta U_C$$

Zeitabschnitt t_2: S in Stellung „2"

Bei gleicher Eingangsspannung des Integrators und gleichen Widerständen $R_3 = R_4$ ist die Integrationszeit t_2 genauso lang wie t_1, weil auch dieselbe Spannungsänderung ΔU_C durchfahren wird.

$$t_2 = t_1$$

Periodendauer:

$$T = t_1 + t_2$$
$$T = 2 \cdot t_1$$
$$T = 2 \cdot \frac{1}{U_{\text{meß}}} \cdot C_1 \cdot R_3 \cdot \Delta U_C$$

Frequenz:

$$f = \frac{1}{T} \qquad f = \frac{U_{\text{meß}}}{2 \cdot C_1 \cdot R_3 \cdot \Delta U_C}$$

Die Frequenz der Dreieckspannung von Abb. 11.33 ist der Meßspannung $U_{meß}$ direkt proportional. Alle anderen Größen in der Bestimmungsgleichung für die Frequenz sind Konstante.
Soll die Schaltung praktisch aufgebaut werden, so muß der Umschalter statt mechanisch elektronisch ausgeführt sein (Abb. 11.34).

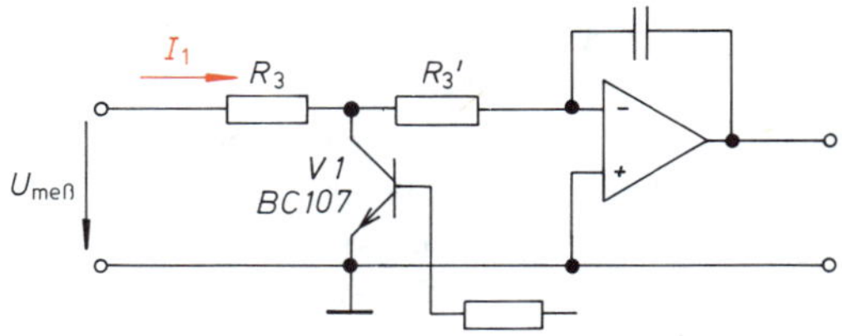

Abb. 11.34 Elektronischer Schalter für Nebenschluß

Bei gesperrtem Transistor fließt der Strom $I_1 = \frac{U_{meß}}{R_3 + R_3'}$ in den Integrator. Weil der Kollektorreststrom bei einer Sperrschichttemperatur $\vartheta_j = 25\,°C$ kleiner als 10 nA ist (für $U_{CE} = 45$ V), liegt ein nahezu idealer Schaltzustand vor.
Bei ausgesteuertem Transistor V1 bewirkt dieser einen Nebenschluß, und in den Integrator fließt fast kein Strom mehr. Die Kollektor-Emitter-Restspannung liegt bei einem Kollektorstrom $I_C < 10$ mA unter 0,1 V (typischer Wert 20 mV).
Dieser Schaltzustand ist nicht ideal.
Allerdings wird der Fehler, der dadurch entsteht, in der Schaltung des Wandlers nach Abb. 11.35 durch einen etwa gleichgroßen Fehler im Schalter für den Integrationsstrom I_2 wieder kompensiert. Bei gleichen Restspannungen der Transistoren V1 und V2 und einer Verstärkung des invertierenden Verstärkers $-V_U = \frac{R_2}{R_1} = 1$ kann man mit einer Genauigkeit des Wandlers nach Abb. 11.35 mit $<0{,}5\,\%$ rechnen.
Bei einer Signalspannung $U_{meß} = 10$ V beträgt die Frequenz der Rechteckspannung U_2 $f = 1000$ Hz.

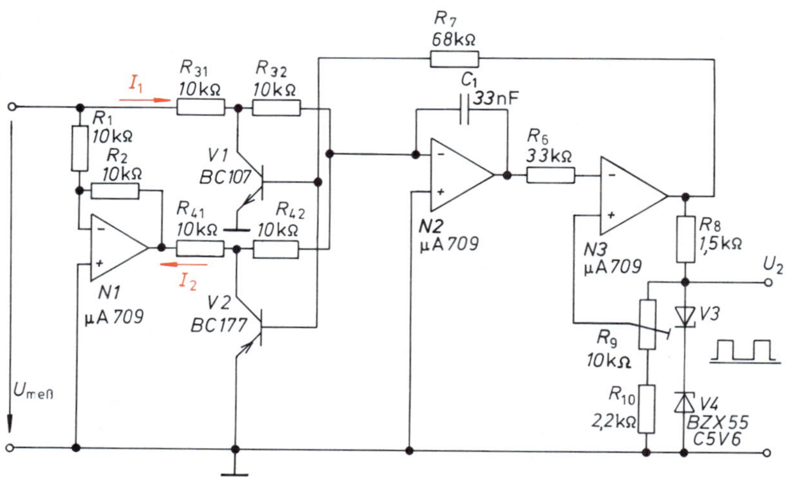

Abb. 11.35 Zweiflankengesteuerter Spannungs-Frequenz-Wandler

Als Schwellwertschalter dient der Komparator mit dem Operationsverstärker 3, dessen Schalthysterese über die Z-Dioden V3 und V4 stabilisiert ist. Der Komparator steuert über R_7 wechselseitig die Nebenschlußschalter V1 und V2 an, die für Aufwärts- und Abwärtsintegration die jeweils richtigen Ströme schalten.

Kalibrierung:

Die Schaltelemente zum offset-Abgleich der Operationsverstärker N1 und N2 sind nicht mitgezeichnet. Beim Operationsverstärker N3 ist kein offset-Abgleich erforderlich.

a) $U_{meß} = 0$ Offset-Abgleich des Operationsverstärkers N1 so, daß dessen Ausgangsspannung Null wird.

b) $U_{meß} = 10$ V Justieren des Trimmwiderstandes R_9 so, daß die Frequenz der Ausgangsspannung $f = 1000$ Hz wird.

c) $U_{meß} = 1$ V Durch das offset-Potentiometer für den Operationsverstärker N2 wird die Frequenz $f = 100$ Hz eingestellt.

Ein Justieren bei $U_{meß} = 0$ ist problematisch, weil die zugehörige Frequenz $f = 0$ auch bei völligem Aussetzen der Kippschwingungen „gemessen" würde.

d) Wiederholen der Abgleichschritte b) und c) bis die Zuordnungen

$U_{meß} = 10$ V $f = 1000$ Hz
$U_{meß} = 1$ V $f = 100$ Hz

ohne weitere Verstellung der Trimmer gegeben sind.

In Verbindung mit einem dreistelligen Frequenzzähler (mehr Stellen sind wegen der Genauigkeit des Wandlers $\approx \pm 0{,}3\%$ nicht sinnvoll) kann der in Abb. 11.35 dargestellte Spannungs-Frequenz-Umsetzer als Digitalvoltmeter im Bereich $U_{meß} = 0$ bis 10 V eingesetzt werden.

11.3.2 Analog-Digital-Wandler nach dem Sägezahnverfahren

Der Aufbau eines Spannungs-Frequenz-Wandlers ist, wie im vorigen Kapitel gezeigt wurde, wenig aufwendig. Zur Auswertung bzw. Anzeige des analogen Meßwertes ist aber ein Frequenzzähler nach Kapitel 11.2.4 erforderlich.
In käuflichen Digitalvoltmetern befindet sich zwar auch ein Impulszähler mit Zwischenspeicher, Decoder und Anzeigen, die Stellenzahl ist aber der Meßaufgabe angepaßt (3 oder 4 Stellen reichen meist aus).
Der Analog-Digital-Wandler nach dem Sägezahnverfahren liefert nach Ablauf eines Meßzyklus das Ergebnis als Ziffernanzeige.

Funktionsprinzip:

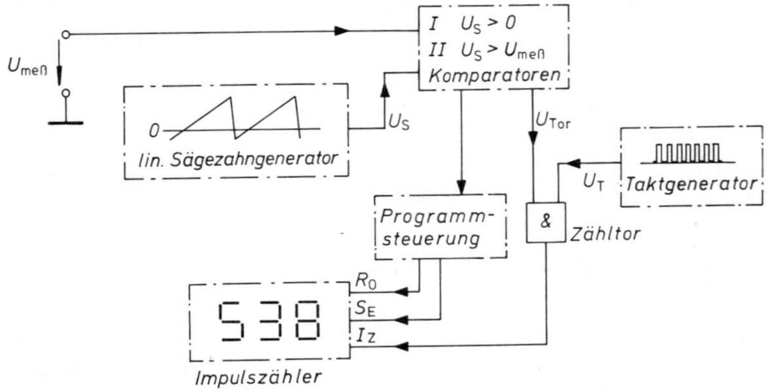

Abb. 11.36 Blockschaltbild des A-D-Wandlers nach dem Sägezahnverfahren

Die Ausgangsspannung des linearen Sägezahngenerators, dessen Steigung die Bezugsgröße oder Referenz des Wandlers darstellt, wird im Komparator II mit der anliegenden Meßspannung verglichen. Zusammen mit dem Komparator I wird der Zeitraum $t_{meß}$ eingegrenzt, in dem die Sägezahnspannung größer als Null aber kleiner als $U_{meß}$ ist. Dieser Zeitraum $t_{meß}$ ist proportional zur Meßspannung und stellt die Torzeit des Frequenzzählers dar.
Während der Torzeit $t_{meß}$ gelangen Taktimpulse durch das Tor in den Zähler, deren Anzahl dann proportional der Zeit $t_{meß}$ und damit verhältnisgleich der anliegenden Meßspannung ist. Die Funktionsdiagramme verdeutlichen das Beschriebene

a) für kleine und
b) für größere Meßspannung.

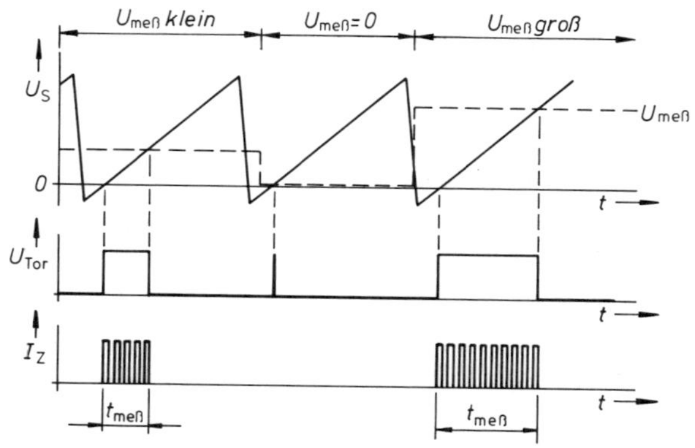

I_Z Zähleingang des Impulszählers
U_{TOR} Torzeitsignal aus den Komparatoren
U_S Sägezahnspannung

Abb. 11.37 Funktionsdiagramme zum Blockschaltbild von Abb. 11.36

Die einzelnen Bausteine des Blockschaltbildes von Abb. 11.36 sollen schaltungstechnisch ausgeführt und zu einem funktionstüchtigen Meßgerät zusammengestellt werden, das Spannungen von $U_{meß} = 0$ bis $U_{meß} = 10$ V anzeigen kann.

11.3.2.1 Linearer Sägezahngenerator

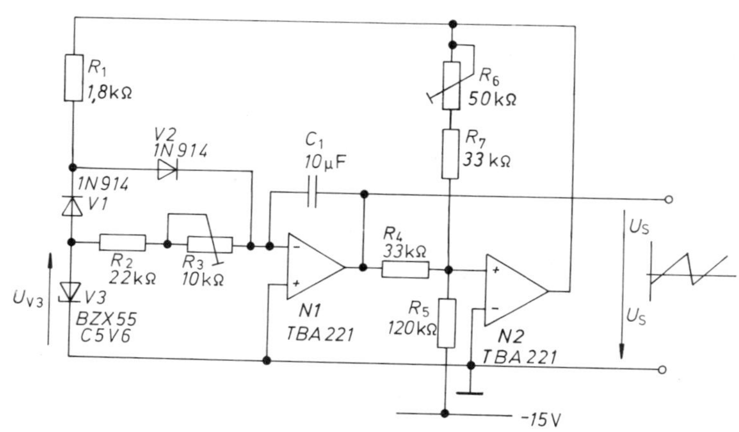

Abb. 11.38 Linearer Sägezahngenerator

Das Grundprinzip wurde im Kapitel 10.4.5.1, Operationsverstärker erläutert.
Für die positive Flanke der Ausgangsspannung U_S wird der integrierende Verstärker mit dem Operationsverstärker N1 und $R_2 + R_3$ durch die negative Bezugsspannung U_{V3} beaufschlagt. Die Steigung der Flanke ist mit dem Trimmwiderstand R_3 veränderbar. Der von U_S gesteuerte Komparator kippt bei $U_S \approx 11$ V. Diese Schaltschwelle ist mit dem Trimmer R_6 einstellbar.
Die Einstellung ist erforderlich, weil die Aussteuergrenze des Operationsverstärkers TBA 221 nach Herstellerangaben von ±12 V bis ≈ ±15 V bei $U_b = \pm 15$ V schwanken kann und dieser Wert die Schaltschwelle mitbestimmt.
Nachdem der Komparator mit Operationsverstärker N 2 in die positive Aussteuergrenze gekippt ist, fließt ein hoher Strom über R_1 und die in Durchlaßrichtung betriebene Diode V 2 in den integrierenden Verstärker. Die Folge ist eine steil abfallende Flanke der Ausgangsspannung U_S bis zum niedrigen Schaltpunkt des Komparators bei etwa −2,7 V.
Die Widerstände R_4, R_5 und $R_6 + R_7$ sowie die Aussteuergrenzen des Operationsverstärkers N 2 legen die Schaltpunkte fest.

Berechnung der Schaltpunkte:

Annahme: Aussteuergrenzen des Operationsverstärkers N 2 ± 13 V

$R_6 + R_7$ auf 62,5 kΩ eingestellt.

Der Operationsverstärker N 2 schaltet, sobald die Spannung am nichtinvertierenden Eingang das Nullpotential durchläuft.

Hoher Schaltpunkt

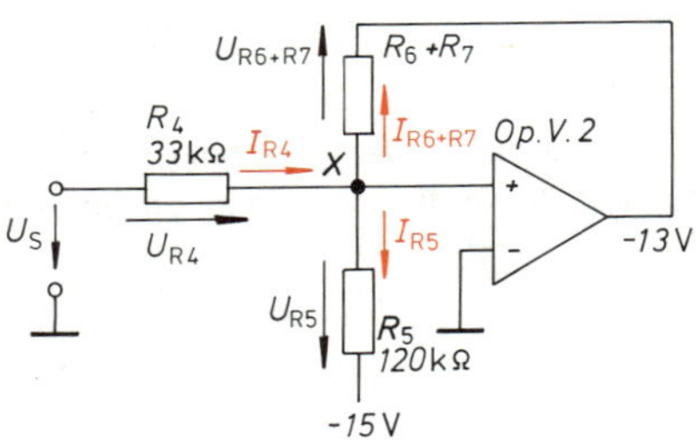

Abb. 11.39

$U_{x\perp} = 0$

$U_{R6+R7} = 13$ V

$I_{R6+R7} = \dfrac{13 \text{ V}}{62{,}5 \text{ k}\Omega} = 0{,}208$ mA

$U_{R5} = 15$ V

$I_{R5} = \dfrac{15 \text{ V}}{120 \text{ k}\Omega} = 0{,}125$ mA

$I_{R4} = I_{R5} + I_{R6+R7}$

$I_{R4} = 0{,}125 \text{ mA} + 0{,}208 \text{ mA}$

$I_{R4} = 0{,}333$ mA

$U_{R4} = I_{R4} \cdot R_4$

$U_{R4} = 0{,}333 \text{ mA} \cdot 33 \text{ k}\Omega = 11$ V

$U_{R4} = U_S = 11$ V

Oberer Schaltpunkt bei
$U_S = 11$ V

Niedriger Schaltpunkt

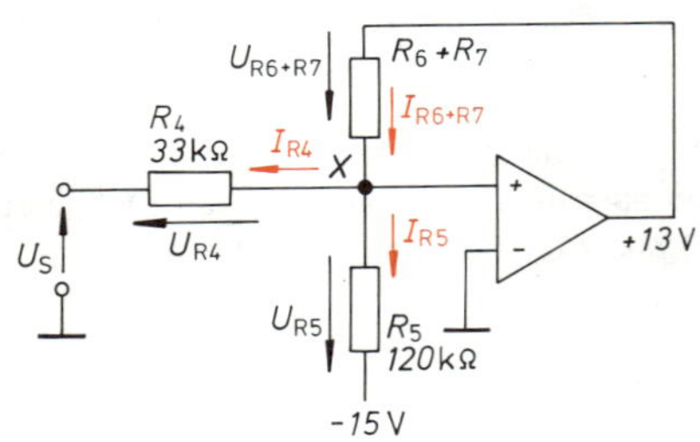

Abb. 11.40

$U_{x\perp} = 0$

$U_{R6+R7} = 13$ V

$I_{R6+R7} = 0{,}208$ mA

$U_{R5} = 15$ V

$I_{R5} = 0{,}125$ mA

$I_{R4} = I_{R6+R7} - I_{R5}$

$I_{R4} = 0{,}208 \text{ mA} - 0{,}125 \text{ mA}$

$I_{R4} = 0{,}083$ mA

$U_{R4} = I_{R4} \cdot R_4$

$U_{R4} = 0{,}083 \text{ mA} \cdot 33 \text{ k}\Omega$

$U_{R4} = U_S = 2{,}74$ V

Unterer Schaltpunkt bei
$U_S = 2{,}74$ V negativ gegen Schaltungsnull

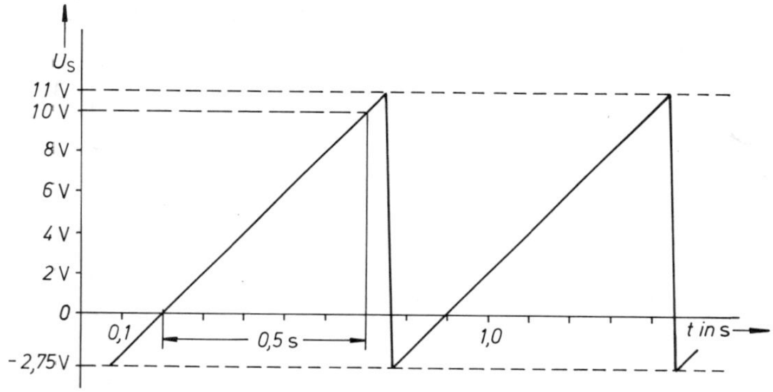

Abb. 11.41 Liniendiagramm der Sägezahnspannung

Steigung der positiven Flanke

Die Periodendauer der Sägezahnspannung U_S ist gleichzeitig die Dauer eines Meßzyklus. Mit den in Abb. 11.38 gewählten Bauteildaten wird diese Zeit etwa $T \approx 0{,}7$ s betragen.

Wichtiger für die spätere Zuordnung der Frequenz des Taktgenerators zum höchsten angezeigten Meßwert ist die Anstiegszeit der positiven Flanke von $U_S = 0$ bis $U_S = 10$ V. Sie soll 0,5 Sekunden dauern.

Danach läßt sich der Widerstandswert $R_2 + R_3$ berechnen.

Annahme: $U_{V3} = 5{,}6$ V

Beim Integrator gilt: $\dfrac{I_{R3+R2}}{C_1} = \dfrac{\Delta U_S}{\Delta t}$

$$I_{R3+R2} = \frac{\Delta U_S \cdot C_1}{\Delta t}$$

$$I_{R3+R2} = \frac{10\ \text{V} \cdot 10 \cdot 10^{-6}\ \text{As}}{0{,}5\ \text{s} \qquad \text{V}} = 0{,}2\ \text{mA}$$

$$R_3 + R_2 = \frac{U_{V3}}{I_{R3+R2}} = \frac{5{,}6\ \text{V}}{0{,}2\ \text{mA}}$$

$$\underline{R_3 + R_2 = 28\ \text{k}\Omega}$$

11.3.2.2 Taktgenerator

Bei Verwendung einer dreistelligen Anzeigeeinheit müssen für die höchste Meßspannung $U_{meß} = 10$ V 1000 Impulse in 0,5 Sekunden eingezählt werden.

(0,5 s war die Anstiegszeit der Sägezahnspannung von $U_2 = 0$ bis $U_2 = 10$ V.)

Danach läßt sich die notwendige Frequenz der Spannung aus dem Taktgenerator berechnen.

$$f = \frac{1000\ \text{Impulse}}{0{,}5\ \text{s}}$$

$$f = 2\ \text{kHz}$$

Weil die Taktfrequenz des Generators genauso wie die Flankensteilheit der Sägezahnspannung als Bezugsgröße das Meßergebnis bestimmt, muß ein möglichst frequenzstabiler Generator verwendet werden.
Ein quarzgesteuerter Oszillator mit anschließendem Frequenzteiler bietet zwar höchste Konstanz, wäre aber für dieses Meßgerät viel zu aufwendig.
Ein Generator aus zwei monostabilen Kippstufen der TTL-Serie liefert für diese Anwendung brauchbare Ergebnisse (Abb. 11.42).

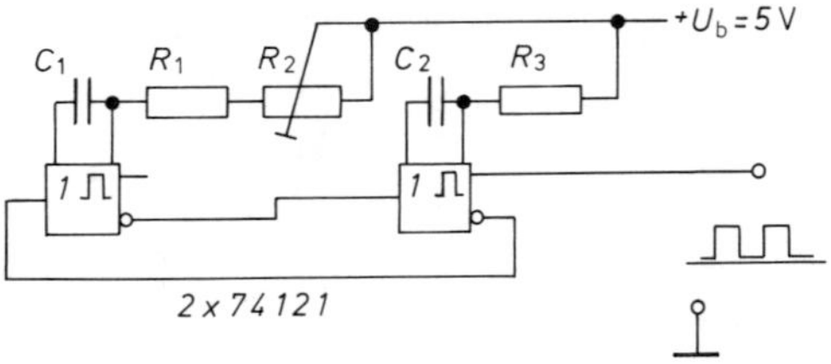

Werte zur externen Beschaltung für eine Frequenz

$f = 2$ kHz
$C_1 = C_2 = 33$ nF
$R_1 = 8{,}2$ kΩ
$R_2 = 10$ kΩ
$R_3 = 10$ kΩ

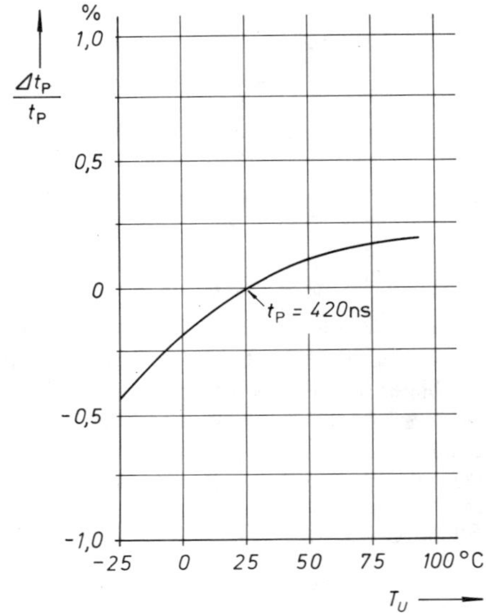

Abb. 11.42 Rechteckgenerator für $f = 2$ kHz

Abb. 11.43 Abhängigkeit der Ausgangsimpulsdauer von der Umgebungstemperatur T_U bei $U_b = 5$ V

Abb. 11.43 zeigt die Abhängigkeit der Laufzeit t_P der Zeitstufe 74121 von der Umgebungstemperatur. Diese Kurve bestätigt, daß der Generator von Abb. 11.42 für die geplante Verwendung geeignet ist.

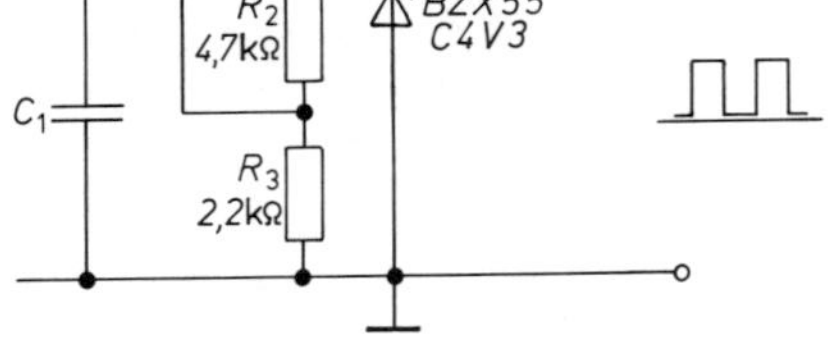

Abb. 11.44 Rechteckgenerator $f = 2$ kHz

Alternativ wird in Abb. 11.44 eine astabile Kippstufe mit nur einem IC, dem Operationsverstärker TAA 521 (μA 709), gezeigt.
Wegen der Z-Diode am Ausgang lassen sich Bausteine der TTL-Serie direkt ansteuern. Die Funktion des Generators ist in Kapitel 10.4.2.3 Operationsverstärker beschrieben worden.

11.3.2.3 Komparatoren

Der Komparator I soll das Zähltor öffnen, sobald die Sägezahnspannung U_s größer als Null wird. Eine Hysterese ist nicht erforderlich.

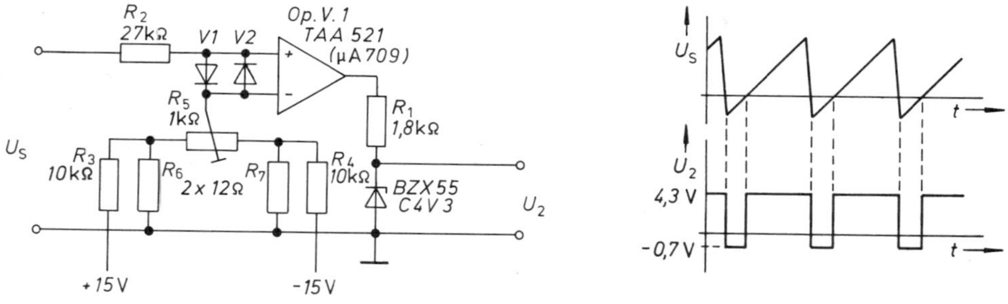

Abb. 11.45 Komparator I

Wichtig für ein richtiges Meßergebnis ist jedoch der exakte offset-Abgleich des Operationsverstärkers, der mit R_5 vorgenommen werden muß. Die Spannungsteiler $R_3 - R_6$ sowie $R_4 - R_7$ erzeugen die off-set-Spannung aus der Betriebsspannung.

Die Dioden V 1, V 2 schützen die Eingänge des Operationsverstärkers vor zu hohen Differenzspannungen.

Der Komparator II (Abb. 11.46) ist wie der eben besprochene aufgebaut, jedoch wird der Schaltpunkt durch das invertierte Meßsignal und die Sägezahnspannung bestimmt.

Der vorgeschaltete invertierende Verstärker ist zur Entkopplung von Komparator und Meßkreis erforderlich.

Ohne den Verstärker würde über die Widerstände R_2 und R_8 durch die Sägezahnspannung ein Strom aus dem Spannungsmesser in den Meßkreis geliefert werden. Das darf nicht sein.

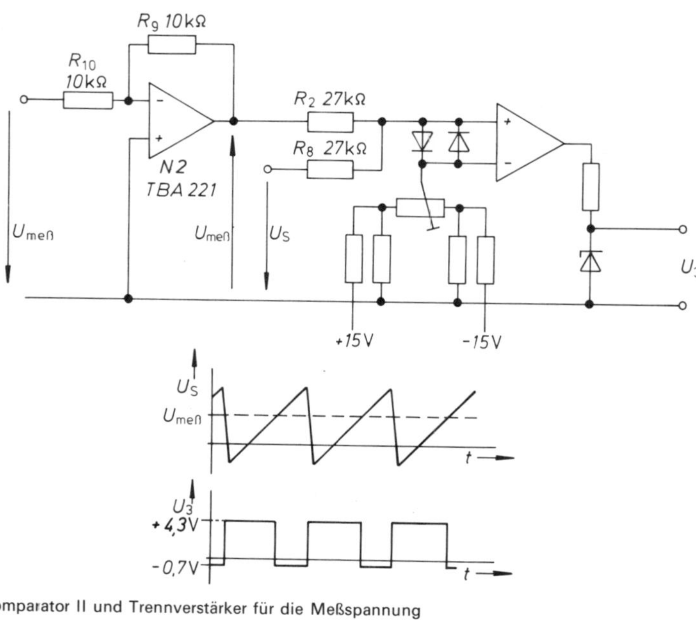

Abb. 11.46 Komparator II und Trennverstärker für die Meßspannung

Durch den invertierenden Verstärker mit dem Operationsverstärker 2 ergibt sich die Möglichkeit der einfachen Meßbereichserweiterung. Bei $R_{10} = 100\ \text{k}\Omega$ verringert sich die Spannungsverstärkung der Stufe von $V_U = 1$ auf $V_U = 0{,}1$. Dadurch kann am Eingang eine Meßspannung von $U_{meß} = 100$ V anliegen.

11.3.2.4 Gesamtschaltung

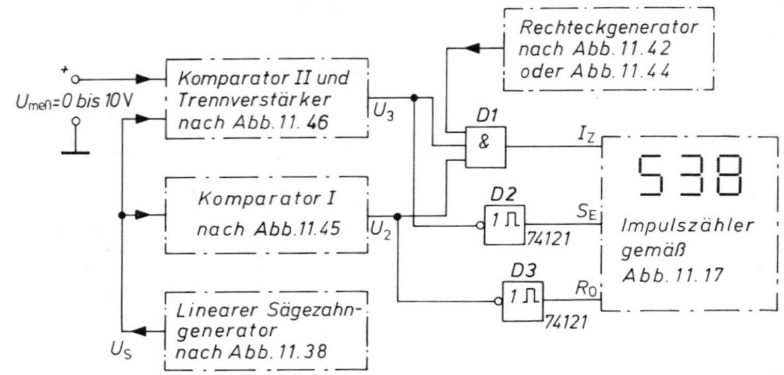

Laufzeit der Kippstufen D 2 und D 3 etwa 10 µs
Externe Beschaltung für 74121: $C_{ext} = 1$ nF
$R_{ext} = 10$ kΩ

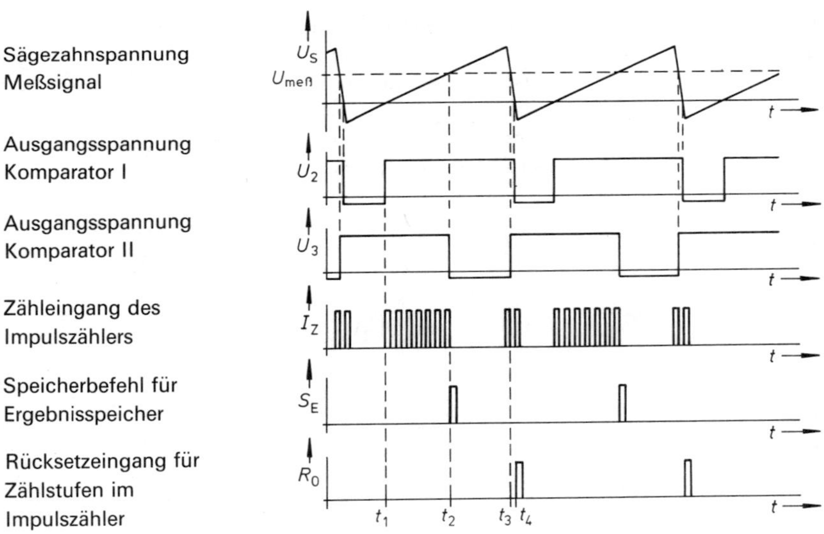

Abb. 11.47 Gesamtschaltbild und Impulsdiagramme für Analog-Digital-Wandler nach dem Sägezahnverfahren

Im Zeitpunkt t_1 wird $U_s > 0$ und das Zähltor geöffnet. Am Zähleingang I_z stehen die Generatorimpulse an.
Im Zeitpunkt t_2 wird $U_s > U_{meß}$. Das Zähltor wird geschlossen. Gleichzeitig läuft, von der abfallenden Flanke der Spannung U_3 gesteuert, die Zeitstufe D 2 an. Der Ergebnisspeicher im Impulszähler wird gesetzt, das neue Meßergebnis erscheint in der Anzeigeeinheit. Während der abfallenden Flanke der Sägezahnspannung wird das Zähltor nochmals im Zeitraum zwischen t_3 und t_4 geöffnet. Diese eingezählten Impulse sind für die Messung bedeutungslos. Die Zeitstufe D 3 läuft nämlich erst im Zeitpunkt t_4 an und sorgt für das Rücksetzen der Zähldekaden auf Null. Ein neuer Meßzyklus beginnt im Zeitpunkt t_1 bei Nullstand des Zählers.

Kalibrieren des Meßgerätes

a) Die Frequenz des Taktgenerators nach Abb. 11.42 oder Abb. 11.43 wird mit dem Trimmwiderstand R_2 bzw. R_4 auf $f = 2$ kHz eingestellt.

b) Der Eingang des Komparators I wird kurzgeschlossen und der offset-Abgleich durchgeführt.

c) Bei $U_{meß} = 0$ und Kurzschluß am Eingang für die Sägezahnspannung U_s wird der offset-Abgleich am Komparator II hergestellt.

d) Die Amplitude der Sägezahnspannung U_s wird nach Abb. 11.37 mit dem Trimmwiderstand R_6 so eingestellt, daß der positive Spitzenwert bei etwa 11 V, der negative bei etwa −2,7 V liegt.

e) Für eine Meßspannung $U_{meß} = 10$ V läßt sich mit R_3 aus Abb. 11.37 die Steigung der positiven Sägezahnflanke so verstellen, daß die Ziffernanzeige 10.0 lautet.

Abschließend wird auf eine wichtige Eigenschaft des besprochenen Meßverfahrens hingewiesen. Die Anzeige entspricht jedesmal dem Augenblickswert der Meßspannung, weil der Zählerstand im Augenblick bei $U_s \geqq U_{meß}$ in den Ergebnisspeicher und damit zur Anzeige gelangt. Eine Mittelwertbildung der Meßspannung findet nicht statt.
Diese Eigenschaft weisen die integrierenden Wandlerverfahren aber auf, die im folgenden besprochen werden.

11.3.3 Analog-Digital-Wandler nach dem Doppelintegrations-Verfahren (dual-slope)

Der vorher besprochene A-D-Wandler nach dem Sägezahnverfahren hat den Nachteil, daß zwei voneinander unabhängige Bezugsgrößen das Meßergebnis bestimmen:

1. Impulsfolgefrequenz des Taktgenerators,
2. Steigung der positiven Flanke der Sägezahnspannung.

Dadurch erhöht sich natürlich die Fehlermöglichkeit gegenüber einem Meßverfahren, bei dem das Ergebnis nur von einer Bezugsgröße abhängt.
Das dual-slope-Verfahren bietet in dieser Hinsicht Vorteile gegenüber dem Sägezahnverfahren.

Funktionsprinzip:

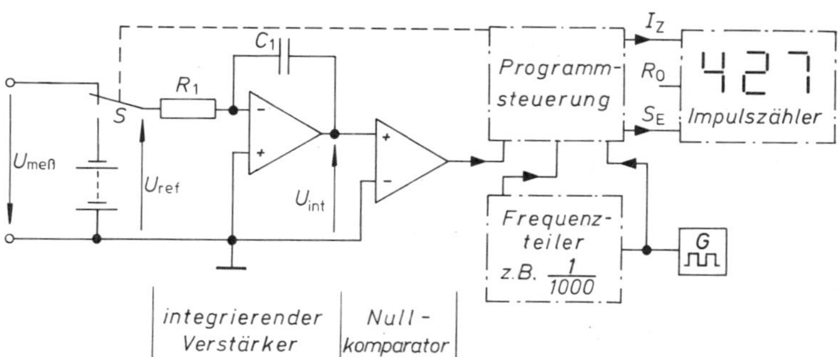

Abb. 11.48 Blockschaltbild des A-D-Wandlers nach dem Doppelintegrationsverfahren

Ein Meßzyklus enthält zwei wichtige Zeitabschnitte, wie Abb. 11.49 zeigt:

1. Zeitabschnitt t_1. In der gezeichneten Stellung des Umschalters S fließt ein der Meßspannung proportionaler Strom in den integrierenden Verstärker.
2. Zeitabschnitt t_2. Nach Betätigen des Umschalters zieht die Bezugsspannung U_{ref} einen konstanten Strom entgegengesetzter Richtung aus dem Integrator.

Es gibt also zwei Integrationsphasen, daher Doppelintegrations-Verfahren oder dual-slope.

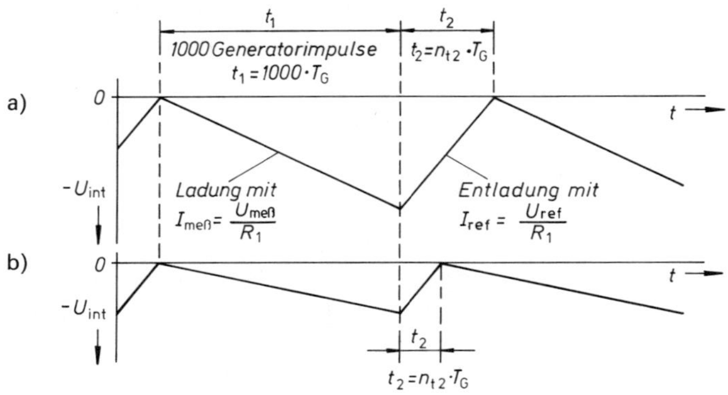

Abb. 11.49 Integrationsverlauf beim dual-slope-Verfahren
a) für hohe b) für geringere Meßspannung

Die Dauer des 1. Zeitabschnittes ist unabhängig vom jeweils anliegenden Meßwert. Sie wird durch Abzählen von 1000 Generatorimpulsen festgelegt.
Der dann fließende Strom I_{R1} ist proportional zu $U_{meß}$ und hat den Wert

$$I_{R1} = \frac{U_{meß}}{R_1}$$

Der Kondensator C_1 erhält in dieser Zeit t_1 eine Ladungsmenge Q_{t1}

$$Q_{t1} = I \cdot t$$
$$Q_{t1} = I_{R1} \cdot 1000 \cdot T_G$$
$$Q_{t1} = \frac{U_{meß}}{R_1} \cdot 1000 \cdot T_G$$

T_G Periodendauer der Rechteckspannung aus dem Taktgenerator

Nach Ablauf der Zeit t_1 wechselt der Umschalter, vom Programm gesteuert, seine Stellung. Die Vergleichsspannung liegt am Integrator. Die Integrationsrichtung kehrt sich um, weil die Bezugs- oder Referenzspannung U_{ref} entgegengesetzte Polarität zur Meßspannung hat.
Der Kondensator wird entladen. Der konstante Entladestrom hat den Wert

$$I_{R1} = \frac{U_{ref}}{R_1}$$

Die vorher im Zeitabschnitt t_1 in den Kondensator C_1 eingebrachte Ladungsmenge ist wieder entnommen, sobald die Spannung U_{C1} erneut den Wert erreicht hat, der zu Beginn der Aufladung vorgelegen hat. Es war der Wert $U_{C1} = U_{int} = 0$
Der Nullkomparator meldet dies.
Je höher die Meßspannung im Zeitabschnitt t_1 war, desto mehr Ladungsmenge hatte C_1 aufgenommen und umso länger dauert die Entladung im Zeitabschnitt t_2, die unabhängig vom Meßwert mit konstantem Strom erfolgt.

Die Entladezeit t_2 ist daher proportional der Meßspannung. Das Meßergebnis erhält man als Digitalwert, wenn man die Anzahl der Taktimpulse aus dem Generator zählt, die der Zeitraum t_2 enthält.

$$t_2 = n_{t2} \cdot T_G \qquad n_{t2} \text{ Anzahl der Taktimpulse im Zeitraum } t_2$$

Die im Zeitraum t_2 dem Kondensator entnommene Ladungsmenge Q_{t2} beträgt

$$Q = I \cdot t$$

$$Q_{t2} = I_{R1} \cdot t_2 \qquad I_{R1} = \frac{U_{ref}}{R_1}$$

$$Q_{t2} = \frac{U_{ref}}{R_1} \cdot n_{t2} \cdot T_G$$

Die Ladungsmenge Q_{t2} ist aber gleich der im Zeitraum t_1 transportierten Ladungsmenge Q_{t1}, so daß man beide gleichsetzen kann.

$$Q_{t1} = Q_{t2}$$

$$\frac{U_{meß}}{R_1} \cdot 1000\ T_G = \frac{U_{ref}}{R_1} \cdot n_{t2} \cdot T_G$$

Die Gleichung wird nach n_{t2} umgestellt, weil n_{t2}, wie oben erklärt, das Meßergebnis darstellt.

$$n_{t2} = \frac{U_{meß} \cdot 1000 \cdot \cancel{T_G} \cdot \cancel{R_1}}{\cancel{R_1}\ U_{ref} \cdot \cancel{T_G}}$$

$$n_{t2} = U_{meß} \frac{1000}{U_{ref}}$$

Es wird deutlich, daß weder der Wert des Integrationskondensators C_1 noch der des Integrationswiderstandes R_1 und auch nicht die Frequenz des Taktgenerators Einfluß auf das Meßergebnis haben. Allein die Bezugsspannung U_{ref} bestimmt das Ergebnis. Einschränkend muß aber festgestellt werden, daß die Taktfrequenz des Generators während eines Meßzyklus konstant sein muß. Dies ist aber leicht sicherzustellen.

Das erklärte Meßprinzip soll schaltungstechnisch realisiert werden. Während der Digitalteil, bestehend aus Generator, Frequenzteiler, Impulszähler und Programmsteuerung, fehlerfrei arbeitet und für das Meßergebnis daher unproblematisch ist, muß dem integrierenden Verstärker sowie dem Umschalter S größte Beachtung zukommen.

11.3.3.1 Integrierender Verstärker, elektronischer Umschalter

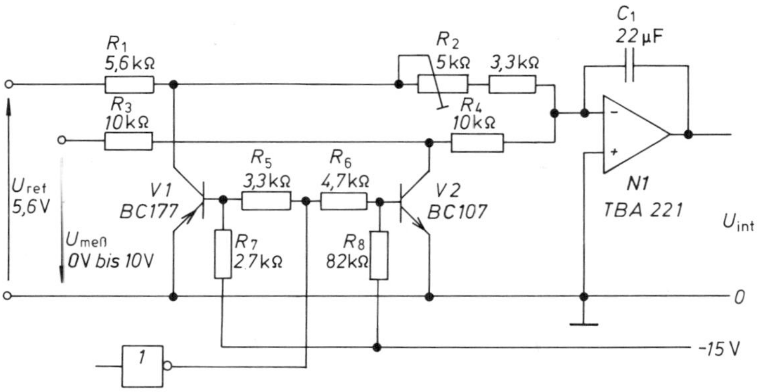

Abb. 11.50 Integrierender Verstärker, elektronischer Umschalter

Der integrierende Verstärker, hier mit dem Operationsverstärker N 1, C_1 sowie R_2 bzw. R_4, wurde im Kapitel 10.4.4.6 beschrieben und braucht hier nicht näher erläutert zu werden.

Funktion des elektronischen Umschalters

Bei H-Potential von $U = 2{,}6$ V am Ausgang der TTL-Umkehrstufe ist V1 gesperrt und V2 übersteuert. V2 bewirkt für die anliegende Meßspannung einen Nebenschluß, so daß über R_4 kein Strom zum Integrator fließen kann. Dafür wird aber die Bezugsspannung wegen des gesperrten V1 integriert. Der Strom fließt über R_1 und R_2 als Entladestrom des Kondensators. In Abb. 11.51 sind für diesen Betriebsfall Strom- und Spannungswerte im Steuerkreis des Umschalters berechnet. Für den durchgesteuerten V2 wurde $U_{BE} = +0{,}7$ V angenommen.

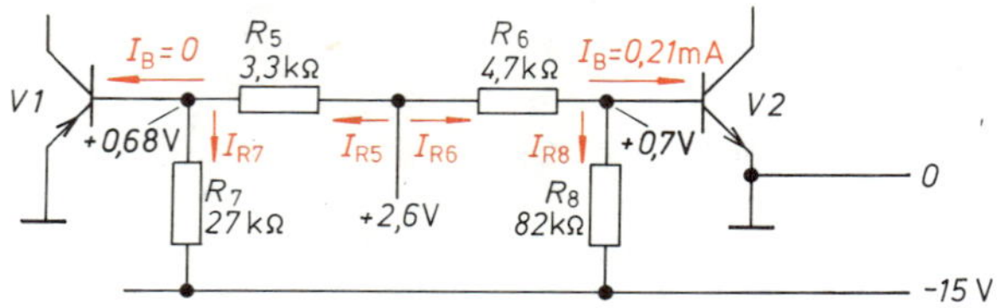

Abb. 11.51 Ströme und Spannungen am Umschalter bei Ansteuerung mit 1-Signal

Bei L-Potential von $U = +0{,}3$ V am Ausgang der Umkehrstufe ist V1 übersteuert und V2 gesperrt. Sinngemäß zur vorher besprochenen „Schalterstellung" wird jetzt $U_{meß}$ integriert ($U_{BEV1} = -0{,}7$ V angenommen).

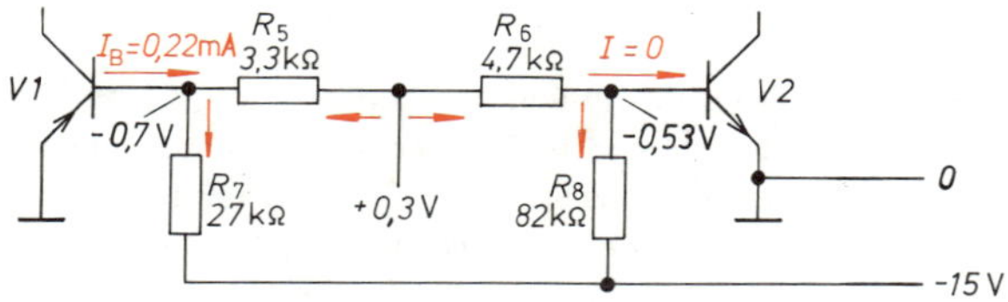

Abb. 11.52 Ströme und Spannungen am Umschalter bei Ansteuerung mit 0-Signal

Bei durchgesteuertem Schalttransistor V1 oder V2 beträgt die Restspannung $U_{CE\,rest}$ bei ausgesuchten Exemplaren nur etwa 20 mV in dieser Anwendung.
Damit besitzt der Schalter fast Idealdaten. Durch einen späteren offset-Abgleich des Operationsverstärkers im Integrator läßt sich der schalterbedingte Anzeigefehler auf Werte unter $1^0/_{00}$ bringen.

11.3.3.2 Referenzspannungsquelle

In Schaltungen mit hochstabilen Betriebsspannungen kann die negative Versorgungsspannung $U_b = -15$ V direkt die Referenz bilden. Dann müssen allerdings die Widerstände R_1 und R_2 aus Abb. 11.50 umdimensioniert werden:

$R_1 = 10$ kΩ
$R_2 = 15$ kΩ Festwiderstand und 10 kΩ Trimmwiderstand

Abb. 11.53 zeigt zwei andere Schaltbeispiele zur Erzeugung der Bezugsspannung. Welche angewendet werden muß, ergibt sich aus der geforderten Genauigkeit des Meßgerätes und der Stabilität der Versorgungsspannung $U_b = -15$ V.

Schwankungen der Bezugsspannung U_{ref} gehen, wie eingangs abgeleitet, direkt proportional ins Meßergebnis ein.

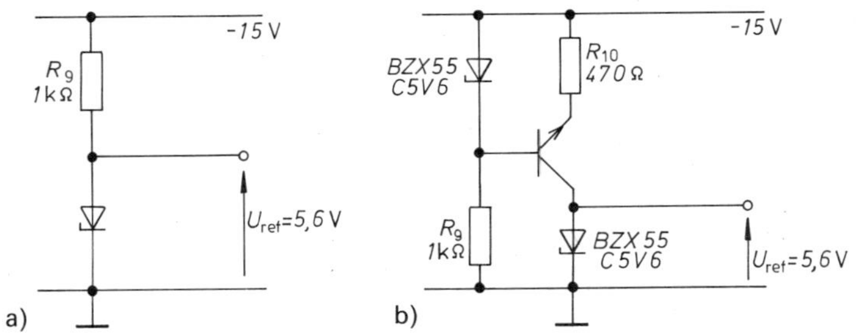

Abb. 11.53 Referenzspannungsquelle
a) Speisung der Z-Diode über Vorwiderstand
b) Speisung der Z-Diode durch Konstantstromquelle

11.3.3.3 Gesamtschaltung

Alle übrigen Bausteine des Blockschaltbildes von Abb. 11.48 wurden an anderer Stelle im Detail behandelt. Deshalb wird jetzt die Funktion des A-D-Wandlers anhand des Gesamtschaltbildes Abb. 11.54 und des Funktionsdiagrammes Abb. 11.55 erklärt.

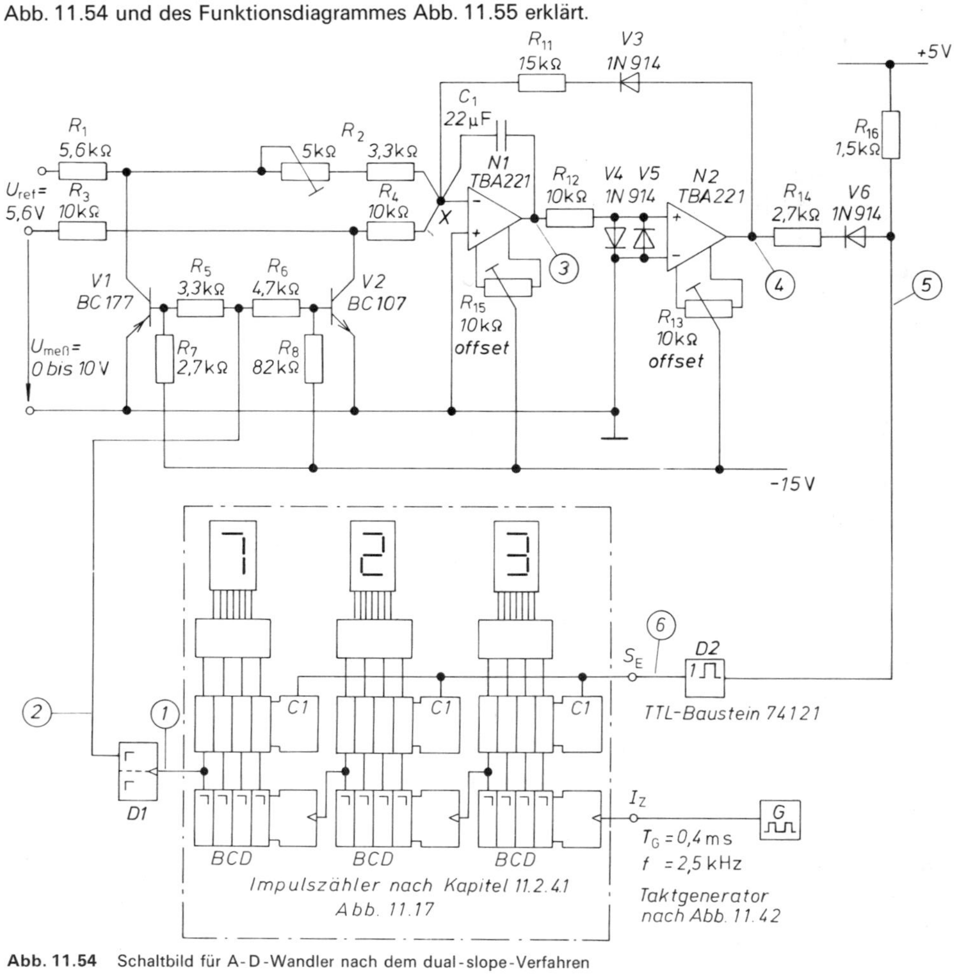

Abb. 11.54 Schaltbild für A-D-Wandler nach dem dual-slope-Verfahren

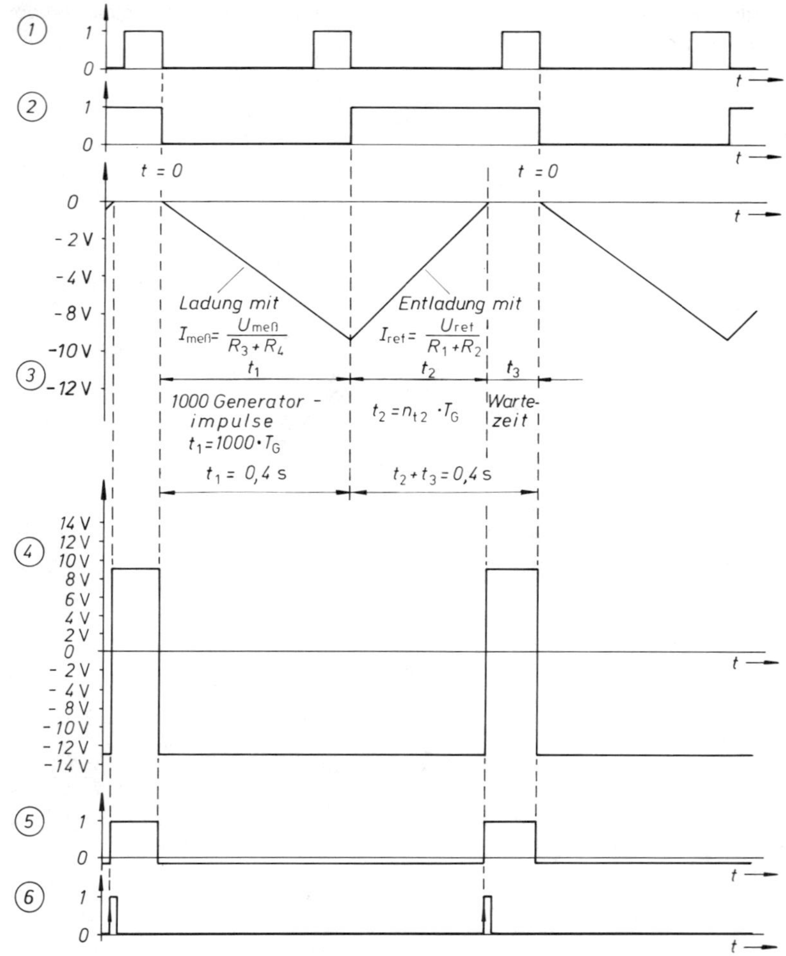

Abb. 11.55 Funktionsdiagramm für A-D-Wandler nach dem dual-slope-Verfahren

Funktionsbeschreibung:

Der freilaufende Taktgenerator $T_G = 0{,}4$ ms gibt Impulse auf den dreistelligen BCD-Zähler.
Am Ausgang des Zählers (Meßpunkt ①) erscheinen Taktimpulse im Abstand

$$t = 1000 \cdot T_G = 1000 \cdot 0{,}4 \text{ ms}$$
$$t = 0{,}4 \text{ s}$$

Diese Impulse bestimmen den Ablauf der einzelnen Funktionsschritte. Die Erklärung soll zum markierten Zeitpunkt $t = 0$ beginnen.
Der Ausgang des D1 (Meßpunkt ②) hat bei der negativen Flanke am Eingang ① 0-Signal angenommen. Transistor V1 wird übersteuert, V2 gesperrt. Die Meßspannung $U_{meß}$ wird integriert, die Ausgangsspannung des Integrators (Meßpunkt ③) verläuft ins Negative. Die Neigung der Kurve ist proportional zu $U_{meß}$.
Die Integrationszeit für die Meßspannung ist nach 1000 Taktimpulsen aus dem Generator beendet. Dann erscheint am Zählerausgang ① nämlich wieder eine 1–0-Flanke, die das Flipflop D1 so setzt, daß Meßpunkt ② 1-Signal erhält.
Jetzt ist der Stand des Impulszählers Null.
V2 ist übersteuert, und V1 ist gesperrt.

Die zweite Integrationsphase beginnt, in der die vorher durch $I_{\text{meß}}$ in den Kondensator eingebrachte Ladungsmenge durch I_{ref} wieder entnommen wird.
Die Ausgangsspannung des Integrators steigt unabhängig von der anliegenden Meßspannung linear an. Beim Durchlaufen des Nullpotentials schaltet der Komparator ins Positive um. Am Meßpunkt ⑤ erscheint 1-Signal, die monostabile Kippstufe D 2 wird gestartet. Mit dem etwa 1 µs dauernden Impuls am Ausgang von D 2 werden die Ergebnisspeicher gesetzt. In diesem Moment ist nämlich die Ladungsmengenbilanz im C_1 ausgeglichen, im Zähler steht die Anzahl der Taktimpulse an, die dem Meßergebnis entsprechen.
Die Laufzeit der Kippstufe D 2 muß kürzer sein als die Periodendauer eines Taktes aus dem Generator. Weil der Zähler ja weiterläuft, würde andernfalls ein zu hoher Zahlenwert angezeigt werden.
Bis zum Beginn eines neuen Meßzyklus bleibt jetzt noch die Zeit t_3 abzuwarten. Sie ist um so länger, je geringer die Meßspannung $U_{\text{meß}}$ war.
Während der Wartezeit muß die Ausgangsspannung des Integrators auf Null gehalten werden, damit im Zeitpunkt $t = 0$ der neue Meßzyklus mit definierter Anfangsbedingung $U_{\textcircled{3}} = 0$ beginnen kann.
Der Referenzstrom fließt während der Zeit t_3 aber weiterhin über R_2, weil V1 gesperrt bleibt. Die Ausgangsspannung des Integrators würde weiter ins Positive steigen. Weil der Operationsverstärker N 2 nichtinvertierend mit seiner gesamten Leerlaufspannungsverstärkung wirkt, treibt er einen Strom über V3 und R_{11} zum Knotenpunkt des Integrators. Dieser Strom stellt sich auf die Größe des Referenzstromes ein, so daß der Integrator stromlos wird.
Es liegt im Funktionskreis Integrator, Komparator, V1, R_{11} für die Zeit t_3 eine Gegenkopplung vor, mit deren Hilfe das Potential am Meßpunkt ③ in dem Arbeitsbereich des Operationsverstärkers 2 gehalten wird.
Der Arbeitsbereich ist wegen der hohen Verstärkung des Operationsverstärkers vernachlässigbar klein und liegt beim Nullpotential. Damit ist gewährleistet, daß zum Beginn des neuen Meßzyklus wieder die geforderte Anfangsbedingung $U_{\textcircled{3}} = 0$ herrscht.
Während beider Integrationsphasen ist die geschilderte Gegenkopplung nicht wirksam, weil dann der Operationsverstärker N 2 negativ ausgesteuert hat und die Diode V1 gesperrt ist.
Beim Wechsel des Zählerstandes von 999 auf 000 kippt das FF1 wieder und sperrt mit seinem 0-Signal am Ausgang den Transistor V2 bzw. übersteuert V1. Zu diesem Zeitpunkt $t = 0$ beginnt der neue Meßzyklus.

Kalibrieren des Meßgerätes

a) Offset-Abgleich des Operationsverstärkers N 2. Dazu wird das Steuersignal für den Transistor-Umschalter, Meßpunkt ②, auf logisch 1 gebracht, also die Wartezeit t_3 simuliert. R_{13} wird so verstellt, daß die Ausgangsspannung des Integrators Null ist.

b) Bei $U_{\text{meß}} = 9$ V wird der Bezugsstrom so mit dem Trimmwiderstand R_2 eingestellt, daß die Ziffernanzeige 900 lautet.

c) Bei $U_{\text{meß}} = 1$ V wird der offset-Abgleich am Operationsverstärker N 1 des Integrators vorgenommen. Die Anzeige muß 100 lauten.

Die Schritte b) und c) müssen nacheinander wiederholt werden, bis ohne weitere Verstellung der Trimmwiderstände die Zuordnung $U_{\text{meß}} = 9$ V Anzeige 900 und $U_{\text{meß}} = 1$ V Anzeige 100 erreicht wird.

Um die typischen Vorteile des dual-slope-Verfahrens zu prüfen, kann parallel zum Kondensator C_1 ein zweiter geschaltet werden. Nach Ablauf eines kompletten Meßzyklus darf sich bei konstanter Meßspannung die Anzeige nicht geändert haben. Ebenso darf die Generatorfrequenz verändert werden, ohne daß sich eine Abweichung des Meßergebnisses einstellt. Verringert man die Frequenz allerdings um mehr als etwa 20%, so wird bei hoher Meßspannung die Aussteuergrenze des Opera-

tionsverstärkers N1 beim Integrieren erreicht. Durch diesen sekundären Effekt wird das Meßergebnis dann zu niedrig angezeigt, die Voraussetzungen für das dual-slope-Verfahren sind aber auch nicht mehr erfüllt.
Durch die Verwendung getrennter Widerstände für beide Integrationsphasen gehen jetzt aber, entgegen der am Blockschaltbild Abb. 11.48 getroffenen Feststellung, Widerstandsänderungen an R_1 bis R_4 doch ins Meßergebnis mit ein. Es empfiehlt sich, dort Metallfilmwiderstände wegen ihres kleinen Temperaturkoeffizienten einzusetzen.

11.3.4 Analog-Digital-Wandler nach dem Prinzip der Delta-Modulation[1])

Es handelt sich um ein Zählverfahren wie beim Sägezahnverschlüssler oder dual-slope-Prinzip.
Das Kernstück dieses Wandlers ist ein Spannungs-Frequenz-Umsetzer, dessen Schaltbild in Abb. 11.56 dargestellt ist.

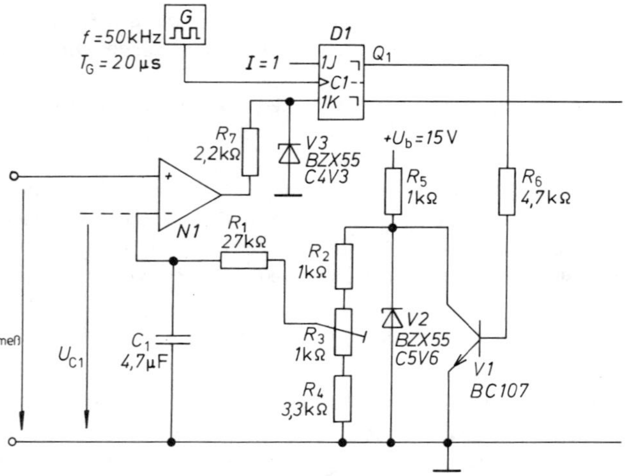

Abb. 11.56 Spannungs-Frequenz-Umsetzer zum Verfahren der Delta-Modulation

An den Eingängen eines Komparators ohne Hysterese liegen die Meßspannung $U_{meß}$ und die Kondensatorspannung U_{C1}. Der Schaltpunkt des Komparators liegt bei Gleichheit der Spannungen: $U_{meß} = U_{C1}$.
Bei gesperrtem Transistor V1 liefert die Bezugsspannungsquelle aus Z-Diode und dem Spannungsteiler R_2, R_3 und R_4 über den Widerstand R_1 einen Ladestrom an den Kondensator.
Bei übersteuertem Schalttransistor V1 wird die Bezugsspannung kurzgeschlossen, der Ersatzinnenwiderstand der Quelle bleibt aber in alter Höhe wirksam. Als Entladewiderstand für den Kondensator wirkt die Reihenschaltung aus R_1 und dem Ersatzinnenwiderstand der Bezugsspannungsquelle.
Bei gesperrtem Transistor V1 wird C_1 aufgeladen, bei durchgesteuertem Transistor entladen.
Abb. 11.57 zeigt ein Ersatzschaltbild für die Lade- und Entladeumschaltung des Kondensators C_1, wobei der Transistor durch einen Schalter ersetzt wurde.

[1]) Patent der Fa. Philips

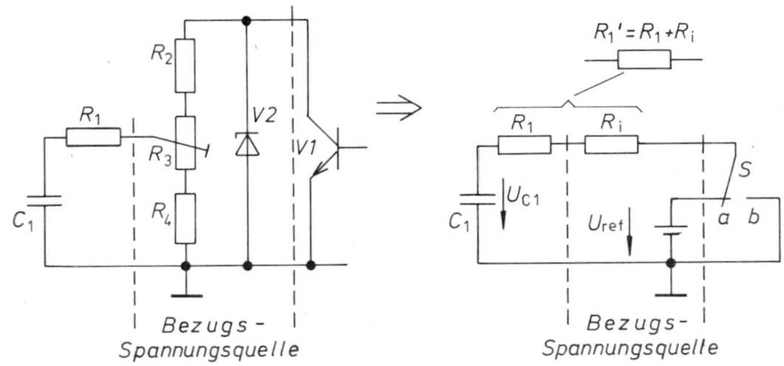

Abb. 11.57 Ersatzschaltbild

In der Schalterstellung a wird der Kondensator nach einer Exponentialfunktion von der Spannung U_{ref} über den Widerstand R_1' aufgeladen.
In Schalterstellung b entlädt sich der Kondensator wieder nach einer e-Funktion über denselben Widerstand R_1'. Ladung und Entladung erfolgen mit der gleichen Zeitkonstanten.

$$\tau = R_1' \cdot C_1$$

Funktionsablauf im Spannungs-Frequenz-Umsetzer von Abb. 11.56.

Voraussetzung: $U_{meß}$ ist geringfügig größer als U_{C1}
Ausgang Q_1 des Flipflop D1 hat 1-Signal
V1 ist übersteuert, die Z-Diode V2 kurzgeschlossen

Der als Komparator geschaltete Operationsverstärker N1 bringt seinen Ausgang an die positive Aussteuergrenze. Die Kombination R_7-Z-Diode-V2 wirkt als Amplitudenbegrenzung. Der Eingang k des JK-Master-Slave-Flipflops erhält 1-Signal. Bei der nächsten abfallenden Flanke eines Generatorimpulses springt der Ausgang Q_1 des Flipflop D1 auf 0-Signal. Der Transistor V1 sperrt bis zum erneuten Eintreffen einer abfallenden Flanke der Generatorspannung. Die Sperrzeit des V1 dauert damit exakt $T_G = 20\ \mu s$ (Periodendauer des Generatorsignals).
Während der Sperrzeit des V1 wird der Kondensator aufgeladen. Dabei übersteigt die Kondensatorspannung U_{C1} die Meßspannung $U_{meß}$ um einen kleinen Betrag. Der Komparator schaltet sofort zur negativen Aussteuergrenze, legt den Eingang K des Flipflop D1 auf 0-Signal. Beim nächsten Takt aus dem Generator kann das Flipflop deshalb nicht mehr in die Lage $Q_1 = 0$-Signal kippen, so daß der Kondensator solange keinen Ladeimpuls bekommt, wie $U_{C1} > U_{meß}$ ist.
Sinkt die Kondensatorspannung infolge der Entladung über R_1 und die Widerstandskombination R_2, R_3, R_4 unter den Wert der Meßspannung, so wiederholt sich der beschriebene Vorgang.
Wegen der Gegenkopplung über den Komparator, das Flipflop und die schaltbare Bezugsspannungsquelle wird stets die Kondensatorspannung U_{C1} bei vernachlässigbaren Abweichungen nach oben und unten auf den Wert der Meßspannung gebracht.

$$U_{C1} = U_{meß}$$

Je höher die Meßspannung ist, desto häufiger muß der Kondensator mit den Impulsen konstanter Breite aus der Bezugsspannungsquelle nachgeladen werden, weil bei höherem Wert von $U_{C1} = U_{meß}$ der Entladestrom über den Widerstand R_1' größer ist als bei kleinen Meßspannungen.
Die Ladungsmenge, die durch die Entladung aus dem Kondensator entnommen wird, muß durch die Ladeimpulse wieder eingebracht werden, damit die Spannung U_{C1} konstant bleibt.
Damit ist Häufigkeit der Ladeimpulse ein Maß für die Meßspannung.
Diese Impulse werden am Ausgang Q_2 des Flipflop D1 abgenommen und während einer konstanten Meßzeit $t_{meß}$ (Torzeit) gezählt.

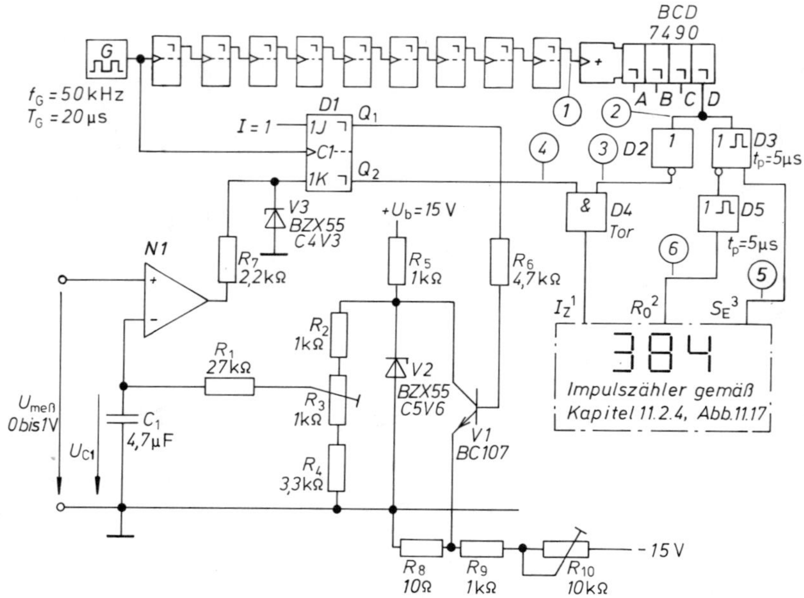

Abb. 11.58 Analog-Digital-Wandler nach dem Prinzip der Delta-Modulation

Die Meßzeit $t_{meß}$ wird vom Taktgenerator durch Frequenzteilung abgeleitet (Abb. 11.58).
Am Ausgang der Zähldekade steht eine unsymmetrische Rechteckspannung, deren Pausenzeit sich aus der Stufenzahl und der Periodendauer des Taktsignals errechnen läßt.
Durch die 9 Binärstufen erreicht man eine Frequenzteilung mit dem Faktor

$$2^9 = 512$$

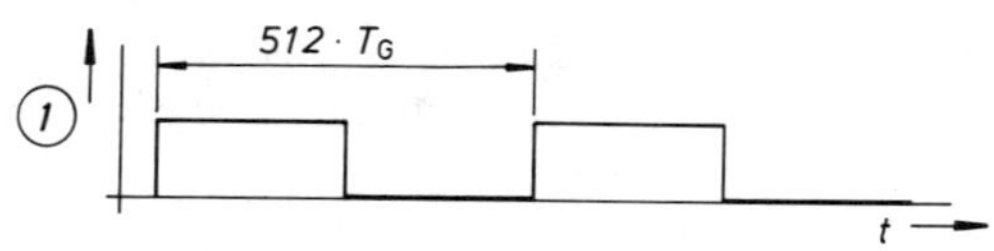

Abb. 11.59 Frequenzteilung durch die Binärstufen von Abb. 11.58

Die BCD-Zähldekade liefert am Ausgang D eine Pause, die achtmal länger ist als die Periodendauer des Eingangssignals (Abb. 11.60).

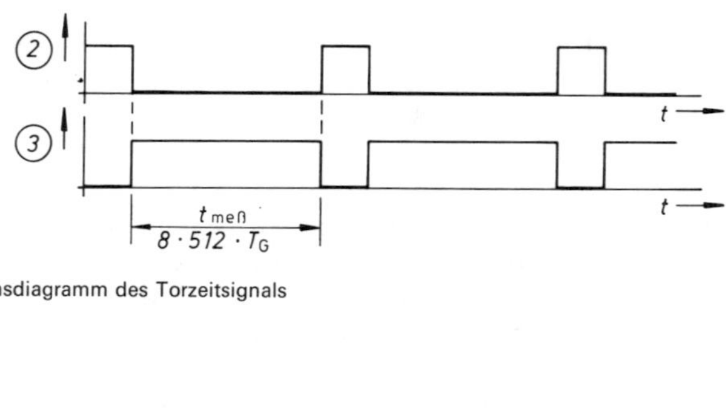

Abb. 11.60 Funktionsdiagramm des Torzeitsignals

1) Zähleingang
2) Rückstelleingang
3) Setzeingang für Ergebnisspeicher

Nach dem Invertieren dieses Signals ② durch die Stufe N 1 erhält man die Meßzeit $t_{meß}$ am Schaltpunkt ③.

$$t_{meß} = 8 \cdot 512 \cdot T_G$$
$$t_{meß} = 4096 \cdot T_G$$

Während der Meßzeit $t_{meß}$ ist das Zähltor D 4 in Abb. 11.58 für die Impulse aus dem Flipflop D 1 geöffnet. Die verbleibende Lücke im Funktionsdiagramm zum Meßpunkt ③ wird als Organisationszeit (Setzen des Ergebnisspeichers und Löschen des Zählers) genutzt.
Den genauen Programmablauf zeigen die Funktionsdiagramme in Abb. 11.66. Während der Meßzeit $t_{meß}$ wird die Anzahl n_E der Ladeimpulse gezählt, die zum Aufrechterhalten der Spannung $U_{C1} = U_{meß}$ erforderlich ist.
Für große Meßspannung sind es viele, für kleine Meßspannung wenige Impulse.
Das Setzen der Ergebnisspeicher und Löschen der Zähldekaden im Impulszähler erfolgt mit den monostabilen Kippstufen D 3 und D 5, wie vom Frequenzmesser Kapitel 11.2.4.2, Abb. 11.21 bekannt.

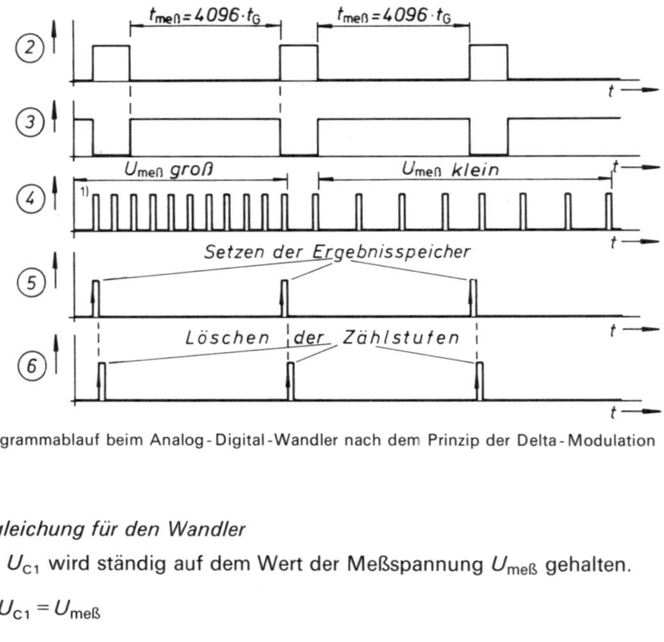

Abb. 11.61 Programmablauf beim Analog-Digital-Wandler nach dem Prinzip der Delta-Modulation

Übertragungsgleichung für den Wandler
Die Spannung U_{C1} wird ständig auf dem Wert der Meßspannung $U_{meß}$ gehalten.

$$U_{C1} = U_{meß}$$

Ladungsmengenbilanz für den Kondensator C_1 während der Zeit $t_{meß}$:

$t_{meß} = 4096 \cdot T_G$ $\quad$ T_G Periodendauer der Rechteckspannung aus dem Taktgenerator
4096 Zahl ergibt sich durch die Frequenzteilung

Ladungsmenge, die während der Zeit $t_{meß}$ in den Kondensator fließt:

$Q = I \cdot t$ $\quad$ $I = \dfrac{U_{ref} - U_{C1}}{R'_1}$ $\quad$ siehe Ersatzschaltbild Abb. 11.57

$t = T_G \cdot n_E$ $\quad$ n_E Anzahl der Ladungsimpulse

$$Q_{zu} = \frac{U_{ref} - U_{C1}}{R'_1} T_G \cdot n_E$$

[1]) Zur besseren Übersicht wurden die Nachladeimpulse zu lang gezeichnet. Im Verhältnis zu $t_{meß}$ dauert ein Impuls nur $\frac{1}{4096}$ dieser Zeit

Ladungsmenge, die während der Zeit $t_{meß}$ durch Entladung über R'_1 wieder abfließt:

$$Q = I \cdot t$$

$$I = \frac{U_1}{R'_1}$$

$$Q_{ab} = \frac{U_{C1}}{R'_1} (4096 - n_E) \cdot T_G \qquad t = (4096 - n_E) \cdot T_G$$

Weil die Kondensatorspannung sich während der Meßzeit nicht ändert, muß die zugeführte Ladungsmenge gleich der abfließenden sein.

$$Q_{zu} = Q_{ab}$$

$$\frac{U_{ref} - U_{C1}}{\cancel{R'_1}} \cdot \cancel{T_G} \cdot n_E = \frac{U_{C1}}{\cancel{R'_1}} (4096 - n_E) \cdot \cancel{T_G}$$

Die Größen T_G und R'_1 fallen durch Kürzen heraus. Physikalisch bedeutet dies, daß T_G und R'_1 frei gewählt werden dürfen. Sie beeinflussen das Meßergebnis nicht.
Das gleiche gilt für den Kondensator C_1, der sogar im Ansatz der Übertragungsgleichung nicht vorkommt.

$$U_{ref} \cdot n_E - \cancel{U_{C1} \cdot n_E} = U_{C1} \cdot 4096 - \cancel{U_{C1} \cdot n_E}$$

Durch Abziehen fällt auf beiden Seiten der Gleichung der Ausdruck $U_{C1} \cdot n_E$ heraus.

$$U_{ref} \cdot n_E = U_{C1} \cdot 4096$$

$$n_E = U_{C1} \cdot \frac{4096}{U_{ref}}$$

Die angezeigte Impulszahl n_E ist direkt proportional der Spannung U_{C1}.
Diese Spannung wird aber durch den Wandler, Abb. 11.56 auf dem Wert der Meßspannung gehalten, so daß folgt:

$$U_{C1} = U_{meß}$$

$$n_E = U_{meß} \cdot \frac{4096}{U_{ref}}$$

Durch den Trimmwiderstand R_3 in Abb. 11.56 oder Abb. 11.58 läßt sich die Referenzspannung beim Kalibrieren des Wandlers auf den Wert

$$U_{ref} = 4{,}096 \text{ V}$$

einstellen, so daß bei $U_{meß} = 1$ V, $n_E = 1000$ Impulse auf der Anzeige erscheinen.

$$n_E = U_{meß} \frac{4096}{4{,}096 \text{ V}}$$

$$n_E = \frac{U_{meß} \cdot 1000}{1 \text{ V}}$$

Abschließende Betrachtung:

Dieses Wandlerverfahren scheint dem des dual-slope aus Kapitel 11.3.3 von der Übertragungsgleichung her ebenbürtig zu sein. Auch hier bestimmt nur eine Bezugsgröße, U_{ref}, das Meßergebnis. Der Schaltungsaufwand ist bei beiden Verfahren etwa gleich.
Die erzielte Genauigkeit beim Wandler nach dem Prinzip der Delta-Modulation bleibt jedoch hinter der eines Wandlers nach dem Doppelintegrationsverfahren zurück.
Die Ursache liegt beim Komparator.

In der Ableitung der Übertragungsgleichung wird deutlich, daß das Meßergebnis n_E nur unter der Voraussetzung der Spannungsgleichheit von $U_{C1} = U_{meß}$ gilt.
Jede Eingangsfehlspannung des Komparators geht in voller Höhe als Fehler in das Ergebnis ein. Erschwerend für den Komparator kommt hinzu, daß er über einen Gleichtaktbereich in Höhe der größten Meßspannung betrieben wird. Dadurch läßt sich die Eingangsfehlspannung nur für einen Betriebspunkt kompensieren. Beim Komparator wird in ausgeführten Schaltungen darum der größte Aufwand getrieben.
Ein Vorteil des Verfahrens liegt jedoch in der möglichen, hohen Umsetzgeschwindigkeit.

11.4 Digital-Analog-Umwandlung

11.4.1 Einleitung

Wurde ein analoger Meßwert nach Umformung auf der Sendeseite digital übertragen, so muß das am Empfangsort anstehende Digitalsignal wieder in den analogen Meßwert umgeformt werden.
Voraussetzung für die in diesem Kapitel besprochenen D-A-Wandler ist ein parallel anstehendes Digitalsignal, das eine mehrstellige Binärzahl darstellt.
Diese Binärzahl kann z. B. an den Ausgängen einer Zählkette liegen. Jede Stelle der Binärzahl hat eine bestimmte Wertigkeit (Abb. 11.62).

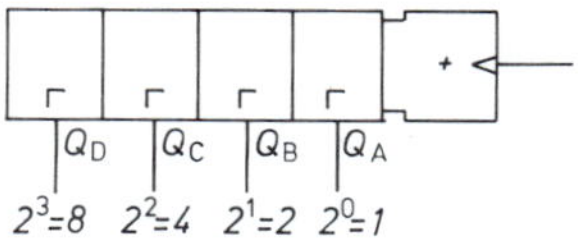

Abb. 11.62 Wertigkeit der Stellen einer Binärzahl

Der Wert des Digitalsignals ergibt sich durch Addition der unterschiedlich bewerteten Stellen.

11.4.2 Statische Umsetzverfahren

Prinzip: Ein Summationsverstärker nach Kapitel 10.4.4.5 besitzt so viele Eingänge wie das umzuwandelnde Digitalsignal Stellen aufweist (Abb. 11.63).

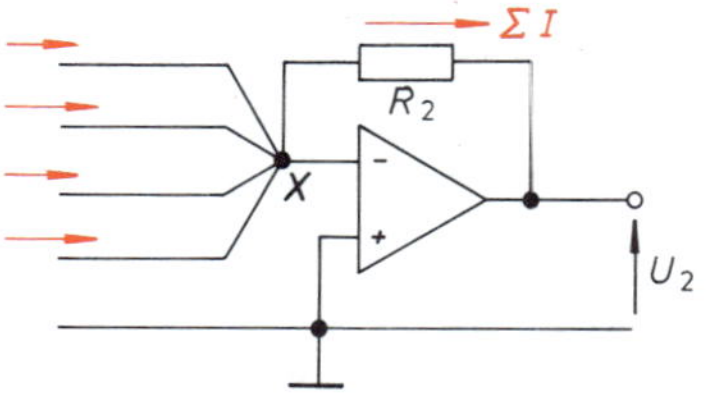

Abb. 11.63 Summationsverstärker

Im Knotenpunkt x wird die *Summe* der *Teilströme* gebildet und fließt als Gegenkopplungsstrom über R_2 zum Ausgang des Operationsverstärkers. Die Ausgangsspannung ist proportional dem Summenstrom.
Der Wert jedes Eingangsstromes muß dem Stellenwert der aufgeschalteten Binärstelle entsprechen.
Die Ausführung ist eine Frage der Schaltungstechnik. Im folgenden werden einzelne Schaltbeispiele besprochen.

11.4.2.1 Digital-Analog-Wandler mit Kontaktsteuerung

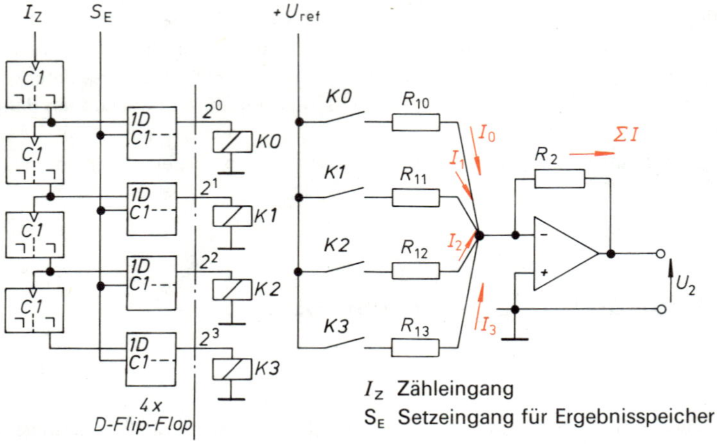

Abb. 11.64 D-A-Wandler mit Kontaktsteuerung

Durch Dimensionierung der Widerstände R_{10} bis R_{13} läßt sich die Bewertung der Eingangssignale erreichen.

$$I_3 = 2^3 \cdot I_0 = 8 \cdot I_0$$
$$I_2 = 2^2 \cdot I_0 = 4 \cdot I_0$$
$$I_1 = 2^1 \cdot I_0 = 2 \cdot I_0$$

Beispiel:

Für die Schaltung nach Abb. 11.64 sollen die Widerstände dimensioniert werden

$$U_{ref} = 10\text{ V} \quad I_0 = 0{,}1\text{ mA}$$

$$R_{10} = \frac{U_{ref}}{I_0} = \frac{10\text{ V}}{0{,}1\text{ mA}} = 100\text{ k}\Omega$$

$$R_{11} = \frac{U_{ref}}{I_1} = \frac{U_{ref}}{2 I_0} = \frac{10\text{ V}}{0{,}2\text{ mA}} = 50\text{ k}\Omega$$

$$R_{12} = \frac{U_{ref}}{I_2} = \frac{U_{ref}}{4 I_0} = \frac{10\text{ V}}{0{,}4\text{ mA}} = 25\text{ k}\Omega$$

$$R_{13} = \frac{U_{ref}}{I_3} = \frac{U_{ref}}{8 \cdot I_0} = \frac{10\text{ V}}{0{,}8\text{ mA}} = 12{,}5\text{ k}\Omega$$

Die höchste Binärzahl lautet 1111. Alle Relais sind erregt. Der eingespeiste Strom in den Summationsverstärker hat den Wert

$$\Sigma I = I_0 + I_1 + I_2 + I_3 = 15 \cdot I_0 = 15 \cdot 0{,}1\text{ mA} = 1{,}5\text{ mA}$$

Wird die Binärzahl 1111 im Dezimalcode ausgedrückt, so lautet sie dort „15_{10}".
Zweckmäßig ist es daher, die Spannung U_z auf den Wert $U_z = 1{,}5$ V zu bringen, um auch andere Binärzahlen bequem als Dezimalwert abzulesen.
Daraus folgt für den Widerstandswert R_2:

$$R_2 = \frac{U_2}{\Sigma I}$$

$$R_2 = \frac{1{,}5\text{ V}}{1{,}5\text{ mA}} = 1\text{ k}\Omega$$

11.4.2.2 Digital-Analog-Wandler mit Steuerung durch Schalttransistoren

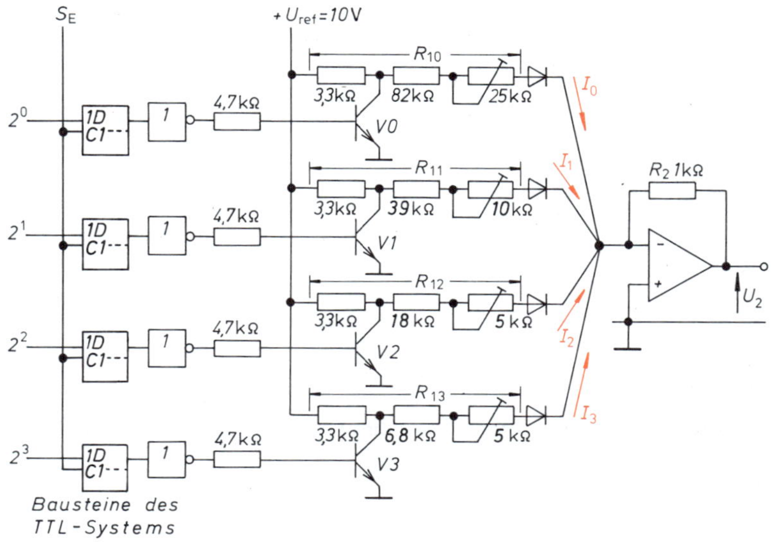

Abb. 11.65 D-A-Wandler mit Steuerung durch Schalttransistoren

Die strombestimmenden Widerstände R_{10} bis R_{13} sind gegenüber denen in der Schaltung von Abb. 11.64 in je drei Einzelwiderstände aufgeteilt.
Bei gesperrtem Transistor liegen die drei Widerstände in Reihe, und mit dem Trimmer läßt sich der betreffende Teilstrom einstellen.
Bei übersteuertem Schalttransistor wird ein Nebenschluß von U_{ref} über den 3,3 kΩ-Widerstand und die niederohmige Kollektor-Emitter-Strecke des Transistors gebildet. Der Teilstrom in den Summationsverstärker ist Null. Die Dioden verhindern mit ihrer Schwellenspannung, daß die geringe Kollektor-Emitter-Restspannung am Transistor bereits einen kleinen Strom in den Summationsverstärker treibt, der das Meßergebnis verfälschen würde.
Die Schaltung nach Abb. 11.65 kann dahingehend abgewandelt werden, daß statt der Einzeltransistoren ein TTL-Baustein verwendet wird, der offene Kollektorausgänge besitzt.

11.4.2.3 Digital-Analog-Wandler mit geschalteten Konstantstromquellen

In der Schaltung nach Abb. 11.65 ist eine gemeinsame Bezugsspannung U_{ref} erforderlich, von deren Genauigkeit auch die des gesamten Wandlers abhängt.
Verwendet man statt der Kombination Bezugsspannung-Vorwiderstand für jede Binärstelle eine eigene Konstantstromquelle mit Feldeffekttransistor, wie Abb. 11.66 zeigt, so läßt sich die gemeinsame Referenzspannung einsparen.
Weil sich die Steuerkennlinie des Feldeffekttransistors nur sehr wenig bei Änderung der Spannung U_{DS} oberhalb $U_{DS} \approx 6$ V ändert, läßt sich der Konstantstrom allein durch Dimensionierung des Widerstandes R_1 mit hinreichender Genauigkeit und Konstanz bestimmen. Abb. 11.66 zeigt die Zusammenhänge. Wegen der großen Exemplarstreuungen bei FET's ist die Verwendung eines Trimmwider-

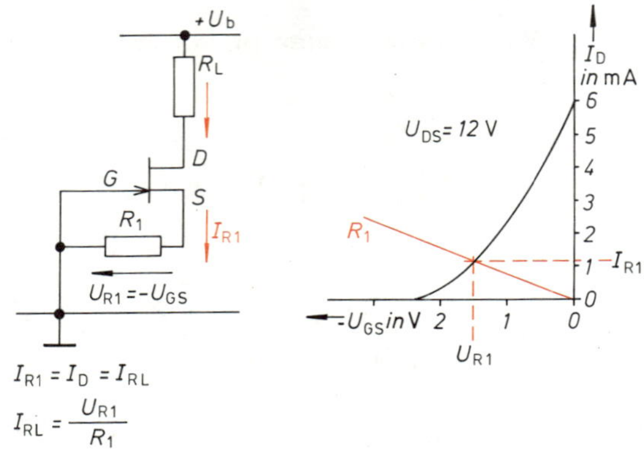

Abb. 11.66 Konstantstromquelle mit Feldeffekttransistor

standes bei R_1 unerläßlich. Die Stromquelle kann durch Zu- und Abschalten der Betriebsspannung gesteuert werden.

Zur direkten Kopplung an die Ausgänge kommen im TTL-System nur Stufen mit offenem Kollektor in Betracht.

Abb. 11.67 zeigt ein Schaltbeispiel mit dem 6fach-Treiber 7407.

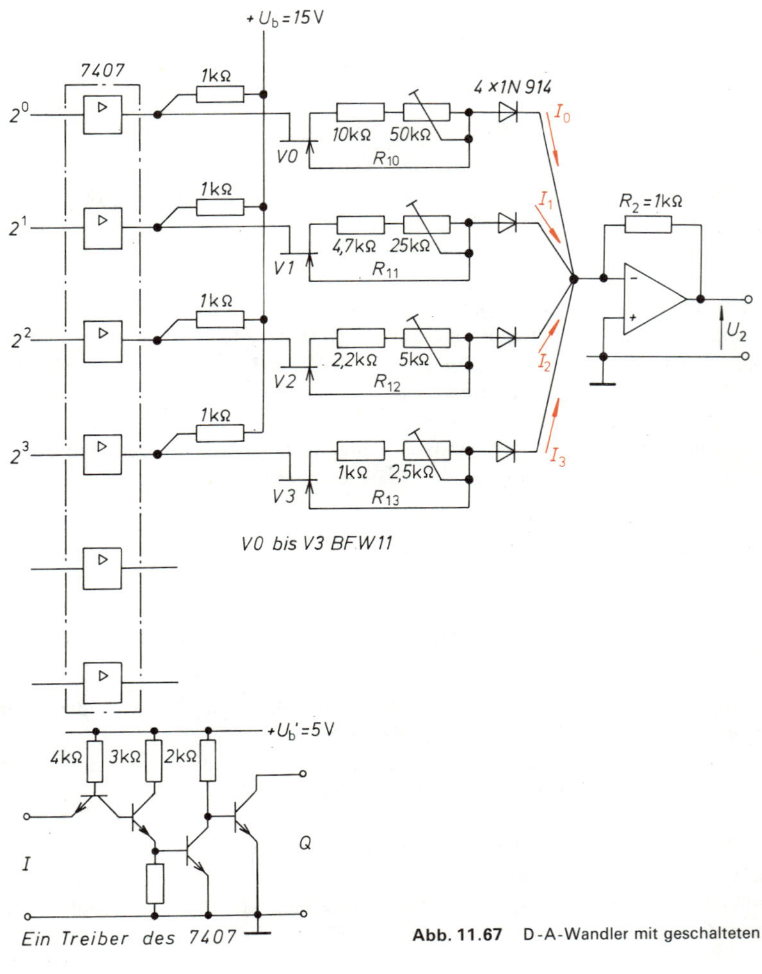

Abb. 11.67 D-A-Wandler mit geschalteten Stromquellen

Die Schaltung ist so ausgelegt, daß für die Binärzahl „0001" im oberen Zweig durch die Konstantstromquelle mit V0 und R_{10} ein Strom $I_0 = 0{,}1$ mA eingestellt werden muß und das Ausgangssignal dann $U_2 = 0{,}1$ V beträgt.

Beurteilung der bisher besprochenen Wandler Abb. 11.64, 11.65, 11.67

Allen Schaltungen ist eines gemeinsam. Bei jeder Binärstelle ist nur ein Widerstand für die Größe des Stromes verantwortlich. Bei einem Wandler für eine 4stellige Binärzahl geht eine relative Änderung des Widerstandes $\frac{\Delta R}{R}$ der höchsten Stelle achtmal so stark als absolute Ausgangsspannungsänderung ins Ergebnis ein, wie die gleiche Widerstandsänderung in der niedrigsten Stelle.
Beim Übergang der Binärzahl von 0111 auf 1000 wirkt sich dies besonders störend aus.
Ergibt sich für die Stromsumme $I_0 + I_1 + I_2$ bei der Zahl 0111 ein negativer Fehler von beispielsweise 3% des angezeigten Wertes „7", und ist der Strom I_3 mit einem positiven Fehler von 4% behaftet, so springt die Anzeige beim Übergang von 0111 auf 1000 nicht wie erwartet

von 7,0 auf 8,0, sondern
von 6,8 auf 8,32.

Die Lösung dieses Problems bietet der Digital-Analog-Wandler mit Kettenleiter, bei dem alle zur Umsetzung benötigten Widerstände die gleiche Größe haben. Weiterhin bilden alle diese Widerstände stets gleichzeitig das analoge Ergebnis, also unabhängig von der gerade anstehenden Binärzahl. Dies erhöht die Wahrscheinlichkeit der gegenseitigen Fehlerkompensation bei den Widerständen.

11.4.2.4 Digital-Analog-Wandler mit Kettenleiter und Kontaktsteuerung

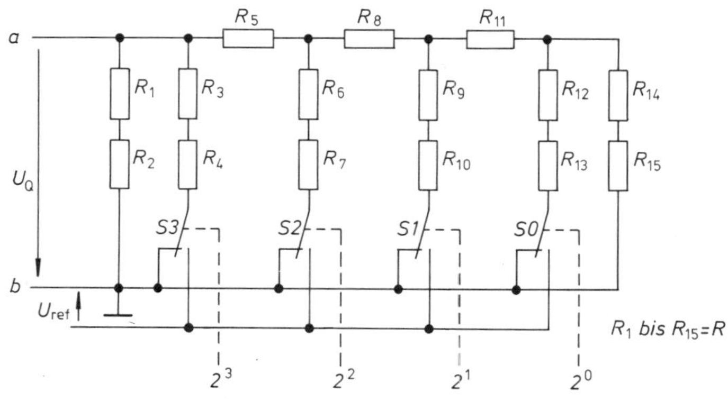

Abb. 11.68 D-A-Wandler mit Kettenleiter

Die gezeichnete Schaltstellung von S0, S1, S2 und S3 entspricht einem logischen 0-Signal an den Stellen der Binärzahl.
Alle Widerstände R_1 bis R_{15} haben den gleichen Wert.
Statt einer Funktionsbeschreibung der Schaltung nach Abb. 11.68, die auf Netzwerkberechnungen für alle 16 möglichen Binärzahlen hinausliefe und sehr aufwendig und unübersichtlich wäre, sollen statt dessen wichtige Schaltungseigenschaften geschildert werden, die das Verständnis des Wandlers ermöglichen:

Der Innenwiderstand der Bezugsspannungsquelle mit U_{ref} ist Null (stabilisierte Spannungsquelle). Dadurch ist der Innenwiderstand des Wandlers, in die Klemmen a–b hineingemessen, unabhängig von den Schalterstellungen der einzelnen Stufen.

Bei logisch 1-Signal ergibt sich für jede Stelle der Binärzahl die gleiche treibende Spannung: U_{ref}. Die an den Bockpol des Schalters S angeschlossenen Widerstände (z. B. $R_3 + R_4$ für den Schalter S 3) wirken als Innenwiderstand des Generators der betreffenden Stelle. Die „Generatoren der einzelnen Stellen" haben damit alle den gleichen Innenwiderstand mit dem Wert $2R$. Die übrige Kettenleiterschaltung wirkt dafür als Lastwiderstand.

Betrachtet man die Stelle 2^3, so bewirkt ein 1-Signal (S 3 liegt an der Bezugsspannung) eine große Ausgangsspannungsänderung, weil der Widerstand R_3, der den „Stellenstrom" liefert, direkt mit der Ausgangsklemme a verbunden ist.

Ein 1-Signal der Stelle 2^2 erreicht demgegenüber nur die halbe Ausgangsspannungsänderung, weil das am oberen Anschluß von R_6 anliegende Signal über R_5 so wie die Kombination R_1 bis R_4 eine Spannungsteilung erfährt.

Sinngemäß gilt das Beschriebene nun auch für die Stellen 2^1 und 2^0.

In der Schaltung nach Abb. 11.68 ergeben sich die folgenden Zuordnungen der Digitalsignale zu der Ausgangsspannung:

Wertigkeit der Binärziffer 1 der Stelle 2^3 $U_Q = \frac{U_{ref}}{3 \cdot 1}$

Wertigkeit der Binärziffer 1 der Stelle 2^2 $U_Q = \frac{U_{ref}}{3 \cdot 2}$

Wertigkeit der Binärziffer 1 der Stelle 2^1 $U_Q = \frac{U_{ref}}{3 \cdot 4}$

Wertigkeit der Binärziffer 1 der Stelle 2^0 $U_Q = \frac{U_{ref}}{3 \cdot 8}$

Jede beliebige Binärzahl wird am Ausgang durch die Summe der Einzelspannungen für jede Stelle dargestellt.

11.4.2.5 Digital-Analog-Wandler mit Kettenleiter und elektronischen Umschaltern

Der Umschalter ist in beiden Stellungen, vom Bockpol aus gemessen, niederohmig. Ein Schalttransistor ist entweder hoch- oder niederohmig. Soll der Umschalter elektronisch realisiert werden, so sind dafür stets zwei Transistoren erforderlich, die entgegengesetzte Leitfähigkeit haben müssen. Der hier gewünschte Umschalter muß durch *ein* Signal vom TTL-System betätigt werden, und dies macht einen dritten Transistor erforderlich.

Abb. 11.69 zeigt einen Umschalter, der zum Beispiel anstelle von S 3 aus der Schaltung nach Abb. 11.68 eingesetzt werden könnte.

Bei 0-Signal auf der Steuerleitung ist V 3 gesperrt, und am Knotenpunkt x liegt über dem Widerstand 560 Ω annähernd $U_{ref} = 15$ V. V 1 wird dadurch übersteuert, und die erreichte Schalterstellung stimmt mit der gezeichneten Kontaktlage des Umschalters S 3 überein.

Basis und Emitter des V2 haben etwa gleiches Potential, so daß dieser Transistor gesperrt ist.

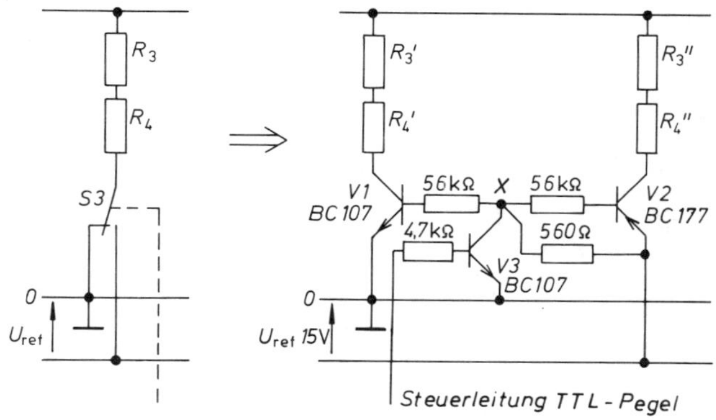

Abb. 11.69 Ersatz des mechanischen Umschalters

Bei 1-Signal auf der Steuerleitung wird V3 übersteuert. Der Knotenpunkt nimmt $U_{x\perp} = U_{\text{CErest V1}} \approx 0$ an. V1 ist gesperrt. Weil der Emitter des V2 auf positivem Potential $U_{\text{ref}} = 15$ V liegt, wird dieser Transistor übersteuert, wenn sein Basisvorwiderstand $R = 56$ kΩ an $U_{x\perp} \approx 0$ liegt.

Während des Umschaltens werden beide Transistoren V1 und V2 gleichzeitig angesteuert. Würden bei nur einfacher Ausführung der Widerstände R_3 und R_4 beide Kollektoren von V1 und V2 miteinander verbunden sein, so ergäbe sich ein Kurzschluß der Bezugsspannungsquelle.

Deshalb muß jeder Kollektorkreis einen eigenen Widerstand erhalten.

Abb. 11.70 zeigt einen vollständigen D-A-Wandler mit Kettenleiter. Er besteht aus zwei gleichen Wandlern, jeder für eine vierstellige Binärzahl. Im BCD-Code kann damit eine zweistellige Dezimalzahl ausgewertet werden, wenn die Ziffern der beiden Stellen mit der richtigen Bewertung addiert werden. Dies geschieht im nachgeschalteten Summationsverstärker.

Bei der Dezimalzahl „00" kann mit dem 1 kΩ-Trimmwiderstand die Kollektor-Emitter-Restspannung der NPN-Schalttransistoren kompensiert werden.

D-A-Wandler mit Kettenleiter eignen sich wegen der Gleichheit aller Widerstände gut für integrierte Schaltkreise. Die Umschalter sind dort jedoch mit Feldeffekttransistoren aufgebaut.

Abschließend muß festgestellt werden, daß alle besprochenen statischen D-A-Umsetzverfahren an die Genauigkeit der Widerstände hohe Anforderungen stellen. Dies gilt besonders für Wandler, die mehrere Stellen des BCD-Signals umwandeln sollen.

Der Vorteil dieser Verfahren liegt in der nur durch Transistorschaltzeiten begrenzten, hohen Umsetzgeschwindigkeit.

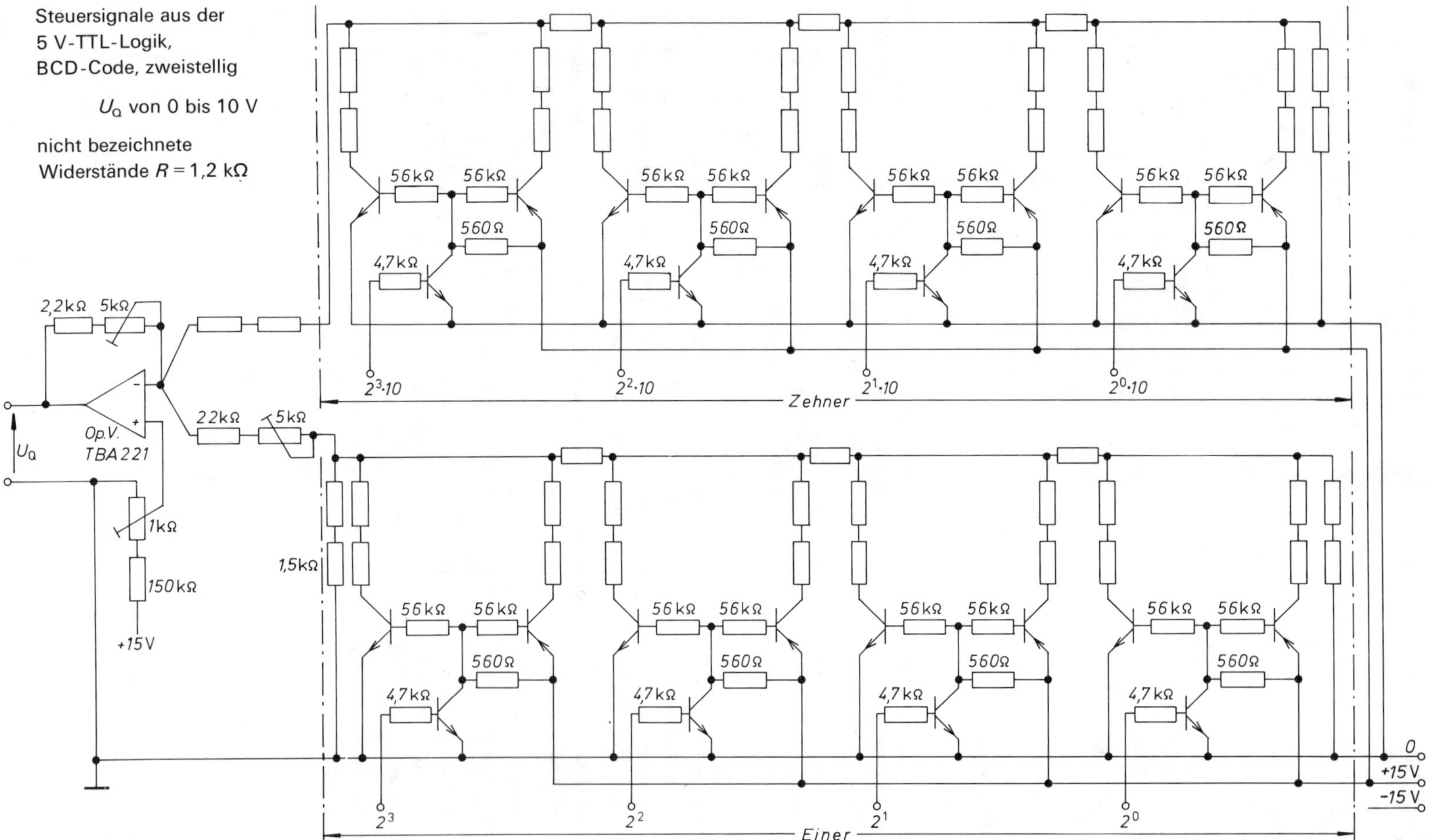

Abb. 11.70 D-A-Wandler mit Kettenleiter

11.4.3 Digital-Analog-Umsetzer nach dem Zählverfahren

Beim D-A-Wandler nach einem statischen Verfahren wurden die Ziffern jeder Stelle der Binärzahl in einen Strom umgewandelt und all diese Ströme analog ihrer Wertigkeit in einem Widerstandsnetzwerk zum Ausgangssignal U_Q addiert.

In dem zu besprechenden Zählverfahren der D-A-Umsetzung ist man bemüht, die Meßwertverarbeitung so weit wie möglich digital statt analog durchzuführen, denn eine digitale Signalverarbeitung erfolgt stets fehlerfrei.

Funktioniert erst die letzte Stufe des Umsetzers analog, so ist die zu erwartende Fehlerrate sehr klein, weil nur wenige Bauelemente Fehler verursachen können.

Abb. 11.71 zeigt das Prinzip. Die 4-Bit-Binärzahl liegt als Parallelinformation an den Speicherausgängen.

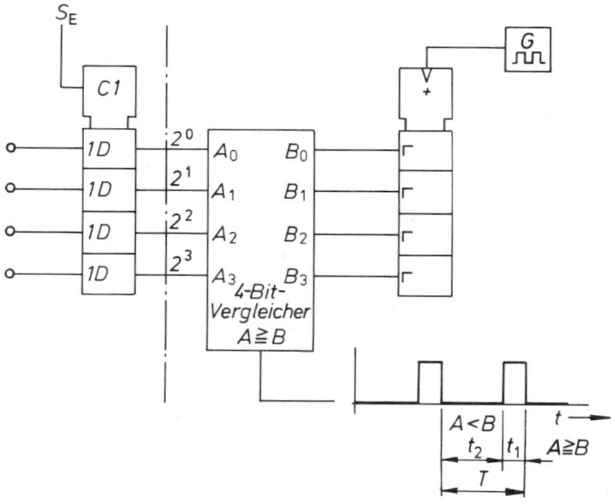

Abb. 11.71 Prinzip des D-A-Wandlers nach dem Zählverfahren

Ein Taktgenerator schaltet einen Binärzähler fortlaufend mit hoher Frequenz weiter. Dieser Binärzähler muß ebensoviele Stellen haben, wie die zur Umformung anstehende Binärzahl.

Die Zeit, die der Zähler für einen Umlauf benötigt, wird mit T bezeichnet.

Die Zählerausgänge und die umzuwandelnde Binärzahl sind als Eingangssignale auf einen digitalen Vergleicher (Komparator) geschaltet, dessen Ausgangssignal logisch 1 wird, sobald die an A_0 bis A_3 anliegende Binärzahl gleich oder größer ist als die Binärinformation aus dem umlaufenden Zähler (B_0 bis B_3).

Damit ist das Verhältnis $\frac{t_2}{T}$ im Funktionsdiagramm von Abb. 11.71 proportional dem Digitalwert, der umgewandelt werden soll.

Bis hierher arbeitet der D-A-Umsetzer rein digital, also fehlerfrei.

In Abb. 11.72 ist die Gesamtschaltung eines Umsetzers gezeigt, der das Digitalsignal aus zwei BCD-Zähldekaden in eine Gleichspannung im Bereich $U_Q = 0$ bis 10 V umwandelt.

Das aus dem Vergleicher gelieferte Signal wird in der Impulsformerstufe negiert und auf genau definierte Amplitude gebracht.

Der arithmetische Mittelwert dieser Rechteckspannung ist proportional dem Digitalwert, der zur Umwandlung ansteht. Der nachgeschaltete Mittelwertbildner liefert den Meßwert als analoge Gleichspannung.

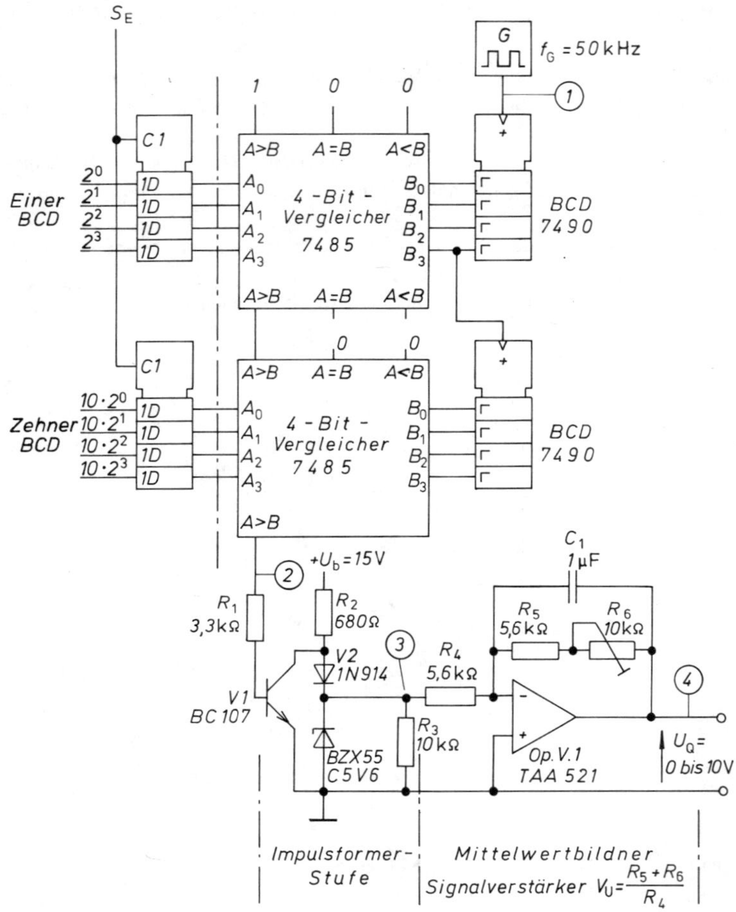

Abb. 11.72 D-A-Wandler nach dem Zählverfahren

Der verwendete TTL-Baustein (7485, 4-Bit-Komparator) enthält eine sehr aufwendige, im Prinzip aber einfache Auswerteschaltung aus logischen Grundbausteinen.
Der Baustein liefert drei getrennte Aussagen über die beiden 4-Bit-Digitalsignale A und B an den Eingängen:

$A < B$
$A = B$
$A > B$

Jeder Baustein besitzt darüberhinaus die Übertragseingänge

$A < B$,
$A = B$,
$A > B$,

die bei Erweiterung der Wortlänge auf mehr als 4 Bit vom vorhergehenden Komparator beschaltet werden müssen. Die Beschaltung der 4-Bit-Vergleicher von Abb. 11.72 erfolgte für diesen Verwendungszweck nach den Herstellerangaben im Datenblatt.
Die Impulsformerstufe wird durch ein Signal angesteuert, das mit $A \geqq B$ zu bezeichnen ist.

Die Funktionsdiagramme von Abb. 11.73 gelten für die Schaltung von Abb. 11.72 und einen Digitalwert, der der Zahl „30" entspricht.

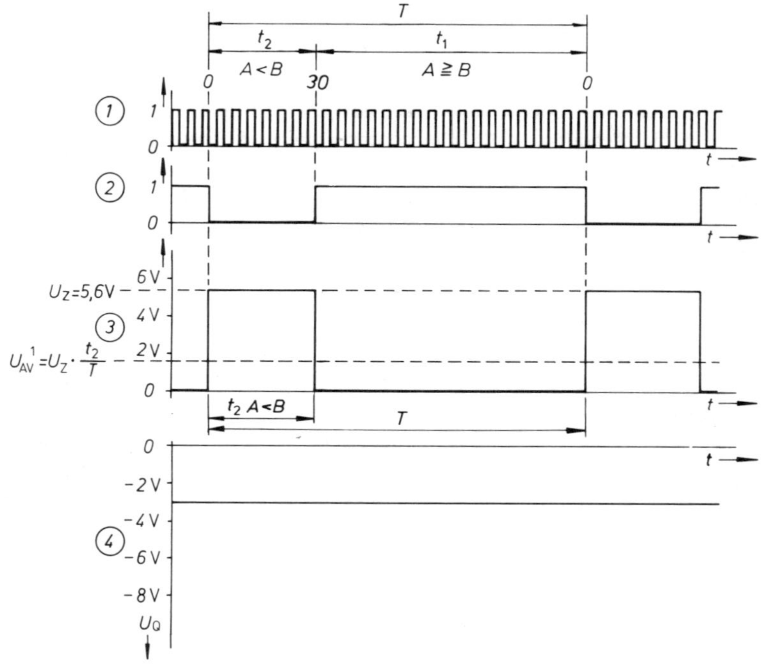

Abb. 11.73 Funktionsdiagramme

Je nach getriebenem Aufwand in der Impulsformerstufe und im Mittelwertbildner läßt sich eine sehr kleine Fehlerrate bei diesem Wandler nach dem Zählverfahren erzielen. In dieser Beziehung ist er den Umsetzern, die nach statischen Verfahren arbeiten, weit überlegen.

Die Umsetzgeschwindigkeit ist jedoch begrenzt. Damit der gültige Analogwert am Ausgang ansteht, muß der Zähler mindestens einmal umgelaufen sein, die RC-Zeitkonstante im Mittelwertbildner nicht berücksichtigt. Sie verlangsamt die Umsetzung noch weiter.

Soll der gewonnene Analogwert lediglich angezeigt oder mit einem Schreiber registriert werden, so ist die Umsetzgeschwindigkeit der Forderung nach hoher Genauigkeit untergeordnet. Dem D-A-Wandler, der nach dem Zählverfahren arbeitet, ist dann der Vorzug zu geben.

[1]) U_{AV} = arithmetischer Mittelwert
Av Abk. für average (engl.) = Durchschnitt

12 Fernübertragung von Informationen

Fernübertragungen von Informationen kennen wir aus dem täglichen Leben. Mit jedem Telefongespräch, jeder Rundfunksendung, jedem Fernschreiben werden bestimmte Informationen in die „Ferne" übertragen.
In industriellen Anlagen bestehen Informationen aus Steuerbefehlen für die verschiedenen elektrischen Geräte und aus Störungs- und Zustandsmeldungen der gesteuerten Arbeitsprozesse.
Alle Informationen werden von einer zentralen Meßwarte aus gesendet bzw. empfangen. Dabei unterscheidet man:

a) Die Fernmessung
Es werden analoge Grundgrößen, wie z. B. Strom-, Spannungs- oder Leistungswerte übertragen, die den Betrieb der überwachten Anlage kennzeichnen.

b) Die Fernsteuerung
Es werden Steuerimpulse übertragen, die auf Antriebe der gesteuerten Anlage einwirken. Dazu gehören z. B. das Ein- bzw. Ausschalten von Leistungsschaltern, Lüftermotoren, Magnetventilen, usw. sowie die Übertragung analoger Führungsgrößen für Regeleinrichtungen oder Stellantriebe.

c) Die Fernmeldung
Hier werden die Grenzwerte der überwachten Anlage wie Druck zu hoch, Temperatur zu niedrig, Behälter voll bzw. leer usw. durch digitale Signale „gemeldet".

12.1 Prinzipieller Aufbau einer Fernübertragung

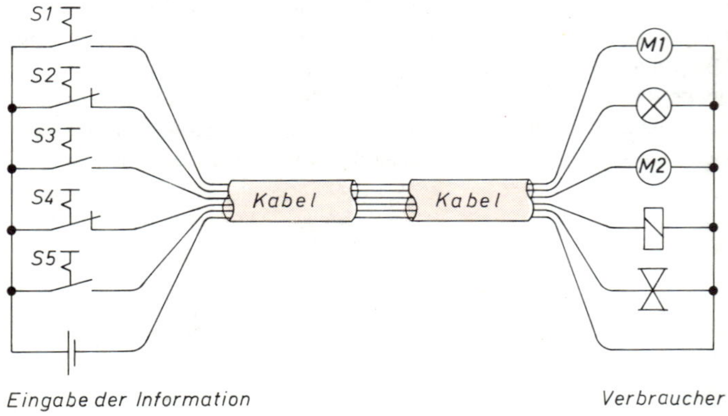

Abb. 12.1 Einfache Fernübertragung

Die Fernübertragung der Abb. 12.1 besteht aus 5 Schaltern, mit denen die Verbraucher ein- und ausgeschaltet werden. Für jeden Verbraucher benötigt man eine Ader des abgebildeten Kabels. Ein gemeinsamer Rückleiter schließt den Stromkreis.

Zur Steuerung ganzer Industrieanlagen braucht man eine Vielzahl von Schaltbefehlen und Rückmeldungen der einzelnen Geräte. Dadurch ergeben sich Kabel von beachtlichen Aderzahlen. Die Adern bestehen hauptsächlich aus Kupfer, das durch die Rohstoffverknappung auf der Erde immer teurer wird. Deshalb zwingt uns der hohe Kostenaufwand der Kabel zu der Maßnahme, die Adern eines Kabels mehrfach auszunutzen, d. h. Einrichtungen zu schaffen, die über eine Kabelader mehrere Steuerbefehle bzw. Meldungen übertragen können.

12.2 Die Mehrfachausnutzung

Aufgabe: Über eine Kabelader sollen mehrere verschiedene Informationen übertragen werden.

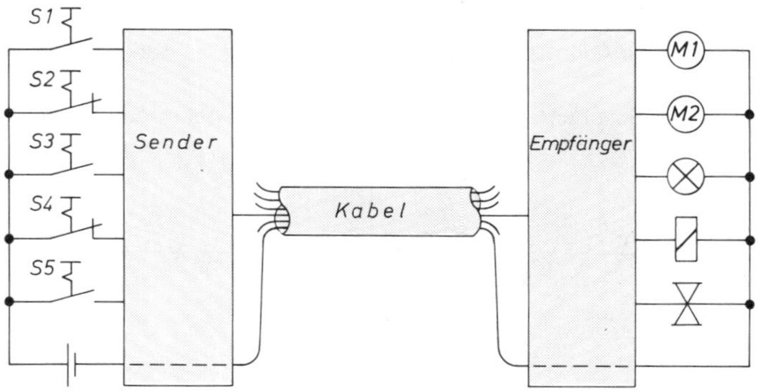

Abb. 12.2 Mehrfachausnutzung einer Kabelader

Die Abb. 12.2 zeigt die mehrfache Ausnutzung der Ader eines Kabels. Alle 5 Verbraucher werden über die gleiche Leitung ein- und ausgeschaltet. Da der Rückleiter eine selbstverständliche Notwendigkeit ist, wird er in allen Beschreibungen meistens nicht erwähnt. Die freigewordenen Adern des Kabels können für andere Zwecke benutzt werden. Die Aderersparnis muß allerdings durch einen erhöhten elektronischen Aufwand an beiden Kabelenden erkauft werden. Diese Geräte müssen auf der Senderseite die verschiedenen Steuerbefehle auf die Ader des Kabels schalten und auf der Empfängerseite diese Befehle und Meldungen wieder trennen. Dabei darf die richtige Zuordnung der Schalter zu den entsprechenden Verbrauchern nicht verlorengehen.
Bei der Übertragung der Informationen unterscheidet man zwei Grundprinzipien.

1. Alle Steuerbefehle oder Meldungen werden gleichzeitig, d. h. parallel über eine Leitung übertragen.
2. Alle Steuerbefehle oder Meldungen werden nacheinander, d. h. seriell übertragen.

Die vereinfachten Schaltungen dieser zwei Übertragungsarten werden in den folgenden Kapiteln erläutert.

12.3 Die parallele Übertragung

Das bedeutendste Verfahren der parallelen Fernübertragung von Informationen ist die Frequenzmultiplexübertragung. (Die Übersetzung des Wortes „multi" = vielfach ..., mehrfach ..., weist darauf hin, daß es sich bei diesem Verfahren um eine gleichzeitige Übertragung mehrerer Frequenzen handelt.) Zur Erklärung des Systems sind in Abb. 12.3 5 Verbraucher auf der Empfangsseite und die dazugehörigen Schalter auf der Senderseite dargestellt. Mit den Schaltern können mehrere Wechselspannungsquellen unterschiedlicher Frequenzen gleichzeitig, d. h. parallel auf die gemeinsame Leitung geschaltet werden.

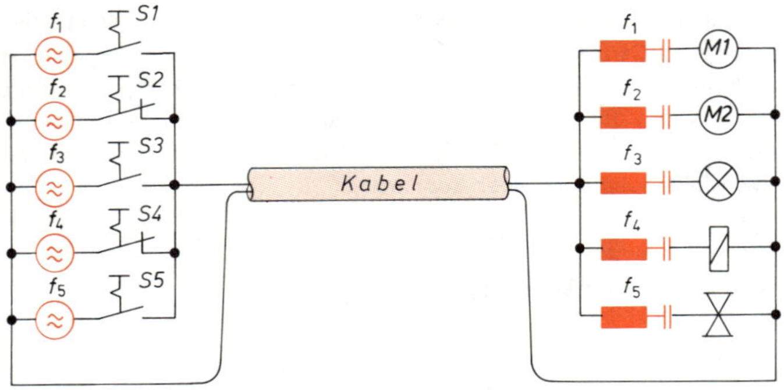

Abb. 12.3 Prinzip einer Frequenzmultiplexübertragung

Ist mehr als ein Schalter der Abb. 12.3 geschlossen, erscheint auf der Ader des Kabels eine Mischung aus mehreren Frequenzen.
Das Liniendiagramm der Spannung nimmt dann mehr oder weniger bizarre Formen an. Die Kurvenform der Spannung auf der Ader erhält man zeichnerisch durch punktweise Addition der einzelnen Generatorspannungen.

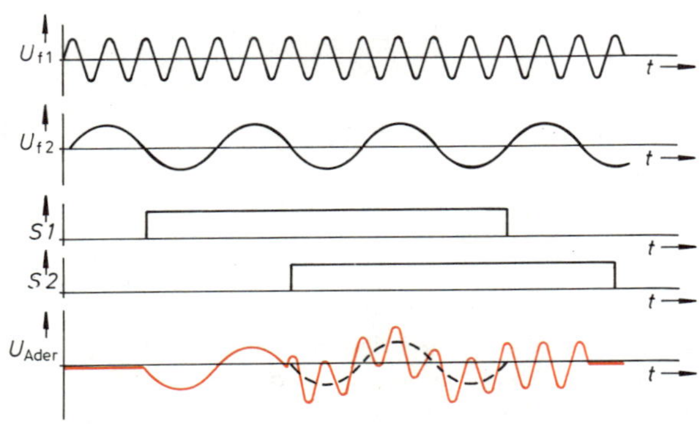

Abb. 12.4 Liniendiagramm der Aderspannung, wenn die Schalter S 1 und S 2 geschlossen sind

Auf das Einschalten der Verbraucher mit den Nummern 3, 4, 5 wurde in der zeichnerischen Darstellung der Abb. 12.4 verzichtet. Sie würden den Mischvorgang der Frequenzen nicht mehr deutlich zeigen können.
Auf der Empfangsseite muß das Frequenzgemisch der Leitung in die ursprünglichen Generatorfrequenzen zerlegt werden. Diese „Zerlegung" erreicht man durch Frequenzpässe. Wie der Name schon andeutet, lassen sie nur jeweils eine bestimmte Frequenz passieren; für alle anderen sind sie gesperrt. Diese Pässe sind hier als Reihenschwingkreise ausgeführt. Nur für ihre Resonanzfrequenzen werden ihre resultierenden Widerstände sehr klein, so daß die in Reihe liegenden Verbraucher geschaltet werden. Um eine richtige Zuordnung der Schalter zu den Verbrauchern zu erreichen, müssen die Frequenzen der Generatoren $G_1 \dots G_5$ genau den Resonanzfrequenzen der Schwingkreise $f_1 \dots f_5$ entsprechen.
Die Anzahl der Informationen, die über eine Ader übertragen werden können, sind bei diesem Verfahren durch zwei Faktoren begrenzt:

1. Durch die Genauigkeit, mit der die Generatorfrequenzen mit Hilfe der Frequenzpässe getrennt werden können.
2. Durch die höchste Frequenz, die sich über das verwendete Kabel sicher übertragen läßt.

Ein Beispiel für dieses Übertragungssystem ist die Telefonverbindung von Europa nach Amerika. Durch ein einziges Unterwasserkabel können hunderte von Gesprächen gleichzeitig geführt werden.

12.4 Die serielle Übertragung

In diesem Kapitel wird ein Verfahren geschildert, bei dem die Informationen nicht parallel, sondern seriell, d. h. zeitlich nacheinander übertragen werden. Man nennt dieses Verfahren Zeitmultiplexübertragung.

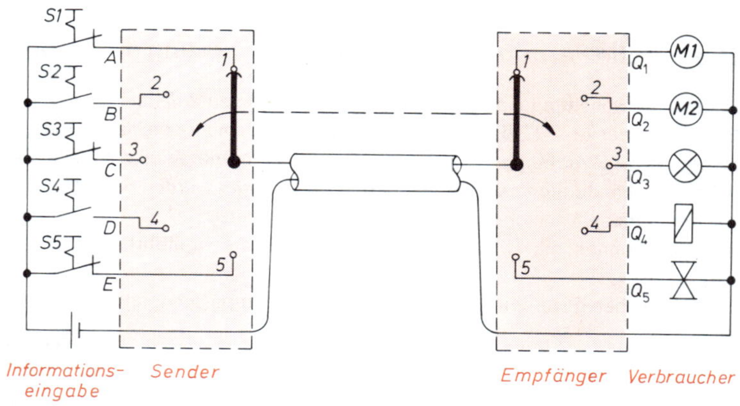

Abb. 12.5 Prinzip der Zeitmultiplexübertragung

Die Schalter der Informationseingabe werden über den ständig weiter schaltenden Zuordnungsschalter des Senders jeweils für kurze Zeit mit der Fernleitung verbunden. Ein zweiter Zuordnungsschalter schaltet auf der Empfängerseite die Verbraucher nacheinander ebenfalls kurzfristig an die Fernleitung. Der Signalzustand der Fernleitung schaltet dabei die Verbraucher ein- bzw. aus.

Bei dieser Art der Übertragung treten zwei Probleme auf:

1. Die Zuordnungsschalter der Sende- und Empfangsseite müssen synchron, d. h. gleichmäßig schalten, um eine richtige Zuordnung der Informationen zu den entsprechenden Verbrauchern zu erreichen.
2. Während eines Umlaufes der Zuordnungsschalter kann jeder Verbraucher nur einmal für eine kurze Zeit eingeschaltet werden. Sollen die Verbraucher auch in der übrigen Zeit eingeschaltet bleiben, muß man auf der Empfängerseite für jeden Verbraucher einen Speicher einbauen.

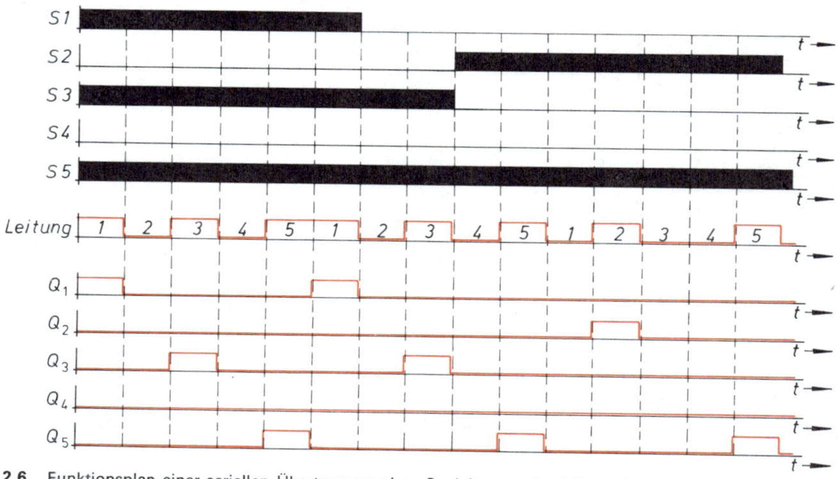

Abb. 12.6 Funktionsplan einer seriellen Übertragung ohne Speicherung der Informationen

Die Abb. 12.6 zeigt den Ablauf einer seriellen Übertragung. Dabei bedeutet ein 1-Signal das Einschalten und ein 0-Signal das Ausschalten der entsprechenden Verbraucher. Die Signale werden hier nicht gespeichert.
Die Schaltstellungen der Zuordnungsschalter sind in dem Funktionsplan der Abb. 12.6 durch die Ziffern 1 ... 5 gekennzeichnet.

12.4.1 Die serielle Fernübertragung mit Speicherung der Informationen

Um eine praxisgerechte Schaltung einer Informationsübertragung zu erhalten, muß der mechanische Sender und Empfänger der Abb. 12.5 durch elektronische Bauelemente ersetzt werden.
Durch die Bewegung der Zuordnungsschalter werden im Sender die parallel anstehenden Informationen in seriell auftauchende Signale umgewandelt, im Empfänger werden diese seriell auftauchenden Signale wieder in parallel anstehende Informationen umgesetzt.
Diese Umformungen können mit Hilfe von Schieberegistern durchgeführt werden (siehe Kapitel Schieberegister).
Der „Antrieb" der Schieberegister wird durch einen speziellen Impulsgenerator verwirklicht.

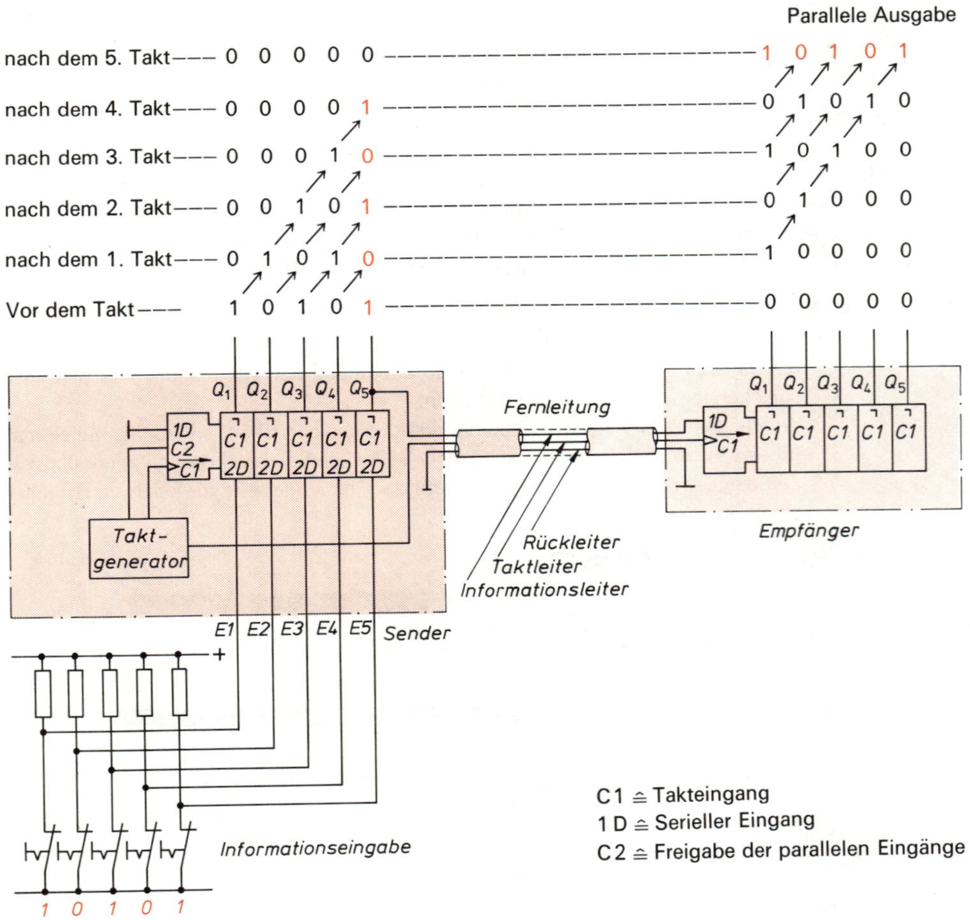

Abb. 12.7 Die serielle Informationsübertragung

Da in unserem Beispiel maximal 5 Schaltbefehle übertragen werden, reicht ein 5-Bit-Schieberegister mit paralleler Eingabe und serieller Ausgabe als Sender aus. Für eine größere Anzahl von Schaltbefehlen muß man mehrere Schieberegister in Reihe schalten (siehe Kapitel Schieberegister).

Funktion des Senders:

Der C 2-Eingang des Schieberegisters ist mit allen 2 D-Eingängen der Funktionsblöcke durch interne UND-Gatter verknüpft. Die parallel anstehenden Informationen der Eingänge $E_1 \dots E_5$ werden deshalb erst bei einem 1-Signal an diesem C 2-Eingang in das Schieberegister übernommen.

Nach der Eingabe der Informationen stehen diese parallel an den Ausgängen $Q_1 \dots Q_5$. Durch die Taktimpulse des Generators werden sie schrittweise in Richtung des Q_5-Ausganges verschoben. Da der serielle 1 D-Eingang des Schieberegisters auf 0-Signal liegt, nehmen die freiwerdenden Ausgänge 0-Signal an.

Für einen kurzen Augenblick erscheinen an Q_5 nacheinander, d.h. seriell alle parallel eingegebenen Informationen. Durch die direkte Verbindung des Q_5-Ausganges mit der Fernleitung erreicht man eine serielle Übertragung der Informationen zum Empfänger.

Funktion des Empfängers:

Da der 1 D-Eingang direkt mit der Informationsleitung verbunden ist, werden die seriell auftauchenden Signale mit Hilfe des Taktes in das Schieberegister übernommen. Sie erscheinen jeweils am Q_1-Ausgang und werden durch den Takt in Richtung des Q_5-Ausganges, d.h. in unserem Beispiel nach rechts verschoben. Nach 5 Taktimpulsen stehen alle übertragenen Informationen parallel an den entsprechenden Ausgängen $Q_1 \dots Q_5$.

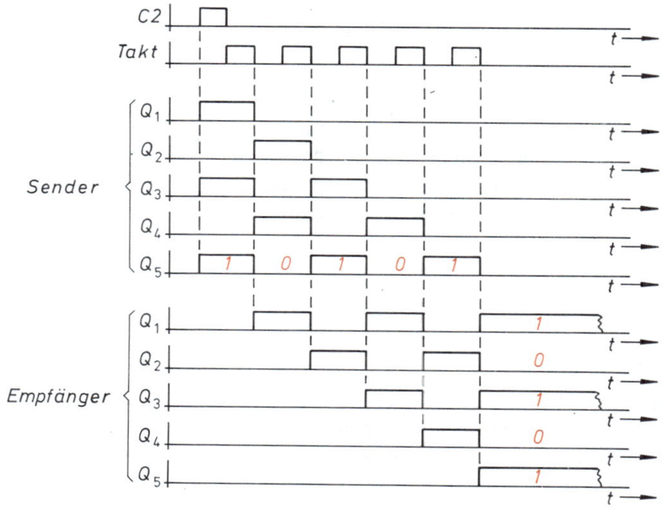

Abb. 12.8 Funktionsplan einer seriellen Übertragung

Mit der positiven Impulsflanke des Setzsignals C 2 werden die Informationen parallel in das Senderschieberegister übernommen und auf die Ausgänge $Q_1 \dots Q_5$ geschaltet (Abb. 12.8).

Der Signalzustand des Q_5-Ausganges steht dabei sofort auch auf der Fernleitung und damit an dem seriellen Eingang des Empfängerschieberegisters. Mit der negativen Impulsflanke des Setzsignals C 2 werden die Taktimpulse freigegeben.

In unserem Beispiel ist die Übertragung nach 5 Impulsen beendet. Der Taktgenerator wiederholt automatisch alle notwendigen Signale für weitere Übertragungen.

12.4.2 Der Taktgenerator

Der Taktgenerator liefert alle notwendigen Steuersignale für die serielle Fernübertragung. In unserem Beispiel werden neben den Taktimpulsen für Sender und Empfänger noch Setzsignale für das Senderschieberegister benötigt. Auf Löschsignale kann hier verzichtet werden, weil nach jeder Übertragung das Senderschieberegister sowieso leergeschoben ist. Der serielle Eingang muß dann natürlich immer auf 0-Signal liegen.
Die Menge der Taktimpulse richtet sich nach der gewünschten Anzahl der parallelen Eingänge des Senderschieberegisters. Dabei sind 4, 5, 8 und 16 Eingänge üblich.

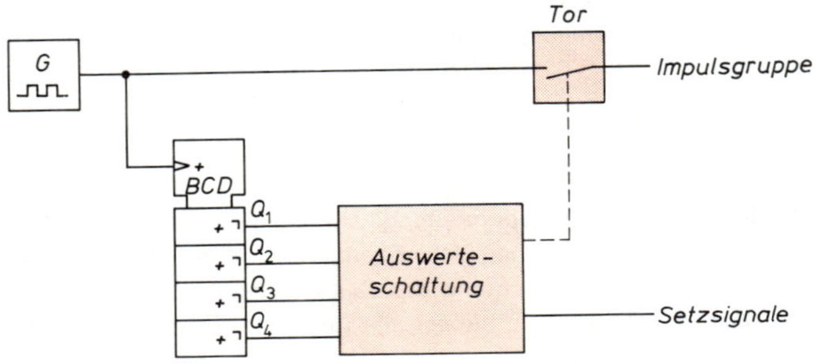

Abb. 12.9 Prinzip des Taktgenerators

Die notwendige Schaltung (Abb. 12.9) zur Erzeugung der Taktimpulse und Steuersignale besteht im Prinzip aus einem Zähler, der die Generatorimpulse zählt, einer Auswerteschaltung, die die Setzsignale erzeugt und durch 1-Signal (Torzeit) den Schalter des Tores solange schließt, bis die gewünschte Anzahl von Taktimpulsen am Ausgang erschienen ist. Anschließend wiederholen sich die Zählvorgänge mit der jeweiligen Erzeugung aller Steuersignale.

Die Auswerteschaltung

Die Entwicklung einer Schaltung durch Auswertung der Ausgangssignale eines Zählers ist auf den Seiten 218ff. erläutert worden. Danach stellt man zuerst das Impulsdiagramm des Zählers für mindestens einen Zyklus auf und zeichnet alle notwendigen Steuersignale darunter. Durch Vergleich dieser Steuersignale mit den Ausgangssignalen des Zählers findet man die schaltalgebraischen Gleichungen, aus denen die Schaltung entwickelt wird.
In unserem Beispiel der Abb. 12.7 werden in einem Zyklus des Zählers 5 Taktimpulse und ein Setzsignal benötigt. Da normalerweise immer ein zyklischer, d.h. ein sich dauernd wiederholender Betrieb vorliegt, spielt es keine Rolle, ob das Setzsignal vor oder nach den ersten Taktimpulsen erzeugt wird.

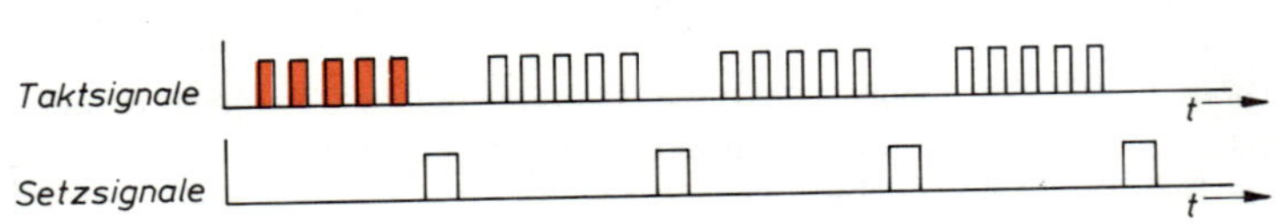

Abb. 12.10 Die Takt- und Setzsignale

In der Abb. 12.10 wird das erste Setzsignal nicht vor, sondern nach der ersten Impulsgruppe erzeugt. Dadurch ist die allererste Übertragung nach Inbetriebnahme der Gesamtanlage unter Umständen zwar fehlerhaft, aber vor der zweiten und allen weiteren Übertragungen wird das Senderschieberegister richtig auf die zu übertragenden Informationen gesetzt.

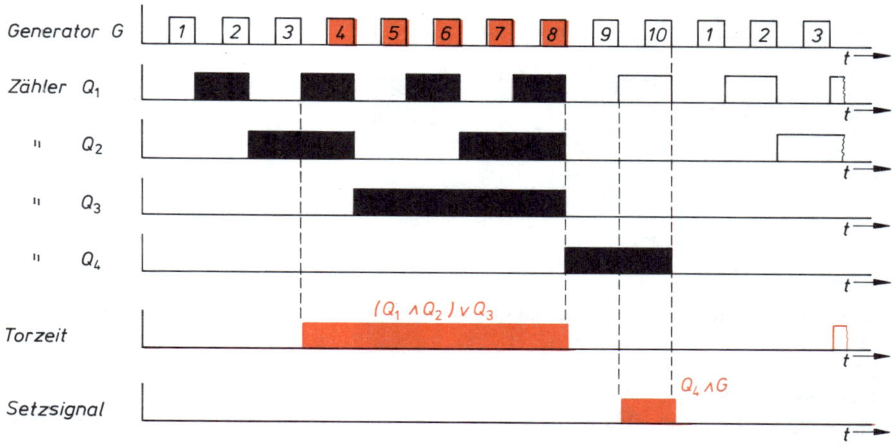

Abb. 12.11 Die Gleichungen der Auswerteschaltung

Die Abb. 12.11 zeigt die Aufstellung der notwendigen „Gleichungen" für die Entwicklung der Auswerteschaltung:

$$\text{Torzeit (5 Taktimpulse)} \triangleq (Q_1 \wedge Q_2) \vee Q_3$$
$$\text{Setzsignal} \triangleq Q_4 \wedge G$$

Die Torzeit läßt jeweils die Generatorimpulse 4, 5, 6, 7 und 8 als Impulsgruppe durch das Tor der Abb. 12.9.

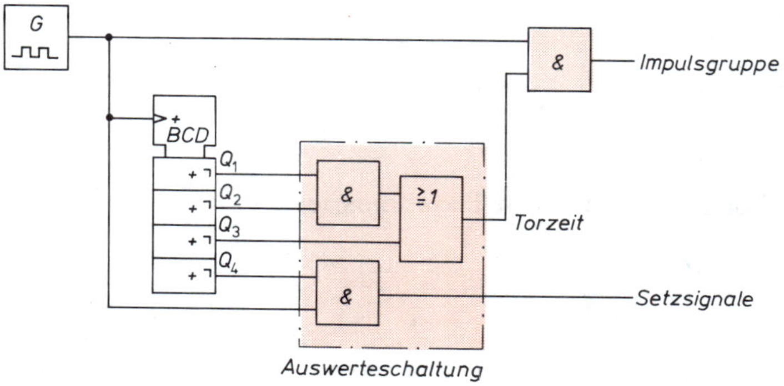

Abb. 12.12 Taktgenerator für eine 5-Bit-Übertragung

Das Tor der Abb. 12.12 ist geöffnet, wenn Q_1 und Q_2 des Zählers gemeinsam oder Q_3 alleine 1-Signal führen. Das Setzsignal erscheint, wenn Q_4 des Zählers 1-Signal annimmt und der Generator einen Impuls abgibt.

Auf die gleiche Art und Weise, d.h. durch die Auswertung der Ausgangssignale eines Zählers findet man die notwendige Schaltung für Impulsgruppen aus 4 oder 8 Impulsen. Diese werden bei 4-Bit- bzw. 8-Bit-Schieberegistern benötigt.

Während die Schaltung des Taktgenerators für eine 4-Bit-Übertragung nach Abb. 12.13 sehr einfach ist, muß für eine 8-Bit-Übertragung ein höherer schaltungstechnischer Aufwand in Kauf genommen werden.

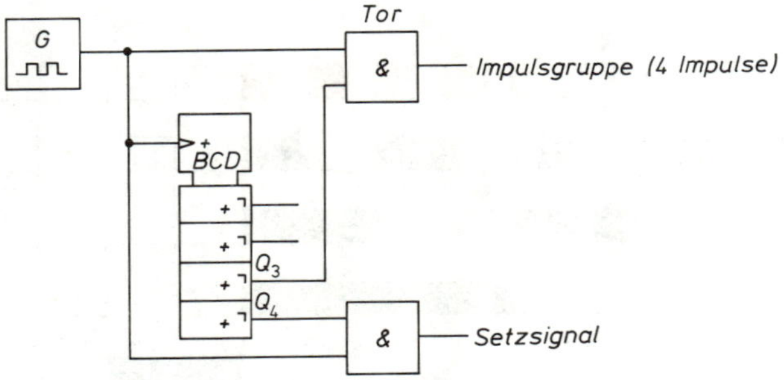

Abb. 12.13 Taktgenerator für 4-Bit-Übertragungen

Wenn Q_2 oder Q_3 oder Q_4 der Abb. 12.14 1-Signal zeigen, ist das Tor geöffnet und 8 Generatorimpulse gelangen hindurch. Das Setzsignal entsteht, wenn Q_2 und Q_3 und Q_4 0-Signal besitzen und Q_1 1-Signal annimmt.

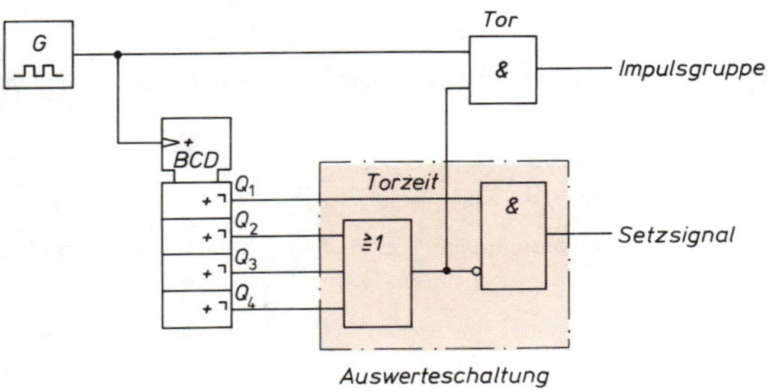

Abb. 12.14 Steuersignale für 8-Bit-Übertragungen

12.4.3 Der Empfänger mit Ergebnisspeicher

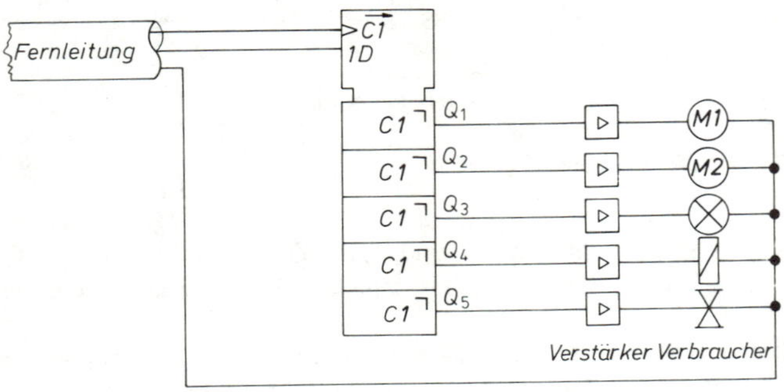

Abb. 12.15 Empfänger mit Verbrauchern

Die Signale der Ausgänge Q_1 ... Q_5 schalten nach entsprechender Verstärkung die Verbraucher ein bzw. aus. Während des Einschiebens der seriell ankommenden Informationen nehmen die Ausgänge vorübergehend alle Signalzustände der Informationsleitung an. Die Verbraucher werden dadurch kurzzeitig falsch ein- bzw. ausgeschaltet. Um dies zu verhindern, dürfen die Informationen erst nach der vollständig abgeschlossenen Übertragung auf die Verbraucher geschaltet werden, d.h. es müssen Ergebnisspeicher zwischen Schieberegister und Verbraucher eingefügt werden. In unserem Beispiel werden die Speicher nach jeweils 5 Taktimpulsen neu gesetzt.

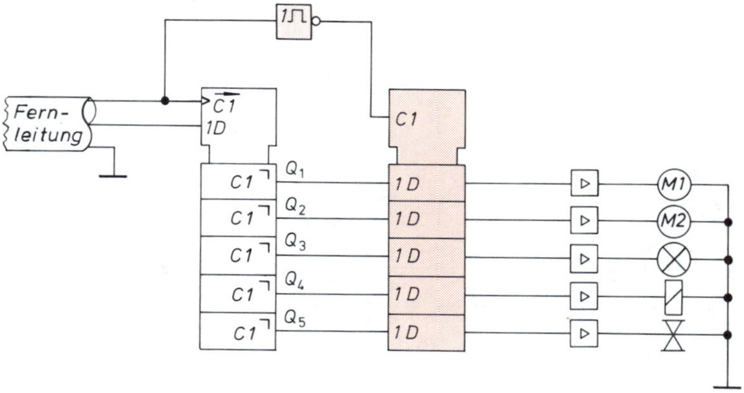

Abb. 12.16 Empfänger mit Ergebnisspeicher

Mit der ersten positiven Taktflanke wird die Zeitstufe der Abb. 12.16 geschaltet. Ihr Ausgang schaltet auf 0-Signal und sperrt damit den Ergebnisspeicher.

Nach vollendeter Informationsübertragung kippt die Zeitstufe wieder in ihren alten Zustand und öffnet damit den Ergebnisspeicher. Dieser wird auf die Signale der Ausgänge Q_1 ... Q_5 gesetzt.

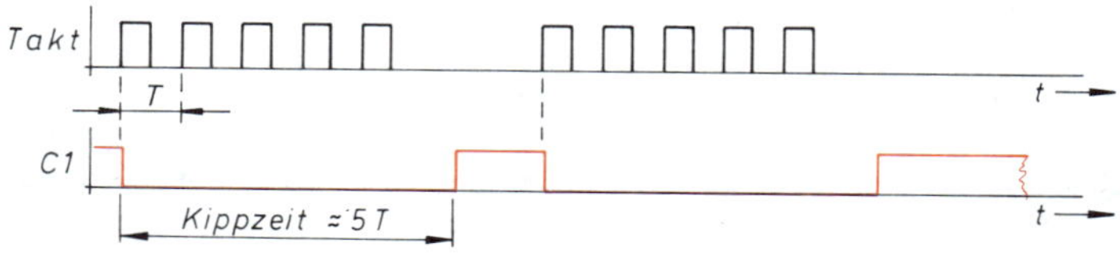

Abb. 12.17 Die Kippzeit der monostabilen Stufe

Ändert man die Taktfrequenz der Abb. 12.17, muß man die Kippzeit der Zeitstufe entsprechend verlängern oder verkürzen.

12.4.4 Das Gesamtschaltbild der Informationsübertragung

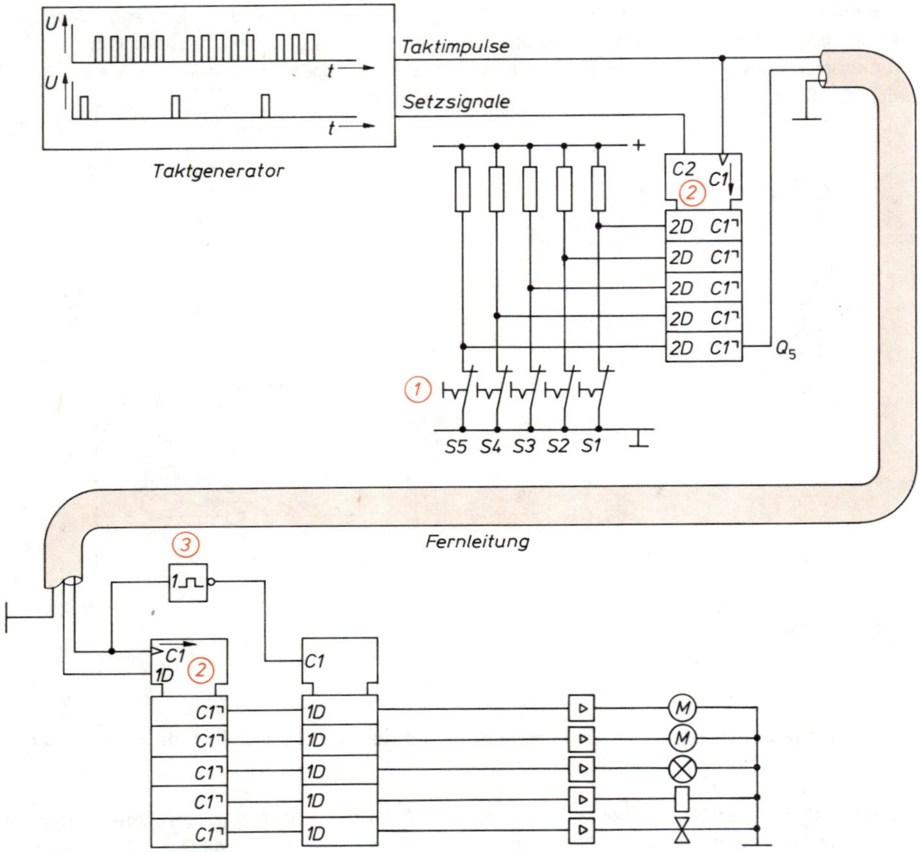

Abb. 12.18 Gesamtschaltung einer 5-Bit-Übertragung mit PCM

① Mit den Schaltern S1 ... S5 werden die zu übertragenden Informationen eingestellt.

② Vor dem Schalten der Schieberegister muß die Zeitstufe durch 0-Signal den Ergebnisspeicher des Empfängers sperren. Deshalb müssen mit der ersten positiven Taktflanke die Zeitstufe und mit den negativen Taktflanken die Schieberegister getriggert werden.
Da das IC SN 7496 der TTL-Familie ein positiv flankengetriggertes 5-Bit-Schieberegister ist, muß der Takteingang für Sender und Empfänger negiert werden. Unter Umständen sollte vor dem Takteingang des Senderschieberegisters eine Impulsverzögerung in Form von mehreren hintereinander geschalteten logischen Bausteinen eingefügt werden. Damit wird auf jeden Fall gewährleistet, daß das Empfängerschieberegister immer vor dem Senderschieberegister schaltet.

③ Während der Übertragung sperrt die Zeitstufe durch 0-Signal den Ergebnisspeicher.

12.5 Die Signalsprachen

In der bis hierher beschriebenen seriellen Informationsübertragung entsprach ein Ein-Befehl dem elektrischen Zustand „Spannung in ausreichender Höhe" und ein Aus-Befehl dem elektrischen Zustand „keine Spannung".
Diese Zuordnung der Informationen zu den elektrischen Zuständen einer Schaltung bezeichnet man auch als Pulscodemodulation.
Neben dieser Signalsprache gibt es noch ein bedeutendes Verfahren, bei dem eine andere Zuordnung gilt.
Die Information 1 oder 0 entspricht nicht mehr den elektrischen Zuständen „keine Spannung" bzw. „Spannung in ausreichender Höhe", sondern nur der Dauer des elektrischen Zustandes „Spannung in ausreichender Höhe". Die Information 1 wird durch einen „langen", die Information 0 durch einen „kurzen" Impuls gebildet. Der elektrische Zustand „keine Spannung" wird hier nicht mehr als Information gewertet.
Dieses Verfahren bezeichnet man als Pulsdauermodulation.

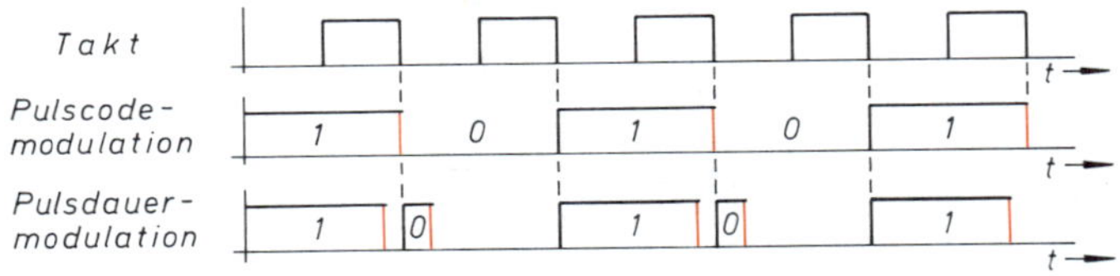

Abb. 12.19

Die Abb. 12.19 zeigt den wesentlichen Unterschied der beiden Signalsprachen: Nur bei der Pulsdauermodulation entspricht die Anzahl der negativen Impulsflanken immer der Anzahl der Takte.
Im Gegensatz zur PCM[1]) wird deshalb der Takt im Empfänger aus den Impulsflanken der zu übertragenen Information gebildet. Die zusätzliche Taktleitung der PCM kann dadurch eingespart werden. Informationsübertragungen werden deshalb sehr häufig, trotz der komplizierten Sender- und Empfängerschaltungen, in der Pulsdauermodulation durchgeführt.

12.6 Informationsübertragung mit Pulsdauermodulation

In diesem Kapitel wird die Schaltung einer einfachen 5-Bit-Fernübertragung nach dem Verfahren der Pulsdauermodulation beschrieben. Die Signale 1 oder 0 entsprechen Impulsen unterschiedlicher Dauer. Durch das PDM[2])-Verfahren braucht man für die Synchronisierung des Senders und Empfängers keine zusätzliche Taktleitung. Der Takt wird in dem Empfänger aus den Impulsflanken der ankommenden Informationen gebildet.

12.6.1 Der Sender

Der Taktgenerator liefert zuerst ein Setzsignal für den Parallel-Serienumsetzer. Durch dieses 1-Signal wird die parallel anstehende Information in das Schieberegister übernommen. Der jeweilige Signalzustand des Q_5-Ausganges steuert den Umschalter. Bei *0-Signal* gelangen die *kurzen Impulse* und bei *1-Signal* die *langen Impulse* des Taktgenerators auf die Fernleitung.
Nach jedem langen Impuls des Taktgenerators wird die Information des Schieberegisters um eine Stelle in Richtung des Q_5-Ausganges verschoben, und damit der Umschalter entsprechend umgestellt.

---

[1]) PCM = Pulscodemodulation
[2]) PDM = Pulsdauermodulation

Die Anzahl der Taktimpulse pro Übertragung richtet sich nach der Stellenzahl der zu übertragenden Informationen. In unserem Beispiel einer 5-Bit-Übertragung werden demnach jeweils 5 Taktimpulse pro Übertragung benötigt.

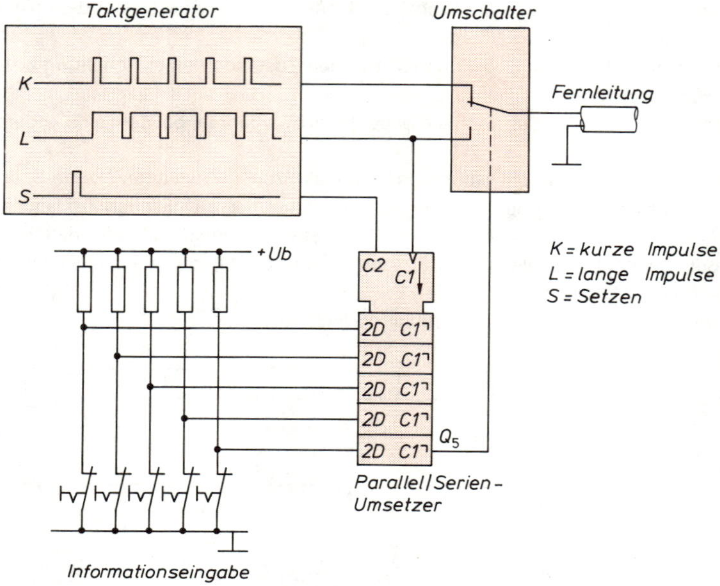

Abb. 12.20 Blockschaltbild des Senders

12.6.1.1 Der Taktgenerator

Der Taktgenerator besteht aus einem Generator, der dauernd kurze und lange Impulse liefert, einem Zähler mit einer Auswerteschaltung und einem Tor.
Die Schalter des Tores werden entsprechend der gewünschten Impulsgruppe (4, 5, 8, 16) durch 1-Signal der Auswerteschaltung geschlossen. Eine anschließende Pause wird für das Setzsignal benötigt.
Die Realisierung des Taktgenerators entspricht der beschriebenen Schaltung des Kapitels 12.4.2 nur mit dem Unterschied, daß hier das Tor doppelt und der Generator geändert werden muß. In dem Beispiel einer 5-Bit-Übertragung entspricht die Auswerteschaltung der Schaltung nach Abb. 12.12 des Kapitels 12.4.2.

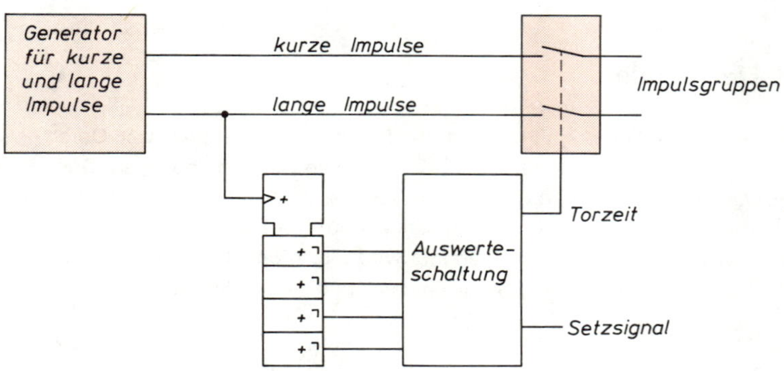

Abb. 12.21 Prinzip des Taktgenerators

Der Generator für die kurzen und langen Impulse besteht aus einem astabilen Multivibrator, einem Zähler und einer Auswerteschaltung. Diese setzt sich aus einem UND- und einem ODER-Baustein zusammen. Der UND-Baustein ist immer bei Q_1 = 1-Signal „geöffnet", so daß jeder zweite Impuls des Rechteckgenerators am Ausgang erscheint. Durch die ODER-Verknüpfung zwischen dem Signal an Q_1 des Zählers und der Rechteckspannung des astabilen Multivibrators entstehen die langen Impulse am Ausgang.

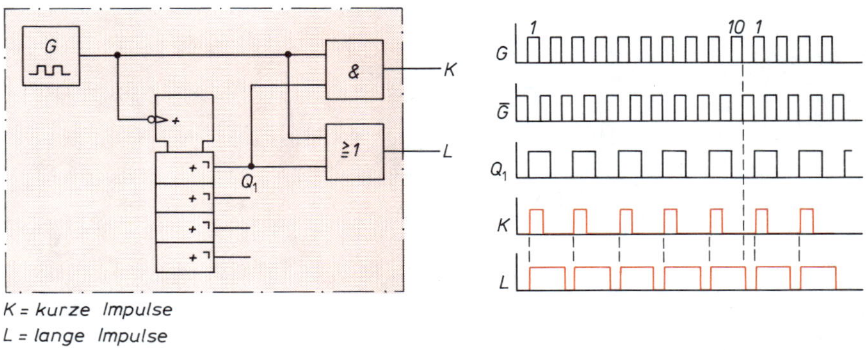

Abb. 12.22 Generator für kurze und lange Impulse

Das Verhältnis der langen zu den kurzen Impulsen beträgt nach dem Funktionsplan der Abb. 12.22 3 : 1. Dies scheint für eine eindeutige Unterscheidung im Empfänger ausreichend zu sein. Natürlich ist die Schaltung nach Abb. 12.22 nur eine von vielen Möglichkeiten, die allerdings fast immer nach den gleichen Prinzipien entwickelt werden. Das Prinzip liegt in der Benutzung eines Zählers mit der entsprechenden Auswerteschaltung.

Generator für Kurz- und Langimpulse

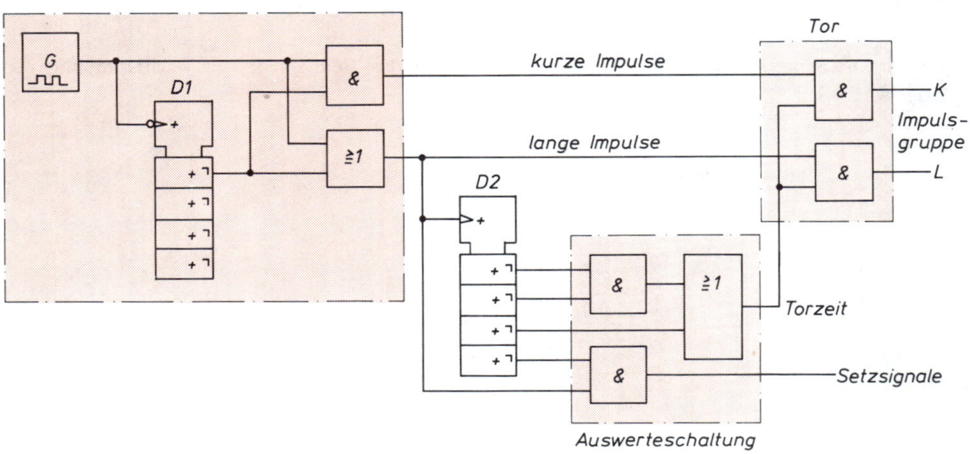

Abb. 12.23 Gesamtschaltung des Taktgenerators für 5-Bit-Übertragungen

Die Abb. 12.23 zeigt die Gesamtschaltung des Taktgenerators für eine 5-Bit-Übertragung. Der Generator für kurze und lange Impulse liefert kontinuierlich die entsprechenden Impulse. Der Zähler D 2 zählt die langen Impulse, und die Auswerteschaltung öffnet das Tor solange, bis 5 lange und 5 kurze Impulse hindurchgelangt sind. Danach entsteht das Setzsignal für das Senderschieberegister. Diese Vorgänge wiederholen sich immer wieder, d.h. es liegt ein zyklischer Betrieb vor.

12.6.1.2 Der Umschalter

Der Umschalter schaltet in Abhängigkeit der Information einen „kurzen" oder „langen" Impuls des Signalgebers auf die Fernleitung.
Die Information in der Form von 0- oder 1-Signalen liefert der Parallel-Serien-Umsetzer. Dieser ist direkt mit dem Steuereingang des Umschalters verbunden.

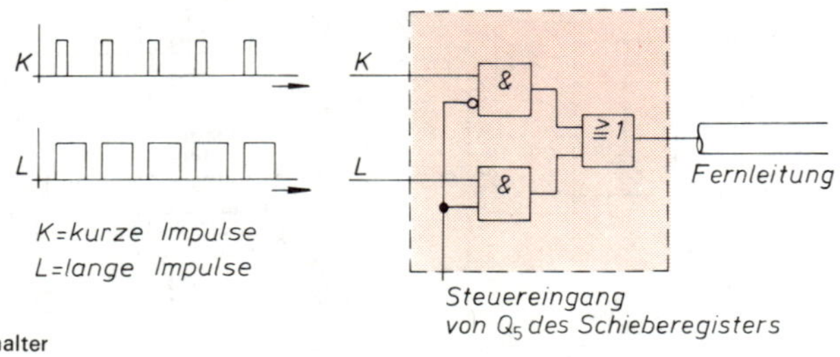

Abb. 12.24 Umschalter

Ein 1-Signal der Steuerleitung öffnet den unteren UND-Baustein. Die „langen" Impulse des L-Einganges gelangen auf die Fernleitung.
Ein 0-Signal der Steuerleitung öffnet den oberen Baustein. Die „kurzen" Impulse des K-Einganges werden dadurch auf die Fernleitung geschaltet. Die Steuerleitung ist mit dem seriellen Ausgang des Parallel-Serien-Umsetzers verbunden. Im Gegensatz zur Fernleitung entsprechen hier die Informationen 1 oder 0 den Spannungswerten „keine Spannung" oder „Spannung in ausreichender Höhe".

12.6.1.3 Der Parallel/Serien-Umsetzer mit Informationseingabe

Der Parallel/Serien-Umsetzer entspricht der Schaltung des Senders der PCM-Übertragung des Kapitels 12.4.1.

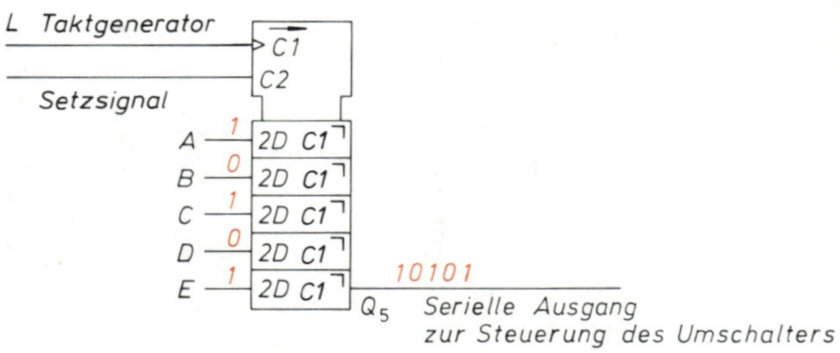

Abb. 12.25 Schieberegister als Parallel/Serien-Umsetzer

Die Informationen werden durch 1- oder 0-Signale an die Eingänge A ... E gelegt. Hierbei bedeutet der Signalzustand 1 „Spannung in ausreichender Höhe" und der Signalzustand 0 „keine Spannung". Durch die Impulse des Taktgenerators werden die Informationen schrittweise auf den seriellen Ausgang des Schieberegisters geschaltet. Diese Signale steuern den Umschalter, der entweder einen „langen" oder „kurzen" Impuls auf die Fernleitung schaltet.

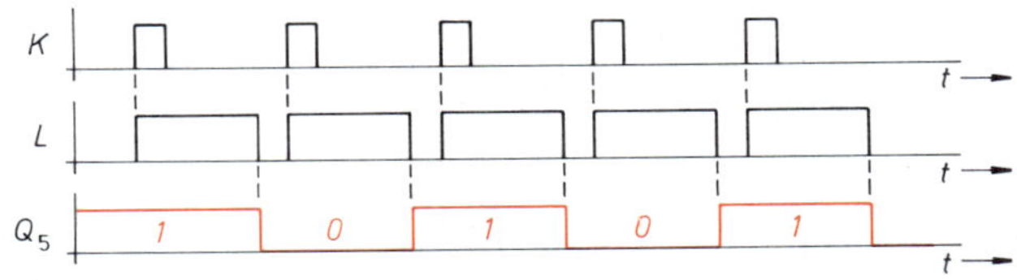

Abb. 12.26 Das Takten des Schieberegisters

Die Abb. 12.26 zeigt den Zusammenhang zwischen den *langen* und *kurzen* Impulsen des Taktgenerators und dem seriellen Ausgang Q_5 des Schieberegisters.
Die Information steht nach der parallelen Eingabe in das Schieberegister schon vor den ersten Taktimpulsen am Ausgang Q_5. Der Umschalter läßt entsprechend dieser anstehenden Information den ersten *langen* Impuls auf die Fernleitung. Nach jedem *langen* Impuls muß das Schieberegister weitergeschaltet werden, um den Umschalter rechtzeitig entsprechend der Information umzustellen.

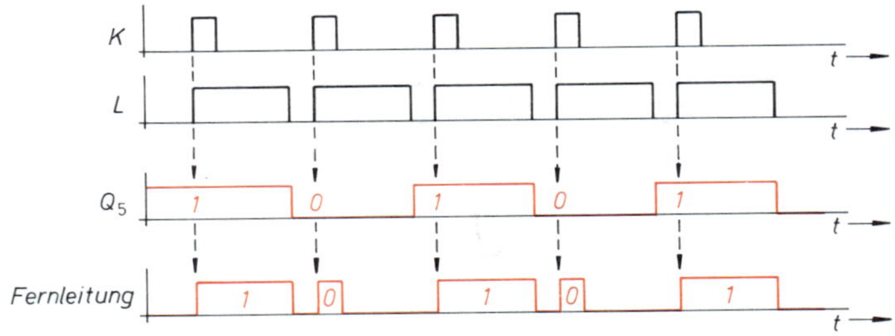

Abb. 12.27 Funktionsplan

Die Abb. 12.27 zeigt die unterschiedliche Zuordnung der Information 0 oder 1 zu den elektrischen Zuständen des Ausganges Q_5 und der Fernleitung. Dabei ergeben die Signale „keine Spannung" bzw. „Spannung in ausreichender Höhe" auf der Fernleitung Impulse unterschiedlicher Dauer.

12.6.2 Der Empfänger

Im Empfänger werden die seriell ankommenden Informationen in parallel anstehende Signale umgeformt. Dafür eignet sich ein Schieberegister mit serieller Eingabe und paralleler Ausgabe.

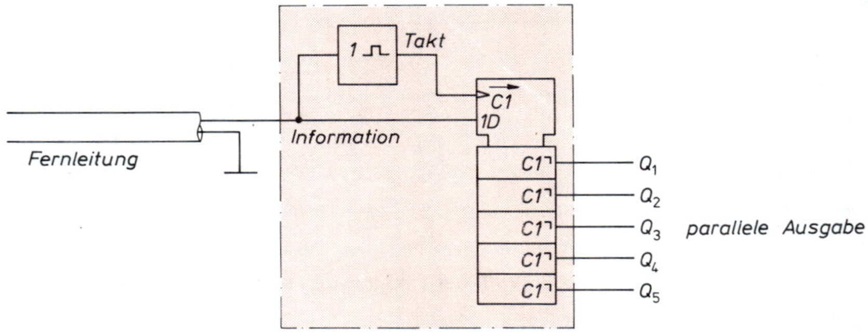

Abb. 12.28 Schieberegister als Empfänger

Nur bei der PDM entsprechen die Signalflanken einer Übertragung der Anzahl der Informationen. Im Gegensatz zur PCM kann deshalb hier der Takt aus den seriell ankommenden Signalen mit Hilfe einer Zeitstufe gewonnen werden.

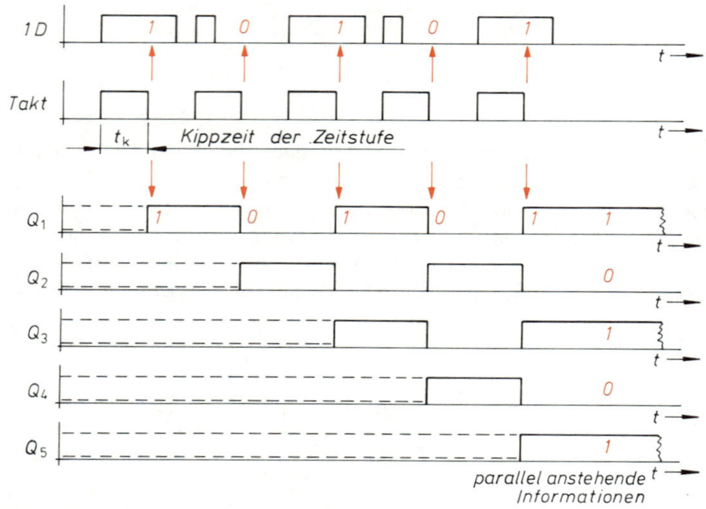

Abb. 12.29 Funktionsplan des Empfängers

Mit jeder positiven Signalflanke der Übertragungsleitung 1 D wird in Abb. 12.29 die Zeitstufe getriggert. Mit jedem Zurückkippen der Zeitstufe wird das Schieberegister geschaltet und übernimmt dabei den anstehenden Signalzustand des seriellen Einganges 1 D.
Nach 5 Schritten stehen die Informationen parallel an den Ausgängen $Q_1 \dots Q_5$.
Während der Übernahme der seriellen Informationen in das Schieberegister erscheinen an den Ausgängen $Q_1 \dots Q_5$ vorübergehend falsche Signale. In Abb. 12.29 erhält der Ausgang Q_2 z. B. die Signalfolge 0, 1, 1, 0. Die 1-Signale schalten einen angeschlossenen Verbraucher kurzzeitig ein. Um dies zu verhindern, schaltet man, wie bei der PCM in Kapitel 12.4.5 beschrieben, einen Ergebnisspeicher zwischen Schieberegister und Verbraucher.

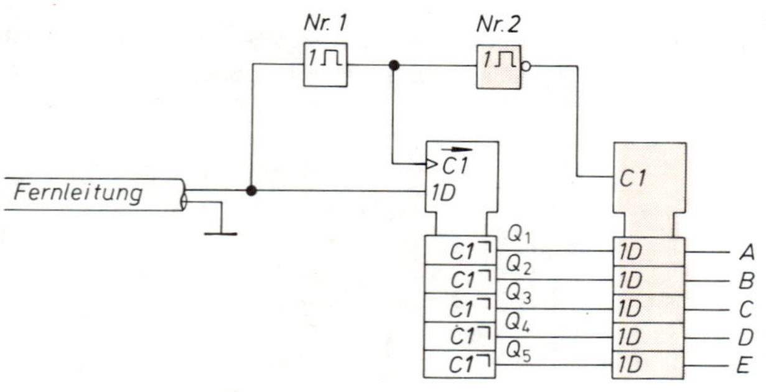

Abb. 12.30 Empfänger mit Ergebnisspeicher

Durch die Zeitstufe Nr. 1 der Abb. 12.30 wird der Takt aus den seriell ankommenden Informationen gewonnen.
Durch die Zeitstufe Nr. 2 wird der Ergebnisspeicher nach jeder abgeschlossenen Übertragung neu gesetzt.

Mit der ersten positiven Taktflanke schaltet der Ausgang der Zeitstufe Nr. 2 auf 0-Signal und sperrt damit den Ergebnisspeicher. Die Kippzeit muß länger als die gesamte Übertragungszeit sein.

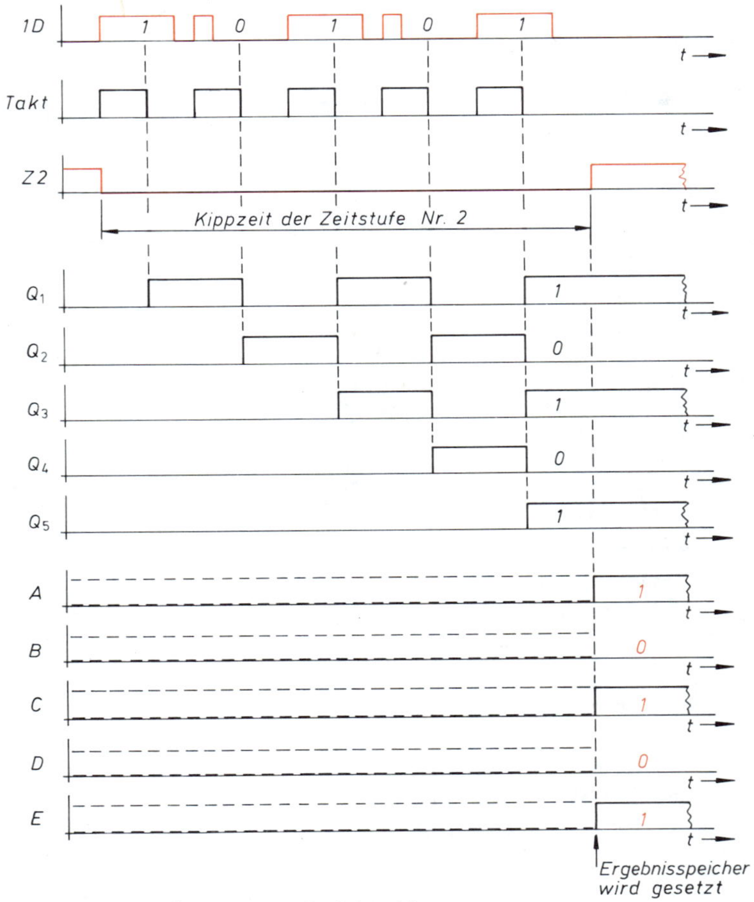

Abb. 12.31 Funktionsplan einer Übertragung mit Ergebnisspeicherung

An den Ausgängen Q_1 … Q_5 sieht man das Einschieben der Informationen. Nach beendeter Übertragung kippt die Zeitstufe zurück und setzt den Ergebnisspeicher auf die neue Information. Ändert man die Übertragungsfrequenz, muß man die Kippzeit beider Zeitstufen der Abb. 12.30 neu abgleichen.

12.6.3 Die gesamte Schaltung mit PDM

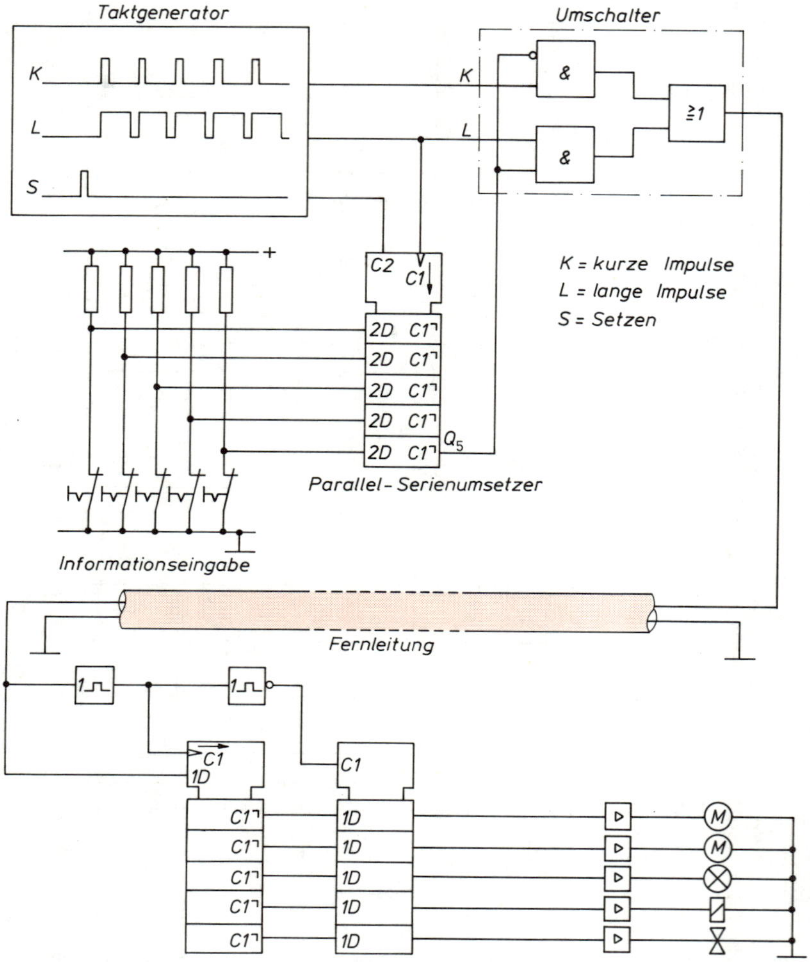

Abb. 12.32 Informationsübertragung nach dem PDM-Verfahren

12.7 Die Adressenbildung

Kraftwerke, Fabrikanlagen, Atomforschungszentren usw. werden von Kontrollräumen aus überwacht und gesteuert. Dafür muß nach jedem Gerät eine meist mehradrige Kabelverbindung führen. Beim Bau von großen Anlagen entstehen für diese Verkabelungen erhebliche Kosten, die sehr schnell die Millionengrenze überschreiten. Deshalb wendet man heute nicht mehr diese „parallele" Technik an, sondern alle Geräte werden „seriell", d. h. nacheinander über eine zweiadrige Ringleitung gesteuert. Jedes Gerät braucht dann allerdings einen speziellen Empfänger, der mit Hilfe einer Adresse von dem gemeinsamen Sender des Kontrollraumes angewählt wird.

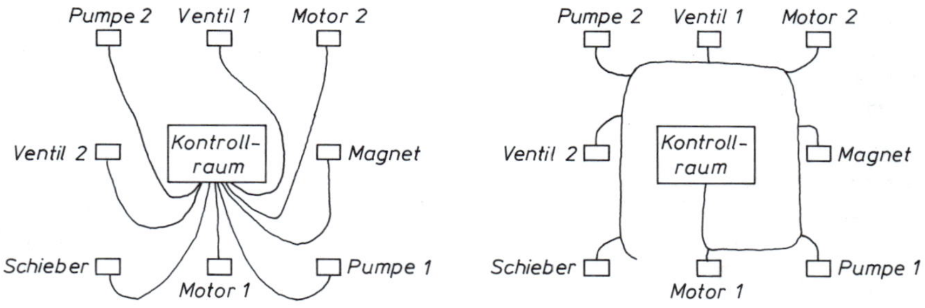

Abb. 12.33

Die Abb. 12.33 zeigt einmal die parallele Steuerung der Geräte (linke Skizze) und zum anderen das Prinzip der seriellen Steuerung der Verbraucher (rechte Skizze). Während die Geräte der parallelen Technik alle gleichzeitig beeinflußt werden können, ist dieses bei der seriellen Technik nur nacheinander möglich. Damit daraus keine Nachteile entstehen, wird die Frequenz der Informationsübertragung höher als die Reaktionszeit aller Verbraucher zusammen gewählt.

Die Informationsübertragung, bestehend aus dem gemeinsamen Sender im Kontrollraum und den Empfängern der Verbraucher, kann als Pulscodemodulation (PCM) oder Pulsdauermodulation (PDM) ausgeführt werden. Als Beispiel wird hier die Schaltung der PDM von Kapitel 12.6 gewählt. Während der Sender schaltungstechnisch nur gering geändert zu werden braucht, müssen die Empfänger für die notwendige Adressensteuerung erweitert werden.

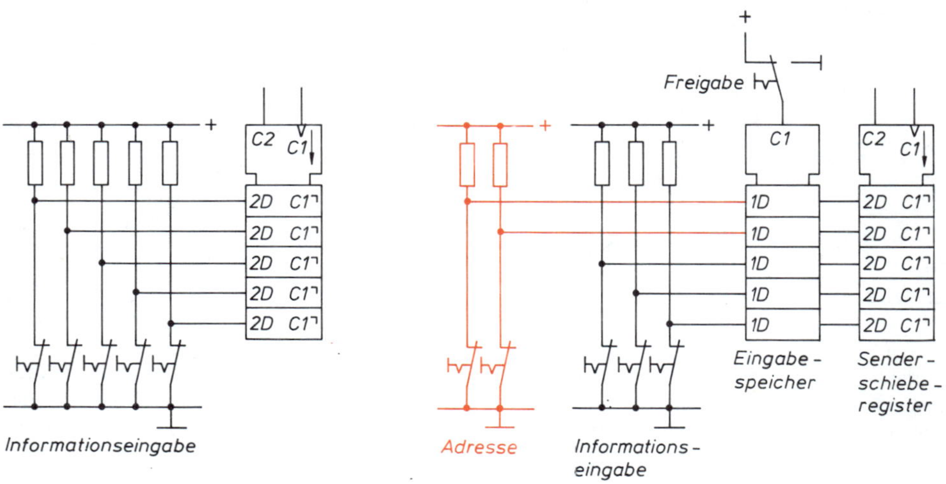

Abb. 12.34 Die Aufteilung der Schalter in Adresse und Information

Die Abb. 12.34 zeigt das Senderschieberegister mit den Schaltern für die parallele Eingabe. Während in der linken Darstellung sämtliche Schalter der Informationseingabe dienen, sind sie in der rechten Skizze in Adreßeingabe und Dateneingabe aufgeteilt. Jede Übertragung besteht nun aus einer 2-Bit-Adresse und einer 3-Bit-Information. Damit können 4 Empfänger angewählt werden. In industriellen Anlagen werden natürlich wesentlich mehr Empfänger benötigt, z. B. kann man mit 8-Bit-Adressen 256 Empfänger anwählen. Auch die Dateneingabe wird nicht durch 3 Schalter, sondern meistens durch 4 bzw. 8 Schalter entsprechend 4- bzw. 8-Bit-Informationen vorgenommen. Die dazu notwendigen Erweiterungen der beschriebenen 5-Bit-Schaltung ergeben aber keine prinzipiell anderen Arbeitsweisen.

Da das Senderschieberegister der Abb. 12.34 durch Signale an C2 zyklisch gesetzt wird, können falsche Übertragungen während der Einstellung der Adresse und Information entstehen. Um dies zu verhindern, ist der Eingabespeicher zwischen Schieberegister und Schaltern eingefügt worden. Mit dem Freigabeschalter wird dieses Register gesetzt.

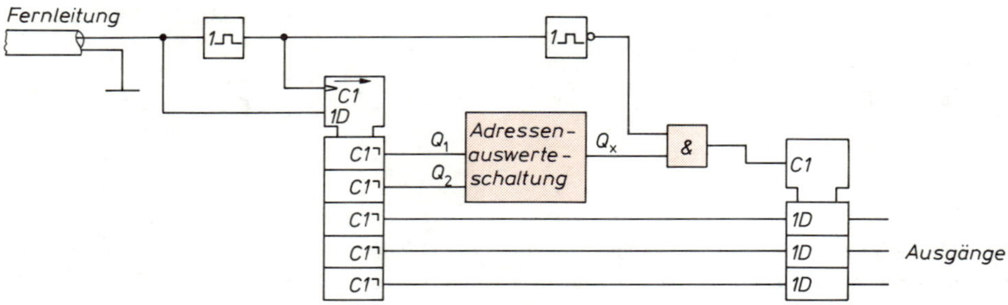

Abb. 12.35 Der Empfänger mit Adressenanwählung

Die Abb. 12.35 zeigt die notwendige Erweiterung des in Kapitel 12.6 beschriebenen Empfängers. Nach einer vollständigen Übertragung steht die Adresse und die Information im Empfängerschieberegister. Der Ergebnisspeicher wird nur geöffnet, wenn die gesendete Adresse am Ausgang der Adressenauswerteschaltung 1-Signal erzeugt. Für jeden Empfänger braucht man demnach eine spezielle Auswertung der gesendeten Adressen.

Q_2	Q_1	Q_x
0	0	1
1	0	0
0	1	0
1	1	0

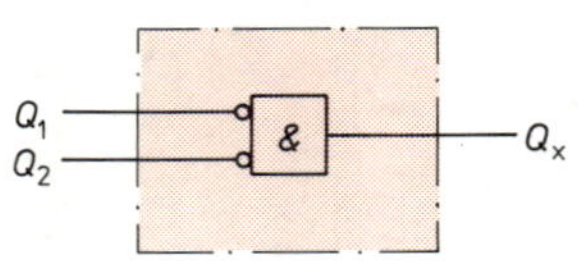

Abb. 12.36 Die Auswertung der Adresse 00

Für die Adresse 00 besteht die Adressenauswerteschaltung (Adreßdecoder) aus einem UND-Baustein mit Negierung der Eingänge. Entsprechend der Wertetabelle der Abb. 12.36 müssen für die anderen Adressen die Eingänge Q_1 und Q_2 direkt oder negiert an den UND-Baustein angeschlossen werden.

Die Gesamtschaltung

Im Sender wird die Adresse und die Information mit den entsprechenden Schaltern eingestellt. Danach wird der Freigabeschalter kurzzeitig betätigt und Adresse und Information eingespeichert. Durch das nächste Setzsignal an C2 werden diese Signale in das Schieberegister übernommen und mit dem Takt seriell auf die Fernleitung geschaltet. Alle Empfänger nehmen das gesendete Telegramm auf, aber nur der Ergebnisspeicher eines Empfängers wird durch die Adresse freigegeben. In der Abb. 12.37 wird der Ergebnisspeicher des 1. Empfängers durch die Adresse 00 gesetzt, der des zweiten durch 01, der des dritten durch 10 und der vierte durch 11.

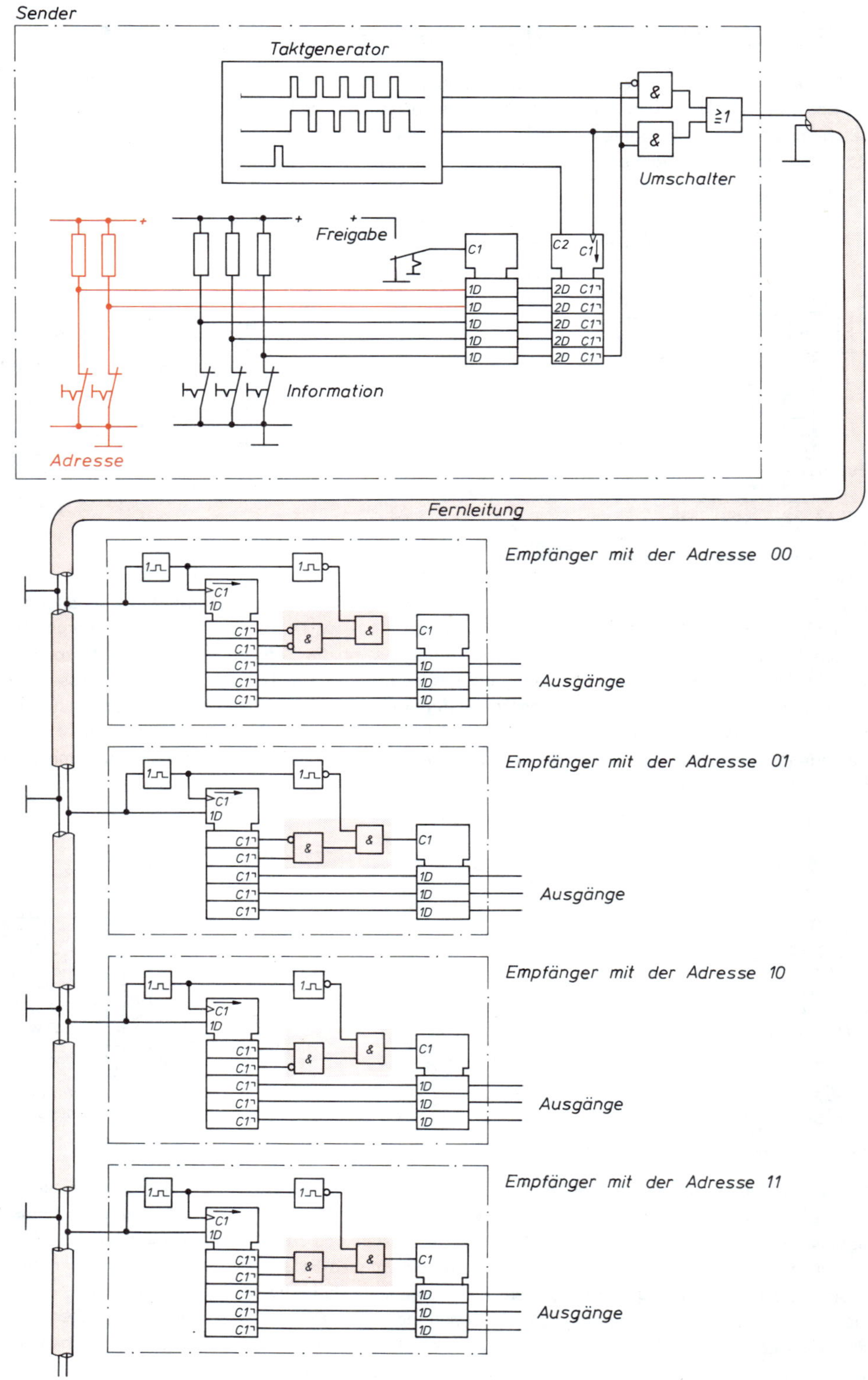

Abb. 12.37 Gesamtschaltung von Sender und Empfängern

12.8 Die Codierung der Informationen

In den bis hierher besprochenen Übertragungsanlagen wurde unter dem Begriff Information immer nur das Ein- und Ausschalten eines Verbrauchers verstanden. In den Schaltungen entsprach dieser Befehl einem 1- oder 0-Signal bzw. einem langen oder kurzen Impuls. Die Übertragung erfolgte in „Blöcken" zu je 5 Informationen. Diese „Blöcke" heißen auch *Telegramme*.

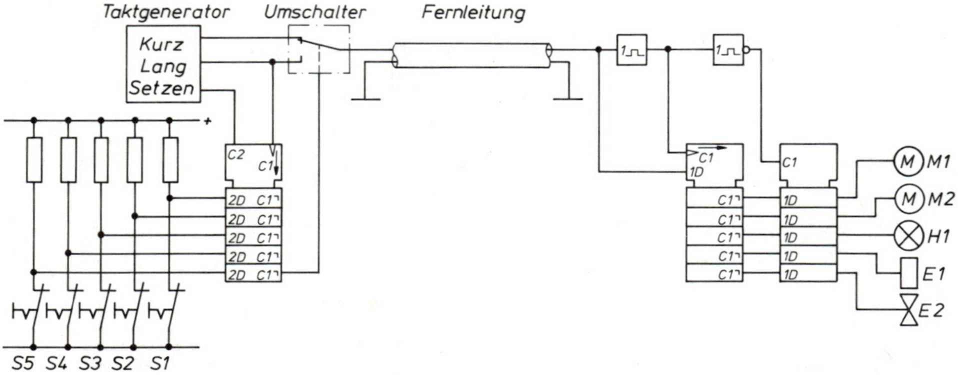

Abb. 12.38 Die direkte Zuordnung von Schalter und Verbraucher

Jeder Verbraucher der Abb. 12.38 ist einem ganz bestimmten Schalter zugeordnet. S 1 schaltet den Motor M 1, S 2 den Motor M 2, S 3 den Leuchtmelder H 1 usw. Diese direkte Zuordnung ergibt bei großen Verbraucherzahlen umständliche Schaltungen, weil die Schieberegister, Ergebnisspeicher und der Taktgenerator entsprechend erweitert werden müssen. Die Telegramme werden wesentlich länger und damit störanfälliger. Da außerdem häufig Spannungswerte, Zahlen oder Buchstaben übertragen werden, wählt man lieber die indirekte Zuordnung, d. h. die Information wird nicht mehr durch die Signale selbst, sondern durch deren Kombination gebildet. Bei einer 5-Bit-Übertragung sind 32 Kombinationen möglich.

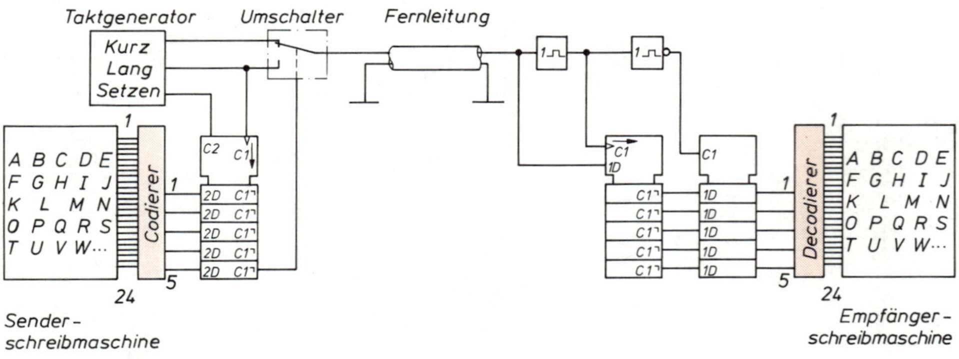

Abb. 12.39 Indirekte Zuordnung (Prinzip)

Jeder Tastendruck der Senderschreibmaschine erzeugt einen Buchstaben, der codiert, d. h. hier in eine 5-Bit-Signalkombination verschlüsselt wird. Nach einer vollständigen Übertragung steht diese Signalkombination an den Ausgängen des Ergebnisregisters des Empfängers. Anschließend wird sie decodiert, d. h. entschlüsselt, so daß nur ein ganz bestimmtes Relais (Typenhebel) in der Empfängerschreibmaschine betätigt wird. Auf dem Papier erscheint dann der gesendete Buchstabe.

Die Verschlüsselungen (Codierung) der Informationen werden nach sehr unterschiedlichen Verfahren vorgenommen. Welches Verfahren jeweils zur Übertragung von Informationen benutzt wird, hängt von den speziellen Anforderungen wie niedrige Kosten, schnelle Übertragung, Fehlererkennung usw. ab. Einige der gebräuchlichsten Codes sind in der Abb. 12.40 dargestellt.

Binärcode

Wert	Kombination
0	0000
1	0001
2	0010
3	0011
4	0100
5	0101
6	0110
7	0111
8	1000
9	1001
10	1010
11	1011
12	1100
13	1101
14	1110
15	1111

BCD-Code

Wert	Kombination	
0	0000	0000
1	0000	0001
2	0000	0010
3	0000	0011
4	0000	0100
5	0000	0101
6	0000	0110
7	0000	0111
8	0000	1000
9	0000	1001
10	0001	0000
11	0001	0001
12	0001	0010
13	0001	0011
14	0001	0100
15	0001	0101

Gray-Code

0	0000	5	0111
1	0001	6	0101
2	0011	7	0100
3	0010	8	1100
4	0110	9	1101

2-aus-5-Code

0	11000	5	01010
1	00011	6	01100
2	00101	7	10001
3	00110	8	10010
4	01001	9	10100

Fernschreib-Code ZSC 3

A	11000	J	11010	S	10100
B	10011	K	11110	T	00001
C	01110	L	01001	U	11100
D	10010	M	00111	V	01111
E	10000	N	00110	W	11001
F	10110	O	00011	X	10111
G	01011	P	01101	Y	10101
H	00101	Q	11101	Z	10001
I	01100	R	01010		

Abb. 12.40 Codes

12.9 Übertragungsfehler

Obwohl die digitale Übertragungstechnik sehr störsicher ist, kann es trotzdem vorkommen, daß einzelne Signale verfälscht werden.
Durch magnetische oder elektrische Felder werden dann Störungen eingestreut, die die Signale von 0 auf 1 oder auch von 1 auf 0 verändern.

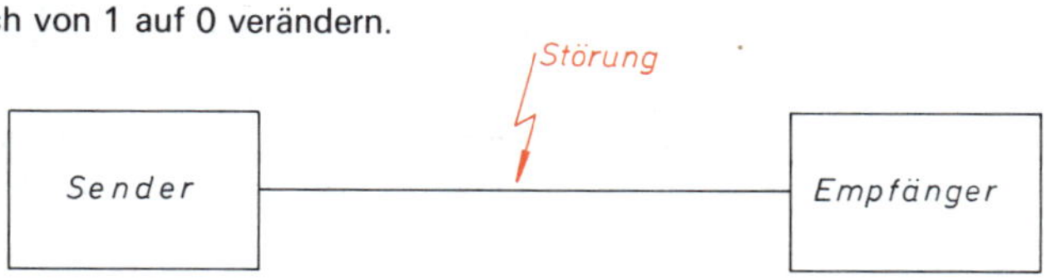

Abb. 12.41 Übertragungsfehler durch äußere Störungen

Die Übertragung über große Entfernungen geschieht in der Regel über normale Postleitungen. Die Kabel bestehen aus einer Anzahl von Adern, die für die verschiedensten Zwecke benutzt werden. Da sie sehr dicht beieinander liegen, können Impulse von der einen Ader auf die andere übertragen werden. Diesen Vorgang bezeichnet man als „Übersprechen".

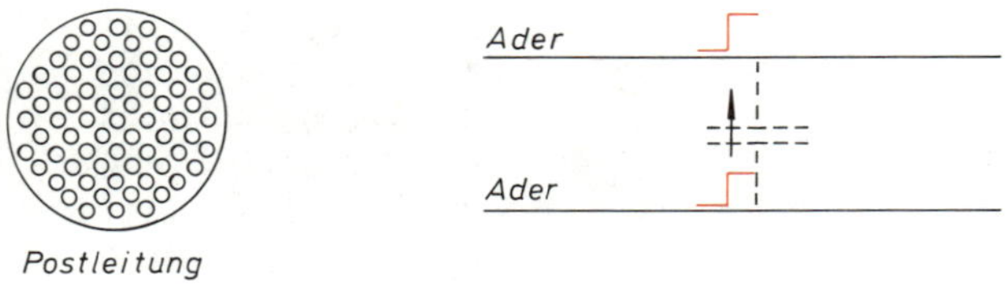

Abb. 12.42 Übersprechen

In der Abb. 12.42 werden die Spannungssprünge auf der unteren Ader durch die vorhandene Kabelkapazität auf die obere übertragen.
Übertragungsfehler können auch durch Mehrfachreflexionen der Signale auf den Adern entstehen. Um diese Fehler zu vermeiden, gibt es in der TTL-Technik spezielle Leitungssender bzw. -Empfänger.

12.9.1 Fehlererkennung

Da man die in Kapitel 12.9 beschriebenen Störquellen nicht beseitigen kann, muß man deren Auswirkungen im Empfänger an Hand der Signalkombinationen erkennen können. Fehlerhafte Übertragungen werden dann entweder wiederholt oder im Empfänger selbst korrigiert.
Fehlererkennung ist nur bei Verwendung von sogenannten redundanten[1]) Codes möglich. Diese Codes benutzen zur Darstellung von Zahlen, Buchstaben oder Zeichen mehr Signale als eigentlich notwendig sind.

Dezimalzahl	Dualzahl	Erweiterungsstelle
0	0000	0
1	0001	1
2	0010	1
3	0011	0
4	0100	1
5	0101	0
6	0110	0
7	0111	1
8	1000	1
9	1001	0
10	1010	0
11	1011	1
12	1100	0
13	1101	1
14	1110	1
15	1111	0

Abb. 12.43 Die Erweiterung des Dualzahlensystems durch eine zusätzliche Stelle zu einem redundanten Code

Das duale Zahlensystem der Abb. 12.43 benötigt für die Darstellung der Zahlen 0 ... 15 jeweils 4 Signale unterschiedlicher Kombinationen. Da jede Störung, d. h. jede Veränderung einer übertragenen Signalkombination eine neue gültige Zahl ergibt, kann man bei der Benutzung dieses Codes keine Übertragungsfehler erkennen.

[1]) Redundanz = Überfluß

Fehlerhafte Übertragungen sind grundsätzlich nur erkennbar, wenn die empfangenen Signalkombinationen von denen des verwendeten Codes abweichen. Der benutzte Code muß also mehr Stellen zur Darstellung der Zahlen besitzen, als eigentlich notwendig ist. Die Abb. 12.43 zeigt die Erweiterung der Darstellung der Dualzahlen um eine Stelle. Da man mit 5 Stellen eigentlich 32 Signalkombinationen erzeugen kann, 16 aber nur für die Darstellung der Zahlen 0 ... 15 benötigt werden, bleiben ebenfalls 16 Signalkombinationen übrig, die im Empfänger als fehlerhafte Übertragungen identifiziert werden.

Die Wahrscheinlichkeit, daß eine Zahl durch Störungen in eine ungültige Signalkombination verfälscht wird, so daß sie im Empfänger als fehlerhaft erkannt werden kann, steigt mit der Anzahl der überschüssigen (redundanten) Stellen der Signalkombinationen.

Wert

0––––0000000001
1––––0000000010
2––––0000000100
3––––0000001000
4––––0000010000
5––––0000100000
6––––0001000000
7––––0010000000
8––––0100000000
9––––1000000000

Abb. 12.44 Redundanter Code 1- aus -10

Der Code der Abb. 12.44 hat 10 Stellen. Damit sind 2^{10} Signalkombinationen möglich ($2^{10} = 1024$). Da 10 Kombinationen für die Darstellung der Zahlen 0 ... 9 gebraucht werden, bleiben 1018 Kombinationen übrig, die als fehlerhafte Übertragung identifiziert werden. Die Wahrscheinlichkeit, daß eine Zahl durch Störungen gerade so verfälscht wird, daß die Signalkombination eine andere gültige Kombination ergibt, ist dadurch sehr gering.

Im Empfänger werden die ankommenden Signale auf eine bestimmte Regelmäßigkeit der Kombinationen untersucht. So benutzt z. B. der 1-aus-10-Code für jede Zahlendarstellung immer nur ein 1-Signal und neun 0-Signale.

Weisen Codes keine einfache Regelmäßigkeit auf, wird diese durch Hinzufügen eines 1- oder 0-Signales nachträglich erreicht. In Abb. 12.43 werden z. B. die Dualzahlen durch die Signale einer zusätzlichen Stelle auf eine gerade Anzahl von 1-Signalen erweitert.

Diese Erweiterungsstelle bezeichnet man als Parity-Bit (Gleichheitsstelle).

Die Prüfung im Empfänger auf eine gerade Anzahl von 1-Signalen wird als Paritätsprüfung oder Parity-Check bezeichnet.

Im Gegensatz des erweiterten Dualcodes der Abb. 12.43 besteht der 2-aus-5-Code der Abb. 12.40 nicht nur aus einer geraden Anzahl von 1-Signalen, sondern immer aus einer konstanten Anzahl von 1-Signalen.

Die Einteilung der Zahlen erfolgt hier wie im BCD-Code in Dekaden.

Wert Parity Bit
↓
0––––11000
1––––00011
2––––00101
3––––00110
4––––01001
5––––01010
6––––01100
7––––10001
8––––10010
9––––10100

Abb. 12.45 Zusammensetzung des 2-aus-5-Codes

12.9.2 Serielle Fernübertragung mit Fehlererkennung

Aus der Vielzahl der Möglichkeiten von Informationsübertragungen mit Fehlererkennung wird hier eine Übertragung im 2-aus-5-Code nach dem PDM-Verfahren beschrieben.
Der 2-aus-5-Code hat den Vorteil, daß alle Kombinationen nicht nur aus einer geraden, sondern sogar aus einer konstanten Anzahl von 1-Signalen besteht. Diese Regelmäßigkeit führt zu einfacheren schaltungstechnischen Lösungen der Fehlererkennung und Fehlerkorrektur (siehe Kapitel 12.11). Die Sender- und Empfängerschaltungen für das PDM-Verfahren sind in Kapitel 12.6 behandelt worden.
Aus Übersichtlichkeitsgründen sollen hier nur Zahlen einer Dekade übertragen werden.
Da die Eingabe im Dezimalsystem erfolgt, die Sender und Empfänger aber in diesem Beispiel im 2-aus-5-Code arbeiten, müssen entsprechende Code-Wandler vorgeschaltet werden.

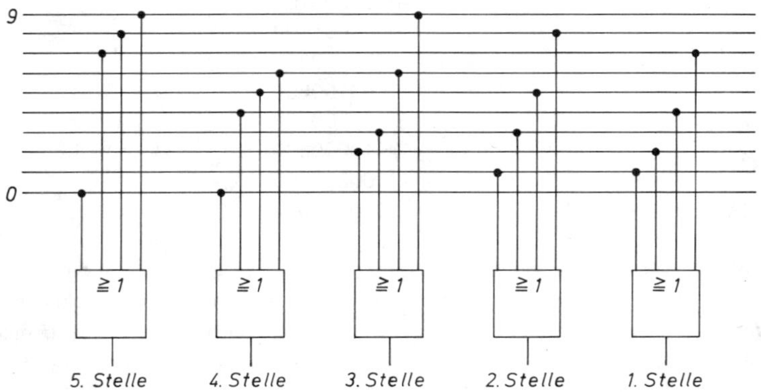

Abb. 12.46 Code-Wandler Dezimal/2-aus-5

Durch Vergleich der Dezimalzahlen mit den 1-Signalen des 2-aus-5-Codes findet man die schaltungstechnische Lösung nach Abb. 12.46.

12.9.3 Der Empfänger mit Fehlererkennung

Die einfachste Methode, Übertragungsfehler zu erkennen, ist die Prüfung der Signalkombinationen auf Parität, d.h. auf Gleichheit der 1-Signale.

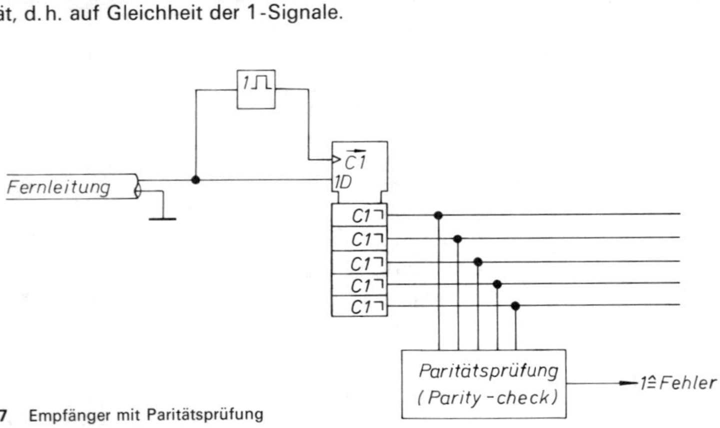

Abb. 12.47 Empfänger mit Paritätsprüfung

Das schaltungstechnische Prinzip der Paritätsprüfung nach Abb. 12.47 soll anhand von 4 Variablen erklärt werden. Mit 4 Variablen gibt es 16 verschiedene Kombinationen, von denen 8 eine gerade Anzahl von 1-Signalen besitzen. Die restlichen 8 müssen als fehlerhafte Signalkombinationen identifiziert werden.

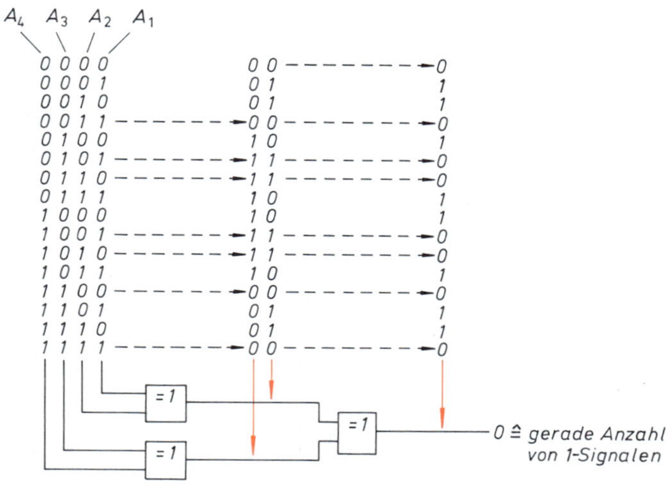

Abb. 12.48 Prinzip der Paritätsprüfung

Nur bei einer geraden Anzahl von 1-Signalen der Eingänge $A_1 \ldots A_4$ entstehen an den Ausgängen der beiden linken Exclusiv-ODER-Stufen gleiche Signalzustände. Diese ergeben dann an dem Ausgang der rechten Stufe 0-Signal.

Die Schaltung nach Abb. 12.48 gibt es in der TTL-Technik als fertigen integrierten Baustein.

8-Bit-Paritätsprüfer 74180

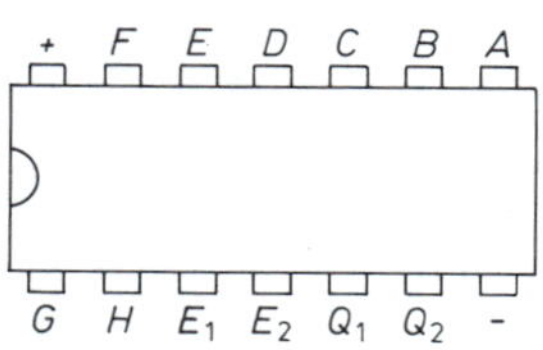

Abb. 12.49 Integrierter Baustein 74180

Logisches Verhalten des 74180

$\sum$ der 1-Signale an A … H	E_1 E_2 Q_1 Q_2
gerade	1 0 1 0
ungerade	1 0 0 1
gerade	0 1 0 1
ungerade	0 1 1 0

Die logische Schaltung des 74180 nimmt über die Eingänge A … H eine Information von 8-Bit auf und zeigt über die Ausgänge Q_1 oder Q_2 an, ob die Anzahl der 1-Signale der Information gerade oder ungerade ist.

Durch die zwei zusätzlichen Eingänge E_1 und E_2 kann die Paritätsprüfung auf beliebig viele Stellen erweitert werden. In unserem Beispiel müssen $E_1 = 1$ und $E_2 = 0$ sein, damit nur bei einem geraden Verhältnis an Q_2 0-Signal entsteht.
Überflüssige Eingänge müssen auf 0-Signal gelegt werden.
Mit der Prüfung der Parität können nicht alle fehlerhaften Übertragungen im Empfänger erkannt werden. Signalkombinationen aus vier 1- oder 0-Signalen werden nicht als fehlerhafte Übertragungen durch den Parity-check identifiziert.

Wert des 2-aus-5-Codes	Kombinationen 5 Variabler	Parity-check	Zusätzliche Fehlererkennungsschaltung
	00000	0	1
	00001	1	0
	00010	1	0
1	00011	0	0
	00100	1	0
2	00101	0	0
3	00110	0	0
	00111	1	1
	01000	1	0
4	01001	0	0
5	01010	0	0
	01011	1	0
6	01100	0	0
	01101	1	0
	01110	1	0
	01111	0	1
	10000	1	0
7	10001	0	0
8	10010	0	0
	10011	1	0
9	10100	0	0
	10101	1	0
	10110	1	0
	10111	0	1
10	11000	0	0
	11001	1	1
	11010	1	0
	11011	0	1
	11100	1	1
	11101	0	1
	11110	0	1
	11111	1	1

Abb. 12.50 Kombinationen aus 5 Variablen

Mit 5 Variablen gibt es 32 Kombinationsmöglichkeiten. Die Abb. 12.50 zeigt, welche Kombinationen im 2-aus-5-Code zur Darstellung der Zahlen 0–9 benutzt werden.
Die übrigen 22 Kombinationen müssen im Empfänger als Übertragungsfehler erkannt werden. Durch den Parity-check werden davon nur 17 Kombinationen als fehlerhaft identifiziert (Abb. 12.50).

Die restlichen 5 Kombinationen können nur durch eine zusätzliche Fehlererkennungsschaltung erkannt werden.

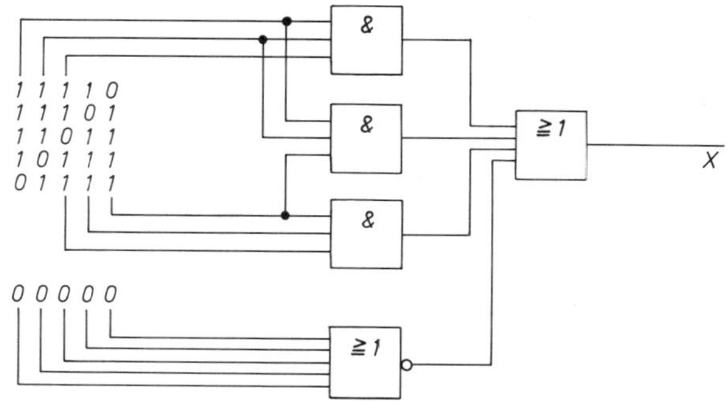

Abb. 12.51 Zusätzliche Fehlererkennungsschaltung

Die Abb. 12.51 zeigt die 6 Signalkombinationen, die von der Paritätsprüfung nicht als Übertragungsfehler identifiziert werden.
Am Ausgang der abgebildeten Schaltung erscheint bei diesen Kombinationen 1-Signal. In Abb. 12.50 ist die Wertetabelle dieser Schaltung ganz rechts dargestellt. Dabei ergeben nicht nur 6, sondern sogar 10 Kombinationen 1-Signal. Die restlichen 4 sind aber auch fehlerhafte Übertragungen, die schon durch die Schaltung der Paritätsprüfung erkannt werden.
Eine ODER-Verknüpfung des Ausganges der Schaltung nach Abb. 12.51 mit der Schaltung der Paritätsprüfung ergibt eine vollständige Fehlererkennungsschaltung.

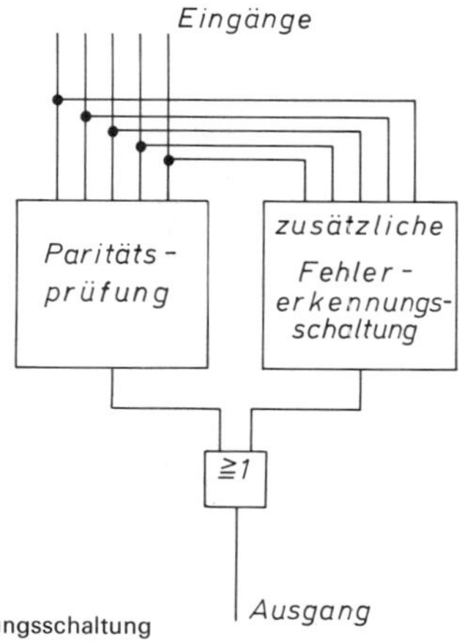

Abb. 12.52 Vollständige Fehlererkennungsschaltung

12.10 Fernübertragung mit Fehlerkorrektur

Die einfachste Korrektur besteht in der Wiederholung der fehlerhaften Übertragung. Diese muß im Empfänger erkannt und durch ein entsprechendes Signal den Sender zu einer Wiederholung der Übertragung veranlassen. Der Sender wartet mit der nächsten Übertragung, bis der Empfänger den einwandfreien Empfang quittiert hat.
Diese Methode kann durch eventuelle häufige Wiederholungen viel Zeit in Anspruch nehmen.
Ein extremes Beispiel ist die Steuerung von Satelliten. Wegen der großen Entfernung brauchen die Signale u. U. eine halbe Stunde, um den Satelliten zu erreichen. Dadurch kann eine Wiederholung der fehlerhaften Übertragung für eine richtige Steuerung des Satelliten zu spät kommen.

Besser ist es deshalb, Übertragungsfehler gleich an Ort und Stelle im Empfänger selber zu korrigieren, d.h. aus fehlerhaften Codewörtern wieder richtige zu erzeugen. Dabei kommt uns der Vorteil der binären Darstellung zugute. Eine Korrektur besteht hier immer nur aus einer Invertierung der fehlerhaften Stelle.

Dezimal	Binär
Fehler ↓	Fehler ↓ ↓
3 2 7	1 0 1 1 1
	↓ ↓ Korrektur durch Invertierung ↓ ↓
	1 0 0 1 0

Abb. 12.53 Korrektur von dezimalen und binären Zahlen

Beide Zahlen der Abb. 12.53 weisen als Beispiel einen Fehler in der 1. Stelle auf. Die Korrektur der Dezimalzahl ist wegen des großen Symbolvorrates schwierig durchzuführen. Da die binäre Darstellung mit zwei unterschiedlichen Symbolen auskommt, besteht eine Korrektur immer nur in der Invertierung der fehlerhaften Stelle.

Für diese Korrektur muß man den Ort des Fehlers innerhalb einer Signalkombination im Empfänger ermitteln. Dafür gibt es mehrere Verfahren, von denen hier nur eins beschrieben werden soll. Dieses setzt eine mehrfache Übertragung von Telegrammen in einem „Block" voraus.

	Spalten eines Blockes ↓↓↓↓↓	
1. Telegramm	00011 ←	Zeilen eines Blockes
2. Telegramm	00101 ←	
3. Telegramm	11000 ←	
4. Telegramm	01100 ←	

Abb. 12.54 Blockübertragung

Alle Telegramme werden im Empfänger gespeichert und anschließend auf Fehler untersucht.

Der genaue Ort der fehlerhaften Stelle ist nur durch die Prüfung der Zeilen und Spalten der Blockübertragung auf eine bestimmte, vorher festgelegte Regelmäßigkeit festzustellen.

Für die Signalkombinationen eines Telegramms besteht diese Regelmäßigkeit aus der geraden Anzahl von 1-Signalen.

Da die Telegramme untereinander keine einfache Regelmäßigkeit aufweisen, muß diese im Sender durch zusätzliche Parity-Bits erzeugt werden.

1. Telegramm	00011	
2. Telegramm	00101	
3. Telegramm	11000	
4. Telegramm	01100	
5. Prüfwort	10010	← Parity-Bits

Abb. 12.55 Blockübertragung mit Prüfwort

Das Parity-Bit ergänzt jede Spalte der Blockübertragung der Abb. 12.55 auf eine gerade Anzahl von 1-Signalen. Die Signalkombinationen der Parity-Bits bezeichnet man als Prüfwort. Dieses muß im Sender für jede Blockübertragung neu gebildet werden und ebenfalls zum Empfänger gesendet werden.

```
00011 → 0 ┐
00101 → 0 │
11000 → 0 ├  Zeilenprüfung
01001 → 0 │
10111 → 0 ┘
↓↓↓↓↓
00000

Spaltenprüfung
```

Abb. 12.56 Zeilen- und Spaltenprüfung einer einwandfreien Blockübertragung

Die Zeilenprüfung erfolgt im Empfänger durch die Fehlererkennungsschaltung der Abb. 12.52.
Die Spalten können nur auf Parität und nicht wie die Zeilen auf eine bestimmte Anzahl von 1-Signalen untersucht werden, weil die Reihenfolge der übertragenen Zahlen willkürlich gewählt werden kann. Ohne Übertragungsfehler ergeben die Zeilen- und Spaltenprüfungen 0-Signal an ihren Ausgängen.

Beispiele mit Übertragungsfehlern:

```
1. Telegramm      10011 → 1
2. Telegramm      00011 → 0
3. Prüfwort       10010 → 0
                  ↓↓↓↓↓
                  00010
```

Abb. 12.57

Die 2. Stelle des ersten Telegramms ist in Abb. 12.57 fehlerhaft.

```
1. Telegramm      10001 → 0
2. Telegramm      00011 → 0
3. Prüfwort       10110 → 1
                  ↓↓↓↓↓
                  00100
```

Abb. 12.58

Die 3. Stelle des Prüfwortes ist verfälscht.

```
1. Telegramm      10111 → 1
2. Telegramm      00011 → 0
3. Prüfwort       10010 → 0
                  ↓↓↓↓↓
                  00110
```

Abb. 12.59

Die 2. und 3. Stelle des ersten Telegramms ist fehlerhaft.

12.10.1 Der Sender mit Bildung des Prüfwortes

Die Übertragung der Information erfolgt im 2-aus-5-Code mit Hilfe des PDM-Verfahrens.
Um das Prinzipielle der Schaltung noch erkennen zu können, werden nur Zahlen aus maximal zwei Dekaden übertragen. Für diese Dekaden und das Prüfwort werden insgesamt drei in Reihe geschaltete Schieberegister benötigt. Das Prüfwort wird durch einen Parity-check der Zahlen untereinander gewonnen. Dabei ergibt eine gerade Anzahl von 1-Signalen am Ausgang der Prüfschaltung ein 0-Signal.

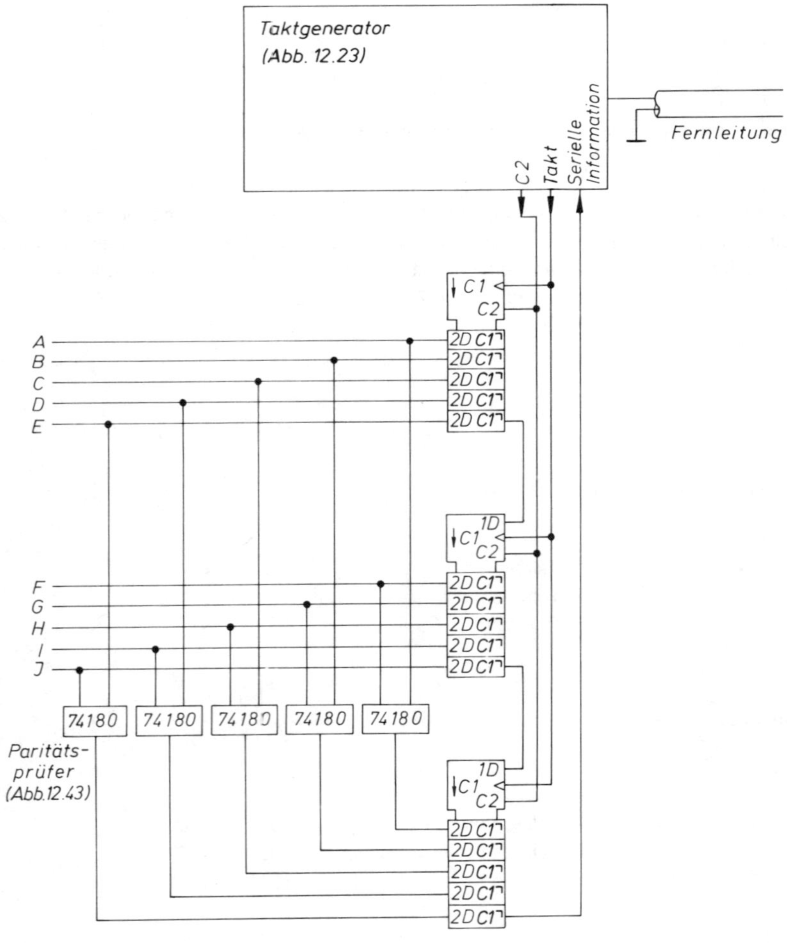

Abb. 12.60 Sender mit Prüfwortbildung

Der Impulsgruppengenerator der Abb. 12.60 gibt für eine komplette Übertragung 15 Impulse ab. Die parallele Eingabe erfolgt im 2-aus-5-Code an den Eingängen A ... I. Sollen die Zahlen dezimal eingegeben werden, muß der Code-Wandler der Abb. 12.46 vorgeschaltet werden. Das Prüfwort steht durch die Paritätsprüfer automatisch an den Eingängen des dritten Schieberegisters. Durch einen Impuls an allen parallel geschalteten C 2-Eingängen erfolgt die Übernahme der Signale in die Schieberegister. Der jeweils letzte Ausgang Q_5 eines Schieberegisters ist mit dem seriellen Eingang des folgenden verbunden. Alle Takteingänge liegen parallel. Der Takt schiebt die Information von oben nach unten um jeweils eine Stelle weiter. An Q_5 des 3. Schieberegisters erscheinen nacheinander alle Signale, die den Umschalter beeinflussen. Je nach Schaltstellung erscheinen „kurze" oder „lange" Impulse auf der Fernleitung.

12.10.2 Der Empfänger

Der Empfänger besteht aus einer Zeitstufe und drei in Reihe geschalteten Schieberegistern. Durch die Zeitstufe wird aus den seriell ankommenden Signalen der Takt gewonnen. Die serielle Übernahme der anstehenden Information erfolgt Stelle um Stelle mit jedem Taktimpuls.

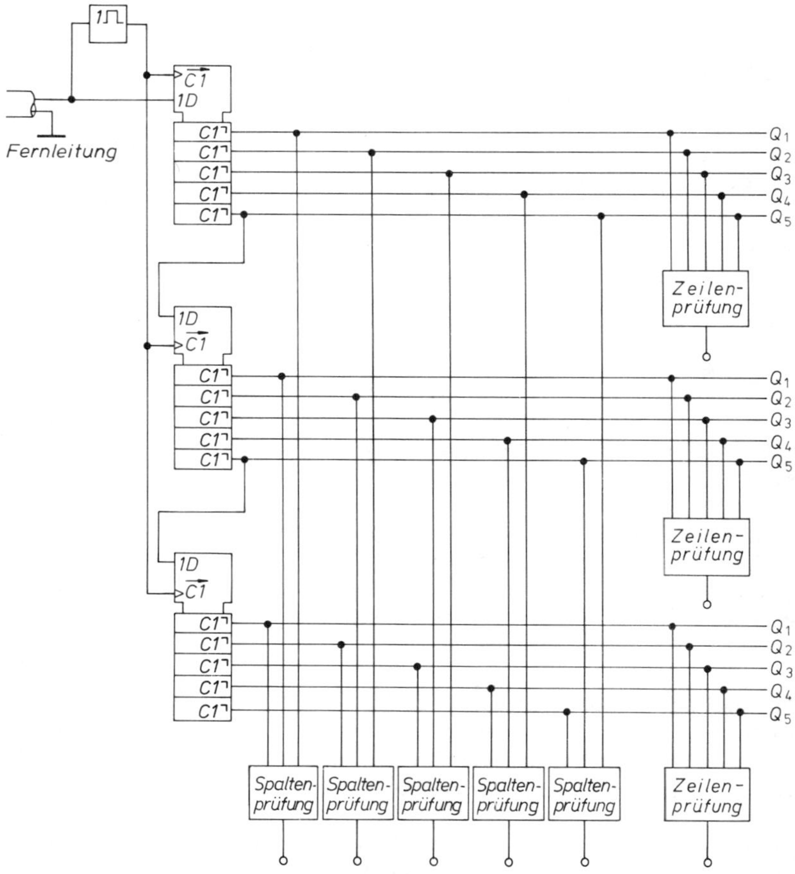

Abb. 12.61 Empfänger mit Zeilen- und Spaltenprüfung

Die Schaltung der Zeilenprüfung gibt an Ihrem Ausgang durch 1-Signal ein fehlerhaft übertragenes Telegramm zu erkennen. Durch die Spaltenprüfung wird die Stellennummer der fehlerhaften Übertragung festgestellt. Beide Aussagen zusammen ergeben den genauen Ort des Übertragungsfehlers. Die Zeilenprüfung wird mit der erweiterten Paritätsprüfung der Abb. 12.52 durchgeführt, die Spaltenprüfung nur durch einen normalen Parity-check.

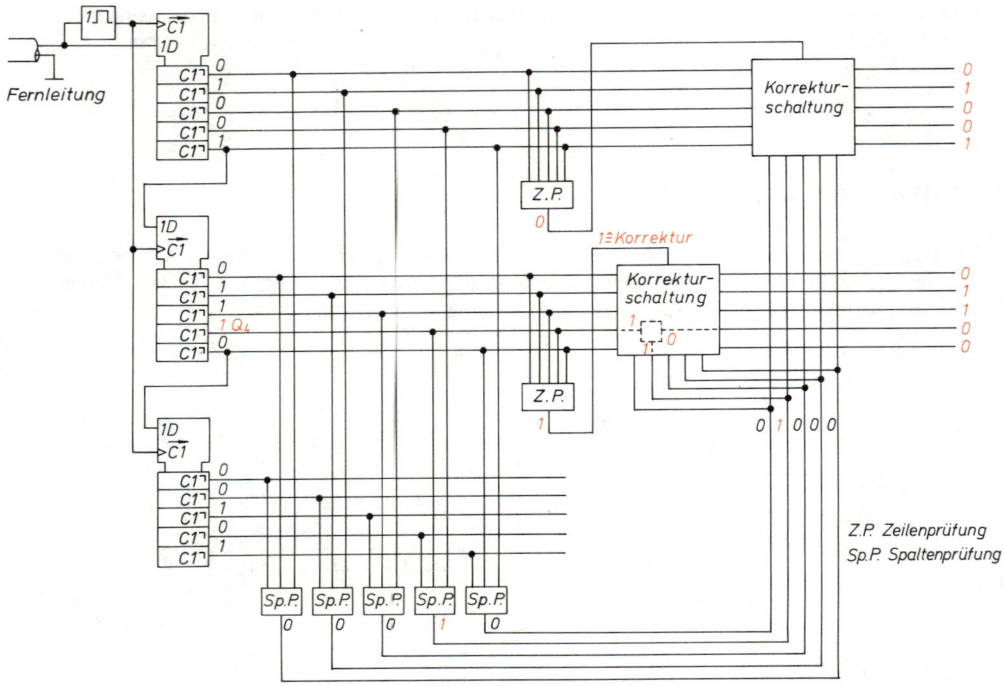

Abb. 12.62 Empfänger mit Fehlererkennung und Fehlerkorrektur

Die Abb. 12.62 zeigt das Beispiel einer fehlerhaften Übertragung mit Fehlererkennungs- und Fehlerkorrekturblöcken.

An den Ausgängen des ersten und zweiten Schieberegisters stehen die Signale der übertragenen Information. Diese lautet für das obere Schieberegister 01001. Die Kombination entspricht im 2-aus-5-Code der Zahl 4 und wurde fehlerfrei übertragen. Die Signalkombination des mittleren Schieberegisters soll ohne Übertragungsfehler der Zahl 6 entsprechen. Die Ausgänge des unteren Schieberegisters zeigen die Signale des Prüfwortes.

In diesem Beispiel tritt ein Übertragungsfehler an Q_4 des mittleren Schieberegisters auf. Dadurch ergeben die Zeilenprüfungen nur am Ausgang der unteren Prüfschaltung Z. P. ein 1-Signal. Dieses steuert den entsprechenden Korrekturblock an. Dabei bedeutet ein 1-Signal, daß eine Korrektur durchgeführt werden muß. Bei einem 0-Signal erscheinen die Signale unverändert am Ausgang.

Die Spaltenprüfungen geben nur in der zweiten Stelle der Ausgangssignale der Prüfschaltungen durch ein 1-Signal einen Fehler an. Alle Ausgänge der Spaltenprüfungen sind mit den Korrekturblöcken verbunden.

Durch das 1-Signal der Zeilenprüfung findet aber nur in der unteren Korrekturschaltung eine Korrektur statt. Der Ausgang zeigt die korrigierte Signalkombination an.

Da die Fehlererkennung und Fehlerkorrektur ein statischer, d.h. dauernder Vorgang ist, erscheinen während des Einschiebens der Informationen in den Empfänger an den Ausgängen vorübergehend falsche Ergebnisse. Werden diese als störend empfunden, müssen Ergebnisspeicher (siehe Kapitel 12.4.5) nachgeschaltet werden.

12.10.3 Die Korrekturschaltung

Die Zeilenprüfung hat auf die Korrekturschaltung die Wirkung einer Freigabe. Dabei bedeutet 0-Signal keine Korrektur und 1-Signal Korrektur der entsprechenden Stelle.

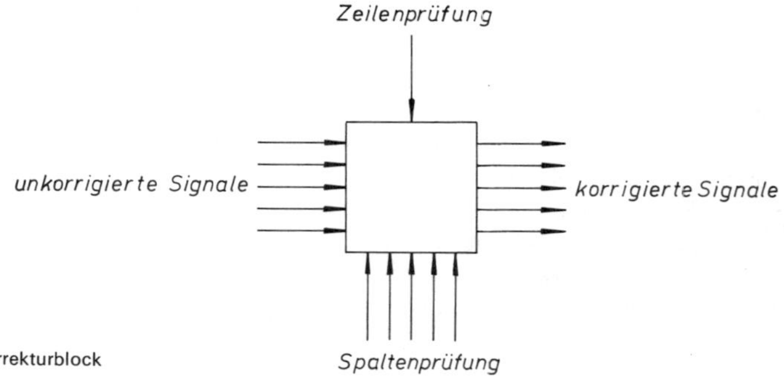

Abb. 12.63 Korrekturblock

Die Korrektur besteht im binären System aus einer Negierung des verfälschten Signales.

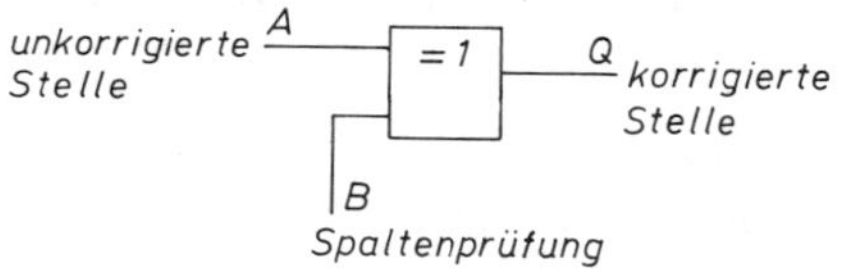

Wertetabelle der Korrektur

A	B	Q
0	0	0
0	1	1
1	0	1
1	1	0

Abb. 12.64 Korrekturschaltung einer Stelle

Nur bei einem 1-Signal der Spaltenprüfung B darf das Eingangssignal negiert am Ausgang Q erscheinen. Die Wertetabelle ergibt die Schaltung eines Exclusiv-ODER-Bausteines.

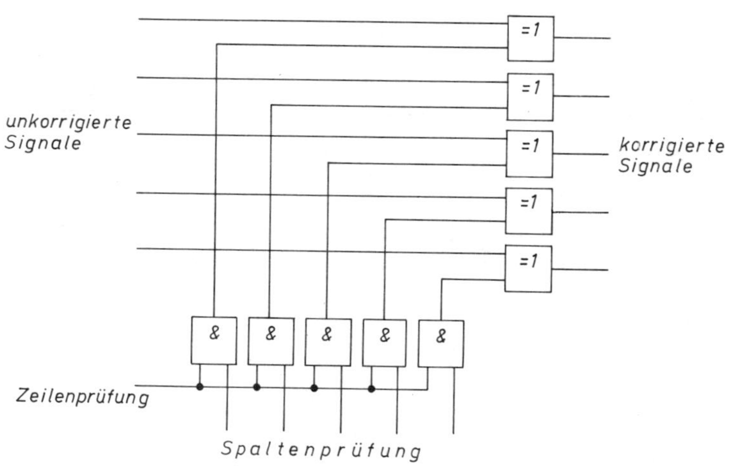

Abb. 12.65 Schaltung eines Korrekturblockes

Bei 0-Signal der Zeilenprüfung der Abb. 12.65 haben alle Ausgänge der UND-Stufen ebenfalls 0-Signale. Dadurch erscheinen die Eingangssignale unkorrigiert an den Ausgängen.
Bei 1-Signal der Zeilenprüfung entsteht nur an den Ausgängen der UND-Stufen 1-Signal, deren Spaltenprüfungseingänge ebenfalls 1-Signal zeigen.
Durch diese 1-Signale erscheinen die entsprechenden Eingangssignale negiert an den Ausgängen.

13 Rechenschaltungen

Die elektronische Rechenmaschine hat unser Leben in den letzten Jahren stark beeinflußt. Nicht nur der Taschenrechner, sondern vor allen Dingen industrielle Rechen- und Datenanlagen bestimmen heute weitgehend den Ablauf der verschiedenen Arbeitsprozesse.
Alle diese Geräte müssen als Mindestanforderung die vier Grundrechenarten wie Addition, Subtraktion, Multiplikation und Division beherrschen.
Diese grundlegenden Aufgaben sollen im Rahmen der folgenden Abschnitte näher erläutert werden. Um das Prinzipielle der Rechenverfahren aufzuzeigen, können nicht alle Varianten der unterschiedlichen Schaltungen berücksichtigt werden. Die beschriebenen Rechenverfahren können durch den praktischen Aufbau der Schaltungen überprüft werden.

13.1 Der prinzipielle Aufbau einer Rechenmaschine

Alle Rechenmaschinen einschließlich des Taschenrechners weisen in ihrem Aufbau gemeinsame Merkmale auf. Diese sind in der Abb. 13.1 in einem Blockschaltbild dargestellt.

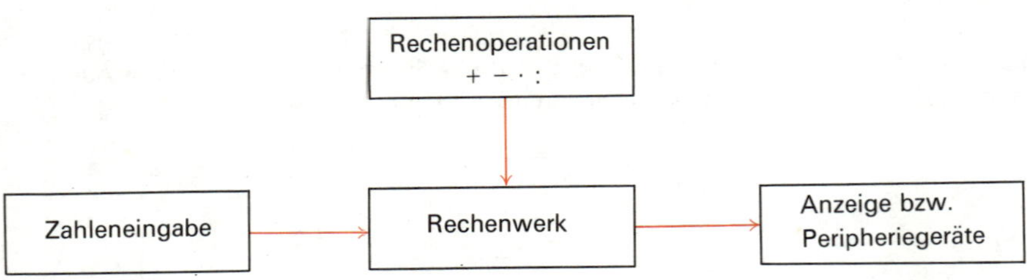

Abb. 13.1 Blockschaltbild eines Rechners

Die Zahleneingabe der Abb. 13.1 besteht bei kleinen Rechnern aus Tastern oder Schaltern. Abb. 13.2 zeigt den mechanischen Aufbau der Tastatur eines Taschenrechners und den eines Kodierschalters.

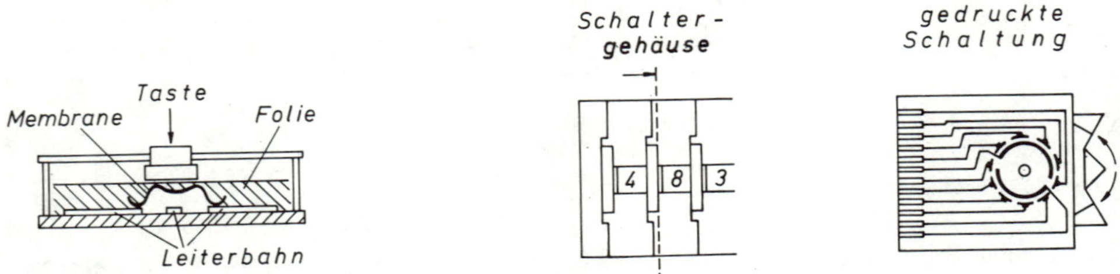

Taster eines Taschenrechners

Kodierschalter

Abb. 13.2 Schalter und Taster der Zahleneingabe

Bei größeren Rechenmaschinen werden die Zahlen nicht mehr „von Hand", sondern über Lochstreifen, Magnetbänder oder Lochkarten eingegeben. Bei dieser automatischen Eingabe können die Zahlen schneller vom Rechner übernommen werden, wodurch eine bessere Ausnutzung der Anlage erreicht wird.

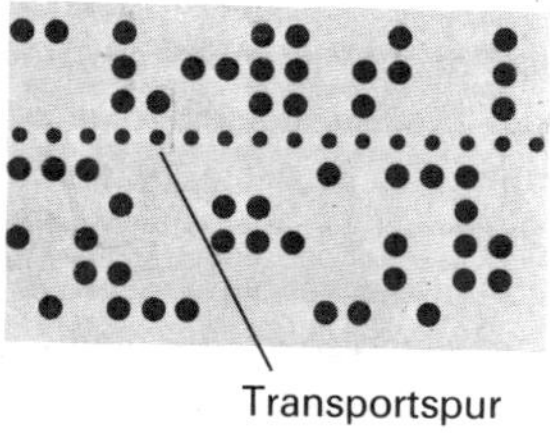

Lochstreifen

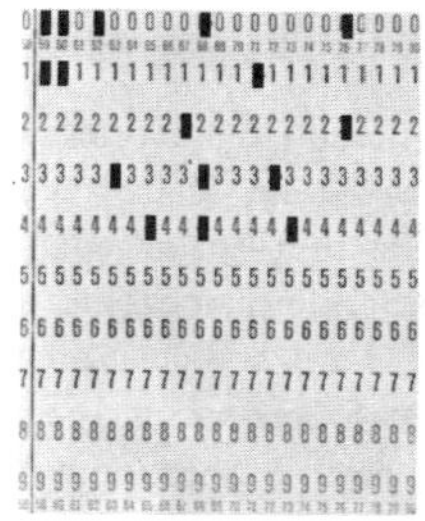

Lochkarte

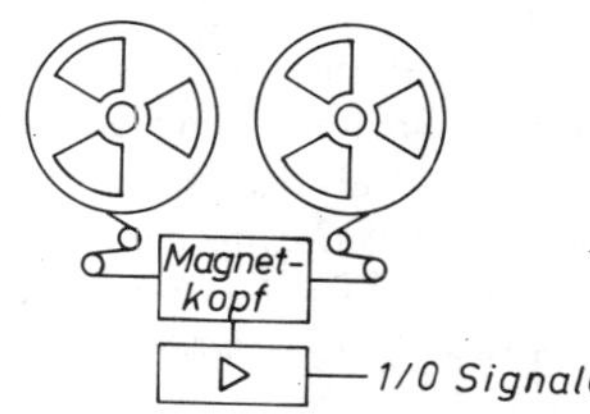

Magnetband

Abb. 13.3 Eingabegeräte großer Rechner

Die Herstellung der Lochkarten oder Lochstreifen erfolgt „von Hand" mit Hilfe spezieller Schreibmaschinen. Dabei werden die Zahlen und Zeichen in Kombinationen von Löchern umgewandelt. Elektronische Lichtschranken der Eingabegeräte tasten diese Löcher ab. Die elektrischen Impulse, die dabei entstehen, übernimmt das Rechenwerk zur Weiterverarbeitung.
Das Magnetbandgerät der Abb. 13.3 funktioniert ähnlich wie ein gewöhnliches Tonbandgerät.
Die Anzeige der Rechenergebnisse besteht bei kleinen Rechnern entweder aus Lampen, Leuchtdioden, 7-Segment-Anzeigen oder Ziffernanzeigeröhren. Diese Bauteile beschreibt das Kapitel 9.
Bei großen Rechenanlagen werden die Ergebnisse häufig nicht direkt angezeigt, sondern in sogenannten Peripheriegeräten weiterverarbeitet. Diese bestehen z. B. aus mechanischen Druckern, Fernsehgeräten oder Speichern.

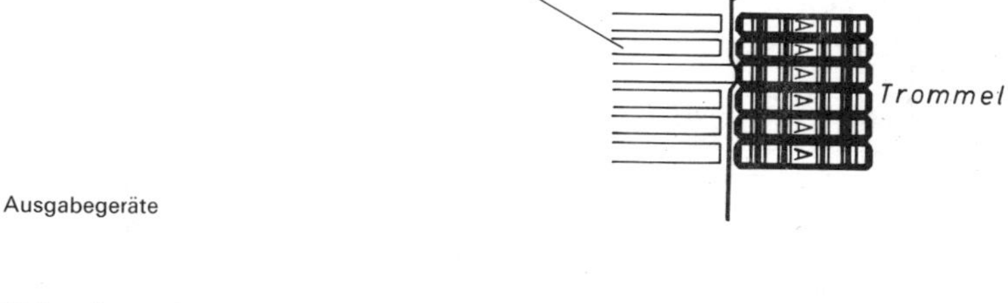

Abb. 13.4 Ausgabegeräte

Die Abb. 13.4 zeigt neben einer 8stelligen Sieben-Segment-Anzeige eines Taschenrechners das Prinzip eines Schnelldruckers, der ca. 2000 Zeilen aus je 170 Zeichen in einer Minute drucken kann. Die Druckhämmer der Abb. 13.4 drücken das Papier immer im richtigen Augenblick kurzzeitig gegen die mit hoher Geschwindigkeit umlaufenden Typenräder. Da mit jedem Umlauf eine komplette Zeile gedruckt wird, muß für jedes Zeichen einer Zeile ein Typenrad mit allen Druckmöglichkeiten vorhanden sein.

13.1.1 Das Rechenwerk

Im Rechenwerk werden die eingegebenen Zahlen entsprechend der gewünschten Rechenoperationen bearbeitet. Dabei unterscheidet man zwei grundsätzlich verschiedene Verfahren:

1. die parallele Arbeitsweise,
2. die serielle Arbeitsweise.

Während beim seriellen Verfahren alle Stellen der eingegebenen Zahlen nacheinander bearbeitet werden, rechnet ein paralleles Rechenwerk alle Stellen gleichzeitig aus. Diese unterschiedlichen Arbeitsverfahren bestimmen die Art der Ein- und Ausgabegeräte der Rechner. Das parallele Verfahren ist schneller als das serielle, weil alle Vorgänge gleichzeitig ablaufen. Schaltungstechnisch ist es für kleinere Zahlen einfacher zu realisieren als das serielle Verfahren. Der Vorteil der seriellen Rechentechnik macht sich erst bei größeren Zahlen bemerkbar, weil der schaltungstechnische Aufwand im Gegensatz zur parallelen Rechentechnik, nicht proportional mit der Anzahl der Stellen anwächst.

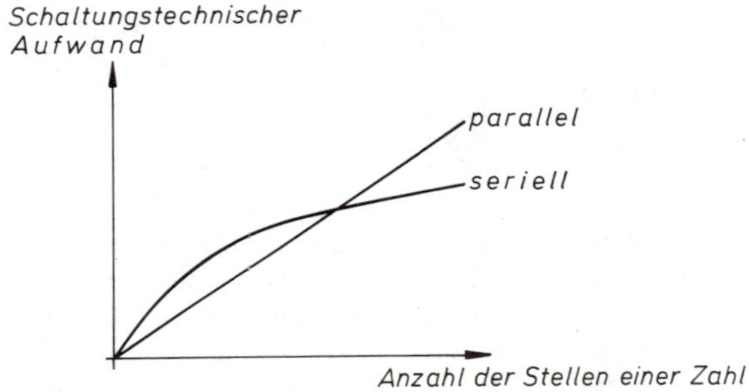

Abb. 13.5

Die Abb. 13.5 zeigt den schaltungstechnischen Aufwand in Abhängigkeit der Anzahl der Stellen einer Zahl für das parallele und serielle Rechenverfahren.
Beide Rechentechniken werden in den folgenden Abschnitten näher beschrieben.

13.1.2 Rechencodes

Digitale Schaltungen kennen keine Zahlen oder Zeichen, sondern nur die elektrischen Zustände „keine Spannung" bzw. „Spannung in ausreichender Höhe". Diese 0- bzw. 1-Signale treten in seriellen Rechenwerken nacheinander und in parallelen Rechenwerken an verschiedenen Orten gleichzeitig auf.
Der Mensch ordnet den Kombinationen dieser Zustände bestimmte Zahlen oder Zeichen zu. Die einfachste Zuordnung ergibt das duale Zahlensystem. Da der Mensch im Gegensatz zum Digitalrechner aber im Dezimalsystem arbeitet, müssen alle Zahlen bzw. Rechenergebnisse durch Codier- bzw. Decodierschaltungen entsprechend umgewandelt werden. Diese Schaltungen sind z.T. recht aufwendig, weil die Dualzahlen nicht wie die Dezimalzahlen in Dekaden eingeteilt sind.

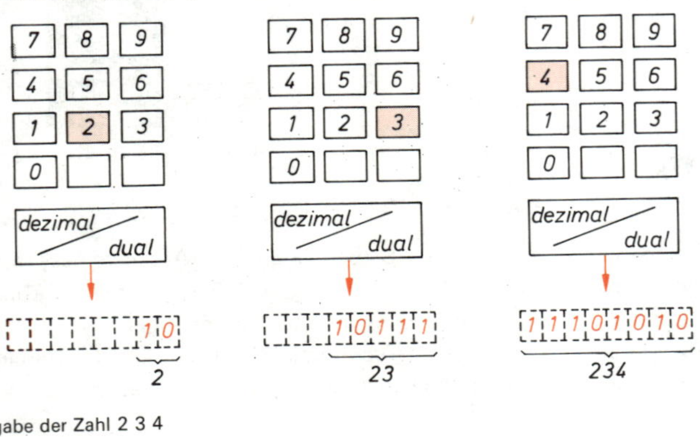

Abb. 13.6 Die Eingabe der Zahl 2 3 4

Die Codierung der Abb. 13.6 besteht nicht nur aus der direkten Umwandlung jedes einzelnen Tastendruckes, sondern sie ist außerdem abhängig von den jeweils vorher eingegebenen Ziffern. Diese Abhängigkeit macht die schaltungstechnische Realisierung einer Codierschaltung für die Umwandlung dezimaler Zahlen in duale Zahlen sehr aufwendig.
Rechner, bei denen die Zahleneingabe „von Hand" erfolgt, arbeiten deshalb nicht im reinen Dualcode, sondern im BCD-Code. Durch die dekadische Einteilung der Zahlen dieses Codes kann z. B. jeder Tastendruck eines Taschenrechners direkt und unabhängig von vorher eingegebenen Ziffern codiert werden.

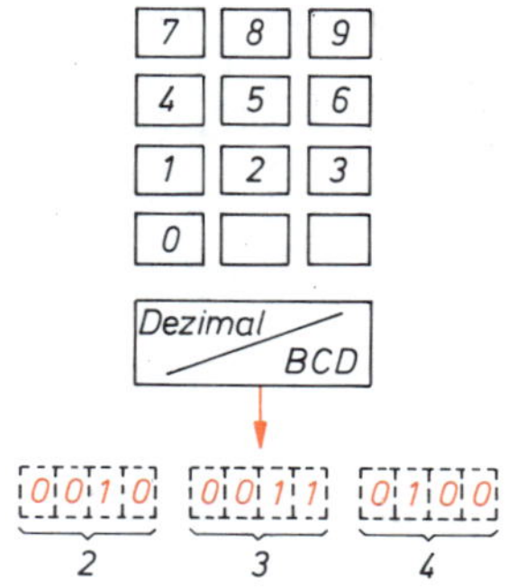

Abb. 13.7

Die Abb. 13.7 zeigt im Gegensatz zu der Abb. 13.6 eine Codierung dezimaler Zahlen in den BCD-Code. Durch die dekadische Einteilung der Zahlen dieses Codes kann man für jede Dekade die gleiche Codierschaltung benutzen.
Deshalb ist die Codierung der Abb. 13.7 wesentlich einfacher als die der Abb. 13.6.
Die Codierung der dezimalen Zahlen in den BCD-Code hat allerdings in dem eigentlichen Rechenwerk einen etwas komplizierteren Rechenablauf zur Folge, weil die Grundschaltungen der Rechner nicht im BCD-Code, sondern im reinen Dualcode arbeiten. Dadurch entstehen im Rechenwerk immer wieder Ergebnisse im reinen Dualcode, die in den BCD-Code korrigiert werden müssen. Diese Korrekturen sind aber bei kleinen Rechnern einfacher als die Umsetzung der dezimalen Zahlen in den reinen Dualcode.
Da bei großen Rechnern der Aufwand der Codierung im Verhältnis zu der übrigen Schaltung gering ist, arbeiten diese im reinen Dualcode.
Auf den folgenden Seiten wird zuerst die parallele Rechentechnik im reinen Dualcode beschrieben. Danach werden die Schaltungen für den BCD-Code erweitert.
Die serielle Rechentechnik wird aus Übersichtlichkeitsgründen nur mit reinen Dualzahlen vorgenommen.

13.2 Die parallele Rechentechnik

In diesem Kapitel wird die Grundschaltung aller Rechenoperationen beschrieben. Aus dieser wird Schritt für Schritt ein Rechenwerk gebildet. Die Entwicklung der Schaltungen basiert auf den allgemeinen schriftlichen Lösungen der vier Grundrechenarten.

13.2.1 Addition zweier einstelliger Dualzahlen

Abb. 13.8 Aufgabenstellung: A + B = ?

A und B können in der dualen Schreibweise die Ziffern 0 oder 1 annehmen.

Damit sind 4 Kombinationen möglich

	0	0	1	1
	+0	+1	+0	+1
				1 → Übertrag
Abb. 13.9	0	1	1	10

Um eine Schaltung entwickeln zu können, schreibt man die vier Additionsmöglichkeiten der Abb. 13.9 in eine Wertetabelle.

A	B	Summe	Übertrag
0	0	0	0
0	1	1	0
1	0	1	0
1	1	0	1

Abb. 13.10

Die einzelnen Summen der Ziffern A und B ergeben eine Exclusiv-ODER-Verknüpfung, weil $A \neq B = 1$ ergibt.
Der Übertrag wird durch eine UND-Verknüpfung gebildet.

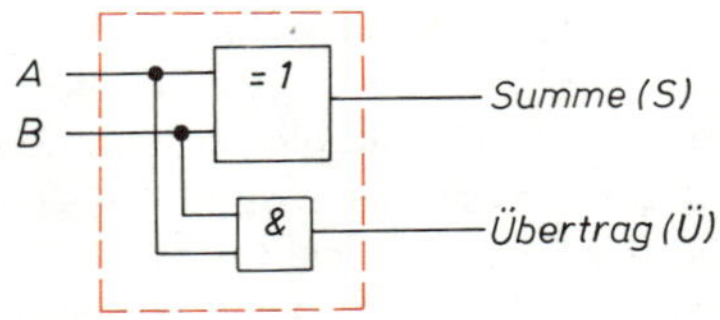

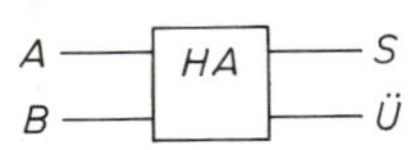

Abb. 13.11 Schaltung — Symbol des Halbaddierers (HA)

Die Abb. 13.11 zeigt die Schaltung und das Symbol eines Addierers für zwei Ziffern.
Man nennt die Schaltung Halbaddierer, weil eine vollständige Additionsschaltung einen Übertrag mitaddieren können muß.

13.2.2 Addition mehrstelliger Dualzahlen

Bei der Addition mehrstelliger Dualzahlen entstehen Überträge, die mitaddiert werden müssen.

Beispiele:

	111	Zahl A	111
	+ 011	Zahl B	+ 010
	111	Übertrag	11
Abb. 13.12	1010		1001

Bei der schaltungstechnischen Realisierung der Beispiele der Abb. 13.12 reicht nur für die Addition der 1. Stelle ein Halbaddierer aus, weil es noch keinen Übertrag gibt. Für die Addition aller anderen Stellen braucht man Schaltungen, die drei Ziffern addieren können. Die Schaltung wird aus dem genauen Ablauf der schriftlichen Addition der 2. Stelle nach Abb. 13.13 abgeleitet.

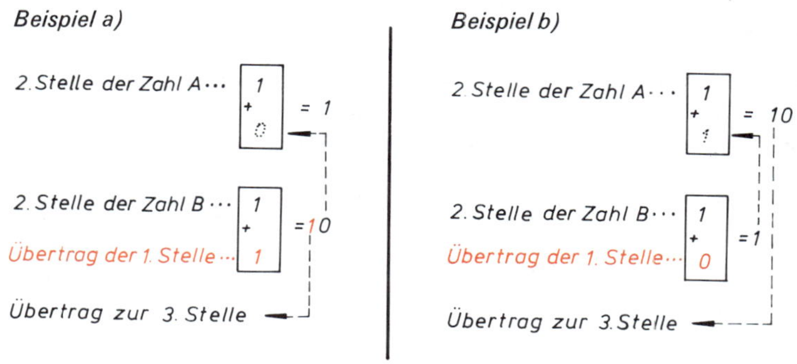

Abb. 13.13 Die schriftliche Rechnung der Addition

Zuerst bildet man aus dem Übertrag der 1. Stelle und der unteren Ziffer der 2. Stelle ein Zwischenergebnis, das anschließend zu der oberen Ziffer addiert werden muß. Diese zweimalige Addition wird schaltungstechnisch durch zwei Halbaddierer realisiert.

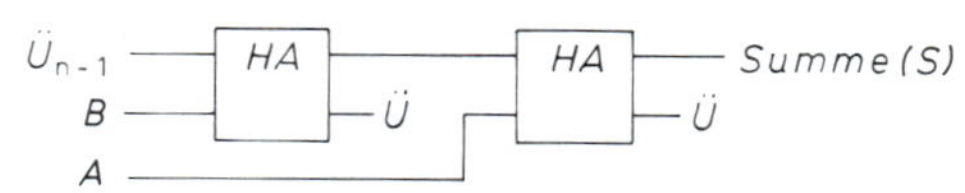

Abb. 13.14 Die Addition dreier Ziffern

In der Abb. 13.14 fehlt noch die Verknüpfung der beiden Überträge der Halbaddierer. Diese müssen, wie die Beispiele der Abb. 13.13 zeigen, durch einen ODER-Baustein verknüpft werden.

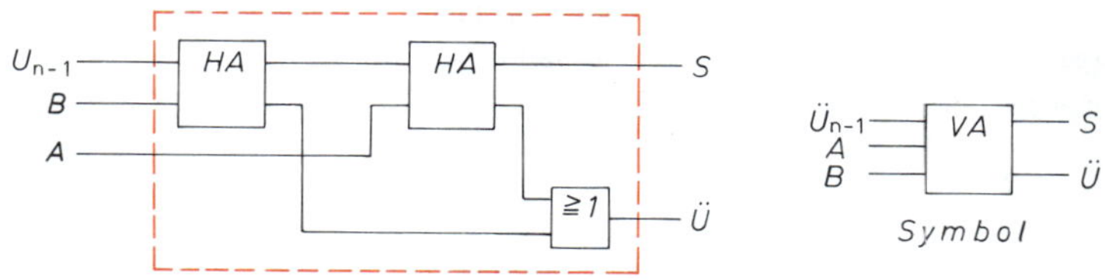

Abb. 13.15 Blockschaltbild eines Volladdierers

Die Schaltung der Abb. 13.15 nennt man Volladdierer, weil sie universell für die Addition jeder Stelle verwendet werden kann.

Darstellung des Volladdierers mit logischen Bausteinen:

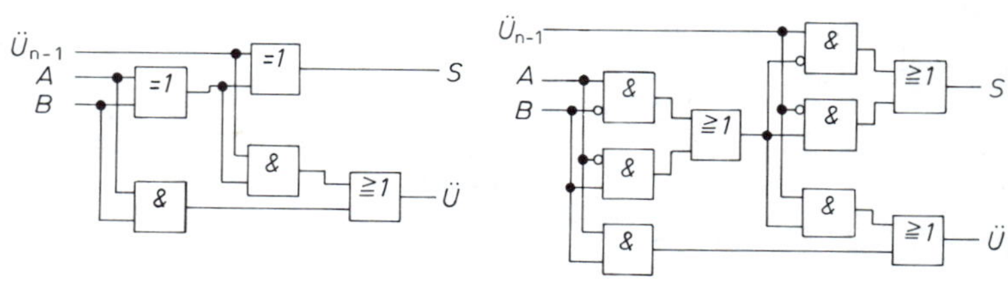

Abb. 13.16 Volladdierer mit logischen Bausteinen

Die Exclusiv-ODER-Bausteine sind in der Abb. 13.16 durch UND- bzw. ODER-Stufen ersetzt worden.

13.2.3 Addition für n-Stellen

Für eine vollständige Additionsschaltung mehrstelliger Zahlen braucht man für jede Stelle (außer der 1. Stelle) je einen Volladdierer, weil Überträge mitaddiert werden müssen.
Da es aber in der integrierten Technik keine HA gibt, verwendet man für die Addition der 1. Stelle ebenfalls einen VA, dessen Übertragseingang auf 0 gelegt wird.

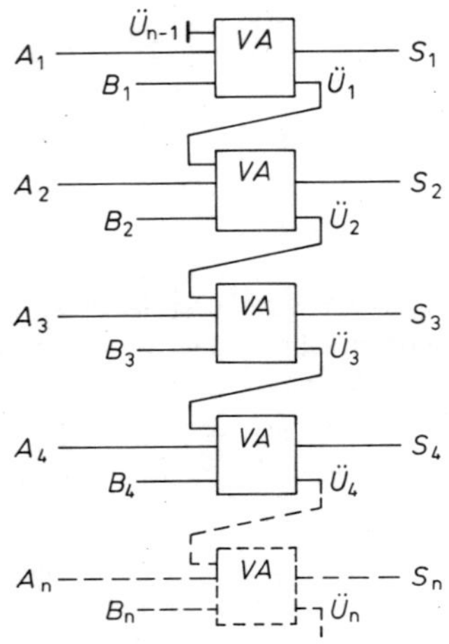

Abb. 13.17 Addition für n-Stellen

In der TTL-Technik gibt es 1-Bit-, 2-Bit- und 4-Bit-Volladdierer. Für die Addition größerer Zahlen werden die entsprechenden Bausteine zusammengeschaltet. Dabei muß der Übertragsausgang mit dem Übertragseingang des nächsten Bausteines verbunden werden.
Hier soll als Beispiel einer Addition mit integrierten Bausteinen der 7483 A benutzt werden.

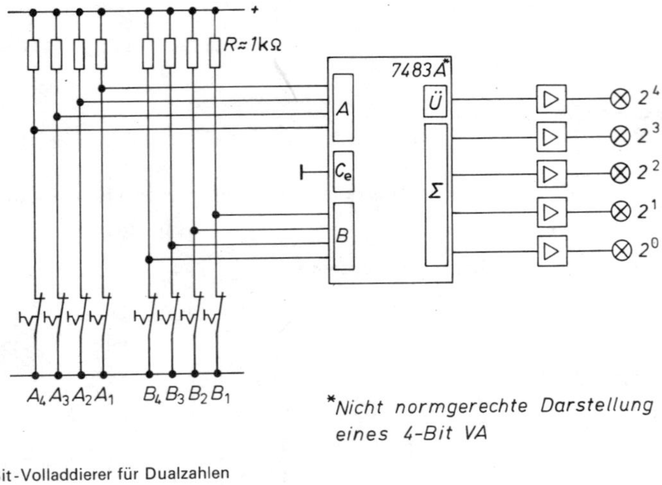

Abb. 13.18 4-Bit-Volladdierer für Dualzahlen

Der Baustein 7483 A ist in der Abb. 13.18 symbolisch dargestellt. Die Bezeichnung der Anschlüsse sind den entsprechenden Datenbüchern zu entnehmen. Die Eingabe der dualen Zahlen erfolgt durch Schalter, weil der Baustein keine Signalzustände speichern kann.

Der Übertragseingang C_e muß auf 0 geschaltet werden. Der Übertragsausgang C_4 wird zur Anzeige der 5. Stelle des Ergebnisses benutzt. Die Indizes der Buchstaben und Zeichen geben die Stellennummern der dualen Zahlen an. Als höchste Zahlen können mit einem Baustein die Kombinationen $1111 \triangleq 15$ eingestellt werden.

13.2.4 Subtraktion dualer Zahlen

Die Entwicklung einer Subtraktionsschaltung für mehrstellige duale Zahlen wird wie die Entwicklung der Additionsschaltung der vorherigen Abschnitte durchgeführt.

Aufgabenstellung:	A	–	B	=
	Minuend		Subtrahend	

Abb. 13.19

A und B nehmen in der dualen Schreibweise die Ziffern 0 oder 1 an. Dadurch ergeben sich 4 Kombinationen:

0	1	1	0	
−0	−0	−1	−1	
			1	← Entleihung
0	1	0	1	

Abb. 13.20 Subtraktion zweier Ziffern

Ist die obere Ziffer der Abb. 13.20 kleiner als die untere, muß von der nächsthöheren Stelle eine 1 entliehen werden, d.h. der Minuend muß immer größer als der Subtrahend sein.
Die Entleihung wird zu der unteren Ziffer der nächsten Stelle hinzuaddiert.
Um eine Schaltung einfacher entwickeln zu können, schreibt man die vier Subtraktionsmöglichkeiten der Abb. 13.20 in eine Wertetabelle.

A	B	Differenz	Entleihung	
0	0	0	0	
0	1	1	1	← weil bei A < B eine Entleihung stattfindet
1	0	1	0	
1	1	0	0	

Abb. 13.21 Wertetabelle der Subtraktion zweier Ziffern

Die einzelnen Differenzen der Ziffern A und B ergeben eine Exclusiv-ODER-Verknüpfung, weil $A \not\equiv B = 1$ ergibt.
Die Entleihung wird durch einen UND-Baustein gebildet, dessen A-Eingang negiert werden muß.
Die Abb. 13.22 zeigt die Schaltung und das Symbol eines Subtrahierers für zwei Ziffern.
Man nennt diese Schaltung Halbsubtrahierer, weil eine vollständige Subtraktionsschaltung eine Entleihung mit berücksichtigen muß.

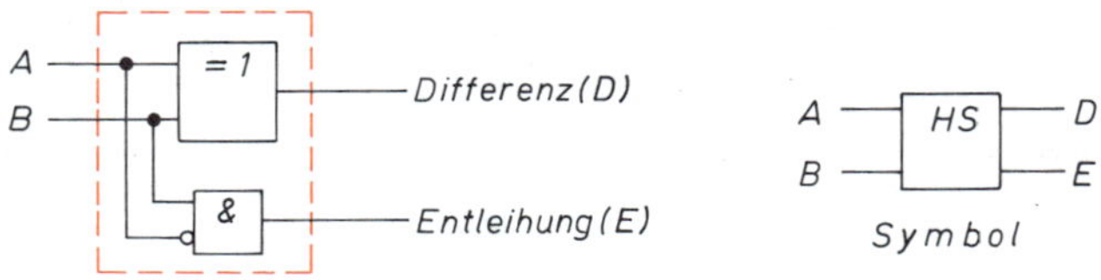

Abb. 13.22 Schaltung eines Halbsubtrahierers

13.2.5 Subtraktion mehrstelliger Dualzahlen

Bei der Subtraktion mehrstelliger Dualzahlen entstehen Entleihungen, die jeweils zu der unteren Ziffer der nächsthöheren Stelle hinzuaddiert werden.

Beispiele:

110	---Zahl A--	101
− 11	---Zahl B---	− 11
11	--Entleihung--	1
011		010

Abb. 13.23 Bildung der Entleihung

Bei der schaltungstechnischen Realisierung der Beispiele der Abb. 13.23 reicht für die Subtraktion der 1. Stelle ein Halbsubtrahierer aus. Für die Subtraktion aller anderen Stellen braucht man Schaltungen, die die Entleihung mit dem Subtrahenden addieren und mit dem Zwischenergebnis die Differenz zum Minuenden bilden. Die Schaltung wird aus dem genauen Ablauf der schriftlichen Subtraktion der 2. Stelle der dualen Zahlen der Abb. 13.24 abgeleitet.

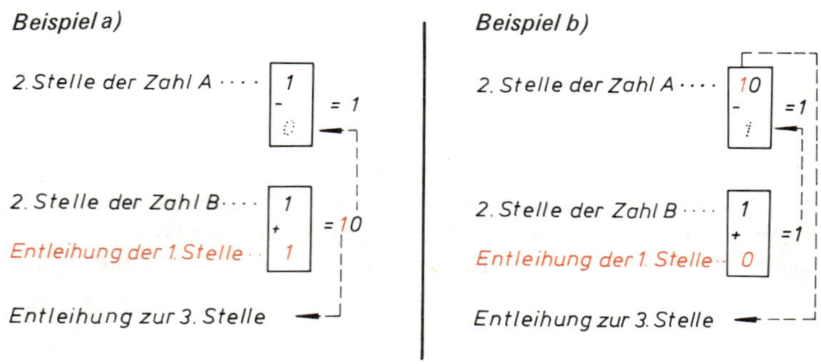

Abb. 13.24 Die schriftliche Subtraktion

Schaltungstechnisch wird die Addition der Entleihung mit dem Subtrahenden durch einen Halbaddierer erreicht. Für die anschließende Differenzbildung des Zwischenergebnisses mit dem Minuenden benötigt man die Schaltung eines Halbsubtrahierers. Der Übertragsausgang des HA muß mit dem Entleihungsausgang des HS durch einen ODER-Baustein verknüpft werden, wie die Beispiele nach Abb. 13.24 zeigen.

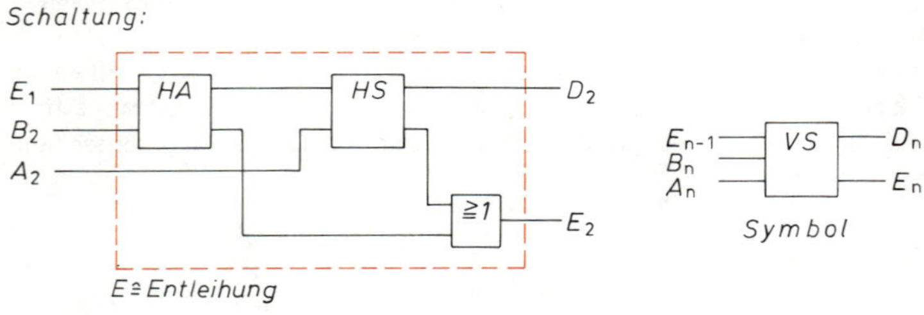

Abb. 13.25 Schaltung eines Vollsubtrahierers

Die Schaltung der Abb. 13.25 nennt man Vollsubtrahierer, weil sie universell für die Subtraktion jeder Stelle verwendet werden kann.

13.2.6 Subtraktion für n-Stellen

Für die vollständige Subtraktionsschaltung mehrstelliger Zahlen nimmt man für jede Stelle einen Vollsubtrahierer. Dabei muß der Entleihungseingang des 1. VS auf 0 geschaltet werden.

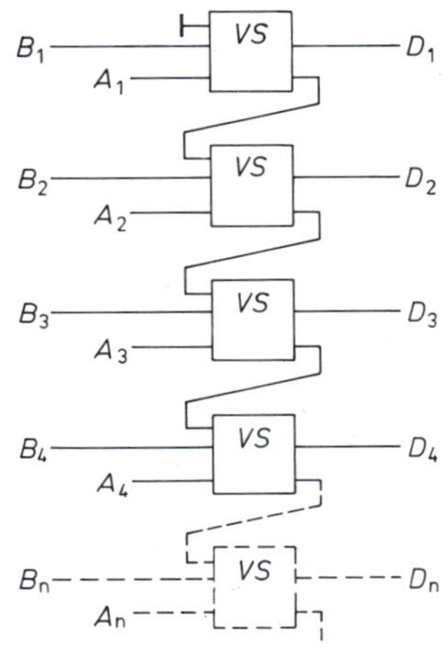

Abb. 13.26 Subtraktion mehrstelliger Zahlen

In der integrierten Technik gibt es keine fertigen Bausteine für die Subtraktion dualer Zahlen, weil die Schaltung nach Abb. 13.26 leider falsche Ergebnisse liefert, wenn der Minuend kleiner als der Subtrahend ist, d.h. die Differenz zweier Zahlen ein negatives Ergebnis liefert.

Beispiel: 2 − 3 = − 1

Die schriftliche Rechnung

```
   10
 − 11
  11
 ----
  ?11
```

Die schaltungstechnische Realisierung

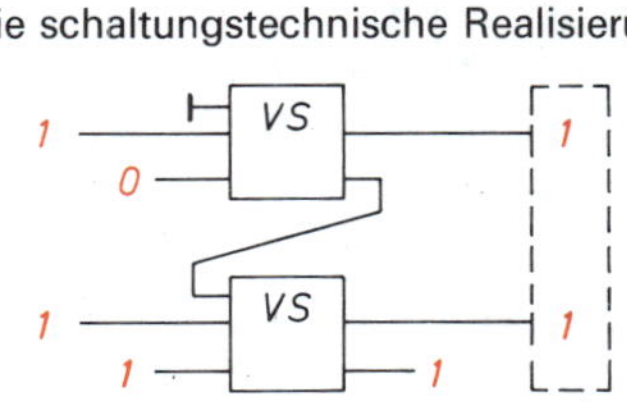

Abb. 13.27 Fehlerhafte Subtraktion, wenn der Minuend < als der Subtrahend ist

Auch wenn man in der Abb. 13.27 die Entleihung der letzten Stelle nur als Minuszeichen auswertet, ist das Ergebnis immer noch falsch. Die Subtraktion dualer Zahlen wird deshalb grundsätzlich nicht in der gewohnten Weise durchgeführt, sondern nach einem Verfahren, das zwar aufwendig ist, aber dafür auch negative Ergebnisse richtig anzeigt.
Das Verfahren besteht aus einer Umwandlung der Subtraktion in eine Addition.

	Minuend		Subtrahend		
Subtraktion	5	−	3	=	2
↓					
Addition ⟶	5	+	7	=	[1] 2

[1] ↳ nicht als Ergebnis anzeigen

Abb. 13.28 Umformung der Subtraktion in eine Addition

Die Subtraktion 5 – 3 wird durch eine Änderung des Subtrahenden von 3 auf 7 in eine Addition umgeformt. Durch diese Umformung unterscheiden sich die Ergebnisse nur noch in der 2. Stelle. Da die 2. Stelle in den Schaltungen nicht zur Anzeige des Ergebnisses benutzt wird, kann man auf diese Art und Weise jede Subtraktion in eine Addition umwandeln.

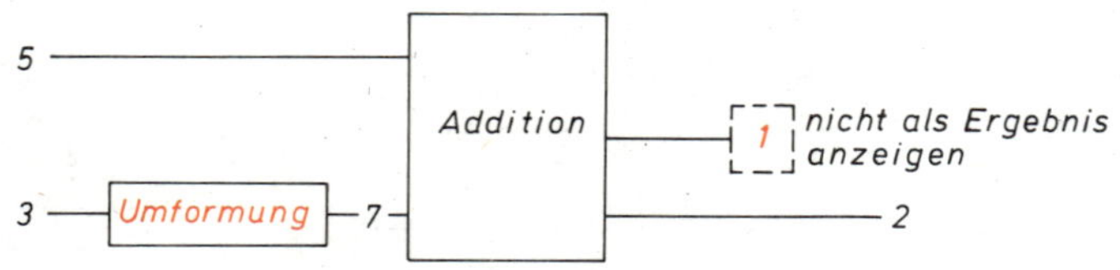

Abb. 13.29 Prinzip der schaltungstechnischen Lösung der Subtraktion durch eine Addition

Die eigentliche Addition wird mit der besprochenen Schaltung der Abb. 13.18 vorgenommen.
Für die Subtraktion muß lediglich noch die Schaltung für die Umformung des Subtrahenden gefunden werden. Diese Umformung wird mit dekadischen Zahlen anhand von Strecken in der Abb. 13.30 dargestellt.

Subtraktion 5 – 3 = 2

Komplementbildung des Subtrahenden zu 10 ergibt die Strecke 7

Subtraktion durch Addition des Minuenden mit dem Komplement

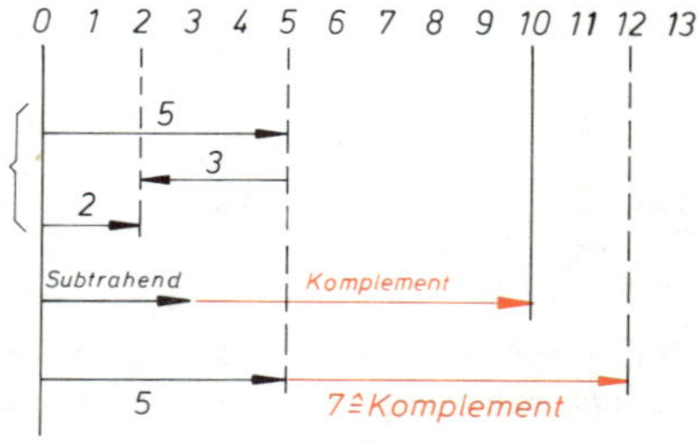

Abb. 13.30 Die Umformung des Subtrahenden

Die gesuchte Strecke 7 setzt sich aus den Teilstrecken 5 + 2 zusammen, d. h. aus der Ergänzung des Subtrahenden zu der Ordnungszahl 10 des dekadischen Zahlensystems. Im mathematischen Sprachgebrauch ersetzt man das Wort Ergänzung durch das Wort Komplement.

13.2.7 Komplementbildung

Jede Subtraktion wird mit Hilfe der Komplementbildung in eine Addition umgeformt.

Das Komplement einer Zahl ist die Ergänzung zu einer anderen Zahl.

Das Komplement der Zahl 3 zu der Zahl 10 beträgt 7, oder das Komplement der Zahl 3 zu der Zahl 100 beträgt 97.

Beispiele:

5 – 3 → 5 + (Komplement von 3 zu 10) = 5 + 7 = 12
5 – 3 → 5 + (Komplement von 3 zu 100) = 5 + 97 = 102
5 – 3 → 5 + (Komplement von 3 zu 1000) = 5 + 997 = 1002

Die Komplementbildung kann im dekadischen Zahlensystem auch zu jedem anderen Potenzwert der Zahl 10 erfolgen (10^0, 10^1, 10^2, 10^3, 10^n). Voraussetzung ist lediglich, daß im Ergebnis die erste Ziffer, die 1, unberücksichtigt bleibt.
Das gleiche Verfahren kann man auch im dualen Zahlensystem anwenden. Hier muß allerdings die Komplementbildung zu den Zahlen 2^0, 2^1, 2^2, 2^3, 2^n erfolgen.

Beispiel: 5 − 3

101 − 011 → 101 + (Komplement von 011 zu 100) = 101 + 001 = 1 10

Auch hier muß die erste Ziffer als Ergebnis unberücksichtigt bleiben. Die Zahl, zu der das Komplement gebildet wird, muß immer größer als der Subtrahend sein.
Bei der Bildung der Komplemente zu 2^0, 2^1, 2^2, 2^3, 2^n usw. muß wieder, was man gerade vermeiden wollte, subtrahiert werden.

Komplement von 011 zu 100:

$$\begin{array}{r} 100 \\ -011 \\ \hline 001 \end{array}$$

Durch eine geschickte Wahl der Zahl, zu der das Komplement gebildet wird, kann man diese Subtraktion umgehen.
Die Zahlen, zu denen die Komplemente gebildet werden, müssen immer um 1 kleiner als ein Vielfaches der Ordnungszahl des dualen Zahlensystems sein, d. h. 2^0-1, 2^1-1, 2^2-1, 2^3-1, 2^n-1.
In unserem Beispiel 5 − 3 muß das Komplement nicht zu 2^3, sondern zu 2^3-1 gebildet werden.

$2^3 - 1$ ⟶ 111
3 ⟶ 011
Komplement → 100

Das Komplement von 011 zu 2^3-1 ergibt sich ohne Subtraktion durch Negierung des Subtrahenden.

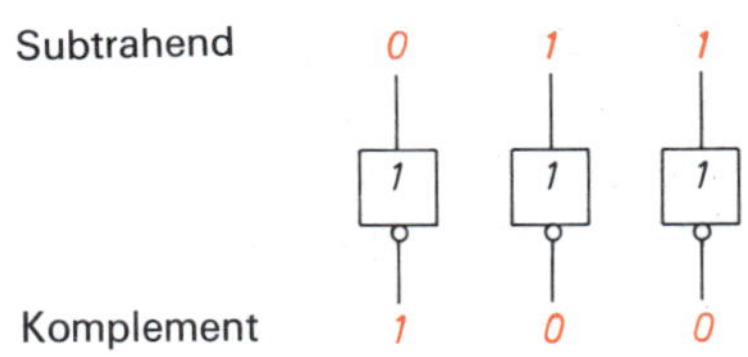

Abb. 13.31 Schaltungstechnische Komplementbildung zu 2^n-1

Die Addition des Minuenden mit dem Komplement zu 2^n-1 ergibt immer ein Ergebnis, das um 1 zu klein ist. Deshalb muß es durch +1 korrigiert werden.

Beispiel: 5 − 3

0101 − 0011 → 0101 + (Komplement von 0011 zu 2^n-1) = 0101 + 1100 = 10001 → 10001 + (Korrektur + 1) = <u>10010</u>

Durch die Benutzung eines 4-Bit VA müssen die Zahlen 5 und 3 durch 4 Stellen ausgedrückt werden.

Schaltung

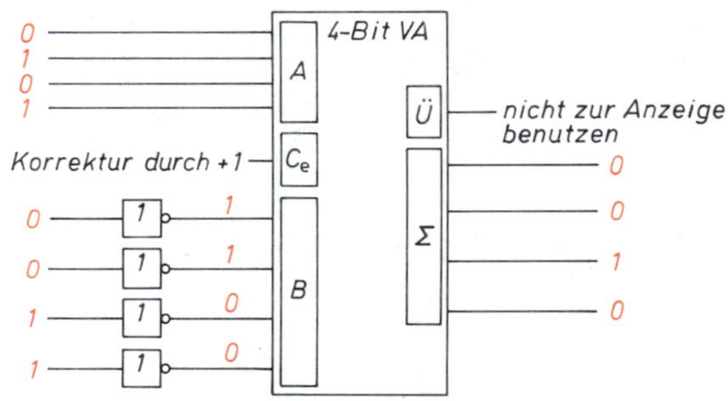

Abb. 13.32 4-Bit-Subtraktionsschaltung

Die Abb. 13.32 zeigt die Subtraktion zweier vierstelliger dualer Zahlen durch Addition des Minuenden mit der Negierung des Subtrahenden und der Korrektur +1.

Bis hierher sind nur Subtraktionen behandelt worden, die positive Ergebnisse liefern. Sinn und Zweck der Komplementbildung ist es aber, daß auch negative Ergebnisse richtig angezeigt werden. Eine Überprüfung der Schaltung nach Abb. 13.32 mit der Aufgabe 3 − 5 = − 2 ergibt ein falsches Ergebnis. Die notwendige Schaltungsänderung findet man anschaulicher anhand der Darstellung von Zahlen durch Strecken.

Subtraktion 011 − 101 = − 010

Komplementbildung des Subtrahenden zu $2^3 - 1 = 111$

Subtraktion durch Addition des Minuenden mit dem Komplement und Korrektur durch +1 wegen $2^n - 1$. (Ergebnis noch falsch.)

Komplementbildung des Zwischenergebnisses und Korrektur durch +1 wegen $2^n - 1$

Vereinfachte Subtraktion unter Verzicht auf die zweimalige Korrektur

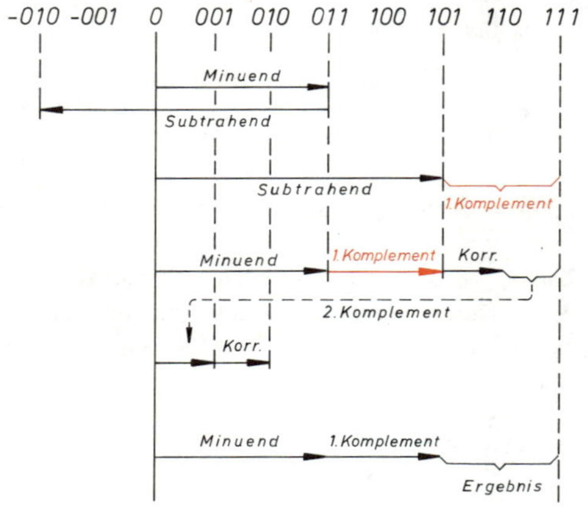

Abb. 13.33 Subtraktion, wenn Subtrahend > Minuend ist

Die Subtraktion 3 − 5 durch Addition des Minuenden mit der Negierung des Subtrahenden und der Korrektur +1 ergibt die Zahl 110 = 6. Um ein richtiges Ergebnis zu erhalten, muß von dieser Zahl das Komplement zu $2^3 - 1$ gebildet und mit +1 korrigiert werden. Anhand der Darstellung der Zahlen durch Strecken nach Abb. 13.33 findet man noch eine etwas schnellere Lösung durch das Weglassen beider Korrekturen mit +1.

Beispiel: 3 − 5

0011 − 0101 → 0011 + (Negierung des Subtrahenden) = 0011 + 1010 = 1101 → Ergebnis Komplementieren → $\underline{\underline{0010}}$

Durch die Benutzung eines 4-Bit VA müssen die Zahlen 3 und 5 durch 4 Stellen ausgedrückt werden.

Schaltung

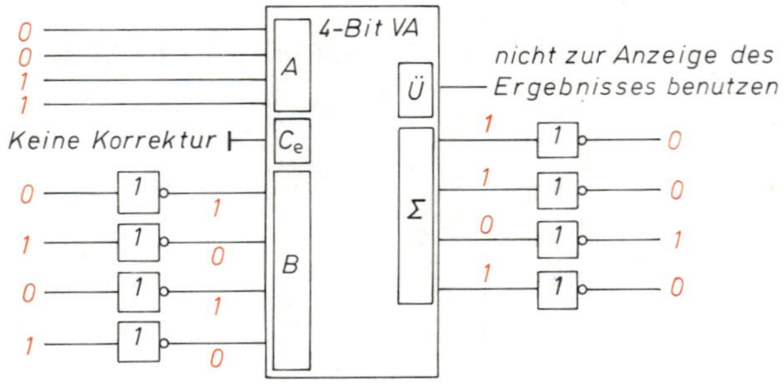

Abb. 13.34 Subtraktionsschaltung für negative Ergebnisse

In der Schaltung der Abb. 13.34 muß der Subtrahend und das Ergebnis komplementiert werden. Der Übertragseingang muß auf 0 liegen, weil keine Korrektur mit +1 stattfindet.

Zusammenfassung zur Entwicklung einer Subtraktionsschaltung für positive und negative Ergebnisse.

Minuend > Subtrahend

Die Schaltung

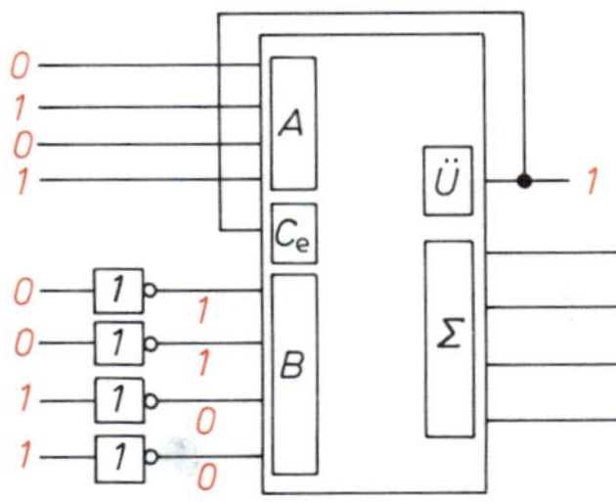

Abb. 13.35

Die schriftliche Rechnung 5 − 3

0101 − 0011

↓

Komplementbildung durch Negation des Subtrahenden

↓

1100
+0101
10001
1 Korrektur +1
+0010

Übertrag 1 bedeutet ein positives Ergebnis

Minuend < Subtrahend

Die Schaltung

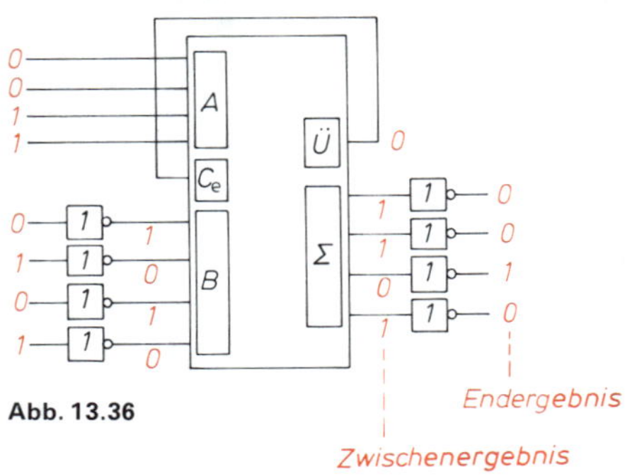

Abb. 13.36

Die schriftliche Rechnung 3 − 5

0011 − 0101

↓

Komplementbildung durch Negation des Subtrahenden

↓

1010
+0011
01101

↓

Komplementbildung durch Negation des Ergebnisses

↓

−0010

Übertrag 0 bedeutet negatives Ergebnis

Der Übertragseingang wird nicht fest auf 1-Signal gelegt, weil bei negativem Ergebnis keine Korrektur mit +1 erfolgt.
Durch die Verbindung des Übertragsausganges mit dem Übertragseingang erhält dieser immer automatisch das richtige Signal. Die Invertierung des Ergebnisses muß umschaltbar gemacht werden. Diese Umschaltung muß abhängig vom Signalzustand des Übertragsausganges erfolgen. Dabei muß ein 1-Signal keine Invertierung und ein 0-Signal eine Invertierung des Zwischenergebnisses ergeben.

Beispiel einer Stelle:

Übertragsausgang	Zwischenergebnis Signalzustand einer Stelle	Endergebnis
0	0	1
0	1	0
1	0	0
1	1	1

Die Wertetabelle ergibt eine *Äquivalenzschaltung*[1]), denn nur gleiche Signale an Übertrag und Zwischenergebnis ergeben 1-Signal im Endergebnis. Schaltungstechnisch werden Äquivalenzschaltungen durch Exclusiv-ODER-Bausteine und Inverter realisiert. Da der Übertragsausgang alle 4 Äquivalenzschaltungen gleichzeitig steuert, wird nur ein Inverter benötigt.

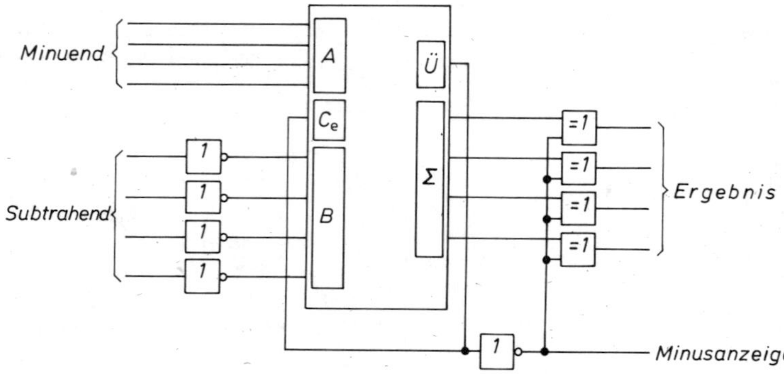

Abb. 13.37

13.2.8 Entwicklung einer Schaltung für Addition und Subtraktion

Schaltung der Addition

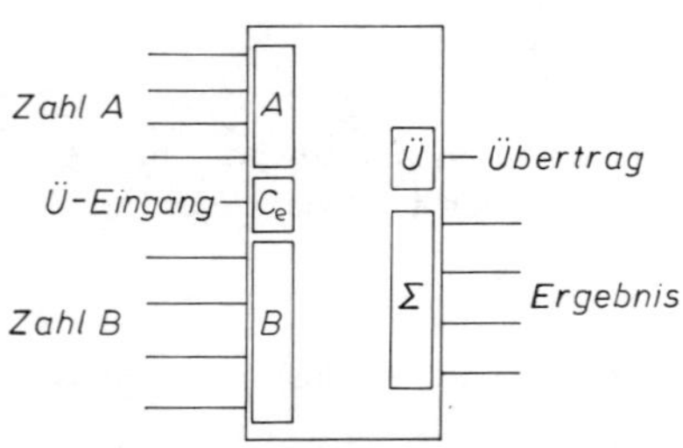

Schaltung der Subtraktion

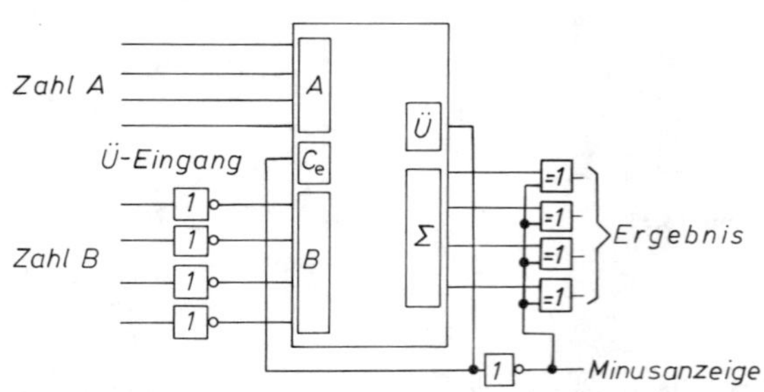

Abb. 13.38

In der Abb. 13.38 sieht man, daß in der Schaltung der Addition im Gegensatz zur Subtraktionsschaltung die Ein- und Ausgangssignale nicht invertiert werden.
Bei einer gemeinsamen Schaltung müssen deshalb die Inverter der Eingänge der Zahl B in Abhängigkeit eines Rechenartschalters Add./Sub. ausschaltbar gemacht werden. Da man ausschaltbare Inverter durch Exclusiv-ODER-Bausteine realisiert, werden diese an Stelle der Inverter eingefügt.
Außerdem müssen die Exclusiv-ODER-Bausteine der Ausgänge bei Addition durch 0-Signal unwirksam gemacht werden. Dies erreicht man durch die UND-Stufe D3.
Der Übertragseingang muß bei Addition immer 0-Signal erhalten und bei Subtraktion in Abhängigkeit des Übertragsausganges gesteuert werden (Korrektur mit +1). Die notwendige logische Verknüpfung wird durch die UND-Stufe D1 erreicht.
Das Signal des Übertragsausganges darf nur bei Addition zur Anzeige des Ergebnisses mitbenutzt werden. Deshalb wird bei Subtraktion die UND-Stufe D2 immer gesperrt.

---

[1]) Äqui ≙ gleich

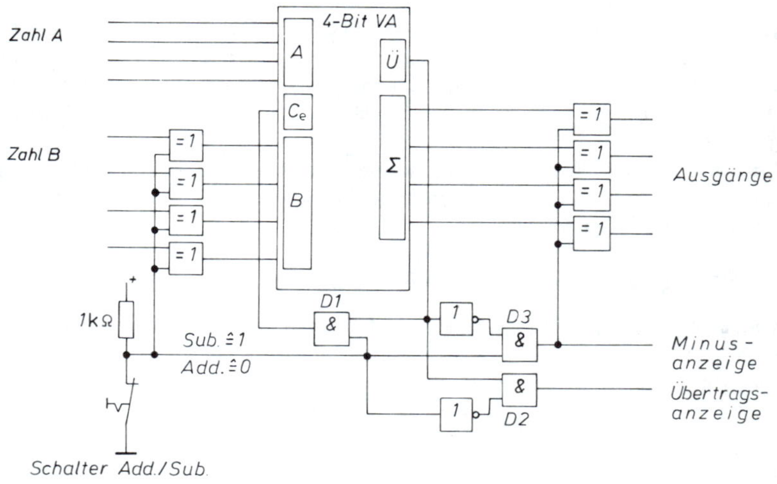

Abb. 13.39 Kombinierte Addition/Subtraktionsschaltung

13.2.9 Multiplikation dualer Zahlen

Die Multiplikationsschaltung für mehrstellige duale Zahlen wird wie die Additions- oder Subtraktionsschaltung nach der gewohnten schriftlichen Methode entwickelt. Dabei geht man von einer Grundschaltung aus, die man durch die Multiplikation zweier Ziffern findet.

Abb. 13.40 Aufgabenstellung: A · B =

A und B können in der dualen Schreibweise nur die Ziffern 0 oder 1 annehmen. Damit sind 4 Kombinationen möglich.

0 · 0 = 0
0 · 1 = 0
1 · 0 = 0
1 · 1 = 1

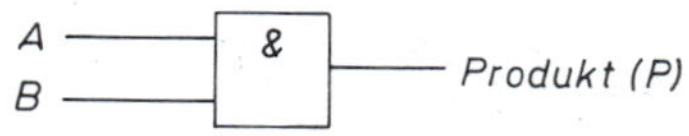

Abb. 13.41 Grundbaustein der Multiplikation

Die Multiplikation der Abb. 13.41 entspricht unserer üblichen schriftlichen Methode. Die Bildung des Produktes wird schaltungstechnisch durch einen UND-Baustein vorgenommen.
Bei der Multiplikation mehrstelliger Dualzahlen gibt es mehrere Teilprodukte, die stellenverschoben addiert werden.

Die schriftliche Rechnung

10 · 11
→ 1 · 10 = 10
→ 1 · 10 = 10
110

Die schaltungstechnische Lösung

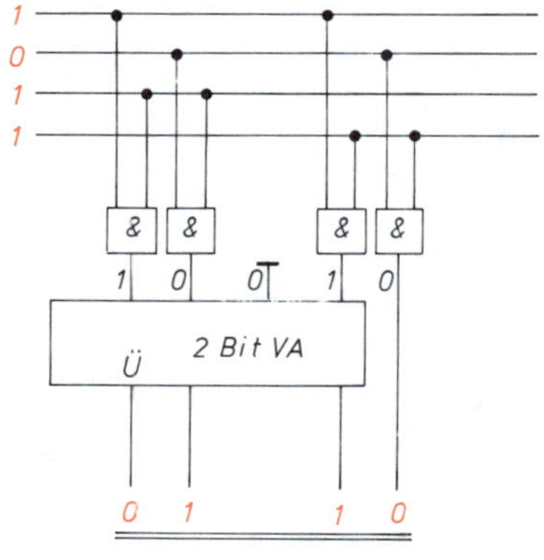

Abb. 13.42 2-Bit-Multiplikation

Die Abb. 13.42 zeigt den schriftlichen Rechenweg und den schaltungstechnischen Ablauf der Multiplikation zweier Zahlen. Das Grundelement der Multiplikation ist die UND-Stufe. Mit den beiden rechten UND-Stufen der Abb. 13.42 wird durch entsprechende Beschaltung der Eingänge das erste Teilprodukt der Multiplikation verwirklicht. Mit den beiden linken UND-Stufen wird das zweite Teilprodukt gebildet.
Die richtige Addition der Teilprodukte erhält man schaltungstechnisch durch die Verschiebung der Anschlüsse des ersten Produktes um eine Stelle nach rechts. Dabei muß die freiwerdende Stelle des Addierers auf 0-Signal gelegt werden.

13.2.10 Schnelles 4-Bit-Parallel-Multiplizierwerk

Da alle Vorgänge gleichzeitig, d.h. parallel ablaufen, ist die Rechenzeit gegenüber der seriellen Methode sehr gering.

Die schriftliche Rechnung

1011 · 1101

1 · 1011 =	1011	1. Teilprodukt – 4 UND-Stufen
0 · 1011 =	0000	2. Teilprodukt – 4 UND-Stufen
	0101	1. 4-Bit-Volladdierer
1 · 1011 =	1011	3. Teilprodukt – 4 UND-Stufen
	1101	2. 4-Bit-Volladdierer
1 · 1011 =	1011	4. Teilprodukt – 4 UND-Stufen
	10001111	3. 4-Bit-Volladdierer

Abb. 13.43 Die schriftliche Rechnung einer 4-Bit-Multiplikation

Das erste Teilprodukt und alle Zwischensummen müssen, wie die schriftliche Rechnung zeigt, jeweils um eine Stelle versetzt an die 4-Bit-Volladdierer angeschlossen werden. An die freiwerdenden Eingänge der Addierer werden die Übertragsausgänge angeschlossen, weil bei der Bildung der Zwischensummen Überträge entstehen können.

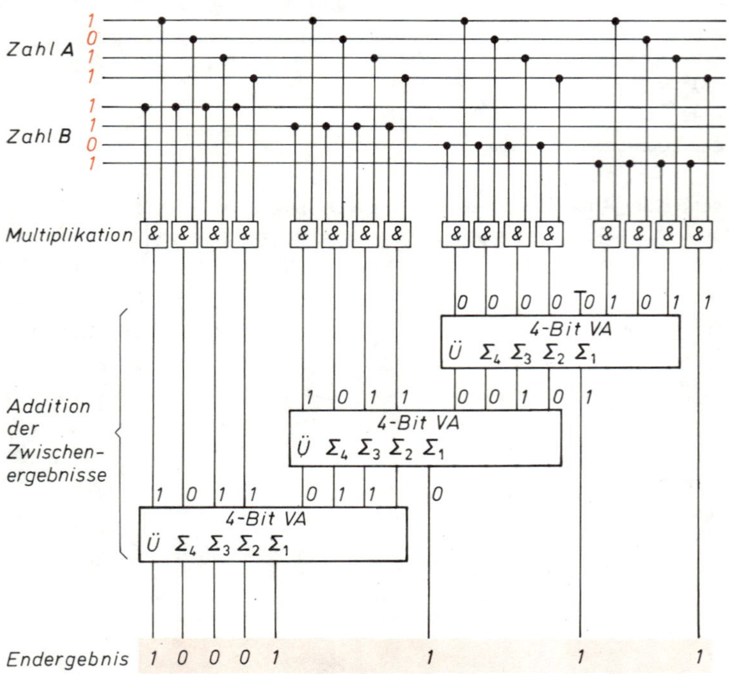

Abb. 13.44 4-Bit-Parallel-Multiplizierwerk

13.2.11 Die Division dualer Zahlen

In der parallelen Rechentechnik ergibt die Division dualer Zahlen zu aufwendige Schaltungen. Deshalb wird sie im Rahmen der seriellen Rechentechnik im Kapitel 13.3.9 näher erläutert.

13.2.12 Rechenwerke für Zahlen im BCD-Code

Bei kleinen Rechenwerken, z. B. dem Taschenrechner, erfolgt die Eingabe der Zahlen von Hand durch die Betätigung jeweils einer der 10 Tasten 0 ... 9.
Die Dezimalzahlen werden nicht in reine, sondern in dekadisch geordnete Dualzahlen umgewandelt, weil die Codier- bzw. Decodierschaltungen dezimal/dual für kleine Rechner zu aufwendig sind. (Siehe auch Kapitel 13.1.2)

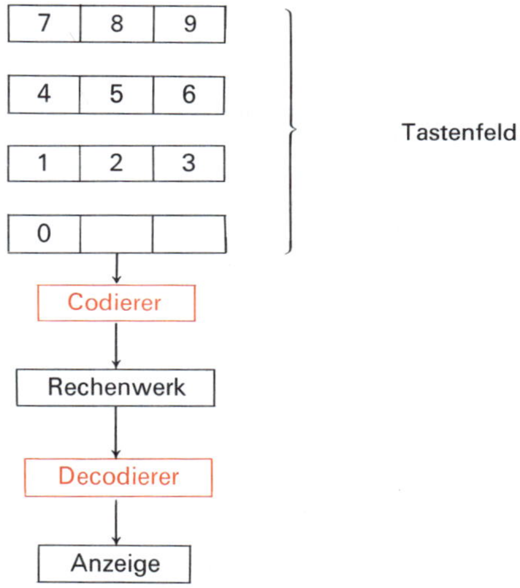

Abb. 13.45 Prinzip der Codier- bzw. Decodierblöcke eines kleinen Rechners

Bei der Betätigung einer Taste der Abb. 13.45 muß am Ausgang der Codierschaltung die entsprechende BCD-Signalkombination entstehen.

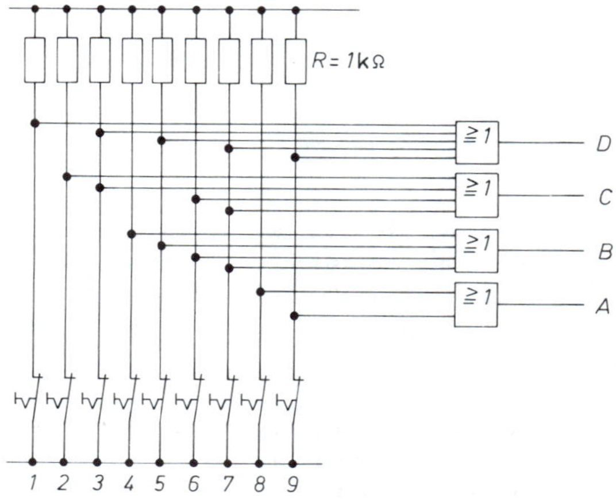

Abb. 13.46 Codierschaltung Dezimal/BCD

An den Ausgängen A ... D entsteht durch die entsprechende Beschaltung der Eingänge der ODER-Stufen die Signalkombination des BCD-Codes. In der TTL-Technik wird diese Codierung durch den integrierten Baustein 74147 vorgenommen, dabei muß allerdings die Schaltung nach Abb. 13.47 geringfügig geändert werden.
Wird die Eingabe nicht durch Schalter, sondern durch Taster durchgeführt, müssen die eingegebenen Zahlen gespeichert werden. Diese Speicherung kann z. B. durch D-FF vorgenommen werden. In der TTL-Technik bietet sich dafür der Baustein 7475 an, der jeweils 4 D-FF enthält. Um noch eine übersichtliche Schaltung zu erhalten, sollen hier als Beispiel nur zwei Ziffern addiert werden.

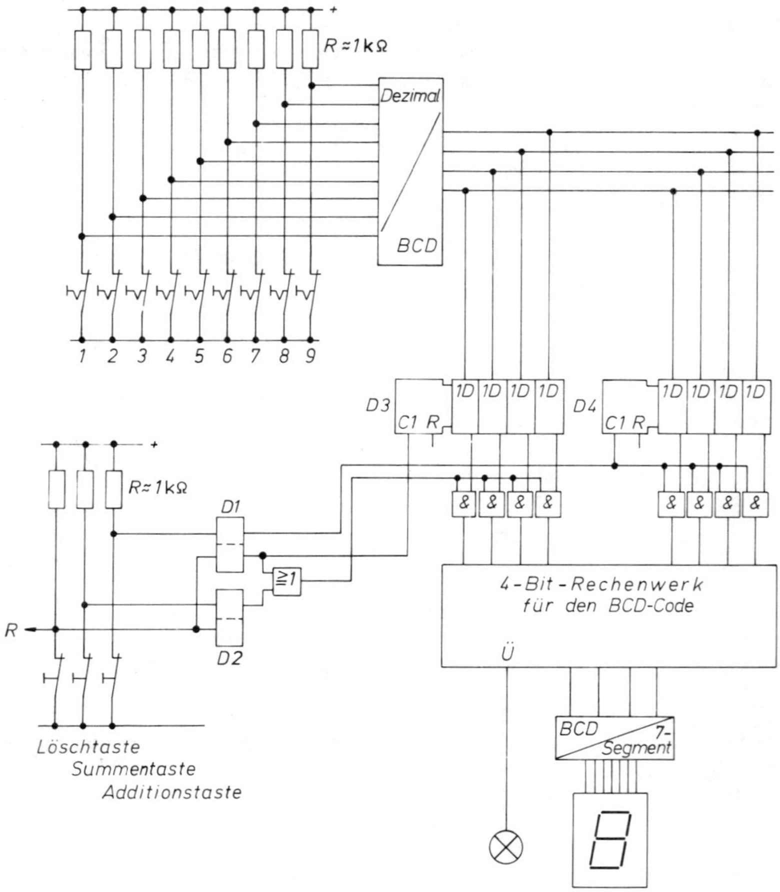

Abb. 13.47 Die Ein- und Ausgabe eines Rechners für Addition von Zahlen im BCD-Code

Durch die Betätigung der Löschtaste der Abb. 13.47 werden alle Speicher der Schaltung gelöscht. Die Anzeige eines vorherigen Rechenergebnisses geht damit verloren.
An den Q-Ausgängen der Speicher D 1 und D 2 erscheinen 0-Signale. Das 0-Signal des Speichers D 1 sperrt den rechten 4-Bit-Speicher D 4 mit den dazugehörigen UND-Bausteinen, die die Funktion von „Toren" ausüben. Das 1-Signal des $\overline{Q}$-Ausganges öffnet den linken 4-Bit-Speicher D 3 und die dazugehörigen UND-Bausteine.
Eine eingegebene Ziffer erscheint unverfälscht am Ausgang des Rechenwerkes, weil die Addition mit 0 keine Änderung ergibt. Nach der Eingabe der ersten Ziffer muß die Additionstaste gedrückt werden. Der Speicher D 1 schaltet um und sperrt nun den linken 4-Bit-Speicher D 3 und die UND-Bausteine. Der rechte 4-Bit-Speicher D 4 wird durch Q = 1 geöffnet.

Die neu eingegebene 2. Ziffer erscheint unverändert am Ausgang, weil die Eingänge des Rechenwerkes für den ersten Summanden auf 0 geschaltet sind.
Erst durch die Betätigung der Ergebnistaste gelangen beide Ziffern gleichzeitig in das Rechenwerk. Am Ausgang wird dadurch die Summe angezeigt. Der Übertrag ist hier durch eine Signallampe dargestellt und kann zur Anzeige des Ergebnisses benutzt werden.
Bis auf das 4-Bit-BCD-Rechenwerk sind alle Bausteine der Schaltung nach Abb. 13.47 im Handel erhältlich.
Als fertige integrierte Bausteine gibt es nur 4-Bit-Addierer für reine Dualzahlen.
Werden Rechnungen im BCD-Code durchgeführt, erscheint durch das duale Rechenwerk am Ausgang die Summe immer in dualer Form, d.h. auch die Kombinationen 10 ... 15 können auftreten. Da diese Kombinationen nicht im BCD-Code vorkommen dürfen, müssen Korrekturen vorgenommen werden.
Zunächst zwei Beispiele, die eine richtige und eine fehlerhafte Aussage im BCD-Code bringen.

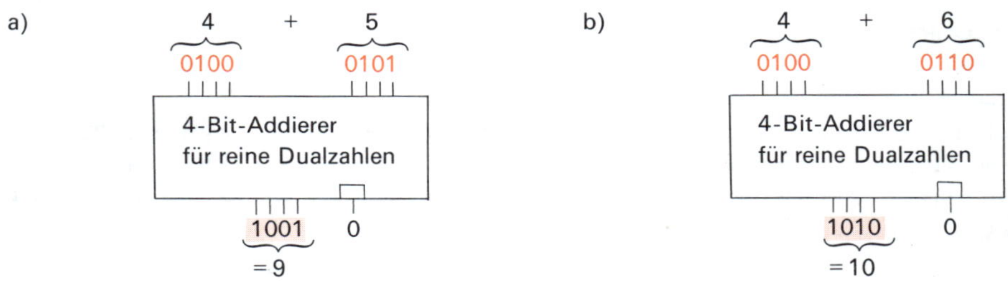

Abb. 13.48

Das Ergebnis der Abb. 13.48b) entspricht dem Dual-Code, nicht aber dem BCD-Code. Es müßte dann lauten: 1 Zehner und 0 Einer.

1	0000
Zehner	Einer

Abb. 13.49

Immer wenn die Ergebnisse größer als 9 sind, liegen nicht die richtigen Signalkombinationen im BCD-Code vor. Durch die maximale Addition 9 + 9 = 18 und einem eventuellen Eingangsübertrag müssen an dem Ausgang des 4-Bit-Addierers für reine Dualzahlen die Ergebnisse 10 ... 19 so korrigiert werden, daß die endgültige Summe im BCD-Code erscheint. Die Signalkombinationen 10 ... 19 bezeichnet man auch als „Pseudotetraden" (Tetrade ≙ 4 Stellen, Pseudo ≙ falsch).
Die Korrekturschaltung findet man durch folgende Überlegung: Im reinen Dualcode entsteht bei der Zahl 16 ein Übertrag. Um dekadisch eingeteilte Dualzahlen zu erhalten, muß dieser Übertrag schon bei der Zahl 10 entstehen, d.h. die Zahl 10 muß durch eine Korrektur in die Zahl 16 verwandelt werden. Diese Verwandlung geht am einfachsten durch eine Addition mit der Zahl 6.

Zahl 10	1010	Zahl 11	1011
Korrektur + 6	0110	Korrektur + 6	0110
	1 0000		1 0001
	Zehner Einer		Zehner Einer

Abb. 13.50

Die Abb. 13.50 zeigt die Korrektur der Pseudotetraden in den BCD-Code. Da nur die Ergebnisse 10 ... 19 verwandelt werden dürfen, müssen diese Pseudotetraden von den erlaubten Signalkombinationen 0 ... 9 durch eine Schaltung erkannt werden.

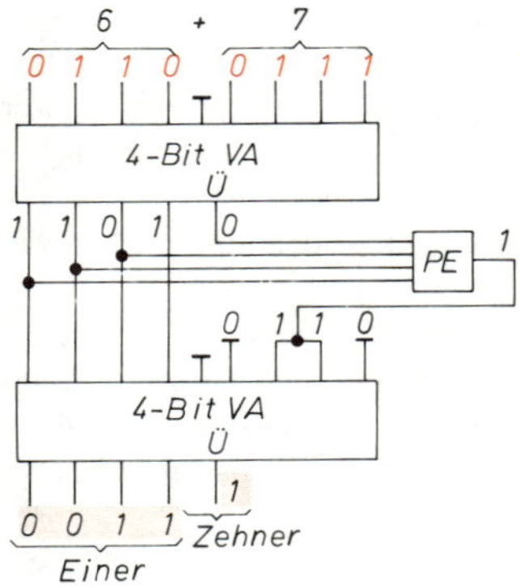

PE ≙ Pseudotetradenerkennung

Abb. 13.51 BCD-Rechenwerk für eine Dekade

Die Schaltung zur Erkennung der Pseudotetraden findet man aus der Wertetabelle der Abb. 13.52 durch die Aufstellung einer schaltalgebraischen Gleichung. Da Signalkombinationen von 16 ... 19 nur durch den Übertrag als falsch zu erkennen sind, muß dieser in der Wertetabelle als 5. Variable erscheinen.

Wertetabelle

	Ü	D	C	B	A	
0	0	0	0	0	0	
1	0	0	0	0	1	
2	0	0	0	1	0	
3	0	0	0	1	1	
4	0	0	1	0	0	
5	0	0	1	0	1	
6	0	0	1	1	0	
7	0	0	1	1	1	
8	0	1	0	0	0	
9	0	1	0	0	1	
10	0	1	0	1	0	Pseudotetraden
11	0	1	0	1	1	
12	0	1	1	0	0	
13	0	1	1	0	1	
14	0	1	1	1	0	
15	0	1	1	1	1	
16	1	0	0	0	0	
17	1	0	0	0	1	
18	1	0	0	1	0	
19	1	0	0	1	1	

Abb. 13.52 Wertetabelle mit Pseudotetraden

Die Gleichung zur Erkennung der Pseudotetraden findet man durch die Wertetabelle auf folgende Art und Weise: Wenn ein Übertrag vorhanden ist, muß immer korrigiert werden. Wenn der Ausgang D 1-Signal hat, darf nur wenn die Ausgänge C oder B auch 1-Signal zeigen, eine Korrektur stattfinden.

Damit ergibt sich die Gleichung:

$$\ddot{U} \vee [(C \vee B) \wedge D] = \text{Korrektursignal}$$

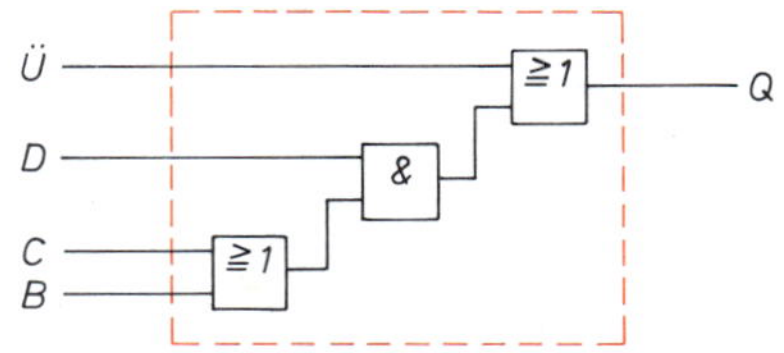

Abb. 13.53 Schaltung zur Erkennung von Pseudotetraden

Der Ausgang Q der Schaltung nach Abb. 13.53 steuert durch 0- oder 1-Signal die Korrektur der Pseudotetraden.
Dabei erzeugt 1-Signal im Korrekturaddierer die Zahl 6. In der TTL-Technik ist die Schaltung nach Abb. 13.53 durch den Baustein 7403 realisierbar. Dabei müssen alle offenen Kollektoren über einen Widerstand von 1 kΩ mit dem Pluspol der Spannungsquelle verbunden werden.

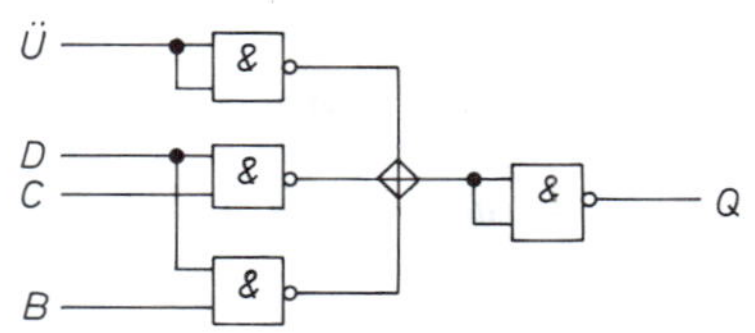

Alle offenen Kollektoren müssen über 1 kΩ mit dem + Pol verbunden werden.

Abb. 13.54 Schaltung zur Erkennung von Pseudotetraden durch den Baustein 7403

13.2.13 Addition mehrstelliger Dekaden

Für jede Dekade wird ein 4-Bit-BCD-Rechenwerk des vorherigen Kapitels gebraucht. Die Übertragsausgänge müssen jeweils mit den Übertragseingängen der nächsthöheren Dekade verbunden werden.

13.2.14 Subtraktion im BCD-Code

Wie schon in Kapitel 13.2.7 beschrieben, wird jede Subtraktion durch Komplementbildung in eine Addition verwandelt. Die Subtraktion im BCD-Code unterscheidet sich von der Subtraktion im reinen Dualcode in zwei Dingen:

1. Als Addierer muß das 4-Bit-BCD-Rechenwerk des vorherigen Kapitels eingesetzt werden.
2. Die Komplementbildung kann nicht mehr zu den Zahlen $2^n - 1$ gebildet werden, weil dadurch Pseudotetraden entstehen; z. B. ergibt das Komplement von 3 zu der Zahl 15 die Pseudotetrade 12. Um dies zu vermeiden, bildet man das Komplement zu der Zahl 9.

Die Komplementbildung zu der Zahl 9 erhält man schaltungstechnisch nicht mehr wie in Kapitel 13.2.7 durch einfache Negierung, sondern durch eine spezielle Schaltung, die man durch Vergleich des BCD-Codes mit den Kombinationen des Neunerkomplementes findet (Abb. 13.55).

Neuner-Komplementbildung

Dezimal	BCD-Code D	C	B	A	Neuner-Komplement	D′	C′	B′	A′
0	0	0	0	0	9–0	1	0	0	1
1	0	0	0	1	9–1	1	0	0	0
2	0	0	1	0	9–2	0	1	1	1
3	0	0	1	1	9–3	0	1	1	0
4	0	1	0	0	9–4	0	1	0	1
5	0	1	0	1	9–5	0	1	0	0
6	0	1	1	0	9–6	0	0	1	1
7	0	1	1	1	9–7	0	0	1	0
8	1	0	0	0	9–8	0	0	0	1
9	1	0	0	1	9–9	0	0	0	0

$A = \bar{A}'$

$B = B'$

$C \neq B \rightarrow C' = 1$

$D = C = B = 0 \rightarrow D' = 1$

Abb. 13.55 Wertetabelle des BCD-Codes und der Kombinationen des Neunerkomplementes

Die Signalfolge der Variablen A des BCD-Codes entspricht der Negierung der Signalfolge der Variablen A′ des Neunerkomplementes.

Die Signalfolge der Variablen B des BCD-Codes entspricht direkt der Signalfolge der Variablen B′ des Neunerkomplementes.

Die Variable C′ des Neunerkomplementes erhält 1-Signal, wenn die Variable C ungleich der Variablen B des BCD-Codes ist.

Die Variable D′ des Neunerkomplementes wird zu 1-Signal, wenn die Variablen D, C, B des BCD-Codes 0-Signal zeigen.

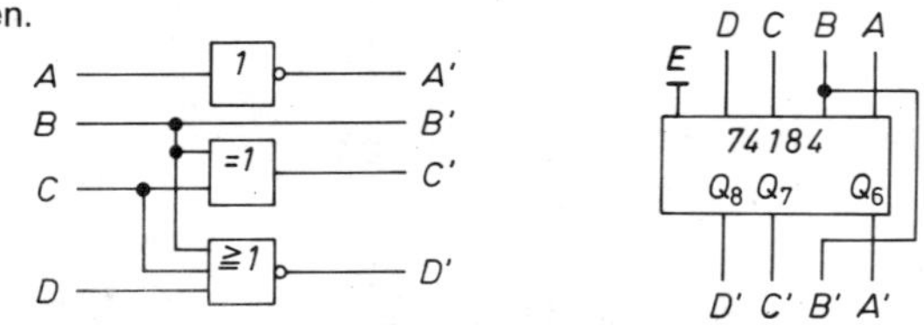

Abb. 13.56 Schaltung zur Bildung des Neunerkomplementes

Wenn der Minuend kleiner als der Subtrahend ist, muß außer dem Subtrahenden auch das Ergebnis der Addition komplementiert werden. An Hand des Signalzustandes des Übertragsausganges kann man eine Subtraktion mit positivem oder negativem Ergebnis erkennen.

Ein Übertrag 0 ergibt dabei eine Komplementbildung des Ergebnisses zu der Zahl 9.

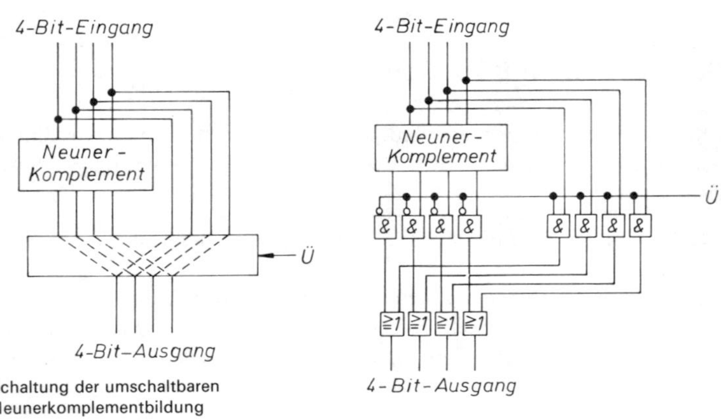

Abb. 13.57 Schaltung der umschaltbaren Neunerkomplementbildung

In den folgenden zwei Beispielen wird der notwendige schaltungstechnische Ablauf der Subtraktion durch die schriftliche Rechnung näher erläutert.

Minuend > Subtrahend

Die schriftliche Rechnung 8–5

1000–0101
Neunerkomplement
0100
+1000
1100----> 9
0110---- Korr. +6
10010
1
+0011

Der schaltungstechnische Ablauf 8–5

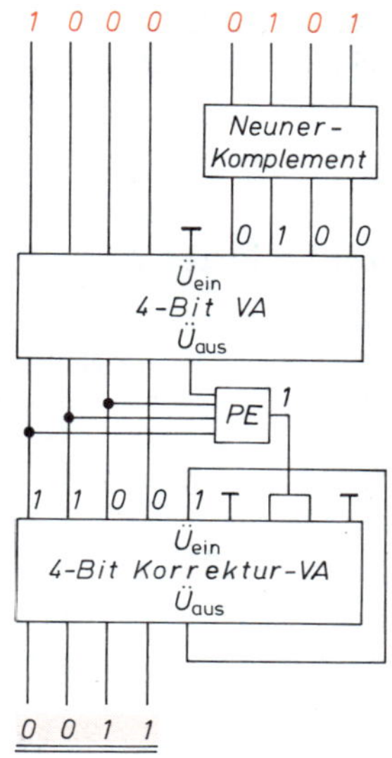

Abb. 13.58 Subtraktion, wenn Minuend > Subtrahend ist

Durch die dekadische Einteilung der Zahlen und der Komplementbildung zu $10^1 - 1$ muß das Ergebnis mit +1 korrigiert werden, wenn der Übertrag 1-Signal zeigt.

Minuend < Subtrahend

Die schriftliche Rechnung 5–8

0101–1000
Neunerkomplement
0001
0101
00110
Neunerkomplement
−0011

Der schaltungstechnische Ablauf 5–8

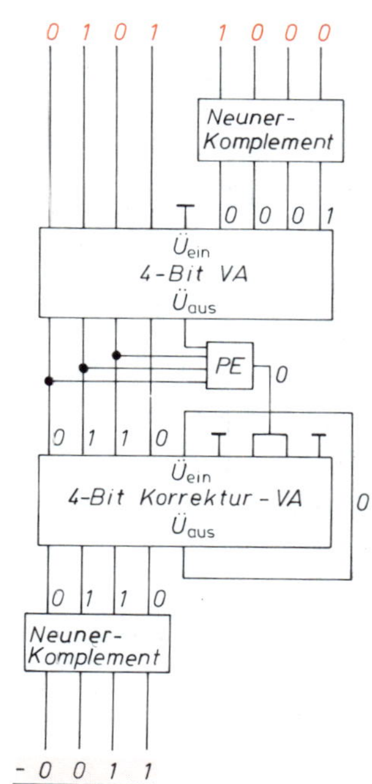

Abb. 13.59 Subtraktion, wenn der Minuend < Subtrahend ist

Der Übertrag 0 der schriftlichen Rechnung der Abb. 13.59 bedeutet ein negatives Ergebnis. Dabei entstehen keine Pseudotetraden, und damit ist auch keine Korrekturaddition mit +6 nötig.
Um zu dem richtigen Ergebnis zu gelangen, muß, wie in Kapitel 13.2.7 beschrieben, die Signalkombination der Addition komplementiert werden. Der Übertragsausgang des Korrekturaddierers steuert die Umschaltung der Komplementbildung.

13.2.15 Kombiniertes Addier-Subtrahierwerk im BCD-Code

Bei der Addition zweier Zahlen darf keine Komplementbildung vorgenommen werden, d.h. der Komplementbildner des Einganges B muß wie der des Ausganges Q umschaltbar gemacht werden.

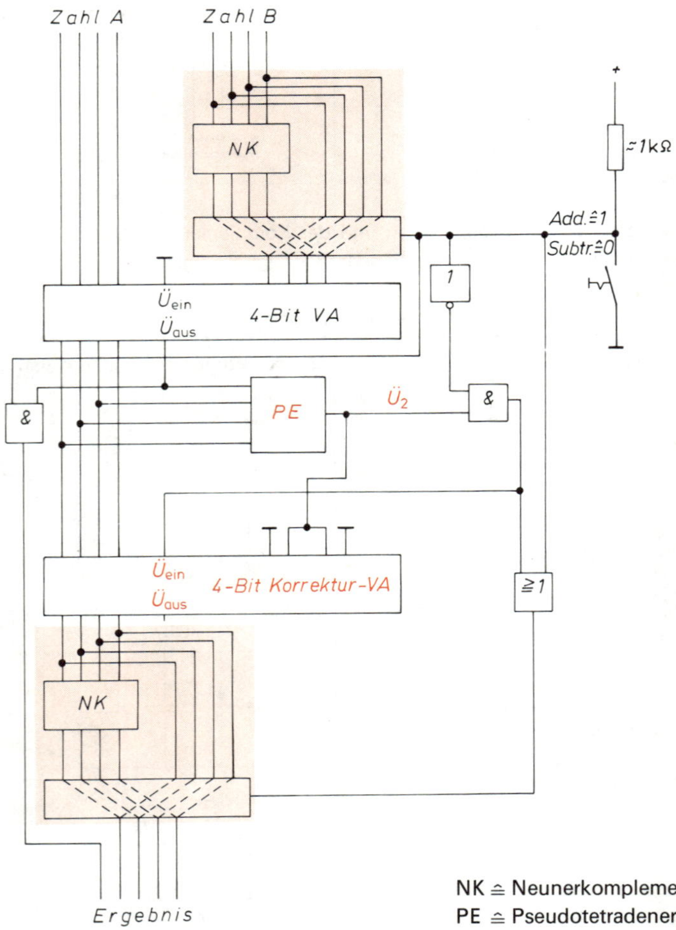

NK ≙ Neunerkomplementbildung
PE ≙ Pseudotetradenerkennung

Abb. 13.60 Kombinierte Addier-Subtrahier-Schaltung für eine Dekade

Funktion: Schalter geöffnet ≙ Addition. Beide Komplementbildner der Abb. 13.60 erhalten 1-Signal. Die Neunerkomplementbildung ist damit ausgeschaltet. Die Schaltung der Pseudotetradenerkennung gibt bei Zahlen > 9 ein 1-Signal an den Korrekturaddierer. Dieses 1-Signal erzeugt die Korrektur +6 durch entsprechende Belegung der Anschlüsse.

Der Übertrag des Addierers wird bei der Addition zur Anzeige des Ergebnisses mitbenutzt.

Schalter geschlossen ≙ Subtraktion. Der obere Komplementbildner erhält immer 0-Signal, d.h. die Neunerkomplementbildung des Subtrahenden wird immer durchgeführt. Der untere Komplementbildner erhält in Abhängigkeit des Übertrages $Ü_2$ den Steuerbefehl zur Komplementbildung.

Nur bei negativen Ergebnissen gibt es keine Korrekturaddition mit +6 und +1, sondern eine Komplementbildung der Summe der Addition.

13.3 Seriell arbeitende Rechenwerke

Die serielle Arbeitsweise eines Rechenwerkes entspricht der von uns praktizierten schriftlichen Rechenmethode. Jede Stelle wird nacheinander Schritt für Schritt dem Rechenwerk zur Bearbeitung zugeführt. Die Ergebnisse erscheinen ebenfalls Stelle um Stelle nacheinander am Ausgang des Rechenwerkes. Diese Zu- und Abfuhr der Ziffern übernehmen Schieberegister.

Ein Taktgenerator sorgt für den richtigen zeitlichen Ablauf der Rechnungen. Da größere Rechner im reinen Dualcode arbeiten, soll hier zunächst die Eingabe der Zahlen nicht dekadisch, sondern ebenfalls im Dualcode vorgenommen werden.

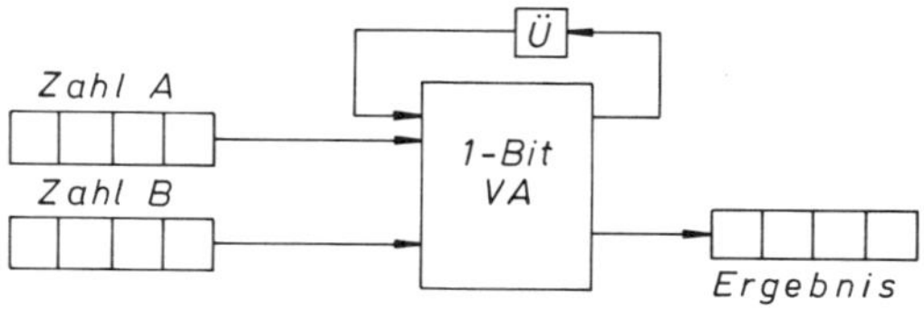

Abb. 13.61 Prinzip der seriellen Arbeitsweise

Die eigentliche Rechnung wird durch den 1-Bit Volladdierer der Abb. 13.61 vorgenommen. Die Signale der Zahlen A und B werden gleichzeitig Schritt für Schritt, mit der 1. Stelle beginnend, an die Eingänge des VA geschoben. Diese stellenweise Verarbeitung erfordert einen Taktgenerator zur Steuerung der Rechenschritte. Durch diesen Takt muß auch das seriell auftauchende Ergebnis in das Ergebnisregister eingeschoben werden.

Bei jedem Schritt des Rechenvorganges kann ein Übertrag entstehen, der aber erst beim jeweils nächsten Schritt mit addiert werden darf. Schaltungstechnisch muß daher der Übertrag gespeichert und mit dem nächsten Schritt am Übertragseingang des VA erscheinen. Diese Aufgabe erfüllt ein Master-Slave-FF, das ebenfalls vom Taktgenerator in Abhängigkeit des Signalzustandes des Übertrages geschaltet wird.

13.3.1 Prinzip einer seriellen 4-Bit-Addition

Um einen übersichtlichen Ablauf der Addition zu erhalten, sind alle Baugruppen nur durch Blöcke in der Abb. 13.63 dargestellt.

Der Taktgenerator, der die Schieberegister und das Übertragsflipflop steuert, ist aus Übersichtlichkeitsgründen nicht mitgezeichnet.

Die schriftliche Rechnung des Beispieles 13 + 13 = 26 lautet:

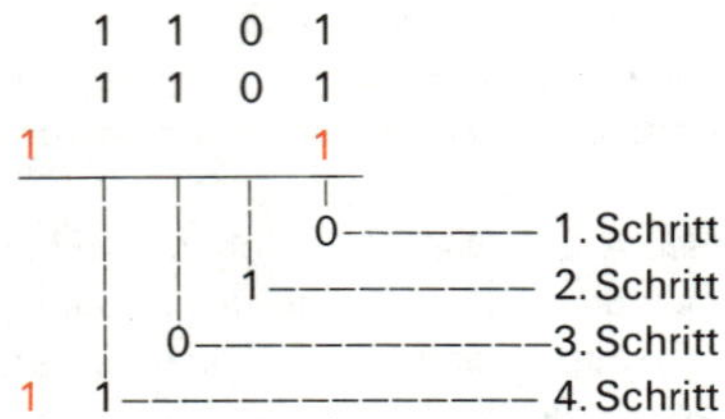

Abb. 13.62 Die schriftliche Rechnung 13 + 13 = 26

In der Abb. 13.62 ist die serielle Rechnung nach 4 Schritten ≙ 4 Taktimpulsen beendet.

Der schaltungstechnische Ablauf:

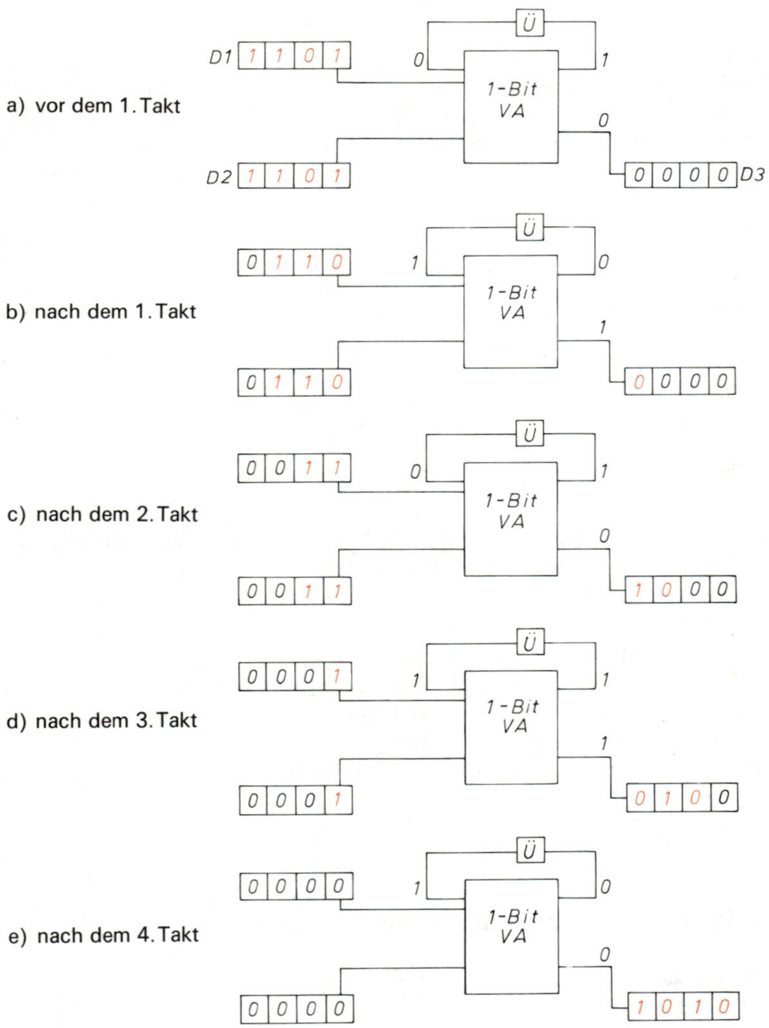

Abb. 13.63 Der schaltungstechnische Ablauf der Addition zweier Zahlen

Vor dem eigentlichen Rechenablauf müssen die Zahlen A und B in die Schieberegister eingegeben werden. Außerdem muß am Übertragseingang des VA durch Löschung des Übertragsflipflops 0-Signal stehen, weil es bei der Addition der 1. Stelle keinen vorherigen Übertrag geben kann.
Nach der Eingabe der beiden Zahlen A und B werden die 1. Stellen sofort addiert und der Übertrag gebildet. Am Eingang des Ergebnisregisters erscheint die Summe der Addition der 1. Stelle.
Mit dem ersten Takt werden die Zahlen A und B um eine Stelle nach rechts verschoben. Gleichzeitig wird die erste Teilsumme in das Ergebnisregister übernommen, und der Übertrag der 1. Stelle erscheint am Übertragseingang des VA. Die Summe der Addition der 2. Stelle mit dem Übertrag der 1. Stelle erscheint am Eingang des Ergebnisregisters. Der Übertrag 0 steht erst mit dem nächsten Takt am Übertragseingang. Diese Vorgänge wiederholen sich, bis die ganze Summe nach 4 Takten im Ergebnisregister gespeichert ist.
In der Prinzipschaltung der Abb. 13.63 werden die Schieberegister D1 und D2 mit jedem Takt „leerer", das Ergebnisregister dagegen immer „voller".
Das Register D3 kann man einsparen, wenn man das seriell auftauchende Ergebnis in das leerer werdende Schieberegister D1 oder D2 einschiebt. Ein solches zweifach ausgenutztes Register nennt man auch Akkumulator.
Der Akkumulator wird mit der Zahl B parallel geladen, während das Ergebnis seriell zugeführt wird.

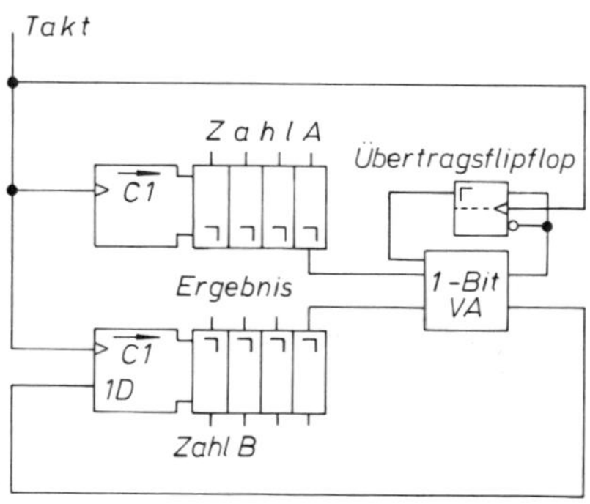

Abb. 13.64 Serielles Rechenwerk mit Akkumulator

Die Eingabe der Zahlen A und B und die Anzeige des Ergebnisses sind in der Abb. 13.64 nicht mitgezeichnet.
Hier wird das untere Schieberegister als Akkumulator verwendet, da zuerst die Zahl B und mit dem Rechenablauf das Ergebnis eingegeben werden.

13.3.2 4-Bit-Seriensubtrahierwerk für Dualzahlen

Die Schaltung nach Abb. 13.64 soll zum Subtrahierwerk erweitert werden. Da Subtraktionen grundsätzlich durch Komplementbildung in Additionen verwandelt werden und es sich hier um Dualzahlen handelt, muß das Komplement zu $2^n - 1$ gebildet werden. Diese Komplementbildung besteht, wie schon in Kapitel 13.2.7 näher erläutert, aus einer Invertierung des Subtrahenden. Durch die serielle Rechenweise braucht man dafür nur einen Inverter zwischen dem Register des Subtrahenden und dem Eingang des VA zu schalten (Abb. 13.66).

Durch die Komplementbildung zu 2^n-1 statt zu 2^n muß das Ergebnis, wenn der Minuend größer als der Subtrahend ist, mit +1 korrigiert werden. Subtraktionen, bei denen das Ergebnis negativ ist, dürfen nicht mit +1, sondern nur durch Komplementierung des Ergebnisses korrigiert werden (siehe auch Kapitel 13.2.7).
Die Entscheidung, wann durch +1 oder durch Komplementierung des Ergebnisses korrigiert werden muß, ergibt sich aus dem Signalzustand des Übertrages. Da dieser durch die serielle Arbeitsweise des Rechenwerkes erst nach einem kompletten Durchlauf feststeht, muß die Korrektur durch einen zweiten Durchlauf vorgenommen werden. Dabei wird je nach Korrekturart der Inverter zwischen dem Akkumulator und dem VA umgeschaltet.
Die Umschaltung des Inverters erfolgt nach einem vollständigen Durchlauf durch einen Steuerbefehl des Taktgenerators. Dabei soll 1-Signal eine Invertierung des Akkumulators ergeben.

Steuerbefehl	Ausgang des Akkumulators	Eingang des VA
0	0	0
0	1	1
1	0	1
1	1	0

Abb. 13.65 Wertetabelle für die umschaltbare Komplementbildung

Die umschaltbare Komplementbildung wird, wie die Wertetabelle der Abb. 13.65 zeigt, durch einen Exclusiv-ODER-Baustein durchgeführt.

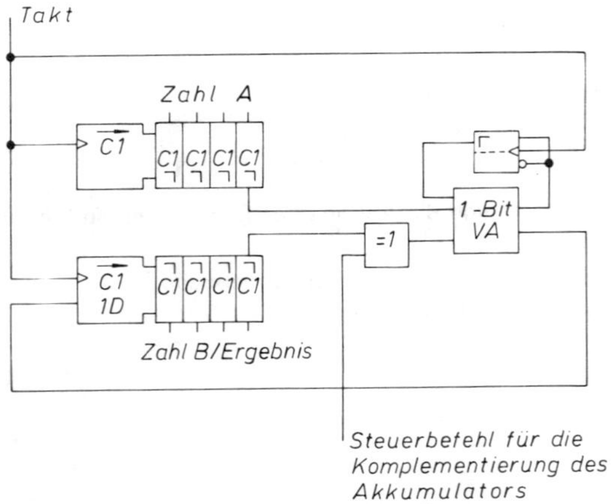

Abb. 13.66 Serielles 4-Bit-Rechenwerk für Addition und Subtraktion

Durch die umschaltbare Komplementbildung kann die Schaltung nach Abb. 13.66 für Addition und Subtraktion verwendet werden. Die Steuerung muß entsprechend der gewünschten Rechenart vorgenommen werden.

13.3.3 Beispiel einer Subtraktion für Minuend > Subtrahend

Die schriftliche Rechnung 13 − 10 = 3

```
1101 − 1010 =
        ↓
   Komplementbildung durch serielle
   Negation des Subtrahenden
        ↓
   0101
 → +1101
   1 1
   ----
      0        ← 1. Schritt
     1         ← 2. Schritt
    0          ← 3. Schritt
  10           ← 4. Schritt
    ↓
  10010        Inhalt des Schieberegisters D 2
 + 0000        Inhalt des Schieberegisters D 1
      1        Korrekturaddition +1, weil Ü = 1 ist
   ----
      1        ← 5. Schritt
     1         ← 6. Schritt
    0          ← 7. Schritt
   0           ← 8. Schritt
    ↓
 + 0011
   ====
```

Abb. 13.67

Der schaltungstechnische Ablauf 13 − 10 = 3

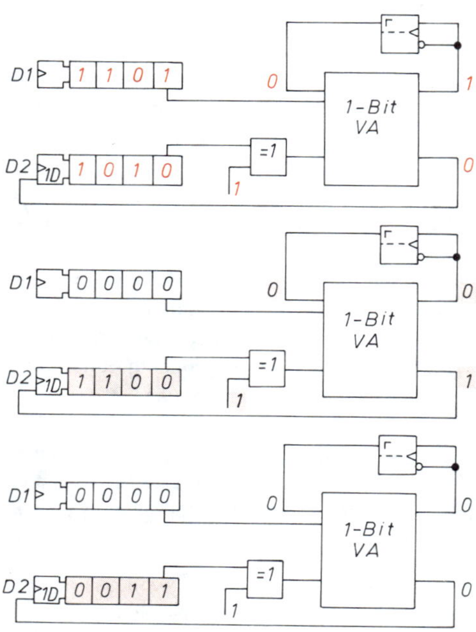

Nach der Eingabe der beiden Zahlen wird die 1. Stelle der Zahl A mit dem Komplement der 1. Stelle der Zahl B addiert und der Übertrag gebildet.

Nach vier Taktimpulsen ist das Schieberegister D 1 „leer". Im Schieberegister D 2 steht das Ergebnis. Dieses muß noch korrigiert werden. Da der Übertrag 1 ist, muß das Ergebnis positiv sein. Wegen der Komplementbildung zu $2^n - 1$ statt zu 2^n muß es noch mit +1 korrigiert werden.

Die nächsten vier Taktimpulse führen diese Korrektur durch.
Danach ist das richtige Ergebnis im Akkumulator gespeichert.

Die Umschaltung des Exclusiv-ODER-Bausteines erfolgt nach dem ersten vollständigen Durchlauf in Abhängigkeit des Übertrages.

Abb. 13.68 Der schaltungstechnische Ablauf der Subtraktion 13–10

13.3.4 Beispiel einer Subtraktion für Minuend < Subtrahend

Die schriftliche Rechnung 10 − 13 = −3

1010 − 1101

Komplementbildung durch serielle Negierung des Subtrahenden

↓

```
  0010
  1010
  1
  ----
  |||0  ← 1. Schritt
  ||0   ← 2. Schritt
  |1    ← 3. Schritt
 01     ← 4. Schritt
```

↓

Komplementbildung durch serielle Negierung des Ergebnisses, weil der Übertrag 0 ist

↓

```
 0011
 0000   ← Inhalt des Schieberegisters D 1
 ----
 |||1   ← 5. Schritt
 ||1    ← 6. Schritt
 |0     ← 7. Schritt
 0      ← 8. Schritt
```

↓

− 0011

Abb. 13.69 Subtraktion, wenn Minuend < Subtrahend ist

Der schaltungstechnische Ablauf der Subtraktion 10 − 13 = − 3

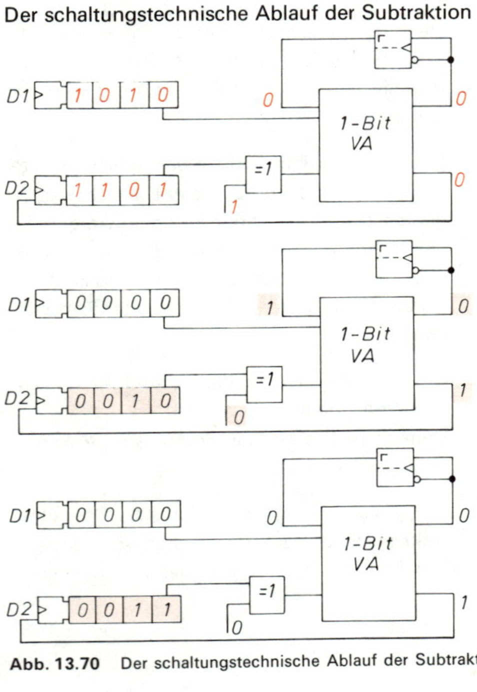

Nach der Eingabe der beiden Zahlen wird die 1. Stelle der Zahl A mit dem Komplement der 1. Stelle der Zahl B addiert und der Übertrag gebildet.

Nach vier Taktimpulsen ist das Schieberegister D 1 „leer“.
Im Schieberegister D 2 steht das Ergebnis. Dieses muß noch korrigiert werden. Da der Übertrag 0 ist, muß das Ergebnis negativ sein. Es darf nun nicht durch +1, sondern durch Komplementierung korrigiert werden.

Jede Stelle wird mit den nächsten 4 Taktimpulsen negiert. Der Exclusiv-ODER-Baustein erhält wegen der Komplementbildung weiterhin 1-Signal.

Nach den vier Taktimpulsen wird das richtige Ergebnis im Akkumulator gespeichert.

Abb. 13.70 Der schaltungstechnische Ablauf der Subtraktion, wenn der Minuend kleiner als der Subtrahend ist

13.3.5 Die Ein- und Ausgabe der dualen Zahlen des seriellen Rechenwerkes

Die Eingabe erfolgt im reinen Dualcode durch die entsprechende Kombination von Schaltern. Hier sollen aus Übersichtlichkeitsgründen nur 4 Schalter benutzt werden, mit denen man Signalkombinationen von 0 ... 15 einstellen kann. Die Anzeige erfolgt ebenfalls im reinen Dualcode durch Lampen.

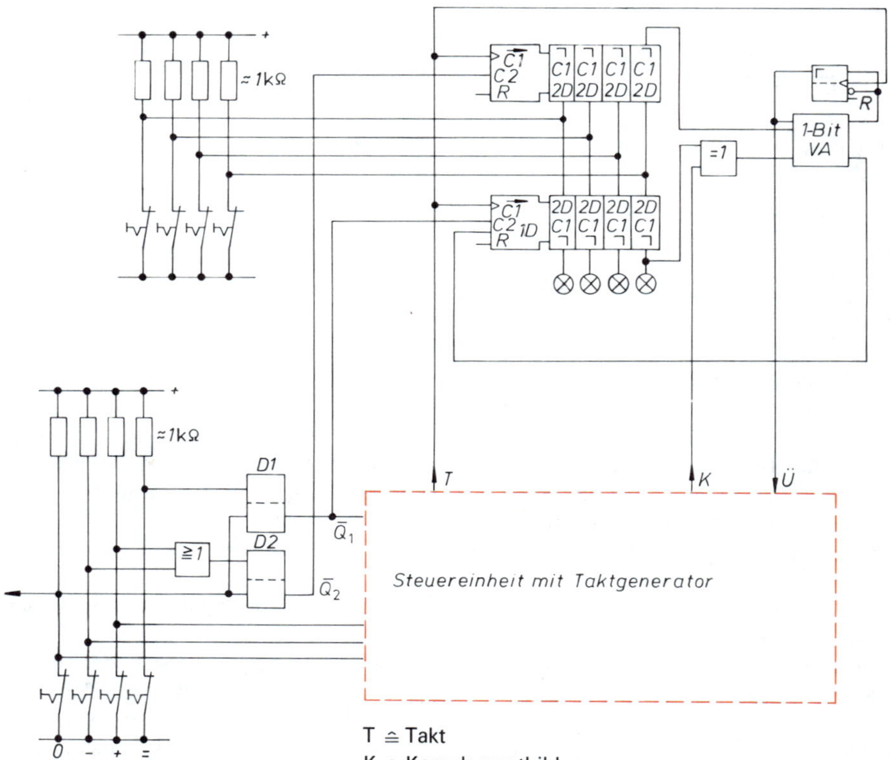

T ≙ Takt
K ≙ Komplementbildung
Ü ≙ Übertrag

Abb. 13.71 Duales Rechenwerk für Subtraktion und Addition

Durch die Betätigung der Löschtaste werden alle Speicher der Schaltung nach Abb. 13.71 gelöscht. Durch $\bar{Q} = 1$ der Speicher D 1 und D 2 sind beide Schieberegister für die Übernahme von Zahlen geöffnet. Die Signalkombination der Schalter S 1 ... S 4 erscheint an den Ausgängen der Schieberegister und wird somit durch die Lampen angezeigt. Durch die Betätigung der Additions- oder Subtraktionstaste wird das obere Schieberegister gesperrt.

Durch eine Änderung der Schalter S 1 ... S 4 erscheint nur noch an den Ausgängen des unteren Schieberegisters eine neue Zahl. Die Betätigung der Ergebnistaste sperrt die Eingabe des unteren Schieberegisters; gleichzeitig wird der Taktgenerator der Steuereinheit freigegeben.

Nach dem Ablauf des Rechenvorganges steht das Ergebnis in dem unteren Schieberegister und wird somit durch die Lampen angezeigt. Auf die Anzeige des Übertrages ist hier verzichtet worden.

13.3.6 Die Steuereinheit

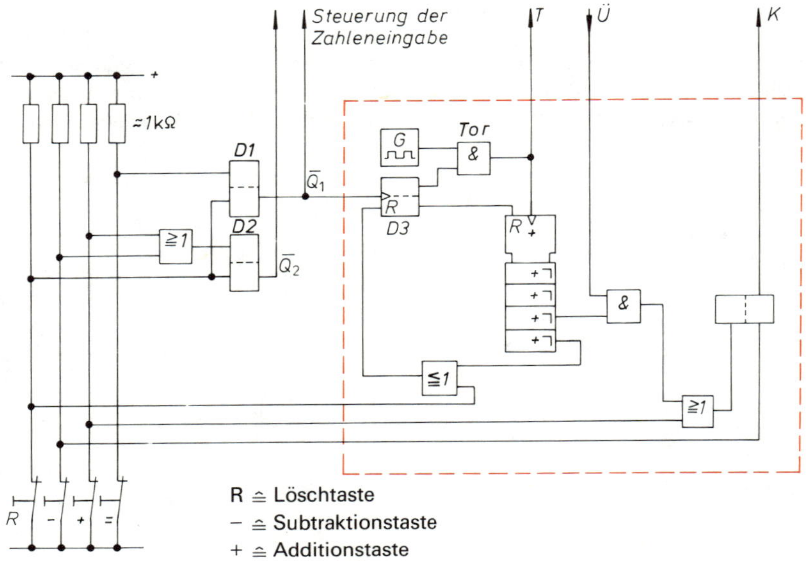

R ≙ Löschtaste
− ≙ Subtraktionstaste
+ ≙ Additionstaste
= ≙ Ergebnistaste

Abb. 13.72 Die Steuereinheit

Durch die Betätigung der Ergebnistaste entsteht ein negativer Spannungssprung, der das Flipflop D 3 der Steuereinheit umschaltet und damit das Tor für die Generatorimpulse freigibt.

Diese erscheinen als Taktimpulse am Ausgang T.

Der Zähler zählt die Taktimpulse und setzt durch 1-Signal des Q_4-Ausganges nach dem 8. Impuls das FF zurück.

Das Tor wird dadurch gesperrt und der Zähler auf 0 gesetzt. Nach der Betätigung der Löschtaste kann der Vorgang wiederholt werden.

Die Steuerung der Komplementbildung (K) ist eine Funktion der Rechenarttasten, des Übertrages und des Zählerausganges Q_4. Durch die Betätigung der Additionstaste erscheint an K 0-Signal. Dieses Signal steuert den Exclusiv-ODER-Baustein der Abb. 13.71 so, daß keine Komplementbildung auftritt. Während der Addition kann auch der Zählerstand oder der Übertrag den Signalzustand des Ausganges K nicht ändern.

Durch die Betätigung der Subtraktionstaste erscheint 1-Signal an dem K-Ausgang. Damit findet eine Komplementierung des Subtrahenden statt. Nach den ersten 4 Taktimpulsen steht ein falsches Ergebnis im Akkumulator, das je nach Signalzustand des Übertrages durch +1 oder durch Komplementbildung korrigiert werden muß.

Nach dem 4. Taktimpuls wird der Signalzustand des Ausganges K auf 0-Signal umgeschaltet, wenn der Übertrag 1 ist. K = 0 bedeutet keine Komplementierung des Ergebnisses. Das 1-Signal des Übertrages wird mit den nächsten Rechenschritten zu dem Ergebnis hinzuaddiert.

13.3.7 Serielle Multiplikation dualer Zahlen

Bei der Multiplikation mehrstelliger Zahlen muß multipliziert und addiert werden.

Die eigentliche serielle Multiplikation wird schaltungstechnisch durch einen UND-Baustein realisiert; die serielle Addition der Zwischenergebnisse durch einen 1-Bit-Volladdierer.

Für den Multiplikand und den Multiplikator wird hier je ein 4-Bit-Schieberegister eingesetzt. Die Multiplikation zweier 4stelliger Zahlen ergibt ein 8stelliges Ergebnis.

Das Ergebnisregister wird aus einem zusätzlichen 4-Bit-Schieberegister und aus der Doppelausnutzung des Multiplikatorschieberegisters gebildet. Diese Aufteilung des Ergebnisregisters in zwei getrennte Schieberegister ist unbedingt notwendig, weil bei der Verschiebung der Zwischenergebnisse die jeweils letzte Ziffer unverändert aufgehoben werden muß. Diese Speicherung erfolgt in den durch den Rechenablauf freiwerdenden Stellen des Multiplikatorschieberegisters.

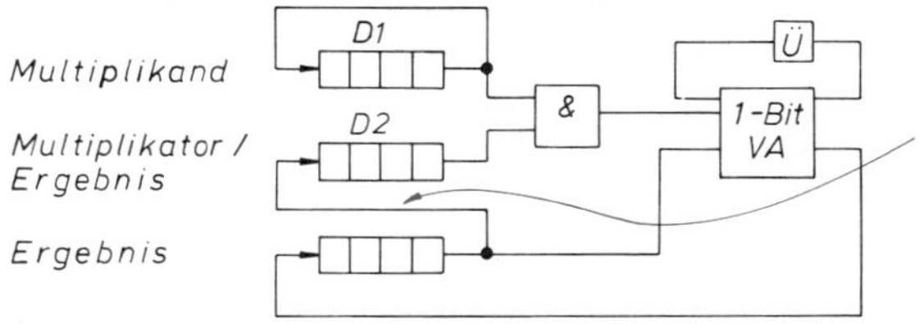

Bei der Verschiebung der Teilprodukte wird die jeweils letzte Ziffer in das Multiplikatorschieberegister eingegeben.

Abb. 13.73 Prinzipschaltung der Multiplikation

Die Abb. 13.73 zeigt das Prinzip der Multiplikation. In die Schieberegister D1 und D2 wird der Multiplikand bzw. der Multiplikator eingegeben. Da jeweils der ganze Multiplikand mit jeder einzelnen Stelle des Multiplikators zu mehreren Teilprodukten multipliziert wird, darf er während des Rechenvorganges nicht verlorengehen. Deshalb ist das Register D1 als sogenanntes Ringschieberegister ausgeführt, d. h. durch die Verbindung des letzten Ausganges mit dem seriellen Eingang wird jeweils die letzte Ziffer wieder von vorne in das Schieberegister eingeschoben.
Durch den UND-Baustein der Abb. 13.73 erfolgt die eigentliche Multiplikation.
Das Teilprodukt erscheint seriell am Ausgang der UND-Stufe und wird durch den 1-Bit-Volladdierer mit dem um eine Stelle verschobenen vorherigen Teilprodukt des Ergebnisspeichers Stelle um Stelle addiert. Dabei wird die Summe in die freiwerdenden Stellen des Ergebnisregisters seriell eingeschoben.
Nach jedem Durchlauf wird der Multiplikator und das Teilprodukt des Ergebnisspeichers um eine Stelle nach rechts verschoben. Dabei wird die jeweils letzte Ziffer des Ergebnisspeichers in die freiwerdende Stelle des Registers D2 geschoben. Der nächste Durchlauf mit Produktbildung und Zwischenaddition kann nun erfolgen.

Beispiel einer schriftlichen Multiplikation

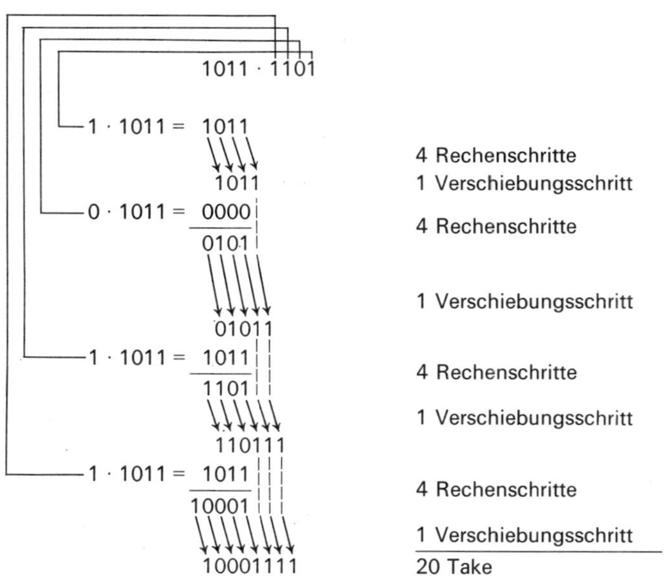

Abb. 13.74 Die schriftliche Multiplikation 11 · 13

Das erste Teilprodukt der Abb. 13.74 wird seriell durch 4 Schritte gebildet. Danach wird es um eine Stelle nach rechts verschoben. Die letzte Ziffer wird dabei schaltungstechnisch in das ebenfalls um eine Stelle verschobene Multiplikatorregister eingeschoben. Die zweiten, dritten und vierten Teilprodukte werden mit den nächsten Rechenschritten mit den um eine Stelle nach rechts verschobenen Zwischensummen zu dem Endergebnis addiert.
Dabei werden die jeweils letzten Ziffern der Zwischensummen in das „leerer" werdende Multiplikatorschieberegister eingeschoben und dort gespeichert. Der ganze Rechenvorgang benötigt, wie die Abb. 13.74 zeigt, 20 Schritte.

Der schaltungstechnische Ablauf der Multiplikation 11 · 13

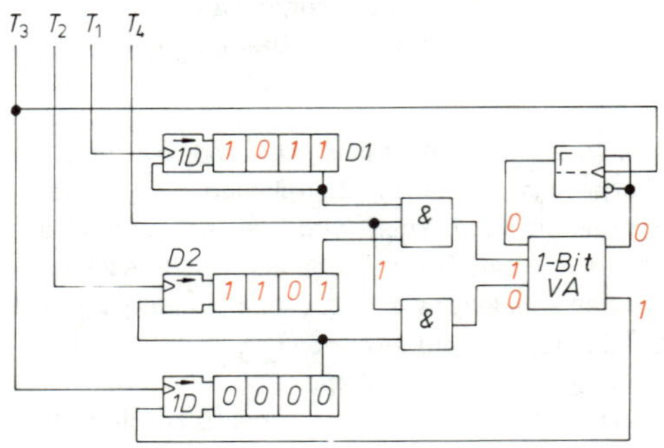

Abb. 13.75

Vor dem Takt:
Die Abb. 13.75 zeigt die Signalzustände nach der Eingabe der beiden Zahlen in die Schieberegister D 1 und D 2.
Die 1. Stelle der beiden Zahlen werden bereits durch den UND-Baustein multipliziert und mit der 1. Stelle des Ergebnisregisters addiert. Die Summe erscheint an dem seriellen Eingang des Ergebnisregisters und wird mit dem ersten Takt in dieses übernommen.

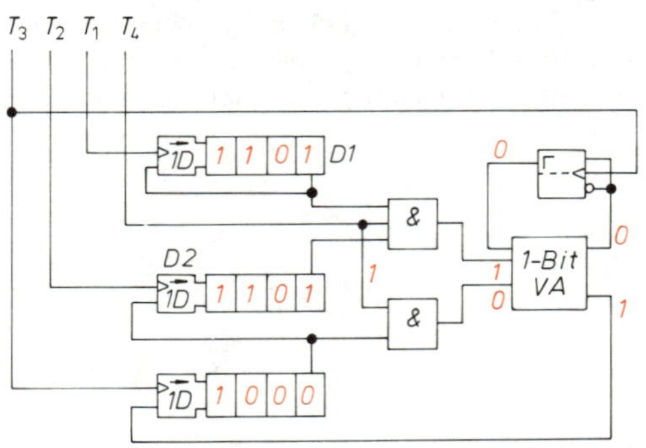

Abb. 13.76

Nach dem 1. Takt: (Abb. 13.76)
Das Ergebnis der 1. Stelle steht im Ergebnisregister. Der Inhalt des Registers D 1 ist um eine Stelle verschoben worden. Dabei wurde die letzte Ziffer wieder von vorne eingegeben. Das Register D 2 ist unverändert. An dem seriellen Eingang des Ergebnisregisters steht das Signal der Addition aus dem Produkt der 2. Stelle des Multiplikanden mit der 1. Stelle des Multiplikators und mit der 2. Stelle des Ergebnisregisters. Dieses Signal wird mit dem nächsten Takt übernommen.

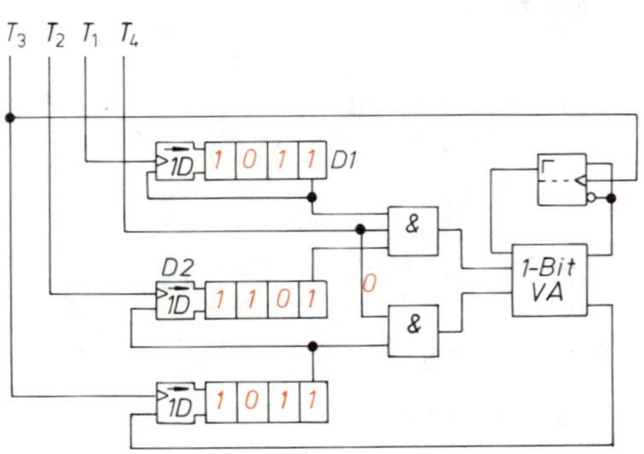

Abb. 13.77

Nach dem 4. Takt: (Abb. 13.77)
Das Register D 1 hat wieder seine ursprüngliche Stellung erreicht. Das Register D 2 ist noch nicht verändert worden. Im Ergebnisregister steht das erste Zwischenergebnis.
Durch $T_4 = 0$-Signal wird die Multiplikation und die Addition während der Verschiebung des Ergebnisregisters und des Multiplikators des Registers B gesperrt.

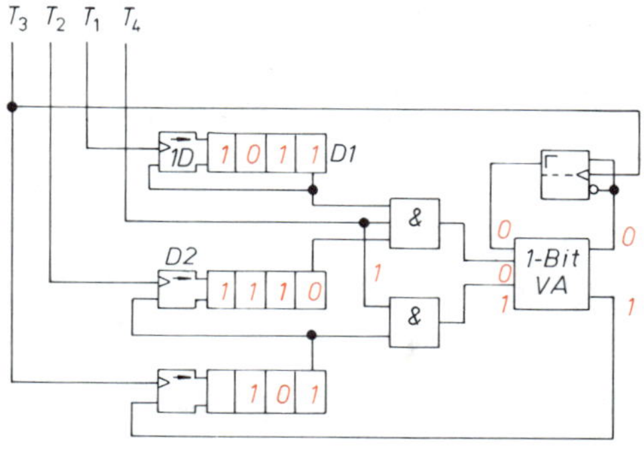

Abb. 13.78

Nach dem 5. Takt: (Abb. 13.78)
Durch den Verschiebetakt ist die letzte Ziffer des Ergebnisregisters in das D 2 Register verschoben worden. Dabei wurde der Multiplikator des Registers D 2 um eine Stelle nach rechts verschoben. Da T_4 wieder 1-Signal hat, wird nun die 2. Stelle des Multiplikanden mit der 1. Stelle des Multiplikators durch den UND-Baustein multipliziert und durch den VA mit der verschobenen 2. Stelle des Ergebnisregisters addiert. Die Summe wird erst mit dem nächsten Takt in das Ergebnisregister übernommen.

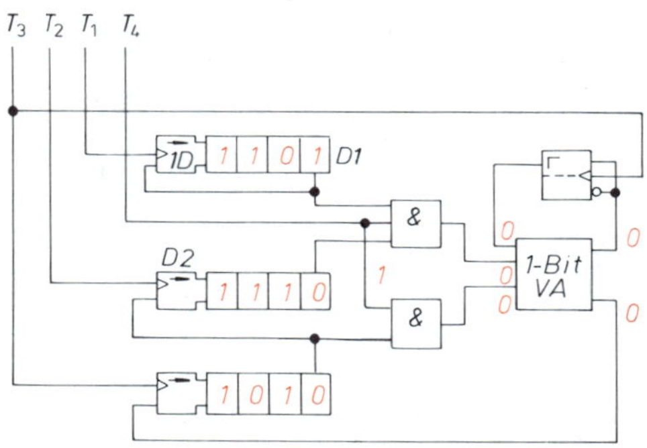

Abb. 13.79

Nach dem 6. Takt: (Abb. 13.79)
Die vorherige Summe des VA steht in dem Ergebnisregister. Das Register D 1 ist durch den 6. Takt um eine Stelle nach rechts weitergeschaltet worden. Das Register D 2 bleibt unverändert.

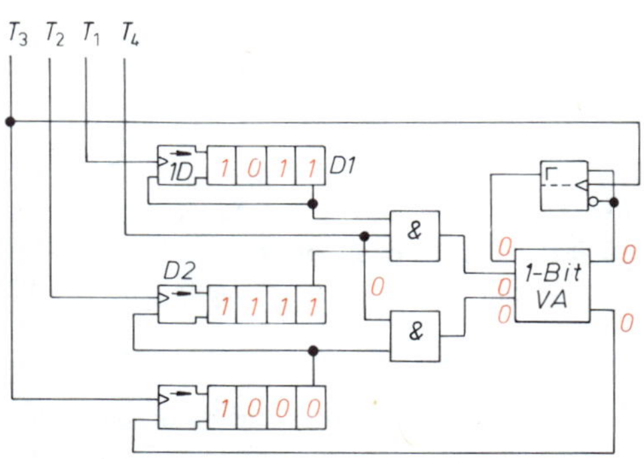

Abb. 13.80

Nach dem 20. Takt: (Abb. 13.80)
Die ersten 4 Ziffern des Ergebnisses stehen im Ergebnisregister; die letzten 4 Stellen im Register D 2
Der Multiplikand hat seine ursprüngliche Anordnung, während der Multiplikator verlorengegangen ist.

13.3.8 Die komplette Multiplikationsschaltung

Die Ein- und Ausgabe der Zahlen wird, wie in Kapitel 13.3.5 beschrieben, vorgenommen.

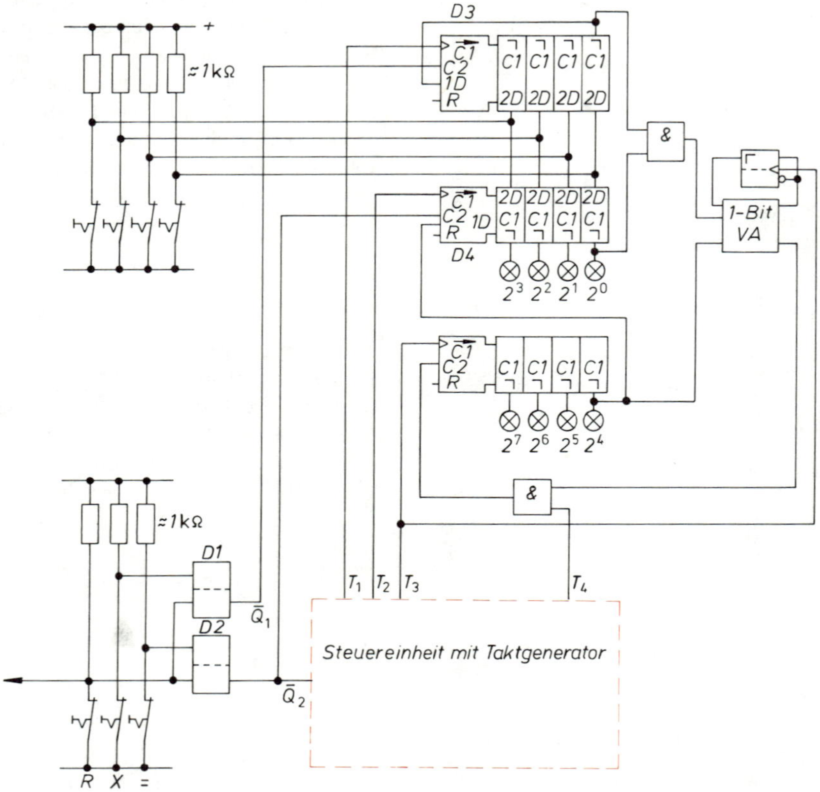

Abb. 13.81 Multiplikationsschaltung für duale Zahlen

Durch die Löschtaste R werden alle Speicher der Abb. 13.81 gelöscht. Durch 1-Signal der $\bar{Q}$-Ausgänge der Speicher 1 und 2 werden die Schieberegister D 3 und D 4 geöffnet. Der Multiplikand wird durch die Schalter S 1 ... S 4 eingestellt und zunächst in beide Schieberegister übernommen, damit er durch die Lampen 2^0 ... 2^3 angezeigt werden kann.

Durch die Betätigung der Multiplikationstaste wird das Multiplikandenschieberegister gesperrt. Nun wird mit den Schaltern S 1 ... S 4 der Multiplikator eingestellt, der durch die Lampen 2^0 ... 2^3 angezeigt wird. Die Betätigung der Ergebnistaste sperrt das Multiplikatorschieberegister und startet den Taktgenerator der Steuereinheit.

Funktionsplan der Steuereinheit

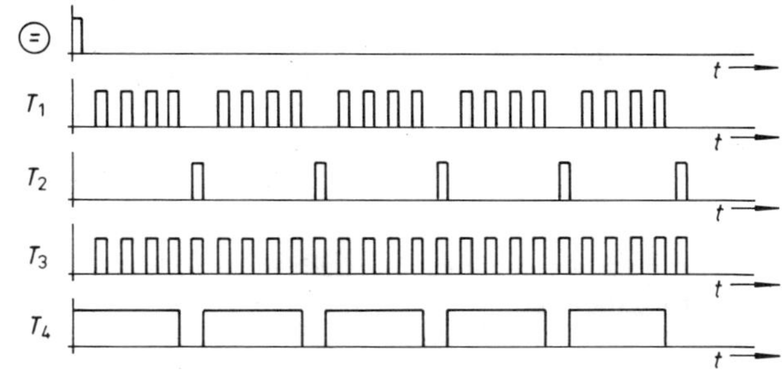

Abb. 13.82 Funktionsplan einer Multiplikation 4stelliger dualer Zahlen

Steuereinheit

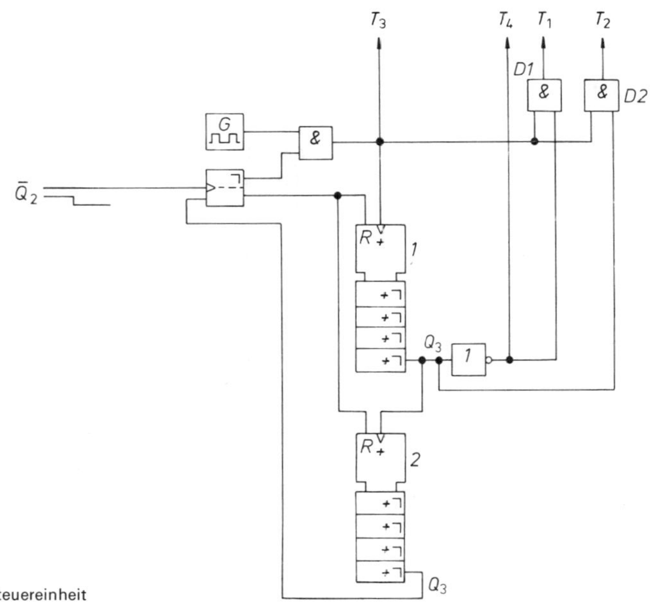

Abb. 13.83 Die Steuereinheit

Der Zähler 1 der Abb. 13.83 muß als Fünferzähler geschaltet werden (z. B. 7490 der TTL-Serie). Durch die Betätigung der Ergebnistaste wird das FF der Steuereinheit umgeschaltet, das durch Q = 1 das Tor für die Generatorimpulse freigibt. Der Zähler 1 zählt jeweils 5 Impulse.
Nach jedem 4. Impuls wird Q_3 = 1-Signal und gibt damit den UND-Baustein D 2 für den jeweils 5. Impuls frei. Durch die Invertierung des Q_3-Signales wird der UND-Baustein D 1 für den jeweils 5. Impuls gesperrt. Außerdem ergibt die Invertierung des Q_3-Signales den gesuchten Signalverlauf T_4.
Der Q_3-Ausgang des zweiten Zählers wird nach 4 × 5 Impulsen zu 1-Signal. Dadurch wird das FF umgeschaltet, das mit Q = 0 das Tor der Generatorimpulse sperrt und durch $\bar{Q}$ = 1 die Zähler auf 0 setzt.

13.3.9 Serielle Division mehrstelliger dualer Zahlen

Bei der Division mehrstelliger Zahlen unterscheidet man zwei Rechenverfahren:

a) Durch fortlaufende Subtraktion des Divisors vom Dividenden wird das Ergebnis ermittelt.

b) Im Gegensatz zu der Methode a) wird hier der Divisor stellenverschoben von dem Dividenden subtrahiert.

Da schaltungstechnisch die Methode nach b) einen sehr komplizierten Steuerungsablauf erfordert, wird hier nur die etwas zeitraubendere Lösung nach a) erläutert.

Beispiel mit Dezimalzahlen:

nach Rechenmethode a)

306 : 2 =
− 2
304
− 2
302
− 2
300
− 2
298
− 2
296
− 2
294
usw.

nach Rechenmethode b)

306 : 2 =
−2 → 1
10
− 2
8
− 2
6
− 2
4
− 2
2
− 2 → 5
0 6
− 2
4
− 2
2
− 2 → 3
0

153

Abb. 13.84

Die Rechenmethode nach a) der Abb. 13.84 ergibt 153 Subtraktionen, die nach b) 9 Subtraktionen.

Beispiel mit dualen Zahlen:

Hier sollen nur Divisionen ohne Stellenverschiebung (nach Rechenmethode a) des Divisors erläutert werden.

```
  12:  3  =4
  ↙
 1100 : 0011 =
-0011 ---------------- 1. Subtraktion
 1001
-0011 ---------------- 2. Subtraktion
 0110
-0011 ---------------- 3. Subtraktion
 0011
-0011 ---------------- 4. Subtraktion ≙ Ergebnis
 0000
```

Abb. 13.85 Division durch fortgesetzte Subtraktion

Die Subtraktionen der Abb. 13.85 werden mit Hilfe der Komplementbildung in Additionen verwandelt. Solange der Übertrag 1 ist, muß wegen der Komplementbildung zu $2^n - 1$ eine Korrektur mit +1 erfolgen. Beim Übertrag 0 ist die Division beendet. Aus Übersichtlichkeitsgründen sollen nur Divisionen, die „aufgehen", behandelt werden.

Division mit Komplementbildung des Divisors zu $2^n - 1$

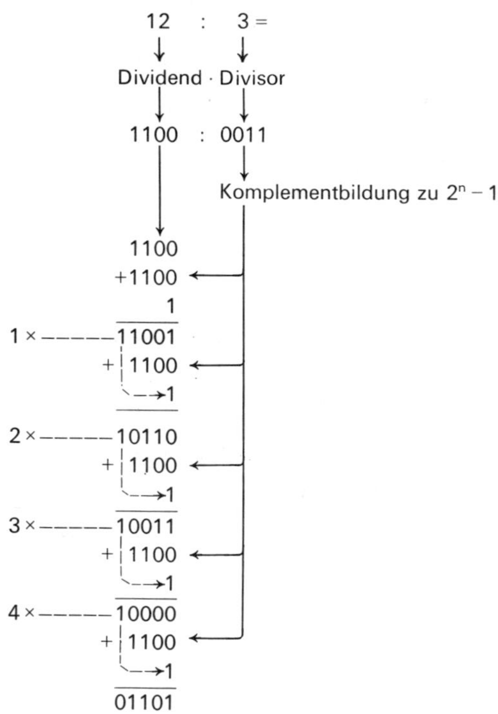

Abb. 13.86 Division durch Komplementbildung des Dividenden

Die Überträge der Abb. 13.86 werden gezählt und als Ergebnis der Division angezeigt. Da hier nur Divisionen mit positiven Ergebnissen behandelt werden, können die Korrekturen durch +1 gleich von vornherein bei der Addition des Dividenden mit dem Komplement des Divisors vorgenommen werden.

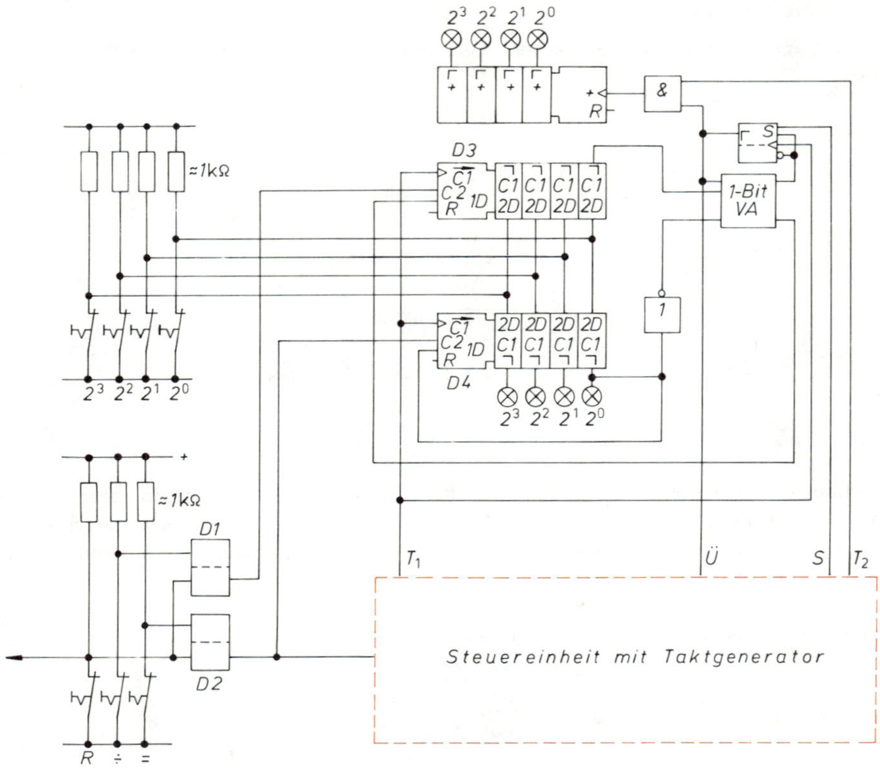

Abb. 13.87 Gesamtschaltbild der Division dualer Zahlen

Durch die Taste R werden alle Speicher und Zähler der Abb. 13.87 gelöscht. Durch 1-Signal der $\overline{Q}$-Ausgänge der Speicher D 1 und D 2 werden die Schieberegister D 3 und D 4 geöffnet. Der Dividend wird durch die Schalter S 1 ... S 4 eingestellt und zunächst in beide Schieberegister übernommen, damit er durch die Lampen 2^0 ... 2^3 angezeigt werden kann.

Durch die Betätigung der Divisionstaste wird das Schieberegister D 3 gesperrt. Nun wird mit den Schaltern S 1 ... S 4 der Divisor eingestellt, der nur in das Schieberegister D 4 übernommen und dort angezeigt wird.

Die Betätigung der Ergebnistaste sperrt die Eingabe des Schieberegisters D 4, startet den Taktgenerator der Steuereinheit und setzt das Übertragsflipflop wegen der vorweggenommenen Korrekturaddition auf 1-Signal.

Jeweils 4 Taktimpulse an T_1 werden für einen „Durchlauf" der Zahlen benötigt. Wenn dann der Übertrag 1-Signal hat, wird der jeweils 5. Impuls von dem Zähler gezählt. Die „Durchläufe" wiederholen sich solange, bis der Übertrag bei dem jeweils 5. Impuls 0-Signal zeigt. Der Zählerstand ist dann das Ergebnis der Division.

Da der Divisor während der Rechenvorgänge nicht verloren gehen darf, muß das Register D 4 als Ringschieberegister ausgeführt werden, d. h. sein Ausgang ist mit seinem seriellen Eingang verbunden. Der Dividend des Registers D 3 verschwindet schon während der ersten Rechenoperationen, um den Zwischenergebnissen „Platz" zu machen. Das Rechenwerk ist ohne weiteres im Stande etwa 1 Million Rechenoperationen in einer Sekunde durchzuführen.

Funktionsplan der Steuereinheit

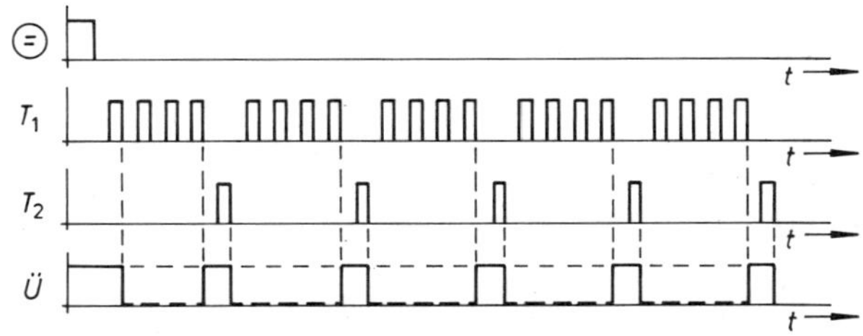

Abb. 13.88 Funktionsplan der Steuereinheit

Schaltung

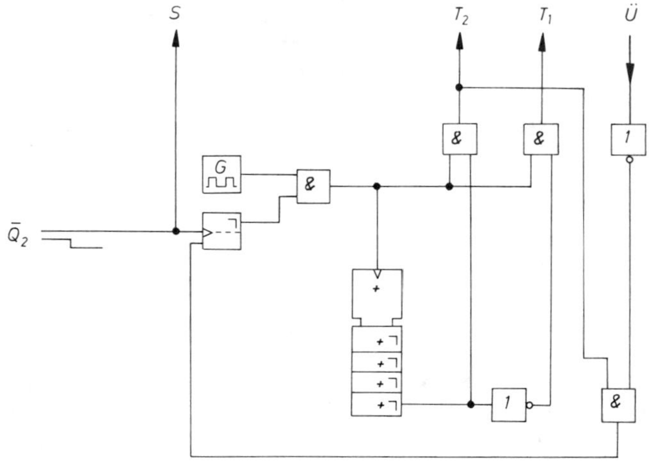

Abb. 13.89 Die Schaltung der Steuereinheit

Die Schaltung funktioniert wie die Steuereinheit der Multiplikation, allerdings mit einem Unterschied: Das FF wird nicht nach einer vorgegebenen Anzahl von Taktimpulsen zurückgestellt, sondern erst dann, wenn der Übertrag während eines Taktimpulses an T_2 0-Signal hat.

Die beschriebenen dualen Rechenwerke für Addition, Subtraktion, Multiplikation und Division müßten nun noch zu einer einzigen Schaltung zusammengefügt werden. Da diese Zusammenfassung keine prinzipiellen neuen Perspektiven öffnet, ist hier darauf verzichtet worden.

14 Der Mikroprozessor

14.1 Einleitung

Auf keinem anderen Gebiet unserer Umwelt wird die technische Weiterentwicklung so rasant vorangetrieben, wie auf dem Gebiete der Elektronik. Wir haben alle erlebt, in welch kurzer Zeit der Markt mit hochwertigen Taschenrechnern zu einem verhältnismäßig günstigen Preis überflutet wurde. Neue Programmiertechniken, größere Speicherkapazitäten und leistungsärmere Anzeigeelemente sorgen zur Zeit ständig für ein qualitativ und quantitativ besseres Angebot im Handel.
Diese schnelle Entwicklung des Rechners mag als Beispiel dienen für die ebenso stürmische Entwicklung in all den anderen unzähligen Zweigen der Elektronik, vor allem auf dem Gebiete des militärischen Sektors. Es wirkt direkt beängstigend, wollte man Prognosen über den technischen Zustand von morgen stellen und denkt dabei an die Utopien von Science-fiction-Veröffentlichungen. Der Weg, den wir alle gehen, wird uns unausweichlich zu einer immer stärkeren Abhängigkeit zur Elektronik führen. Dazu wird ein neu entwickelter Baustein, der Mikroprozessor, beitragen. Er wird schon heute als ein hervorragender Meilenstein in der Geschichte der Elektronik bezeichnet, nachdem es technologisch gelang, bis zu 5000 Transistorfunktionen auf einem Chip mit einer Fläche von 23 mm^2 herzustellen. Diese hochintegrierte MOS-Technik trägt die Kurzbezeichnung LSI (Large Scale Integration).
Die folgenden Ausführungen sollen nun dazu dienen, in verständlicher Weise die Fragen zu beantworten: warum mußte der Mikroprozessor kommen, welches Arbeitsprinzip liegt ihm zugrunde, welche Hauptfunktionen laufen innerhalb des Mikrocomputer-Systems ab, was bewirken die Befehle eines Programms. Da sich die zur Zeit auf dem Markt befindlichen Mikroprozessoren nur unwesentlich voneinander unterscheiden, wird hier speziell auf den Typ 8080 eingegangen. Dieser Mikroprozessor hat heute für den technischen Einsatz die größte Bedeutung.
Im Prinzip arbeitet ein Mikroprozessor wie die Zentraleinheit einer Datenverarbeitungsanlage (EDV, Computer). Während eine EDV jederzeit in der Lage ist, mit Hilfe einer Unzahl von Programmen auf allen Gebieten der Informationsverarbeitung eine Unzahl von Problemen zu lösen, wird der Mikrocomputer in den weitaus meisten Fällen nur für die Bearbeitung einer bestimmten Aufgabe eingesetzt. Ihm wird ein festes Programm zugeordnet. Sein Anwendungsgebiet liegt in allen Bereichen der „Normalelektronik", die sich mit Messen, Steuern und Regeln befaßt. In der Konsumelektronik (Haushaltgeräte, Spielzeug) wird der Mikroprozessor künftig eine entscheidende Rolle spielen.

14.2 Die Entwicklung der konventionellen Technik zum Mikrocomputersystem

14.2.1 Das Problem der Bausteine

Mit zunehmender Automation steigen von Jahr zu Jahr die Anforderungen an die Stückzahl und Qualität elektronischer Bauelemente und damit auch der notwendige Aufwand an Leiterbahnen. Während noch zu Beginn der 60er Jahre der Aufbau einer Steuer- bzw. Meßschaltung in diskreter Ausführung ausreichend war, mußten schon bald neue Wege beschritten werden, um dem ständigen Zuwachs der notwendigen Schaltkreise durch eine neue Hardware-Technik entgegenzukommen:

Die Bauelemente wurden integriert. Die IC's[1]) entstanden. Damit wurde auch das Wort Chip geprägt. Unter diesem Namen versteht man ein Siliziumplättchen, nur wenige Ouadratmillimeter groß, in dem die Bauelemente – Dioden, Transistoren, Widerstände – so eindiffundiert sind, daß fertige Schaltkreise vorliegen.
Mit Hilfe der Chips wurden von den Firmen Standard-Logik-Bausteine entwickelt, mit denen es in sehr vorteilhafter Weise möglich wurde, größere elektronische Schaltanlagen zusammenzuschalten. Mußten beispielsweise früher bei einer Schaltung 1000 einzelne Bauelemente eingesetzt werden, kam man nun mit 15 ... 20 Chips aus, um einen Schaltungsentwurf zu realisieren.
Aber schon sehr bald ging das Bestreben dahin, die Anzahl der integrierten Schaltkreise zu erhöhen, möglichst ganze Schaltkombinationen auf einem Chip unterzubringen. Die Vorteile für den Anwender ergaben sich so in jeder Hinsicht: Platz- und Zeitersparnis bei der Ausführung der Hardware, Anstieg der Funktionssicherheit und Servicefreundlichkeit im späteren Betriebseinsatz.
Ein idealer Zustand wäre natürlich, wenn jeder Schaltungsentwurf auch bald vollständig als integrierte Schaltung, also untergebracht auf nur einem Chip, vorliegen würde. Solche kundenspezifischen Schaltungen als IC's sind allerdings sehr teuer, und die Herstellung eines solchen Chips, auf dem z. B. eine gesamte Steuerschaltung für ein Gerät untergebracht ist, kann je nach Komplexität der Schaltung bis zu einem Jahr dauern. Daher ist in solchen Fällen immer die Überlegung angebracht, ob die Verwendung mehrerer Standard-Bausteine nicht doch wirtschaftlicher wäre als ein kundenspezifischer Baustein, speziell angefertigt im Auftrag einer Anwenderfirma.
In der Herstellung von Standardbausteinen sind in Bezug auf Entwicklungskosten Grenzen gesetzt. Standard-Bausteine lohnen sich nur dann in der Anfertigung, wenn auch auf dem Markt gewährleistet ist, daß die notwendigen Mindeststückzahlen ihre Abnehmer finden. Somit treten für den Schaltplanentwickler, der nach Fertigstellung seines umfangreichen Schaltplankonzeptes vor der Aufgabe steht, die zugehörige Hardware zu bearbeiten, Schwierigkeiten beim Einsatz der handelsüblichen Standard-Bausteine auf. Kostenbewußt darf er oft nicht an kundenspezifische integrierte Schaltungen denken, die sich auf Grund ihrer speziellen Funktionen nicht so ohne weiteres mit nur wenigen IC's realisieren lassen. So wächst dann die Zahl der notwendigen Platinen oft über den Raumbedarf hinaus, der von vornherein als maximal festgelegt war.
Der Prozeß der Rationalisierung ist nicht zu stoppen. Daher nimmt mit fortschreitender Automation der Umfang elektronischer Schaltkreise weiterhin zu. Das erforderte neue Überlegungen, dem ständig wachsenden Anfall von zu bearbeitenden Daten eine entsprechende Hardware anzubieten. So wurde der Frage nachgegangen, ob es nicht möglich wäre, an Stelle einer Unzahl unterschiedlicher „Großraumschaltungen" die sich aus Kosten und Zeitgründen nicht mehr durch einen Chip verwirklichen lassen, nur noch eine hochintegrierte Standardschaltung zu verwenden, die es ermöglicht, jedes anfallende Problem zu lösen. Und sollte die Herstellung solch eines Bausteines zunächst auch sehr hohe Entwicklungskosten verschlingen, sicherlich würde dann die zu erwartende große Nachfrage nach diesem „Alleskönner" zu relativ niedrigen Verkaufspreisen führen. (Verkaufspreis zur Zeit: unter DM 50,–!)
So wurde der Mikroprozessor geboren, ein Baustein, dessen Hardware in der Lage ist, jedes Schaltproblem zu verkraften. Diesem großen Vorteil einer fertigen Schaltung stellt sich aber als Nachteil ein anderes Problem entgegen: Wie sag ich es nun diesem „hochintelligenten" Baustein, damit z. B. ein größerer komplizierter Steuerungsablauf oder eine bestimmte Datenverarbeitung folgerichtig stattfinden kann? Der Aufwand, der jetzt getrieben werden muß, um den Mikroprozessor zur Arbeit bewegen zu können, liegt in dem Bereich der Software, ein Gebiet, mit dem sich die Herstellerfirmen elektronischer Geräte in hohem Grade auseinandersetzen müssen. Unter Software versteht man die Bearbeitung von Programmen und Befehlen, aus denen Programme bestehen. Und eine logische Folge von Befehlen ist erforderlich, um den Mikroprozessor damit zu füttern und ihn so zum Laufen zu bringen. Bei der Entwicklung elektrischer Geräte wird künftig die Softwareentwicklung einen sehr breiten Raum einnehmen.
In den nun folgenden Ausführungen wird zunächst eine Schaltung entwickelt, die das Arbeitsprinzip eines Mikroprozessors erkennen läßt.

[1]) IC = Integrated Circuit, Halbleiterschaltung auf 1 Chip in einem Gehäuse

14.2.2 Das Grundprinzip jeder Schaltung

Jede elektronische Schaltung kann man grundsätzlich dadurch kennzeichnen, daß Informationen (Inputs) eingegeben, verarbeitet und daß Informationen (Outputs) ausgegeben werden. Das Grundprinzip dieser Schaltungen zeigt das Blockschaltbild Abb. 14.1.

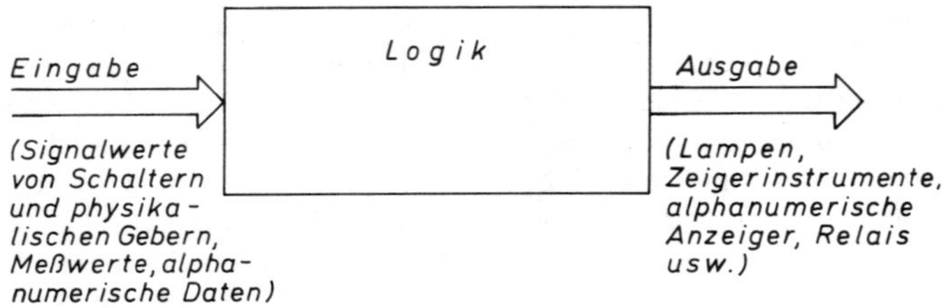

Abb. 14.1 Grundsätzlicher Aufbau jeder elektronischen Schaltung

Da eine Verarbeitung eingegebener Signale, die durchweg als Daten angesprochen werden, hauptsächlich durch die Digital-Technik erfolgt, tragen diese Schaltungen auch den Namen Logik.
Um die Gesamtfunktionen einer solchen Logik überblicken zu können, werden Wahrheitstabellen aufgestellt, die die Verknüpfung der Ein- und Ausgangssignale erkennen lassen. Eine solche festgelegte Verdrahtung läßt keine Abweichung der in einer Tabelle aufgeführten Aussagen zu. Es sei denn, durch Eingriff wird die Hardware verändert.

14.2.3 Der gesteuerte Funktionsablauf

Hat man nun den Wunsch, den Verknüpfungsablauf einer solchen Logik zu beeinflussen, müßte dies durch eine zusätzliche Außensteuerung geschehen (Abb. 14.2).

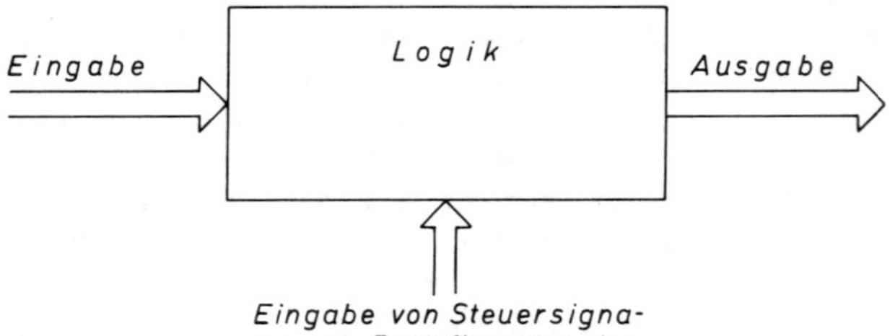

Abb. 14.2 Mit Steuersignalen kann der Verarbeitungsablauf geändert werden

Im folgenden Beispiel soll im Prinzip dargestellt werden, wie die Logik aufgebaut sein könnte, wollte man mit eingegebenen Daten einige wählbare Verarbeitungsvorgänge erreichen:

a) eine UND-Verknüpfung,
b) eine ODER-Verknüpfung,
c) eine Addition,
d) eine Subtraktion.

Die Gesamtlogik setzt sich aus 4 Einzellogiken zusammen, wobei der Einfachheit halber die normalerweise gemeinsame Rechenschaltung in Subtraktionen und Additionen getrennt wurde.

Vor diesen Einzellogiken sind sogenannte Freigabe-Bausteine geschaltet, die erst dann die eingegebenen Daten auf die gewählte Einzellogik durchschalten, wenn von der Steuereinheit das entsprechende Freigabesignal in Form eines „High" ansteht (Abb. 14.4).
Mit 2 Eingabesignalen auf die Steuereinheit lassen sich 4 Bitmuster bilden:

Nummer Bitmuster	B	A
1	L	L
2	L	H
3	H	L
4	H	H

Abb. 14.3 Befehlstabelle
A und B sind die zur Steuerung notwendigen Eingabesignale

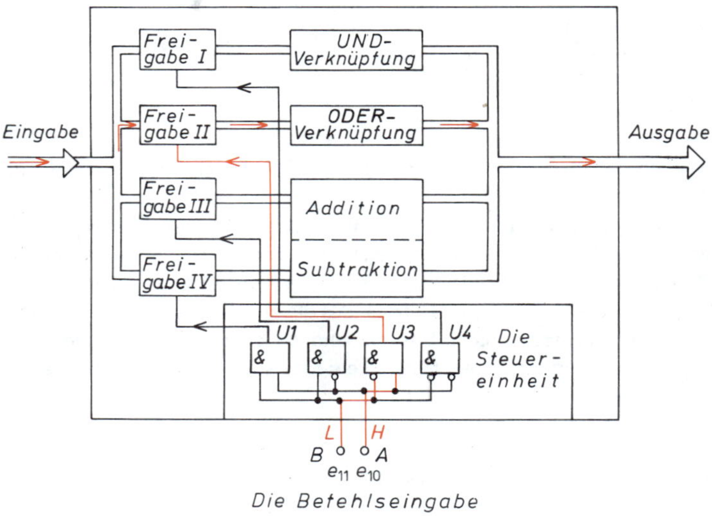

Abb. 14.4 Ein programmgesteuerter Arbeitsablauf: Steuerung eines Arbeitsprozesses mit Hilfe einer der vier möglichen Befehle am Eingang der Befehlseingabe

Liegen die aufgeführten Signalwerte für A und B an den Eingängen e_{10} und e_{11} an, wird in der Ausgabe das Verarbeitungsergebnis der in der Eingabe eingegebenen Daten sein:

Bitmuster-Eingabe in die Steuereinheit	Verarbeitungsergebnis
LL	UND-Verknüpfung
LH	ODER-Verknüpfung
HL	Summe
HH	Differenz

Abb. 14.5 Übersicht über die Verarbeitungsergebnisse

Das Grundprinzip, wie ein Computer arbeitet, wird hier schon sichtbar. Mit Hilfe einer Steuersignal-Kombination, die wir mit dem Namen Befehl oder Instruktion bezeichnen wollen, „sagen" wir der Schaltung an der Befehlseingabe, was sie mit den am Eingang anstehenden Daten tun soll. Das gezeigte Schaltungsbeispiel arbeitet mit 4 Befehlen.
Wird z. B. das Bitmuster LH an die Steuereingänge gelegt, wird nur die UND-Stufe U3 den Wert H führen können. Somit werden die Eingangsdaten über die Freigabe II der Disjunktion zugeführt (Abb. 14.4).
Dieses Beispiel mag genügen, um sich vorzustellen, daß man bei einer Erweiterung der Befehlseingabe in der Lage sein müßte, bei entsprechender Auslegung der Hardware, die zu verarbeitenden Eingangsdaten einmal diesen bzw. jenen Verarbeitungsprozeß durchlaufen zu lassen. Und warum sollte es daher nicht möglich sein, die Hardware, auch wenn es dabei schaltungsmäßig sehr umfangreich wird, so auszulegen, daß jede gewünschte Informationsverarbeitung erreichbar ist? Es genügen schon 8 Befehlseingänge, um auf maximal 256 Befehle zu kommen ($256 = 2^8$). Es lassen sich also mit 8 Bits 256 unterschiedliche Bitmuster erzeugen, wobei jedes Bitmuster einen ganz bestimmten Befehl zur Ausführung bringen kann. 8 Bit bilden eine geschlossene Kombination, der man den Namen 1 Byte zuordnet. Man spricht bei einer 8-Bit-Parallelverarbeitung von einer Byte-Struktur. Sie kann in folgender Form dargestellt werden:

D_7	D_6	D_5	D_4	D_3	D_2	D_1	D_0	= 1 Byte

Abb. 14.6 Byte-Struktur

Mit dieser gewählten Befehlsstruktur von 1 Byte ließen sich bis maximal 256 Verarbeitungsprozesse steuern.
Die Ausführung hat bisher gezeigt, daß es leicht möglich ist, über einen besonderen Eingang, dem Befehlseingang, auf einen Arbeitsablauf der Daten einzuwirken. Dabei werden bestimmte Schaltkreise innerhalb der Logik gesperrt, andere wieder durchgeschaltet, um ein bestimmtes Endergebnis zu erreichen. Im Mikroprozessor liegt grundsätzlich das gleiche Arbeitsschema vor. Auch dort werden über einen Befehlseingang bestimmte Bit-Kombinationen eingegeben, die dann die Schaltkreise durchschalten, die mit den eingegebenen Daten die gewünschten Funktionsabläufe bewirken.

14.2.4 Vom Befehl zum Programm

Der Befehlsvorrat der zur Zeit auf dem Markt eingesetzten Mikroprozessoren hat einen Umfang von ca. 70 ... 80 unterschiedlichen Grundbefehlen. Dieser Befehlsumfang scheint im ersten Augenblick sehr gering und unglaubwürdig zu sein in Anbetracht der bestehenden Unzahl von Verarbeitungsprozessen, die es gibt.
An einem einfachen Beispiel, dem Alltagsleben unserer Umwelt entnommen, soll das Problem, mit nur verhältnismäßig wenig Befehlen eine Unzahl von Arbeitsabläufen zu erreichen, erläutert werden. Sowie das Ziel eines jeden Arbeitsablaufes ein gewünschtes Ergebnis ist, könnte z. B. das Ziel eines Fremden in einer Stadt ein Gasthof A sein, das er sich als Abschluß (Ergebnis) eines Spazierganges auserwählt hat.
Er erhält am Bahnhof, um diesen Gasthof zu erreichen, folgende Instruktionen:

1. Gehe die Straße geradeaus.
2. Die 2. Straße links.
3. Überschreite die Straße.
4. Durchquere eine Fußgängergasse.
5. Hinter dem Hochhaus rechts.
6. Durchschreite den Park.
7. Am Ausgang liegt Gasthof A.

Ein 2. Fremder, der die Schwimmhalle der Stadt aufsuchen möchte, erhält vor seinem Hotel folgende Instruktionen:

1. Überschreite die Straße.
2. Durchschreite den Park.
3. Hinter dem Hochhaus rechts.
4. Gehe die Straße geradeaus.
5. Die erste Straße rechts.
6. Durchquere eine Fußgängergasse.
7. Am Ausgang liegt das Schwimmbad.

Was fällt auf? Sieht man sich die einzelnen Instruktionen an, die die beiden Fremden mitbekommen haben, stellt man fest, daß sich die einzelnen Befehle kaum unterscheiden. Nur die Reihenfolgen, in der die Befehle stehen, sind unterschiedlich. An Hand dieses Beispieles kann man sich nun leicht vorstellen, daß man wohl jeden Fremden mit einer nur verhältnismäßig kleinen Anzahl unterschiedlicher Instruktionen von einem Standort zu einem anderen lotsen kann. Es muß hier beachtet werden, daß die Betonung auf „kleine Anzahl unterschiedlicher Instruktionen" liegt. Die Anzahl der notwendigen Instruktionen könnte dann sehr hoch sein, wenn der Spazierweg zwischen 2 weitentfernteren Punkten einer Großstadt liegen würde.
So sind unzählige Spazierwege (Arbeitsabläufe) vorstellbar. Auffallend ist aber, und das ist auch entscheidend, daß man bei jeder Instruktionsfolge oft gleiche Instruktionen verwenden kann. Der Befehlsumfang – gemeint ist die Zahl unterschiedlicher Befehle – kann also sehr klein gehalten werden. Diese Darlegung, jetzt auf das Übersichtsschaltbild Abb. 14.4 bezogen, bedeutet zunächst, daß eine Instruktion bereits genügt, um z. B. den Funktionsablauf mit dem Befehl LL zu einer UND-Verknüpfung oder den Funktionsablauf mit dem Befehl HH zu einer Subtraktion zu führen. Das aber ist auf keinen Fall die Regel. Die Arbeitsprozesse von heute verlangen eine Folge von sehr vielen und verwickelten Funktionsabläufen, also eine Folge von sehr vielen Instruktionen, die in einer folgerichtigen Anordnung als Programm gegeben werden müssen.
Das Arbeitsschema mit einer solchen Befehlsfolge zeigt grundsätzlich die Abb. 14.7. Es können bei einem 8-Bit-Befehlseingang bis zu 256 unterschiedliche Befehle verarbeitet werden. Die Anzahl der möglichen Gesamtbefehle aber, die zum Einsatz kommen können, ist theoretisch unbegrenzt, d. h. die Länge eines Programms kann beliebig sein. Man könnte sich nun vorstellen, daß mit der Eingabe einer Instruktion in die Logik ein Teilergebnis am Ausgang erreicht wird. Dieses Teilergebnis wird erneut dem Eingang zugeführt und wartet hier, durch die nun folgende Instruktion verarbeitet zu werden. Dabei werden dann neue Verknüpfungen mit am Eingang neu anstehenden Daten oder älteren Ergebniswerten voraufgegangener Instruktionen eingegangen. Viele Befehle sind oft erforderlich, um endlich ein gewünschtes Zwischenresultat während eines Verarbeitungsprozesses zu erreichen.

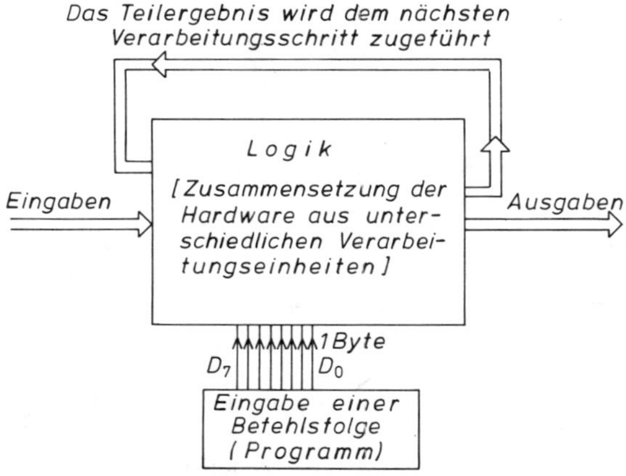

Abb. 14.7 Auf dem Wege zum Mikroprozessor zeigt die Darstellung im Prinzip die Verarbeitung einer Befehlsfolge

14.2.5 Die Speicherung der Daten

Werden Befehle eingegeben, so wäre es wohl ein unwirtschaftlicher Zustand, geschähe diese Aktion mit Handschaltern. Ein Computer ist in der Lage, viele tausend Befehle in einer Sekunde abzuarbeiten. So muß dieser Vorteil auch genutzt werden. Man sorgt dafür, daß alle Daten, die zur Verarbeitung beitragen und die Daten, die zur Verarbeitung kommen, in Speichern untergebracht und jederzeit auf Abruf bereitstehen. Das bedeutet allerdings einen nicht unerheblichen Aufwand an zusätzlicher Logik, die für die Adressenorganisation bereitgestellt werden muß. Alle in den Speichern abgespeicherten Daten müssen Hausnummern bekommen. Das ist notwendig, will man zu einer späteren Zeit die Daten wiederfinden.
Am Befehlseingang ist ein Festwertspeicher angeschlossen, der, wie später noch genauer erklärt wird, den Namen ROM (PROM, EPROM) führt. In diesem Speicher sind folgerichtig die Instruktionen in der Byte-Struktur fest und unveränderlich abgespeichert. Die Logik holt sich nun während der Verarbeitung nach und nach die Instruktionen – immer eine zur Zeit – zu sich, in dem sie jedesmal eine Adresse zum Festwertspeicher sendet. Damit wird die unter dieser Adresse stehende Instruktion zur Logik abgerufen. Die nächste Adresse hat meistens die nächsthöhere Nummer, so daß mit steigender Adressennumerierung die jeweils nachfolgenden Instruktionen angesprochen werden.
Da die Logik in der Lage ist, aus dem ROM in sehr schneller Folge die Instruktionen abzurufen, muß dafür gesorgt werden, daß die Eingabedaten, mit denen etwas geschehen soll, auch zur Stelle sind. Daß Eingangsdaten in dem Moment am Eingang aufkreuzen, wenn auch die entsprechende Instruktion kommt, ist wohl unwahrscheinlich. Also müssen Speicher her, die die zu verarbeitenden Eingangsdaten aufnehmen. So ist, wie in Abb. 14.8 ersichtlich, ein Eingabebaustein vorgeschaltet, der, wie die Sprechstundenhilfe im Vorzimmer eines Arztes für Ordnung sorgt, die Daten in bestimmten Kanälen zwischenspeichert.

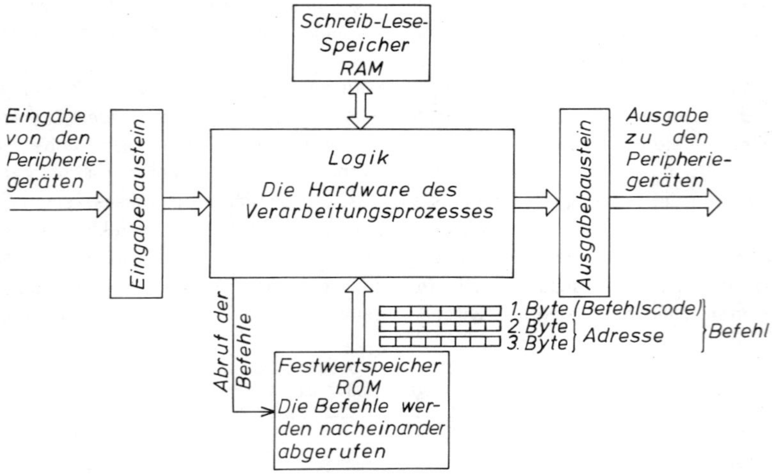

Abb. 14.8 Aufbau eines programmgesteuerten Systems, das schon dem Mikrocomputer entspricht

Läuft in Folge einer anliegenden Instruktion die Funktion in der Logik ab, kann es geschehen, daß Daten auf einen adressierten Speicherplatz geschickt werden müssen, der sie dann zu einem späteren Zeitpunkt auf Anforderung über eine Adresse wieder abgeben muß. Solch ein Speicher, der Daten mit Hilfe von Adressen aufnehmen und wieder abgeben kann, heißt Schreib-Lese-Speicher mit der Kurzbezeichnung RAM.
Verlassen Daten als Ergebnis nach einer Verarbeitung die Logik, müssen sie, wie es auch entsprechend bei den Eingangsdaten geschieht, über einen Ausgabebaustein laufen. Auch dieser Baustein kann Speicherfunktion haben und Sorge tragen, daß die Daten erst dann endgültig den Verarbeitungsbereich verlassen, wenn der hier angeschlossene Datenempfänger der Peripherie es für richtig hält.

In Abb. 14.8 ist weiterhin ersichtlich, daß ein Befehl, der auch den Namen Operationsbefehl führt, da er Operationen in Form von Schaltfunktionen auslöst, nicht immer aus einem Byte besteht, sondern noch 1 bzw. 2 weitere Bytes im Gefolge mit sich führen kann. Diese speziellen Instruktionen verlangen z. B. die Bearbeitung von Daten, die die Logik erstmal auf Grund der dem Befehl nachfolgenden Adresse aus dem Speicher holen muß.
Die Struktur von Befehlen wird in einem späteren Abschnitt besprochen.
Die Abb. 14.8 bringt eine Übersicht mehrerer Bausteine, die in ihrer Grundanordnung dem Aufbau eines Mikrocomputers entsprechen. Der Mikroprozessor kann der Logik gleichgesetzt werden. Es ist also zu beachten, daß der Mikroprozessor nur ein einzelner, aber zentraler Baustein innerhalb einer größeren Bausteingruppe ist, die in der Gesamtanordnung den Mikrocomputer bilden. So gesehen sind die Ein- und Ausgabebausteine, sowie alle Speicher keine Bestandteile des Mikroprozessors. Alle diese Bausteine sind aber notwendig, damit ein Mikroprozessor arbeiten kann.

14.2.6 Zusammenfassung

Die bisher gebrachten Ausführungen sollten zunächst helfen, einen Weg zu finden, um die grundlegende Arbeitsweise eines Computers verstehen zu lernen.

So müßte zu diesem Zeitpunkt die folgende Kurzbeschreibung, die man über einen Mikrocomputer abgeben könnte, verstanden werden:

Ein Mikrocomputer besteht aus einer Anordnung von hochintegrierten Baugruppen, die nach einem fest vorgegebenen Programm alle in die Eingabe kommenden Daten verarbeiten und die Ergebnisse in die Ausgabe bringen. Im Programm sind die einzelnen Operationsbefehle in logischer Folge untereinander aufgeführt. Diese Befehle werden aus einem Festwertspeicher abgerufen. Die Aufgabe der Schreib-Lese-Speicher ist es, die Verarbeitungsdaten vorübergehend abzuspeichern. Über Ein- und Ausgangsbausteine erfolgt der Datenverkehr mit der Peripherie.

14.3 Das Mikrocomputersystem

14.3.1 Übersicht

Ehe die einzelnen Funktionsbausteine näher beschrieben werden, dient ein vorangestellter Überblick in erster Linie dazu, sich mit den Namen der einzelnen Funktionseinheiten vertraut zu machen und Aufgaben dieser Einheiten kennenzulernen.

Einen Mikrocomputer kann man in die Hauptbereiche

Hardware und
Software

untergliedern.

14.3.1.1 Die Hardware

Unter Hardware versteht man die rein „maschinelle" Ausrüstung, die beim Computer gleichbleibende elektronische Schaltung. Bisher wurde der elektronische Datenverarbeitungsteil zunächst ganz allgemein mit „Logik" gekennzeichnet. Dieser Verarbeitungsteil kann im Mikrocomputersystem als ein Bauteil angesehen werden, der den Namen Mikroprozessor trägt (MPU = Micro Processing Unit oder auch MIP = Mikroprozessor). Ebenso ist die Bezeichnung Zentraleinheit (CPU = Central Processing) geläufig. Diese Zentraleinheit ist in ihrem Aufbau in den wesentlichen Funktionen bei allen Mikrocomputern gleich.

Die wichtigsten Funktionseinheiten eines Mikroprozessors

a) *Die Arithmetik-Logik-Einheit.* Sie wird kurz ALU bezeichnet (ALU = Arithmetic logic Unit). Ebenso führt diese Einheit ganz allgemein den Namen: Rechenwerk. In der ALU wird addiert, subtrahiert und logisch verknüpft. Eine große Rolle spielt hierbei ein 5-Bit-Zustandsregister (flag register). Es gibt Auskunft über Rechenüberträge, Vorzeichen, über Parität- und Nullzustand des Akkumulators.

b) *Akkumulator.* Ein wichtiges 8-Bit-Arbeitsregister, das einmal die Ein- und Ausgabedaten aufnimmt und als Zwischenspeicher dient, zum anderen die Daten dem Rechenwerk zuleitet und dessen Ergebnisse zunächst wieder auffängt.

c) *Die Registermatrix.* Sie setzt sich aus mehreren Arbeitsregistern zusammen:
- *Befehlszähler* (Program counter, PC). Er enthält jeweils die Speicheradresse, um damit aus dem ROM die nächste Instruktion zu holen.
- *Stapelzeiger* (Stackpointer, SP). Er dient dazu, während eines Programmablaufs zwischenzeitlich Adressen festzuhalten, d. h. zu stapeln.
- *Allgemeine Register.* Sie können als selbständige 8-Bit-Register teilweise untereinander zu 16-Bit-Registern zusammengeschlossen werden. Ihre Hauptaufgabe liegt in der zwischenzeitlichen Abspeicherung von Daten und Adressen.

d) *Befehlsregister und Befehlsdecoder.* In dieses Register kommt die Instruktion aus dem ROM. Im Decoder wird der Befehl analysiert. Von hier gehen die Steuersignale aus, um die Funktionsgruppen zu aktivieren, die die Forderung der hereingeholten Instruktionen erfüllen.

e) *Steuerwerk.* Zusammen mit dem Takt sorgt es für einen ordnungsgemäßen und zeitlich gegliederten Ablauf aller Funktionen.

Neben diesen internen Funktionseinheiten, die heute alle auf einem Chip zusammengefaßt sind, also einen einzigen Baustein bilden, sind dem Prozessor noch die unbedingt notwendigen, nachstehend aufgeführten Bausteine angeschlossen, damit eine Daten-Verarbeitung möglich wird:

a) *Festwertspeicher* für das Programm: ROM (PROM, EPROM)
b) *Schreib-Lese-Speicher* für die zu verarbeitenden Daten: RAM
c) *Ein- und Ausgabebausteine* stellen die Verbindung zwischen den Geräten der Peripherie und dem Computer her.
d) Ein *Taktgeber* für die zeitliche Steuerung des Arbeitsablaufs.

Die zwischen den Bausteinen bestehenden Verbindungsleitungen tragen einen besonderen Namen. Sie werden *Busse* genannt. Ein Daten-Bus z. B. besteht aus 8 parallelgeschalteten Leitungen.
Sind alle aufgeführten Bausteine vorhanden, so kann diese Anordnung den Namen Mikrocomputer tragen. Ein programmierter Funktionsablauf kann dann stattfinden.
Das Gesamtsystem ist zunächst in einem Blockschaltbild übersichtlich zusammengestellt (Abb. 14.9).

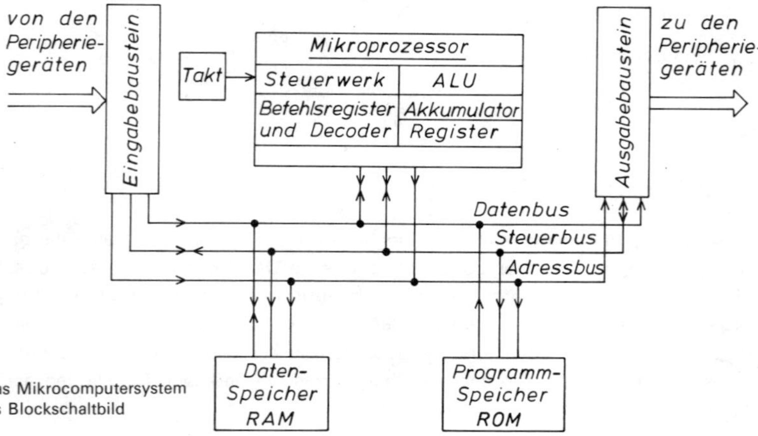

Abb. 14.9 Das Mikrocomputersystem als Blockschaltbild

14.3.1.2 Die Software

Sie bildet den Sammelbegriff für alle die Dinge, die mit Programmen und deren Gestaltung zu tun haben. Soll ein Mikrocomputer wunschgemäß arbeiten, muß ihm ein Programm eingegeben werden, ein Programm in der Maschinensprache, das aus 1- und 0-Werten besteht. Die Programmierung spielt also eine entscheidende Rolle, denn ohne ein Programm rührt sich der Computer nicht. Ein Programm in der Maschinensprache aufzusetzen ist sehr umständlich. Im Umgang mit Mikrocomputern wird das Programm in der Assembler-Sprache geschrieben. Sie ist eine maschinenorientierte Programmiersprache, die an Stelle von bestimmten Kombinationen, bestehend aus 1- und 0-Signalen, mit entsprechend zugeordneten mnemonischen Kurzausdrücken arbeitet. Das erleichtert die Programmierung. Nur muß ein Übersetzer zwischengeschaltet werden, der in der Lage ist, z.B. einen mnemonischen Kurzausdruck wie ADD (Addiere) in die maschinengerechte Form: 10000110 umzuwandeln.

Um einen Mikrocomputer zum Einsatz zu bringen, ist für den Anwender die Beherrschung der Programmiersprache sowie die Kenntnis der Mikroprozessorstruktur eine wichtige Voraussetzung, soll der Computer die Arbeitsbedingungen erfüllen. Während in der herkömmlichen Technologie zunächst der Funktionsplan erarbeitet und erst dann der schwierigere Teil, der Aufbau der Hardware, in Angriff genommen wird, ändert sich das Verfahren künftig. Eine feste Hardware ist gegeben, sehr preiswert, klein im Bauvolumen, betriebssicher und sehr servicefreundlich, aber das Problem hat sich jetzt in die Software verlagert: „Wie sag ich es ihm, damit er nur das tut, was ich von ihm verlange." Hier liegen für jeden Anwender, der zum ersten Male einen Mikroprozessor „zum Laufen" bringen will, die Schwierigkeiten.

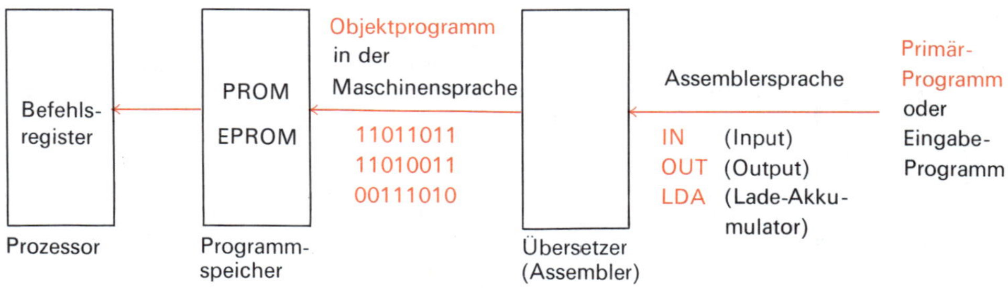

Abb. 14.10 Der Weg des Programms

14.3.2 Die Speicher

Da die Leistungsfähigkeit eines Mikroprozessors in erster Linie eine Frage der angeschlossenen Speicherkapazität ist und die wichtigsten Schaltfunktionen zwischen Speicher und Prozessor ablaufen, sei die Besprechung der Speicher vorangestellt.

Seit der Einführung der Halbleiterspeicher in der Mitte der 60er Jahre hat die Speichertechnik eine bemerkenswerte Entwicklung erfahren. Es werden heute Speicherbausteine angeboten, die sich durch einen hohen Integrationsgrad, durch Schnelligkeit und minimale Leistungswerte auszeichnen. Mit diesen Speichern verbinden sich Namen wie ROM, PROM und RAM, die auf dem Markt, vor allem im Zusammenhang mit dem Mikrocomputer, zunehmende Bedeutung erlangen. Diese Speicher werden sowohl in der bipolaren wie auch in der MOS-Technologie hergestellt. Für den Anwender unterscheiden sie sich in der Zugriffszeit. Es ist dies die Zeit, die vom Anlegen der Adresse bis zum Auftreten der Ausgangsinformation am Speicherausgang vergeht. Sie liegt bei bipolaren Schaltungen bei ca. 100 ns, bei MOS-Bausteinen dagegen bei 500 ns und mehr.

Zunächst werden die Festwertspeicher besprochen.

14.3.2.1 Das ROM (Ready only memory)

Diese Speichertype ist ein Festwertspeicher, da seine gespeicherten Informationen nur gelesen, aber nicht verändert werden können.

Daher gehen sie bei Stromausfall auch nicht verloren. Über die Metallisierungsmaske gibt der Hersteller nach Kundenwunsch die Bitmuster der Programme sowie konstante Daten derart ein, daß z.B. in den Speicherzellen der bipolaren ROM's Brücken gesetzt (≙ H) oder nicht gesetzt (≙ L) werden. Der Gesamtaufbau entspricht einer Diodenmatrix. Diese ist auf dem Bild wiederzuerkennen, das den Aufbau des nachstehend zu besprechenden Speichers PROM wiedergibt (Abb. 14.11).
Sowohl bipolare maskenprogrammierbare ROM's wie auch maskenprogrammierbare MOS-ROM's werden heute bis zu einer Kapazität von 16 K-Bit (16384 Bit) hergestellt.[1]) Die Speicherorganisation kann hier sein: 2048 × 8 bzw. 4096 × 4. Im ersten Falle können 2048 Worte zu je 8 Bit, im zweiten Falle 4096 Worte zu je 4 Bit, abgespeichert werden. Die Adresse hätte im ersten Falle 11 Bits (2^{11}), im zweiten Falle 12 Bits (2^{12}) aufzubieten.
Die Festwertspeicher werden dann sehr preisgünstig, wenn hohe Stückzahlen (ca. 1000) benötigt werden.

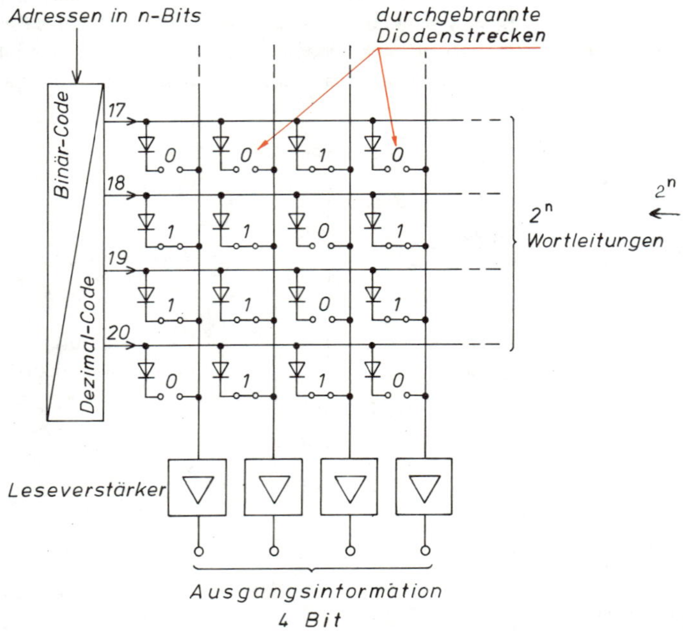

Abb. 14.11 Aufbau eines PROM in der bipolar-Technik.
(Ein Ausschnitt aus einer Speichermatrix.)
Hätte die Adresse z.B. das Binärmuster: 00010011 würde am Ausgang das Datum: 1101 anstehen

14.3.2.2 Das PROM

Dieser programmierbare Festwertspeicher ist teurer als ein ROM. *Der Anwender hat hier aber die Möglichkeit, in seinem Hause die Programmierung vornehmen zu können.* Das geschieht in Verbindung mit einem Programmiergerät. Die Bits werden mit Hilfe des Stromes durch gezieltes Durchbrennen von Diodenstrecken in die Zellen eingebrannt. Das zeigt für die Bipolar-Technik die Abb. 14.11.

[1]) K ≙ 1024 im Gegensatz zu k ≙ 1000

Ein dünner Film einer Nickel-Chrom-Legierung (Stärke 15 ... 30 nm) wird vom Hersteller als Brücke in jede Zelle eingebracht. So würde zunächst beim Anlegen irgendeiner Adresse die Ausgangsinformation nur aus H-Werten bestehen. Beim Programmieren nun werden die Zellen, die ein 0-Signal bringen sollen, mit einem Strom von ca. 20 mA angesteuert. Die Folge ist, daß die Brücken durchbrennen und somit die Zeilen- von den Spaltdrähten getrennt werden.
Es gibt auch noch andere Technologien, die mit Hilfe von Stromimpulsen durch Kurzschluß oder Leitungsunterbrechungen in der Speicherzelle ein H oder ein L „einbrennen". MOS-PROMs sind bis heute noch nicht auf dem Markt. Bipolare PROM's haben zur Zeit eine maximale Kapazität von 4096 Bits mit Speicherorganisationen von 512 × 8 bzw. 1024 × 4.

14.3.2.3 Das EPROM (Erasable = löschbares PROM), das REPROM (Reprogrammable = read only memory)

Diese Festwertspeicher sind löschbar und dienen ebenfalls als Festwertspeicher von Programmen und konstanten Daten. Sie bieten nicht nur den Vorteil, daß sie wie beim PROM vom Anwender programmiert werden können, sondern bieten auch den Vorteil einer Neuprogrammierung. Gelöscht werden diese Speicher mit Hilfe einer UV-Lichtquelle. Das Bild läßt ein Speicherelement erkennen, das besonders im EPROM verwendet wird.

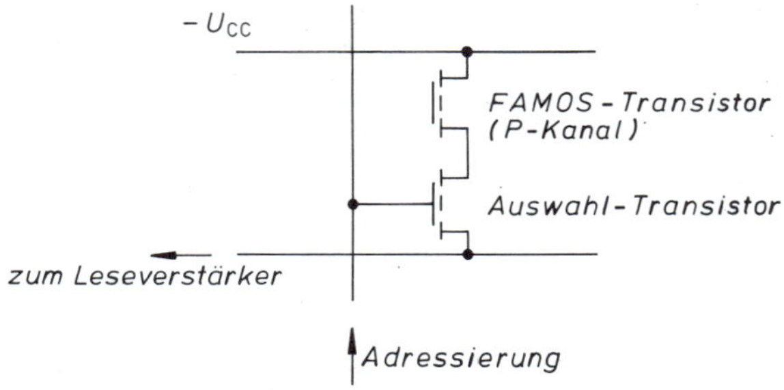

Abb. 14.12 Ein EPROM mit isoliertem Gate.
Wird über die Adressenleitung der Auswahl-Transistor angesteuert, wird je nach Zustand des isolierten Gates – negative Ladung oder keine Ladung – Signal 1 oder 0 auf den Leseverstärker gegeben.

Der dargestellte MOS-Transistor hat ein isoliertes Gate und sperrt daher. Wird nun mit Hilfe einer hohen negativen Spannung (ca. −50 V) während der Programmierung negative Ladung auf das Gate „getunnelt", leitet dieser Transistor und bleibt dann auch leitend, da die Ladungen gefangen sind und nicht wieder vom Gate abwandern können. Sie bleiben dort, wie Versuche bestätigten, viele Jahre ohne die geringste Einbuße, auf dem Gate hocken. Ein solcher Transistor trägt den Namen FAMOS-Transistor (Floating avalanche injection MOS). Das Löschen der Information ist hier nur mit einer starken UV-Lichtquelle möglich. Durch Fotoströme wird das Gate dann gegen das N-Substrat entladen. Das kann bis zu einer halben Stunde dauern. Danach muß der Baustein ganz neu eingespeichert werden.
Die Programmierung dauert ca. 2 Minuten.
EPROM's sind mit einer maximalen Kapazität von 8192 Bits erhältlich bei einer Speicherorganisation von 1024 × 8.
Der Preis dieser Speicher liegt über denen der PROM's.

14.3.2.4 Das RAM (Random access memory)

Das RAM ist ein Schreib-Lese-Speicher.

Liegt an den Adresseneingängen die zugehörige Adresse einer Speicherzelle, so können Daten eingeschrieben, gelöscht und gelesen werden.

Es gibt auch hier, wie bei den Festwertspeichern unterschiedliche Ausführungen in Bezug auf die Anzahl der unterzubringenden Datenwörter und der Wortlängen. Bei einer maximalen Kapazität von 4096 Bit könnte die Speicherorganisation sein 4096 × 1, 1024 × 4 oder 512 × 8. Zur Zeit steht noch keine größere Speicherkapazität zur Verfügung. Man rechnet damit, daß 64-K-Bit-Speicher in den nächsten Jahren auf den Markt kommen.
Die Arbeitsweise eines RAM zeigt Abb. 14.13.

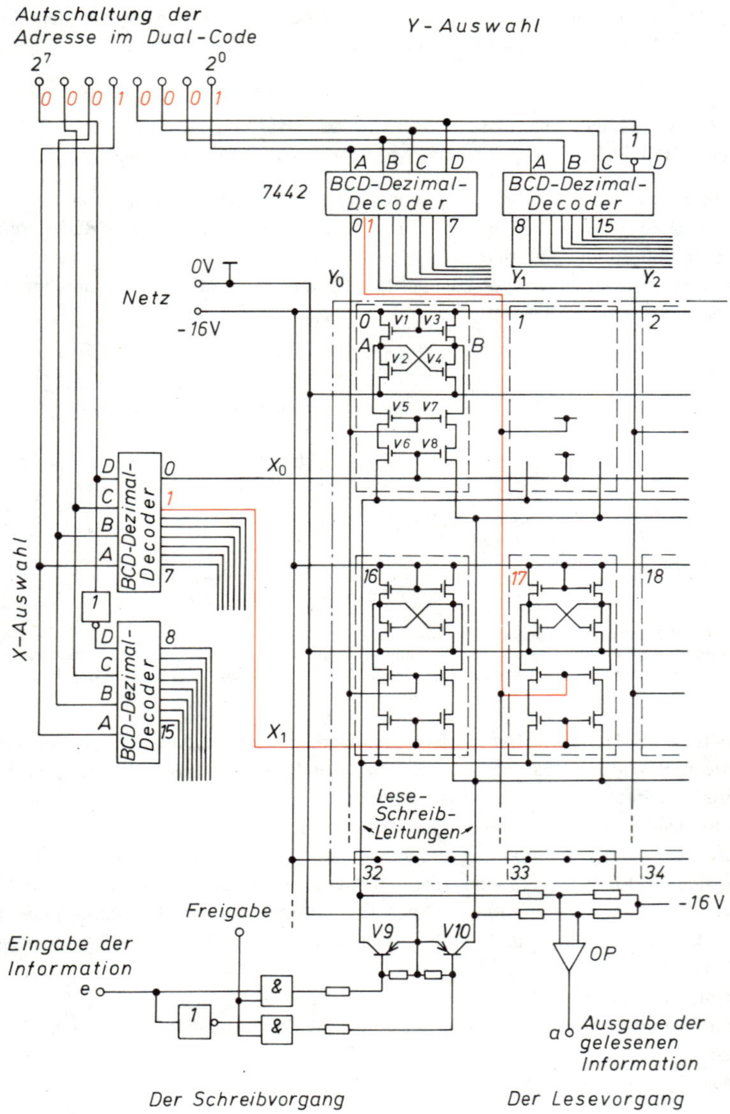

Abb. 14.13 RAM: Ein Halbleiterspeicher mit Anschluß-Schaltung im Prinzip (MOS-Technik)

Es wird ein Schreib-Lese-Speicher beschrieben, der sich aus MOS-Speicherzellen zusammensetzt. Es handelt sich um ein statisches MOS-RAM (Random-Access-Memory). Das schematische Schaltbild zeigt einen Ausschnitt eines solchen Speichers. Die Adressierung, der Schreib- und Lesevorgang sind im Prinzip mit aufgeführt.

Eine Speicherstelle besteht aus zwei über Kreuz gekoppelte Feldeffekttransistoren V 2 und V 4 und den Lastwiderständen V 1 und V 3. Die Adress-FET's V 5, V 7 und V 6, V 8 schalten die Informationen der Schreib- und Lesedrähte durch. Das kann aber nur dann geschehen, wenn die Speicherstelle über die X- und Y-Drähte adressiert wird.
Bei einem Speicher mit z. B. 256 Zellen müssen auch 256 Adressen bereitstehen. Diese Adressen können durch die ersten 8 Stellenwerte $2^0 \ldots 2^7$ des Dual-Codes gebildet werden. Die ersten vier Stellenwerte 2^0, 2^1, 2^2, 2^3 werden der Y-Auswahl, die zweiten vier Stellenwerte der X-Auswahl zugeordnet. Mit Hilfe von 2 BCD-Decodern wird erreicht, daß die 16 möglichen Bitmuster der vier Stellenwerte auch entsprechende Einzelsignale an den 16 geschalteten Ausgängen ergeben.
So würde der Adresswert 1011 0011 folgendermaßen verarbeitet werden.

Aufteilung in X-Adressteil und Y-Adressteil:

	X	Y
	1011	0011
	↓	↓
Dezimal:	11	3

Bei dem Decoderpaar der X-Auswahl führt der Ausgang 11 Signal, bei der Y-Auswahl führt der Ausgang 3 Signal. Im vorliegenden Schaltungsbeispiel haben diese auftretenden Signalwerte den Zustand Low. Stellt man sich einen geschlossenen Block von 16 × 16 Speicherzellen vor, so befindet sich die Speicherzelle in der 12. Reihe und der 4. Spalte. Diese Speicherzelle könnte dezimal die Speicherzellennummer 179 tragen. Das wäre das Ergebnis, wenn der 2. Tetrade, dem X-Adresswert, der Stellenwert 16 zugeordnet wird:

$$10110011 \mathrel{\hat{=}} 179$$

Der letzte Speicher hätte die Adresse

$$1111\ 1111 \mathrel{\hat{=}} 255$$

Im Schaltbild 14.13 wurde der Adresswert 0001 0001 angenommen. Somit wird die Speicherzelle 17 für das Lesen bzw. Schreiben einer Information freigeschaltet.
Um ein Zeichen abspeichern zu können, werden nach dem EBCDI-Code 8 Speicherzellen benötigt. Eine Adresse spricht also eine Speicherstelle an, die in Bezug auf die Adressierung aus mindestens 8 parallelgeschalteten Speicherzellen bestehen muß, damit 1 Byte Aufnahme finden kann. Der Gesamtspeicher würde dann in dieser Ausführung 256 × 8 Flipflops enthalten.
Eine Speicherzelle wird adressiert, in dem an die X- und Y-Auswahlleitungen das negative Potential gelegt wird. Soll z. B. in die Speicherzelle 17 ein Low-Signal eingeschrieben werden, schaltet der Transistor V 9 durch. Über die leitende Verbindung der Adress-FET's V 6 und V 5 wird der Schaltpunkt A positiv, der Schaltpunkt B negativ, da der Transistor V 10 sperrt. V 2 steuert durch, V 4 sperrt. Wird die Adressierung abgeschaltet, bleibt der Zustand erhalten. Solch ein Schreibvorgang mit der Adressendecodierung läuft innerhalb 140 ns ab.
Beim Lesen werden die Schaltpunkte A und B über die Lese/Schreibleitungen vom Operationsverstärker abgefragt und gleichzeitig verstärkt, vorausgesetzt, die zu lesende Speicherstelle wird adressiert.
Um die Leistung einer Speicherstelle von ca. 1 mW zu verringern, wird die Versorgungsspannung $-U_{CC}$ gepulst. Dieser Pulsbetrieb kann völlig asynchron zu den Lese- und Schreibzyklen arbeiten und hat keinen störenden Einfluß auf die Spannungszustände der Schaltpunkte A und B. Derjenige Schaltpunkt, der die Drainspannung gespeichert hat, kann während der Pausenphasen nur aufgrund der Leckströme sein Potential einbüßen. Da diese Sperrströme aber sehr klein sind, verkleinert sich kaum der gespeicherte Drainspannungswert. Während der Pulse wird der Speicher nachgeladen. Entsprechend dem gewählten Tastverhältnis geht der Strom zurück, so daß die Verlustleistungen bis auf ca. 250 µW reduziert werden können.

14.3.2.5 Dynamisches RAM

Bei den RAM's wird zwischen dynamischen und statischen unterschieden.
Die statischen RAMs bestehen aus Flipflops, ausgeführt entweder in der Bipolar-Technik oder in der MOS-Technik. Bei jedem Lesevorgang bleibt die gespeicherte Information erhalten. Dynamische Speicherzellen dagegen werden nur in der MOS-Technologie hergestellt. *Hier ist die Information als Ladung in einem Kondensator gespeichert. Da infolge der Leckströme die Ladungen nicht lange gehalten werden können, erfolgt ein Auffrischen (refreshing) in der Art, daß alle 2 ms periodisch über die Adressenleitungen alle Speicherzellen der Reihe nach angesprochen* werden. Es erfolgt jedesmal ein Lesevorgang, der prüft, ob der Kondensator geladen ist. In diesem Falle erfolgt sofort eine Neuaufladung; der inzwischen aufgetretene Spannungs-Schwund wird also wieder ausgeglichen.
Es muß selbstverständlich sichergestellt werden, daß jede externe Informationsanforderung durch die Auffrischzyklen nicht gestört wird. Ein Lesen bzw. Schreiben ist nur zwischen den Auffrischzyklen möglich. Jeder Lesevorgang bedeutet sofort erneutes Einschreiben der gelesenen Information, da jeder Lesevorgang einen geladenen Kondensator zur Entladung bringt.
Dynamische Speicherzellen gibt es in vielen Ausführungen. Bedeutung haben die 3-Transistorzellen und die 1-Transistorzelle. Aus Platzgründen aber wird künftig nur noch die 1-Transistorzelle verwendet (Abb. 14.14).

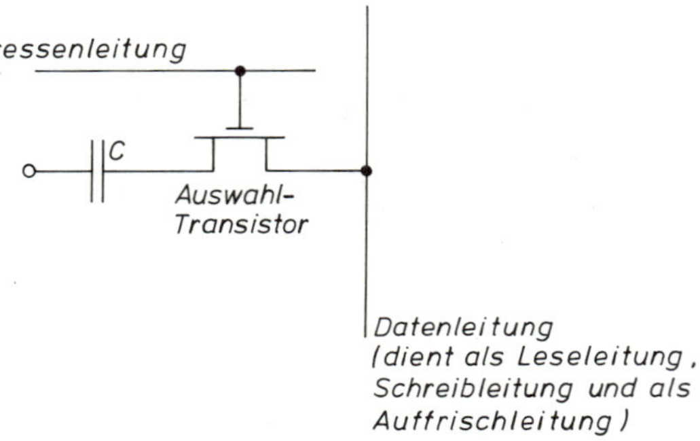

Abb. 14.14 Dynamische 1-Transistor-Speicherzelle. Wenn C geladen: ≙ H, sonst ≙ L

In der Abbildung erkennt man den Speicherkondensator und den Transistor als Schalter. Wird über die Adressenleitung der Transistor angesprochen, würde ein geladener Kondensator in der Datenleitung einen Impuls verursachen, der über Leseverstärker registriert wird. Dieser Impuls veranlaßt sofort einen Spannungsimpuls, um „rückwärts" den Kondensator wieder aufzufrischen.
Dynamische Speicher gibt es nur in der Speicherorganisation 4096 × 1, d.h. jedes einzelne Bit hat seine eigene Adresse.
Obgleich für den Auffrischprozeß eine zusätzliche Hardware benötigt wird, lohnt sich die Verwendung dynamischer RAMs. Ihre Speicherzellen sind viel kleiner, die Packungsdichte liegt etwa um den Faktor 4 höher. Außerdem zeichnen sich dynamische Speicher durch einen sehr geringen Stromverbrauch aus.

Nachteilig bei allen RAMs ist, daß bei Ausfall der Spannungsversorgung alle gespeicherten Informationen verloren gehen.

Hier liegt der Vorteil, den magnetische Speicher (Kernspeicher) aufzuweisen haben.
„Nichtflüchtige" Halbleiterspeicher in der MOS-Technik werden zur Zeit entwickelt.

Übungsaufgaben

1. Welcher Unterschied besteht zwischen einem Mikroprozessor und einem Mikrocomputersystem?
2. Welche Bausteine müssen mindestens vorhanden sein, damit ein Mikrocomputer arbeiten kann?
3. Wie unterscheiden sich dynamische und statische RAM's?
4. Was bedeuten bei einem Speicher die Aussagen
   2048×8, 16384×1 und 256×4?
5. Wie ist es möglich, daß bei der Unzahl möglicher Arbeitsprozesse der Befehlssatz dagegen nur aus verhältnismäßig wenigen Befehlen besteht?
6. Bis zu welcher Speicherkapazität werden zur Zeit ROM's und RAM's hergestellt?
7. Können in einem PROM eingespeicherte Daten noch geändert werden?

14.3.3 Die Entwicklung der Arithmetik-Logik-Einheit (ALU)

14.3.3.1 Allgemein

Alle arithmetischen und logischen Operationen werden von der ALU durchgeführt. Der grundlegende Aufbau eines solchen Rechners wird besprochen. Ausgegangen wird vom Volladdierer, dem nach und nach logische Schaltungen so zugeordnet werden, daß zu jeder Zeit der anwachsende Funktionsumfang übersehen werden kann. Es dürfte dann nicht mehr schwer fallen, das Endprodukt, die ALU, mit den sie ansteuernden Bausteinen in ihrer Arbeitsweise zu verstehen.
Wenn das Ausführungsbeispiel am 4-Bit-Rechner erfolgt, geschieht dies wegen der einfacheren Darstellung. Rechenwerke der Mikroprozessoren arbeiten meistens mit 8 Bit.

14.3.3.2 Das Addier-Subtrahier-Werk

Mit Hilfe eines Volladdierers lassen sich zwei 1-Bit-Binärzahlen A und B addieren.

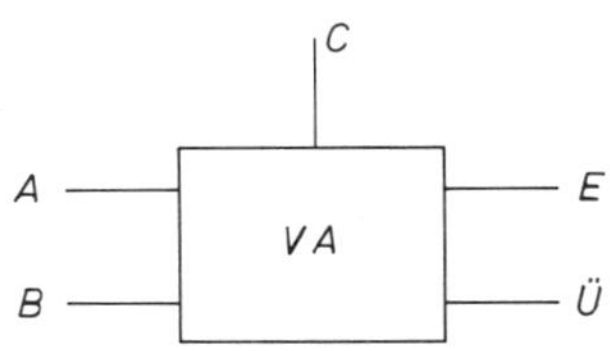

$$\begin{array}{r} A \\ +\ B \\ ÜC \\ \hline E \end{array}$$

Abb. 14.15

Werden bei der Addition binärer Zahlen zwei 1-Bit-Werte eines beliebigen Stellenwertes addiert, muß ein Übertrag C berücksichtigt werden, der sich als Übertrag aus der Summierung der vorhergehenden Stelle ergibt, wenn eine solche vorhanden ist. Mit dem Ertrag entsteht auch ein Übertrag Ü. Dieser Übertrag fließt dann einem möglicherweise nachgeschalteten Volladdierer zu und erscheint dort wieder als Eingangssignal C.
Schaltet man 4 Volladdierer hintereinander, können bis zu 4stellige Binärzahlen miteinander summiert werden.

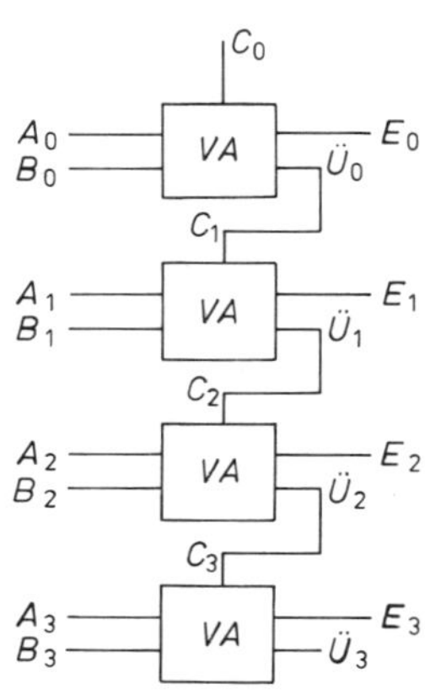

$$\begin{array}{r} A_3\ A_2\ A_1\ A_0 \\ +\ B_3\ B_2\ B_1\ B_0 \\ \hline Ü_3\ E_3\ E_2\ E_1\ E_0 \end{array}$$

Abb. 14.16 4-Bit-Volladdierer

Es würde allerdings genügen, anstelle des 1. VA, der den Stellenwert 2^0 bearbeitet, einen Halbaddierer zu wählen. Das wird auch dann geschehen, wenn das Addierwerk nur für Additionsaufgaben eingesetzt werden soll. Da aber beabsichtigt ist, die Schaltung nach und nach für andere Operationen zu erweitern, wird der C_0 Eingang benötigt.
Als Blockschaltbild erhält das Addierwerk das folgende vereinfachte Aussehen:

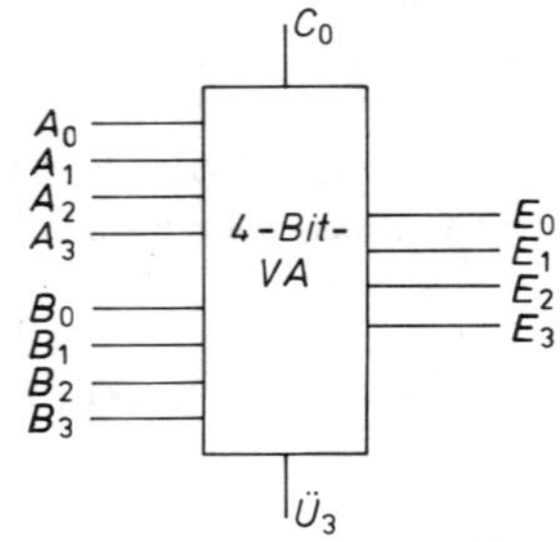

Abb. 14.17 Kurzdarstellung eines 4-Bit-VA

Werden die 8 Eingänge über Exclusiv-ODER-Bausteine (Antivalenz-Schaltung) geführt, entstehen weitere 8 Eingänge, die dazu dienen, die Gesamtschaltung zu veranlassen, entweder eingegebene Binärzahlen zu addieren oder zu subtrahieren (Abb. 14.18).

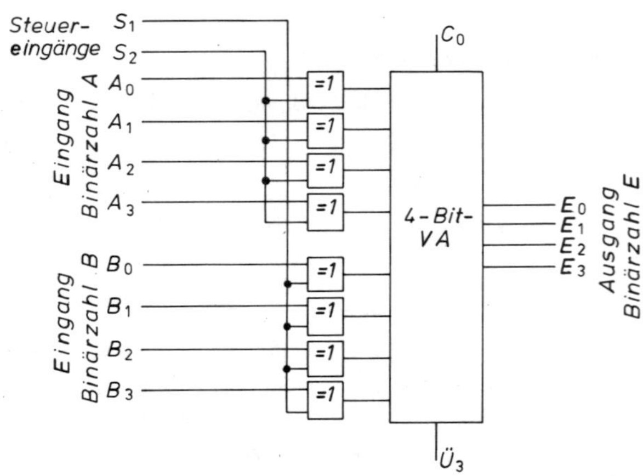

Abb. 14.18 Addier-Subtrahier-Werk mit den Steuereingängen:
C_0 = Inkrementeingang
S_1 = B-Komplement
S_2 = A-Komplement

Führen die Eingänge C_0, S_1 und S_2 die Signalwerte 0, so werden die Eingangswerte des Addierers mit den Eingangswerten A und B übereinstimmen. Als Ergebnis erscheint dann am Ausgang der Schaltung die Summe der eingegebenen Binärzahlen.
Wird dagegen die Aufgabe sein, die Binärzahl B von A abzuziehen, müssen die Steuerleitungen S_1 und S_2 wie folgt belegt werden. Es ändert sich C_0:

$S_1 = 1$
$S_2 = 0$
$C_0 = 1$

So sorgt die Exclusiv-ODER-Verknüpfung dafür, daß die Binärzahl B negiert dem Rechenwerk zugeführt wird. Außerdem erfolgt noch anschließend die Addition mit dem Signalwert 1, der am Eingang C_0 anliegt. (Siehe auch Abb. 13.32)
Eine Subtraktion der Zahlenwerte A = 7 und B = 3 wird mit der angegebenen Schaltung zum folgenden Resultat führen:

$$A - B = E$$
$$7 - 3 =$$
$$0111 - 0011 =$$

Der Subtrahend wird zunächst negiert und dann im Rechner mit dem Minuenden und dem eingegebenen Steuersignal 1 addiert:

$$0111 + 1100 + 1 = 10100$$

Überlauf

Das Ergebnis ist, da es sich um einen 4-Bit-Addierer handelt, 0100. Das bedeutet, daß der Überlauf bzw. Übertrag der letzten Stelle keinen Einfluß mehr auf das Ergebnis hat als Folge der vorausgegangenen Komplementierung.
Eine Subtraktion der Zahlenwerte A = 4 und B = 7 wird allerdings, da der Minuend kleiner ist als der Subtrahend, zum folgenden Resultat führen:

$$A - B = E$$
$$4 - 7 =$$
$$0100 - 0111 =$$

Der Subtrahend wird negiert und dann mit dem Minuenden und der eingegebenen 1 addiert:

$$0100 + 1000 + 1 = 1101$$

Dieses Ergebnis ist zunächst unverständlich. Erwartet wurde sicherlich der Wert −3 aber nicht das Resultat 13.

Was nun?

Der nachfolgende Abschnitt wird die Erklärung geben.

14.3.3.3 Das Zweierkomplement

Es wurde an anderer Stelle des Buches ausgeführt, daß man jede Subtraktion binärer Zahlen dadurch löst, daß die Subtraktion in eine Addition umgewandelt wird. (Siehe Abschnitt 13.2.7)

Das geschieht durch folgende Überlegung:

Bei dem mathematischen Ausdruck

$$A - (+B) = E$$

handelt es sich eindeutig um die Subtraktion einer positiven Zahl B vom Minuenden A.
Zum gleichen Ergebnis muß aber auch der mathematische Ausdruck führen, wenn die Gleichung wie folgt niedergeschrieben wird:

$$A + (-B) = E$$

Hier handelt es sich um die Addition einer negativen Zahl −B zum ehemaligen Minuenden, der jetzt eigentlich zum Summanden geworden ist.
Die Überführung einer Subtraktion in eine Addition ist ja notwendig, um Addierwerke möglichst für alle anfallenden Rechenoperationen nutzen zu können. So gilt es also auch hier, den Wert +B der ersten mathematischen Gleichung in die negative Form −B umzuwandeln, wie es die 2. mathematische Gleichung fordert, will man aus einer Subtraktionsschaltung eine Additionsschaltung gewinnen.

Im vorletzten Beispiel wurde folgende Rechnung gebracht:

$$7 - 3 =$$
$$0111 - 0011 =$$

Die Negation und Additionen ergaben:

$$0111 + 1100 + 1 = 10100$$
$$0111 + 1101 \quad = 10100$$

Was ist nun mit dem Subtrahenden geschehen? Er wurde von dem Wert 0011 in die Binärform 1101 übergeführt. Das heißt doch, dem Minuenden 0111 wird nicht mehr der positive Wert 0011 abgezogen, sondern der negative Wert 1101 addiert.

Die Subtraktionsgleichung:

$$A - (+B) = 7 - (+3) = 0111 - (0011)$$

Die Additionsgleichung:

$$A + (-B) = 7 + (-3) = 0111 + (1101)$$

Betrachtet man die beiden Gleichungen genauer, erkennt man, daß

+3 dem Wert 0011 und
−3 dem Wert 1101 entspricht

und das heißt doch, daß 1101 der negative Wert der Binärzahl 0011 sein muß.

Man muß sich in diesem Falle von der Vorstellung freimachen, daß eine negative Zahl grundsätzlich immer ein Minuszeichen mit sich führt. Hier handelt es sich, wie später gezeigt wird, um die Darstellung einer negativen Binärzahl ohne Vorzeichen. Nur am Bitmuster erkennt man, daß die Zahl negativ ist.
Wie schon ausgeführt, wird eine Subtraktion dadurch möglich, daß zum Subtrahenden das Einerkomplement gebildet wird.

Unter dem Einerkomplement wird der Zahlenwert verstanden, der sich ergibt, wenn man zu der größten gleichstelligen Zahl den Wert des Subtrahenden abzieht.

In unserem 10er System würde das Komplement zur Zahl 65 der Wert 34 sein:

$$99 - 65 = 34$$

99 wäre hier die größte gleichstellige Zahl.

Da bei Binärzahlen jede Negierung einer Komplementierung entspricht, denn es erfolgt immer eine Ergänzung zu 1, wird das Komplement auch Einerkomplement genannt. Die Addition einer Binärzahl mit ihrem Einerkomplement führt immer zu einem Ausdruck in der Form 11 ... 1.

Erfolgt dann anschließend die Addition mit dem Wert 1, erhält man das Zweierkomplement.

Zweierkomplement = Einerkomplement + 1

Hat der Subtrahend den Binärwert −B, dann errechnet sich sein Zweierkomplement zu

$$-B = \bar{B} + 1$$

Der negative Zahlenwert links läßt sich also darstellen durch den rechts stehenden Ausdruck. Hat B den Wert 0110, dann wird −0110 = 1010.
Die negative Binärzahl, in diesem Beispiel 1010, läßt sich ebenfalls wieder durch Anwendung des Zweierkomplements zu einer positiven Binärzahl zurückrechnen:

1010 negiert ergibt 0101
0101 + 1 ergibt 0110

So entspricht der negative Wert:

−0110 der Binärzahl:		1010
−(+6)	=	(−6)

Es fällt auf, wie schon erwähnt, daß Binärzahlen ohne Vorzeichen erscheinen. Damit bleibt jetzt die Frage offen, wie man einer Zahl ansieht, ob ihr Wert positiv oder negativ ist. Man erkennt diesen Wert am 1. Bit einer Binärzahl.

Dieses 1. Bit einer Binärzahl muß also grundsätzlich dann zur Darstellung des Vorzeichens geopfert werden, wenn bei Rechnungen erwartet werden muß, daß auch negative Zahlen auftreten können. Das ist bei jedem Rechner der Fall, d. h. alle Rechner arbeiten nach der Zweierkomplement-Arithmetik.

So stehen bei einem 4-Bit-Rechner nur die ersten 3 niederwertigen Bits für die Darstellung einer Binärzahl zur Verfügung. Es folgt eine Gegenüberstellung positiver und negativer Binärzahlen. Mit Hilfe der Zweierkomplementierung lassen sich die Umrechnungen nachprüfen:

B	−B
0001	1111
0010	1110
0011	1101
0100	1100
0101	1011
0110	1010
0111	1001

Die positiven Zahlen der linken Reihe führen am höchsten Stellenwert eine 0. Mit dieser 0, die der 3stelligen Binärzahl vorangestellt ist, kommt zum Ausdruck, daß alle aufgeführten Zahlen von 0001 bis 0111 positiv sind. Hingegen haben die Binärzahlen −B an der höchsten Stelle eine 1. Hier wird so deutlich, daß alle diese Zahlen negativ sind.

14.3.3.4 Rechenbeispiele

Die Rechnungen werden mit einem 8-Bit-Rechner durchgeführt.

```
  15      00001111   →   Zweierkomple-   →    00001111
−  6     −00000110       ment-Arithmetik     +11111010
────     ─────────                           ─────────
+  9                                         100001001
```

Der Übertrag 1 entfällt. Das 8. Bit von rechts besagt, daß die Zahl positiv ist. Die Binärzahlen selbst dürfen maximal nur 7 Stellenwerte haben.

```
   6      00000110   →   Zweierkomple-        00000110
 −15     −00001111       ment-Arithmetik     +11110001
────     ─────────                           ─────────
 − 9                                          11110111
```

Das Ergebnis ist negativ, denn die 8-Bit-Folge beginnt mit einer 1. Die Umrechnung führt zum Ergebnis: −00001001, das erwartet wird.

```
  93      01011101
+ 56     +00111000
────     ─────────
 149      10010101
```

Ein Rechenwerk, das nach der Zweierkomplement-Arithmetik arbeitet, gibt grundsätzlich mit dem 1. Bit links an, ob eine positive oder eine negative Zahl vorliegt. So ist das Resultat dieser Additionsaufgabe falsch. Das Ergebnis ist nicht negativ. Das kann auch geschehen, wenn 2 negative Zahlen, wie im nächsten Beispiel gezeigt wird, addiert werden. Binärzahlen dürfen bei dem gewählten 8-Bit-Rechner den 7stelligen Bereich nicht verlassen. So wird eine zusätzliche Einrichtung im Rechner, auf die noch später eingegangen wird, dafür sorgen, daß dieser Überlauf erkannt wird und somit das richtige Rechenergebnis erscheint.

−100	−01100100	→	Zweierkomple-	→	10011100
− 33	−00100001		ment-Arithmetik		+11011111
−133					01111011

Auch hier ist das Ergebnis falsch. Es ist nicht positiv.

− 33	−00100001	→	Zweierkomple-	→	11011111
− 94	−01011110		ment-Arithmetik		+10100010
−127					10000001

Das Resultat stimmt. Die negative Binärzahl ergibt umgerechnet den Wert: −01111111 (−127)

− 96	−01100000	→	Zweierkomple-	→	10100000
+ 94	+01011110		ment-Arithmetik		+01011110
− 2					11111110

Das Ergebnis ist negativ: −00000010 (−2)

Operieren eine negative Zahl und eine positive Zahl miteinander, dann wird das Ergebnis immer richtig sein. Ein Überlauf ist dann nicht zu befürchten, wenn das Ergebnis dieser Beispiele den absoluten Wert 127 nicht übersteigt.
So wird auch das am Ende des vorhergehenden Kapitels auftretende Rechenbeispiel geklärt, dessen Ergebnis zum Wert 1101 führte.

0100 + 1000 + 1 = 1101

1101 ergibt umgerechnet: −0011 (−3)

14.3.3.5 Das erweiterte Addier-Subtrahier-Werk

Mit der Vorschaltung weiterer Bausteine, die die Eingangssignale teils mit dem Steuersignal S_3 und teils mit dem Steuersignal S_4 UND-verknüpfen, wird erreicht, daß neben den Additionen und Subtraktionen noch spezielle Operationsergebnisse dieses Bereichs gewonnen werden. Dies zeigt die zu der erweiterten Schaltung aufgeführte Tabelle. Wie man leicht feststellen wird, hängt das Ausgangsresultat von der jeweiligen Beschaltung der Steuersignale S_1, S_2, S_3 und S_4 sowie vom C_0-Wert ab. So können theoretisch $2^5 = 32$ Steuerkombinationen zu 32 meist unterschiedlichen Ausgangsfunktionen mit den eingegebenen Binärzahlen A und B führen.

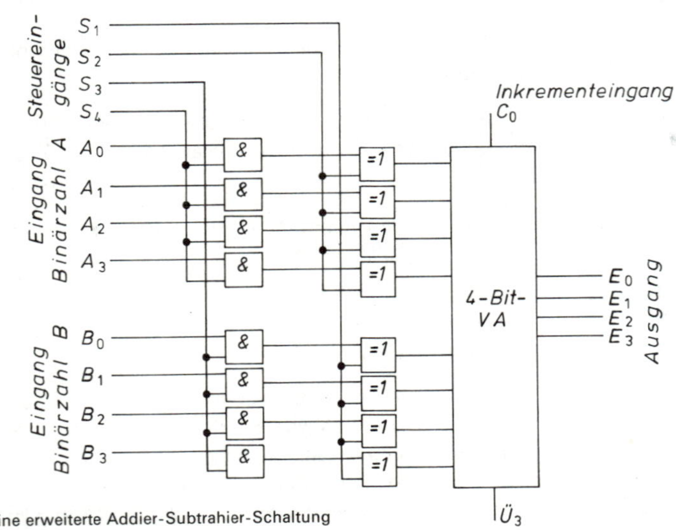

Abb. 14.19 Eine erweiterte Addier-Subtrahier-Schaltung

S_4	S_3	S_2	S_1	C_0	Funktions-ergebnisse
0	0	0	0	0	0
0	0	0	0	1	1
0	0	0	1	0	−1
0	0	0	1	1	0
0	0	1	0	0	−1
0	0	1	0	1	0
0	0	1	1	0	−2
0	0	1	1	1	−1
0	1	0	0	0	B
0	1	0	0	1	B + 1
0	1	0	1	0	$-B-1=\bar{B}$
0	1	0	1	1	−B
0	1	1	0	0	B − 1
0	1	1	0	1	B
0	1	1	1	0	−B − 2
0	1	1	1	1	$-B-1=\bar{B}$
1	0	0	0	0	A
1	0	0	0	1	A + 1
1	0	0	1	0	A − 1
1	0	0	1	1	A
1	0	1	0	0	$-A-1=\bar{A}$
1	0	1	0	1	−A
1	0	1	1	0	−A − 2
1	0	1	1	1	$-A-1=\bar{A}$
1	1	0	0	0	A + B
1	1	0	0	1	A + B + 1
1	1	0	1	0	A − B − 1
1	1	0	1	1	A − B
1	1	1	0	0	B − A − 1
1	1	1	0	1	B − A
1	1	1	1	0	−A − B
1	1	1	1	1	−A − B − 1

Abb. 14.20 Die Funktionstabelle der erweiterten Addier- und Subtrahier-Schaltung

Es werden einige Funktionsergebnisse besprochen:

Steuerfunktionen S_4	S_3	S_2	S_1	Inkrement-Eingang C_0	Erklärung	Ergebnisse: E_3	E_2	E_1	E_0
0	0	0	0	1	Alle Eingänge des Addierers haben 0; C_0 führt 1, also Addition: 0000 +0000 + 1 0001	0	0	0	1

Steuerfunktionen S_4	S_3	S_2	S_1	Inkrement-Eingang C_0	Erklärung	Ergebnisse: E_3	E_2	E_1	E_0
0	0	0	1	0	Mit $S_1=1$ und $S_3=0$ führen die B-Eingänge des Addierers alle den Wert 1; so ergibt die Addition: $\begin{array}{r} 0000 \\ +1111 \\ +\quad 0 \\ \hline 1111 \end{array}$ Das Ergebnis ist negativ: -1	1	1	1	1
0	0	1	1	0	Alle Ausgänge der Exclusiv-ODER-Gatter führen den Wert 1; so erfolgt die Addition: $\begin{array}{r} 1111 \\ +1111 \\ +\quad 0 \\ \hline 1110 \end{array}$ Das Ergebnis ist negativ: -2	1	1	1	0
0	1	1	1	1	Alle Exclusiv-ODER-Gatter negieren die am oberen Eingang liegenden Signale. Addition: $\begin{array}{l} \;1 \;\; 1 \;\; 1 \;\; 1 \\ +\bar{B}_3 \; \bar{B}_2 \; \bar{B}_1 \; \bar{B}_0 \\ + \qquad\qquad 1 \\ \hline \bar{B}_3 \; \bar{B}_2 \; \bar{B}_1 \; \bar{B}_0 \end{array}$ Die Addition zunächst nur der Einsen ergibt: 0 Aus der Beziehung $-B=\bar{B}+1$ folgt: $\bar{B}=-B-1$	$\bar{B}_3 \, \bar{B}_2 \, \bar{B}_1 \, \bar{B}_0 = \bar{B}$			
1	1	0	1	0	A und B gelangen auf die Exclusiv-ODER-Gatter. Negiert wird B. Die Addition: $\begin{array}{l} \;A_3 \; A_2 \; A_1 \; A_0 \\ +\bar{B}_1 \; \bar{B}_2 \; \bar{B}_1 \; \bar{B}_0 \\ + \qquad\qquad 0 \\ \hline =A+\bar{B} \end{array}$ Da $\bar{B}$ wie im vorigen Beispiel aufgeführt $-B-1$ ist, wird das Ergebnis:	$A-B-1$			

Es ist nun dem Leser freigestellt, einige andere aufgeführten Funktionsergebnisse auf ihre Richtigkeit nachzuprüfen.
Mit der erweiterten Addier- und Subtrahier-Schaltung wurde erreicht, daß neben den Grundoperationen A + B bzw. A − B auch noch weitere Funktionsergebnisse gewonnen wurden. So sind z. B. die Inkrementierung (das Ergebnis ist um den Wert 1 erhöht) und auch die Dekrementierung (das Ergebnis ist um den Wert 1 gemindert) in der Programmbearbeitung bei Zählaufgaben notwendig. Auch ist es oft erforderlich, daß Eingangsdaten ungeschoren durch den Rechner laufen und am Ausgang des Addierwerkes wieder erscheinen. Andere Funktionsergebnisse können, wie z. B. −A − B − 2, ohne Bedeutung sein. Sie fallen eben mit an, werden aber nicht genutzt.
So sind es ca. 10 Ausgangsfunktionen, die im Mikroprozessor zur Anwendung kommen:
A, B, A + 1, A − 1, 0, +1, −1, A + B, A − B, $\bar{A}$.
Dieser Schaltung fehlt nun noch die Möglichkeit, logische Funktionen auszuführen. Eine zusätzliche Logik, in Abb. 14.21 sehr vereinfacht dargestellt, bewirkt Verknüpfungsvorgänge mit den Eingangsdaten A und B. Es kann sich dabei um logische Ergebnisse von UND, ODER, Exclusiv-ODER und deren Negationen handeln. Auch hier bewirken bestimmte Steuersignalkombinationen, daß die entsprechenden Verknüpfungsbausteine angesprochen werden. Erst ein weiteres Betriebsauswahlsignal BA bestimmt endgültig, ob nun entsprechend der geschalteten Funktionsauswahl das arithmetische oder das logische Ergebnis am Ausgang der Arithmetik-Logik-Einheit (ALU) als Ergebnis auftritt. Im aufgeführten Blockschaltbild 14.21 muß BA den Wert 1 führen, damit das Rechenergebnis den Ausgang erreicht. Hätte BA den Wert 0, würde das Ergebnis einer logischen Verknüpfung kommen. Es ist einzusehen, daß es viele unterschiedliche Schaltungen in der Praxis gibt. Technologische und wirtschaftliche Interessen spielen bei der Entwicklung solcher Bausteine mit. Es sei hier auf die Bausteintype 74181 (FLH 401) hingewiesen, dessen 4-Bit-Arithmetik-Logik-Einheit funktionsmäßig Rechenablauf und logische Verknüpfung nicht trennt, sondern über eine gemischte Schaltung verwirklicht. Auch hier führen die Funktionsauswahleingänge S_1, S_2, S_3, S_4, C_0 und BA zu Ausgangsfunktionen, die das arithmetische oder logische Ergebnis der Eingangsdaten A und B sind.

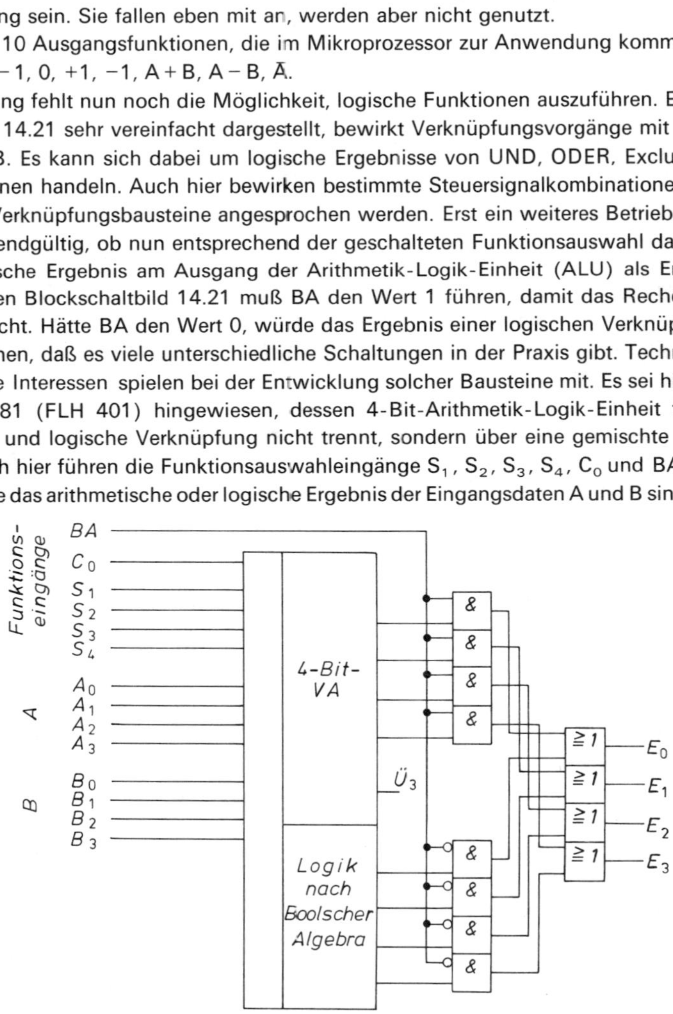

Abb. 14.21 Eine Arithmetik-Logik-Einheit (ALU) in vereinfachter Darstellung

14.3.4 Der Akkumulator

Die im Blockschaltbild 14.22 dargestellte ALU führt sowohl Rechenoperationen (Addition und Subtraktion) wie auch logische Funktionen aus. Die Ein- und Ausgabedaten der ALU werden über ein Register geleitet, das den Namen Akkumulator trägt. Dieses Register speichert kurzfristig die Daten, ob sie nun dem Rechenwerk oder den mit der ALU in Verbindung stehenden Funktionsgruppen zugeführt werden.

Das Schaltbild gibt nur einen grundsätzlichen Eindruck von der Arbeitsweise, die zwischen ALU und Akkumulator besteht, wieder.

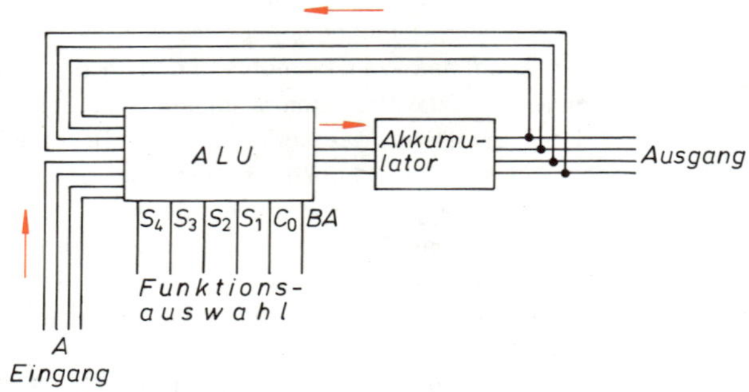

Abb. 14.22 Der Akkumulator als Arbeitsregister der ALU

Es fällt in Abb. 14.22 auf, daß es jetzt nur noch den Eingabeeingang A gibt. Die Eingabe B ist mit dem Ausgang des Akkumulators verbunden. Damit wird deutlich, daß es nicht möglich ist, zur gleichen Zeit von außen Eingangsdaten A und B auf die Eingänge der ALU zu schalten. Das soll an der Addition zweier Operanden deutlich werden.
Hat die Funktionsauswahl S_4, S_3, S_2, S_1, C_0, BA die Bitfolge 100001 oder auch 100111 (siehe Abb. 14.20), so wird der 1. Operand ohne Änderung über die ALU dem Akkumulator zugeführt und hier gespeichert. Dann wird dem Dateneingang A der 2. Operand aufgeschaltet. Mit einer neuen Instruktion der Funktionsauswahl: 110001 erfolgt die Addition der beiden Operanden, wovon der eine aus dem Akkumulator, der andere vom Eingang kommt. Das Ergebnis wird darauf wieder im Akkumulator gespeichert. So könnte jetzt beispielsweise ein 3. Operand, der am Eingang A eingegeben wird, zur vorhergehenden Summe, die im Akkumulator steht, aufaddiert werden.
In einem erweiterten Blockschaltbild 14.23 wurden Datenspeicher berücksichtigt, die als Festwertspeicher ROM oder als Schreib-Lese-Speicher RAM eine bedeutende Rolle spielen. Der prinzipielle Ablauf ist hier folgender:

Der aufgeführte Datenselektor schaltet entweder die Eingangsdaten oder die aus dem internen Bereich, vom RAM kommenden Daten zur ALU durch. Der Anstoß dazu, um welche Daten es sich handelt, kommt aus dem Decodierer, dem eingangsseitig der Befehlscode aufgeschaltet wird. Werden beispielsweise Daten aus dem Schreib-Lese-Speicher benötigt, muß zunächst über den Adresseneingang $a_{15} \ldots a_0$ die Adresse anstehen. Dann öffnet der vom Decodierer aktivierte Speicher seine Ausgänge. Der Datenselektor leitet diese Daten weiter zur ALU. Jetzt könnte zum Beispiel eine logische Verknüpfung mit einem 2. Operanden erfolgen, der zuvor im Akkumulator stehen muß. Das Ergebnis kommt wieder in den Akkumulator, dessen Inhalt – der 2. Operand – damit gelöscht wird. Von hier kann eine Rückspeicherung des Resultats in den RAM erfolgen. Bei diesem Schaltschritt muß der Speicher wieder vom Decoder aktiviert und erneut eine Adresse auf die Adressenleitung gelegt werden. Oder aber auch kann das Ergebnis in die Ausgabe gelangen, wenn der nicht dargestellte Ausgabe-Baustein dazu aktiviert wird.
Adresse und Operationscode sind Grundbestandteile eines Befehls. Die Befehle stehen im ROM. Was zu geschehen hat und wo Daten zu finden sind, muß jeder Instruktion entnommen werden können. Das ist im Prinzip so, aber nicht immer so. Das werden nachfolgende Ausführungen noch genauer bringen.
Es ist wohl einzusehen, um im Hinblick darauf, nur einen groben Überblick über die Datenbewegungen im Mikroprozessor zu geben, manche wichtige Funktion in der Darstellung weggelassen werden mußte. So spielt der Takt, von einem speziellen Generator erzeugt, eine bedeutende Rolle, um einen geordneten Ablauf aller Funktionen zu sichern. Erwähnt werden muß außerdem, daß der Zustand der Daten im Rechner überwacht wird. Ein Flag-(Zustands-)Register hält fest, wenn z.B. Daten

bei der Addition zum Überlauf kommen, welche Vorzeichen die Daten haben und ob ein Ergebnis zu 0 geworden ist. Außerdem sind noch weitere Register im Arbeitsablauf notwendig, die wie auch die Flags in der Programmaufstellung zu wichtigen Befehlselementen werden.

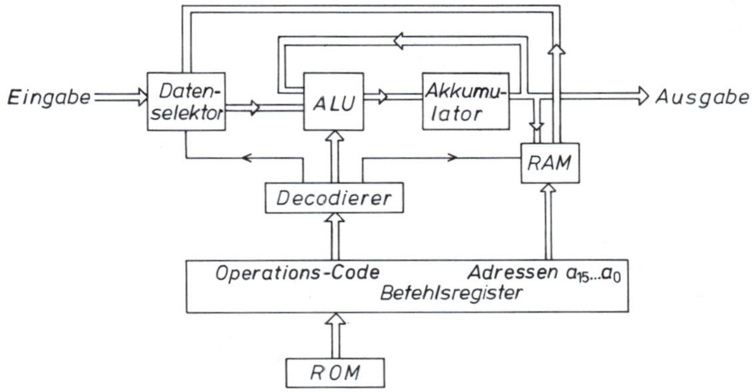

Abb. 14.23

14.3.5 Die Zustandsbits

Das Rechenwerk hat Zustandsanzeiger – Flipflops, die über Ergebnisse von arithmetischen und logischen Funktionen Auskunft geben. In diesen Zustandsanzeigern, die man auch als Flag-Register bezeichnet, werden Bedingungsbits, Flags, gesetzt, die mit dem Ergebnis einer Operation anfallen. Der Mikroprozessor 8080 hat 5 verschiedene Bedingungsbits zur Verfügung.
Flags spielen eine hervorragende Rolle, wenn Sprungbefehle bei der Programmbearbeitung auftreten. Die Ursache eines Sprungbefehl ist auf einen bestimmten Zustand eines Flags zurückzuführen, der in dem voraufgehenden Befehl abgefragt wird.

Jede „Wenn"- oder „If"-Entscheidung, die im Programmablauf auftritt, wird gefällt aufgrund des Signalzustandes eines Flags.

Der Akkumulator hat nur die Möglichkeit, ein Byte (8 Bit) abzuspeichern. Jedes Rechenresultat wird vom Akkumulator aufgenommen. So können sich hier mehrere Zustände, wie die des Überlaufs z. B., ergeben.
Es werden nachstehend einige Rechenbeispiele aufgeführt, an denen die Flags besprochen werden.

14.3.5.1 Das Carry-Bit (Carry-Flag oder Übertrag-Flag)

a) Die Addition von 2 Binärzahlen kann an höchster Stelle einen Übertrag ergeben:

```
   11001101
 + 00111011
 ----------
  100001000
  ↓
  Übertrag =
  Carry-Bit
```

Als Resultat erscheint im Akkumulator 00001000. Das 9. Bit setzt das Carry-Flipflop mit dem Wert 1: C = 1. Hätte dagegen die Addition den Übertrag 0 ergeben, würde das Carry-Bit den Wert 0 erhalten: C = 0.

b) Ebenso kann eine zyklische Verschiebung des Datenwortes nach rechts oder links dazu führen, daß das Carry-Bit entweder das niederwertigste Bit oder im anderen Falle das höchstwertigste Bit aufnimmt.

c) Bei der Subtraktion wird die Zweierkomplement-Arithmetik durchgeführt. Die höchste Stelle einer Binärzahl gibt mit 0 an, daß es sich um eine positive Zahl, im anderen Falle um eine negative Zahl handelt. Die Behandlung des Carry-Bits wird hier unterschiedlich gehandhabt. Die Rechenbeispiele werden es verdeutlichen:

Eine negative Zahl wird addiert 18 + (−12)

```
  00010010
+ 11110100
----------
1 00000110
```

Überlauf
Carry-Bit = 1

Findet ein Überlauf statt, wird das Carry-Bit gesetzt. Diese Regelung gilt bei jedem Additionsbefehl.

12 + (−18)

```
 00001100
+11101110
---------
 11111010
```

Kein Überlauf
Carry-Bit = 0

Eine positive Zahl wird subtrahiert 18 − (+12)

```
  00010010
+ 11110100
----------
1 00000110
```

Überlauf
Carry-Bit = 0

Findet ein Überlauf statt, wird das Carry-Bit nicht gesetzt.
Diese Regelung gilt bei jedem Subtraktionsbefehl.

12 − (+18)

```
 00001100
+11101110
---------
 11111010
```

Kein Überlauf
Carry-Bit = 1

14.3.5.2 Das Hilfs-Carry-Bit (Auxiliary-Carry-Bit)

Für bestimmte Operationen, z. B. bei der Addition binärer Zahlen, die im BCD-Code stehen, muß bei bestimmten Ergebnissen auf eine Korrektur geachtet werden.

```
 0101  1001     59
+0011  1000    +38
    1               ← Das Hilfs-Carry-Bit wird gesetzt.
-----------    ---
 1001  0001
```

Das Hilfs-Carry-Bit wird gesetzt und zeigt damit an, daß zur Summe noch 6 hinzuaddiert werden müssen:

```
 1001  0001
+      0110
-----------
 1001  0111        97
```

14.3.5.3 Das Sign-Bit

Es zeigt an, welches Vorzeichen der Operand hat. Da das 8. Bit mit der höchsten Wertigkeit bei positiven Binärzahlen 0, bei negativen dagegen 1 ist, kann das Sign-Flag eine Aussage treffen, ob es sich bei dem Inhalt des Akkumulators um ein positives oder ein negatives Datenwort handelt.
Die Zahlen liegen dann im Bereich: +127 ... −128.

14.3.5.4 Das Zero-Bit (Null-Bit)

Dieses Bedingungs-Bit wird dann gesetzt, wenn das Ergebnis von Rechen- oder logischen Funktionen gleich 0 ist.

Das Zero-Bit wird rückgesetzt, wenn das Befehlsergebnis ungleich 0 ist.
Die UND-Verknüpfung der Binärzahlen 010010 und 100001 führt zum Setzen des Zero-Bits (Z = 1), denn das Gesamtergebnis wird 0.

14.3.5.5 Das Parity-Bit

Dieses Bit gibt darüber Auskunft, ob die Summe der gesetzten Bits eine gerade oder eine ungerade Zahl ist.
Dieses Kennzeichen-Bit wird gesetzt, wenn das Ergebnis zu einer geraden Zahl führt (P = 1).

Bei bestimmten Prüfoperationen wird das Parity-Bit benötigt.

Inhalt des Akkumulators: 10110011 Das Parity-Flipflop führt den Wert P = 0.

14.3.6 Die allgemeinen Arbeitsregister

Wird ein Programm vom Mikroprozessor abgearbeitet, bedeutet dies, daß der Reihe nach die einzelnen Befehle eingegeben werden und sofort zur Ausführung kommen. Je nach Inhalt der Instruktion werden die zu verarbeitenden Daten bestimmten Operationen zugeführt. Ein Ergebnis wird gebildet. In der Regel dient dann dieses Ergebnis der nachfolgenden Instruktion als Ausgangsdatum, mit dem eine neue Operation, vielleicht jetzt in Verbindung mit neu eingelesenen Daten, eingeleitet wird.
Alle diese Arbeitsschritte machen es erforderlich, daß die soeben behandelten Daten, als Ergebnisdaten oder als neu eingelesene Daten, kurzfristig auf Wartepostition geschickt werden, um dann in einem folgenden Arbeitsschritt sofort wieder zum Einsatz zu kommen. Für eine solche notwendige Zwischenspeicherung eignen sich besonders die schnellen Speicher, die Register. Ein Schreib-Lese-Speicher würde hier vollkommen fehl am Platz sein, denn er erfüllt nur dann seinen Zweck, wenn hier eingelesene Daten nicht gleich wieder in der folgenden Instruktionsbearbeitung benötigt werden. So stehen jedem Mikroprozessor mehrere schnelle Arbeitsregister zur Verfügung. Die genaue Kenntnis dieser Speicher ist eine wichtige Voraussetzung für die Erstellung von Programmen. Mit jeder neuen Instruktion muß sichergestellt sein, und es muß in dieser Instruktion mit zum Ausdruck kommen, wo eigentlich die Daten stehen, mit denen weiterhin etwas geschehen soll. Und sie stehen dann meistens in bestimmten Arbeitsregistern.
Der Mikroprozessor Typ 8080 hat 8 Arbeitsregister – ausgenommen der Akkumulator und das Befehlsregister – mit den Bezeichnungen B, C, D, E, H, L, W und Z, von denen die letzten beiden nicht adressierbar sind.
Alle diese Register können maximal bis zu 8 Bit aufnehmen. Da aber eine 8-Bit-Verarbeitung selten ausreicht – maximaler Wert 255_{10} – können je 2 Register zu einem Registerpaar zusammengeschlossen werden. Das ist nur in den folgenden Kombinationen möglich:

BC
DE und
HL

Angesprochen werden diese Registerpaare mit dem 1. Buchstaben. Auch wird in diesem Register das höherwertige Byte abgespeichert. Da grundsätzlich die Adressen für das ROM oder das RAM 16stellig sind, einen maximalen Adressenwert von $2^{16} - 1$ haben, steht eine beliebige Adresse z. B. in einem Registerpaar H wie folgt:

H		L
10010100		00110100
Höherwertiges Byte		Niederwertiges Byte
94	9434_{16}	34

Das Registerpaar W hat die Aufgabe, beim Hereinholen einer Instruktion aus dem ROM, das bei einigen Befehlen dem 1. Byte folgende 2. und 3. Byte (Mehrbytebefehl) aufzunehmen. Das 2. Byte wird dann im Register Z, das 3. Byte im Register W gespeichert.

14.3.7 Der Befehlsabruf

Die meisten Mikroprozessoren arbeiten mit einer Wortlänge von 8 Bit. Diese charakteristische Wortlänge bedeutet, daß 8 Bit zur gleichen Zeit, also parallel, verarbeitet werden. Das setzt voraus, daß auch die Busse, wie die Verbindungsleitungen genannt werden, 8 Signale parallel übertragen können und die Register und Speicher auf diese Wortlänge eingestellt sind. 8 Bit zusammengefaßt ergeben 1 Byte. 1 Byte ≙ 1 Wortlänge ≙ 1 Befehlswort weist auch der Operationscode auf.
Der Operationscode ist Bestandteil jeder Instruktion. Meistens haben die Instruktionen nur den aus 8 Bit bestehenden Operationscode, in dem nicht nur die auszuführende Operation stockt, sondern auch verschlüsselt der Ort – in vielen Fällen ein Arbeitsregister –, wo die zu verarbeitenden Daten zu finden sind. Manche Befehle aber haben noch zusätzlich ein 2. Byte, wenn es darum geht, im Programmablauf eine konstante Zahl zu verarbeiten, oder es folgen sogar 2 Bytes, wenn eine 16-Bit-Adresse notwendig wird, die es ermöglicht, die zu verarbeitenden Daten im Schreib-Lese-Speicher aufzufinden oder einzulesen.
Besteht eine Instruktion aus mehr als einem Byte, bezeichnet man diesen Befehl auch als Mehrbytebefehl. Mehrbytebefehle können nicht auf einmal vom Festwertspeicher ROM in den Mikroprozessor übertragen werden, da nur 8 Bit-Leitungen zur Verfügung stehen und der Festwertspeicher durch seine Organisation nur 8 Speicherzellen in jeder adressierten Speicherstelle hat. Bei einem 1-Byte-Befehl erfolgt nur ein Abruf, ein sogenannter Fetch, in das Befehlsregister. Hat aber die Instruktion z. B. 3 Bytes, so ist noch ein 2. und 3. Fetch erforderlich, um den 2. und 3. Operanden, wie auch das 2. und 3. Byte genannt wird, diesmal aber in die Register W und Z abzurufen. Dieser sogenannte 3 Fetchzyklus wird vom Steuerwerk schon am Operationscode, der im 1. Byte steht, erkannt.
Wenn der Operationscode einer Instruktion ins Befehlsregister abgerufen wird, sorgt sich ein diesem Register angeschlossener Befehlsdecoder um die Entschlüsselung dieses Befehls. Nun könnte man sich an diesem Decoder 256 angeschlossene Leitungen vorstellen, von denen, je nach Befehlsinhalt, eine bestimmte Leitung aktiviert wird, die die gewünschte Operation zur Ausführung bringt, z. B. eine Addition von Daten, die Hereinnahme von Informationen, das Auftreten eines Datenwertes am Ausgabekanal. Das hängt aber letztlich davon ab, welches Bitmuster des Operationscodes man bestimmten definierten Steuervorgängen früher einmal zugeordnet hatte.

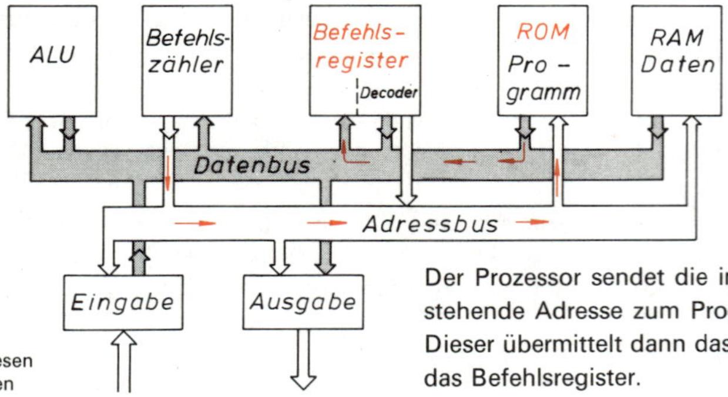

Der Prozessor sendet die im Befehlszähler stehende Adresse zum Programmspeicher. Dieser übermittelt dann das Befehlswort in das Befehlsregister.

Abb. 14.24 Befehl Lesen und Laden

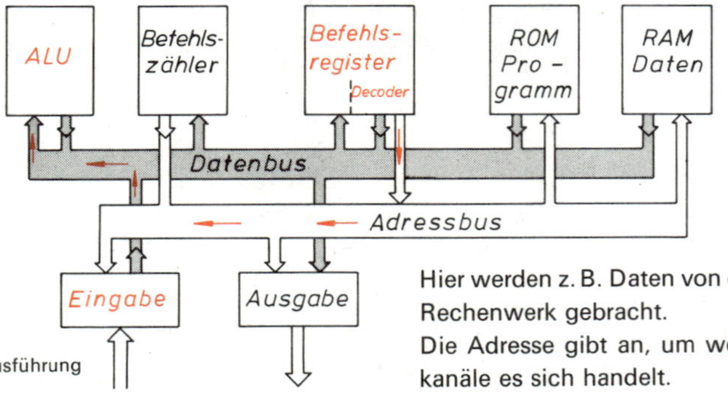

Hier werden z. B. Daten von der Eingabe ins Rechenwerk gebracht.
Die Adresse gibt an, um welche Eingabekanäle es sich handelt.

Abb. 14.25 Befehlsausführung

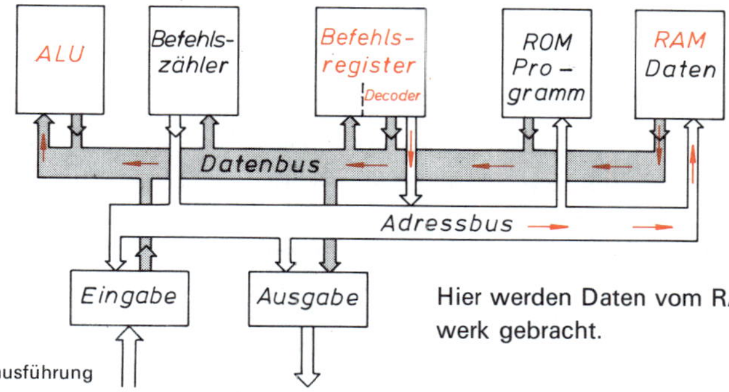

Hier werden Daten vom RAM ins Rechenwerk gebracht.

Abb. 14.26 Befehlsausführung

Der Computer kann nur dann seine Tätigkeit aufnehmen, wenn ihm Befehle (Instruktionen) erteilt werden. Diese erhält er in der Regel von einem Festwertspeicher. Im Festwertspeicher steht das abzuarbeitende Programm. Da die einzelnen Befehle in logischer Folge zur Ausführung kommen müssen, ist es erforderlich, daß sie in den Speicher so einprogrammiert werden, daß der erste auszuführende Befehl den kleinsten Adressenwert aufweist. Hat die Speicherorganisation den Wert 256 × 8, würde die niedrigste Adresse 00000000 lauten, während der letzte Befehl von den belegten Speicherzellen den höchsten Adressenwert 11111111 (255) einnimmt.

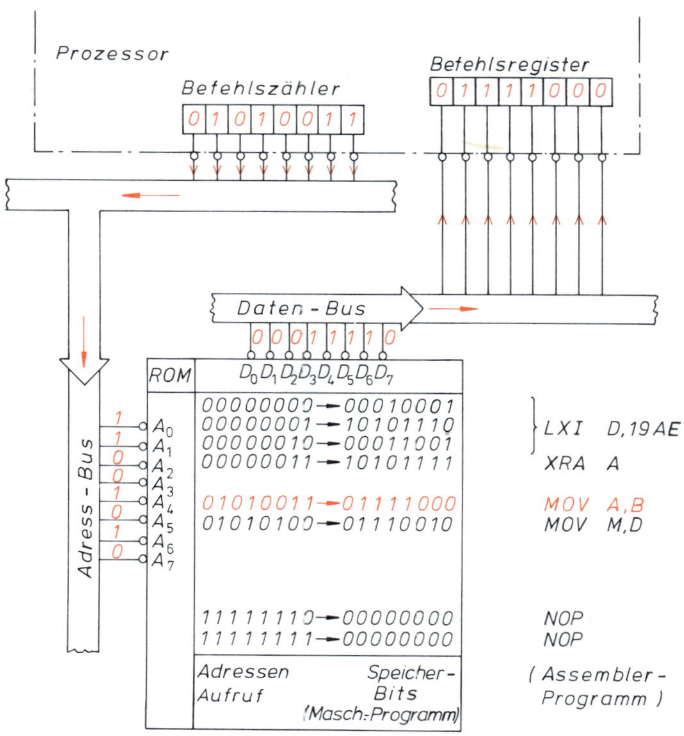

Abb. 14.27 Der Abruf eines Befehls aus dem Programmspeicher ROM

Der Befehlszähler ruft die Adresse auf, unter der der nächste Befehl zur Ausführung kommt. Zu den Maschinenbefehlen im ROM gehört die rechts aufgeführte Kurzschreibweise.
Im Mikroprozessor befindet sich ein Befehlszähler, den das Steuerwerk zu Beginn der Verarbeitung auf den Stand 0 setzt. Dieser Wert entspricht der Anfangsadresse des Festwertspeichers. Der Prozessor sendet die in seinem Befehlszähler befindliche Adresse zum Speicher. Dieser reagiert, in dem

er die gespeicherten Daten (8 Bit = 1 Befehlswort) an den Prozessor übermittelt (Instruction Fetch). Das erste Wort des Befehls, ein Operationscode, wird im Befehlsregister gespeichert. Während der Ausführung dieses Befehles erhöht sich der Stand des Befehlszählers um einen Schritt. Er zeigt den Adressenwert 00000001 an. Nach Beendigung des vorangegangenen Befehls wird mit Hilfe des Zählerstandes das nächste Datenwort aus dem Festwertspeicher in das Befehlsregister geholt. Auch dieser Befehl wird zur Ausführung gebracht. Der Befehlszähler stellt sich mit einem weiteren Schritt auf die nächste abzuholende Adresse ein. Dieser Vorgang, Einlesen und Ausführen der einzelnen Befehle mit Hilfe des Befehlszählers, endet mit dem Abschluß des Programms.
In Abb. 14.27 ist als Beispiel für die 1. Adresse 00000000 ein 3-Byte-Befehl gewählt worden. In diesem Falle wird der Operationscode 00010001, der die mnemonische Kurzbezeichnung LXI D führt, mit dem 1. Aufruf durch den Befehlszähler in das Befehlsregister geholt. Mit den beiden nachfolgenden Befehlszähleradressen wird das 2. und 3. Byte, die die RAM-Adresse 0001100110101110 beinhalten (siehe auch die Kapitel 14.4.3.3 und 14.5.1), von den, in der Abb. 14.27 nicht dargestellten, Registern W und Z unmittelbar aufgenommen und zu den Arbeitsregistern D und E weitergeleitet. Nach Ausführung dieses 3-Byte-Befehls folgt dann mit 00000011 der Aufruf des nächsten Befehls, hier beliebig gewählt der 1-Byte-Befehl XRA A mit dem Code 10101111.
Die Reihenfolge, in der die einzelnen Instruktionen abgearbeitet werden, kann durch einen Sprungbefehl (jump) unterbrochen werden. Das geschieht dann, wenn eine Instruktion gelesen wird, die fordert, daß das Programm an einer anderen Stelle des Festwertspeichers fortzusetzen ist. Es kann sich z. B. dabei um einen Rücksprung handeln, wenn es darum geht, ein soeben ausgeführtes Programm nochmals zu bearbeiten. Diese Sprünge zählen zu den unbedingten Sprüngen.
Ein bedingter Sprung erfolgt dagegen dann, wenn aufgrund des Zustandes eines Flags eine Entscheidung über den Fortgang des Programms getroffen werden muß. Die Entscheidung kann z. B. der Inhalt des Akkumulators bringen, wenn sein Resultat zu 0 geworden ist. Dann bewirkt das gesetzte Zero-Flag-Flipflop, daß das Programm an einer anderen Stelle fortgesetzt wird. Die Adresse gibt dann die diesbezüglich zuständige Instruktion an.
Einen unbedingten und einen bedingten Sprung veranschaulicht Abb. 14.28.

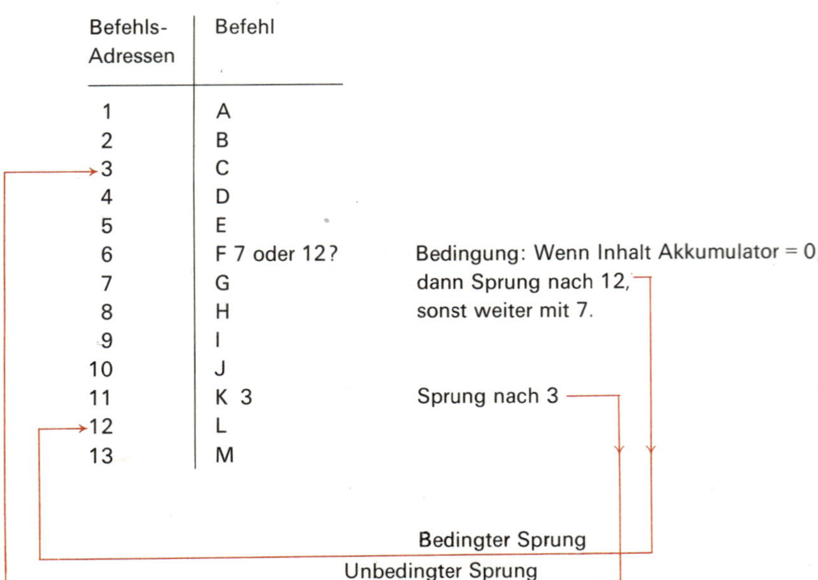

Abb. 14.28 Bedingter und unbedingter Sprung; die Befehlsfolge wurde nur im Prinzip mit den Buchstaben A ... M angedeutet

Außer diesen Sprungbefehlen ist auch die Möglichkeit gegeben, während der Bearbeitung eines Hauptprogramms ein in sich abgeschlossenes kleineres Programm, ein Unterprogramm, aufzurufen.

Ein Unterprogramm erweist sich dann als sehr nützlich, wenn wiederholt im Hauptprogramm Rechenvorgänge auftreten, die immer nach dem gleichen Schema ablaufen, z. B. häufig Wurzelwerte zu berechnen sind. Bei diesem Sprung ins Unterprogramm (subroutine), das nur dazu da ist, die Wurzelberechnung durchzuführen, muß der Prozessor den Inhalt des Befehlszählers zur Zeit des Sprunges festhalten. Der Befehl, der den Sprung auslöst, ist ein CALL-Befehl. Der letzte, nicht mehr zur Ausführung gekommene Zählerstand des Hauptprogramms wird in einem sogenannten Stapelspeicher (stack) festgehalten. Dafür erhält der Befehlszähler die Adresse, die Anfangsadresse des aufgerufenen Unterprogramms. Nach Beendigung des Unterprogramms erscheint als letzter Befehl ein Rückkehrbefehl (return). Der Befehlszähler entnimmt dann dem Stapelspeicher die festgehaltene Adresse des Hauptprogramms und fährt dann hier mit der Bearbeitung der Instruktionen fort. (Siehe Kap. 14.3.8)
Unterprogramme setzt man gerne ein, wenn z. B. Rechnungen auszuführen sind, in denen Multiplikationen oder Divisionen vorkommen. Bei diesen Operationen muß durch ein Programm eine Reihe von Befehlsschritten aufgeboten werden, um zu erreichen, daß nur mit Hilfe von Additionsvorgängen und Registerverschiebungen die Produkte und Quotienten berechnet werden können.
Es ist ebenso möglich, ein zweites, drittes oder sogar viertes Unterprogramm aufzurufen, während ein Unterprogramm bearbeitet wird. Solche Verschachtelungen können solange fortgeführt werden, wie der Stapelspeicher zur Aufnahme der jeweiligen Rückkehradressen Platz hat. Als Stapelspeicher (Kellerspeicher) wird meistens der Schreib-Lese-Speicher verwendet. Die Unterprogramme stehen im ROM.

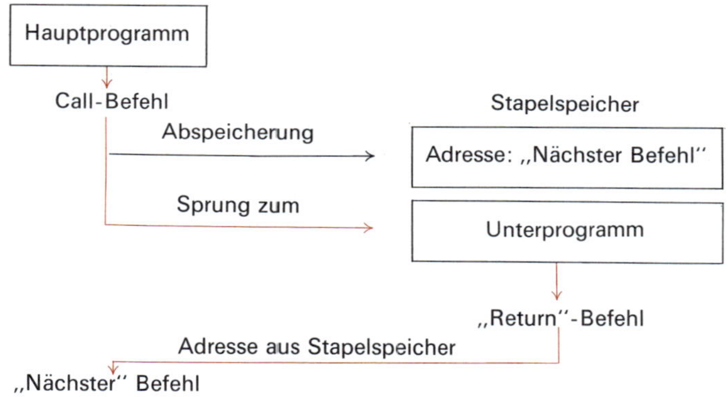

Abb. 14.29 Ein Sprung vom Hauptprogramm ins Unterprogramm kann jederzeit wiederholt erfolgen

14.3.8 Der Kellerspeicher

Der Kellerspeicher (stack), auch Stapelspeicher genannt, ist ein vom Programmierer reservierter Speicherbereich im RAM. Seine Aufgabe ist es, kurzfristig Daten, vor allem Adressen, aufzunehmen. Die dafür notwendigen Speicherplatzadressen werden vom Kellerspeicherzeiger (stack pointer) zugewiesen.

Normalerweise wird der Kellerspeicherzeiger – ein 16-Bit-Register – vom Programmierer zu Beginn eines Programms mit der höchsten Adresse +1 geladen, die der festgelegte Kellerspeicherbereich aufweist. Wurde im RAM der Bereich 0230 … 023F gewählt, so ist die Anfangsadresse des Stackpointers 0240. Es gibt Befehle, z. B. PUSH D, die bewirken, daß der Inhalt des Registers D und der Inhalt des Registers E im Kellerspeicher abgelegt werden. Auf die entsprechenden Adressen weist der Pointer hin. Da im RAM eine Adresse nur eine Speicherstelle mit 8 Bit ansprechen kann, müssen 2 Adressen aufgeboten werden. Zunächst springt der Speicherzeiger auf die Adresse 023F und speichert hier den Inhalt des Registers D ab. Dann springt der Anzeiger auf die Adresse 023E und bringt hier den Inhalt des Registers E unter. Erfolgt eine weitere Speicherung durch eine Instruktion PUSH H, werden unter den Adressen 023D und 023C die Inhalte der Register H und L abgespeichert. Auf diese Weise können weitere PUSH-Befehle bewirken, daß der Kellerspeicher nach unten hin wächst. Der Speicherzeiger wird bei jeder PUSH-Operation heruntergezählt und weist dabei immer auf die Kellerspeicheradresse hin, in die die letzten Daten eingegeben wurden. Daten auf diese Art und Weise

zu stapeln – daher auch der Name Stapelspeicher – kann solange fortgesetzt werden, bis der vorgesehene Speicherbereich ausgefüllt ist.
Will man die im Kellerspeicher abgelegten Daten wieder herausholen, können POP-Befehle verwendet werden. Es ist aber zu beachten, daß die gespeicherten Daten nur in der umgekehrten Reihenfolge wieder erscheinen können. Dabei wird jetzt der Speicherzeiger heraufgezählt, so daß der Speicherstapel nach oben hin wieder abnimmt. Selbstverständlich gibt es einen Befehl, den Inhalt eines bestimmten Kellerspeicherplatzes herauszulesen; dann mußte nur der Stackpointer mit der entsprechenden Kellerspeicheradresse neu gesetzt werden. Wichtiger aber ist, daß diese Speicherungsart den Einsatz von Unterprogrammen sehr erleichtert. Ein wichtiger Punkt ist hier das Festhalten der Rücksprungadressen, der infolge der selbständigen Inkrementierung und Dekrementierung des Kellerspeicherzeigers kein schwieriges Problem darstellt.
Mit einem Programmsprung vom Hauptprogramm in ein Unterprogramm – ausgelöst durch einen CALL-Befehl – wird nicht nur die im CALL-Befehl aufgeführte 1. Unterprogramminstruktion aufgesucht, sondern es wird im Kellerspeicher die Hauptprogrammadresse festgehalten, mit der es später, nach Beendigung des Unterprogramms, wieder weiter gehen muß. Diese Rücksprungadresse erhält der Befehlszähler nach einem Rücksprungbefehl, wie z. B. RET, damit er nach dem Hereinholen dieser Instruktion die Arbeit im Hauptprogramm wieder aufnehmen kann. Welchen Kellerspeicherplatz die Rücksprungadresse erhält, bestimmt der Stackpointer. Nach der Speicherung mindert sich der Anzeigerwert um 2.
Wird bei der Bearbeitung des 1. Unterprogramms noch ein 2. Unterprogramm erforderlich, muß auch hier die Rücksprungadresse, um die Arbeit im 1. Unterprogramm wieder fortsetzen zu können, gesichert werden. Die gleiche Sicherung muß erfolgen, ist beabsichtigt, noch ein 3. oder sogar 4. Unterprogramm in den gesamten Programmablauf einzubeziehen. Der Stapelspeicher wächst nach unten. Der Stackpointer beinhaltet dann die Kellerspeicheradresse, unter der die Rücksprungadresse des 3. Programms steht.
Erfolgen anschließend nach und nach die RET-Befehle, so kommen, nun in umgekehrter Reihenfolge, die einzelnen Rücksprungadressen wieder zum Vorschein.
Diesen geschilderten Sachverhalt gibt Abb. 14.30 wieder.

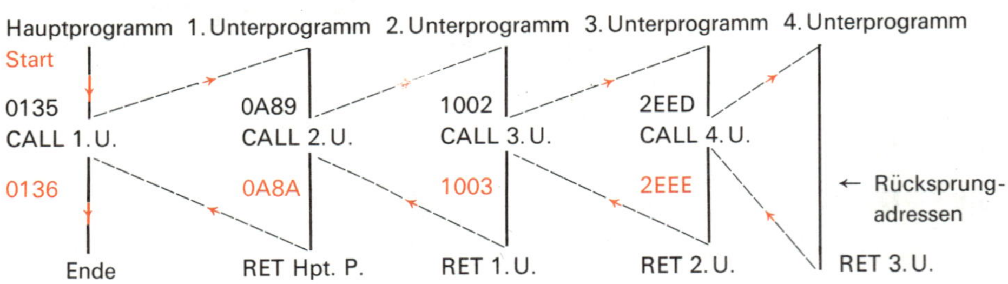

Kellerspeicher-Zeiger SP (16-Bit-Register)
0240
023F
023E
023D
023C
023B
023A
0239
0238

Kellerspeicher RAM

Adressen	Inhalt (Rücksprung-adressen)
023F	01
023E	36
023D	0A
023C	8A
023B	10
023A	03
0239	2E
0238	EE

Abb. 14.30 Beispiel einer Unterprogramm-Verschachtelung

14.3.9 Der Interrupt

Jeder Computer muß sich mit den Eigenarten seiner Umwelt auseinandersetzen. Er muß sich ihnen anpassen können, ohne daß der hohe Stand seiner Technik Einbußen erleidet. Was nützt ein hochgezüchteter Mikroprozessor, der es gewohnt ist, im hohen Arbeitstempo die Verarbeitung über die Bühne zu bringen, wenn die peripheren Einheiten seiner Umwelt mit den Ein- und Ausgabedaten in zeitaufwendiger Weise verfahren. Vor allem wo mechanische Abläufe eine Rolle spielen, wie es bei einer Schreibmaschine oder einem Drucker der Fall ist, muß das Computersystem darauf Rücksicht nehmen. Fallen z. B. während der Bearbeitung eines Hauptprogramms immer wieder Zwischenergebnisse an, die ausgedruckt werden sollen, müßte der Prozessor die Verarbeitungsgeschwindigkeit stark drosseln, um sich auf die Geschwindigkeit des Druckers einstellen zu können. Hier sorgt nun ein vorher bereitgestelltes Unterprogramm dafür, daß der Drucker dann sein zu druckendes Zeichen erhält, wenn es der Drucker benötigt. Mit dieser Interrupt-Anforderung (INT) speichert der Prozessor nach Beendigung der gerade in der Ausführung befindlichen Instruktion den augenblicklichen Zählerstand des Hauptprogramms in den Stack. Dann springt er auf ein vorbereitetes Unterprogramm und führt die gewünschte Operation aus, d. h. im Beispiel liefert er dem Drucker ein weiteres Zeichen. Dann holt sich der Prozessor den letzten Zählerstand aus dem Stack und fährt dann im Hauptprogramm fort. Ehe die nächste Unterbrechungsanforderung vom Drucker kommt, hat der Prozessor Zeit genug, um inzwischen wieder 50 Befehle abarbeiten zu können, obgleich Drucker heute schon beachtliche Druckgeschwindigkeiten entwickeln. Es ist nicht einfach, die Arbeitsgeschwindigkeit eines Computers vorstellungsmäßig in den Griff zu bekommen.
Die Leistungsfähigkeit eines Mikrocomputersystems kann dadurch noch erhöht werden, daß unterschiedliche Unterbrechungsanforderungen einlaufen, was voraussetzt, daß auch mehrere Unterprogramme abrufbereit vorliegen. Hier entscheidet dann die Priorität, die in unterschiedlichen Graden den Unterprogrammen zugeordnet worden sind.

14.3.10 Das Steuerwerk

Das Steuerwerk sorgt durch Aussendung der entsprechenden Steuersignale für den ordnungsgemäßen Funktionsablauf aller Operationen. Eine fehlerfreie Verarbeitung ist nur dann möglich, wenn z. B. sichergestellt ist, daß die dem Prozessor angeschlossenen Geräte die Möglichkeit haben, ein laufendes Hauptprogramm kurzfristig durch ein Sonderprogramm zu ersetzen oder den Prozessor zu zwingen, sich in irgendeiner Form ihrem eigenen Verarbeitungstempo anzupassen bzw. sogar einen vorübergehenden Arbeitsstopp zu erreichen.
Alle Aufgaben können nur sicher gelöst werden, wenn jedem kleinsten Arbeitsschritt auch eine bestimmte Arbeitszeit zugeordnet wird, so daß weder Wettlaufschaltungen, noch Überschneidungen auftreten können. Ordnung bringt in solch ein System eine gleichmäßige Folge von Taktsignalen, die von einem quarzgesteuerten Oszillator im Bereich von ca. 20 MHz gewonnen werden. Ein angeschlossener 4stufiger Binärzähler unterteilt die Rechteckfrequenz derart, daß die einzelnen Operationsschritte (states) im Abstand von z. B. 0,6 μs kommen.
Der Mikroprozessor 8080 wird von einem Zweiphasen-Taktgenerator, der zwei nicht überlappende Taktimpulse ϕ_1 und ϕ_2 liefert, gesteuert. Die Oszillatorschaltung wird extern angeschlossen.

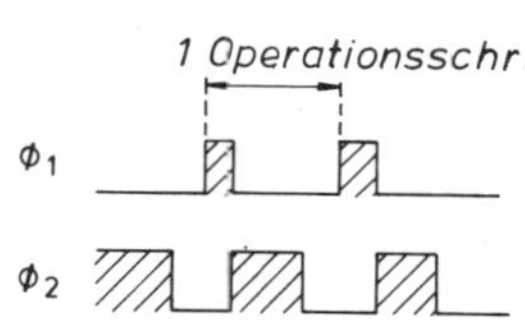

Abb. 14.31 Der Zweiphasen-Takt steuert Schritt für Schritt alle Funktionen

Jeder Operationsschritt entspricht einer Taktperiode.
3 ... 5 Operationsschritte ergeben einen Operationszyklus.
1 ... 5 Operationszyklen bilden einen Befehlszyklus.
Der kleinste Befehl hat einen Operationszyklus mit 4 Operationsschritten.

Die Anzahl der Operationszyklen innerhalb eines Befehlszyklus richtet sich nach der Zahl der Speicherzugriffe (ROM, RAM). Jeder Zugriff erfordert 1 Operationszyklus. Sind im ganzen 3 Speicherzugriffe notwendig, dann muß der Befehlszyklus aus 3 Operationszyklen bestehen.
So hat z. B. der Befehl SHLD 5 Speicherzugriffe: 3 mal zum ROM und 2 mal zum RAM. Daher werden 5 Operationszyklen benötigt mit insgesamt 16 Operationsschritten.

14.3.11 Das Bus-System

Die Verbindungen der einzelnen Funktionseinheiten untereinander tragen den Namen Bus.

Diese Bezeichnung ist ein Überbleibsel des lateinischen Wortes „omnibus", das soviel bedeutet wie „für alle". Im vorliegenden Falle versteht man unter einem Bus eine Sammelschiene, über die binärcodierte Daten zwischen den einzelnen Baugruppen hin- und herfließen können. Senden kann zur Zeit natürlich immer nur ein Gerät, während beliebig viele empfangen könnten. In der Praxis aber ist über eine Steuerleitung immer nur eine Funktionseinheit aktiviert, die von einem anderen Gerät ausgehenden Signale zu empfangen, während die Eingänge der anderen Funktionseinheiten hochohmig abgeschlossen sind (Tri-State).

Man unterscheidet Adressbusse, Datenbusse und Steuerbusse.

Verarbeitet ein Mikroprozessor 16stellige Adresswerte und parallel 8stellige Datenwerte, dann müssen zwischen den Funktionseinheiten 16-Bit-Adressbusse und 8-Bit-Datenbusse geschaltet sein. Die Anzahl der Leitungen bei dem Steuerbus ist unterschiedlich.
Eine Übersicht über das Bus-System gibt die prinzipielle Darstellung des Mikrocomputers in Abb. 14.32 wieder.

Über den Adressbus werden die Adressen gesendet, um z. B. die Daten einer Speicherzelle anzufordern. Hier fließen die Signale nur in einer Richtung (unidirektionaler Bus).

Im Gegensatz dazu können bei einem Datenbus die Daten in beiden Richtungen fließen (bidirektionaler Bus).

So kann also der Mikroprozessor Daten und Befehle in den Schreib-Lese-Speicher einschreiben und über den gleichen Weg Informationen abholen.
Der Steuerbus hat nicht nur Steuerfunktionen auszuführen, sondern ihm fällt auch die Aufgabe zu, jederzeit über den augenblicklichen Zustand des Prozessors Auskunft zu geben. Über jede zur Zeit laufende Arbeitsphase werden die interessierten Funktionseinheiten unterrichtet. Die Ausgabeeinheit muß z. B. davon unterrichtet sein, daß sie deshalb keine Ausgabedaten anfordern kann, weil gerade Informationen in den Schreib-Lese-Speicher eingeschrieben werden.
Im einfachsten Falle könnte man sich alle Einheiten, die internen wie die externen, direkt an ein Bus-System angeschlossen denken. Jede angeschlossene Einheit hat aber nach außen hin zum Bus eine Puffereinrichtung. Sie arbeitet wie eine gesteuerte Klapptür: Entweder es gehen Daten hinein, Daten hinaus oder der Weg ist verschlossen (Tri-State, Abb. 14.33).

Das Mikrocomputersystem (Grundprinzip)

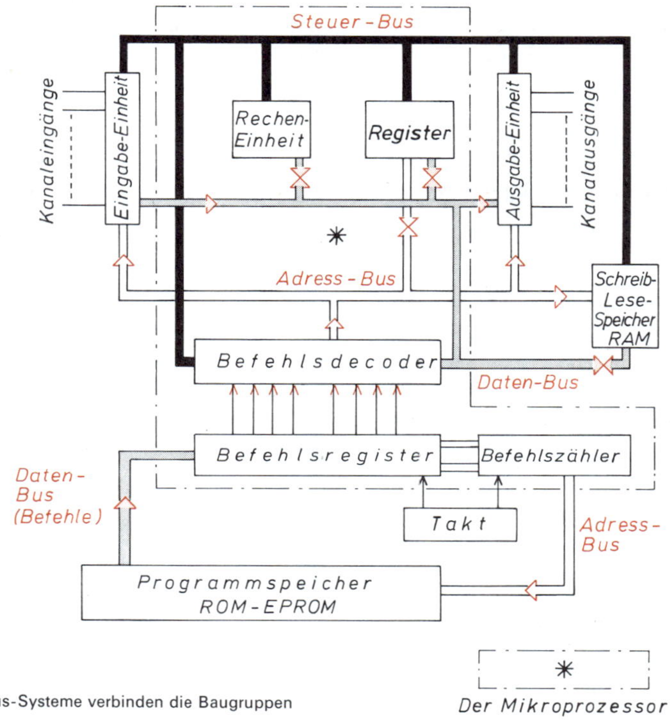

Abb. 14.32 Bus-Systeme verbinden die Baugruppen

System:

Mikroprozessor: E/A-Einheiten, Takt, Programm-Speicher, Schreib-Lese-Speicher

Logik:

Logische Operation: Nicht, ODER, UND, Ex.-ODER

Recheneinheit:

Arithmetische Operation: Addition, Subtraktion, rechts bzw. links schieben, Inkrementieren, Dekrementieren, vergleichen

Der Befehlsablauf

1. Der Befehlszähler sendet über den 16-Bit-Adressbus die Programmspeicheradresse zum ROM.
2. Über den 8-Bit-Datenbus wird die Instruktion zum Befehlsregister geleitet.
3. Im Befehlsdecoder wird der Befehl interpretiert. Der Decoder liefert Steuersignale, Daten und eventuell auch Adressen, mit denen das Bus-System gespeist wird.
4. Der Befehlszähler wurde inzwischen inkrementiert und sendet eine neue Adresse zum Programmspeicher.

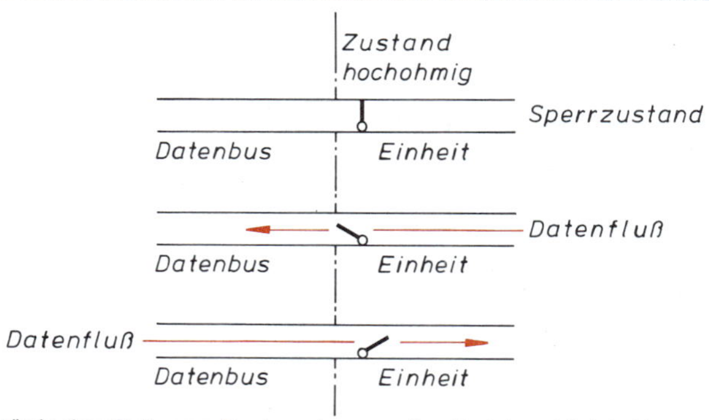

Abb. 14.33 Die 3 Zustände eines Puffers am Ein- bzw. Ausgang einer Funktionseinheit in Verbindung zum Bus-System

Solch eine Daten-Puffereinrichtung findet sich aber nicht nur an den Einheiten selbst, sondern ist ebenso notwendig, um bei einem größeren Computer-System mit mehreren angeschlossenen Einheiten die einzelnen Bus-Systeme untereinander zu trennen. Solche Bus-Systeme können z.B. die Bezeichnung interner Bus (z.B. der Bus innerhalb des Prozessors), System-Bus oder externer Bus führen. Zwischen diesen Bus-Systemen sind z.B. 4 Bit-Zweiweg-Daten-Bus-Puffer/Treiber eingebaut.

Sie haben folgende Aufgabe:

a) Der Puffer dient der Trennung der einzelnen Bus-Systeme.

b) Die eingebauten Ausgangs-Treiber sorgen für die Verstärkung der durchlaufenden Signale.

c) Durch Freigabe und Sperre kann der Datenübergang vom Prozessor gesteuert werden.

Ein angeschlossener Bus einer Funktionseinheit nimmt über einen Ausgangstreiber die zu übermittelnden Daten auf. Normalerweise erscheinen bei der Datenausgabe an den Ausgängen nur 2 Pegel: High und Low. Damit aber rückwärts von der Bus-Seite her an den Ausgangsschaltungen keine Schäden auftreten können, wenn auf dem Bus ein Datentransfer stattfindet, sorgt ein zu schaltender 3. Pegel dafür, daß die Ausgangstreiber in den hochohmigen Zustand gebracht werden. Das wird im folgenden Schaltbild deutlich, das einen Zweiweg-Bus-Treiber darstellt und beispielsweise 2 Bus-Systeme verbinden kann.

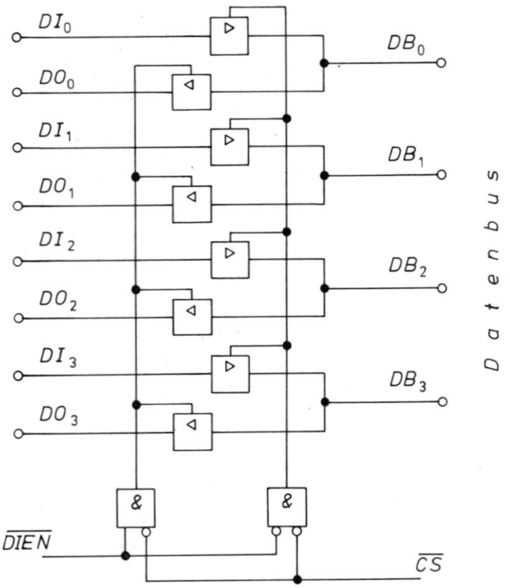

Abb. 14.34 Ein 4-Bit-Parallel-Zweiweg-Bus-Treiber. Er könnte dem Ausgang einer links angeschlossenen Funktionseinheit vorgeschaltet sein oder 2-Bus-Systeme miteinander verbinden

Jede Leitung hat zwei getrennte Puffer, die 3 Zustände annehmen können. Es wird Bidirektionalität erreicht. Auf der einen Seite des Treibers sind die Ein- und Ausgänge zusammengeschaltet. Auf der anderen Seite sind sie getrennt. Auch hier könnte eine Zusammenschaltung erfolgen. Das hängt davon ab, wie der innere Aufbau einer hier angeschlossenen Funktionseinheit ausgeführt ist.
Führt der Eingang $\overline{CS}$ High-Signal, dann haben alle Treiber einen hochohmigen Zustand, d.h. jeder Datenverkehr wird unterbunden. Die UND-Gatter führen dann am Ausgang L. Liegt an $\overline{CS}$ der Wert Low, so sind die Treiber freigegeben. Jetzt hängt es davon ab, auf welchen Pegel der Eingang $\overline{DIEN}$ liegt. Er steuert die Richtung des Datenflusses. Entweder ist der eine oder der andere Puffer eines Pufferpaares im hochohmigen Zustand, während jeweils der andere Puffer die Daten übertragen kann (Abb. 14.34. Abb. 14.35).

Wahrheitstabelle

DIEN	CS	
0	0	DI → DB
1	0	DB → DO
0	1	Hochohmig
1	1	Hochohmig

Ein Anwendungsbeispiel zeigt, wie 2 Daten-Bus-Puffer am Prozessor angeschlossen sind. Es wird erreicht, daß der Daten-Bus des Prozessors vom Systemdatenbus isoliert wird und daß auf Grund der hohen Ausgangsleistungen die über den Puffer kommenden Daten Einheiten, Geräte und Systeme höherer Eingangsleistungen einspeisen können.

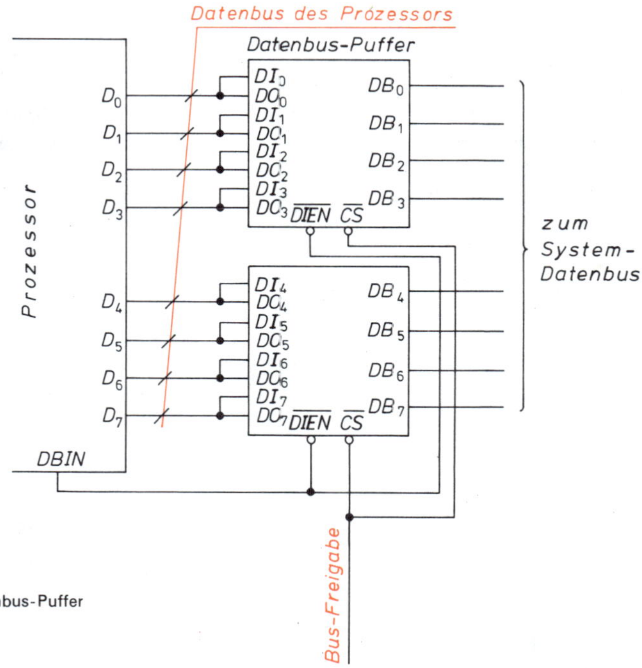

Abb. 14.35 Datenbus-Puffer

14.3.11.1 Der hochohmige Zustand (Tri-State)

Da der Prozessor TTL-kompatible Ausgänge hat, könnte der Puffer z. B. aus Bausteinen vom Typ 74126 bestehen. Ein Leistungs-NAND-Gatter-Ausgangsteil hat im Prinzip folgendes Aussehen:

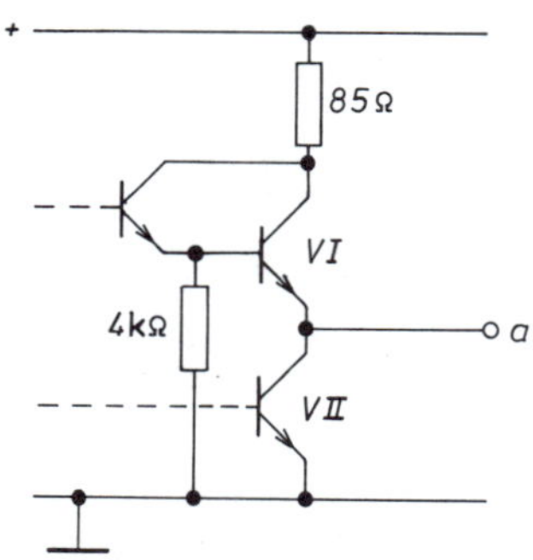

Abb. 14.36 Ausgangsteil eines Nandgatters

An a:

Ausgangszustand H. — Dann ist V I durchgeschaltet, V II gesperrt.

Ausgangszustand L. — Dann ist V II durchgeschaltet, V I gesperrt.

Ausgangszustand hochohmig. — Dann sind beide Transistoren gesperrt.

Diese spezielle, etwas aufwendige Schaltung zum Sperren beider Transistoren bringt der oben aufgeführte Baustein.

14.3.12 Ein- und Ausgabeeinheiten

Sie bilden die Schnittstellen[1]) für den Datenaustausch zwischen dem Zentral-Baustein und den externen Geräten der Peripherie.

Auf der Eingabeseite werden es vorwiegend Eingabedaten sein, die von Drucktastern, Schaltern, elektronischen Fühlern, physikalischen Wandlern, Lochstreifen oder Magnetbändern kommen. Die Daten können aus Zahlen, Wörtern, Meßwerten und einzelnen Signalen bestehen. Auf der Ausgabeseite können Signallampen, akustische Signalgeräte, Zahlen- oder alphanumerische Anzeigen, elektronische Steuerschaltungen, Drucker usw. angeschlossen sein.
Der Aufbau der Ein- und Ausgabeeinheiten ist in der Regel mit 1-Byte-Speicherplätzen ausgelegt, so daß man in diese Einheiten schreiben und die gespeicherten Daten auch wieder lesen kann.

14.3.12.1 Der Eingabebaustein

Hier wird ein grundsätzlicher Funktionsablauf eines E-Bausteins beschrieben, der als Beispiel gewählt wurde.
Ein Peripheriegerät hat Daten, in diesem Falle parallel bis zu einem Byte, bereitgestellt, um sie dem Mikrocomputer weiterzuleiten. Der diesem Gerät zugehörige E-Baustein wird durch ein Signal (Übernahmesignal STB) aktiviert, d.h. seine 8 Speicher öffnen (D-FF's) und übernehmen die Information. Mit diesem Übernahmesignal wird ein weiteres Signal (Unterbrechungsanforderung INT) zum Prozessor geleitet, der dann seine Arbeit unterbricht und auf ein Hilfsprogramm umschaltet.

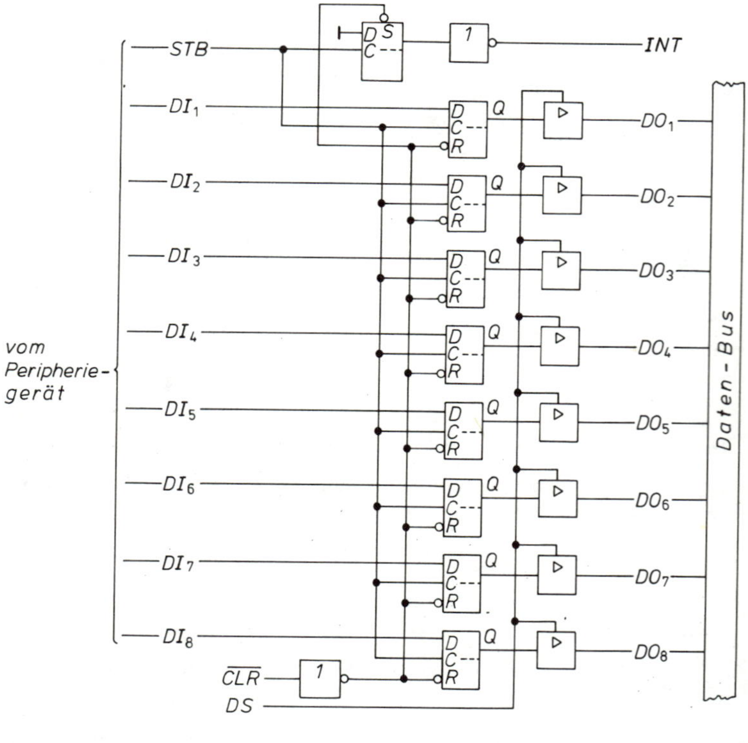

Abb. 14.37 Eine Prinzipschaltung eines Eingabebausteins. Die Auswahl dieses Bausteins erfolgt z. B. über einer Leitung des Adressbusses und öffnet als DS-Signal die Puffer

[1]) Schnittstelle: Pegel- und ablaufmäßig genormter Anschluß zwischen zwei Geräten

Der Eingabebaustein, der die Unterbrechung angefordert hat, wird über den Adress-Bus aufgesucht, und das an DS auftretende Signal öffnet die Puffer. Die Daten gehen über den Daten-Bus in den Akkumulator und werden mit dem nächsten Unterprogrammbefehl in ein RAM eingeschrieben. Dann erfolgt über CLR die Löschung der Speicher des E-Bausteins und der Unterbrechungsanforderung.

14.3.12.2 Der Ausgabebaustein

An einem Ausgabebaustein ist ein Peripheriegerät angeschlossen, das die verarbeiteten Daten aufnimmt.

Der Mikroprozessor adressiert den betreffenden A-Baustein, wenn fertige Daten zur Ausgabe kommen sollen. Die Speicher und Puffer werden zur gleichen Zeit über die Anschlüsse DS und MD aktiviert. Das Peripheriegerät nimmt dann die Daten auf.

Ebenso ist es möglich, falls Daten in einer schnellen Folge kommen, daß das Peripheriegerät nicht in der Lage ist, diese alle nacheinander aufzunehmen und weiter zu verarbeiten (z. B. Drucker). So können die Daten selbst vom Gerät über die Übernahmeleitung aus dem Prozessor abgerufen werden. Ein Signal auf STB zur INT-Leitung stoppt den Prozessor, der vielleicht einer anderen Verarbeitung im Hauptprogramm nachgeht, und springt auf ein Unterprogramm. Das Unterprogramm sorgt dafür, daß über den angesprochenen A-Baustein der nächste Datensatz ausgegeben wird. Danach springt der Prozessor wieder ins Hauptprogramm zurück. Mit jedem Unterbrechungssignal auf der INT-Leitung kann dieser Vorgang wiederholt werden.

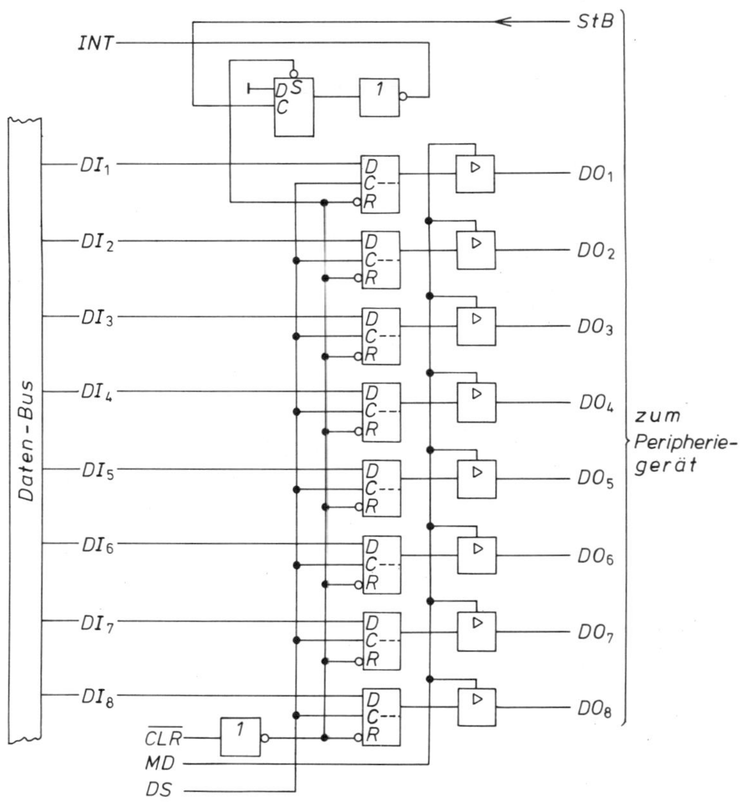

Abb. 14.38 Das Prinzipschaltbild eines Ausgabebausteins

Übungsaufgaben

1. Aus welchen Funktionseinheiten setzt sich die ALU zusammen? Läßt sich mit der ALU ohne weiteres eine Multiplikation durchführen?
2. Warum werden Subtraktionsaufgaben mit Hilfe des Zweierkomplements durchgeführt?
3. Stellen Sie die Zahl −53 binär auf zwei verschiedene Weisen dar.
4. Welche Aufgaben haben die allgemeinen Register im Mikroprozessor?
5. Wer sorgt für den ordnungsgemäßen Ablauf aller Funktionen des Systems?
6. Bei welchen Operationen wird wann das Carry-Bit gesetzt?
7. Ein bedingter Sprung hängt in seiner Ausführung immer von welchem Zustand ab?

14.4 Der Mikroprozessor 8080

Der wesentliche Bestandteil eines Mikrocomputersystems ist der Prozessor. Die bisherigen Ausführungen über seine prinzipielle Arbeitsweise finden sich in jedem Prozessor-Baustein wieder. Nachstehend wird einer der modernsten Typen vorgestellt: der Mikroprozessor 8080.
Dieser Typ ist ein 1-Chip-8-Bit-Parallel-Mikroprozessor. Diese Aussage bedeutet, daß die gesamte Schaltung in einem Siliziumplättchen eindiffundiert ist, daß 8 Bit, die zu einer Wortlänge gehören, auf einmal, also parallel verarbeitet werden.
Der Baustein enthält einen Akkumulator und 6 allgemeine Register zu je 8 Bit. Durch arithmetische und logische Befehle werden 5 verschiedene Bedingungsbits (Flags) gesetzt. Ein 16-Bit-Stapelzeiger kann einen externen Stapelspeicher (RAM) mit Adressen so steuern, daß eine fast unbegrenzte Verschachtelungstiefe von Unterprogrammen möglich ist, d.h. daß ein aufgerufenes Unterprogramm wiederum weitere Unterprogramme aufrufen kann. Darüber hinaus sind mehrstufige Programmunterbrechungen möglich.
Der Prozessor ist in einem 40poligen Keramikgehäuse mit den seitlichen Ausmaßen 51,5 × 15 mm untergebracht. Die Anschlüsse des Gehäuses zeigt die untenstehende Abbildung (Abb. 14.39).

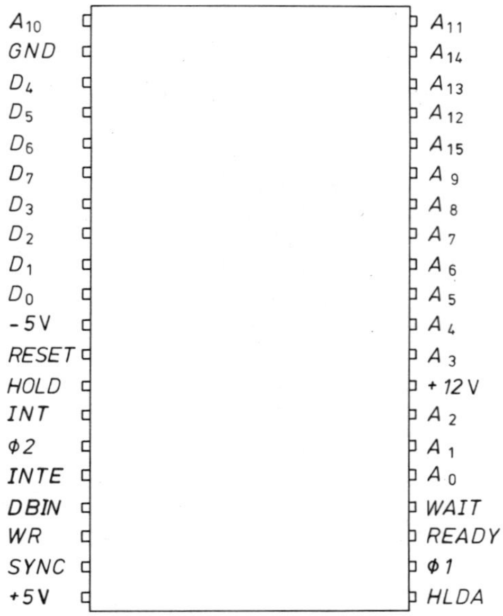

Abb. 14.39 Die Anschlußbelegung des Prozessors 8080

14.4.1 Die Beschreibung der Anschlüsse

$A_0 \dots A_{15}$ Hier wird der Adressbus mit 16 Känalen angeschlossen, über die 16-Bit-Adressen zu den Ein- und Ausgabebausteinen sowie den Speichern geführt werden. A_0 ist das Adress-Bit mit der niedrigsten Wertigkeit. Die Ausgänge können 3 Zustände einnehmen (näheres siehe Bus-System).

$D_0 \dots D_7$ Mit 8 Bit erfolgt hier der Datenaustausch zwischen dem Prozessor und dem Daten-Bus. D_0 ist das Daten-Bit mit der niedrigsten Wertigkeit. Die Ein- und Ausgänge können je 3 Zustände einnehmen.

GND
−5 V
+5 V
+12 V
An diese Anschlüsse werden die entsprechenden Spannungspotentiale angelegt. GND: Bezugspotential, 0 V (Erdpotential).

RESET Über diesen Eingang bewirkt ein H-Signal die Rücksetzung des Befehlszählers auf den Stand 0.

INT Ein Peripheriegerät kann über diesen Eingang mit „High" eine Unterbrechung (Interrupt) anfordern. Der Prozessor wechselt dann automatisch in ein Unterprogramm, das das gemeldete Gerät kurzfristig bedient, um danach wieder in das Hauptprogramm zurückzuspringen.

INTE An diesem Ausgang zeigt ein auftretendes Signal an, in welchem Zustand sich das Unterbrechungs-Freigabe-Flipflop befindet. Im rückgesetzten Zustand verhindert es die Annahme von Unterbrechungen.

HOLD Mit einem Signal auf diesen Eingang wird erreicht, daß der Prozessor seine Tätigkeit einstellt. Solch ein Signal wird dann von einem Peripheriegerät gegeben, wenn es beabsichtigt, größere Informationsmengen zu einem Speicher oder von einem Speicher direkt zu übertragen, ohne Mitwirkung des Prozessors. Geschieht dieser Transfer ohne Prozessor, wird Übertragungszeit gespart.

HLDA Der Prozessor quittiert hier eine HOLD-Anforderung und schaltet seine Verbindungen zu den Bussen hochohmig (3. Zustand) ab. Die Regie führt jetzt vorübergehend ein Peripheriegerät.

DBIN An diesem Ausgang zeigt ein Signal den externen Schaltungen an, daß sich der Daten-Bus in einem Eingabezustand befindet. Ebenso wird dieses Signal verwendet, Daten vom Speicher oder von den Ein- und Ausgabeeinheiten auf den Daten-Bus freizugeben.

WR Dieses Signal bewirkt, daß im Zustand „Low" Daten in den Speicher geschrieben oder in die Ausgabe gebracht werden.

SYNC Jedesmal wenn ein neuer Operationszyklus einsetzt, kennzeichnet ein auftretendes „High" den 1. Operationsschritt.

READY Können z. B. Speicher-, Ein- oder Ausgabeeinheiten dem schnellen Takt des Prozessors beim Ein- oder Ausgeben von Daten nicht folgen, so können diese Einheiten mit einem READY Signal (Low-Signal) den Prozessor in einen Wartezustand zwingen.

WAIT Liegt hier ein High-Signal vom Prozessor an, bedeutet es, daß sich der Prozessor in einem Wartezustand befindet.

$\emptyset_1, \emptyset_2$ Dies sind die 2 Taktphasen, von außerhalb zugeführt, die die einzelnen Operationsschritte steuern.

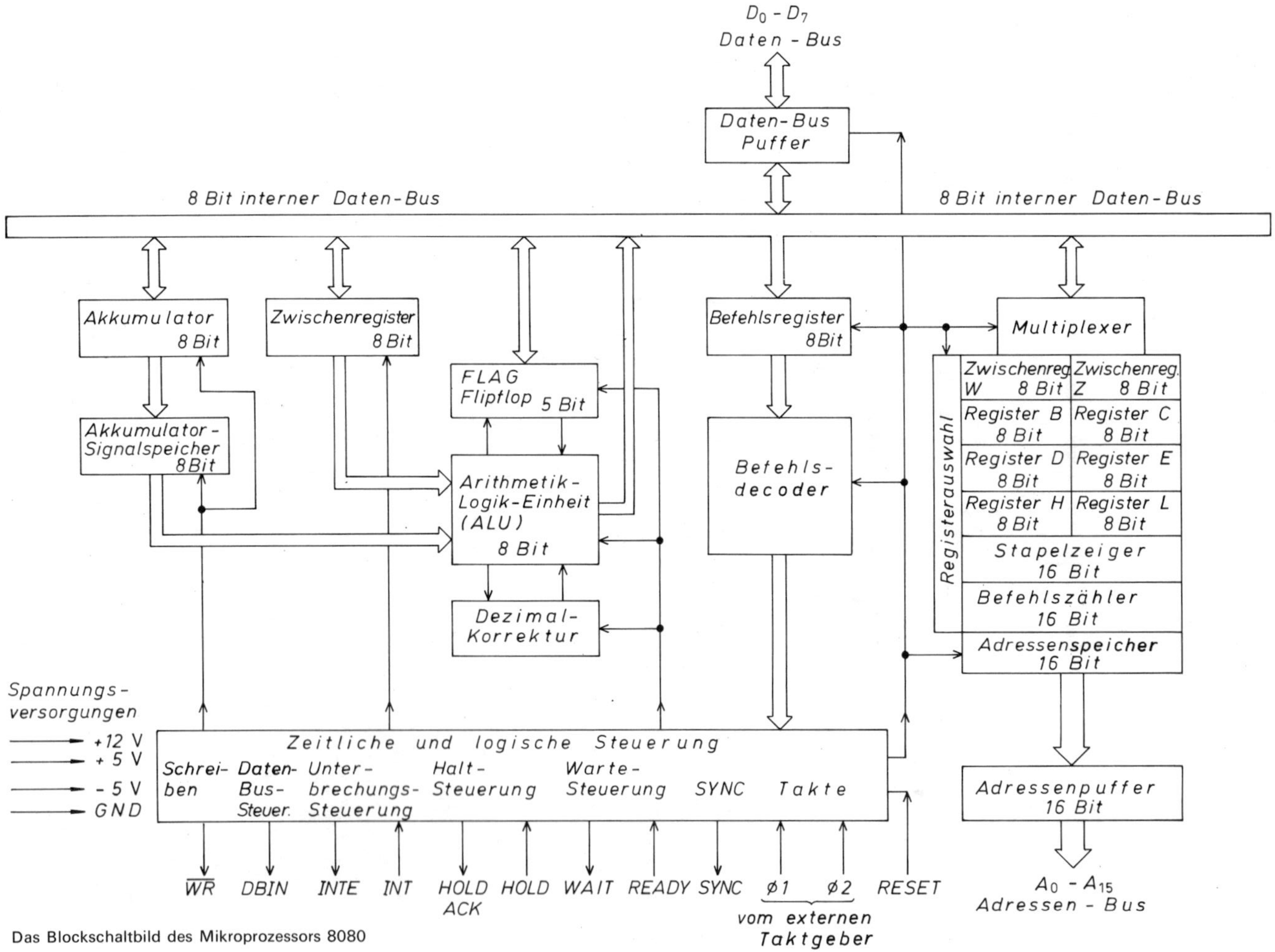

Abb. 14.40 Das Blockschaltbild des Mikroprozessors 8080

14.4.2 Das Programm

Ohne eine Folge von genau definierten Anweisungen führt kein Computer, auch wenn er noch so raffiniert gebaut wurde, eine Verarbeitung von Daten durch. Er tut genau nur das, was man ihm befiehlt, nicht mehr und nicht weniger.
Jeder Datenverarbeitungsprozeß läßt sich in viele kleine Teilfunktionen aufgliedern. Jeder Ablauf solch einer Funktion kann aber nur stattfinden, wenn ein Befehl, der speziell für diesen Funktionsablauf zuständig ist, auch gegeben wird. So sind viele Befehle erforderlich, um eine größere Schaltfunktion zu erreichen, so wie auch viele Teilfunktionen erforderlich sind, um einen Datenverarbeitungsprozeß zuwege zu bringen.
Solche Funktionsabläufe können beispielsweise durch folgende Instruktionen, im Klartext beschrieben, zur Ausführung kommen:

1. Bringe die am Eingang A bereitstehenden Daten in den Akkumulator.
2. Speichere diese Daten des Akkumulators im RAM unter der Adresse ab, die im Registerpaar HL steht.
3. Bringe die am Eingang B stehenden Daten in den Akkumulator.
4. Speichere diese Daten im RAM unter der Adresse ab, die im Registerpaar DE steht.
5. Addiere den Speicherinhalt, dessen Adresse im Registerpaar HL steht, mit dem Inhalt des Akkumulators.
6. Bringe das Additionsergebnis, das im Akkumulator steht, zum Ausgang.

Die hier angesprochenen Funktionsabläufe kann der Anwender auch nur dann genau definieren, wenn er weiß, mit welchem Computersystem er sich beschäftigt. Es hängt vom Aufbau des Mikroprozessors ab, wie die Daten durch Instruktionseingaben hin und her bewegt werden müssen, um die gewünschten Operationen zu erreichen. Es ist daher unerläßlich, daß der Anwender genaue Kenntnis von der Architektur, d.h. vom Aufbau des Mikrocomputers hat, den er zum Einsatz bringen will. Unterschiedliche Mikroprozessortypen bedürfen auch teilweise einer unterschiedlichen Behandlung der einzugebenden Instruktionen. Hierbei spielt die Anordnung und Anzahl der Register sowie Anzahl der Bits, die auf einmal verarbeitet werden können, eine große Rolle. Alle Ausführungen hier beziehen sich in jedem Falle auf den Typ 8080.
Die oben im Klartext aufgeführte Instruktionsfolge, bei der es sich offensichtlich um eine einfache Addition handelt, überrascht doch zunächst. Selbst eine der einfachsten Operationen läßt sich nicht mit einem Befehl erledigen. Vor allem wenn Daten, wie in diesem Beispiel, noch für weitere Operationen zu Verfügung stehen sollen, müssen viele Einzelbefehle dafür Sorge tragen, daß die zu verarbeitenden Daten in den Speichern und Registern mit genauen Adressenangaben bereitgestellt werden. Wie wird erst der Aufwand sein, wenn Multiplikationen oder Divisionen an der Reihe sind. Da der Rechner nur addieren bzw. subtrahieren kann, muß zunächst ein Algorithmus[1]) gefunden werden, der es ermöglicht, nur mit diesen Operationen die angesprochenen Grundrechnungsarten durchführen zu können. Dabei durchlaufen viele Male die Daten den Rechner, ehe das Ergebnis festliegt. Hier spielen Verschiebeoperationen in den Registern eine große Rolle. Alle diese Teilfunktionen müssen durch einzelne Befehle veranlaßt werden. Die Folge ist dann eine Befehlskette, die sich in Bezug auf ihre Länge sehen lassen kann.
Man könnte den Mut verlieren, wenn man an die Aufstellung solcher doch ziemlich aufwendigen Programme denkt und dabei nur die simplen Operationen im Auge hat. Wie wird das erst werden, wenn die Operationen an Schwierigkeitsgraden zunehmen und es gilt, mit einer längeren Serie von größeren Operationen fertig zu werden, wie es doch zweifellos bei den Datenverarbeitungsprozessen der Fall ist?

---

[1]) Algorithmus: Lösungsschema, mit dessen Hilfe die Aufgabe einer Lösung zugeführt wird. Bei einem mathematischem Problem ist es der Weg einer Rechnung, der zugrunde gelegt wird, um das Ergebnis zu erhalten.

Dieser zunächst scheinbar schwierige Fall wird schon einfacher, wenn es sich bei den Einzeloperationen um grundlegende Rechenfunktionen handelt. Wird einmal ein Additionsvorgang durch eine Befehlsfolge festgelegt, so gilt diese Folge für jeden Additionsvorgang, der irgendwann wieder, im gleichen oder anderen Programm, nochmals vorkommt. Diese Befehlsfolge kann als ein Einzelprogramm angesehen werden und trägt daher den Namen Unterprogramm. Stellt man z. B. in einem speziellen Speicher solche Unterprogramme, die aus Befehlsfolgen zur Lösung von Multiplikations-, Divisions- oder Potenzaufgaben bestehen, zusammen, können diese Einzelprogramme, diese Unterprogramme, während des Ablaufs eines Hauptprogramms an den Befehlsstellen abgerufen werden, wo eine Multiplikation, eine Division oder eine Potenzierung durchgeführt werden soll.
Der Aufruf eines Unterprogramms durch einen CALL-Befehl wurde im Kapitel 14.3.7 besprochen.

14.4.3 Der Befehl

Die im Kapitel 14.4.2 als Beispiel aufgeführte Befehlsfolge ist in unserer Sprache verständlich niedergeschrieben. Dem Mikroprozessor aber müssen diese Anweisungen codiert in der Maschinensprache präsentiert werden.
Wie sehen nun diese Befehle, verständlich für den Computer, aus, die vom Programmspeicher, dem Festwertspeicher z. B. ROM, abgerufen werden?

Es gibt den 1-Byte-Befehl,
den 2-Byte-Befehl und
den 3-Byte-Befehl.

14.4.3.1 1-Byte-Befehl

In den 8 Bits steckt zunächst die Information, was mit den zu verarbeitenden Daten geschehen soll. Diese Byte-Struktur trägt den Namen OP-Code (Operationscode).

D_7	D_6	D_5	D_4	D_3	D_2	D_1	D_0

OP-Code

Dieses Format gilt auch für das 2. und 3. Byte der unten aufgeführten Befehle.
Dann kann auch ein 1-Byte-Befehl noch ganz bestimmte Speicherstellen ansprechen. Es handelt sich hier meistens um Register, in denen die Daten während der Verarbeitung zwischenzeitlich abgespeichert sind. So dienen mehrere Bits des OP-Codes zur genauen Kennzeichnung eines der 7 Register bzw. eines Registerpaares. Weiterhin läßt die Code-Anordnung erkennen, welcher Befehl zur Ausführung kommt.

2 Beispiele:

a) Im Format:

0	1	D	D	D	S	S	S

MOV r_1, r_2

steckt der Befehl: Lade (move) Register r_1 mit dem Inhalt vom Register r_2. (MOV r_1, r_2 ist die Kurzschreibweise für diesen Befehl. Auf die Kurzschreibweisen wird noch später näher eingegangen.)
r_1 und r_2 stehen für die Registernamen A, B, C, D, E, H oder L.
Die Bitmuster DDD und SSS (D = destination, S = source) bezeichnen eines der Register.

Es gilt die Zuordnung für r_1 und r_2:

A ≙ 111
B ≙ 000
C ≙ 001
D ≙ 010
E ≙ 011
H ≙ 100
L ≙ 101

Entsprechend gilt für Registerpaare rp die Bit-Zuordnung:

B, C ≙ 00
D, E ≙ 01
H, L ≙ 10

Folgender Befehl würde dann wie folgt zu deuten sein:

0	1	1	1	1	0	0	1

MOV A, C

Übertrage die Daten vom Register C zum Akkumulator A

b) In diesem Format

1	0	0	0	0	S	S	S

ADD r_1

steckt der Befehl: Der Inhalt von Register r_1 wird zum Inhalt des Akkumulators addiert (ADD).

Dann lautet der Befehl:

1	0	0	0	0	0	1	1

ADD E

Der Inhalt von Register E wird zum Inhalt des Akkumulators addiert.

Ehe ein Rechenvorgang eingeleitet wird, muß einer der Operanden zuvor in den Akkumulator gebracht worden sein. Bei dieser Addition wäre das der 1. Summand. Der 2. Summand steckt im Register E. Das Ergebnis, in diesem Falle die Summe, ersetzt dann, ohne daß hier für ein besonderer Befehl gegeben wird, den Inhalt des Akkumulators. Der 1. Summand, der hier stand, geht verloren.

14.4.3.2 2-Byte-Befehl

Dem OP-Code mit seinen 8 Bits folgt ein weiteres Byte. Dieses Byte gibt Aufschluß über die Adresse der zu verarbeitenden Daten, oder im 2. Byte steckt eine Konstante, die auf Grund der 8 Bits nur kleiner sein kann als 256.

Beispiel:

So wird der Befehl

1	1	0	0	0	1	1	0

ADI konst

OP-Code

0	1	1	0	1	0	1	0

Operand

dahingehend ausgeführt, daß zum Inhalt des Akkumulators die Konstante 106 hinzuaddiert wird.

14.4.3.3 3-Byte-Befehl

Dem OP-Code folgen 2 weitere Bytes, denen auch die Namen Operand 1 und Operand 2 zugeordnet werden.

Hinter diesen Operanden verbirgt sich die genaue Speicheradresse der Dateneinheit. Da 16 Bit-Stellen zur Verfügung stehen, können maximal $2^{16} = 65536$ Speicherzellen adressiert werden. Die niederwertigen Bits der Adresse befinden sich im 2. Byte, die höherwertigen Bits im 3. Byte.

2 Beispiele:

OP-Code	a) 0	0	1	1	1	0	1	0	LDA adr
1. Operand	1	0	1	1	0	0	0	1	
2. Operand	0	0	1	1	0	1	1	1	

Bedeutung: Lade (LD) den Akkumulator (A) mit dem Datenwort, das unter der Adresse mit der Nummer 14257 abgespeichert ist. Im 2. Operanden stehen dann die höheren Stellenwerte (hexadezimale Schreibweise: 37B1).

b) 0	0	1	1	0	0	1	0	STA adr
1	0	0	0	1	0	0	0	
0	0	0	0	0	1	1	1	

Bedeutung: Bringe das Datenwort, das im Akkumulator (A) steht, zur Speicherstelle (ST = storage) mit der Adress-Nummer: 1928.

Der Mikroprozessor 8080 ist für die Durchführung von 72 Grundbefehlen ausgelegt. Davon wurden 5 Befehle im Maschinencode besprochen.

Übungsaufgaben

1. Warum mußte notgedrungenerweise der Mikroprozessor auf dem Markt erscheinen?
2. Wieviel Speicherplätze können mit einem 16-Bit-Adress-Bus maximal angesteuert werden?
3. a) Welche Informationen müssen für einen Mikroprozessor in einem Befehl erkennbar sein?
   b) Warum gibt es 3-Byte-Befehle?
   c) Warum kann nicht mit einem Abruf ein 3-Byte-Befehl in das Befehlsregister gesendet werden?
4. Was bedeutet Tri-State?
5. Wodurch unterscheidet sich das Bus-System von einem herkömmlichen Leitungssystem?
6. Welche Aufgabe hat der Befehlszähler?
7. Erklären Sie das Prinzip der Arbeitsweise mit dem Kellerspeicher.

14.4.4 Assembler

Jedes Programm in der Maschinensprache zu schreiben – und die kann ja nur der Computer verstehen – wäre ein sehr zeitaufwendiges und wirtschaftlich untragbares Unternehmen. Nicht nur, weil der Umgang mit 1- und 0-Signalen abstrakt und fremdartig erscheint, besteht doch auch in dieser Darstellungsform die große Gefahr, daß sich beim Programmieren sehr leicht Fehler einschleichen können. Besser ist es daher schon, die hexadezimale Form zu wählen, d.h. zum Beispiel anstatt 10100010 in den binären Maschinensprache niederzuschreiben und dem Mikrocomputer zuzuführen, die entsprechende Instruktion mit A2 anzugeben und über eine dafür vorgesehene Tastatur einzulesen.
Die Instruktion 10100010 besagt: UND-verknüpfe den Inhalt des Registers D mit dem Inhalt des Akkumulators. Mit der Niederschrift A2 ist also dieser Befehl gemeint. Nur ist diese Art der Darstellung ebenfalls sehr abstrakt. Setzt sich ein Programm, in dem viele Befehle aufgeführt sind, aus einer langen Reihe hexadezimaler Ausdrücke zusammen, wird die Bearbeitung sehr erschwert. Bedeutend besser wäre es, wenn an Stelle der Hexadezimalzahlen Kurzausdrücke stehen würden, die die Instruktionserkennung optisch sehr erleichtern. So ersetzte man die hexadezimale Schreibweise durch mnemonische Kurzausdrücke, die in ihrer Buchstabenzusammensetzung einen Hinweis auf den Befehl geben. Diese Darstellung kam nicht etwa erst mit der Einführung des Mikroprozessors auf, sondern wurde schon zu der Zeit angewandt, als die ersten EDV-Anlagen Anfang der 50er Jahre entwickelt wurden.
Die mnemonischen Kurzausdrücke entstammen der englischen Sprache. Für das im Text aufgetretene Instruktionsbeispiel würde die Kurzform des Befehls lauten: ANA D. In ihm steckt die Anweisung: **An**d register **D** with **a**ccumulator.
So hat, wie die nachfolgende Tabelle zeigt, jeder Befehl seinen mnemonischen Kurzausdruck. Es sind nur wenige Beispiele aus der weiter hinten aufgeführten Befehlsliste des Mikroprozessors 8080.

Befehl	Hexadezimal	Mnemotechnischer Ausdruck
Bewege Daten von Register C nach H (**Mov**e register **C** to register **H**)		MOV H, C
Addiere Inhalt des Register C zum Inhalt des Akkumulators (**Add** register **C** to accumulator)	81	ADD C
Zum Inhalt des Register B wird 1 addiert (**In**crement **r**egister **B**)	04	INR B
Speicherinhalt, dessen Adresse im Register-Paar HL steht, wird vom Akkumulatorinhalt subtrahiert (**sub**tract **m**emory from accumulator)	96	SUB M

Abb. 14.41 Befehlsbeispiele

Alle diese mnemonischen Kurzausdrücke ergeben eine Sprache, die den Namen Assembler führt. Diese Hilfssprache bezeichnet man auch als eine maschinenorientierte Sprache, da man jedem symbolischen Befehl in der oben besprochenen Kurzform einem Maschinenbefehl zuordnet. Datenverarbeitungsanlagen (EDV) von heute werden noch selten mit einem Assembler betrieben. An seine

Stelle sind inzwischen problemorientierte Programmiersprachen getreten, die der normalen Umgangssprache des Anwenders bedeutend besser angepaßt sind. Für den Mikroprozessor wird aber noch längere Zeit der Assembler als die Hilfssprache gelten.
Mikrocomputerprogramme, in der Assemblersprache geschrieben, können nun nicht ohne weiteres in einen Festwertspeicher, z. B. einen PROM, „eingebrannt", d. h. eingespeichert werden. Das kann zunächst nur in Verbindung mit einem dafür geeigneten Programmiergerät geschehen, das die Instruktionseingaben nur in der Maschinensprache aufnehmen kann. Entweder man setzt nun jeden mnemonischen Ausdruck in den entsprechenden Maschinenbefehl um – ein sehr zeitaufwendiges und fehleranfälliges Unternehmen –, oder man schaltet einen Sprachübersetzer dazwischen, der in der Lage ist, mit Hilfe eines Übersetzungsprogramms, das ebenfalls den Namen Assembler trägt, ein in Assembler geschriebenes Programm in den Maschinen-Code zu übersetzen.
Die Arbeitsweise eines Sprachübersetzers kann man sich vereinfacht so vorstellen, daß der in der Assemblersprache geschriebene Instruktionstext einem Computer eingegeben wird. Ein in ihm eingespeichertes Assembler-Programm sorgt dafür, daß dieser Computer als Sprachübersetzer tätig wird. In der Ausgabe des Computers erscheint die Instruktionsfolge in der Maschinensprache des Mikrocomputers.
Den Verlauf des Primärprogramms (Anwenderprogramm) über das Objektprogramm (Programm in der Maschinensprache) bis zum Befehlsregister zeigt in einer übersichtlichen Kurzdarstellung Abb. 14.10.

14.5 Erläuterungen zur Befehlsliste

Der Befehlsvorrat des MP 8080 ist in der folgenden Liste zusammengestellt. Links in den Tabellen sind die Befehle in der Assembler-Sprache aufgeführt und so aufgereiht, daß die Instruktionen mit ähnlichen Funktionen möglichst aufeinander folgen.

Die dem Operations-Code folgenden Buchstaben haben die nachstehende Bedeutung:

r_1, r_2 bzw. r:	Sie stehen für die Registernamen B, C, D, E, H und L.
M:	Speicherplatz
adr:	Diese Instruktion hat 3 Bytes. Im 2. Byte steht die rechte Adressenhälfte, im 3. Byte die linke Adressenhälfte.
konst:	Diese Instruktion hat 2 Bytes. Im 2. Byte steht eine Zahl, die als Konstante über das Programm eingelesen wird.

Im Maschinen-Code bedeutet

ddd:	Destination- (Ziel-) Register
sss:	Source- (Sende-) Register

An Stelle dieser Buchstaben steht eine Bit-Gruppe, zugehörig zu einem bestimmten Register oder dem Speicher:

Register	B	000	
Register	C	001	
Register	D	010	
Register	E	011	
Register	H	100	
Register	L	101	
Memory	M	110	
Register	A	111	(Akkumulator)

In dem Befehl MOV r_1, r_2 würde r_1 grundsätzlich das Ziel-Register sein.

In der Spalte Befehlserklärung wird der Ursprung des mnemonischen Kurzausdrucks des Befehls erkennbar. Ganz rechts folgt eine kurze Befehlsbeschreibung.

14.5.1 Die Befehlsliste

1. Die Transportbefehle zur Verschiebung der Daten

   a) Von Register zu Register

Befehl	Maschinen-code	Hexad. Code	Byte Anzahl	Befehls-erklärung	Ausführung
MOV r_1, r_2	01dddsss		1	Move register to register	r_1, r_2 = A, B, C, D, E, H oder L. Inhalt Register r_2 → Register r_1
XCHG	11101011	EB	1	Exchange HL with DE	Die Registerpaare DE und HL tauschen ihre Inhalte.
XTHL	11100011	E3	1	Exchange top of stack with HL	Inhalt des Registerpaares HL tauscht mit dem Inhalt des Speichers, der durch den Stackpointer Sp adressiert ist. L tauscht mit Speicher-adresseninhalt Sp; H tauscht mit Speicheradresseninhalt Sp + 1
SPHL	11111001	F9	1	Stack pointer from HL	Inhalt Registerpaar HL → Stackpointer

   b) Von Speicher zu Register

Befehl	Maschinen-code	Hexad. Code	Byte Anzahl	Befehls-erklärung	Ausführung
MOV r, M	01ddd110		1	Move memory to register	r = A, B, C, D, E, H oder L. In das Register r kommen die Daten, deren Adresse im Registerpaar HL stehen.
LDA adr	00111010	3A	3	Load accu-mulator direct	In den Akkumulator kommen die Daten, deren Adresse im 2. und 3. Byte des Befehls stehen.
LDAX B	00001010	0A	1	Load accumu-lator indirect	Inhalt des Speicherplatzes, dessen Adresse im Register-paar BC steht, kommt in den Akkumulator.
LDAX D	00011010	1A	1	Load accumu-lator indirect	Inhalt des Speicherplatzes, dessen Adresse im Register-paar DE steht, kommt in den Akkumulator.
LHLD adr	00101010	2A	3	Load H and L direct	Der Speicherplatzinhalt der Adresse adr kommt ins L-Register, das Byte mit der nächst höheren Adresse adr + 1 ins H-Register.

Befehl	Maschinen-code	Hexad. Code	Byte Anzahl	Befehls-erklärung	Ausführung
POP B	11000001	C1	1	Pop register pair off stack	Inhalt des Stack → Register BC (adressiert durch Stack-pointer)
POP D	11010001	D1	1	Pop register pair off stack	Inhalt des Stack → Register DE (adressiert durch Stack-pointer)
POP H	11100001	E1	1	Pop register pair off stack	Inhalt des Stack → Register HL (adressiert durch Stack-pointer)

c) Von Register zu Speicher

MOV M, r	01110sss		1	Move register to memory	r = A, B, C, D, E, H oder L. Register-Inhalt r kommt auf den Speicherplatz, der durch das Registerpaar HL adressiert ist.
STA adr	00110010	32	3	Store accumu-lator direct	Akkumulatorinhalt wird unter der Adresse adr, aufgeführt als 2. und 3. Byte des Befehls, abgespeichert.
STAX B	00000010	02	1	Store accumu-lator	Im Registerpaar BC steht die Adresse, wohin der Akku-mulatorinhalt kommt.
STAX D	00010010	12	1	Store accumu-lator	Im Registerpaar DE steht die Adresse, wohin der Akku-mulatorinhalt kommt.
SHLD adr	00100010	22	3	Store H und L direct	Im 2. und 3. Byte des Befehls steht die Adresse (und adr + 1), wohin der Inhalt des Registerpaares LH kommt.
PUSH B	11000101	C5	1	Push register pair BC on stack	Im Stackpointer liegt die Adresse, auf dessen Spei-cherplatz der Inhalt von Registerpaar BC über tragen wird.
PUSH D	11010101	D5	1	Push register pair DE on stack	Im Stackpointer liegt die Adresse, auf dessen Spei-cherplatz der Inhalt von Registerpaar DE über-tragen wird.
PUSH H	11100101	E5	1	Push register pair HL on stack	Im Stackpointer liegt die Adresse, auf dessen Spei-cherplatz der Inhalt von Registerpaar HL übertragen wird.

d) Als Konstante ins Register

Befehl	Maschinen-code	Hexad. Code	Byte Anzahl	Befehls-erklärung	Ausführung
LXI B, adr	00000001	01	3	Load register pair immediate	Inhalt des 2. Byte → Register C Inhalt des 3. Byte → Register B
LXI D, adr	00010001	11	3	Load register pair immediate	Inhalt des 2. Byte → Register E Inhalt des 3. Byte → Register D
LXI H, adr	00100001	21	3	Load register pair immediate	Inhalt des 2. Byte → Register L Inhalt des 3. Byte → Register H
MVI r, konst.	00ddd110		2	Move immediate to register	r = A, B, C, D, E, H oder L. Die Daten des 2. Byte (die Konstante) kommen in das Register r (Konstante ≦ 255).

e) Als Konstante in den Speicher

MVI M, konst	00110110	36	2	Move immediate to memory	Im Registerpaar HL steht die Adresse, wohin die Daten des 2. Byte kommen (Konstante ≦ 255).

f) Als Eingabedaten in den Akkumulator

IN	11011011	DB	2	Input	Im 2. Byte steht die Eingabekanalnummer. Inhalt Kanal → Akkumulator

g) Als Ausgabedaten vom Akkumulator

OUT	11010011	D3	2	Output	Im 2. Byte steht die Ausgabekanalnummer. Inhalt Akkumulator → Kanal

2. Die arithmetischen Operationsbefehle

a) Addition und Subtraktion

Befehl	Maschinen-code	Hexad. Code	Byte Anzahl	Befehls-erklärung	Ausführung
ADD r	10000sss		1	Add register to accumulator	r = A, B, C, D, E, H oder L. Inhalt Register r + Inhalt Akkumulator, Summe steht dann im Akkumulator
ADD M	10000110	86	1	Add memory to accumulator	Der Inhalt des Speicher-platzes, dessen Adresse im Registerpaar HL steht, wird zum Inhalt des Akkumulators addiert.
ADI konst.	11000110	C6	2	Add immediate to accumulator	Zum Akkumulator wird Inhalt des 2. Byte (Konstante) addiert.
ADC r	10001sss		1	Add register to accumulator with carry	r = A, B, C, D, E, H oder L. Inhalt des Registers r und Inhalt Carry-Bit werden zum Inhalt des Akkumulators addiert.
ADC M	10001110	8E	1	Add memory to accumulator with carry	Der Inhalt des vom Registerpaar HL adressierten Speicherplatzes wird zu-sammen mit dem Carry-Bit zum Inhalt des Akkumulators addiert.
ACI konst.	11001110	CE	2	Add immediate to accumulator with carry	Inhalt des 2. Byte + Carry + Akkumulatorinhalt. Summe steht dann im Akkumulator.
DAD B	00001001	09	1	Add register pair to H and L	Registerpaarinhalte BC + HL; Summe steht dann in HL.
DAD D	00011001	19	1	Add register pair to H and L	Registerpaarinhalte DE + HL; Summe steht dann in HL.
DAD H	00101001	29	1	Add register pair to H and L double pre-cision add	Registerpaarinhalte HL + HL; Summe steht dann in HL (Inhalt wird verdoppelt).
SUB r	10010sss		1	Subtract re-gister from accumulator	r = A, B, C, D, E, H oder L. Akkumulatorinhalt wird um Inhalt des Registers r ge-mindert.
SUB M	10010110	96	1	Subtract memory from accumulator	Vom Akkumulatorinhalt wird der Speicherinhalt, der durch das Registerpaar HL adressiert ist, abgezogen.

Befehl	Maschinen-code	Hexad. Code	Byte Anzahl	Befehls-erklärung	Ausführung
SBB r	10011sss		1	Subtract register from accumulator with borrow	r = A, B, C, D, E, H oder L. Der Akkumulatorinhalt vermindert sich um Register-inhalt r und um Carry-Bit.
SBB M	10011110	9E	1	Subtract memory from accumulator with borrow	Der Akkumulatorinhalt vermindert sich um den Speicherinhalt, adressiert durch das Registerpaar HL, und dem Carry-Bit.
SBI konst.	11011110	DE	2	Subtract immediate from accumu-lator with borrow	Vom Akkumulatorinhalt werden die Konstante und das Carry-Bit abgezogen.
SUI konst.	11010110	D6	2	Subtract immediate from accumu-lator	Vom Akkumulatorinhalt wird die Konstante abge-zogen.
DAA	00100111	27	1	Decimal adjust accumulator	Der Akkumulatorinhalt wird in zwei 4 Bit lange BCD-Ziffern umgewandelt.

b) Vergleichsoperationen

CMP r	10111sss		1	Compare register with accumulator	r = A, B, C, D, E, H oder L. Vergleich Akkumulatorinhalt mit dem Registerinhalt r durch interne Subtraktion. Flags werden gesetzt.
CMP M	10111110	BE	1	Compare memory with accumulator	Vergleich Akkumulatorinhalt mit dem Inhalt des Spei-chers, der durch das Re-gisterpaar HL adressiert ist. Vergleich durch interne Subtraktion. Flags werden gesetzt.
CPI konst.	11111110	FE	2	Compare immediate with accumulator	Inhalt des Akkumulators wird durch Subtraktion mit der Konstanten verglichen. Flags werden gesetzt.

c) Inkrement- und Dekrement-Operationen

INR r	00ddd100		1	Increment register	r = A, B, C, D, E, H oder L. Eine 1 wird zum Inhalt Register r addiert.

Befehl	Maschinen-code	Hexad. Code	Byte Anzahl	Befehls-erklärung	Ausführung
INR M	00110100	34	1	Increment memory	Eine 1 wird zum Inhalt des Speichers addiert, der durch das Registerpaar HL adressiert ist.
DCR r	00ddd101		1	Decrement register	r = A, B, C, D, E, H oder L. Eine 1 wird vom Inhalt Register r abgezogen.
DCR M	00110101	35	1	Decrement memory	Vom Inhalt des Speicher-platzes, adressiert durch das Registerpaar HL, wird eine 1 subtrahiert.
INX B	00000011	03	1	Increment register pair	Der Inhalt des Register-paares BC wird um 1 erhöht.
INX D	00010011	13	1	Increment register pair	Der Inhalt des Register-paares DE wird um 1 erhöht.
INX H	00100011	23	1	Increment register pair	Der Inhalt des Register-paares HL wird um 1 erhöht.
DCX B	00001011	0B	1	Decrement register pair	Der Inhalt des Register-paares BC wird um 1 er-niedrigt.
DCX D	00011011	1B	1	Decrement register pair	Der Inhalt des Register-paares DE wird um 1 er-niedrigt.
DCX H	00101011	2B	1	Decrement register pair	Der Inhalt des Register-paares HL wird um 1 er-niedrigt.
INX SP	00110011	33	1	Increment stack pointer	Der Inhalt des Stackpointers wird um 1 erhöht.
DCX SP	00111011	3B	1	Decrement stack pointer	Der Inhalt des Stackpointers wird um 1 erniedrigt.

d) Verschiebe- und Rotier-Operationen

Befehl	Maschinen code	Hexad. Code	Byte Anzahl	Befehls-erklärung	Ausführung
RLC	00000111	07	1	Rotate accumulator left	Zyklische Verschiebung des Akkumulatorinhaltes nach links. Das 8. Bit → Carry-Bit und 8. Bit → 1. Bit.
RRC	00001111	0F	1	Rotate accu-mulator right	Zyklische Verschiebung des Akkumulatorinhaltes nach rechts. Das 1. Bit → Carry-Bit und 1. Bit. → 8. Bit.
RAL	00010111	17	1	Rotate accu-mulator left through carry	Verschiebung, Akkumula-torinhalt um eine Bitposition nach links. 8. Bit → Carry-Bit, Carry-Bit → 1. Bit.

Befehl	Maschinen-code	Hexad. Code	Byte Anzahl	Befehls-erklärung	Ausführung
RAR	00011111	1F	1	Rotate accumulator right through carry	Verschiebung Akkumulatorinhalt um eine Bitposition nach rechts. 1. Bit → Carry-Bit, Carry-Bit → 8. Bit

3. Die logischen Operationen

ANA r	10100sss		1	And register with accumulator	r = A, B, C, D, E, H oder L. Registerinhalt r und Akkumulatorinhalt werden UND-verknüpft.
ANA M	10100110	A6	1	And memory with accumulator	Inhalt Speicherplatz, adressiert durch das Registerpaar HL, wird mit Akkumulatorinhalt UND-verknüpft.
ORA r	10110sss		1	Or register with accumulator	r = A, B, C, D, E, H oder L. Registerinhalt r und Akkumulatorinhalt werden ODER-verknüpft.
ORA M	10110110	B6	1	Or memory with accumulator	Inhalt Speicherplatz, adressiert durch das Registerpaar HL, wird mit Akkumulatorinhalt ODER-verknüpft.
ANI konst.	11100110	E6	2	And immediate with accumulator	Akkumulatorinhalt wird mit der Konstanten, die im 2. Byte des Befehls steht, UND-verknüpft.
ORI konst.	11110110	F6	2	Or immediate with accumulator	Akkumulatorinhalt wird mit der Konstanten, die im 2. Byte des Befehls steht, ODER-verknüpft.
XRA r	10101sss		1	Exclusive Or register with accumulator	r = A, B, C, D, E, H oder L. Registerinhalt r und Akkumulatorinhalt werden Exclusiv-ODER-verknüpft.
XRA M	10101110	AE	1	Exclusive Or memory with accumulator	Inhalt Speicherplatz, adressiert durch das Registerpaar HL, wird mit Akkumulatorinhalt Exclusiv-ODER-verknüpft.
XRI konst.	11101110	EE	2	Exclusive Or immediate with accumulator	Akkumulatorinhalt wird mit der Konstanten, die im 2. Byte des Befehls steht, Exclusiv-ODER-verknüpft.

4. Die Sprungbefehle

a) Bedingte Sprünge

Befehl	Maschinen-code	Hexad. Code	Byte Anzahl	Befehls-erklärung	Ausführung
JC adr	11011010	DA	3	Jump on carry	Wenn Carry-Bit = 1, wird das Programm bei der Adresse adr fortgesetzt.
JNC adr	11010010	D2	3	Jump on no Carry	Wenn Carry-Bit = 0, wird das Programm bei der Adresse adr fortgesetzt.
JZ adr	11001010	CA	3	Jump on zero	Wenn Zero-Bit = 1, wird das Programm bei der Adresse adr fortgesetzt.
JNZ adr	11000010	C2	3	Jump on no zero	Wenn Zero-Bit = 0, wird das Programm bei der Adresse adr fortgesetzt.
JM adr	11111010	FA	3	Jump on minus	Wenn Sign-Bit = 1, wird das Programm bei der Adresse adr fortgesetzt.
JP adr	11110010	F2	3	Jump on plus	Wenn Sign-Bit = 0, wird das Programm bei der Adresse adr fortgesetzt.
JPE adr	11101010	EA	3	Jump on parity even	Wenn Paritäts-Bit = 1, wird das Programm bei der Adresse adr fortgesetzt.
JPO adr	11100010	E2	3	Jump on parity odd	Wenn Paritäts-Bit = 0, wird das Programm bei der Adresse adr fortgesetzt.
RST konst.	11aaa111		1	Restart	Das Programm wird auf der Adresse 8 × (aaa) fortgesetzt. aaa stellt einen Wert zwischen 0 und 7 dar.

b) Unbedingte Sprünge

JMP adr	11000011	C3	3	Jump unconditional	Das Programm wird bei adr fortgesetzt. Das 2. und 3. Byte des Befehls kommt in den Befehlszähler.
PCHL	11101001	E9	1	Program counter from HL	Das Programm wird mit der Adresse fortgesetzt, die im Registerpaar HL steht.

5. Besondere Stack-Operationen

PUSH PSW	11110101	F5	1	Push program status word	Inhalt des Akkumulators und die Zustände der Flags werden im Stack zwischengespeichert.

Befehl	Maschinen-code	Hexad. Code	Byte Anzahl	Befehls-erklärung	Ausführung
POP PSW	11110001	F1	1	Pop program status word	Akkumulatorinhalt und Flagszustände werden aus dem Stack zurückgeholt.
LXI SP	00110001	31	3	Load immediate stack pointer	Das 2. und 3. Byte des Befehls legen den Anfang des Stacks fest.
DAD SP	00111001	39	1	Add register pair SP to HL	Der Inhalt des Registerpaares SP und des Registerpaares HL werden addiert.

6. Die Behandlung der Unterprogramme

a) Aufruf-Operationen

Bei allen Befehlen wird die Rückkehradresse im Stack abgelegt

CALL adr	11001101	CD	3	Call unconditional	Das Programm wird bei adr fortgesetzt.
CC adr	11011100	DC	3	Call if carry set	Wenn Carry-Bit = 1, wird Programm bei adr fortgesetzt.
CNC adr	11010100	D4	3	Call if carry not set	Wenn Carry-Bit = 0, wird Programm bei adr fortgesetzt.
CZ adr	11001100	CC	3	Call if zero	Wenn Zero-Bit = 1, wird Programm bei adr fortgesetzt.
CNZ adr	11000100	C4	3	Call if not zero	Wenn Zero-Bit = 0, wird Programm bei adr fortgesetzt.
CM adr	11111100	FC	3	Call if minus	Wenn Sign-Bit = 1, wird Programm bei adr fortgesetzt.
CP adr	11110100	F4	3	Call if plus	Wenn Sign-Bit = 0, wird Programm bei adr fortgesetzt.
CPE adr	11101100	EC	3	Call if parity even	Wenn Paritäts-Bit = 1, wird Programm bei adr fortgesetzt.
CPO adr	11100100	E4	3	Call if parity odd	Wenn Paritäts-Bit = 0, wird Programm bei adr fortgesetzt.

b) Rücksprung-Operationen

RET	11001001	C9	1	Return unconditional	Die zuletzt abgespeicherte Rücksprungadresse vom Stack → Programmzähler
RC	11011000	D8	1	Return if carry set	Wenn Carry-Bit = 1, Rücksprungadresse vom Stack → Programmzähler
RNC	11010000	D0	1	Return if carry not set	Wenn Carry-Bit = 0, Rücksprungadresse vom Stack → Programmzähler

Befehl	Maschinen-code	Hexad. Code	Byte Anzahl	Befehls-erklärung	Ausführung
RZ	11001000	C8	1	Return if zero	Wenn Zero-Bit = 1, Rücksprungadresse vom Stack → Programmzähler
RNZ	11000000	C0	1	Return if not zero	Wenn Zero-Bit = 0, Rücksprungadresse vom Stack → Programmzähler
RM	11111000	F8	1	Return if minus	Wenn Sign-Bit = 1, Rücksprungadresse vom Stack → Programmzähler
RP	11110000	F0	1	Return if plus	Wenn Sign-Bit = 0, Rücksprungadresse vom Stack → Programmzähler
RPE	11101000	E8	1	Return if parity even	Wenn Paritäts-Bit = 1, Rücksprungadresse vom Stack → Programmzähler
RPO	11100000	E0	1	Return if parity odd	Wenn Paritäts-Bit = 0, Rücksprungadresse vom Stack → Programmzähler

7. Programmunterbrechung

EI	11111011	FB	1	Enable interrupt	Nach EI kann Mikroprozessor Unterbrechungen annehmen.
DI	11110011	F3	1	Disable interrupt	Nach DI werden Unterbrechungsanforderungen ignoriert.

8. Sonstige Befehle

CMC	00111111	3F	1	Complement carry	Das Carry-Bit wird negiert.
STC	00110111	37	1	Set carry	Das Carry-Bit wird gesetzt.
HLT	01110110	76	1	Halt	Das Programm hält an, bis eine Unterbrechungsanforderung eintrifft.
NOP	00000000	00	1	No operation	Leerbefehl
CMA	00101111	2F	1	Complement accumulator	Akkumulatorinhalt wird negiert.

14.6 Programmbeispiele

14.6.1 1. Programmbeispiel

Eine Vergleichsoperation

In der automatisierten Fertigungstechnik ist die Überwachung der Endmaße der gefertigten Bauteile ein notwendiger Arbeitsvorgang. Die abgenommenen Meßwerte werden mit dem Sollwert verglichen. Liegen die Istwerte im Toleranzbereich des Sollwertes, kann das Werkstück aufgrund einer positiven Entscheidung dem nächsten Verarbeitungsprozeß zugeführt werden. Im anderen Falle wird wohl das Stück als Ausschuß dem weiteren Produktionsprozeß ausgegliedert werden müssen.
Das nachstehend aufgeführte Programm beschäftigt sich mit diesem Problem. Es vergleicht Istwert und Sollwert und bringt dann das entsprechende Ergebnis.

14.6.1.1 Aufgabenstellung

Es ist ein Kurzprogramm zu entwickeln, das es dem Mikroprozessor ermöglicht, an einem eingegebenen Meßwert zu erkennen, ob sein Wert im Bereich von 27 ... 38 liegt. Ist das der Fall, soll am Ausgang das 8-Bit-Muster 11110000 (F0) erscheinen. Liegt der Meßwert dagegen außerhalb dieses Bereiches, soll das Bit-Muster 00001111 (0F) auftreten. Mit Hilfe dieser Ausgangssignale können dann weitere Entscheidungen im fertigungstechnischen Bereich getroffen werden.

14.6.1.2 Flußdiagramm

Zunächst bietet das Flußdiagramm eine Hilfestellung. Alle Arbeitsvorgänge – jetzt hier speziell auf den Mikroprozessor bezogen – werden schrittweise, in grober oder vereinfachter Form, entweder als Text oder auch mit Kurzzeichen bzw. mathematischen Symbolen folgerichtig untereinander aufgeführt. Sie werden in genormte Symbole eingetragen, die schon von der Form her optisch erkennen lassen, um welche Hauptvorgänge es sich hier handelt. Dazu gehören beispielsweise Eingaben, Ausgaben, arithmetische oder logische Operationen, Verzweigungen usw. Die Symbole selbst sind untereinander verbunden. Die Pfeile sorgen für die richtige Folge der einzelnen Arbeitsgänge.

Wichtige Symbole eines Flußdiagramms werden zunächst kurz beschrieben.

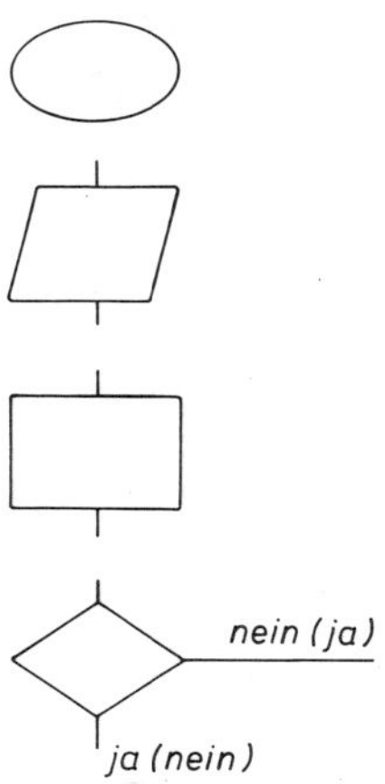

Dieses Symbol bezeichnet Grenzstellen des Flußdiagramms.
Hier wird entweder „start" oder „stop" eingetragen.

Dieses Bild besagt, daß es sich entweder um Eingabe- oder Ausgabeoperationen handelt.

Hier wird eine Operation durchgeführt.

Dieses Zeichen ist das Sinnbild einer Verzweigung. Hier wird eine Bedingung gestellt. Es geht dann entweder mit „ja" oder „nein" (sinngemäß) weiter.

Abb. 14.42 Flußdiagramm-Symbole

Angewendet auf das zu lösende Problem, könnte das Flußdiagramm zunächst wie folgt aussehen (Abb. 14.43).

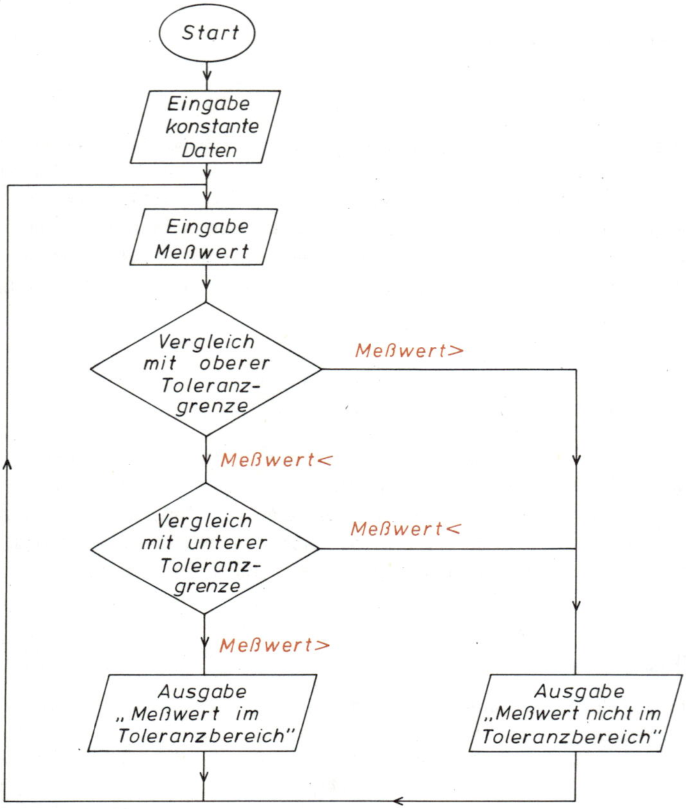

Abb. 14.43 Flußdiagramm zum 1. Programmbeispiel

Es beginnt mit „start". Ihm folgen Eingabeoperationen in Form konstanter Daten, die für alle diesbezüglichen Meßwertkontrollen unverändert bleiben. Was dagegen immer wieder neu in die Eingabe muß, ist der laufend neue Meßwert.

Dann folgt die 1. Vergleichsoperation. Liegt der Meßwert höher (Wert >) als es die obere Toleranzgrenze erlaubt, folgt Abzweig nach rechts. Wenn dagegen der Meßwert kleiner ist (Wert <), kommt es zur 2. Vergleichsoperation. Liegt hier der Meßwert unter der Toleranzgrenze, folgt der Abzweig nach rechts (Wert <). Nur wenn der Meßwert im Bereich der Toleranzgrenzen liegt, kommt das Bit-Muster F0 in die Ausgabe, das soviel bedeutet wie „Meßwert im Toleranzbereich". Im anderen Falle erscheint mit dem Bit-Muster 0F das negative Ergebnis.

Nach der Ausgabe folgt ein Rücksprung in den Anfangsteil des Programms und es geht dort wieder los, wo möglicherweise schon ein neuer Meßwert zur Bearbeitung ansteht. Wenn nicht, wird das Programm nochmals durchlaufen. Es findet keinen „stop". Man könnte selbstverständlich nach den Ausgabeinstruktionen einen Befehl „Halt" vorsehen und das Programm dann wieder starten lassen, wenn ein Meßwert auf den Eingang geschaltet wird.

Nachdem mit Hilfe des Flußdiagramms ein Lösungsweg (Algorithmus) festgelegt wurde, müssen nun schon etwas genauer die Funktionen überlegt werden, die im Mikroprozessor ablaufen müssen, um zum Ziel zu kommen. Das setzt für den Anwender, wie schon an anderer Stelle hingewiesen, voraus, daß er die Architektur des gesamten Mikrocomputersystems und damit eng verbunden alle Befehle kennt, mit denen die Daten hin- und hergeschoben und der Verarbeitung zugeführt werden. Das nun folgende Flußdiagramm geht näher auf Einzelheiten ein, die für die nachfolgende Bearbeitung des Programms notwendig sind.

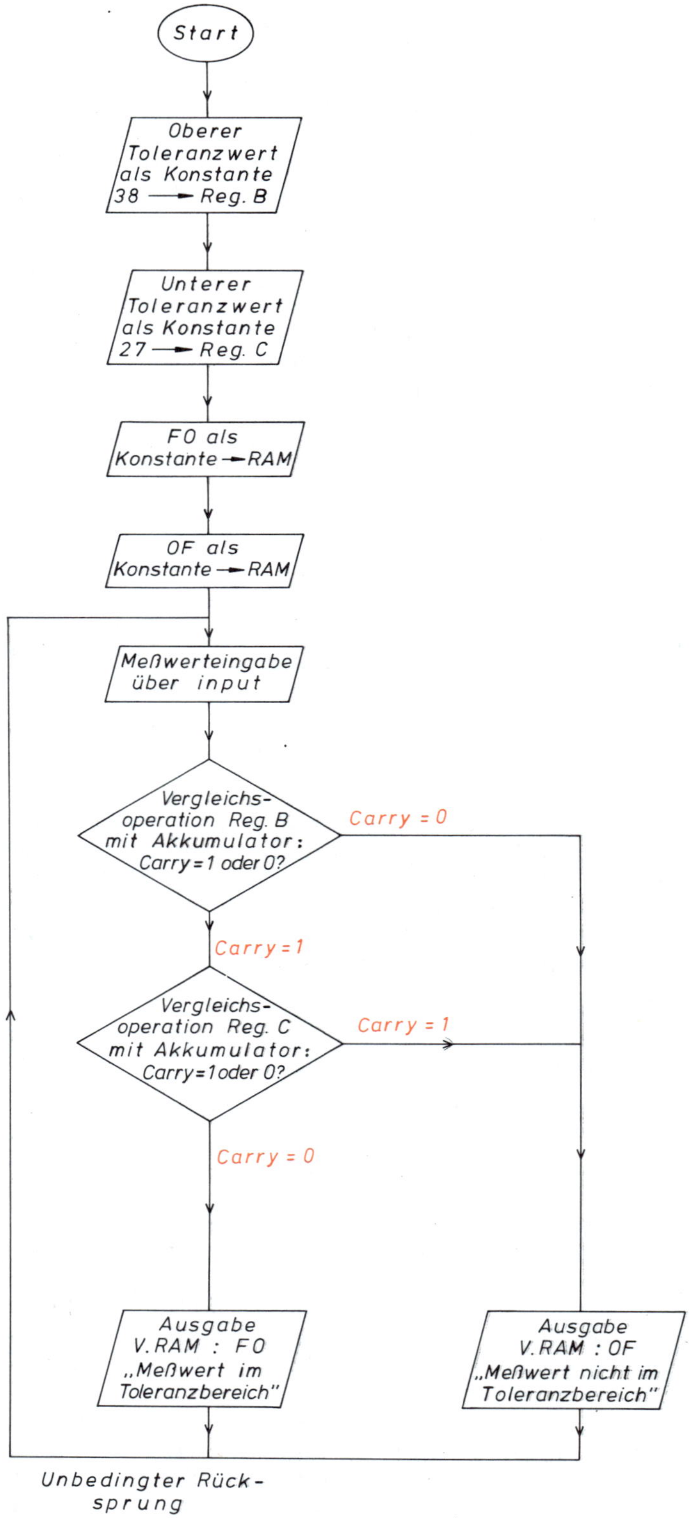

Abb. 14.44 Flußdiagramm zum 1. Programmbeispiel

Zunächst müssen in Registern – hier wurden die Register B und C gewählt – die Grenzwerte des Toleranzbereichs eingegeben werden. Das zeigt auch die erste Instruktionsfolge des Programms, das mit einer beliebig gewählten Festwertspeicheradresse 0826 beginnt. Dann folgen die Eingaben – ebenfalls als Konstante – der Ergebnis-Bit-Muster F0 und 0F. Mit dem MVI-A-Befehl kommen sie zunächst in den Akkumulator. Erst ein weiterer Befehl STA, der im 2. und 3. Byte die Adresse im RAM mitführt, leitet sie in den Schreib-Lese-Speicher. Auch diese Adressen wurden frei gewählt.
Am Eingabebaustein liegt an einem bestimmten Kanal, hier mit der Nummer 01 angenommen, der Meßwert. Er wird durch den Befehl IN in den Akkumulator eingelesen. Die dann folgende Vergleichsoperation ist im Grunde genommen eine Subtraktion, nur mit dem Unterschied zum normalen Subtraktionsbefehl, daß die Differenz nicht abgespeichert wird. Bei der Ausführung der Instruktion CMP verändern sich die Operanden nicht in ihren Registern. Es ändern sich nur die Zustands-Flags. Ist bei der Vergleichsoperation der Operand im Akkumulator größer – es handelt sich hier um den Meßwert –, ist das Ergebnis immer positiv und das Carry-Bit hat dann den Wert 0. Ist dagegen der 2. Operand – der obere bzw. untere Toleranzwert in den Registern B und C – größer, so führt das Carry-Bit den Wert 1.

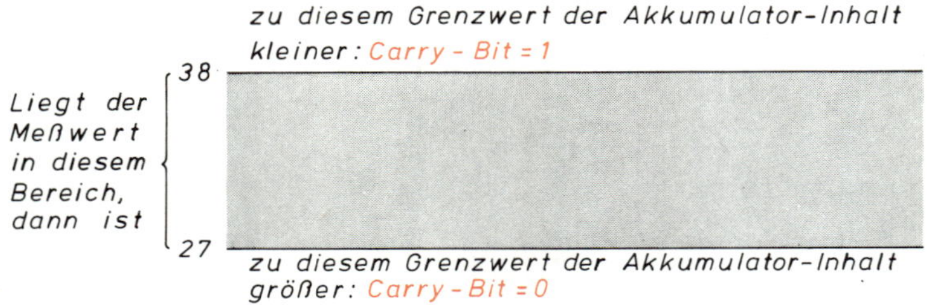

Abb. 14.45 Der Toleranzbereich

Die nun folgenden Sprungoperationen JNC und JC hängen vom Zustand des Carry-Wertes ab. Erfolgt ein Sprung, dann nur, weil der Meßwert entweder einmal über dem oberen Toleranzwert liegt oder unter dem unteren. Der Sprung führt zur Adresse 0860. Es hätte auch ein anderer Speicheradressenbereich gewählt werden können, der noch frei gewesen wäre, zur Aufnahme der 8 Instruktionen.
Mit der drittletzten Instruktion erfolgt ein unbedingter Sprung wieder in den Eingangsteil des Programms zurück. Das Programm wird also ununterbrochen wiederholt abgearbeitet. Solange der gleiche Meßwert am Eingang liegt, wird sich auch am Ergebnis der Ausgabe nichts ändern.

14.6.1.3 Das Programm

In der Tabelle links sind die Befehlsadressen aufgeführt. Es liegt in der Hand des Anwenders, den Adressenbereich zu wählen. In diesem Beispiel wurde davon ausgegangen, daß in den tieferen Adressenbereichen andere Programme stehen, die zwischendurch abgearbeitet werden könnten. Rechts neben den mnemonischen Befehlen in der Assembler-Sprache folgt die zugehörige Maschinensprache. Alle diese Bitfolgen – je Adresse zu einem Byte gebündelt – stehen im Programmspeicher (ROM, PROM, EPROM). Das könnte auch ein Schreib-Lese-Speicher sein, wenn immer wieder Programmänderungen zu befürchten sind.
In der nächsten Spalte ist nochmals die Maschinensprache in der hexadezimalen Form angegeben. Ganz rechts folgt dann ein Kurzkommentar zu den einzelnen Befehlen, der nie fehlen sollte und dann dankbar angenommen wird, wenn das Programm zu einem späteren Zeitpunkt überarbeitet werden muß.
Dieses Programm wurde unter dem Gesichtspunkt gewählt, dem Leser möglichst in einfacher und verständlicher Form den Programmaufbau einer kleinen praxisnahen Steuerung vor Augen zu führen. Es ist ratsam, die einzelnen Befehle in der Befehlsliste nachzuschlagen und die dort angegebenen Erklärungen zu beachten. Alle Zahlenangaben werden der Einfachheit halber hexadezimal eingegeben.

Befehls-adresse	Instruktion in der Assembler-sprache		Instruktion in der Maschinen-sprache	Hexa-dezimale Schreib-weise	Kommentar
0826	MVI	B, 26	00000110	06	Obere Toleranzwert 38 → Reg. B
0827	26		00100110	26	
0828	MVI	C, 1B	00001110	0E	Untere Toleranzwert 27 → Reg. C
0829	1B		00011011	1B	
082A	MVI	A, F0	00111110	3E	Speicherung des Bit-Musters F0
082B	F0		11110000	F0	zur Erkennung des Ergebnisses
082C	STA	082A	00110010	32	in das RAM.
082D	2A		00101010	2A	
082E	08		00001000	08	
082F	MVI	A, 0F	00111110	3E	Speicherung des Bit-Musters 0F
0830	0F		00001111	0F	zur Erkennung des Ergebnisses
0831	STA	082B	00110010	32	in das RAM.
0832	2B		00101011	2B	
0833	08		00001000	08	
0834	IN	01	11011011	DB	Meßwert von Kanaleingang 01
0835	01		00000001	01	zum Akkumulator.
0836	CMP	B	10111000	B8	Vergleich Reg. B mit Akkumulator
0837	JNC	0860	11010010	D2	Wenn Carry-Bit = 0,
0838	60		01100000	60	dann Sprung → Adresse 0860
0839	08		00001000	08	sonst 083 A
083A	CMP	C	10111001	B9	Vergleich Reg. C mit Akkumulator
083B	JC	0860	11011010	DA	Wenn Carry-Bit = 1,
083C	60		01100000	60	dann Sprung → Adresse 0860
083D	08		00001000	08	sonst 0844
083E	LDA	082A	00111010	3A	Ergebnis: F0 vom RAM
083F	2A		00101010	2A	über Akkumulator in die
0840	08		00001000	08	Ausgabe Kanal 03
0841	OUT	03	11010011	D3	
0842	03		00000011	03	„Meßwert im Toleranzbereich"
0843	JMP	0834	11000011	C3	Unbedingter Sprung
0844	34		00110100	34	nach Adresse 083E
0845	08		00001000	08	
⋮					
0860	LDA	082B	00111010	3A	Ergebnis: 0F vom RAM
0861	2B		00101011	2B	über Akkumulator in die
0862	08		00001000	08	Ausgabe Kanal 02.
0863	OUT	02	11010011	D3	
0864	02		00000010	02	„Meßwert nicht im Toleranz-Bereich"
0865	JMP	0834	11000011	C3	Unbedingter Sprung
0866	34		00110100	34	nach Adresse 0834
0867	08		00001000	08	

Abb. 14.46 Das Programm einer Vergleichsoperation

Es ist zu beachten, daß die hier in der Tabelle mitaufgeführten 2. und 3. Bytes eines Mehrbytebefehls normalerweise im Programm nicht erscheinen. Die Instruktion MVI B, 26 z. B. drückt schon klar aus, daß ein 2-Byte-Befehl vorliegt. Die Zeilen 0827; 0829; 082B; 082D; 082E usw. erscheinen also im Assembler-Programm nicht.

14.6.1.4 Meßwerteingabe

Es folgt als Beispiel ein Programmablauf mit dem Meßwert 15.

Im Register B ist der obere Toleranzwert 38 gespeichert. Im Register C ist der untere Toleranzwert 27 gespeichert.

Die beiden Ausgaben-Ergebnisse befinden sich im RAM unter den Adressen 082A und 082B.
Der Meßwert 15 wird eingelesen und steht dann im Akkumulator. Die folgende Vergleichsoperation CMP B führt zu dem folgenden Rechenvorgang:

Inhalt Akkumulator – Inhalt Register B

15 – 38

```
 00001111                                   00001111
-00100110  →  Zweierkomplement  →          +11011010
                                            --------
                                            11101001
                                            kein Überlauf, Carry-Bit = 1
                                            (Siehe auch Kap. 14.3.5.1)
```

Carry-Bit = 1 bedeutet, daß der Differenzwert negativ ist. Der Meßwert aber, und darauf kommt es an, liegt unter dem oberen Toleranzwert und hat damit diese Prüfung bestanden. Es erfolgt kein Sprung mit dem Befehl JNC, da das Carry-Bit nicht 0 ist.

Die 2. Vergleichsoperation mit dem unteren Toleranzwert 27 ergibt:

Inhalt Akkumulator – dessen Inhalt wurde nicht verändert – minus Registerinhalt von C.

15 – 27

```
 00001111                                   00001111
-00011011  →  Zweierkomplement  →          +11100101
                                            --------
                                            11110100
                                            kein Überlauf, Carry-Bit = 1
```

Auch hier ist der Differenzwert negativ. So liegt der Meßwert auch unter dem unteren Grenzwert. Daher muß die Entscheidung kommen: Sprung. Diesen veranlaßt der Sprungbefehl JC, wenn das Carry-Bit den Wert 1 führt. Nach dem Sprung auf die Adresse 0860 ruft der Befehl LDA die RAM-Adresse 082B auf und sendet den Inhalt 00001111, der als „Meßwert nicht im Toleranzbereich" zu interpretieren wäre, zum Ausgang Kanal 02. Mit JMP folgt dann der Sprung zurück zur angegebenen Adresse, die im 2. und 3. Byte der Instruktion steht.

14.6.2 2. Programmbeispiel

Eine Addition

Würde es sich nur darum handeln, den Mikroprozessor zu programmieren, um Rechenoperationen durchführen zu können, dann käme man wohl mit dem Griff zu einem Taschenrechner bedeutend schneller zum Ziel. Trotzdem werden in jedem Arbeitsprozeß, für dessen Steuerung ein Prozessor eingesetzt wird, irgendwelche Rechenoperationen auftreten, für die spezielle Programme, vielleicht in Form von Unterprogrammen, bereitgestellt werden müssen.

Es sei angenommen, daß im Zuge des Hauptprogramms die Summe zweier Ergebnisdaten gebildet werden muß. Es soll sich hier beispielsweise um die Addition der Zahlen 5840087 und 7903381 handeln.

```
 5840087
+7903381
--------
```

Um den gesamten Rechnungsablauf besser zu überblicken, erfolgt die Rechnung dual in hexadezimaler Darstellung. Normalerweise erfolgt Eingabe und Rechnung im BCD-Code (Siehe 14.6.2.5).

```
 591CD7
+789895
-------
```

In der Maschinensprache sieht dann die Darstellung so aus:

```
 0101  1001  0001  1100  1101  0111
+0111  1000  1001  1000  1001  0101
-----------------------------------
```

Die Addition wird, da eine adressierte Speicherstelle nur 1 Byte, d. h. 2 Ziffern, aufnehmen kann, so erfolgen müssen, daß zunächst die beiden niederwertigen Bytes addiert werden:

```
  D7
+ 95
----
 16C
```

Der Übertrag wird gespeichert und bei der nachfolgenden Addition der nächsthöheren Bytes berücksichtigt:

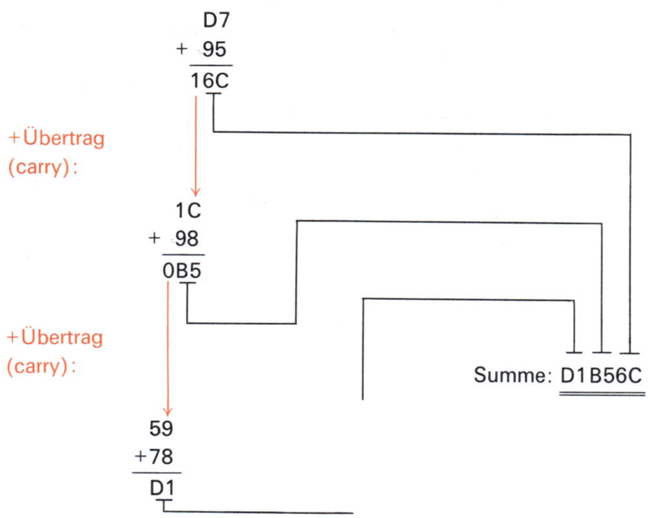

Das Rechenschema zeigt, daß nacheinander 3 Rechenvorgänge zur Ausführung kommen müssen. Sowohl die Carry-Bits wie auch die Zwischenergebnisse müssen abgespeichert werden.

Zunächst sei, ehe das Flußdiagramm besprochen wird, der Ausgangszustand in einer Tabelle niedergelegt. Die Daten, mit denen gerechnet werden soll, stehen also schon im RAM.

Vom Anwender gewählte Namen für die Adressenplätze, auf den die zu verarbeitenden Daten gespeichert werden	Die Adressen im RAM (Speicherplatz)	Die eingespeicherten Daten vor der Rechnung (Inhalt Speicherplatz)
FELD 1	035B	D7
FELD 2	035C	1C
FELD 3	035D	59
FELD 4	035E	95
FELD 5	035F	98
FELD 6	0360	78

Abb. 14.47 Speicherplatztabelle zum 2. Programmbeispiel

Links stehen in der Tabelle die Namen FELD 1, FELD 2 usw. Es sind willkürlich gewählte Namen anstelle der Speicheradressen im RAM.

Bei der Programmbearbeitung ist es klar geworden, daß der Umgang mit mnemonischen Kurzausdrücken in der Darstellung von Instruktionen zu einer wesentlichen Erleichterung führt. Diese Kurzausdrücke können als Namen der zugehörigen Maschinenbefehle gelten. Die Übersetzung übernimmt normalerweise ein Sprachübersetzer, Assembler genannt, wenn nicht der Anwender selbst, z. B. bei sehr kleinen Programmen, die Ausdrücke vor Eingabe in den Computer in die Maschinensprache umcodiert.

Nun treten im Programmablauf Instruktionen auf, die ein 2. und 3. Byte mit sich führen, in denen eine Adresse steckt. Das kann, je nach Befehl, eine RAM-Adresse oder auch eine Programmadresse sein, die im Festwertspeicher steht. Es ist für den Programmbearbeiter zunächst unwichtig, welcher Speicherplatz z. B. im RAM genommen wird. Er ordnet den Speicherplätzen, so wie sie anfallen, einfach die Namen – willkürlich gewählt – FELD 1, FELD 2 usw. zu. Erst nach Fertigstellung des Programms werden für diese Namen die gewählten Speicherplätze eingesetzt. Schaltet man als Sprachübersetzer einen Assembler ein, überträgt man ihm diese Aufgabe, so daß sich der Anwender nicht um die Adressenorganisation zu kümmern braucht. Das gleiche gilt für Sprungbefehle, deren Adressen ebenfalls mit symbolischen Namen belegt werden und dann vom Assembler interpretiert werden können. In der 2. Spalte der Tabelle sind die RAM-Adressen aufgeführt. Die Wahl dieser Speicherplätze kann nun vom Anwender oder aber auch vom Assembler kommen. In der Spalte rechts befinden sich die eingelesenen Daten, die unter den angegebenen Speicheradressen Platz gefunden haben.

14.6.2.1 Flußdiagramm

Da dem Addierwerk zur gleichen Zeit nur 8 Bit zugeführt werden können, muß der Additionsvorgang 3mal erfolgen. Hier könnte man einen Algorithmus vorsehen, der bewirkt, daß das gleiche Programm 3mal abgearbeitet wird.

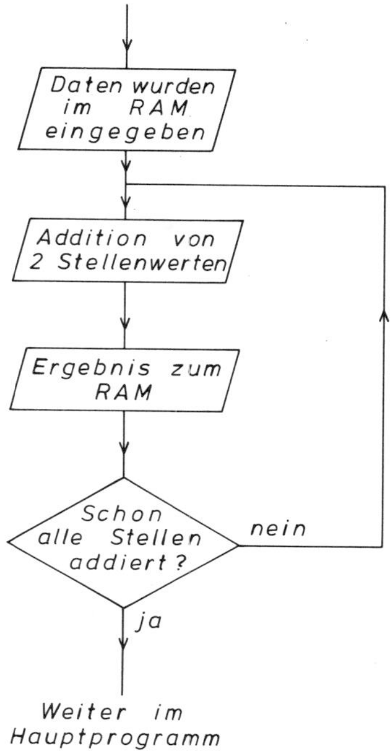

Abb. 14.48 Flußdiagramm zum 2. Programmbeispiel

Jetzt beginnt die Bearbeitung des erweiterten Flußdiagramms. Das bedeutet, daß diejenigen Funktionsschritte innerhalb des Mikroprozessors überlegt werden müssen, für die später auch ein entsprechender Befehl eingesetzt werden kann.
Für das nun folgende Flußdiagramm gelten folgende Überlegungen:
In das beliebig gewählte Register E wird eine 3 eingegeben, da 3 Additionen von 2 Stellenwerten zur Ausführung kommen.

Nun muß dafür gesorgt werden, daß die Adressen eingelesen werden, um die entsprechenden Speicherstellen ansprechen zu können, deren Inhalte addiert werden sollen. Eine Addition ist aber nur möglich, wenn zuvor einer der Operanden in den Akkumulator geschickt wurde. Dies erfordert grundsätzlich jede Rechenoperation. Der 2. Operand kann dann unmittelbar von einem Speicherplatz dem Rechenwerk zugeleitet werden.
Das Ergebnis, das nach der Addition wieder im Akkumulator steht, wird dann meistens zu der Speicherstelle zurückgeführt, wo noch der 1. Operand steht. Dieser Wert geht dann verloren.
Der zu Beginn eingegebene Wert 3 wird um 1 gemindert. Denn es folgen noch 2 Additionen.
Da dem Programm ein 2. Durchlauf bevorsteht, müssen zuvor noch die Speicheradressen um 1 erhöht (inkrementiert) werden. Das nächste Stellenpaar ist dran, addiert zu werden.
Bei jedem Durchlauf wird das Register E abgefragt, ob sein Inhalt inzwischen zu 0 geworden ist. Ist das der Fall – nach dem 3. Durchlauf –, erfolgt der Sprung auf die Befehlsadresse, die das Programm mit anderen Aufgaben fortsetzt. Das Endergebnis der Addition steht dann auf den Speicherplätzen, wo zuvor die 1. Operanden standen.

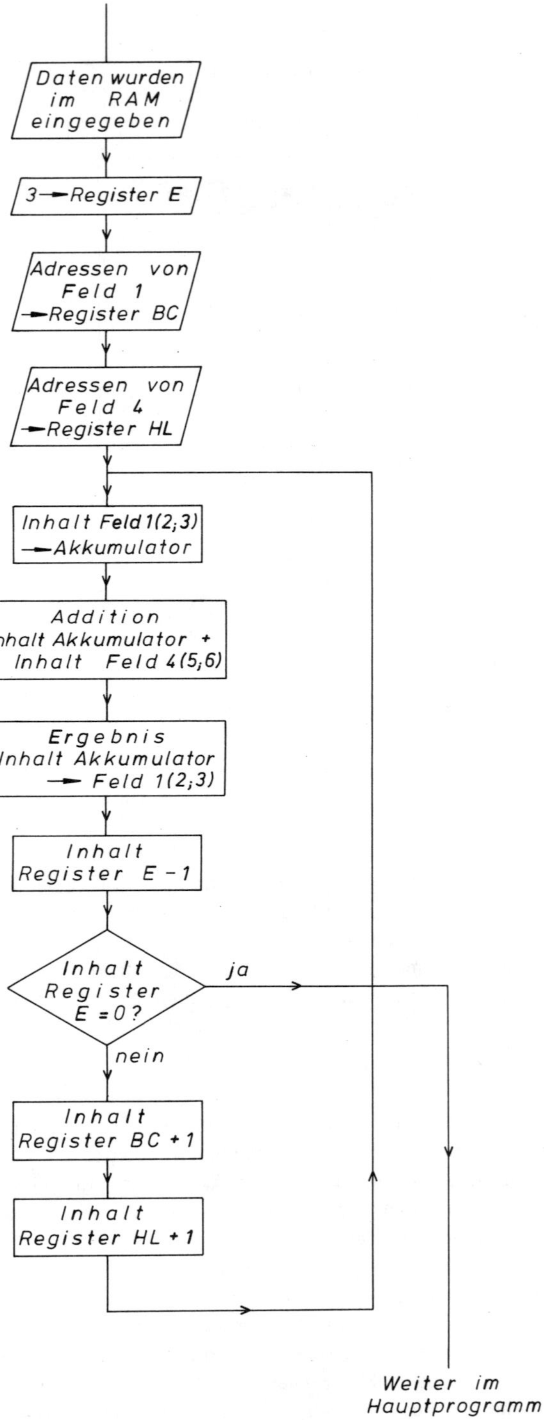

Abb. 14.49 Flußdiagramm zum 2. Programmbeispiel

Der Programmteil beginnt mit dem 11. Befehl. Seine Anfangsadresse wurde mit dem Wert 0016 festgelegt. Das Programm ist, so wie es in der Praxis geschieht, in der Assemblersprache geschrieben. Es besteht aus den letzten 3 Spalten der Tabelle, Abb. 14.50.
Um eine Vorstellung zu haben, wie das gleiche Programm im Festwertspeicher eingespeichert ist, folgt danach die Programmaufstellung in der Maschinensprache.

14.6.2.2 Die Befehlsliste zum Additionsprogramm

		Assembler-Programm		
Befehls-nummer	Befehls-adressen	Name einer Adresse	OP-Code	Operand
11	0016		MVI	E, 3
12	0018		LXI	B, Feld 1
13	001B		LXI	H, Feld 4
14	001E	BEGINN	LDAX	B
15	001F		ADC	M
16	0020		STAX	B
17	0021		DCR	E
18	0022		JZ	WEITER
19	0025		INX	B
20	0026		INX	H
21	0027		JMP	BEGINN
22	002A	WEITER	–	
23			–	

Abb. 14.50 Das Assemblerprogramm zum 2. Programmbeispiel

Willkürlich gewählte Namen sind BEGINN und WEITER. Sie stehen für die Befehlsadresse 001E und 002A. Das gleiche gilt für FELD 1 und FELD 4. Sie stehen für die RAM-Adressen 035B und 035E.

Dieses Programm enthält 11 Befehle, die unmittelbar mit der Addition zu tun haben. Aufgeführt wurden nicht die Befehle, die für das Einlesen und für die Ausgabe der Daten sorgen.

Bei der Durchsicht des Programms wird man feststellen, daß bei der Abarbeitung des Programms eine Befehlsfolge dreimal durchlaufen wird.

Die einzelnen Instruktionen bewirken die entsprechenden Operationen, die jeweils erklärt werden. Mit Hilfe der Blockschaltbilder läßt sich der Befehlsabruf und seine Ausführung gut verfolgen. Es ist zu beachten, daß in der Programmaufstellung die Befehle lückenlos aufeinander folgen ohne Rücksicht darauf, ob es sich um 1-Byte-, 2-Byte- oder 3-Byte-Befehle handelt. Der Assembler erkennt sofort bei der Entschlüsselung des Operations-Codes (OP-Code), ob noch ein 2. oder 3. Byte dazugehört. Die entsprechenden Informationen stecken dann im Operanden. Der OP-Code LXI beispielsweise erfordert ein 2. und 3. Byte. Während B (Befehlsnummer 12) als BC-Registerpaar im OP-Code-Bit-Muster mit eingearbeitet ist, gibt das Symbol FELD 1 dem 2. und 3. Byte seine ihm zugeordnete Adresse im RAM. Würde dieses Symbol hier fehlen, würde der Sprachübersetzer eine Fehlermeldung bringen.

14.6.2.3 Das Maschinenprogramm

Befehls-Nr.	Befehlsadressen (Zählerstände)	Das Programm im Festwertspeicher; Der Befehls-Code mit den Operanden
11	00000000 00010110	00011110
	00000000 00010111	00000011
12	00000000 00011000	00000001
	00000000 00011001	01011011
	00000000 00011010	00000011
13	00000000 00011011	00100001
	00000000 00011100	01011110
	00000000 00011101	00000011
14	00000000 00011110	00001010
15	00000000 00011111	10001110
16	00000000 00100000	00000010
17	00000000 00100001	00011101
18	00000000 00100010	11001010
	00000000 00100011	00101010
	00000000 00100100	00000000
19	00000000 00100101	00000011
20	00000000 00100110	00100011
21	00000000 00100111	11000011
	00000000 00101000	00011110
	00000000 00101001	00000000

Abb. 14.51 Das Programm in der Maschinensprache

Diesen Ausführungen folgen auf den nächsten Seiten eine Reihe von Blockschaltbildern, auf denen die Bewegungen der Daten und Adressen, ausgelöst durch die Befehle, verfolgt werden können. Dazu werden Erläuterungen gegeben.

14.6.2.4 Der interne Funktionsablauf

11. Befehl MVI E, 3

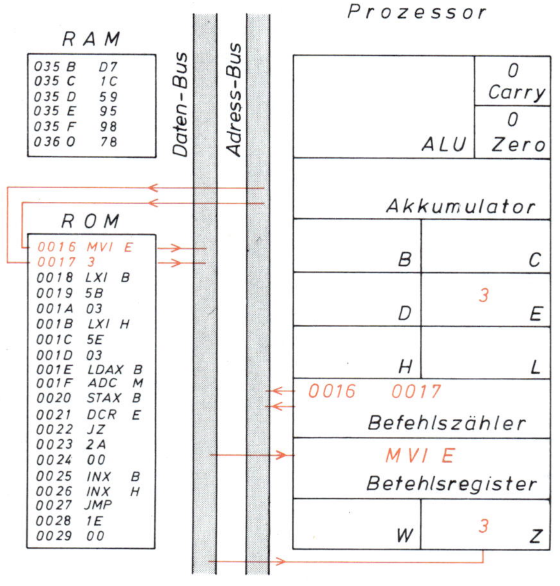

(Move immediate register)
2-Byte-Befehl

Mit diesem Befehl wird in das Register E die Zahl 3 eingelesen. Diese Operation ist zunächst notwendig, um festzuhalten, daß die Summanden in je 3 Speichern aufgeteilt stehen. Weitere Klärung folgt im Laufe des Programms.

Das 1. Byte, der Befehlscode, kommt ins Befehlsregister. Das 2. Byte des Befehls kommt ins Zwischenregister Z.

Nach der Interpretation des Gesamtbefehls wird in das Register E die Zahl 3 eingeschrieben.
Der Befehlszähler springt dann von 0017 auf den Befehl 0018.

12. Befehl LXI B, FELD 1

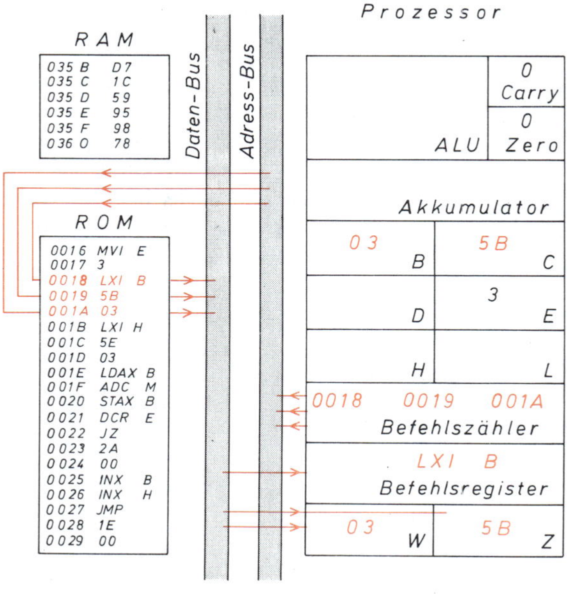

(Load register pair immediate)
3-Byte-Befehl

FELD 1 ist ein Name, dem die Adresse Nr. 035B zugeordnet und unter der der Wert D7 abgespeichert wurde.

Mit diesem Befehl wird erreicht, daß in das Registerpaar B C die Adresse von FELD 1 eingespeichert wird. Ins Register B werden die höheren, ins Register C die niederwertigen Bits geladen.

Das 2. und 3. Byte des Befehls werden von den Zwischenregistern W und Z aufgenommen.

13. Befehl LXI H, FELD 4

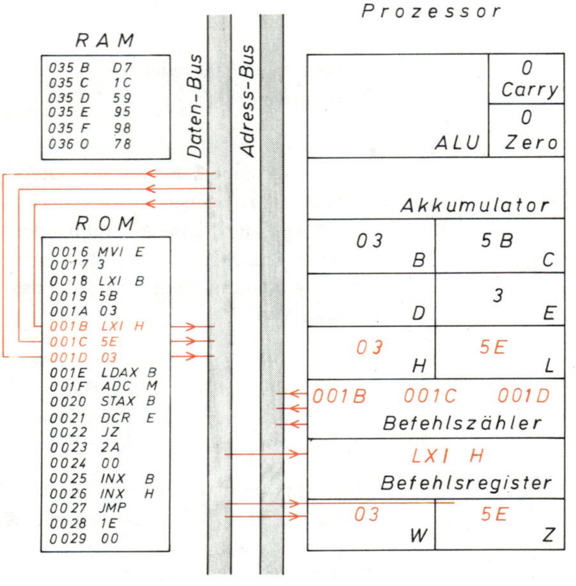

3-Byte-Befehl

Dieser Befehl entspricht dem vorhergehenden Befehl. Ins Register H L wird die Adresse von FELD 4 gespeichert.

14. Befehl LDAX B

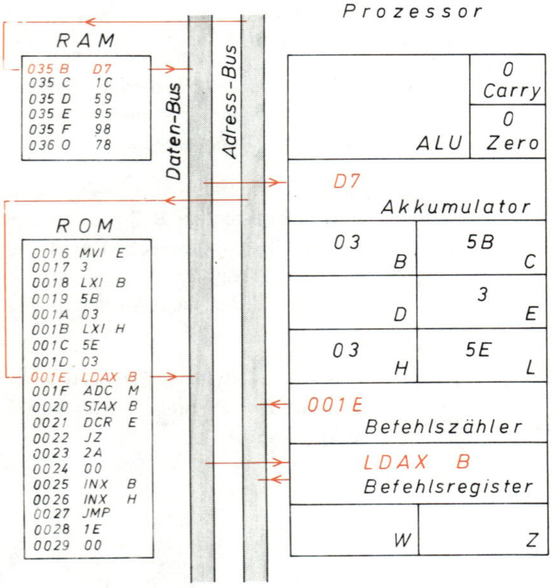

(Load accumulator indirect)
1-Byte-Befehl

Dieser Befehl veranlaßt, daß die zu verarbeitenden Daten in den Akkumulator kommen, die durch die Adresse, die im Registerpaar B C steht, spezifiziert sind. Es handelt sich um den Datenwert D7, der nun im Akkumulator zwischengespeichert ist.

15. Befehl ADC M

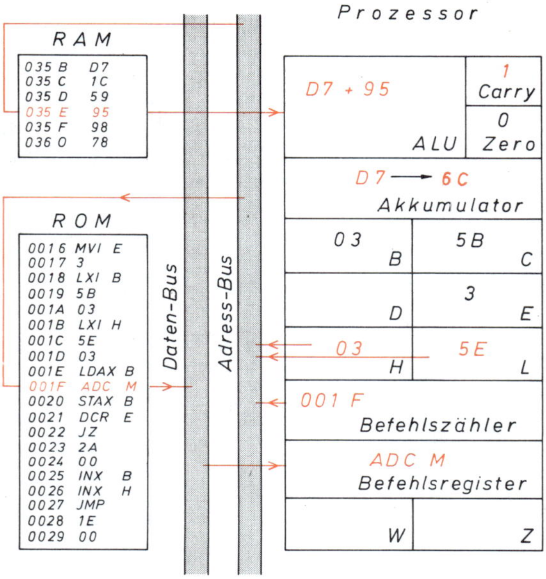

(Add memory to accumulator with carry)
1-Byte-Befehl

Der Datenwert 95, dessen Adresse im Registerpaar H L steht, wird zum Inhalt des Akkumulators addiert. Hinzu kommt eventuell ein Übertrag, der im Übertrag-FF abgespeichert ist.
Die Summe, hier 6C, ersetzt den Wert des Akkumulators.
Der Übertrag setzt das Carry-Bit.

16. Befehl STAX B

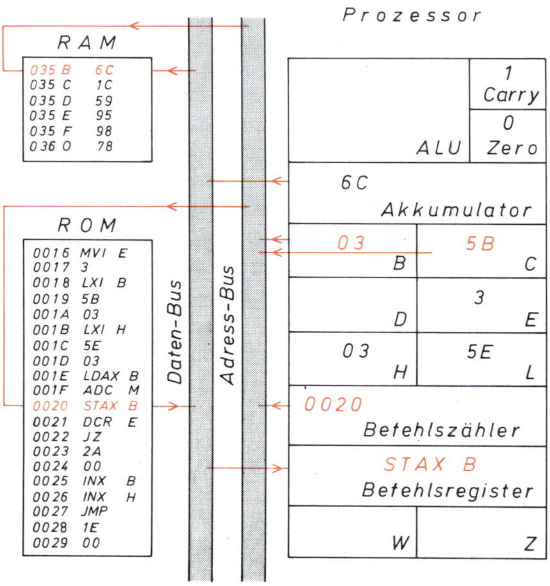

(Store accumulator indirect)
1-Byte-Befehl

Das Ergebnis der Addition, zur Zeit im Akkumulator, wird in die Speicherzelle gebracht, dessen Adresse im Registerpaar B C steht.
Der alte Datenwert D7 wird durch die Teilsumme 6C ersetzt.

17. Befehl DCR E

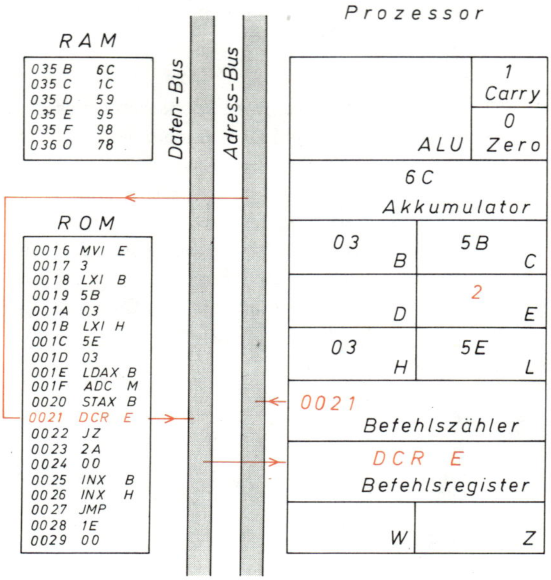

(Decrement register)
1-Byte-Befehl

Vom Inhalt des Registers E wird 1 subtrahiert (3 − 1 = 2).
Bei dieser Operation wird das Carry-Bit nicht beeinflußt.

18. Befehl JZ WEITER

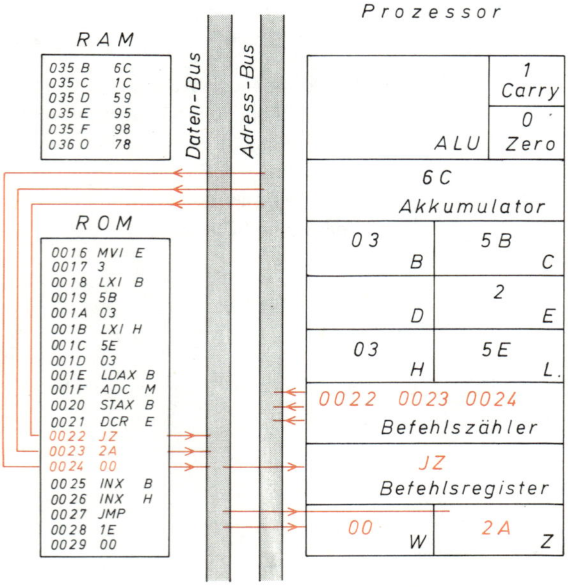

(Jump on zero)
3-Byte-Befehl

Die Ausführung dieses Befehls richtet sich nach der Ausführung des vorhergehenden Befehls. Wenn hier das Ergebnis 0 gewesen wäre, würde ein Bedingungsbit, das Null-Bit (Zero-Bit), gesetzt worden sein. Auf Grund dieses Null-Bits müßte dann das Programm mit dem Befehl WEITER – er steht für die Befehlsadresse 002A – fortgesetzt werden.
Im vorliegenden Falle kommt aber der Befehl 19 zur Ausführung, da Zero-Bit = 0.

19. Befehl INX B

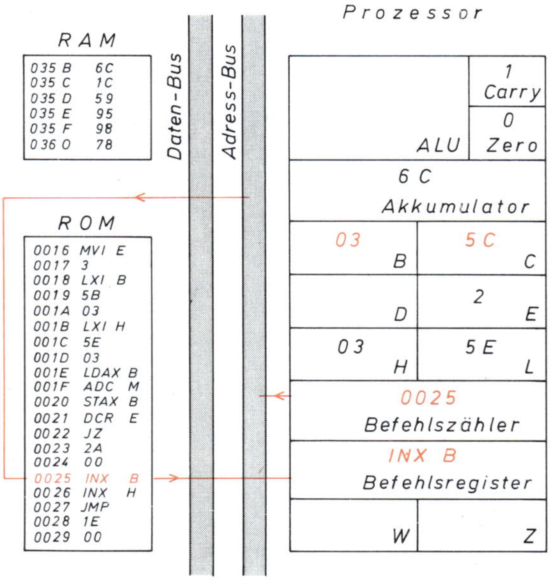

(Increment register pair)
1-Byte-Befehl

Der Inhalt des Registerpaares B C wird um 1 erhöht. Die neue Adresse lautet: 035C. Bei dieser Operation wird das Carry-Bit nicht beeinflußt.

20. Befehl INX H

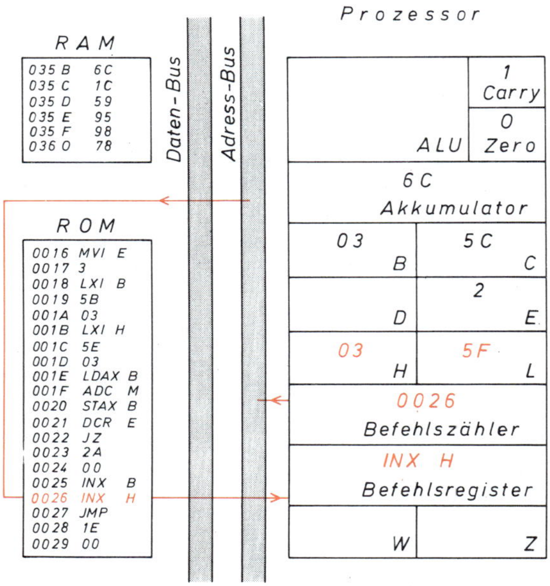

(Increment register pair)
1-Byte-Befehl

Der Inhalt des Registerpaares H L wird um 1 erhöht. Die neue Adresse lautet: 035F.

21. Befehl JMP BEGINN

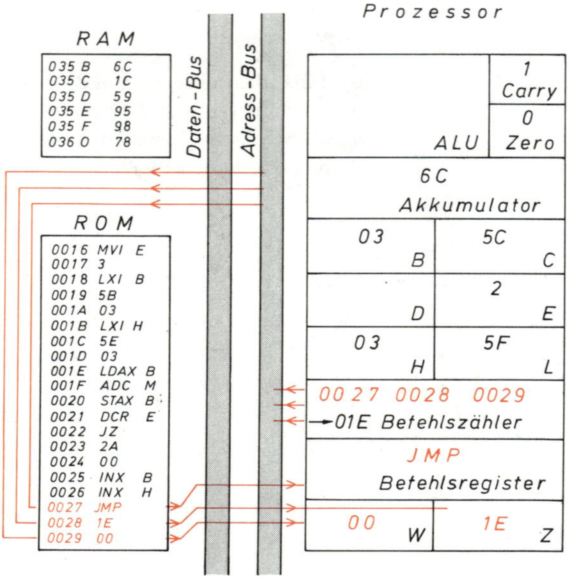

(Jump unconditional)
3-Byte-Befehl

Das Programm wird mit dem Befehl Nummer 14, dem der Name BEGINN zugeordnet wurde, durch einen Rücksprung in der Befehlskette fortgesetzt.

Ein Teil des Programms wird jetzt erneut abgearbeitet. Die nächsten 2 Bytes der Summanden 1C und 98 werden addiert. Dabei ist zu beachten, daß ein Carry-Bit berücksichtigt werden muß. Der Inhalt des Registers E verringert sich um den Betrag 1.
Dann erfolgt nochmals ein Rücksprung zur Befehlsnummer 14. Es erfolgt die Addition der letzten Bytes der Summanden. Das fertige Ergebnis ist dann unter den Adressen 035D, 035C und 035B abgespeichert. Register E wird zu 0. Zero-Bit 1 bedeutet: Sprung zur angegebenen Befehlsnummer 22. Hier könnten weitere Befehle aufgeführt sein, die für die nächsten Operationen sorgen bzw. die das Ergebnis in die Ausgabe bringen.

14.6.2.5 Der DAA-Befehl

Im Additionsprogramm wurde vorausgesetzt, daß die zu addierenden Ausgangsdaten schon im RAM abgespeichert waren. Hätte man diese Daten eingeben müssen, wäre es notwendig gewesen, die Zahlenwerte in die hexadezimale Form umzusetzen, denn das Rechenwerk führt nur Rechnungen mit Zahlen aus, die dual verschlüsselt vorliegen. Was würde geschehen, gäbe man die Zahlenwerte in der uns gewohnten Dezimalform ein. Jede Ziffer würde dann in ihrem Dualwert (BCD-Code) den Platz eines Halb-Bytes einnehmen.
Eine Addition der im BCD-Code vorliegenden Zahlen würde nur dann zum richtigen Resultat führen, wenn die resultierenden Bitmuster der einzelnen Halb-Bytes keine Hexadezimalzahlen im Bereich A ... F ergeben und wenn während der Addition der linken bzw. rechten Byte-Hälften keine Überträge auftreten.
Um aber die dezimale Darstellung auf jeden Fall als Endergebnis sicherzustellen, muß eine Korrektur durch Addition mit der Zahl 6 immer dann durchgeführt werden, wenn

1. die eine Ergebnishälfte größer als 9 ist,
2. ein Übertrag im H-Flag abgespeichert wurde,
3. ein Übertrag im C-Flag abgespeichert wurde.

So würde die Addition der im Beispiel verwendeten Zahlen zunächst zu folgenden Zwischenergebnissen führen:

5840087 + 7903381

	0000	0101	1000	0100	0000	0000	1000	0111	
+	0000	0111	1001	0000	0011	0011	1000	0001	
		1111				1		111	
	0000	1101	0001	0100	0011	0100	0000	1000	: Zwischenergebnis. Hier setzt der DAA-Befehl an
+		0110	0110				0110		
	1	1							
	0001	0011	0111	0100	0011	0100	0110	1000	
	1	3	7	4	3	4	6	8	: Endergebnis

Bei dieser Addition treten Überträge und Hexadezimalzahlen auf. Daher sind Korrekturen notwendig. Diese Korrektur übernimmt der DAA-Befehl. Werden die beiden ersten niederwertigen Ziffern durch den Rechnerbefehl ADD M zur Addition geführt und das Ergebnis im Akkumulator abgespeichert, sorgt der dann folgende Befehl DAA, daß die Korrektur des Akkuinhalts 00001000 zu 01101000 erfolgt. Anlaß dazu gibt das Hilfs-Carry-Bit, das durch den Übertrag aus dem linken Halb-Byte gesetzt wurde.

Die drei weiteren Additionen, jeweils gefolgt vom DAA-Befehl, führen zu entsprechenden Korrekturen, ersichtlich oben in der aufgeführten Rechnung. Diese Dezimalkorrektur ist auch im Blockschaltbild 14.40 mit angegeben worden.

Übungsaufgaben

1. Was ist ein Programm?
2. Was hat die Assemblersprache mit der Programmierung zu tun?
3. Was unterscheidet das Dezimalsystem vom Hexadezimalsystem?
4. Wozu ist ein Stackpointer gut?
5. Was besagt die Instruktion SHLD FELD 6, wenn dem FELD 6 der Datenwert 0C E3 zugeordnet wurde?
6. Wohin kommen zunächst alle Daten, wenn sie über den Eingabebaustein eingelesen werden?
7. Entschlüsseln Sie mit Hilfe der Befehlsliste die Instruktionen des folgenden kleinen Programms. Es treten Adresswerte auf, deren Inhalte im RAM stehen. Der Speicherplatz 0B35 soll die Daten D_1 und der Speicherplatz 0B36 die Daten D_2 beinhalten. Gesucht: Ergebnis auf Speicherplatz 0B35. Setzen Sie für D_1 und D_2 beliebige Zahlenwerte im Bereich 0 ... 99 dezimal ein. Bedingung: $D_1 \geqq D_2$.
   Vollziehen Sie die im Mikroprozessor ablaufenden Operationen in der Maschinensprache nach.

LXI	D	MVI	A
35		9A	
0B		SUB	M
LXI	H	XCHG	
36		ADD	M
0B		DAA	
		MOV	M, A

Welche Rechenoperation wird hier bewerkstelligt? Obgleich Dateneingabe und Datenausgabe sowie die Möglichkeit, mit mehrstelligen Daten zu operieren, fehlen, ist der Programmaufwand beachtlich. Wo liegt die Ursache, daß die Rechenoperation nicht mit einem dafür doch eigentlich im Befehlsvorrat greifbaren Befehl zu lösen ist?

14.7 Schlußbemerkung

Bei der Bearbeitung des Kapitels 14 wird Ihnen sicherlich sehr bald der Gedanke gekommen sein, daß der Mikroprozessor mit seiner vielfältig verflochtenen Arbeitsweise kein Baustein ist, den man umfassend von heute auf morgen in den Griff bekommt. Dazu reicht auf keinen Fall das Dargebotene, das im Rahmen dieses Buches nur grundlegenden Charakter haben konnte. Aber es wäre schon viel gewonnen, wenn der Einstieg in das Reich des Mikroprozessors dazu beigetragen hat, die wesentlichen Funktionsabläufe und das Zusammenspiel aller Einheiten zu verstehen und darüber hinaus die Erkenntnis wuchs, daß sich dem Prinzip der programmierten Steuerung künftig ein sehr weites Betätigungsfeld, fast grenzenlos in seiner Ausdehnung, eröffnen wird.
Mit dem erworbenen Grundwissen müßte es möglich sein, den allgemeinen Veröffentlichungen über Mikroprozessoren zu folgen und grundlegende Kenntnisse durch weiteres Studium zu vertiefen.

Die wichtigsten Schaltzeichen mit Beispielen aus der digitalen Informationsverarbeitung nach DIN 40700 Teil 14

Binäre Verknüpfungsglieder

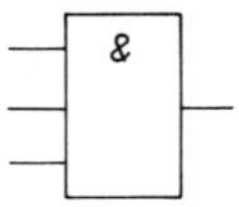	**UND-Glied** Die Variable am Ausgang nimmt nur dann den Wert 1 an, wenn die Variablen an allen Eingängen den Wert 1 haben.
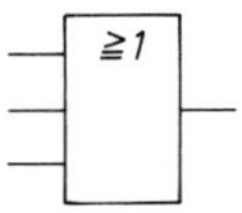	**ODER-Glied** Die Variable am Ausgang nimmt nur dann den Wert 1 an, wenn an mindestens einem Eingang die Variable den Wert 1 hat.
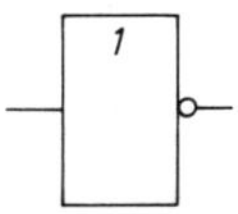	**NICHT-Glied** Die Variable am Ausgang nimmt nur dann den Wert 0 an, wenn die Variable am Eingang den Wert 1 hat.
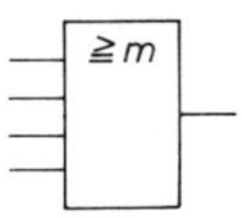	**Schwellen-Glied** Die Variable am Ausgang nimmt nur dann den Wert 1 an, wenn die Anzahl der Eingänge, an denen die Variablen den Wert 1 haben, die Zahl m erreicht oder überschreitet. *Anmerkung: m ist immer kleiner als die Gesamtzahl n der Eingänge.*
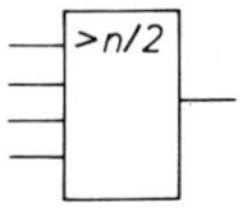	**Majoritäts-Glied** Die Variable am Ausgang nimmt nur dann den Wert 1 an, wenn an der Mehrzahl der Eingänge die Variablen den Wert 1 haben.
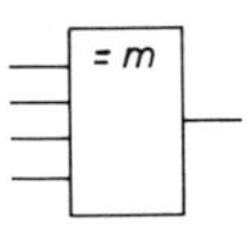	**(m aus n)-Glied** Die Variable am Ausgang nimmt nur dann den Wert 1 an, wenn an m und nur an m von seinen insgesamt n Eingängen die Variablen den Wert 1 haben. *Anmerkung: m ist immer kleiner als die Anzahl n der Eingänge.*

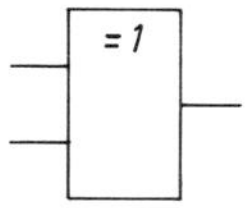

Exklusiv-ODER-Glied

Die Variable am Ausgang nimmt nur dann den Wert 1 an, wenn an einem, und nur an einem Eingang die Variable den Wert 1 hat. Wegen der Unklarheit, die entsteht, wenn der Ausdruck „Exklusiv-ODER" auf Schaltglieder mit mehr als 2 Eingängen angewendet wird, sind hier nur 2 Eingänge angegeben.

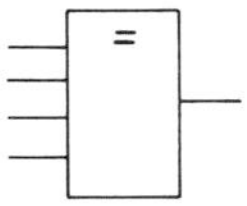

Äquivalenz-Glied

Die Variable am Ausgang nimmt nur dann den Wert 1 an, wenn entweder an allen Eingängen die Variablen den Wert 1, oder wenn an allen Eingängen die Variablen den Wert 0 haben.

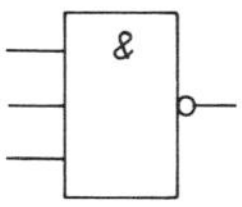

UND-Glied mit negiertem Ausgang, NAND-Glied

Die Variable am Ausgang nimmt nur dann den Wert 0 an, wenn die Variablen an allen Eingängen den Wert 1 haben.

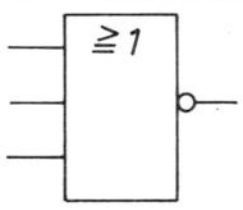

ODER-Glied mit negiertem Ausgang, NOR-Glied

Die Variable am Ausgang nimmt nur dann den Wert 0 an, wenn an mindestens einem Eingang die Variable den Wert 1 hat.

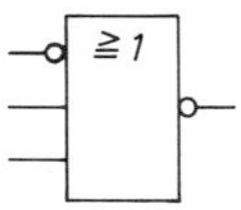

NOR-Glied mit einem negierten Eingang

Die Variable am Ausgang nimmt nur dann den Wert 0 an, wenn am oberen Eingang die Variable den Wert 0 hat und/oder an einem oder beiden unteren Eingängen die Variable den Wert 1 hat.

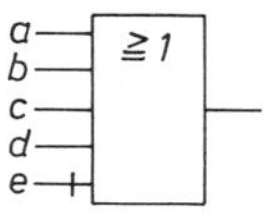

ODER-Glied mit Sperr-Eingang

Das Schaltzeichen ist eine vereinfachte Darstellung von:

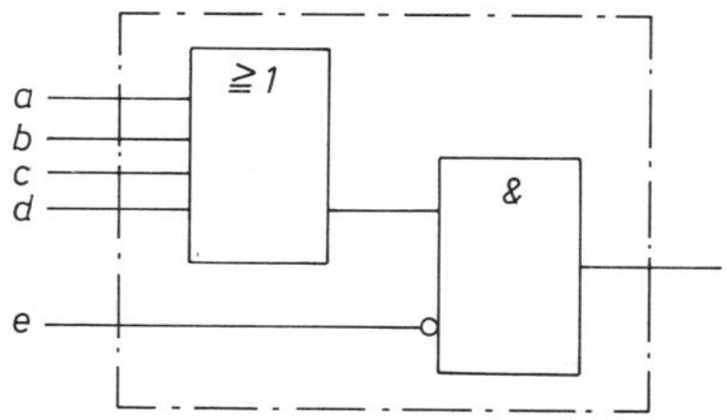

Wert 1 an „e" verhindert, daß Ausgang den Wert 1 annimmt.

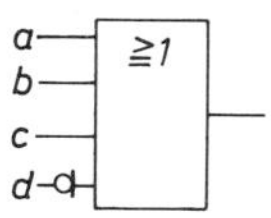

ODER-Glied mit negiertem Sperr-Eingang

Das Schaltzeichen ist eine vereinfachte Darstellung von:

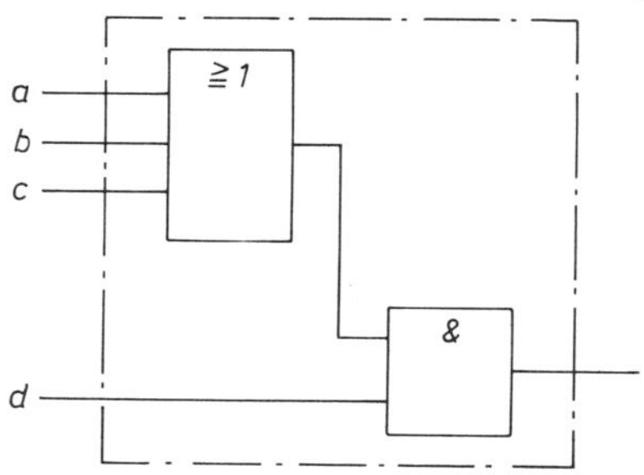

Wert 0 an „d" verhindert, daß Ausgang den Wert 1 annimmt.

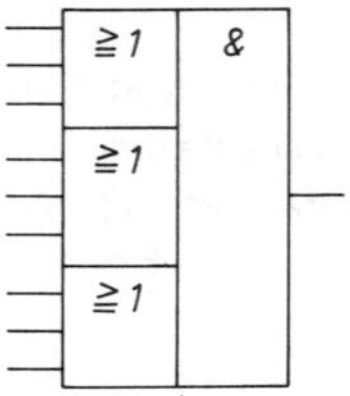

Drei ODER-Glieder unabhängig voneinander und direkt verbunden mit einem UND-Glied

Das Schaltzeichen ist eine Vereinfachte Darstellung von:

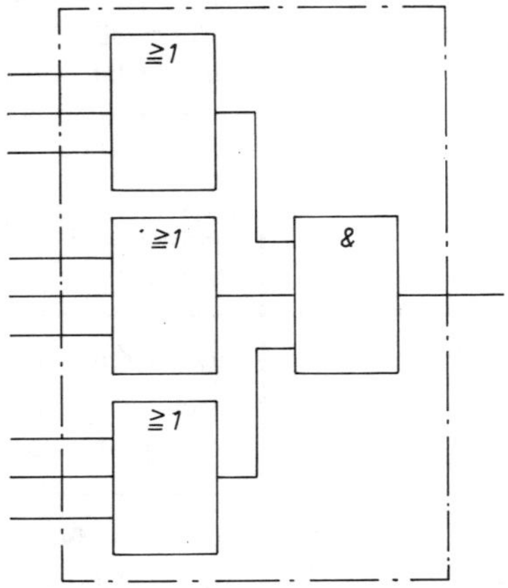

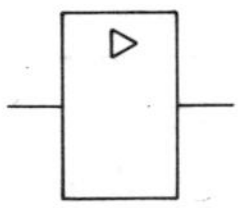

Nicht negierender Verstärker

Der Ausgang nimmt nur dann den Wert 1 an, wenn die Variable am Eingang den Wert 1 hat.

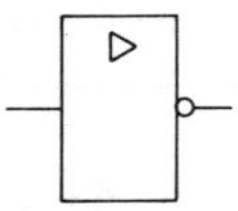

Negierender Verstärker

Der Ausgang nimmt nur dann den Wert 0 an, wenn die Variable am Eingang den Wert 1 hat.

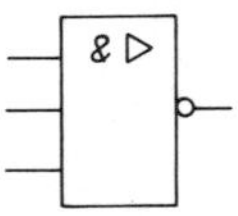

Leistungs-NAND-Glied

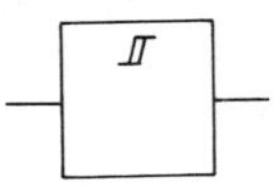

Schmitt-Trigger mit binärem Ausgangssignal

Die Variable am Ausgang nimmt den Wert 1 an, wenn das Eingangssignal einen spezifischen Schwellwert (u_2) in der angegebenen Richtung überschreitet.

Die Variable am Ausgang behält den Wert 1 so lange bei, bis das Eingangssignal einen spezifischen Schwellwert (u_2) unterschreitet.

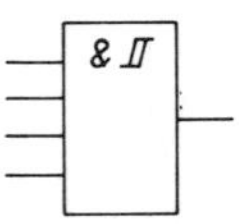

Schmitt-Trigger mit vier Eingängen

Die Eingangssignale werden zuerst durch UND verknüpft; anschließend wird die resultierende Schaltvariable über einen Schmitt-Trigger an den Ausgang geführt.

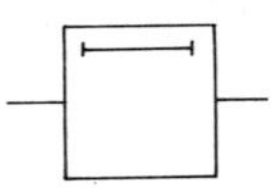

Verzögerung, Allgemein

Jeder Übergang zwischen den beiden Werten der Variablen am Eingang bewirkt einen um jeweils die gleiche Zeit verzögerten Übergang zwischen den Werten der Variablen am Ausgang.

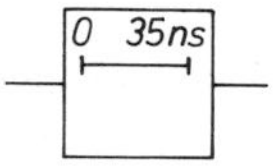

Der Übergang vom Wert 0 zum Wert 1 der Variablen am Ausgang ist nicht verzögert in bezug auf denselben Übergang am Eingang. Der Übergang vom Wert 1 zum Wert 0 der Variablen am Ausgang erfolgt 35 ns nach demselben Übergang am Eingang.

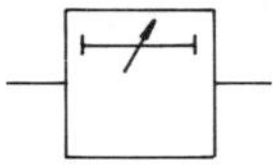

Variables Verzögerungsglied

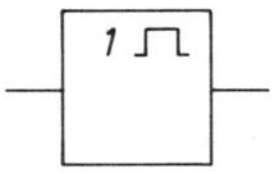

Monostabiles Kippglied

Die Variable am Ausgang nimmt den Wert 1 an, wenn die Variable am Eingang den Wert 1 annimmt; die Ausgangsvariable behält den Wert für eine bestimmte Zeit, unabhängig von der Dauer des Wertes 1 der Variablen am Eingang. Die Dauer des Ausgangsimpulses wird durch die Eigenschaften des monostabilen Kippgliedes bestimmt. Das Funktionskennzeichen 1⎍ macht keine Aussage über die Art und Polarität des Ausgangsimpulses.

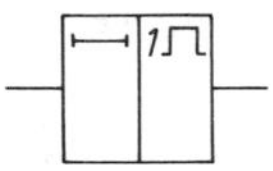

Monostabiles Kippglied mit Verzögerung

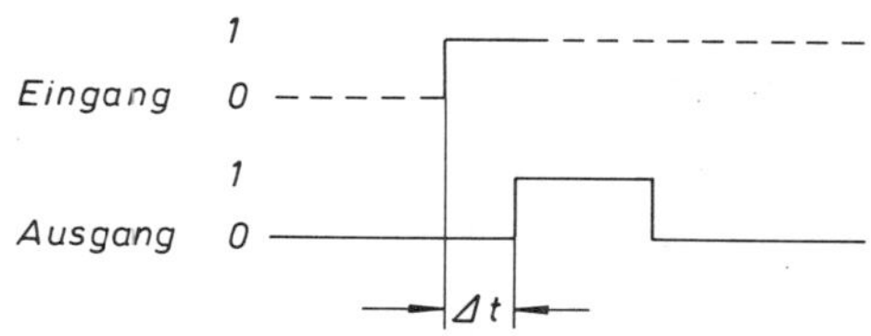

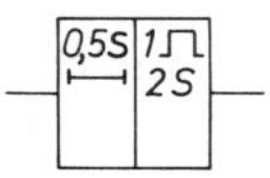

Monostabiles Kippglied mit Verzögerung und Angabe der charakteristischen Werte

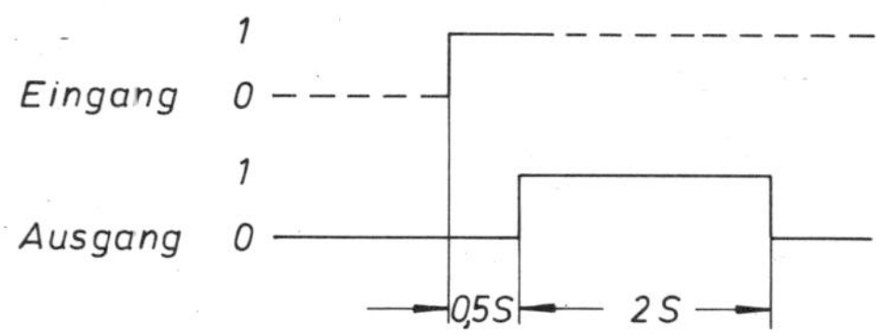

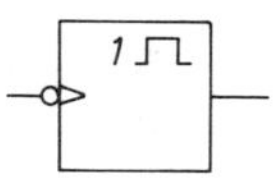

Monostabiles Kippglied mit invertiertem, dynamischen Eingang

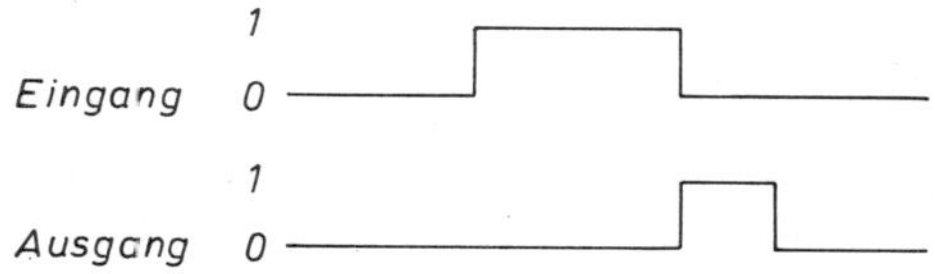

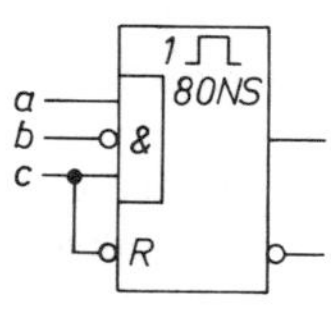

Monostabiles Kippglied

Wenn die Variablen an den Eingängen a, b und c die Werte 1, 0 und 1 angenommen haben, erscheint an den Ausgängen ein Impuls von 80 ns Dauer.

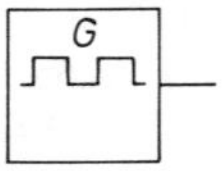

Astabiles Kippglied

An das Schaltzeichen können auch Steuereingänge geführt werden.

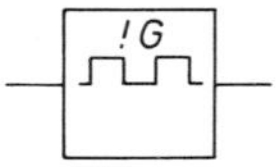

Synchron anlaufendes astabiles Kippglied

Wenn die Variable am Eingang den Wert 1 annimmt, erscheint am Ausgang eine Impulsfolge. Die Impulsfolge beginnt mit einem vollen Impuls.

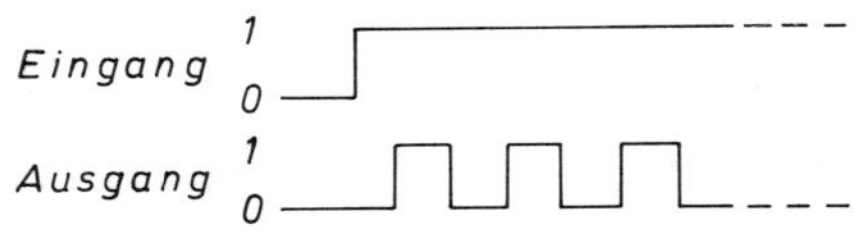

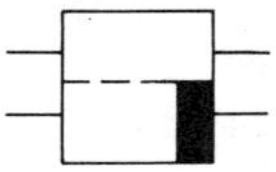

Bistabiles Kippglied mit besonders gekennzeichneter Grundstellung

Der gekennzeichnete Ausgang hat in einer besonders zu definierenden Grundstellung den Wert 1.

Anmerkung: Wenn keine Unklarheiten entstehen, braucht das Rechteck nicht ausgefüllt zu werden.

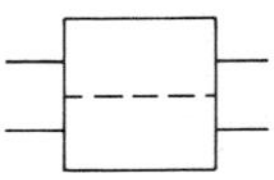

Wenn die Variable am Eingang den Wert 1 hat, nimmt die Variable am Ausgang, die im gleichen Feld des Schaltzeichens liegt, den Wert 1 an.

Die Variablen von zwei Ausgängen oder Gruppen von Ausgängen, die sich in den durch die gestrichelte Linie gebildeten Feldern des Schaltzeichens gegenüberliegen, haben komplementäre Werte. Der Informationsfluß verläuft parallel zur gestrichelten Linie. Diese Linie muß nicht durch die Mitte des Schaltzeichens gehen. Mehrere Eingänge derselben Art können durch ein entsprechendes Schaltzeichen wie für das UND, Exklusiv-ODER, usw. zusammengefaßt werden und so auf das bistabile Kippglied wirken. Es ist nicht notwendig, eine ODER-Verknüpfung zwischen Eingängen derselben Art am Kippglied durch ein Schaltzeichen darzustellen.

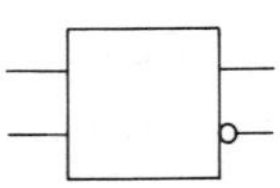

Um eine einfachere Darstellung zu erzielen und um Raum für zusätzliche Eintragungen innerhalb der Kontur zu gewinnen, kann die gestrichelte Linie im Schaltzeichen von bistabilen Kippgliedern entfallen, wenn dadurch keine Unklarheiten entstehen. In diesem Fall sind alle Ausgänge – gegebenenfalls durch Verwendung des Negationskennzeichens – so anzugeben, daß die im definierten 1-Zustand (Setz-Zustand) des Kippgliedes an den Ausgängen auftretenden Werte der Variablen gezeigt werden.

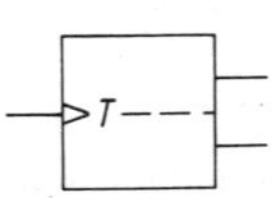

T-Kippglied (Binärteiler)

Wenn bei der Variablen am Eingang der Übergang vom Wert 0 zum Wert 1 eintritt, dann gehen die Werte der Variablen an den Ausgängen in die komplementären über. Wenn die Variable am Eingang den Wert 0 einnimmt, ändern sich die Werte der Variablen an den Ausgängen nicht.

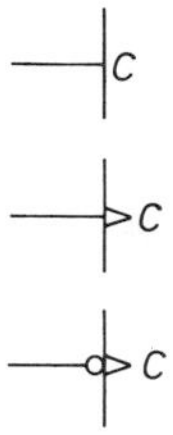	**C-Eingang (Takt-Eingang)** Takt-Eingang mit Zustandssteuerung. Die Variablen an den Eingängen, die von C abhängen, werden bei C = 1 wirksam. Takt-Eingang mit Flankensteuerung. Die Variablen an den Eingängen, die von C abhängen, werden nur beim 0-1-Übergang von C wirksam. Takt-Eingang mit Flankensteuerung. Die Variablen an den Eingängen, die von C abhängen, werden nur beim 1-0-Übergang von C wirksam.
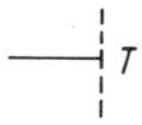	**T-Eingang** Der T-Eingang bewirkt jedesmal einen Zustandswechsel des bistabilen Kippgliedes, wenn seine Variable den Wert 1 annimmt. Die Rückkehr dieser Variablen zum Wert 0 bewirkt keine Änderung des Zustands.
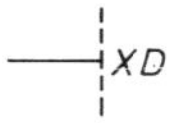	**D-Eingang** Ein D-Eingang ist immer einem anderen Eingang untergeordnet, häufig ist dies ein C-Eingang. Das Kippglied nimmt den Zustand an und speichert ihn, der gleich dem Wert der Variablen am D-Eingang ist.
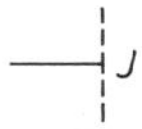	**J-Eingang** Setzeingang wie der S-Eingang, jedoch mit der zusätzlichen Eigenschaft, daß das bistabile Kippglied seinen komplementären Zustand annimmt, wenn die Variablen an den Eingängen J und K beide den Wert 1 haben.
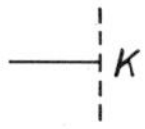	**K-Eingang** Rücksetzeingang wie der R-Eingang, jedoch mit der zusätzlichen Eigenschaft, daß das bistabile Kippglied seinen komplementären Zustand annimmt, wenn die Variablen an den Eingängen J und K beide den Wert 1 haben.
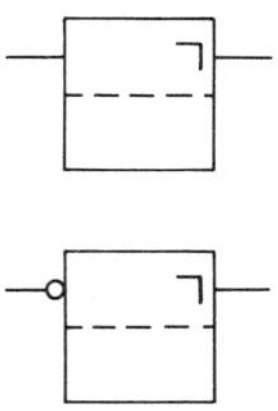	**Retardierter Ausgang** Die Ausgangsvariable nimmt den Wert 1 erst dann an, wenn die Eingangsvariable wieder vom Wert 1 auf den Wert 0 zurückkehrt. Die Ausgangsvariable nimmt den Wert 1 erst dann an, wenn die Eingangsvariable wieder vom Wert 0 auf den Wert 1 zurückkehrt. Das Zeichen ¬ macht keine Aussage über die Richtung des Zustandswechsels des Trigger- oder Ausgangssignals.
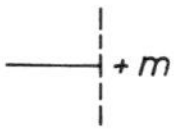	**Zähleingang, vorwärts** Jedesmal, wenn die Variable am Eingang den Wert 1 angenommen hat, wird der Zählerstand um m erhöht. *Anmerkung: m ist durch die entsprechende Zahl zu ersetzen. Wenn m gleich 1 ist, kann die „1" entfallen.*
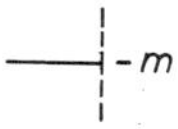	**Zähleingang, rückwärts** Jedesmal, wenn die Variable am Eingang den Wert 1 angenommen hat, wird der Zählerstand um m erniedrigt. *Anmerkung: m ist durch die entsprechende Zahl zu ersetzen. Wenn m gleich 1 ist, kann die „1" entfallen.*

Phantom-Verknüpfungen

Eine Phantom-Verknüpfung ist die Verbindung von Ausgängen mehrerer Binärschaltungen, um den Effekt einer Schaltfunktion zu erzielen und ohne dafür ein Verknüpfungsglied zu benutzen.

Anmerkung: Die Verbindungslinien müssen sich nicht in die Raute hinein erstrecken. Die Kennzeichen für UND und ODER können am Ausgang von davor angeordneten Schaltzeichen oder an anderen entsprechenden Stellen wiederholt werden.

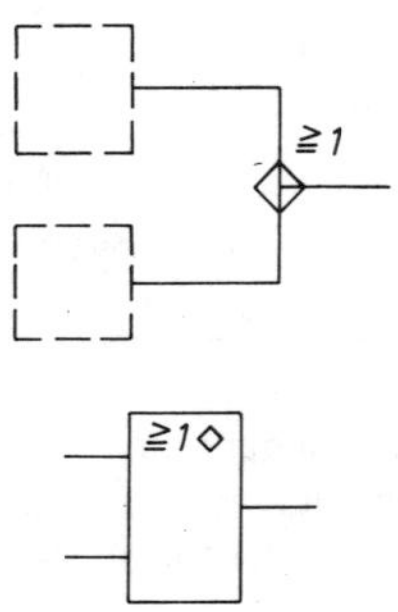	**Phantom-ODER-Verknüpfung; wahlweise Darstellungen**
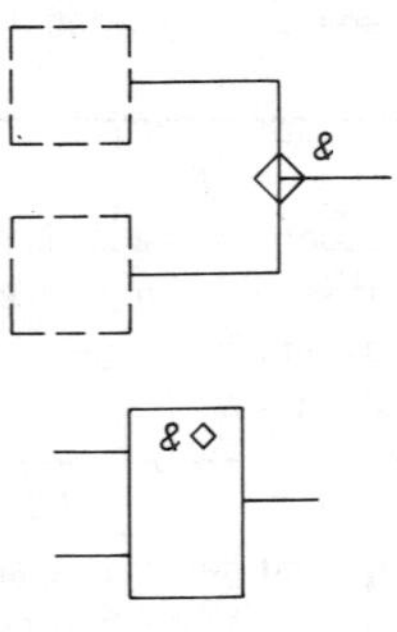	**Phantom-UND-Verknüpfung; wahlweise Darstellungen**
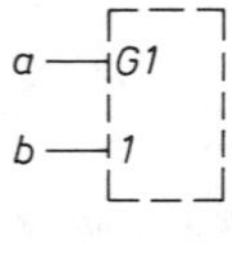	**Eingang, der einen anderen Eingang steuert; UND-Verknüpfung** 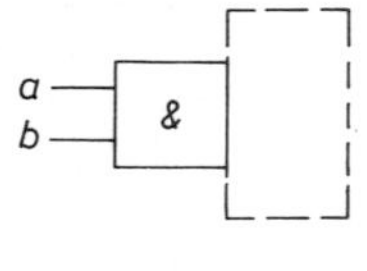
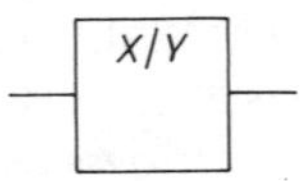	**Codierer, Grundschaltzeichen** **Signalpegel-Umsetzer** X und Y können durch geeignete Bezeichnungen der Eingangs- und Ausgangsinformation ersetzt werden.

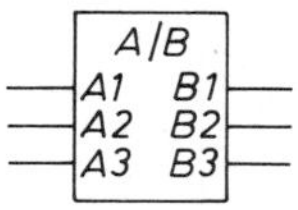

Angabe des Zusammenhangs zwischen Eingängen und Ausgängen durch eine Tabelle

A1	A2	A3	B1	B2	B3
0	0	0	1	0	0
0	0	1	0	0	0
0	1	0	0	1	0
0	1	1	0	0	0
1	0	0	0	0	0
1	0	1	0	0	0
1	1	0	0	0	1
1	1	1	0	0	0

oder

A	B
0	4
1	0
2	2
3	0
4	0
5	0
6	1
7	0

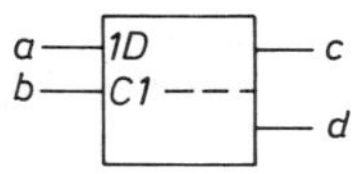

D-Kippglied

Wenn die Variable am C-Eingang den Wert 1 annimmt, wird der zu diesem Zeitpunkt vorhandene Wert der Variablen am D-Eingang im Kippglied gespeichert. Das Schaltzeichen ist eine vereinfachte Darstellung von:

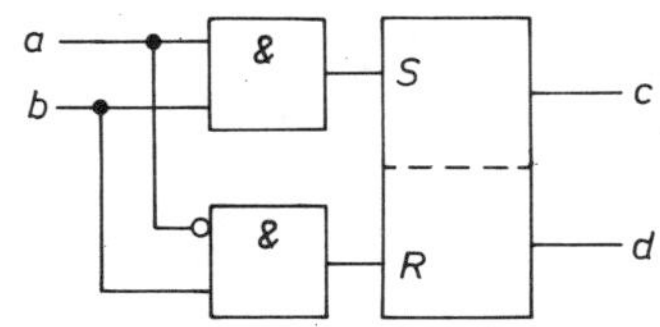

Ein Eingang, der die Funktion anderer Eingänge oder Ausgänge steuert, wird durch einen speziellen Buchstaben gekennzeichnet, der die Art der Verknüpfung angibt. Zur eindeutigen Bestimmung wird hinter diesem Buchstaben noch eine Zählnummer angefügt. Jeder Eingang oder Ausgang, der von anderen Eingängen gesteuert wird, wird mit der Zählnummer des steuernden Einganges gekennzeichnet.

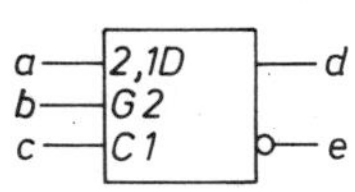

D-Kippglied mit Zustandssteuerungen

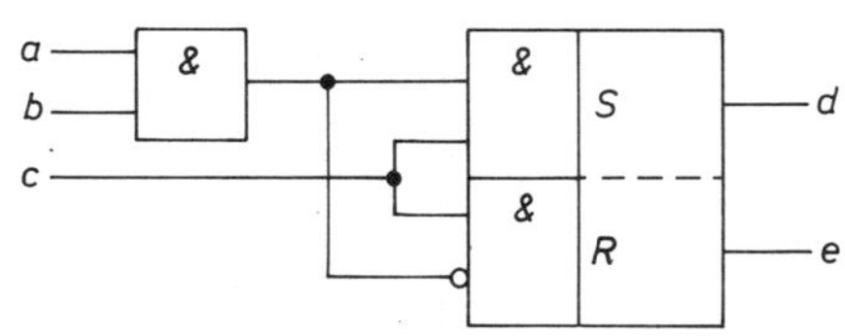

Anmerkung: Ein G-Eingang ist mit den entsprechend gekennzeichneten Eingängen durch UND verknüpft, während ein C-Eingang eine UND-Verknüpfung mit dem gesamten Kippglied darstellt.

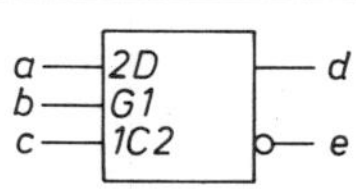

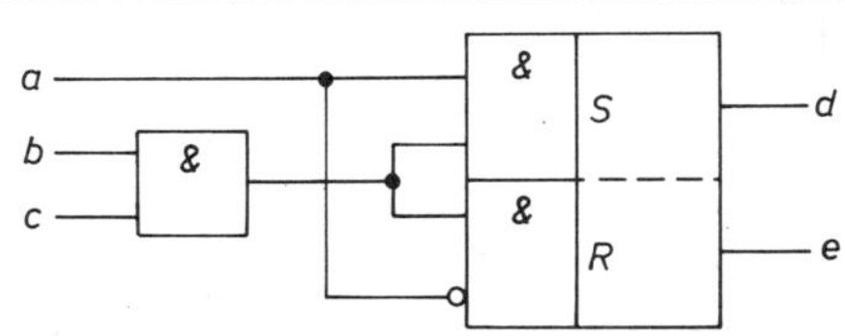

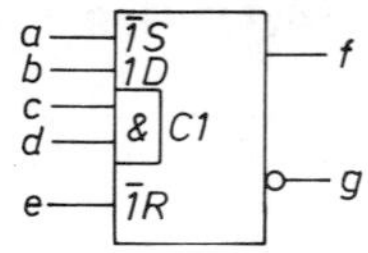

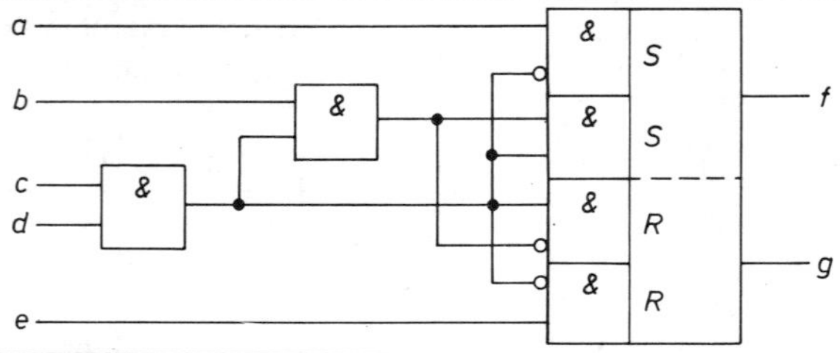

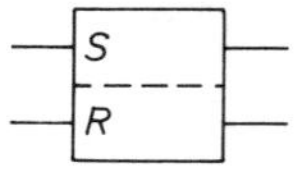

RS-Kippglied

Wenn die Variablen an beiden Eingängen verschiedene Werte oder gleichzeitig den Wert 0 haben, zeigen die Variablen an den beiden Ausgängen komplementäre (verschiedene) Werte. Wenn zunächst die Variablen an beiden Eingängen verschiedene Werte haben und dann den Wert 0 einnehmen, ändern sich die Werte der Variablen an den Ausgängen nicht. Solange die Variablen an beiden Eingängen gleichzeitig den Wert 1 einnehmen, haben die Variablen an beiden Ausgängen den gleichen Wert; wenn nachher die Variablen an den Eingängen gleichzeitig den Wert 0 einnehmen bzw. in diesen übergehen, dann ist nicht vorhersehbar, wie die Werte 1 und 0 den beiden Ausgängen zugeordnet sind.

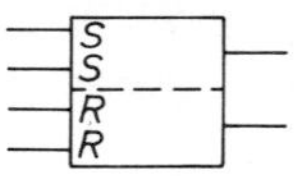

RS-Kippglied

Die beiden R-Eingänge sind durch ODER und die beiden S-Eingänge sind durch ODER miteinander verknüpft.

Das Schaltzeichen ist eine vereinfachte Darstellung von:

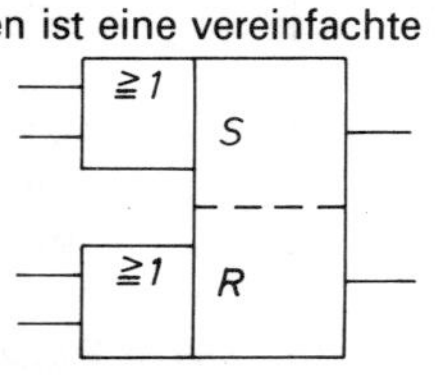

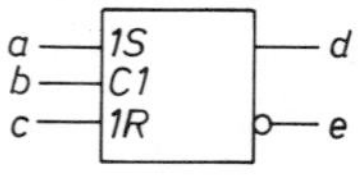

RS-Kippglied mit Zustandssteuerung

Das Schaltzeichen ist eine vereinfachte Darstellung von:

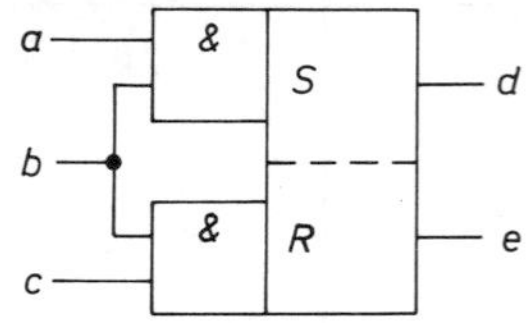

Anmerkung: In diesem Fall ist anstelle der Bezeichnung C auch G zulässig.

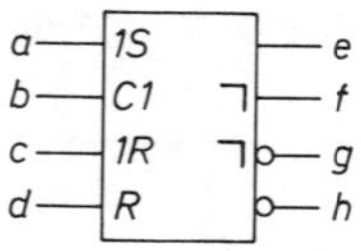

RS-Kippglied mit Zweizustandssteuerung

Das Schaltzeichen ist eine vereinfachte Darstellung von:

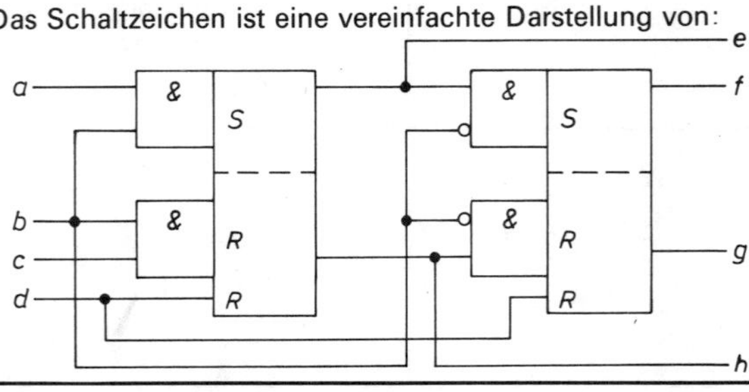

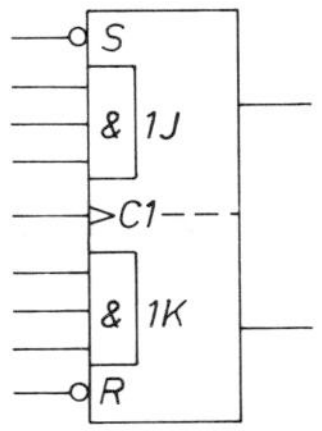

JK-Kippglied mit Einflankensteuerung

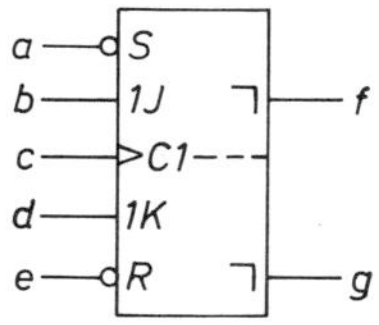

JK-Kippglied mit Zweiflankensteuerung

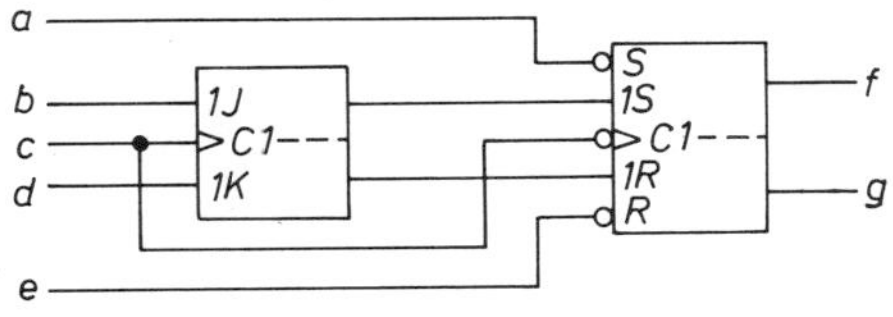

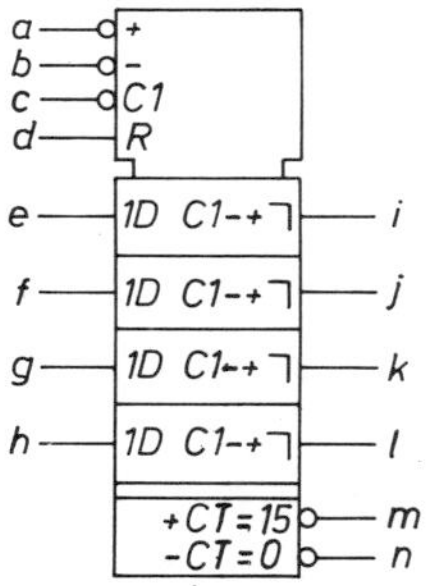

Vierstufiger Vorwärts-Rückwärts-Zähler

Jedesmal, wenn die Variable am Eingang a den Wert 0 annimmt, wird der Zählerstand um 1 erhöht. Jedesmal, wenn die Variable am Eingang b den Wert 0 annimmt, wird der Zählerstand um 1 erniedrigt. Der neue Zählerstand erscheint erst nach dem Zählimpuls an den Ausgängen, d. h. wenn die Variable am Eingang a bzw. b wieder den Wert 1 angenommen hat.

Die parallele Informationsübernahme (Laden) erfolgt durch den Eingang c. Die übernommene Eingangsinformation erscheint erst nach dem Ladevorgang d. h., wenn die Variable am Eingang c wieder den Wert 1 angenommen hat.

Die Variablen an den Ausgängen m und n am Ausgangsblock nehmen nur dann den Wert 0 an, wenn der Zählerstand 15 bzw. 0 erreicht ist und der Zählimpuls, der diesen Zählerstand bewirkt hat, wieder den Wert 1 angenommen hat. (CT steht für count und ist nur als Beispiel verwendet.)

Über den Eingang d erfolgt die Rücksetzung des Zählers. Der Ausgang i gehört der niedrigstwertigsten, der Ausgang l der höchstwertigsten Stufe an.

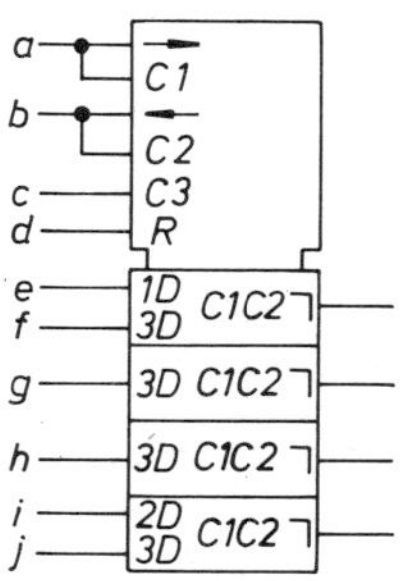

4 Bit-Vorwärts-Rückwärts-Schieberegister

Eingang „a" bewirkt eine Verschiebung der Information von oben nach unten, Eingang „b" von unten nach oben und Eingang „c" steuert die parallele Übernahme (Laden) der Information.

Die Information an den Eingängen f, g, h, j erscheint sofort an den zugehörigen Ausgängen, d. h. noch während die Variable am Eingang c den Wert 1 hat. Bei einem Schiebevorgang erscheint die neue Information erst dann an den Ausgängen, wenn die Variable am Eingang a bzw. b wieder den Wert 0 angenommen hat.

Über den Eingang d erfolgt die Rücksetzung aller 4 Stufen des Schieberegisters.

Sachwortverzeichnis